河北大学精品教材建设项目

基础生物统计学

马寨璞　石长灿　编著

U0262446

科学出版社

北京

内 容 简 介

针对当前大学生喜欢体验新鲜事物这一特点，我们编写了这本具有探索性学习过程的生物统计学教材。全书共分 6 章，每章以一个概念为主题，集中介绍和主题概念紧密联系的知识点，整体综合起来，则涵盖了生物统计学的基本知识与应用，包括概率基础、参数估计、假设检验、方差分析、相关与回归分析、试验设计。为了探讨各个知识点，每章均配备了调试过的标准格式的 MATLAB 源码程序，供读者深度体验各个知识点的学习与使用。本书也是马寨璞主编的《高级生物统计学》的姊妹篇。

本书可作为生命科学学院与医学类院校相关专业的本科生物统计学教材，也可作为生命科学与医药研究人员、专业教师、研究生等的参考用书。

图书在版编目 (CIP) 数据

基础生物统计学 / 马寨璞，石长灿编著. —北京：科学出版社，2018.6
河北大学精品教材建设项目
ISBN 978-7-03-057603-3

Ⅰ. ①基… Ⅱ. ①马… ②石… Ⅲ. ①生物统计–高等学校–教材 Ⅳ. ①Q-332

中国版本图书馆 CIP 数据核字（2018）第 113107 号

责任编辑：刘　畅 / 责任校对：王晓茜　樊雅琼
责任印制：吴兆东 / 封面设计：迷底书装

科学出版社 出版
北京东黄城根北街 16 号
邮政编码：100717
http://www.sciencep.com

北京建宏印刷有限公司 印刷
科学出版社发行　各地新华书店经销

*

2018 年 6 月第　一　版　　开本：787×1092　1/16
2020 年 8 月第三次印刷　　印张：37 1/4
字数：954 000

定价：158.00 元
（如有印装质量问题，我社负责调换）

前　言

　　生物统计学是涉及生物类各专业大学生必修的一门专业基础课，编者在多年的教学过程中，选用过不同作者和版次的教材，这些教材各有侧重，内容精练，针对有限的教学课时，非常适合。但课后和学生进行交流，有些学生则反映这些教材内容不够亲和，主要体现在"多数注重介绍统计方法的具体使用过程，而为什么要这样使用则介绍不多"。这反映出两个方面的问题：一是新时期的大学生更加注重自己的理解，除了要了解基本知识点外，还想拓展了解和该知识点相关的内容；二是当前的教材需要因时而变，说明书式的写作虽然简练，但缺少了人性化教材的温度感。

　　在 2015 年底，编者在总结研究生教学的基础上，编写了《高级生物统计学》一书，作为该书的姊妹篇，这本《基础生物统计学》主要针对生物类各专业及医学、药学相关专业的本科生。归纳起来，本书有以下三个特点。

（一）章节独立完整

　　《基础生物统计学》的内容，多数是成熟的教学内容，如何合理地安排章节，每位作者都有自己的思考，有些教材将每一个知识点安排为一个章节，总览全书，章节众多，这种安排，内容专一直观，易于查找，但也有割裂知识点之间联系的感觉。编者认为，将紧密相关的内容归纳为一章，在一个大的架构下合理安排，更有利于总体上的连贯性。因此，本书安排每章一个专题，不过多地安排章节，全书也只有 6 章，但包含了概率基础、参数估计、假设检验、方差分析、相关与回归分析和试验设计等，各章节相对完整，可独立讲授。

（二）注重学习体验

　　对《基础生物统计学》内容的学习，可以有不同的学习方式，但通过体验式的学习，则更有助于学生理解知识点。举例来讲，在生物统计学教学过程中，各种分析计算都需要查询很多表格，如查询分位数等，多数教材只是在讲授知识点时告知学生需要到附录中查询这些表格，并未谈及这些表格的来源。本书通过对相关知识的讲解，将这些知识点推广到临界值表制作上，并给出了每个表格具体实现的 MATLAB 代码，学生只需运行这些代码，就可以观察每一步的实现过程。让学生亲手制作出这些表格，实现表格的"自给自足"，这更有助于学生掌握相关知识。

（三）代码完善标准

　　和《高级生物统计学》相类似，本书在每个知识点介绍完毕后，根据所讲授的内容，提供了完善的标准化 MATLAB 实现代码，以供学生研习使用。这些代码都是编者按照 MATLAB 代码文件标准给出的，每一个代码都经过了运行测试，能在 MATLAB 2014 版以上的平台运行，每段函数代码都包括了函数名称、实现功能、参数说明、函数接口、使用样例等标准信息，即使读者不懂这种计算机语言，只需按照给定的样例准备数据，就可实现一键式完成计算分析任务，稍加改写就可以观察每一步的具体实现。希望深入了解 MATLAB 代码语法及实现的读者，可参阅拙作《MATLAB 语言编程》。

本书根据多年的教学科研经验编写而成，全书由河北大学马寨璞负责大纲与编写思路的拟定、代码的形成，温州生物材料与工程研究所的石长灿主要负责编写试验设计一章的内容。

在本书的编写过程中，河北大学生命科学学院给予了极大的帮助，科学出版社的编辑对本书的出版付出了辛勤的工作，对于他们的帮助与支持，编者表示衷心的感谢。本书的出版，得到了"生物学河北省重点培育学科建设经费"（编号：1050-5030004）、"生物学一流学科建设经费"（编号：1050-507100417001）及"河北省生物工程技术研究中心经费"（编号：2050-206020416003）的资助，在此一并表示深深的感谢。

自 2016 年 9 月开始动笔，至今日提交书稿，尽管编者努力使内容尽量完善，但由于水平有限，其中难免有不当之处，敬请读者批评指正。

马寨璞

2018 年 5 月

目　　录

第一章　概　率　基　础

第一节　概率的基本概念

概率是统计分析的基础，本节集中介绍生物统计中应用到的一些基本概念，包括现象、随机试验、事件、事件之间的关系与运算、频率与概率、概率的基本运算、古典概型等。

一、现象

在自然界和人们的社会生活中，各种现象形形色色、多种多样，但归纳起来，无非两种，一种是确定性现象，另一种则称为随机现象。确定性现象是指在一定的条件下必然发生或者不发生的现象，这类现象在日常生活和科研工作中也经常碰到。例如，正常情况下，水在 0℃必然结冰；小白鼠放进充满 CO_2 的密闭瓶子中会死去；等等。这类具有明确结果的现象，不属于概率论的研究范畴，我们不予讨论。

随机现象是与确定性现象相对应的另一类现象，这类现象有一个共同的特点，即一个事件的结果既可以表现为 A 现象，也可以表现为 B 现象甚至 C 现象，虽然这些结果类型是可知的（事件结果肯定取其中之一），但在某次具体事件完成之前，无法确定到底会出现哪种结果。此外，对这些事件进行大量重复，人们发现其结果又存在一定的统计规律性。像这种在一定条件下，个别试验结果呈现不确定性，但大量重复试验结果又具有统计规律性的现象，称为随机现象。

最为简单的例子则是扔一枚硬币观察哪一面朝上，虽然尚未实施，但其结果已经确定，无非正面朝上或者反面朝上，但具体扔之前，无法确定其结果究竟取哪一面，大量进行这种扔硬币试验，则两种结果出现的可能性是一样大的，即具有统计规律性，这就是随机现象。生活中还有许多这种随机现象，如从居住地到车站，需要经过多组路口的红绿灯，到站之前，无法确定会碰到几次红灯，但多次往返，则会发现规律性。生物统计中处理的试验结果，基本上都属于随机现象这个范畴。

二、随机试验

在生物学的科学研究中，几乎每天都会进行各种试验，如菌株培养、分子克隆、PCR分析等，这些试验都是可具体执行的各种操作过程。在概率论中，试验则是一个含义更加宽泛的名词，它包括各种各样的试验或观察。例如，观察一小时内路口闯红灯的车辆数；统计一定面积的小麦地中杂草的分布数等。如果试验满足以下三个特点，则称为随机试验：①在相同的条件下可重复进行；②每个试验结果不止一个，各种具体结果明确可知；③本次试验之前，无法确定出现哪种结果。

在概率论中，不特别指出的话，"试验"均指随机试验。

三、事件

在日常生活中，要表达一个事件，常常以文字的形式表达出来，如"2016 年 9 月在中国杭州举行了 G20 会议""某人买了一部手机"等。在概率论中，要表达事件，需要考虑表述以后的计算问题，使用文字描述显然不方便。根据随机试验的定义可知，随机试验的结果常常不止一种情形，要表达所有的结果，采用集合的形式表达就非常合适（本书不引入测度理论）。因此，在概率论中，以集合的形式表达事件。

例如，将一枚硬币扔 3 次，观察第一次出现正面（正面以 H 表示，反面以 T 表示）的情况，则设 A 表示"第一次出现的是 H"，即有

$$A = \{HHH, HHT, HTH, HTT\}$$

又如，设 B 表示"在室温下，某种营养液中体细胞存活的时间"这个事件，则 B 可表达为

$$B = \{t \,|\, t \geqslant 0\}$$

在概率论中，称上述集合内某个子集为随机事件，简称事件。在一次试验中，当且仅当集合中某个子集中的元素出现时，则称事件发生了。

四、事件之间的关系与运算

既然使用了集合来表达事件，则在讨论事件之间的关系与运算时，可继续考虑"拿来主义"：除了借用集合的表达形式，还把集合的关系与运算规则借用过来，只不过需要进行"改造"，以赋予新的含义。在生物统计中，事件之间的关系与运算包括事件的和、事件的积、互斥事件、互逆事件和事件的差等基本概念。

（一）事件的和

在集合论中，$A \cup B$ 表达的是"集合的并"，在概率论中，设 A 和 B 是两个随机事件，则借用 $A \cup B$ 表达事件的和，即事件 A 或事件 B，至少有一个发生。

例如，设 $A = \{$糖代谢中产生的 ATP$\}$，$B = \{$三羧酸循环中生成的 ATP$\}$，则 $A \cup B = \{$糖代谢产生的 ATP 或三羧酸循环中生成的 ATP$\}$。

事件的和可以推广到多个随机事件，即假设有随机事件 $A_1, A_2, A_3, \cdots, A_n$，其中至少一个发生，则表达为 $A_1 \cup A_2 \cdots \cup A_n$，简记为：$\bigcup\limits_{i=1}^{n} A_i$。

（二）事件的积

为了表达事件的同时发生，概率论中引入了事件的积这个概念，即使用 $A \cap B$ 来表达两个事件同时发生。这个概念可以推广到多个事件的同时发生，即 $A_1 \cap A_2 \cdots \cap A_n$，简记为：$\bigcap\limits_{i=1}^{n} A_i$。

例如，$A = \{$蛋白质中含有 α 螺旋$\}$；$B = \{$蛋白质中含有 β 螺旋$\}$。则 $A \cap B = \{$蛋白质中既含有 α 螺旋又含有 β 螺旋$\}$。

（三）互斥事件

若事件 A 和事件 B 不能同时发生，则记作 $A \cap B = \phi$，称为事件 A 和事件 B 互斥（互不相容）。

例如，在东西南北四个方向的路口，$A = \{$车辆驶入南向路口$\}$，$B = \{$车辆驶入东向路口$\}$，则事件 A 和事件 B 不能同时发生，两个事件互斥。

（四）互逆事件

若事件 A 和事件 B 互斥，即 $A \cap B = \phi$，且在该随机试验中，只有 A 和 B 这两个结果（即该随机试验结果的集合中只有 A 和 B 两个元素），这时称 A 和 B 互逆，记作 $A = \bar{B}$。

（五）事件的差

所谓事件的差，是指对于事件 A 和 B，当且仅当事件 A 发生而事件 B 不发生时，称 $A - B$ 为差事件，记为

$$A - B = \{x \mid x \in A \ \& \ x \notin B\} \tag{1-1}$$

五、频率与概率

随机事件可能发生，也可能不发生，为了对这种可能性进行度量，引入了概率这个概念。一般的，常常使用一个 $0 \sim 1$ 的实数来表示随机事件发生可能性的大小，越接近 1，该事件越可能发生；越接近 0，则该事件越不可能发生。例如，今天午后降雨的概率是 0.9，生物专业学生生物统计期末考试不及格概率是 0.15 等，都是实际中的具体应用。

实际上，概率是频率的理论推广，当事件 A 在 n 次重复试验中出现了 m 次，则比值 m/n 称为事件 A 发生的频率，可记作 $f(A)$。当试验次数 n 不断增大时，则频率

$$f(A) = \frac{m}{n} \tag{1-2}$$

就趋向于一个确定的值 p，该值 p 就是事件 A 的概率，记作

$$P(A) = p \tag{1-3}$$

这里采用 P 来表示概率，是基于英文单词"probability"的首字母为 p，类似的，频率使用 f 表示，也是源于"frequency"的首字母。

频率有自身的特点，可归纳为以下三点：①频率不可能小于 0 或者大于 1，只能为 $0 \sim 1$；②各个结果的频率之和应该等于 1；③不可能发生的事件，其发生的频率为 0。这三点是基于对频率的基本思考归纳出来的性质。将上述频率的特点推广到概率上，则可以得到概率的基本性质：①非负性，即 $0 \leqslant P(A) \leqslant 1$；②规范性，即 $\sum_{i=1}^{n} P_i(A) = 1$；③不可能事件概率等于 0，即 $P(\phi) = 0$。

六、概率的基本运算

根据概率的定义，可以得到一些基本的计算规则，包括加法定理、对立事件、事件之差等。

（一）互不相容加法定理

若事件 A 和 B 互不相容，则

$$P(A + B) = P(A) + P(B) \tag{1-4}$$

该定理可推广到有限数量事件概率的加法计算上，即若 $A_1, A_2, \cdots, A_m$ 是两两互不相容的事件，则有

$$P(A_1 + A_2 + \cdots + A_m) = P(A_1) + P(A_2) + \cdots + P(A_m) \tag{1-5}$$

（二）普通加法定理

当没有限定事件之间的互不相容时，则对于任意两事件 A 和 B，有加法定理

$$P(A+B) = P(A) + P(B) - P(AB) \tag{1-6}$$

继续推广到任意三个事件 A, B, C，则有

$$P(A+B+C) = P(A) + P(B) + P(C) - P(AB) - P(AC) - P(BC) + P(ABC) \tag{1-7}$$

一般，对于任意 n 个事件 $A_1, A_2, \cdots, A_n$，可以证得

$$
\begin{aligned}
P(A_1 + A_2 + \cdots + A_n) = &\sum_{i=1}^{n} P(A_i) - \sum_{1 \leqslant i < j \leqslant n} P(A_i A_j) \\
&+ \sum_{1 \leqslant i < j < k \leqslant n} P(A_i A_j A_k) + \cdots + (-1)^{n-1} P(A_1 A_2 \cdots A_n)
\end{aligned}
\tag{1-8}
$$

（三）对立事件概率

对于任意事件 A 及其对立事件 $\overline{A}$，有

$$P(\overline{A}) = 1 - P(A), \quad P(A) = 1 - P(\overline{A}) \tag{1-9}$$

（四）事件之差概率

对于任意事件 A 和 B，则有

$$P(A-B) = P(A) - P(AB) \tag{1-10}$$

七、古典概型

古典概型也称为传统概率，是概率论中最直观和最简单的模型，在日常生活中有着广泛的应用，概率的许多运算规则，也首先是在这种模型下得到的。古典概型主要用来阐明概率的一些基本概念，是概率论教学中不可缺少的知识点。

在古典概型中，随机试验具有两个共同的特点：①随机试验包含有限的单位事件；②每个单位事件发生的可能性均相等。满足这两个条件的例子有很多，如掷一次骰子（质地均匀），只能是 1～6 这有限的 6 种情况，由于骰子的对称性和均匀性，我们总认为出现任何一个点数的可能性是相同的；又比如在口袋中，若含有等量的红球和白球，进行放回式试验，取球后观察其颜色，则摸出红球和白球的可能性有限且相同。

对于满足古典概型的事件 A，若其试验的基本事件总数为 n，A 事件是由 m 个基本事件组成的，则事件 A 的概率计算公式为

$$P(A) = \frac{m}{n} = \frac{\text{事件}A\text{所含的基本事件数}}{\text{基本事件总数}} \tag{1-11}$$

古典概型可以用来解决很多实际问题，最典型的就是"分配问题"。该问题的一个分配方式可描述为：将 n 只球随机地放入 N 个盒子中（$n \leqslant N$），试考虑每个盒子至多放一个球的概率（假设盒子的容量不受限制）。

将 n 只球放入 N 个盒子中，每一只球均可以放入 N 个盒子中的任何一个中，则共有 $N \times N \times \cdots \times N = N^n$ 种不同的放法，每个盒子中至多放一只球，则共有 $N(N-1) \cdots [N-(n-1)]$ 种不同放法。则所求概率为

$$p = \frac{N(N-1)\cdots[N-(n-1)]}{N^n}$$

这个概率计算为许多实际问题的求解提供了数学模型,若将 N 个盒子看作一年的 365 天,将 n 个球看作一个班级内的不同同学的生日,则 n 个同学生日各不相同的概率就可按此计算。若考虑 n 人中至少两人生日相同,则其概率为

$$p = 1 - \frac{N(N-1)\cdots[N-(n-1)]}{N^n} = 1 - \frac{365 \times 364 \times \cdots \times (365-n+1)}{365^n}$$

给定具体的 n 值计算,可知当 $n \geq 64$ 时,概率为 0.997,这说明,当一个班内的人数超过 64 人时,有两个同学同一天生日的可能性几乎是肯定的,这是不是我们日常所说的"缘分"呢?

八、条件概率

在实际工作中,任何事件的发生都有其依赖的条件,因此引入条件概率这个概念,来描述在某种条件下事件发生的概率。假设有事件 A 和 B,若考虑在事件 A 已经发生的条件下 B 发生的概率,则对事件 B 来说,此即它的条件概率,记作 $P(B|A)$。条件概率的计算公式如下。

设 A, B 是两个事件,且 $P(A) > 0$,称

$$P(B|A) = \frac{P(AB)}{P(A)} \tag{1-12}$$

为在事件 A 发生的条件下事件 B 发生的概率。

从基本定义上讲,条件概率也是一种概率,也应该符合基本概率定义的各项要求,因此条件概率也具有一般概率的非负性、规范性等属性,一般概率计算的公式,如加法定理,也可以推广到条件概率上来。例如,设有任意事件 B_1 和 B_2,若 A 事件满足 $P(A) > 0$,则有

$$P(B_1 + B_2 | A) = P(B_1 | A) + P(B_2 | A) - P(B_1 B_2 | A) \tag{1-13}$$

其他计算公式的推广也是如此。

条件概率离我们的生活并不遥远,它几乎每天都和我们生活在一起,如在智能手机中输入汉字时,输入法中后续联想词汇的提供与词序的动态调整,都是条件概率的具体应用。当我们输入汉字"中华"之后,输入法会自动将其后的"人民共和国"选项提供出来,这些"智能"输入的本质是:在输入"中华"这一事件已经发生的条件下,经计算,继续输入"人民共和国"这一事件的条件概率最大,依此条件概率,提供输入法的联想词汇,并实现动态调整次序。

九、乘法定理

根据条件概率的计算式(1-12),可以得到如下定理:设 $P(A) > 0$,则有

$$P(AB) = P(B|A)P(A) \tag{1-14}$$

此即乘法定理。实际上,该式还可以推广到多个事件的积事件情况。例如,对于 A, B, C 事件,且 $P(AB) > 0$,则有

$$P(ABC) = P(C|AB)P(B|A)P(A) \tag{1-15}$$

更一般的，设 $A_1, A_2, \cdots, A_n$ 为 n 个事件，$n \geq 2$，且 $P(A_{n-1} | A_1 A_2 \cdots A_{n-2}) > 0$，则有

$$P(A_1 A_2 \cdots A_n) = P(A_n | A_1 A_2 \cdots A_{n-1}) P(A_{n-1} | A_1 A_2 \cdots A_{n-2}) \cdots P(A_2 | A_1) P(A_1) \quad (1\text{-}16)$$

例 1 在野外捕捉某珍稀野生动物足迹，一次性捕捉到的概率为 1/2，若第一次未捕捉到，则第二次捕捉到的概率为 7/10，若前两次仍未捕捉到，则第三次捕捉到的概率为 9/10，试求第三次仍未捕捉到的概率。

解 以 $A_i(i = 1, 2, 3)$ 表示"第 i 次捕捉到足迹"，以 B 表示"连续三次仍未捕捉到"，则有 $B = \overline{A_1} \overline{A_2} \overline{A_3}$，因此，

$$\begin{aligned} P(B) &= P(\overline{A_1} \overline{A_2} \overline{A_3}) \\ &= P(\overline{A_3} | \overline{A_1} \overline{A_2}) P(\overline{A_2} | \overline{A_1}) P(\overline{A_1}) \\ &= \left(1 - \frac{9}{10}\right)\left(1 - \frac{7}{10}\right)\left(1 - \frac{1}{2}\right) = \frac{3}{200} \end{aligned}$$

这道题目为实际生活中一些事情的解决提供了思路背景，如将珍稀动物看作诸葛亮，将捕捉足迹看作访问诸葛亮，则上述题目就计算了三顾茅庐而不遇的概率。

十、划分与全概率

划分是概率论中的一个基本概念，但在中文语境下，划分通常是具有动词属性的一个概念。因此，对概率论中划分的理解，更准确表达为"剖分后的现状"或者"分割后的结果"。我们可以将切分完毕的西瓜看作一个"分割结果"或"剖分状态"，这种分割状态就是概率论中"划分"的本意。

设 $B_1, B_2, \cdots, B_n$ 是随机试验的一组事件，它们的和构成了全部事件的总体，若各事件两两互不相容，即 $B_i B_j = \phi$; $i \neq j$; $i, j = 1, 2, \cdots, n$; 则称 $B_1, B_2, \cdots, B_n$ 是对全体试验结果的一个划分。

划分概念常常用来计算事件发生的概率，尤其是当不易直接求得事件概率的时候，可先将总体进行分割，然后计算每一部分上的概率，再计算各个概率之和即可，这实际上就是全概率公式要表达的思想：设 A 是随机事件，设 $B_1, B_2, \cdots, B_n$ 是事件 A 发生的条件之一，且 $B_1, B_2, \cdots, B_n$ 构成一个划分，则在 $P(B_i) > 0(i = 1, 2, \cdots, n)$ 条件下，有

$$P(A) = P(A | B_1) P(B_1) + P(A | B_2) P(B_2) + \cdots + P(A | B_n) P(B_n) \quad (1\text{-}17)$$

十一、贝叶斯定理

贝叶斯定理是概率论中的一个著名定理，也可以称为逆概率定理，它可以看作追根溯源的一种实现方式，也可以用来进行概率预测，其基本表述如下：设事件 $A_1, A_2, \cdots, A_n$ 为随机事件的一个完备事件组，B 为任意事件，且 $P(A_i) > 0(i = 1, 2, \cdots, n), P(B) > 0$，则

$$\begin{aligned} P(A_j | B) &= \frac{P(A_j) P(B | A_j)}{\sum_{i=1}^{n} P(A_i) P(B | A_i)} \\ &= \frac{P(A_j) P(B | A_j)}{P(A_1) P(B | A_1) + P(A_2) P(B | A_2) + \cdots + P(A_n) P(B | A_n)} \end{aligned} \quad (1\text{-}18)$$

贝叶斯分析是依据贝叶斯定理进行预测的专门课程，也是贝叶斯应用的典型实例，在医学上，贝叶斯定理常常用来确定假阳性问题。

例 2 已知某种疾病的发病率是 0.001，一种新试剂可以检验患者是否得病，其检验准确率是 0.99，即在患者确实得病的情况下，它有 99% 的可能呈现阳性。该试剂的误报率是 5%，即在患者没有得病的情况下，它有 5% 的可能呈现阳性。现有一个患者的检验结果为阳性，他确实得病的可能性有多大？

解 设 A 表示"患病"，则有 $P(A) = 0.001$；设 B 表示"检验呈阳性"，则有 $P(B|A) = 0.99$；根据误报率，则有 $P(B|\bar{A}) = 0.05$；则问题所求为 $P(A|B)$。

$$
\begin{aligned}
P(A|B) &= \frac{P(B|A)P(A)}{P(B|A)P(A) + P(B|\bar{A})P(\bar{A})} \\
&= \frac{0.99 \times 0.001}{0.99 \times 0.001 + 0.05 \times 0.999} \\
&= 0.0194
\end{aligned}
$$

最终，得到了一个惊人的结果，$P(A|B)$ 约等于 0.02。也就是说，即使检验结果呈阳性，患者得病的概率也只是从 0.1% 增加到 2% 左右，这就是所谓的"假阳性"，即阳性结果完全不足以说明患者得病。

为什么会这样？为什么检验准确率高达 99%，但是可信度却不到 2%？答案是与它的误报率太高有关。读者感兴趣的话，试计算一下，如果误报率从 5% 降为 1%，请问患者得病的概率会变成多少？

上述例题只是贝叶斯公式在医学方面的应用，当贝叶斯公式应用在文字识别软件中时，这种误报，就是文字识别的错误率；至于智能手机中的语音识别，也可以此计算出无法识别的语音概率。

再回到上述的假阳性问题，读者还可以算一下"假阴性"问题，即检验结果为阴性，但是确实患病的概率有多大？对于"假阳性"和"假阴性"，哪一个才是医学检验的主要风险？

十二、独立性

设 A 和 B 是随机事件，若 $P(A) > 0$，则可以定义条件概率 $P(B|A)$。当两事件具有影响关系时，一般会有 $P(B|A) \neq P(B)$，只有当 A 的影响不存在时，才会出现 $P(B|A) = P(B)$，这样，乘法公式就转变为

$$P(AB) = P(B|A)P(A) = P(B)P(A) \tag{1-19}$$

据此，我们可以得到独立性的定义：设 A 和 B 是两事件，如果满足等式

$$P(AB) = P(A)P(B) \tag{1-20}$$

则称两事件 A 和 B 相互独立。

可以证得，当 A 和 B 相互独立时，则下面的事件之间也将会是相互独立的：$A \sim \bar{B}, \bar{A} \sim \bar{B}$，$\bar{A} \sim B$。当涉及 3 个事件时，如 A, B, C，则相互独立的定义需满足如下 4 个等式

$$
\begin{cases}
P(AB) = P(A)P(B), \\
P(AC) = P(A)P(C), \\
P(BC) = P(B)P(C), \\
P(ABC) = P(A)P(B)P(C).
\end{cases}
\tag{1-21}
$$

在实际的科研工作中，相互独立可根据事件的实际意义来判定。例如，同一个宿舍的学生，甲感冒了，过了几天乙也感冒了，之后丙、丁陆续感冒了，我们可以判断他们之间是相互关联的。假如甲在北京感冒了，乙在广州也感冒了，我们说他们之间是相互独立的更符合实际情况。

第二节　随机变量及其分布

一、随机变量的定义

通过对随机事件及其概率的研究，发现许多试验结果可以用数值来表达，为了更好地研究随机事件及其概率，概率论中引入了随机变量的概念。引入这个概念，一是将事件发生的概率结果进行数量化描述，二是可借助已有的数学分析方法对随机试验的结果进行深入广泛的研究和讨论。

例如，设从住地到车站需经过 4 组红绿灯，若红绿灯按照 1/2 的概率允许通过或禁行，则可以设定一个变量 X，表示车辆首次停下时，汽车已经通过的灯组数，若各路口的红绿灯相互独立，则 X 的概率分布如何？

很显然，作为描述灯组数的变量 X，它的值是随机的，可能的取值包括 0～4。但是，X 取得这些值的概率是可以明确的，因此可以称 X 是一个随机变量。

对此，我们可归纳出随机变量的定义：若随机试验的结果能够以变量来表示，且该变量的取值具有随机性，变量取得这些值的概率确定，则称这种变量为随机变量。在概率论中，常用大写字母来表示随机变量，如 X, Y 等。

和普通变量相比，随机变量的取值依试验结果而定，而试验结果往往具有随机性，所以从这个角度来讲，随机变量取值具有随机性，这也是和普通变量的最大区别。在本书中，以后除非特别说明，变量即指随机变量。

二、离散型随机变量与分布

对于随机变量，根据其使用目的的不同，可以分为离散型随机变量和连续型随机变量。当随机变量的全部可能取值是有限的，或者是可列无穷多个时，称这种随机变量为离散型随机变量。例如，某同学每天查看微信的次数 X 就是一个离散型随机变量，一是它是一个有限的值（实际生活中不可能无限次地查看），二是该值是一个不确定的值，具有随机性。

对于离散型随机变量，由于其可能的取值有有限个或者可列多个，因此要描述这个变量的统计规律，可以将所有可能的情况一一列出来。设离散型随机变量 X 的所有取值为 $x_k(k=1,2,\cdots)$，取各个值的概率为 p_k，则有

$$P\{X = x_k\} = p_k, k = 1,2,\cdots \tag{1-22}$$

将各个可能取值列表表达，则称为离散型随机变量的分布律。对于上例中汽车通过红绿灯的情况，写出各个取值对应的概率，则设 p 表示每组信号灯禁止车辆通行的概率，X 的可能取值与概率如表 1-1 所示。

表 1-1 路口红灯组数与停车概率分布

X	0	1	2	3	4
P	p	$(1-p)p$	$(1-p)^2 p$	$(1-p)^3 p$	$(1-p)^4$

将具体的 $p = 1/2$ 带入，则如表 1-2 所示。

表 1-2 路口红灯组数与停车概率值

X	0	1	2	3	4
P	0.5	0.25	0.125	0.0625	0.0625

这是一道富含生活哲理的例题，当每组红绿灯准许通行与禁行的概率相等时，要一路绿灯地通过 4 组红绿灯，其概率也就只有 0.0625。若将每组灯的通行与禁行看作每一次人生关口的转变，将从住地到车站的道路看作人生之路，我们会发现，即使在人生的每个关口都完全公平（通过率 $p = 0.5$），要想人生之路一路绿灯，其概率也不过是 0.0625，真正应验了"人生不如意十之八九"。正因为如此，所以我们更应该努力过好每一天。

三、伯努利试验与二项分布

在概率论中，二项分布是离散型随机变量的代表性分布之一，在学习二项分布之前，先了解伯努利试验的基本概念。

若随机试验 E 只有两个可能的结果，A 和 $\overline{A}$，则称 E 为伯努利试验。设 $P(A) = p$，其中 $0 < p < 1$，则有 $P(\overline{A}) = 1 - p$，若将试验 E 独立重复试验 n 次，则称这一系列的重复试验为 n 重伯努利试验。

这里，对于 n 重伯努利试验，着重强调两点：一是独立，即明确要求这一连串的试验，各次试验之间相互独立，彼此没有影响；二是重复，这里的重复，更多地是强调各次试验之间，其基本试验过程、条件和结果保持不变，即每次 $P(A) = p$ 保持不变。

实际上，n 重伯努利试验给出了这样的客观背景：一般的，设某试验成功的概率为 p，不成功的概率为 $1-p$，则独立重复进行 n 次试验，用 X 表示 n 次试验中成功的次数；则 X 的概率分布就是二项分布，记为 $X \sim b(n, p)$，其具体计算式为

$$P(X = k) = C_n^k p^k (1-p)^{n-k}, k = 0, 1, 2, \cdots, n \qquad (1-23)$$

式中，n 是伯努利试验的重复次数；p 是每次伯努利试验某事件成功的概率；k 是 n 次试验中成功的总次数，即 X 的取值。

二项分布应用在许多方面，如人力资源管理、产品检测等。例如，某人进行射击训练，若每次射中的概率为 0.02，独立重复地射击 400 次，试求至少击中 2 次的概率。

在这个题目中，每次射击的结果，无非击中或失败，也就是说，若把一次射击看作一次试验，则试验的结果只有两种可能，这满足了伯努利试验的定义要求。每次射中的概率为 0.02，这一条符合伯努利试验中要求 $0 < p < 1$，独立重复 400 次，这实际是独立重复 n 次伯努利试验。至少击中 2 次，则给定了 k 的值。因此，在这个题目中，已经确定如下内容：$n = 400, p = 0.02$，$k = 2, 3, 4, \cdots, 400$。

在具体求解时，将上述确定的参数逐一带入式（1-23），可以得到结果，但是，这种计算会非常烦琐，因此可按照如下的方法计算。

若将一次射击看作一次伯努利试验，则击中的次数 $X \sim b(400, 0.02)$ ，于是

$$P(X \geqslant 2) = 1 - P(X = 0) - P(X = 1)$$
$$= 1 - 0.98^{400} - 400 \times 0.02 \times 0.98^{399}$$
$$= 0.9972$$

从计算结果看，概率几乎为 1，这说明以下几个问题：①虽然每次击中的概率很低（只有 0.02），但只要试验次数足够多（$n = 400$）且独立进行，则击中 2 次这一事件几乎是可以肯定发生的。②若实际射击试验 400 次，击中次数却少于 2 次，则我们认为 0.02 这个概率有问题，很可能实际上连这一水平也达不到。

这个例题也是概率论中的经典例题，其实，它对我们日常生活中的"坚持不懈"做了很好的解释，虽然每一次的希望都很渺茫（只有 0.02），但只要我们坚持不懈（$n = 400$ 次），取得成功的可能性几乎是 100%。它也对我们的行为世范做出了解释，若将 0.02 看作做坏事，则一年下来（400 次），肯定会犯大错，本例从数学的角度准确揭示了"勿以恶小而为之，勿以善小而不为"。

四、泊松分布

泊松分布是离散型随机变量分布的一种，在实际应用中具有广泛的基础。一般来讲，泊松分布常常用来表达单位"时间"或单位"空间"中需要服务的"顾客"数这一客观背景。这里使用双引号将时间、空间和顾客分隔开，是指这三个概念只是具有普遍意义的一般性概念。为了更好地理解这个客观背景，先给出几个具体的例子。

例如：①某同学在一节课内，偷偷查阅手机，登录微信的次数；②一本盗版教材中，错误印刷的字数；③交叉路口一小时内闯红灯的人数；④水生动物养殖试验场内，一段时间内死亡的动物数。

上述例子中，单位的"时间"或"空间"，即指一节课内、一本教材中、一小时内和养殖试验等具体内容，而"顾客"则指微信、错字、闯红灯的人和死亡的动物等研究对象。

泊松分布具体定义如下：设随机变量 X 可能的取值为 0, 1, 2, … 取各值的概率为

$$P(X = k) = \frac{\lambda^k \mathrm{e}^{-\lambda}}{k!}, k = 0, 1, 2, \cdots \tag{1-24}$$

式中，λ 为常数，且 $\lambda > 0$ ，则称 X 服从参数为 λ 的泊松分布，记作 $X \sim \pi(\lambda)$ 。

五、分布函数

离散型随机变量的分布规律，可以借助分布律来表现出来，但对于非离散型的随机变量，由于其可能取值有无限多个，因此无法使用分布律一一列举。为了统一表达离散型随机变量和非离散型随机变量，提出了分布函数这个新概念，分布函数的具体定义如下。

设 X 是随机变量，x 是任意实数，函数

$$F(x) = P(X \leqslant x), -\infty < x < \infty \tag{1-25}$$

称为 X 的分布函数。

分布函数是一个普通的函数，从 $P(X \leq x)$ 可以看出，这里的 x 实际上是一个临界值，$P(X \leq x)$ 的准确含义是：给定的某个临界值 x 以下所有点上概率的和。具体到常规的二维直角坐标系下，则是指横轴上 x 值以左（含 x 值本身）所有点上概率的和。这样，当随机变量是离散型时，可以推想，分布函数的计算，应该是各个离散点值上对应的概率的和，即存在

$$F(x) = P(X \leq x) = \sum_{x_i < x} P(X = x_i) \qquad (1\text{-}26)$$

分布函数定义描述的是临界值以下各点对应的概率值，最为典型的应用则是针对两个临界值的情况，如 x_1, x_2，考虑它们不重合，不妨设 $x_1 < x_2$，则分别写出由它们定义的分布函数，可得

$$F(x_1) = P(X \leq x_1)$$
$$F(x_2) = P(X \leq x_2)$$

则介于 x_1, x_2 之间的概率，可使用分布函数计算得到，即

$$P(x_1 < X \leq x_2) = P(X \leq x_2) - P(X \leq x_1)$$
$$= F(x_2) - F(x_1) \qquad (1\text{-}27)$$

这实际上说明：若分布函数已知，则 X 在任意区间 $(x_1, x_2]$ 的概率，都可以通过简单的计算得到，从这个角度讲，分布函数也能够完整地描述随机变量的统计规律性。

六、二项分布的 MATLAB 探究

在二项分布中，n 次试验中成功 x 次的概率，在 MATLAB 中可使用 binopdf 函数进行计算，其具体调用格式为 binopdf(x, n, p)。

要计算二项分布的累积概率分布，即分布函数的值，可使用 binocdf 来实现，其具体的调用格式 binocdf(x, n, p) 或 binocdf(x, n, p, 'upper')，该分布函数对应的表达式如下

$$y = F(x \mid n, p) = \sum_{i=0}^{x} C_n^i p^i (1-p)^{(n-i)}$$

对于逆向计算概率，即求取概率对应的临界值（分位数）时，则可使用 binoinv(y, n, p) 来实现。其中的 y 是预期的概率，n 是试验次数，p 是每次试验实现的概率。下面代码示例了这几个函数的具体应用，其运行结果如图 1-1 所示。

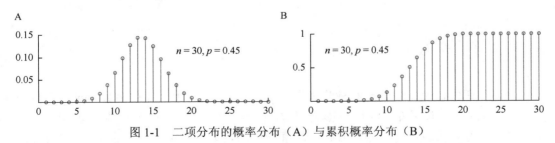

图 1-1　二项分布的概率分布（A）与累积概率分布（B）

```
function DrawBinoPdfCdf(n,p)
% 函数名称:DrawBinoPdfCdf.M
% 实现功能:绘制二项分布的概率分布与累积概率分布.
```

```
%  输入参数:本函数共有 2 个输入参数,含义如下:
%           :(1)n,二项分布中伯努利试验次数.
%           :(2)p,每次伯努利试验,试验者关心事件出现的概率.
%  输出参数:本函数默认不带输出参数.
%  函数调用:本函数实现功能不需要调用子函数.
%  参考资料:实现本函数功能的语法参考,请参阅 MATLAB 教材:
%           :(1)马寨璞,MATLAB 语言编程[M],电子工业出版社,2017.
%  原始作者:马寨璞,wdwsjlxx@163.com
%  创建时间:2016-03-02
%  原始版本:1.0.0
%  修订时间:2016-09-29,09:51:05
%  版权声明:未经作者许可,任何单位及个人不得以任何方式或理由对本代码
%           :进行网上传播、贩卖等.
%  实用样例:DrawBinoPdfCdf(30,0.5)
%
if nargin == 0
        n = 30;p = 0.45;                    % 为了展示,设定缺省默认值
elseif nargin == 1
        p = 0.5;                            % 缺省默认值
elseif(n<0||p>1||p<0)
        error('参数输入有误! ');
elseif n>500
        warning('展示绘图确实需要这么大数据量吗?');
end
ps = binopdf((1:n),n,p);                    % 各概率值
h1 = subplot(2,1,1);
stem(ps,'LineWidth',1.5);box off
LabelStr = sprintf('n = %d,p = %.2f',n,p);
hm = msgbox('现在,请使用鼠标选定标注文字的位置!');
set(hm,'Position',[100,300,200,40],'Color','Red');
gtext(LabelStr,'FontSize',18,'FontName','Times New Roman');
cs = binocdf((1:n),n,p);                    % 概率累积值
h2 = subplot(2,1,2);
stem(cs,'LineWidth',1.5);
set(gcf,'Color','w');box off
gtext(LabelStr,'FontSize',18,'FontName','Times')
set([h1,h2],'FontSize',18,'FontName','Times','LineWidth',1)
set(gcf,'Color','w');
cp = 0.95;c = binoinv(cp,n,p);clc;% 计算分位数
fprintf('If Cumulative probability cp=%.2f,Quantile=%.2f\ n',...
        cp,c);
if ishandle(hm)
        close(hm);
end
```

在上述代码中，设定的伯努利试验概率为 $p = 0.45$。实际上，通过函数 binopdf，我们可以查看不同的 p 对二项分布分布律的影响。例如，图1-2给出了这方面的具体示意（其中 $n = 30$，flag = 'pdf'），当 p 值较小时（如取 0.1），轮廓线最高处出现在靠近左侧的位置，当 p 值居中时（分图中取 0.5），轮廓线最高处出现在靠近中间的位置，当 p 值较大时（如取 0.9），轮廓线最高处出现在靠近右侧的位置。

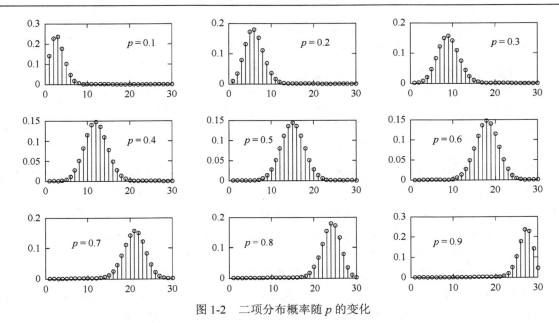

图 1-2　二项分布概率随 p 的变化

附：绘图函数源码如下。

```
function DistrbuSequenChange(n,flag)
% 函数名称:DistrbuSequenChange.M
% 实现功能:展示二项分布的概率分布与累积分布概率随 p 变化规律.
% 输入参数:本函数共有 2 个输入参数,含义如下:
%          :(1)n,二项分布多重伯努利试验的次数
%          :(2)flag,标志字符串,取'pdf'或者'cdf',以确定绘制图形的类型,
%          :默认值取 pdf.
% 输出参数:本函数默认不带输出参数.
% 函数调用:本函数实现功能不需要调用子函数.
% 参考资料:实现本函数功能的语法参考,请参阅教材:
%          :(1)马寨璞,MATLAB 语言编程[M],电子工业出版社,2017.
% 原始作者:马寨璞,wdwsjlxx@163.com
% 创建时间:2016-03-04
% 原始版本:1.0
% 修订时间:2016-09-29,10:31:12
% 版权声明:未经作者许可,任何单位及个人不得以任何方式或理由对本代码
%          :进行网上传播、贩卖等.
% 实用样例:DistrbuSequenChange(30,'cdf')
%
% check
if nargin<2||isempty(ischar(flag))
      flag = 'pdf';
end
% draw
for ifs = 1:9
      p = 0.1*ifs;
      switch lower(flag)
            case 'pdf'
                  TmpPs = binopdf((1:n),n,p);
            case 'cdf'
                  TmpPs = binocdf((1:n),n,p);
```

```
            otherwise
                error('Input error!');
        end
        subplot(3,3,ifs),stem(TmpPs,'LineWidth',1.4,'Color','k')
        h = title(sprintf('n = %d,p = %3.1f',n,p));
        set([gca,h],'FontSize',16,'FontName','Times','LineWidth',1.)
end
set(gcf,'color','w');
```

在 MATLAB 中，计算各概率的函数命名都有一定的规律，一般的，函数名称以 pdf 结尾的（如这里的 binopdf 就是 bino + pdf，其中 bino 是二项分布 binomial 的前 4 个字母，pdf 是概率密度函数 probability density function 的英文首字母缩写）为计算概率密度（分布）的函数。以 cdf 结尾的函数（如这里的 binocdf = bino + cdf，其中的 cdf 是 cumulative distribution function 的首字母缩写）则用来计算概率分布函数。与此类似，binoinv 中的 inv 是 inverse cumulative distribution function 的含义，即根据累积分布概率求分位数，后续其他函数中也是如此。

借助 MATLAB 给出的 binocdf，我们也可以探讨二项分布的累积分布概率的变化。例如，当 p 变化时，其累积分布概率如何变化、规律如何。前面已经给出绘图函数的代码，运行时，只需将 flag 设置为'cdf'即可，结果如图 1-3 所示。

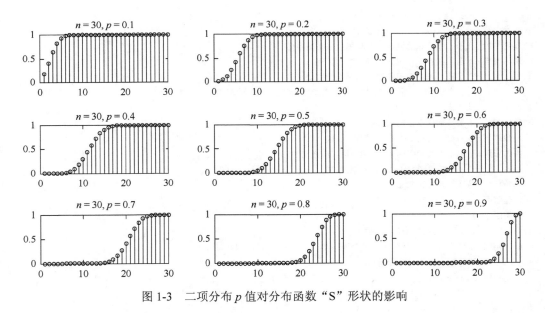

图 1-3　二项分布 p 值对分布函数"S"形状的影响

七、指数分布

指数分布是典型的连续型随机变量分布，该分布的一个重要特点是"无记忆性"，常常用来描述各种具有"寿命"应用背景的分布，如电子产品的使用寿命、动植物的寿命，以及随机服务系统中的服务时间等，其定义如下。

设随机变量 X 的概率密度函数为

$$f(x) = \begin{cases} \lambda e^{-\lambda x}, & x \geq 0 \\ 0. & x < 0 \end{cases} \tag{1-28}$$

式中，λ 为常数，且 $\lambda > 0$。称 X 服从参数为 λ 的指数分布，记作 $X \sim E(\lambda)$，其图形如图 1-4A 所示。

指数分布的分布函数为

$$F(x) = \begin{cases} 1 - e^{-\lambda x}, & x \geqslant 0 \\ 0. & x < 0 \end{cases} \tag{1-29}$$

分布函数如图 1-4B 所示。

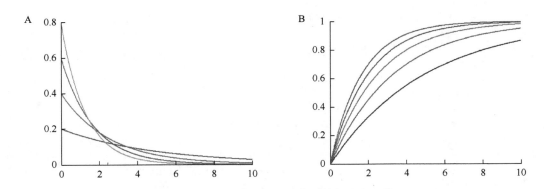

图 1-4　指数分布的概率密度函数与分布函数

A. 指数分布的概率密度函数；B. 指数分布的分布函数

下面给出绘制图 1-4 的 MATLAB 代码，读者可通过代码运行，体验上述函数的绘制。

```
function DrawExpoDistr(flag)
% 函数名称:DrawExpoDistr.M
% 实现功能:绘制指数分布的概率密度曲线与分布函数曲线.
% 输入参数:本函数带1个输入参数,含义如下:
%          (1)flag,标志字符串,取'pdf'或者'cdf',以确定绘制图形的类型,
%          :默认值取pdf.
% 输出参数:本函数默认不带输出参数.
% 函数调用:本函数实现功能不需要调用子函数.
% 参考资料:实现本函数功能的更详细资料,请参阅教材:
%          (1)马寨璞,MATLAB语言编程[M],电子工业出版社,2017.
% 原始作者:马寨璞,wdwsjlxx@163.com
% 创建时间:2016-03-04
% 原始版本:1.0
% 修订时间:2016-09-29,11:01:47
% 版权声明:未经作者许可,任何单位及个人不得以任何方式或理由对本代码
%          :进行网上传播、贩卖等.
% 实用样例:例1:DrawExpoDistr
%          :例2:DrawExpoDistr('cdf')
%
if nargin<1||isempty(flag)
        flag = 'pdf';% 缺省
elseif ischar(flag)
        flags = {'pdf','cdf'};
        flag = internal.stats.getParamVal(flag,flags,'TYPE');
else
        error('Input error!');
end
```

```
%  设置绘制指数分布的参数 Lambda
minLambda = 0.2;maxLambda = 0.8;
step = 0.2;x = 0:0.01:10;
%  绘制
for iLam = minLambda:step:maxLambda
      switch lower(flag)
            case 'pdf'
                    y = iLam*exp(-iLam*x);
            case 'cdf'
                    y = 1-exp(-1*iLam*x);
            otherwise
                    error('Input error!');
      end
      plot(x,y,'LineWidth',2,'Color',rand(1,3))
      hold on;
end
set(gca,'FontName','Times','FontSize',18,'LineWidth',2);
switch lower(flag)
      case 'pdf'
            title('Exponential probability density distribution');
      case 'cdf'
            title('Exponential distribution function');
end
box off;
set(gcf,'color','w')
```

一个将二项分布和指数分布结合在一起的经典例子是关于单分子生命的概率描述，设 w 是单分子在时刻 t_1 存活的概率，每一个单分子只有存活或者死亡两种状态，则根据二项分布的基本要求，n_1 个相同分子的存活概率，则可以使用二项分布来描述，记为

$$P_1(n_1,t_1) = C_{n_0}^{n_1} w^{n_1}(1-w)^{n_0-n_1} \qquad (1-30)$$

一般的，w 是和寿命有关的概率，若服从分布 $w(t) = e^{-\gamma t}, \gamma > 0$，则在这种情况下，将 w 代入式（1-30）中，则有

$$P_1(n_1,t_1) = C_{n_0}^{n_1} e^{-\gamma t_1 n_1}(1-e^{-\gamma t_1})^{n_0-n_1} \qquad (1-31)$$

若在另一个时刻 t_2，不妨设 $t_2 > t_1$，则 t_2 时刻时，生命状况发生转移的概率为

$$T(n_2,t_2 \mid n_1,t_1) = C_{n_1}^{n_2} e^{-\gamma(t_2-t_1)n_2}(1-e^{-\gamma(t_2-t_1)})^{n_1-n_2} \qquad (1-32)$$

在这里，不更多地展开说明其具体使用，感兴趣的读者可阅读《生物系统的随机动力学》（周天寿，2009）。

八、正态分布

正态分布是概率中最为重要的分布，也是日常生活中经常遇到的一种分布，如果随机变量 X 的概率密度函数为

$$f(x) = \frac{1}{\sqrt{2\pi}\sigma} e^{-\frac{(x-\mu)^2}{2\sigma^2}}, -\infty < x < \infty \qquad (1-33)$$

式中，$\mu, \sigma(\sigma > 0)$ 为常数，则称 X 服从参数为 μ, σ 的正态分布，记作 $X \sim N(\mu, \sigma^2)$。

正态分布的分布函数为

$$F(x) = \frac{1}{\sqrt{2\pi}\sigma} \int_{-\infty}^{x} e^{-\frac{(t-\mu)^2}{2\sigma^2}} dt \qquad (1\text{-}34)$$

正态分布的概率密度曲线如图 1-5 所示,读者可以借助 MATLAB 提供的现成函数 normpdf 来实现上述目的,后续会予以介绍。

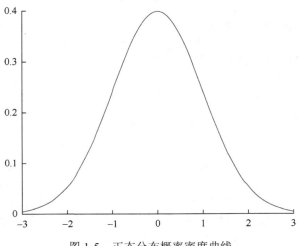

图 1-5　正态分布概率密度曲线

通过观察与分析,可知正态分布密度曲线 $f(x)$ 具有如下的性质。

（1）密度曲线 $f(x)$ 关于直线 $x = \mu$ 左右对称。

（2）在 $x = \mu$ 时,密度曲线 $f(x)$ 取得极大值。

（3）密度曲线 $f(x)$ 在 $x = \mu \pm \sigma$ 处有拐点,以 x 轴为水平渐近线。

（4）当参数 σ 固定不变时,密度曲线 $f(x)$ 随着 μ 的变化而沿着 x 轴左右平移,且形状不变,参数 μ 决定着密度曲线 $f(x)$ 的位置,称 μ 为密度曲线 $f(x)$ 的位置参数。图 1-6 示意了在不同 μ 值情况下的密度曲线,读者可利用所附 NormPdfProperty 函数上机观察结果。

（5）当参数 μ 固定不变时,密度曲线 $f(x)$ 随着 σ 的变化而变得扁平或瘦高,形状发生改变,但对称轴位置不变,此时称参数 σ 为密度曲线 $f(x)$ 的形状参数。图 1-7 示意了在不同 σ 值时密度曲线的形状,读者可使用所附函数上机观察结果。

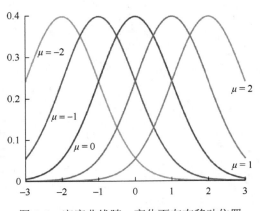

图 1-6　密度曲线随 μ 变化而左右移动位置

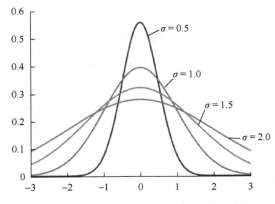

图 1-7　密度曲线随 σ 变化而改变形状

```
function NormPdfProperty(flag)
% 函数名称:NormPdfProperty.M
% 实现功能:正态概率密度曲线性质研究:随均值变化而左右移动位置,随标
%          :准差变化而改变形状.
% 输入参数:本函数共有 1 个输入参数,含义如下:
%          :(1)flag,用来指明考察的参数,取'mu'或者'sigma'之一,缺省取'mu'.
% 输出参数:本函数默认无输出参数.
% 函数调用:本函数实现功能不需要调用子函数.
% 参考资料:本函数实现的详细 MATLAB 语法资料,请参阅教材:
%          :(1)马寨璞,MATLAB 语言编程[M],电子工业出版社,2017.
% 原始作者:马寨璞,wdwsjlxx@163.com
% 创建时间:2016-09-29,11:36:58
% 原始版本:1.0
% 版权声明:未经作者许可,任何单位及个人不得以任何方式或理由对本代码
%          :进行网上传播、贩卖等.
% 实用样例:例 1:NormPdfProperty
%          :例 2:NormPdfProperty('sigma')
%
if nargin<1||isempty(flag)           % 默认研究均值对密度曲线的影响
    flag = 'mu';% 缺省
elseif ischar(flag)
    flags = {'mu','sigma'};
    flag = internal.stats.getParamVal(flag,flags,'TYPE');
else
    error('Input error!');
end
x = -3:0.01:3;
hm = msgbox('需要人工确定输出文字位置,请使用鼠标选定位置!','提示');
set(hm,'Position',[100,200,380,50],'Color','Black');
ah = get(hm,'CurrentAxes');          % 获取当前轴的句柄
ch = get(ah,'Children');             % 获取子句柄
set(ch,'FontSize',16,'FontName','微软雅黑','Color','Red');% 设置字体
% 绘图
switch lower(flag)
    case 'mu'
        jSigma = 1;
        for iMu = -2:1:2
            y = 1/sqrt(2*pi*jSigma)*exp(-1*(x-iMu).^2/(2*jSigma^2));
            ColorArr = rand(1,3);
            plot(x,y,'LineWidth',2,'Color',ColorArr);
            gtext(['\mu = ',sprintf('%d',iMu)],'FontName',...
                'Times','FontSize',18,'Color',ColorArr);
            hold on;
        end
    case 'sigma'
        iMu = 0;
        for jSigma = 0.5:0.5:2
            y = 1/sqrt(2*pi*jSigma)*exp(-1*(x-iMu).^2/(2*jSigma^2));
            ColorArr = rand(1,3);
            plot(x,y,'LineWidth',2,'Color',ColorArr);
            gtext(['\sigma = ',sprintf('%.1f',jSigma)],'FontName',...
                'Times','FontSize',18,'Color',ColorArr);
```

```
            hold on;
        end
end
% 关闭句柄
if ishandle(hm),close(hm);end
% 修饰图像
box off;ht = title('Normal Probability Density Distribution');
set([gca,ht],'FontName','Times','FontSize',18,'LineWidth',2);
set(gcf,'color','w')
```

通常把参数 $\mu = 0, \sigma = 1$ 时的正态分布 $N(0, 1)$ 称作标准正态分布，此时其概率密度函数和分布函数分别简化记为

$$\varphi(x) = \frac{1}{\sqrt{2\pi}} e^{-\frac{x^2}{2}} \qquad (1\text{-}35)$$

$$F(x) = \int_{-\infty}^{x} \varphi(x) \mathrm{d}t = \frac{1}{\sqrt{2\pi}} \int_{-\infty}^{x} e^{-\frac{t^2}{2}} \mathrm{d}t \qquad (1\text{-}36)$$

在具体计算时，可使用函数计算 $F(x)$，MATLAB 为此专门提供了一系列函数。这些函数包括概率密度函数 normpdf，分布函数 normcdf 及计算截断值（分位数）对应概率的 norninv 函数。例如：

```
x = -4:0.01:4;
mu = (max(x) + min(x))/2;sigma = 1;
y = normpdf(x,mu,sigma);
plot(x,y,'LineWidth',1.6,'Color','r')
set(gca,'FontSize',16,'FontName','Times New Roman')
set(gcf,'color','w');box off
```

又如，要计算标准正态分布中对应着某个 x 的分布函数值（累积概率），则可以使用 normcdf (x, μ, σ) 来计算，如当 $x = 1.96$ 时，标准正态分布对应着的累积分布概率为

```
>>normcdf(1.96,0,1)
ans = 0.9750
```

当 $x = -1.96$ 时，有

```
>>normcdf(-1.96,0,1)
ans = 0.0250
```

则在 $-1.96 \sim 1.96$ 的概率为：$0.9750 - 0.0250 = 0.9500$。需要提醒，在函数 normcdf 的参数中，输入的是 σ，不是 σ^2，不要混淆了。

在一般的生物统计学教材中，常常附录许多备用表格，在 MATLAB 中，要计算概率或者根据概率计算临界值（分位数），只需使用命令即可得到对应值，如要查概率值 0.025 对应的分位数，则可以使用 norminv (p, μ, σ) 函数，具体示例如下：

```
>>norminv(0.025,0,1)
ans = -1.9600
```

读者也可以使用区间数据直接计算，如概率 0.025 和 0.975 对应着的分位数，计算如下：

```
>>norminv([0.025,0.975],0,1)
ans = -1.9600 1.9600
```

为了方便不喜欢编程的读者查阅，我们利用 MATLAB 函数编制了标准正态分布的查询表

（附表 1），该表只设定了 0～3.5 的查询，对于概率小于 0.5 的查询，可借助正态分布的对称性质实现，下面是编制查询表的函数代码，也可以自行设定查询范围，当计算的左边界小于 0 时，需要注意查询的 x 值与之对应的行。

```
function MakeNormalDistrTable(LeftLimit,RightLmt)
% 函数名称:MakeNormalDistrTable.m
% 实现功能:创建标准正态分布查询表.
% 输入参数:函数共有 2 个输入参数,含义如下:
%          :(1),lLmt,left linmit,查询表的下界,缺省设置为 0.
%          :(2),rLmt,right linmit,查询表的上界,缺省设置为 3.5.
% 函数调用:实现函数功能不需要调用子函数.
% 参考文献:实现函数算法,参阅了以下文献资料:
%          :(1),马寨璞,MATLAB 语言编程[M],北京:电子工业出版社,2017.
% 原始作者:马寨璞,wdwsjlxx@163.com.
% 创建时间:2017-06-29,10:35:48.
% 当前版本:1.0
% 版权声明:未经作者许可,任何单位及个人不得以任何方式或理由对本代码
%          :进行网上传播、贩卖等.
% 验证说明:本函数在 MATLAB 2014a 平台运行通过.
% 使用样例:MakeNormalDistrTable
%
if nargin<2
    LeftLimit = 0;
    RightLmt = 3.50;
end
rowStep = 0.1;
for ir = LeftLimit:rowStep:RightLmt-rowStep
    fprintf('%.1f\t',ir);
    for jc = 0:0.01:0.09
        vTmp = ir + jc;
        phi = normcdf(vTmp,0,1);
        fprintf('%.4f\t',phi);
    end
    fprintf('\b\n')
end
```

对于非标准正态分布，当手工计算时，可通过标准化变换，将其转化为标准正态分布，即若随机变量 $X \sim N(\mu, \sigma^2)$，做变量代换 $u = \dfrac{x-\mu}{\sigma}$，则 $X \sim N(\mu, \sigma^2)$ 将转化为 $U = \dfrac{X-\mu}{\sigma} \sim N(0, 1^2)$。在 MATLAB 中，不需要考虑这种转换，计算函数可直接使用计算非标准的正态分布。

例如，设随机变量 $X \sim N(8, 2^2)$，计算：① $P(X \leqslant 10)$；② $P(7 \leqslant X \leqslant 9)$。

使用 normcdf 直接计算 $P(X \leqslant 10)$，则有

```
>>normcdf(10,8,2)
ans = 0.8413
```

使用

```
>>x = normcdf([7,9],8,2);
>>x(2)-x(1)
ans = 0.3829
```

九、其他分布

上面详细讨论了二项分布和正态分布的概率计算、分布函数等，以二项分布为代表的，是离散型的随机变量，以正态分布为代表的，是连续型随机变量。在以往的教科书中，还会介绍其他的离散型随机变量和连续型随机变量，尤其是和生物研究相关的典型的几种随机变量，如卡方（χ^2）分布、t 分布、F 分布、指数分布等。在这里，借助于软件的强大支撑，把常见分布的概率密度函数、分布函数和累积分布逆函数列表，如表 1-3 所示，读者可借助 MATLAB 对其进行更进一步的研究学习。

表 1-3　常见分布及其概率密度函数、分布函数和累积分布逆函数

分布名称	概率密度函数	分布函数	累积分布逆函数
β 分布	betapdf	betacdf	betainv
二项分布	binopdf	binocdf	binoinv
卡方分布	chi2pdf	chi2cdf	chi2inv
指数分布	exppdf	expcdf	expinv
F 分布	fpdf	fcdf	finv
伽玛分布	gampdf	gamcdf	gaminv
几何分布	geopdf	geocdf	geoinv
超几何分布	hygepdf	hygecdf	hygeinv
正态（高斯）分布	normpdf	normcdf	norminv
对数正态分布	lognpdf	logncdf	logninv
负二项分布	nbinpdf	nbincdf	nbininv
非中心 F 分布	ncfpdf	ncfcdf	ncfinv
非中心 t 分布	nctpdf	nctcdf	nctinv
非中心卡方分布	ncx2pdf	ncx2cdf	ncx2inv
泊松分布	poisspdf	poisscdf	poissinv
瑞利分布	raylpdf	raylcdf	raylinv
t 分布	tpdf	tcdf	tinv
离散均匀分布	unidpdf	unidcdf	unidinv
连续均匀分布	unifpdf	unifcdf	unifinv
威布尔分布	weibpdf	weibcdf	weibinv

观察表 1-3，可以知道：各种分布的专用函数都是由特定分布的名称加上 pdf、cdf 和 inv 构成的，以*作为通配符，则：①*pdf 生成特定的*概率密度函数；②*cdf 生成特定的*概率分布函数（即累加的概率）；③*inv 生成特定的*概率分布函数的逆函数。

其实，如果查看 MATLAB 统计工具箱函数，还会发现，MATLAB 按照统一格式命名了功能相同的许多分布，例如：①具有*rnd 格式命名的函数能够生成由名称*指定的某种分布的随机数；②具有*fit 格式命名的函数能够拟合*概率分布给定随机数据的统计参数；③具有*stat 格式名称的函数则能够得到*概率分布的统计参数。

表 1-4 给出了这些函数的简介，供读者查询。

表 1-4　常见分布的随机数生成器、分布函数统计量和参数估计函数

分布名称	随机数生成器	分布函数的统计量	参数估计函数
β 分布	betarnd	betastat	betafit；betalike（贝塔对数似然函数）
二项分布	binornd	binostat	binofit
卡方分布	chi2rnd	chi2stat	
指数分布	exprnd	expstat	expfit
F 分布	frnd	fstat	
伽玛分布	gamrnd	gamstat	gamfit；gamlike（伽玛似然函数）mle 极大似然估计
几何分布	geornd	geostat	
超几何分布	hygernd	hygestat	
对数正态分布	lognrnd	lognstat	
负二项分布	nbinrnd	nbinstat	
非中心 F 分布	ncfrnd	ncfstat	
非中心 t 分布	nctrnd	nctstat	
非中心卡方分布	ncx2rnd	ncx2stat	
正态（高斯）分布	normrnd	normstat	normfit；normlike（正态对数似然函数）
泊松分布	poissrnd	poisstat	poissfit
瑞利分布	raylrnd	raylstat	
t 分布	trnd	tstat	
离散均匀分布	unidrnd	unidstat	unifit
连续均匀分布	unifrnd	unifstat	unifit
威布尔分布	weibrnd	weibstat	weibfit；weiblike（威布尔对数似然函数）

除了上述这些专用函数外，MATLAB 统计工具箱还提供了通用的函数，包括：①pdf，用于生成各类概率分布的概率密度函数；②cdf，用于生成各类分布的累积概率；③icdf，用于计算各类概率分布的逆，即反求分位数；④random，用于生成各类概率分布的随机数；⑤fitdist，使用各类概率分布拟合给定随机数据的统计参数（如均值、方差等）。下面以 pdf 为例，介绍其使用方法。

概率密度函数 pdf 用来生成指定分布名称的概率密度。常见的语法格式包括：

y = pdf(name,x,a）

y = pdf(name,x,a,b）

y = pdf(name,x,a,b,c）

在这 3 个格式中，唯一的差别是指定分布所需参数个数的不同，可选用含 1 个、2 个或者 3 个参数的形式。例如，下面的语句计算了标准正态分布在 $x = -2 \sim 2$ 的概率密度值。

```
p1 = pdf('Normal',-2:2,0,1)
```

在该语句中，语法对应关系如表 1-5 详列所示。

表 1-5 解析 pdf 函数的语法格式

对比项	名称及格式	数据	参数 a	参数 b	参数 c
语法格式	name	x	a	b	c
实例句法	'Normal'	$-2:2$	0	1	——
实际含义	正态分布	数据范围	均值	方差	——

运行可知，得到的是 $x = -2$，-1，0，1，2 时的密度值，如下。

```
>>p1 = pdf('Normal',-2:2,0,1)
p1 = 0.0540  0.2420  0.3989  0.2420 0.0540
```

MATLAB 提供了适用于 pdf 函数的各种分布的名称及其 name 参数，如表 1-6 所示。

表 1-6 函数 pdf 中可用字符串及其含义列表

字符串	表示分布	参数 a	参数 b	参数 c
'beta' or 'Beta'	β 分布	a	b	——
'bino' or 'Binomial'	二项分布	n：试验总次数	p：每次试验成功的概率	——
'birnbaumsaunders'	伯恩鲍姆-桑德斯分布	β	γ	——
'burr' or 'Burr'	伯尔 xii 型分布	α：尺度参数	c：形状参数	k：形状参数
'chi2' or 'Chisquare'	卡方分布	v：自由度	——	——
'exp' or 'Exponential'	指数分布	μ：均值	——	——
'ev' or 'Extreme Value'	极值分布	μ：位置参数	σ：尺度参数	——
'f or 'F'	F 分布	$v1$：自由度参数	$v2$：分母的自由度参数	——
'gam' or 'Gamma'	γ 分布	a：形状参数	b：尺度参数	——
'gev' or 'Generalized Extreme Value'	广义极值分布	k：形状参数	σ：尺度参数	μ：位置参数
'gp' or 'Generalized Pareto'	广义帕累托分布	k：尾部指标（形状）参数	σ：尺度参数	μ：阈值（位置）参数
'geo' or 'Geometric'	几何分布	p：概率参数	——	——
'hyge' or 'Hypergeometric'	超几何分布	m：某总体大小	k：具某特征个体数量	n：抽取样本数量
'inversegaussian'	逆高斯分布	μ	λ	——
'logistic'	逻辑斯谛分布	μ	σ	——
'loglogistic'	逻辑斯谛分布	μ	σ	——
'logn' or 'Lognormal'	对数正态分布	μ	σ	——
'nakagami'	nakagami 分布	μ	ω	——
'nbin' or 'Negative Binomial'	负二项分布	r：成功的个数	p：单次试验中成功的概率	——

续表

字符串	表示分布	参数 a	参数 b	参数 c
'ncf' or 'Noncentral F'	非中心 F 分布	$v1$：自由度	$v2$：分母自由度	δ：非中心参数
'nct' or 'Noncentral t'	非中心 t 分布	v：自由度	δ：非中心参数	—
'ncx2' or 'Noncentral Chi-square'	非中心卡方分布	v：自由度	δ：非中心参数	—
'norm' or 'Normal'	正态分布	μ：均值	σ：标准差	
'poiss' or 'Poisson'	泊松分布	λ：均值	—	
'rayl' or 'Rayleigh'	瑞利分布	b：尺度参数	—	
'rician'	莱斯（广义瑞利）分布	s：非中心参数	σ：尺度参数	—
't' or 'T'Student's	t 分布	v：自由度	—	
'tlocationscale'	t 位置尺度分布	μ：位置参数	σ：尺度参数	v：形状参数
'unif' or 'Uniform'	均匀分布（连续型）	a：最小端点（极小值）	b：极大端点（极大值）	—
'unid' or 'Discrete Uniform'	均匀分布（离散型）	n：最大观测值		
'wbl' or 'Weibull'	威布尔分布	a：尺度参数	b：形状参数	—

下面是使用 pdf 函数绘制的各种分布密度曲线，为了绘制出合理数据区间的曲线，对各分布使用的参数进行了逐一确定，取值如表 1-7 所示，后附的 Disp Poss Dense Func 函数集中绘制了 31 种分布密度曲线。

表 1-7　各种分布绘图样例参数

分布名称	x			a	b	c
	xMin	step	xMax			
'Beta'	0	0.001	1	3	6	'NaN'
'Binomial'	0	1	30	30	0.2	'NaN'
'Birnbaum saunders'	0	0.001	3	2	3	'NaN'
'Burr'	0	0.001	3	1	2	1.5
'Chisquare'	0	0.2	15	4	'NaN'	'NaN'
'Exponential'	0	0.1	10	2	'NaN'	'NaN'
'Extreme Value'	−15	0.1	5	0	2	'NaN'
'F'	0	0.1	10	5	3	'NaN'
'Gamma'	600	1	1400	100	10	'NaN'
'Generalized Extreme Value'	−3	0.001	6	0	1	0
'Generalized Pareto'	0	0.01	7	0	1	0
'Geometric'	1	1	10	0.6	'NaN'	'NaN'
'Hypergeometric'	0	1	10	700	60	25
'Inversegaussian'	0	0.01	10	5	2	'NaN'
'Logistic'	−10	0.01	10	3	1	'NaN'

续表

分布名称	x			a	b	c
	xMin	step	xMax			
'Loglogistic'	0.1	0.01	10	3	1	'NaN'
'Lognormal'	0.1	0.01	40	2	1	'NaN'
'Nakagami'	0.01	0.01	6	1	3	'NaN'
'Negative Binomial'	1	1	8	0.1	0.5	'NaN'
'Noncentral F'	0.01	0.01	10	5	20	10
'Noncentral t'	−5	0.01	5	5	1	'NaN'
'Noncentral Chi-square'	0	0.01	20	4	2	'NaN'
'Normal'	−4	0.01	4	0	1	'NaN'
'Poisson'	0	1	10	2	'NaN'	'NaN'
'Rayleigh'	0	0.01	2	0.5	'NaN'	'NaN'
'Rician'	0	0.01	5	1	1	'NaN'
'T'	−4	0.01	4	3	'NaN'	'NaN'
'tLocationScale'	−4	0.01	4	1	1	5
'Uniform'	0	0.01	3	1	2	'NaN'
'Discrete Uniform'	0	1	10	10	'NaN'	'NaN'
'Weibull'	0	0.01	5	2	3	'NaN'

```
function DispPossDenseFunc()
% 函数名称:DispPossDenseFunc.M
% 实现功能:展示各种随机变量分布的密度函数,并绘制密度曲线图.
% 输入参数:本函数不需要输入任何参数.
% 输出参数:本函数没有设定返回参数.
% 函数调用:本函数实现功能不需要调用子函数,没有子函数.
% 参考资料:本函数实现功能的语法参考,请参阅教材:
%        :(1)马寨璞,MATLAB 语言编程[M],电子工业出版社,2017.
% 原始作者:马寨璞,wdwsjlxx@163.com
% 修订时间:2016-09-19,09:03:27
% 当前版本:1.0.1 20160919_release
% 版权声明:未经作者许可,任何单位及个人不得以任何方式或理由对本代码进行
%        :网上传播、贩卖等.
% 实用样例:例1:DispPossDenseFunc()
%
% 设定参数
DistrParams = {...
    'Beta',0,0.01,1,3,6,'NaN';
    'Binomial',0,1,30,30,0.2,'NaN';
    'Birnbaum Saunders',0,0.01,3,2,3,'NaN';
    'Burr',0,0.01,3,1,2,1.5;
    'Chisquare',0,0.2,15,4,'NaN','NaN';
    'Exponential',0,0.1,10,2,'NaN','NaN';
```

```
    'Extreme Value',-15,0.1,5,0,2,'NaN';
    'F',0,0.1,10,5,3,'NaN';
    'Gamma',600,1,1400,100,10,'NaN';
    'Generalized Extreme Value',-3,0.01,6,0,1,0;
    'Generalized Pareto',0,0.01,7,0,1,0;
    'Geometric',1,1,10,0.6,'NaN','NaN';
    'HyperGeometric',0,1,10,700,60,25;
    'InverseGaussian',0,0.01,10,5,2,'NaN';
    'Logistic',-10,0.01,10,3,1,'NaN';
    'LogLogistic',0.1,0.01,10,3,1,'NaN';
    'LogNormal',0.1,0.01,40,2,1,'NaN';
    'Nakagami',0.01,0.01,6,1,3,'NaN';
    'Negative Binomial',1,1,8,0.1,0.5,'NaN';
    'NonCentral F',0.01,0.01,10,5,20,10;
    'NonCentral t',-5,0.01,5,5,1,'NaN';
    'NonCentral Chi-square',0,0.01,20,4,2,'NaN';
    'Normal',-4,0.01,4,0,1,'NaN';
    'Poisson',0,1,10,2,'NaN','NaN';
    'Rayleigh',0,0.01,2,0.5,'NaN','NaN';
    'Rician',0,0.01,5,1,1,'NaN';
    'T',-4,0.01,4,3,'NaN','NaN';
    'tLocationScale',-4,0.01,4,1,1,5;
    'Uniform',0,0.01,3,1,2,'NaN';
    'Discrete Uniform',0,1,10,10,'NaN','NaN';
    'Weibull',0,0.01,5,2,3,'NaN'};
nRows = size(DistrParams,1);
for ir = 1:nRows
    close all;
    [names,xMin,xStep,xMax,a,b,c] = DistrParams{ir,:};% 读取参数
    x = xMin:xStep:xMax;
    y = pdf(names,x,a,b,c);
    plot(x,y,'LineWidth',1.2,'Color','r');% 绘图
    th = title([sprintf('%s ',names),'Distribution']);
    % 标注文字
    if strcmp(b,'NaN')
        if xMin == fix(xMin)                % 若为整数
            tg = xlabel(sprintf('Drawing Params:x = %d~%d;a = %3.1f;',...
                xMin,xMax,a));
        else
            tg = xlabel(sprintf('Drawing Params:x = %.2f~%d;a = %3.1f;',...
                xMin,xMax,a));
        end
    elseif strcmp(c,'NaN')
        if xMin == fix(xMin)                % 若为整数
            tg = xlabel(sprintf('Params:x =%d~%d,a =%3.1f,b =%3.1f;',...
                xMin,xMax,a,b));
        else
            tg =xlabel(sprintf('Params:x =%.2f~%d,a =%3.1f,b =%3.1f;',...
                xMin,xMax,a,b));
        end
    else
        if xMin == fix(xMin)                % 若为整数
```

```
        tg = xlabel(sprintf('Params:x = %d~%d;a = %3.1f,b = %3.1f,c = %3.1f;',...
            xMin,xMax,a,b,c));
    else
        tg = xlabel(sprintf('Params:x = %.2f~%d;a = %3.1f,b = %3.1f,c = %3.1f;',...
            xMin,xMax,a,b,c));
    end
end
% 设定文字大小,适合阅读
set(gca,'FontName','Times New Roman','FontSize',16);% 坐标轴
set([th,tg],'FontName','Times','FontSize',16);      % 标注文字
%set([th,tg],'FontAngle','it');
set(gcf,'color','w');box off;
% 将图幅白边去掉
set(gca,'Position',get(gca,'OuterPosition')-...
    get(gca,'TightInset')*[-1,0,1,0;0,-1,0,1;0,0,1,0;0,0,0,1]);
% 输出图形,输出到当前目录下文件
FigFmt = '-dmeta';
FigRslu = '-r100';
FigName = sprintf('%s.png',names);
print(FigFmt,FigRslu,FigName);
end
```

函数运行结果如图 1-8 和图 1-9 所示（函数绘制并输出了全部 31 幅图，这里只给出 2 个样图）。

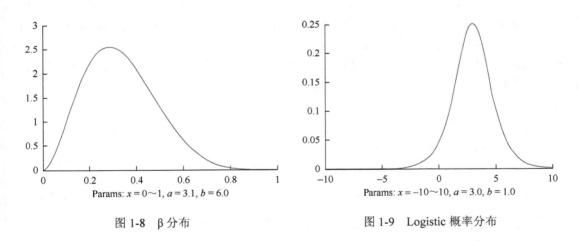

图 1-8 β 分布　　　　　　　　　　图 1-9 Logistic 概率分布

除了上述的 pdf,其他的几个通用函数,如 cdf 等也具有类似的使用方法,不再重复介绍。

十、多维随机变量

当使用随机变量描述随机试验的结果时,若试验结果只表现在 1 个方面,则使用 1 个随机变量即可满足。但在实际应用中,有些随机试验结果往往需要多个随机变量来描述。例如,要描述飞雁壮头蛛（园蛛科）的鉴别特征,需要测定蜘蛛的螯肢与螯爪（于红梅,2014）,这就需要两个变量来描述,在生物学研究中,这种用多个变量描述生物状态的情况很常见。将单一随机变量扩展到多个随机变量,则可将多个有联系的随机变量,组成一个 n 维向量

$(X_1, X_2, \cdots, X_n)$ ，我们称之为 n 维随机向量。若将生物试验的各个指标看作随机变量，则各个变量构成的一组数据就可看作一个随机向量，它们的分布则称为联合分布，可由联合分布函数等来描述。

第三节　随机变量的数字特征

分布函数能够全面地反映一个随机变量的统计规律，是研究随机变量性质时最有用的工具，利用分布函数可以方便地计算出随机变量取不同值或者不同区间时对应的概率。但是，在实际应用中，随机变量的分布函数并不容易完整得到，人们很多时候只能够了解它的某些侧面性质；另外，有时候只需知道随机变量的一个或者几个分布特征，就能对该随机变量进行整体上的把握，这时就不需要再去考虑用分布函数进行研究。

在随机变量的主要特征中，一个重要的概念是平均值，即试验测得数据的中心；另一个则是度量数据离散程度的方差，即数据对中心的平均偏离程度；再一个是协方差，它可以看作方差的推广，度量两个随机变量之间的离散程度或协调变化情况；矩则是上述概念的一般性推广，也是探讨数据偏态与峰态系数的"基本材料"。在本节，着重探讨数学期望、方差、常用离散概率分布的数学期望与方差、协方差与相关系数、矩等有关概念。

一、数学期望

提到期望，人们常常会想到常识中的"期望"，但在概率论和统计学中，数学期望（简称期望）是指理论平均值，是试验中每个可能结果的概率与对应结果乘积的总和，是最基本的数学特征，它反映了随机变量平均取值的大小。

下面以计算 $1 \sim 5$ 这 5 个数的平均值为例，引出离散型数学期望的定义。以 $\bar{x}$ 记作平均值，则具体计算如下。

$$\bar{x} = \frac{1+2+3+4+5}{5}$$

$$= \frac{1 \times 1 + 1 \times 2 + 1 \times 3 + 1 \times 4 + 1 \times 5}{5} \qquad <1>$$

$$= \frac{1}{5} \times 1 + \frac{1}{5} \times 2 + \frac{1}{5} \times 3 + \frac{1}{5} \times 4 + \frac{1}{5} \times 5 \qquad <2>$$

$$= P(X=1) \times 1 + P(X=2) \times 2 + P(X=3) \times 3 + P(X=4) \times 4 + P(X=5) \times 5 \qquad <3>$$

$$= \sum_{i=1}^{5} P(X=x_i) \times x_i = \sum_{i=1}^{5} p_i x_i$$

从这个计算过程可知，要计算一组数据的平均值，可通过统计各个值与其出现的次数（如 $<1>$ 处），改写为求各个值与其出现频率的乘积和（如 $<2>$ 处），将这种改写进一步理论化，即明确了均值是各个测量值与其出现概率乘积的和（如 $<3>$ 处）。因此，所谓的数学期望，以数学语言描述（不引入级数的概念）如下。

设离散型随机变量 X 的概率函数为

$$P(X=x_i) = p_i, \quad (i=1,2,\cdots) \tag{1-37}$$

若求和 $\sum_{i=1}^{\infty}|x_i|p_i$ 是一个有限值，则称该和值为随机变量 X 的数学期望，也称为总体均值，简称均值，记作 $E(X)$，即

$$E(X) = \sum_{i=1}^{\infty} x_i p_i \tag{1-38}$$

当求和 $\sum_{i=1}^{\infty}|x_i|p_i$ 无限大时，称随机变量 X 的数学期望不存在。

通过求解平均数，得到了离散型随机变量的数学期望的定义，对于连续型随机变量，可类比得到其定义式。在基本概念上，求和 Σ 与积分可看作同一个含义，离散型随机变量的概率 p_i 与连续型随机变量的概率密度，都可看作一个"点"值的概率，因此可得到连续型随机变量的定义，如下。

设连续型随机变量 X 的概率密度为 $f(x)$，若积分 $\int_{-\infty}^{\infty} xf(x)\mathrm{d}x$ 是一个有限的值，则称积分 $\int_{-\infty}^{\infty} xf(x)\mathrm{d}x$ 的值为随机变量 X 的数学期望，同样记作 $E(X)$，即

$$E(X) = \int_{-\infty}^{\infty} xf(x)\mathrm{d}x \tag{1-39}$$

数学期望具有如下的性质：①常数的期望是其自身，即设 C 是常数，则 $E(C) = C$；②常数对随机变量期望的影响，可以提取到随机变量之外，设 X 是随机变量，C 是常数，则 $E(CX) = CE(X)$；③设随机变量 X，Y，则有 $E(X + Y) = E(X) + E(Y)$，对于任意有限多个随机变量，该格式可以推广使用；④当随机变量 X，Y 相互独立时，有 $E(XY) = E(X)E(Y)$。

例 3 在共有 N 人的人群中，普查某种疾病（发病率为 p），若逐个验血检测，则需要做 N 次检验，问能否以概率的思想提高检测效率？

解 （1）将人群分组，设每组 k 人，把这 k 个人的血液混合后一起检验，若检验呈阴性，则说明 k 人的血液全部为阴性，这 k 人只需 1 次检验即可，平均每人检验了 $\frac{1}{k}$ 次，此时 k 人同时为阴性，对应的概率为 $(1-p)^k$。若检验为阳性，则说明其中有人为阳性，需要再一一检验，这种情况下，k 人需要 $(k+1)$ 次检验，人均检验 $\frac{k+1}{k}$ 次，此时，对应的概率为 $1-(1-p)^k$。

（2）若该疾病的发病率 p 很小，且每个人的发病都是独立的，设 X 为每个人需要检验的次数，则 X 的分布如表 1-8 所示。

表 1-8　例题中的分布律

X	$\frac{1}{k}$	$\frac{k+1}{k}$
P	$(1-p)^k$	$1-(1-p)^k$

则有

$$E(X) = \frac{1}{k}(1-p)^k + \frac{k+1}{k}[1-(1-p)^k]$$

$$= 1 + \frac{1}{k} - (1-p)^k$$

其中，k 为自然数。根据要求，若要提高效率，减少工作量，则需要 $E(X)<1$，则有

$$\frac{1}{k} < (1-p)^k$$

若 p 很小，则取适当的 k 值，可使期望达到极小，以确定最佳分组方案。例如，若 $p=0.1$，则当 $k=4$ 时，取得极小值，设 $N=1000$，则 $E(X)=0.5939$，$N \times E(X) = 594$，也就是说，1000 人只需检验 594 次，节约近 40%。

这个例题为我们提供了如何进行最佳普查的方案，也为分组筛选提供了数学模型，凡是进行筛选的过程，都可以考虑这种方法，以期节约材料，达到事半功倍的效果。

例 4 某单位要研发一种新产品，市场调研预测认为，每销售一台产品，可获利 m 元，每积压一台，则损失 n 元。考虑市场逐渐趋于饱和，预测市场销量 Y 服从指数分布，且概率密度为

$$f(y) = \begin{cases} \dfrac{1}{\theta}\mathrm{e}^{-y/\theta}, & y>0 \\ 0. & y \leqslant 0 \end{cases} \qquad \theta>0$$

若想取得最大期望利润，应该生产多少产品，设定 m,n,θ 均为已知量。

解 设产量为 x，设获利为 Q，则 Q 是 x 的函数，则当销售量 Y 大于产量 x 时，全部产品产生利润为 mx；当销售量 Y 小于产量 x 时，则产生的利润与库存积压损失为 $mY - n(x-Y)$，可知

$$Q = Q(x) = \begin{cases} mY - n(x-Y), & Y<x \\ mx. & Y \geqslant x \end{cases}$$

显然，利润 Q 是随机变量，是 Y 的函数，则其数学期望为

$$\begin{aligned} E(Q) &= \int_0^\infty Q f(y)\mathrm{d}y \\ &= \int_0^x mY - n(x-Y)\frac{1}{\theta}\mathrm{e}^{-y/\theta}\mathrm{d}y + \int_x^\infty mx \frac{1}{\theta}\mathrm{e}^{-y/\theta}\mathrm{d}y \\ &= (m+n)\theta - (m+n)\theta\mathrm{e}^{-y/\theta} - nx \end{aligned}$$

要得到利润的极大值，则需要计算期望的极值，则有

$$\frac{\mathrm{d}E(Q)}{\mathrm{d}x} = (m+n)\theta\mathrm{e}^{-x/\theta} - n = 0$$

得到

$$x = -\theta\ln\frac{n}{m+n}$$

又因为

$$\frac{\mathrm{d}^2 E(Q)}{\mathrm{d}x^2} = -\frac{m+n}{\theta}\mathrm{e}^{-x/\theta} < 0$$

可知 $x = -\theta\ln\dfrac{n}{m+n}$ 是 $E(Q)$ 的极大值。

这是一道关于如何进行取舍的典型例题，对事物的合理取舍提供了平均意义上的最佳模型。许多日常生活中的问题都以此为背景，在科学研究中也存在这样的问题，如要进行药物试验，面临药物的用量控制问题，量不足，达不到药效，过量，则产生副作用，借此可确定合理的剂量等。再如设计科研试验，试验次数过多，则浪费资金财力；试验次数过少，则达不到试验要求的数量。一般的，凡是考虑"盈亏"背景的问题，都可以借此得以展开研究。

在实际的应用中，当测得一批数据时，可将这批数据看作采样数据，MATLAB 为计算采用数据的均值提供了函数 mean，示例如下：

```
A = randn(10);%产生100个具有正态分布的随机数
m = mean(A(:))%计算其均值
```

二、方差

和期望一样，方差也是描述试验结果的最基本数学特征之一，它用来描述数据与平均值之间的偏离程度，可用来表达数据的整齐性，也可以用来表达事物的稳定性等。其基本含义，可通过如下的对比得以体现。

在生物试验中，经常用到摇床、烘干机等设备，假如有一批烘干机，已知其平均寿命为 $E(X) = 60\,000$h，只考虑这个指标，尚无法判断这批货物的质量好坏。事实上，有可能其中绝大部分烘干机的寿命都在 59 500～60 500h；也有可能其中有一半是高质量的，寿命大约在 65 000h，另一半却是质量很差的，寿命只有 55 000h。要评价这批货的质量好坏，还需要进一步考察烘干机寿命 X 与其均值 $E(X)$ 的偏离程度。若偏离较小，则表示质量比较稳定，也可以认为是质量较好。由此可见，研究随机变量与其均值的偏差十分必要。

要度量这种偏差，采用期望的形式，即形如

$$E\{|X - E(X)|\} \tag{1-40}$$

借用期望的本质，就表达了随机变量与其均值的平均的偏离程度。

在式（1-40）中，$E(X)$ 是 X 的期望，也就是数据 X 的均值、中心；$|X - E(X)|$ 是偏离距离，考虑绝对值符号运算不方便，通常将上式转化为 $[X - E(X)]^2$ 形式，求这种表达形式的期望 $E\{[X - E(X)]^2\}$，同样表达了数据 X 偏离其中心的平均程度。也许读者会说，可以使用去掉绝对值符号的形式 $X - E(X)$，实际上，这种形式是不行的，它会把正负的偏差抵消掉，达不到表示偏离的目的。因此，需要用平方的这种形式，在这种格式中，以距的平方这种形式表达偏离、偏差，称为方差。由此，得到方差的定义，如下。

设 X 是随机变量，若期望 $E\{[X - E(X)]^2\}$ 存在，则称 $E\{[X - E(X)]^2\}$ 为 X 的方差，记作 $D(X)$ 或者 $\text{var}(X)$，即

$$D(X) = E\{[X - E(X)]^2\} \tag{1-41}$$

在具体计算时，由于离散型和连续型期望的定义不同，它们的计算表达也稍有不同，当 X 为离散型随机变量时，

$$D(X) = \sum_{i=1}^{\infty} [x_i - E(X)]^2 p_i \tag{1-42}$$

其中 $P(X = x_i) = p_i, i = 1, 2, \cdots$ 是 X 的分布律。当 X 为连续型随机变量时，

$$D(X) = \int_{-\infty}^{\infty} [x - E(X)]^2 f(x) \mathrm{d}x \tag{1-43}$$

其中 $f(x)$ 是 X 的概率密度。方差以期望的形式表达，表明它体现的是平均的偏离程度、不符合程度。

在具体使用时，虽然方差可以方便地表达出偏离程度，但还有一点不尽如人意。例如，当处理的数据是测量长度时，如其量纲为 cm，则方差计算得到的结果，其量纲为 cm²，尽管觉得表达偏离程度使用"平方厘米"有点不太合乎逻辑，但至少"平方厘米"这个概念还是

遇到过，仍可接受；假如测得的数据是众多养猪场生产的生猪头数，则方差量纲结果为"平方头"，这无论如何也不符合习俗。因此，为了更好地表达偏离程度，将上述的方差进行开方处理，恢复其原始量纲，则得到标准差的定义，如下：

$$\sigma(X) = \sqrt{D(X)} \tag{1-44}$$

有时，$\sigma(X)$ 也称作均方差。

按照上述方差的定义，可知方差表达了随机变量 X 的取值与其数学期望的偏离程度，方差越大，偏离程度越大，表明数据取值比较分散；反之，方差越小，偏离程度越小，表明数据取值都集中在期望值附近，这时常常称数据比较整齐。在后续的章节里，提到数据整齐，即此意。

在实际应用中，随机变量 X 的方差，通常按照如下的公式进行计算：

$$D(X) = E(X^2) - [E(X)]^2 \tag{1-45}$$

方差具有以下的性质。

（1）设 C 为常数，则 $D(C) = 0$，这一条性质可通过方差的本质来理解，方差表达的是偏差，对于常数，它的均值就是自己，与自身的偏差，肯定为 0。

（2）设 X 是随机变量，C 是常数，则有

$$D(CX) = C^2 D(X) \tag{1-46}$$

和

$$D(C + X) = D(X) \tag{1-47}$$

对于 $D(CX) = C^2 D(X)$，我们可以理解为，常数提取出来时，按照定义以平方的形式移出来。而对于 $D(C + X) = D(X)$，我们可以理解为，方差本质是表达偏差，常数加载到随机变量上，并不能改变这种偏差，它不起作用。

（3）设 X, Y 是两个随机变量，则有

$$D(X + Y) = D(X) + D(Y) + 2E\{[X - E(X)][Y - E(Y)]\} \tag{1-48}$$

若 X, Y 相互独立，则有

$$D(X + Y) = D(X) + D(Y) \tag{1-49}$$

当存在有限多个相互独立的随机变量时，则有

$$D(X_1 + X_2 + \cdots + X_n) = D(X_1) + D(X_2) + \cdots + D(X_n) \tag{1-50}$$

对于这条性质的理解，我们可以这样认为：随机变量的和对其中心的偏差，除了包含构成和的 X 和 Y 的偏差之外，还包含 X 和 Y 之间的相互影响而产生的额外偏差，即 $2E\{[X - E(X)][Y - E(Y)]\}$ 部分。当它们相互独立时，则这种相互影响不再存在，其产生的额外偏差也就不复存在，只剩下各自的偏差。

例5 设随机变量 X 服从指数分布，其概率密度为

$$f(x) = \begin{cases} \dfrac{1}{\theta}e^{-x/\theta}, & x > 0 \\ 0, & x \leqslant 0 \end{cases}$$

其中 $\theta > 0$，求 $E(X), D(X)$。

解

$$E(X) = \int_{-\infty}^{\infty} x f(x)\mathrm{d}x = \int_0^{\infty} x \frac{1}{\theta}e^{-x/\theta}\mathrm{d}x \tag{1-51}$$
$$= -x\mathrm{e}^{-x/\theta}\big|_0^{\infty} + \int_0^{\infty} e^{-x/\theta}\mathrm{d}x = \theta$$

$$E(X^2) = \int_{-\infty}^{\infty} x^2 f(x)\mathrm{d}x = \int_0^{\infty} x^2 \frac{1}{\theta}e^{-x/\theta}\mathrm{d}x \tag{1-52}$$
$$= -x^2\mathrm{e}^{-x/\theta}\big|_0^{\infty} + \int_0^{\infty} 2x e^{-x/\theta}\mathrm{d}x = 2\theta^2$$

于是

$$D(X) = E(X^2) - [E(X)]^2 = 2\theta^2 - \theta^2 = \theta^2 \tag{1-53}$$

在实际的应用中，当测得一批数据时，可将这批数据看作采样数据，MATLAB 为计算采样数据的方差提供了函数 var，计算标准差时使用 std，示例如下：

```
A = randn(10);          %产生 100 个具有正态分布的随机数
m = var(A(:))           %计算其方差
s = std(A(:))           %计算其标准差
```

又如：

```
X = [4,-2,1;9,5,7]
var(X,0,1)
ans =
   12.5000 24.5000 18.0000
var(X,0,2)
ans =
    9
    4
```

var 的参数中，X 是数据，可以是矩阵或向量；第二个参数，取 0 或者 1，表示计算方差时，是按照 $n-1$ 计算还是按照 n 计算，当取 0 时，则按照 $n-1$ 计算；第三个参数用来确定求解方差的计算方向，即按照行或列计算数据的方差，由选项值 1 和 2 确定，设定为 1，则按照列计算，设定为 2，则按行计算。更多的语法，参阅相关的 MATLAB 语言编程教材。

在概率论中，有一个非常重要的不等式，它是大数定律的基础，也是估算概率的一个依据。作为定理，描述如下。

设随机变量 X 具有数学期望 $E(X) = \mu$，方差 $D(X) = \sigma^2$，则对于任意正数 ε，不等式

$$p\{|X - \mu| \geqslant \varepsilon\} \leqslant \frac{\sigma^2}{\varepsilon^2} \tag{1-54}$$

成立。该式称为切比雪夫不等式。它还可以写成如下的对应形式：

$$p\{|X - \mu| < \varepsilon\} \geqslant 1 - \frac{\sigma^2}{\varepsilon^2} \tag{1-55}$$

三、常用离散概率分布的数学期望与方差

根据上述期望与方差的定义，可以计算出各种常用随机变量分布的期望与方差，但柯西分布除外。柯西分布没有期望与方差，更准确地说，在按照期望和方差的定义计算时，它们的计算结果不是一个有限的值（不可积）。柯西分布的概率密度如下：

$$f(x) = \frac{1}{\pi} \frac{1}{\lambda^2 + (x-a)^2} \tag{1-56}$$

其中参数 $a, \lambda > 0$。

为了方便使用，下面将生物统计学中常用的概率分布列在表 1-9 中。作为熟悉期望与方差计算的练习，读者可试着手工计算得到表中的各个结果。

表 1-9　几种常用的概率分布

分布	参数	分布律/概率密度	数学期望	方差
(0-1) 分布	$0 < p < 1$	$P\{X=k\} = p^k(1-p)^{1-k}$ $k = 0, 1$	p	$p(1-p)$
二项分布	$n \geq 1\ 0 < p < 1$	$P\{X=k\} = C_n^k p^k (1-p)^{n-k}$ $k = 0, 1, \cdots, n$	np	$np(1-p)$
负二项分布（巴斯卡分布）	$r \geq 1\ 0 < p < 1$	$P\{X=k\} = C_{k-1}^{r-1} p^r (1-p)^{k-r}$ $k = r, r+1, \cdots$	$\dfrac{r}{p}$	$\dfrac{r(1-p)}{p^2}$
超几何分布	N, M, n （$M \leq N$）（$n \leq N$）	$P\{X=k\} = \dfrac{C_M^k C_{N-M}^{n-k}}{C_N^k}$，$k$ 为整数 $\max(0, n-N+M) \leq k \leq \min(n, M)$	$\dfrac{nM}{N}$	$\dfrac{nM}{N}\left(1-\dfrac{M}{N}\right)\left(\dfrac{N-n}{N-1}\right)$
泊松分布	$0 < \lambda < 1$	$P\{X=k\} = \dfrac{\lambda^k e^{-\lambda}}{k!}$ $k = 0, 1, 2, \cdots$	λ	λ
均匀分布	$a < b$	$f(x) = \begin{cases} \dfrac{1}{b-a}, a < x < b \\ 0. \quad 其他 \end{cases}$	$\dfrac{a+b}{2}$	$\dfrac{(b-a)^2}{12}$
正态分布	$\mu, \sigma > 0$	$f(x) = \dfrac{1}{\sqrt{2\pi}\sigma} e^{-\frac{(x-\mu)^2}{2\sigma^2}}$	μ	σ^2
指数分布	$\theta > 0$	$f(x) = \begin{cases} \dfrac{1}{\theta} e^{-\frac{x}{\theta}}, x > 0 \\ 0. \quad 其他 \end{cases}$	θ	θ^2
对数正态分布	$\mu, \sigma > 0$	$f(x) = \begin{cases} \dfrac{1}{\sqrt{2\pi}\sigma x} e^{-\frac{\ln(x-\mu)^2}{2\sigma^2}}, x > 0 \\ 0. \quad 其他 \end{cases}$	$e^{\mu+\frac{\sigma^2}{2}}$	$e^{2\mu+\sigma^2}(e^{\sigma^2}-1)$

四、协方差与相关系数

当涉及随机变量 X 和 Y 时，除去讨论它们各自的期望和方差外，有时候还需要讨论它们之间的相互关系。在相互关系中，最常见的就是它们之间的关联性。在讨论方差的性质时，我们已经知道，若 X，Y 相互独立，则存在

$$E\{[X - E(X)][Y - E(Y)]\} = 0 \tag{1-57}$$

这就是说，当 $E\{[X - E(X)][Y - E(Y)]\} \neq 0$ 时，X，Y 之间存在着一定的关系，至少可以肯定它们之间不是相互独立的。

在概率论中，将上述的量值（期望）定义为随机变量 X 和 Y 之间的协方差，记作 $\mathrm{Cov}(X, Y)$，即

$$\mathrm{Cov}(X, Y) = E\{[X - E(X)][Y - E(Y)]\} \tag{1-58}$$

用协方差描述两个随机变量之间的相关关系。之所以称之为协方差，是因为 X 的方差是 $X - E(X)$ 与 $X - E(X)$ 乘积的期望，将其中之一换成 $Y - E(Y)$，在形式上与方差接近，但又有 X 和 Y 这两个变量的参与，协同变化，故加上一个"协"字修饰，称之。

分析定义式可知，协方差取值范围为负无穷到正无穷。协方差取正值，说明一个变量变大时，另一个变量也随之变大；取负值，说明一个变量变大时，另一个变量却随之变小；协方差取 0 值，说明两个变量没有相关关系。由此可以看出，协方差表示了线性关联的方向。

此外，协方差也存在量纲问题，当 X 和 Y 的量纲是 cm 时，协方差的单位是 cm^2；若 X 是养猪场的生猪"头"数，Y 是养殖场的职工"人"数时，$[X - E(X)][Y - E(Y)]$ 的量纲则变为"头人"，显然也不尽人意。由此，推出了相关系数，即称

$$\rho_{XY} = \frac{\mathrm{Cov}(X, Y)}{\sqrt{D(X)}\sqrt{D(Y)}} \tag{1-59}$$

为随机变量 X 和 Y 的相关系数。

和协方差相比，相关系数不仅表示线性相关的方向，还表达了线性相关的程度。也就是说，相关系数取正值时，一个变量变大，则另一个变量也变大；取负值时，一个变量变大，另一个变量却变小；取 0 值时，两个变量没有相关关系。同时，相关系数的绝对值越接近 1，它们之间的线性关系就越显著。显然，相关系数要比协方差更具实用优势。

至于协方差的性质，从其定义式即可分析得到，例如：

$$\begin{aligned}
\mathrm{Cov}(X, Y) &= E\{[X - E(X)][Y - E(Y)]\} \\
&= E\{[Y - E(Y)][X - E(X)]\} \\
&= \mathrm{Cov}(Y, X)
\end{aligned} \tag{1-60}$$

可知协方差计算与变量的"先后"无关，仔细考虑，这在本质上的确符合"相互关系没有先后"这一基本特征。又如，在前边我们提到协方差是方差的扩展，令协方差中的 X 和 Y 相同，即可得到

$$\mathrm{Cov}(X, X) = E\{[X - E(X)][X - E(X)]\} = D(X) \tag{1-61}$$

更多的协方差性质，此处不再讨论。

五、矩

矩是概率中的一个重要概念，其英文是 moment，从本质上讲，矩是一种均值计算，其定义如下：设 X 和 Y 是随机变量，若

$$E(X^k), (k = 1, 2, \cdots) \tag{1-62}$$

存在，则称之为 X 的 k 阶原点矩，简称 k 阶矩。若

$$E\{[X - E(X)]^k\}, (k = 2, 3, \cdots) \tag{1-63}$$

存在，则称它为 k 阶中心矩。类似的，若

$$E(X^k Y^l), k, l = 1, 2, \cdots \tag{1-64}$$

存在，则称之为 X 和 Y 的 $k+l$ 阶混合矩。同样，若

$$E\{[X - E(X)]^k [Y - E(Y)]^l\}, k, l = 1, 2, \cdots \tag{1-65}$$

存在，则称之为 X 和 Y 的 $k+l$ 阶混合中心矩。

从这些定义中可以知道，原点矩是中心矩的特例，单变量矩又是混合矩的特例，X 的数学期望 $E(X)$ 是 X 的一阶原点矩，方差 $D(X)$ 是 X 的二阶中心矩，协方差 $\mathrm{Cov}(X,Y)$ 是 X 和 Y 的二阶混合中心矩。

中心矩 $E\{[X - E(X)]^k\}$ 是指以 $E(X)$ 为中心的矩，在前边我们已阐明 $E(X)$ 是数据的中心，这样就比较容易理解，当 $E(X) = 0$ 时，则中心矩 $E\{[X - E(X)]^k\}$ 退化为 $E(X)^k$，称为原点矩，这和平面几何中的称呼类似。在平面几何中，我们知道 $(x - x_0)^2 + (y - y_0)^2 = 1^2$ 定义了一个圆心在 (x_0, y_0) 的圆，当 $x_0 = 0, y_0 = 0$ 时，则圆心在平面直角坐标轴的原点，与此相类似，当 $E(X) = 0$ 时，借用"原点"的本质含义，称之为原点矩，只不过圆心坐标是二维的，而随机变量 X 只有一维。混合矩和混合中心矩与此做类似分析，有助于大家理解与记忆。

之所以学习矩，是因为在生物统计学中，可以进行如下的应用：①通过三阶矩，可以判断数据的偏态；②通过四阶矩，可以判断数据的峰度（峭度）；③为在参数估计中使用矩估计方法奠定理论基础。

在 MATLAB 中，矩的计算命令为 moment，当用户将数据输入后，使用该命令可求得数据的矩。例如，下面首先使用随机函数产生一批正态数据（由于随机数的生成具有不确定性，读者电脑上生成的数据不一定和下面的一致），然后使用 moment 函数计算，如下：

```
>>X = randn([6,5])
X =

            1.1650    0.0591    1.2460   -1.2704   -0.0562
            0.6268    1.7971   -0.6390    0.9846    0.5135
            0.0751    0.2641    0.5774   -0.0449    0.3967
            0.3516    0.8717   -0.3600   -0.7989    0.7562
           -0.6965   -1.4462   -0.1356   -0.7652    0.4005
            1.6961   -0.7012   -1.3493    0.8617   -1.3414

>>m = moment(X,3)
m =

           -0.0282  0.0571  0.1253  0.1460  -0.4486
```

上述的运行代码中，moment 函数带的参数 X 表示数据，3 表示矩的阶次，根据定义，一阶矩为 0，读者可试验运行检测一下。

（一）偏斜系数

在实际应用中，三阶矩的定义如下，当数据中心不为 0 时，称为三阶中心矩，记作 m_3，计算如下：

$$m_3 = \frac{\sum (x - \bar{x})^3}{n} \tag{1-66}$$

当数据中心在 0 点时，称为三阶原点矩，记作 m_3'，计算如下：

$$m_3' = \frac{\sum x^3}{n} \tag{1-67}$$

当使用三阶矩判断数据的偏态时，还存在两个重要的缺陷，一个是量纲问题，数据的偏态不应该和特定的量纲有关联；另一个是三阶矩没有考虑数据变异的性质，未经规范化，不具有规范性。为此，提出了新的评价偏态的参数 g_1，消除上述两个缺陷，得到

$$g_1 = \frac{m_3}{m_2^{3/2}} \tag{1-68}$$

其中

$$m_2 = \frac{\sum (x - \overline{x})^2}{n} \tag{1-69}$$

称为二阶中心矩。类似的，可写出使用原点矩的形式。

g_1 的大小说明了数据分布曲线的偏态大小，一般来说，当 $|g_1| = 2$ 时，数据的分布就已经非常偏态了。正常情况下，$|g_1| < 0.2$ 则说明数据偏态性小，比较"正态"。

在 MATLAB 中，计算偏态的函数为 skewness，当用户输入数据后，使用该函数，可直接计算出数据的偏态值。例如，下列代码首先生成具有正态分布特点的数据，然后对该数据绘图，查看直方图的情况，最后计算其偏斜系数，读者可在电脑上运行代码查看结果。

```
mu = 10;sigma = 3;
data = mu + sigma*randn(50);        %生成具正态分布的数据
hist(data(:),20)                    %绘制直方图
skewness(data(:))                   %计算偏态值
```

（二）峰度系数

四阶矩主要是用来表达数据分布（密度）曲线在均值附近的陡峭程度。在具体使用时，四阶矩也存在量纲的问题，为了抵消尺度的影响，和定义 g_1 相类似，在定义峰度时，也考虑了标准化的问题，定义如下：

$$g_2 = \frac{m_4}{m_2^2} - 3 \tag{1-70}$$

其中

$$m_4 = \frac{\sum (x - \overline{x})^4}{n} \tag{1-71}$$

在上述的定义中，g_2 表达式中含有一个常数–3，这是因为当使用 m_4 / m_2^2 来计算峰度时，正态分布的峰度值为 3，且正态分布的峰度与均值和标准差无关。为了迁就正态分布，将正态分布的峰度定为标准的 0 值，则上述的 m_4 / m_2^2 定义式需要再减去 3。

峰度 g_2 是一个无量纲数据，当 $g_2 > 0$ 时，数据的直方图分布比较陡峭，看上去更"尖"一些；当 $g_2 < 0$ 时，数据的直方图分布平缓，看上去更"平坦"一些。一般的，当 $|g_2| < 0.3$ 时，这种陡峭程度符合"正态性"。

在 MATLAB 中，计算峰度的函数为 kurtosis，当用户输入数据后，使用该函数，可直接计算出数据的偏态值。需要注意的是，在 MATLAB 中计算的峰度值，并不像定义式中的那样减去 3，而是只计算了 m_4/m_2^2，这是需要读者仔细的地方。例如：

```
mu = 0;sigma = 1;
data = mu + sigma*randn(100);          %生成具正态分布的数据
hist(data(:),15);                      %绘制直方图
k = kurtosis(data(:))-3                %计算峰度值,为合乎定义,减去 3
```

（三）估计方法

矩估计是参数估计的一种方法，将在第二章学习。

第四节　中心极限定理与抽样分布

一、中心极限定理

中心极限定理是概率论中重要的知识点，它为解决一类问题提供了方法论。当某事物是由一组量控制时，最为典型的情况就是随机变量 X 由一组随机变量 $X_1,X_2,\cdots,X_n$ 叠加构成，它的分布如何考虑与计算？这种情况往往非常复杂，于是人们借鉴了极限求和的思想，将大量随机变量和的分布通过极限的方式计算。例如，在高等数学中，要计算式

$$a_n(x) = 1 + x + \frac{x^2}{2!} + \frac{x^3}{3!} + \cdots + \frac{x^n}{n!}$$

的和，当 n 取值为较大的固定值时，很难求取，但通过其极限来计算，则会体会到"峰回路转""繁到尽头则为简"的哲学趣味。因为 $\lim_{n\to\infty}a_n(x)=e^x$，据此可知，当 n 取值很大时，可以把 e^x 看作 $a_n(x)$ 的近似值。事实上，在一般情况下，和的极限分布就是正态分布，这一事实，为解决一般的大数据问题提供了重要的思路。

在生物学中，有许多这样的例子，如测量小麦的株高，即使在田间管理条件相同的情况下，各株高也不尽相同，这是由于有许多不可控制的随机因素发挥着作用，这些随机因素虽然影响不大，但其影响的总和不可小看，仍然具有很大的影响。像这类问题，生物学中还有很多。总的来说，在客观世界中的随机变量，当它们是由大量的相互独立的随机因素综合影响而形成时，其中每一个个别因素在总的影响中所起的作用都很微小，则这种随机变量的和往往服从正态分布，这就是中心极限定理的客观背景。

生物统计学中，当数据量很大时，许多数据分析的方法都源于中心极限定理，在后面的章节中会专门提到这一点。下面，我们根据中心极限定理的客观背景，推得一些有用的结论。

设随机变量 X 由相互独立的随机变量 $X_1,X_2,\cdots,X_n$ 组成，则有

$$X = X_1 + X_2 + \cdots + X_n \tag{1-72}$$

根据期望的性质，可得

$$\mu_X = \mu_1 + \mu_2 + \cdots + \mu_n \tag{1-73}$$

其中 μ_i 是各因素的期望。当各因素的方差有限时，设为 $\sigma_i^2(i=1,2,\cdots,n)$，则根据方差的性质，有

$$\sigma_X^2 = \sigma_1^2 + \sigma_2^2 + \cdots + \sigma_n^2 \tag{1-74}$$

根据中心极限定理的客观背景，可知当 $n \to \infty$ 时，随机变量 X 服从正态分布，即有

$$X \sim N(\mu_X, \sigma_X^2) \tag{1-75}$$

对该正态分布进行标准化变换，则有

$$U = \frac{X - \mu_X}{\sigma_X} \sim N(0, 1^2) \tag{1-76}$$

将式（1-72）～式（1-74）代入式（1-76），采用求和记号表示，则有

$$U = \frac{\sum_{i=1}^{n} X_i - \sum_{i=1}^{n} \mu_i}{\sqrt{\sum_{i=1}^{n} \sigma_i^2}} \sim N(0, 1^2) \tag{1-77}$$

对式（1-77）进行变换，分子和分母同时除以 n，得到

$$U = \frac{\frac{1}{n}\sum_{i=1}^{n} X_i - \frac{1}{n}\sum_{i=1}^{n} \mu_i}{\frac{1}{n}\sqrt{\sum_{i=1}^{n} \sigma_i^2}} \sim N(0, 1^2) \tag{1-78}$$

上述推导过程中，并未考虑每一个因素的具体分布情况，它们可能具有相同的分布，也可能具有不同的分布。现在将条件进一步严格，若各因素具有相同的分布类型，则存在

$$\mu_1 = \mu_2 = \cdots = \mu_n = \mu \tag{1-79}$$

$$\sigma_1^2 = \sigma_2^2 = \cdots = \sigma_n^2 = \sigma^2 \tag{1-80}$$

将式（1-79）、式（1-80）两式代入式（1-78）中，得到

$$U = \frac{\frac{1}{n}\sum_{i=1}^{n} X_i - \mu}{\frac{\sigma}{\sqrt{n}}} \sim N(0, 1^2) \tag{1-81}$$

如果说 $\frac{X - \mu_X}{\sigma_X}$ 是标准化变量，它将服从非标准正态分布的随机变量 X 转化为标准正态

分布，那么，式（1-81）中的表达式 $\dfrac{\frac{1}{n}\sum_{i=1}^{n} X_i - \mu}{\frac{\sigma}{\sqrt{n}}}$ 则可以看作服从非标准正态分布的随机变量

$\frac{1}{n}\sum_{i=1}^{n} X_i$ 的标准化变量，它将 $\frac{1}{n}\sum_{i=1}^{n} X_i$ 对应的 $N\left(\mu, \dfrac{\sigma^2}{n}\right)$ 转化为标准正态分布。

回过头来再看看 $\frac{1}{n}\sum_{i=1}^{n} X_i$，这个式子给人的"感觉"是什么? 一般而言，它给人的"第一感觉"就是求各数据的平均值。现在把这种"感觉"具体化，即把各个 X_i 不再看作某影响因素，而是看作从某一总体中取出的各个数据，则显然存在如下的描述: 若已知总体的均值为 μ，标准差为 σ，则无论总体的分布服从何种分布，取自该总体的 n 个数据，当 n 足够大时，数据的平均值 $\frac{1}{n}\sum_{i=1}^{n} X_i$ 近似服从正态分布 $N\left(\mu, \dfrac{\sigma^2}{n}\right)$。

若以 $\overline{X}$ 标记上述的 $\dfrac{1}{n}\sum\limits_{i=1}^{n}X_i$，则有 $\overline{X} \sim N\left(\mu, \dfrac{\sigma^2}{n}\right)$，它更明确地表达出这样的概念：取自总体的部分数据（称为样本），其平均数服从以总体均值 μ 为均值，以总体方差 σ^2 的 $\dfrac{1}{n}$ 倍（即 $\dfrac{\sigma^2}{n}$）为方差的正态分布。需要强调的是，这里遵循正态分布的不是这部分数据，而是这部分数据的平均值，读者不要混淆了概念。

二、抽样分布

抽样是进行统计推断的依据，在实际应用中，往往不是直接使用样本本身，而是针对不同的问题，首先构造样本的一批适当函数，然后再利用样本的这些函数进行统计推断。当这批关于样本的函数满足如下的要求时，称为统计量。

设总体 X 的一个样本是 $X_1, X_2, \cdots, X_n$，设 $g(X_1, X_2, \cdots, X_n)$ 是 $X_1, X_2, \cdots, X_n$ 的函数，若函数 g 中不含其他未知参数，则称 $g(X_1, X_2, \cdots, X_n)$ 是关于样本的一个统计量。当获取一批样本数据 $x_1, x_2, \cdots, x_n$ 后，代入函数 g 中，则 $g(x_1, x_2, \cdots, x_n)$ 是 $g(X_1, X_2, \cdots, X_n)$ 的观察值。

在应用中，常用的样本统计量如下。

样本平均数

$$\overline{X} = \frac{X_1 + X_2 + \cdots + X_n}{n} = \frac{1}{n}\sum_{i=1}^{n}X_i \tag{1-82}$$

样本方差

$$S^2 = \frac{1}{n-1}\sum_{i=1}^{n}(X_i - \overline{X})^2 \tag{1-83}$$

样本的标准差

$$S = \sqrt{S^2} = \sqrt{\frac{1}{n-1}\sum_{i=1}^{n}(X_i - \overline{X})^2} \tag{1-84}$$

样本的 k 阶原点矩

$$A_k = \frac{1}{n}\sum_{i=1}^{n}X_i^k, k = 1, 2, \cdots \tag{1-85}$$

样本的 k 阶中心矩

$$B_k = \frac{1}{n}\sum_{i=1}^{n}(X_i - \overline{X})^k, k = 2, 3, \cdots \tag{1-86}$$

和上述各统计量对应的观察值，仍然取与这些统计量的相同的名字，则分别为

$$\overline{x} = \frac{1}{n}\sum_{i=1}^{n}x_i$$

$$s^2 = \frac{1}{n-1}\sum_{i=1}^{n}(x_i - \overline{x})^2$$

$$s = \sqrt{\frac{1}{n-1}\sum_{i=1}^{n}(x_i - \overline{x})^2}$$

$$a_k = \sum_{i=1}^{n}x_i^k, k = 1, 2, \cdots$$

$$b_k = \sum_{i=1}^{n} (x_i - \overline{x})^k, k = 2, 3, \cdots$$

这里，对于 k 阶矩的应用，只讨论一个结论，不给出其证明，则有：若总体 X 的 k 阶矩存在，即 $\mu_k = E(X^k)$ 存在，则当 $n \to \infty$ 时，统计量

$$A_k = \sum_{i=1}^{n} X_i^k \xrightarrow{P} \mu_k, k = 1, 2, \cdots \tag{1-87}$$

称为依概率收敛到 μ_k。进一步，若函数 g 是连续函数，则统计量的函数也存在依概率收敛这一性质。即

$$g(A_1, A_2, \cdots, A_k) \xrightarrow{P} g(\mu_1, \mu_2, \cdots, \mu_k) \tag{1-88}$$

依概率收敛，是进行参数矩估计的理论基础。

统计量的分布称为抽样分布，在使用统计量进行统计推断时，常常需要知道它的分布，当总体的分布函数已知时，抽样分布是确定的，但是要求出统计量的精确分布是不容易的。这里学习来自正态总体的几个常用的统计量的分布。

（一）χ^2 分布

设 $X_1, X_2, \cdots, X_n$ 是来自总体 $N(0,1)$ 的样本，则称统计量

$$\chi^2 = X_1^2 + X_2^2 + \cdots + X_n^2 \tag{1-89}$$

服从自由度为 n 的 χ^2 分布，记作 $\chi^2 \sim \chi^2(n)$。这里的自由度，是指定义式等号右侧包含的独立变量的个数。

$\chi^2(n)$ 分布的概率密度为

$$f(x) = \begin{cases} \dfrac{1}{2^{n/2} \Gamma(n/2)} x^{n/2-1} e^{-x/2}, & x > 0 \\ 0. & \text{其他} \end{cases} \tag{1-90}$$

其分布图如图 1-10 所示，概率密度的绘图函数如下，读者可自行运行检阅。

```
function DispChi2DenseFunc()
% 函数名称:DispChi2DenseFunc.M
% 实现功能:展示卡方分布的密度函数,并绘制密度曲线图.
% 输入参数:本函数不需要输入任何参数.
% 输出参数:本函数没有设定返回参数.
% 函数调用:本函数实现功能不需要调用子函数,没有子函数.
% 参考资料:实现本函数功能的语法参考,请参阅教材.
%         :(1)马赛璞,MATLAB 语言编程[M],电子工业出版社,2017.
% 原始作者:马赛璞,wdwsjlxx@163.com
% 创建时间:2016-10-22,10:32:37
% 原始版本:1.0.0
% 修订维护:马赛璞
% 版权声明:未经作者许可,任何单位及个人不得以任何方式或理由对本代码
%         :进行网上传播、贩卖等.
% 实用样例:DispChi2DenseFunc()
%
% 设定参数
```

```
names = 'Chisquare';xMin = 0;xStep = 0.2;xMax = 15;n = [1,2,4,6,11,15];
nLines = length(n);
% 绘图
for iLine = 1:nLines
    x = xMin:xStep:xMax;
    y = pdf(names,x,n(iLine));
    clrVect = rand(1,3);          % 色彩向量
    plot(x,y,'LineWidth',2,'Color',clrVect);
    gtext(sprintf('n = %d',n(iLine)),'FontName','Times',...
        'FontSize',16,'Color',clrVect);
    hold on;
end
th = title([sprintf('%s ',names),'Distribution']);
set([gca,th],'FontName','Times','FontSize',16);
set(gca,'xtick',1:15,'LineWidth',2)
set(gcf,'color','w');box off;
```

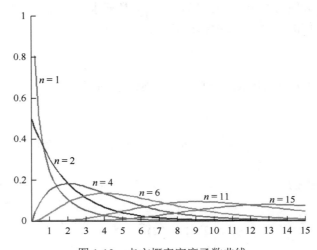

图 1-10　卡方概率密度函数曲线

关于 χ^2 分布的性质，可以从其定义式看出。

（1）χ^2 分布具有可加性：若将定义式 $\chi^2 = X_1^2 + X_2^2 + \cdots + X_n^2$ 拆开成两部分，第一部分包含前 $m(m<n)$ 个样本，第二部分包含后 $(n-m)$ 个样本，则有

$$\chi_1^2 = X_1^2 + X_2^2 + \cdots + X_m^2 \tag{1-91}$$

$$\chi_2^2 = X_{m+1}^2 + X_{m+2}^2 + \cdots + X_n^2 \tag{1-92}$$

可知

$$\chi^2 = \chi_1^2 + \chi_2^2 \tag{1-93}$$

实际上，我们甚至可以将 $\chi^2 = X_1^2 + X_2^2 + \cdots + X_n^2$ 中等号右边的每一项都拆成一个卡方分布，则有

$$\chi^2 = \sum_{i=1}^{n} \chi_i^2 \tag{1-94}$$

（2）χ^2 分布的分位点：当给定正数 $\alpha,0<\alpha<1$ 时，称满足条件

$$P[\chi^2 > \chi^2(n)] = \int_{\chi^2(n)}^{\infty} f(x)\mathrm{d}x = \alpha \tag{1-95}$$

的点 $\chi_\alpha^2(n)$ 为 $\chi^2(n)$ 分布的上 α 分位点, 如图 1-11 所示。对于不同的 n 和 α, 要求取上分位点的值, 可使用 MATLAB 函数 chi2inv 来计算得到。例如, 当 $\alpha = 0.1, n = 25$ 时, 则下述的代码可计算得到上分位数的值

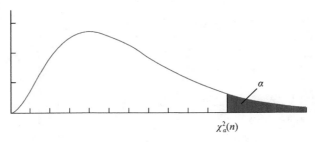

图 1-11　χ^2 分布的上分位点

alpha = 0.1;n = 25;chi2inv(1-alpha,n)

计算如图 1-12 所示。

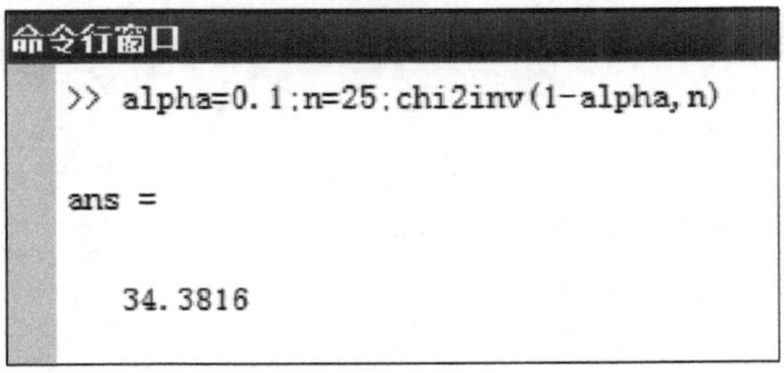

```
命令行窗口
>> alpha=0.1;n=25;chi2inv(1-alpha,n)

ans =

    34.3816
```

图 1-12　利用 chi2inv 求上分位数

　　实际上, 如该函数, 我们甚至可以做出自己的关于 χ^2 分布的上分位点查询表, 下面的代码实现了这一功能, 读者可上机运行实际体验一下。附表 2 即利用函数 MakeChi2Table 计算得到的自由度在 1～40 的查询表。

```
function MakeChi2Table(n)
% 函数名称:MakeChi2Table.M
% 实现功能:创建卡方分布的上分位数查表,输出到文本表格.
% 输入参数:本函数共有 1 个输入参数,含义如下:
%        :(1)n,自由度,n> = 1,正整数,缺省默认 n = 40.
% 输出参数:本函数默认不带输出参数.
% 函数调用:本函数实现功能不需要调用子函数.
% 参考资料:实现本函数功能的更详细资料,请参阅教材:
%        :(1)马寨璞,MATLAB 语言编程[M],电子工业出版社,2017.
% 原始作者:马寨璞,wdwsjlxx@163.com
% 创建时间:2016-10-22,15:26:23
% 原始版本:1.0
% 版权声明:未经许可,任何单位及个人不得以任何方式或理由对本代码
%        :进行网上传播、贩卖等.
% 实用样例:MakeChi2Table(50)
%
```

```
if nargin<1||isempty(n)
    n = 40;
end
% 符合习俗的 alpha
alphas = [0.995,0.99,0.975,0.95,0.90,0.10,0.05,0.025,0.01,0.005,0.001];
thTxt = 'n\a';        % 表头说明
thFmt = '%3s|';       % 表头格式
if n<= 60
    valFmt = '%8.4f';                 % 数据格式
elseif n>60&&n< = 100
    valFmt = '%9.4f';
else
    valFmt = '%10.4f';
end
nFmt = sprintf('%%.%sd|',thFmt(2));
fprintf(thFmt,thTxt);
fprintf(valFmt,alphas);fprintf('\n');
dBegin = strfind(valFmt,'%') + 1;dEnd = strfind(valFmt,'.')-1;
rpts = length(alphas)*str2double(valFmt(dBegin:dEnd)) + 5;
for ir = 1:rpts
    fprintf('-');%print dashes
end
fprintf('\n');
for ir = 1:n
    fprintf(nFmt,ir);
    for jc = 1:length(alphas)
        quantile = chi2inv(1-alphas(jc),ir);
        fprintf(valFmt,quantile);
    end
    fprintf('\n');
end
```

（二）t 分布

设 $X \sim N(0,1)$，$Y \sim \chi^2(n)$，且 X, Y 相互独立，则称随机变量

$$t = \frac{X}{\sqrt{Y/n}} \tag{1-96}$$

服从自由度为 n 的 t 分布，记为 $t \sim t(n)$。t 分布的概率密度函数为

$$f(t) = \frac{\Gamma\left(\dfrac{n+1}{2}\right)}{\sqrt{\pi n}\,\Gamma\left(\dfrac{n}{2}\right)}\left(1+\frac{t^2}{n}\right)^{-\frac{n+1}{2}}, -\infty < t < \infty \tag{1-97}$$

概率密度的绘图函数 DispStudDenseFunc 如下，运行结果如图 1-13 所示，读者可自行运行查阅。

```
function DispStudDenseFunc()
% 函数名称:DispStudDenseFunc.M
% 实现功能:展示 t 分布的密度函数,并绘制密度曲线图.
% 输入参数:本函数不需要输入任何参数.
```

```
%   输出参数:本函数没有设定返回参数.
%   函数调用:本函数实现功能不需要调用子函数,没有子函数.
%   参考资料:实现本函数功能的语法参考,请参阅教材:
%           :(1)马寨璞,MATLAB 语言编程[M],电子工业出版社,2017.
%   原始作者:马寨璞,wdwsjlxx@163.com
%   创建时间:2016-10-22,17:26:37
%   原始版本:1.0.0
%   修订维护:马寨璞
%   版权声明:未经作者许可,任何单位及个人不得以任何方式或理由对本代码
%           :进行网上传播、贩卖等.
%   实用样例:DispStudDenseFunc()
%
%   设定参数
names = 'T';xMin = -4;xStep = 0.01;xMax = 4;n = [2,9,35,100];
nLines = length(n);
%   绘图
for iLine = 1:nLines
    x = xMin:xStep:xMax;
    y = pdf(names,x,n(iLine));
    clrVect = rand(1,3);          % 色彩向量
    plot(x,y,'LineWidth',2,'Color',clrVect);
    gtext(sprintf('n = %d',n(iLine)),'FontName','Times',...
        'FontSize',16,'Color',clrVect);
    hold on;
end
th = title([sprintf('%s ',names),'Distribution']);
set([gca,th],'FontName','Times','FontSize',16);
set(gca,'xtick',-4:4,'LineWidth',2)
set(gcf,'color','w');box off;
```

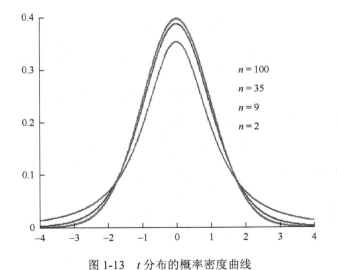

扫一扫 看彩图

图 1-13 t 分布的概率密度曲线

    t 分布从外观上看类似于正态分布,实际上,当 n 足够大时,t 分布近似于 $N(0,1)$,但对于较小的 n,它们之间的差别较大。下面给出实施二者对比的脚本代码,图 1-14 给出了具体的对比。

```
% 画 t-分布曲线, n = 2
xMin = -4;xStep = 0.01;xMax = 4;
x = xMin:xStep:xMax;
y = pdf('T',x,2);
plot(x,y,'LineWidth',2,'Color','r');
gtext(sprintf('n = %d',2),'FontName','Times',...
    'FontSize',16,'Color','r');
hold on;
% 画标准正态分布曲线
z = pdf('Normal',x,0,1);
plot(x,z,'LineWidth',2,'Color','b');
gtext('N(0,1)','FontName','Times',...
    'FontSize',16,'Color','b');
th = title('Compare t and normal Distribution');
set([gca,th],'FontName','Times','FontSize',16);
set(gca,'xtick',-4:4,'LineWidth',2)
set(gcf,'color','w');box off;
```

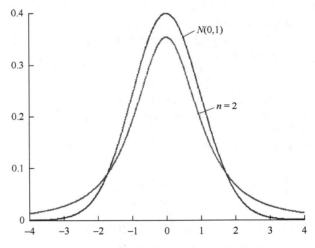

图 1-14 t 分布与标准正态分布的曲线对比

和 χ^2 分布类似，也可以定义 t 分布的分位点，对于给定的 $\alpha, 0 < \alpha < 1$，称满足条件

$$P\{t > t(n)\} = \int_{\alpha(n)}^{\infty} f(t)\mathrm{d}t = \alpha \qquad (1\text{-}98)$$

的点 $t_\alpha(n)$ 为 $t(n)$ 分布的上 α 分位点，如图 1-15 所示。

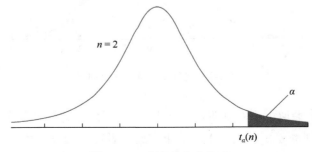

图 1-15 t 分布的上分位点

t 分布具有对称属性。所以，存在

$$t_{1-\alpha}(n) = -t_\alpha(n) \qquad (1\text{-}99)$$

t 分布的分位点可通过 tinv 函数计算得到，和 χ^2 分布类似，下面给出 t 分布的查询表制作函数，附表 3 即本函数具体计算结果。

```
function MakeTableForStudDistr(n)
% 函数名称:MakeTableForStudDistr.M
% 实现功能:生成 T-分布的查询表,以便于查询分位数.
% 输入参数:本函数共有 1 个输入参数,含义如下:
%         :(1)n,自由度,n> = 1,正整数,缺省默认 n = 45.
% 输出参数:本函数默认不带输出参数.
% 函数调用:本函数实现功能不需要调用子函数.
% 参考资料:实现本函数代码编写的更详细资料,请参阅教材:
%         :(1)马赛璞,MATLAB 语言编程,电子工业出版社[M],2017.
% 原始作者:马赛璞,wdwsjlxx@163.com
% 创建时间:2016-10-22,20:02:14
% 原始版本:1.0
% 版权声明:未经作者许可,任何单位及个人不得以任何方式或理由对本代码
%         :进行网上传播、贩卖等.
% 实用样例:MakeTableForStudDistr()
%
if nargin<1||isempty(n)
    n = 45;
end
% 符合习俗的 alpha
alphas = [0.20,0.15,0.10,0.05,0.025,0.01,0.005,0.001];
thTxt = 'n\a';              % 表头说明
thFmt = '%3s|';            % 表头格式
valFmt = '%8.4f';          % 数据格式
nFmt = sprintf('%%.%sd|',thFmt(2));
fprintf(thFmt,thTxt);
fprintf(valFmt,alphas);fprintf('\n');
dBegin = strfind(valFmt,'%') + 1;
dEnd = strfind(valFmt,'.')-1;
rpts = length(alphas)*str2double(valFmt(dBegin:dEnd)) + 5;
for ir = 1:rpts
    fprintf('-');%print dashes
end
fprintf('\n');
for ir = 1:n
    fprintf(nFmt,ir);
    for jc = 1:length(alphas)
        quantile = tinv(1-alphas(jc),ir);
        fprintf(valFmt,quantile);
    end
    fprintf('\n');
end
```

（三）F 分布

设 $U \sim \chi^2(n_1), V \sim \chi^2(n_2)$，且 U, V 相互独立，则称随机变量

$$F = \frac{U / n_1}{V / n_2} \qquad (1\text{-}100)$$

服从第一自由度为 n_1，第二自由度为 n_2 的 F 分布，记为 $F \sim F(n_1, n_2)$。$F(n_1, n_2)$ 分布的概率密度为

$$F(x) = \begin{cases} \dfrac{\Gamma\left(\dfrac{n_1 + n_2}{2}\right)\left(\dfrac{n_1}{n_2}\right)^{\frac{n_1}{2}} x^{\frac{n_1}{2}-1}}{\Gamma\left(\dfrac{n_1}{2}\right)\Gamma\left(\dfrac{n_2}{2}\right)\left(1 + \dfrac{n_1 x}{n_2}\right)^{\frac{n_1+n_2}{2}}}, & x > 0 \\ 0. & \text{其他} \end{cases} \qquad (1\text{-}101)$$

下述 **fProbDenseFunc** 函数绘制了 F 分布的概率密度曲线，如图 1-16 所示。

```
function fProbDenseFunc(n)
% 函数名称:fProbDenseFunc.M
% 实现功能:展示 F 分布的密度函数,并绘制密度曲线图.
% 输入参数:本函数不需要输入任何参数.
% 输出参数:本函数没有设定返回参数.
% 函数调用:本函数实现功能不需要调用子函数,没有子函数.
% 参考资料:实现本函数功能的语法参考,请参阅教材:
%         :(1)马寨璞,MATLAB 语言编程[M],电子工业出版社,2017.
% 原始作者:马寨璞,wdwsjlxx@163.com
% 创建时间:2016-10-22,20:34:57
% 原始版本:1.0.0
% 版权声明:未经作者许可,任何单位及个人不得以任何方式或理由对本代码
%         :进行网上传播、贩卖等.
% 实用样例:n = [11,3;10,30];fProbDenseFunc(n)
%
% 设定参数
if nargin<1||isempty(n)
    n = [11,3;10,30];
else
    if size(n,2)~ = 2;
        error('degree of freedom:2,input error!');
    end
end
names = 'F';xMin = 0;xStep = 0.01;xMax = 5;
nLines = size(n,1);
% 绘图
for iLine = 1:nLines
    x = xMin:xStep:xMax;
    y = pdf(names,x,n(iLine,1),n(iLine,2));
```

```
        clrVect = rand(1,3);              % 色彩向量
        plot(x,y,'LineWidth',1.5,'Color',clrVect);
        gtext(sprintf('(n1,n2) = (%d,%d)',n(iLine,1),n(iLine,2)),...
            'FontName','Times','FontSize',16,'Color',clrVect);
        hold on;
end
th = title([sprintf('%s ',names),'Distribution']);
set([gca,th],'FontName','Times','FontSize',16);
set(gca,'xtick',xMin:xMax,'LineWidth',1.5)
set(gcf,'color','w');box off;
```

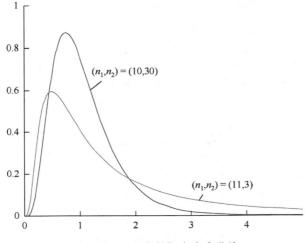

图 1-16 F 分布的概率密度曲线

从 F 分布的定义可知，若 $F \sim F(n_1,n_2)$，则颠倒分子分母的顺序后，得到

$$\frac{1}{F} \sim F(n_2,n_1) \tag{1-102}$$

F 分布具有自己的分位点，对于给定的 $\alpha, 0 < \alpha < 1$，称满足条件

$$P\{F > F(n_1,n_2)\} = \int_{F_\alpha(n_1,n_2)}^{\infty} f(x)\mathrm{d}x = \alpha \tag{1-103}$$

的点 $F_\alpha(n_1,n_2)$ 为 $F(n_1,n_2)$ 分布的上 α 分位点，如图 1-17 所示。

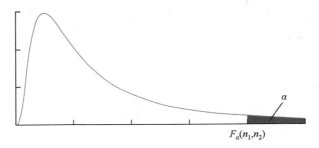

图 1-17 F 分布的上分位点

在给定 α 与自由度 n_1, n_2 的前提下，可通过 MATLAB 提供的 finv 函数计算 F 分布的上 α 分位点（图 1-17）。例如，下面的 MakeFn1n2DistrTable 函数自动生成了分位点分别等于 0.1，0.05，0.025，0.01，0.005，0.0025，0.001 的查询表，其中第一自由度包含 1～24，30，40，60，120，第二自由度包含 1～40，60，120。附表 4 给出上述部分查询数据，若用户需要更多的查询数据，可直接修改函数中的分位点数据，然后运行输出即可。

```
function MakeFn1n2DistrTable()
% 函数名称:MakeFn1n2DistrTable.M
% 实现功能:生成 F 分布的上分位数查询表.
% 输入参数:本函数不需要输入参数,若想增加自由度与 alpha 值,直接修改
%         :相应的数组即可.
% 输出参数:本函数默认不带输出参数.
% 函数调用:本函数实现功能不需要调用子函数.
% 参考资料:实现本函数功能语法的更详细资料,请参阅教材:
%         :(1)马赛璞,MATLAB 语言编程[M],电子工业出版社,2017.
% 原始作者:马赛璞,wdwsjlxx@163.com
% 创建时间:2016-10-24,16:22:56
% 原始版本:1.0
% 版权声明:未经作者许可,任何单位及个人不得以任何方式或理由对本代码
%         :进行网上传播、贩卖等.
% 实用样例:MakeFn1n2DistrTable()
%
alphas = [0.1,0.05,0.025,0.01,0.005,0.0025,0.001];% 分位数
df1 = [1:24,30,40,60,120];        % 第一自由度
df2 = [1:30,40,60,120];           % 第二自由度
for iAlpha = 1:length(alphas)
   alpha = alphas(iAlpha);
   % 输出表头信息
   fprintf('\n\nF-Distribution Table,alpha = %.4f\n',alpha);
   tbStr = 'n2\n1';
   fprintf(sprintf('%%%ds|',length(tbStr)),tbStr);
   % 根据试算结果确定数据格式
   tmpVal = finv(1-alpha,df1(end),1);
   tmpVal = ceil(tmpVal);
   valFmt = sprintf('%%%d.2f',length(num2str(tmpVal)) + 4);%空 + 点 + 小数 = 4
   % 输出表头
   dBegin = strfind(valFmt,'%') + 1;
   dEnd = strfind(valFmt,'.')-1;
   nFmt = sprintf('%%%sd',valFmt(dBegin:dEnd));
   fprintf(nFmt,df1);fprintf('\n')
   % 输出分割线
   rpts = length(df1)*str2double(valFmt(dBegin:dEnd)) + length(tbStr) + 1;
   for ir = 1:rpts
       fprintf('-');
   end
   fprintf('\n');
   % 输出表格数据
   for ir = 1:length(df2)
       v = finv(1-alpha,df1,df2(ir));
       df2Fmt = sprintf('%%%dd |',length(tbStr)-1);
       fprintf(df2Fmt,df2(ir));
       fprintf(valFmt,v);
```

```
        fprintf('\n')
    end
end
```

（四）来自单一正态总体样本均值与方差的分布

从前面中心极限定理的推导可知,无论样本来自于什么总体(设总体的均值和方差存在),样本的均值均服从正态分布。

怎么理解这一个问题呢?以一个简单的例子加以说明,如有一个由 10 个数组成的总体(实际上这样少数据的总体很难出现,这里仅为说明问题),从中抽取 5 个数作为样本,则按照排列组合,共有 $C_{10}^5 = 252$ 种取法,假如把这 252 种取法全部取尽,可得 252 个样本数据,每一个样本数据,均可以计算出样本的均值、样本的方差、标准差等,把 252 个样本均值归为一组,设为 A 组,252 个样本方差归为一组,设为 B 组,则分别得到样本均值的 A 数据和样本方差的 B 数据,对 A 数据进行分析,可得到它们遵循的分布规律,因为 A 代表的是样本均值,所以又称为样本均值的分布。同样的,对 B 数据进行分析,可得到样本方差的分布。

再回到上述问题,可知:设总体 X 的均值和方差分别为 μ 和 σ^2, 设 $X_1, X_2, \cdots, X_n$ 是来自 X 的一个样本, 设 $\bar{X}, S^2$ 分别为样本的均值和方差,则有

$$E(\bar{X}) = \mu, D(\bar{X}) = \frac{\sigma^2}{n} \tag{1-104}$$

$$E(S^2) = \sigma^2 \tag{1-105}$$

上述并未限定总体为正态分布,将正态分布这一限定加进去,可知,样本均值 $\bar{X} = \frac{1}{n}\sum_{i=1}^{n}X_i$ 也满足上述的条件, 即

$$\bar{X} = \frac{1}{n}\sum_{i=1}^{n}X_i \sim N\left(\mu, \frac{\sigma^2}{n}\right) \tag{1-106}$$

对于来自正态总体 $N(\mu, \sigma^2)$ 的样本,记样本均值为 $\bar{X}$,样本方差为 S^2,则存在以下两个重要的结论,它们是进行方差齐性检验与均值检验的基础。

$$\frac{(n-1)S^2}{\sigma^2} \sim \chi^2(n-1) \tag{1-107}$$

$$\frac{\bar{X} - \mu}{S/\sqrt{n}} \sim t(n-1) \tag{1-108}$$

（五）来自两个正态总体样本的均值与方差分布

除了单个的样本之外,在实际的科研中还会遇到两个或多个样本的情况,下面给出来自两个正态总体的样本的均值和方差的结论。

设 $X_1, X_2, \cdots, X_{n_1}$ 与 $Y_1, Y_2, \cdots, Y_{n_2}$ 是来自正态总体 $N(\mu_1, \sigma_1^2)$ 和 $N(\mu_2, \sigma_2^2)$ 的样本,这两个样本之间相互独立,记

$$\bar{X} = \frac{1}{n_1}\sum_{i=1}^{n_1}X_i \tag{1-109}$$

和

$$\overline{Y} = \frac{1}{n_2}\sum_{i=1}^{n_2} Y_i \tag{1-110}$$

分别是两样本的样本均值，记两样本的方差分别为

$$S_1^2 = \frac{1}{n_1-1}\sum_{i=1}^{n_1}(X_i - \overline{X})^2 \tag{1-111}$$

和

$$S_2^2 = \frac{1}{n_2-1}\sum_{i=1}^{n_2}(Y_i - \overline{Y})^2 \tag{1-112}$$

则存在如下结论。

1. 已知总体标准差 σ_i 前提下，两平均数的和与差的分布

若总体的标准差 σ_i 已知，则两个平均数的和与差的分布为

$$\mu_{(\overline{X}+\overline{Y})} = \mu_1 + \mu_2 \tag{1-113}$$

$$\sigma_{(\overline{X}+\overline{Y})} = \sqrt{\frac{\sigma_1^2}{n_1} + \frac{\sigma_2^2}{n_2}} \tag{1-114}$$

同样可计算

$$\mu_{(\overline{X}-\overline{Y})} = \mu_1 - \mu_2 \tag{1-115}$$

$$\sigma_{(\overline{X}-\overline{Y})} = \sqrt{\frac{\sigma_1^2}{n_1} + \frac{\sigma_2^2}{n_2}} \tag{1-116}$$

值得注意的是，无论是两个样本均值的和，还是两个样本均值的差，它们对应的标准差都是 $\sqrt{\frac{\sigma_1^2}{n_1} + \frac{\sigma_2^2}{n_2}}$，为什么会这样?这需要从标准差的本质上理解，因为它表达的是数据偏离中心的平均偏离程度，这种偏离特性会随着数据的变动（无论数据加减）而增加。

当两个总体都是已知的正态分布时，那么两样本均值的和也服从正态分布，且有

$$\overline{X} \pm \overline{Y} \sim N\left((\mu_1 \pm \mu_2), \left(\frac{\sigma_1^2}{n_1} + \frac{\sigma_2^2}{n_2}\right)\right) \tag{1-117}$$

根据正态分布的标准化变量，则有

$$U = \frac{(\overline{X} \pm \overline{Y}) - (\mu_1 \pm \mu_2)}{\sqrt{\frac{\sigma_1^2}{n_1} + \frac{\sigma_2^2}{n_2}}} \sim N(0,1) \tag{1-118}$$

2. 总体标准差未知但相等前提下，两平均数的和与差的分布

若两总体的标准差 σ_i 具体值未知，但确定它们相等时，则可以使用样本的标准差替换掉总体的标准差，此时要求满足 $\sigma_1^2 = \sigma_2^2 = \sigma^2$，则

$$\frac{(\bar{X}-\bar{Y})-(\mu_1-\mu_2)}{\sqrt{\dfrac{(n_1-1)S_1^2+(n_2-1)S_2^2}{n_1+n_2-2}}\sqrt{\dfrac{1}{n_1}+\dfrac{1}{n_2}}}\sim t(n_1+n_2-2) \tag{1-119}$$

引入记号

$$S_w^2=\frac{(n_1-1)S_1^2+(n_2-1)S_2^2}{n_1+n_2-2} \tag{1-120}$$

则上述改写为

$$\frac{(\bar{X}-\bar{Y})-(\mu_1-\mu_2)}{S_w\sqrt{\dfrac{1}{n_1}+\dfrac{1}{n_2}}}\sim t(n_1+n_2-2) \tag{1-121}$$

其中 S_w^2 可看作两样本方差的加权和，将 S_w^2 稍作改写，则有

$$\begin{aligned}
S_w^2&=\frac{(n_1-1)S_1^2+(n_2-1)S_2^2}{n_1+n_2-2}\\
&=\frac{(n_1-1)S_1^2+(n_2-1)S_2^2}{(n_1-1)+(n_2-1)}\\
&=\frac{(n_1-1)}{(n_1-1)+(n_2-1)}S_1^2+\frac{(n_2-1)}{(n_1-1)+(n_2-1)}S_2^2\\
&=w_1S_1^2+w_2S_2^2
\end{aligned} \tag{1-122}$$

其中

$$w_1=\frac{(n_1-1)}{(n_1-1)+(n_2-1)},\quad w_2=\frac{(n_2-1)}{(n_1-1)+(n_2-1)} \tag{1-123}$$

3. 两个样本方差比值的分布

还可以对两个样本方差比值的分布进行研究，则有

$$F=\frac{S_1^2/\sigma_1^2}{S_2^2/\sigma_2^2}\sim F(n_1-1,n_2-1) \tag{1-124}$$

称 n_1-1,n_2-1 分别为 F 分布的第一自由度和第二自由度。在涉及方差比的时候，常常使用 F 分布进行检验，如后续的方差分析中就涉及此类应用。

第五节 样本数据整理与可视化

一、直方图

直方图是一种常用的统计报告图，从外观上看，它由一系列高度不等的纵向柱条构成，外轮廓线粗略表达了数据的分布情况，一般用横轴表示数据的类型，纵轴表示数据的分布状况。图 1-18 为服从正态分布的某数据集的直方图。

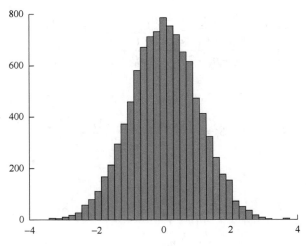

图 1-18　服从正态分布的某数据集的直方图

在绘制直方图时，常常按照如下的步骤进行。

（1）计算极差，对于要处理的数据集，找出其最大值 Max 和最小值 Min，计算二者之差，称为极差。

（2）根据数据集的样本含量 N，确定分组数，这里的分组数，即需要绘制的柱条数。一般的，分组数可按照表 1-10 中的参考值确定。

表 1-10　样本含量与适宜的分组数

样本含量 N	分组数 k
30～40	5～6
40～60	6～8
60～100	8～10
100～500	10～15

读者也可以根据 Sturges 提出的经验公式来确定组数 k：

$$k = 1 + \frac{\ln N}{\ln 2} \tag{1-125}$$

其中 ln 是以 e 为底的自然对数，对计算结果取整数后即组数，在实际应用中可参考使用。例如，设 N = 60，则

$$k = 1 + \frac{\ln 60}{\ln 2} = 6.9 \approx 7$$

即大致可分为 7 组。

（3）将极差圆整到合适的整数，并考虑分组数，计算组距。组距取值尽可能地符合习惯，如取 1，1.5，2 等常用的整数或分数，而不要使用诸如 0.41，0.67 之类的看上去不符合习惯的值。

（4）计算各组的组界。这可以从第一组开始依次计算，第一组的下界为最小值减去组距的一半，第一组的上界等于其下界值加上组距。第二组的下界等于第一组的上界值，第二组的下界值加上组距就等于它的上界值，依次类推。

（5）逐一筛查数据，将数据分配到各个组，并做好计数。

（6）统计各组数据出现频数，作频数分布表和直方图，其中组距为底长，频数为高，对各组作矩形图。

通过直方图，可以看出数据具有的三个重要特征：①可以看出数据的集中情况，一般而言，数据有趋于集中的趋势，数据的中心就是数据的集中点，根据直方图，可以看出数据的中心所在；②可以查看数据的分布状况，一是看数据是不是集中出现在均值附近，二是看数据是具左偏特征还是具右偏特征，通过直方图一目了然；③可以查看异常值或不规则值，如某数据的出现频率异常偏高，则有可能有某种倾向性问题。

在 2015a 版的 MATLAB 中，提供了新的绘制直方图命令 histogram（在 2014 版 MATLAB 中，绘制函数为 hist）。histogram 常用的格式如下。

1）histogram（X）　　这种格式只有一个参数，即输入的数据 X，函数将创建 X 的直方图。该函数通过计算自动返宽度均匀的柱条，且它们能完全覆盖 X 数据范围中的元素，并揭示数据分布的基本形状。函数绘图显示为矩形，每个矩形的高度指示该矩形表达的数据范围内的元素数，如图 1-18 所示。用户也可以设定直方图的柱条数，也即分组数，这可通过带柱条参数格式实现。

2）histogram（X，nbins）　　这种格式使用由标量 nbins 指定柱条数目的格式绘制直方图。例如：

```
x = randn(10000,1);
h = histogram(x,20);%指定绘制 20 条
set(gca,'FontSize',16,'FontName','Times','LineWidth',1.5);
set(gcf,'Color','w');box off
```

运行结果如图 1-19 所示。更多详解，参阅拙作《MATLAB 语言编程》一书。

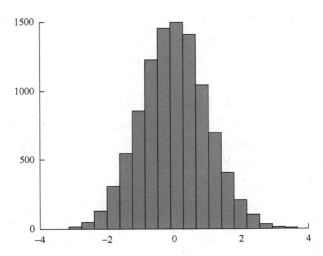

图 1-19　规定分组参数的 histogram 绘图

二、茎叶图

茎叶图又称为“枝叶图”，是用来进行数据可视化的一种常用方法，它能非常直观地显示数据的分布范围和形态，是近年来比较常用的统计图形。图 1-20 是典型的茎叶图的两种样式，图 1-20A 是基本形式的茎叶图，图 1-20B 是包含两组数据的茎叶图。

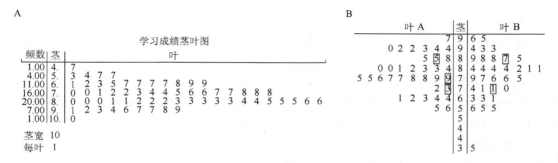

图 1-20 茎叶图的结构特点

A. 基本形式的茎叶图；B. 具有两组数据的茎叶图

观察图 1-20，可得出如下结论。

（1）基本形式的茎叶图包含三列数据，最左侧一列数据是频数，它是每枝上数据出现的次数；中间一列表示茎值，也就是保持不变的位数；右侧一列是叶，也是数据中发生变化的位，它将数据中每个变化的数一一列出，犹如枝条上的叶子，以此形象，称为茎叶图。

（2）茎叶图的数据分成两部分：由茎值表示的整数部分和由叶值表示的尾数部分。在茎叶图中，每行都是由一个茎值和若干叶值构成。左边是茎值，右边是叶值，显示每个叶的尾数数值。而图的下方一般会列出茎宽和每个叶代表的实际数据个数。

（3）读取茎叶图数据时，首先读取茎值，以图 1-20A 中的第 2 行为例，茎值数为 5.（注：是 5 和点），叶值分别为 3，4，7，7，茎值和每一个叶值组合成茎叶数值，得到 5.3，5.4，5.7，5.7，根据图中下方列出的茎宽（本例中为 10），则实际数据值 = 茎叶数值×茎宽，故该行数据的实际值为 53，54，57，57。

在实际应用中，读者可根据实际数据的多寡与分散状况来确定茎叶图行数，数据较多时，一行中的叶子会显得过长，有些拥挤，这时可根据需要将行数进行扩展。例如，每个茎叶重复两次，占据两行，叶值为 0～4 的，茎值上加注记号"."，叶值为 5～9 的，茎值上加注记号"*"等。茎值的排序可以由小到大，也可以由大到小，如图 1-20B 中所示的茎值。

茎叶图与直方图类似，实际上将茎叶图逆时针旋转 90°，就是一个直方图，因为可以从中统计次数，计算各数据段的频率或百分比，从而可以看出数据分布是否与正态分布或单峰偏态分布逼近。但茎叶图又与直方图不同，除了茎叶图需要横向布置外，它不仅给出了数据分布的特征，还保留了每个原始数据的信息。相对而言，直方图则不能给出原始的数值。

使用茎叶图表示数据，有两个明显的优点：一是信息保存完整，所有数据都可从茎叶图中直接读取得到；二是方便记录与表示，茎叶图中的数据可以随时记录，随时添加，非常方便。

茎叶图也有明显的缺点：①其分析水平只是粗略的，对差异不大的两组数据不易分析；②它只是便于表示个位之前相差不大的数据，且茎叶图只能方便记录两组数据，当数据组数多于两组时，虽然仍可使用茎叶图记录，但不再直观、清晰；③表示三位数以上的数据时不够方便。

绘制茎叶图时，需要分别绘制茎和叶。

第一步，将每个数据分为高位的茎值和低位的叶值两部分。如果是两位数字，则茎为十位上的数字，叶为个位上的数字，如 89，茎 8 叶 9；如果是三位数，则茎为百位上的数字，叶为十位上的和个位上的数字，如 123，茎 1 叶 23。

第二步，将最小茎值和最大茎值之间的数按顺序排成一列。茎值可按从小到大的顺序从上向下列出（也可反向列出），共茎的叶一般按从大到小（或从小到大）的顺序同行列出。

第三步，将各数据的叶按大小次序写在茎右（左）侧。

在绘制茎叶图时，若要描述两组数据，则需要分别列于茎的左右两侧，此时将不再进行频率统计。在制作茎叶图时，重复出现的数据要重复记录，不能遗漏，特别是"叶"部分；同一数据出现几次，就要在图中体现几次。

在 2014a 版的 MATLAB 中，尚未有专门的绘制茎叶图的函数，下面是绘制茎叶图的代码，可将给定的数据以字符的形式绘制到命令窗口。例如：

```
V = 10.*randn(1,50);emleafplot(V)
```

其运行结果如图 1-21A 所示。

又如：

```
V = randn(1,50);emleafplot(V,-1)
```

其运行结果如图 1-21B 所示。

A
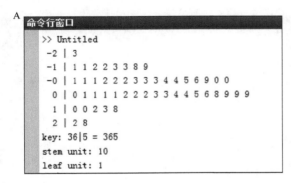

B
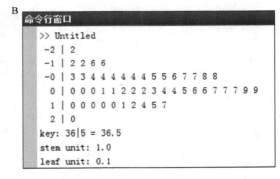

图 1-21　茎叶图的绘制

A. 默认精度的绘图格式；B. 设定 0.1 精度的绘图格式

附源代码：

```
function StemLeafPlot(X,p)
% 函数名称:StemLeafPlot.M
% 实现功能:依照设定的精度绘制给定数据的茎叶图,并输出到命令窗口.
% 输入参数:本函数共有 2 个输入参数,含义如下:
%          :(1)X,数据集,其中 NaN 被忽略.
%          :(2)p,叶的精度,定义为 10 的整数次方;叶的精度可由用户定义.本函数
%          :将对输入数据进行圆整,四舍五入到最接近的叶单位.缺省情况下,茎
%          :精度为 10^(p + 1);精度在函数运行之初确定,茎和叶的单位在图的底部
%          :输出.例如,p = -3 时,数据集 X 被圆整到 10^-3 = 0.001;而 p = 3 时,数据集
%          :被圆整到 10^3 = 1000. 缺省默认设置 p = 0.
% 输出参数:本函数默认无输出参数.
% 函数调用:实现本函数功能不需要调用子函数.
% 参考资料:实现本函数功能的其他可参考资料,请参阅教材:
%          :(1)马寨璞,MATLAB 语言编程[M],北京:电子工业出版社,2017.
%          :(2)http://en.wikipedia.org/wiki/Stemplot
% 原始作者:Jered Wells,jered.wells@duke.edu
% 创建时间:2011.01.28.
% 原始版本:1.2
```

```
% 修订补充:马寨璞,wdwsjlxx@163.com
% 修订时间:2016-10-19,20:40:25
% 版权声明:未经作者许可,任何单位及个人不得以任何方式或理由对本代码进行
%          :网上传播、贩卖等.
% 实用样例:例1,单位精度绘图示例
%          :v = 10.*randn(1,50);StemLeafPlot(v)
%          :例2,绘图精度设定为0.1
%          :v = randn(1,50);StemLeafPlot(v,-1)
%          :例3,绘图精度设定为100
%          :v = 5000.*randn(1,50);StemLeafPlot(v,2)
%
if~isnumeric(X);
    error('输入的数据X必须是数值型的');
end
if~exist('p','var');          % 设置缺省p = 0
    p = 0;
elseif isempty(p);
    p = 0;
end
if~isnumeric(p);
    error('输入的精度值必须是整数!');
end
p = round(p);
% 去除NaN数据
X = X(~isnan(X));X = X(:);X = roundn(X,p);
% 构建茎和叶
AllStems = floor(X./10^(p + 1));
AllLeaves = round(abs(X./10^p));
negStems = AllStems(AllStems<0) + 1;          % Negative stems
negStems = negStems(:);
posStems = AllStems(~(AllStems<0));           % Positive stems
posStems = posStems(:);
negLeaves = AllLeaves(AllStems<0);            % Negative leaves
negLeaves = negLeaves(:);
posLeaves = AllLeaves(~(AllStems<0));         % Negative leaves
posLeaves = posLeaves(:);
maxDig = ceil(max(log10(abs(AllStems)))) + 1;% Max of digits in stem
fmt = strcat(['%' num2str(maxDig + 1)'i']);% Format string for SPRINTF
% 绘制茎叶图中负值的茎
if~isempty(negStems)
    for ii = min(negStems(:)):0
        strStem = sprintf(fmt,ii);
        if ii = = 0;
            strStem(end-1:end) = '-0';
        end
        strLeaves = sprintf('%2i',mod(sort(negLeaves(negStems = = ii)),10));
        s = strcat([strStem'|'strLeaves]);
        disp(s)
    end
end
% 绘制茎叶图中正值的茎
if~isempty(posStems)
```

```
    for ii = 0:max(posStems(:))
        strStem = sprintf(fmt,ii);
        strLeaves = sprintf('%2i',mod(sort(posLeaves(posStems = = ii)),10));
        s = strcat([strStem'|'strLeaves]);
        disp(s)
    end
end
% 输出 key 和 units
fmt = strcat(['%.'num2str(max(0,-p))'f']);
s = strcat(['key:36|5 = 'sprintf(fmt,36*10^(p + 1) + 5*10^p)]);disp(s)
s = strcat(['stem unit:'sprintf(fmt,10^(p + 1))]);disp(s)
s = strcat(['leaf unit:'sprintf(fmt,10^p)]);disp(s)
end
```

三、箱线图

在介绍箱线图之前，先学习分位数的概念与确定。

（一）分位数

分位数是统计学上的基本概念，常常用来表达数据的临界。在数理统计中，其定义如下：对于容量为 n 的样本观察值，设其数据表达为 $x_1, x_2, \cdots, x_n$，将其 p 分位数（$0 < p < 1$）记为 x_p，则它满足如下的条件：①至少有 np 个（np 值取整数）观察值小于或者等于 x_p；②至少有 $n(1-p)$ 个观察值大于或等于 x_p。

样本的 p 分位数可以按照如下的方法求得。

（1）将 $x_1, x_2, \cdots, x_n$ 自小到大排序，设排序完毕后为 $x_{(1)} \leqslant x_{(2)} \leqslant \cdots \leqslant x_{(n)}$，其中的圆括号脚标是相应数据的位序号。

（2）计算 np 值，若 np 不是整数，则只有一个数据满足定义中的两个要求，该数据位于大于 np 的最小整数处，即位于 $[np] + 1$ 处的整数。例如，$n = 25$，$p = 0.75$，$np = 18.75$，$n(1-p) = 6.25$，则 x_p 的位置应满足至少 18.75 个数据小于 x_p，此时取 18.75 的整数值 18，再加上 1 个，则 x_p 应在第 19 位序处或大于 19 位序；且至少有 6.25 个数据大于 x_p，x_p 应位于第 19 位序处或小于 19 处，综合起来，则 x_p 应该位于第 19 位序处。

（3）若 np 是整数，则 x_p 的位序号应至少有 np 个数据小于 x_p，x_p 应位于第 np 位序处或者大于 np 位序处，且至少能有 1 个数据满足大于 x_p，x_p 应位于第 $np + 1$ 处或者小于第 $np + 1$ 处。例如，在 $n = 20$，$p = 0.95$ 时，x_p 取 19 和 20 两个位序位置，均满足要求，取这两个数据的平均值作为 x_p，综合以上，得到

$$x_p = \begin{cases} x_{([np]+1)}, & \text{若} np \text{不是整数} \\ \dfrac{1}{2}[x_{(np)} + x_{(np+1)}]. & \text{若} np \text{是整数} \end{cases} \tag{1-126}$$

由前述已知，p 值为 $0 \sim 1$，特别当 $p = 0.5$ 时，称为 0.5 分位数 $x_{0.5}$，它又记作 Q_2 或者 M，称为样本中位数，即有

$$x_{0.5} = \begin{cases} x_{([n/2]+1)}, & \text{当}n\text{是奇数时} \\ \dfrac{1}{2}[x_{(n/2)} + x_{(n/2+1)}], & \text{当}n\text{是偶数时} \end{cases} \quad (1\text{-}127)$$

通俗地讲，当样本容量 n 是奇数，中位数 $x_{0.5}$ 就是居于排序数据 $x_{(1)} \leqslant x_{(2)} \leqslant \cdots \leqslant x_{(n)}$ 最中间的一个数；而当样本容量 n 是偶数时，中位数 $x_{0.5}$ 就是排序数据 $x_{(1)} \leqslant x_{(2)} \leqslant \cdots \leqslant x_{(n)}$ 最中间的两个数的平均值。0.25 分位数 $x_{0.25}$ 称作第一四分位数，记作 Q_1；0.75 分位数 $x_{0.75}$ 称作第三四分位数，记作 Q_3。下面给出一个实例，帮助理解。

例 6 设有一组容量为 18 的样本值如下：11，31，87，17，109，87，1，77，23，25，31，4，62，110，7，112，37，111。求样本的分位数：$x_{0.2}$，$x_{0.25}$，$x_{0.5}$。

解 首先将数据排序如表 1-11 所示。

表 1-11 例题中的数据排序

位序	1	2	3	4	5	6	7	8	9	10	11	12	13	14	15	16	17	18
值	1	4	7	11	17	23	25	31	31	37	62	77	87	87	109	110	111	112

（1）计算 $np = 18 \times 0.2 = 3.6$，则 $x_{0.2}$ 位于第 $[3.6] + 1 = 4$ 处，即 $x_{0.2} = x_{(4)} = 11$。

（2）计算 $np = 18 \times 0.25 = 4.5$，则 $x_{0.25}$ 位于第 $[4.5] + 1 = 5$ 处，即 $x_{0.25} = x_{(5)} = 17$。

（3）计算 $np = 18 \times 0.5 = 9$，则 $x_{0.5}$ 是这组数据中位于中间的两个数的平均值，即 $x_{0.5} = 0.5 \times (31 + 37) = 34$。

（二）绘制箱线图

箱线图是利用数据集的 5 个特征值——最小值（Min）、第一四分位点（Q_1）、中值（M）、第三四分位点（Q_3）、最大值（Max）来描述数据的图形。箱线图可看作由两部分合成的图形，箱子的长度由第一和第三四分位数所在位置确定，它们分别作为箱子的起始端和结束端，箱线图中的线则以极小值和极大值作为界限，分别与箱子的侧面边界平行，延伸到箱子的两端。箱线图既可以竖直放置，也可以横向放置，典型的箱线图如图 1-22 所示。当对比多组数据时，可以采用多个箱线图的成组形式，如图 1-23 所示。

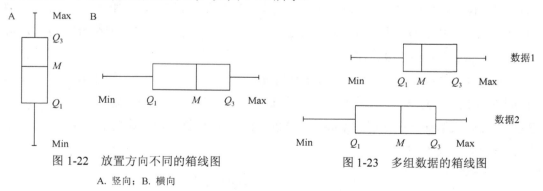

图 1-22 放置方向不同的箱线图　　　　图 1-23 多组数据的箱线图

A. 竖向；B. 横向

下面以绘制水平放置箱线图为例，具体叙述其绘制步骤。

（1）定数轴。先确定数据的水平数轴，在轴上标出 Min，Q_1，M，Q_3，Max。

（2）绘箱体。在数轴上方，画一个矩形箱，箱的左右两界分别对齐 Q_1 和 Q_3 的位置，看作箱子的起始端和结束端，上下两个箱面平行于数轴，对应于中位数 M 的位置，在箱内绘制直线段，与 Q_1 和 Q_3 的箱面平行。至于上下两个箱面的距离大小，以绘制的箱线图"看起来顺眼"为好，也可以采用黄金分割比例绘制箱体。

（3）绘延伸线。延伸线位于箱体左右两侧，左侧从 Min 至 Q_1，右侧从 Q_3 至 Max，要求两侧的水平延伸线位置相同，一般以左右箱面的中点为控制位置。至此箱线图已经做好，如图 1-22 所示。

（4）箱线图也可以按照垂向数轴来做。

通过箱线图，可以明确看出数据集的以下性质：①数据的中心，这可由中位数的位置确定。②数据的分布情况，全部数据都落在[Min，Max]之内，在分割的 4 个区间[Min，Q_1]，[Q_1，M]，[M，Q_3]，[Q_3，Max]内，数据个数各占 1/4，区间较短时，表示落在该区间的数据较为集中，反之则较为分散。③数据的对称情况，若中位数位于箱中位置，则数据分布较为对称。设 Min 距离 M 为 d_1，设 Max 距离 M 为 d_2，若 $d_1 > d_2$，则说明数据左偏，反之右偏，且可看出分布尾部的长短。④箱线图特别适用于比较两个或两个以上数据集的性质，可以将几个数据集的箱线图画在同一个数轴上。

在数据中，若某一个值异常大于或者小于该数据中的其他数据，则称之为疑似异常值。疑似异常值的存在，会对数据分析结果产生不当影响，因此检出疑似异常值并进行适当的处理十分必要。利用箱线图，能检测数据中是否存在疑似异常值。具体判别思路如下：记第一四分位数 Q_1 与第三四分位数 Q_3 之间的距离为 IQR，称为四分位数间距 $IQR = Q_3 - Q_1$，若数据中的某个数据小于 $Q_1 - 1.5\text{IQR}$，或者大于 $Q_3 + 1.5\text{IQR}$，则称该数据为疑似异常值。

当出现了疑似异常值时，则箱线图的绘制需要进行修改，首先在疑似异常值处绘制"*"，箱线图的左右引出线分别引到除去疑似异常值的次小值和次大值。

MATLAB 统计工具箱中的 boxplot 函数可以方便地绘制箱线图，其使用方法如下。

1）boxplot(X)　　这种格式根据给定的数据 X 绘制箱线图，当 X 是矩阵时，以矩阵的列为数据集单位，每列绘制一个箱线图；若 X 是向量，则只绘制一个箱线图。箱线图的各种属性设置使用 MATLAB 默认值。例如：

```
rng('default');%For reproducibility
x1 = normrnd(5,1,100,1);x2 = normrnd(6,1,100,1);
figure;boxplot([x1,x2])
```

运行结果如图 1-24 所示。

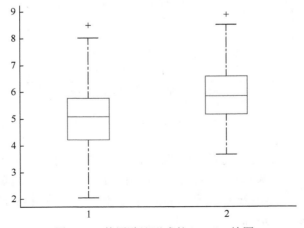

图 1-24　使用默认形式的 boxplot 绘图

2）boxplot(X, G)　　这种格式的 boxplot 函数中，G 用来指定一个或多个分组变量，函数为 X 的每组数据生成一个独立的箱线图，每组值共用一个相同的 G 值。针对数据 X 的每一个元素，或者 X 的每列中的一行，分组变量必须有对应的一行。指定单个分组变量时，G 可以使用向量、字符数组或字符串元包数组，也可以是一个向量分类数组；当指定多个分组变量时，G 使用这些变量的元包数组，如{G1，G2，G3}，也可以使用矩阵。如果使用多个分组变量，则它们必须具有相同的长度。更详细的语法说明，参阅《MATLAB 语言编程》（马赛璞，2017）。例如：

```
load carsmall;
boxplot(MPG,Origin);
set(gca,'FontName','Times','FontSize',14);
set(findobj(gca,'LineWidth',0.5),'LineWidth',2);
h = findobj(gca,'-depth',1);
set(h(1),'FontName','Times','FontSize',14);
hTerms = findall(h(2));
TermNum = length(hTerms);
for iLoop = 1:TermNum
    try
        set(hTerms(iLoop),'FontName','Times','FontSize',14);
    catch
        continue;
    end
end
set(gcf,'Color','w');box off;
```

运行结果如图 1-25 所示。

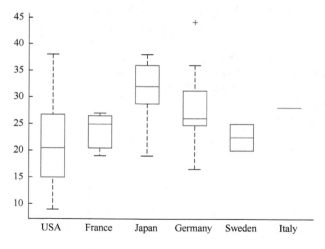

图 1-25　分组变量 G 未变动顺序

用户也可以使用分组变量 G 对箱线图的顺序进行修改。例如，将上述代码中函数 boxplot 的参数稍作改动，其运行结果如图 1-26 所示。在图 1-25 中，箱线图的顺序是依据原始数据出现的前后顺序来定，而在图 1-26 中，则按照人为规定的输出顺序排列箱线图。

boxplot(gca,MPG,Origin,...
'Grouporder',{'Germany','USA','Japan','Italy','France','Sweden'});

3）boxplot(*x*, para1, value1, para2, value2, …) 这种格式允许用户方便地控制箱线图的一些属性修改，常见的属性有：①图形颜色属性 Color；②异常值标记属性 Symbol；③箱线图方向属性 Orientation；④比较区间属性 Notch 等。修改代码中 boxplot 函数如下：

boxplot(MPG,Origin,'notch','marker')

则运行结果如图 1-27 所示。修改代码中 boxplot 函数的参数如下：

boxplot(MPG,Origin,'notch','on')

则运行结果如图 1-28 所示。再如，修改 Color 属性，

boxplot(MPG,Origin,'Color','rgb');

则运行结果如图 1-29 所示。

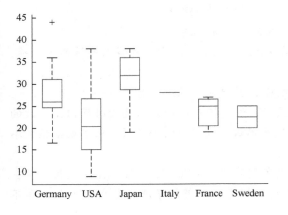

图 1-26 分组变量依照 *G* 变动顺序

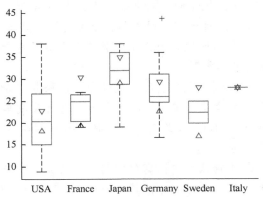

图 1-27 修改比较区间属性

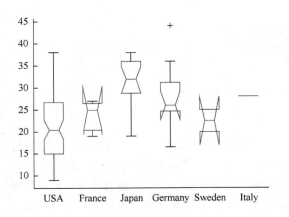

图 1-28 修改 notch 属性为 on

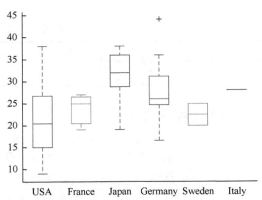

图 1-29 修改箱线图颜色为 rgb

习　题

1. 在 1500 件产品中有 400 件次品、1100 件正品，随机抽取 200 件，求：①求恰好有 90 件次品的概率；②求至少有 2 件次品的概率。

2. 经调查可知，美国人的血型分布近似为：A 型 37%，O 型 44%，B 型 13%，AB 型 6%，夫妻双方的血型是相互独立的。

（1）B 型的人只能输入 BO 血型，若妻子为 B 型，丈夫血型不知，求丈夫可为妻子输血的概率。

（2）随机访问一对夫妇，求妻子为 B 型，丈夫为 A 型的概率。

（3）随机访问一对夫妇，求一人为 A 型，另一人为 B 型的概率。

（4）随机访问一对夫妇，求夫妻之中至少一人为 O 型的概率。

3. 如何通过二项分布理解"人生不如意十之八九"?现实生活中，许多人有选择恐惧症，试通过概率解释。

4. 试编写代码实现二项分布、泊松分布等绘图，并探究其性质、特点。

5. 当今交通繁忙，路上每天都有大量汽车通行，设一辆车在一天的某段时间内出事故的概率为 0.0001，在某天的该段时间内有 1000 辆汽车通过，试利用泊松公式，求事故车辆数不小于 2 的概率。

6. 生物试验中，需要控制稳定的温度，若稳定调节器确定在 d℃，温度 X 是随机变量，且满足 $X \sim N(d, 0.5^2)$，若 $d = 90$℃，①求 $X < 89$℃的概率；②若想保证稳定在 80℃的概率不低于 0.99，则 d 至少为多少?

7. 某学生宿舍楼有 10 层，若电梯在每一层都可停靠，当有人下时，电梯在该层停靠，当无人下时，则不停靠。某次电梯载 15 人，若各同学在各层下电梯是等可能的，以 X 表示电梯的停靠次数，试求 $E(X)$。

8. 设随机变量 X 的分布律为

表 X1-1　习题 8 数据表

X	−2	0	2
p_k	0.4	0.3	0.3

求 $E(X), E(X^2), E(3X^2 + 5)$。

9. 在 MATLAB 中，函数 normrnd 可以给出符合正态分布的伪数据，试以这些函数生成数据，绘制直方图。normrnd 的具体格式包括两种：①normrnd(μ, σ)；②normrnd(μ, σ, m, n)。第一种运行时会生成一个数据，该数据是以 μ 为均值，以 σ 为标准差的正态分布数据的一个；第二种则生成一个 m 行 n 列的数表，这些数据服从以 μ 为均值，以 σ 为标准差的正态分布，如 normrnd$(0, 1, 5, 3)$ 则生成以 5 行 3 列的标准正态分布数据。

10. MATLAB 的 rand, randn 等命令可以输出随机数据，试以这些函数生成的数据为样本，计算数据的期望、方差、偏斜度、峰度、矩等。

11. 利用 MATLAB 的 rand, randn 等命令生成数据，绘制箱线图、茎叶图。

第二章 参 数 估 计

第一节 点 估 计

通过样本对总体参数进行估计，这个问题可以分为两类，一类是对总体参数的值进行估计，即点估计；另一类是对总体参数合理变动范围的估计，即区间估计。在点估计中，常用的方法包括数字特征法、顺序统计量法、矩估计法、最大似然法等，本书只介绍点估计中的矩估计法和最大似然法。区间估计包括正态总体和非正态总体参数的区间估计，正态总体参数区间估计涉及单一正态总体和两个正态总体参数的区间估计，非正态总体包括二项分布、泊松分布等的区间估计等。区间估计的方法包括最大似然法、枢轴量法及针对二项分布等非正态分布的精确估计。

一、矩估计法

矩估计的总体思路是：若总体 X 的 k 阶矩存在 $[E(X^k) = \mu_k]$，则当阶数 $n \to \infty$ 时，样本的 k 阶矩会以概率 P 收敛到总体的 k 阶矩，即 $A_k \xrightarrow{P} \mu_k$，更进一步，若函数 g 为连续函数，则 $g(A_1, A_2, \cdots, A_k) \xrightarrow{P} g(\mu_1, \mu_2, \cdots, \mu_k)$。这样，对于总体的各阶矩，都可写成一个含待估参数的方程，求解总体各阶矩表达式构成的方程组，可得到各待估计参数的解（以总体各阶矩表达），将总体矩以样本矩代换，则可以得到各估计参数的表达式，代入样本数据，可得到其值。

具体的，根据随机变量的类型，矩估计方法的叙述稍有不同，当 X 为连续型随机变量时，则设概率密度为 $f(x, \theta_1, \theta_2, \cdots, \theta_k)$，若为离散型随机变量，则设分布律为 $P\{X = x\} = p(x, \theta_1, \theta_2, \cdots, \theta_k)$，其中 $\theta_1, \theta_2, \cdots, \theta_k$ 是需要估计的参数，$X_1, X_2, \cdots, X_n$ 是源于总体 X 的样本。

根据矩估计的思路，若总体的前 k 阶矩存在，则表达为

$$\mu_k = E(X^i) = \begin{cases} \int_{-\infty}^{\infty} x^i f(x, \theta_1, \theta_2, \cdots, \theta_k) \mathrm{d}x, & X\text{连续型} \\ \sum_{x \in R_x} x^i p(x, \theta_1, \theta_2, \cdots \theta_k), & X\text{离散型} \\ i = 1, 2, \cdots, k. \end{cases} \tag{2-1}$$

式中，R_x 是离散随机变量 X 的可能取值范围。从上述的表达式可以看出，无论是连续型随机变量的前 k 阶矩，还是离散型随机变量的前 k 阶矩，积分或求和的最终结果，都可以看作参数 $\theta_1, \theta_2, \cdots, \theta_k$ 的函数，以连续型为例，

$$\begin{aligned} \mu_k &= \int_{-\infty}^{\infty} x^i f(x, \theta_1, \theta_2, \cdots, \theta_k) \mathrm{d}x \\ &= \mu_k(\theta_1, \theta_2, \cdots, \theta_k) \quad i = 1, 2, \cdots, k \end{aligned} \tag{2-2}$$

具体到 k 的每一个值，则有

$$\begin{cases} \mu_1 = \mu_1(\theta_1, \theta_2, \cdots, \theta_k), \\ \mu_2 = \mu_2(\theta_1, \theta_2, \cdots, \theta_k), \\ \cdots \\ \mu_k = \mu_k(\theta_1, \theta_2, \cdots, \theta_k). \end{cases} \tag{2-3}$$

这个方程组包含 k 个方程，含 k 个未知参数，则联立求解，可得到各个 θ 值，即

$$\begin{cases} \theta_1 = \theta_1(\mu_1, \mu_2, \cdots, \mu_k), \\ \theta_2 = \theta_2(\mu_1, \mu_2, \cdots, \mu_k), \\ \cdots \\ \theta_k = \theta_k(\mu_1, \mu_2, \cdots, \mu_k). \end{cases} \tag{2-4}$$

在上述解中，实际上各个均值 $\mu_i(i=1,2,\cdots,k)$ 是不知道的，但根据前面的依概率收敛，存在

$$\begin{cases} A_1 \xrightarrow{P} \mu_1, \\ A_2 \xrightarrow{P} \mu_2, \\ \cdots \\ A_k \xrightarrow{P} \mu_k. \end{cases} \tag{2-5}$$

这样，将上述解中的各个 μ_i 用样本矩 $A_i \ (i=1,2,\cdots,k)$ 替换，则得到各个参数的估计值，即

$$\hat{\theta}_i = \theta_i(A_1, A_2, \cdots, A_k), i = 1, 2, \cdots, k \tag{2-6}$$

其中，$A_k = \dfrac{1}{n} \sum\limits_{i=1}^{n} X_i^k$，因为 $\hat{\theta}_i$ 是通过样本的矩估算得到，称为矩估计量，将样本的各个观察值带入计算式中，可得到参数的矩估计值。

例1 设总体的均值为 μ，方差为 σ^2，但它们的具体值未知，若从该总体抽取了样本 X_1，$X_2, \cdots, X_n$，试求解参数 μ，σ^2 的矩估计量。

解 （1）根据矩估计的思路，首先写出各阶矩的表达式。具体到本题，只有 2 个参数，则只需写出前 2 阶矩即可，于是得到

$$\begin{cases} \mu_1 = E(X) = \mu, \\ \mu_2 = E(X^2) = D(X) + [E(X)]^2 = \sigma^2 + \mu^2. \end{cases}$$

（2）求解关于两参数的方程组（形参与实际参数的对应关系为：$\theta_1 \leftrightarrow \mu$，$\theta_2 \leftrightarrow \sigma^2$），得到参数 μ，σ^2 关于矩的解

$$\begin{cases} \mu = \mu_1, \\ \sigma^2 = \mu_2 - \mu_1^2. \end{cases}$$

（3）将上述的总体矩 μ_1, μ_2，由样本矩 A_1, A_2 代换，并具体化其表达式，则有

$$\begin{cases} \hat{\mu} = A_1 = \dfrac{1}{n} \sum\limits_{i=1}^{n} X_i^1 = \bar{X}, \\ \hat{\sigma}^2 = A_2 - A_1^2 = \dfrac{1}{n} \sum\limits_{i=1}^{n} X_i^2 - (\bar{X})^2 = \dfrac{1}{n} \sum\limits_{i=1}^{n} (X_i - \bar{X})^2. \end{cases}$$

整理得到

$$\begin{cases} \hat{\mu} = \bar{X}, \\ \hat{\sigma}^2 = \dfrac{1}{n} \sum\limits_{i=1}^{n} (X_i - \bar{X})^2. \end{cases} \tag{2-7}$$

在本题中，并未就总体 X 的分布做出假设，但结果已表明：总体均值与方差的矩估计量，并不因为总体分布的不同而不同。

二、最大似然法

（一）基本原理

最大似然法和矩估计法相类似，首先将来自同一总体各样本的联合分布函数表达成含有待估参数的似然函数，这个似然函数实质上是多维随机变量的联合分布函数，但它含有未知参数，我们认为联合分布函数的值是由未知参数控制的，也即参数的变化会引起这个似然函数变化，也就是联合分布概率的变化。

之所以称之为最大似然法，是基于这样的考虑：在正常的情况下，我们会得到一批样本，既然正常情况下已经取得了这些样本，我们就认为，在当前未知参数的控制下，这批样本出现的概率就比较大，我们当然不会再去考虑那些使样本点出现较少的参数值。基于此，找到使联合概率达到极大的参数值，自然更符合这种思路。这样，通过求解函数的极大值，自然就得到了待估计的参数。

具体而言，若总体 X 为离散型随机变量，则分布律 $P\{X = x\} = p(x;\theta)$；其中的 θ 为未知参数，其取值范围 Θ；设 $X_1, X_2, \cdots, X_n$ 是抽取自总体 X 的样本，则它们的联合分布为

$$\prod_{i=1}^{n} p(x_i;\theta) \tag{2-8}$$

对于已经取得的样本，其观察值 $x_1, x_2, \cdots, x_n$ 已经出现，可知样本 $X_1, X_2, \cdots, X_n$ 取得这些观察值得概率为

$$P\{X_1 = x_1, X_2 = x_2, \cdots, X_n = x_n\}$$
$$= \prod_{i=1}^{n} p(x_i;\theta) = L(x_1, x_2, \cdots, x_n, \theta) \tag{2-9}$$
$$= L(\theta)$$

由此可知，样本 $X_1, X_2, \cdots, X_n$ 取得观察值 $x_1, x_2, \cdots, x_n$ 的概率随参数 θ 而改变，称上述 $L(\theta)$ 为样本的似然函数。

根据前述的似然法思想，既然样本 $X_1, X_2, \cdots, X_n$ 已经取得了观察值 $x_1, x_2, \cdots, x_n$，我们就认为样本取这些观察值的概率是一个较大的概率，在观察值已经确定的条件下（样本已经取定完成），这个概率随着参数 θ 变化，此时的观察值，虽然已经确定是一个大概率事件，但并一定是最大的概率事件，我们自然希望让得到最大概率的那个 θ 作为参数的估计值。即

$$L(x_1, x_2, \cdots, x_n, \hat{\theta}) = \max[L(x_1, x_2, \cdots, x_n, \theta)] \tag{2-10}$$

通过求解极值问题，得到与样本观察值 $x_1, x_2, \cdots, x_n$ 有关的 $\hat{\theta}$，称之为最大似然估计量（值）。

以上是离散型随机变量的最大似然法，若总体 X 为连续型随机变量，则其概率密度为 $f(x;\theta)$，此时，样本取得观察值的联合概率密度为

$$\prod_{i=1}^{n} f(x_i;\theta) \tag{2-11}$$

仍然设 $x_1, x_2, \cdots, x_n$ 为对应样本的观察值，则随机点 $X_1, X_2, \cdots, X_n$ 落在点（$x_1, x_2, \cdots, x_n$）的邻域内的概率，可近似地写为

基础生物统计学

$$\prod_{i=1}^{n} f(x_i;\theta)\mathrm{d}x_i \qquad (2\text{-}12)$$

这里，$\prod\limits_{i=1}^{n}\mathrm{d}x_i$ 可看作边长分别为 $\mathrm{d}x_1, \mathrm{d}x_2, \cdots, \mathrm{d}x_n$ 的 n 维立方体，它构成了点（$x_1, x_2, \cdots, x_n$）的多

维空间邻域。这个概率在样本点取定后，仍然只是参数 θ 的函数，邻域 $\prod\limits_{i=1}^{n}\mathrm{d}x_i$ 不会随参数 θ 改

变，故实际上不予考虑 $\prod\limits_{i=1}^{n}\mathrm{d}x_i$ 的影响。

$$L(\theta) = L(x_1, x_2, \cdots, x_n; \theta) = \prod_{i=1}^{n} f(x;\theta) \qquad (2\text{-}13)$$

和离散型一样，我们只取使概率取得最大值的那个 θ，作为参数 θ 的估计值 $\hat{\theta}$。得到

$$L(x_1, x_2, \cdots, x_n, \hat{\theta}) = \max[L(x_1, x_2, \cdots, x_n, \theta)]$$

无论是离散型随机变量还是连续型随机变量，最大似然估计问题，最终都转化为求极大

值问题，在实际的应用中，$p(x;\theta), f(x;\theta)$ 关于参数 θ 都是可微的，通过求解

$$\frac{\mathrm{d}}{\mathrm{d}\theta} L(\theta) = 0 \qquad (2\text{-}14)$$

可以得到参数 θ 的估计值 $\hat{\theta}$。在实际的求解过程中，由于函数 $L(\theta)$ 与 $\ln L(\theta)$ 具有相同的变化

趋势，它们在同一个 θ 值上取得极值，故常常转化为求

$$\frac{\mathrm{d}}{\mathrm{d}\theta} \ln(L(\theta)) = 0 \qquad (2\text{-}15)$$

方程的解。其中的对数运算，是把联合分布中的 $\prod\limits_{i=1}^{n} p(x_i;\theta)$ 或者 $\prod\limits_{i=1}^{n} f(x_i;\theta)$ 转为求和计算，以

方便求解，此时这一方程称为对数似然方程。

例2 设总体 $X \sim N(\mu, \sigma^2)$，其中 μ, σ^2 未知，若取得了 X 的一个样本观察值为 $x_1, x_2, \cdots, x_n$，

求 μ, σ^2 的最大似然估计。

解 （1）首先写出正态分布的概率密度：

$$f(x;\mu,\sigma^2) = \frac{1}{\sqrt{2\pi}\sigma} \exp\left(-\frac{(x-\mu)^2}{2\sigma^2}\right)$$

（2）写出似然函数，得到

$$L(\mu,\sigma^2) = \prod_{i=1}^{n} \frac{1}{\sqrt{2\pi}\sigma} \exp\left(-\frac{(x_i-\mu)^2}{2\sigma^2}\right)$$

$$= (2\pi)^{-\frac{n}{2}}(\sigma^2)^{-\frac{n}{2}} \exp\left[-\frac{1}{2\sigma^2}\sum_{i=1}^{n}(x_i-\mu)^2\right]$$

（3）转化为对数似然函数，则有

$$\text{LnL} = -\frac{n}{2}\ln(2\pi) - \frac{n}{2}\ln\sigma^2 - \frac{1}{2\sigma^2}\sum_{i=1}^{n}(x_i - \mu)^2$$

（4）根据求极值的微分法，得到

$$\begin{cases} \dfrac{\partial \text{LnL}}{\partial \mu} = \dfrac{\sum\limits_{i=1}^{n} x_i - n\mu}{\sigma^2} = 0 \\[4mm] \dfrac{\partial LnL}{\partial(\sigma^2)} = -\dfrac{n}{2\sigma^2} + \dfrac{\sum\limits_{i=1}^{n}(x_i - \mu)^2}{2(\sigma^2)^2} = 0 \end{cases}$$

解得

$$\hat{\mu} = \frac{1}{n}\sum_{i=1}^{n} x_i = \overline{x}$$

$$\hat{\sigma}^2 = \frac{1}{n}\sum_{i=1}^{n}(x_i - \overline{x})^2$$

（二）最大似然法的 MATLAB 实现

在 MATLAB 中，专门设计了 mle 函数，用来进行最大似然估计，在 MATLAB 2015a 版中，mle 的调用格式包括如下几种。

1. phat = mle（data）

这种语法格式根据样本数据 data 计算正态分布的最大似然估计，样本数据 data 为向量。

2. phat = mle（data, 'distribution', dist）

这种语法格式返回由参数 dist 指定分布的参数估计值。例如，下面利用汽车每加仑油可行驶的英里（1 英里≈1.6093km）数据（MATLAB 自有数据），首先进行了直方图的绘制，经查看，该图有些右偏，显然那些具有对称形式的分布，如正态分布等，不太适合该数据。因此，考虑使用 Burr Type Ⅻ分布进行参数估计。结果表明，尺度参数 α 为 34.6447，形状参数 c 和 k 分别为 3.7898 和 3.5722。用户可使用 pdf 函数与 histogram 绘图对比一下，查看匹配情况。

需要说明的是，下述代码段中的 PublishStyle 函数是我们自己编写的函数，主要用来处理绘制的图像，以使之满足出版要求的字体、清晰度等。为方便读者，原 PublishStyle 函数代码附在本节之后。

```
close all;
load carbig                          % 读取样本数据
histogram(MPG)                       % 绘制直方图
phat = mle(MPG,'distribution','burr')% 最大似然估计
PublishStyle(gca,'burr','jpg')
```

结果如图 2-1 所示。

```
>>Untitled
phat = 34.6447  3.7898  3.5722
```

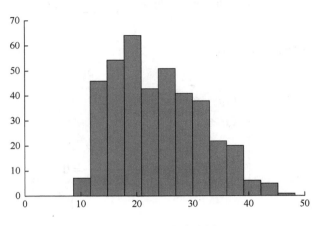

图 2-1　数据的直方图

3. phat = mle(data, 'pdf ', pdf, 'start', start)

这种格式适用于用户自定义的概率分布，可根据用户提供的概率密度函数 pdf，返回其参数估计值，但使用时，用户必须通过 start 指定参数初值。下面以非中心卡方分布为例，具体说明这种格式的使用。

首先，生成含量为 1000 的样本数据，具体做法是：以非中心卡方分布的随机数生成器 ncx2rnd 为工具，设定自由度为 8，设定非中心参数为 3，生成具有这种属性的随机数。其次，需要用户自定义这种分布的概率密度函数，具体来说，与属性'pdf'匹配的自定义函数，使用函数句柄定义为：@(x, v, d)ncx2pdf(x, v, d)。再次，还需要用户给定参数的初始值，这里以[1, 1]设定 start 参数。最后，通过该样本数据进行参数估计。将上述代码合成一段，则有

```
rng('default')%for reproducibility
x = ncx2rnd(8,3,1000,1);%产生样本数据
[phat,pci] = mle(x,'pdf',@(x,v,d)ncx2pdf(x,v,d),'start',[1,1])%
```

运行如下：

```
>>Untitled
phat =
    8.1052       2.6693
pci =
    7.1121       1.6025
    9.0983       3.7362
>>
```

由结果可知，估算的自由度为 8.1052，非中心参数为 2.6693。自由度的 95% 的置信区间为（7.1121, 9.0983），非中心参数的 95% 的置信区间为（1.6025, 3.7362）。置信区间分别包含原始设定的自由度和非中心参数。

4. phat = mle(data, 'pdf ', pdf, 'start', start, 'cdf ', cdf)

这种格式对用户自定义的概率分布进行参数估计，但需要用户提供自定义的概率密度函数 pdf，以及自定义的概率累积分布函数 cdf。

下面以患者重新入院治疗的数据为例，具体展示这种用法。首先，获取 MATLAB 保存的

数据，该数据是 100 名患者的就诊数据，列向量 censored 保存每一名患者的检查信息，值为 1 时，则说明检查过，0 表示完全重新接纳观察，该模拟数据用来自定义概率密度函数。其次，使用函数句柄定义概率密度函数和累积分布函数。最后是利用 mle 函数进行参数估计。具体代码如下：

```
cd(MATLABroot)
cd('help/toolbox/stats/examples')
load readmissiontimes%调入数据
%定义密度函数和累积函数
custpdf = @(data,lambda)lambda*exp(-lambda*data);
custcdf = @(data,lambda)1-exp(-lambda*data);
%估计参数λ
phat = mle(ReadmissionTime,'pdf',custpdf,...
'cdf',custcdf,'start',0.05,'Censoring',Censored)
```

结果如下：

```
>>Untitled
phat =
    0.1096
>>
```

5. phat = mle(data, 'logpdf' , logpdf, 'start', start)

这种形式适用于用户自定义的对数概率密度函数 logpdf，使用前还要求用户通过 start 提供预估参数的初值。

6. phat = mle(data, 'logpdf' , logpdf, 'start', start, 'logsf' , logsf)

这种格式要求用户提供三个输入信息，一是对数概率密度函数 logpdf，二是参数初值 start，三是生存函数 logsf。例如，数据同上，则有

```
cd(MATLABroot)
cd('help/toolbox/stats/examples')
load readmissiontimes
custlogpdf = @(data,lambda,k)log(k)-k*log(lambda)...
    + (k-1)*log(data)-(data/lambda).^k;
custlogsf = @(data,lambda,k)-(data/lambda).^k;
phat = mle(ReadmissionTime,'logpdf',custlogpdf,...
    'logsf',custlogsf,'start',[1,0.75],'Censoring',Censored)
```

结果如下：

```
>>Untitled
phat =
    9.2090        1.4223
>>
```

7. phat = mle(data, 'nloglf' , nloglf, 'start', start)

这种格式适用于用户自定义的负对数似然函数 nloglf，使用前，必须指定参数初值。例如：

```
cd(MATLABroot)
cd('help/toolbox/stats/examples')
load readmissiontimes
custnloglf = @(lambda,data,cens,freq)-length(data)*log(lambda)...
 + nansum(lambda*data);
phat = mle(ReadmissionTime,'nloglf',custnloglf,'start',0.05)
```

结果如下：

```
>>Untitled
phat =
    0.1462
>>
```

8. phat = mle（ ___， name， value ）

这种格式适用于根据其他的名值对设定的属性进行参数估计。

9. [phat， pci] = mle（data）

根据样本数据 data 计算最大似然估计，并返回参数的置信区间，置信水平默认取 0.95。例如，先产生 100 个二项分布的观测数据，取二项分布的参数为 $n = 20$，$p = 0.75$，再根据样本数据估算每次试验成功的概率，以及其 0.95 水平下的置信区间。如下：

```
data = binornd(20,0.75,100,1);
[phat,pci] = mle(data,'distribution','binomial',...
'alpha',0.05,'ntrials',20)
```

结果如下：

```
>>Untitled
phat =
    0.7555
pci =
    0.7360
    0.7742
>>
```

由估计结果可知，每次试验成功的概率为 0.7555，其 95% 的置信区间为（0.7360，0.7742）。需要提醒用户的是，这里的结果只是在作者计算机上的某次运行结果，同样的代码，由于随机数的存在及机器的不同，其结果可能会有所不同。

附 PublishStyle 函数源代码：

```
function PublishStyle(hAxes,FigName,FigType)
% 函数名称:PublishStyle.M
% 实现功能:将一般绘图设置成可供出版的格式.
% 输入参数:本函数共有 3 个输入参数,含义如下:
%          :(1)hAxes,输入轴的句柄,通常为 gca.
%          :(2)FigName,输出图像的名称字符串
%          :(3)FigType,输出图像的格式,默认 jpg,还支持 bmp 和 eps.
% 输出参数:本函数默认不含输出参数
% 参考资料:函数代码编写的详细参考:
%          :(1)马寨璞,MATLAB 语言编程[M],电子工业出版社,2017.
% 原始作者:马寨璞,wdwsjlxx@163.com
% 创建时间:2016-03-05,09:27:21
% 原始版本:1.0
% 版权声明:未经作者许可,任何单位及个人不得以任何方式或理由对本代码
%          :进行网上传播、贩卖等.
% 实用样例:PublishStyle(gca)
%
% 设定输出图片文件的名称
if nargin<2||isempty(FigName)
    t = clock;
    FigName = sprintf('Y%4dM%2.2dD%2.2dH%2.2dM%2.2dS%2.2d',...
        t(1,1:5),ceil(t(1,6)));
end
if nargin<3||isempty(FigType)
```

```
    FigType = 'jpg';
elseif ischar(FigType)
    Types = {'jpg','bmp','eps','jpeg'};
    FigType = internal.stats.getParamVal(FigType,Types,'TYPE');
else
    error('Only support 3 types:bmp,jpg,eps');
end
% 设置绘图曲线宽度和颜色
set(findobj(hAxes,'LineStyle','-'),'LineWidth',1.4,'Color','r');
set(findobj(hAxes,'LineStyle',':'),'LineWidth',1.4,'Color','g');
set(findobj(hAxes,'LineStyle','-.'),'LineWidth',1.4,'Color','b');
% 设定坐标轴框线条粗细,坐标轴文字大小
set(hAxes,'LineWidth',1.4);
set(hAxes,'FontName','Times New Roman','FontSize',22);
% 标题使用 Georgia 字体
hTitle = get(hAxes,'Title'); % 单独处理标题
set(hTitle,'FontName','Georgia','FontSize',22);
% 标题斜字体使用下句
% set(hTitle,'FontName','Georgia','FontSize',22,'FontAngle','it');
% 将图幅白边去掉
set(hAxes,'Position',get(hAxes,'OuterPosition')-...
    get(hAxes,'TightInset')*[-1,0,1,0;0,-1,0,1;0,0,1,0;0,0,0,1]);
% 绘图背景白色无边框
set(get(hAxes,'Parent'),'color','w');
% 输出图形,输出到当前目录下文件
switch FigType
    case {'bmp','BMP'}
        FigNames = sprintf('%s.bmp',FigName);
        FigOpt = '-dbmp16m';
        FigRes = '-r100';
    case {'eps','EPS'}
        FigNames = sprintf('%s.eps',FigName);
        FigOpt = '-depsc2';
        FigRes = '-r600';
    case{'jpeg','jpg','JPG','JPEG'}
        FigNames = sprintf('%s.jpg',FigName);
        FigOpt = '-djpeg';
        FigRes = '-r600';
end
print(FigNames,FigOpt,FigRes)
```

至此，我们学习了两种主要的参数估计方法，相对而言，最大似然法的理论基础优良，应用广泛，但需要首先给出分布类型，它要求分布类型必须已知。另外，在求解方程组时有可能比较困难，借助 MATLAB 中的 mle 函数可获得很好的解答。矩估计法与总体的分布无关，估计参数时，不需要首先给出总体的分布类型，使用起来比较方便，但有时其估算精度不及最大似然。

三、基于截尾样本的最大似然估计

生物科学研究中，与生命历程有关的研究很多。例如，研究某种细胞的衰老死亡；某动

物试验中，定量药品作用下小动物的耐受能力推定等，凡是各种和"寿命"有关的研究，或者具有（指数）衰减特征的事物发展过程，都可以归结为对寿命分布的推断。在研究产品的可靠性时，若把产品的正常运行时间看作产品的寿命，则对产品平均使用时间的推断，也属于这类问题。可以说，推断"寿命长短"的问题，几乎都属于这一范畴。

这类问题的一般做法是进行截尾试验，试验样本由死亡的个体和仍然存活的个体组成。以小鼠的药物试验为例，在某种药物的持续作用下，小鼠会因耐受不住而逐渐死亡。将随机抽取的 n 只（健康状况近似的）小鼠在时间 $t=0$ 时，同时投入耐受试验，记录每一只小鼠的生命状态，或死亡或存活，这样就得到试验样本点。但当小鼠因耐受力较强而难以确定死亡时间，或者测量全部小鼠死亡时间时，试验会拖延较久，在这种状况下就需要考虑使用截尾试验。

常见的截尾试验有两种方式：一种是定时截尾，即将随机抽取的 n 只小鼠在时刻 $t=0$ 时，同时投入试验，当试验进行到规定时间 T 后停止，试验过程中，检查小鼠的死亡状况，假设有 m 只死亡，则它们的死亡时间可排序为

$$0 \leqslant t_1 \leqslant t_2 \leqslant \cdots \leqslant t_m \leqslant T$$

其中，脚标 m 是小鼠的只数，它是一个随机变量，由此得到各死亡时间 $t_i(i=1,2,\cdots,m)$ 为随机数据。

另一种方式是首先确定死亡的只数，如确定有 m 个死亡即可。具体做法是，将选定的 n 只小鼠，自同一时刻开始测试，设开始受测时刻为 $t=0$，然后开始记录各小鼠的死亡时刻，分别记录为 $t_1,t_2,\cdots,t_m$，直到有规定的 m 只死亡后，停止试验。此时，同样有

$$0 \leqslant t_1 \leqslant t_2 \leqslant \cdots \leqslant t_m$$

此时，死亡的小鼠数目为 m 只，但 m 只对应的死亡时间是随机变量。

这是两种不同的截尾试验，定时截尾试验中的死亡只数为随机变量；定数截尾试验中死亡时间是随机变量。在确定和"寿命"有关的研究中，这两种截尾试验都具有极为普遍的应用背景。这里，以死亡只数作为具体的研究对象，推求小鼠的平均耐受时间。

对于寿命的数学描述，在第一章中，我们曾经学习过，可使用指数分布来描述和"寿命"这个应用背景有关的研究，设小鼠的耐受时间的概率密度为

$$f(t) = \begin{cases} \dfrac{1}{\theta} \mathrm{e}^{-\frac{t}{\theta}}, t > 0 \\ 0. \qquad t \leqslant 0 \end{cases}$$

其中参数 θ 未知。设有 n 只小鼠参与了定数截尾试验，截尾只数为 m，得到的定数截尾样本

$$0 \leqslant t_1 \leqslant t_2 \leqslant \cdots \leqslant t_m$$

若把 n 只受测小鼠的测试结果（死亡与否）看作相互独立的，则这 n 只小鼠在受测时段内状况变化的概率，可看成是 n 个事件积的概率。在测试时间区段 $[0,t_m]$ 内，有 m 只小鼠死亡，剩余的 $(n-m)$ 只小鼠存活，也即其寿命超过了 t_m，在上述观察结果中，各小鼠处于当前生命现状的概率如下。

（1）每只死亡小鼠出现的概率：

$$f(t_i)\mathrm{d}t_i = \frac{1}{\theta}\mathrm{e}^{-\frac{t_i}{\theta}}\mathrm{d}t_i, (i = 1, 2, \cdots, m)$$

（2）每只存活小鼠出现的概率：

$$\int_m^\infty \frac{1}{\theta}\mathrm{e}^{-\frac{t}{\theta}}\mathrm{d}t = \mathrm{e}^{-\frac{t_m}{\theta}}$$

则试验完毕，当前样本出现的概率，可近似表达为

$$p = C_n^m \left(\frac{1}{\theta}\mathrm{e}^{-\frac{t_1}{\theta}}\mathrm{d}t_1\right)\left(\frac{1}{\theta}\mathrm{e}^{-\frac{t_2}{\theta}}\mathrm{d}t_2\right)\cdots\left(\frac{1}{\theta}\mathrm{e}^{-\frac{t_m}{\theta}}\mathrm{d}t_m\right)\left(\mathrm{e}^{-\frac{t_m}{\theta}}\right)^{n-m}$$

$$= C_n^m \frac{1}{\theta^m}\mathrm{e}^{-\frac{1}{\theta}[(t_1 + t_2 + \cdots + t_m) + (n-m)t_m]}\mathrm{d}t_1\mathrm{d}t_2\cdots\mathrm{d}t_m$$

式中，C_n^m，$\mathrm{d}t_1, \mathrm{d}t_2, \cdots, \mathrm{d}t_m$ 是常数。在使用最大似然估计时，不影响极大值的估算，由此得到似然函数

$$L(\theta) = \frac{1}{\theta^m}\mathrm{e}^{-\frac{1}{\theta}[(t_1 + t_2 + \cdots + t_m) + (n-m)t_m]}$$

转化为对数似然函数，则有

$$\ln L(\theta) = -m\ln\theta - \frac{1}{\theta}[(t_1 + t_2 + \cdots + t_m) + (n-m)t_m]$$

对此求导数，并令其等于 0，得到估计值

$$\hat{\theta} = \frac{(t_1 + t_2 + \cdots + t_m) + (n-m)t_m}{m} \tag{2-16}$$

观察分子中的 $(t_1 + t_2 + \cdots + t_m) + (n-m)t_m$，可知它是各小鼠受测时间之和，也即总的测试时长，记为 $S(t_m)$，则上述简化为

$$\hat{\theta} = \frac{S(t_m)}{m} \tag{2-17}$$

例 3 某试验耗材的有效期服从指数分布，其概率密度为

$$f(t) = \begin{cases} \dfrac{1}{\theta}\mathrm{e}^{-\frac{t}{\theta}}, & t > 0 \\ 0. & t \leqslant 0 \end{cases}$$

其中，$\theta > 0$ 但未知，随机取 50 件进行测试，规定 15 件失效时结束试验，测得失效时间（h）为 115，119，131，138，142，147，148，155，158，159，163，166，167，170，172，试求耗材平均有效期 θ 的最大似然估计。

解 据题意，得到

$$n = 500，m = 50$$

$$s(t_{15}) = 115 + 119 + \cdots + 170 + 172 - (50 - 15) \times 172 = 8270$$

则 θ 的最大似然估计

$$\hat{\theta} = \frac{8270}{15} = 551.33\text{h}$$

第二节 评选估计量

在对总体参数进行估计时，可以使用不同的方法，从而得到不同的估计值。但是，从事物的本质上讲，某一总体的参数是客观存在的，它不因估计方法的不同而改变，是具有唯一性的一个值。虽然采用不同的方法，借助样本数据对其进行了估计，但这些估计量之间不可能完全相同，肯定存在优劣之分，那么怎么判断一个估计量的优劣呢？

要考察一个事物的优劣，首先应该结合事物本身的属性或特点来考虑，也就是哲学上的因地制宜，不管使用哪种方法进行估计，最终都是让样本数据参与到实际计算中。我们知道，对样本进行描述，无非从样本含量的大小、样本均值的变化趋势、样本方差的离散程度等方面进行考虑。使用样本估算总体参数的优劣，也可以从这三个方面展开讨论，这就得到了估计参数时的三个评选标准：无偏性、有效性、相合性。

一、无偏性

设 $\hat{\theta}$ 是未知参数 θ 的估计量，若 $\hat{\theta}$ 的期望等于被估计参数 θ，即

$$E(\hat{\theta}) = \theta \tag{2-18}$$

则称 $\hat{\theta}$ 是参数 θ 的无偏估计量。

对无偏估计量的理解，我们从两个方面进行讨论，一是评价标准的着眼点，二是如何理解无偏性。前已指明，通过样本来评价估计的优劣，无非从样本期望、样本方差和样本含量这几方面入手。当然，如果样本数据量大，还可以从样本的偏斜度或峰度来给出标准。在这里，使用的是样本估计值的期望，也就是站在期望的角度，看待估计的好坏。

所谓估计量的无偏性，是指对于某些样本值，由这个估计量得到的估计值，和客观存在的唯一真值相比，有的偏大，有的偏小，若多次使用这一估计量，就"平均"来说，该估计量的偏差为零。这个偏差为零，是总的来看，具体到某一次个别的估计计算，则不一定，也可以说从系统的角度看是无系统误差的。常见无偏估计包括：

样本平均数 $\bar{X} = \frac{1}{n}\sum_{i=1}^{n}X_i$ 是总体均值 μ 的无偏估计，即 $E(\bar{X}) = \mu$。

样本方差 $S^2 = \frac{1}{n-1}\sum_{i=1}^{n}(X_i - \bar{X})^2$ 是总体方差 σ^2 的无偏估计，即 $E(S^2) = \sigma^2$。

其具体的证明过程如下：

$$E(S^2) = E\left[\frac{1}{n-1}\sum_{i=1}^{n}(X_i - \overline{X})^2\right] = \frac{1}{n-1}E\left\{\sum_{i=1}^{n}[(X_i - \mu) - (\overline{X} - \mu)]^2\right\}$$

$$= \frac{1}{n-1}E\left[\sum_{i=1}^{n}(X_i - \mu)^2 - 2(\overline{X} - \mu)\sum_{i=1}^{n}(X_i - \mu) + n(\overline{X} - \mu)^2\right]$$

$$= \frac{1}{n-1}E\left[\sum_{i=1}^{n}(X_i - \mu)^2 - n(\overline{X} - \mu)^2\right]$$

$$= \frac{1}{n-1}\sum_{i=1}^{n}E(X_i - \mu)^2 - \frac{n}{n-1}E(\overline{X} - \mu)^2$$

$$= \frac{1}{n-1}\sum_{i=1}^{n}D(X_i) - \frac{n}{n-1}D(\overline{X})$$

$$= \frac{1}{n-1}\sum_{i=1}^{n}\sigma^2 - \frac{n}{n-1}\frac{\sigma^2}{n} = \sigma^2$$

在方差分析一章，我们还会学到更多的无偏估计量，如 $\mathrm{MS}_A, \mathrm{MS}_B$ 等均方期望，在特定的条件下（方差分析零假设），它们就成为随机误差的无偏期望。

二、有效性

设 $\hat{\theta}_1, \hat{\theta}_2$ 是未知参数 θ 的两个无偏估计量，若样本容量相同，且

$$D(\hat{\theta}_1) < D(\hat{\theta}_2) \tag{2-19}$$

则称 $\hat{\theta}_1$ 比 $\hat{\theta}_2$ 有效。

从上述定义可以看出，所谓的有效性是一个相对量，它是从方差的角度来考察估计量的优劣。我们已经知道，方差本质上表达的是平均的偏离程度，方差越小，偏离越小。当 $\hat{\theta}_1$ 比 $\hat{\theta}_2$ 的方差小时，说明在样本含量相同的条件下，$\hat{\theta}_1$ 的观察值比 $\hat{\theta}_2$ 更密集地出现在真值 θ 的附近，自然认为 $\hat{\theta}_1$ 比 $\hat{\theta}_2$ 有效。

例如，从一个正态总体中，抽取样本含量为 n 的样本，样本平均数的方差为

$$\sigma_{\overline{x}}^2 = \frac{\sigma^2}{n} \tag{2-20}$$

当 n 充分大时，中位数的方差为

$$\sigma_m^2 = \frac{\pi}{2}\frac{\sigma^2}{n} \tag{2-21}$$

对比可知，中位数的方差是样本平均数的方差的 $\frac{\pi}{2}$ 倍，当使用它们作为总体均值 μ 的估计量时，样本平均数要比中位数更具有效性。

三、相容性

相容性又称为相合性、一致性，这一评价标准从样本容量的角度评判了估计量的优劣。设 $\hat{\theta}$ 为未知参数 θ 的估计量，若样本容量 n 充分大时，$\hat{\theta}$ 以概率 1 充分接近 θ，即对于任意给定的 $\varepsilon > 0$，总有

$$\lim_{n \to \infty} P(|\hat{\theta} - \theta| < \varepsilon) = 1 \tag{2-22}$$

则称 $\hat{\theta}$ 为参数 θ 的相容估计量、一致估计量。

相容性是对估计量的基本要求，若统计量不具有相容性，那么不管样本容量多大，估计量的值都不能稳定在待估参数的真值上，都不能将 θ 估计得足够准确，当然，这样的估计量也是不可取的。

上述的三条评价标准，是评价估计量的基本标准，满足这些标准的估计量，可以看作一个不错的估计量。除此之外，还有其他的一些标准，本书不再讨论。

第三节　区　间　估　计

一、区间估计的一般原理

由于样本具有随机性、不恒定性，若在同一整体中进行反复抽样，则得到的样本值会各不相同，但使用样本进行估计时，对同一个估计量来说，不同的样本值将计算出不同的点估计值，每个点估计值都只能给出总体参数的一个近似值，却不能给出该近似值的精确程度，也无法对该精确程度进行说明。

例如，假设有一个包含 10 个数字的整体，更具体的，如为 1～10，若从中随机抽取出 5 个数字作为样本，来估计总体的方差，则得到的样本点有可能是（1, 2, 3, 4, 5），也有可能是（3, 4, 5, 7, 8），当将这些样本值代入方差计算公式中，以期获得总体方差的估计值时，得到的是不一样的估计值。实际上，若遍历 252 个样本点（10 个数据中随机抽取 5 个，共 252 种取法），并计算其方差，对得到的 252 个方差值进行分析，可知方差的分布状况如图 2-2 所示。

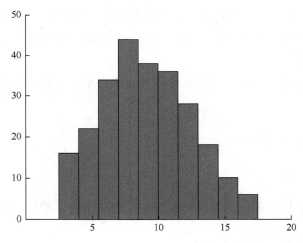

图 2-2　全部 252 个样本点方差值的分布

这个实例说明，当取遍所有样本时，使用样本计算得到的估计值不唯一，本质上会在一个范围内取值。为了弥补单样本估计时产生的缺陷，我们通常估计出总体参数 θ 所在的范围及这个范围包含参数 θ 真值的可靠程度。用样本值估计出总体参数 θ 的区间范围，并给出该区间包含参数 θ 的可靠程度（以概率表达），这种形式的估计称为区间估计。

具体而言，设 θ 为总体未知参数，设有统计量 $\hat{\theta}_1$ 和 $\hat{\theta}_2$，且 $\hat{\theta}_1 < \hat{\theta}_2$，对于预先给定的 $\alpha(0 < \alpha < 1)$ 值，若满足

$$P(\hat{\theta}_1 < \theta < \hat{\theta}_2) = 1 - \alpha \qquad (2\text{-}23)$$

则称随机区间$(\hat{\theta}_1, \hat{\theta}_2)$为未知参数$\theta$的$1-\alpha$或者$100(1-\alpha)\%$置信区间，称$\hat{\theta}_1$和$\hat{\theta}_2$分别为置信下限和置信上限，$1-\alpha$称为置信水平。在区间估计中，置信水平反映了区间估计的可靠程度，置信水平越高，估计的可靠性越大，一般而言，α通常取一些常用的特定值，如0.1，0.05，0.025，0.01，0.005，0.0025，0.001等。

置信区间的长度反映了估计的精度，区间长度越小，说明估计的精度越高。但置信区间依赖于样本，若反复在总体中抽取容量为n的样本，对于同一个置信水平，每个样本值确定的置信区间也不相同。对于某些样本值来说，由它们确定的置信区间包含了未知参数θ的真值，但对于另一些样本，由它们确定的置信区间却并未包含θ的真值，如图2-3所示。

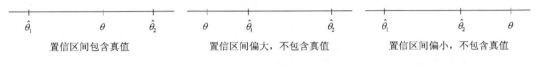

图2-3　置信区间的本质含义

所以，置信区间的本质含义如下：若反复在总体中抽取样本容量为n的样本，当α确定后，根据每个样本值都可确定一个区间$(\hat{\theta}_1, \hat{\theta}_2)$，在这些区间中，包含未知参数$\theta$真值的区间大约占$100(1-\alpha)\%$，不包含$\theta$真值的区间大约占$100\alpha\%$。若给定的$\alpha = 0.05$，则反复抽样100次，则得到的100个区间中包含$\theta$真值的约有95个。

根据其基本原理，归纳出求置信区间的具体步骤，具体如下。

（1）选定一个函数W，设该函数以样本$X_1, X_2, \cdots, X_n$和总体未知参数θ为自变量，即$W = W(X_1, X_2, \cdots, X_n; \theta)$，除了$\theta$之外，$W$不再有其他未知参数，若$W$的分布已知且不依赖于其他未知参数，则称函数$W$为枢轴量。

（2）对于给定的置信水平$1-\alpha$，确定两个常数a和b，使得

$$P(a < W < b) = 1 - \alpha \qquad (2\text{-}24)$$

（3）对不等式$a < W < b$进行等价变形，分离出参数θ，使不等式化为$\hat{\theta}_1 < \theta < \hat{\theta}_2$，则上述的概率表达式转为

$$P(\hat{\theta}_1 < \theta < \hat{\theta}_2) = 1 - \alpha \qquad (2\text{-}25)$$

在具体的等价变形时，$\hat{\theta}_1$和$\hat{\theta}_2$都具体转化为样本的表达式，即有$\hat{\theta}_1(X_1, X_2, \cdots, X_n)$和$\hat{\theta}_2(X_1, X_2, \cdots, X_n)$，它们都是统计量，且区间$(\hat{\theta}_1, \hat{\theta}_2)$是未知参数$\theta$的$1-\alpha$置信区间。

（4）枢轴量W函数的选定，一般是参考点估计时得到的表达式。

二、正态总体均值与方差的区间估计

对于正态总体与方差的区间估计，主要分以下几种情形，一是单个总体的情形，包括均值的置信区间，方差的置信区间；二是两个正态总体的情形，包括两个总体均值差的区间估计，两总体方差比的区间估计等。归纳起来，其概况如下。

（一）单一正态总体均值的区间估计

1. 已知总体标准差 σ 的估计

设总体 $X \sim N(\mu, \sigma^2)$，其中的 σ 已知，μ 未知，设已给定置信水平为 $1 - \alpha$，已经抽得样本 $X_1, X_2, \cdots, X_n$，且计算得到样本的均值为 $\bar{X}$，方差为 S^2。在点估计时已经知道，样本的平均数是总体均值的无偏估计，且已经推得

$$\bar{X} \sim N\left(\mu, \frac{\sigma^2}{n}\right) \tag{2-26}$$

由此知道其标准化变量

$$\frac{\bar{X} - \mu}{\dfrac{\sigma}{\sqrt{n}}} \sim N(0,1) \tag{2-27}$$

取 $U = \dfrac{\bar{X} - \mu}{\dfrac{\sigma}{\sqrt{n}}}$ 为枢轴量，则对于给定的 α，存在

$$P\left(\left|\frac{\bar{X} - \mu}{\sigma / \sqrt{n}}\right| < u_{\alpha/2}\right) = 1 - \alpha \tag{2-28}$$

如图 2-4 所示。

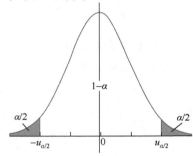

图 2-4　置信区间示意

将上述等价变形，得到

$$P\left(\bar{X} - u_{\alpha/2} \cdot \frac{\sigma}{\sqrt{n}} < \mu < \bar{X} + u_{\alpha/2} \cdot \frac{\sigma}{\sqrt{n}}\right) = 1 - \alpha \tag{2-29}$$

即总体 μ 的 $1 - \alpha$ 置信区间为

$$\left(\bar{X} - u_{\alpha/2} \cdot \frac{\sigma}{\sqrt{n}}, \bar{X} + u_{\alpha/2} \cdot \frac{\sigma}{\sqrt{n}}\right) \tag{2-30}$$

简记为

$$\bar{X} \pm u_{\alpha/2} \cdot \frac{\sigma}{\sqrt{n}} \tag{2-31}$$

其中的临界值 $u_{\alpha/2}$ 可计算得到，也可查询附表 5 得到，实际上，附表 5 也是有如下的代码计算得到，若稍加修改，可生成更为精细的查询表，感兴趣的读者可上机实践一下。

```
function MakeUhalfAlpha()
% 功能:创建标准正态双侧临界值表
% 时间:2017.07.03.
% 输出表头
fprintf('%3s\t','α');
fprintf('%f\t',0:0.01:0.09);
fprintf('\b\n');
% 输出表体
for iRow = 0:0.1:0.9
    fprintf('%.1f\t',iRow);
    for jCol = 0:0.01:0.09
        alpha = iRow + jCol;
        uCutOff = norminv(1-alpha/2);
```

```
        fprintf('%f\t',uCutOff);
    end
    fprintf('\b\n');
end
```

例 4 某满意度测评，9 个评测结果分别为 6.0，5.7，7.0，5.8，5.6，6.5，6.3，6.1，5.0，若测评总体服从正态分布 $N(\mu,\sigma^2)$，根据以往经验，可知 $\sigma = 0.6$，试求 μ 的置信水平为 0.95 的置信区间。

解 根据题意，可知，

$$n = 9, \sigma = 0.6, 1 - \alpha = 0.95, u_{\alpha/2} = u_{0.025} = 1.96$$

据样本数据，得到 $\bar{x} = 6.0$，则 0.95 的置信区间为

$$6.0 \pm \frac{0.6}{3} u_{0.025} = 6.0 \pm 0.2 \times 1.96 = (5.608, 6.392)$$

2. 当标准差未知时

在实际的应用中，总体的标准差常常是不知道的，在这种情况下，如何求总体均值的置信区间呢?在值估计时，我们已经知道样本方差 S^2 是总体方差 σ^2 的无偏估计，所以当不知道 σ 时，很自然地想到使用样本方差 S^2 来代替总体方差 σ^2，从而将标准差已知情形下的枢轴量 $\frac{\bar{X} - \mu}{\sigma/\sqrt{n}}$ 改写为 $\frac{\bar{X} - \mu}{S/\sqrt{n}}$，在第一章中已经知道

$$\frac{\bar{X} - \mu}{S/\sqrt{n}} \sim t(n-1) \tag{2-32}$$

因此，选用 $t = \dfrac{\bar{X} - \mu}{S/\sqrt{n}}$ 作为总体均值区间估计的枢轴量。则当 α 给定后，确定 $t_{\alpha/2}(n-1)$，使得式（2-33）成立

$$P\left(\left|\frac{\bar{X} - \mu}{S/\sqrt{n}}\right| < t_{\alpha/2}(n-1)\right) = 1 - \alpha \tag{2-33}$$

则得到

$$P\left(\bar{X} - t_{\alpha/2}(n-1) \cdot \frac{S}{\sqrt{n}} < \mu < \bar{X} + t_{\alpha/2}(n-1) \cdot \frac{S}{\sqrt{n}}\right) = 1 - \alpha \tag{2-34}$$

也即总体参数 μ 的 $1-\alpha$ 置信区间为

$$\left(\bar{X} - t_{\alpha/2}(n-1) \cdot \frac{S}{\sqrt{n}}, \ \bar{X} + t_{\alpha/2}(n-1) \cdot \frac{S}{\sqrt{n}}\right) \tag{2-35}$$

简记为

$$\bar{X} \pm t_{\alpha/2}(n-1) \cdot \frac{S}{\sqrt{n}} \tag{2-36}$$

对于 $t_{\alpha/2}(n-1)$，可使用 tinv 函数直接计算得到，具体的应用，请参阅下一节 MATLAB 的具体应用。

例 5 在例 4 中，若标准差 σ 未知，试估计 0.95 的置信区间。

解 因为标准差 σ 未知，故需要使用样本的标准差 s 来估计区间，根据样本数据，可得

$$\overline{x} = 6.0, \quad s = 0.5745$$

临界值 $t_{\alpha/2}(\mathrm{df}) = t_{0.025}(8) = 2.306$，则置信区间

$$\overline{X} \pm t_{\alpha/2}(n-1) \cdot \frac{S}{\sqrt{n}} = 6.0 \pm 2.306 \times \frac{0.5745}{3} = (5.558, 6.442)$$

3. 单侧置信区间估计

上述的讨论中，当谈到区间估计时，多数都是给出一个具有上、下限的区间，但实际应用中，有时会碰到只对其中的上限或者下限感兴趣的情况，比如对某种农作物产量的估计，要不低于某个下限；再比如对于某种肥料的施用量，只要不超过某个上限就可以。像这种只关心上、下限中的一个方向，而对另一个方向不关心的情形，则需要进行单侧置信区间的估计。

设 θ 为总体未知参数，对于样本统计量 $\hat{\theta}_1$ 及预先给定的 $\alpha(0 < \alpha < 1)$，若存在

$$P(\theta > \hat{\theta}_1) = 1 - \alpha \tag{2-37}$$

则称 $(\hat{\theta}_1, +\infty)$ 为参数 θ 的 $1-\alpha$ 单侧置信区间，称 $\hat{\theta}_1$ 为单侧置信区间下限。类似的，可定义单侧置信区间的上限，即对于样本统计量 $\hat{\theta}_2$ 及预先给定的 $\alpha(0 < \alpha < 1)$，若存在

$$P(\theta < \hat{\theta}_2) = 1 - \alpha \tag{2-38}$$

则称 $(-\infty, \hat{\theta}_2)$ 为参数 θ 的 $1-\alpha$ 单侧置信区间，称 $\hat{\theta}_2$ 为单侧置信区间上限。

对于单侧置信区间的上下限的估计，同样可使用前述的枢轴量，当标准差 σ 未知时，可借助枢轴量

$$\frac{\overline{X} - \mu}{S / \sqrt{n}} \sim t_{\alpha/2}(n-1)$$

来实现单侧置信区间的估计。

对于给定的 α 值，当满足

$$P[t > -t_{\alpha}(n-1)] = 1 - \alpha \tag{2-39}$$

时，则有

$$P\left(\frac{\overline{X} - \mu}{S / \sqrt{n}} > -t_{\alpha}(n-1)\right) = 1 - \alpha \tag{2-40}$$

简化为

$$P\left(\mu < \overline{X} + t_{\alpha}(n-1) \cdot \frac{S}{\sqrt{n}}\right) = 1 - \alpha \tag{2-41}$$

则得到总体均值 μ 的单侧置信上限

$$\overline{X} + t_{\alpha}(n-1) \cdot \frac{S}{\sqrt{n}} \tag{2-42}$$

单侧置信区间为

$$\left(-\infty, \overline{X} + t_{\alpha}(n-1) \cdot \frac{S}{\sqrt{n}}\right) \tag{2-43}$$

类似的，可得到单侧置信区间的下限

$$\overline{X} - t_{\alpha}(n-1) \cdot \frac{S}{\sqrt{n}} \tag{2-44}$$

及单侧置信区间

$$\left(\overline{X} - t_\alpha(n-1) \cdot \frac{S}{\sqrt{n}}, +\infty \right) \qquad (2\text{-}45)$$

例 6 为研究轮胎的磨损性，随机选择了 16 只轮胎，每只轮胎行驶到磨坏为止，记录行驶的里程（单位：km）如下：41 250，40 187，43 175，41 010，39 265，41 872，42 654，41 287，38 970，40 200，42 550，41 095，40 680，43 500，39 775，40 400，若这些数据来自正态总体 $N(\mu, \sigma^2)$，其中参数未知，试求 μ 的 0.95 置信水平的单侧置信下限。

解 根据题意，可知

$$n = 16, x = 41116.875, s = 1346.842, \alpha = 0.05$$

则临界值为

$$t_\alpha(\mathrm{df}) = t_\alpha(n-1) = t_{0.05}(15) = 1.7531$$

由式（2-45）计算得到

$$\mu_L = \overline{X} - t_\alpha(n-1) \cdot \frac{S}{\sqrt{n}} = 41116.875 - 1.7531 \times \frac{1346.842}{4} = 40527$$

4. 置信区间的影响因素

为了分析置信区间的影响因素，我们先给出一个具体的实例。

例 7 若从正态总体 $N(\mu, 1)$ 中抽取容量为 25 的样本，经计算，求得样本的平均数为 $\overline{X} = 5.20$，试求总体均值 μ 的 0.95 置信区间。

解 首先观察可知，题目中给出了总体的标准差，也就是 σ 已知，属于总体标准差已知这一类型。可以使用 U 枢轴量进行估计。

对于给定的 $\alpha = 0.05$，则当 $1 - \alpha = 0.95$ 时，进行双边估计，则分位点 $u_{\alpha/2} = 1.96$，又已知 $n = 25, \sigma = 1$，于是

$$\overline{X} \pm u_{\alpha/2} \cdot \frac{\sigma}{\sqrt{n}} = 5.20 \pm 1.96 \times \frac{1}{\sqrt{25}} = 5.20 \pm 0.392$$

即总体均值 μ 的 95% 置信区间为（4.8080, 5.592）。

实际上，在对于总体均值 μ 的估计时，计算式 $\overline{X} \pm u_{\alpha/2} \cdot \frac{\sigma}{\sqrt{n}}$ 中，包含的影响因素有 $\overline{X}, u_{\alpha/2}, \sigma, n$，若将总体参数置信区间看作上述 4 个影响因素的函数，则可以写为

$$\mu = \mu(\overline{X}, u_{\alpha/2}, \sigma, n) \qquad (2\text{-}46)$$

其中 $u_{\alpha/2}$ 本质上体现的是参数 α 的影响，故上述也可以更具体化为

$$\mu = \mu(\overline{X}, \alpha, \sigma, n) \qquad (2\text{-}47)$$

下面我们按照 4 个影响因素进行分析。

1）**样本均值** 当估计总体均值参数 μ 时，样本的均值 $\overline{X}$ 起着决定性的作用，这就要求在取样时，要严格按照取样的基本原则进行抽样。借用包含运算符，将上述写为

$$\mu \in \left(\overline{X} \pm u_{\alpha/2} \cdot \frac{\sigma}{\sqrt{n}} \right) \qquad (2\text{-}48)$$

表明 μ 的置信区间的中心点与 $\overline{X}$ 为线性关系，它随着样本均值 $\overline{X}$ 大小变化而左右移动，同向变化。需要指明的是，虽然借用包含运算写出了上述表达，但不能说"总体均值 μ 落在区间 $\left(\overline{X} \pm u_{\alpha/2} \cdot \frac{\sigma}{\sqrt{n}} \right)$ 的概率是 95%"，在评选估计量时，我们已经讲过，总体均值 μ 是一个客观存

在的，它不是一个随机变量，也不会落在哪个区间，对于式（2-48）的表示，这里只是借用其"形"，表达我们要说的"神"，更严格说法应该是，区间 $\left(\bar{X} \pm u_{\alpha/2} \cdot \dfrac{\sigma}{\sqrt{n}}\right)$ 包含总体均值 μ 的概率是 95%。

2）置信水平　当取定样本后，则样本均值 $\bar{X}$，样本含量 n 已经确定，则在计算式 $\bar{X} \pm u_{\alpha/2}$ $\cdot \dfrac{\sigma}{\sqrt{n}}$ 中，只有 $u_{\alpha/2}$ 一个变量，也即此时的均值参数 μ 是 α 的函数，有

$$\mu = \mu(\bar{X}, \alpha, \sigma, n) = \mu(\alpha) \tag{2-49}$$

为了考察均值置信区间上、下限与 α 的变化关系，以上述例题为具体研究对象，考察其变化规律。具体做法如下：保持例题中的各个参数不变，即 $\bar{X} = 5.20$，$n = 25, \sigma = 1$，让 α 逐渐变化，其变化区间为 $\alpha = 0.001 \sim 0.1$，则计算得到的上、下限变化如图 2-5 所示。

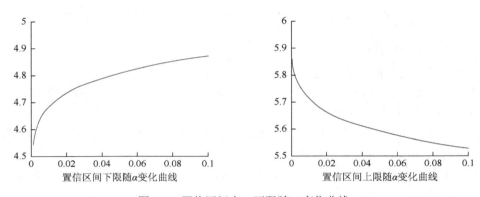

图 2-5　置信区间上、下限随 α 变化曲线

计算参数：$n = 25, \sigma = 1$，$\alpha = 0.001 \sim 0.1$

从这里可以看出，置信区间与置信水平有着密切的关系，当样本固定时，置信区间的下限随着 α 的增加而变大，上限则随着 α 的增加而变小，这说明随着 α 的增加，则置信区间的范围变得越来越窄。因此，当样本容量一定时，为了提高区间估计的可靠性，应该取较大的置信水平，但此时置信区间范围变宽，精度有所降低。反之，要提高估计的精度，则应当缩小置信区间的范围，使之变窄，但相应的置信水平也将减小，可靠性降低。由此可知，可靠性与精度之间互相制约，构成了矛盾的两个方面，在具体应用时，是要保证精度，还是要保证可靠性?读者要根据实际情况做出取舍。

需要指出，置信水平为 $1-\alpha$ 的置信区间有多个，不是唯一的，因为只要保证满足式子

$$P\left(a < \dfrac{\bar{X} - \mu}{\sigma / \sqrt{n}} < b\right) = 1 - \alpha$$

即可，并未规定 a 和 b 必须对称于置信区间的中心点，例如：

$$P\left(u_{0.08/2} < \dfrac{\bar{X} - \mu}{\sigma / \sqrt{n}} < u_{0.02/2}\right) = 0.95$$

也是总体均值的置信区间。

可以证明,对于概率密度函数是对称的标准正态分布、t 分布等,在样本点取定的前提下,具有对称分位点的置信区间的宽度最窄,因此在实际应用中,常常取对称的分位点。

3）样本含量　　样本含量的影响主要体现在 $\frac{1}{\sqrt{n}}$ 上,仍以前述的例题为具体材料,讨论样本含量的影响。设样本均值 $\bar{X}$、总体标准差 σ 和给定的 α 保持不变,为了更符合实际,设定样本含量 n 变化范围为 $10\sim100$,则样例中均值置信区间上、下限的变化如图 2-6 所示（参数给定在图中）。

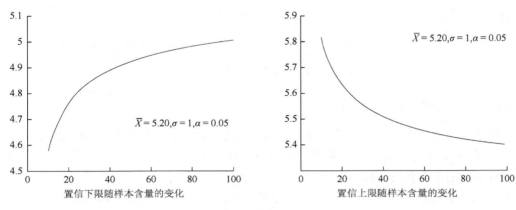

图 2-6　置信区间上、下限随样本含量的变化

由图 2-6 可以看出,随着样本容量的增大,置信区间的下限增大,上限变小,则置信区间的宽度变窄。实际上,当 σ 已知时,总体均值 μ 的 $1-\alpha$ 置信区间的宽度 W 可计算出来,即

$$W = 2u_{\alpha/2} \cdot \frac{\sigma}{\sqrt{n}} \tag{2-50}$$

据此,可在已经确定宽度的基础上,求出样本含量 n,即

$$n = \left(u_{\alpha/2} \cdot \frac{2\sigma}{W} \right)^2 \tag{2-51}$$

4）标准差　　对于标准差的影响,从 $\bar{X} \pm u_{\alpha/2} \cdot \frac{\sigma}{\sqrt{n}}$ 可以看出来,当其他参数保持不变时,置信区间的上、下限,与标准差为线性关系。例如,设 L_m 为置信区间的下限,则有

$$L_m = \bar{X} - u_{\alpha/2} \cdot \frac{\sigma}{\sqrt{n}} \tag{2-52}$$

改写为

$$L_m = -\frac{u_{\alpha/2}}{\sqrt{n}} \sigma + \bar{X} = k\sigma + \bar{X} \tag{2-53}$$

其中,$k = -\frac{u_{\alpha/2}}{\sqrt{n}}$,利用上述实例实地考察,则变化规律如图 2-7 所示。

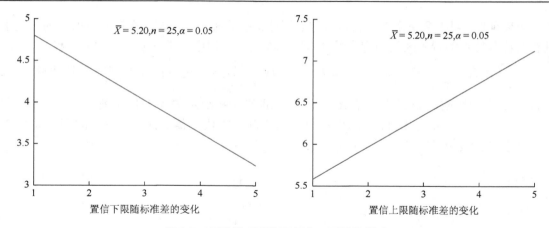

图 2-7　标准差对置信区间上、下限的影响

（二）单一正态总体方差的区间估计

有时候，需要考虑观测值的稳定性或者精度，这就涉及对总体方差 σ^2 或标准差 σ 的区间估计。设 $X_1, X_2, \cdots, X_n$ 是来自正态总体 $N(\mu, \sigma^2)$ 的样本，参数 μ, σ^2 未知，则在给定的 α 值下，可根据样本值对总体的 σ^2 进行 $1-\alpha$ 的置信区间估计。

我们已经学习过，样本方差 S^2 是总体方差 σ^2 的无偏估计，则存在随机变量

$$\frac{(n-1)S^2}{\sigma^2} \sim \chi^2(n-1)$$

所以可将 $\chi^2 = \dfrac{(n-1)S^2}{\sigma^2}$ 选作枢轴量。对于给定的 $1-\alpha$ 及自由度 $\mathrm{df} = n-1$，可计算得到 $\chi^2_{\alpha/2}(n-1)$ 与 $\chi^2_{1-\alpha/2}(n-1)$，使得

$$P\left(\chi^2_{1-\alpha/2}(n-1) < \frac{(n-1)S^2}{\sigma^2} < \chi^2_{\alpha/2}(n-1) \right) = 1-\alpha \qquad (2\text{-}54)$$

成立。化简为

$$P\left(\frac{(n-1)S^2}{\chi^2_{\alpha/2}(n-1)} < \sigma^2 < \frac{(n-1)S^2}{\chi^2_{1-\alpha/2}(n-1)} \right) = 1-\alpha \qquad (2\text{-}55)$$

得到总体方差 σ^2 的置信区间，

$$\left(\frac{(n-1)S^2}{\chi^2_{\alpha/2}(n-1)}, \frac{(n-1)S^2}{\chi^2_{1-\alpha/2}(n-1)} \right) \qquad (2\text{-}56)$$

同样可得到总体标准差 σ 的置信区间，

$$\left(\sqrt{\frac{(n-1)}{\chi^2_{\alpha/2}(n-1)}}\,S, \sqrt{\frac{(n-1)}{\chi^2_{1-\alpha/2}(n-1)}}\,S \right) \qquad (2\text{-}57)$$

一般情况下，估计方差 σ^2 时，常常取 $\alpha = 0.10$。

例 8　随机取 9 发炮弹测炮口速度，计算得到样本标准差 $s = 11\mathrm{m/s}$，若炮口速度服从正态分布，求这种炮弹的炮口速度标准差 σ 的置信水平，取 $\alpha = 0.05$。

解 由题可知 $n=9$，$s=11$，$\alpha=0.05$，则 χ^2 临界值为

$$\chi^2_{\alpha/2}(\mathrm{df})=\chi^2_{\alpha/2}(n-1)=\chi^2_{0.025}(8)=\mathrm{chi2inv}(1-0.025,8)=17.5345$$

$$\chi^2_{1-\alpha/2}(\mathrm{df})=\chi^2_{1-\alpha/2}(n-1)=\chi^2_{0.975}(8)=\mathrm{chi2inv}(0.025,8)=2.1797$$

需要说明的是，上述临界值是通过 MATLAB 函数直接计算得到的，但和本书中的计算表达式稍微有些差别，这主要是由函数 chi2inv 的输入参数要求导致，本书附表 2 中给出了关于直接查表获得临界值的 χ^2 表，读者也可直接查询。

代入计算式（2-57），得到

$$\left(\sqrt{\frac{(n-1)}{\chi^2_{\alpha/2}(n-1)}}S,\sqrt{\frac{(n-1)}{\chi^2_{1-\alpha/2}(n-1)}}S\right)=\left(\frac{\sqrt{8}\times11}{\sqrt{17.5345}},\frac{\sqrt{8}\times11}{\sqrt{2.1797}}\right)=(7.4,21.1)$$

（三）两正态总体方差比的区间估计

对于两个正态总体，常常需要使用 F 分布来估计它们方差比的置信区间。已经知道，包含方差比的表达式有

$$\frac{S_1^2/\sigma_1^2}{S_2^2/\sigma_2^2}\sim F(n_1-1,n_2-1)，\tag{2-58}$$

故此可取 $F=\dfrac{S_1^2/\sigma_1^2}{S_2^2/\sigma_2^2}$ 作为枢轴量，则计算出 F 分布的上、下分位点 $F_{1-\alpha/2}(n_1-1,n_2-1),F_{\alpha/2}(n_1-1,n_2-1)$ 后，使得

$$P\left(F_{1-\alpha/2}(n_1-1,n_2-1)<\frac{S_1^2/\sigma_1^2}{S_2^2/\sigma_2^2}<F_{\alpha/2}(n_1-1,n_2-1)\right)=1-\alpha\tag{2-59}$$

成立，即

$$P\left(\frac{1}{F_{\alpha/2}(n_1-1,n_2-1)}\cdot\frac{S_1^2}{S_2^2}<\frac{\sigma_1^2}{\sigma_2^2}<\frac{1}{F_{1-\alpha/2}(n_1-1,n_2-1)}\cdot\frac{S_1^2}{S_2^2}\right)=1-\alpha\tag{2-60}$$

则 $\dfrac{\sigma_1^2}{\sigma_2^2}$ 的 $1-\alpha$ 置信区间为

$$\left(\frac{1}{F_{\alpha/2}(n_1-1,n_2-1)}\cdot\frac{S_1^2}{S_2^2},\ \frac{1}{F_{1-\alpha/2}(n_1-1,n_2-1)}\cdot\frac{S_1^2}{S_2^2}\right)\tag{2-61}$$

考虑 F 分布的定义与自由度的先后有关，则上述也可以表达为

$$\left(\frac{1}{F_{\alpha/2}(n_1-1,n_2-1)}\cdot\frac{S_1^2}{S_2^2},\ F_{\alpha/2}(n_2-1,n_1-1)\cdot\frac{S_1^2}{S_2^2}\right)\tag{2-62}$$

在上述方差比的区间估计中，只涉及了样本的含量与方差，未涉及样本的均值。其中分位点的计算，可通过 MATLAB 函数 finv 直接计算得到，其具体使用格式，参看下一节的代码。

（四）两个正态总体均值差的区间估计

对两个正态总体均值差的比较，也是日常科研工作中常常遇到的事情，如估计两组人群

（不同国籍）的身高均值的差异，两种不同品系的小麦产量的差异等。要进行两个正态总体均值差异的区间估计，和单一正态总体均值置信区间估计类似，也要考虑两正态总体的标准差是否未知等情形。具体来说，分为以下三种情形：①两个总体标准差已知；②两个总体标准差未知但相等；③两个总体标准差未知且不等。

1. 总体方差 σ_1^2 和 σ_2^2 已知

当 σ_1^2, σ_2^2 已知时，则样本均值 $\bar{X}_1, \bar{X}_2$ 分别是正态总体均值 μ_1, μ_2 的无偏估计，也即

$$\bar{X}_1 \sim N\left(\mu_1, \frac{\sigma_1^2}{n_1}\right), \quad \bar{X}_2 \sim N\left(\mu_2, \frac{\sigma_2^2}{n_2}\right)$$

又已知

$$\bar{X}_1 - \bar{X}_2 \sim N\left(\mu_1 - \mu_2, \frac{\sigma_1^2}{n_1} + \frac{\sigma_2^2}{n_2}\right)$$

则对其进行标准化处理，得到

$$\frac{(\bar{X}_1 - \bar{X}_2) - (\mu_1 - \mu_2)}{\sqrt{\dfrac{\sigma_1^2}{n_1} + \dfrac{\sigma_2^2}{n_2}}} \sim N(0,1) \tag{2-63}$$

取

$$U = \frac{(\bar{X}_1 - \bar{X}_2) - (\mu_1 - \mu_2)}{\sqrt{\dfrac{\sigma_1^2}{n_1} + \dfrac{\sigma_2^2}{n_2}}}$$

为枢轴量，则均值差 $\mu_1 - \mu_2$ 的 $1 - \alpha$ 置信区间估计为

$$(\bar{X}_1 - \bar{X}_2) \pm u_{\alpha/2} \cdot \sqrt{\frac{\sigma_1^2}{n_1} + \frac{\sigma_2^2}{n_2}} \tag{2-64}$$

2. 总体方差 σ_1^2 和 σ_2^2 未知但相等

当总体方差 σ_1^2 和 σ_2^2 未知但相等时，设 $\sigma_1^2 = \sigma_2^2 = \sigma^2$，$\sigma^2$ 未知，则考虑使用样本的加权方差来替换它们，已知

$$\frac{(\bar{X}_1 - \bar{X}_2) - (\mu_1 - \mu_2)}{\sqrt{\dfrac{(n_1 - 1)S_1^2 + (n_2 - 1)S_2^2}{n_1 + n_2 - 2}} \sqrt{\dfrac{1}{n_1} + \dfrac{1}{n_2}}} \sim t(n_1 + n_2 - 2)$$

则选取

$$t = \frac{(\bar{X}_1 - \bar{X}_2) - (\mu_1 - \mu_2)}{\sqrt{\dfrac{(n_1 - 1)S_1^2 + (n_2 - 1)S_2^2}{n_1 + n_2 - 2}} \sqrt{\dfrac{1}{n_1} + \dfrac{1}{n_2}}}$$

作为枢轴量，再将记号

$$S_w^2 = \frac{(n_1 - 1)S_1^2 + (n_2 - 1)S_2^2}{n_1 + n_2 - 2}$$

引入，则均值差 $\mu_1 - \mu_2$ 的 $1-\alpha$ 置信区间估计为

$$(\overline{X}_1 - \overline{X}_2) \pm t_{\alpha/2}(n_1 + n_2 - 2) \cdot S_w \sqrt{\frac{1}{n_1} + \frac{1}{n_2}} \tag{2-65}$$

例9 随机地从 A 批动物幼崽中选出 4 只，又从 B 批中选出 5 只，测得出生重（单位：kg）为

A：0.143，0.142，0.143，0.137

B：0.140，0.142，0.136，0.138，0.140

设测定数据分别来自分布 $N(\mu_1, \sigma^2), N(\mu_2, \sigma^2)$，且两样本相互独立，又设 μ_1, μ_2, σ^2 均为未知，试求 $\mu_1 - \mu_2$ 的置信拟水平为 0.95 的置信区间。

解 记 A 样本数据的均值、方差为 $\overline{x}_1, s_1^2$，记 B 样本数据的均值、方差为 $\overline{x}_2, s_2^2$，则有

$$n_1 = 4; \quad \overline{x}_1 = 0.14125; \quad s_1^2 = 0.00000825$$

$$n_2 = 5; \quad \overline{x}_2 = 0.13920; \quad s_2^2 = 0.00000520$$

$$S_w^2 = \frac{(n_1 - 1)S_1^2 + (n_2 - 1)S_2^2}{n_1 + n_2 - 2}$$

$$= \frac{3 \times 0.00000825 + 4 \times 0.00000520}{7} = 0.000006507$$

$$\alpha = 0.05$$

$$t_{\alpha/2}(n_1 + n_2 - 2) = 2.3646$$

则 $\mu_1 - \mu_2$ 的置信拟水平为 0.95 的置信区间为

$$(\overline{X}_1 - \overline{X}_2) \pm t_{\alpha/2}(n_1 + n_2 - 2) \cdot S_w \sqrt{\frac{1}{n_1} + \frac{1}{n_2}}$$

$$= 0.002 \pm 0.004$$

$$= (-0.002, 0.006)$$

3. 总体方差 σ_1^2 和 σ_2^2 未知且不等

当总体方差 σ_1^2 和 σ_2^2 未知且不相等时，则考虑使用样本的加权方差来替换它们，Aspin 和 Welch 提出了一种实用的方法，其本质是修订自由度后，仍然使用 t-统计量，它可看作修订版的 t 统计量。

设 k 为样本的单位方差占比，即

$$k = \frac{S_1^2 / n_1}{S_1^2 / n_1 + S_2^2 / n_2} \tag{2-66}$$

则自由度的修订为

$$\mathrm{df} = \frac{1}{k^2/\mathrm{df}_1 + (1-k)^2/\mathrm{df}_2} \tag{2-67}$$

则使用统计量

$$t = \frac{(\overline{X}_1 - \overline{X}_2) - (\mu_1 - \mu_2)}{\sqrt{\dfrac{S_1^2}{n_1} + \dfrac{S_2^2}{n_2}}}$$

则 $\mu_1 - \mu_2$ 的 $1 - \alpha$ 置信区间为

$$(\overline{X}_1 - \overline{X}_2) \pm t_{\alpha/2}(\mathrm{df})\sqrt{\frac{S_1^2}{n_1} + \frac{S_2^2}{n_2}} \qquad (2\text{-}68)$$

三、区间估计的 MATLAB 实现

最大似然法可以用来进行区间估计，在前述的应用中，mle 函数返回的 pci 就对应着置信区间，当分布的名称已知时，借助 mle 函数的特定语法格式，可以实现对参数的区间估计，这在前边介绍 mle 时也曾使用过，用户可借助 MATLAB 中关于 mle 返回参数的介绍取得置信区间。

在上一节中，我们对于正态总体参数的区间估计，包括单一正态总体的均值、方差的区间估计，以及两个正态总体均值差、方差比等的区间估计进行了介绍，表 2-1 列出了进行区间估计时使用的枢轴量。为了实现表 2-1 中给出的区间估计，我们编写了 ConfidIntvalEstm 函数，该函数可统一实现 7 种不同类型问题的区间估计，函数包括 5 个输入参数，分别用来输入样本数据、适用条件、显著性水平、区间估计类型、方差输入等。下面给出具体的实现代码及实例。

表 2-1　正态总体中参数区间估计的几种常见情况

问题属性	待估参数	前提	统计量与分布	置信区间
单一正态总体	均值 μ	σ^2 已知	$u = \dfrac{\overline{X} - \mu}{\sigma / \sqrt{n}} \sim N(0,1)$	$\left(\overline{X} \pm \dfrac{\sigma}{\sqrt{n}} u_{\frac{\alpha}{2}} \right)$
		σ^2 未知	$t = \dfrac{\overline{X} - \mu}{s / \sqrt{n}} \sim t(n-1)$	$\left(\overline{X} \pm \dfrac{S}{\sqrt{n}} t_{\frac{\alpha}{2}}(n-1) \right)$
	方差 σ^2		$\chi^2 = \dfrac{(n-1)S^2}{\sigma^2} \sim \chi^2(n-1)$	$\left(\dfrac{(n-1)S^2}{\chi_{\alpha/2}^2(n-1)}, \dfrac{(n-1)S^2}{\chi_{1-\alpha/2}^2(n-1)} \right)$
两个正态总体	均值差 $\mu_1 - \mu_2$	σ_1^2，σ_2^2 已知	$U = \dfrac{(\overline{X} - \overline{Y}) - (\mu_1 - \mu_2)}{\sqrt{\dfrac{\sigma_1^2}{n_1} + \dfrac{\sigma_2^2}{n_2}}} \sim N(0,1)$	$\left(\overline{X} - \overline{Y} \pm u_{\frac{\alpha}{2}} \sqrt{\dfrac{\sigma_1^2}{n_1} + \dfrac{\sigma_2^2}{n_2}} \right)$
		σ_1^2，σ_2^2 未知但相等	$T = \dfrac{(\overline{X} - \overline{Y}) - (\mu_1 - \mu_2)}{\sqrt{\dfrac{(n_1-1)S_1^2 + (n_2-1)S_2^2}{n_1 + n_2 - 2}}\sqrt{\dfrac{1}{n_1} + \dfrac{1}{n_2}}}$ $\sim t(n_1 + n_2 - 2)$	$\left(\overline{X} - \overline{Y} \pm S_w \sqrt{\dfrac{1}{n_1} + \dfrac{1}{n_2}} t_{\frac{\alpha}{2}}(n_1 + n_2 - 2) \right)$
		σ_1^2，σ_2^2 未知且不等	$T = \dfrac{\overline{X} - \overline{Y}}{\sqrt{\dfrac{S_1^2}{n_1} + \dfrac{S_2^2}{n_2}}} \sim t(\mathrm{df}), \mathrm{df} = \dfrac{1}{\dfrac{k^2}{\mathrm{df}_1} + \dfrac{(1-k)^2}{\mathrm{df}_2}},$ $k = \dfrac{\dfrac{S_1^2}{n_1}}{\dfrac{S_1^2}{n_1} + \dfrac{S_2^2}{n_2}}$	$\left(\overline{X} - \overline{Y} \pm t_{\frac{\alpha}{2}} \sqrt{\dfrac{S_1^2}{n_1} + \dfrac{S_2^2}{n_2}} \right)$
	$\dfrac{\sigma_1^2}{\sigma_2^2}$		$F = \dfrac{S_1^2 \sigma_2^2}{S_2^2 \sigma_1^2} \sim F(n_1-1, n_2-1)$	$\left(\dfrac{S_1^2}{S_2^2} F_{1-\alpha/2}(n_2-1, n_1-1), \right.$ $\left. \dfrac{S_1^2}{S_2^2} F_{\alpha/2}(n_2-1, n_1-1) \right)$

```
function ConfidIntv = ConfIntvEstm(SampleData,ApplyTo,AlphaLevel,...
          IntervType,VarPopu)
% 函数名称:ConfIntvEstm.M
% 实现功能:正态总体参数的置信区间估计.
% 输入参数:本函数共有 5 个输入参数,含义如下:
%          :(1)SampleData,输入数据结构体.当进行单一正态总体区间估计时,
%          :输入单向量构成的结构体即可;当进行两个正态总体的区间估计时,
%          :X 和 Y 数据共同构成 1×2 的结构体,此时,第 1 个结构体元素对应
%          :第 1 个样本数据,即 X,第 2 个结构体元素对应第 2 个样本数据,即 Y.
%          :例如,X1 = [628,583,510,554,612,523,530,615];
%          :Y1 = [535,433,398,470,567,480,498,560,503,426];
%          :SampleData = {X1,Y1}    % 1×2 的结构形式
%          :再如,SampleData = {X1};
%          :(2)ApplyTo,适用条件字符串,各字符串含义如下:
%          :1),'MiuSigmaOn',在标准差已知的情况下,进行单正态总体均值的
%          :区间估计,使用 U 方法.
%          :2),'MiuSigmaOff',在标准差未知的情况下,进行单正态总体均值的
%          :区间估计,使用 T 方法
%          :3),'SingleSigma',对单正态总体方差的区间估计,使用卡方.
%          :4),'TwoMiuSigmaOn',在标准差已知的情况下,对两正态总体均值差
%          :进行区间估计,使用 U.
%          :5),'TwoMiuSigmaOff',在标准差未知的情况下,检验方差相等时,对两
%          :正态总体均值差进行区间估计,使用 T;不相等时,对两正态总体均
%          :值差进行区间估计,使用 Aspin-Welch.
%          :6),'TwoSigmaRatio',对两正态总体的标准差比进行区间估计,使用 F.
%          :(3)AlphaLevel,显著性水平,一般默认为 0.05
%          :(4)IntervType,区间类型指示器,取 1 表示上尾区,取 0 表示双侧,取-1
%          :表示下尾区.
%          :(5)VarPopu,某些条件下必须输入的总体方差,不要输入标准差.
% 输出参数:本函数默认 1 个输出参数,
%          :(1)ConfidInterv,置信区间.
% 参考资料:本函数所实现功能的更详细资料,请参阅教材:
%          :(1)马寨璞,MATLAB 语言编程[M],北京:电子工业出版社,2017.
% 原始作者:马寨璞,wdwsjlxx@163.com
% 创建时间:2016-03-08,11:04:12
% 原始版本:1.0
% 版权声明:未经作者许可,任何单位及个人不得以任何方式或理由对本代码进行
%          :网上传播、贩卖等.
% 修订时间:2017.06.28.
% 实用样例:
%  Y1 = [5.06,5.08,5.03,5.00,5.07];
%  Y2 = [4.98,5.03,4.97,4.99,5.02,4.95];
%  SampleData = {Y1,Y2};
%  ApplyTo = 'TwoSigmaRatio';
%  AlphaLevel = 0.05;
%  IntervType = 0;
%  ConfidIntv = ConfIntvEstm(SampleData,ApplyTo,AlphaLevel,...
%      IntervType)
%

% 计算条件 precond 检查
if isempty(ApplyTo)
```

```
        error('区间估计的条件必须给出!');
elseif ischar(ApplyTo)
    situations = {'MiuSigmaOn','MiuSigmaOff','SingleSigma',...
        'TwoMiuSigmaOn','TwoMiuSigmaOff','TwoSigmaRatio'};
    ApplyTo = internal.stats.getParamVal(ApplyTo,situations,'TYPE');
else
    error('precond 必须以特定的字符串给出! ');
end
%
% 设置显著性水平 alpha
if nargin<3||~isnumeric(AlphaLevel)
    AlphaLevel = 0.05;
    fprintf('提示:本次计算使用了缺省值:alpha = % 5.3f\n',AlphaLevel);
elseif isnumeric(AlphaLevel)
    switch num2str(AlphaLevel)
        case {'0.1','0.01','0.05','0.001'};
            fprintf('提示:本次计算使用:Alpha = % 5.3f\n',AlphaLevel);
        otherwise
            error('输入的 alpha 值不符合常用习俗!');
    end
end
%
% 设置置信区间的方向指示器 tailAt
if nargin<4||~isnumeric(IntervType)
    IntervType = 0;
elseif isnumeric(IntervType)
    switch IntervType
        case 1
            fprintf('提示:区间类型设定为% d,计算单侧上尾.\n',IntervType);
        case 0
            fprintf('提示:区间类型设定为% d,计算双侧.\n',IntervType);
        case-1
            fprintf('提示:区间类型设定为% d,计算单侧下尾.\n',IntervType);
        otherwise
            error('区间类型值输入有误,先学习本代码说明部分!\n');
    end
end
%
% 输入参数 sigma2 检查
if nargin<5||isempty(VarPopu)
    disp('提示:本次计算未输入方差!');
end
%
% 数据检验与转换
switch ApplyTo
  case {'MiuSigmaOn','MiuSigmaOff','SingleSigma'}% 单一总体
    X = SampleData{1};
    fprintf('提示:现在进行单一正态总体区间估计,选项标志:%s\n',...
        ApplyTo);
  case{'TwoMiuSigmaOn','TwoMiuSigmaOff','TwoSigmaRatio'}% 两个总体
    X = SampleData{1,1};Y = SampleData{1,2};% 获取数据
    % disp(X);disp(Y);
```

```
end
%
% 具体分类实施计算
switch ApplyTo
    case'MiuSigmaOn'          % 单一正态总体均值检验,需要验证方差输入
        if isempty(VarPopu)
            error('本条件选项对应单一正态总体均值检验,需要输入方差值! ');
        elseif isnumeric(VarPopu)
            if VarPopu< = 0
                error('总体方差应该是正数');
            elseif length(VarPopu)>1 % 只需要1个方差
                error('总体方差不能多于1个输入值');
            end
        else
            error('方差输入有误');
        end
        xMean = mean(X);n = length(X);
        s = sqrt(VarPopu);
        switch IntervType% 尾部在哪边
        case 1% 上尾检验
            ConfidIntv = [xMean-s*norminv(1-AlphaLevel)/sqrt(n),inf];
        case-1% 下尾检验
            ConfidIntv = [-inf,xMean + s*norminv(1-AlphaLevel)/sqrt(n)];
        otherwise% 双侧
            ConfidIntv = xMean + [-1,1].*s*norminv(1-AlphaLevel/2)/sqrt(n);
        end
    case'MiuSigmaOff'% 单一正态总体均值区间,使用T,不需要验证方差输入
        n = length(X);s = std(X);xMean = mean(X);
        switch IntervType
            case 1
                ConfidIntv = [xMean-s*tinv(1-AlphaLevel,n-1)/sqrt(n),inf];
            case-1
                ConfidIntv = [-inf,xMean + s*tinv(1-AlphaLevel,n-1)/sqrt(n)];
            otherwise
                ConfidIntv = xMean + [-1,1]*s*tinv(1-AlphaLevel/2,n-1)/sqrt(n);
        end
    case'SingleSigma'            % 单一正态总体方差的区间估计,使用卡方
        n = length(X);ySigma2 = var(X);
        switch IntervType
            case 1
                ConfidIntv = [(n-1)*ySigma2/chi2inv(AlphaLevel,n-1),inf];
            case-1
                ConfidIntv = [0,(n-1)*ySigma2/chi2inv(1-AlphaLevel,n-1)];
            otherwise
                ConfidIntv = [(n-1)*ySigma2/chi2inv(1-AlphaLevel/2,n-1),...
                    (n-1)*ySigma2/chi2inv(AlphaLevel/2,n-1)];
        end
    case'TwoMiuSigmaOn'% 两个正态总体均值差的区间估计,需要输入方差
        xMean = mean(X);nx = length(X);
        yMean = mean(Y);ny = length(Y);
        xSigma2 = VarPopu(1,1);ySigma2 = VarPopu(1,2);
        if(xSigma2*ySigma2<0)
```

```
            error('总体方差输入有误,不能为负值');
        end
        s = sqrt(xSigma2/nx + ySigma2/ny);
        switch IntervType
            case 1
                ConfidIntv = [xMean-yMean-s*norminv(1-AlphaLevel),inf];
            case-1
                ConfidIntv = [-inf,xMean-yMean + s*norminv(1-AlphaLevel)];
            otherwise
                ConfidIntv = xMean-yMean + [-1,1].*s*norminv(2-AlphaLevel/2);
        end
    case'TwoMiuSigmaOff'
        % 首先检验方差是否相等
        xMean = mean(X);nx = length(X);
        yMean = mean(Y);ny = length(Y);
        xSigma2 = var(X);ySigma2 = var(Y);% 计算方差
        % F:检验方差相等的 F 统计量
        if xSigma2>ySigma2,% F统计量检验时,取分子为大的,则只需要上尾检验
            F = xSigma2/ySigma2;OnOff = 1;
            disp('计算说明:s1>s2,F = s1/s2,分子大于分母,未进行颠倒顺序。')
        else
            F = ySigma2/xSigma2;OnOff = 2;
            disp('计算说明:s1<s2,F = s2/s1,分子小于分母,计算时采用颠倒顺序。')
        end
        % 修订第一和第二自由度
        if OnOff = = 1,
            df1 = nx-1;df2 = ny-1;
        elseif OnOff = = 2,
            df1 = ny-1;df2 = nx-1;
        end
        fCutOff = finv(1-AlphaLevel/2,df1,df2);
        dist = xMean-yMean;
        % eqn 用来标识方差相等与否,1 表示相等,0 表示不相等
        if F>fCutOff
            eqn = 'unequal';
            disp('经检验:两总体方差不等,选用 ASpin-welch 方法.');
        else
            eqn = 'equal';
            disp('经检验:两总体方差相等,选用成组 T-检验.');
        end
        % 计算区间估计值
        switch eqn
            case'equal' % 选用成组 T 检验
                sw2 = ((nx-1)*xSigma2 + (ny-1)*ySigma2)/(nx + ny-2);
                s = sqrt(sw2)*sqrt(1/nx + 1/ny);
                switch IntervType
                    case 1
                        ConfidIntv = [dist-s*tinv(1-AlphaLevel,nx + ny-2),inf];
                    case-1
                        ConfidIntv = [-inf,dist + s*tinv(1-AlphaLevel,nx + ny-2)];
                    otherwise
                        ConfidIntv = dist + [-1,1].*s*tinv(1-AlphaLevel/2,nx + ny-2);
```

```
            end
        case'unequal'% 选用 Aspin-Welch 方法
            k = xSigma2/nx/(xSigma2/nx + ySigma2/ny);
            ModDegFree = 1/(k^2/df1 + (1-k)^2/df2);% 修订后的自由度
            s = sqrt(xSigma2/nx + ySigma2/ny);
            switch IntervType
                case 1
                    ConfidIntv = [dist-s*tinv(1-AlphaLevel,ModDegFree),inf];
                case-1
                    ConfidIntv = [-inf,dist + s*tinv(1-AlphaLevel,ModDegFree)];
                otherwise
                    ConfidIntv = dist + [-1,1].*s*tinv(1-AlphaLevel/2,ModDegFree);
            end
        end
    case'TwoSigmaRatio'
        xSigma2 = var(X);nx = length(X);
        ySigma2 = var(Y);ny = length(Y);
        sigRat = xSigma2/ySigma2;
        switch IntervType
            case 1
                ConfidIntv = [sigRat*finv(1-AlphaLevel,ny-1,nx-1),inf];
            case-1
                ConfidIntv = [0,sigRat*finv(AlphaLevel,ny-1,nx-1)];
            otherwise
                ConfidIntv = [sigRat*finv(AlphaLevel/2,ny-1,nx-1),...
                                sigRat*finv(1-AlphaLevel/2,ny-1,nx-1)];
        end
    end
end
```

例 10　抽取健康人的血样，测定血磷（单位：mg/dL）如下：1.67，1.98，1.98，2.33，2.34，2.50，3.60，3.73，4.14，4.17，4.57，4.82，5.78，试求总体方差的 90% 的置信区间。

解　根据本题目的含义，可知是针对单一正态总体方差的区间估计，根据函数的说明，设定参数如下：

```
X = [1.67,1.98,1.98,2.33,2.34,2.50,3.60,3.73,4.14,4.17,4.57,4.82,5.78];
SampleData = {X};
ApplyTo = 'SingleSigma';
AlphaLevel = 0.1;
IntervType = 0;
ConfidIntv = ConfIntvEstm(SampleData,ApplyTo,AlphaLevel,...
    IntervType)
```

运行该脚本，结果如下：

```
>>Untitled
提示:本次计算使用:Alpha = 0.100
提示:区间类型设定为 0,计算双侧.
提示:本次计算未输入方差!
提示:现在进行单一正态总体区间估计,选项标志:SingleSigma
ConfidIntv =
    0.9710        3.9067
>>
```

例 11 从某药品中随机抽取 10 个样品，进行某种有效成分含量（单位：mg）的测定，数据如下：1450，1480，1640，1610，1500，1600，1420，1530，1700，1550，已知该种药品的有效含量符合正态分布，求药品有效成分的 95% 置信区间。

解 这是单一正态总体均值的区间估计问题，因为没有给出总体的方差，故属于 ApplyTo = 'MiuSigmaOff' 问题，将函数所需的必要的参数设定好，如下：

```
X = [1450,1480,1640,1610,1500,1600,1420,1530,1700,1550];
SampleData = {X};
ApplyTo = 'MiuSigmaOff';
AlphaLevel = 0.05;
IntervType = 0;
ConfidIntv = ConfIntvEstm(SampleData,ApplyTo,AlphaLevel,...
        IntervType)
```

运行该脚本，结果如下：

```
>>Untitled
提示:本次计算使用:Alpha = 0.050
提示:区间类型设定为 0,计算双侧.
提示:本次计算未输入方差!
提示:现在进行单一正态总体区间估计,选项标志:MiuSigmaOff
ConfidIntv =
    1.0e + 03*
    1.4843          1.6117
>>
```

例 12 为比较小麦的产量，选择 18 块条件类似的试验田，同样方法种植，甲品种种植 8 块，乙品种种植 10 块，产量（单位：kg）如下：

甲：628，583，510，554，612，523，530，615

乙：535，433，398，470，567，480，498，560，503，426

设单产符合正态分布，试求两品种产量差的置信区间，设定显著性为 $\alpha = 0.05$。

解 这是涉及两个正态总体的情况，且不知道方差的情况，因此设定函数的参数如下：

```
X = [628,583,510,554,612,523,530,615];
Y = [535,433,398,470,567,480,498,560,503,426];
SampleData = {X,Y};
ApplyTo = 'TwoMiuSigmaOff';
AlphaLevel = 0.05;
IntervType = 0;
ConfidIntv = ConfIntvEstm(SampleData,ApplyTo,AlphaLevel,...
        IntervType)
```

运行该脚本，结果如下：

```
>>Untitled
提示:本次计算使用:Alpha = 0.050
提示:区间类型设定为 0,计算双侧.
提示:本次计算未输入方差!
计算说明:s1<s2,F = s2/s1,分子小于分母,计算时采用颠倒顺序。
经检验:两总体方差相等,选用成组 T-检验。
ConfidIntv =
    29.4696  135.2804
>>
```

第四节 二项分布和泊松分布总体参数的区间估计

除上述正态总体外,还有许多非正态总体参数的区间估计问题,最为典型的就是离散型的二项分布和泊松分布,下面以这两个分布为例,具体说明离散型非正态总体参数的区间估计。对于其他类型的非正态总体,在契比雪夫不等式及中心极限定理的基础上,讨论它们均值的区间估计。

一、二项分布参数 P 小样本精确估算

假设从总体中随机抽取含量为 n 的样本,其中包含 k 个具有某种特征的个体,则称 $p = k/n$ 为具该特征个体的样本率。通过样本率,可用来估算总体的总体率 P,这里的总体率是和样本率相对应的参数,即若某总体的容量为 N,其中含有某种特征的个体有 M 个,则总体率 $P = M/N$。

根据二项分布的客观应用背景,相同试验条件下独立重复的 n 次试验,结果中具有特定特征的个数 k 服从二项分布。和正态分布估计参数的置信区间相类似,在小样本($n \leqslant 30$)的情况下,可精确计算概率,来确定 $1 - \alpha$ 的置信区间。

根据确定置信区间的基本原理可知,凡是满足式(2-24)的 a,b,都可以看作参数 θ 的上、下限,至于如何取得的上、下限,并不拘泥于前述所学之方法。在第一章,我们曾详细探讨了参数 p 对二项分布的影响,下面以 $n = 30$,$p = 0.2$,0.5,0.8 时的二项分布为例,具体说明思路方法。

从图 2-8 上可以看出,当 p 由小(0.2)变大(0.8)时,二项分布的概率分布的外轮廓线高点逐渐由左向右移动,这说明,当 p 较小(0.2)时,对于固定的 n,在较大的 k 值处(如 $k = 25$)取得的概率会很小;若 p 取值较大(0.8),则在较小的 k 值处(如 $k = 5$)取得的概率很小。也可以说,p 在 0~1 变动,则外轮廓线高点随之左右移动。

在图 2-9 中,给出了标准正态分布的上、下分位点示意图,若保持上分位点 2 不动,当正态分布密度曲线逐渐左移时,该分位点右侧区域的面积会逐渐变小。与正态分布分位点 2 相对应,我们认为在二项分布的概率分布图中,也存在一个固定的界值,当 p 逐渐变小时(相当于外轮廓线逐渐左移),该界值右侧的概率之和会逐渐变小,当这个概率和(对应于正态分布上分位点 2 右侧的区

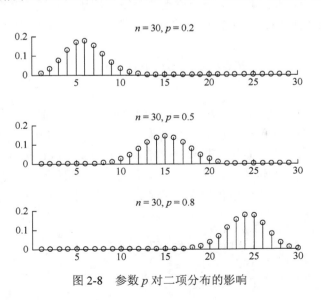

图 2-8 参数 p 对二项分布的影响

域）小到一定程度，如恰好小于等于 $\alpha/2$，则此刻该界值就是我们要找的上分位点。因此，计算某个 k 值以上的所有概率的和，使之小于等于 $\alpha/2$，则得到上分位点 k 对应的 p 值，此时，该 p 值是逐渐由大变小得到的，因此是参数 p 的下限。即通过式（2-69）确定了 p 的下限

$$P(X \geqslant k) = \sum_{i=k}^{n} C_n^i p^i (1-p)^{n-i} = \frac{\alpha}{2} \tag{2-69}$$

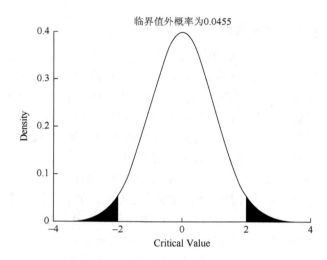

图 2-9   分位点截断面积的变化趋势

同样的道理，对于正态分布的下分位点–2，固定–2 不变，其左侧的截断面积，会随着概率密度曲线的右移逐渐变小。与此对应，对于二项分布，设有一个和分位点–2 相对应的界值，其左侧的概率和（对应于连续型的小区域面积）会随着 p 的逐渐增大而变小，当 p 增大到一定的程度，则该界值左侧的概率和，恰好满足小于 $\alpha/2$，则此时的界值就对应着二项分布的下分位点。但是我们一定要清楚，这个分位点的获得，是基于 p 在逐渐增大的过程中得到的，因为 p 在增大，所以此时得到的是参数 p 的上限。即通过式（2-70）确定了 p 的上限

$$P(X \leqslant k) = \sum_{i=0}^{k} C_n^i p^i (1-p)^{n-i} = \frac{\alpha}{2} \tag{2-70}$$

式（2-69）和式（2-70）只包含两个未知数，因此可解出具体的值。

这种方法原理上比较简单，但解方程稍嫌麻烦，为了方便使用，人们通常会制作二项分布参数 P 的置信区间表，以供查用，只要根据给定的 α, n, k，可直接查取总体率 P 的 $1-\alpha$ 置信区间。本书附表 6 提供查询用表，为了读者方便计算，下面给出了我们编写的通用代码，只需将 3 个参数提供，即可计算出置信区间的值，具体使用方法，参看函数的说明部分。

```
function [Limits] = FindBinomialLimits(n,k,level)
% 函数名称:FindBinomialLimits.m
% 实现功能:根据给定的样本含量n,特征个体数 k 以及水平值 alpha,确定
%         :二项分布总体率 P 的置信区间.
% 输入参数:函数共有 3 个输入参数,含义如下:
%         :(1)n,样本含量.
```

```
%                   :(2) k,具有某种特征的个体数目.
%                   :(3) level,计算1-level置信区间,默认0.05
% 输出参数:函数默认1个输出参数:
%                   :(1) Limits包含上限和下限,Limits = [LowerLimit,UpperLimit],
%                   :其中,UpperLimit,计算得到的置信区间上限;LowerLimit,计算
%                   :得到的置信区间下限.
% 函数调用:实现函数功能不需要调用子函数.
% 参考资料:实现函数算法,其他参考资料,请参阅:
%                   :(1)马寨璞,MATLAB语言编程[M],北京:电子工业出版社,2016.
% 原始作者:马寨璞,wdwsjlxx@163.com
% 创建时间:2016-11-10,11:51:25
% 原始版本:1.0
% 版权声明:未经作者许可,任何单位及个人不得以任何方式或理由对本代码
%                   :进行网上传播、贩卖等.
% 实用样例:例1,
%               n = 30;k = 10;FindBinomialLimits(n,k)
%           例2,
%               n = 30;k = 10;a = 0.01;
%               FindBinomialLimits(n,k,a)
%
if nargin<3||isempty(level);
    level = 0.05;
else
    CommonLevels = [0.1,0.05,0.025,0.01,0.005,0.0025,0.001];
    if~ismember(level,CommonLevels)
        error('Input error');
    end
end
% 返回参数
UpperLimit = 0;LowerLimit = 0;
% 计算,为了验证公式,以下计算未使用binocdf函数
for p = 0:0.001:1
    % 通过求解上侧角区概率和等于alpha/2,求得p的下限
    pUpSum = 0;
    for iLoop = k:n
        pUpSum = pUpSum + nchoosek(n,iLoop)*p^iLoop*(1-p)^(n-iLoop);
    end
    if pUpSum< = level/2,LowerLimit = p;end
    % 通过求解下尾概率和等于alpha/2,求得p的上限
    pLowSum = 0; % 下侧概率和
    for iLoop = 1:k
        pLowSum = pLowSum + nchoosek(n,iLoop)*p^iLoop*(1-p)^(n-iLoop);
    end
    if pLowSum>level/2,UpperLimit = p;end
end
fprintf('\n计算汇报:\n\t样本含量:n = %d,特征个体数:k = %d,',n,k);
fprintf('水平值:alpha = %.3f,置信下限:%.3f,置信上限:%.3f\n',...
    level,LowerLimit,UpperLimit);
Limits = [LowerLimit,UpperLimit];
```

附表 7 给出了在 0.95 和 0.99 置信水平下 $p = m/n$ 的查询表（$n = 1\sim20$），当 $n = 20\sim30$ 及更多的精确计算，借此可直接运行得到，但运行时间稍长。

```
function MakeBinoIntvTab(n,alpha)
% 函数名称:MakeBinoIntvTab.m
% 实现功能:创建二项分布参数 Phi 的置信区间查询表.
% 输入参数:函数共有 2 个输入参数,含义如下:
%        :(1),n,查询存表的最大行数
%        :(2),alpha,设置 1-alpha 为置信水平.
% 输出参数:函数默认无输出参数,所有结果输出到屏幕供拷贝.
% 函数调用:实现函数功能需要调用 1 个子函数,说明如下:
%        :(1),FindBinomialLimits,根据给定的样本含量 n,特征个体数 k 以及
%        :水平值 alpha,确定二项分布总体率 P 的置信区间.
% 参考文献:实现函数算法,参阅了以下文献资料:
%        :(1),马寨璞,MATLAB 语言编程[M],北京:电子工业出版社,2017.
% 原始作者:马寨璞,wdwsjlxx@163.com.
% 创建时间:2017-07-01,10:37:51.
% 原始版本:1.0
% 版权声明:未经作者许可,任何单位及个人不得以任何方式或理由对本代码
%        :进行网上传播、贩卖等.
% 验证说明:本函数在 MATLAB 2014a 平台运行通过.
% 使用样例:n = 30;alpha = 0.01;MakeBinoIntvTab(n,alpha)
%
if nargin<2
    alpha = 0.05;
elseif alpha>1||alpha<0
    error('No such alpha!');
elseif n>30
    error('n 有点大,不宜精确计算,建议使用大概率方法计算!\n');
    fprintf('左侧行号为 n,每一列对应一个 m,m 值范围 1~n,p = m/n.\n');
end
for ir = 1:n
    fprintf('%2d\t',ir);
    for jc = 1:ir
        Limits = FindBinomialLimits(ir,jc,alpha);
        fprintf('%5.3f,%5.3f\t',Limits(1),Limits(2));
    end
    fprintf('\b\n');
end
```

二、二项分布参数 P 区间的 Fisher 法

Fisher 近似正态法是二项分布参数 P 在小样本条件下进行精确估算的另一种方法,其实施步骤如下。

对样本率 p 进行变换:

$$p = \sin^2\frac{\phi}{2} \tag{2-71}$$

则

$$\phi = 2\arcsin\sqrt{p} \tag{2-72}$$

此时,ϕ 近似服从正态分布 $N(\mu_\phi, \sigma_\phi^2)$。这里,以弧度为 ϕ 的单位,$\mu_\phi = 2\arcsin\sqrt{P}$,$P$ 为总体率,$\sigma_\phi^2 \approx \frac{1}{n}$。于是有

$$\frac{\phi - \mu_\phi}{\sigma_\phi} \sim N(0,1)$$

取

$$U = \frac{\phi - \mu_\phi}{\sigma_\phi}$$

为枢轴量，则有

$$P\left(\left|\frac{\phi - \mu_\phi}{\sigma_\phi}\right| < u_{\alpha/2}\right) = 1 - \alpha \tag{2-73}$$

据此可求解置信区间，即

$$\phi \pm u_{\alpha/2} \cdot \sigma_\phi \tag{2-74}$$

为方便计算，我们编写了 binoParamFisherEstim 函数，用来实现 Fisher 近似正态法，如下。

```
function ConfidenceInterval = binoParamFisherEstim(n,p,myAlpha)
% 函数名称:binoParamFisherEstim.M
% 实现功能:使用 fisher 方法对二项分布的参数进行估算.
% 输入参数:本函数共有 3 个输入参数,含义如下:
%          :(1)n,样本含量,本函数适用于样本含量 n< = 30
%          :(2)p,样本率
%          :(3)myAlpha,置信水平:1-alpha
% 输出参数:本函数提供一个输出参数,含义如下:
%          :(1)ConfidenceInterval,置信区间.
% 参考资料:本函数所实现功能的更详细资料,请参阅教材:
%          :(1) 马寨璞,MATLAB 语言编程[M],北京:电子工业出版社,2017.
% 原始作者:马寨璞,wdwsjlxx@163.com
% 创建时间:2016-03-07,16:27:34
% 版权声明:未经许可,任何单位及个人不得以任何方式或理由对本代码进行
%          :网上传播、贩卖等.
% 实用样例:binoParamFisherEstim(10,0.4,0.01)
%          ans = [0.075,0.788]
%
% 置信水平
if nargin<3||~isnumeric(myAlpha)
    myAlpha = 0.05;
    fprintf('本次计算使用了缺省 alpha 值:%5.3f\n',myAlpha);
elseif isnumeric(myAlpha)
    switch num2str(myAlpha)
        case{'0.1','0.01','0.001','0.05','0.025'};
            fprintf('本次计算使用的 alpha 值为:%5.3f\n',myAlpha);
        otherwise
            error('输入的 alpha 值不符合常用习俗!');
    end
end
% 样本含量
if n>30
    fprintf('样本含量大于 30,建议使用大样本近似正态法进行参数估计.\n');
end
% 样本率
if p>1||p<0
```

```
        erreo('样本率介于[0~1],你的输入有误!');
end
% 具体计算
fai = 2*asin(p^0.5);
upQuant = norminv(1-0.5*myAlpha,0,1);
sigmaFai = 1/sqrt(n);
LowerLimit = fai-upQuant*sigmaFai;
UpperLimit = fai + upQuant*sigmaFai;
myAreas = [LowerLimit,UpperLimit];
ConfidenceInterval = sin(myAreas/2).^2;
```

例 13　某医疗试验中,①随机抽取 20 例,12 例有效,试确定 95%的置信区间。②随机抽取 40 例,24 例有效,试确定 95%的置信区间。

解　这个题目中,分两部分,原本比例都是 60%,但样本含量不一样。计算如下:

```
>>binoParamFisherEstim(20,0.6,0.05)
本次计算使用的 alpha 值为:0.050
ans = 0.3827 0.7984
>>binoParamFisherEstim(40,0.6,0.05)
本次计算使用的 alpha 值为:0.050
样本含量大于30,建议使用大样本近似正态法进行参数估计。
ans = 0.4458 0.7446
```

可见,样本比率相同的情况下,样本越大,估算的置信区间越短,即更为准确。

三、泊松分布参数的区间估计

若某总体服从参数为 λ 的泊松分布,$x_1, x_2, \cdots, x_n$ 是取自该总体的样本观察值,则称 $\sum\limits_{i=1}^{n} x_i$ 为样本的总计数值。在小样本前提下,泊松分布参数 λ 的区间估计,其精确计算方法和二项分布相类似,下面首先观察泊松分布的概率分布状态与参数 λ 的关系,然后确定其具体计算方法。

图 2-10 是泊松分布(固定 n)的参数 λ 逐渐变化引起的概率分布变化,由图 2-10 可知,随着 λ 的变大,其外轮廓线的高点位置,也逐渐向右移动,反之,其外轮廓线的高点位置左移。我们可以认为,参数 λ 决定着各个点的概率分布形态。

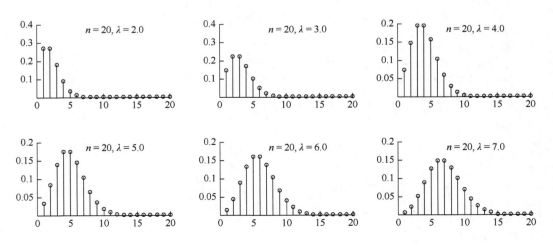

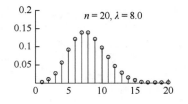 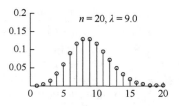 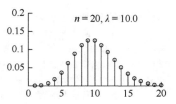

图 2-10　参数 λ 引起的概率分布变化

若对泊松分布设定两个固定的截断点，如图 2-11 所示，其截断的区域分别为 A 和 B，则可知随着参数 λ 逐渐变化，这两个截断区内的概率也在不断变化。若参数 λ 逐渐增大，则 A 区内的概率会逐渐减小，当小到一定的程度，恰恰等于给定的 $\alpha / 2$，则可知此时得到的是参数 λ 的极大值（再增大则不满足 $\alpha / 2$），其计算可表达为

$$P(X \leqslant k) = \sum_{i=0}^{k} \frac{\lambda_{\max}^{i}}{i!} \mathrm{e}^{-\lambda} = \alpha / 2 \qquad (2\text{-}75)$$

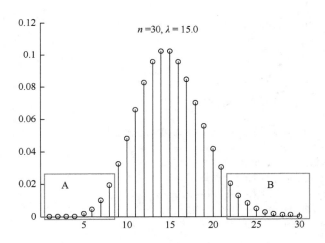

图 2-11　对应于分位点的截断区

同样的，若参数 λ 逐渐减小，则 B 区内的概率会逐渐减小，当小到一定的程度，恰恰等于给定的 $\alpha / 2$，则可知此时得到的是参数 λ 的极小值（再减小则不满足 $\alpha / 2$），其计算可表达为

$$P(X \geqslant k) = \sum_{i=k}^{\infty} \frac{\lambda_{\min}^{i}}{i!} \mathrm{e}^{-\lambda} = \alpha / 2 \qquad (2\text{-}76)$$

据此，可确定泊松分布参数 λ 的置信区间。该式的计算稍显烦琐，因此许多教材提供了查表，我们根据其计算原理，编写了计算函数，以方便读者计算使用，其具体使用格式，参看代码中的说明部分。对于常见 α 值置信区间，我们也编制了的查询表（见附表 6），供读者使用。

```
function [Limits] = FindPoissLimits(k,level)
% 函数名称:FindPoissLimits.m
% 实现功能:根据给定的参数,确定泊松分布 λ 的置信区间.
% 输入参数:函数共有 2 个输入参数,含义如下:
%       :(1)k,样本总计数,即多次观察中具有某特征的样本个体数之和.
%       :(2)level,显著性水平,缺省默认 0.05
```

```
%  输出参数:函数默认 1 个输出参数:
%         :(1)Limits 包含上限和下限,Limits = [LowerLimit,UpperLimit],
%         :其中,UpperLimit 为置信区间上限;LowerLimit 为区间下限.
%  函数调用:实现函数功能不需要调用子函数.
%  参考资料:实现函数算法,其他参考资料,请参阅:
%         :(1)马寨璞,MATLAB 语言编程[M],北京:电子工业出版社,2016.
%  原始作者:马寨璞,wdwsjlxx@163.com
%  创建时间:2016-11-10,17:01:15
%  原始版本:1.0
%  版权声明:未经作者许可,任何单位及个人不得以任何方式或理由对本代码
%         :进行网上传播、贩卖等.
%  实用样例:例 1
%         :k = 20;Limits = FindPoissLimits(k)
%         :例 2
%         :k = 20;a = 0.01;Limits = FindPoissLimits(k,a)
%
if nargin<2||isempty(level);
    level = 0.05;
else
    CommonLevels = [0.1,0.05,0.025,0.01,0.005,0.0025,0.001];
    if~ismember(level,CommonLevels)
        error('Input error');
    end
end
UpperLimit = 0;LowerLimit = 0;% 返回参数
for iLam = 0:0.01:100
    P1 = poisscdf(k-1,iLam,'upper');% k 从 0 开始,确定下限
    if P1< = level/2,LowerLimit = iLam;end
    P2 = poisscdf(k,iLam);% 确定上限
    if P2> = level/2,UpperLimit = iLam;end
    % 下面按照公式具体实现计算,同样得到上限结果,供学习公式参考
    %         pLowSum = 0;
    %         for iLoop = 1:k
    %             JieCheng = factorial(iLoop);
    %             GaiLv = iLam^iLoop/JieCheng*exp(-1*iLam);
    %             pLowSum = pLowSum + GaiLv;
    %             if pLowSum>level/2,UpperLimit = iLam;end
    %         end
end
Limits = [LowerLimit,UpperLimit];
```

下面的函数用来生成泊松分布置信区间的查询表，附表 6 即由此生成，供参考。

```
function MakePoissonLimitTable()
%  函数名称:MakePoissonLimitTable.m
%  实现功能:根据给定的参数 k 和 α,创建泊松分布参数 λ 的置信区间查询表.
%  输入参数:函数不带输入参数.
%  输出参数:函数默认不带输出参数.
%  函数调用:实现函数功能需要调用 1 个子函数,简介如下:
%         :(1)FindPoissLimits,根据给定的参数,确定泊松分布 λ 的置信区间
%  参考资料:实现函数算法,其他参考资料,请参阅:
%         :(1)马寨璞,MATLAB 语言编程[M],北京:电子工业出版社,2016.
%  原始作者:马寨璞,wdwsjlxx@163.com
```

```
% 创建时间:2016-11-11,17:21:52
% 原始版本:1.0
% 版权声明:未经作者许可,任何单位及个人不得以任何方式或理由对本代码
%         :进行网上传播、贩卖等.
% 友情提示:在 word 中,使用 Georgia 字体斜体打印比较美观.
% 实用样例:MakePoissonLimitTable()
%
% 典型的参数值
ks = [0:30,35,40,45,50];
Alphas = [0.001,0.0025,0.005,0.01,0.025,0.05,0.1];        % 常用 α 值
nRows = length(ks);nCols = length(Alphas);
% 输出表头
ColOneLen = 3;% 第一列字段长度
fprintf(sprintf('%%%ds,ColOneLen),'k');
for jc = 1:nCols
    fprintf('|%s%5.3f%s',blanks(4),1-Alphas(jc),blanks(5));
end
fprintf('\n');
% 输出分割线
Loops = nCols*15 + ColOneLen;
for jc = 1:Loops
    fprintf('-');
end
fprintf('\n');
% 输出表体
for ir = 1:nRows
    k = ks(ir);
    fprintf(sprintf('%%%dd',ColOneLen),k);
    for jc = 1:nCols
        alpha = Alphas(jc);
        Limits = FindPoissLimits(k,alpha);
        fprintf('|%6.2f,%-6.2f%s',Limits(1),Limits(2),blanks(1));
    end
    fprintf('\n');
end
```

四、二项分布参数 P 的大样本正态近似法

当样本数据量较大时,更明确来讲,当样本数据量大于 30 时,可以采用大样本正态近似法进行参数的区间估计。设二项分布的总体率为 P,二项分布的均值和方差分别为 $E(X) = nP$,$D(X) = nP(1-P)$,若从总体中随机抽取 n 个个体,则样本率 $p = \dfrac{X}{n}$ 的期望和方差可计算得到

$$E(p) = P \tag{2-77}$$

$$D(p) = \frac{P(1-P)}{n} \tag{2-78}$$

样本率的标准差为

$$\sigma_p = \sqrt{\frac{P(1-P)}{n}} \tag{2-79}$$

考虑到样本率 p 是总体率 P 的无偏估计，则样本含量 n 足够大时，可根据中心极限定理，知道样本率 p 近似服从正态分布，即

$$p \sim N\left(P, \frac{P(1-P)}{n}\right) \tag{2-80}$$

其标准化为

$$\frac{p-P}{\sqrt{\dfrac{P(1-P)}{n}}} \sim N(0,1) \tag{2-81}$$

选定枢轴量

$$Z = \frac{p-P}{\sqrt{\dfrac{p(1-p)}{n}}} \tag{2-82}$$

使之满足

$$P\left\{\left|\frac{p-P}{\sqrt{\dfrac{p(1-p)}{n}}}\right| < u_{\alpha/2}\right\} = 1-\alpha \tag{2-83}$$

可得到 P 的 $1-\alpha$ 区间估计，

$$\left(p - u_{\alpha/2} \cdot \sqrt{\frac{p(1-p)}{n}}, \, p + u_{\alpha/2} \cdot \sqrt{\frac{p(1-p)}{n}}\right) \tag{2-84}$$

为了方便使用，下面给出了具体的计算代码，读者在准备好数据后，可直接调用，其具体使用参看函数后的实例说明。

```
function out = BinoLargeSampleNormalAapprox(n,x,myAlpha)
% 函数名称:BinoLargeSampleNormalAapprox.M
% 实现功能:二项分布大样本数据下,参数 P 区间估计的正态近似法.
% 输入参数:本函数共有 3 个输入参数,含义如下:
%          :(1)n,二项分布试验的总次数.
%          :(2)x,二项分布中具有某种特征的试验的次数.
%          :(3)myAlpha,显著性水平,一般取值 0.05
% 参数释义:本函数默认 1 个输出参数:
%          :(1)out,置信区间.
% 参考资料:本函数所实现功能的更详细资料,请参阅教材:
%          :(1) 马寨璞,MATLAB 语言编程[M],北京:电子工业出版社,2017.
% 原始作者:马寨璞,wdwsjlxx@163.com
% 创建时间:2016-03-10,09:26:56
% 原始版本:1.0
% 版权声明:未经作者许可,任何单位及个人不得以任何方式或理由对本代码进行
%          :网上传播、贩卖等.
% 实用样例:
% n = 200,x = 168,a = 0.05;
% y = BinoLargeSampleNormalAapprox(n,x,a)
% y = BinoLargeSampleNormalAapprox(n,x)
%
if nargin<3||~isnumeric(myAlpha)
    myAlpha = 0.05;
    fprintf('本次计算使用了缺省 alpha 值:%5.3f\n',myAlpha);
elseif isnumeric(myAlpha)
```

```
        switch num2str(myAlpha)
            case {'0.1','0.01','0.05','0.001'};
                fprintf('本次计算使用的 alpha 值为:%5.3f\n',myAlpha);
            otherwise
                error('输入的 alpha 值不符合常用习俗!');
        end
end
%
if x>n,error('输入数据有误!');end
if x*n<0,error('输入数据有误!');end
if n< = 30,
    warning('大样本是指样本含量大于 30 的样本,建议考虑 Fisher 精确计算法');
end
p = x/n;% 样本率
s = sqrt(p*(1-p)/n);
out = p + [-1,1]*norminv(1-myAlpha/2)*s;
```

例 14　随机调查了某学校 200 名沙眼患者，经过一段时间的治疗之后，痊愈 168 人，试求总治愈率的 95% 的置信区间。

　　解

```
n = 200;x = 168;a = 0.05;
y = BinoLargeSampleNormalAapprox(n,x,a)
```

运行如下：

```
>>Untitled
```

　　本次计算使用的 alpha 值为:0.050

```
y =         0.7892          0.8908
```

五、泊松分布参数置信区间大样本正态近似法

　　前边介绍了二项分布大样本情况下的正态近似法，对于泊松分布，也具有类似的解决办法，设总体 X 服从参数为 λ 的泊松分布，则可知 $E(X)=\lambda, D(X)=\lambda$，若已得到样本的观察值 $x_1, x_2, \cdots, x_n$，则样本均值为

$$\overline{x} = \frac{1}{n}\sum_{i=1}^{n} x_i$$

根据期望与方差的计算性质，得到

$$E(\overline{x}) = E\left(\frac{1}{n}\sum_{i=1}^{n} x_i\right) = \frac{1}{n}\sum_{i=1}^{n} E(x_i) = \frac{1}{n}\cdot n\lambda = \lambda \tag{2-85}$$

$$D(\overline{x}) = D\left(\frac{1}{n}\sum_{i=1}^{n} x_i\right) = \frac{1}{n^2}\sum_{i=1}^{n} D(x_i) = \frac{1}{n^2}\cdot n\lambda = \frac{\lambda}{n} \tag{2-86}$$

根据中心极限定理，当样本含量 n 足够大时，样本均值 $\overline{x}$ 同样近似服从正态分布，即

$$\overline{x} \sim N\left(\lambda, \frac{\lambda}{n}\right) \tag{2-87}$$

将该正态分布进行标准化，如下

$$\frac{\overline{x} - \lambda}{\sqrt{\lambda/n}} \sim N(0,1) \tag{2-88}$$

使用样本均值 $\overline{x}$ 代替方差中的 λ，得到标准化变量的改写式，如下

$$\frac{\overline{x} - \lambda}{\sqrt{\overline{x}/n}} \sim N(0,1) \tag{2-89}$$

实际使用时，常常使用样本的总计数 $X = \sum_{i=1}^{n} x_i$，将样本均值和均值的标准差改写，得到

$$\sigma_{\overline{x}} = \sqrt{\frac{\overline{x}}{n}} = \frac{\sqrt{X}}{n} \tag{2-90}$$

则取枢轴量为

$$U = \frac{X/n - \lambda}{\sqrt{X}/n} \tag{2-91}$$

于是根据

$$P\left(\left| \frac{X/n - \lambda}{\sqrt{X}/n} \right| < u_{\alpha/2} \right) = 1 - \alpha \tag{2-92}$$

得到

$$(X - u_{\alpha/2} \cdot \sqrt{X}, X + u_{\alpha/2} \cdot \sqrt{X}) \tag{2-93}$$

对于二项分布和泊松分布来说，样本含量 $n = 30$ 是划分大样本和小样本的界限，将 30 作为判断条件，可将上述的检验函数编写为一个综合的函数，读者甚至可以通过设置一个分布类型参数，如 names，将泊松分布和二项分布的检验统一起来，更进一步地，甚至可以将所有的非正态分布的概率分布都整合成一个检验函数，其实现可参考 MATLAB 自带的 pdf 等通用函数（命令窗口下 edit pdf），这里不再给出函数实现。

第五节　非正态总体参数的区间估计

对于非正态总体，其抽样分布很难精确计算，也很难直接求得其置信区间，对这类问题，根据以下两种情况，讨论非正态总体参数的区间估计。

一、总体分布未知的总体参数的置信区间

设总体的均值为 μ，若总体的方差 σ^2 已知，则样本平均值 $\overline{x}$ 的数学期望和方差可计算得到，且分别为 μ 和 $\frac{\sigma^2}{n}$，根据切比雪夫不等式定理，可知

$$P\{|\overline{x} - E(\overline{x})| < \varepsilon\} = P\{|\overline{x} - \mu| < \varepsilon\} \geqslant 1 - \frac{\sigma^2}{n\varepsilon^2} \tag{2-94}$$

令 $\alpha = \frac{\sigma^2}{n\varepsilon^2}$，得到 $\varepsilon = \frac{\sigma}{\sqrt{n\alpha}}$，则存在

$$P\left\{ |\overline{x} - \mu| < \frac{\sigma}{\sqrt{n\alpha}} \right\} \geqslant 1 - \alpha \tag{2-95}$$

整理得到

$$P\left(\overline{x} - \frac{\sigma}{\sqrt{n\alpha}} < \mu < \overline{x} + \frac{\sigma}{\sqrt{n\alpha}} \right) \geqslant 1 - \alpha \tag{2-96}$$

即均值 μ 的 $1 - \alpha$ 置信区间为

$$\left(\overline{x} - \frac{\sigma}{\sqrt{n\alpha}}, \overline{x} + \frac{\sigma}{\sqrt{n\alpha}} \right) \tag{2-97}$$

或者写作

$$\overline{x} \pm \frac{\sigma}{\sqrt{n\alpha}} \tag{2-98}$$

二、大样本条件下总体均值的区间估计

设总体 X 的均值和方差分别为 μ 和 σ^2，从总体中抽取大样本 $x_1, x_2, \cdots, x_n$，则根据中心极限定律可知，样本的平均值 $\overline{x}$ 将服从如下的正态分布：

$$\overline{x} \sim N\left(\mu, \frac{\sigma^2}{n}\right) \tag{2-99}$$

将其进行标准化改写，得到

$$\frac{\overline{x} - \mu}{\sigma / \sqrt{n}} \sim N(0,1) \tag{2-100}$$

取枢轴量为

$$U = \frac{\overline{x} - \mu}{\sigma / \sqrt{n}} \tag{2-101}$$

则按照正态分布计算得到

$$P\left(\left|\frac{\overline{x} - \mu}{\sigma / \sqrt{n}}\right| < u_{\alpha/2}\right) = 1 - \alpha \tag{2-102}$$

整理为

$$P\left(\overline{x} - u_{\alpha/2}\frac{\sigma}{\sqrt{n}} < \mu < \overline{x} + u_{\alpha/2}\frac{\sigma}{\sqrt{n}}\right) = 1 - \alpha \tag{2-103}$$

当总体方差 σ^2 已知时，按照上述可直接写出 μ 的 $1-\alpha$ 置信区间。

当总体方差 σ^2 未知时，可使用样本的方差 S^2 代替 σ^2，则上述的标准化改为

$$\frac{\overline{x} - \mu}{S / \sqrt{n}} \sim t(n-1) \tag{2-104}$$

当样本足够大时，t 分布与正态分布近似，则可以使用正态分布代替 t 分布

$$\frac{\overline{x} - \mu}{S / \sqrt{n}} \sim t(n-1) \approx N(0,1) \tag{2-105}$$

此时取枢轴量为

$$U = \frac{\overline{x} - \mu}{S / \sqrt{n}} \tag{2-106}$$

对于给定的 α，仍然使用正态分布进行计算，则得到

$$P\left(\left|\frac{\overline{x} - \mu}{S / \sqrt{n}}\right| < u_{\alpha/2}\right) = 1 - \alpha \tag{2-107}$$

整理得到

$$P\left(\overline{x} - u_{\alpha/2}\frac{S}{\sqrt{n}} < \mu < \overline{x} + u_{\alpha/2}\frac{S}{\sqrt{n}}\right) = 1 - \alpha \tag{2-108}$$

则参数 μ 的 $1-\alpha$ 置信区间为

$$\left(\overline{x} - u_{\alpha/2}\frac{S}{\sqrt{n}}, \overline{x} + u_{\alpha/2}\frac{S}{\sqrt{n}}\right) \tag{2-109}$$

即

$$\overline{x} \pm u_{\alpha/2} \frac{S}{\sqrt{n}} \qquad (2\text{-}110)$$

例 15 某医疗设备厂生产手术缝合线，为检验其抗拉强度（单位：kg），取样 100 根，测得平均值为 $\overline{x} = 98$，已知样本标准差 $s = 8$，试求这种缝合线抗拉强度的 95% 置信区间。

解 样本容量 $n = 100$，可以看作大样本，且设定了 $\alpha = 0.05$，则查表或计算，得到 $u_{\alpha/2} = 1.96$，则置信区间为

$$\overline{x} \pm u_{\alpha/2} \frac{s}{\sqrt{n}} = 98 \pm 1.96 \times \frac{8}{\sqrt{100}} = 98 \pm 1.568$$

即（96.432，99.568）。

习 题

1. 设总体 X 具有分布律如表 X2-1 所示。

表 X2-1 分布律

X	1	2	3
p_k	θ^2	$2\theta(1-\theta)$	$(1-\theta)^2$

其中，$\theta(0 < \theta < 1)$ 为未知参数，已取得的样本值 $x_1 = 1, x_2 = 2, x_3 = 1$，试求 θ 的矩估计值与最大似然估计值。

2. 某试验器材的寿命 T（单位：h）服从双参数指数分布，概率密度为

$$f(t) = \begin{cases} \dfrac{1}{\theta} \mathrm{e}^{-\frac{(t-c)}{\theta}}, & t \geq c \\ 0. & \text{其他} \end{cases}$$

其中，$c, \theta(c, \theta > 0)$ 为未知参数，若对该类器材随机取 n 件测试寿命，则失效时间依次为 $x_1 \leq x_2 \leq \cdots \leq x_n$，试求参数 c, θ 的矩估计与最大似然估计。

3. 下述 MATLAB 代码生成了服从正态分布的 16 个数据，试根据此数据估计总体 μ 的置信水平为 0.95 的置信区间。

```
x = normrnd(500,20,1,16);
fprintf('%.1f,',x);
fprintf('\b\n');
```

4. 下述 MATLAB 代码分别生成了服从正态分布的 X 数据和 Y 数据，试根据此数据估计总体 $\mu_1 - \mu_2$ 的置信水平为 0.95 的置信区间。

```
x = normrnd(500,20,1,20);
fprintf('%.1f,',x);fprintf('|'\b\n');
y = normrnd(480,18,1,20);
fprintf('%.1f,',y);fprintf('\b\n');
```

5. 利用题 4 中的数据，对两总体的 σ_1^2 / σ_2^2 的置信水平为 0.95 的置信区间进行估计。

6. 利用本书中的函数，试形成二项分布与泊松分布的临界值表。

第三章　假设检验

第一节　基本思想与实现

在生物科学研究中，尤其是通过小样本进行的科学研究，常常会得到对事物总体特征的把握。通过样本研究总体，一般有两种途径：一种是通过样本对总体的参数进行估计，这已在第二章中进行了详细介绍；另一种则是先对总体做出某种假设（预设的结论），然后通过样本检验该假设是否可被接受，即假设检验。本章，我们将学习这方面的内容。

一、如何理解假设检验

假设检验，顾名思义，即先做出假设，然后进行检验。由此可知，假设检验是一个做出决策的过程。实际上，在研究某总体时，尤其是在总体的分布函数未知，或者只知道它的表达形式，但不知其参数值的情况下，为了推断总体的某些未知属性，常常对总体提出某些假设。例如，在甲壳动物免疫系统的研究中，常常需要对试验用的动物（如斑马鱼等）进行各种免疫指标的测定，若对满足正态分布的某属性提出其数学期望等于 μ_0 的假设，则我们就需要通过样本检验该假设是不是可被接受。

假设检验其实也常常出现在我们的日常生活中，只是很多人未曾仔细思考过。例如，单位里来了一位新同事，或者班级里来了一位新同学，初次接触，我们常常会认为该同事或者同学可能是一位不错的人，但随着时间的推移，这位新同事或者同学的所作所为，常常让我们感到不喜欢或者鄙视，则我们会慢慢地认识到这个同事或同学为人不好。

细细思考这个认知的转变过程，其实可以提炼为：初接触认为很好，经过共事发现不好，于是对原来的认知进行了否定。这其实就是一个假设检验的过程，首先对要研究的事物做出一个假设（该同事或同学人很好），然后通过样本（与该同事或同学相处一段时间）对假设做出检验，得到对假设的肯定（为人很好是真的）或否定（为人很好是假的）。

把这个过程一般化，则得到假设检验的基本思路：首先对所研究的总体（一个或多个）做出某个假设，然后通过样本按照某种准则对假设进行检验，最后做出接受或拒绝该假设的决定。

二、零假设与备择假设

在假设检验的过程中，对研究总体做出的假设，称为原假设，或者零假设，它是我们进行检验的基础，常常用 H_0 表示。零假设的设定，不能随心所欲，必须结合所研究的问题做出。此外，做出零假设时，还需要结合如下几个方面：①文献中的试验结果，或者以往的实践经验；②既有的某种理论或者建立的某种模型；③预先确定的规定或者要求。

在假设检验的过程中，接受零假设是一种选择，拒绝零假设也是一种选择，接受零假设无须再考虑其他，但拒绝零假设后，该如何选择呢？为了能够在拒绝零假设后有所选择，在具体实施假设检验时，我们还会提供另一个选择，即备择假设。

备择假设，即准备好的可供选择的另一种假设，它是与零假设对应的假设，是拒绝零假设之后的一个选择出口，常常用 H_1 表示，也有些教材用 H_A 表示，因为其英文表达为"alternative hypothesis"。

备择假设也需要根据实际情况做出，它是总体参数去除零假设之外的某些值。例如，在甲壳动物免疫系统指标受迫变化的研究中，试验前，对试验动物（如斑马鱼）的体重有一定的要求，如必须满足 $\mu = \mu_0$，这可作为零假设予以提出。确定备择假设时，则需要根据实际情况而定，如养殖 10 天可满足 $\mu = \mu_0$，但试验人员在饲养的第 8 天就想进行试验，一般来讲，此时试验动物的体重是达不到 μ_0 的，据此可设定备择假设为 $\mu < \mu_0$；若饲养时间已经 12 天，则一般来讲，此时试验动物的体重很有可能超过了 μ_0，据此可设定备择假设为 $\mu > \mu_0$；若恰好饲养了 10 天，此时不知道满足 $\mu = \mu_0$ 与否，若想验证一下 $\mu = \mu_0$，则备择假设可设定为 $\mu \neq \mu_0$。

一般来说，准备备择假设时，还需要要考虑以下几个方面：①零假设以外所有可能的值；②研究人员期望得到的值；③研究人员担心出现的值；④有重要意义的值。

在甲壳动物免疫系统的研究中，若考察试验动物体重是否达到 μ_0，则假设检验的一般写法是

$$H_0 : \mu = \mu_0; \quad H_1 : \mu \neq \mu_0 \tag{3-1}$$

或者

$$H_0 : \mu = \mu_0; \quad H_1 : \mu > \mu_0 \tag{3-2}$$

或者

$$H_0 : \mu = \mu_0; \quad H_1 : \mu < \mu_0 \tag{3-3}$$

三、假设检验的实现原理

为了更加清楚地解释假设检验的实现原理，我们先引入一个实例。

某生物科学试验需要的试剂量平均为 0.5mg，本次试验计划从新生产厂商购买试剂，从产品说明书已知，该试剂标准差为 0.015mg。为检验该批试剂是否可用于试验，对供应商提供的 9 只试剂进行了测定，测定表明其平均含量为 0.511mg，问该批试剂是否可用于试验？

从这个例子可以看出，若试剂的剂量值平均为 0.5mg，则满足试验的要求，可以用于试验研究，反之则不能。以 μ, σ 分别表示试剂含量总体 X 的均值和标准差，当试剂生产厂家的产品质量稳定时，试剂含量服从正态分布，即 $X \sim N(\mu, \sigma)$，其中 $\sigma = 0.015$。这里 μ 是未知值，现在的问题是，要根据厂家提供样本的测定值来判断 $\mu = 0.5$ 还是 $\mu \neq 0.5$。

按照前面对假设检验的理解，我们提出了零假设与备择假设如下。

$H_0 : \mu = \mu_0 = 0.5$ 和 $H_1 : \mu \neq \mu_0$。

要对该假设进行判断，则需要利用样本数据，根据确定好的判断准则，做出决策。现在，问题已经提出来了，如何对这两个假设给出合理的判断，以做出正确的取舍呢？

在这个实例中，由于要检验的假设涉及总体均值 μ，因此我们首先想到的是能不能借助样本的均值 $\bar{X}$ 来进行判断。在第二章已经学过，样本均值 $\bar{X}$ 是总体均值 μ 的无偏估计量，$\bar{X}$ 的观测值 $\bar{x}$ 在某种程度上能反映总体 μ 的大小。在零假设为真的前提下，样本观测值 $\bar{x}$ 与总体均值 μ 的差异值 $|\bar{x} - \mu|$ 应该不会太大，如果差异值 $|\bar{x} - \mu|$ 太大，我们就认为零假设 H_0 的正确性有问题，就会拒绝接受 H_0。

那么，如何判断差异值 $|\bar{x} - \mu|$ 是不是太大呢？

要考查两个数据的差异值的大小程度，是一个很难判断的问题，但是，如果通过适当的变形，将两个数据差异大小的判断，转变为某种概率的判断，则会很容易实现判断。前已讲明，若 $|\bar{x} - \mu|$ 过大，则说明零假设有问题，"过大"是一个模糊的概念，要将其明确化，则可以设定为：若 $|\bar{x} - \mu|$ 大于某个限定的 k 值，我们就认为 $|\bar{x} - \mu|$ 过大。由此，差异 $|\bar{x} - \mu|$ 过大就可表达为 $|\bar{x} - \mu| \geqslant k$。

根据前面学过的内容，我们已经知道，在概率中，当 H_0 为真时，存在

$$\frac{|\bar{x} - \mu|}{\sigma / \sqrt{n}} \sim N(0,1) \tag{3-4}$$

很显然，整个式中含有 $|\bar{x} - \mu|$ 这部分表达式，我们试想，能不能将判断 $|\bar{x} - \mu| \geqslant k$ 与该式联系起来呢？答案是肯定的。既然 $|\bar{x} - \mu| \geqslant k$ 表示差异过大而拒绝 H_0，那么通过适当的改写，是可以将 $|\bar{x} - \mu|$ 与概率计算联系起来，从而实现这种判断，具体如下。

对于式

$$|\bar{x} - \mu| \geqslant k \tag{3-5}$$

不等号两边同时除以一个正数 $\sigma / \sqrt{n}$，则不等号不变方向，有

$$\frac{|\bar{x} - \mu|}{\sigma / \sqrt{n}} \geqslant \frac{k}{\sigma / \sqrt{n}} \tag{3-6}$$

这里的 $\dfrac{k}{\sigma / \sqrt{n}}$ 是一个未定的量，我们使用 k' 来表示，不影响使用，则有

$$\frac{|\bar{x} - \mu|}{\sigma / \sqrt{n}} \geqslant \frac{k}{\sigma / \sqrt{n}} = k' \tag{3-7}$$

直接使用 k 来替换 k'，也不会影响使用与理解，则表达差异值过大的 $|\bar{x} - \mu| \geqslant k$，可通过

$$\frac{|\bar{x} - \mu|}{\sigma / \sqrt{n}} \geqslant k \tag{3-8}$$

来描述与判断。

现在，判断 $|\bar{x} - \mu|$ 过大的问题，已经转化为判断 $\dfrac{|\bar{x} - \mu|}{\sigma / \sqrt{n}}$ 是否大于 k 的问题。前已知道，$\dfrac{|\bar{x} - \mu|}{\sigma / \sqrt{n}}$ 服从标准正态分布，选取适当的正数 k，则当观测 $\bar{x}$ 值满足 $\dfrac{|\bar{x} - \mu|}{\sigma / \sqrt{n}} \geqslant k$ 时，就表示差异值 $|\bar{x} - \mu|$ 过大，就拒绝 H_0；反之，若 $\dfrac{|\bar{x} - \mu|}{\sigma / \sqrt{n}} < k$，就认为差异值 $|\bar{x} - \mu|$ 不大，就接受 H_0。

在上述决策的过程中，$\bar{x}$ 是源自样本的数据，具有不恒定性，实际上，当 H_0 为真时，仍有可能做出拒绝 H_0 的判断，这种可能性因样本的本质属性而无法消除，这种拒绝是一种错误，在无法消除这种错误的前提下，只能控制它发生的概率。我们当然希望这种概率越小越好，如对于给定的小正数 α $(0 < \alpha < 1)$，使这种概率不超过 α，则有

$$P\left\{ \left| \frac{\bar{x} - \mu}{\sigma / \sqrt{n}} \right| \geqslant k \right\} \leqslant \alpha \tag{3-9}$$

为确定常数 k，上述不等式取等号，则有

$$P\left\{ \left| \frac{\bar{x} - \mu}{\sigma / \sqrt{n}} \right| \geqslant k \right\} = \alpha \tag{3-10}$$

因为当 H_0 为真时，

$$U = \frac{|\bar{x} - \mu_0|}{\sigma / \sqrt{n}} \qquad (3-11)$$

则据标准正态分布分位点的定义，可知当 $k = u_{\alpha/2}$ 时，差异值 $|\bar{x} - \mu|$ 过大而拒绝 H_0。

上面采用的检验原则是符合实际推断原理的，在推断中预先设定的小正数 α 也常常取特定的值。在生物学中，α 的取值多为 0.1，0.05，0.01，0.005 等，它表征了差异过大的概率，又称为显著性水平，或者检验水平，它的大小要根据实际情况确定。在规定显著性水平时，对于试验条件不易控制，或者容易产生较大误差的试验，如生化试验等，显著性水平可以取得大一些，如取值为 0.1；而对于容易产生严重后果的一些试验，如药物研究中的毒理性试验，则需要控制得严格一些，如设定取值为 0.01；对于与人有关的临床药物试验，则要控制得更加严格。

四、小概率原理

小概率原理的基本思想是：小概率事件在一次试验中几乎是不会发生的。若根据一定的假设条件，计算出某事件发生的概率很小，但在一次试验中该事件竟然发生了，我们就认为假设条件有问题，从而不认可假设条件而予以拒绝。

对于小概率原理的理解，我们需要从两个方面把握，一是小概率事件是能够发生的，这里的"几乎不会发生"即指明小概率事件存在发生的可能，我们不能将它理解为"肯定不会发生"。二是小概率事件虽然可以发生，但由于发生的可能性很小，因此在一次试验中它是不应该发生的，或者说只进行了一次试验就发生了小概率事件，这是不正常的。

小概率原理是进行假设检验的评判准则，当我们用样本中得到的数据进行计算时，若得到的概率值很小，如小于给定的检验水平 α，而这个概率居然在一次试验采样中就遇到了，我们就认为计算该概率的假设条件不正确，即零假设被拒绝。

五、两种错误

由于检验结论是根据样本做出的，这就有可能做出错误的决策。正如前面所讲，当零假设 H_0 为真时，仍有可能出现拒绝 H_0 的情况，这实际上是错误的，这类错误称为第 I 类错误，也叫作"弃真"错误。这类错误的产生，主要是由于采样的随机性，致使部分均值 $\bar{x}$ 出现在分布的尾区（即落在拒绝域内），一旦抽到了这样的样本，根据小概率原理，将做出上述错误的决策。可以肯定，这类错误的犯错概率不会大于设定的显著性水平 α。即

$$P\{\text{I 型错误}\} = P\{\text{拒绝} H_0 \mid H_0 \text{为真时}, \mu = \mu_0\} \leqslant \alpha \qquad (3-12)$$

另一种则是当零假设 H_0 为假时，仍有可能出现接受 H_0 的情况，这实际上也是错误的，我们称这类错误为第 II 类错误，也叫作"取伪"错误。和第一类错误产生的原因类似，这类错误也是源于样本的随机性，当 μ 事实上不等于 μ_0 而等于另外的 μ_1 时，样本均值 $\bar{x}$ 仍有可能落在检验的接受域内，根据检验原理接受 H_0 时，实际上接受的是 $\mu = \mu_0$，而不是本质上的 $\mu = \mu_1$。这类错误的犯错概率，与均值 μ 的真值 μ_1 的分布有关。即

$$P\{\text{II 型错误}\} = P\{\text{接受} H_0 \mid H_0 \text{为假时}, \mu = \mu_1\} = \beta \qquad (3-13)$$

图 3-1 给出了两类错误的示意图。

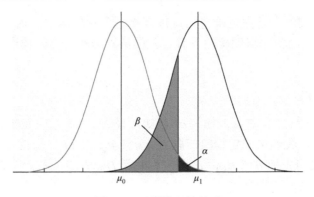

图 3-1 两类错误的关系

从图 3-1 可以看出两类错误之间的关系：① μ_1 越接近 μ_0，犯第 II 类错误的概率越大；μ_1 越远离 μ_0，犯第 II 类错误的概率越小，可见犯第 II 类错误的概率 β 与 μ_1 紧密相关。②在样本含量和 μ 不变时，要降低犯第 I 类错误的概率 α，可以将 α 和 β 的分界线（即分位点）右移，但这会造成犯第 II 类错误概率 β 的增加，反之亦然。③要想同时降低两类错误的概率，无非就是尽可能分开 μ_0 和 μ_1，这可以通过增加样本含量来实现。

在进行假设检验时，要尽可能地减少犯上述两类错误的概率，但一般来说，当样本取定后，两类错误关系也就确定了，在具体试验时，要考虑这两类错误中，哪一类错误对试验结果的影响更严重。一般来说，α 不宜定得过于严格，因为在试验条件不变的情况下，α 取值太小，则必然增加第 II 类错误发生的概率 β。

常见的使用方法是在给定样本容量的情况下，控制犯第 I 类错误的概率，使之不大于给定的 α，像这种只控制犯第 I 类错误概率，而对犯第 II 类错误概率不予考虑的检验，称为显著性检验。

六、单边检验与双边检验

在介绍假设检验基本原理时，我们讨论了形如 $H_1: \mu \neq \mu_0$ 的备择假设的具体计算，这里的 H_1 表示 μ 可能大于 μ_0，也可能小于 μ_0，像这样的备择假设称为双边备择假设，而具有 $H_0: \mu = \mu_0$；$H_1: \mu \neq \mu_0$ 这样的假设检验称为双边假设检验。

有时候，我们只关心总体均值是不是增大，在这种情况下，则需要检验假设 $H_0: \mu \leqslant \mu_0$；$H_1: \mu > \mu_0$，像这样的假设，称为右边检验或者右侧检验。类似的，若需要检验 $H_0: \mu \geqslant \mu_0$；$H_1: \mu < \mu_0$ 这样的假设，则称为左边检验或者左侧检验。从概率分布尾区所处位置上看，右边检验又称为上尾检验，而左边检验又称下尾检验，右边检验和左边检验统称为单边检验。

在进行检验时，究竟选择做双边检验，还是做单边检验，要根据问题的要求和所做的假设进行选择，假如问题只是要求判断 μ 是否等于 μ_0，并不需要确定 μ 究竟是大于 μ_0 还是小于 μ_0 时，应该做双侧检验。如果根据实际情况能够提前判断 μ 不可能大于 μ_0，或者 μ 不可能小于 μ_0，则可以做单侧检验。

用不同的方法检验相同的数据，可能得到不同的结论。做单侧检验时，有可能是拒绝 H_0，而做双侧检验时，则有可能是接受 H_0。对这种结论相悖的情况，可以这样理解：当我们选择做单侧检验时，本质上已经利用了"另一侧是不可能的"这一条件，和双侧检验相比，"不可能的"那一侧的信息实际上是完全确定的，没有丝毫含糊的地方，这客观上提高了单侧检验的辨别力。因此，单侧检验比双侧检验具有更强的辨别力和更高的检出性，在可能的情况下，应该尽量做单侧检验。

七、单边检验的拒绝域

设总体 $X \sim N(\mu, \sigma^2)$，其中 μ 未知，σ^2 已知，设 $X_1, X_2, \cdots, X_n$ 是来自总体 X 的样本。在给定显著性水平 α 后，我们来确定检验问题 $H_0: \mu \leqslant \mu_0$; $H_1: \mu > \mu_0$ 的拒绝域。

在确定之前，我们先把 $\mu \leqslant \mu_0$、μ_0 和 $\mu > \mu_0$ 及 H_0, H_1 的关系弄明白，如图 3-2 所示，图 3-2 给出了上述问题的对应情况。

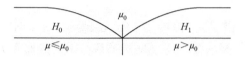

图 3-2　确定拒绝域

可以看出，因为 H_0 中的全部 μ 都要比 H_1 中的 μ 小，所以当 H_1 为真时，若抽取一个样本，则样本的观察值 $\bar{x}$ 往往会偏大些。因此，拒绝域可写成 $\bar{x} \geqslant k$ (k 是某一正常数)。对于常数 k，和双边检验一样，我们认为，若 $\bar{x}$ 过大，我们就认为 H_0 不正常而被拒绝。即存在

$$P\{\text{当} H_0 \text{为真时拒绝} H_0\} = P\{\bar{X} \geqslant k\}$$

$$= P\left\{\frac{\bar{X} - \mu_0}{\sigma / \sqrt{n}} \geqslant \frac{k - \mu_0}{\sigma / \sqrt{n}}\right\} \tag{3-14}$$

这样，就将拒绝 H_0 表达为满足某一事件的概率表达式。

当 H_0 为真时，即若存在 $\mu \leqslant \mu_0$ 时，则由此出发，可以得到

$$\mu < \mu_0 \Rightarrow \bar{X} - \mu \geqslant \bar{X} - \mu_0$$

$$\Rightarrow \frac{\bar{X} - \mu}{\sigma / \sqrt{n}} \geqslant \frac{\bar{X} - \mu_0}{\sigma / \sqrt{n}} \tag{3-15}$$

由此可知

$$\left.\begin{array}{c} \overbrace{\dfrac{\bar{X} - \mu}{\sigma / \sqrt{n}} \geqslant \dfrac{\bar{X} - \mu_0}{\sigma / \sqrt{n}}}^{\mu < \mu_0} \\[4mm] \underbrace{\dfrac{\bar{X} - \mu_0}{\sigma / \sqrt{n}} \geqslant \dfrac{k - \mu_0}{\sigma / \sqrt{n}}}_{\bar{X} \geqslant k} \end{array}\right\} \dfrac{\bar{X} - \mu}{\sigma / \sqrt{n}} \geqslant \dfrac{\bar{X} - \mu_0}{\sigma / \sqrt{n}} \geqslant \dfrac{k - \mu_0}{\sigma / \sqrt{n}} \tag{3-16}$$

则概率事件之间的包含关系存在

$$\left\{\frac{\bar{X} - \mu_0}{\sigma / \sqrt{n}} \geqslant \frac{k - \mu_0}{\sigma / \sqrt{n}}\right\} \subset \left\{\frac{\bar{X} - \mu}{\sigma / \sqrt{n}} \geqslant \frac{k - \mu_0}{\sigma / \sqrt{n}}\right\} \tag{3-17}$$

因此，要让 $P\{\text{当} H_0 \text{为真时拒绝} H_0\} \leqslant \alpha$，只需要满足

$$P\left\{\frac{\bar{X} - \mu}{\sigma / \sqrt{n}} \geqslant \frac{k - \mu_0}{\sigma / \sqrt{n}}\right\} = \alpha \tag{3-18}$$

即可。这里,我们又一次用到 $\frac{\overline{X}-\mu}{\sigma/\sqrt{n}}\sim N(0,1)$,根据正态分布的分位点的定义,结合图 3-3,则得到

$$\frac{k-\mu_0}{\sigma/\sqrt{n}}=u_\alpha \tag{3-19}$$

即

$$k=\mu_0+u_\alpha\frac{\sigma}{\sqrt{n}} \tag{3-20}$$

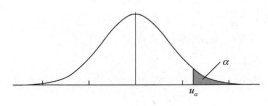

图 3-3 分位点

可知拒绝域为

$$\overline{x}\geqslant \mu_0+u_\alpha\frac{\sigma}{\sqrt{n}} \tag{3-21}$$

类似的,可得到左侧检验的拒绝区域,不再赘述。

八、步骤

前面我们讨论了假设检验的基本内容,下面以一道例题来说明假设检验的一般步骤。

例 1 天然牛奶的冰点温度通常近似服从正态分布 $t\sim N(\mu,\sigma^2)$,其中, $\mu=-0.545℃$, $\sigma=0.008℃$ 。掺水后,其冰点温度会升高到水的冰点温度(0℃)。为了判断某批次牛奶中是否掺水,随机抽取 5 个样本,测定冰点温度,其均值为 $\overline{t}=-0.535℃$,若取 $\alpha=0.05$,判断该批次牛奶中是否掺水。

解 从题目中可知,样本取自正态总体。 (1)

若冰点小于$-0.545℃$,则说明牛奶未掺水,否则即认为牛奶已经掺水,根据题意,做出假设

$$H_0:\mu\leqslant\mu_0=-0.545 \tag{2}$$
$$H_1:\mu>\mu_0$$

这是右侧检验,根据已经给定的 $\alpha=0.05$,可知其拒绝域为 (3)

$$u=\frac{\overline{x}-\mu_0}{\frac{\sigma}{\sqrt{n}}}\geqslant u_{\alpha=0.05}=1.645 \tag{4}$$

将实际测定数据代入进行计算

$$u=\frac{\overline{x}-\mu_0}{\frac{\sigma}{\sqrt{n}}}=\frac{-0.535-(-0.545)}{\frac{0.008}{\sqrt{5}}}=2.7951 \tag{5}$$

比较可知

$$u \geqslant u_{0.05} \tag{6}$$

统计量 u 在拒绝域内。在实际应用中，计算出统计量 u 后，常常与给定的临界值作比较，书末附表 5 给出了可供查询的表。

上述的一次取样计算，就得到了比 0.05 还小的概率，属于小概率原理拒绝的范畴，故此拒绝 H_0，接受 H_1，即认为牛奶已经掺水。 (7)

在上述的例题中，包含了假设检验的基本步骤，其中具体的知识点，解释如下。

（1）假设检验一般是在正态总体这个前提下进行，虽然有些检验对此不严格要求，但还有部分检验（如方差齐性等）则需要取样的总体严格满足正态性。一般地，考察总体的正态性，是假设检验的第一步。

（2）根据实际问题的要求，提出零假设 H_0 与备择假设 H_1。

（3）给定显著性水平 α。

（4）确定检验使用的统计量形式，并根据给定的 α，确定拒绝域。

（5）根据抽取的样本值，计算实际统计量值。

（6）做出决策。

（7）对决策进行解释与分析。

第二节　参数假设检验

一、单一正态总体参数的假设检验

单一正态总体参数的假设检验，包括均值和方差检验两部分，因为对于正态总体，描述分布时，只需要均值和方差两个参数。

（一）单一正态总体均值的检验

根据正态总体标准差 σ 的已知或未知，对正态总体均值 μ 检验，分为两种情形。

1. 当 σ 已知时，使用 U 检验

因为总体的标准差已知，所以可使用检验统计量 $u = \dfrac{\bar{x} - \mu_0}{\sigma/\sqrt{n}}$ 进行检验。具体的使用过程，已在上一节的原理介绍中进行了说明。由于使用的检验统计量记作 U，因此常常称为 U 检验。

2. 当 σ 未知时，使用 T 检验

在实际应用中遇到的总体，其标准差 σ 大多是不知道的，也就是说，上述理论可行的 U 检验实际上是很难直接使用的。对于 σ 未知这一问题的解决，有两种方法，一种是根据研究人员的经验，或者参阅相关的文献，直接估算出一个 σ 值来，然后继续使用 U 检验。另一种方法则是不使用 U 检验，而是通过更换使用的统计量 U，改换成另外的 T 检验。考虑到实际中很难可靠地估算总体标准差 σ，所以更多地是使用 T 检验。下面对这种方法的拒绝域进行介绍。

设总体 $X \sim N(\mu, \sigma^2)$，其中 μ, σ^2 未知，在这种情况下，试对 $H_0: \mu = \mu_0, H_1: \mu \neq \mu_0$ 进行检验。

设 $X_1, X_2, \cdots, X_n$ 是来自总体 X 的样本，由于 σ 未知，因此不能使用 $\dfrac{\bar{x} - \mu_0}{\sigma / \sqrt{n}}$ 来确定拒绝域。我们知道，样本方差 S^2 是总体 σ^2 的无偏估计，用 s 代替 σ，则用

$$t = \frac{\bar{x} - \mu_0}{s / \sqrt{n}} \tag{3-22}$$

作为检验统计量。

和使用 U 统计量检验类似，当使用 T 统计量时，若观察值 $|t| = \left| \dfrac{\bar{x} - \mu_0}{s / \sqrt{n}} \right|$ 过分大，就拒绝 H_0，拒绝的形式也类似地写为

$$P\{当 H_0 为真拒绝 H_0\} = P\left\{ \left| \frac{\bar{x} - \mu_0}{s / \sqrt{n}} \right| \geqslant k \right\} = \alpha \tag{3-23}$$

令 $k = t_{\alpha/2}(n-1)$，得到拒绝域为

$$|t| = \left| \frac{\bar{x} - \mu_0}{s / \sqrt{n}} \right| \geqslant t_{\alpha/2}(n-1) \tag{3-24}$$

像这样，利用 t 统计量进行均值检验的方法称为 t 检验法。

需要指出，虽然上述统计量的变换只是将 σ 替换为 s，从整个检验的步骤上看，T 检验和 U 检验也是相似的，但是它们的应用还是有一些不同的地方：当 T 检验的样本来源于标准差未知的正态总体，或者来源于近似正态分布的总体时，统计量 t 与建立 t 分布的密度函数条件一致，此时 t 统计量服从 t 分布。若抽取样本的总体不属于正态分布，当样本含量小于 3 时，t 统计量并不服从 t 分布，是不能使用 T 检验的。按照中心极限定理的要求，只有当样本足够大时，才近似服从正态分布，才可以使用 T 检验。因此，如果确信取得样本的总体不服从正态分布，则应用时，应该尽可能地取大容量的样本。

例 2　已知我国 14 岁女生的平均体重为 43.38kg，从该年龄段的女生中抽取 10 名运动员，测定体重（单位：kg）为 39，41，36，42，43，45，43，45，40，46，判断运动员的平均体重与 14 岁女生的平均体重差异是否显著？

解　（1）根据实际情况，判断满足条件：已知我国 14 岁女生的体重分布服从正态分布，且 σ 未知。

（2）做假设：

$$H_0 : \mu = \mu_0 (43.38\text{kg});$$
$$H_1 : \mu \neq \mu_0$$

对于备择假设，我们并不知道运动员体重与普通同龄女生体重的关系是普遍偏重还是偏轻，故设定为 $H_1 : \mu \neq \mu_0$。

（3）显著性水平：按照试验要求，设定为 $\alpha = 0.05$。

（4）统计量及计算：由于标准差 σ 未知，选用 t 统计量

$$t = \frac{\bar{x} - \mu_0}{s / \sqrt{n}}$$

具体计算如下：

$$\bar{x} = \frac{1}{n} \sum_{i=1}^{n} x_i = \frac{1}{10} \sum_{i=1}^{10} x_i = 42$$

$$s = \sqrt{\frac{1}{n-1}\sum_{i=1}^{n}\left(x_i - \overline{x}\right)^2} = 3.0912$$

则

$$t = \frac{\overline{x} - \mu_0}{s/\sqrt{n}} = \frac{42 - 43.38}{3.0912/\sqrt{10}} = -1.4117$$

（5）对于给定的显著性水平，可知 t 分布的临界值为 $t_{\alpha/2}(\mathrm{df}) = \pm 2.2622$，统计量 t 未超过临界值，说明运动员女生体重和普通女生体重没什么差别。

（二）单一正态总体方差的检验

对于单个总体，对参数方差进行检验，主要是用于考察数据的齐性。从方差的本质上讲，方差表达了数据偏离数据中心的平均程度，若测量数据的方差变小，则说明数据的波动变化幅度更小，新数据比原来更加整齐、更具齐性。因此，当涉及数据齐性方面的检验时，常常就是指方差的检验。

设总体 $X \sim N(\mu, \sigma^2)$，其中的参数 μ, σ^2 均为未知，设 $X_1, X_2, \cdots, X_n$ 是来自 X 的样本，则在显著性水平为 α 时，检验假设 $H_0 : \sigma^2 = \sigma_0^2, H_1 : \sigma^2 \neq \sigma_0^2$，其中的 σ_0^2 为已知常数。

我们知道，S^2 是 σ^2 的无偏估计，若 H_0 成立，则样本的观察值 s^2 与 σ_0^2 就应该比较接近，它们的比值 $\dfrac{s^2}{\sigma_0^2}$ 就应该在 1 附近波动变化，过于大于 1 或者过于小于 1，都被认为不合适。前已学过，当 H_0 成立时（为真），

$$\frac{(n-1)s^2}{\sigma_0^2} \sim \chi^2(n-1) \tag{3-25}$$

若取

$$\chi^2 = \frac{(n-1)s^2}{\sigma_0^2} \tag{3-26}$$

作为检验统计量，则上述检验问题中"被认为不合适"就转化为实际可操作的拒绝域，即具有如下形式：

$$\frac{(n-1)s^2}{\sigma_0^2} \leqslant k_1 \text{ 或 } \frac{(n-1)s^2}{\sigma_0^2} \geqslant k_2 \tag{3-27}$$

这里的 k_1 和 k_2 具体确定如下：

$$P\{当 H_0 成立时拒绝 H_0\} = P_{\sigma_0^2}\left\{\left(\frac{(n-1)s^2}{\sigma_0^2} \leqslant k_1\right) \bigcup \left(\frac{(n-1)s^2}{\sigma_0^2} \geqslant k_2\right)\right\} = \alpha \tag{3-28}$$

习惯上取

$$P_{\sigma_0^2}\left(\frac{(n-1)s^2}{\sigma_0^2} \leqslant k_1\right) = \frac{\alpha}{2} \tag{3-29}$$

和

$$P_{\sigma_0^2}\left(\frac{(n-1)s^2}{\sigma_0^2} \geqslant k_2\right) = \frac{\alpha}{2} \tag{3-30}$$

于是得到

$$k_1 = \chi_{1-\alpha/2}^2(n-1) \tag{3-31}$$

和

$$k_2 = \chi_{\alpha/2}^2(n-1) \tag{3-32}$$

则拒绝域分别为

$$\frac{(n-1)s^2}{\sigma_0^2} \leqslant \chi_{1-\alpha/2}^2(n-1) \tag{3-33}$$

和

$$\frac{(n-1)s^2}{\sigma_0^2} \geqslant \chi_{\alpha/2}^2(n-1) \tag{3-34}$$

对于单侧检验，可类似地得到其拒绝域。例如，左侧（下尾）检验问题

$$H_0: \sigma^2 \geqslant \sigma_0^2, H_1: \sigma^2 < \sigma_0^2 \tag{3-35}$$

其拒绝域为

$$\chi^2 = \frac{(n-1)s^2}{\sigma_0^2} \leqslant \chi_{1-\alpha}^2(n-1) \tag{3-36}$$

右侧（上尾）检验问题

$$H_0: \sigma^2 \leqslant \sigma_0^2, H_1: \sigma^2 > \sigma_0^2 \tag{3-37}$$

其拒绝域为

$$\chi^2 = \frac{(n-1)s^2}{\sigma_0^2} \geqslant \chi_{\alpha}^2(n-1) \tag{3-38}$$

例 3 某药厂生产的利巴韦林药片重量服从正态分布，方差为 0.25，为了监测生产质量的稳定性，某日从成品中，随机抽查 20 片，测得样本方差为 0.43，若设定显著性水平为 0.01，试检验该药的重量波动与平时有无显著性差异。

解 根据题目说明，可知研究总体满足正态性分布，符合检验的基本要求。做假设

$$H_0: \sigma^2 = 0.25, H_1: \sigma^2 \neq 0.25 \text{（双侧检验）}$$

已知 $\sigma_0^2 = 0.25, n = 20, s^2 = 0.43$，则 χ^2 统计量的值为

$$\chi^2 = \frac{(n-1)s^2}{\sigma_0^2} = \frac{(20-1) \times 0.43}{0.25} = 32.68$$

对于给定的显著性水平 $\alpha = 0.01$，本例中自由度 df $= n-1 = 19$，则双侧临界值为

$$\chi_{1-\alpha/2}^2(n-1) = \chi_{1-0.01/2}^2(19) = \chi_{0.995}^2(19) = 6.844$$

$$\chi_{\alpha/2}^2(n-1) = \chi_{0.01/2}^2(19) = \chi_{0.005}^2(19) = 38.582$$

因为统计量计算中满足 $6.844 < \chi^2 < 38.582$，$P > 0.01$，所以属于大概率事件，接受 H_0，认为和平时无异。

（三）单一正态总体 MATLAB 实现

单一正态总体的假设检验，主要涉及正态总体的均值和方差的检验。对于均值的检验，分为方差已知和未知两种情况，当方差已知时，使用 U 检验，当方差未知时，使用 T 检验。对于方差的检验，则可以使用卡方进行检验。

一般来说，根据掌握信息程度的不同，又可以分为单侧检验和双侧检验，单侧检验因为

具有更高的检测能力，所以在条件允许的前提下，尽可能的进行单侧检验。表 3-1 给出了单一正态总体参数检验的统计量表。

表 3-1　单一正态总体参数检验表

零假设 H_0	适用条件	备择假设 H_1	统计量与分布	H_0 的拒绝域
$\mu = \mu_0$	σ 已知	$\mu \neq \mu_0$	$U = \dfrac{\bar{X} - \mu_0}{\sigma / \sqrt{n}} \sim N(0,1)$	$\lvert U_0 \rvert \geqslant u_{\alpha/2}$
		$\mu > \mu_0$		$U_0 \geqslant u_{\alpha}$
		$\mu < \mu_0$		$U_0 \leqslant -u_{\alpha}$
	σ 未知	$\mu \neq \mu_0$	$T = \dfrac{\bar{X} - \mu_0}{S / \sqrt{n}} \sim t(n-1)$	$\lvert T_0 \rvert \geqslant t_{\alpha/2}(n-1)$
		$\mu > \mu_0$		$T_0 \geqslant t_{\alpha}(n-1)$
		$\mu < \mu_0$		$T_0 \leqslant -t_{\alpha}(n-1)$
$\sigma^2 = \sigma_0^2$		$\sigma^2 \neq \sigma_0^2$	$\chi^2 = \dfrac{(n-1)S^2}{\sigma_0^2} \sim \chi^2(n-1)$	$\chi_0^2 \geqslant \chi_{\alpha/2}^2(n-1)$,　or $\chi_0^2 \leqslant \chi_{1-\alpha/2}^2(n-1)$
		$\sigma^2 > \sigma_0^2$		$\chi_0^2 \geqslant \chi_{\alpha}^2(n-1)$
		$\sigma^2 < \sigma_0^2$		$\chi_0^2 \leqslant \chi_{1-\alpha}^2(n-1)$

为了方便使用，MATLAB 已经为用户准备好了这些常用的函数，如对于单一正态总体参数的检验，就有 ztest，ttest 函数和 vartest 等（表 3-2）。

表 3-2　适用于单一正态总体参数

适用于	函数名称	函数说明	调用格式
正态总体的参数检验	ztest	单样本均值的 z 检验	[h, p, ci, zval] = ztest (x, m, sigma, Name, Value)
	ttest	单样本均值 t 检验	[h, p, ci, stats] = ttest (x, m, Name, Value)
	vartest	单样本方差 χ^2 检验	[h, p, ci, stats] = vartest (x, v, Name, Value)

这里需要说明一点，MATLAB 提供的 ztest 函数，和表 3-1 中的统计量 U 似乎没什么关系，但实际上是一致的。在数理统计中，关于将变量标准化时使用哪一个字母来表达，未见统一，有些教材使用

$$U = \frac{\bar{X} - \mu_0}{\sigma / \sqrt{n}} \tag{3-11}$$

就如同表 3-1 中所示，据此，称之为 U 检验；有些教材使用

$$Z = \frac{\bar{X} - \mu_0}{\sigma / \sqrt{n}} \tag{3-39}$$

据此，则称之为 Z 检验。从 ztest 这个函数看，MATLAB 编写该函数时，使用的是 Z 检验这个名称，其使用格式如下：

[h，sig，ci，zval] = ztest (x，m，sigma，Name，Value)

输入参数中，sigma（σ）为标准差；m 为零假设均值；Names，Value 是名值对，用来指定检验类型，如双尾检验或单边检验等，也可以指定检验水平等。输出变量中，h 指示检验

结论：如果 $h = 0$，则接受；如果 $h = 1$，则拒绝而接受备择假设；p 是统计概率值；ci 为置信区间；zval 为非负标量值。

例如，某车间进行葡萄糖包装，包袋的重量是随机变量，服从正态分布。当机器正常时，其均值为 0.5kg，标准差为 0.015kg。某日开工后，为检查机器是否正常，随机取出 9 袋，如下（单位：kg）：0.497，0.506，0.518，0.524，0.511，0.498，0.520，0.515，0.512，据此考虑机器是不是正常。

这里，已经确定的数据信息有：样本均值 0.5，$n = 9, \sigma = 0.015$，以及正态分布。使用 ztest 函数，如下：

```
x = [0.497,0.506,0.518,0.524,0.511,0.498,0.520,0.515,0.512];
m = 0.5;
sigma = 0.015;
H = ztest(x,m,sigma)
```

结果如下：

```
>>Untitled
H =
     1
>>
```

这里 ztest 函数返回 $H = 1$，表示差异显著，这是当总体方差已知时的用法，当方差未知时，则根据样本来估算方差，使用 T 统计量，即 ttest 函数。例如，某玉米单交种群平均穗重 $\mu_0 = 300$g，喷药管理后，随即摘取 9 颗测重（单位：g），分别为：308，305，311，298，315，300，321，294，320，问喷药前后的穗重是不是差异显著？

这里只提供了样本值和均值，并没有提供总体方差，试图 ttest 函数进行检验，如下：

```
x = [308,305,311,298,315,300,321,294,320];
m = 300;
H = ttest(x,m)
```

运行结果如下：

```
>>Untitled
H =
     1
>>
```

下面是关于 vartest 函数使用的例子，某混杂小麦品种，株高标准差 $\sigma^2 = 14$cm，经提纯后，随机抽取 10 株测高，得到（单位：cm）：90，105，101，95，100，101，105，93，97，考察提纯后株高是否整齐一些。这里给出的数据是样本值，方差，使用 vartest 如下：

```
x = [90,105,101,95,100,101,105,93,97];
v = 14^4;
[h,p,ci,stats] = vartest(x,v)
```

运行结果如下：

```
>>Untitled
h =
     1
p =
     5.2152e-12
ci =
     12.3312 99.1968
stats =
```

```
        chisqstat:0.0056
              df:8
>>
```

这里使用了多个返回值的调用形式，h 表明差异显著，p 是概率值，ci 是置信区间，stats 是统计参数。

为了提高读者的动手能力，建议按照前述的计算原理，重新实现自己的编程，下面是根据表 3-1 中的计算公式编写的通用代码，为了统一应用，使用了结构体作为参数，详细设置参源代码中的说明部分。

```
function S = OneNormPopuHypoTest(X,Param,MyAlpha,TestType)
% 函数名称:OneNormPopuHypoTest.M
% 实现功能:一个正态总体均值和方差的假设检验。
% 输入参数:本函数共有 4 个输入参数,含义如下:
%         :(1)X,欲处理的数据,样本数据.
%         :(2)Param,参数结构体,用来输入必要的零假设值.含 3 个元素,分别是:
%         :标志位,均值零假设,方差零假设.例如,{'U',32,4}表示进行 U 检验,
%         :且 miu0 = 32,sigma2 = 4;又如,{'T',22,0}表示进行 T 检验,且 miu0 = 22,
%         :这种情况不给出方差,但为了数据输入的统一,以 0 表示输入方差,
%         :方差为 0 实际也表示没有方差.再如{'C',0,9}表示进行卡方 Chi 检验,
%         :此时用不到均值,以 miu0 = 0 表示,sigma2 = 9。
%         :(3)MyAlpha,显著性水平,默认值:alpha = 0.05.
%         :(4)TestType,检验类型,以字符串表示,'up'指上尾检验,'low'指下尾检验,
%         :'bilat'指双边检验,默认双边检验.
% 参数释义:本函数默认 2 个输出参数,请修改:
%         :(1)H,接受与否指示器:取 1 表示接受备择假设;取 0 表示接受零假设.
%         :(2)S,检验的实际概率值,取 0 表示接受 0 假设,取 1 表示选备择假设.
% 参考资料:本函数所实现功能的更详细资料,请参阅参阅教材:
%         :(1)马寨璞,MATLAB 语言编程[M],北京:电子工业出版社,2017.
% 原始作者:马寨璞,wdwsjlxx@163.com.
% 创建时间:2016-03-11,16:16:31
% 原始版本:1.0
% 版权声明:未经作者许可,任何单位及个人不得以任何方式或理由对本代码进行
%         :网上传播、贩卖等.
% 实用样例:
%         X = [497,506,518,524,488,511,510,515,512];
%         Param = {'U',500,225};
%         MyAlpha = 0.01;
%         TestType = 'up';
%         OneNormPopuHypoTest(X,Param,MyAlpha,TestType)
% 又如
%         X = [54,67,68,78,70,66,67,65,69,70];
%         Param = {'T',72,0};
%         OneNormPopuHypoTest(X,Param)
%

if nargin<3||~isnumeric(MyAlpha)
    MyAlpha = 0.05;fprintf('检验水平:alpha = %5.3f\n',MyAlpha);
elseif isscalar(MyAlpha)
    Alphas = [0.1,0.05,0.025,0.01,0.001];
    chk = ismember(MyAlpha,Alphas);
    if~chk
        error('输入的 alpha 检验水平数据不符合习惯！');
```

```
        end
    else
        error('输入有误');
    end

    if nargin<4||isempty(TestType)
        TestType = 'bilat';%
    elseif ischar(TestType)
        types = {'up','low','bilat'};
        TestType = internal.stats.getParamVal(TestType,types,'TYPE');
    else
        error('TestType参数输入有误！');
    end

    X = X(:);n = length(X);
    if length(Param)~ = 3;
        error('检验参数输入有误,按照1行3列准备数据:标志位,均值,方差值');
    elseif strcmpi(Param{1},'U')%U-test
        miu0 = Param{2};sigma2 = Param{3};
        if sigma2< = 0
            error('输入的方差有误！');
        end
        u = (mean(X)-miu0)/sqrt(sigma2/n);
        switch TestType
    case'up'
        uCutOff = norminv(1-MyAlpha);
        PrintInfo(Param{1},miu0,sigma2,u,uCutOff);
        S = PrintUpInfo(u,uCutOff);
    case'low'
        uCutOff = norminv(MyAlpha);
        PrintInfo(Param{1},miu0,sigma2,u,uCutOff);
        S = PrintLowInfo(u,uCutOff);
    case'bilat'
        uLeft = norminv(MyAlpha/2);
        uRight = norminv(1-MyAlpha/2);
        PrintInfo(Param{1},miu0,sigma2,u,uLeft,uRight);
        S = PrintBilatInfo(u,uLeft,uRight);
    end
elseif strcmpi(Param{1},'T')%T-test
    miu0 = Param{2};
    t = (mean(X)-miu0)/sqrt(var(X)/n);
    df = n-1;
    switch TestType
        case'up'
            tCutOff = tinv(1-MyAlpha,df);
            PrintInfo(Param{1},miu0,Param{3},t,tCutOff);
            S = PrintUpInfo(t,tCutOff);
        case'low'
            tCutOff = tinv(MyAlpha,df);
            PrintInfo(Param{1},miu0,Param{3},t,tCutOff);
            S = PrintLowInfo(t,tCutOff);
        case'bilat'
```

```
            tLeft = tinv(MyAlpha/2,df);
            tRight = tinv(1-MyAlpha/2,df);
            PrintInfo(Param{1},miu0,Param{3},t,tLeft,tRight);
            S = PrintBilatInfo(t,tLeft,tRight);
    end
elseif strcmpi(Param{1},'C')%X2-test
    sigma2 = Param{3};
    if sigma2< = 0
        error('输入的方差有误! ');
    end
    kf = (n-1)*var(X)/sigma2;
    df = n-1;
    switch TestType
        case'up'
            chi2C = chi2inv(1-MyAlpha,df);
            PrintInfo(Param{1},Param{2},sigma2,kf,chi2C);
            S = PrintUpInfo(kf,chi2C);
        case'low'
            chi2C = chi2inv(MyAlpha,df);
            PrintInfo(Param{1},Param{2},sigma2,kf,chi2C);
            S = PrintLowInfo(kf,chi2C);
        case'bilat'
            chi2Left = chi2inv(MyAlpha/2,df);
            chi2Right = chi2inv(1-MyAlpha/2,df);
            PrintInfo(Param{1},Param{2},sigma2,kf,chi2Left,chi2Right);
            S = PrintBilatInfo(kf,chi2Left,chi2Right);
    end
end

    function S = PrintUpInfo(a,b)
    if a> = b
        S = 1;fprintf('判别结论:拒绝 H0,接受备择假设 H1!\n')
    else
        S = 0;fprintf('判别结论:接受 H0,不接受备择假设 H1!\n')
    end

    function S = PrintLowInfo(a,b)
    if a< = b,
        S = 1;fprintf('判别结论:拒绝 H0,接受备择假设 H1!\n');
    else
        S = 0;fprintf('判别结论:接受 H0,不接受备择假设 H1!\n');
    end

    function S = PrintBilatInfo(a,b,c)
    if a< = b||a> = c
        S = 1;fprintf('判别结论:拒绝 H0,接受备择假设 H1!\n')
    else
        S = 0;fprintf('判别结论:接受 H0,不接受备择假设 H1!\n')
    end

    function PrintInfo(Str,miu0,sigma2,vt,c1,c2)
    fprintf('本次计算输入的参数如下:\n')
```

```
fprintf('\t 检验标志:%s,零假设均值:%.2f,零假设方差:%.2f\n',...
    Str,miu0,sigma2);
fprintf('本次计算得到的参数如下:\n')
if nargin = = 5
    fprintf('\t 统计量:%.2f,分位数:%.2f\n',vt,c1);
end
if nargin = = 6
    fprintf('\t 统计量:%.2f,下分位数:%.2f,上分位数:%.2f\n',vt,c1,c2);
end
```

下面给出具体的使用例子，例如：

```
X = [497,506,518,524,488,511,510,515,512];
Param = {'U',500,225};
MyAlpha = 0.01;
TestType = 'up';
OneNormPopuHypoTest(X,Param,MyAlpha,TestType)    %<1>
OneNormPopuHypoTest(X,Param,MyAlpha)    %<2>
OneNormPopuHypoTest(X,Param)    %<3>
```

第一种格式中，所有的参数全部设定，因此按照设定参数进行检验，运行结果如下。

```
检验水平:alpha = 0.010
本次计算输入的参数如下:
    检验标志:U,零假设均值:500.00,零假设方差:225.00
本次计算得到的参数如下:
    统计量:1.80,分位数:2.33
判别结论:接受 H0,不接受备择假设 H1!
```

第二种格式中，使用了缺省的 TestType，即双边检验，其他参数则按照设定值进行检验，运行结果如下。

```
检验水平:alpha = 0.010
本次计算输入的参数如下:
    检验标志:U,零假设均值:500.00,零假设方差:225.00
本次计算得到的参数如下:
    统计量:1.80,下分位数:-2.58,上分位数:2.58
判别结论:接受 H0,不接受备择假设 H1!
```

第三种格式中，使用了缺省的 TestType 和显著性水平，即双边检验，且 $\alpha = 0.05$，运行结果如下。

```
检验水平:alpha = 0.050
本次计算输入的参数如下:
    检验标志:U,零假设均值:500.00,零假设方差:225.00
本次计算得到的参数如下:
    统计量:1.80,下分位数:-1.96,上分位数:1.96
判别结论:接受 H0,不接受备择假设 H1!
```

又如：

```
X = [54,67,68,78,70,66,67,65,69,70];
Param = {'T',72,0};
MyAlpha = 0.05;
y = OneNormPopuHypoTest(X,Param,MyAlpha)
```

再如：

```
X = [205 170 185 210 230 190];
Param = {'C',0,625};
y = OneNormPopuHypoTest(X,Param)
```

读者可自行上机试验查阅结果。

二、两个正态总体参数的假设检验

在进行单样本显著性检验时，常常需要在样本统计量与总体参数的零假设值之间进行比较，这就需要我们首先提出合理的参数假设值及对参数有意义的备择值。但在实际工作中，要做到这看似简单的提供合理值，也是不容易的，这就限制了单样本显著性检验的实际应用。

为了避免上述问题，在实际操作时，常常采用双样本的形式，即一个作为处理，一个作为对照，在处理和对照之间进行比较。这种比较涉及方方面面的检验，如检验两个分析方法之间的差异、两个处理结果之间的异同、物质属性的对比、实现过程的印证，等等。判断两个比较对象之间的差异是不是足够大，是不是大到难以用偶然性进行解释，从而认为它们之间存在必然的差异，判定两个样本源自不同总体。

（一）两个正态总体方差比的检验

设 $X_1, X_2, \cdots, X_m$ 是来自总体 $N(\mu_1, \sigma_1^2)$ 的样本，设 $Y_1, Y_2, \cdots, Y_n$ 是来自总体 $N(\mu_2, \sigma_2^2)$ 的样本，且两个样本独立。已经求得各自样本的方差为 s_1^2, s_2^2，若 μ_1, σ_1^2 和 μ_2, σ_2^2 未知。则对于如下的检验问题（给定显著性水平为 α）

$$H_0 : \sigma_1^2 \leqslant \sigma_2^2, \quad H_1 : \sigma_1^2 > \sigma_2^2 \tag{3-40}$$

当 H_0 为真时，σ_1^2 的无偏估计 $E(s_1^2)$ 与 σ_2^2 的无偏估计 $E(s_2^2)$ 满足 $E(s_1^2) \leqslant E(s_2^2)$；当 H_1 为真时，满足 $E(s_1^2) \geqslant E(s_2^2)$，即当 H_1 为真时，样本的方差观测值 s_1^2 / s_2^2 有偏大的趋势。和前述类似，当这种偏大的趋势过于大时，如达到一定的程度，更确切而言，大于某个 k 值，则我们就认为其不正常，故此得到拒绝域，表达为

$$s_1^2 / s_2^2 \geqslant k \tag{3-41}$$

对于常数 k 的确定，仍然和前述单一总体中的方差检验的思想类似，如下：

在 H_0 条件下，$\sigma_1^2 \leqslant \sigma_2^2$，即存在 $\dfrac{\sigma_1^2}{\sigma_2^2} \leqslant 1$。由此，

$$P\{当H_0为真时拒绝H_0\} = P\left\{ \frac{S_1^2}{S_2^2} \geqslant k \right\} \leqslant P\left\{ \frac{S_1^2 / S_2^2}{\sigma_1^2 / \sigma_2^2} \geqslant k \right\} = \alpha \tag{3-42}$$

考虑到

$$\frac{s_1^2 / s_2^2}{\sigma_1^2 / \sigma_2^2} \sim F(m-1, n-1) \tag{3-43}$$

则求得

$$k = F_\alpha(m-1, n-1) \tag{3-44}$$

则拒绝域为

$$F = \frac{s_1^2}{s_2^2} \geqslant F_\alpha(m-1, n-1) \tag{3-45}$$

这种方法，称为 F 检验法。

除了上述的检验问题，对于检验问题 $H_0 : \sigma_1^2 \geqslant \sigma_2^2$，$H_1 : \sigma_1^2 < \sigma_2^2$，其拒绝域可类似地得到，即

$$F = \frac{s_1^2}{s_2^2} \leqslant F_{1-\alpha}(m-1, n-1) \tag{3-46}$$

对于双边检验问题 $H_0 : \sigma_1^2 = \sigma_2^2$，$H_1 : \sigma_1^2 \neq \sigma_2^2$，则其拒绝域为

$$F = \frac{s_1^2}{s_2^2} \geqslant F_{\alpha/2}(m-1, n-1) \tag{3-47}$$

或者

$$F = \frac{s_1^2}{s_2^2} \leqslant F_{1-\alpha/2}(m-1, n-1) \tag{3-48}$$

对于方差比的检验，由于涉及两个总体的参数检验，且使用的是 F 检验统计量，因此有以下几点，在实际应用中值得注意。

（1）从统计量上看，统计量只涉及两个样本的方差，并未涉及两个总体的均值，因此在进行 F 检验时并不需要知道两个均值，它们的相等与否也没有影响。

（2）F 检验对总体的正态性要求很高，两个样本必须是从两个正态总体中独立抽取的随机样本。因此，在实际工作中，要进行 F 检验时，必须检测总体的正态性，确保正态性的满足。

（3）由于 F 分布具有 $F_{m,n,1-\alpha} = \dfrac{1}{F_{n,m,\alpha}}$ 性质，因此许多教材中都只给出了上尾检验的查表数据，这对于进行下尾检验的查表带来不便。因此，根据 F 分布的性质，当检验的问题属于下尾检验时，可首先比较两个样本的方差 $S_i^2 (i = 1, 2)$，将大方差值的作为第一自由度对应的变量，放在统计量 F 的分子位置；将小方差值的作为第二自由度对应的变量，放在统计量 F 的分母位置，这样就转化为上尾检验，方便查表与计算。当使用 MATLAB 等语言进行编程计算时，则不需要特意进行这样的考虑。

例 4 用两种不同配方的饵料饲喂同一品种鱼，试验结束后，测鱼的体重增长量（单位：g），结果如下。

A 饵料：130.5，128.9，133.8。B 饵料：147.2，149.3，150.2，151.4。

试比较两种饵料的增重方差是否相同。

解 （1）对于同一品种鱼，饲喂不同饵料，体重增长一般符合正态分布，满足方差检验的条件。

（2）做假设 $H_0 : \sigma_1^2 = \sigma_2^2$；$H_1 : \sigma_1^2 \neq \sigma_2^2$.

（3）确定显著性水平 $\alpha = 0.05$

（4）计算统计量。

先计算两组的方差，由样本可知，$n_1 = 3, n_2 = 4$，得到 $s_1^2 = 6.24$，$s_2^2 = 3.14$，则

$$F = \frac{s_1^2}{s_2^2} = \frac{6.243}{3.143} = 1.986$$

（5）确定临界值，计算可知：

$$F_\alpha(\mathrm{df}_1, \mathrm{df}_2) = \mathrm{finv}(1 - 0.05, 2, 3) = 9.5521$$

（6）判别：因为 $F = 1.987 < F_\alpha(\mathrm{df}_1, \mathrm{df}_2) = 9.5521$，故接受 H_0，拒绝 H_1。

（二）两个正态总体均值的检验

在生物统计学中，两正态总体的假设检验，主要包括均值差和方差比的检验，前面我们已经学习了方差比的检验，下面继续学习均值差显著性检验，这主要包括两个方面的内容，具体如下。

1. 当 σ_i 已知时，使用 U 检验

设 $X_1,X_2,\cdots,X_m$ 是来自总体 $N(\mu_1,\sigma_1^2)$ 的样本，设 $Y_1,Y_2,\cdots,Y_n$ 是来自总体 $N(\mu_2,\sigma_2^2)$ 的样本，且两个样本独立。若计算得到两个样本的均值分别为 $\overline{X},\overline{Y}$，计算得到的样本方差分别为 s_1^2,s_2^2，若 μ_1,μ_2 均为未知，σ_1^2，σ_2^2 已知，则对于检验问题

$$H_0:\mu_1=\mu_2, \quad H_1:\mu_1\neq\mu_2$$

可使用 U 统计量作为检验工具：

$$u=\frac{(\overline{x}_1-\overline{x}_2)-(\overline{\mu}_1-\overline{\mu}_2)}{\sqrt{\dfrac{\sigma_1^2}{n_1}+\dfrac{\sigma_2^2}{n_2}}} \tag{3-49}$$

和单一整体总体参数检验相类似，当 H_0 为真时，上述 $u\sim N(0,1)$，拒绝域可根据

$$P\left\{\left|\frac{(\overline{x}_1-\overline{x}_2)-(\overline{\mu}_1-\overline{\mu}_2)}{\sqrt{\dfrac{\sigma_1^2}{n_1}+\dfrac{\sigma_2^2}{n_2}}}\right|\geqslant k\right\}=\alpha \tag{3-50}$$

确定。根据双边检验，可得

$$k=u_{\alpha/2} \tag{3-51}$$

于是

$$u=\frac{|(\overline{x}_1-\overline{x}_2)-(\overline{\mu}_1-\overline{\mu}_2)|}{\sqrt{\dfrac{\sigma_1^2}{n_1}+\dfrac{\sigma_2^2}{n_2}}}\geqslant u_{\alpha/2} \tag{3-52}$$

2. σ_i 未知

当 σ_i 未知时，分两种情况讨论，一种是虽然未知其值，但知道其相等，这种情况下，可使用成组 T 检验。另一种情形是未知其值，也知道两个标准差不相等，在这种情况下，可采用 Aspin-Welch 检验，我们称之为修订版的 T 检验。和成组 T 检验稍显不同的是，Aspin-Welch 检验需要对 T 检验的自由度做一些修订，统计量表达式也有所不同。

用成组 T 检验法检验具有相同方差的两个正态总体均值差异的显著性，其基本做法如下，设 $X_1,X_2,\cdots,X_m$ 是来自总体 $N(\mu_1,\sigma^2)$ 的样本，设 $Y_1,Y_2,\cdots,Y_n$ 是来自总体 $N(\mu_2,\sigma^2)$ 的样本，且两个样本独立。这里请读者注意，两个总体的方差是一样的，都以 σ^2 来表达。若计算得到两个样本的均值分别为 $\overline{X},\overline{Y}$，计算得到的样本方差分别为 s_1^2,s_2^2，若 μ_1,μ_2,σ^2 均为未知，则对于检验问题

$$H_0:\mu_1=\mu_2, \quad H_1:\mu_1\neq\mu_2$$

可使用 t 统计量作为检验工具：

$$t = \frac{\overline{X} - \overline{Y} - (\mu_1 - \mu_2)}{S_w \sqrt{\dfrac{1}{m} + \dfrac{1}{n}}} \tag{3-53}$$

其中,

$$S_w^2 = \frac{(m-1)S_1^2 + (n-1)S_2^2}{m+n-2}, S_w = \sqrt{S_w^2} \tag{3-54}$$

和单一正态总体 T 检验类似,当 H_0 为真时,上述 $t \sim t(m+n-2)$,拒绝域可根据

$$P\left\{ \left| \frac{(\overline{x} - \overline{y}) - (\mu_1 - \mu_2)}{S_w \sqrt{\dfrac{1}{m} + \dfrac{1}{n}}} \right| \geqslant k \right\} = \alpha \tag{3-55}$$

确定。根据双边检验,可得

$$k = t_{\alpha/2}(m+n-2) \tag{3-56}$$

于是

$$|t| = \frac{\left| (\overline{x} - \overline{y}) - (\mu_1 - \mu_2) \right|}{S_w \sqrt{\dfrac{1}{m} + \dfrac{1}{n}}} \geqslant t_{\alpha/2}(m+n-2) \tag{3-57}$$

当进行单边检验时,针对上尾检验问题 $H_0 : \mu_1 \leqslant \mu_2, H_1 : \mu_1 > \mu_2$,可使用 $t \geqslant t_{\alpha/2}(m+n-2)$;针对下尾检验问题 $H_0 : \mu_1 \geqslant \mu_2$,$H_1 : \mu_1 < \mu_2$,可使用 $t \leqslant -t_{\alpha/2}(m+n-2)$。

例 5 为研究激素对肾组织切片耗氧的影响,取 2 种激素药物进行了试验,样本 1 取 9 例,样本 2 取 6 例,且两样本数据测定如下:$\overline{x}_1 = 27.92, s_1^2 = 8.673$;$\overline{x}_2 = 25.11, s_2^2 = 1.843$。试确定两种药物对耗氧影响差异是否显著。

解 因为总体的方差未知,其相同与否未定,故第一步,做方差齐性检验

$$H_0 : \sigma_1 = \sigma_2, \quad H : \sigma_1 \neq \sigma_2$$

设定 $\alpha = 0.05$,则

$$F_{8,5} = \frac{s_1^2}{s_2^2} = \frac{8.673}{1.843} = 4.71$$

已知 $F_{8,5,0.025} = 6.757$,可知 $F < F_{\alpha/2}$,故接受零假设,即 $\sigma_1 = \sigma_2$。

需要说明的是,从数值上看,$s_1^2 / s_2^2 = 4.71$,也即 $s_1^2 = 4.71 s_2^2$,两个方差根本就不可能相等,但检验的结论却是 $\sigma_1 = \sigma_2$。因此,此处所说的标准差相等,并不是指具体数值上的相等,而是从数据离散程度的意义上体现的相等。在满足了方差相等这一条件后,可进行第二步的检验:

$$H_0 : \mu_1 = \mu_2, \quad H : \mu_1 \neq \mu_2$$

设定 $\alpha = 0.05$,则

$$t_{n_1+n_2-2} = \frac{(\overline{x}_1 - \overline{x}_2) - (\overline{\mu}_1 - \overline{\mu}_2)}{\sqrt{\dfrac{(n_1-1)s_1^2 + (n_2-1)s_2^2}{n_1+n_2-2} \left(\dfrac{1}{n_1} + \dfrac{1}{n_2} \right)}} = \frac{27.92 - 25.11}{\sqrt{\dfrac{69.384 + 9.215}{13} \left(\dfrac{1}{9} + \dfrac{1}{6} \right)}} = 2.168$$

已知 $t_\alpha = 2.160$,$t > t_\alpha$,可知在 $\alpha = 0.05$ 水平上,两种激素药物对肾组织切片耗氧的影响刚刚达到显著。

由于均值差的检验与总体方差是否相等相关联,因此在进行均值差的检验前,必须首先明确两总体方差的情况,上述是当两正态总体方差未知但相等时的检验。通过例 5,我们已

经知道，在进行均值差检验前，需要首先进行方差的检验，若确定 $\sigma_1^2 \neq \sigma_2^2$ 存在，则可以采用 Aspin-Welch 检验。

进行 Aspin-Welch 检验时，使用的统计量与对应的自由度分别为

$$t_{df} = \frac{\overline{x}_1 - \overline{x}_2}{\sqrt{\dfrac{s_1^2}{n_1} + \dfrac{s_2^2}{n_2}}} \tag{3-58}$$

$$df = \frac{1}{\dfrac{k^2}{df_1} + \dfrac{(1-k)^2}{df_2}} \tag{3-59}$$

其中，

$$k = \frac{s_1^2 / n_1}{s_1^2 / n_1 + s_2^2 / n_2} \tag{3-60}$$

例6 某医生对 30～45 岁的 10 名男性肺癌患者和 50 名健康男性进行研究，测得肺癌患者的研究指标均值为 6.21，方差为 3.204；健康人员的研究指标均值为 4.34，方差为 0.314，在 0.05 显著性水平下，患者与健康人员该项指标的差异是否显著？

解 本题主要是对两均值的差异显著进行检验，但由于不知道两总体的方差是否一致，故需要先进行方差齐性检验 $H_0 : \sigma_1^2 = \sigma_2^2 ; H_1 : \sigma_1^2 \neq \sigma_2^2$（双侧）。

已知 $n_1 = 10, n_2 = 50$，$s_1^2 = 3.204, s_2^2 = 0.314$，则 F 统计量为

$$F = \frac{s_1^2}{s_2^2} = \frac{3.204}{0.314} = 10.20$$

在 0.05 显著性水平下，计算 F 临界值，

$$F_{\alpha/2}(df_1, df_2) = \text{finv}(1 - 0.025, 9, 49) = 2.3866，$$

可知 $F > F_{\alpha/2}(df_1, df_2)$，拒绝 H_0，即肺癌患者与健康人员的指标方差不具齐性。

确定了两总体方差不等后，则需要使用 Aspin-Welch 方法进行均值的检验。做假设

$$H_0 : \mu_1 = \mu_2 ; H_1 : \mu_1 \neq \mu_2$$

已知 $\overline{x} = 6.21, \overline{y} = 4.34$，则近似统计量

$$t_{df} = \frac{\overline{x}_1 - \overline{x}_2}{\sqrt{\dfrac{s_1^2}{n_1} + \dfrac{s_2^2}{n_2}}} = \frac{6.21 - 4.34}{\sqrt{\dfrac{3.204}{10} + \dfrac{0.314}{50}}} = 3.27$$

$$k = \frac{s_1^2 / n_1}{s_1^2 / n_1 + s_2^2 / n_2} = \frac{3.204}{10} \Big/ \left(\frac{3.204}{10} + \frac{0.314}{50} \right) = 0.9808$$

$$df = \frac{1}{\dfrac{k^2}{df_1} + \dfrac{(1-k)^2}{df_2}} = \frac{1}{\dfrac{0.9808^2}{9} + \dfrac{(1-0.9808)^2}{49}} = 9.3552$$

$$t_{\alpha/2}(df) = \text{tinv}(1 - 0.025, 9.3552) = 2.2491$$

比较可知，$t_{df} > t_{\alpha/2}(df)$，故拒绝 H_0，接受 H_1，说明肺癌患者与健康人员在该研究指标上均值差异显著。

（三）两个正态总体检验的 MATLAB 实现

在涉及两正态总体参数的假设检验中，均值差的检验非常重要，对于零假设 $H_0 : \mu_1 = \mu_2$，

上述各检验方法均有 3 种备择假设，即：①若已知 μ_1 不可能小于 μ_2 时，$H_1:\mu_1>\mu_2$；②若已知 μ_1 不可能大于 μ_2 时，$H_1:\mu_1<\mu_2$；③若只想考察 μ_1 与 μ_2 是否相等时，$H_1:\mu_1\neq\mu_2$。

　　需要指出，当 σ_i 未知时，我们并不知道 σ_1 是否等于 σ_2，因此在进行均值的检验之前，实际上还需要进行标准差相等与否的 F 检验。基于上述内容，我们绘制如下的流程图 3-4，并给出实际的实现代码。综合起来，上述各项的检验方法列表如表 3-3 所示。

　　MATLAB 软件本身也提供了两正态总体参数假设检验的函数，如 ttest2 就实现了双样本均值差 t 检验，vartest2 则实现了两样本方差比的 F 检验。下面给出它们的具体实例，各函数的多种语法形式不进行讨论，科研中需深入了解的读者可参阅 MATLAB 的帮助文档。

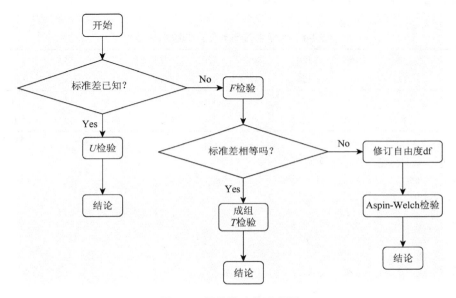

图 3-4　假设检验的流程图

表 3-3　两个正态总体参数检验的方法列表

零假设 H_0	适用条件	备择假设 H_1	H_0 统计量与分布	H_0 拒绝域
$\mu_1=\mu_2$	σ 已知	$\mu_1\neq\mu_2$	$U=\dfrac{(\bar{x}_1-\bar{x}_2)}{\sqrt{\dfrac{\sigma_1^2}{n_1}+\dfrac{\sigma_2^2}{n_2}}}\sim N(0,1)$	$\lvert U_0\rvert\geqslant u_{\alpha/2}$
		$\mu_1>\mu_2$		$U_0\geqslant u_\alpha$
		$\mu_1<\mu_2$		$U_0\leqslant-u_\alpha$
$\mu_1=\mu_2$	σ 未知但相等	$\mu_1\neq\mu_2$	$T=\dfrac{(\bar{x}_1-\bar{x}_2)}{\sqrt{\dfrac{(n_1-1)s_1^2+(n_2-1)s_2^2}{n_1+n_2-2}\left(\dfrac{1}{n_1}+\dfrac{1}{n_2}\right)}}\sim t(n_1+n_2-2)$	$\lvert T_0\rvert\geqslant t_{\alpha/2}(n-1)$
		$\mu_1>\mu_2$		$T_0\geqslant t_\alpha(n-1)$
		$\mu_1<\mu_2$		$T_0\leqslant-t_\alpha(n-1)$
	σ 未知且不等	$\mu_1\neq\mu_2$	$T=\dfrac{\bar{x}_1-\bar{x}_2}{\sqrt{\dfrac{s_1^2}{n_1}+\dfrac{s_2^2}{n_2}}}\sim t(\mathrm{df})$	$\lvert T_0\rvert\geqslant t_{\alpha/2}(\mathrm{df})$
		$\mu_1>\mu_2$		$T_0\geqslant t_\alpha(\mathrm{df})$
		$\mu_1<\mu_2$	$\mathrm{df}=\dfrac{1}{\dfrac{k^2}{\mathrm{df}_1}+\dfrac{(1-k)^2}{\mathrm{df}_2}},\quad k=\dfrac{s_1^2/n_1}{s_1^2/n_1+s_2^2/n_2}$	$T_0\leqslant-t_\alpha(\mathrm{df})$

续表

零假设 H_0	适用条件	备择假设 H_1	H_0 统计量与分布	H_0 拒绝域
$\sigma_1^2 = \sigma_2^2$		$\sigma_1^2 \neq \sigma_2^2$	$F = \dfrac{S_1^2}{S_2^2} \sim F(n_1-1, n_2-1)$	$F_0 \geqslant F_{\alpha/2}(n_1-1, n_2-1)$, 或 $F_0 \leqslant F_{1-\alpha/2}(n_1-1, n_2-1)$
		$\sigma_1^2 > \sigma_2^2$		$F_0 \geqslant F_\alpha(n_1-1, n_2-1)$
		$\sigma_1^2 < \sigma_2^2$		$F_0 \leqslant F_{1-\alpha}(n_1-1, n_2-1)$

例 7 测定了 20 位青年男子和老年男子的血压值（收缩压 mmHg，1mmHg = 0.133kPa），如表 3-4 所示，问老年人血压值的波动是否与青年人相同？

表 3-4 青年男性与老年人的收缩压数据

A 组	98	160	136	128	130	114	123	134	128	107
	123	125	129	132	154	115	126	132	136	130
B 组	133	120	122	114	130	155	116	140	160	100
	105	220	120	182	130	139	190	124	110	130

解 使用 vartest2 函数实现如下：

```
x = [98,160,136,128,130,114,123,134,128,107,123,125,129,132,154,...
115,126,132,136,130];
 y = [133,120,122,114,130,155,116,140,160,100,105,220,120,182,...
130,139,190,124,110,130];
Name = 'Alpha';
Value = 0.05;
h = vartest2(x,y,Name,Value)
```

结果如下：

```
>>Untitled
h =
    1
>>
```

对于两正态总体的均值差的检验，使用 ztest2 即可，下面的例子给出的是当方差不等条件下的检验。

```
load examgrades;
x = grades(:,1);
y = grades(:,2);
[h,p] = ttest2(x,y,'Vartype','unequal')
```

结果如下：

```
>>
h =
    0
p =
    0.9867
>>
```

在清楚检验原理的前提下，我们试着编写了两均值差异的检验，读者也可先熟悉检验原理，再实现编程，下面是两均值差的假设检验通用代码。

```
function StatTest4TwoMeans(A,B,sigCond,alpha,varargin)
% 函数名称:StatTest4TwoMeans.M
% 实现功能:来自正态总体的两样本均值的假设检验.
% 输入参数:本函数共有 5 个输入参数,含义如下:
%          :(1)A,数据矩阵,保存第 1 个样本的数据,默认以行向量排列数据.
%          :(2)B,数据矩阵,保存第 2 个样本的数据,默认以行向量排列数据.
%          :(3),sigCond,保存两个样本使用的标准差状态,已知或者未知,其参数值
%          :只有两个:'unknown'和'known',默认'unknown'.需要注意的是,当选择
%          :'known'时,必须输入两个方差值,且不能使用默认省略格式.
%          :(4)alpha,检验水平,默认值为 0.05.
%          :(5)varargin,用来接收 sigCond = 'known'时的两个方差值.
% 参数释义:本函数默认不带输出参数,输出信息参屏幕.
% 参考资料:本函数所实现功能的更详细资料,请参阅教材:
%          :(1)马赛璞,MATLAB 语言编程[M],电子工业出版社,2017.
% 原始作者:马赛璞,wdwsjlxx@163.com
% 创建时间:2015-09-03,09:24:04
% 原始版本:1.0
% 版权声明:未经作者许可,任何单位及个人不得以任何方式或理由对本代码进行网上
%          :传播、贩卖等.
% 实用样例:
%       例1:使用默认
%              A = rand(10)*10;
%              B = rand(5)*10;
%              StatTest4TwoMeans(A,B)
%       例2:使用全部参数,随机数据不一定合理,只为说明调用格式
%              A = rand(10)*10;B = A+0.01;
%              sc = 'known';alpha = '0.05';
%              StatTest4TwoMeans(A,B,sc,alpha,0.22,0.23)
%

clc;
%% 检查输入,设定默认值
if nargin<3||isempty(sigCond),%标准差状态
    sigCond = 'unknown';
else
    states = {'unknown','known'};
    sigCond = internal.stats.getParamVal(sigCond,states,'TYPE');
end

if nargin<4||isempty(alpha),%检验水平值
    alpha = '0.05';
else
    values = {'0.1','0.05','0.025','0.001'};
    alpha = internal.stats.getParamVal(alpha,values,'TYPE');
end
alpha = str2double(alpha);

if strcmp(sigCond,'known')%已知情况下,必须输入方差值
    if isempty(varargin)
        error('方差已知时,必须输入方差值!');
    elseif(nargin-4~ = 2)
        error('输入的方差值个数不对!');
```

```
    else
        sigma1 = varargin{1};
        sigma2 = varargin{2};
    end
end

A = A(:)';B = B(:)';%确保A,B是行向量
x1Mean = mean(A);x2Mean = mean(B);
n1 = length(A);n2 = length(B);

%% 根据标准差已知与否进行分别处理
switch sigCond
    case'known',% 处理标准差已知时两个平均数之间差异的显著性
        u = (x1Mean-x2Mean)/sqrt(sigma1^2/n1+sigma2^2/n2);
        HoState = MakeHoH1(x1Mean,x2Mean);%调用子函数确定上/下/双边检验
        switch HoState,
            case'bigerThan'%H0:miu1>miu2,上尾检验
                uCutOff = norminv(1-alpha,0,1);
                fprintf('H0:miu1 = miu2;H1:miu1>miu2.\n');
                if u>uCutOff,
                    fprintf('U = %.3f,U0 = %.3f,位于拒绝区域,拒绝Ho,接受H1.\n',...
                        u,uCutOff)
                else
                    fprintf('U = %.3f,U0 = %.3f,位于接受区域,接受Ho,拒绝H1.\n',...
                        u,uCutOff)
                end
            case'lessThan'%H0:miu1<miu2,下尾检验
                uCutOff = norminv(alpha,0,1);
                fprintf('H0:miu1 = miu2;H1:miu1<miu2.\n');
                if u<uCutOff,
                    fprintf('U = %.3f,U0 = %.3f,位于拒绝区域,拒绝Ho,接受H1.\n',...
                        u,uCutOff)
                else
                    fprintf('U = %.3f,U0 = %.3f,位于接受区域,接受Ho,拒绝H1.\n',...
                        u,uCutOff)
                end
            case'notEqual',%H0:miu1~ = miu2,双边检验
                uCutOff = norminv(alpha/2,0,1);
                fprintf('H0:miu1 = miu2;H1:miu1~ = miu2.\n');
                if abs(u)>abs(uCutOff),
                    fprintf('U = %.3f,U0 = %.3f,位于拒绝区域,拒绝Ho,接受H1.\n',...
                        u,uCutOff)
                else
                    fprintf('U = %.3f,U0 = [%.3f~%.3f],位于接受区域,接受Ho,拒绝H1.\n',...
                        u,uCutOff,abs(uCutOff));
                end
        end
    case'unknown'
        %首先检验方差是否相等
        fprintf('因为方差的情况不确定,需首先检验方差是否相等。做如下假设:\n')
        fprintf('H0:sigma1 = sigma2;H1:sigma1~ = sigma2.\n');
        s1 = var(A);s2 = var(B);%注:这里的s1,s2是方差,不是标准差
```

```
% F:检验方差相等的 F 统计量
if s1>s2,% F 统计量检验时,取分子为大的,则只需要上尾检验
    F = s1/s2;OnOff = 1;
    disp('计算说明:s1>s2,F = s1/s2,分子大于分母,未进行颠倒顺序。')
else
    F = s2/s1;OnOff = 2;
    disp('计算说明:s1<s2,F = s2/s1,分子小于分母,计算时采用颠倒顺序。')
end
% 修订第一和第二自由度
if OnOff = = 1,
    df1 = n1-1;df2 = n2-1;
elseif OnOff = = 2,
    df1 = n2-1;df2 = n1-1;
end
fCutOff = finv(1-alpha/2,df1,df2);
dist = x1Mean-x2Mean;
% eqn 用来标识方差相等与否,1 表示相等,0 表示不相等
if F>fCutOff,
    fprintf('F = %.3f,F0 = %.3f,F>F0,位于拒绝区域,拒绝 Ho,接受 H1.\n',...
        F,fCutOff);
    eqn = 'unequal';
    disp('经检验:两样本源于方差不等的两个正态总体,请用 ASpin-welch 方法检验.');
else
    fprintf('F = %.3f,F0 = %.3f,F<F0,位于接受区域,接受 Ho,拒绝 H1.\n',...
        F,fCutOff);
    eqn = 'equal';
    disp('经检验:两样本源于方差相等的两个正态总体,请用成组 t-检验.');
end

df = 0;t = 0;%初始化
switch eqn%根据方差相等情况,选择不同检验方法
    case'equal',%处理标准差未知但相等时两个平均数之间差异的显著性
        df = n1+n2-2;
        bb = ((n1-1)*s1+(n2-1)*s2)/(n1+n2-2)*(1/n1+1/n2);
        t = dist/sqrt(bb);
    case'unequal',%处理标准差未知且不等时两个平均数之间差异的显著性
        k = s1/n1/(s1/n1+s2/n2);
        dfb = k^2/(n1-1)+(1-k)^2/(n2-1);
        df = 1/dfb;
        t = dist/sqrt(s1/n1+s2/n2);
    otherwise,
        disp('输出本句话说明计算出错,请检查! ');
end
HoState = MakeHoH1(x1Mean,x2Mean);
% 具体实施 t 检验:成组或者 Aspin
switch HoState,
    case'bigerThan'%H0:miu1>miu2,上尾检验
        tCutOff = tinv(1-alpha,df);
        fprintf('H0:miu1 = miu2;H1:miu1>miu2.\n');
        if t>tCutOff,
            fprintf('t = %.3f,t0 = %.3f,位于拒绝区域,拒绝 Ho,接受 H1.\n',...
                t,tCutOff)
```

```
        else
            fprintf('t = %.3f,t0 = %.3f,位于接受区域,接受 Ho,拒绝 H1.\n',...
                t,tCutOff)
        end
    case'lessThan'%H0:miu1<miu2,下尾检验
        tCutOff = tinv(alpha,df);
        fprintf('H0:miu1 = miu2;H1:miu1<miu2.\n');
        if t<tCutOff,
            fprintf('t = %.3f,t0 = %.3f,位于拒绝区域,拒绝 Ho,接受 H1.\n',...
                t,tCutOff)
        else
            fprintf('t = %.3f,t0 = %.3f,位于接受区域,接受 Ho,拒绝 H1.\n',...
                t,tCutOff)
        end
    case'notEqual',%H0:miu1~ = miu2,双边检验
        tCutOff = tinv(alpha/2,df);
        fprintf('H0:miu1 = miu2;H1:miu1~ = miu2.\n');
        if abs(t)>abs(tCutOff),
            fprintf('t = %.3f,t0 = %.3f,位于拒绝区域,拒绝 Ho,接受 H1.\n',...
                t,tCutOff)
        else
            fprintf('t = %.3f,t0 = [%.3f~%.3f],位于接受区域,接受 Ho,拒绝 H1.\n',...
                t,tCutOff,abs(tCutOff));
        end
    end
end
end


% 内部子函数
function [s] = MakeHoH1(x1,x2)
% 功能:根据两个均值,来产生均值检验的三种情况,关于如何设置三个不同的检验,
%       这里采用 5%为差异限
% 参数:x1,x2---标量数据,这里暗指各自的样本均值。
dist = x1-x2;
if(dist>0 && dist>x2*0.05)
    s = 'bigerThan';
elseif(dist<0 && abs(dist)>x1*0.05)
    s = 'lessThan';
elseif(abs(dist)<min([x1,x2],[],2)*0.05)
    s = 'notEqual';
else
    error('check!');
end
```

例 8　两个品种的小麦,从播种到抽穗,经历的天数列于表 3-5 中,试问两种品种所需时间是否具有差异显著性?

表 3-5　两个品种小麦生长到成熟天数

编号	X	Y	编号	X	Y
1	101	100	6	100	99
2	100	98	7	98	98

续表

编号	X	Y	编号	X	Y
3	99	100	8	99	98
4	99	99	9	99	99
5	98	98	10	99	100

解　利用上述编写好的函数，脚本如下：

```
x = [101,100,99,99,98,100,98,99,99,99];
y = [100,98,100,99,98,99,98,98,99,100];
sigCond = 'unknown';
alpha = '0.05';%以字符串形式输入
StatTest4TwoMeans(x,y,sigCond,alpha)
```

脚本运行结果如下，

```
>>
因为方差的情况不确定，需首先检验方差是否相等。做如下假设：
H0:sigma1 = sigma2;H1:sigma1~ = sigma2.
计算说明:s1>s2,F = s1/s2,分子大于分母,未进行颠倒顺序.
F = 1.101,F0 = 4.026,F<F0,位于接受区域,接受 H0,拒绝 H1.
经检验:两样本源于方差相等的两个正态总体,请用成组 t-检验.
H0:miu1 = miu2;H1:miu1~ = miu2.
t = 0.747,t0 = [-2.101~2.101],位于接受区域,接受 H0,拒绝 H1.
>>
```

为了说明程序的应用，将 y 的数据稍微改动如下：

$$y = [80,98,100,89,98,89,98,98,99,100];$$

再次进行检验，由于方差不等，故自动调用了 Aspin-Welch 方法，结果如下。

因为方差的情况不确定,需首先检验方差是否相等。做如下假设：

```
H0:sigma1 = sigma2;H1:sigma1~ = sigma2.
计算说明:s1<s2,F = s2/s1,分子小于分母,计算时采用颠倒顺序.
F = 52.487,F0 = 4.026,F>F0,位于拒绝区域,拒绝 H0,接受 H1.
经检验:两样本源于方差不等的两个正态总体,请用 Aspin-Welch 方法检验.
H0:miu1 = miu2;H1:miu1~ = miu2.
t = 2.023,t0 = [-2.250~2.250],位于接受区域,接受 H0,拒绝 H1.
```

对于两个总体方差比的检验，我们也单独进行了代码编写，如下，其后给出了实际的应用示例。

```
function S = TestSigmaRatio(X,Y,MyAlpha,UpDubLow)
% 函数名称:TestSigmaRatio.M
% 实现功能:实现两个正态总体方差比的假设检验.
% 输入参数:本函数共有 4 个输入参数,含义如下:
%        :(1):X,Y,输入两个样本数据
%        :(2):MyAlpha,检验水平,默认 alpha = 0.05.
%        :(3):UpDubLow,单侧检验或者双侧检验标识符,只有三个字符串有效,
%        :'upper'指右侧上尾检验;'double'指双边检验;'lower'指左侧下尾检验;
% 参数释义:本函数默认 1 个输出参数,请修改:
%        :(1):S:检验结论标志,1,表示接受 H1,拒绝 H0;0,表示接受 H0,拒绝 H1;
% 参考资料:本函数所实现功能的更详细语法资料,请参阅参阅教材:
%        :(1) 马赛璞,MATLAB 语言编程[M],电子工业出版社,2017.
% 原始作者:马赛璞,wdwsjlxx@163.com
% 创建时间:2016-03-12,09:26:24
```

```
% 原始版本:1.0
% 版权声明:未经作者许可,任何单位及个人不得以任何方式或理由对本代码进行
%          :网上传播、贩卖等.
% 实用样例:
%              X = [1.9,0.8,1.1,0.1,-0.1,4.4,5.5,1.6,4.6,3.4];
%              Y = [0.0,0.7,-0.2,-1.2,-0.1,2.0,3.7,0.8,3.4,2.4];
%              MyAlpha = 0.2;
%              UpDubLow = 'double';
%              S = TestSigmaRatio(X,Y,MyAlpha,UpDubLow)
%              S = TestSigmaRatio(X,Y,MyAlpha)
%              S = TestSigmaRatio(X,Y)
%
% 检验水平
if nargin<3||~isnumeric(MyAlpha)
    MyAlpha = 0.05;
elseif isscalar(MyAlpha)
    Alphas = [0.1,0.05,0.025,0.01,0.001];
    chk = ismember(MyAlpha,Alphas);
    if~chk
        error('输入的 alpha 检验水平数据不符合习惯!');
    end
else
    error('输入有误');
end

%备择检验类型
if nargin<4||isempty(UpDubLow)
    UpDubLow = 'double';
elseif ischar(UpDubLow)
    Types = {'upper','double','lower'};
    UpDubLow = internal.stats.getParamVal(UpDubLow,Types,'TYPE');
else
    error('单双侧检验类型输入有误!');
end
% 计算信息
fprintf('本次计算零假设与备择假设如下:\n');
fprintf('\tH0,var(X) = var(Y);H1:var(X)~ = var(Y),使用双边检验。\n');
fprintf('\tH0,var(X)< = var(Y);H1:var(X)>var(Y),使用上尾检验。\n');
fprintf('\tH0,var(X)> = var(Y);H1:var(X)<var(Y),使用下尾检验。\n');
xSigma2 = var(X);nx = length(X);
ySigma2 = var(Y);ny = length(Y);
sigRat = xSigma2/ySigma2;
fprintf('本次计算信息如下:\n');
fprintf('\t 显著性水平:alpha = %.2f:\n',MyAlpha);
fprintf('\t 样本数据 X,Y 及其含量分别为:n1 = %d,n2 = %d;\n',nx,ny);
fprintf('\t 样本数据 X,Y 及其方差分别为:var(X) = %.2f,var(Y) = %.2f;\n',...
    xSigma2,ySigma2);

switch lower(UpDubLow)
    case'upper'%上尾检验
        fCutOff = finv(1-MyAlpha,ny-1,nx-1);
        fprintf('本次进行上尾检验,临界值如下:\n');
```

```
    fprintf('\t 样本数据方差比为:Xs/Ys = %.2f;',sigRat);
    fprintf('临界值:fCutOff = %.2f;\n',fCutOff);
    if sigRat>fCutOff
        fprintf('结论:拒绝 H0,接受 H1,即 Var(X)>Var(Y);\n');
        S = 1;%接受 H1,简记为 1,反之记为 0
    else
        fprintf('结论:拒绝 H1,接受 H0,即 Var(X)< = Var(Y)。\n');S = 0;
    end
case'lower'%下尾检验
    fCutOff = finv(MyAlpha,ny-1,nx-1);
    fprintf('本次进行下尾检验,临界值如下:\n');
    fprintf('\t 样本数据方差比为:Xs/Ys = %.2f;',sigRat);
    fprintf('临界值:fCutOff = %.2f;\n',fCutOff);
    if sigRat<fCutOff
        fprintf('结论:拒绝 H0,接受 H1,即 Var(X)<Var(Y);\n');S = 1;
    else
        fprintf('结论:拒绝 H1,接受 H0,即 Var(X)> = Var(Y)。\n');S = 0;
    end
case'double'%双侧检验
    fLeft = finv(MyAlpha/2,ny-1,nx-1);
    fRight = finv(1-MyAlpha/2,ny-1,nx-1);
    fprintf('本次进行双边检验,各侧临界值如下:\n');
    fprintf('\t 样本数据方差比为:Xs/Ys = %.2f;\n',sigRat);
    fprintf('\t 上侧临界值:RightCutOff = %.2f;\n',fRight);
    fprintf('\t 下侧临界值:LeftCutOff = %.2f;\n',fLeft);
    if sigRat<fLeft||sigRat>fRight
        fprintf('结论:拒绝 H0,接受 H1,即 Var(X)~ = Var(Y);\n');S = 1;
    else
        fprintf('结论:拒绝 H1,接受 H0,即 Var(X) = = Var(Y)。\n');S = 0;
    end
end
end
```

例 9 为了比较两种安眠药的疗效,将 20 名年龄、性别、病情等状况答题相同的失眠患者随机平分为 2 组,分别服用新旧两种安眠药,测得睡眠时间延迟数据如表 3-6 所示,假定两组延长时间符合正态分布,试检验两种安眠药是否满足方差齐性条件。给定检验水平 0.10。

表 3-6 新旧安眠药的疗效对比

新药组 X	1.9	0.8	1.1	0.1	−0.1	4.4	5.5	1.6	4.6	3.4
旧药组 Y	0.0	0.7	−0.2	−1.2	−0.1	2.0	3.7	0.8	3.4	2.4

解 编写 MATLAB 脚本,运行如下:

```
X = [1.9,0.8,1.1,0.1,-0.1,4.4,5.5,1.6,4.6,3.4];
Y = [0.0,0.7,-0.2,-1.2,-0.1,2.0,3.7,0.8,3.4,2.4];
MyAlpha = 0.2;
UpDubLow = 'double';
S = TestSigmaRatio(X,Y,MyAlpha,UpDubLow);%<1>
S = TestSigmaRatio(X,Y,MyAlpha);%<2>
S = TestSigmaRatio(X,Y);%<3>
```

这里只给出第一种调用格式的结果，如下：

```
检验水平值不符常例,自动使用 alpha = 0.05
本次计算零假设与备择假设如下:
    H0,var(X) = var(Y);H1:var(X)~ = var(Y),使用双边检验。
    H0,var(X)< = var(Y);H1:var(X)>var(Y),使用上尾检验。
    H0,var(X)> = var(Y);H1:var(X)<var(Y),使用下尾检验。
本次计算信息如下:
    显著性水平:alpha = 0.05:
    样本数据X,Y及其含量分别为:n1 = 10,n2 = 10;
    样本数据X,Y及其方差分别为:var(X) = 4.01,var(Y) = 2.71;
本次进行双边检验,各侧临界值如下:
    样本数据方差比为:Xs/Ys = 1.48;
    上侧临界值:RightCutOff = 4.03;
    下侧临界值:LeftCutOff = 0.25;
结论:拒绝H1,接受H0,即 Var(X) = = Var(Y)。
```

三、非正态总体参数的假设检验

在前面，我们学习了关于正态总体参数的假设检验，对于非正态总体，也存在参数的假设检验问题，如我们学习过的二项分布和泊松分布，它们都有一个重要的参数，即 n 次重复独立试验中事件 A 每次发生的概率 p 和泊松分布均值 λ。这一节，我们将通过样本信息，即试验中的实际频数 k 和频率 k/n，来推断参数值，或对两个总体参数进行比较。为了方便，常常称 p 和 k/n 为二项分布的总体率和样本率。

在二项分布和泊松分布中，当 n 和 k 数值较大时，概率的计算会很烦琐。因此，在大样本条件下，常根据中心极限定理，利用正态分布进行近似计算，而只有在小样本时，才进行精确计算。和正态分布的参数检验一样，对于非正态总体参数的检验，也分为单一总体和两个总体参数的检验。

（一）非正态单总体小样本

当样本较小时，对于二项分布和泊松分布，常常利用置信区间的方式进行假设检验，在参数估计一章，我们已经知道，对于待估参数 θ，通过样本得到其置信水平 $1-\alpha$ 的置信区间 (θ_1, θ_2)，这实际上就表明存在如下的关系式

$$P(\theta_1 < \theta < \theta_2) = 1 - \alpha \tag{3-61}$$

$$P(\theta \leqslant \theta_1) = \alpha/2 \tag{3-62}$$

$$P(\theta \geqslant \theta_2) = \alpha/2 \tag{3-63}$$

通过这 3 个式子，可以找到 3 个小概率事件：①事件发生在下尾区域，即 $\theta \leqslant \theta_1$；②事件发生在上尾区域，即 $\theta \geqslant \theta_2$；③事件发生在双侧尾区，即 $\theta \notin (\theta_1, \theta_2)$。

换成假设检验的说法，这 3 个小概率事件，就分别对应着 3 个拒绝域，即当给定值 $\theta_0 \notin (\theta_1, \theta_2)$ 时，就在 α 检验水平上拒绝零假设 $H_0: \theta \neq \theta_0$（双侧检验）；当给定值 $\theta_0 < \theta_1$ 时，就在 $\alpha/2$ 检验水平上拒绝零假设 $H_0: \theta \leqslant \theta_0$（下尾检验）；当给定值 $\theta_0 \geqslant \theta_2$ 时，就在 $\alpha/2$ 检验水平上拒绝零假设 $H_0: \theta \geqslant \theta_0$（上尾检验）。像这样，利用置信区间就可转换成假设检验，实际上对于正态总体的置信区间与假设检验之间的转换，也可这样实现。

在小样本条件下，通过精确计算，确定二项分布和泊松分布的参数区间，再转化为假设检验，可称为精确法，它与大样本条件下根据中心极限定理近似正态化的方法是不一样的。

下面给出了二项分布与泊松分布参数的精确检验计算表 3-7，在表 3-7 中，θ 可以是二项分布的总体率 p，也可以是泊松分布的均值 λ，当用作 λ 时，要注意样本总计数的观测单位与问题要求的均值 λ 的观测单位的一致性。

表 3-7　二项分布参数 p 和泊松分布参数 λ 精确检验法

单双侧	假设检验	$(1-\alpha)$ 置信区间	检验方法
双侧检验（双尾）	$H_0:\theta=\theta_0$ $H_1:\theta\neq\theta_0$	(θ_1,θ_2)	若 $\theta_0\notin(\theta_1,\theta_2)$，就拒绝 H_0，接受 $H_1(P\leqslant\alpha)$
左侧检验（下尾）	$H_0:\theta\leqslant\theta_0$ $H_1:\theta>\theta_0$	(θ_1,θ_2)	若 $\theta_0\leqslant\theta_1$，就拒绝 H_0，接受 $H_1(P\leqslant\alpha/2)$
右侧检验（上尾）	$H_0:\theta\geqslant\theta_0$ $H_1:\theta<\theta_0$	(θ_1,θ_2)	若 $\theta_0\geqslant\theta_2$，就拒绝 H_0，接受 $H_1(P\leqslant\alpha/2)$

1. 二项分布

设单独一次试验中事件 A 出现的概率为 p，若进行了 n 次（小样本）伯努利试验，事件 A 出现了 k 次，试检验总体率 p 和已知定值 p_0 差异的显著性。

首先做出假设，$H_0:p=p_0$，$H_1:p\neq p_0$，对于给定的检验水平 α，可通过查表或者进行 MATLAB 编程，得到 $p_1,p_2(p_1<p_2)$ 值，若 $p\notin(p_1,p_2)$，则拒绝假设 H_0，若 $p\in(p_1,p_2)$，则接受假设 H_0。

2. 泊松分布

设稀有事件 A 出现了 k 次（小样本），试检验参数 λ 和给定值 λ_0 的差异显著性。

做假设 $H_0:\lambda=\lambda_0$，$H_1:\lambda\neq\lambda_0$，对于给定的检验水平 α，可通过查表或者进行 MATLAB 编程，得到 $\lambda_1,\lambda_2(\lambda_1<\lambda_2)$ 值，若 $k\notin(\lambda_1,\lambda_2)$，则拒绝假设 H_0，若 $k\in(\lambda_1,\lambda_2)$，则接受假设 H_0。

例 10　某煤矿，按照以往的统计，每年发生重大生产事故的次数约为 5 次，通过改进工艺，加强安全教育，去年只发生 1 次重大事故，是否据此可判定该厂的安全工作有重大进展？给定 $\alpha=0.10$。

解　生产事故属于稀有事件，属于泊松分布描述的范畴，设事故发生数 X 服从泊松分布 $P(\lambda)$。

做出假设 $H_0:\lambda\geqslant 5$，$H_1:\lambda<5$，取 $k=1$，计算 λ 的 90% 的置信区间，得到（0.0513, 4.74），考虑 $5>4.74$，故拒绝 H_0，接受 H_1。

（二）非正态单总体大样本

当样本含量很大时，可借助中心极限定理，将非正态分布总体转化为正态分布总体，从而对参数实施假设检验，这种方法常常使用近似的 U 检验法。

1. 二项分布

设单独一次试验中事件 A 出现的概率为 p，若进行了 n 次（大样本）伯努利试验，事件 A 出现了 k 次，试检验总体率 p 和已知定值 p_0 差异的显著性。

做出假设 $H_0:p=p_0$，$H_1:p\neq p_0$。

根据中心极限定理（棣莫佛-拉普拉斯），确定检验统计量为

$$U = \frac{k/n - p_0}{\sqrt{p_0(1-p_0)/n}} \sim N(0,1) \qquad (3\text{-}64)$$

代入样本数据，计算出样本统计量值 $u = \dfrac{k/n - p_0}{\sqrt{p_0(1-p_0)/n}}$，对于给定的检验水平 α，计算标准正态分布双侧检验的临界值 $u_{\alpha/2}$，若 $|u| > u_{\alpha/2}$，则拒绝零假设 H_0，否则，接受零假设 H_0。

2. 泊松分布

对于大样本，泊松分布参数的检验与上述的二项分布类似，设稀有事件 A 出现了 k 次（大样本），则泊松分布参数 λ 与指定值 λ_0 之间的差异显著性，可同样借助类似棣莫佛-拉普拉斯定理来找到检验的统计量。

做假设 $H_0:\lambda = \lambda_0, H_1:\lambda \neq \lambda_0$，则检验统计量为

$$U = \frac{k/n - \lambda}{\sqrt{k}/n} \sim N(0,1) \qquad (3\text{-}65)$$

代入样本数据，计算出样本统计量值 $u = \dfrac{k/n - \lambda}{\sqrt{k}/n}$，则对于对于给定的检验水平 α，计算标准正态分布双侧检验的临界值 $u_{\alpha/2}$，若 $|u| > u_{\alpha/2}$，则拒绝零假设 H_0，否则接受零假设 H_0。

除了上述这种格式外，泊松分布还有一种近似的格式，即当 λ 充分大时，

$$U = \frac{X - \lambda}{\sqrt{\lambda}} \sim N(0,1) \qquad (3\text{-}66)$$

需要注意的是，这两种格式中的均值 λ，其时间（或空间）的尺度不同，若式（3-65）中的 λ 表达的是每毫升水中的细菌数，则式（3-66）中的 λ 表达的可能是每升水中的细菌数等。读者在使用不同形式的统计量时，务请注意其尺度的差别。

例 11 建筑规范要求石材的放射性不能超过 0.4/min，今用盖革（Geiger）计数管测定石材样本，在 960min 内，计数 308 个，试检验该类型石材放射性是否低于规定标准？

解 设石材的放射性粒子数为 X，按照稀有事件考虑，属于泊松分布，即 $X \sim \pi(\lambda)$。做假设

$$H_0:\lambda \geqslant \lambda_0; \ H_1:\lambda < \lambda_0$$

可知在以分钟为观测单位时，有 $n = 960, k = 308, \lambda_0 = 0.4$，则

$$U = \frac{k/n - \lambda}{\sqrt{k}/n} \leqslant \frac{k/n - \lambda_0}{\sqrt{k}/n} = \frac{\dfrac{308}{960} - 0.4}{\sqrt{308}/960} = -4.3305$$

它对应的概率为

$$P = \text{normcdf}(-4.3305) = 7.4386 \times 10^{-6}$$

故拒绝 H_0，认为该石材的放射性远低于标准。

上述求解过程中，先把观测标准设定为每分钟，然后把 960min 的观测过程转为 1min 的观测，再进行比较。我们还可以把观测时长 960min 设定为观测单位，在这种情况下，需把泊松分布每分钟的平均值转换为观测单位时长的平均值，即

$$\lambda_0 = 0.4 \times 960 = 384$$

在零假设成立时，有

$$U = \frac{X - \lambda}{\sqrt{\lambda}} \leqslant \frac{X - \lambda_0}{\sqrt{\lambda_0}} = \frac{308 - 384}{\sqrt{384}} = -3.8784$$

它对应的单侧概率为

$$P = \text{normcdf}(-3.8784) = 5.2573 \times 10^{-5}$$

出现概率太小，同样是拒绝 H_0，与上述结论相同。

下面把上述方法进行了汇总，大样本单总体参数近似 U 检验的汇总，如表 3-8 所示。

表 3-8　二项分布与泊松分布大样本单总体参数近似 U 检验汇总表

分布与条件	零假设与备择假设	检验统计量	拒绝域类型	检验结论
二项分布大样本	$H_0 : p = p_0$, $H_1 : p \neq p_0$	$U = \dfrac{k/n - p}{\sqrt{p(1-p)/n}}$ $\sim N(0,1)$	$\lvert u \rvert > u_{\alpha/2}$ 双尾区域	当 $\lvert u \rvert > u_{\alpha/2}$ 时拒绝 H_0，接受 H_1；否则，接受 H_0
	$H_0 : p \leqslant p_0$, $H_1 : p > p_0$		$u > u_{\alpha}$ 上尾区域	当 $u > u_{\alpha}$ 时拒绝 H_0，接受 H_1；否则接受 H_0
	$H_0 : p \geqslant p_0$, $H_1 : p < p_0$		$u < -u_{\alpha}$ 下尾区域	当 $u < -u_{\alpha}$ 时拒绝 H_0，接受 H_1；否则接受 H_0
泊松分布大样本	$H_0 : \lambda = \lambda_0$, $H_1 : \lambda \neq \lambda_0$	$U = \dfrac{X - \lambda}{\sqrt{\lambda}} \sim N(0,1)$	$\lvert u \rvert > u_{\alpha/2}$ 双尾区域	当 $\lvert u \rvert > u_{\alpha/2}$ 时拒绝 H_0；否则接受 H_0
	$H_0 : \lambda \leqslant \lambda_0$, $H_1 : \lambda > \lambda_0$		$u > u_{\alpha}$ 上尾区域	当 $u > u_{\alpha}$ 时拒绝 H_0；否则接受 H_0
	$H_0 : \lambda \geqslant \lambda_0$, $H_1 : \lambda < \lambda_0$		$u < -u_{\alpha}$ 下尾区域	当 $u < -u_{\alpha}$ 时拒绝 H_0；否则接受 H_0

（三）非正态两总体小样本

在小样本条件下，对二项分布研究比较成熟的是 Fisher 正态近似法，而泊松分布则尚未有简便有效的方法，因此在小样本条件下，只学习二项分布的假设检验方法。

设 $X_1 \sim B(n_1, p_1)$ 和 $X_2 \sim B(n_2, p_2)$ 是两个独立的二项分布总体，$\dfrac{k_1}{n_1}$ 和 $\dfrac{k_2}{n_2}$ 分别是来自这两个总体的样本率，试检验两总体率的差异显著性。

在参数估计一章，已经讨论过 Fisher 方法，即通过 $\phi = 2\arcsin\sqrt{p}$，将样本率 p 转换为辅助变量 ϕ，则 $\phi \sim N\left(\Phi, \dfrac{1}{n}\right)$。对于样本率 p_1, p_2，经 Fisher 变换转化为 ϕ_1, ϕ_2，它们分别满足

$$\phi_1 \sim N\left(\Phi_1, \frac{1}{n_1}\right) \tag{3-67}$$

$$\phi_2 \sim N\left(\Phi_2, \frac{1}{n_2}\right) \tag{3-68}$$

因为两正态总体的和差仍服从正态分布，可知

$$\phi_1 - \phi_2 \sim N\left(\Phi_1 - \Phi_2, \frac{1}{n_1} + \frac{1}{n_2}\right) \tag{3-69}$$

将普通正态分布式（3-69）标准化，即可得到总体率比较的统计量 U

$$U = \frac{(\phi_1 - \phi_2) - (\Phi_1 - \Phi_2)}{\sqrt{\dfrac{1}{n_1} + \dfrac{1}{n_2}}} \sim N(0,1) \qquad (3\text{-}70)$$

即可进行假设检验。

例 12 使用两种药物对同一批患者治病，第一种药物，13 人中对 10 人有效，第二种药物 11 人中对 4 人有效。能否就此确定第一种要更加有效？

解 两种药物的治愈人数分别服从 $X_1 \sim B(n_1, p_1)$ 和 $X_2 \sim B(n_2, p_2)$。则实际测定的样本率为 $10/13 = 0.769$ 和 $4/11 = 0.364$。由题可知 $n_1 = 13, n_2 = 11$，属于小样本，则计划使用 Fisher 方法。

设 P_1, P_2 分别对应 Φ_1, Φ_2，则计算得到

$$\phi_1 = 2\arcsin\sqrt{0.769} = 2.139$$

和

$$\phi_2 = 2\arcsin\sqrt{0.364} = 1.295$$

做假设 $H_0 : \Phi_1 \leqslant \Phi_2, H_1 : \Phi_1 > \Phi_2$。在 H_0 成立时，存在

$$\bar{U} = \frac{(\phi_1 - \phi_2)}{\sqrt{\dfrac{1}{n_1} + \dfrac{1}{n_2}}} \leqslant \frac{(\phi_1 - \phi_2) - (\Phi_1 - \Phi_2)}{\sqrt{\dfrac{1}{n_1} + \dfrac{1}{n_2}}} = U \sim N(0,1)$$

故计算 $\bar{U}$ 的样本值为

$$u = \frac{(\phi_1 - \phi_2)}{\sqrt{\dfrac{1}{n_1} + \dfrac{1}{n_2}}} = \frac{2.139 - 1.295}{\sqrt{\dfrac{1}{13} + \dfrac{1}{11}}} = 2.06$$

通过 MATLAB 运算可得 $p = 1 - \text{normcdf}(2.06) = 0.0197$，概率远小于规定的 0.05，属于小概率范畴，故拒绝 H_0，接受 H_1，可知第一种药物明显优于第二种药物。

在例 12 中，对于给定的数据，也可通过查询二项分布总体率表进行检验，附表 8 给出了二项分布总体率的查询表，下面是根据 Fisher 变换得到查询表的具体函数，供感兴趣的读者参考使用。

附查询表制表源代码：

```
function MakeBinoCheckTable()
% 函数名称:MakeBinoCheckTable.m
% 实现功能:制作二项分布总体率检验查询表.
% 输入参数:函数默认不带输入参数.
% 输出参数:函数默认不带输出参数.
% 函数调用:实现函数功能不需要调用子函数,根据 phi = 2arcsin(sqrt(p)) 计算.
% 参考资料:实现函数算法,其他参考资料,请参阅:
%         (1) 马寨璞,MATLAB 语言编程[M],北京:电子工业出版社,2017.
% 原始作者:马寨璞,wdwsjlxx@163.com
% 创建时间:2017-03-28,07:43:22
% 原始版本:1.0
% 版权声明:未经作者许可,任何单位及个人不得以任何方式或理由对本代码
%          :进行网上传播、贩卖等.
% 友情提示:在 word 中,使用 Georgia 字体斜体打印比较美观.
% 实用样例:MakeBinoCheckTable()
%
% psfc< = P valueS For Compute 计算用到的样本率值
```

```
psfc = [0:0.0001:0.0099,0.01:0.001:0.989,0.99:0.0001:1];
% psft< = P valueS For Table 制表用值
psft = [0.0:0.1:0.9,1:98,99:0.1:100];
% 输出表头
fprintf('%7d,',[0,0:9]);fprintf('\b\n');
% 表值计算与输出
phis = 2*asin(abs(sqrt(psfc)));
for ir = 1:length(psft)
    fprintf('%7.1f,',psft(ir));%表中左侧第一列,即p值
    for jc = 1:10
        iLoop = (ir-1)*10+jc;
        if iLoop< = length(psfc)
            fprintf('%7.4f,',phis(iLoop));%表值
        else
            break;%超限停止运行
        end
        if~mod(iLoop,10),fprintf('\b\n');end
    end
end
fprintf('\b\n');
```

（四）非正态两总体大样本

对于二项分布和泊松分布，当涉及两个总体参数差异的显著性比较时，都可使用大样本的检验方法实现检验。

1. 两个二项分布总体率的检验

在大样本的条件下，仍然使用近似 U 检验。在单总体检验中已经学过，当 n_1, n_2 足够大时，存在

$$\frac{\dfrac{x_1}{n_1}-p_1}{\sqrt{\dfrac{p_1(1-p_1)}{n_1}}}\sim N(0,1),\qquad \frac{\dfrac{x_2}{n_2}-p_2}{\sqrt{\dfrac{p_2(1-p_2)}{n_2}}}\sim N(0,1) \tag{3-71}$$

它们分别是

$$\frac{x_1}{n_1}\sim N\left(p_1,\frac{p_1(1-p_1)}{n_1}\right) \tag{3-72}$$

和

$$\frac{x_2}{n_2}\sim N\left(p_2,\frac{p_2(1-p_2)}{n_2}\right) \tag{3-73}$$

的标准化。由于两总体独立，根据正态分布总体和差计算公式，可得

$$\left(\frac{x_1}{n_1}-\frac{x_2}{n_2}\right)\sim N\left[(p_1-p_2),\frac{p_1(1-p_1)}{n_1}+\frac{p_2(1-p_2)}{n_2}\right] \tag{3-74}$$

将式（3-74）标准化，得到

$$\frac{\left(\dfrac{x_1}{n_1} - \dfrac{x_2}{n_2}\right) - (p_1 - p_2)}{\sqrt{\dfrac{p_1(1-p_1)}{n_1} + \dfrac{p_2(1-p_2)}{n_2}}} \sim N(0,1) \tag{3-75}$$

当零假设为 $H_0 : P_1 = P_2$ 时，将样本率进行合并，得到

$$p = \frac{x_1 + x_2}{n_1 + n_2} \tag{3-76}$$

以 p 替代 p_1, p_2，则得到近似标准正态分布变量 U：

$$U = \frac{\dfrac{x_1}{n_1} - \dfrac{x_2}{n_2}}{\sqrt{p(1-p)\left(\dfrac{1}{n_1} + \dfrac{1}{n_2}\right)}} \sim N(0,1) \tag{3-77}$$

此即为大样本比较总体率的检验统计量。

例 13 随机抽查某厂两个批次的产品，第一批 134 件，第二批 110 件，分别有次品 15 件和 19 件，试问两个批次的次品率是否相同？

解 设两个批次的次品数分别为 X_1, X_2，由题意可知，$X_1 \sim N(n_1, p_1)$，$X_2 \sim N(n_2, p_2)$，实测样本率为

$$\frac{k_1}{n_1} = \frac{15}{134} = 0.112$$

$$\frac{k_2}{n_2} = \frac{19}{110} = 0.173$$

做假设，$H_0 : P_1 = P_2$；$H_1 : P_1 \neq P_2$。在零假设成立时，

$$U = \frac{\dfrac{x_1}{n_1} - \dfrac{x_2}{n_2}}{\sqrt{p(1-p)\left(\dfrac{1}{n_1} + \dfrac{1}{n_2}\right)}} \sim N(0,1)$$

由于零假设已经设定了 $p_1 = p_2 = p$，且样本容量 n_1, n_2 较大，故合并样本率为

$$p = \frac{x_1 + x_2}{n_1 + n_2} = \frac{15 + 19}{134 + 110} = 0.139$$

则 U 变量的样本值为

$$u = \frac{0.112 - 0.173}{\sqrt{0.139 \times 0.861 \times (1/134 + 1/110)}} = -1.371$$

按双侧检验，则该值对应的小概率为（利用 MATLAB 函数）

$$P = 2 \times \text{normcdf}(-1.371) = 0.1704 \gg 0.05$$

故不能拒绝 H_0，即不能认为两个批次的产品次品率有显著差异。

2. 两个泊松分布均值的比较

设 $X_1 \sim \pi(\lambda_1)$ 和 $X_2 \sim \pi(\lambda_2)$ 是两个相互独立的泊松总体，在相同的观察单位下进行试验，

分别得到样本计数 x_1, x_2，若该样本取值较大（在实际中，一般要求 $x_1, x_2 \geqslant 30$），试对两泊松分布均值差异的显著性进行检验。

考虑到样本观测值较大，满足当作大样本处理的条件，故此仍然考虑按照近似正态分布来处理。在样本足够大时，虽然有 $X_1 \sim \pi(\lambda_1)$ 和 $X_2 \sim \pi(\lambda_2)$，但也可以得到

$$X_1 \sim N(\lambda_1, \lambda_1) \text{ 和 } X_2 \sim N(\lambda_2, \lambda_2) \tag{3-78}$$

对于相互独立的两个正态总体，其和与差仍然服从正态分布，于是得到

$$X_1 - X_2 \sim N(\lambda_1 - \lambda_2, \lambda_1 + \lambda_2) \tag{3-79}$$

将其根据 $u = \dfrac{x - \mu}{\sigma}$ 进行标准化，得到

$$U = \frac{(X_1 - X_2) - (\lambda_1 - \lambda_2)}{\sqrt{\lambda_1 + \lambda_2}} \sim N(0,1) \tag{3-80}$$

考虑到泊松分布可以改变观测单位，所以在实际应用时，常常把样本计数看作样本均值来处理，加上 X_1, X_2 较大，可用 X_1, X_2 来近似代替 λ_1, λ_2。当零假设 $H_0 : \lambda_1 = \lambda_2$ 成立时，则得到近似的统计量 U

$$U = \frac{X_1 - X_2}{\sqrt{X_1 + X_2}} \sim N(0,1) \tag{3-81}$$

有时候样本数 X_1 和 X_2 的含义会发生改变，如它们有可能分别是进行 n_1 次重复的总计数和 n_2 次重复的总计数，在这种情况下，就需要计算出平均值 $\overline{X}_1 = \dfrac{X_1}{n_1}$ 和 $\overline{X}_2 = \dfrac{X_2}{n_2}$，再代入使用，得到新的标准正态变量，如下：

$$U = \frac{\overline{X}_1 - \overline{X}_2}{\sqrt{\dfrac{\overline{X}_1}{n_1} + \dfrac{\overline{X}_2}{n_2}}} \sim N(0,1) \tag{3-82}$$

由此进行检验。

例 14 抽测两种品牌的瓶装纯净水，甲品牌 5 瓶，乙品牌 4 瓶，以 1ml 为抽检单位，培养出的大肠杆菌数分别为 25 个和 28 个，试检验两个品牌纯净水所含菌数的差异显著性。

解 两种水中菌数都服从泊松分布，分别记为 $X_1 \sim \pi(\lambda_1)$；$X_2 \sim \pi(\lambda_2)$．根据题意，可知

$$n_1 = 5, n_2 = 4, \quad x_1 = 25, x_2 = 28$$

做出零假设和备择假设

$$H_0 : \lambda_1 = \lambda_2; \ H_1 : \lambda_1 \neq \lambda_2$$

在零假设成立时，有

$$U = \frac{\overline{X}_1 - \overline{X}_2}{\sqrt{\dfrac{\overline{X}_1}{n_1} + \dfrac{\overline{X}_2}{n_2}}} = \frac{25/5 - 28/4}{\sqrt{5/5 + 7/4}} = -1.2060$$

按双侧检验，则该值对应的小概率为（利用 MATLAB 函数）

$$P = 2 \times \text{normcdf}(-1.2060) = 0.2278 \gg 0.05$$

故不能拒绝 H_0，即不能认为两个品牌的纯净水中大肠杆菌数有显著差异。

第三节　非参数检验

在前面的各种检验中，几乎都是先假定总体服从正态分布，然后再根据样本数据对总体分布参数进行检验，这是一种理想状态的假设检验。在实际问题中，很多时候是不能预知总体服从何种分布的，这就需要根据样本对总体分布属于哪一种类型进行检验，这是关于分布类型的假设检验问题，而不再是关于分布中参数的假设问题。在数理统计中，不依赖于分布的统计方法称为非参数统计方法，主要包括拟合优度检验、独立性检验、符号检验、秩和检验、秩相关检验、游程检验等。

拟合优度检验是常用的一种总体分布类型的检验方法，它通常用来对实测数据和理论假设的一致性进行检验。例如，每天下班到幼儿园接孩子的家长中，对女同志人数进行了统计，检验该人数是不是符合二项分布。将这个概念表达成一般形式的检验问题，则有

$$H_0 : F(x) = F(x); H_1 : F(x) \neq F(x)$$

其中，$F(x)$ 为总体 X 的未知分布函数，$F_0(x)$ 为某已知的分布函数，$F_0(x)$ 中可以含有未知参数，也可以不含有未知参数，其具体形式可根据总体的意义、样本的经验分布函数、直方图等确定。对这种问题常用卡方来处理（也可以使用柯尔莫果洛夫方法）。

独立性检验也是一种常用的非参数检验方法，通常用来处理列联表形式的调查数据，如对某种药物的效果与用药方式进行调查，又如某种学习方法对成绩提高的影响等的研究。这种问题常常以行列表的形式出现，其检验通常也是使用卡方，和前边的拟合优度检验的方法一样。

符号检验是根据成对数据差值的正负号进行检验的一种方法，常常用于医学研究中，可根据配对资料检验两个连续型总体分布的差异。其基本思路是先确定每对数据差的正负号，将数据信息转化为 "+" "−" 两种符号的序列分布。如果两个总体的分布相同，那么这两种符号出现的概率应该相同。即便是考虑试验观察的误差，正负号出现的次数相差也不应该太大，如果太大，就可以考虑拒绝 "两个总体服从相同分布"，即总体分布和用户所确定的分布不一致，总体不能使用用户给出的分布来描述。

秩和检验的基本思想是，如果两个总体分布相同，那么从两个总体中分别抽取样本，将样本数据 "混" 在一起，则两个样本的数据应该 "混合" 得比较均匀。若将混合数据按大小排序，则两个样本的数据应该均匀地交错出现。如果一个样本的数据在排序中集体过分靠前或者过分靠后，则说明原来的总体分布并不一样。秩和检验的具体实施，以威尔库克森方法为主。

秩相关检验是指将相关系数作为处理工具，应用到秩数据的具体处理中。这种方法常常应用在医学中，设随机变量 X 和 Y，将数据自小到大排序后，分别确定其秩，则 X 的秩和 Y 的秩可能相同或不同，二秩的差值也度量了 X 和 Y 取值秩次的一致性。

游程检验针对的是具有两点分布结果的变量，将观察序列按顺序排好，以中位数为参考，小于中位数的记为 0，大于等于中位数的记作 1，这样得到的观测序列中就只包含 0，1 两个元素，且元素的出现次序与连续出现的次数等就可作为考察的对象。直观地讲，若给定的样本是随机的，则对应于样本的 0～1 序列中，游程的总数不会太大，也不会太小，假如出现太大或者太小的情况，则说明有问题，不符合假设。

一、拟合优度检验

（一）拟合优度检验的基本原理

细分起来，拟合优度检验又可划分为两种不同的检验形式：一种是检验总体是否服从某种已知分布，如做放射性观测试验，每隔一段时间，观察放射性物质到达计数器的粒子数目，得到一批数据，问这是否符合泊松分布。另一种则是检验实际观测频数与理论频数的吻合度，最典型的例子是孟德尔豌豆杂交试验中，四种豌豆数（圆形黄色豆，圆形绿色豆，皱皮黄色豆，皱皮绿色豆）与理论比例 $9：3：3：1$ 的吻合程度。两种形式本质上还是一个问题，即理论和实践的一致性检验问题。

对于第一种形式，检验问题常常描述为：设总体 X 的分布未知，$x_1, x_2, \cdots, x_n$ 是来自样本的观察值，检验假设

H_0：总体 X 的分布函数为 $F(x)$

H_1：总体 X 的分布函数不是 $F(x)$

这里，要求 $F(x)$ 中没有未知参数，具体的情况下，$F(x)$ 也可以是分布律或者概率密度。

这类问题通常采用如下的思想进行解决：在 H_0 假设下，首先将 X 的全体 Ω 划分为互不相交的 k 个子集 $A_1, A_2, \cdots, A_k$，则样本观察值 $x_1, x_2, \cdots, x_n$ 中落在子集 A_i 中的个数 O_i 可以通过试验确定；其次，由于分布函数已知（已经假设 H_0 成立），则理论上对应于子集 A_i 的理论观测值 T_i，也可以通过计算得到，设 $x_1 + x_2 + \cdots + x_n = n$，设子集 A_i 对应的概率为 p_i，则 $T_i = np_i$；最后，若 H_0 为真，则对于每一个子集 A_i，在其上的理论值 T_i 与观测值 O_i 之间的差异 $|O_i - T_i|$ 不应太大，各子集的差异和 $\sum|O_i - T_i|$ 也不应太大，太大了则说明观测值和理论值之间差异不是由偶然因素造成的，而是由必然因素造成的，从而认为总体 X 的分布函数不是 $F(x)$。

在具体操作时，常常按照如下的步骤进行。

（1）分组：将总体分成 k 组。例如，对于正态分布的数据，划分为几个不同的区间，以每组的组限界定该组的范围。

（2）确定分组概率：根据分布函数、密度函数等，计算每个理论划分组对应的概率，设为 p_i。

（3）检数：将样本观察值分配到对应的分组中，记录每组中的观察值个数，记为 O_i，总数 $n = \sum_{i=1}^{k} O_i$。

（4）确定理论数：根据理论分组对应的概率 p_i，计算每组中和观察值 O_i 对应的理论值 T_i，$T_i = np_i$。

（5）判断观测值 O_i 和理论值 T_i 之间总的差异程度。常用的统计量为

$$\sum_{i=1}^{k} \frac{(O_i - T_i)^2}{T_i} \sim \chi^2(k-1) \tag{3-83}$$

在进行拟合优度检验时，还需要注意以下事项：① O_i，T_i 是分组中第 i 个分组的实际频数和理论频数，其使用条件是 $n \to \infty$，在实际中，一般取 $n \geqslant 50$。②当自由度 df $=1$ 时，若检验的结果是接受 H_0，则不必进行连续性矫正；若恰好是拒绝 H_0，此时建议做连续性矫正，

即使用式（3-84）进行检验。③计算得到的理论值 T_i 不能太小，在实际应用中，应该满足 $T_i \geq 5$，若经过计算出现了 $T_i < 5$，则需要将该分组与邻组进行合并，直到满足 $T_i \geq 5$，合并分组后，以新的分组数 k 作为最终分组数。④在检验计算前，若需要进行参数估计，记参数估计的个数为 a，则检验中的 $\mathrm{df} = k - a - 1$。

$$\chi^2 = \sum_{i=1}^{k} \frac{(|O_i - T_i| - 0.5)^2}{T_i} \sim \chi^2(1) \tag{3-84}$$

例 15 在某次测定铀放射性试验中，观察到达计数器上的 α 粒子，在总共 100 次观测中，粒子数 X 的记录结果如表 3-9 所示。问粒子数 X 是否在理论上服从泊松分布 $P\{X = i\} = \dfrac{\lambda^i \mathrm{e}^{-\lambda}}{i!}, i = 0,1,2,\cdots$？检验水平取 $\alpha = 0.05$。

表 3-9 铀放射性观测记录表

粒子数	0	1	2	3	4	5	6	7	8	9	10	11	≥ 12
出现次数	1	5	16	17	26	11	9	9	2	1	2	1	0

解 根据题意，得出假设检验问题，可具体描述为

$$H_0：粒子数总体 X 服从泊松分布 P\{X = i\} = \frac{\lambda^i \mathrm{e}^{-\lambda}}{i!}, i = 0,1,2,\cdots$$

由于拟合优度检验主要是检验观测值是否服从某一规律，并不针对总体参数进行检验，其结果无非就是服从或者不服从，因此在构造假设时，常常不需要提供具体参数值，而只写出是否符合即可，这样，只提供 H_0。有时为了简便，以 O 代表观测值、试验值，以 T 代表理论值，仍以 $H_0：O = T$ 形象化地表示零假设，而以 $H_1：O \neq T$ 表示备择假设。

在 H_0 中，参数 λ 并未具体给出，因此需要首先进行估计，由最大似然法，可估计出 $\hat{\lambda} = \bar{x} = 4.2$，根据前述的说明，可知，这里只估计了一个参数，记录被估计的参数个数 $a = 1$，以便于修订自由度。

在 H_0 假设下，X 的所有可能值为 $S = \{0,1,2,\cdots\}$，将 S 进行分组，分成互不相交的多组 A_1，$A_2,\cdots,A_{12}$，则每个分组对应的概率值也可计算出来：

$$\hat{p}_i = \hat{P}\{X = i\} = \frac{4.2^i \mathrm{e}^{-4.2}}{i!}, i = 0,1,2,\cdots$$

利用 MATLAB 进行计算，得到表 3-10 中的值。

表 3-10 χ^2 拟合优度检验计算表

分级	观测值 O_i	组概率 p_i	理论值 T_i	对 χ^2 的贡献
A_0	1 ⎫ 6	0.015 ⎫ 0.078	1.5 ⎫ 7.8	0.4154
A_1	5 ⎭	0.063 ⎭	6.3 ⎭	
A_2	16	0.132	13.2	0.5939
A_3	17	0.185	18.5	0.1216
A_4	26	0.194	19.4	2.2454
A_5	11	0.163	16.3	1.7233

续表

分级	观测值 O_i	组概率 p_i	理论值 T_i	对 χ^2 的贡献
A_6	9	0.114	11.4	0.5053
A_7	9	0.069	6.9	0.6391
A_8	2 ⎫	0.036 ⎫	3.6 ⎫	
A_9	1 ⎪	0.017 ⎪	1.7 ⎪	
A_{10}	2 ⎬ 6	0.007 ⎬ 0.065	0.7 ⎬ 6.5	0.0385
A_{11}	1 ⎪	0.003 ⎪	0.3 ⎪	
A_{12}	0 ⎭	0.002 ⎭	0.2 ⎭	

在计算各组概率后，通过 $T_i = np_i$ 得到各组的理论数。在这里，需要对初始分组的各个理论数进行检查，要确保其值不小于 5，这里在首尾都出现了理论数小于 5 的情形，以此对组进行合并，使之不小于 5，表中最后分组数实际为 8 组，即 $k=8$，即 $T=[7.8，13.2，18.5，19.4，16.3，11.4，6.9，6.5]$；当对理论值进行合并后，相应的观测值与组概率等也随之进行合并，得到新的观测值分组，即 $O=[6，16，17，26，11，9，9，6]$；计算各组的 χ^2 贡献率，求之和得到总的 $\chi^2=6.282$。根据 $df=k-a-1=6$，计算临界值为 $\chi^2_{0.05}(6)=12.59$，可知未超界，故接受 H_0。

例 16 在研究果蝇杂交的试验中，正常翅野生果蝇与残翅果蝇杂交一代表现正常，一代自交得到的二代中，正常翅与残翅的个数为 311：81，试检验该分离比符合孟德尔 3：1 的理论比。

解 根据题意，做出假设，H_0：正常翅与残翅分离比符合 3：1 孟德尔理论，

给定检验水平 $\alpha=0.05$。

由于题目中已经给出了各组的理论的分类标准，故按照正常与残翅分为 2 组，具体的计算列于表 3-11。

表 3-11 果蝇杂交遗传理论的拟合优度检验

计算项	正常翅膀	残翅	总数
观测值 O	311	81	392
分组概率 p_i	0.75	0.25	1
理论值 T	294	98	392
χ^2 贡献	0.983	2.949	3.932

根据分组数，可知 $k=2$，由于本次计算未进行参数估计，故记录参数估计个数的变量 $a=0$，检查计算表中的各个理论值，均未发现 $T_i<5$，故不需要进行分组合并，最终确定 $df=k-a-1=1$。计算在给定检验水平下的临界值，可知，$\chi^2_{0.05}(1)=\text{chi2inv}(1-0.05,1)=3.841$，$\chi^2=3.932>\chi^2_{0.05}(1)$，此时拒绝 H_0。

前文已经讲明，当自由度 $df=1$ 且计算结论为拒绝 H_0 时，需要进行连续性矫正。因此，其 χ^2 计算需要利用矫正公式计算，即

$$\chi^2 = \frac{(|O_i - T_i| - 0.5)^2}{T_i} = 0.9260 + 2.7781 = 3.7041 < \chi^2_{0.05}(1)$$

可知，检验结论是接受 H_0。

由上可知，当未加矫正时检验结论是接受了 H_0，则不必进行连续性矫正，因为连续性矫正的结果只能是使 χ^2 变小，其矫正结果仍然是接受 H_0；但当检验结果是拒绝 H_0 时，则需要进行矫正，尤其是刚刚超越临界值达到拒绝域时，因为此时矫正与否的结论可能完全相反。

（二）拟合优度检验的 MATLAB 实现

下面以正态分布为例，通过随机伪数据检验分布的一致性。首先，使用 normrnd 产生了正态分布 $N(10, 2)$ 数据，在计算过程中，调用 mle 进行参数估计，并计算其分布的理论值，最后进行 χ^2 检验。

```
miu = 10;sigma2 = 2;n = 30;
x = normrnd(miu,sigma2,n);
name = 'norm';alpha = 0.05;
GoodFitTest(name,x,alpha);
```

运行结果如下：

```
>>Untitled
    理论数中有 2 个数据小于 5,数据分组会实施组合并.
拟合优度检验零假设如下:
    H0:假设检验资料符合 norm 分布;H1:不符合.
计算报告:
    Chi2 = 11.214,CutOff = 18.307
    经检验,本次计算接受 H0,拒绝 H1.
>>
```

下面是检验实测数据与某种分布一致性的代码，主要是利用 mle 进行参数估计，再利用 cdf 计算分组间的概率，并得到理论值，最后依 χ^2 进行检验。

```
function[h] = GoodFitTest(name,x,alpha,nTrials)
% 函数名称:GoodFitTest.M
% 实现功能:实现皮尔逊拟合优度检验.
% 输入参数:本函数共有 4 个输入参数,含义如下:
%         :(1)name,字符串参数,用来输入各种分布的名称,比如泊松分布为
%         :'poiss'.具体各名称,参看 MATLAB 自带函数 pdf 帮助中的说明.
%         :(2)x,原始数据,矩阵或向量,要进行一致性检验,一般要求数据量
%         :至少 50 以上.
%         :(3)Alpha,检验水平,缺省默认 0.05
%         :(4)nTrials,变参数输入,专门针对二项分布的参数,总试验次数.
% 输出参数:本函数默认 1 个输出参数,请修改:
%         :(1)h,只有 0,1 两种结果,输出 1,表示接受 H1,输出 0,表示接受 H0.
% 函数调用:本函数实现功能需要调用 2 个子函数.
%         :(1)MakeGroupAndStatic,用来实现连续型分布数据的分组,统计各组内
%         :观测值,计算对应分组的概率、理论值、分组数.
%         :(2)ConsolidateData,根据理论值是否小于 5 来进行组合并.
% 参考资料:本函数所实现功能的更详细资料,请参阅参阅教材:
%         :(1)马寨璞,MATLAB 语言编程[M],电子工业出版社,2017.
% 原始作者:马寨璞,wdwsjlxx@163.com
% 创建时间:2016-03-16,15:52:03
```

```
% 原始版本:1.0
% 版权声明:未经作者许可,任何单位及个人不得以任何方式或理由对本代码进行
%         :网上传播、贩卖等.
% 实用样例:
%          (1)指数分布数据.
%             x = exprnd(10,10);name = 'exp';alpha = 0.01;
%             GoodFitTest(name,x,alpha)
%          (2)二项分布,MATLAB 对二项分布进行特别处理
%             nTrials = 20;p = 0.4;n = 30;x = binornd(nTrials,p,n);
%             x = x(:);name = 'bino';alpha = 0.05;
%             GoodFitTest(name,x,alpha,n)
%

% 检验必须要的参数个数
if nargin<2
    error('输入数据太少,未达到必须提供的数据');
end
% 检验分布类型
if ischar(name)
    names = {'beta','bino','chi2','exp','ev','f',...
    'gam','gev','gp','geo','hyge','logn',...
    'nbin','ncf','nct','ncx2','norm',...
    'poiss','rayl','t','unif','unid','wbl'};
    name = internal.stats.getParamVal(name,names,'TYPE');
    if strcmp(name,'bino') && nargin<4
        error('二项分布必须完整输入所有信息,包括总试验次数');
    end
else
    error('分布名称输入有误');
end
% 设定检验水平
if nargin<3||isempty(alpha)
    alpha = 0.05;%缺省时,默认检验水平0.05
elseif isscalar(MyAlpha)
    Alphas = [0.1,0.05,0.025,0.01,0.001];
    chk = ismember(MyAlpha,Alphas);
    if~chk
        error('输入的 alpha 检验水平数据不符合习惯!');
    end
else
    error('输入有误');
end
%参数估计,产生各个分布的参数,计算了对应的理论值,放入 T
x = x(:);%转为向量
if~strcmp(name,'bino')
    phat = mle(x,'distribution',name);
else
    phat = mle(name,x,alpha,nTrials);%专门处理二项分布
end
nEstm = length(phat);
switch lower(name)
    case{'bino','exp','poiss','t','geo','rayl','unid'}
```

```
            a = phat(1);
            [O,T] = MakeGroupAndStatic(name,x,a);
            if strcmp(name,'bino')
                b = nTrials;
                [O,T] = MakeGroupAndStatic(name,x,a,b);
            end
        case{'gev','gp','hyge','ncf'}
            a = phat(1);b = phat(2);c = phat(3);
            [O,T] = MakeGroupAndStatic(name,x,a,b,c);
        otherwise
            a = phat(1);b = phat(2);
            [O,T] = MakeGroupAndStatic(name,x,a,b);
end
% 对于理论数小于 5 的组进行合并
nSign = T<5;
if sum(nSign,2)> = 1
    fprintf('\t 理论数中有%d 个数据小于 5,数据分组会实施组合并.\n',...
        sum(nSign,2));
    [O,T,k] = ConsolidateData(O,T);
else
    k = length(T);
end
fprintf('拟合优度检验零假设如下:\n');
fprintf('\tH0:假设检验资料符合%s 分布;H1:不符合.\n',name);
df = k-nEstm-1;%确定自由度
if df>1
    chi2 = sum(((O-T).^2./T),2);
elseif 1 = = df
    chi2 = sum((abs(O-T)-0.5).^2./T,2);
end
CutOff = chi2inv(1-alpha,df);
fprintf('计算报告:\n\tChi2 = %7.3f,CutOff = %7.3f\n',chi2,CutOff);
if chi2< = CutOff
    fprintf('\t 经检验,本次计算接受 H0,拒绝 H1.\n');h = 0;
else
    fprintf('\t 经检验,本次计算接受 H1,拒绝 H0.\n');h = 1;
end
```

在进行拟合优度检验时，对观测数据进行适当的分组是必要的，下述的 MakeGroup AndStatic 函数，首先对输入数据进行了分组（分组数控制在 5～15 组），统计每组中的频数，并据此依据期望检验的分布，分别计算了各分组频数对应的理论值，最后将统计频数与理论值返回。该函数作为前述 Good Fit Test 函数的子函数被调用。

```
function[varargout] = MakeGroupAndStatic(name,x,varargin)
% 函数名称:MakeGroupAndStatic.M
% 实现功能:根据给定数据进行合理分组,并统计各组数据个数,以及对应理论数.
% 输入参数:本函数共有 3 个输入参数,含义如下:
%         :(1)name,用来指明分布的类型,如泊松分布的'poiss'.
%         :(2)x,调查数据矩阵或向量.
%         :(3)varargin,用来输入各分布对应的参数,统一以 a,b,c 表示.
% 输出参数:本函数默认 1 个输出参数:
%         :(1)varargout,包含 2 个参数,按顺序分别为:观测值,理论值
```

```
% 函数调用:本函数实现功能不需要调用子函数.
% 参考资料:本函数所实现功能的更详细资料,请参阅参阅教材:
%            :(1)马赛璞,MATLAB语言编程[M],电子工业出版社,2017.
% 原始作者:马赛璞,wdwsjlxx@163.com
% 创建时间:2016-04-01,18:47:35
% 原始版本:1.0
% 版权声明:未经作者许可,任何单位及个人不得以任何方式或理由对本代码
%            :进行网上传播、贩卖等.
% 实用样例:
%
% 参数设置
if nargin<5
    c = 0;
else
    c = varargin{3};
end
if nargin<4
    b = 0;
else
    b = varargin{2};
end
if nargin<3
    a = 0;
else
    a = varargin{1};
end
x = x(:);%统一按向量处理
% 初步根据样本含量确定分组数k
n = length(x);nGroups = ceil(sqrt(n));
if nGroups<5,nGroups = 5;end
if nGroups>15,nGroups = 15;end
% 求极差与分组跨距
xBig = ceil(max(x));xSmall = floor(min(x));
R = ceil(xBig-xSmall);
groupWidth = R/nGroups;%group width
% 确定分组的上下限
xiShu = 1:nGroups;
groupLowerLimit = xSmall+(xiShu-1)*groupWidth;
groupTopLimit = xSmall+xiShu*groupWidth;
groups = [groupLowerLimit',groupTopLimit'];
% 统计频数
nFreq = zeros(1,nGroups);
for ik = 1:nGroups
    % number less than right limit
    if ik == nGroups
        nLTRightLimit = x<= groups(ik,2);
    else
        nLTRightLimit = x<groups(ik,2);
    end
    nLTRightLimit = sum(nLTRightLimit);
    % number less than left limit
    nLTLeftLimit = x<groups(ik,1);
```

```
        nLTLeftLimit = sum(nLTLeftLimit);
        nFreq(ik) = nLTRightLimit-nLTLeftLimit;
end
if(sum(nFreq)~ = n),
        error('统计数据不符合数据含量');
end
stem(nFreq),set(gcf,'color','w');
% 各组对应的概率 p 和理论数据
switch name
    case{'bino'}
        groupProb = binocdf(groups,b,a);
    otherwise
        groupProb = cdf(name,groups,a,b,c);%各组对应的概率
end
pGroup = groupProb(:,2)-groupProb(:,1);
nTheory = n*pGroup;
% 下面的输出中,nFreq 相当于观测值,nTheory 相当于理论值,nGroups 是分组数
varargout = {nFreq,nTheory'};
```

在进行拟合优度检验时，当理论数据小于 5 时，常常遇到进行组合并，与此对应的观测分组也需要进行合并，下面是实现数据合并的通用函数，在进行拟合优度检验时，该函数作为前述 GoodFitTest 函数的子函数被调用。

```
function[varargout] = ConsolidateData(obs,theory)
% 函数名称:ConsolidateData.M
% 实现功能:对输入的数据进行数据检测,然后合并小于 5 的理论数和对应的频数,
%          :主要用于拟合优度检验.
% 输入参数:本函数共有 2 个输入参数,含义如下:
%          :(1)obs,某次试验得到的观测值,以向量形式输入.
%          :(2)theory,与观测值相对应的理论值,以向量形式输入.
% 参数释义:本函数默认 1 个输出参数,请修改:
%          :(1)varargout,输出参数,包含 3 个参数,分别是处理后的观测数据 obs
%          :和组合并后的对应理论数 theory,以及新数据长度 k.
% 参考资料:本函数所实现功能的更详细资料,请参阅参阅教材:
%          :(1)马寨璞,MATLAB 语言编程[M],电子工业出版社,2017.
% 原始作者:马寨璞,wdwsjlxx@163.com
% 创建时间:2016-03-30,14:44:08
% 原始版本:1.0
% 版权声明:未经作者许可,任何单位及个人不得以任何方式或理由对本代码进行
%          :网上传播、贩卖等.
% 实用样例:
%        obs = [1,5,16,17,26,11,9,9,2,1,2,1]
%        theory = [1.4996,6.2981,13.2261,18.5165,19.4424,16.3316,...
%        11.4321,6.8593,3.6011,1.6805,0.7058,0.2695]
%        [o,t,k] = ConsolidateData(obs,theory)
%
if nargin~ = 2
    error('要求输入观测值和对应的理论计算值,共 2 个数据参数');
else
    nObs = length(obs);nTher = length(theory);
    if nObs~ = nTher,error('输入数据不匹配');end
    obs = obs(:)';%按行向量输出,方便检查
```

```matlab
    theory = theory(:)';
end
% 顺序求累积和,a2z,即 from a to z,意从头到尾
a2zCumSum = cumsum(theory);                          %求累积和
a2zBigThan5 = a2zCumSum> = 5;                         %找出大于等于5的
a2zLessThan5 = not(a2zBigThan5);                      %小于5的
a2zCumSum(a2zCumSum<5) = [];                          %小于5的去掉
startEle4Theory = a2zCumSum(1);                       %取大于等于5的第一项,即和值
AddToFirstObs = sum(a2zLessThan5.*obs,2);             %对应观测的处理
% 理论值顺序颠倒一下,然后同上处理
z2aCumSum = cumsum(fliplr(theory));          %颠倒
z2aBigThan5 = z2aCumSum> = 5;
z2aCumSum(z2aCumSum<5) = [];
z2aBigThan5 = fliplr(z2aBigThan5);
endEle4Theory = z2aCumSum(1);
z2aLessThan5 = not(z2aBigThan5);
AddToLastObs = sum(z2aLessThan5.*obs,2);
% 实现合并返回结果,处理理论值
xiShu = xor(a2zBigThan5,z2aBigThan5);
theory = theory-xiShu.*theory;
theory(theory = = 0) = [];
theory(1) = startEle4Theory;
theory(end) = endEle4Theory;
% 处理对应的观测值
obs = obs-xiShu.*obs;
obs(obs = = 0) = [];
obs(1) = obs(1)+AddToFirstObs;
obs(end) = obs(end)+AddToLastObs;
k = length(obs);
varargout = {obs,theory,k};
```

在上面的 Consolidate Data 函数中,采用了向量化的批处理编程方法,和逐一对元素进行循环处理相比,效率要高。下面是使用传统循环方式查找要合并的数据组,两种形式都能完成任务,达到目的。代码仅供喜欢编程的读者参考。

```matlab
function[newOs,newTs,newL] = DataMerge(oldObs,oldTheos)
% 函数名称:DataMerge.M
% 实现功能:对输入的数据进行数据检测,然后合并小于5的理论数和对应的频数,
%          :主要用于拟合优度检验.
% 输入参数:有2个参数,分别是观测数据和对应的理论数
%          :(1)oldObs,原始观测值数据,数据向量.
%          :(2)oldTheos,组合合并前的理论数据,数据向量.
% 输出参数:有3个参数,分别是观测数据和对应的理论数修改后的结果,以及新组数
%          :(1)newOs,观测数据合并后的结果.
%          :(2)newTs,理论数据合并后的结果.
%          :(3)newL,合并组后新数据的分组数.
% 参考教材:(1)马赛璞,MATLAB 语言编程[M],电子工业出版社,2017.
% 使用样例:
%          m = [1,5,16,17,26,11,9,9,2,1,2,1];
%          np = [1.4996,6.2981,13.2261,18.5165,19.4424,16.3316,...
%             11.4321,6.8593,3.6011,1.6805,0.7058,0.2695];
%          [x,y,L] = DataMerge(m,np)
```

```
%
n = length(oldObs);
nHalf = round(n/2);
% 前部数据
aPos = 0;sy = 0;sy1 = 0;sx = 0;sx1 = 0;
for ip = 1:nHalf
    sy = sy+oldTheos(ip);
    sx = sx+oldObs(ip);
    if sy> = 5
        aPos = ip;sy1 = sy;sx1 = sx;break;
    end
end
% 后部数据
zPos = 0;sy = 0;sy2 = 0;sx = 0;sx2 = 0;
for ip = n:-1:nHalf
    sy = sy+oldTheos(ip);sx = sx+oldObs(ip);
    if sy> = 5
        zPos = ip;sy2 = sy;sx2 = sx;break;
    end
end
%实施处理,先处理序号靠后边的数据,后处理序号开始的数据
if~isempty(zPos)&&zPos>0%靠后的序号
    oldTheos(zPos) = sy2;
    oldTheos(zPos+1:end) = [];
    oldObs(zPos) = sx2;
    oldObs(zPos+1:end) = [];
else
    error('理论数均小于5,输入数据可能有问题,请选用精确检验方法!');
end
if~isempty(aPos)&&aPos>0%靠前的序号
    oldTheos(aPos) = sy1;
    oldTheos(1:aPos-1) = [];
    oldObs(aPos) = sx1;
    oldObs(1:aPos-1) = [];
else
    error('理论数均小于5,输入数据可能有问题,请选用精确检验方法!');
end
newOs = oldObs;
newTs = oldTheos;
newL = length(newOs);
```

前面已经讲明，χ^2检验不仅可以用来检验总体分布，还可以检验各种实际频数与理论频数的吻合度，下面给出吻合度检验方法的示例代码。

```
function[h] = FreqDataMatchTest(x,p,MyAlpha)
% 函数名称:FreqDataMatchTest.M
% 实现功能:进行拟合优度检验,检验实际频数与理论频数的一致性.
% 输入参数:本函数共有4个输入参数,含义如下:
%         :(1)x,观测数据,向量
%         :(2)p,观测数据对应的份额比例数,向量
%         :(3)MyAlpha,检验水平,缺省默认0.05
% 输出参数:本函数默认1个输出参数:
```

```
%             :(1)h,取值为1或0,取1表示接受H1,拒绝H0,反之亦然.
% 参考资料:本函数所实现功能的更详细资料,请参阅参阅教材:
%             :(1)马寨璞,MATLAB 语言编程[M],电子工业出版社,2017.
% 原始作者:马寨璞,wdwsjlxx@163.com
% 创建时间:2016-03-31,09:24:28
% 原始版本:1.0
% 版权声明:未经作者许可,任何单位及个人不得以任何方式或理由对本代码进行
%             :网上传播、贩卖等.
% 实用样例:
%             x = [315,108,101,32];
%             p = [9,3,3,1];
%             h = FreqDataMatchTest(x,p)
%
if nargin<2
    error('缺少必要的参数');
elseif length(x)~ = length(p)
    error('x 与 p,输入数据个数不匹配');
end
% 设定检验水平
if nargin<3||isempty(MyAlpha)
    MyAlpha = 0.05;%缺省时,默认检验水平0.05
elseif isscalar(MyAlpha)
    alphas = [0.1,0.05,0.025,0.01,0.001];
    aDiffs = abs(alphas-MyAlpha);
    if sum((aDiffs<eps),2)~ = 1
        fprintf('检验水平:alpha = %5.3f\n',MyAlpha);
        error('检验水平不符合习惯! ');
    end
else
    error('输入的检验水平不满足数据类型');
end
% 判断满足各种条件:数据总量控制审核
xSum = sum(x,2);
if xSum<50
    error('要确定满足某种分布,一般要求数据总量 n> = 50');
end
% 判断满足各种条件:总体率输入数据审核
p = p(:)';%统一转为行向量处理
lt0 = p<0;%有负值吗?
if sum(lt0,2)>0
    error('份额数据不能为负值');
elseif sum((p>1),2)>1%份额比例数类似 9:3:3:1
    p = p/sum(p,2);
elseif sum(p,2)<1%份额比例数小于 1,
    error('份额数据总和小于 1,不符合实际');
end
% 判断满足各种条件:理论数据审核,不小于 5
tvs = xSum*p;%theoretical value
lt5 = tvs<5;
if sum(lt5,2)>0
    [x,tvs,k] = ConsolidateData(x,tvs);
else
```

```
    k = length(x);%k 为最终合并后的分组数
end
% 判断满足各种条件:自由度等于 1 时进行矫正
df = k-1;
if 1 = = df
    dist = abs(x-tvs);
    chi2 = sum((dist-0.5).^2./tvs,2);
else
    dist = x-tvs;
    chi2 = sum(dist.^2./tvs,2);
end
% 判别
CutOff = chi2inv(1-MyAlpha,df);
fprintf('零假设:\n\tH0:假设实际频数与理论频数一致\n');
fprintf('备择假设:\n\tH1:不一致\n');
fprintf('计算参数:\n\tChi2 = %6.3f,CutOff = %6.3f\n 结论:\n',chi2,CutOff);
if chi2< = CutOff
    fprintf('\t 经检验,本次计算接受 H0,拒绝 H1.\n');
    h = 0;
else
    fprintf('\t 经检验,本次计算接受 H1,拒绝 H0.\n');
    h = 1;
end
```

例 17 生物学家孟德尔用黄圆豌豆和绿皱豌豆进行杂交试验,得到的 4 种豌豆,数目列于表 3-12,按照古典遗传理论,应该满足 $9:3:3:1$,试检验是否符合。

表 3-12 孟德尔豌豆杂交试验测定数据

豆分类	黄圆豌豆	绿圆豌豆	黄皱豌豆	绿皱豌豆	合计
频数	315	108	101	32	556
总体率	p_1	p_2	p_3	p_4	1

解 根据计算函数对数据的要求,整理计算如下。

```
x = [315,108,101,32];
p = [9,3,3,1];
h = FreqDataMatchTest(x,p)
>>
>>Untitled
零假设:
    H0:假设实际频数与理论频数一致
备择假设:
    H1:不一致
计算参数:
    Chi2 = 0.470,CutOff = 7.815
结论:
    经检验,本次计算接受 H0,拒绝 H1.
h =
    0
>>
```

二、独立性检验

（一）独立性检验原理与步骤

列联表是用于多重分类的一种频数数据表，也是离散型数据的常用表格形式，常见的列联表中，行和列各表示不同的属性，一般的，对于具有 r 行 c 列的表格，称为 $r×c$ 列联表。当行列数都是 2 时，是最为简单的列联表，称为四格表。例如，为了调查吸烟与慢性支气管炎的关系，对 339 名 50 岁以上公民进行了调查，结果如表 3-13 所示。

表 3-13 吸烟与慢性气管炎患病关系数据调查

吸烟状况	慢性气管炎患者	未患慢性气管炎者	合计
吸烟	43	162	205
不吸烟	13	121	134
合计	56	283	339

那么，通过调查数据表，如何怎样才能确定吸烟与慢性气管炎有无影响呢。

像这类问题，可通过独立性检验来确定"因"与"果"之间的关系。列联表的独立性检验，主要是依据随机事件的独立性进行的，更确切地讲，独立性检验是通过检验表中的行指标与列指标之间的独立性，从而得到一些有意义的结论，仍以上面的列表为例，具体说明如下。

要想确定吸烟状况与慢性气管炎之间是否存在因果（或者其他）关系，可以把吸烟看作"因"，把慢性气管炎看作"果"。到目前为止，其实并没有可以直接使用的理论确定"因"与"果"之间的关系。在实际工作中，像这样没有明确计算公式表达的理论还有很多。要想利用 χ^2 进行检验，按照上一节所学知识，至少要有与观测值 O_i 相对应的理论数 T_i，而要得到理论数 T_i，就需要通过 $T_i = np_i$ 计算得到，这里的 n 是观察值总和，可通过合计得到，如表 3-13 中的 339。若把每一个观察值看作一组（即表格中的每一格），如表中观测数据 43 就是一组，则 p_i 就是该组对应的概率。但因为观测数据之间明确可用于计算的理论尚不清楚，所以无法计算该组对应的概率 p_i，但我们知道，若设定如下的概率事件：$A = \{慢性气管炎患者\}$；$\overline{A} = \{未患慢性气管炎者\}$；$B = \{吸烟\}$；$\overline{B} = \{不吸烟\}$。

则表中的观察值及其对应的事件标注如表 3-14 所示。

表 3-14 吸烟与慢性气管炎疾病调查数据

吸烟状况	慢性气管炎患者 A	未患慢性气管炎者 $\overline{A}$	合计
吸烟 B	AB （43）	$\overline{A}B$ （162）	205
不吸烟 $\overline{B}$	$A\overline{B}$ （13）	$\overline{A}\overline{B}$ （121）	134
合计	56	283	339

要确定数据组 43 对应的概率，从对应表可以看出，实际就是确定积事件 AB 对应的概率。我们知道，积事件 AB 的概率 $P(AB)$，若按照尚无法确定的理论去考虑，将无法计算，但若做

这样的假设：假设事件 A 和事件 B 相互独立，则根据独立性的定义，可以通过 $P(AB) = P(A)P(B)$ 计算得到，因为 $P(A)$ 与 $P(B)$ 可以通过频率计算得到。例如，表 3-14 中的 $P(A) = \dfrac{56}{339}$，$P(B) = \dfrac{205}{339}$，则

$$P(AB) = P(A)P(B) = \frac{56}{339} \times \frac{205}{339} = \frac{56 \times 205}{339^2} = 0.0999$$

需要注意的是，这样计算积事件 AB 的概率 $P(AB)$，是需要"事件 A 和事件 B 相互独立"这个条件的，因此需要做出 A、B 独立的假设。

我们再来思考一下"事件 A 和事件 B 相互独立"蕴含的本质意义，事件 A 和事件 B 相互独立，在本例中即指吸烟与慢性气管炎患者无关，换个说法，即吸烟与否对患慢性气管炎没有影响，吸烟与否不对患慢性气管炎起作用，而这就是我们调查这组数据的初衷、目的：本就希望弄清楚两者之间的关系。若经过检验，结论是否定"事件 A 和事件 B 相互独立"这个假设，则说明事件 A 和事件 B 之间相关，即抽烟与患慢性气管炎有关，这也回答了调查这组数据的初衷、目的。因此，从本质上讲，独立性检验，更应该叫作"检验独立性"，即通过检验"因"与"果"的独立性，通过"因与果之间处于独立或相关"所蕴含的本质，来得到所需的结论。

根据以上分析，则进行检验的方法原理与步骤也就明确了，一般来说，按照如下步骤进行。

（1）做出假设：认为事件 A 和 B 相互独立。如上述例中，若 A、B 之间相互独立，则认为观测值与理论推测值之间无差异，为了符合检验的步骤，这里仍然以 $O = T$ 表示，即 $H_0 : O = T$，$H_1 : O \neq T$。

（2）确定分组概率：根据零假设，则积事件 AB 的概率，可通过 A 和 B 的概率计算得到，这里每一组数据，本质上都对应着一个积事件，上例中，第一组数据 43 对应的是 A 事件（慢性气管炎患者）与 B 事件（抽烟）同时发生的情形。根据独立性的几个公式，可分别确定各组对应积事件的概率。

$$P(AB) = P(A)P(B) \tag{3-85}$$

$$P(\overline{A}B) = P(\overline{A})P(B) \tag{3-86}$$

$$P(A\overline{B}) = P(A)P(\overline{B}) \tag{3-87}$$

$$P(\overline{A}\,\overline{B}) = P(\overline{A})P(\overline{B}) \tag{3-88}$$

（3）计算各组观测值对应的理论数 T_i：根据观测值总和，按照上述确定的概率，计算各组的理论数，具体如下。

$$T_1 = nP(A)P(B) = 339 \times \frac{56}{339} \times \frac{205}{339} = \frac{56 \times 205}{339} = 33.86$$

$$T_2 = nP(\overline{A})P(B) = 339 \times \frac{283}{339} \times \frac{205}{339} = \frac{283 \times 205}{339} = 171.14$$

$$T_3 = nP(A)P(\overline{B}) = 339 \times \frac{56}{339} \times \frac{134}{339} = \frac{56 \times 134}{339} = 22.14$$

$$T_4 = nP(\overline{A})P(\overline{B}) = 339 \times \frac{283}{339} \times \frac{134}{339} = \frac{283 \times 134}{339} = 111.86$$

归纳上述计算可知，列联表中各组的理论数，实际上等于各积事件数据所在行之和与所在列之和的积，再除以总数即可。如 T_3 对应的事件是 A 和 $\bar{B}$ 的积事件 $A\bar{B}$，则其理论数应该等于 $A\bar{B}$ 事件所在的列之和 56 与其行之和 134 相乘，再除以总数 339 即可。

（4）统计量：一般来说，各组的观测值 O_i 与本组的理论值 T_i 之间的差异不应太大，各组差异之总和也不应太大。据此，若差异总和太大，则认为零假设有问题，从而拒绝 H_0，即 A 和 B 之间有关联，两者之间有影响。

$$\chi^2 = \sum_{i=1}^{k} \frac{(O_i - T_i)^2}{T_i} \sim \chi^2(df), \ df = (r-1) \times (c-1) \tag{3-89}$$

（5）自由度：若列联表的行数为 r，列数为 c，则该表进行 χ^2 检验时对应的自由度为 $df = (r-1) \times (c-1)$，即行列数各自减 1 后相乘，之所以行列数都减 1，是因为每一行和每一列中各组的理论数都受到该行或列的总数的约束。和拟合优度检验一样，当自由度 $df = 1$ 时，若检验的结论是拒绝 H_0，则需要进行连续性矫正，反之若检验结论是接受 H_0，则不必进行矫正。

（6）列联表的独立性检验和拟合优度检验一样，对每一组对应的理论数都有要求，即理论数不得小于 5。当理论数小于 5 时，因为无法按照拟合优度检验那样进行合并组计算，所以必须采用其他的方法实现检验计算。一般来说，都是采用精确计算概率进行检验。

例 18 对于上述样例数据进行独立性检验。

解 （1）做假设：假设吸烟与患慢性气管炎相互独立，为了与一般假设检验的书写表达一致，也以观测值和理论值之间的相等与否形象地表示，即 $H_0 : O = T$。

（2）设定检验水平：给定 $\alpha = 0.05$。

（3）确定自由度：$df = (r-1)(c-1) = 1$。

（4）列表（表 3-15）计算理论数。

表 3-15 例 18 独立性检验计算列表

吸烟状况	慢性气管炎患者 A	未患慢性气管炎者 $\bar{A}$	合计
吸烟 B	$O_1 = 43$ $T_1 = \dfrac{56 \times 205}{339} = 33.86$	$O_2 = 162$ $T_2 = \dfrac{283 \times 205}{339} = 171.14$	205
不吸烟 $\bar{B}$	$O_3 = 13$ $T_3 = \dfrac{56 \times 134}{339} = 22.14$	$O_4 = 121$ $T_4 = \dfrac{283 \times 134}{339} = 111.86$	134
合计	56	283	339

（5）计算 χ^2 值。

$$\begin{aligned}
\chi^2 &= \sum_{i=1}^{4} \frac{(O_i - T_i)^2}{T_i} \\
&= \frac{(43 - 33.86)^2}{33.86} + \frac{(162 - 171.14)^2}{171.14} + \frac{(13 - 22.14)^2}{22.14} + \frac{(121 - 118.86)^2}{118.86} \\
&= 2.4672 + 0.4881 + 3.7732 + 0.0385 \\
&= 6.7671
\end{aligned}$$

（6）确定临界值： $\chi_\alpha^2 = \mathrm{chi2inv}(1-0.05,1) = 3.8415$ 。

（7）结论：因为 $\chi^2 > \chi_\alpha^2$ ，故拒绝 H_0 ，认为吸烟与患慢性气管炎之间不相互独立，即吸烟与患慢性气管炎之间有关联，吸烟能促进患慢性气管炎。

实际上，若取检验水平为 $\alpha = 0.01$ ，则临界值为 $\chi_{0.01}^2 = \mathrm{chi2inv}(1-\alpha,1) = 6.6349$ ，仍然存在 $\chi^2 > \chi_\alpha^2$ ，也就是说，在 $\alpha = 0.05$ 检验水平上，相关性显著，在 $\alpha = 0.01$ 检验水平上，达到了极显著，也即吸烟显著影响着患慢性气管炎。

（二）列联表的精确检验

在实际应用中，列联表表格中的数据常常是分类变量，进行独立性检验时，这些数据都被看作了离散型随机变量，但检验统计量所属的 χ^2 分布并不是离散型分布，而是一种连续型分布，由此计算得到的 χ^2 值，和 χ^2 统计量的连续型分布就存在一些偏离。为此，当 $n \geqslant 40$ ，且 $1 \leqslant T < 5$ 时，对于形如表 3-16 格式的 2×2 的列联表，建议使用连续性矫正的 χ^2 值，其具体计算如下。

表 3-16　2×2 列联表

	Y_1	Y_2	$O_{i\cdot}$
X_1	a	b	$a+b$
X_2	c	d	$c+d$
$O_{\cdot j}$	$a+c$	$b+d$	$n = a+b+c+d$

$$\chi^2 = \frac{n\left(|ad-bc|-0.5n\right)^2}{(a+b)(c+d)(a+c)(b+d)} \sim \chi^2(1) \tag{3-90}$$

当 $n < 40$ 时，或者 $T \leqslant 1$ 时，不宜采用 χ^2 检验，而要使用更为精确的计算方法，即 Fisher 精确检验法。其具体计算为

$$P = \frac{(a+b)!\,(c+d)!\,(a+c)!\,(b+d)!}{n!\,a!\,b!\,c!\,d!} \tag{3-91}$$

之所以称之为 Fisher 精确检验法，是因为按照检验的基本思想，当一次采样计算得到的概率 P 小于给定的检验水平 α 时，则按照小概率原理会拒绝 H_0 ，这种判断直接使用具体计算得到的概率 P 与检验水平作比较，所以称为精确检验。

当 H_0 假设成立时，列联表的行、列属性相互独立，总和 n 个元素中的每一个元素，都有相同的机会被分配到 a,b,c,d 位置上。或者说，都有相同的机会被分到表中行总数或者列总数的位置上。按照等可能的分配原则，则根据排列组合，可知：

将 n 拆成行和 $a+b$ 与 $c+d$ 的所有可能的方式个数为

$$C_n^{a+b} = C_n^{c+d} = \frac{n!}{(a+b)!\,(c+d)!} = A \tag{3-92}$$

将 n 拆成列和 $a+c$ 与 $b+d$ 的所有可能的方式个数为

$$C_n^{a+c} = C_n^{b+d} = \frac{n!}{(a+c)!\,(b+d)!} = B \tag{3-93}$$

类似的，将 n 拆成 a,b,c,d 的所有可能的方式个数为

$$\frac{n!}{a!\cdot b!\cdot c!\cdot d!}=C \tag{3-94}$$

则根据条件概率公式，在固定行和与列和的条件下，列联表中元素出现当前布置状态的概率为

$$P=\frac{C}{AB}=\frac{(a+b)!\,(c+d)!\,(a+c)!\,(b+d)!}{n!\cdot a!\cdot b!\cdot c!\cdot d!} \tag{3-95}$$

当计算得到的 $P>\alpha$ 时，认为该取样为大概率事件，接受 H_0 假设。若 $P<\alpha$ 时，还需要查看一下 a,b,c,d 中的值有没有 0 值，若有，则直接使用 $P<\alpha$ 进行判断；若 a,b,c,d 中任何一个都没有 0 值出现，还需要进一步计算组合概率，即将从最接近 0 的那个观测值到 0 的各种组合的概率都计入，才能算作一个小概率事件对应的尾区概率。因为当我们利用小概率原理进行检验时，小概率对应的是某个连续型随机变量分布的尾区，以上尾检验为例，如图 3-5 中 B 所示，小概率 α 的值是阴影面积，其精确计算为

$$\alpha=\int_{u_\alpha}^{+\infty} f(x)\mathrm{d}x \tag{3-96}$$

若考虑对应的离散型分布，如图 3-5A 所示，则小概率 α 应该对应着图中方框内各个离散概率值的和，所以要与小概率 α 进行比较，必须将方框内各个离散概率值计算出来，如离散点 1, 2, 3, 4 等的概率，然后叠加到一起后，才能与小概率 α 作比较。

当 a,b,c,d 中有 0 值出现时，此时该种排列组合对应的离散概率值，应该位于图 3-5A 中的尾区最外端，因此计算其结果后可直接进行判断；当 a,b,c,d 中没有 0 值出现时，则说明该组合并不对应于离散概率尾区的最外端，而有可能对应于靠近外端的一个离散点，如对应于第 2 个离散点，在这种情况下，若只计算第 2 个离散点的概率，然后与小概率 α 作比较，显然不匹配，还需要计算 3, 4 等离散点的概率，才构成完整的小概率匹配区，故需要将各种组合的概率计入。

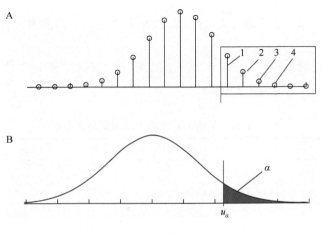

图 3-5　精确检验中小概率匹配范围

A. 离散型概率分布；B. 连续型概率分布

例 19 使用两种不同药物治疗疾病,测定数据如表 3-17 所示,试分析两种药物有无显著性差异 ($\alpha = 0.05$)。

表 3-17 药物疗效对比观测数据

药物	痊愈	未治愈	合计
甲药	3	2	5
乙药	1	5	6
合计	4	7	11

解 (1)做假设 H_0:两种药物疗效相同(即治疗效果与药物无关)。

(2)计算各个观测值对应的理论数 T,如表 3-18 所示,可知 $T < 5$,需要进行精确计算。

表 3-18 独立性检验的理论数列表计算

药物	痊愈	未治愈	合计
甲药	$O_1 = 3$ $T_1 = \dfrac{4 \times 5}{11} = 1.818$	$O_2 = 2$ $T_2 = \dfrac{5 \times 7}{11} = 3.182$	5
乙药	$O_3 = 1$ $T_3 = \dfrac{4 \times 6}{11} = 2.182$	$O_4 = 5$ $T_3 = \dfrac{6 \times 7}{11} = 3.818$	6
合计	4	7	11

(3)精确计算。

$$P = \frac{5! \ 6! \ 4! \ 7!}{11! \ 3! \ 2! \ 1! \ 5!} = 0.182$$

(4)判断:和检验水平 α 相比, $P > \alpha$,故不能拒绝 H_0,也就说明两种药物的疗效差异不显著。

在本例中, a, b, c, d 中未出现 O 值,但并未进行新组合的概率计算,在本章例 20 后再一并讨论。

例 20 使用两种饲料喂养小鼠,一周后测定增重,数据如表 3-19 所示,试检验两种不同饲料增重效果是否显著。给定 $\alpha = 0.05$。

表 3-19 不同饲料喂养小鼠增重测定数据

饲料	未增重	增重	合计
甲	$O_1 = 5$ $T_1 = \dfrac{6 \times 7}{15} = 2.80$	$O_2 = 1$ $T_2 = \dfrac{6 \times 8}{15} = 3.20$	6
乙	$O_3 = 2$ $T_3 = \dfrac{7 \times 9}{15} = 4.20$	$O_4 = 7$ $T_3 = \dfrac{8 \times 9}{15} = 4.80$	9
合计	7	8	15

解 做假设 H_0：设小鼠增重与饲料种类无关。经计算，各组对应理论值 $T<5$，按照精确检验。

$$P_1 = \frac{6!\ 9!\ 7!\ 8!}{15!\ 5!\ 1!\ 2!\ 7!} = 0.0336$$

因为 $P_1 < \alpha$，且排列组合 a,b,c,d 中没有 0 值出现，故需要在保证行和与列和不变的条件下，将组合中最小值减 1，并调整其他各值，然后作为新组合继续计算概率 P_2，表 3-20 为调整后的组合值。

表 3-20　独立性检验的精确计算

饲料	未增重	增重	合计
甲	6	0	6
乙	1	8	9
合计	7	8	15

继续计算，得到

$$P_2 = \frac{6!\ 9!\ 7!\ 8!}{15!\ 6!\ 0!\ 1!\ 8!} = 0.0014$$

由于调整后的表中出现了 0 值，故计算其概率后将不再继续调整，$P_1 + P_2$ 构成了与检验水平 α 相对应的离散概率尾区。

$$P = P_1 + P_2 = 0.0336 + 0.0014 = 0.035$$

$P < \alpha$，根据小概率原理，拒绝 H_0，即小鼠的增重与饲料种类有关，即不同饲料之间的差异显著。

在上述的计算中，若计算得到的 $P_1 > \alpha$，则不再需要调整组合继续计算，因为即使继续计算，其最终结果也是增加 P 值，不会改变 $P > \alpha$ 的结论，如本章例 19。但当 $P_1 < \alpha$ 时，则需要计算调整后的组合概率 $P_2, P_3, \cdots$，直到组合值中出现 0 为止，如本章例 20。

对于列联表，还有一点需要注意，当 $r>3$ 或者 $c>3$ 时，行列属性的等级常常有明显序列性，如质量的一级、二级和三级；效果的优、良、中、差等，此时使用统计量 χ^2 进行列联表检验并不合适，因为按照独立性假设，更改行列属性顺序并不影响 χ^2 值，但改变属性顺序很有可能会丧失属性的可比性。因此，当遇到这种情况时，需要考虑其他检验方法。一般来说，当资料属性单项有序时，可使用秩转换的非参数检验；当资料属性双向有序时，可进行等级相关分析、皮尔逊积差分析；当分析两有序分类变量之间线性趋势的有无时，可考虑线性趋势分析。

（三）列联表检验的 **MATLAB** 实现

列联表检验与拟合优度检验一样，也是使用 χ^2 作为检验的统计量，根据列联表的检验原理，我们实现了检验的代码，附下。

```
function[h] = ContTabTest(obs,MyAlpha)
% 函数名称:ContTabTest.M
% 实现功能:使用卡方,进行列联表的独立性检验.
% 输入参数:本函数共有 2 个输入参数,含义如下:
%        (1)x,列联表数据,矩阵,不含各种合计资料
%        (2)a,检验水平,缺省默认 0.05
```

```
%  输出参数:本函数默认 2 个输出参数,请修改:
%          :(1)h,检验结果标志,取值为 1 或 0;取 1 时表示拒绝 H0,接受 H1,
%          反之,取 0 表示仍然接受 H0,拒绝 H1.
%  函数调用:本函数实现功能需要调用 2 个子函数,说明如下:
%          :(1)ExactTest2X2,用来处理四格列联表的精确概率检验.
%          :(2)DisplayResult,用来重复输出检验结论.
%  参考资料:本函数所实现功能的更详细资料,请参阅参阅教材:
%          :(1)马寨璞,MATLAB 语言编程[M],电子工业出版社,2017.
%  原始作者:马寨璞,wdwsjlxx@163.com
%  创建时间:2016-03-31,10:47:26
%  原始版本:1.0
%  版权声明:未经作者许可,任何单位及个人不得以任何方式或理由对本代码进行
%          :网上传播、贩卖等.
%  实用样例:
%          :eg1:
%          :obs = [64,86,130,20;125,138,210,26];ContTabTest(obs)
%          :eg2:
%          :obs = [29,167;31,193];ContTabTest(obs,0.01)
%          :eg3:
%          :obs = [58,40;64,31];ContTabTest(obs,0.025);
%          :eg4:
%          :obs = [3,2;1,5];ContTabTest(obs);
%

% 处理默认参数
if nargin<2||isempty(MyAlpha)
    MyAlpha = 0.05;    %缺省时,默认检验水平 0.05
elseif isscalar(MyAlpha)
    Alphas = [0.1,0.05,0.025,0.01,0.001];
    chk = is member(MyAlpha,Alphas);
    if~chk
        error('输入的 alpha 检验水平数据不符合习惯!');
    end
else
    error('输入有误');
end

[nRows,nCols] = size(obs);
if nRows<2||nCols<2
    error('输入数据不符合列联表表格形式');
end
% 计算各种求和
bottomSum = sum(obs,1);    % 列求和写在底部
rightSideSum = sum(obs,2);    % 行求和写在右侧
totalSum = sum(obs(:));    %总和
% 对应的理论值
thrVals = zeros(nRows,nCols);
for ir = 1:nRows
    thrVals(ir,:) = bottomSum*rightSideSum(ir)/totalSum;
end
fprintf('零假设:\n\tH0:假设行属性与列属性无关/相互独立\n');
fprintf('备择假设:\n\tH1:有关/不独立\n');
```

```matlab
%检测理论数据小于5,对二维列联表进行精确计算
lessThanFive = thrVals<5; % less than 5
if sum(lessThanFive(:))>0 && nRows = = 2 && nCols = = 2
    fprintf('计算说明:\n\t%d 个理论数据小于5,将使用精确计算\n',...
        sum(lessThanFive(:)));
    tmp = ExactTest2X2(obs,thrVals);
    n = sum(obs(:));
    if n> = 40
        CutOff = chi2inv(1-MyAlpha,1);
        h = DisplayResult(tmp,CutOff);
    else
        h = DisplayResult(MyAlpha,tmp);
    end
else
    df = (nRows-1)*(nCols-1);
    CutOff = chi2inv(1-MyAlpha,df);
    if 1 = = df %针对自由度等于1专门处理
        diffs = (abs(obs-thrVals)).^2./thrVals;  % 先正常计算
        chi2 = sum(diffs(:));
        if chi2>CutOff %  超过则使用连续性矫正计算
            diffs = (abs(obs-thrVals)-0.5).^2./thrVals;
            chi2 = sum(diffs(:));
        end
    else
        diffs = (obs-thrVals).^2./thrVals;
        chi2 = sum(diffs(:));
    end
    fprintf('计算参数:\n\tChi2 = %6.3f,CutOff = %6.3f\n',...
        chi2,CutOff);
    h = DisplayResult(chi2,CutOff);
end
function [out] = ExactTest2X2(obs,theory)
% 函数功能:二维列联表的精确计算检验
% 计算原理:为了计算方便,按如下表格计算
%
%                 -------------------------------------------------
%                     a           b            a + b
%                     c           d            c + d
%                 -------------------------------------------------
%                   a + c       b + d        n = a + b + c + d
%
%                 -------------------------------------------------
%
% 参考资料:本函数所实现功能的更详细资料,请参阅参阅教材:
%        :(1)马赛璞,MATLAB 语言编程[M],电子工业出版社,2017.
% 原始作者:马赛璞,wdwsjlxx@163.com
% 创建时间:2016-03-31
%
a = obs(1,1);b = obs(1,2);c = obs(2,1);d = obs(2,2);
ac = a + c;bd = b + d;ab = a + b;cd = c + d;n = a + b + c + d;
lessThanOne = theory<1;% 确定有没有小于1的
% 当n> = 40,1< = t<5,使用矫正卡方
if sum(lessThanOne(:)) = = 0 && n> = 40
    fz = n*(abs(a*d-b*c)-0.5*n)^2;
    fm = ab*cd*ac*bd;
```

```
    chi2 = fz/fm;  out = chi2;
    return;
end
% 当 n<40,t<1,使用精确计算
if  sum(lessThanOne(:))>0||n<40
    p1 = prod(1:ab);              p2 = prod(1:cd);
    p3 = prod(1:ac);              p4 = prod(1:bd);
    p5 = prod(1:n);               p6 = prod(1:a);
    p7 = prod(1:b);               p8 = prod(1:c);
    p9 = prod(1:d);
    fz = p1*p2*p3*p4;             fm = p5*p6*p7*p8*p9;
    p = fz/fm;             out = p;
    return;
end

function [h] = DisplayResult(StatVal,CutOff)
% 输出语句的重复使用
% StatVal,计算得到的统计量值
% CutOff,检验分位数,临界值
% 原始作者:马赛璞,wdwsjlxx@163.com
% 创建时间:2016-03-31
%
fprintf('结论:\n');
if StatVal< = CutOff
    fprintf('\t 经检验,本次计算接受 H0,拒绝 H1.\n');h = 0;
else
    fprintf('\t 经检验,本次计算接受 H1,拒绝 H0.\n');h = 1;
end
```

例 21　某项研究,观察鼻咽癌症患者与健康人群的血型构成,调查如表 3-21 所示,在 $\alpha = 0.05$ 检验水平下, 试判断鼻咽癌与血型是否有关。

表 3-21　鼻咽癌与血型关系调研数据

不同人群	血型				合计
	A	B	O	AB	
鼻咽癌	64	86	130	20	300
健康人	125	138	210	26	499
合计	189	224	340	46	799

解　根据计算函数 ContTabTest 对数据格式的要求,准备计算如下。

```
obs = [64,86,130,20;125,138,210,26];
ContTabTest(obs)
>>
零假设:
    H0:假设行属性与列属性无关/相互独立
备择假设:
    H1:有关/不独立
计算参数:
    Chi2 = 1.921,CutOff = 7.815
```

```
结论:
    经检验,本次计算接受 H0,拒绝 H1.
ans =
    0
>>
```

三、符号检验

（一）符号检验的基本原理

符号检验是常见的非参数检验方法之一，它可以根据配对资料检验两个连续型总体的差异性，且无须知道总体的分布类型。

符号检验是根据成对数据差值的正负号进行假设检验的一种方法，其基本思想是先确定每对数据差值的正负号，将原始数据转化成"＋""－"两种符号序列。若两个总体的分布相同，那么理论上正负号出现的概率应该是相同的，即便实际中存在误差，致使正负号的出现有些偏差，但正负号的出现次数相差不应该太大，若相差太大，就可能存在着必然的因素影响，致使"两个总体分布相同"这一假设不可接受。

设有两个连续型总体 X 和 Y，共有 N 对数据 (x_i, y_i)，对这 N 对数据进行比较，若 $x_i > y_i$，则记录其为"＋"；若 $x_i < y_i$，则记录其为"－"；若 $x_i = y_i$，则记录其为"0"。一般的，其计算表格如表 3-22 所示。

表 3-22　符号检验成对数据符号表

序号	1	2	$\cdots$	$n-1$	n
X	x_1	x_2	$\cdots$	x_{n-1}	x_n
Y	y_1	y_2	$\cdots$	y_{n-1}	y_n
符号	+	-	$\cdots$	0	+

统计正负号的个数，以 n_+ 表示"＋"的个数，以 n_- 表示"－"的个数，并记 $n = n_+ + n_-$。在 H_0（假设两个总体分布相同）成立时，n_+ 和 n_- 应该相差不会太大。考虑到 X 和 Y 为连续型的两个独立同分布，那么就应该有 $P(X > Y) = P(Y > X) = 0.5$，也就是说，$n_+$ 服从二项分布 $B(n, p) = B(n, 0.5)$。

对于给定的显著性水平 α，如果 n_+ 过小，以至于小到使得不等式

$$P(n_+ \leqslant s_1) = \sum_{k=0}^{s_1} C_n^k 0.5^n \leqslant \frac{\alpha}{2} \tag{3-97}$$

成立，则此式中的 s_1 就是该式成立的上界 s_1。同样的，如果 n_+ 过大，以至于大到使得不等式

$$P(n_+ \geqslant s_2) = \sum_{k=s_2}^{n} C_n^k 0.5^n \leqslant \frac{\alpha}{2} \tag{3-98}$$

成立，则此式中的 s_2 就是该式成立的下界 s_2。但对于二项分布 $B(n, 0.5)$，由于存在 $p = 0.5$，且排列组合满足 $C_n^k = C_n^{n-k}$，因此上述的 s_1 和 s_2 可以统一起来，即统一表达为

$$P(n_+ \leqslant s) = \sum_{k=0}^{s} C_n^k 0.5^n \leqslant \frac{\alpha}{2} \tag{3-99}$$

$$P(n_+ \geq n-s) = \sum_{k=n-s}^{n} C_n^k 0.5^n \leq \frac{\alpha}{2} \tag{3-100}$$

这样，通过 s 就可确定 n_+ 的上界和下界。

由于 $n_+ \leq s$ 或者 $n_+ \geq n-s$ 等价于 $\min\{n_+, n_-\} \leq s$，因此检验统计量可取 $S = \min\{n_+, n_-\}$，在给定显著性水平 α 后，根据观测数据个数 n 的大小，可分为两种计算方式。

（1）若 n 较小时，可利用上述计算公式，具体计算临界值 s_α，根据 S 是否小于 s_α，做出拒绝 H_0 与否的选择。读者也可查询附表 9 得到临界值。

（2）当样本含量 n 较大时，具体的，若 $n>25$，则根据中心极限定理，此时的二项分布更接近于正态分布，故在具体计算时，宜采用正态分布的检验方法。

根据 $n_+ \sim B(n, 0.5)$，$E(n_+) = \frac{n}{2}$，$V(n_+) = \frac{n}{4}$，则 $n_+ \sim N(n/2, n/4)$，有

$$U = \frac{n_+ - n/2}{\sqrt{n/2}} \sim N(0,1) \tag{3-101}$$

当样本计算值 $|u| > u_{\alpha/2}$ 时，则拒绝 H_0。反之，则接受 H_0。

归纳起来，符号检验的一按步骤如下。①做出假设 H_0：假设两个总体分布相同；H_1：假设两个总体分布不相同。②列表对比两组数据 (x_i, y_i)，统计 n_+ 和 n_-，计算 $n = n_+ + n_-$。③根据计算得到的 n 选择检验方法，当为小样本时（$n<25$），根据 n 和给定的 α，计算临界值 s_α，并进行比较确定；当为大样本时，根据计算得到的 u 值，按正态分布方法检验。④做出判断与解释。

需要注意如下几点。

（1）符号检验不依赖于总体的分布类型，简明易懂，应用方便，适用于非准确测定的以等级轻重、顺序先后等形式给出的资料，这是其优点，也是其他非参数检验方法的共同优点。

（2）符号检验只考虑符号，不考查差数的大小，因而没有充分利用样本提供的信息，对于那些适用参数检验的问题，这样做会降低检验效能，增大犯 II 类错误的可能性。对于同一样本数据，采用符号检验的精确度，只相当于卡方检验的 60%，因此除了小样本，一般不使用符号检验。

（3）虽然零假设中设定的是两组数据的"总体分布"相同，但这个"总体分布"主要是指总体的均值、中位数等位置参数的情况。因为从本质上讲，符号检验只能检验总体的分布位置，并不能检验分布的形状。

（4）二项分布的随机变量，当 n 较大时，虽然可近似地认为在零假设下服从正态 $N(0,1)$ 分布。但是由于正态分布是连续分布，因此如有必要，还需进行连续矫正

$$U = \frac{n_+ - 0.5n \pm 0.5}{0.5\sqrt{n}} \tag{3-102}$$

其中，对于 0.5 的正负号，当 $n_+ < n/2$ 时取正号，反之取负号。

例 22 某药厂生产无水醇，取两组试验样本，进行含醇率的检验，设数据为 x 和 y（表 3-23），试检验数据的一致性。

表 3-23 两批次无水醇含醇率检测数据

检次	1	2	3	4	5	6	7	8	9	10
x	95	97	94	96	92	92	95	92	86	92
y	98	95	98	99	96	96	94	90	89	96

解　根据本函数的使用要求,准备数据格式并计算,如下:

```
x = [95,97,94,96,92,92,95,92,86,92];
y = [98,95,98,99,96,96,94,90,89,96];
NonparaSignTest(x,y,0.05,'both')
>>Untitled3
```

说明:

进行符号检验的假设中常常假设"总体分布",这里的"总体分布"更明确地讲,主要是指总体的均值、中位数等位置参数的情况。本质上,基于秩次的检验,只能检验总体的分布位置,不能检验分布的形状。

```
假设:
    零假设 H0:两总体分布相同;H1:两总体分布不同.
本次计算:
    检验水平:0.050;检验类型:双侧检验.
提示信息:
    对子号:   1   2   3   4   5   6   7   8   9   10
    正负号:   −   +   −   −   −   −   +   +   −   −
ans =
    0.3438
>>
```

(二)符号检验的 MATLAB 实现

符号检验的基本流程已经很明确,MATLAB 提供了专门的 signtest 函数进行符号检验(参本章最后一节介绍),为了学习与应用,根据符号检验的基本原理,我们给出自编的符号检验函数,如下。

```
function [p,h] = NonparaSignTest(x,y,varargin)
% 函数名称:NonparaSignTest.M
% 实现功能:非参数符号检验.
% 输入参数:本函数共有 3 个输入参数,含义如下:
%          :(1)x,输入的数据向量.
%          :(2)y,输入的数据向量.
%          :(3)varargin,输入的其他参数,只允许两个参数或其中之一,一个是
%          :检验类型参数 tail,主要是单侧检验和双侧检验的说明,包括:
%          : tail = 'right',右侧上尾检验;'left',左侧下尾检验;'both',双侧检验,
%          :也是缺省默认值.
%          :另一个是检验水平参数 alpha,主要有以下各值:
%          : alpha = {0.1,0.01,0.05,0.001}
%          :其它值暂按不符合规定处理.
% 参数释义:本函数默认 2 个输出参数,请修改:
%          :(1)p,实际计算的小概率值.
%          :(2)h,逻辑变量,0 表示接受 H0,1 表示接受 H1.
% 参考资料:本函数所实现功能的更详细资料,请参阅参阅教材:
%          :(1)马寨璞,MATLAB 语言编程[M],电子工业出版社,2017.
% 原始作者:马寨璞,wdwsjlxx@163.com.
% 创建时间:2016-03-18,18:48:38.
% 原始版本:1.0
% 版权声明:未经作者许可,任何单位及个人不得以任何方式或理由对本代码进行
%          :网上传播、贩卖等.
% 实用样例:
%              x = [95,97,94,96,92,92,95,92,86,92];
```

```
%            y = [98,95,98,99,96,96,94,90,89,96];
%        %下面都是合理的调用形式
%            [p,h] = NonparaSignTest(x,y)
%            NonparaSignTest(x,y,0.05)
%            [p,h] = NonparaSignTest(x,y,'both')
%            NonparaSignTest(x,y,0.05,'left')
%            NonparaSignTest(x,y,'left',0.05)
%        %以下两种情形给出警告后按默认执行
%            NonparaSignTest(x,y,0.05,0.05)
%            NonparaSignTest(x,y,'left','Right')
%

if nargin<3
    x = x(:);y = y(:);
    if length(x)~ = length(y)
        error('输入的两组数据个数不匹配!')
    end
    tail = 'both';myAlpha = 0.05;
else
    nVar = length(varargin);
    if nVar = = 1    % 有 1 个参数
        tmp = varargin{1};
        if ischar(tmp)% 若是字符型
            tail = chkSpeStr(tmp);myAlpha = 0.05;
        else
            myAlpha = chkAlpha(tmp);tail = 'both';
        end
    elseif nVar = = 2   % 有 2 个参数
        tmpA = varargin{1};tmpB = varargin{2};
        if isa(tmpA,'double')&& ischar(tmpB)
            myAlpha = chkAlpha(tmpA);
            tail = chkSpeStr(tmpB);
        elseif isa(tmpB,'double')&& ischar(tmpA)
            tail = chkSpeStr(tmpA);
            myAlpha = chkAlpha(tmpB);
        else
            warning('输入不符合规定,自动按默认设置进行检验');
            tail = 'both';myAlpha = 0.05;
        end
    end
end
% 输出假设检验的基本信息
fprintf('说明:\n\t 进行符号检验的假设中常常假设"总体分布",这里的');
fprintf('"总体分布"更明确地讲,主要是指总体的均值、中位数等位置参数的');
fprintf('情况。本质上,基于秩次的检验,只能检验总体的分布位置,不能检验');
fprintf('分布的形状。\n');
fprintf('假设:\n\t 零假设 H0:两总体分布相同;H1:两总体分布相同.\n');
fprintf('本次计算:\n\t 检验水平:%.3f;检验类型:%s 侧检验.\n',myAlpha,tail);
% 中间过程信息
z = x-y;
nPlus = z>0;np = sum(nPlus);
nMinus = z<0;nm = sum(nMinus);
```

```
n = np + nm;
% 形成符号并输出
signs = cell(1,n);
for i = 1:n
    if 1 = = nPlus(i)
        signs{i} = ' + ';
    elseif 1 = = nMinus(i)
        signs{i} = '-';
    else
        continue;
    end
end
if n = = 0
    fprintf('初检表明:\n\t 两数据完全相同!\n');
    p = 1;h = 0;
    return;
end
fprintf('提示信息:\n\t');
fprintf('对子号:');fprintf('%5d',1:n);
fprintf('\n\t');fprintf('正负号:');
for i = 1:n
    fprintf('%5s',signs{i});
end
fprintf('\n');
%计算,根据数据量大小分不同方法
if n<100
    method = 'exact';% 精确计算
else
    method = 'approximate';% 根据中心极限定理计算
end
% 实施检验
if strcmpi(method,'exact')
    switch tail
        case 'both'
            sgn = min(nm,np);
            p = min(1,2*binocdf(sgn,n,0.5));
        case 'right'
            p = binocdf(nm,n,0.5);
        case 'left'
            p = binocdf(np,n,0.5);
    end
else    % 进行连续性矫正
    switch tail
        case 'both'
            z = (np-nm-sign(np-nm))/sqrt(n);
            p = 2*normcdf(-abs(z),0,1);
        case 'right'
            z = (np-nm-1)/sqrt(n);
            p = normcdf(-z,0,1);
        case 'left'
            z = (np-nm + 1)/sqrt(n);
            p = normcdf(z,0,1);
```

```
        end
    end
h = (p< = myAlpha);

function out = chkAlpha(a)
%检查输入的alpha是不是符合常规习惯
if strcmpi(class(a),'double')% 若输入的是数据
    MyAlphas = [0.1,0.01,0.05,0.001];
    if isscalar(a)
        chk = MyAlphas = = a;
        if sum(chk,2) = = 0
            error('检验水平输入异常,不符合惯例!');
        else
            out = a;
        end
    else
        error('alpha值,输入太多了!');
    end
else
    return;
end

function out = chkSpeStr(str)
%检查输入的是否符合特定要求的字符串
MyStrs = {'both','right','left'};
if ischar(str)&&~isempty(str)
    out = internal.stats.getParam Val(str,MyStrs,'TYPE');
else
    error('字符串输入不符合要求!');
end
```

四、Wilcoxon 符号秩检验

（一）Wilcoxon 符号秩检验原理

Wilcoxon 符号秩检验是另一种符号检验方法，之所以引入这种检验方法，是因为普通的符号检验虽然简便易行，但毕竟只是使用了数据的符号信息，并未考虑数据本身的大小，这就造成了信息浪费，致使检验效率低下。

Wilcoxon 方法的使用，根据数据量的大小，分为两种情形，当数据量较小时，可以采用精确的概率计算，确定和临界值进行比较的统计量值；当数据量较大时，则结合中心极限定理的思想，采用近似正态分布的原理进行检验。其具体处理方法，分述如下。

（1）构建假设。H_0：两个总体的分布相同，H_1：两个总体的分布不同。

（2）秩号确定。列表计算各对数据的差值，忽略差值为零的数据，对非零差值数据，按照差值的绝对值，从小到大排队，令排列序号为该对数据的秩号，当出现差值相同的数据时，其秩号取为该数据对应编号的平均值，具体举例如下。

例 23 有两种方案可完成同一目的的生物试验，为比较两种方案的综合费用。选取了 11 组试验人员，每一组都采用两种规定的方案进行试验，参加试验的各组均自由掌握首先采用何种方案，核算结果如表 3-24 所示。

表 3-24 两种不同试验方法耗费资金对比

| 组编号 n | 耗费值 | | 差值 | 绝对差值 | 秩次 R | 秩符号 | |
	方法 1	方法 2				−	+
1	10.1	9.8	0.3	0.3	4		4
2	9.7	9.8	−0.1	0.1	1.5	1.5	
3	9.2	8.8	0.4	0.4	5.5		5.5
4	10.3	10.1	0.2	0.2	3		3
5	9.9	10.3	−0.4	0.4	5.5	5.5	
6	10.2	9.3	0.9	0.9	10		10
7	10.6	10.5	0.1	0.1	1.5		1.5
8	10.0	10.0	0	0	−	−	−
9	11.1	10.6	0.5	0.5	7.5		7.5
10	10.3	10.8	−0.5	0.5	7.5	7.5	
11	10.5	9.8	0.7	0.7	9		9
合计						14.5	40.5

在表 3-24 中，具体计算了每对数据的差值，并根据差值的绝对值，进行了秩号分配，绝对值相同的差值，也称为结值，按照其序号的平均赋予秩号。例如，绝对差值中出现了两个 0.1，按照顺序，这两个 0.1 分别编号 1，2，则其秩号取为（1＋2）/2 = 1.5，同样的，绝对差值中有两个 0.4，按照顺序编号 5 和 6，则其秩号取为（5＋6）/2 = 5.5。再将秩号赋予差值的正负号，即得到只编号结果。

（3）根据差值的正负，分别统计对应正负秩号之和，设 T_+ 记录差值为正的各数据秩号之和，T_- 记录差值为负的各数据秩号之和。赋予秩号的是非零差值，故差值为零数据对的将不予考虑，这样，对于 n 个非零数据对，其秩号之和等于 $n(n+1)/2$，其中 T_+ 和 T_- 的最小值为 0（没有出现正差值或负差值），而最大值则可能为 $n(n+1)/2$，且有

$$T_+ + T_- = n(n+1)/2 \tag{3-103}$$

（4）统计量的临界值。

因为 $T_+ + T_- = n(n+1)/2$，所以符号秩的平均值应取（其半）为 $n(n+1)/4$。取 Wilcoxon 符号秩统计量为

$$S = T_+ - \frac{n(n+1)}{4} \tag{3-104}$$

当零假设成立时，两组数据分布相同，则 T_+ 和 T_- 应有相同的值 $n(n+1)/4$。因此，S 太大或者太小都不合适，都予以拒绝。在实际工作中，常常选取 T_+ 和 T_- 中的较小者作为统计量，即 $T = \min\{T_+, T_-\}$。

在表 3-24 中，$T_+ = 40.5$，$T_- = 14.5$，则 $T = \min\{T_+, T_-\} = \min\{40.5, 14.5\} = 14.5$。根据给定的 n 和检验水平 α，确定检验临界值 T_α，若 $T \leqslant T_\alpha$，则拒绝 H_0，反之则不拒绝 H_0。

（5）T_α 的确定。

当 $n \leqslant 20$ 时，可以通过计算精确确定 T_α，具体原理如下。

对于任意 n 对非零数据，编制秩号，则正负秩号的总和 $T_+ + T_- = \dfrac{n(n+1)}{2}$。如果零假设成立，则每对数据差值的正负、大小都应该以相同机会出现。根据排列组合，在正负秩中，所有可能的秩号组合共有 2^n 种，且每种搭配出现的概率为 2^{-n}。

具体来说，若取 $n=10$，则在 $T=3$ 时，意味着 $(T_+, T_-) = (3,52)$ 或者 $(T_+, T_-) = (52,3)$，而 $(T_+, T_-) = (3,52)$ 包括 2 种搭配，即：正秩号取 3，负秩号取为 1，2，4，5，$\cdots$，10；或者正秩号取 1，2，负秩号取为 3，4，5，$\cdots$，10。

同样的，当 $(T_+, T_-) = (52,3)$ 时，也存在两种搭配，即 $T=3$ 共包括 4 种搭配，其概率可按照古典概型进行计算，得到 $P(T=3) = 4 \times 2^{-10}$。

类似的，得到

$P(T=0) = P(T_+ = 0) + P(T_- = 0) = 2 \times 2^{-10}$； $P(T=1) = P(T=2) = 2 \times 2^{-10}$

$P(T=3) = P(T=4) = 4 \times 2^{-10}$； $P(T=5) = 6 \times 2^{-10}$； $P(T=6) = 8 \times 2^{-10}$

$P(T=7) = 10 \times 2^{-10}$； $P(T=8) = 12 \times 2^{-10} \cdots$

于是

$$P(T \leqslant 3) = P(T=0) + P(T=1) + P(T=2) + P(T=3)$$
$$= 10 \times 2^{-10} \approx 0.01$$

$$P(T \leqslant 8) = 50 \times 2^{-10} \approx 0.05$$

这里的 $T \leqslant 3$ 和 $T \leqslant 8$ 就是 $n=10$ 时，对应于显著性水平 0.01 和 0.05 的双侧检验临界值 T_α，本书附表 10 提供了查阅表，也可以直接编程实现。

对于大样本（$n > 20$），可以按照近似正态分布的原理进行处理，即

$$T \sim N\left(\frac{n(n+1)}{4}, \frac{n(n+1)(2n+1)}{24} \right) \tag{3-105}$$

进行标准化处理：

$$U = \frac{T - \dfrac{n(n+1)}{4}}{\sqrt{\dfrac{n(n+1)(2n+1)}{24}}} \sim N(0,1) \tag{3-106}$$

做 u 检验，当 U 的样本值 $|u| > u_{\alpha/2}$ 时拒绝 H_0。

解 根据题意与检验函数的数据格式要求，建立如下计算脚本。

```
x = [10.1,9.7,9.2,10.3,9.9,10.2,10.6,10.0,11.1,10.3,10.5];
y = [9.8,9.8,8.8,10.1,10.3,9.3,10.5,10.0,10.6,10.8,9.8];
TestLevel = 0.05;
[p,h] = WilcoxSignedRankTest(x,y,TestLevel)
```

计算结果如下。

```
提示:
    Wilcoxon 符号秩检验,H0:两总体分布相同;H1:两总体分布不同.
计算中:
    两组数据差值及对应正负号如下:
    差异值: 0.30  -0.10  0.40  0.20  -0.40  0.90  0.10  0.50  -0.50  0.70
    正负号: 1.00  -1.00  1.00  1.00  -1.00  1.00  1.00  1.00  -1.00  1.00
计算中:
    按差异绝对值大小排序,值与秩号,如下:
    差异值: 0.10  0.10  0.20  0.30  0.40  0.40  0.50  0.50  0.70  0.90
```

```
符号秩: -1.50 1.50 3.00 4.00 5.50 -5.50 7.50 -7.50 9.00 10.00
计算中:
    统计量 T 及配对数 n 如下:
    T = min{T + ,T-} = 14.50;n = 10.
计算中:
    根据 n< = 15,按照精确计算 p 进行双侧检验:p = 0.1934.
结论:
    在检验水平 alpha = 0.05 时,h = 0.接受 H0,即认为两总体分布相同
p = 0.1934
h = 0
```

（二）Wilcoxon 符号秩检验的 MATLAB 实现

MATLAB 软件提供了进行 Wilcoxon 秩检验的 signrank 函数，本章最后一节有专门介绍，为了加深理解，方便应用，依照 Wilcoxon 秩检验的基本原理，我们给出 Wilcoxon 的双侧检验代码的 WilcoxSignedRankTest 函数，供读者参考使用。

```
function [p,h] = WilcoxSignedRankTest(x,y,TestLevel)
%函数名称:WilcoxSignedRankTest.M
%实现功能:实施 wilcoxon 符号秩检验(双侧检验).
%输入参数:本函数共有 3 个输入参数,含义如下:
%        :(1)x,第一组数据,以向量的形式输入.
%        :(2)y,第二组数据,以向量的形式输入.
%        :(3)TestLevel,检验水平,默认 0.05.
%参数释义:本函数默认 2 个输出参数,请修改:
%        :(1)p,计算概率,实际计算的小概率值
%        :(2)h,检验结果指示符,取 1 指接受 H1;取 0 接受 H0.
%参考资料:本函数所实现功能的更详细资料,请参阅参阅教材:
%        :(1) 马赛璞,MATLAB 语言编程[M],北京:电子工业出版社,2017.
%原始作者:马赛璞,wdwsjlxx@163.com.
%创建时间:2016-03-20,10:15:07.
%原始版本:1.0
%版权声明:未经作者许可,任何单位及个人不得以任何方式或理由对本代码
%        :进行网上传播、贩卖等.
%实用样例:
%        x = [95.0,97.0,94.0,96.0,92.0,92.0,95.0,92.0,86.0,92.0];
%        y = [98.0,95.0,98.0,99.0,96.0,96.0,94.0,90.0,89.0,96.0];
%        TestLevel = 0.05
%        [p,h] = WilcoxSignedRankTest(x,y,TestLevel)
%
%数据统一转为行向量(方便输出查看)
x = x(:)';y = y(:)';
if length(x)~ = length(y)
    error('输入数据个数不匹配!');
end
if nargin<3||isempty(TestLevel)% 缺省时
    TestLevel = 0.05;
elseif isa(TestLevel,'double')%若输入的是数据
    Levels = [0.25,0.1,0.01,0.05,0.001];
    chk = Levels = = TestLevel;
    if sum(chk,2) = = 0
        warning('检验水平输入异常,不符合惯例,按 0.05 计算!');
        TestLevel = 0.05;
```

```
        end
    else
        error('检验水平输入异常!');
    end
    %必要的输出信息
    fprintf('提示:\n\t');
    fprintf('Wilcoxon 符号秩检验,H0:两总体分布相同;H1:两总体分布不同.\n');
    %计算符号秩值
    xyDiff = x-y;%计算数据差值
    xyDiff(xyDiff = = 0) = [];%剔除差值为零的对子
    dSgn = xyDiff./abs(xyDiff);%差异值与对应的正负号
    fprintf('计算中:\n\t 两组数据差值及对应正负号如下:\n');
    fprintf('\t 差异值:');fprintf('%7.2f',xyDiff);fprintf('\n');
    fprintf('\t 正负号:');fprintf('%7.2f',dSgn);fprintf('\n');
    %确定各差异的秩值
    xyDiffAbs = sort(abs(xyDiff));% 按照绝对值大小,自小到大排序
    %以下 3 句代码为 unique 需要特殊处理
    tmpA = num2str(xyDiffAbs','%.4f');
    tmpB = str2num(tmpA);
    unEle = unique(tmpB)';% 找不同元素
    unSignedRanks = zeros(1,length(xyDiffAbs));
    for iLoop = 1:length(unEle)
        sn = 1:length(xyDiffAbs);
        tmpEle = unEle(iLoop);
        pos = abs(xyDiffAbs-tmpEle)<0.0001;% 确定各元素的位置
        rankNo = sum(pos.*sn,2)/sum(pos,2);% 计算出秩值
        sn = pos*rankNo;
        unSignedRanks = unSignedRanks + sn;
    end
    fprintf('计算中:\n\t 按差异绝对值大小排序,值与秩号,如下:\n');
    fprintf('\t 差异值:');fprintf('%7.2f',xyDiffAbs);fprintf('\n');
    %%将秩转为符号秩
    SignedRanks = unSignedRanks*0;
    for iLoop = 1:length(unEle)
        tmpEle = unEle(iLoop);
        fPos = abs(abs(xyDiff)-tmpEle)<0.0001;%确定各元素的初始位置
        sgns = fPos.*dSgn;%提取各元素原始正负号
        sgns(sgns = = 0) = [];%去掉不符合条件的
        tPos = abs(xyDiffAbs-tmpEle)<0.0001;%找到新位置
        pos = find(tPos = = 1);
        SignedRanks(pos) = sgns.*unSignedRanks(pos);
    end
    fprintf('\t 符号秩:');fprintf('%7.2f',SignedRanks);fprintf('\n');
    %选取统计量 T
    tPlus = abs(sum(((SignedRanks>0).*SignedRanks),2));
    tMinus = abs(sum(((SignedRanks<0).*SignedRanks),2));
    t = min(tPlus,tMinus);
    n = length(xyDiffAbs);
    fprintf('计算中:\n\t 统计量 T 及配对数 n 如下:\n\t');
    fprintf('T = min{T + ,T-} = %.2f;n = %d.\n',t,n);
    if(n = = 0),p = 1;h = 0;return;end %完全一样的两组数直接返回
    if n< = 15%按照精确计算求解,参考 MATLAB 源代码
```

```
    t2 = n*(n + 1)/2-t;
    allposs = (ff2n(n))';
    idx = (1:n)';
    idx = idx(:,ones(2.^n,1));
    pranks = sum(allposs.*idx,1);
    in_tails = sum(pranks< = (min(t,t2))) + sum(pranks> = max(t,t2));
    p = min(1,in_tails./(2.^n));
    fprintf('计算中:\n\t 根据 n< = 15,按照精确计算 p 进行双侧检验:');
    fprintf('p = %6.4f.\n',p);
else %超过15,按近似正态分布计算
    fz = t-n*(n + 1)/4;% 参考教材格式6.15式
    fm = sqrt(n*(n + 1)*(2*n + 1)/24);
    u = fz/fm;
    p = 2*normcdf(-abs(u),0,1);
end
h = (p< = TestLevel);
fprintf('结论:\n\t 在检验水平 alpha = %4.2f 时,h = %d.',...
    TestLevel,h);
switch h
    case 1
        fprintf('接受 H1,即认为两总体分布不同\n');
    case 0
        fprintf('接受 H0,即认为两总体分布相同\n');
end
```

例24 利用本章例22的数据,进行 Wilcoxon 符号秩检验。

解 根据 WilcoxSignedRankTest 函数要求数据格式,准备计算如下:

```
x = [95.0,97.0,94.0,96.0,92.0,92.0,95.0,92.0,86.0,92.0];
y = [98.0,95.0,98.0,99.0,96.0,96.0,94.0,90.0,89.0,96.0];
WilcoxSignedRankTest(x,y,TestLevel)
```

运行计算如下:

```
>>Untitled
提示:
    Wilcoxon 符号秩检验,H0:两总体分布相同;H1:两总体分布不同.
计算中:
    两组数据差值及对应正负号如下:
    差异值: -3.00  2.00  -4.00  -3.00  -4.00  -4.00  1.00  2.00  -3.00  -4.00
    正负号: -1.00  1.00  -1.00  -1.00  -1.00  -1.00  1.00  1.00  -1.00  -1.00
计算中:
    按差异绝对值大小排序,值与秩号,如下:
    差异值: 1.00  2.00  2.00  3.00  3.00  3.00  4.00  4.00  4.00  4.00
    符号秩: 1.00  2.50  2.50  -5.00  -5.00  -5.00  -8.50  -8.50  -8.50  -8.50
计算中:
    统计量 T 及配对数 n 如下:
    T = min{T + ,T-} = 6;n = 10.
计算中:
    根据 n< = 15,按照精确计算 p 进行双侧检验:p = 0.0273.
结论:
    在检验水平 alpha = 0.10 时,h = 1.接受 H1,即认为两总体分布不同
    >>
```

五、秩和检验

符号检验和符号秩检验都需要计算数据的差异值，因此适用于配对资料的比较。当两组数据的个数不一致时，如成组设计的资料，则可以采用类似于符号秩检验的秩和检验方法。秩和检验方法包括三个不同层次的问题，一个是两个独立样本总体的 Wilcoxon 秩和检验；另一个是多个独立样本总体的秩和检验；再一个则是多个独立样本总体之间两两比较的秩和检验。

（一）Wilcoxon 秩和检验

设有两个相互独立的连续性总体，其分布分别为 $F_1(x)$ 和 $F_2(x)$，从中分别抽取容量为 n_1 和 n_2 的样本 $x_1, x_2, \cdots, x_{n_1}$ 和 $y_1, y_2, \cdots, y_{n_2}$，在不影响讨论的前提下，这里设定 $n_1 \leqslant n_2$。若将这 $(n_1 + n_2)$ 个观察值混在一起，然后按照从小到大的顺序排列，求出每个观察值的秩，将属于第 1 个总体的样本观察值秩号相加，其和记作 R_1；将属于第 2 个总体的样本观察值秩号相加，其和记作 R_2；显然，这里的 R_1 和 R_2 是离散型随机变量，且有

$$R_1 + R_2 = \frac{1}{2}(n_1 + n_2)(n_1 + n_2 + 1) \tag{3-107}$$

因此，R_1 和 R_2 中的一个确定后，另一个也就随之确定，故只需考虑其中之一即可，如只考虑统计量 R_1。

设定假设问题，H_0：两个总体分布相同；H_1：两个总体分布不相同。

若 H_0 为真，即两个总体分布相同，则两个独立样本本质上就是来自于同一个总体。因而样本 1 中各元素的秩应该随机地、分散地在 $1 \sim (n_1 + n_2)$ 中取值。一般来说，不应该过分集中取较小的值或较大的值。

在 $(n_1 + n_2)$ 个数据中，若样本 1 的数据排序为 $1 \sim n_1$，即占据了前 n_1 个排序位置，此时 R_1 取最小值为 $\frac{1}{2}n_1(n_1 + 1)$。同样的，若在 $(n_1 + n_2)$ 个数据中样本 1 的数据排序为 $(n_2 + 1) \sim (n_1 + n_2)$，即占据了后 n_1 个排序位置，此时 R_1 取最大值为 $\frac{1}{2}n_1(n_1 + 2n_2 + 1)$，即 R_1 满足如下的变动范围：

$$\frac{1}{2}n_1(n_1 + 1) \leqslant R_1 \leqslant \frac{1}{2}n_1(n_1 + 2n_2 + 1) \tag{3-108}$$

前已讲明，若 H_0 为真，则 R_1 不应靠近上述的极小值 $\frac{1}{2}n_1(n_1 + 1)$ 和极大值 $\frac{1}{2}n_1(n_1 + 2n_2 + 1)$，因此当 R_1 的取值过分大或者过分小时，都应该拒绝 H_0。下面以具体数据样例 $n_1 = 3$ 和 $n_2 = 4$ 来说明这个道理。

当 $n_1 = 3, n_2 = 4$ 时，则两组数据经过混合后排序，由小到大分别为 $1, 2, 3, \cdots, 7$，无论样本 1 数据排在何处，总共只有 $C_7^3 = 35$ 种，在这 35 种中，最极端的是排在前 3 位的情况和后 3 位的情况，排在前 3 位时，样本 1 数据的秩号和为 $1 + 2 + 3 = 6$，也即

$$\frac{1}{2}n_1(n_1 + 1) = \frac{1}{2} \times 3 \times (3 + 1) = 6$$

排在后 3 位时，样本 1 数据的秩号和为 $5 + 6 + 7 = 18$，也即

$$\frac{1}{2}n_1(n_1+2n_2+1)=\frac{1}{2}\times3\times(3+2\times4+1)=18$$

　　由上可知，样本 1 的秩和 R_1 应该为 6~18，但很显然，当 R_1 取端值 6 或者端值 18 时，实际上两个样本是分开的，因为取 6 时，样本 1 排在前 3 位，样本 2 排在后 4 位，两样本并排而已；端值取 18 时也是如此，只不过先排样本 2 后排样本 1 而已。所以，若两个总体分布相同（ H_0 为真），则秩和 R_1 不应该太靠近这两个端值，太靠近了则说明分布不相同。

　　为了更加准确地划分出多么近才算是靠近端值（从而否定零假设），我们可以通过计算靠近这两个端值的概率，即统计 R_1 取得 6~18 的各值的概率。表 3-25 给出了 R_1 取各值的秩号分布，表 3-26 给出了 R_1 的取值概率与累积概率。

表 3-25　R_1 取各值的秩号分布

秩			R_1	秩			R_1
1	2	3	6	2	3	7	12
1	2	4	7	2	4	5	11
1	2	5	8	2	4	6	12
1	2	6	9	2	4	7	13
1	2	7	10	2	5	6	13
1	3	4	8	2	5	7	14
1	3	5	9	2	6	7	15
1	3	6	10	3	4	5	12
1	3	7	11	3	4	6	13
1	4	5	10	3	4	7	14
1	4	6	11	3	5	6	14
1	4	7	12	3	5	7	15
1	5	6	12	3	6	7	16
1	5	7	13	4	5	6	15
1	6	7	14	4	5	7	16
2	3	4	9	4	6	7	17
2	3	5	10	5	6	7	18
2	3	6	11				

表 3-26　R_1 的取值概率与累积概率

R_1	6	7	8	9	10	11	12	13	14	15	16	17	18
f_i	1	1	2	3	4	4	5	4	4	3	2	1	1
$P(R_1=r_i)$	1/35	1/35	2/35	3/35	4/35	4/35	5/35	4/35	4/35	3/35	2/35	1/35	1/35
$P(R_1\leqslant r_i)$	1/35	2/35	4/35	7/35	11/35	15/35	20/35	24/35	28/35	31/35	33/35	34/35	1

若给定检验水平 $\alpha = 0.2$ ，则按照双侧检验可知，对于左侧拒绝域，当 $R_1 \leqslant 7$ 时满足检验条件

$$P(R_1 \leqslant 7) = \frac{2}{35} < 0.1 = \alpha / 2$$

对于右侧拒绝域，当 $R_1 \geqslant 17$ 时满足检验条件

$$P(R_1 \geqslant 17) = \frac{2}{35} < 0.1 = \alpha / 2$$

则可界定 R_1 的拒绝范围，以 C_U 表示左侧的上限，以 C_L 表示右侧的下限，则拒绝 H_0 可表达为

$$P\left(R_1 \leqslant C_U\left(\frac{\alpha}{2}\right)\right) + P\left(R_1 \geqslant C_L\left(\frac{\alpha}{2}\right)\right) \leqslant \frac{\alpha}{2} + \frac{\alpha}{2} = \alpha$$

例 25 为查明某种血清是否会抑制白血病，选取患白血病晚期的小鼠 9 只进行试验，按照 5 只接受治疗、4 只不治疗的试验方案分成两组，从试验开始至小鼠死亡，记录存活时间列于表 3-27（单位：月），若治疗与否的存活时间在概率密度上至多差一个平移，取检验水平 0.05，检验该血清对白血病的拟制显著性。

表 3-27 血清抑制白血病试验观测数据

重复	1	2	3	4	5
对照	1.9	0.5	0.9	2.1	
治疗	3.1	5.3	1.4	4.6	2.8

解 设接受治疗小鼠的存活期平均为 μ_1 ，对照组的存活期平均为 μ_2 ，则做出如下的假设。

$$H_0 : \mu_1 = \mu_2, \ H_1 : \mu_1 < \mu_2$$

由题意可知， $n_1 = 4, n_2 = 5$ ，秩号编制如表 3-28 所示。

表 3-28 混合数据编秩

数据	0.5	0.9	1.4	1.9	2.1	2.8	3.1	4.6	5.3
秩	1	2	3	4	5	6	7	8	9

在表 3-28 中，带底画线的数据为对照组数据，相应的秩号也绘制了底画线，则 R_1 的观察值

$$r_1 = 1 + 2 + 4 + 5 = 12$$

查询附表 11 或编程计算，可知 $C_u(0.05) = 12$ ，即拒绝域为 $r_1 \leqslant 12$ ，当前结果是 $r_1 = 12$ ，处于拒绝域，故拒绝 H_0 ，说明血清对白血病有抑制作用。为了使用方便，下面给出查询表的制作函数，读者可借此制作自己的查询表，附表 11 即始源于此函数计算得到。

```
function makeRankSumTable(n,alpha)
%函数名称:MakeRankSumTable.m
%实现功能:请在此处添加描述函数功能的文字.
%输入参数:函数共有 2 个输入参数,含义如下:.
%        :(1),n,n1 和 n2 中的大值.缺省默认 n1 = 2~12;n2 = 3~12,一般 n1<n2.
%        :(2),alpha,显著性水平,缺省默认 0.05
%输出参数:函数默认无输出参数.
%函数调用:实现函数功能需要调用 1 个子函数,说明如下:.
```

```
%          :(1),RankCuCl,用来处理给定 n1,n2 的情况下的临界值.
%参考文献:实现函数算法,参阅了以下文献资料:
%          :(1),马寨璞,MATLAB 语言编程[M].北京:电子工业出版社,2017.
%          :(2),盛骤等,概率论与数理统计(第四版)[M].北京:高等教育出版社,2008.
%原始作者:马寨璞,wdwsjlxx@163.com.
%创建时间:2017-07-02,20:38:41.
%原始版本:1.0
%版权声明:未经作者许可,任何单位及个人不得以任何方式或理由对本代码
%          :进行网上传播、贩卖等.
%验证说明:本函数在 MATLAB2017a 等版本运行通过.
%使用样例:makeRankSumTable
%
if nargin<2
    alpha = 0.05;
else
    alphaArr = [0.2,0.1,0.05,0.025,0.01];
    if~ismember(alpha,alphaArr)
        error('显著性水平输入不符合习惯!');
    end
end
if nargin<1
    n = 12;
    alpha = 0.05;
elseif nargin = = 1&&n<3
    n = 3;
    alpha = 0.05;
end
% 默认表头
fprintf('%s\t','n1\n2');fprintf('%d\t',3:n); fprintf('\b\n');
% 表体
for ir = 2:n
    fprintf('%d\t',ir);
    for jc = 3:n
        [Cu,Cl] = RankCuCl(ir,jc,alpha);
        fprintf('%d,%d\t',Cu,Cl);
    end
    fprintf('\b\n');
end
```

在利用排列组合计算准确的概率时,当 n 较小时,计算还算容易,但当 n 较大时,则一般考虑采用中心极限定理的处理方法。

可以证明,当 H_0 为真时,尤其是当 $n_1,n_2 \geqslant 10$ 时,统计量 R_1 有如下近似:

$$R_1 \sim N(\mu_{R_1},\sigma_{R_1}^2) \tag{3-109}$$

其中

$$\mu_{R_1} = E(R_1) = \frac{n_1(n_1+n_2+1)}{2} \tag{3-110}$$

$$\sigma_{R_1}^2 = D(R_1) = \frac{n_1 n_2(n_1+n_2+1)}{12} \tag{3-111}$$

将式(3-109)进行标准化:

$$Z = \frac{R_1 - \mu_{R_1}}{\sigma_{R_1}} \tag{3-112}$$

则 Z 可作为检验统计量，在给定的检验水平下进行检验即可。

例 26 为了确定某同学是否改变玩电脑游戏的习惯，在前后两个月中，跟踪调查了多天，数据列于表 3-29，若生活习惯没有太多变化，至多差一个平移，取显著性水平为 0.05，试判断生活习惯有无显著差异。

表 3-29 每天沉迷电脑游戏时间 （单位：h）

| 第 1 个月 | 7.0 | 3.5 | 9.6 | 8.1 | 6.2 | 5.1 | 10.4 | 4.0 | 2.0 | 10.5 | | |
| 第 2 个月 | 5.7 | 3.2 | 4.2 | 11.0 | 9.7 | 6.9 | 3.6 | 4.8 | 5.6 | 8.4 | 10.1 | 5.5 | 12.3 |

解 分别以 μ_1, μ_2 表示前后两个月内平均每天玩游戏时长，则做假设为

$$H_0 : \mu_1 = \mu_2; \ H_1 : \mu_1 \neq \mu_2$$

对数据进行混合，编秩，列于表 3-30。

表 3-30 混合数据编秩

数据	2.0	3.2	3.5	3.6	4.0	4.2	4.8	5.1	5.5	5.6	5.7	6.2
秩号	1	2	3	4	5	6	7	8	9	10	11	12
数据	6.9	7.0	8.1	8.4	9.6	9.7	10.1	10.4	10.5	11.0	12.3	
秩号	13	14	15	16	17	18	19	20	21	22	23	

由此得到第一个月数据的秩和 R_1 的具体值 r

$$r_1 = 1+3+5+8+12+14+15+17+20+21 = 116$$

当 H_0 为真时

$$E(R_1) = \frac{1}{2} n_1 (n_1 + n_2 + 1) = \frac{1}{2} \times 10 \times (10 + 13 + 1) = 120$$

$$D(R_1) = \frac{1}{12} n_1 n_2 (n_1 + n_2 + 1) = \frac{1}{12} \times 10 \times 13 \times (10 + 13 + 1) = 260$$

可知当 H_0 为真时，近似存在

$$R_1 \sim N[E(R_1), D(R_1)] = N(120, 260)$$

则拒绝域为

$$u = \frac{|R_1 - 120|}{\sqrt{260}} \geqslant u_{\alpha/2} = 1.96$$

将实际观测数据代入，计算得到

$$u = \frac{|R_1 - 120|}{\sqrt{260}} = \frac{116 - 120}{\sqrt{260}} = 0.25 < 1.96 = u_{\alpha/2}$$

故接受 H_0，说明玩游戏的习惯前后两个月没有什么差别。

实际上，对于被检验的两组数据，其中出现相同观察值的情况不可避免，对于这种同值数据，其秩的编定需要按照排列序号的均值取定。例如，混合后的两组数据排序为 0, 1, 2, 2,

2, 3, 4, 4, 5, 6, 则 3 个 2 的秩为(3 + 4 + 5)/3 = 4, 而两个 4 的编号分别为 7 和 8, 则秩取定为 (7 + 8)/2 = 7.5。

将两个样本数据混合排序后, 若出现了 k 个秩相同的组, 设其中有 t_i 个数的秩为 a_i, $i = 1, 2, \cdots, k$, $a_1 < \cdots < a_k$, 则当 H_0 成立时, R_1 的均值仍使用式 (3-110) 计算, 但 R_1 的方差修订为

$$\sigma_{R_1}^2 = \frac{n_1 n_2 \left[n(n^2 - 1) - \sum_{i=1}^{k} t_i(t_i^2 - 1) \right]}{12n(n-1)} \tag{3-113}$$

在 k 较小时, 仍然可采用精确计算的形式实现检验, 也可以借助表格查得临界值, 但此时应注意表载值是否近似可用。当 $n_1, n_2 \geq 10$, H_0 为真, 且 k 不大时, 仍近似存在

$$R_1 \sim N(\mu_{R_1}, \sigma_{R_1}^2) \tag{3-114}$$

其中 μ_{R_1} 仍按照式 (3-110) 计算, 而 $\sigma_{R_1}^2$ 则按照式 (3-113) 计算, 则仍然采用 Z 作为检验统计量。

例 27　手机的操作系统对待机时间有很大影响, 即使电池容量相同、电量相同, 系统不同则待机时间也各不相同。表 3-31 是测试两种手机快充相同时间后的待机时间。设两样本相互独立, 两种型号手机所属总体至多差一个平移, 试检验第一种手机是否比第二种手机更省电 ($\alpha = 0.01$)?

表 3-31　两种型号手机的快充待机时间　　　　　　　　　　(单位: h)

型号 A	5.5	5.6	6.3	4.6	5.3	5.0	6.2	5.8	5.1	5.2	5.9	
型号 B	3.8	4.3	4.2	4.0	4.9	4.5	5.2	4.8	4.5	3.9	3.7	4.6

解　利用秩和检验法对两组数据在显著性水平 $\alpha = 0.01$ 下检验

$$H_0: \mu_A = \mu_B, \ H_1: \mu_A > \mu_B$$

将数据混合、排队、编秩, 结果列于表 3-32, 其中型号 A 的数据与秩号以底画线标记。

表 3-32　混合数据的编秩

数据	3.7	3.8	3.9	4.0	4.2	4.3	4.5	4.5	4.6	4.6	4.8	4.9
秩号	1	2	3	4	5	6	7.5	7.5	9.5	9.5	11	12

数据	5.0	5.1	5.2	5.2	5.3	5.5	5.6	5.8	5.9	6.2	6.3	
秩号	13	14	15.	15.5	17	18	19	20	21	22	23	

由题已知

$$n_1 = 11, n_2 = 12, n = n_1 + n_2 = 23$$

$$r_1 = 9.5 + 13 + 14 + 15.5 + 17 + 18 + 19 + 20 + 21 + 22 + 23 = 192$$

$$\mu_{R_1} = \frac{1}{2} n_1 (n_1 + n_2 + 1) = 0.5 \times 11 \times (11 + 12 + 1) = 132$$

混合数据中, 秩相同的组包括 $\{4.5, 4.6, 5.2\}$, 共 3 组, 故 $k = 3$, R_1 的方差应该加以修订。其中, 秩相同数据的个数为 2, 即 $t_1 = t_2 = t_3 = 2$, 则

$$\sum_{i=1}^{k} t_i(t_i^2 - 1) = 3 \times 2 \times (2^2 - 1) = 18$$

可知，修正方差 R_1 为

$$\sigma_{R_1}^2 = \frac{11 \times 12 \times [23 \times (23^2 - 1) - 18]}{12 \times 23 \times (23 - 1)} = 16.236^2$$

当 H_0 为真时，近似有

$$R_1 \sim N(\mu_{R_1}, \sigma_{R_1}^2) = N(132, 16.236^2)$$

则拒绝域为

$$u = \frac{r_1 - \mu_{R_1}}{\sigma_{R_1}} = \frac{192 - 132}{16.236} = 3.695 > 2.327$$

落在拒绝域内，故接受 H_1，认为第一种手机的待机时间较第二种手机要明显偏长。

（二）Wilcoxon 秩和检验的 MATLAB 实现

根据 Wilcoxon 秩和检验的基本原理，我们编写了 WilcoxonRankSumTest 代码，以方便读者使用与实践。

```
function [h] = WilcoxonRankSumTest(x,y,MyAlpha)
% 函数名称:WilcoxonRankSumTest.M
% 实现功能:实现非参数检验中的 Wilcoxon 秩和检验.
% 输入参数:本函数共有 3 个输入参数,含义如下:
%       :(1)x,样本数据 1.
%       :(2)y,样本数据 2.
%       :(3)MyAlpha,检验水平等其他参数的输入.
% 参数释义:本函数默认 1 个输出参数:
%       :(1)h,逻辑变量,取 1 表示接受 H1,取 0 表示接受 H0.
% 参考资料:本函数所实现功能的更详细资料,请参阅参阅教材:
%       :(1)马赛璞,MATLAB 语言编程[M],北京:电子工业出版社,2017.
% 原始作者:马赛璞,wdwsjlxx@163.com
% 创建时间:2016-03-23,08:36:42
% 原始版本:1.0
% 版权声明:未经作者许可,任何单位及个人不得以任何方式或理由对本代码进行
%       :网上传播、贩卖等.
% 实用样例:
%       1. 两样本含量均小于 10 个,且不等,按照精确计算进行检验
%          x = [1.9,0.5,0.9,2.1];
%          y = [3.1,5.3,1.4,4.6,2.8];
%          WilcoxonRankSumTest(x,y)
%       2. 两样本含量均等于 10 个
%          x = [2.78,3.23,4.20,4.87,5.12,6.21,7.18,8.05,8.56,9.60];
%          y = [3.23,3.50,4.04,4.15,4.28,4.34,4.47,4.64,4.75,4.82];
%          WilcoxonRankSumTest(x,y)
%       3. 一组数据多于 10 个,但无重复数据
%          x = [7,3.5,9.6,8.1,6.2,5.1,10.4,4,2,10.5];
%          y = [5.7,3.2,4.2,11,9.7,.9,3.6,4.8,5.6,8.4,10.1,5.5,12.3];
%          WilcoxonRankSumTest(x,y,0.05)
%       4. 一组数据多于 10 个,且存在重复数据
%          x = [82,73,91,84,77,98,81,79,87,85];
```

```
%            y = [80,76,92,86,74,96,83,79,80,75,79];
%            WilcoxonRankSumTest(x,y,0.05)
%
if nargin<3||isempty(MyAlpha)
    MyAlpha = 0.05;
end
n1 = length(x);n2 = length(y);
if n1 = = n2 % 当数据含量一样多时
    xyMix = [x(:),y(:)];
    [Ranks,flags,SigmaModify] = MakeRank(xyMix);
else % 当数据含量不一致时
    xyMix = [x(:)',y(:)'];
    [Ranks,flags,SigmaModify] = MakeRank(xyMix,n1);
end
rankSum = sum(Ranks,1);
Rx = rankSum(1,1);
% 计算临界值 Cu,Cl,做出判别
if n1< = 10&&n2< = 10
    [Cu,Cl] = RankCuCl(n1,n2,MyAlpha);% 精确计算
    if Rx<Cu||Rx>Cl
        h = 1;% 拒绝 H0,接受 H1
    else
        h = 0;% 接受 H0,拒绝 H1
    end
    return;
end
if n1>10||n2>10&&flags %% 近似计算,有重复元素
    miu1 = n1*(n1 + n2 + 1)/2;
    n = n1 + n2;
    sigma2 = n1*n2*(n*(n^2-1)-SigmaModify)/(12*n*(n-1));
else % 没有重复元素
    miu1 = n1*(n1 + n2 + 1)/2;
    sigma2 = n1*n2*(n1 + n2 + 1)/12;
end
z = (Rx-miu1)/sqrt(sigma2);
CutOff = norminv(MyAlpha/2);
if abs(z)>abs(CutOff)
    h = 1;
else
    h = 0;
end


function [Cu,Cl] = RankCuCl(n1,n2,MyAlpha)
% 函数名称:RankCuCl.M
% 实现功能:根据输入的样本含量个数,计算秩和检验的临界值.
% 输入参数:本函数共有 3 个输入参数,含义如下:
%         :(1)n1,第一个样本的含量,一般不建议大于 10.
%         :(2)n2,第二个样本的含量,一般不建议大于 10.
%         :(3)MyAlpha,检验水平值,默认 0.05.
% 参数释义:本函数默认 2 个输出参数,请修改:
%         :(1)Cu,即下尾上限
%         :(2)Cl,即上尾下限
```

```
% 参考资料:本函数所实现功能的更详细资料,请参阅参阅教材:
%         :(1)马寨璞,MATLAB 语言编程[M],电子工业出版社,2017.
% 原始作者:马寨璞,wdwsjlxx@163.com
% 修订时间:2017-07-01,21:50:12
% 原始版本:1.0
% 版权声明:未经作者许可,任何单位及个人不得以任何方式或理由对本代码进行
%         :网上传播、贩卖等.
% 实用样例:RankCuCl(4,6)
%          RankCuCl(4,6,0.1)
%
if nargin<3||isempty(MyAlpha)
    MyAlpha = 0.05;% 缺省默认值
elseif isscalar(MyAlpha)% 是否符合常规
    PossibleAlphas = [0.1,0.01,0.025,0.05,0.001];
    chk = PossibleAlphas = = MyAlpha;
    if sum(chk,2) = = 0
        error('检验水平输入异常,不符合惯例!');
    end
end
if n1>10||n2>10
    warning('精确计算可能会较费时间!');
end
zhs = nchoosek(1:(n1 + n2),n1);% 所有的组合形式
R1 = sum(zhs,2);                % 各组合的秩值
uR1 = unique(R1);              % 为计算概率准备
p = zeros(1,length(uR1));% 初始化
% 计算各秩值出现的概率
for il = 1:length(uR1)
    ele = uR1(il);
    pos = abs(ele-R1)<eps;
    p(il) = sum(pos(:));
end
p = p/nchoosek(n1 + n2,n1);% 概率
% 计算 Cu,即下尾上限
ps = cumsum(p);
for il = 1:length(uR1)-1
    if MyAlpha/2<ps(il)
        Cu = uR1(il);
        break;
    elseif MyAlpha/2>ps(il)&&MyAlpha/2<ps(il + 1)
        Cu = uR1(il);
    end
end
% 计算 Cl,即上尾下限
p = fliplr(p);
ps = cumsum(p);
uR1 = fliplr(uR1');
for il = 1:length(uR1)-1
    if MyAlpha/2<ps(il)
        Cl = uR1(il);
        break;
    elseif MyAlpha/2>ps(il)&&MyAlpha/2<ps(il + 1)
```

```
        Cl = uR1(il);
    end
end


function [ranks,flags,SigmaModify] = MakeRank(x,n1)
% 函数名称:MakeRank.M
% 实现功能:对输入的数据 X,计算各元素对应的秩号,并返回其他信息.
% 输入参数:本函数共有 2 个输入参数,含义如下:
%           :(1)x,数据,可为矩阵或向量.
%           :(2)n1,当数据为两个不等含量的样本时,输入第一个样本的含量.
% 参数释义:本函数默认 3 个输出参数,请修改:
%           :(1)ranks,当为矩阵数据时返回各元素的秩,当为不等的两样本
%           :混合体时,返回两样本的秩和.
%           :(2)flags,标志逻辑符,取 1,表示样本含量大于 10,且有重复元素;
%           :取 0,表示样本含量大于 10,但两样本没有重复元素.
%           :(3)SigmaModify,方差修正值,当 flags = 1 时,计算的方差修订由
%           :此返回.
% 参考资料:本函数所实现功能的更详细资料,请参阅参阅教材:
%           :(1)马寨璞,MATLAB 语言编程[M],北京:电子工业出版社,2017.
% 原始作者:马寨璞,wdwsjlxx@163.com
% 创建时间:2016-03-24,00:48:12
% 原始版本:1.0
% 版权声明:未经作者许可,任何单位及个人不得以任何方式或理由对本代码
%           :进行网上传播、贩卖等.
% 实用样例:
%
[nRows,nCols] = size(x);% 保留原始数据
% 确定各秩值
mixXyz = sort(x(:),'ascend');% 按照自小到大排序
unEle = unique(mixXyz);% 找不同元素
unSignedRanks = zeros(1,length(mixXyz));
SigmaModify = 0;% 当有重复数据时,需要进行方差修订
for i = 1:length(unEle)
    sn = 1:length(mixXyz);
    tmpEle = unEle(i);
    pos = abs(mixXyz-tmpEle)<eps;% 确定各元素的位置
    pos = pos';
    nk = sum(pos,2);
    rankNo = sum(pos.*sn,2)/nk;% 计算出秩值
    if nk>1
        SigmaModify = SigmaModify + nk*(nk^2-1);
    else
        SigmaModify = SigmaModify + 0;
    end
    sn = pos*rankNo;
    unSignedRanks = unSignedRanks + sn;
end
if SigmaModify>0
    flags = 1;% 表示有重复的元素
else
    flags = 0;% 表示没有重复元素
end
```

```
fprintf('计算中:\n\t 数据按从小到大排序,值与秩号,如下:\n');
fprintf('\t 数据:');fprintf('%7.2f',mixXyz);fprintf('\n');
fprintf('\t 秩号:');fprintf('%7.2f',unSignedRanks);fprintf('\n');
ranks = zeros(nRows,nCols);% 秩号初始化
unsr = unique(unSignedRanks);
for ir = 1:nRows
    for jc = 1:nCols;
        ele = x(ir,jc);% 取元素值
        pos = abs(unEle-ele)<eps;% 定位到数组的未知
        ranks(ir,jc) = unsr(pos);
    end
end
if nargin = = 1 % 处理含量一致的数据,确定每个数据组中各个元素的秩号
    fprintf('\t 各组数据对应的秩号:\n\t');
    for ir = 1:nRows
        fprintf('%7.2f',ranks(ir,:));
        fprintf('\n\t');
    end
    fprintf('\n');
elseif nargin = = 2 % 两个样本含量不一致
    Rx = sum(ranks(1:n1),2);
    Ry = sum(ranks(n1 + 1:end),2);
    ranks = [Rx,Ry];
end
```

（三）多样本 Kruskal-Wallis 秩和检验的基本原理

在上一小节，我们讨论了关于两个总体分布的秩和检验问题，对于多个独立样本总体的秩和检验，常用的方法是 Kruskal-Wallis 检验。

Kruskal-Wallis 检验简称克氏检验（KW），它将两个独立样本 Wilcoxon 检验方法推广到了 3 个及更多组数据的比较上。KW 检验的基本原理与两样本 Wilcoxon 方法类似，首先将 k 组数据混合，并从小到大排列，确定秩号，当有相同数据时，仍采用和 Wilcoxon 秩和方法一样的处理方法，相同数据具有相同的秩，取编号平均为秩即可。考虑到各组的数据量有所不同，具体使用时不再比较秩和，而是比较各组数据的秩和均值。若做出的零假设"H_0：k 个总体的分布相同"为真，则各组数据的秩和均值应该相差不大，若它们相差太大，则说明零假设有问题，不被接受。

这样，检验问题就可描述为：设有 k 个连续型总体，除位置参数不同外，分布是相似的，其分布函数分别为 $F_1(x), F_2(x), \cdots, F_k(x)$，若从中抽取容量为 $n_j(j = 1, 2, \cdots, k)$ 的 k 个独立随机样本，试检验各总体的分布是否相同。

在进行具体计算时，借助的是方差分析的解决思路，考虑到目前尚未学习方差分析，故先做简单介绍。方差分析的基本原理是将不同因素影响下的试验结果进行分解，分解为因素差异引起的作用（以单因素方差分析为例，记作 A）和其他不明因素引起的随机误差（记为 B），然后将这两种作用进行比较，若 A 远远大于 B，则说明因素之间的差异对试验结果产生出了显著不同的影响；反之，若 A 和 B 相差不大，则说明因素之间的差异对试验结果产生的影响，在效果上和随机误差属于同一个水平。此时，就不再把因素水平差异单独取出来进行考察，而是统一看作随机误差，既然都被看作随机误差（级别）了，自然就没什么差别了。

具体计算时，可以按照方差分析的线性模型格式书写，则对于上述问题，可以改写为：假设有 k 个总体，各取其样本，含量为 n_j，则（单因素）观察值的线性模型表达式为

$$x_{ij} = \mu + \alpha_i + \varepsilon_{ij}, \quad i = 1, 2, \cdots, n_j, \ j = 1, 2, \cdots, k \tag{3-115}$$

其中 x_{ij} 表示表 3-33 中多组观察数据的观察值。则具体的检验，可写为

$H_0 : \alpha_1 = \alpha_2 = \cdots = \alpha_k$。

H_1：至少有两个 $\alpha_i \neq \alpha_j$ 不相等。

表 3-33　多组数据的布置安排

观测	样本 1	样本 2	$\cdots$	样本 k
1	$x_{1,1}$	$x_{1,2}$	$\cdots$	$x_{1,k}$
2	$x_{2,1}$	$x_{2,2}$	$\cdots$	$x_{2,k}$
$\vdots$	$\vdots$	$\vdots$		$\vdots$
n_j	$x_{n_1,1}$	$x_{n_2,2}$	$\cdots$	$x_{n_k,k}$

令 x_{ij} 表示抽自第 j 个总体的样本的第 i 次观测，各总体的样本观测重复数为 n_j，对表 3-33 中所有数据进行排序，并按照定秩规则，分别赋予秩号，则最小秩号为 1，最大秩号（在无相同数据的情况下）为 $n = \sum_{j=1}^{k} n_j$。记 $R_{i,j}$ 为观测值 x_{ij} 的秩，则其秩号表 3-34 如下。

表 3-34　各样本观测值的秩号

观测	样本 1	样本 2	$\cdots$	样本 k
1	$R_{1,1}$	$R_{1,2}$	$\cdots$	$R_{1,k}$
2	$R_{2,1}$	$R_{2,2}$	$\cdots$	$R_{2,k}$
$\vdots$	$\vdots$	$\vdots$		$\vdots$
n_j	$R_{n_1,1}$	$R_{n_2,2}$	$\cdots$	$R_{n_k,k}$
秩和	$R_{\cdot 1}$	$R_{\cdot 2}$	$\cdots$	$R_{\cdot k}$
秩均值	$\overline{R}_{\cdot 1}$	$\overline{R}_{\cdot 2}$	$\cdots$	$\overline{R}_{\cdot k}$

为了方便表述，给出如下的约定：对每一个总体的样本，其观测值秩和记为 $R_{\cdot j} = \sum_{i=1}^{n_j} R_{ij}, j = 1, 2, \cdots, k$，其秩均值 $\overline{R}_{\cdot j} = \frac{1}{n_j} \sum_{i=1}^{n_j} R_{ij} = \frac{R_{\cdot j}}{n_j}$，分别列于表 3-28 中的最后两行。由上可知观察值的秩分别为 $1, 2, \cdots, n$，所有数据的总秩和记为

$$R_{\cdot \cdot} = 1 + 2 + \cdots + n = \frac{1}{2} n(n+1) \tag{3-116}$$

按照方差分析的基本思想，混合数据各秩的总离差平方和为

$$\text{SS}_T = \sum_{j=1}^{k} \sum_{i=1}^{n_j} (R_{ij} - \overline{R}_{\cdot \cdot})^2 = \sum \sum R_{ij}^2 - \frac{\overline{R}_{\cdot \cdot}^2}{n} = \frac{n(n+1)(n-1)}{12} \tag{3-117}$$

其中

$$\sum_{j=1}^{k}\sum_{i=1}^{n_j} R_{ij}^2 = 1^2 + 2^2 + \cdots + n^2 = \frac{n(n+1)(2n+1)}{6} \qquad (3\text{-}118)$$

是混合数据各秩的平方和。为方便比较，计算得到其总均方为

$$\text{MS}_T = \frac{\text{SS}_T}{(n-1)} = \frac{n(n+1)}{12} \qquad (3\text{-}119)$$

将上述总离差分解，得到各样本处理间平方和为

$$\text{SS}_A = \sum_{j=1}^{k} n_j (\overline{R}_{\cdot j} - \overline{R}_{\cdot\cdot})^2 = \sum_{j=1}^{k} \frac{R_{\cdot j}^2}{n_j} - \frac{R_{\cdot\cdot}^2}{n} = \sum_{j=1}^{k} \frac{R_{\cdot j}^2}{n_j} - \frac{n(n+1)^2}{4} \qquad (3\text{-}120)$$

用处理间平方和除以总均方，就得到了 KW 检验统计量

$$H = \frac{\text{SS}_A}{\text{MS}_T} = \frac{\sum_{j=1}^{k} \dfrac{R_{\cdot j}^2}{n_j} - \dfrac{n(n+1)^2}{4}}{n(n+1)/12} = \frac{12}{n(n+1)} \sum_{j=1}^{k} \frac{R_{\cdot j}^2}{n_j} - 3(n+1) \qquad (3\text{-}121)$$

在零假设下，H 近似服从 $\text{df} = k-1$ 的 $\chi^2(k-1)$ 分布。

为了更加深入地理解检验的本质，对于上述得到的 KW 检验统计量，分析如下：事实上，KW 统计量

$$H = \frac{12}{n(n+1)} \sum_{j=1}^{k} n_j (\overline{R}_{\cdot j} - \overline{R}_{\cdot\cdot})^2 \qquad (3\text{-}122)$$

也可以写成

$$H = \frac{12}{n(n+1)} \sum_{j=1}^{k} \left\{ \frac{1}{n_j} \left(R_{\cdot j} - \frac{n_j(n+1)}{2} \right)^2 \right\} \qquad (3\text{-}123)$$

对其中的 $R_{\cdot j}$，当零假设为真时，概率 $P(R_{ij} = r_{ij})$ 可按照排列组合加以确定，这相当于在 N 个研究对象和 k 种处理方法中，把 N 个研究对象分配给第 i 种处理，若分配的秩为 $R_{1,j}, R_{2,j}, \cdots,$ $R_{n_j,j}$，则所有可能的分法有 $\dfrac{N!}{\prod\limits_{i=1}^{k} n_i!}$ 种，按等可能计算，得到

$$P(R_{ij} = r_{ij}, j = 1, 2, \cdots, k, i = 1, 2, \cdots, n_j) = \frac{1}{n!} \prod_{j=1}^{k} n_j! \qquad (3\text{-}124)$$

此外，还可以计算得到

$$E(\overline{R}_{\cdot j}) = \frac{n+1}{2} \qquad (3\text{-}125)$$

$$D(\overline{R}_{\cdot j}) = \frac{(n-n_j)(n+1)}{12 n_j} \qquad (3\text{-}126)$$

$$\text{Cov}(\overline{R}_{\cdot i}, \overline{R}_{\cdot j}) = -\frac{n+1}{12} \qquad (3\text{-}127)$$

这样改写的意义在于：将所有数据按照从小到大的顺序合并成单一样本，则样本含量为 n，对于 n 个观察值来说，平均秩是

$$\frac{1+2+\cdots+n}{n} = \frac{n(n+1)}{2n} = \frac{n+1}{2} \tag{3-128}$$

对于含有 n_j 个观察值的第 j 个样本来说，秩和的期望值是 $\frac{n_j(n+1)}{2}$。若以 $R_{\cdot j}$ 表示第 j 个样本（总体）的实际秩和，则 $R_{\cdot j} - \frac{n_j(n+1)}{2}$ 就表示 k 个样本（总体）中第 j 个样本的秩和与其均值的偏差。在 H_0 为真的条件下，所有样本的混合数据构成的单一随机样本，其秩号应该在 k 个样本之间均匀地分布，即各样本实际秩和与期望秩和之间的偏差 $R_{\cdot j} - \frac{n_j(n+1)}{2}$ 不应太大。KW 检验定义的统计量就是建立在偏差 $R_{\cdot j} - \frac{n_j(n+1)}{2}$ 基础之上的，如果某些 $R_{\cdot j}$ 与 $\frac{n_j(n+1)}{2}$ 相差很大，则可以考虑零假设不成立。

更严格地讲，H 实质上是

$$H = \frac{1}{S^2} \sum_{j=1}^{k} \left\{ \frac{1}{n_j} \left[R_{\cdot j} - \frac{n_j(n+1)}{2} \right]^2 \right\} \tag{3-129}$$

其中

$$S^2 = \frac{1}{n-1} \sum_{j=1}^{k} \sum_{i=1}^{n_j} (R_{ij} - \overline{R}_{\cdot\cdot})^2 = \frac{1}{n-1} \sum_{j=1}^{k} \sum_{i=1}^{n_j} R_{ij}^2 - n\overline{R}_{\cdot\cdot}^2 \tag{3-130}$$

如果没有相同观测值（打结）出现，则有

$$S^2 = \frac{1}{n-1} \left[\frac{n(n+1)(2n+1)}{6} - \frac{n(n+1)^2}{4} \right] = \frac{n(n+1)}{12} \tag{3-131}$$

在实际应用时，当 n_j 数值较小时，和两样本秩和检验一样，可以采用古典概型计算准确的概率，从而完成检验。当 $n = \sum\limits_{j=1}^{k} n_j$ 不太大时，更具体来讲，当 $k=3$，$n_j > 5$ 时或者 $k > 3$ 时，可采用近似计算。当 n 较大时，使用 H 统计量即可。

当样本数据中重复较多致使许多秩相同时，特别是以等级表达的资料，计算得到的 H 值有偏小的趋势，这时需要按照如下修订

$$H_C = H / C \tag{3-132}$$

其中，

$$C = 1 - \frac{1}{n^3 - n} \sum (t_j^3 - t_j) \tag{3-133}$$

其中，t_j 是第 j 个相同秩的个数。

一般来说，对于 k 个总体，其秩和检验的一般步骤如下。

（1）做假设 H_0：各总体分布相同，H_1：各总体分布不完全相同。

（2）将各样本混合后统一编秩，相同数据的秩号按序号和取平均。

（3）计算各样本的秩和 $R_{\cdot j}$，计算统计量 H 值。

（4）在给定检验水平 α 自由度 $k\text{-}1$ 后，计算临界值 $\chi_\alpha^2(k-1)$，若 $H > \chi_\alpha^2(k-1)$，则拒绝 H_0，反之则接受 H_0。

例 28 表 3-35 是三种不同人群的血浆总皮质醇测定数据，在 $\alpha = 0.05$ 水平下，检验它们有无显著性差异？

表 3-35　三种不同人群血浆总皮质醇测定值　　　　（单位：$10^2 \mu mol / L$）

观测重复	1	2	3	4	5	6	7	8	9	10
正常人	0.11	0.52	0.61	0.69	0.77	0.86	1.02	1.08	1.27	1.92
单纯性肥胖	0.17	0.33	0.55	0.66	0.86	1.13	1.38	1.63	2.04	3.75
皮质醇增多症	2.70	2.81	2.92	3.59	3.86	4.08	4.30	4.30	5.96	6.62

解　做零假设与备择假设：

$$H_0: \text{各总体分布相同}, \quad H_1: \text{各总体分布不完全相同}$$

将全部数据混合后统一编秩，列于表 3-36。

表 3-36　混合数据与编秩

数据	0.11	0.17	0.33	0.52	0.55	0.61	0.66	0.69	0.77	0.86
秩号	1	2	3	4	5	6	7	8	9	10.5
数据	0.86	1.02	1.08	1.13	1.27	1.38	1.63	1.92	2.04	2.70
秩号	10.5	12	13	14	15	16	17	18	19	20
数据	2.81	2.92	3.59	3.75	3.86	4.08	4.30	4.30	5.96	6.62
秩号	21	22	23	24	25	26	27.5	27.5	29	30

记录各组数据的秩，分列于表 3-37，计算各组数据的秩和 R_i，统计各组数据的容量 n_i。

表 3-37　分类标记各组数据的秩

观测重复		1	2	3	4	5	6	7	8	9	10
正常人	值	0.11	0.52	0.61	0.69	0.77	0.86	1.02	1.08	1.27	1.92
	秩	1	4	6	8	9	10.5	12	13	15	18
单纯性肥胖	值	0.17	0.33	0.55	0.66	0.86	1.13	1.38	1.63	2.04	3.75
	秩	2	3	5	7	10.5	14	16	17	19	24
皮质醇增多症	值	2.70	2.81	2.92	3.59	3.86	4.08	4.30	4.30	5.96	6.62
	秩	20	21	22	23	25	26	27.5	27.5	29	30

则

$$R_1 = 1 + 4 + 6 + 8 + 9 + 10.5 + 12 + 13 + 15 + 18 = 96.5$$

$$R_2 = 2 + 3 + 5 + 7 + 10.5 + 14 + 16 + 17 + 19 + 24 = 117.5$$

$$R_3 = 20 + 21 + 22 + 23 + 25 + 26 + 27.5 + 27.5 + 29 + 30 = 251$$

$$n = \sum_{i=1}^{3} n_i = 30$$

计算 H 值

$$H = \frac{12}{30 \times (30+1)} \left(\frac{96.5^2}{10} + \frac{117.5^2}{10} + \frac{251^2}{10} \right) - 3 \times (30+1) = 18.12$$

根据 $\alpha = 0.05$，$df = k-1 = 2$，计算 $\chi_\alpha^2(df) = \chi_{0.05}^2(2) = chi2inv(1-0.05,2) = 5.9915$，因为 $H > \chi_{0.05}^2(2)$，故拒绝 H_0，即认为三种人群的血浆总皮质醇含量不同。

上述手工计算颇费时间，也容易出错，利用 KruskWall Rank Sum Test 函数计算，则方便许多，下面给出的函数说明部分的例一即本例的具体实现，输出内容请读者自行运行后查看屏幕输出，这里不再给出。

（四）多样本 Kruskal-Wallis 检验的 MATLAB 实现

为满足 KW 检验的需要，MATLAB 提供了专门的 kruskalwallis 函数，我们根据 KW 检验的基本原理，编写简洁易用的检验函数，以帮助理解与应用。

在实际中，当样本容量较大时，总体秩和近似服从正态分布，这一点可结合中心极限定理加以理解，对于多个正态分布，尤其是标准正态分布，则按照 χ^2 的数学定义，可知统计量

$$H = \frac{12}{n(n+1)} \sum_{i=1}^{k} \frac{R_i^2}{n_i} - 3(n+1) \sim \chi^2(k-1) \tag{3-134}$$

因此，从这个统计量来看，KW 方法实际上是 χ^2 检验方法，下面给出该方法的实现代码。

```
function [h] = KruskWallRankSumTest(varargin)
% 函数名称:KruskWallRankSumTest.M
% 实现功能:利用 Kruskal-Wallis 方法进行多个独立样本的秩和检验.
% 输入参数:本函数共有 1 个输入参数,含义如下:
%         :(1)varargin,用来存放要进行检验的数据,最后一个参数为检验水平
% 参数释义:本函数默认 1 个输出参数,请修改:
%         :(1)h,取值为 0 或 1,取 1 时表示接受 H1,拒绝 H0;取 0 时则相反.
% 外调函数:本函数共计 2 个子函数调用,分别如下:
%         :(1)MakeMultiGroupRank,计算各元素的秩号
%         :(2)RankCuCl,利用古典概型精细计算临界值
% 参考资料:本函数所实现功能的更详细资料,请参阅参阅教材:
%         :(1)马赛璞,MATLAB 语言编程[M],北京:电子工业出版社,2017.
% 原始作者:马赛璞,wdwsjlxx@163.com
% 创建时间:2016-03-25,22:11:14
% 原始版本:1.0
% 版权声明:未经作者许可,任何单位及个人不得以任何方式或理由对本代码进行
%         :网上传播、贩卖等,
% 实用样例:
%         例一
%         x = [0.11,0.52,0.61,0.69,0.77,0.86,1.02,1.08,1.27,1.92];
%         y = [0.17,0.33,0.55,0.66,0.86,1.13,1.38,1.63,2.04,3.75];
%         z = [2.70,2.81,2.92,3.59,3.86,4.08,4.30,4.30,5.96,6.62];
%         KruskWallRankSumTest(x,y,z)
%         例二
%         x = [0.11,0.52,0.61,0.69];
%         y = [1.38,1.63,2.04,3.75];
%         z = [2.70,2.81,2.92,3.59,3.86,4.08,4.30,4.30];
%         KruskWallRankSumTest(x,y,z)
%
```

```
% 先验证最后一个是不是检验水平 alpha
a = varargin{end};
if isscalar(a)%若是标量就检测一下是不是 alpha
    alphas = [0.1,0.01,0.05,0.001,0.025];
    chk = alphas = = a;
    if sum(chk,2) = = 0
        warning('检验水平输入异常,不符合惯例!');
    else
        k = length(varargin)-1;% k 个参数
    end
else  % 不是标量说明没有输入 alpha
    k = length(varargin);% k 个参数
    a = 0.05;
end
SampleSize = zeros(1,k);% 存放样本含量
for ix = 1:k
    VarName = sprintf('x%d',ix);
    eval([VarName,' = ','varargin{ix};']);
    SampleSize(ix) = length(eval(VarName));
end
n = sum(SampleSize,2);% 样本总含量
fprintf('输入:\n\t 输入了 %d 个样本数据,各样本的含量为:',k);
fprintf('%d,',SampleSize);fprintf('样本总含量:n = %d.\n',n);
fprintf('\t 本次检验水平:alpha = %.2f\n',a);
minSampSize = min(SampleSize,[],2);% 确定最小含量
nBar = n/k;%每个样本含量平均个数
if(sum(SampleSize = = nBar,2) = = k)% 各组样本数据一样
    x = zeros(n/k,k);
    for ix = 1:k
        x(:,ix) = eval(sprintf('x%d',ix));
    end
    [ranks,flags,C] = MakeMultiGroupRank(x);
else
    x = [];% 形成一列数据
    for ig = 1:k
        y = eval(['x',num2str(ig)]);
        x = [x(:)',y(:)'];
    end
    [ranks,flags,C] = MakeMultiGroupRank(x,SampleSize);
end
% 根据不同的 nj 或 k 选择不同的计算方法
if(k = = 3 && minSampSize>5)||k>3   % 逼近法
    hxs = 12/(n*(1 + n));
    srks = sum(ranks,1);
    srn = sum(srks.^2./SampleSize,2);
    H = hxs*srn-3*(n + 1);
    df = k-1;
    ChiCutOff = chi2inv(1-a,df);
    if flags
        H = H/C;
    end
```

```
    if H>ChiCutOff
        h = 1;
    else
        h = 0;
    end
else % 利用古典概型进行精确计算
    minRank = min(ranks,[],2);
    [~,c] = find(ranks = = minRank);
    fprintf('说明:\n\t 在%d 个秩和中,第%d 个值最小,对其进行检验\n',k,c);
    n1 = SampleSize(1,c);
    n2 = n-n1;
    [Cu,Cl] = RankCuCl(n1,n2,a);
    if minRank<Cu||minRank>Cl
        h = 1;% 拒绝 H0,接受 H1
    else
        h = 0;% 接受 H0,拒绝 H1
    end
end


function [ranks,flags,Correct] = MakeMultiGroupRank(x,varargin)
% 函数名称:MakeMultiGroupRank.M
% 实现功能:对输入的数据 x,计算各元素对应的秩号,并返回其他信息.
% 输入参数:本函数共有 2 个输入参数,含义如下:
%          :(1)x,数据,可为矩阵或向量.
%          :(2)varargin,多个不等含量的样本含量.
% 参数释义:本函数默认 3 个输出参数,请修改:
%          :(1)ranks,当为矩阵数据时返回各元素的秩,当为不等的两样本
%          :混合体时,返回两样本的秩和.
%          :(2)flags,标志逻辑符,取 1,表示样本含量大于 10,且有重复元素;
%          :取 0,表示样本含量大于 10,但两样本没有重复元素.
%          :(3)SigmaModify,方差修正值,当 flags = 1 时,方差修订由此返回.
% 参考资料:本函数所实现功能的更详细资料,请参阅参阅教材:
%          :(1)马寨璞,MATLAB 语言编程[M],北京:电子工业出版社,2017.
% 原始作者:马寨璞,wdwsjlxx@163.com
% 创建时间:2016-03-26,00:48:12
% 原始版本:1.0
% 版权声明:未经作者许可,任何单位及个人不得以任何方式或理由对本代码进行
%          :网上传播、贩卖等.
% 实用样例:
%
[nRows,nCols] = size(x);% 保留原始数据
% 确定各秩值
mixXyz = sort(x(:),'ascend');% 按照自小到大排序
unEle = unique(mixXyz);% 找不同元素
unSignedRanks = zeros(1,length(mixXyz));
Correct = 0;% 当有重复数据时,需要进行方差修订
for i = 1:length(unEle)
    sn = 1:length(mixXyz);
    tmpEle = unEle(i);
    pos = abs(mixXyz-tmpEle)<eps;% 确定各元素的位置
    pos = pos';
    nk = sum(pos,2);
```

```
    rankNo = sum(pos.*sn,2)/nk;% 计算出秩值
    if nk>1
        Correct = Correct + nk*(nk^2-1);
    else
        Correct = Correct + 0;
    end
    sn = pos*rankNo;
    unSignedRanks = unSignedRanks + sn;
end
n = length(mixXyz);
Correct = 1-1/(n^3-n)*Correct;   %
if Correct>0
    flags = 1;% 表示有重复的元素
else
    flags = 0;% 表示没有重复元素
end
fprintf('计算中:\n\t 值与秩号,按从小到大排序,如下:\n');
fprintf('\t 数据:');fprintf('%7.2f',mixXyz);fprintf('\n');
fprintf('\t 秩号:');fprintf('%7.2f',unSignedRanks);fprintf('\n');
% 等含量样本的秩号矩阵
ranks = zeros(nRows,nCols);
unsr = unique(unSignedRanks);
for ir = 1:nRows
    for jc = 1:nCols;
        ele = x(ir,jc);   % 取元素值
        pos = abs(unEle-ele)<eps;   % 定位到数组的位置
        ranks(ir,jc) = unsr(pos);
    end
end
if nargin = = 1 %处理含量一致的数据,确定每个数据组中各个元素的秩号
    fprintf('\t 各组数据对应的秩号:\n\t');
    for ir = 1:nRows
        fprintf('%7.2f',ranks(ir,:));
        fprintf('\n\t');
    end
    fprintf('\n');
elseif nargin = = 2 % 两个样本含量不一致
    start = 1;
    nj = varargin{1:end};
    tmpRanks = zeros(1,length(nj));% 临时保存各组的秩值
    for ig = 1:length(nj);
        tr = ranks(start:start + nj(ig)-1);
        start = start + nj(ig);
        tmpRanks(ig) = sum(tr,2);
    end
    ranks = tmpRanks;% 将各组秩值的和返回
end
```

（五）多重比较秩和检验

当 KW 检验拒绝零假设后,说明各总体分布不相同,为此还需要进一步判别各总体之

间的差别，即比较哪两组样本之间有差异。一种是使用 Nemenyi 方法，这种方法是利用卡方分布进行检验；另一种是 1964 年 Dunn 建议使用的检验方法，这种方法是将两样本差异的检验转化为类似于两正态均值差异的检验，借助正态分布进行检验。这两种方法分述如下。

1. Nemenyi 检验

Nemenyi 检验的具体步骤如下。

（1）做假设 $H_0 : F(x_i) = F(x_j), (i, j = 1, 2, \cdots, k; i \neq j)$，　$H_1 : H_0$ 不成立。

（2）当各组样本数较大时，下述的统计量服从自由度 $df = k - 1$ 的 χ^2 分布，其中 k 为组数

$$\chi^2_{i,j} = \frac{(\overline{R}_{.i} - \overline{R}_{.j})^2}{\dfrac{n(n+1)}{12}\left(\dfrac{1}{n_i} + \dfrac{1}{n_j}\right)} \sim \chi^2(k-1) \tag{3-135}$$

（3）根据显著性水平 α 和自由度 $df = k - 1$，计算或查询 χ^2 的临界值 χ^2_α，若 $\chi^2_{i,j} > \chi^2_\alpha$，则拒绝 H_0，认为第 i 个总体与第 j 个总体的分布不同；反之则不能拒绝 H_0。

2. Dunn 统计量

Dunn 在 1964 年提出了另一个检验统计量，对于两样本之间的差异 d_{ij}，其计算公式为

$$d_{ij} = \frac{|\overline{R}_{.i} - \overline{R}_{.j}|}{SE} = \frac{1}{SE}\left(\frac{R_i}{n_i} - \frac{R_j}{n_j}\right) \tag{3-136}$$

其中，SE 为两平均秩差的标准误，其计算如下：

$$SE = \sqrt{MS_T\left(\frac{1}{n_i} + \frac{1}{n_j}\right)} = \sqrt{\frac{1}{12}n(n+1)\left(\frac{1}{n_i} + \frac{1}{n_j}\right)}, \tag{3-137}$$

$$(i, j = 1, 2, \cdots, k; i \neq j)$$

当 $n_i = n_j$ 时，简化为

$$SE = \sqrt{\frac{1}{6}k(n+1)} \tag{3-138}$$

根据样本数据计算 d_{ij}，在给定的检验水平 α 下，若 $|d_{ij}| \geq U_{1-\alpha^*}$，则表示第 i 和第 j 处理之间有显著差异；反之，则表示差异不显著。其中，$\alpha^* = \dfrac{\alpha}{k(k-1)}$，$U$ 是标准正态分布的分位点。

就上述两种检验方法而言，Nemenyi 方法中的 χ^2 统计量，与 Dunn 中的统计量的关系是 $\chi^2 = d^2$，一般来说 Nemenyi 法要更保守一些。

六、游程检验

（一）游程检验的基本原理

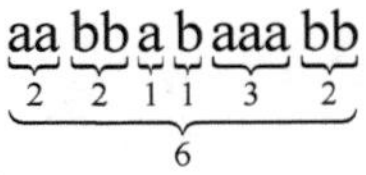

假如有一个观察值序列，如 aabbabaaabb，其中相同元素的连续部分称为一个游程，游程中包含的元素个数称为该游程的长度，记作 L；整个序列中包含的游程的个数称为游程总数，记作 R。以上述的序列为例，其结构如图 3-6 所示。

$$\underbrace{\underset{2}{aa}\ \underset{2}{bb}\ \underset{1}{a}\ \underset{1}{b}\ \underset{3}{aaa}\ \underset{2}{bb}}_{6}$$

图 3-6　游程的结构说明

在这个序列中，将相同元素归为一个游程，则共有 6 个游程，即 $R = 6$；其中各游程

长度分别为 $2,2,1,1,3,2$。所谓游程检验，就是根据游程的总数 R 或者游程的长度进行假设检验。

游程检验常常用来检验样本的随机性或两个总体分布是否相同。在判断一个数据序列的随机性时，通过将数据转为 0-1 游程数据，根据 1-游程及 0-游程数目是否与理想随机序列期望值相一致来判别。本质上，则是判定数据在 0 和 1 子块之间是否振荡太快或太慢。

在判断两个总体分布是否相同时，先将两个样本数据 x 和 y 混在一起，自小到大排序后，凡是原来属于 x 样本的数据，全部置为 0，凡是全部属于原来 y 样本的数据，全部转为 1，这样得到 0-1 游程。一般来说，若 x 和 y 的总体分布相同，则两个样本能充分地混合，此时的 R 不应该太大和太小，据此可进行检验。

1. 样本随机性检验

设有来自总体 X 的样本观察值序列 $x_1, x_2, \cdots, x_n$，以观察值中位数为分类标准，将观察值中小于中位数的数据，全部以 0 标记，将大于或等于中位数的观察值，以 1 标记，则样本观察值转化为由 0 和 1 组成的游程序列，由 0 构成的游程称为 0-游程，由 1 构成的序列称为 1-游程，统计整个序列中的 0-游程个数和 1-游程个数，分别以 n_1, n_2 记录。

一般而言，当样本为随机样本时，则由样本数据转化成的 0-1 序列，其游程总数 R 不应太大或太小。或者说，序列中每个游程的长度，都不应该太大。将这种思想转化为检验样本随机性的逻辑，则得到假设检验的零假设和备择假设。即

H_0：样本是随机性的。

H_1：样本不是随机性的。

根据上述的逻辑，可以以游程总数 R 作为解决检验问题的切入点，也可以以游程长度 L 作为解决问题的切入点。这里只介绍以游程总数 R 进行检验的方法，以游程长度 L 进行检验的方法，请参考相关的参考书。

当把样本序列 $x_1, x_2, \cdots, x_n$ 转为 0-1 序列后，则游程总数 R 的范围为

$$2 \leq R \leq 2\min\{n_1, n_2\} + 1$$

其中 $R = 2$ 对应着极端的分布序列 $00\cdots011\cdots1$ 或 $11\cdots100\cdots0$，而 $R = 2\min\{n_1, n_2\} + 1$ 则对应着极端的分布序列 $010101\cdots010$ 或 $101010\cdots101$。

由于 0-1 序列只有"0"和"1"这两个不同的标识符号，因此实际观察后会发现，序列中的 0-游程和 1-游程只能是相间排列（否则就构成同一个游程），即 0-游程个数 n_1 与 1-游程个数 n_2 只能是相等或者仅仅差 1。因此，应用排列组合即可确定游程总数 R 的概率分布。

当 $R = 2k$ 为偶数时，

$$P(R = 2k) = \frac{2C_{n_1-1}^{k-1} \cdot C_{n_2-1}^{k-1}}{C_{n_1+n_2}^{n_1}}, \quad (k = 1, 2, \cdots, n_2) \tag{3-139}$$

当 $R = 2k+1$ 为奇数时，

$$P(R = 2k+1) = \frac{C_{n_1-1}^{k-1} \cdot C_{n_2-1}^{k} + C_{n_1-1}^{k} \cdot C_{n_2-1}^{k-1}}{C_{n_1+n_2}^{n_1}}, \quad k = 1, 2, \cdots, \min\{n_1, n_2\} \tag{3-140}$$

根据这两个计算公式，对于给定的检验水平 α，可计算出 R 的临界值 R_L, R_U，使之满足

$$P(R \leq R_L) \leq \frac{\alpha}{2}, \ P(R \geq R_U) \leq \frac{\alpha}{2} \tag{3-141}$$

从而满足

$$P(R \leqslant R_L) + P(R \geqslant R_U) \leqslant \alpha \qquad (3\text{-}142)$$

这样 (R_L, R_U) 就界定了 R 的接受域，即 $(1-\alpha) \times 100\%$ 置信区间。

在实际使用时，多数都是根据给定的 α 和序列的 n_1, n_2，查取游程检验临界值表，附表 12 以区间的形式给出了临界值。读者通过编程计算，也可以达到目的，其实通过上述两个公式，还可以创建游程检验临界值表，游程检验的 MATLAB 实现一节中附上了根据上述公式编制的 MakeRunTestTable 函数，可实现输出游程检验临界值表。

此外，当 n_1, n_2 较大时，还可根据中心极限定理，考虑使用近似正态分布来实现游程总数 R 的检验，即将检验问题转化为 U 检验，使用的统计量为

$$U = \frac{R - \left(1 + \dfrac{2n_1 n_2}{n_1 + n_2}\right)}{\sqrt{\dfrac{2n_1 n_2 (2n_1 n_2 - n_1 - n_2)}{(n_1 + n_2)^2 (n_1 + n_2 - 1)}}} \overset{\cdot}{\sim} N(0,1) \qquad (3\text{-}143)$$

一般的，在 n_1, n_2 都大于 10 的情况下，式（3-143）的计算精度已经满足需要。

2. 两个总体的分布检验

前面讲述了利用游程总数 R 检验样本随机性的问题，下面介绍其在两个总体分布一致性上的应用。和前面学习过的符号检验、秩和检验等一样，对于两个总体的比较，游程检验的假设仍然设定为

H_0：两个总体的分布相同；

H_1：两个总体的分布不同。

要利用游程检验的方法，首先需要将观测值序列转化为 0-1 序列，当有两个总体时，设 $x_1, x_2, \cdots, x_{n_1}$ 是取自总体 X 的样本观察值，设 $y_1, y_2, \cdots, y_{n_2}$ 是取自总体 Y 的样本观察值。将它们混合在一起后，按照从小到大排序。在混合序列中，凡是来自 X 样本的数据，均记为 0，凡是来自 Y 样本的数据，均记为 1，这样，就得到了混合数据的 0-1 序列，记它的游程总数为 R。

一般的，当 H_0 成立时，两个样本观察值可看作来自同一总体的数据，它们能够很好地混合在一起，在这种情况下，游程总数 R 将不会太小，如果 R 小到一定的程度，如小到某个临界值，我们就认为不正常，就有理由拒绝 H_0。

具体实施时，最简单的方法是根据给定的显著性水平 α，以及 0-游程数 n_1 和 1-游程数 n_2，查取游程总数检验表，得到满足 $P(R \leqslant C) \leqslant \alpha$ 的最大 C 值，记作 C_α，当混合样本观察值对应的 0-1 序列中游程数 $R \leqslant C_\alpha$ 时，就拒绝 H_0。

当两组数据中出现相同观察值时，游程总数 R 按折中计算如下：

$$R = \frac{r_1 + r_2}{2} \qquad (3\text{-}144)$$

其中，r_1 是对混合序列中的相同观察值进行布置，然后计算得到的最少总游程数；r_2 则是计算得到的最大总游程数。

当 n_1, n_2 较大时，仍然可以使用前述式（3-143）计算，除此之外，还有一个更加简单的 U 检验公式

$$U = \frac{R - 2n\alpha\beta}{2\alpha\beta\sqrt{n}} \overset{\cdot}{\sim} N(0,1) \qquad (3\text{-}145)$$

其中，$n = n_1 + n_2$，$\alpha = \dfrac{n_1}{n}$，$\beta = \dfrac{n_2}{n}$，当 $n_1, n_2 > 10$ 时，可给出很好的近似结果。

例 29 某次测定数据如下：98，67，84，109，99，82，89，103，84，115，89，128，82，103，75，88，90，106，115，104，94，113，112，101，109，试利用后附的函数，实现游程检验。

解 根据函数 NonParamRunsTest 对数据的格式要求，给出如下脚本进行计算。

```
x = [98,67,84,109,99,82,89,103,84,115,89,128,82,103,...
75,88,90,106,115,104,94,113,112,101,109];
NonParamRunsTest(x)
```

结果如下（屏幕输出）。

```
假设:
    H0:样本数据具随机性;H1:样本数据不具随机性
信息:
(1)输入数据共计 25 个,中位数 xMid = 99.00
(2)0-1 游程数据,含有 12 个 0 值,13 个 1 值.
(3)数据按照中位数转换为游程如下:0001100101010100011101111
(4)本次共计 7 个 0-游程,每个 0-游程长度分别如下:3,2,1,1,1,3,1
(5)本次共计 7 个 1-游程,每个 1-游程长度分别如下:2,1,1,1,1,3,4
(6)数据 14 个游程长度排序如下:3,2,2,1,1,1,1,1,1,1,3,3,1,4
(7)计算得到的临界值为:8<R<19
结论:
    R 值介于临界值范围内,故接受 H0.
```

（二）游程检验的 MATLAB 实现

根据游程检验的基本原理，我们编写自己的随机性游程检验函数，下面的 NonParamRunsTest 函数，实现了精确计算与中心极限定理逼近两种方法的检验，代码如下。

```
function [h] = NonParamRunsTest(x,alpha)
% 函数名称:NonParamRunsTest.M
% 实现功能:非参数游程检验.
% 输入参数:本函数共有 1 个输入参数,含义如下:
%          :(1)x,要进行检验的数据.
% 输出参数:本函数默认 1 个输出参数:
%          :(1)h,取值 1 或 0;取 1 时,表示接受 H1;反之表示接受 H0.
% 调用程序:本函数运行需要调用的子程序包括以下 1 个:
%          :(1)MakeRunsData,用来将非 0-1 游程数据转换为 0-1 游程数据,返
%          :回必要的统计信息,如 1 的个数 n1,0 的个数 n0,1-游程的个数,0-游程
%          :的个数,总游程序列等.
% 参考资料:本函数所实现功能的更详细资料,请参阅参阅教材或文献:
%          :(1)马赛璞,MATLAB 语言编程[M],北京:电子工业出版社,2017.
%          :(2)祝国强,医药数理统计方法(第三版)[M],高等教育出版社,PP185-187.
%          :(3)于立,小样本情况下的游程检验,统计教育[J],2008,2,9-10.
% 特殊说明:根据一般教材提供的查表,n0,n1 最大为 20,但大概率方法在 n0,n1
%          :处于 10 以上时,也可以达到精度要求,故此,这里采用折中的取值,
%          :即取 n0,n1 都在 15 及以下时使用精确计算,在大于 15 时使用中心极限
%          :定理方法.
% 原始作者:马赛璞,wdwsjlxx@163.com
% 创建时间:2016-04-02,12:51:33
% 原始版本:1.0
% 版权声明:未经作者许可,任何单位及个人不得以任何方式或理由对本代码进行
```

```
%          :网上传播、贩卖等.
% 实用样例:eg1
%          x = [209,205,202,201,193,198,197,202,205,206,205,208,...
%              206,195,197,196,207,206,207,208,205];
%          NonParamRunsTest(x)
%          eg2:
%          x = normrnd(100,16,10)
%          NonParamRunsTest(x)
%

if nargin<2||isempty(alpha)
    alpha = 0.05;
else
    alphas = [0.1,0.01,0.05,0.025,0.001];
    nSign = abs(alphas-alpha)<eps;
    if sum(nSign,2)~ = 1
        error('输入的检验水平alpha有误');
    end
end
fprintf('假设:\n\tH0:样本数据具随机性;H1:样本数据不具随机性\n')
x = x(:);
[runs,~,~,n0,n1] = MakeRunsData(x);% 转为0-1游程数据
R = length(runs);

% 根据n0和n1确定计算方法
if n0< = 15 && n1< = 15 % 参看特殊说明
    rMin = 2;rMax = 2*min(n0,n1) + 1;
    Loops = rMax-rMin + 1;
    prob = zeros(0,Loops);% 精确计算概率,初始化为0
    fm = nchoosek(n0 + n1,n0);
    for iR = rMin:rMax
        if mod(iR,2) = = 0
            k = iR/2;
            if k< = min(n0,n1)
                fz = 2*nchoosek(n1-1,k-1)*nchoosek(n0-1,k-1);
            end
        else
            k = (iR-1)/2;
            if k< = min(n0,n1)-1
                fz1 = nchoosek(n1-1,k-1)*nchoosek(n0-1,k);
                fz2 = nchoosek(n1-1,k)*nchoosek(n0-1,k-1);
            end
            fz = fz1 + fz2;
        end
        prob(iR-1) = fz/fm;
    end
    % 确定下限R1
    sum4R1 = cumsum(prob);
    nLeftSign = sum4R1<0.025;
    R1 = sum(nLeftSign) + 1;
    % 确定上限R2
    invSnProb = fliplr(prob);% 颠倒概率前后顺序
```

```
    sum4R2 = cumsum(invSnProb);
    nRightSign = sum4R2<0.025;
    R2 = rMax-sum(nRightSign) + 1;
    fprintf('(7).计算得到的临界值为:%d<R<%d \n',R1,R2)
    % 检验
    fprintf('结论:\n')
    if R< = R1||R> = R2
        fprintf('\tR 值超出临界值之外,故拒绝 H0,接受 H1.\n');h = 1;
    else
        fprintf('\tR 值介于临界值范围内,故接受 H0.\n');h = 0;
    end
else  % 采用中心极限定理的计算方法
    fprintf('(7).本次计算将采用中心极限定理方法近似计算.\n')
    fz = R-1 + 2*n0*n1/(n0 + n1);%计算分子部分
    fm1 = 2*n0*n1*(2*n0*n1-n0-n1);
    fm2 = (n0 + n1)^2*(n0 + n1-1);
    fm = fm1/fm2;
    U = abs(fz/fm);
    fprintf('(8).统计量 U = %5.2f \n',U);
    CutOff = norminv(1-alpha,0,1);
    fprintf('结论:\n')
    if U>CutOff
        fprintf('\t 统计量值超出临界值,拒绝 H0,接受 H1.\n');h = 1;
    else
        fprintf('\t 统计量 U 介于合理范围,接受 H0,拒绝 H1.\n');h = 0;
    end
end
```

游程检验时，首先需要把普通数据转为 0-1 游程数据，并统计游程数据的基本信息，这包括 0-游程的个数，1-游程的个数，数字 0 的个数及数字 1 的个数等。为此，作为子函数，我们编写了 MakeRunsData 函数，来实现这些功能，代码如下。

```
function [varargout] = MakeRunsData(x,type)
% 函数名称:MakeRunsData.M
% 实现功能:对输入的数据,转换为 0-1 的游程数据,返回其统计信息.
% 输入参数:本函数共有 2 个输入参数,含义如下:
%         :(1)x,要进行游程检验的原始数据,矩阵或者向量。
%         :(2)type,区分输入数据的类型,若本身是 01 数据,则直接使用,不再进行
%         :转换,若本是普通测定数据,则先转为 01 数据.因此,当 type = 'yes',
%         :表示本身就是 0-1 数据,'No'则说明是普通数据,默认值是'No'.
% 参数释义:本函数提供了变参数个数输出参数:
%         :(1)runs,矩阵,存放全部数据的 0,1 各游程各长度.
%         :(2)grp4or1,矩阵,存放全部数据的 0-游程各长度.
%         :(3)grp41r1,矩阵,存放全部数据的 1-游程各长度.
%         :(4)n0,在 0-1 序列中,值 0 的个数,即含有多少个 0.
%         :(5)n1,在 0-1 序列中,值 1 的个数,即含有多少个 1.
% 参考资料:本函数所实现功能的更详细资料,请参阅参阅教材:
%         :(1)马赛璞,MATLAB 语言编程[M],北京:电子工业出版社,2017.
% 原始作者:马赛璞,wdwsjlxx@163.com.
% 创建时间:2016-03-27,12:44:28
% 原始版本:1.0
% 版权声明:未经作者许可,任何单位及个人不得以任何方式或理由对本代码进行
```

```
%          :网上传播、贩卖等.
% 实用样例:
%          x = [0,0,0,0,0,0,0,1,1,1,1,1,1,0,0,0,0,1,1,1,1,0,0];
%          [~,OGP,OneG,m,n] = MakeRunsData(x,'y');%注意m和n的含义
%
% 若本身就是01数据,则不再进行01转换
if nargin<2||isempty(type)
    type = 'No';
else
    types = {'Yes','Y','No','N'};
    type = internal.stats.getParamVal(type,types,'TYPE');
end
% 形成0-1数据
switch lower(type)
    case {'yes','y'}
        x = x(:)';n = length(x);
    case {'no','n'}
        sx = sort(x(:),'ascend');
        n = length(sx);
        if mod(n,2) == 0                    % 判断原始数据的奇偶个数,找出中位数
            xMid = (sx(n/2) + sx(n/2 + 1))/2;
        else
            xMid = sx((n + 1)/2);
        end
        fprintf('信息:\n(1).输入数据共计%d个,中位数 xMid = %.2f\n',...
            n,xMid);x = x(:)';
        % 注意:下面<1><2>两句代码不能调换顺序
        [~,c1] = find(x> = xMid);%<1>1 的位置
        [~,c0] = find(x<xMid);%<2>0 的位置
        x(c1) = 1;x(c0) = 0;
end
% 特殊对于特殊序列的检测
if sum(x,2) == n
    fprintf('游程为单一的全1游程\n')
    runs = n;grp41rl = n;
    grp4orl = [];n0 = 0;n1 = n;
    varargout = {runs,grp4orl,grp41rl,n0,n1};
    return;
end
if sum(x,2) == 0
    fprintf('游程为单一的全0游程')
    runs = n;grp4orl = n;
    grp41rl = [];n0 = n;n1 = 0;
    varargout = {runs,grp4orl,grp41rl,n0,n1};
    return;
end
% 正常数据的计算
ZeroGroup = x == 0;
n0 = sum(ZeroGroup,2);% 统计0的个数
n1 = n-n0;% 统计1的个数
fprintf('(2).0-1游程数据,含有%d个0值,%d个1值.\n',n0,n1);
TotalRunStr = sprintf('%d',x);%总游程串
```

```
fprintf('(3).数据按照中位数转换为游程如下:');
fprintf('%s\n',TotalRunStr);
% 提取 0-游程信息
oRuns = strsplit(TotalRunStr,'1');
k0 = length(oRuns);%统计 0-游程的初始分组个数
grp4orl = zeros(1,k0);%存放各个 0-游程的长度:group for zero run length
for ie = 1:k0
    tStr = oRuns{ie};
    grp4orl(ie) = length(tStr);
end
grp4orl(grp4orl = = 0) = [];% 去除空串引起的误差
k0 = length(grp4orl);% 最后的 k0,即 0-游程的个数
fprintf('(4).本次共计 %d 个 0-游程,每个 0-游程长度分别如下:',k0);
fprintf('%d,',grp4orl);fprintf('\b\n');
% 提取 1-游程
oneRuns = strsplit(TotalRunStr,'0');
k1 = length(oneRuns);% 统计 1-游程的初始分组个数
grp41rl = zeros(1,k1);% 存放各个 1-游程的长度:group for one run length
for ie = 1:k1
    tStr = oneRuns{ie};
    grp41rl(ie) = length(tStr);
end
grp41rl(grp41rl = = 0) = [];% 去除空串引起的误差
k1 = length(grp41rl);% 最后的 k1,即 1-游程的个数
fprintf('(5).本次共计 %d 个 1-游程,每个 1-游程长度分别如下:',k1);
fprintf('%d,',grp41rl);fprintf('\b\n');
% 形成总游程
long = k0 + k1;
runs = zeros(1,long);
if x(1)  %    取 1
    runs(1:2:end) = grp41rl;
    runs(2:2:end) = grp4orl;
else
    runs(1:2:end) = grp4orl;
    runs(2:2:end) = grp41rl;
end
fprintf('(6).数据 %d 个游程长度排序如下:',long);
fprintf('%d,',runs);fprintf('\b\n');
varargout = {runs,grp4orl,grp41rl,n0,n1};
```

前述已经具体对小样本情况下的假设检验进行了精确的计算，实际上根据精确计算的原理，我们还可以生成游程检验的查询表，如稍加改写，就可以实现 $1 \sim 28$ 的查询，之所以设定在 $n_0 \leqslant 28$ 和 $n_1 \leqslant 28$，主要是考虑计算机在具体计算时，超过 28 后，计算组合数时不能保证完全的准确（存在较大舍入误差）。

```
function MakeRunTestTable(nUpLmt)
%函数名称:MakeRunTestTable.m
%实现功能:创建游程检验的查询表.
%输入参数:函数共有 1 个输入参数,含义如下:
%        :(1),nUpLmt,表的维度值,即 n0 和 n1 最大为 n.
%        :在游程检验中,含有 0 的个数记为 n0;游程中 1 的个数记为 n1.
%        :缺省参数时默认 n = 20,考虑计算的准确性,n 限定为:n< = 28.
```

```
%输出参数:函数默认无输出参数.
%函数调用:实现函数功能 1 需要调用 1 个子函数,说明如下:
%        :(1),CompR1andR2,根据给定的 n0 和 n1,计算对应的临界范围 R1,R2.
%参考文献:实现函数算法,参阅了以下文献资料:
%        :(1),马寨璞,MATLAB 语言编程[M],北京:电子工业出版社,2017.
%原始作者:马寨璞,wdwsjlxx@163.com.
%创建时间:2016.04.02.
%修订时间:2017-07-03,17:55:54.
%当前版本:1.01
%版权声明:未经作者许可,任何单位及个人不得以任何方式或理由对本代码
%        :进行网上传播、贩卖等.
%验证说明:本函数在 MATLAB 2014a 平台运行通过.
%使用样例:MakeRunTestTable
%
if nargin<1||isempty(nUpLmt)
    nUpLmt = 20;
elseif isscalar(nUpLmt)
    if nUpLmt<2,error('不能求小于 2 的游程');end
    if nUpLmt>28,% 超过 28 以后计算不准确
        nUpLmt = 28;fprintf('超过 28 后计算不准,故计算截断至 28\n');
    end
end
% 输出顶部标题
for jLoop = 1:nUpLmt
    fprintf('(%5d)',jLoop);
end
fprintf('\n')
% 输出左侧标题和正文表
for iRow = 2:nUpLmt
    fprintf('(%5d)',iRow)
    for jCol = 2:nUpLmt
        n0 = iRow;  n1 = jCol;
        ele = CompR1andR2(n0,n1);
        fprintf('[%-2d,%2d] ',ele(1),ele(2));
    end
    fprintf('\n')
end


function [ele] = CompR1andR2(n0,n1)
%函数功能:根据给定的 n0 和 n1,计算对应的临界范围 R1,R2
%
rMin = 2;                       % 总游程 R 的下限,最小值
rMax = 2*min(n0,n1) + 1;        % 总游程 R 的上限,最大值
Loops = rMax-rMin + 1;
prob = zeros(0,Loops);  % 精确计算概率,初始化为 0
fm = nchoosek(n0 + n1,n0);
for R = rMin:rMax
    if mod(R,2) = = 0
        k = R/2;
        if k<= min(n0,n1)
            fz = 2*nchoosek(n1-1,k-1)*nchoosek(n0-1,k-1);
        end
```

```
    else
        k = (R-1)/2;
        if k< = min(n0,n1)-1
            fz1 = nchoosek(n1-1,k-1)*nchoosek(n0-1,k);
            fz2 = nchoosek(n1-1,k)*nchoosek(n0-1,k-1);
        end
        fz = fz1 + fz2;
    end
    prob(R-1) = fz/fm;
end
% 确定下限 R1
sum4R1 = cumsum(prob);
nLeftSign = sum4R1< = 0.025;
R1 = sum(nLeftSign) + 1;
% 确定上限 R2
invSnProb = fliplr(prob);% 颠倒概率前后顺序
sum4R2 = cumsum(invSnProb);
nRightSign = sum4R2< = 0.025;
R2 = rMax-sum(nRightSign) + 1;
ele = [R1,R2];
```

前面我们已经学过，对于两个总体的比较，有符号、秩和等检验方法。实际上使用游程检验方法，也可以做到。检验假设仍为 H_0：两个总体的分布相同，H_1：两个总体的分布不同。则仍然可通过计算 R 的临界值等，实现检验，下面给出了具体的实现。

```
function h = exactRunTest4TwoPopu(x,y,alpha)
% 函数名称:exactRunTest4TwoPopu.M
% 实现功能:对于两个总体样本,实施游程检验的精确计算.
% 输入参数:本函数共有 3 个输入参数,含义如下:
%          :(1)x,样本数据1,在混合序列中被置为0;
%          :(2)y,样本数据2,在混合序列中被置为1;
%          :(3)alpha,检验水平,缺省设置0.05;
% 参数释义:本函数默认1个输出参数:
%          :(1)h,取值为1或0,取1表示接受H1,拒绝零假设;反之接受零假设.
% 调用程序:本函数需要调用1个子函数协助处理:
%          :(1)MakeRunsData,用来计算游程统计信息等。
%          :(2)MakeRuns4TwoGroup,用来形成带相同元素的数据的游程.
%          :(3)CompR1,用来计算下限,满足 P(R<c) = a
% 参考资料:本函数所实现功能的更详细资料,请参阅参阅教材:
%          :(1)马寨璞,MATLAB 语言编程[M],北京:电子工业出版社,2017.
% 原始作者:马寨璞,wdwsjlxx@163.com
% 创建时间:2016-04-04,00:48:58
% 原始版本:1.0
% 版权声明:未经作者许可,任何单位及个人不得以任何方式或理由对本代码进行
%          :网上传播、贩卖等.
% 实用样例:
%          x = [72,71,108,125,99,116,111,79,101,85,136];
%          y = [120,99,125,81,105,94,50,72,102,89,136];
%          exactRunTest4TwoPopu(x,y,alpha)
%
if nargin<3||isempty(alpha)
    alpha = 0.05;
```

```
else
    alphas = [0.1,0.01,0.05,0.025,0.001];
    nSign = abs(alphas-alpha)<eps;
    if sum(nSign,2)~ = 1
        error('输入的检验水平 alpha 有误');
    end
end
% 混合排序
z = sort([x,y]);uz = unique(z);
if length(uz) = = length(z)%若两样本数据没有相同元素
    for ip = 1:length(x)    % 将 x 中的元素转为 0
        ele = x(ip);z(z = = ele) = 0;
    end
    z(z>0) = 1;% 转为 0-1 数据
    [runs,~,~,n0,n1] = MakeRunsData(z,'y');
    R = length(runs);
else  % 若两样本数据含有相同元素
    [R,~,n0,n1] = MakeRuns4TwoGroup(x,y);
end
%检验
nCutOff = CompR1(n0,n1,alpha);
if R<nCutOff
    h = 0;
else
    h = 1;
end


function [varargout] = MakeRuns4TwoGroup(x,y)
% 函数名称:MakeRuns4TwoGroup.M
% 实现功能:为两组样本数据形成 0-1 游程.
%         :假设 Xi 和 Yi 是分别取自独立总体 X 和 Y 的两个样本观察值,将它们
%         :混合在一起后由小到大排列,并且凡 X 的样本值均记作 0,凡 Y 的样本
%         :值均记作 1,这样便得到一个由混合样本决定的 0-1 序列,它的游程总数
%         :记为 R。如果两组样本中有一个或几个观察值相等,计算 R 的方法是将
%         :相等的观察值做两种排列:一种排列是使游程总数最少,记作 R1;另一种
%         :排列是使游程总数最多,记作 R2;则取 R = (R1 + R2)/2,最大游程长度 L 取
%         :两种排列中的较大者.
% 输入参数:本函数共有 2 个输入参数,含义如下:
%         :(1)x,样本数据 1,在混合序列中被置为 0.
%         :(2)y,样本数据 2,在混合序列中被置为 1.
% 输出参数:本函数默认 2 个输出参数:
%         :(1)R,游程数.
%         :(2)maxRuns,最长游程值.
%         :(3)m-游程中 0 的个数.
%         :(4)n-游程中 1 的个数.
% 调用程序:本函数需要调用 1 个子函数协助处理:
%         :(1)MakeRunsData,用来计算游程统计信息等.
% 参考资料:本函数所实现功能的更详细资料,请参阅参阅教材:
%         :(1)马赛璞,MATLAB 语言编程[M],北京:电子工业出版社,2017.
% 原始作者:马赛璞,wdwsjlxx@163.com.
% 创建时间:2016-04-04,00:21:45
% 原始版本:1.0
```

```
% 版权声明:未经作者许可,任何单位及个人不得以任何方式或理由对本代码进行
%           :网上传播、贩卖等.
% 实用样例:
%           x = [72,71,108,125,99,116,111,79,101,85];
%           y = [120,99,125,81,105,94,50,72,102,89];
%           R = MakeRuns4TwoGroup(x,y)
%
% 全部数据按照行向量处理
x = x(:)';y = y(:)';
% 找出共同元素及其在 z 中初始出现的位置 bh:both have;
[bh,fligy] = ismember(x,y);% fligy:First Location In Group y
nSame = sum(bh,2);% 相同元素个数
if nSame>0
    fprintf('\t 两组数据中,共有%d 个相同元素\n',nSame);
end
eic = y(fligy(fligy~ = 0));% eic:element in common,
fprintf('\t 相同元素分别为:');fprintf(' %.2f,',eic);
fprintf('\b\n');
z = sort([x,y]);z0 = z;  % 保存一份原始备份
[~,pos] = ismember(x,z);
z(pos) = 0; % 处理完 x,使之变为 0,相同元素首先出现位置赋给 x
z(z~ = 0) = 1;% 处理完 y,即使元素相同,但仍按照 1 给 y
[~,loca] = ismember(eic,z0);  % 找到相同元素在 z 中的具体位置 location

nPos = length(loca);% number of location
loops = 2^nPos;
comArr = '';  % 排列组合矩阵
for i = 1:nPos
    if i~ = nPos
        tmpStr = sprintf('%d,%d,',1,2);
    else
        tmpStr = sprintf('%d,%d',1,2);
    end
    comArr = strcat(comArr,tmpStr);
end
comArr = str2num(comArr);%#ok<ST2NM>
combSequ = unique(nchoosek(comArr,nPos),'rows');  % 具体的组合排序
expLoc = [loca;loca + 1];% 形成新地址
% 形成各组不同组合的 0-1 游程数据,并计算最大最小的游程
Rs = zeros(1,loops);% 初始化
maxRuns = 0;% 保存最长的游程
for ip = 1:loops
    for ir = 1:nPos
        if 1 = = combSequ(ip,ir)
            z(expLoc(ir)) = 0;z(expLoc(ir) + 1) = 1;
        else
            z(expLoc(ir)) = 1;z(expLoc(ir) + 1) = 0;
        end
    end
    fprintf('(1).要处理的游程:');
    fprintf('%d',z);fprintf('\n');
    [runs,~,~,n0,n1] = MakeRunsData(z,'y');
```

```
        Rs(ip) = length(runs);L = max(runs);
        if L>maxRuns,
            maxRuns = L;
            m = n0;n = n1;% save n0,n1
        end
    end
    R = (min(Rs) + max(Rs))/2;
    varargout = {R,maxRuns,m,n};


    function [R1] = CompR1(n0,n1,alpha)
    %对于给定的 n0 和 n1,计算对应的下临界范围
    %
    if nargin<3||isempty(alpha)
    alpha = 0.05;
    end
    rMin = 2;                       % 总游程 R 的下限,最小值
    rMax = 2*min(n0,n1) + 1;        % 总游程 R 的上限,最大值
    Loops = rMax-rMin + 1;
    prob = zeros(0,Loops);          % 精确计算概率,初始化为 0
    fm = nchoosek(n0 + n1,n0);
    for R = rMin:rMax
        if mod(R,2) = = 0
            k = R/2;
            if k< = min(n0,n1)
                fz = 2*nchoosek(n1-1,k-1)*nchoosek(n0-1,k-1);
            end
        else
            k = (R-1)/2;
            if k< = min(n0,n1)-1
                fz1 = nchoosek(n1-1,k-1)*nchoosek(n0-1,k);
                fz2 = nchoosek(n1-1,k)*nchoosek(n0-1,k-1);
            end
            fz = fz1 + fz2;
        end
        prob(R-1) = fz/fm;
    end
    % 确定下限 R1
    sum4R1 = cumsum(prob);
    nLeftSign = sum4R1<alpha;
    R1 = sum(nLeftSign) + 1;
```

除了精确计算外,当 0-1 游程序列中的 0 个数和 1 个数都超过 10 个时,还可以使用近似计算,即考虑使用中心极限定理,将 R 转换为 U,统计量如下:

$$U = \frac{R - 2n\alpha\beta}{2\alpha\beta\sqrt{n}} \sim N(0,1) \tag{3-146}$$

其中 $n = n_1 + n_2$, $\alpha = \dfrac{n_1}{n}$, $\beta = \dfrac{n_2}{n}$, 适用条件为 $n_1 > 10, n_2 > 10$。对此,希望读者先实现其编程,再考虑如何完善编写的代码,下面是给出的一个参考。

```
function [h] = ApproxRunsTestForTwoGroups(x,y,alpha)
% 函数名称:ApproxRunsTestForTwoGroups.M
```

```
% 实现功能:利用 U 统计量对两个总体分布一致性进行游程检验.
% 输入参数:本函数共有 3 个输入参数,含义如下:
%        :(1)x,第 1 个总体的样本数据.
%        :(2)y,第 2 个总体的样本数据.
%        :(3)alpha,假设检验显著性水平,缺省设置 alpha = 0.05.
% 输出参数:本函数默认 2 个输出参数,请修改:
%        :(1)h,检验结论标志,取值 0 或者 1;当返回 1 时,表示拒绝零假设 H0,接受
%        :备择假设 H1;反之,表示不能拒绝零假设 H0.
% 函数调用:本函数实现功能需要调用 X 个子函数,说明如下:
%        :(1)MakeRunsData,用来处理不含相同元素的样本数据.
%        :(2)MakeRuns4TwoGroup,用来处理含相同元素的两样本数据.
% 参考资料:本函数所实现功能的更详细资料,请参阅参阅教材:
%        :(1)马寨璞,MATLAB 语言编程[M],北京:电子工业出版社,2017.
% 原始作者:马寨璞,wdwsjlxx@163.com
% 创建时间:2016-04-04,10:03:02
% 原始版本:1.0
% 版权声明:未经作者许可,任何单位及个人不得以任何方式或理由对本代码进行
%        :网上传播、贩卖等.
% 实用样例:
%        x = [0.11,0.52,0.61,0.69,0.77,0.86,1.02,1.08,1.27,1.92];
%        y = [0.17,0.33,0.55,0.66,0.86,1.13,1.38,1.63,2.04,3.75];
%        ApproxRunsTestForTwoGroups(x,y)
%
% 设置缺省参数 alpha
if nargin<3||isempty(alpha)
    alpha = 0.05;
else
    alphas = [0.1,0.05,0.025,0.01,0.001];
    nSign = abs(alphas-alpha)<eps;
    if sum(nSign,2)~ = 1
        error('输入的检验水平 alpha 有误');
    end
end
% 确定 m 和 n,m-游程中 0 的个数,n-游程中 1 的个数
z = sort([x,y]);uz = unique(z);
if length(uz) = = length(z)
    for ip = 1:length(x)
        ele = x(ip);z(z = = ele) = 0;
    end
    z(z>0) = 1;[runs,~,~,m,n] = MakeRunsData(z,'y');
    R = length(runs);
else
    fprintf(' + + + + + 以下为计算过程信息,可忽略 + + + + + \n');
    [R,~,m,n] = MakeRuns4TwoGroup(x,y);
end
% 根据 m,n 选择方法
if m> = 10 && n> = 10
    L4Runs = m + n;oRat = m/L4Runs;% L4Runs:length for runs
    oneRat = n/L4Runs;% oRat:zero ratio;oneRat:one ratio
    u = (R-2*L4Runs*oRat*oneRat)/(2*oRat*oneRat*sqrt(L4Runs));
else
    % 游程中,0 和 1 的个数必须满足均大于 10!但资料例题中选择使用> =
```

```
        fprintf('游程中,0和1的个数必须满足均大于10!');return;
end
% 检验
uCutOff = norminv(1-alpha,0,1);
fprintf(' + + + + + 以上为计算过程信息,可忽略 + + + + + \n');
fprintf('假设:\n\t 零假设 H0:两总体分布相同;备择假设 H1:')
fprintf('两总体分布不同.\n 结论:\n\t');
% 注:这里的 u 和双侧检验的下尾临界值比较,当小于临界值时,
% 相当于在小概率区间,更详细参看所附资料的 PP188.
if u<uCutOff
    fprintf('样本统计量 U 小于显著性临界值,接受 H1,拒绝 H0\n');h = 1;
else
    fprintf('样本统计量 U 大于显著性临界值,接受 H0,拒绝 H1\n');h = 0;
end
```

七、非参数检验常用 MATLAB 函数

目前，MATLAB 已经提供了部分函数，用来实现非参数假设检验，如进行正态分布拟合优度检验的 jbtest 函数和 lillietest 函数等，进行符号检验的 signtest 等，进行秩和检验的 ranksum 等。下面我们学习这些函数的简明使用说明，对于更详细的说明，参阅它们的帮助文档。

1. jbtest

jbtest 函数用来执行单样本正态分布 Jarque-Bera 检验，其零假设（H_0）常常设为样本来自正态分布。函数常用的调用格式为

$[h,p,jbstat,cv] = jbtest(x,alpha)$

例如：

```
load carbig;
[h,p,jbstat,critval] = jbtest(MPG,[],0.0001)
```

运行结果为

```
>>Untitled
h = 1
p = 0.0022
jbstat = 18.2275
critval = 5.8461
```

其中，h 为测试结果，若 $h=0$，则可以认为 X 是服从正态分布的；若 $h=1$，则可以否定 X 服从正态分布；p 为接受假设的概率值，P 越接近于 0，则可以拒绝是正态分布的原假设；jbstat 为测试统计量的值；critval 为是否拒绝原假设的临界值。

2. lillietest

lillietest 函数也可以进行单样本正态分布检验，其零假设（H_0）可设为样本来自正态分布，函数的调用语法格式为

$[h,p,lstat,cv]=lillietest(x,alpha)$

例如：

```
load examgrades;
x = grades(:,1);
[h,p] = lillietest(x,'Alpha',0.01)
```

运行结果为

```
>>Untitled
h = 0
p = 0.0348
```

其中，h 和 p 的含义同前述 jbtest 中的一样。

3. kstest

kstest 函数应用于单样本，用来检验样本数据是不是来自标准正态分布，通过实施 Kolmogorov-Smirnov 检验加以确定，常用的语法格式为

$[h,p,ksstat,cv] = kstest(x,cdf,alpha,tail)$

例如：

```
load examgrades;
x = grades(:,1);
test_cdf = [x,cdf('tlocationscale',x,75,10,1)];
h = kstest(x,'CDF',test_cdf)
```

运行结果为

```
>>Untitled
h = 1
```

对于双样本同分布 Kolmogorov-Smirnov 检验，MATLAB 则提供了 kstest2 函数。此时，其零假设（H_0）可设定为两样本来自同一连续分布。使用格式则为

$h = kstest2(x1,x2,Name,Value)$

例如

```
rng(1); % For reproducibility
x1 = wblrnd(1,1,1,50);
x2 = wblrnd(1.2,2,1,50);
h = kstest2(x1,x2)
```

4. signtest

MATLAB 为符号检验提供了专门的函数 signtest。其零假设（H_0）可设定为两个总体的分布相同。典型的使用格式则为

$[p,h] = signtest(x,y,Name,Value)$

该函数的返回值中，通常包括小概率 p 值及做出判断的逻辑指示 h 值，$h = 1$ 表示拒绝零假设 H_0，接受 H_1 选择。其输入参数通常包括 1 个或者 2 个数据向量及可选择的名值对输入参数。当只有一个输入参数 x 时，则假设数据 x 服从零均值的连续分布，函数将进行符号双侧检验并返回 p 值。例如：

```
rng('default')% for reproducibility
x = randn(1,25);
[p,h,stats] = signtest(x,0)
plot(x,'O','markersize',5,'markerfacecolor','r')
set(gca,'FontSize',15,'FontName','Times New Roman')
set(gcf,'color','w')
```

其运行结果为

```
>>Untitled
p = 0.1078
h = 0
stats =
zval: NaN
sign: 17
>>
```

这里绘制了原始数据 x 的具体分布，如图 3-7 所示。

当输入的参数为一对数据时，则检验 x-y 为零均值的分布，需要注意的是，假设 x-y 具有零均值，并不等价于假设 x 和 y 具有相等的均值。例如，某制药厂用两种流速生产无水醇，要比较含醇率，做配对试验，同等试验条件下，重复 10 次，结果如表 3-38 所示，使用符号检验判断含醇率是否差异显著？

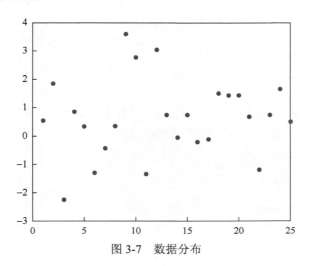

图 3-7 数据分布

表 3-38 两种不同流速生产无水乙醇试验结果

编号	1	2	3	4	5	6	7	8	9	10
甲法含醇率/%	95	97	94	96	92	92	95	92	86	92
乙法含醇率/%	98	95	98	99	96	96	94	90	89	96

```
x = [95,97,94,96,92,92,95,92,86,92];
y = [98,95,98,99,96,96,94,90,89,96];
[p,h] = signtest(x,y)
```

其运行结果如下：

```
>>Untitled
p = 0.3438
h = 0
```

5. signrank

函数 signrank 用来实现两样本 Wilcoxon 符号秩检验，检验的零假设（H_0）常常设定为两个总体的分布相同。其常用的调用格式为

p = signrank(x,y,Name,Value)

除了上述调用格式外，MATLAB 软件还给出了几种常用的调用格式，该函数允许用户输入的参数包括数据、检验类型（上尾检验、下尾检验、双侧检验）、检验水平等。并提供了精确计算、近似计算的自动选择，该函数以 $n = 15$ 为具体分割大样本和小样本的界限。例如：

```
x = [95.0,97.0,94.0,96.0,92.0,92.0,95.0,92.0,86.0,92.0];
y = [98.0,95.0,98.0,99.0,96.0,96.0,94.0,90.0,89.0,96.0];
[p,h] = signrank(x,y)
```

运行结果为

```
>>Untitled
```

```
p = 0.0273
h = 1
```

又如：

```
rng('default')% for reproducibility
x = lognrnd(2,.25,15,1);
y = x + trnd(2,15,1);
[p,h] = signrank(x,y)
```

运行结果为

```
>>Untitled
p = 0.1514
h = 0
```

6. ranksum

函数 ranksum 用来实现相互独立长度不同的两样本 Wilcoxon 秩和检验，零假设（H_0）常常设定为两样本来自同一分布。其常用的调用格式为

$[p,h,\text{stats}] = \text{ranksum}(x,y,\text{alpha})$

例如：

```
load mileage
[p,h,stats] = ranksum(mileage(:,1),mileage(:,2))
```

运行结果为

```
>>Untitled
p = 0.0043
h = 1
stats = ranksum: 21.5000
```

7. kruskalwallis

当需要进行多个独立样本总体秩和检验时，可使用 kruskalwallis 函数来实现，它对应的零假设（H_0）常常设定为各个总体分布相同。其常用的调用格式为

$[p,\text{tbl},\text{stats}] = \text{kruskalwallis}(x,\text{group},\text{displayopt})$

例如，设有两个正态总体，$X \sim N(0,1^2)$，$Y \sim N(2,1^2)$，则首先创建两个正态概率对象，如下：

```
pd1 = makedist('Normal');
pd2 = makedist('Normal','mu',2,'sigma',1);
```

然后从这两个正态总体中产生随机的数据样本，如下：

```
rng('default'); % for reproducibility
x = [random(pd1,20,2),random(pd2,20,1)];
```

上述这两句代码，创建了一个矩阵，其中前 2 列为来自第 1 个正态总体的数据，第 3 列是来自第 2 个正态总体的数据。则进行 kruskalwallis 检验命令如下：

```
[p,tbl,stats] = kruskalwallis(x,[],'off')
```

结果运行如下：

```
>>Untitled
p =
   3.6896e-06
tbl =
```

'Source'	SS'	'df'	'MS'	'Chi-sq'	'Prob>Chi-sq'
'Columns'	[7.6311e + 03]	[2]	[3.8155e + 03]	[25.0200]	[3.6896e-06]
'Error'	[1.0364e + 04]	[57]	[181.8228]	[]	[]
'Total'	[17995]	[59]	[]	[]	[]

```
stats =
        gnames: [3x1 char]
             n: [20 20 20]
        source: 'kruskalwallis'
     meanranks: [26.7500 18.9500 45.8000]
          sumt: 0
>>
```

8. runstest

函数 runstest 可以实现单样本随机性的游程检验,也可以实现两个总体分布相同的游程检验。因此,对于单样本数据,其零假设(H_0)为单样本随机性的游程检验;对两样本,其零假设(H_0)为两个总体分布相同。其常用的调用格式为

$h = \text{runstest}(x)\%$ 随机性检验

例如:

```
x = randn(40,1);
[h,p] = runstest(x,median(x))
```

结果:

```
h = 0
p = 0.8762
```

习　　题

(一)多项选择题

1. 进行统计推断需要做出假设,零假设是假设检验的基础,它可能的来源包括[　　]
   (A)根据以往的经验做出假设
   (B)根据某些实验结果做出假设
   (C)依据某种理论进行假设
   (D)依据某种模型进行假设
   (E)根据预先所做的某种规定提出

2. 备择假设是和零假设对立的假设,它可能的来源包括[　　]
   (A)除零假设以外可能的值
   (B)担心会出现的值
   (C)希望出现的值
   (D)有重要意义的值
   (E)有其他意义的值

3. 小概率原理是进行假设检验的理论基础,和小概率有关的论述,正确的是[　　]
   (A)小概率事件在一次试验中几乎不会发生
   (B)小概率事件在一次试验中肯定不会发生
   (C)在一次实验中,小概率事件确实发生了,根据原理,这说明是由于计算失误造成的
   (D)根据小概率原理建立起来的检验方法称为显著性检验
   (E)参数 α 叫作显著性水平,是小概率程度定义值

4. 在假设检验中,参数 α 的确定与下述哪些有关? [　　]
   (A)参数 α 规定了小概率事件的临界概率值,因此 α 不能太大

（B）参数 α 在生物试验中常常规定为 5% 或 1%

（C）当实验条件不易控制时，可以将 α 取值定得宽一些

（D）当实验容易产生较大误差时，可以将 α 取值定得宽一些

（E）当实验容易产生严重后果时，可以将 α 取值定得严一些

5. 在假设检验中，对于单侧检验和双侧检验，说法正确的是[   ]

（A）因为双侧检验考虑了上下两个方向的概率，所以和单侧检验相比，准确度更高一些

（B）单侧检验因为在检验时利用了一侧是不可能这个条件，所以比双侧检验精确度高

（C）在确定的 α 下，当单侧检验接受零假设结论时，再进行双侧检验一般也会接受

（D）在确定的 α 下，当单侧检验拒绝零假设结论时，再进行双侧检验一般也会拒绝

（E）单侧检验和双侧检验得到的结论，因为计算采用的临界值不同，故无法确定谁对谁错

6. 在假设检验中，往往会犯两种类型的错误，对于第 I 类型的错误，说法准确的是[   ]

（A）第 I 类错误叫作"弃真"错误，这是由于取样时不认真造成的，只要认真操作，该错可避免

（B）当规定了小概率的临界值 α 时，就可以知道犯 I 类错误的概率不会超过 α

（C）严格地说，犯 I 类错误是一个条件概率，即 P（拒绝 $H_0 | H_0$ 是正确的，$\mu = \mu_0$）

（D）第 I 类错误叫作"取伪"错误，第 II 类叫作"弃真"错误

（E）在不同的 α 值下，犯 I 类错误的概率是不一样的，因此 I 类错误出现与否由 α 值决定

7. 在假设检验中，往往会犯两种类型的错误，对于第 II 类型的错误，说法准确的是[   ]

（A）第 II 类错误叫作"取伪"错误，这是由于取样不确定性本质造成的，该错不可避免

（B）当规定了小概率的临界值 α 时，就可以知道犯 II 类错误的概率不会超过 α

（C）严格地说，犯 II 类错误是一个条件概率，即 P（接受 $H_0 | H_0$ 是不正确的，$\mu = \mu_1$）

（D）犯 II 类错误概率记为 β_{μ_1}，其中的 μ_1 实际上是要检验总体的真值

（E）因为 β_{μ_1} 和 μ_1 有关，而 α 是犯 I 类错误的概率，所以 β_{μ_1} 和 α 无关

8. 在假设检验中，往往会犯两种类型的错误，对于 I、II 类型错误，说法准确的是[   ]

（A）第 I 类错误叫作"弃真"错误，第 II 类错误叫作"取伪"错误

（B）犯 I 类错误的概率 α 和犯 II 类错误的概率 β_{μ_1} 之间相互影响，此消彼长

（C）当 μ_1 和 μ_0 越接近，犯 II 类错误概率越大，当 μ_1 和 μ_0 越远离，犯 II 类错误概率越小

（D）因为 α 和 β_{μ_1} 之间的相互影响，此消彼长，故无法同时减小它们的值

（E）无论是 I 类错误还是 II 类错误，都是和取样本的偶然性有关，这两类错误无法避免

9. 在假设检验中，所谓"差异是显著的"，其本质是[   ]

（A）应当表达为"由样本推出的总体平均数 μ 和 μ_0 之间的差异有统计学意义"

（B）可以理解为"在犯错概率不超过 α 的前提下，μ 和 μ_0 属于两个不同的总体"

（C）可以解释为"样本计算得到的平均值 $\bar{x}$ 和 μ_0 之间在数值上有显著差异"

（D）可以解释为"样本 $\bar{x}$ 和 μ_0 在数值上差异显著不能说明任何问题，统计推断目的是考察总体"

（E）" μ 和 μ_0 差异有统计学意义"是指在给定样本含量下，推断出均值 μ 和 μ_0 属于不同总体

10. 在假设检验中，接受 H_0 假设，说明了[　　　]

（A）在给定样本的基础上，有条件地接受零假设

（B）接受 H_0 ，说明真实的 μ 和 μ_0 之间无差异

（C）尚无足够的理由拒绝 H_0 ，这种接受有赖于样本及样本含量

（D）只要 μ 和 μ_0 之间有差异，当增加样本含量后，这种差异总会被检测出来

（E）拒绝的理由不充分，不足以否定掉 H_0 ，只是暂时接受

11. 单个样本显著性检验时，检验方法通常包括[　　　]

（A）当总体的 σ^2 已知时，可以使用 u 检验进行平均数的检验

（B）当总体的 σ^2 未知时，可以使用 u 检验进行平均数的检验

（C）当总体的 σ^2 未知时，可以使用 t 检验进行平均数的检验

（D）检验标准差时，可以使用 χ^2 检验

（E）使用的 u ， t 和 χ^2 ，称作检验统计量

12. 进行统计检验 $\theta = \theta_0$ 时，当统计量的值落在接受域内，说明[　　　]

（A）被检验总体参数一定等于零假设的值

（B）零假设的值是真实的，并产生了一个正如我们所见到的样本

（C） θ 可能非常接近 θ_0

（D）抽样结果符合零假设的值 θ_0 ，样本统计量的值与 θ_0 之间的不符合是由于偶然因素造成的

（E）当前检验使用的样本，暂无法检测出 θ 和 θ_0 的差异

13. 进行统计检验 $\theta = \theta_0$ 时，当统计量的值落在拒绝域内，说明[　　　]

（A） θ 不可能非常接近 θ_0

（B）如果零假设是真实的，那么产生我们见到的这个样本的可能性很小

（C）抽样结果不符合零假设的值 θ_0

（D）样本统计量的值与 θ_0 之间的不符合，即使 α 很小，这种不符合也不能用偶然因素解释

（E）样本统计量的值与 θ_0 之间的不符合，当 α 很小时，这种不符合可以用偶然因素解释

14. 在总体的 σ^2 已知时，可以进行单样本 u 检验，其条件是[　　　]

（A）总体为正态分布总体

（B）总体如果不满足正态分布，应当非常接近正态分布

（C）可以通过检验总体参数 γ_1, γ_2 确定某总体是否接近正态分布

（D）一般的，当 $|\gamma_1| < 0.2, |\gamma_2| < 0.3$ 时，就认为正态性很好了

（E）一般的，当 $|\gamma_1| < 0.3, |\gamma_2| < 0.2$ 时，就认为正态性很好了

15. 在 σ^2 已知时，进行单样本均值检验时，一般通过[　　　]考察总体正态性的接近程度

（A） $|\gamma_1| < 0.2, |\gamma_2| < 0.3, n \geqslant 30$

（B）$|\gamma_1| \leqslant 0.2, |\gamma_2| \leqslant 0.3, n \geqslant 30$

（C）$|\gamma_1| < 0.3, |\gamma_2| < 0.2, n < 30$

（D）$|\gamma_1| \leqslant 0.3, |\gamma_2| \leqslant 0.2, n \leqslant 30$

（E）$|\gamma_1| < 0.3, |\gamma_2| > 0.2, n \geqslant 30$

16. 进行单样本均值检验时，在下述哪些条件下使用 t 检验[   ]

（A）在 σ^2 未知时，进行单样本均值检验

（B）当从正态或近似正态总体中获得样本时，样本均值服从正态分布或有很好的正态性，这使得统计量 t 与建立 t 分布的密度函数的条件是一致的

（C）如果抽取样本的总体属于非正态分布，则统计量 t 不服从 t 分布，但样本含量充分大时，统计量 t 近似服从 t 分布

（D）必须要求样本含量不得小于 3，因为当 $n < 3$ 时，t 分布没有数学期望，不能用来检验 $H_0 : \mu = \mu_0$

（E）当样本含量充分大时，可以确定 t 分布的偏斜度和正态分布的偏斜度一致，此时可以使用 u 检验代替 t 检验，也可以将 t 检验称为 u 检验

17. 在进行假设检验时，对研究对象整体正态性也做出了要求，常见判断正态性的方法包括[   ]

（A）根据自己以往的工作积累确定

（B）根据以往的文献报道确定

（C）使用正态分布曲线配合样本直方图确定

（D）使用正态概率图进行确定

（E）进行拟合优度检验确定

18. 使用 Fisher 近似正态法进行区间估计时，需要对样本率进行变换，正确的变换是[   ]

（A）$\phi = 2\arcsin\sqrt{p}$

（B）$\phi = 2\arccos\sqrt{p}$

（C）$\phi = 2\arccos\left(\dfrac{x}{p}\right)$

（D）$\phi = 2\arcsin\left(\dfrac{x}{p}\right)$

（E）$\phi = 2\arcsin p^{-1}$

19. 在进行区间估计时，实际是根据表达式 $P(a < W < b) = 1-a$ 的 W，导出所估计参数的独立表达式，这里的 W 叫作[   ]

（A）统计量   （B）分位量   （C）枢轴量

（D）区间量   （E）随机量

20. 在进行均值的检验时，假设取自某正态总体的样本为 8.69, 0.84, 4.00, 2.60, 8.00，则样本均值的标准误为[   ]

（A）1.52   （B）1.71   （C）1.64

（D）1.48   （E）1.40

21. 为了估算投骰子点数大于等于 3 的置信区间，进行了 6 次观察，要关注的现象出现了 4 次，则按照 Fisher 近似法，转换后的 $\phi \sim N(\mu_\phi, \sigma^2)$，则这里的 σ^2 等于[   ]

（A）$\dfrac{1}{6}$　　　　　　　（B）$\dfrac{1}{\sqrt{6}}$　　　　　　　（C）$\dfrac{1}{4}$

（D）$\dfrac{4}{6}$　　　　　　　（E）$\dfrac{2}{\sqrt{6}}$

22. 某药厂生产的利巴韦林药片重量服从方差为 0.25 的正态分布，某日随机抽检 20 片，测得样本方差为 0.43，则检验重量波动变化幅度的 $\chi^2 = [\quad]$

（A）34.40　　　　　　　（B）35.82　　　　　　　（C）32.68

（D）23.86　　　　　　　（E）43.10

23. 要考察两批药品中某成分的含量，各抽取样本（含量 $n=9$），分别测得样本数据为 $\bar{x} = 76.23$，$S_1^2 = 3.29$；$\bar{y} = 74.43$，$S_2^2 = 2.25$，若已知它们服从正态分布，则检验成分含量波动变化与否的统计量为 $[\quad]$

（A）$F = \dfrac{\bar{x}}{\bar{y}} = 1.024$　　　（B）$F = \dfrac{S_1^2 / \bar{x}}{S_2^2 / \bar{y}} = 1.43$　　　（C）$F = \sqrt{\dfrac{S_1^2 / 9}{S_2^2 / 9}} = 1.21$

（D）$F = \dfrac{S_1^2}{S_2^2} = 1.46$　　　（E）无法确定

24. 在 Wilcoxon 秩和检验中，设样本 1 含量 $n_1 = 4$，样本 2 含量 $n_2 = 5$，则秩和 R_1 可能的取值范围为 $[\quad]$

（A）[9，27]　　　　　　　（B）[8，33]　　　　　　　（C）[11，34]

（D）[10，30]　　　　　　　（E）[12，36]

25. 在 Wilcoxon 秩号检验中，两组数据差值的 $+ -$ 符号为 $+，-，+，-，+，-，+，-，+，-，+，-，-$，则据此可知，$T+，T-，T$ 的取值为 $[\quad]$

（A）6，7，13　　　　　　　（B）6，7，6　　　　　　　（C）6，7，7

（D）6，6，12　　　　　　　（E）7，6，1

26. 进行拟合优度检验时，需要满足一定的条件，尤其是当判断是否属于某种分布时，需要总观察数据含量足够大，这里的"足够大"，更具体地说，即 $[\quad]$

（A）$n \geqslant 30$　　　　　　　（B）$n \geqslant 50$　　　　　　　（C）$n \geqslant 40$

（D）$n \geqslant 35$　　　　　　　（E）$n \geqslant 25$

27. 进行拟合优度检验时，根据理论计算得到每组观测值对应的理论值分别为 1.5, 6.3, 13.2, 18.5, 19.4, 16.3, 11.4, 6.9, 3.6, 1.7, 0.7, 0.3，则按照检验要求，可知该检验的最终分组数 k 为 $[\quad]$

（A）12　　　　　　　（B）10　　　　　　　（C）8

（D）6　　　　　　　（E）4

（二）计算题

1. 某研究者为了比较耳垂血和手指血的白细胞数，调查了 12 名成年人，检测数据如表 X3-1，试比较两者的白细胞数的差异显著性。

表 X3-1　耳垂血和手指血的白细胞数据　　　　　　　（单位：10g/L）

编号	耳垂血	手指血	编号	耳垂血	手指血
1	9.7	6.7	2	6.2	5.4

续表

编号	耳垂血	手指血	编号	耳垂血	手指血
3	7.0	5.7	8	5.8	4.2
4	5.3	5.0	9	7.8	7.5
5	8.1	7.5	10	8.6	7.0
6	9.9	8.3	11	6.1	5.3
7	4.7	4.6	12	9.9	10.3

2. 某车间生产一种药片，长期的生产检测得知，该药片的片重方差为 0.0004，今从某批次药片产品中随机抽取 8 片，测得片重（单位：g）如下：0.59，0.57，0.63，0.62，0.60，0.58，0.64，0.62，若药片的片重服从正态分布，则这批药片的片重是否符合稳定性要求（ $\alpha = 0.10$ ）。

3. 在 1253 个试制品中，有 75 个不合格，试判断不合格率是否低于 7%（ $\alpha = 0.05$ ）。

4. 为了研究某职业人群的颈椎病发病的性别差异，今随机抽取了该职业人群的男性 120 人，女性 110 人，发现男性中 36 人患有颈椎病，女性中有 22 人患有颈椎病，试进行统计推断。

5. 设有甲、乙两种玉米的试验田，各分 10 个小区，各小区面积相同，对于甲区，除施加磷肥外，其他试验条件均相同，试验结果测得的玉米产量如表 X3-2 所示。试判别磷肥对玉米产量影响的显著性（ $\alpha = 0.05$ ）。

表 X3-2　玉米产量　　　　　　　　　（单位：kg）

甲区	62	57	65	60	63	58	57	60	60	58
乙区	56	59	56	57	58	57	60	55	57	55

6. 采用两种方法治疗扁平足，记录如表 X3-3 所示，试用符号检验判断两种治疗方法的效果差异显著性（ $\alpha = 0.05$ ）。

表 X3-3　两种治疗扁平足方法疗效记录

序号	1	2	3	4	5	6	7	8	9	10	11	12	13	14	15	16
甲法	好	好	好	好	差	中	好	好	中	差	好	差	好	中	好	中
乙法	差	好	差	中	中	差	中	差	中	差	好	差	中	差	中	差

7. 某受试者分别服用某药物的两种不同剂型，得到血药浓度达到峰值时间如表 X3-4 所示，试用符号检验与符号秩检验两种方法判断两种剂型血药浓度的达峰时间是否具有相同的分布，并说明哪种方法根据检验灵敏性，为什么（ $\alpha = 0.05$ ）？

表 X3-4　两种不同剂型血药浓度达峰时间　　　　（单位：h）

序号	1	2	3	4	5	6	7	8	9	10	11
剂型 A	2.5	3.0	1.25	1.75	3.5	2.5	1.75	2.25	3.5	2.5	2.0
剂型 B	3.5	4.0	2.5	2.0	3.5	4.0	1.5	2.5	3.0	3.0	3.5

8. 在散剂分装过程中，随机抽取 100 袋称重，分组资料如表 X3-5 所示，试利用拟合优度检验判断散剂重量是否服从正态分布（ $\alpha = 0.05$ ）？

表 X3-5　散剂袋重统计

重量分组	袋数	重量分组	袋数
0.765～	1	0.915～	24
0.795～	4	0.945～	10
0.825～	7	0.975～	6
0.855～	22	1.005～	1
0.885～	24	1.035～1.065	1

9. 某单位在中小学观察三种方案治疗近视眼措施的效果，其疗效见表 X3-6，试判别三种方案治疗的有效率是否有差别（ $\alpha = 0.05$ ）？

表 X3-6　三种方案治疗近视眼的疗效记录

方案	有效	无效	合计	有效率/%
A	24	26	50	48.0
B	16	29	45	35.6
C	8	40	48	16.7
合计	48	95	143	33.6

第四章 方差分析

第一节 方差分析的基本思想

一、方差分析中的基本概念

（一）试验因素

要进行科学试验研究，必然要考虑都有哪些方面会影响试验结果，如要考察不同温度下某蛋白质的变性情况，则温度是试验中施加影响的方面，称这些施加影响的原因或者原因组合为试验因素或因子。又如，在给定温度和光照条件下，研究某种昆虫滞育期长短和环境的关系，施加影响的是温度和光照时间，则这两个方面都称为因素。

根据因素性质的不同，因素可分为固定（可控）因素和随机（非控）因素。所谓固定因素，是指在试验中可人为调控的因素，如在研究温度对胰蛋白酶的水解影响时，可人为设定好在特定温度下进行水解试验，对温度这个因素来说，我们能够严格控制在设定的特定值上，则属于固定因素。

与固定因素相对应的是随机因素，也就是在试验中不能人为严格调控的因素。最为典型的例子，则是对农作物施加农家肥的试验，由于农家肥有效成分复杂多变，即便可以人为控制每亩地施加的体积量（或重量），但等体积（或重量）农家肥中的有效成分仍然无法严格控制，此试验中的农家肥就是随机因素。

在方差分析中，因素常常使用大写的字母表示，如 $A, B, C, \cdots$。

（二）因素水平

在进行试验时，（每个）因素的不同状态，或者在数量、级别等方面的差别，称为因素水平，简称为水平。例如，在蛋白质受热变性研究中，设定的每个不同温度状态，都称为温度因素的一个水平。在科学试验中，因素有时是较为抽象的概念，如不同品味人群的差异研究中，品味就比较难以理解；有时又是容易理解的概念，如水产养殖饲料添加剂的剂量。但水平则是可操作的具体的概念，如饲料添加剂的不同剂量就是不同的水平。

水平常常使用因素字母加脚标数字表示，如 $A_1, A_2, \cdots, B_1, C_2, \cdots$。

（三）试验处理

谈到"处理"这个词，在中文语境中，处理常常意味着动作，如把某事处理一下，但在科学试验中，其英文原文是"treatment"，是一个名词，更多地是指一种呈现、安排布置的状态。因此，我们将给予研究对象的某种外部干预措施，称为试验处理，简称为处理。根据试验中涉及的因素个数不同，处理可分为单因素处理和多因素处理。

在单因素试验中，因素的每一个水平，就是给予研究对象的一个干预措施，因此在这种情况下，因素的每一个水平就是一个处理。例如，为研究中药三棱莪术对肿瘤的影响，分不同剂量测试致癌小白鼠，不同的剂量即因素剂量的水平，也是处理。

在多因素试验中，处理可以看作不同因素水平的一个交叉组合。例如，为考察蒸馏水的 pH 和硫酸铜溶液浓度对血清中白蛋白和球蛋白化验结果的影响，蒸馏水的 pH 设定了 4 个水平，硫酸铜溶液浓度设定了 3 个水平，不同的 pH 和溶液浓度，一共组成了 12 种不同的交叉组合试验条件，每一种不同的试验条件，都是一个处理。因此，和单因素试验中水平就是处理相比，多因素试验中的处理要比水平复杂，它是各种水平（试验条件、措施）的组合状态，从数量上说，若 A 因素的水平数为 a，B 因素的水平数为 b，则处理的个数 $n = ab$。

（四）试验单位

单位，在本质上就是规定为"1"的某种物质，具体到试验单位，则是指在试验中能接受不同处理的独立的试验材料、载体。例如，试验中的植物个体、动物组织等，都可以作为试验单位。

（五）重复

重复是指在试验中将每一个处理安排在两个以上的试验单位上，即在每一个处理（相同试验条件）下，对不同试验单位完整实施的试验次数。例如，在蒸馏水 pH 与硫酸铜溶液浓度梯度对血清中白蛋白的研究中，一个处理下，完整做了 3 次试验，则称 3 次重复。

（六）处理效应

效应的英文本意是"effect"，即影响、效果等。在方差分析中，效应是指某处理产生的影响。在单因素方差分析模型中，由固定因素引起的效应称为固定效应，由随机因素引起的效应称为随机效应。在多因素方差分析模型中，因素水平改变产生的效应，称为因素的主效应，而因素间由于相互作用而涌现出的效应称为交互作用。

二、数据布置与计算记号

在进行方差分析前，一般需要把原始数据整理成规范的表格数据，这样做一是检查数据的缺失情况，二是方便按照通用的格式进行计算。例如，某渔业养殖场为了比较 4 种不同饲料的喂养效果，选择了条件相当的鱼苗进行试验，随机分成 4 组，每组 5 个重复，试验结束后，测定增重，结果如表 4-1 所示。

表 4-1 不同饲料喂养增重数据表 （单位：g）

重复	饲料（因素 A）			
	A_1	A_2	A_3	A_4
1	322	251	220	274
2	281	255	233	311
3	332	268	266	298
4	284	277	251	265

重复	饲料（因素 A）			
	A_1	A_2	A_3	A_4
5	360	280	258	276
和	1579	1331	1228	1424
均值	315.8	266.2	245.6	284.8

将表 4-1 一般化，则得到常见的单因素试验结果规范表格，如表 4-2 所示。

表 4-2　单因素方差分析典型数据布置表

	X_1	X_2	X_3	$\cdots$	X_i	$\cdots$	X_a
1	x_{11}	x_{21}	x_{31}		x_{i1}		x_{a1}
2	x_{12}	x_{22}	x_{32}		x_{i2}		x_{a2}
3	x_{13}	x_{23}	x_{33}		x_{i3}		x_{a3}
$\vdots$	$\vdots$	$\vdots$	$\vdots$	$\cdots$	$\vdots$	$\cdots$	$\vdots$
j	x_{1j}	x_{2j}	x_{3j}		x_{ij}		x_{aj}
$\vdots$	$\vdots$	$\vdots$	$\vdots$		$\vdots$		$\vdots$
n_j	$x_{1,n1}$	$x_{2,n2}$	$x_{3,n3}$		$x_{i,nj}$		$x_{a,nj}$
平均数	$\bar{x}_{1.}$	$\bar{x}_{2.}$	$\bar{x}_{3.}$		$\bar{x}_{i.}$		$\bar{x}_{a.}$

为了书写标记方便，数据表中使用了带圆点的脚标格式，说明如下：当脚标为双指标或多指标时，如 x_{ij} 中的脚标 ij，哪一个脚标被圆点代替，则哪一个作为求和指标。例如，$x_{.j} = \sum_{i=1}^{n} x_{ij}$，其中的指标 i 被圆点代替，则按照 i 进行求和。类似的，

$$x_{i.} = \sum_{j=1}^{m} x_{ij}, \quad \bar{x}_{i.} = \frac{1}{m} \sum_{j=1}^{m} x_{ij}, \quad x_{..} = \sum_{i=1}^{n} \sum_{j=1}^{m} x_{ij}, \quad x_{.j.} = \sum_{i=1}^{I} \sum_{k=1}^{K} x_{ijk}, \quad x_{i..} = \sum_{j=1}^{J} \sum_{k=1}^{K} x_{ijk}$$

在上述式子中，$\bar{x}_{i.}$ 代表了均值，以字母上带横线表示，其他类似。

对于两因素或多因素试验数据，可类似整理。例如，合成纤维的弹性受到收缩率和拉伸倍数的影响，为确定具体影响，收缩率取 4 个水平，拉伸倍数取 4 个水平，每个处理 2 次重复，试验数据结果如表 4-3 所示。

表 4-3　纤维弹性测试数据

A	B							
	460		520		580		640	
0	71	72	72	73	75	73	77	75
4	73	75	76	74	78	77	74	74
8	76	73	79	77	74	75	74	73
12	75	73	73	72	70	71	69	69

将表 4-3 一般化，则得到常见的两（多）因素试验结果规范表格，如表 4-4 所示，表中带圆点脚标含义同上。

表 4-4　两因素交叉分组试验的数据格式

A	B						和
	B_1	B_2	$\cdots$	B_j	$\cdots$	B_b	
A_1	$x_{111}, x_{112}, \cdots, x_{11n}$	$x_{121}, x_{122}, \cdots, x_{11n}$	$\cdots$			$x_{1b1}, x_{1b2}, \cdots, x_{1bn}$	$x_{1\cdot}$
A_2	$x_{211}, x_{212}, \cdots, x_{21n}$	$x_{221}, x_{222}, \cdots, x_{22n}$	$\cdots$			$x_{2b1}, x_{2b2}, \cdots, x_{2bn}$	$x_{2\cdot}$
$\vdots$	$\vdots$	$\vdots$	$\cdots$		$\cdots$	$\vdots$	$\vdots$
A_i	$\vdots$	$\vdots$		$x_{ij1}, x_{ij2}, \cdots, x_{ijn}$		$\vdots$	$x_{i\cdot}$
$\vdots$	$\vdots$	$\vdots$				$\vdots$	$\vdots$
A_a	$x_{a11}, x_{a12}, \cdots, x_{a1n}$	$x_{a21}, x_{a22}, \cdots, x_{a2n}$	$\cdots$			$x_{ab1}, x_{ab2}, \cdots, x_{abn}$	$x_{a\cdot}$
和	$x_{\cdot1\cdot}$	$x_{\cdot2\cdot}$	$\cdots$	$x_{\cdot j\cdot}$		$x_{\cdot b\cdot}$	x_{-}

三、方差分析的缘起与直观理解

在进行两个总体均值的检验时，可以使用 u 检验、t 检验等，但当多个总体的均值被检验时，想使用 u 检验或者 t 检验进行多次的两两检验，实际上是行不通的，一是同时检验要求检验置信度总体达到 0.95（设定 $\alpha = 0.05$），多次两两检验，总置信度相当于 0.95 的 k 次方（假如共进行 k 次检验），显然不能满足这一要求；二是随着因素水平的增加，检验次数的增长也不允许多次检验的实施。

方差分析是试验研究中分析数据的重要方法，它的实际应用，就是一次性检验多个正态总体均值是否相等。从这个意义上讲，可以看作 t 检验的推广，即从检验两个正态总体推广到检验多个正态总体。那么，方差分析到底是怎么分析的呢？

按照概率基础中的定义可知，方差本意表达的是事物离开其中心的平均偏离程度。当具体到数据时，若方差较小，此时数据看上去比较整齐，波动变化较小，因此也可以说方差表达了齐性。

造成数据波动的原因有很多，但我们把它们归结为两类，一类是随机误差，另一类是我们所选各因素的不同水平。这两类原因产生的数据波动幅度，可能相同，也可能不同。若因素水平变化产生的波动幅度与随机误差产生的相一致，那么此时就不必再把波动幅度拆成不同原因对应的波动变化，而是把它们统一都归结为由随机误差产生的即可。对此，我们换个说法，当所有变动都源于随机误差时，则数据之间的差异，只是偶然因素造成的差异，这种差异不具必然性，不可能是因素水平差异产生的。反之，若因素水平变化产生的波动幅度与随机误差产生的不一致，甚至远远大于随机误差产生的波动变化，则把波动拆成不同原因对应的波动幅度，此时，数据偏离中心的原因，除了源于随机误差外，更主要的是由因素水平之间变化造成的。因此，所谓的方差分析，其实是通过分析方差，分析不同波动幅度产生的原因、来源，来研究数据之间的差别。

四、模型与表达

方差分析依赖的模型是线性模型，也就是试验观测值的数据结构组成。对于表 4-2 中的

观测值 x_{ij}，它是第 i 个处理的第 j 次观察值，按照线性模型理论，它可以表达为本处理的均值与试验误差的和，即

$$x_{ij} = \mu_i + \varepsilon_{ij} \tag{4-1}$$

其中，μ_i 是第 i 个处理的均值，ε_{ij} 是试验误差。一般情况下，要求 ε_{ij} 相互独立且服从正态分布 $\varepsilon_{ij} \sim N(0, \sigma^2)$。对所有观察值，计算其总体平均，则有

$$\mu = \frac{1}{a} \sum_{i=1}^{a} \mu_i \tag{4-2}$$

设各处理均值 μ_i 与总体均值 μ 的差异为 α_i，则有

$$\alpha_i = \mu_i - \mu \tag{4-3}$$

将式（4-3）代入式（4-1），则有

$$x_{ij} = \mu + \alpha_i + \varepsilon_{ij}, \quad (i = 1, 2, \cdots, a; j = 1, 2, \cdots, n) \tag{4-4}$$

式（4-4）就是单因素方差分析的线性模型。实际上，对于两因素与多因素方差分析，使用的线性模型都有类似的"长相"，如两因素线性模型可由式（4-5）描述

$$x_{ijk} = \mu + \alpha_i + \beta_j + (\alpha\beta)_{ij} + \varepsilon_{ijk} \tag{4-5}$$

而三因素线性模型则可以由式（4-6）描述

$$x_{ijkl} = \mu + \alpha_i + \beta_j + \gamma_k + (\alpha\beta)_{ij} + (\alpha\gamma)_{ik} + (\beta\gamma)_{jk} + (\alpha\beta\gamma)_{ijk} + \varepsilon_{ijkl} \tag{4-6}$$

利用递推原理，我们甚至可以写出含有更多因素的线性模型。在式（4-4）中，α_i 实际上是第 i 个处理的效应项，它因固定因素、随机因素的不同而有不同的解释与表达。

对于方差分析，依照因素的多寡，可分为单因素方差分析、两因素和多因素方差分析；根据因素类型不同，又可细分为固定效应模型、随机效应模型及混合效应模型，如图 4-1 所示。

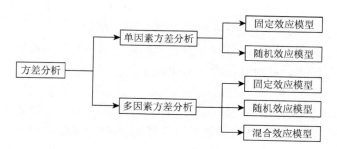

图 4-1　方差分析分类框架

（一）固定效应模型

在方差分析中，用来描述固定效应的线性模型称为固定效应模型。这里以单因素固定效应模型为例，介绍模型的特点。

在固定效应模型中，各处理的效应值 α_i 是一个固定的常量，且由于式（4-3）的存在，各处理效应值还满足 $\sum_{i=1}^{a} \alpha_i = 0$。固定效应模型由固定因素确定，若因素的 a 个水平是经过人为筛选特意设定的，则方差分析的结果，将只适用于当前指定的那几个水平，并不能将其结论扩展到未加考虑的其他水平上。例如，用 6 种不同类型培养液培养的红苕蓿，其含氮

量差异显著与否的结论,是无法推广到其他类型的培养液上去的,只能限定在测试的 6 种营养液范围内。

之所以将各处理的效应 α_i 提出来,就是要考虑这个效应的大小与有无,这也是固定效应模型方差分析的目的所在。要检验 a 个处理效应的相等与否,就要判断各个 α_i 是否都为 0,若各 α_i 都为 0,则说明各处理之间没有差异。由此可得到固定效应模型的零假设为

$$H_0 : \alpha_1 = \alpha_2 = \cdots = \alpha_a = 0 \qquad (4\text{-}7)$$

而备择假设则设定为

$$H_1 : \alpha_i \neq 0 \,(\text{至少 1 个 } i) \qquad (4\text{-}8)$$

当接受 H_0 时,则式(4-4)变为

$$x_{ij} = \mu + \varepsilon_{ij} \qquad (4\text{-}9)$$

这说明每个观测值都是由总平均加上随机误差构成的。当各处理之间的观测值有差别,但这种差别在性质上属于随机误差时,我们就认为各处理之间在因素水平上没有差异显著性。

(二)随机效应模型

随机效应模型用来描述随机因素产生的影响,其应用背景更多的是针对总体进行检验,而不是被选定的几个处理,下面以一个具体的例子,说明随机效应模型的这种应用。

某宠物饲养中心繁殖了多窝动物,为了探讨不同窝别动物的出生体重是否存在差异显著性,随机选取了 4 窝进行测试,每窝幼崽 4 只(数据列表略),试通过方差分析,判断不同窝别的幼崽出生体重是否存在差异。

在这个例子中,4 窝被测试幼崽是随机选定的,若将"窝别"看作唯一的因素,则选中的 4 窝就是因素的 4 个水平,因为是单因素问题,4 个水平即 4 个处理。显然,由于没有人为地特意选定某些窝别,因此属于随机效应模型。对于随机选定的 4 个处理而言,其效应 α_i 与固定效应模型的有很大区别,这里的 α_i 不再是一个常量,而是独立的随机变量,随机选定窝别也明确表明:不可能存在固定效应模型的 $\sum_{i=1}^{a} \alpha_i = 0$ 这个性质。

此外,对选定 4 窝之间的差别进行检验,其目的不仅面向被选定的 4 窝,更是面向全体窝别,通过抽检被选的 4 窝,对整体所有窝别幼崽出生体重进行评价。因此,在随机效应模型中,检验单个处理的效应没什么意义,要检验的,更多的是关于整体效应的变异程度。

实际上,随机效应模型中的 α_i 是针对研究总体提出的,是一个随机变量,方差分析的目的,不是检验单个处理的效应有无,而是检验它所体现的(整体)的变异程度。由此可知,虽然在具体分析时,仍然使用线性模型

$$x_{ij} = \mu + \alpha_i + \varepsilon_{ij}, \begin{cases} i = 1, 2, \cdots, a \\ j = 1, 2, \cdots, n \end{cases} \qquad (4\text{-}10)$$

但由于属于随机效应模型,这里的 α_i 和 ε_{ij} 都被认为是随机变量。如果 α_i 独立于 ε_{ij} 且具有方差 σ_α^2,那么对于观测值而言,其观测方差就变为

$$D(x_{ij}) = \sigma_\alpha^2 + \sigma^2 \qquad (4\text{-}11)$$

此时,方差 σ_α^2 与 σ^2 称为方差分量。在随机效应模型中,同样要求 ε_{ij} 遵循 $\varepsilon_{ij} \sim N(0, \sigma^2)$,而 α_i 则遵循独立正态分布 $\alpha_i \sim N(0, \sigma_\alpha^2)$。

既然要检验的是关于 α_i 的变异程度,则零假设和备择假设可设定为

$$H_0 : \sigma_\alpha^2 = 0; \quad H_1 : \sigma_\alpha^2 > 0 \qquad (4\text{-}12)$$

做出这样的假设，是因为当 H_0 为真时，式（4-10）中将只剩下总均值 μ 和随机误差 ε_{ij}，而不再含有 α_i，此时虽然从数值上看，观测数据之间（一般情况下）仍不相同，但这种不同仅仅是随机误差的不同，不具有本质上的差异显著性。

（三）混合效应模型

混合效应模型用于两因素及多因素方差分析中，它是指试验因素中，既包含了固定效应的因素，也包含了随机效应的因素，固定因素与随机因素的交互作用，就是混合效应。例如，在式（4-6）中，若设 A 为固定因素，由 α 表示，B 为随机因素，由 β 表示，C 为固定因素，由 γ 表示，则两因素之间的交互作用项 $(\alpha\beta)_{ij}, (\alpha\gamma)_{ik}, (\beta\gamma)_{jk}$ 和三因素之间的交互作用项 $(\alpha\beta\gamma)_{ijk}$，都决定着模型属于混合效应模型。

在混合模型（4-6）中，各作用项的效应，一般按照因素的原始属性确定。若属于固定因素（如 A 因素），则其效应 $\sum \alpha_i = 0$ 仍然存在。若属于随机因素（如 B 因素），则和单因素随机效应模型一样，其效应代表的是整体的变异程度，存在 $\beta_j \sim N(0, \sigma_\beta^2)$。而两因素或多因素的交互作用项，则根据其构成因素加以确定，当交互项均由固定因素构成时，按照固定效应对待；当交互项都是由随机因素构成时，按照随机效应对待；当交互作用项由固定因素和随机因素混合构成时，只要其中有一个因素属于随机因素，就按随机因素对待，如固定因素 A 与随机因素 B 的交互作用项 $(\alpha\beta)_{ij}$ 就按照随机效应对待，设定其为随机变量，且遵循 $(\alpha\beta)_{ij} \sim N(0, \sigma_{\alpha\beta}^2)$ 分布。

无论是固定效应模型还是随机效应模型，在进行具体计算时，误差平方和的分解与自由度的计算都是相同的。但由于因素属性的差别，两类模型侧重点有所不同，固定模型侧重于效应的有无和大小，随机模型关注的更多的则是效应变异程度的有无和大小。在构建模型时对固定效应和随机效应的假设不同，致使两类模型的（处理）均方表达式不一样，当涉及多因素方差分析时，检验方差比的 F 计算也因参比对象的不同而不同，这些将在后续详细介绍。

（四）分解平方和与自由度

在方差分析的直观理解一节，我们已经讨论过，数据的波动变化可以由方差表达，而方差本质上就是平均偏离程度的度量。对于观测数据，其总变异则可由总体方差衡量，它可以分解为线性模型中各构成项的方差之和。为此，在分析之前，需将总平方和与总自由度分解为与各变异来源对应的部分。下面以单因素固定效应模型试验为例进行分解，若因素水平数为 a，每个处理有 n 个重复，则一共有 $(a \times n)$ 个观察值，各处理均值记为 $\bar{x}_{i\cdot}$，总均值记为 $\bar{x}_{\cdot\cdot}$。

1. 分解平方和

$$
\begin{aligned}
\sum_{i=1}^{a} \sum_{j=1}^{n} (x_{ij} - \bar{x}_{\cdot\cdot})^2 &= \sum_{i=1}^{a} \sum_{j=1}^{n} (x_{ij} - \bar{x}_{i\cdot} + \bar{x}_{i\cdot} - \bar{x}_{\cdot\cdot})^2 \\
&= \sum_{i=1}^{a} \sum_{j=1}^{n} [(x_{ij} - \bar{x}_{i\cdot}) + (\bar{x}_{i\cdot} - \bar{x}_{\cdot\cdot})]^2 \qquad (4\text{-}13) \\
&= \sum_{i=1}^{a} \sum_{j=1}^{n} (x_{ij} - \bar{x}_{i\cdot})^2 + 2 \sum_{i=1}^{a} \sum_{j=1}^{n} (x_{ij} - \bar{x}_{i\cdot})(\bar{x}_{i\cdot} - \bar{x}_{\cdot\cdot}) + \sum_{i=1}^{a} \sum_{j=1}^{n} (\bar{x}_{i\cdot} - \bar{x}_{\cdot\cdot})^2
\end{aligned}
$$

对于固定的处理效应 $\bar{x}_{i\cdot}$，可以证明交错乘积项

$$\sum_{i=1}^{a}\sum_{j=1}^{n}(x_{ij}-\overline{x}_{i.})(\overline{x}_{i.}-\overline{x}_{..})=0 \tag{4-14}$$

因此得到

$$\sum_{i=1}^{a}\sum_{j=1}^{n}(x_{ij}-\overline{x}_{..})^2=\sum_{i=1}^{a}\sum_{j=1}^{n}(x_{ij}-\overline{x}_{i.})^2+\sum_{i=1}^{a}\sum_{j=1}^{n}(\overline{x}_{i.}-\overline{x}_{..})^2=\sum_{i=1}^{a}\sum_{j=1}^{n}(x_{ij}-\overline{x}_{i.})^2+n\sum_{i=1}^{a}(\overline{x}_{i.}-\overline{x}_{..})^2$$

简记为

$$\sum_{i=1}^{a}\sum_{j=1}^{n}(x_{ij}-\overline{x}_{..})^2=\sum_{i=1}^{a}\sum_{j=1}^{n}(x_{ij}-\overline{x}_{i.})^2+n\sum_{i=1}^{a}(\overline{x}_{i.}-\overline{x}_{..})^2 \tag{4-15}$$

式（4-15）表明，数据总变差平方和，可以分为两部分，一部分为处理均值与总均值之间的离差平方和，用SS_A表示，则为

$$\mathrm{SS}_A=n\sum_{i=1}^{a}(\overline{x}_{i.}-\overline{x}_{..})^2 \tag{4-16}$$

另一部分为每个处理内部观测值与处理均值之间离差的平方和，用SS_E表示，则为

$$\mathrm{SS}_E=\sum_{i=1}^{a}\sum_{j=1}^{n}(x_{ij}-\overline{x}_{i.})^2 \tag{4-17}$$

若记总离差平方和为SS_T，则有

$$\mathrm{SS}_T=\sum_{i=1}^{a}\sum_{j=1}^{n}(x_{ij}-\overline{x}_{..})^2 \tag{4-18}$$

且

$$\mathrm{SS}_T=\mathrm{SS}_A+\mathrm{SS}_E \tag{4-19}$$

显然，SS_A度量了处理之间的差异，考察了处理均值之间的平均偏离程度；而SS_E则度量了处理内部数据之间的差异，考察了处理内部数据之间的平均偏离程度，也就是随机误差的大小。由此，称SS_A为处理平方和或处理间平方和；称SS_E为误差平方和或处理内平方和。

2. 分解自由度

为了满足F统计量的定义要求，也为了得到比较方差使用的均方，还需要将总自由度进行分解，即与SS_T对应的总自由度df_T可以分解为与SS_A对应的df_A和与SS_E对应的df_E，用公式表示，则有

$$\mathrm{df}_T=\mathrm{df}_A+\mathrm{df}_E \tag{4-20}$$

具体来说，

$$\mathrm{df}_T=an-1 \tag{4-21}$$

$$\mathrm{df}_A=a-1 \tag{4-22}$$

$$\mathrm{df}_E=a(n-1) \tag{4-23}$$

（五）均方期望

为了估计随机误差的σ^2，可以先用SS_E除以对应的df_E，得到误差的均方，记为MS_E，然后再计算MS_E的期望，即得到σ^2的无偏估计。即

$$\mathrm{MS}_E=\frac{\mathrm{SS}_E}{\mathrm{df}_E}=\frac{\mathrm{SS}_E}{a(n-1)} \tag{4-24}$$

可以计算证明，MS_E是σ^2的无偏估计，具体推导过程请参看相关文献

$$E(\mathrm{MS}_E) = \sigma^2 \qquad\qquad (4\text{-}25)$$

类似的，可以得到处理的均方，记为 MS_A

$$\mathrm{MS}_A = \frac{\mathrm{SS}_A}{\mathrm{df}_A} = \frac{\mathrm{SS}_A}{a-1} \qquad\qquad (4\text{-}26)$$

以及

$$E(\mathrm{MS}_A) = \sigma^2 + \frac{n}{a-1}\sum_{i=1}^{n}\alpha_i^2 \qquad\qquad (4\text{-}27)$$

从式（4-25）可以看出，MS_E 反映了随机误差引起的方差的大小，它是 σ^2 的无偏估计。而从式（4-27）可以看出，MS_A 反映了除随机误差引起的方差大小 σ^2 外，还包含各处理效应引起的 $\frac{n}{a-1}\sum_{i=1}^{n}\alpha_i^2$ 这部分方差。对于固定效应模型来说，只有当零假设为真时，才会有 $\alpha_1 = \alpha_2 = \cdots = \alpha_i = 0$，从而有 $\frac{n}{a-1}\sum_{i=1}^{n}\alpha_i^2 = 0$，进而才可以从式（4-27）得到 $E(\mathrm{MS}_A) = \sigma^2$，此时 MS_A 是 σ^2 的无偏估计，也就是 MS_A 引起的数据波动与随机误差引起的数据波动幅度相当。

因此，只要比较 MS_A 与 MS_E，就可以反映出 α_i 的大小。若 MS_A 与 MS_E 相差不大，就可以认为各个 α_i 与 0 的差异不大，可以说各处理之间均值差异引起的数据波动幅度不大，总体上都在随机误差引起的波动幅度内，各处理平均值之间的差异就不显著。

反之，若 MS_A 与 MS_E 相差很大，可以认为各个 α_i 与 0 的差异很大，从而造成了 $\frac{n}{a-1}\sum_{i=1}^{n}\alpha_i^2$ 远远大于 σ^2，就 MS_A 而言，它除了产生与随机误差量值相当的波动幅度 σ^2 外，还产生了远大于 σ^2 的波动幅度 $\frac{n}{a-1}\sum_{i=1}^{n}\alpha_i^2$，而这部分波动，绝不是随机误差引起的波动幅度所能匹配的，必然存在着不可忽略的重要原因，鉴于只有处理均值之间的（因素水平的）差异，因此我们认为是处理间差异造成的，即认为处理均值之间存在显著差异。

五、F 检验与结果展示

为了比较 MS_A 与 MS_E 的大小，引入 F 统计量如下

$$F = \frac{\mathrm{MS}_A}{\mathrm{MS}_E} \sim f(\mathrm{df}_A, \mathrm{df}_E) \qquad\qquad (4\text{-}28)$$

通过 F 统计量，进行判别分析。

对于方差分析的结果，常常归纳成方差分析表展示出来（表 4-5）。通过该表，可看到变差的来源、产生的离差平方和部分、对应自由度的大小、各项的均方、检验的统计量 F 及检验的结果等，方差分析表也是各种统计软件输出方差分析结果的标准格式。

表 4-5　单因素模型方差分析表

变差来源	平方和	自由度	均方	F	显著性
处理间	SS_A	$a-1$	MS_A	$F = \dfrac{\mathrm{MS}_A}{\mathrm{MS}_E}$	$P(F_\alpha(a-1, an-a) > F)$
处理内	SS_E	$a(n-1)$	MS_E		
总和	SS_T	$an-1$			

第二节 单因素方差分析与多重比较

一、两类模型均方期望的差别

上一节，我们介绍了方差分析的基本思想，并以单因素固定效应模型为例，具体展示了总变差的分解，将数据的总变差分解为组间变差和组内变差。对于具有如表 4-2 布置的数据（含有 a 个处理，每个处理含量 n 个重复），考虑自由度等，可求得各个误差均方，得到

$$\mathrm{MS}_E = \frac{\mathrm{SS}_E}{a(n-1)}, \quad \mathrm{MS}_A = \frac{\mathrm{SS}_A}{a-1}$$

当选定固定效应模型时，它们各自的期望值为

$$E(\mathrm{MS}_A) = \sigma^2 + \frac{n}{a-1}\sum_{i=1}^{a}\alpha_i^2, \quad E(\mathrm{MS}_E) = \sigma^2$$

这在前面已经介绍过。当选用随机效应模型时，它们各自的期望值为

$$E(\mathrm{MS}_A) = \sigma^2 + n\sigma_\alpha^2 \tag{4-29}$$

$$E(\mathrm{MS}_E) = \sigma^2 \tag{4-30}$$

这一点与固定效应模型有很大不同，在多因素中也存在这个问题。但同样可根据

$$F = \frac{\mathrm{MS}_A}{\mathrm{MS}_E}, \mathrm{df}_A = a-1, \mathrm{df}_E = an-a$$

进行检验，做出判断。

例1 在 3 种麻醉条件下，测定某动物羊角拗甙的最小致死量，7 次试验的结果列于表 4-6，试分析因素不同水平对指标的影响是否相同。

表 4-6　羊角拗甙的最小致死量　　　　　（单位：mg/kg）

重复	A 组	B 组	C 组
1	0.1437	0.1546	0.1774
2	0.1567	0.1679	0.1834
3	0.1598	0.1957	0.1854
4	0.1696	0.1987	0.1915
5	0.1878	0.2222	0.2041
6	0.2200	0.2371	0.2186
7	0.2296	0.2384	0.2344

解 （1）首先判断多组均值比较满足的条件，若满足正态、方差齐性等条件，则可以使用方差分析。在没有特殊说明时，通常都默认所给数据符合方差分析满足的条件，这一点在本章稍后的方差分析满足条件一节将详细介绍。

（2）计算各组的均值与总体均值，得到

$$\bar{x}_{1\cdot} = \frac{1}{7}\sum_{j=1}^{7} x_{ij} = 0.1810$$

$$\bar{x}_{2\cdot} = \frac{1}{7}\sum_{j=1}^{7} x_{ij} = 0.2021$$

$$\bar{x}_{3.} = \frac{1}{7}\sum_{j=1}^{7} x_{ij} = 0.1993$$

$$\bar{x}_{..} = \frac{1}{3}(\bar{x}_{1.} + \bar{x}_{2.} + \bar{x}_{3.}) = 0.1941$$

（3）计算离差平方和及分解项，得到

$$SS_T = \sum_{i=1}^{3}\sum_{j=1}^{7}(x_{ij} - \bar{x}_{..})^2 = 0.01736$$

$$SS_A = 7 \times \sum_{i=1}^{3}(\bar{x}_{i.} - \bar{x}_{..})^2 = 0.00183$$

$$SS_E = SS_T - SS_A = 0.01553$$

（4）计算各自均方，得到

$$MS_A = \frac{SS_A}{a-1} = \frac{0.00183}{3-1} = 0.000915$$

$$MS_E = \frac{SS_E}{a(n-1)} = \frac{0.01553}{3 \times (7-1)} = 0.000863$$

（5）计算 F 与临界值

$$F = \frac{MS_A}{MS_E} = \frac{0.000915}{0.000863} = 1.0605$$

若给定的检验水平为 $\alpha = 0.05$，则 $F_\alpha(2,18) = 3.55$，显然 $F < F_\alpha(2,18)$，方差检验不具显著性。

（6）方差分析表 4-7 如下。

表 4-7　方差分析表

变异来源	离差平方和	自由度	均方	F 值	P 值
组间	0.001 83	2	0.000 915	1.060 5	>0.05
组内	0.015 53	18	0.000 863		
总和	0.017 36	20	$F_\alpha(2,18) = 3.55$		

二、单因素方差分析 MATLAB 实现

MATLAB 提供了专门进行方差分析的函数，这些函数包括 anova1, anova2, anovan 等函数，可用来实现单因素方差分析、两因素方差分析和多因素方差分析。单因素方差分析的函数是 anova1，其常用的调用格式包括如下几种。

1. $p = \text{anova1}（X）$

根据观测值矩阵 X 进行单因素方差分析，矩阵 X 的每一列均代表着其来自哪个总体，检验的目的则是各列对应着总体均值是否相同。在这种语法格式下，anova1 函数还会返回 2 个图像，一个是标准的单因素方差分析表，另一个则是箱线图。

例 2　调查了 5 个不同品种的小麦株高，结果如表 4-8 所示，试分析这 5 个不同品种的小麦平均株高的差异显著性。

表 4-8　5 个不同品种的小麦株高　　　　　　　　　　（单位：cm）

编号	品种				
	I	II	III	IV	V
1	64.6	64.5	67.8	71.8	69.2
2	65.3	65.3	66.3	72.1	68.2
3	64.8	64.6	67.1	70.0	69.8
4	66.0	63.7	66.8	69.1	68.3
5	65.8	63.9	68.5	71.0	67.5
和	326.5	322.0	336.5	354.0	343.0
平均值	65.3	64.4	67.3	70.8	68.6

解　编写脚本如下：

```
X = [...
    64.6,64.5,67.8,71.8,69.2;
    65.3,65.3,66.3,72.1,68.2;
    64.8,64.6,67.1,70.0,69.8;
    66.0,63.7,66.8,69.1,68.3;
    65.8,63.9,68.5,71.0,67.5;
    ];
p = anoval(X)
```

运行结果为

```
>>Untitled
p =
  1.7400e-09
>>
```

图 4-2 和图 4-3 为函数返回的方差分析表和箱线图。

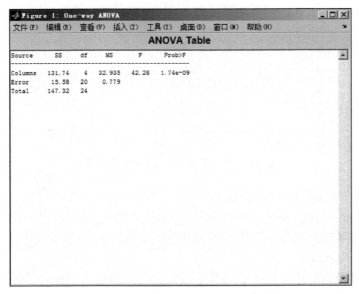

图 4-2　方差分析表

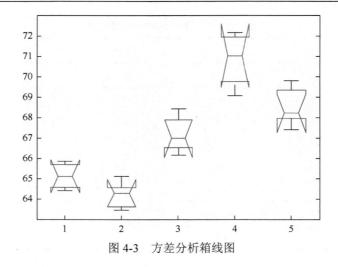

图 4-3　方差分析箱线图

2. p = anova1（X, group）

这种调用格式中，当 X 是矩阵时，则执行均衡试验的方差分析，当 X 为向量时，则适用于均衡和非均衡试验。参数 group 用来指定每组的组名，因此它可以是字符数组或者字符串 cell 数组，因为每一列有一个组名，故组名个数与 X 列数一致，且这些组名用来标识箱线图。例如，针对上述的小麦品种，建立名称，则有

GroupNames = {'品种Ⅰ','品种Ⅱ','品种Ⅲ','品种Ⅳ','品种Ⅴ'};

p = anova1(X,GroupNames);

箱线图的名称发生了改变，如图 4-4 所示。

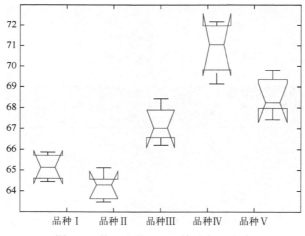

图 4-4　使用参数 group 修改各组名称

3. p = anova1（X, group, displayopt）

在这种语法格式中，displayopt = display option，即显示选项，用来设定是否显示方差分析表和箱线图，当参数设定为'on'（缺省默认）时，则显示；当设定为'off'时，则不显示。

4. [p, table] = anova1（…）

除了返回计算得到的检验概率 p 之外，还返回方差分析表。但为了后续编辑使用方便，这里的表中各项均以 cell 形式表现。

5. [*p*, table, stats] = anova1（…）

返回参数 stats 是一个结构体，用于后续的多重比较。当使用固定效应模型进行方差分析时，若拒绝零假设，即各组均值之间差异显著，为了进一步确定究竟是哪些组之间存在差异显著性，就必须进行后续的多重比较，返回该参数即为此服务。

在理解单因素方差分析的基本原理后，我们可以编写自己的单因素方差分析代码，并输出计算过程中的各个量值。下面，具体实现单因素方差分析。

```
function[h,InfoBag] = MyAnovaForOneFact(X,Type,Alpha)
% 函数名称:MyAnovaForOneFact.M
% 实现功能:实现单因素方差分析,输出计算步骤中的重要信息.
% 输入参数:本函数共有 3 个输入参数,含义如下:
%         :(1)X,原始数据结构体,数据以结构体形式参数输入
%         :当进行均衡试验时,各组数据量相同,相当于矩阵,只需要 1 个
%         :矩阵 X 即可;当进行不均衡试验时,则需要单独处理每一组数据,
%         :此时各组数据不等,则每列看作一个数据,自左到右分别命名
%         :为 X1,X2,X3…,形如 X = {X1,X2,X3…}
%         :(2)Type,方差分析的类型,分为固定效应模型和随机效应模型,该参数
%         :必须提供,否则程序不予运行.参数值包括两种类型:
%         :固定模型,'fixed';随机模型,'random'.
%         :(3)Alpha,检验水平,可缺省,默认值 0.05.
% 输出参数:本函数默认 2 个输出参数,请修改:
%         :(1)h,取值 0 或 1,用来指示检验结论,h = 0 表示接受 H0,拒绝 H1,反之,
%         :h = 1 表示接受 H1,拒绝 H0.
%         :(2)InfoBag,信息包.
% 函数调用:本函数实现功能需要调用 2 个子函数,说明如下:
%         :(1):PrintAnovaTable,用来将方差分析表按照对齐格式输出
%         :(2):drawDotLine,用来画虚线分割线
% 参考资料:本函数所实现功能的更详细资料,请参阅教材:
%         :(1):马寨璞,MATLAB 语言编程[M],电子工业出版社,2017.
% 原始作者:马寨璞,wdwsjlxx@163.com
% 创建时间:2016-04-07,16:10:45
% 原始版本:1.0
% 版权声明:未经作者许可,任何单位及个人不得以任何方式或理由对本代码进行网上
%         :传播、贩卖等.
% 实用样例:
%         Y = […
%             64.6,64.5,67.8,71.8,69.2;65.3,65.3,66.3,72.1,68.2;
%             64.8,64.6,67.1,70.0,69.8;66.0,63.7,66.8,69.1,68.3;
%             65.8,63.9,68.5,71.0,67.5;
%             ];
%         Type = 'fixed';a = 0.05;
%         X1 = Y(:,1);X2 = Y(1:5,2);X3 = Y(:,3);X4 = Y(:,4);X5 = Y(1:5,5);
%         %X = {X1,X2,X3,X4,X5};
%         X = {Y};
%         MyAnovaForOneFact(X,Type,a)
% 又如:
%         clc;close all;
%         X = [34.7,33.2,27.1,32.9;33.3,26.,23.3,31.4;
%             26.2,28.6,27.8,25.7;31.6,32.3,26.7,28];
%         Type = 'random';
%         X = {X},
```

```
%          MyAnovaForOneFact(X,Type)
%

% 检查输入参数 Type
if nargin<2
    error('输入参数不满足方差分析必须要求');
elseif ischar(Type)
    Types = {'fixed','random'};
    Type = internal.stats.getParamVal(Type,Types,'TYPE');
else
    error('参数 Type 的输入类型不符合要求！');
end
% 检查输入参数 Alpha
if nargin<3||isempty(Alpha)
    Alpha = 0.05;
elseif isscalar(Alpha)
    Alphas = [0.1,0.01,0.05,0.001,0.025];
    chka = abs(Alphas-Alpha)<eps;
    if(sum(chka,2)~ = 1)
        warning('输入的检验水平%5.3f,不符合习惯',Alpha);
    end
else
    error('输入 Alpha 的参数个数过多');
end

% 检查输入参数 X,计算均值,平方和,自由度
if 1 = = length(X)
    X = X{1};[nRows,nCols] = size(X);
    ColumnMean = mean(X,1);
    GrandMean = mean(X(:));
    LevelNum = nCols;
    RepeatNum = nRows*ones(1,nCols);
    %计算各平方和
    tmp4sst = (X-GrandMean).^2;
    SSt = sum(tmp4sst(:));
    tmp4ssa = (ColumnMean-GrandMean).^2;
    SSa = sum(tmp4ssa(:))*nRows;
    SSe = 0;
    for ic = 1:nCols
        tmp4sse = (X(:,ic)-ColumnMean(ic)).^2;
        SSe = SSe + sum(tmp4sse(:));
    end
    % 自由度
    dfa = nCols-1;
    dft = nRows*nCols-1;
    dfe = nCols*(nRows-1);
elseif length(X)>1
    LevelNum = length(X);% 水平数
    ColumnMean = zeros(1,LevelNum);
    RepeatNum = zeros(1,LevelNum);% 初始化
    GrdTmp = 0;% 计算总和
    for ic = 1:LevelNum
```

```
            ColumnMean(ic) = mean(X{ic});
            RepeatNum(ic) = length(X{ic});
            GrdTmp = GrdTmp + sum(X{ic});
        end
        GrandMean = GrdTmp/sum(RepeatNum(:));

        % 下面计算各平方和
        SSt = 0;SSa = 0;SSe = 0;
        for ic = 1:LevelNum
            tmp4sst = (X{ic}-GrandMean).^2;
            SSt = SSt + sum(tmp4sst);
            tmp4ssa = (ColumnMean-GrandMean).^2;
            SSa = SSa + sum(RepeatNum(ic)*tmp4ssa(ic));
            tmp4sse = (X{ic}-ColumnMean(ic)).^2;
            SSe = SSe + sum(tmp4sse(:));
        end
        % 下面确定自由度
        dfa = LevelNum-1;
        dft = sum(RepeatNum)-1;
        dfe = dft-dfa;
end
fprintf('\t 各组均值为:'),fprintf('%.4f,',ColumnMean);
fprintf('\b\n');
fprintf('\t 总均值为:'),fprintf('%.4f\n',GrandMean);

% 计算均方
MSa = SSa/dfa,MSe = SSe/dfe;
F0 = MSa/MSe;
fCutOff = finv(1-Alpha,dfa,dfe);
if F0<fCutOff
    h = 0;
else
    h = 1;
end

% 对于均衡试验,计算方差的估计值和效应的估计值
if sum(RepeatNum/RepeatNum(1),2) = = LevelNum
    nRows = size(X,1);sigma2 = MSe;
    switch Type
        case 'fixed'
            TreatEffect = (LevelNum-1)*(MSa-MSe)/nRows;
        case 'random'
            TreatEffect = (MSa-MSe)/nRows;
    end
    fprintf('各正态总体的方差估值为:sigma2 = %.2f,',sigma2);
    fprintf('各正态总体的效应和为:effect = %.2f,',TreatEffect);
    fprintf('\n'),
end

% 输出方差分析表
lineLength = 70;%每行占 70
UnitLength = 10;%一般每行 6 列,每列占 10
```

```
StringFormat = sprintf('%%-%ds',UnitLength);
DataFormat = sprintf('%%-%d.%df',UnitLength,2);
% 表题目
TableName = sprintf('单因素%s效应模型方差分析表',Type);
spaceNum = floor((lineLength-length(TableName))/2);
for ip = 1:spaceNum
    fprintf('%s','');
end
fprintf('%s\n',TableName);
drawDotLine(lineLength)
% 准备方差分析表
AnovaTable = cell(4,6);% for anova table
% 表头
TableTitle = {'变差来源','平方和','自由度','均方','F0','F临界值'};
for iCol = 1:6
    AnovaTable{1,iCol} = sprintf(StringFormat,TableTitle{iCol});
    fprintf(StringFormat,TableTitle{iCol});
end
fprintf('\n');drawDotLine(lineLength);
% 处理间方差SSA数据
fprintf(StringFormat,'处理间');
AnovaTable{2,1} = '处理间';
params = [SSa,dfa,MSa,F0,fCutOff];
for iCol = 1:length(params)
    fprintf(DataFormat,params(iCol));
    AnovaTable{2,iCol + 1} = sprintf(DataFormat,params(iCol));
end
fprintf('\n'),drawDotLine(lineLength);
% 随机误差SSE数据
fprintf(StringFormat,'处理内');
AnovaTable{3,1} = '处理内';
params = [SSe,dfe,MSe,];
for iCol = 1:length(params)
    fprintf(DataFormat,params(iCol));
    AnovaTable{3,iCol + 1} = sprintf(DataFormat,params(iCol));
end
fprintf('\n'),drawDotLine(lineLength);
% 总和SST数据
fprintf(StringFormat,'总和');
AnovaTable{4,1} = '总和';
params = [SSt,dft];
for iCol = 1:length(params)
    fprintf(DataFormat,params(iCol));
    AnovaTable{4,iCol + 1} = sprintf(DataFormat,params(iCol));
end
fprintf('\n');drawDotLine(lineLength);
figure;PrintAnovaTable(AnovaTable)
InfoBag = {ColumnMean,MSe,RepeatNum};

% %子函数
function drawDotLine(n)
% 画虚线
```

```
for il = 1:n
    fprintf('-')
end
fprintf('\n')

% %子函数
function PrintAnovaTable(X)
% 函数名称:PrintAnovaTable.m
% 实现功能:将输入的 cell 数组按照对齐格式输出.
% 输入参数:本函数共有 1 个输入参数,含义如下:
%           :(1)X,字符串 cell 数组,接收要输出的字符数组.
% 输出参数:本函数默认不带输出参数.
% 函数调用:本函数实现功能需要调用 1 个子函数:
%           :(1)drawLine,画直线
% 参考资料:本函数所实现功能的更详细资料,请参阅教材:
%           :(1):马赛璞,MATLAB 语言编程[M],电子工业出版社,2017.
% 原始作者:马赛璞,wdwsjlxx@163.com
% 创建时间:2016-04-08,00:04:00
% 原始版本:1.0
% 版权声明:未经作者许可,任何单位及个人不得以任何方式或理由对本代码进行网上
%           :传播、贩卖等.
% 实用样例:例 1,
%           msgs = {...
%               '变差来源','平方和','自由度','均方','计算 F 值','临界 F 值';
%               '处理间','SSA','a-1','MSA','F','fCutOff';
%               '处理内','SSE','an-a','MSE','','';
%               '总和','SST','an-1','','',''};
%           PrintAnovaTable(msgs)
%
if~iscell(X)
    error('输入数据类型必须是 cell 数组');
else
    [nRows,nCols] = size(X);
    [xGraphPos,yGraphPos] = meshgrid(0:nCols,0:nRows);
    h = surf(xGraphPos,yGraphPos,'linestyle','-.'),%生成框图
    view(2),axis ij,%方格
    colormap([1,1,1]),axis off,
   set(gca,'yticklabel',''),set(gca,'xticklabel',''),
    alpha(h,0),%设置透明
    %绘图设置
    axis([1,nCols + 1,1,nRows + 1]),%默认格的绘图单位是1,坐标刻度1,2,3,...
    xTxtPos = 1.5:nCols + 1;
    yTxtPos = 1.5:nRows + 1;
    [xPos,yPos] = meshgrid(xTxtPos,yTxtPos);
    %输出
    for ir = 1:nRows
        drawLine(1,ir,nCols + 1,ir);hold on;
        for jc = 1:nCols
            str = X(ir,jc);
            text(xPos(ir,jc),yPos(ir,jc),str,...
                'HorizontalAlignment','center','color','k')
        end
```

```
    end
    drawLine(1,nRows + 1,nCols + 1,nRows + 1);hold on;
    set(gcf,'color',[1,1,1]);
    %title('单因素方差分析表')
end

% %子函数
function drawLine(x0,y0,x1,y1)
% 画直线
line([x0,x1],[y0,y1],…
    'lineStyle','-','color','k','lineWidth',1);
```

我们将前面的例子作为检验，使用如下。

```
    X = [...
        64.6,64.5,67.8,71.8,69.2;
        65.3,65.3,66.3,72.1,68.2;
        64.8,64.6,67.1,70.0,69.8;
        66.0,63.7,66.8,69.1,68.3;
        65.8,63.9,68.5,71.0,67.5;
        ];
    Type = 'fixed';
    X = {X};%数据以结构体形式输入
    MyAnovaForOneFact(X;Type)
```

运行结果列于表 4-9。

表 4-9　单因素方差分析结果

变差来源	平方和	自由度	均方	F_0	F 临界值
处理间	131.74	4.00	32.93	42.28	2.87
处理内	15.58	20.00	0.78		
总和	147.32	24.00			

又如，为了探讨不同窝的动物出生体重是否存在差异，随机选择了 4 窝动物，每窝 4 只幼崽，测量结果列于表 4-10，试据此做出判断。

表 4-10　4 窝动物出生体重　　　　　　　　　（单位：g）

动物编号	窝别			
	A	B	C	D
1	34.7	33.2	27.1	32.9
2	33.3	26.0	23.3	31.4
3	26.2	28.6	27.8	25.7
4	31.6	32.3	26.7	28.0

这是一个典型的随机效应模型的方差分析。为了检验，准备如下：

```
X = [34.7,33.2,27.1,32.9; 33.3,26.,23.3,31.4;
    26.2,28.6,27.8,25.7; 31.6,32.3,26.7,28];
Type = 'random';
X = {X};
MyAnovaForOneFact(X,Type)
```

结果列于表 4-11。

表 4-11　单因素方差分析结果

变差来源	平方和	自由度	均方	F_0	F 临界值
处理间	58.58	3.00	19.53	1.97	3.49
处理内	118.94	12.00	9.91		
总和	177.52	15.00			

三、单因素固定效应模型的多重比较

对于固定效应模型，由于该模型检验的是特定因素控制下的均值比较，在经过方差分析之后，其结论只有两种可能：①接受 H_0，各样本代表总体的均值相同；②拒绝 H_0，各样本代表总体的均值存在差异。当是结论②时，说"总体的均值存在差异"，是指从整体的角度看问题而言。举一个极端的例子：假如有 k 个样本（代表的总体），其中（$k-1$）个均值都相同，如设 $\mu_2 = \mu_3 \cdots = \mu_k$，只有 μ_1 与它们不同，则经过检验，结论自然是②，因为整体上看它们确实是不同的。但这种结论，没有揭示出其中有（$k-1$）个均值相同，各样本之间相等与否的大量信息被忽略了，为了阐明究竟在哪些对均值之间存在显著差异，哪些之间无显著差异，必须逐对比较各均值，这就是要进行多重比较的缘由。

多重比较的方法有很多，考虑到生物学专业有可能涉及医类、药类的科研工作，本节也介绍其中常用的方法，包括 Tukey、Scheffe、Lsd 和 Duncan 等。

（一）Tukey 法基本原理

Tukey 法用来处理均衡试验数据，其基本原理是，当 H_0 成立时，即在 $\mu_1 = \mu_2 = \cdots = \mu_a$ 条件下，则 a 个水平试验指标的样本均值 $\bar{x}_1, \bar{x}_2, \cdots, \bar{x}_a$ 相互独立且同服从方差相等的正态分布 $N(\mu, \sigma^2)$，这里的方差 σ^2 可由 MS_E 估计得到

$$\hat{\sigma}^2 = \frac{\mathrm{MS}_E}{n} \tag{4-31}$$

其中，n 为每个水平的重复试验次数，$\mathrm{MS}_E = \dfrac{\mathrm{SS}_E}{an-a}$ 为组内均方。可以证明

$$q = \frac{\max\{|\bar{x}_i - \bar{x}_j|\}}{\sqrt{\dfrac{\mathrm{MS}_E}{n}}} \sim q(a, an-a) \tag{4-32}$$

给定检验水平 α 后，令

$$\frac{\max\{|\bar{x}_i - \bar{x}_j|\}}{\sqrt{\dfrac{MS_E}{n}}} \geqslant q_\alpha(a, an-a) \qquad (4\text{-}33)$$

即可得到

$$\max\{|\bar{x}_i - \bar{x}_j|\} \geqslant q_\alpha(a, an-a)\sqrt{\frac{MS_E}{n}} = T \qquad (4\text{-}34)$$

因为 $\max\{|\bar{x}_i - \bar{x}_j|\} \geqslant |\bar{x}_i - \bar{x}_j|$，所以只需 $|\bar{x}_i - \bar{x}_j| \geqslant T$ 即可。

例 3 为了考察温度对某药得率的影响，选取了 5 种不同温度在相同条件下进行试验，同一个温度下各做 4 次试验，试验观测数据列于表 4-12，若方差分析显著，试以 Tukey 法进行多重比较。

表 4-12　某药在不同温度下的得率

温度/℃	60	65	70	75	80
	86	80	83	76	96
得率/%	89	83	90	81	93
	91	88	94	84	95
	90	84	85	82	94
平均得率/%	89	83.75	88	80.75	94.5

解 根据已知条件，可知 $a=5$，$n=4$，经计算，得到 $MS_E = 10.7$，其中 $df_E = a(n-1) = 15$。对于给定的显著性水平 $\alpha = 0.05$，临界值 q_α 可以查表得到，见附表 13，也可以计算得到（参附后代码）。

$$q_\alpha(a, df_E) = q_\alpha(5,15) = 4.367$$

则

$$T = q_\alpha\sqrt{\frac{MS_E}{n}} = 4.367 \times \sqrt{\frac{10.7}{4}} = 7.15$$

将 5 个均值两两之差绝对值做表，然后评判，得到如下比较结果（表 4-13），带波浪划线的为差异显著的。

表 4-13　均值多重比较差异值

	$\bar{x}_{2.}$	$\bar{x}_{3.}$	$\bar{x}_{4.}$	$\bar{x}_{5.}$
$\bar{x}_{1.}$	5.25	1	<u>8.25</u>	5.5
$\bar{x}_{2.}$		4.25	3	<u>10.75</u>
$\bar{x}_{3.}$			<u>7.25</u>	6.5
$\bar{x}_{4.}$				<u>13.75</u>

（二）Tukey 法的 MATLAB 实现

为了方便使用，下面给出根据检验原理编写的通用 MATLAB 实现代码。对上述例题，运算如下：

```
X = [86,80,83,76,96;89,83,90,81,93;
    91,88,94,84,95;90,84,85,82,94];
X = {X};
[h,Bag] = MyAnovaForOneFact(X,'fixed');
if h = = 1
    TukeyMultiCompa(Bag)
end
```

经方差分析，各均值之间差异显著，继续进行多重比较检验，结果列于表 4-14。

表 4-14　Tukey 多重比较分析表

	Grp02Mean	Grp03Mean	Grp04Mean	Grp05Mean
Grp01Mean	5.25	1.00	8.25*	5.50
Grp02Mean		4.25	3.00	10.75*
Grp03Mean			7.25*	6.50
Grp04Mean				13.75*

下面是根据 Tukey 原理编写的检验函数，供读者参考使用。

```
function TukeyMultiCompa(InforBag,alpha)
% 函数名称:TukeyMultiCompa.m
% 实现功能:单因素方差分析的多重比较 Tukey 检验法.
% 输入参数:本函数共有 2 个输入参数,含义如下:
%         :(1)InforBag,多重检验信息包,包含必要的输入信息:
%         :各组均值,误差均方,各组试验次数
%         (2)alpha,检验水平,默认 0.05
% 输出参数:本函数默认不带输出参数,只输出检验表.
% 函数调用:本函数实现功能需要调用 1 个子函数,说明如下:
%         :(1)PrintAnovaTable,用来表格化输出检验信息
% 参考资料:本函数所实现功能的更详细资料,请参阅教材:
%         :(1):马寨璞,MATLAB 语言编程[M],电子工业出版社,2017.
% 原始作者:马寨璞,wdwsjlxx@163.com
% 创建时间:2016-04-09 13:09:06
% 原始版本:1.0
% 版权声明:未经作者许可,任何单位及个人不得以任何方式或理由对本代码进行
%         :网上传播、贩卖等.
% 实用样例:
%         例1:TukeyMultiCompa(bag)
%         例2:
%         X = [86,80,83,76,96;89,83,90,81,93;
%             91,88,94,84,95;90,84,85,82,94];
%         X = {X};
%         [h,Bag] = MyAnovaForOneFact(X,'fixed');
%         if h = = 1
%             TukeyMultiCompa(Bag)
%         end
%
if nargin<2||isempty(alpha)
    alpha = 0.05;
end
```

·249·

```
GroupMean = InforBag{1};
GroupMean = GroupMean(:);%各组均值,统一为列向量
MSe = InforBag{2};%传递误差均方
nTestNum = InforBag{3};%每个水平下的试验次数(均相同)
nLevelNum = length(GroupMean);%因数的水平数
ErrFreeDeg = nLevelNum*(nTestNum(1)-1);%组内自由度,各组一样,取第一组

%   q分布查表,必须按如下格式获得
qAlpha = internal.stats.stdrinv(1-alpha,ErrFreeDeg,nLevelNum);
qCutOff = qAlpha*sqrt(MSe/nTestNum(1));
pd = pdist(GroupMean);%计算各均值差
TukeyTable = cell(nLevelNum);

% 准备表头
for ic = 2:nLevelNum
    TukeyTable{1,ic} = sprintf('Grp%2.2dMean',ic);%table title
    TukeyTable{ic,1} = sprintf('Grp%2.2dMean',ic-1);%table title
end

% 循环判别
count = 1;%for loops
for ir = 2:nLevelNum
    for jc = ir:nLevelNum
        if abs(pd(count))>qCutOff
            TukeyTable{ir,jc} = sprintf('%.2f*',pd(count));
        else
            TukeyTable{ir,jc} = sprintf('%.2f',pd(count));
        end
        count = count + 1;
    end
end

% 输出判别信息
figure;
PrintAnovaTable(TukeyTable);
```

（三）Tukey 查询表的制作

为了方便查表计算，和其他教材类似，附表 13 提供了可供查询的 q 表，除常用的检验水平 0.05，0.01 外，为了特殊情况的需要，还提供了 0.025，0.005 及 0.001 的查表，下面是创建 Tukey 临界值表的源码。

```
function[varargout] = MakeTukeyTable(alpha)
% 函数名称:MakeTukeyTable.m
% 实现功能:创建方差分析多重比较中使用的Tukey临界参数查询q表.
% 输入参数:函数共有1个输入参数,含义如下:
%        :(1)alpha,检验水平,取0.05或0.001
% 输出参数:本函数无输出参数.
% 函数调用:实现函数功能不需要调用子函数.
% 参考资料:实现函数算法,其他参考资料,请参阅:
%        :(1)马赛璞,MATLAB语言编程[M],北京:电子工业出版社,2017.
%        :(2)Encyclopedia of Statistical Sciences,Volume 08,John Wiley
%        :& Sons,Inc.,Hoboken,New Jersey,2006. PP5105.
```

```
%  原始作者:马赛璞,wdwsjlxx@163.com
%  创建时间:2017-03-20,18:38:25
%  原始版本:1.0
%  版权声明:未经作者许可,任何单位及个人不得以任何方式或理由对本代码
%          :进行网上传播、贩卖等.
%  友情提示:在 word 中,使用 Georgia 字体斜体打印比较美观.
%  实用样例:
%          例 1:MakeTukeyTable(0.05)
%

%  设置显著性水平 alpha
if nargin<1
    alpha = 0.05;
    fprintf('提示:本次计算未输入水平值,取缺省值:alpha = %5.3f\n',alpha);
elseif isnumeric(alpha)
    switch num2str(alpha)
        case {'0.1','0.05','0.025','0.01','0.001'},%默认常规值
            fprintf('提示:本次计算使用:Alpha = %5.3f\n',alpha);
        otherwise
            error('输入的 alpha 值不符合常用习俗!');
    end
end

%  设定固定的自由度
dfs = [1:20,30:10:100,120,200];%degree of freedom->df
%  设定 k 值
kValueS = [2:20,30:10:100];%number of Means betweeen compaired pair

%  输出必要的信息
fprintf('Following is the Tukey table,with alpha = %.3f\n',alpha);
for ir = 1:length(dfs)
    df = dfs(ir);
    if ir~ = length(dfs)
        fprintf('%4d,',df);
    else
        fprintf('%3s,','∞');
    end
    for jc = 1:length(kValueS)
        k = kValueS(jc);
        qAlpha = internal.stats.stdrinv(1-alpha,df,k);
        fprintf('%6.2f,',qAlpha);
    end
    fprintf('\b\n');
end
```

（四）Scheffe 方法基本原理

　　Tukey 方法适用于均衡试验的多重比较，即因素各水平下的试验次数相等的情况。均衡试验有助于减少方差不齐性的影响，在实际试验时应尽可能安排成均衡试验，但有时也会出现不均衡的情况，当因素各水平下所做试验次数不相等时，可使用 Scheffe 方法。

　　Scheffe 方法首先根据方差分析的 F 临界值 $F_\alpha(\mathrm{df}_a,\mathrm{df}_e)$ 构建一个判别标准，即

$$S_\alpha = \sqrt{(a-1)F_\alpha\left[(a-1), \sum_{i=1}^{a} n_j - 1\right]} \quad (4\text{-}35)$$

然后计算针对每一对均值差的统计量

$$S = \frac{|\bar{x}_i - \bar{x}_j|}{\sqrt{MS_E\left(\dfrac{1}{n_i} + \dfrac{1}{n_j}\right)}} \quad (4\text{-}36)$$

对于给定的检验水平 α，当 $S < S_\alpha$ 时接受 H_0；反之，$S > S_\alpha$ 时拒绝 H_0。为使用方便，还可以将上述统一写为

$$|\bar{x}_i - \bar{x}_j| > S_\alpha \sqrt{MS_E\left(\frac{1}{n_i} + \frac{1}{n_j}\right)}$$

$$= \sqrt{(a-1)F_\alpha\left[(a-1), \sum_{j=1}^{a} n_j - 1\right] MS_E\left(\frac{1}{n_i} + \frac{1}{n_j}\right)} \quad (4\text{-}37)$$

这样，可直接使用两个均值的差进行比较。下面给出多重比较 Scheffe 的具体实例。

例 4 使用小鼠研究正常肝糖核苷酸对癌细胞的生物学作用，试验分为对照组、水层 RNA 组和酚层 RNA 组，试验测定 FDP 酶的活力，如表 4-15 所示，试比较三组均值之间的差异显著性。

表 4-15 三种处理方式下 FDP 酶活力

试验编号	对照组	水层 RNA 组	酚层 RNA 组
1	2.79	3.15	4.92
2	3.11	3.97	3.47
3	1.77	2.87	3.77
4	2.83	4.70	4.26
5	2.69	2.03	
6	3.47	3.29	
7	2.44		
8	2.52		

解 （1）上述问题经方差分析，在显著性水平 $\alpha = 0.05$ 下，差异显著，需进一步进行多重比较。由于各处理的重复数不一致，不能使用 Tukey 方法，选用 Scheffe 方法。

（2）做假设。

零假设 $H_0: \mu_i = \mu_j (i, j = 1, 2, 3; i \neq j)$；

备择假设 $H_1: \mu_i \neq \mu_j; (i, j = 1, 2, 3; i \neq j)$。

（3）对于给定的显著性水平，可以利用附表 14 给出的 S 分位数表，查得 $S_{0.05}(2,15) = 2.71$，也可以直接使用 MATLAB 命令计算得到。

在方差分析时，已经得到 $MS_E = 0.478$，对于 $n_1 = 8; n_2 = 6; n_3 = 4$，可计算各对比组的临界值为

$$S_{12} = 2.71 \times \frac{\sqrt{0.478}}{\sqrt{\dfrac{8 \times 6}{8+6}}} = 1.0119 \; ; \quad S_{13} = 2.71 \times \frac{\sqrt{0.478}}{\sqrt{\dfrac{8 \times 4}{8+4}}} = 1.1474 \; ; \quad S_{23} = 2.71 \times \frac{\sqrt{0.478}}{\sqrt{\dfrac{6 \times 4}{6+4}}} = 1.2094$$

（4）三组均值的差异比对列于表 4-16。

表 4-16　三组均值差异值

	2	3
1	0.6325	<u>1.4025</u>
2		0.7700

（五）Scheffe 方法的 MATLAB 实现

为了比较 3 种均值的差异显著性，首先进行方差分析，根据方差分析的结果，确定是否进行多重比较。具体实施如下：

```
X1 = [2.79,3.11,1.77,2.83,2.69,3.47,2.44,2.52]';
X2 = [3.15,3.97,2.87,4.70,2.03,3.29]';
X3 = [4.92,3.47,3.77,4.26]';
X = {X1,X2,X3};
[h,Bag] = MyAnovaForOneFact(X,'fixed',0.05);
if h = = 1
     ScheffeMultiCompa(Bag)
end
```

运行结果见表 4-17。

表 4-17　三种处理方式下 FDP 酶活力方差分析表

变差来源	平方和	自由度	均方	F_0	F 临界值
处理间	5.35	2.00	2.68	5.60	3.68
处理内	7.18	15.00	0.48		
总和	12.53	17.00			

分析表 4-17 可知，$F_0 > F_\alpha$，拒绝 H_0，说明各组均值之间差异显著，下面是进一步分析的结果。

由表 4-18 可知：水平 1 和水平 3 均值差异 1.40，差异显著，标记了"*"号。下面是根据 Scheffe 原理编写的检验函数，供读者参考使用。

表 4-18　Scheffe 多重比较结果

	Grp02Mean	Grp03Mean
Grp01Mean	0.63	1.40*
Grp02Mean		0.77

```
function ScheffeMultiCompa(InforBag,alpha)
% 函数名称：ScheffeMultiCompa.m
% 实现功能：单因素方差分析的多重比较 Scheffe 检验法.
% 输入参数：本函数共有 2 个输入参数,含义如下：
```

```
%           :(1)InforBag,多重检验信息包,包含必要的输入信息:
%           :各组均值,误差均方,各组试验次数
%           :(2)alpha,检验水平,默认 0.05
% 输出参数:本函数默认不带输出参数,只输出检验表.
% 函数调用:本函数实现功能需要调用 1 个子函数,说明如下:
%           :(1):PrintAnovaTable,用来表格化输出检验信息
% 参考资料:本函数所实现功能的更详细资料,请参阅教材:
%           :(1):马寨璞,MATLAB 语言编程[M],电子工业出版社,2017.
% 原始作者:马寨璞,wdwsjlxx@163.com
% 创建时间:2016-04-11,10:27:56
% 原始版本:1.0
% 版权声明:未经作者许可,任何单位及个人不得以任何方式或理由对本代码进行网上
%           :传播、贩卖等.
% 实用样例:
%           X1 = [2.79,3.11,1.77,2.83,2.69,3.47,2.44,2.52]';
%           X2 = [3.15,3.97,2.87,4.70,2.03,3.29]';
%           X3 = [4.92,3.47,3.77,4.26]';
%           X = {X1,X2,X3};
%           [h,Bag] = MyAnovaForOneFact(X,'fixed',0.05);
%           if h == 1
%               ScheffeMultiCompa(Bag)
%           end
%

if nargin<2||isempty(alpha)
    alpha = 0.05;
end
GroupMean = InforBag{1};
GroupMean = GroupMean(:);%各组均值,统一为列向量
nLevelNum = length(GroupMean);
FirstFreeDeg = length(GroupMean)-1;%
MSe = InforBag{2};%传递误差均方
nTestNum = InforBag{3};%每个水平下的试验次数向量
if~isvector(nTestNum)
    error('各组进行试验次数数组未准备好! ');
end
SecndFreeDeg = sum(nTestNum(:))-1;%dfe

% f 分布查表,必须按如下格式获得
sAlpha = sqrt(FirstFreeDeg*finv(1-alpha,FirstFreeDeg,SecndFreeDeg));
pd = pdist(GroupMean);%计算各均值差
ScheffeTable = cell(nLevelNum);

% 准备表头
for ic = 2:nLevelNum
    ScheffeTable{1,ic} = sprintf('Grp%2.2dMean',ic);%table title
    ScheffeTable{ic,1} = sprintf('Grp%2.2dMean',ic-1);%table title
end

% 循环判别
count = 1;%for loops
for ir = 2:nLevelNum
```

```
    for jc = ir:nLevelNum
        sCutOff = sAlpha*sqrt(MSe*(1/nTestNum(ir) + 1/nTestNum(jc)));
        if abs(pd(count))>sCutOff
            ScheffeTable{ir,jc} = sprintf('%.2f*',pd(count));
        else
            ScheffeTable{ir,jc} = sprintf('%.2f',pd(count));
        end
        count = count + 1;
    end
end

% 输出判别信息
figure;
PrintAnovaTable(ScheffeTable);
```

（六）Scheffe 查询表的制作

实际上，当进行完方差分析后，可根据方差分析的结果与数据的均衡与否，设定自动选择调用 Tukey 或者 Scheffe 方法进行多重比较。这一点，前述的方差分析代码中没有给出，读者可自己编写一段，将这些多重比较与方差分析结合起来。

为了方便查表计算，和其他教材类似，本书中提供了 S 临界值查询表，除常用的检验水平 0.05，0.01 外，为了特殊情况的需要，还提供了 0.10，0.005 及 0.001 的查表，下面是具体生成查询表的源码。

```
function MakeScheffeTable(alpha)
% 函数名称:MakeScheffeTable.m
% 实现功能:根据给定的检验水平,创建 Scheffe 多重检验的 S 临界值表.
% 输入参数:函数共有 1 个输入参数,含义如下:
%          :(1)alpha,显著性水平,常见的有 0.10,0.05,0.01,0.005,0.001.
% 输出参数:函数默认不带输出参数.
% 函数调用:实现函数功能不需要调用子函数.
% 参考资料:实现函数算法,其他参考资料,请参阅:
%          :(1)马赛璞,MATLAB 语言编程[M],北京:电子工业出版社,2017.
% 原始作者:马赛璞,wdwsjlxx@163.com
% 创建时间:2017-03-25,09:51:32
% 原始版本:1.0
% 版权声明:未经作者许可,任何单位及个人不得以任何方式或理由对本代码
%          :进行网上传播、贩卖等.
% 友情提示:在 word 中,使用 Georgia 字体斜体打印比较美观.
% 实用样例:MakeScheffeTable(0.05)
%

% 对输入的检验水平进行检测
if nargin<1
    alpha = 0.05;%缺省默认 0.05
elseif isnumeric(alpha)
    switch num2str(alpha)
        case {'0.1','0.05','0.01','0.005','0.001'};%常规值
            fprintf('提示:本次计算使用:Alpha = %6.3f\n',alpha);
        otherwise
            error('输入的 alpha 值不符合常规!');
    end
```

```
end

% 设定常规数据范围
ffds = 2:30;%ffds< = First Freedom Degree groupS
sfds = [1:29,30:10:100,120,200];%sfds< = Second Freedom Degree groupS
% 输出必要信息
fprintf('Scheffe 临界值 S 表,alpha = %.3f\n',alpha);
fprintf('%6d,',[1,ffds]);fprintf('\b\n');%输出 k 值

% 具体计算表格数据,形成表格雏形
for ir = 1:length(sfds)
    df2 = sfds(ir);
    % 输出第一列对应的自由度值
    if ir~ = length(sfds)
        fprintf('%6d,',df2);
    else
        fprintf('%5s,','∞');
    end
    % 输出具体表值
    for jc = 1:length(ffds)
        df1 = ffds(jc);
        sAlpha = sqrt(df1*finv(1-alpha,df1,df2));
        fprintf('%6.2f,',sAlpha);
    end
    fprintf('\b\n');%结束每行的表值
end
```

（七）LSD 方法基本原理

LSD 是 least significant difference 的首字母缩写，即最小显著差数法，它和 Tukey 方法有点类似，当检查每一对均值的差异显著性时，使用成组的 T 检验，即

$$t = \frac{\overline{x}_i - \overline{x}_j}{\sqrt{\mathrm{MS}_E\left(\dfrac{1}{n_i} + \dfrac{1}{n_j}\right)}} \tag{4-38}$$

对于给定的检验水平 α，当 $t > t_\alpha$ 时，即可确定显著或极显著。也和上面的方法类似，转化为两均值的差的直接表达，则有

$$|\overline{x}_i - \overline{x}_j| > t_\alpha\sqrt{\mathrm{MS}_E\left(\dfrac{1}{n_i} + \dfrac{1}{n_j}\right)} \tag{4-39}$$

当用于均衡试验时，则简写为

$$|\overline{x}_i - \overline{x}_j| > t_\alpha\sqrt{\dfrac{2\mathrm{MS}_E}{n}} \tag{4-40}$$

其中，n 为每一处理（每一个水平下进行）的观测次数。

（八）LSD 方法的 MATLAB 实现

根据 LSD 的基本检测原理，编写了通用的检测代码，在函数的说明部分给出了具体实例，这里不再重复，请读者自行运行实例代码即可查看结果。

```
function LeastSigniDiffeMultiCompa(InforBag,alpha)
% 函数名称:LeastSigniDiffeMultiCompa.m
% 实现功能:单因素方差分析的多重比较 LSD 检验法.
% 输入参数:本函数共有 2 个输入参数,含义如下:
%         :(1)InforBag,多重检验信息包,包含必要的输入信息:
%         :各组均值,误差均方,各组试验次数
%         :(2)alpha,检验水平,默认 0.05
% 输出参数:本函数默认不带输出参数,只输出检验表.
% 函数调用:本函数实现功能需要调用 1 个子函数,说明如下:
%         :(1):PrintAnovaTable,用来表格化输出检验信息
% 参考资料:本函数所实现功能的更详细资料,请参阅教材:
%         :(1):马赛璞,MATLAB 语言编程[M],电子工业出版社,2017.
% 原始作者:马赛璞,wdwsjlxx@163.com.
% 创建时间:2016-04-11 15:28:31.
% 原始版本:1.0
% 版权声明:未经作者许可,任何单位及个人不得以任何方式或理由对本代码进行
%         :网上传播、贩卖等.
% 实用样例:
%         X = [0.1379,0.9397,0.9883,0.6802,0.5518,0.3545;
%              0.2178,0.3545,0.7668,0.5278,0.5836,0.9713;
%              0.1821,0.4106,0.3367,0.4116,0.5118,0.3464;
%              0.0418,0.9843,0.6624,0.6026,0.0826,0.8865;
%              0.1069,0.9456,0.2442,0.7505,0.7196,0.4547;
%              0.6164,0.6766,0.2955,0.5835,0.9962,0.4134;
%              ];
%         X = {X};
%         [h,Bag] = MyAnovaForOneFact(X,'fixed',0.05);
%         if h == 1
%              LeastSigniDiffeMultiCompa(Bag)
%         end
%

% 设定检验水平
if nargin<2||isempty(alpha)
    alpha = 0.05;
end
% 读取信息包中的各项必要信息
GroupMean = InforBag{1};
GroupMean = GroupMean(:);
MSe = InforBag{2};                %传递误差均方
nLevelNum = length(GroupMean);    %因素的水平数
nTestNum = InforBag{3};           %每个水平下的试验次数
if~isvector(nTestNum)
    error('各组进行试验次数数组未准备好! ');
end
pd = pdist(GroupMean);%计算各均值差
LsdTable = cell(nLevelNum);
% 准备表头
for ic = 2:nLevelNum
    LsdTable{1,ic} = sprintf('X%2.2dBar',ic);
    LsdTable{ic,1} = sprintf('X%2.2dBar',ic-1);
end
```

```
% 循环判别
count = 1;%for loops
for ir = 2:nLevelNum
    for jc = ir:nLevelNum
        dist = abs(pd(count));
        s = sqrt(MSe*(1/nTestNum(ir) + 1/nTestNum(jc)));
        df = nTestNum(ir) + nTestNum(jc)-2;
        tAlpha = tinv(1-alpha,df);
        tCutOff = tAlpha*s;
        if dist>tCutOff
            LsdTable{ir,jc} = sprintf('%.2f*',pd(count));
        else
            LsdTable{ir,jc} = sprintf('%.2f',pd(count));
        end
        count = count + 1;
    end
end
% 输出判别信息
figure;
PrintAnovaTable(LsdTable);
```

（九）Duncan 法基本原理

LSD 方法计算简便，容易实施，但具有难以克服的缺点，它会加大犯 I 类错误的概率。为此，引入了 Duncan 法，它也是进行多重比较的常用方法之一，该方法在检验两个均值的差异显著性时，常常被优先选用。其基本操作步骤及原理如下。

（1）排序。将需要比较的 a 个样本均值，按照从大到小的顺序排列，并给予编号，即

$$\overline{x}_1 > \overline{x}_2 > \cdots > \overline{x}_a$$

（2）作差。将每一个样本均值与其他均值一一作差，形成均值差异对，列于表 4-19。

表 4-19　均值多重差异表

序号	k				
	a	$a-1$	$\cdots$	3	2
1	$\overline{x}_1 - \overline{x}_a$	$\overline{x}_1 - \overline{x}_{a-1}$	$\cdots$	$\overline{x}_1 - \overline{x}_3$	$\overline{x}_1 - \overline{x}_2$
2	$\overline{x}_2 - \overline{x}_a$	$\overline{x}_2 - \overline{x}_{a-1}$	$\cdots$	$\overline{x}_2 - \overline{x}_3$	
$\vdots$	$\cdots$	$\cdots$			
$a-2$	$\overline{x}_{a-2} - \overline{x}_a$	$\overline{x}_{a-2} - \overline{x}_{a-1}$			
$a-1$	$\overline{x}_{a-1} - \overline{x}_a$				

（3）确定临界值。Duncan 法为每一对样本均值差提供了一个独立的临界值（参比标准），记作 R_k，它是样本标准误差 $S_{\overline{x}}$ 和参数 r_α 的函数，表达为

$$R_k = r_\alpha(k,\mathrm{df}) \cdot S_{\overline{x}} = r_\alpha(k,\mathrm{df})\sqrt{\frac{\mathrm{MS}_E}{n}}, k = 2,3,\cdots,a \tag{4-41}$$

其中，$r_\alpha(k,\mathrm{df})$ 是可以查表（附表 15）得到的参数值，也可以通过编程计算得到，r_α 中参数 k 是相比较的两个平均数之间所包含的平均数的个数，如 $\overline{x}_1, \overline{x}_3$ 比较时，包含的平均值的

个数为 $k=3$，因为 $\bar{x}_1, \bar{x}_3$ 之间还有一个 $\bar{x}_2$。其实按照大小排序后作差，均值差异表的表头部分就是 k 值。r_α 中参数 df 是误差项的自由度，$\mathrm{df}=a(n-1)$。另外，r_α 的脚标 α 表明，它还是检验水平 α 的函数，根据 α 的不同，查取不同的表，也可使用 MATLAB 命令直接计算得到。

因为共有 a 个平均数，所以需要比较的均值差异共有 $\frac{1}{2}a(a-1)$ 对，理论上要逐一提供临界值，需要查取 $\frac{1}{2}a(a-1)$ 个 r_α 参数值。但实际上，由于均值差 $\bar{x}_{a-2}-\bar{x}_{a-1}$ 与 $\bar{x}_1-\bar{x}$ 对应的 k 值相同，因此并不需要查取那么多的参数值，只需 $(a-1)$ 个即可。

（4）两轮比较。在提供临界值后，从表中第一行差异值开始，自左到右，逐一比较，如首先需要比较的是 $\bar{x}_1-\bar{x}_a$，若 $\bar{x}_1-\bar{x}_a>R_a$，则说明差异显著，否则差异不显著。然后继续下一对差异值的比较，直到最后一对。

在比较时，一般首先是按照显著性水平 $\alpha=0.05$ 进行检验，此时检验的结论或者是差异不显著，或者是差异显著，当差异显著时，可以使用特定的标记加以标明，如常用的"*"号，这样，第一轮比较结束后，各对均值差异显著的就标记清楚了。

接下来，按照显著性水平 $\alpha=0.01$ 再次进行检验，这次检验，只检验已经标注有"*"号的差异值（未标记"*"的说明差异不显著，不可能出现差异极显著的情况），本次检验显著的，继续标注"*"号，如此，第二轮结束后，各对均值差异的显著性就明确分为 3 种情形：差异不显著的，没有任何"*"号标记；差异显著的，有 1 个"*"号标记；差异极显著的，有 2 个"*"号标记。至此，多重比较完成。

例5 表 4-20 是提取自小鼠子宫中的 6 种溶液及对照组雌性激素活度鉴定，试对表中数据进行方差分析。

表 4-20 小鼠子宫中溶液雌性激素活度

	I	II	III	IV	V	VI	VII
1	89.9	84.4	64.4	75.2	88.4	56.4	65.6
2	93.8	116.0	79.8	62.4	90.2	83.2	79.4
3	88.4	84.0	88.0	62.4	73.2	90.4	65.6
4	112.6	68.6	69.4	73.8	87.8	85.6	70.2
和	384.7	353	301.6	273.8	339.6	315.6	280.8
平均数	96.175	88.25	75.4	68.45	84.9	78.9	70.2

解 根据数据资料，可知水平数 $a=7$，每个水平有 $n=4$ 个重复，计算各个水平的均值，见表 4-20 尾行。经计算，得到总均值为 80.325。方差分析结果列于表 4-21。

表 4-21 例5方差分析表

变差来源	平方和	自由度	均方	F_0	F 临界值	检验
处理间	2419.11	6	403.18	2.77	2.57	$F_0>F_\alpha$
处理内	3061.31	21	145.78			
总和	5480.42	27.00				

该试验属于固定模型试验，需要进一步进行多重比较，使用 Duncan 法，首先将各均值排序，要进行多重比较，就必须求取每对数据的评判标准 $R_k = r_\alpha S_{\bar{x}}$，其中，$S_{\bar{x}} = \sqrt{\dfrac{\mathrm{MS}_E}{n}}$。在查取 r_α 时，其中 k 为 2～7，在附表 15 中，首先查取当 $\alpha = 0.05$ 时的 r_α，计算得到各 R_k 值，进行第 1 次比较，其多重分析结果列于表 4-22。

表 4-22　Duncan 法第一次多重比较结果

	7	6	5	4	3	2
1	27.73*	25.98*	20.78*	17.28	11.28	7.93
2	19.80	18.05	12.85	9.35	3.35	
3	16.45	14.70	9.50	6.00		
4	10.45	8.70	3.50			
5	6.95	5.20				
6	1.75					

再次查取 $\alpha = 0.01$ 时的 r_α，计算得到各 R_k 值进行第 2 次比较，其多重分析结果列于表 4-23。

表 4-23　Duncan 法第二次多重比较结果

	7	6	5	4	3	2
1	27.73**	25.98*	20.78*	17.28	11.28	7.93
2	19.80	18.05	12.85	9.35	3.35	
3	16.45	14.70	9.50	6.00		
4	10.45	8.70	3.50			
5	6.95	5.20				
6	1.75					

（十）Duncan 法的 MATLAB 实现

要进行 Duncan 多重比较，可将数据按照规定的格式输入，调用函数即可。由于 MATLAB 并未提供专门的 Duncan 算法，因此我们根据 Duncan 检验的基本原理，编制了 DuncanMulti Compa 函数，实现了其检验功能。下面是关于 Duncan 方法的具体实现及其实例检验。

```
function DuncanMultiCompa(InforBag,MyAlpha)
% 函数名称:DuncanMultiCompa.m
% 实现功能:方差分析中,进行多重比较的 Duncan 法.
% 输入参数:本函数共有 2 个输入参数,含义如下:
%         :(1)InforBag,多重检验信息包,包含必要的输入信息:
%         :各组均值,误差均方,各组试验次数
%         :(2)alpha,检验水平,默认 0.05
% 输出参数:本函数默认不带输出参数,只输出检验表.
% 函数调用:本函数实现功能需要调用 2 个子函数,说明如下:
%         :(1)DuncanTable,根据给定的 k,df 和 alpha,实现查询 Duncan 表.
%         :(2)PrintAnovaTable,用来表格化输出检验信息.
% 参考资料:本函数所实现功能的更详细资料,请参阅教材:
```

```
%            :(1)马寨璞,MATLAB 语言编程[M],电子工业出版社,2017.
% 原始作者:马寨璞,wdwsjlxx@163.com
% 创建时间:2016-04-11,16:49:24
% 原始版本:1.0
% 版权声明:未经作者许可,任何单位及个人不得以任何方式或理由对本代码进行网上
%            :传播、贩卖等.
% 实用样例:
%         X = [...
%              64.6,64.5,67.8,71.8,69.2;65.3,65.3,66.3,72.1,68.2;
%              64.8,64.6,67.1,70.0,69.8;66.0,63.7,66.8,69.1,68.3;
%              65.8,63.9,68.5,71.0,67.5;];
%         X = {X};
%         [h,Bag] = MyAnovaForOneFact(X,'fixed',0.05);
%         if h = = 1
%             DuncanMultiCompa(Bag,0.05)
%             DuncanMultiCompa(Bag,0.01)
%         end
%

if nargin<2||isempty(MyAlpha)
    MyAlpha = 0.05;
end
% 读取信息包中的各项必要信息
GroupMean = InforBag{1};
GroupMean = GroupMean(:);
MSe = InforBag{2};                %传递误差均方
nLevelNum = length(GroupMean);    %因素的水平数
nTestNum = InforBag{3};           %每个水平下的试验次数
if~isvector(nTestNum)
    error('各组进行试验次数数组未准备好!');
end
% 均值差异表
dgm = sort(GroupMean,'descend')';agm = sort(GroupMean,'ascend')';
distArr = zeros(length(dgm));
for ir = 1:nLevelNum
    distArr(ir,:) = dgm(ir)-agm;
end
% 准备输出表格
dktb = cell(nLevelNum);%duncan table
kTable = zeros(size(distArr));%存放 k 值,用于查表
disp('下面是计算得到的均值差异表')
for ir = 1:length(dgm)
    for jc = 1:length(dgm)-ir + 1
        fprintf('%7.2f,',distArr(ir,jc));
        kTable(ir,jc) = length(dgm)-ir-jc + 2;
    end
    fprintf('\b\n');
end
kTable(kTable = = 1) = 0;
% 确定n,以备 MSe
if length(unique(nTestNum)) = = 1
    n = nTestNum(1);
```

```
else
    n = 1/sum(1./nTestNum);%调和平均
end
sAlpha = sqrt(MSe/n);
% 准备表头
for ic = 2:nLevelNum
    dktb{1,ic} = sprintf('%2.2d',nLevelNum-ic + 2);
    dktb{ic,1} = sprintf('%2.2d',ic-1);
end
% 循环判别
df = sum(nTestNum)-nLevelNum;
for ir = 2:nLevelNum    %以 D 表序号为准
    for jc = 2:nLevelNum-ir + 2
        dist = distArr(ir-1,jc-1);%均值差矩阵
        k = kTable(ir-1,jc-1);
        ModifiedAlpha = 1-(1-MyAlpha)^(k-1);
        qAlpha = internal.stats.stdrinv(1-ModifiedAlpha,df,k);
        %fprintf('k = %d,df = %d,r = %.2f\n',k,df,rAlpha);
        Rk = sAlpha*rAlpha;
        if dist>Rk
            dktb{ir,jc} = sprintf('%.2f*',dist);
        else
            dktb{ir,jc} = sprintf('%.2f',dist);
        end
    end
end
% 输出判别信息
figure;
PrintAnovaTable(dktb);
```

例如,依照前边小麦品种株高数据,实施如下的检验:

```
X = [...
    64.6,64.5,67.8,71.8,69.2;65.3,65.3,66.3,72.1,68.2;
    64.8,64.6,67.1,70.0,69.8;66.0,63.7,66.8,69.1,68.3;
    65.8,63.9,68.5,71.0,67.5;];
X = {X};
[h,Bag] = MyAnovaForOneFact(X,'fixed',0.05);
if h == 1
    DuncanMultiCompa(Bag,0.05)
    DuncanMultiCompa(Bag,0.01)
end
```

两种检验水平的结果分别列于表 4-24 和表 4-25。

表 4-24　小麦株高 Duncan 多重比较分析（$\alpha = 0.05$）

	05	04	03	02
01	6.40*	5.50*	3.50*	2.20*
02	4.20*	3.30*	1.30*	
03	2.90*	2.00*		
04	0.90			

表 4-25 小麦株高 Duncan 多重比较分析（$\alpha = 0.01$）

	05	04	03	02
01	6.40*	5.50*	3.50*	2.20*
02	4.20*	3.30*	1.30*	
03	2.90*	2.00*		
04	0.90			

（十一）Duncan 临界值表的制作

Duncan 多重比较中，需要用到 $r_\alpha(k, df)$ 表临界值，由于 MATLAB 并未直接提供 $r_\alpha(k, df)$ 的计算，故根据《统计学百科全书》中的具体计算公式，采取修订显著性水平的方式，从 Tukey 临界值生成函数修订得来。需要指出，关于 Duncan 多重比较，国内部分生物统计教材在介绍原理时都没问题，但引用的 Duncan 多重比较临界值表有些却是错误的。为此，我们编程计算了 $r_\alpha(k, df)$ 在常见范围内的具体值，并重新给出了临界值表（见附表 15），为某些特殊场合的需要，还专门提供了 $\alpha = 0.005$ 和 $\alpha = 0.001$ 的临界值表，下面是具体生成查询表的函数。

```
function MakeDuncanTable(alpha)
% 函数名称:MakeDuncanTable.m
% 实现功能:创建方差分析多重比较中使用的 Duncan 临界参数 q 查询表.
% 输入参数:函数共有 1 个输入参数,含义如下:
%         :(1)alpha,检验水平,取 0.05 或 0.001.
% 输出参数:本函数无输出参数.
% 函数调用:实现函数功能不需要调用子函数.
% 参考资料:实现函数算法,其他参考资料,请参阅:
%         :(1),马赛璞,MATLAB 语言编程[M],北京:电子工业出版社,2017.
%         :(2),Encyclopedia of Statistical Sciences,Volume 08,John Wiley
%          & Sons,Inc.,Hoboken,New Jersey,2006. PP5105-5108.
% 原始作者:马赛璞,wdwsjlxx@163.com
% 创建时间:2017-03-21,11:58:25
% 原始版本:1.0
% 版权声明:未经作者许可,任何单位及个人不得以任何方式或理由对本代码
%         :进行网上传播、贩卖等.
% 实用样例:MakeDuncanTable(0.05)
%

% 设置显著性水平 alpha
if nargin<1
    alpha = 0.05;
    fprintf('提示:本次计算未输入水平值,取缺省值:alpha = %6.3f\n',alpha);
elseif isnumeric(alpha)
    switch num2str(alpha)
        case {'0.1','0.05','0.01','0.001'};%默认常规值
            fprintf('提示:本次计算使用:Alpha = %6.3f\n',alpha);
        otherwise
            error('输入的 alpha 值不符合常用习俗!');
    end
end
```

```
%  设定固定的自由度
dfs = [1:20,30:10:100,120,200];%degrees of freedom->dfs
%设定 k 值,即两对均值间包含的平均数的个数
kValueS = 2:30;
%  输出必要的信息
fprintf('下面得到的是 Duncan 临界值表,计算时设定:alpha = %.3f\n',alpha);
%  k
fprintf('%6d,',[1,kValueS]);fprintf('\n');
for ir = 1:length(dfs)
    df = dfs(ir);
    if ir~ = length(dfs)
        fprintf('%6d,',df);
    else
        fprintf('%6s,','∞');
    end
    for jc = 1:length(kValueS)
        k = kValueS(jc);
        ModifiedAlpha = 1-(1-alpha)^(k-1);
        qAlpha = internal.stats.stdrinv(1-ModifiedAlpha,df,k);
        fprintf('%6.2f,',qAlpha);
    end
    fprintf('\b\n');
end
```

（十二）MATLAB 提供的多重比较函数

前面介绍了 4 种进行多重比较的方法，但这些方法总体上可以归结为两类：一类是所有均值都进行两两比较；另一类是所有均值都和同一个评判标准进行对照比较。在 MATLAB 中，现有的 multcompare 函数实现了各种常见的多重比较，其使用格式如下。

- c = multcompare（stats）
- c = multcompare（stats，param1，val1，param2，val2，…）
- [c，m] = multcompare（…）
- [c，m，h] = multcompare（…）
- [c，m，h，gnames] = multcompare（…）

这些调用格式将使用参数 stats 结构体提供的信息进行多重比较，返回每对比较的结果到输出参数 C，该函数还提供了交互式图形窗口，用来进行交互式多重比较。当使用"名值对"param/val 输入方式的格式时，各参数的含义列于表 4-26。

表 4-26   multcompare 输入参数的名值对表允许数据

参数	值
'alpha'	标量数据，为 0～1，用来设定检验水平，缺省默认 0.05
'display'	取值'on'（缺省默认）或者'off'，以确定是否显示交互图性窗口
'ctype'	用来指定使用何种方式进行多重比较，具体地，则指如下方式之一，'hsd'或者'tukey-kramer'；'lsd'; 'bonferroni'; 'dunn-sidak'; 'scheffe'
'dimension'	向量数据，用于指定多重比较中边缘均值的计算方向。当且仅当用户使用 anovan 函数创建了 stats 结构体时才可以使用这个选项。缺省默认 1，计算沿着第 1 维度方向。
'estimate'	用来指定要比较的估计值。参数'estimate'可允许的取值，取决于返回 stats 结构体的源函数，这些源函数包括'anova1'; 'anova2'; 'anovan'; 'aoctool'; 'friedman'; 'kruskalwallis'

例如：

```
load carsmall
[p,t,stats] = anova1(MPG,Origin,'off');
disp(stats)%观察 stats 的具体内容
[c,m,h,nms] = multcompare(stats);
```

计算过程中的 stats 内容显示如下，交互式对比窗口如图 4-5 所示。

```
>>Untitled
   gnames:{6x1 cell}
        n:[64 15 9 3 2 1]
   source:'anova1'
    means:[21.1328 31.8000 28.4444 23.6667 22.5000 28]
       df:88
        s:7.0513
```

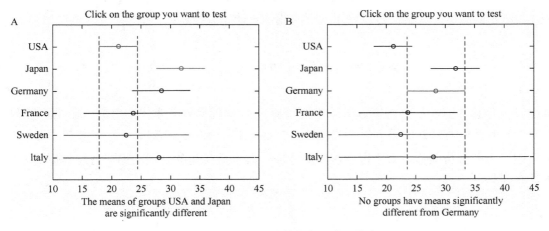

图 4-5　multcompare 函数的交互式对比窗口

A. 选定 USA，图形底部文字说明和 Japan 差异显著；B. 选定 Germany，图形底部文字说明和其他组无明显差异

从上述可知，stats 结构体主要包括了各组数据的名称，样本含量，stats 的来源，组均值，自由度，误差均方等信息。在交互式对比窗口，用户可使用鼠标查看各对均值比较的具体结果。例如，选定 USA，则图形底部文字说明和 Japan 差异显著；而选定 Germany，图形底部文字说明和其他组无明显差异。用户也可以查看其他几对不同的对比结果。

第三节　多因素方差分析

在第二节中，我们详细学习了单因素方差分析的基本操作，掌握了方差分析的具体计算。在实际工作中，单因素方差分析是最为简单的分析，应用更多的是两因素及两因素以上的方差分析，也就是多因素方差分析。最为典型的例子是两种药物的最佳配伍剂量筛选，假设 A 药设定了 a 个水平，B 药设定了 b 个水平，两种药物共有 ab 个处理，若每个处理需要 n 次个人参与试验，则共需要 abn 个人。像这样的试验安排，称为交叉分组设计。

在两因素及多因素交叉分组试验中，可以采用 3 种方式进行方差分析，当所有因素都是固定因素时，可采用固定效应模型；当所有因素都为随机因素时，可采用随机效应模型；当各因素中一部分为固定因素，另一部分为随机因素时，则需要使用混合模型。3 种模型在计算上没有什么大的不同，但效应的意义却区别明显，它们的期望值不同，F 检验时选用的参比对象也各不相同。

在两因素及多因素方差分析中，除需要分析各因素自身水平变化产生的（主）效应外，还要分析由于各因素之间相互作用而产生的新效应，即交互作用。之所以要分析交互作用，是因为在两因素及多因素试验中，有很多时候主效应并不明显，而起主导作用的却是交互作用。

一、两因素固定效应模型

（一）基本原理

当交叉试验设计中的两个因素都是固定因素时，则需要使用两因素固定线性模型。对于表 4-4 所示的数据，观察值可以使用如下的线性统计模型描述：

$$x_{ijk} = \mu + \alpha_i + \beta_j + (\alpha\beta)_{ij} + \varepsilon_{ijk}; \begin{cases} i = 1, 2, \cdots, a \\ j = 1, 2, \cdots, b \\ k = 1, 2, \cdots, n \end{cases} \tag{4-42}$$

其中，μ 是总均值，α_i 是因素 A 各水平的效应，β_j 是因素 B 各水平的效应，$(\alpha\beta)_{ij}$ 是因素 A 的第 i 个水平和因素 B 的第 j 个水平之间由于交互作用而产生的效应，ε_{ijk} 是随机误差。和前面单因素方差分析类似，对于固定因素的效应，其本质就是各处理的均值与总均值的差异，因此存在如下各式：

$$\sum_{i=1}^{a} \alpha_i = 0 \tag{4-43}$$

$$\sum_{j=1}^{b} \beta_j = 0 \tag{4-44}$$

固定模型的交互作用也被看作和 α_i，β_j 一样，属于固定类型的，因此在 α_i 和 β_j 方向上，有

$$\sum_{i=1}^{a} (\alpha\beta)_{ij} = 0 \tag{4-45}$$

$$\sum_{j=1}^{b} (\alpha\beta)_{ij} = 0 \tag{4-46}$$

对于随机误差成分 ε_{ijk}，仍然看作服从独立同正态分布的随机变量，即

$$\varepsilon_{ijk} \sim N(0, \sigma^2) \tag{4-47}$$

要进行两因素方差分析，就是要考察各因素和交互作用效应的大小及有无，因此可得到两因素固定效应模型的零假设 H_0

$$\begin{cases} H_{01}: \alpha_1 = \alpha_2 = \cdots = \alpha_a = 0, \\ H_{02}: \beta_1 = \beta_2 = \cdots = \beta_b = 0, \\ H_{03}: (\alpha\beta)_{ij} = 0, (i = 1, 2, \cdots, a; j = 1, 2, \cdots, b). \end{cases} \tag{4-48}$$

在这个零假设下，按照方差分析的基本思路，将总离差平方和进行分解，得到

$$
\underbrace{\sum_{i=1}^{a}\sum_{j=1}^{b}\sum_{k=1}^{n}(x_{ijk}-\bar{x}_{...})^2}_{SS_T}
$$

$$
=\sum_{i=1}^{a}\sum_{j=1}^{b}\sum_{k=1}^{n}[(x_{ijk}-\bar{x}_{ij.})+(\bar{x}_{i..}-\bar{x}_{...})+(\bar{x}_{.j.}-\bar{x}_{...})+(\bar{x}_{ij.}-\bar{x}_{i..}-\bar{x}_{.j.}+\bar{x}_{...})]^2
$$

$$
=\underbrace{\sum_{i=1}^{a}\sum_{j=1}^{b}\sum_{k=1}^{n}(x_{ijk}-\bar{x}_{ij.})^2}_{SS_E}+\underbrace{bn\sum_{i=1}^{a}(\bar{x}_{i..}-\bar{x}_{...})^2}_{SS_A} \tag{4-49}
$$

$$
+\underbrace{an\sum_{j=1}^{b}(\bar{x}_{.j.}-\bar{x}_{...})^2}_{SS_B}+\underbrace{n\sum_{i=1}^{a}\sum_{j=1}^{b}(\bar{x}_{ij.}-\bar{x}_{i..}-\bar{x}_{.j.}+\bar{x}_{...})^2}_{SS_{AB}}
$$

记总离差平方和为 SS_T，则有

$$
SS_T=SS_A+SS_B+SS_{AB}+SS_E \tag{4-50}
$$

其中

$$
SS_T=\sum_{i=1}^{a}\sum_{j=1}^{b}\sum_{k=1}^{n}(x_{ijk}-\bar{x}_{...})^2 \tag{4-51}
$$

$$
SS_A=bn\sum_{i=1}^{a}(\bar{x}_{i..}-\bar{x}_{...})^2 \tag{4-52}
$$

$$
SS_B=an\sum_{j=1}^{b}(\bar{x}_{.j.}-\bar{x}_{...})^2 \tag{4-53}
$$

$$
SS_{AB}=n\sum_{i=1}^{a}\sum_{j=1}^{b}(\bar{x}_{ij.}-\bar{x}_{i..}-\bar{x}_{.j.}+\bar{x}_{...})^2 \tag{4-54}
$$

$$
SS_E=\sum_{i=1}^{a}\sum_{j=1}^{b}\sum_{k=1}^{n}(x_{ijk}-\bar{x}_{ij.})^2 \tag{4-55}
$$

SS_A 是因素 A 贡献的离差平方和，SS_B 是因素 B 贡献的离差平方和，SS_{AB} 是因素 A 和 B 的交互作用贡献的离差平方和，SS_E 是随机误差贡献的离差平方和。将式（4-50）改写，得到

$$
SS_T-SS_A-SS_B=SS_{AB}+SS_E \tag{4-56}
$$

可以看到，若把因素 A 和因素 B 的离差平方和去掉，则剩余的是交互作用和随机误差的混合平方和，要想把交互作用的贡献分离出来，就必须把随机误差的贡献明确确定了，要确定 SS_E，从其表达式（4-55）可知，必须首先要计算出 $\bar{x}_{ij.}$，这里 $\bar{x}_{ij.}$ 是一个处理内的均值，要得到均值，至少需要 2 个数据，也就是说，每一个处理内部，至少有 2 个重复才可以确定 $\bar{x}_{ij.}$，因此若一个处理内没有足够多的重复（至少 2 次）试验，是无法分离出交互作用的贡献的，若交互作用的贡献非常大，却由于未安排重复试验而不能分离出来，则说明这样的试验安排是无意义的。

在得到分解的各效应平方和之后，对每一平方和对应的自由度，也可同样进行分解，并进一步得到各自的均方。分解自由度时，因为只有一个总平均值限定，所以总自由度为 $\mathrm{df}_T=abn-1$；而因素 A 和因素 B 的自由度，则分别为各自水平数减 1，即 $\mathrm{df}_A=a-1$，$\mathrm{df}_B=b-1$；交互作用项的自由度实际上也可以仿照因素 A 或 B 写出，即两因素全部水平的组合数减 1，再减去 A,B 自己的自由度，得到 $\mathrm{df}_{AB}=(ab-1)-(a-1)-(b-1)=(a-1)(b-1)$；而随机误差的自

由度在每一个处理内是 $n-1$，共有 ab 种处理，则 $\mathrm{df}_E = ab(n-1)$，将各自的离差平方和除以自己的自由度，得到对应的均方，列于表 4-27 中。

表 4-27　离差平方和与对应的自由度及均方

因素	离差平方和	自由度	对应均方
A	SS_A	$a-1$	$\mathrm{MS}_A = \dfrac{\mathrm{SS}_A}{a-1}$
B	SS_B	$b-1$	$\mathrm{MS}_B = \dfrac{\mathrm{SS}_B}{b-1}$
AB 交互	SS_{AB}	$(a-1)(b-1)$	$\mathrm{MS}_{AB} = \dfrac{\mathrm{SS}_{AB}}{(a-1)(b-1)}$
误差 E	SS_E	$ab(n-1)$	$\mathrm{MS}_E = \dfrac{\mathrm{SS}_E}{ab(n-1)}$
总和	SS_T	$abn-1$	

为了考察各效应项的有无与大小，需要确定使用的检验统计量，因此和单因素处理思路类似，首先计算各均方的期望，对于因素 A

$$E(\mathrm{MS}_A) = E\left(\frac{\mathrm{SS}_A}{a-1}\right) = \sigma^2 + bn\frac{1}{a-1}\sum_{i=1}^{a}\alpha_i^2 \tag{4-57}$$

令

$$\eta_\alpha^2 = \frac{1}{a-1}\sum_{i=1}^{a}\alpha_i^2, \tag{4-58}$$

则式（4-57）改写为

$$E(\mathrm{MS}_A) = \sigma^2 + bn\eta_\alpha^2 \tag{4-59}$$

类似的，得到因素 B 的 $E(\mathrm{MS}_B)$

$$E(\mathrm{MS}_B) = E\left(\frac{\mathrm{SS}_B}{b-1}\right) = \sigma^2 + an\frac{1}{b-1}\sum_{j=1}^{b}\beta_j^2 \tag{4-60}$$

令

$$\eta_\beta^2 = \frac{1}{b-1}\sum_{j=1}^{b}\beta_j^2, \tag{4-61}$$

则式（4-60）改写为

$$E(\mathrm{MS}_B) = \sigma^2 + an\eta_\beta^2 \tag{4-62}$$

AB 交互作用的 $E(\mathrm{ME}_{AB})$

$$E(\mathrm{MS}_{AB}) = E\left(\frac{\mathrm{SS}_{AB}}{(a-1)(b-1)}\right) = \sigma^2 + \frac{n}{(a-1)(b-1)}\sum_{i=1}^{a}\sum_{j=1}^{b}(\alpha\beta)_{ij}^2 \tag{4-63}$$

令

$$\eta_{\alpha\beta}^2 = \frac{1}{(a-1)(b-1)}\sum_{i=1}^{a}\sum_{j=1}^{b}(\alpha\beta)_{ij}^2, \tag{4-64}$$

则式（4-63）改写为

$$E(\mathrm{MS}_{AB}) = \sigma^2 + n\eta_{\alpha\beta}^2 \tag{4-65}$$

随机误差的 $E(\mathrm{MS}_E)$

$$E(\mathrm{MS}_E) = E\left(\frac{\mathrm{SS}_E}{ab(n-1)}\right) = \sigma^2 \tag{4-66}$$

在单因素方差分析一节曾经讲过，数据的波动变化，源于上述各项引起的方差，若各项的方差波动幅度与随机误差产生的波动幅度一致，则不再将各项引起的波动看作源于各项的效应，而是直接看作源于随机误差的效应，这样线性模型 $x_{ijk} = \mu + \alpha_i + \beta_j + (\alpha\beta)_{ij} + \varepsilon_{ijk}$ 中的 $\alpha_i, \beta_j, (\alpha\beta)_{ij}$ 都和 ε_{ijk} 一个级别，把它们统一用 ε_{ijk} 代替，则线性方程本质上就成为了 $x_{ijk} = \mu + \varepsilon_{ijk}$ ，这也就是说，各观察值虽然在数值上有差别，但实际上这种差别都是随机误差影响造成的，并没有因素水平的不同而引起的差别，换句话说，因素水平之间没有差异显著性。

由此，只需比较各均方期望与随机误差期望的大小，即可得到检验的统计量，对于因素 A，只需

$$F_A = \frac{\mathrm{MS}_A}{\mathrm{MS}_E} = \frac{\sigma^2 + bn\eta_\alpha^2}{\sigma^2} \tag{4-67}$$

当 $\eta_\alpha^2 = 0$ 时， $F_A = 1$ ，此时 MS_A 是 σ^2 的无偏估计，即因素 A 的效应与随机误差的效应相匹配，反之，若 $F_A \gg 1$ ，以至于超过了规定的界限（小概率的拒绝域），则说明 η_α^2 的级别远大于 σ^2 ，它不能再使用随机误差的效应进行解读，而只能从因素 A 各水平之间的差别这个角度进行解读，也就是各水平之间差异显著。这也就回答了零假设中关于因素 A 各水平的假设是否被拒绝与接受。

类似的，可得到其他的检验统计量

$$F_B = \frac{\mathrm{MS}_B}{\mathrm{MS}_E} = \frac{\sigma^2 + an\eta_\beta^2}{\sigma^2} \tag{4-68}$$

$$F_{AB} = \frac{\mathrm{MS}_{AB}}{\mathrm{MS}_E} = \frac{\sigma^2 + n\eta_{\alpha\beta}^2}{\sigma^2} \tag{4-69}$$

将上述过程进行归纳，则得到两因素固定效应模型的方差分析表（表 4-28）。

表 4-28　两因素固定效应模型方差分析表

变差来源	平方和	自由度	均方	均方期望	统计量 F	显著性
因素 A	SS_A	$a-1$	MS_A	$\sigma^2 + bn\eta_\alpha^2$	$\dfrac{\mathrm{MS}_A}{\mathrm{MS}_E}$	$F_A > F_\alpha$
因素 B	SS_B	$b-1$	MS_B	$\sigma^2 + an\eta_\beta^2$	$\dfrac{\mathrm{MS}_B}{\mathrm{MS}_E}$	$F_B > F_\alpha$
AB 交互作用	SS_{AB}	$(a-1)(b-1)$	MS_{AB}	$\sigma^2 + n\eta_{\alpha\beta}^2$	$\dfrac{\mathrm{MS}_{AB}}{\mathrm{MS}_E}$	$F_{AB} > F_\alpha$
随机误差	SS_E	$ab(n-1)$	MS_E	σ^2		
总和	SS_T	$abn-1$				

例 6 用两种不同配比的饲料 A 和 B 喂养大鼠，每种饲料各取 4 个水平，各配比饲喂食量相同，每个处理设置 2 次重复，试验完毕测试增重，结果列于表 4-29，已知饲料有人工设计配成，试对试验结果进行方差分析。

表 4-29 饲喂大鼠试验增重 （单位：g）

饲料 A	饲料 B			
	B_1	B_2	B_3	B_4
A_1	32	28	18	23
	36	22	16	21
A_2	26	29	27	17
	24	33	23	19
A_3	33	30	33	23
	39	24	37	27
A_4	39	31	28	36
	43	35	32	34

解 根据题意，可知饲料由人工合成生成得到，故 A、B 属于固定因素，方差分析时使用固定效应模型。为方便计算，本节最后给出了实现方差分析的函数，按照函数要求，对数据进行如下改写。

将数据按照因素 A、B 及重复数布置，整个数表的首行和首列分别标记因素的水平号，则上述数据如下：

```
X =
    0    1    2    3    4
    1   32   28   18   23
    1   36   22   16   21
    2   26   29   27   17
    2   24   33   23   19
    3   33   30   33   23
    3   39   24   37   27
    4   39   31   28   36
    4   43   35   32   34
```

给出因素 A、B 的类型，本题中，类型都设定为固定类型，以'f'标记因素类型，设定检验水平为 0.05，则完整计算代码如下：

```
%修订补充上水平号的数据
X = [0,1,2,3,4;
1,32,28,18,23;1,36,22,16,21;
2,26,29,27,17;2,24,33,23,19;
3,33,30,33,23;3,39,24,37,27;
4,39,31,28,36;4,43,35,32,34]
X = {X};%转化为 MATLAB 通用的 cell 格式
tp = {'f','f'};%分别设定两因素的类型
TwoFactAnalyVaria(X,tp);%调用计算
```

计算结果列于表 4-30。

表 4-30 例 6 中两因素为固定类型的计算分析

变差来源	平方和	自由度	均方	F 值	$F_{0.05}$ 临界值	$F_{0.01}$ 临界值
A 因素	592.38	3	197.46	24.68*	3.24	5.29
B 因素	365.38	3	121.79	15.22*	3.24	5.29
$A{\times}B$	425.13	9	47.24	5.90*	2.54	3.78
误差	128.00	16	8.00			
总和	1510.88	31				

（二）无重复特例

在前面的两因素固定效应模型中，我们假设因素 A 和因素 B 具有交互作用，线性模型中设定了专门描述交互作用项的$(\alpha\beta)_{ij}$。如果根据实际经验及专业知识，可以明确确定两因素之间没有交互作用，则在线性模型中就不必特意设定该项，而为了分离出交互作用项，曾要求每个处理内部至少 2 个重复的严格限定，也就不必设定了。不设重复会极大地节约物力、财力和精力，减少试验工作量。

当不设定交互作用项时，则线性模型简化为

$$x_{ij} = \mu + \alpha_i + \beta_j + \varepsilon_{ij}; \begin{cases} i=1,2,\cdots,a \\ j=1,2,\cdots,b \end{cases} \tag{4-70}$$

由于因素 A 和 B 仍然是固定因素，因此仍然存在

$$\sum_{i=1}^{a}\alpha_i = 0 , \quad \sum_{j=1}^{b}\beta_j = 0 , \quad \varepsilon_{ij} \sim N(0,\sigma^2) \tag{4-71}$$

具体检验时，零假设仍然考查效应的有无和大小，则设定为

$$\begin{cases} H_{01}: \alpha_i = 0 \\ H_{02}: \beta_j = 0 \end{cases} \tag{4-72}$$

经过分解总离差平方和，分解各因素的自由度，对各均方求期望，得到

$$E(\mathrm{MS}_A) = \sigma^2 + b\eta_\alpha^2 \tag{4-73}$$

$$E(\mathrm{MS}_B) = \sigma^2 + a\eta_\beta^2 \tag{4-74}$$

$$E(\mathrm{MS}_E) = \sigma^2 \tag{4-75}$$

要检验因素 A 的主效应，则统计量为

$$F_A = \frac{\mathrm{MS}_A}{\mathrm{MS}_E} = \frac{\sigma^2 + b\eta_\alpha^2}{\sigma^2} \sim F(\mathrm{df}_A, \mathrm{df}_E) = F(a-1,(a-1)(b-1)) \tag{4-76}$$

要检验因素 B 的主效应，则统计量为

$$F_B = \frac{\text{MS}_B}{\text{MS}_E} = \frac{\sigma^2 + a\eta_\beta^2}{\sigma^2} \sim F(\text{df}_B, \text{df}_E) = F(b-1, (a-1)(b-1)) \tag{4-77}$$

则计算分析结果可列成表 4-31 的形式。

表 4-31　两因素无重复固定效应模型方差分析表

变差来源	平方和	自由度	均方	均方期望	统计量 F	显著性
因素 A	SS_A	$a-1$	MS_A	$\sigma^2 + b\eta_\alpha^2$	$\dfrac{\text{MS}_A}{\text{MS}_E}$	$F_A > F_\alpha$
因素 B	SS_B	$b-1$	MS_B	$\sigma^2 + a\eta_\beta^2$	$\dfrac{\text{MS}_B}{\text{MS}_E}$	$F_B > F_\alpha$
随机误差	SS_E	$(a-1)(b-1)$	MS_E	σ^2		
总和	SS_T	$ab-1$				

例 7　某试验中，设定了因素 A 和 B 各 5 个水平，经专家推测，认为 A、B 之间不会有交互作用，观测数据列于表 4-32，若两因素均为固定类型因素，试进行方差分析。

表 4-32　无交互作用的因素 A 和 B 观测数据

	B_1	B_2	B_3	B_4	B_5
A_1	85	102	67	65	103
A_2	142	121	98	58	127
A_3	98	52	33	39	99
A_4	120	112	25	110	103
A_5	64	93	58	44	86

解　首先将数据编制成运行函数要求的格式，以矩阵 X 表示，如下：

$X = [0,1,2,3,4,5;1,85,102,67,65,103;2,142,121,98,58,127;$
$3,98,52,33,39,99;4,120,112,25,110,103,5,64,93,58,44,86];$

然后转为 MATLAB 中通用的 cell 格式表示，$Y = \{Y\}$；再设定好每个因素的类型，这里都是固定类型的，故设置为 tp = {'f', 'f'}；调用函数进行计算，如下：

TwoFactAnalyVaria(Y,tp,0.01);

将上述代码连成脚本，执行运算即可得到分析结果，列于表 4-33。

表 4-33　无交互作用方差分析结果

变差来源	平方和	自由度	均方	F 值	$F_{0.05}$ 临界	$F_{0.01}$ 临界
A 因素	6 760.56	4	1 690.14	3.75[*]	3.01	4.77
B 因素	10 251.76	4	2 562.94	5.69[*]	3.01	4.77
误差	7 207.04	16	450.44			
总和	24 219.36	24				

（三）交互作用及其判断

交互作用是两因素与多因素方差分析中常见的"额外"效应，也可以看作因素水平之间相互作用下涌现的"集体"效应，其实如果把线性模型看作对复杂事物的解剖，则外在表现 x_{ijk} 可以看作由事物的本质部分 μ，构成部件自身属性 α_i, β_j，以及涌现属性 $(\alpha\beta)_{ij}$ 和随机影响 ε_{ijk} 4 部分构成。这里的 $(\alpha\beta)_{ij}$ 也可以看作我们日常所说的"$1+1>2$"中大于 2 的那一部分。

对于两因素模型而言，要判断交互作用的存在，一般常用以下 3 种方法：一是根据专业技术知识进行判断，或者借鉴已有的参考文献等资料加以确定；二是根据因素交互作用图进行判断，如将两因素分别对应作图，各自连线，当因素水平连线之间没有交叉时，可以看作无交互作用，否则按照存在交互作用处理，图 4-6 给出了因素交互作用的示意图。

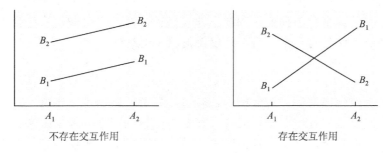

图 4-6 因素间交互作用图

需要注意的是，直观的因素交互作用图，虽然可以帮助判断是否存在交互作用，但考虑到数据源于试验，试验误差等会干扰判断，还需要通过严格的判断方法进行检验。因此，我们学习第三种判断方法，即通过 F 检验的形式判断其交互作用的存在。

Tukey 在 1949 年提出了一种检验交互作用存在的 F 检验法，该方法假定交互作用以特别简单的形式出现，首先通过式（4-78）

$$SS_R = SS_T - SS_A - SS_B \qquad (4\text{-}78)$$

得到方差的残差平方和 SS_R，然后将残差平方和 SS_R 进行了分解，分解分量中一部分属于非可加性（交互作用）项 SS_N，自由度为 1；另一部分则为误差分量 SS_E，自由度为 $(a-1)(b-1)-1$。具体计算为

$$SS_N = \frac{1}{ab\,SS_A\,SS_B}\left[\sum_{i=1}^{a}\sum_{j=1}^{b}x_{ij}x_{i\cdot}x_{\cdot j} - x_{\cdot\cdot}\left(SS_A + SS_B + \frac{x_{\cdot\cdot}^2}{ab}\right)\right]^2 \qquad (4\text{-}79)$$

$$df_N = 1$$

以及

$$SS_E = SS_R - SS_N \qquad (4\text{-}80)$$
$$df_E = (a-1)(b-1)-1$$

分别计算各自的均方，得到

$$MS_N = \frac{SS_N}{df_N} = SS_N \qquad (4\text{-}81)$$

$$MS_E = \frac{SS_E}{df_E} = \frac{SS_E}{(a-1)(b-1)-1} \qquad (4\text{-}82)$$

要进行交互作用检验，只需检验

$$F = \frac{MS_N}{MS_E} > F_\alpha(1,(a-1)(b-1)-1) \qquad (4\text{-}83)$$

时拒绝没有交互作用的假设。

  有学者指出，虽然 Tukey 方法理论上可行，但在实际中应用时却存在很大的问题，因为在 SS_N 的分子中，所有数据都是相乘、相加再相减，然后再求平方，这种计算顺序会极大地减少有效数字，使得最终结果极不可靠。因为根据误差传递理论，有效数字在相加、相乘的过程中不会增加，而且会集中出现在数据的前几位非零数字中，而相减则会让最大的几个相同的非零数字都变为 0，严重地减少了有效数字位数，这种精度的损失有时候是致命的，因为试验中测定的数据，一般能保留 4 位有效数字已难能可贵，而上述的乘、加、减过程，极有可能使得 4 位有效数字全部损失。因此，建议做试验时，尽可能地安排带重复的试验，且以专业知识评判交互作用的有无，而不是仅仅依赖 Tukey 法。

（四）多重检验

  在单因素固定效应模型的方差分析中，若检验显著，则需进一步执行多重检验。对于两因素及多因素固定模型的方差分析，同样存在多重比较的问题。和单因素相比，两因素及多因素的多重比较更加复杂，它主要包括因素主效应显著时的多重检验和交互作用显著时因素水平均值的多重检验。

  若经方差分析检验后发现主效应显著，则单因素模型中的多重比较方法，如 Duncan 法等仍可继续用于多因素。若方差分析结果是交互作用显著，则此时检验某因素各水平均值之间的差异，往往会因交互作用的影响而难以实施。像这类问题，常常会将其中一个因素（如 A）固定在特定的水平上，然后检验另一个因素（如 B）各水平均值的差异，反之亦然。

  如果考虑交互作用的影响，则两因素模型需要将全部的 ab 次处理都比较后，才能指明哪些差异显著，这样则需比较 C_{ab}^2 次，且比较中不仅包括了主效应，还包含了交互作用。

二、两因素随机效应模型

（一）随机模型与基本假设

  前边以固定效应模型介绍了两因素方差分析的具体计算，当因素 A 和因素 B 都是随机因素时，则构成了随机效应模型。典型的例子则是农村大田管理中，临时雇佣的农业工人进行农家肥施撒的例子，农业工人是随机雇佣来的，技术水平不一，属于随机因素。农家肥肥力也无法控制，也属于随机因素，若将农家肥肥力和农业工人分别看作 A、B 因素，则它们构成了两因素随机效应模型。

  两因素随机模型和两因素固定模型采用了相同的线性模型描述，仍然使用式（4-42），但其中参数具有的意义却不相同，如 α_i，β_j，$(\alpha\beta)_{ij}$ 及 ε_{ijk} 等都是随机变量，描述的都是针对其对象全体的分布，而不是个体值，它们都是观测值的方差分量。表 4-34 给出了两种模型关于各项意义的对比。

表 4-34　两种模型关于各项意义

模型参数		固定模型	随机模型
x_{ijk}		观测值	观测值
μ		总平均效应	总平均效应
α_i	意义	因素 A 的第 i 个处理的效应	针对因素 A 的某个水平的分布
	特征	是固定值，且满足 $\sum_{i=1}^{a}\alpha_i = 0$	不是固定值，不满足 $\sum_{i=1}^{a}\alpha_i = 0$
	属性		是一个随机变量，且满足 $\alpha_i \sim N(0,\sigma_\alpha^2)$，属于方差的一个分量
β_j	意义	因素 B 的第 j 个处理的效应	针对因素 B 的某个水平的分布
	特征	是固定值，且满足 $\sum_{j=1}^{b}\beta_j = 0$	不是固定值，不满足 $\sum_{j=1}^{b}\beta_j = 0$
	属性		是一个随机变量，且满足 $\beta_j \sim N(0,\sigma_\beta^2)$，属于方差的一个分量
$(\alpha\beta)_{ij}$	意义	因素 A 的第 i 个水平和因素 B 的第 j 个水平的交互作用效应	因素 A 的第 i 个水平和因素 B 的第 j 个水平的分布
	特征	是固定值，且满足 $\sum_{i=1}^{a}(\alpha\beta)_{ij} = 0$ 和 $\sum_{j=1}^{b}(\alpha\beta)_{ij} = 0$	不是固定值，不满足 $\sum_{i=1}^{a}(\alpha\beta)_{ij} = 0$ 和 $\sum_{j=1}^{b}(\alpha\beta)_{ij} = 0$
	属性		是一个随机变量，且满足 $\alpha\beta \sim N(0,\sigma_{\alpha\beta}^2)$，属于方差的一个分量
ε_{ijk}		$\varepsilon_{ijk} \sim N(0,\sigma^2)$	$\varepsilon_{ijk} \sim N(0,\sigma^2)$，属于方差的一个分量

正是由于上述各项含义的不同，随机模型的零假设也与固定模型的有所不同，设定为

$$\begin{cases} H_{01}:\sigma_\alpha^2 = 0, \\ H_{02}:\sigma_\beta^2 = 0, \\ H_{03}:\sigma_{\alpha\beta}^2 = 0. \end{cases} \tag{4-84}$$

（二）均方期望与 F 统计量选定

随机因素的方差分析方法与固定模型的分析方法一致，在计算出各项的均方后，必须求出均方的期望，以便于构建合适的检验统计量。经计算，可以确定，各均方的期望如下：

$$E(\mathrm{MS}_A) = \sigma^2 + n\sigma_{\alpha\beta}^2 + bn\sigma_\alpha^2 \tag{4-85}$$

$$E(\mathrm{MS}_B) = \sigma^2 + n\sigma_{\alpha\beta}^2 + an\sigma_\beta^2 \tag{4-86}$$

$$E(\mathrm{MS}_{AB}) = \sigma^2 + n\sigma_{\alpha\beta}^2 \tag{4-87}$$

$$E(\mathrm{MS}_E) = \sigma^2 \tag{4-88}$$

对于随机效应模型，要构建检验的统计量，必须要确保构建的统计量具有检验的"专一性"，根据随机效应模型的零假设及上述的期望表达式，从式（4-87）对比式（4-88）可知，若使用

$$F_{AB} = \frac{\mathrm{MS}_{AB}}{\mathrm{MS}_E} = \frac{\sigma^2 + n\sigma_{\alpha\beta}^2}{\sigma^2} \tag{4-89}$$

与临界值 $F_\alpha(\mathrm{df}_{AB}, \mathrm{df}_E) = F_\alpha((a-1)(b-1), ab(n-1))$ 作比较，则可以检验交互作用项的效应 $\sigma_{\alpha\beta}^2$，且不会出现歧义。

（1）当 $F_{AB} < F_\alpha(\mathrm{df}_{AB}, \mathrm{df}_E)$ 时，说明 MS_{AB} 和 MS_E 都是 σ^2 的无偏估计量，此时 MS_{AB} 和 MS_E 的贡献级别一致，都属于产生随机误差 σ^2 的效应级别。这时，就不应该将 SS_{AB} 单独拿出来，而是应该和 SS_E 合并，一起当作新的随机误差的平方和，记作 SS_E'，即

$$\mathrm{SS}_E' = \mathrm{SS}_E + \mathrm{SS}_{AB} \tag{4-90}$$

与此对应的自由度也应该随之合并，得到新的自由度，记作 df_E'：

$$\mathrm{df}_E' = (a-1)(b-1) + ab(n-1) = abn - a - b + 1 \tag{4-91}$$

用合并后的新的平方和 SS_E' 与新合并后的自由度 df_E'，重新构建随机误差的均方，则有 MS_E'：

$$\mathrm{MS}_E' = \frac{\mathrm{SS}_E'}{\mathrm{df}_E'} = \frac{\mathrm{SS}_E + \mathrm{SS}_{AB}}{abn - a - b + 1} \tag{4-92}$$

这样，就可以使用新的 MS_E' 来检验因素 A 和因素 B 的效应。这种情况下，方差分析表可列为表 4-35 的形式。

表 4-35　随机效应模型的方差分析表（交互作用不显著）

变差来源	平方和	自由度	均方	均方期望	F 统计量	临界值
因素 A	SS_A	$a-1$	MS_A	$(\sigma')^2 + bn\sigma_\alpha^2$	$F_A = \dfrac{\mathrm{MS}_A}{\mathrm{MS}_E'}$	$F_\alpha(a-1, abn-a-b+1)$
因素 B	SS_B	$b-1$	MS_B	$(\sigma')^2 + an\sigma_\beta^2$	$F_B = \dfrac{\mathrm{MS}_B}{\mathrm{MS}_E'}$	$F_\alpha(b-1, abn-a-b+1)$
误差	SS_E'	$abn-a-b+1$	MS_E'	$(\sigma')^2$		
总和	SS_T	$abn-1$				

（2）当 $F_{AB} > F_\alpha(\mathrm{df}_{AB}, \mathrm{df}_E)$ 时，说明 MS_{AB} 不是 σ^2 的无偏估计量，它与 MS_E 不属于同一个级别的效应，此时交互作用的效应具有明显的特殊意义，差异显著。

要检验因素 A 的效应，可以有两种选择，一种是使用和固定效应模型相同的形式，即使用

$$F_A = \frac{\mathrm{MS}_A}{\mathrm{MS}_E} = \frac{\sigma^2 + n\sigma_{\alpha\beta}^2 + bn\sigma_\alpha^2}{\sigma^2} \tag{4-93}$$

但这种选择可行吗？若 $F_A \gg F_\alpha$，通过式（4-93），我们能直接判断出这种结果源自 $\sigma^2 + n\sigma_{\alpha\beta}^2 + bn\sigma_\alpha^2$ 中的 $bn\sigma_\alpha^2$ 吗？显然是不可以的，因为也有可能源自其中的 $n\sigma_{\alpha\beta}^2$。所以，要想检验因素 A 的效应，必须把它的效应单独分离出来，唯一可判断才行。由此，我们选择使用另一种形式，即使用

$$F_A = \frac{\mathrm{MS}_A}{\mathrm{MS}_{AB}} = \frac{\sigma^2 + n\sigma_{\alpha\beta}^2 + bn\sigma_\alpha^2}{\sigma^2 + n\sigma_{\alpha\beta}^2} \tag{4-94}$$

通过式（4-94），我们看到若 $F_A \gg F_\alpha$，可直接判断出这种结果源自 $\sigma^2 + n\sigma_{\alpha\beta}^2 + bn\sigma_\alpha^2$ 中的 $bn\sigma_\alpha^2$，因为式（4-94）的 $\dfrac{\sigma^2 + n\sigma_{\alpha\beta}^2 + bn\sigma_\alpha^2}{\sigma^2 + n\sigma_{\alpha\beta}^2}$ 中，分子、分母除了要考察的 $bn\sigma_\alpha^2$ 外，没有别的选项，所以可唯一的确定 $bn\sigma_\alpha^2$ 的大小与有无。这就给我们一个启发：当选定 F 检验

统计量时，首先确定要考察的对象（如 $bn\sigma_\alpha^2$），然后在选择参比对象时，将考察对象之外的其他选项（如 $\sigma^2 + n\sigma_{\alpha\beta}^2 + bn\sigma_\alpha^2$ 中的 $\sigma^2 + n\sigma_{\alpha\beta}^2$）都看作选择参比对象的一部分。很显然，找到具有 $\sigma^2 + n\sigma_{\alpha\beta}^2$ 期望值的均方（如本例中的 MS_{AB}）即可构建出 F 统计量。

要检验因素 B 的效应，可类似地找到检验统计量

$$F_B = \frac{\mathrm{MS}_B}{\mathrm{MS}_{AB}} = \frac{\sigma^2 + n\sigma_{\alpha\beta}^2 + an\sigma_\beta^2}{\sigma^2 + n\sigma_{\alpha\beta}^2} \tag{4-95}$$

将它们归纳在一起，便得到了交互作用显著情况下的随机效应模型的方差分析表，如表 4-36 所示。

表 4-36　随机效应模型的方差分析表（交互作用显著）

变差来源	平方和	自由度	均方	均方期望	F 统计量	临界值
因素 A	SS_A	$a-1$	MS_A	$\sigma^2 + n\sigma_{\alpha\beta}^2 + bn\sigma_\alpha^2$	$F_A = \dfrac{\mathrm{MS}_A}{\mathrm{MS}_{AB}}$	$F_\alpha(a-1,(a-1)(b-1))$
因素 B	SS_B	$b-1$	MS_B	$\sigma^2 + n\sigma_{\alpha\beta}^2 + an\sigma_\beta^2$	$F_B = \dfrac{\mathrm{MS}_B}{\mathrm{MS}_{AB}}$	$F_\alpha(b-1,(a-1)(b-1))$
交互作用	SS_{AB}	$(a-1)(b-1)$	MS_{AB}	$\sigma^2 + n\sigma_{\alpha\beta}^2$	$F_{AB} = \dfrac{\mathrm{MS}_{AB}}{\mathrm{MS}_E}$	$F_\alpha((a-1)(b-1),ab(n-1))$
误差	SS_E	$ab(n-1)$	MS_E	σ^2		
总和	SS_T	$abn-1$				

例 8　在例 6 中，两种饲料为人工特意生产的，因素 A、B 属于固定类型因素，若两种饲料为天然饲料，其成分无法准确控制，则两因素就转化为随机类型因素，试按照随机因素考虑，分析其结果。

解　在例 6 中，已经准备好数据格式，本例中，因素类型发生改变，故修改代码中的类型说明语句，将 tp = {'f', 'f'}; 改为标记随机类型的 tp = {'r', 'r'}; 然后计算，分析结果列于表 4-37。

表 4-37　两种饲料为随机类型因素的方差分析结果

变差来源	平方和	自由度	均方	F 值	$F_{0.05}$ 临界值	$F_{0.01}$ 临界值
A 因素	592.38	3	197.46	4.18[*]	3.86	6.99
B 因素	365.38	3	121.79	2.58	3.86	6.99
AB 交互	425.13	9	47.24	5.90[*]	2.54	3.78
误差	128.00	16	8.00			
总和	1510.88	31				

三、两因素混合效应模型

（一）混合模型与基本假设

在两因素线性统计模型中，若一个因素为固定因素（如因素 A），另一个因素为随机因素

（如因素 B），则它们的属性决定该模型为混合模型。和固定效应模型与随机效应模型一样，混合模型的描述形式仍然采用式（4-42）。

$$x_{ijk} = \mu + \alpha_i + \beta_j + (\alpha\beta)_{ij} + \varepsilon_{ijk}; \begin{cases} i, = 1, 2, \cdots, a \\ j = 1, 2, \cdots, b \\ k = 1, 2, \cdots, n \end{cases} \tag{4-42}$$

但对于其中各组成分项 $\alpha_i, \beta_j, (\alpha\beta)_{ij}, \varepsilon_{ijk}$，根据其原始属性的不同，而有不同的要求。因素 A 为固定因素，则 α_i 是固定效应，满足固定效应的 $\sum_{i=1}^{a} \alpha_i = 0$。因素 B 是随机因素，则 β_j 是随机效应，它考察的是因素 B 的各水平的总体状况，是一个服从 $\beta_j \sim N(0, \sigma_\beta^2)$ 的独立随机变量。交互作用项 $(\alpha\beta)_{ij}$ 来源于因素 A 和因素 B 的相互作用，其中 B 为随机因素，故 $(\alpha\beta)_{ij}$ 属于随机效应。在 $(\alpha\beta)_{ij}$ 中，固定因素 A 的全部交互作用的效应和为 0，即满足

$$\sum_{i=1}^{a} (\alpha\beta)_{ij} = (\alpha\beta)_{\cdot j} = 0 \tag{4-96}$$

所以，在固定因素 A 的某个水平上，交互作用的成分是不独立的。由此，$(\alpha\beta)_{ij}$ 是一个服从

$$(\alpha\beta)_{ij} \sim N\left(0, \frac{a-1}{a}\sigma_{\alpha\beta}^2\right) \tag{4-97}$$

的随机变量，但不再独立。这里将 $(\alpha\beta)_{ij}$ 的方差定义为 $\frac{a-1}{a}\sigma_{\alpha\beta}^2$ 而不是 $\sigma_{\alpha\beta}^2$，目的是使均方的期望简单化，在计算均方期望时，交互作用方差分量 $\sigma_{\alpha\beta}^2$ 的是实际方差的 $\frac{a-1}{a}$ 倍。

根据以上，可做出如下的零假设：

$$\begin{cases} H_{01}: \alpha_i = 0, \\ H_{02}: \sigma_\beta^2 = 0, \\ H_{03}: \sigma_{\alpha\beta}^2 = 0. \end{cases} \tag{4-98}$$

与备择假设：

$$\begin{cases} H_{01}: \alpha_i \neq 0(至少有1个i), \\ H_{02}: \sigma_\beta^2 > 0, \\ H_{03}: \sigma_{\alpha\beta}^2 > 0. \end{cases} \tag{4-99}$$

（二）均方期望与 F 统计量选定

按照前述相同的方法，分解得到各项的均方，计算期望如下。
因素 A：

$$E(\text{MS}_A) = \sigma^2 + n\sigma_{\alpha\beta}^2 + \frac{bn}{a-1}\sum_{i=1}^{a}\alpha_i = \sigma^2 + n\sigma_{\alpha\beta}^2 + bn\eta_\alpha^2 \tag{4-100}$$

因素 B：

$$E(\mathrm{MS}_B) = \sigma^2 + an\sigma_\beta^2 \tag{4-101}$$

交互作用效应：

$$E(\mathrm{MS}_{AB}) = \sigma^2 + n\sigma_{\alpha\beta}^2 \tag{4-102}$$

误差：

$$E(\mathrm{MS}_E) = \sigma^2 \tag{4-103}$$

观察上述各均方期望，会发现在固定因素 A 的结果中含有交互作用项 $n\sigma_{\alpha\beta}^2$，而随机因素 B 的结果中反而没有，这与固定效应模型和随机效应模型的情况正好相反。出现这种差异的原因，还是源于交互作用项的满足条件：因为对于任意固定的 j，存在式（4-96），而对于固定的 i，并不存在 $\sum_{j=1}^{b}(\alpha\beta)_{ij} = 0$，相反，由于因素 B 的随机性，在 i 固定时，从 j 这个分支方向上看，$(\alpha\beta)_{ij}$ 仍是随机的，它描述的是在 A 的第 i 个水平不变这个特定的条件下 B 因素第 j 个水平的总体状况，自然不能满足 $\sum_{j=1}^{b}(\alpha\beta)_{ij} = 0$，而更应该是 $\sum_{j=1}^{b}(\alpha\beta)_{ij} \neq 0$。由于这样的原因，在 MS_B 的期望计算中，表达式中的 $\bar{x}_{.j.}$ 和 $\bar{x}_{...}$ 都能保证把交互作用消除掉，故此不会出现 $n\sigma_{\alpha\beta}^2$ 项。再看 MS_A 的期望计算，其中 $\bar{x}_{i..}$ 中的对 j 求和，是不能将 $(\alpha\beta)_{ij}$ 彻底消除掉的，故此也就出现了 $n\sigma_{\alpha\beta}^2$。这种均方期望的差异最终会反映在统计量中，致使我们在构建 F 统计量时，会选择不同的均方作为参比对象。

先考查交互作用项，要考查其效应 $n\sigma_{\alpha\beta}^2$ 的大小与有无，只要把它单独隔离，让 MS_{AB} 期望中的其他项全部作为参比对象即可，在式（4-102）中，除了 $n\sigma_{\alpha\beta}^2$ 外只有 σ^2，这样，找出均方为 σ^2 的参比对象 MS_E，则构建 F_{AB} 为

$$F_{AB} = \frac{\mathrm{MS}_{AB}}{\mathrm{MS}_E} \tag{4-104}$$

对于因素 B，可类似地构建出 F_B 为

$$F_B = \frac{\mathrm{MS}_B}{\mathrm{MS}_E} \tag{4-105}$$

对于因素 A，要构建 F_A 考察 $bn\eta_\alpha^2$，则 MS_A 期望中剩余的 $\sigma^2 + n\sigma_{\alpha\beta}^2$ 就是参比对象的期望，观察可知，剩余的 $\sigma^2 + n\sigma_{\alpha\beta}^2$ 实际上等于 MS_{AB} 的期望。因此，构建 F_A 如下：

$$F_A = \frac{\mathrm{MS}_A}{\mathrm{MS}_{AB}} \tag{4-106}$$

F_A 以 MS_{AB} 作为参比对象，还是源于前述的 $(\alpha\beta)_{.j} = 0$ 与 $(\alpha\beta)_{i.} \neq 0$。但需要注意，在使用 MS_{AB} 作为参比对象构建 F_A 时，MS_{AB} 代表的交互作用必须检验显著，否则，只能将 SS_{AB} 与随机误差的平方和 SS_E 合并，相应的自由度也进行合并，然后重新计算误差均方。在这种

情况下，上述式中不再出现交互作用项，各统计量则以新构建的误差均方作为参比对象而得以构建。

归纳起来，两因素混合模型的方差分析表如表 4-38 所示。

表 4-38 两因素混合模型的方差分析表（A 固定，B 随机）

变差来源	平方和	自由度	均方	均方期望	F 统计量	检验显著性
因素 A	SS_A	$df_A = a-1$	MS_A	$\sigma^2 + n\sigma_{\alpha\beta}^2 + bn\eta_\alpha^2$	$F_A = \dfrac{MS_A}{MS_{AB}}$	$F_A > F_\alpha(df_A, df_{AB})$
因素 B	SS_B	$df_B = b-1$	MS_B	$\sigma^2 + an\sigma_\beta^2$	$F_B = \dfrac{MS_B}{MS_E}$	$F_B > F_\alpha(df_B, df_E)$
AB 交互	SS_{AB}	$df_{AB} = (a-1)(b-1)$	MS_{AB}	$\sigma^2 + n\sigma_{\alpha\beta}^2$	$F_{AB} = \dfrac{MS_{AB}}{MS_E}$	$F_{AB} > F_\alpha(df_{AB}, df_E)$
随机误差	SS_E	$df_E = ab(n-1)$	MS_E	σ^2		
总和	SS_T	$df_T = abn-1$				

例 9 接续本章例 6、例 8，若两种饲料中一种为人工配置，一种为天然饲料，则两因素适用于混合模型，试以混合模型对试验结果进行分析。

解 例 6 中，有两种饲料，若 A 为天然饲料，B 为人工配制饲料，则 A 为随机因素，B 为固定因素，则因素类型设定为 tp = {'r', 'f'}，分别在 0.05 和 0.01 显著性水平下进行方差分析，得到的结果，列于表 4-39。

表 4-39 A 随机 B 固定情形下的方差分析

变差来源	平方和	自由度	均方	F 值	$F_{0.05}$ 临界值	$F_{0.01}$ 临界值
A 因素	592.38	3	197.46	24.68[**]	3.24	5.29
B 因素	365.38	3	121.79	2.58	3.86	6.99
AB 交互	425.13	9	47.24	5.90[**]	2.54	3.78
误差	128.00	16	8.00			
总和	1510.88	31				

若 A 为人工配制饲料，B 为天然饲料，则 A 为固定因素，B 为随机因素，则因素类型设定为 tp = {'f', 'r'}，分别在 0.05 和 0.01 显著性水平下进行方差分析，得到的结果，列于表 4-40。

表 4-40 A 固定 B 随机情形下的方差分析

变差来源	平方和	自由度	均方	F 值	$F_{0.05}$ 临界值	$F_{0.01}$ 临界值
A 因素	592.38	3	197.46	4.18[*]	3.86	6.99
B 因素	365.38	3	121.79	15.22[**]	3.24	5.29
AB 交互	425.13	9	47.24	5.90[**]	2.54	3.78
误差	128.00	16	8.00			
总和	1510.88	31				

表 4-41 中给出了例 6、例 8 和例 9 结果的对比，即使是同一个观测结果，在不同模型下进行分析，得到的结论也各不相同。

表 4-41　相同数据四种分析模型的结论对比

来源	SS	DF	MS	F	$F_{0.05}$	$F_{0.01}$	F	$F_{0.05}$	$F_{0.01}$	F	$F_{0.05}$	$F_{0.01}$	F	$F_{0.05}$	$F_{0.01}$
A	592.38	3	197.46	24.68**	3.24	5.29	4.18*	3.86	6.99	24.68**	3.24	5.29	4.18*	3.86	6.99
B	365.38	3	121.79	15.22**	3.24	5.29	2.58	3.86	6.99	2.58	3.86	6.99	15.22**	3.24	5.29
$A \times B$	425.13	9	47.24	5.90**	2.54	3.78	5.90**	2.54	3.78	5.90**	2.54	3.78	5.90**	2.54	3.78
E	128.00	16	8.00												
Σ	1510.88	31		FF			RR			RF			FR		

在进行两因素方差分析时，还要注意以下两点：①当交互作用存在且显著时，MS_{AB} 一般要远大于 MS_E，此时若不注意区分模型的类型，随便选用随机效应模型或者固定效应模型等，就会错用统计量，导致错误的结论。②在随机模型和混合模型中，同样存在和固定效应模型类似的问题，当交互作用项存在时，若不设置重复，同样会无法把 SS_{AB} 和 SS_E 分开。在这种情况下，随机模型仍可对主效应进行检验，混合模型中也可以对固定因素的主效应进行检验，但这种检验的实际意义不大，因为很可能是交互作用在起主要作用却被忽略了。所以，只要条件允许，除非有可靠的证据证明交互作用不存在，否则不论哪一类模型都应设置重复。

四、两因素模型的 MATLAB 实现

（一）基本公式汇总

两因素方差分析是日常工作中经常碰到的试验分析状况，当因素为 2 个或者多于 2 个时，称为多因素方差分析。从原理上讲，两因素和多因素方差分析与单因素方差分析一样，但在实际分析数据时，它们之间还存在着明显的区别，即单因素不涉及交互作用，而两因素和多因素会涉及多个因素之间的交互作用。

根据因素的类型来划分，则线性模型可以分为固定效应模型、随机效应模型和混合效应模型。模型类型不同，对其中各项的假设与效应分析也各不相同，但它们涉及的计算过程类似，这就有助于编写统一的代码。设 A 因素的水平有 a 个，循环指标以 i 描述，设 B 因素的水平有 b 个，循环指标以 j 描述，设每个水平进行 n 次重复试验，循环指标由 k 描述，则对于形如

$$x_{ijk} = \mu + \alpha_i + \beta_j + (\alpha\beta)_{ij} + \varepsilon_{ijk}; \begin{cases} i = 1, 2, \cdots, a \\ j = 1, 2, \cdots, b \\ k = 1, 2, \cdots, n \end{cases}$$

的模型，当它分别代表固定模型、随机模型和混合模型时，其对应的各种假设如表 4-42 所示。

表 4-42　两因素线性模型的效应项与对应的假设

		固定模型	随机模型	混合模型（A 固定，B 随机）
	μ	总平均效应	总平均效应	总平均效应
效应项	α_i	$\sum\limits_{i=1}^{a}\alpha_i = 0$	$\alpha_i \sim N(0,\sigma_\alpha^2)$	$\sum\limits_{i=1}^{a}\alpha_i = 0$
	β_j	$\sum\limits_{j=1}^{b}\beta_j = 0$	$\beta_j \sim N(0,\sigma_\beta^2)$	$\beta_j \sim N(0,\sigma_\beta^2)$
	$(\alpha\beta)_{ij}$	$\sum\limits_{i=1}^{a}(\alpha\beta)_{ij} = 0$ $\sum\limits_{j=1}^{b}(\alpha\beta)_{ij} = 0$	$(\alpha\beta)_{ij} \sim N(0,\sigma_{\alpha\beta}^2)$	$(\alpha\beta)_{ij} \sim N\left(0,\dfrac{a-1}{a}\sigma_{\alpha\beta}^2\right)$ $\sum\limits_{i=1}^{a}(\alpha\beta)_{ij} = (\alpha\beta)_{.j} = 0, j=1,2,\cdots,b$
	ε_{ijk}	$\varepsilon_{ijk} \sim N(0,\sigma^2)$	$\varepsilon_{ijk} \sim N(0,\sigma^2)$	$\varepsilon_{ijk} \sim N(0,\sigma^2)$
零假设	H_{01}	$\alpha_1 = \alpha_2 = \cdots = \alpha_a = 0$	$\sigma_\alpha^2 = 0$	$\alpha_1 = \alpha_2 = \cdots = \alpha_a = 0$
	H_{02}	$\beta_1 = \beta_2 = \cdots = \beta_b = 0$	$\sigma_\beta^2 = 0$	$\sigma_\beta^2 = 0$
	H_{03}	$(\alpha\beta)_{ij} = 0, \begin{cases} i=1,2,\cdots,a \\ j=1,2,\cdots,b \end{cases}$	$\sigma_{\alpha\beta}^2 = 0$	$\sigma_{\alpha\beta}^2 = 0$
备择假设	H_{11}	$\alpha_i \neq 0$	$\sigma_\alpha^2 \neq 0$	$\alpha_i \neq 0$
	H_{12}	$\beta_j \neq 0$	$\sigma_\beta^2 \neq 0$	$\sigma_\beta^2 \neq 0$
	H_{13}	$(\alpha\beta)_{ij} \neq 0, \begin{cases} i=1,2,\cdots,a \\ j=1,2,\cdots,b \end{cases}$	$\sigma_{\alpha\beta}^2 \neq 0$	$\sigma_{\alpha\beta}^2 \neq 0$

具体计算时，各效应分量的计算方法相同，但期望有所不同，详列于表 4-43。

表 4-43　各离差、均方及其期望的计算汇总

离差平方和	均方	均方期望	随机模型	混合模型（A 固定，B 随机）
$SS_A = bn\sum\limits_{i=1}^{a}(\bar{x}_{i..} - \bar{x}_{...})^2$	$MS_A = \dfrac{SS_A}{a-1}$	$\sigma^2 + bn\eta_\alpha^2$	$\sigma^2 + n\sigma_{\alpha\beta}^2 + bn\sigma_\alpha^2$	$\sigma^2 + n\sigma_{\alpha\beta}^2 + bn\eta_\alpha^2$
$SS_B = an\sum\limits_{j=1}^{b}(\bar{x}_{.j.} - \bar{x}_{...})^2$	$MS_B = \dfrac{SS_B}{b-1}$	$\sigma^2 + an\eta_\beta^2$	$\sigma^2 + n\sigma_{\alpha\beta}^2 + an\sigma_\beta^2$	$\sigma^2 + an\sigma_\beta^2$
$SS_{AB} = n\sum\limits_{j=1}^{b}(\bar{x}_{ij.} - \bar{x}_{i..} - \bar{x}_{.j.} + \bar{x}_{...})^2$	$MS_{AB} = \dfrac{SS_{AB}}{(a-1)(b-1)}$	$\sigma^2 + n\eta_{\alpha\beta}^2$	$\sigma^2 + n\eta_{\alpha\beta}^2$	$\sigma^2 + n\eta_{\alpha\beta}^2$
$SS_E = \sum\limits_{i=1}^{a}\sum\limits_{j=1}^{b}\sum\limits_{j=1}^{n}(x_{ijk} - \bar{x}_{ij.})^2$	$MS_E = \dfrac{SS_E}{ab(n-1)}$	σ^2	σ^2	σ^2
$SS_T = \sum\limits_{i=1}^{a}\sum\limits_{j=1}^{b}\sum\limits_{k=1}^{n}(x_{ijk} - \bar{x}_{...})^2$				

（二）MATLAB 自带函数

MATLAB 的统计工具箱提供了 anova2 函数，可用来进行双因素方差分析，其调用格式如下 4 种。

1. p = anova2(X, reps)

这种调用格式中，X 为样本观测矩阵，其每一列对应因素 A 的一个水平，每一行对应因

素 B 的一个水平，X 样本数据应该满足方差分析的基本假定，即可加性、正态性和方差齐性。参数 reps 表示因素 A 和 B 的每一个水平组合下重复试验的次数。

anova2 函数既可检验矩阵 X 的各列（即 A 因素各水平）是否具有相同的均值，也可检验各行（即 B 因素各水平）是否具有相同的均值。参数 reps 默认取值为 1，也可取值大于 1，当取值大于 1 时，还需要检验因素 A 和因素 B 之间的交互作用是否显著。根据 reps 的不同，返回参数 p 中的值也各不相同，当 reps = 1 时，说明是无重复试验方差分析，此时只需考虑 A 因素各水平和 B 因素各水平之间的检验，故只返回两个数据，构成含 2 元素的向量。当 reps > 1 时，除了包含 A 因素和 B 因素各自的各水平之间的检验结果，还包括 A 因素各水平和 B 因素各水平之间的交互作用的检验，此时返回值则是包含 3 个元素的向量。

anova2 函数还会返回一个标准的方差分析表。

例如，为了从 3 种不同的原料和 3 种不同的发酵温度中，选择出最合适的条件，设计了一个两因素的试验，并得到表 4-44 中的结果。在这个试验中，温度和原料均为固定因素，每个处理 4 次重复，试进行双因素方差分析。

表 4-44　用不同原料和不同温度发酵的乙醇产量

温度 B/℃	原材料 A											
	A_1				A_2				A_3			
30	41	49	23	25	47	59	50	40	43	35	53	50
35	11	13	25	24	43	38	33	36	55	38	47	44
40	6	22	26	18	8	22	18	14	30	33	26	19

运行如下：

```
X = [41,11,6;49,13,22;23,25,26;25,24,18;
    47,43,8;59,38,22;50,33,18;40,36,14;
    43,55,30;35,38,33;53,47,26;50,44,19];
anova2(X,4);
```

运行结果如图 4-7 所示。

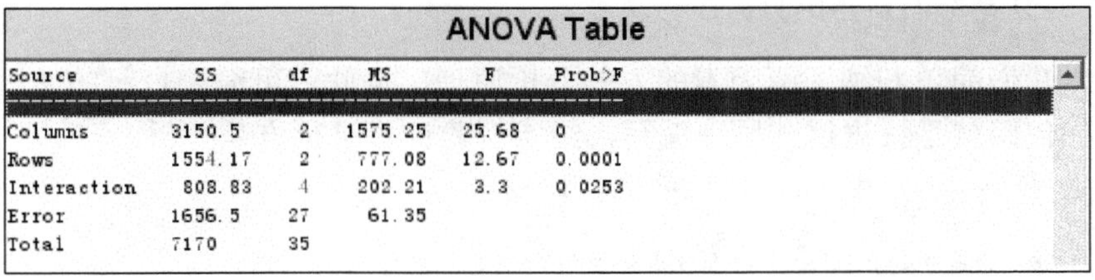

```
                        ANOVA Table
Source       SS       df    MS       F      Prob>F

Columns    3150.5     2    1575.25  25.68   0
Rows       1554.17    2    777.08   12.67   0.0001
Interaction 808.83    4    202.21   3.3     0.0253
Error      1656.5     27   61.35
Total      7170       35
```

图 4-7　anova2 的运行结果

2. p = anova2(X, reps, displayopt)

这种调用格式中，增加的参数 displayopt 用来控制是否限制方差分析标准图表窗口，和 anova1 一样，当设定为'on'（缺省默认）时，将显示方差分析图形窗口，当设定为'off'时，不显示方差分析表。

3. [p, table] = anova2(…)

这种格式中，返回参数 table 将以 cell 数组的形式存放方差分析表。

4. [p, table, stats] = anova2(⋯)

这种格式中，返回参数 stats 为结构体变量，保存着进行多重比较的必要数据，当因素水平之间差异显著时，还需要进行多重比较，此时 stats 作为新的参数传递给 multcompare 函数。例如，对上面的例子，使用

$$[p, t, s] = anova2(X, 4)$$

则得到的结果如下：

```
>>Untitled
p =
   0.0000    0.0001    0.0253
t =
   'Source'        'SS'            'df'   'MS'            'F'         'Prob>F'
   'Columns'       [3.1505e + 03]  [2]    [1.5752e + 03]  [25.6757]   [5.6726e-07]
   'Rows'          [1.5542e + 03]  [2]    [777.0833]      [12.6660]   [1.3184e-04]
   'Interaction'   [808.8333]      [4]    [202.2083]      [3.2959]    [0.0253]
   'Error'         [1.6565e + 03]  [27]   [61.3519]       []          []
   'Total'         [7.1700e + 03]  [35]   []              []          []


s =
   source:      'anova2'
   sigmasq:     61.3519
   colmeans:    [42.9167 33.9167 20.1667]
   coln:        12
   rowmeans:    [23.5833 34 39.4167]
   rown:        12
   inter:       1
   pval:        0.0253
   df:          27
>>
```

从这里可以看出，返回的结构体 stats 中，包含了随机误差的方差，行列的均值等。对照着 table，可一一看清各项的含义，不再赘述。

（三）两因素的方差分析的 MATLAB 实现

在前面，我们简单归纳了两因素的方差分析原理，据此，可编制自己的两因素方差分析函数，下面的代码就是根据这些原理编写，经实例验证可进行方差分析。

```
function TwoFactAnalyVaria(X,FactType,MyAlpha)
% 函数名称:TwoFactAnalyVaria.m
% 实现功能:实现两因素方差分析计算,不支持无重复试验的方差分析.
% 输入参数:本函数共有 2 个输入参数,含义如下:
%          :(1)X,原始数据结构体,以均衡试验数据为准,非均衡试验类似处理.
%          :数据以左侧安排 A 因素,上部安排 B 因素,第一行数据为 B 水平号,
%          :第一列数据为 A 水平号,例如
%          :0,1,2,3;<----B 水平号
%          :1,41,11,6;
%          :2,59,38,22;
%          :↑
%          :A 水平号
%          :(2)FactType,因素类型,固定因素以'fixed'标记,随机因素以'random'
```

```
%              :标记,按照{A 因素类型,B 因素类型}顺序安排.
%              :(3)MyAlpha,检验水平,缺省默认 0.05
% 输出参数:本函数默认不输出参数
% 函数调用:本函数实现功能需要调用 2 个子函数,说明如下:
%              :(1)PrintAnovaTable(tbl),用来格式化输出方差分析表
%              :(2)irrepetTest,专门处理两因素无重复试验的方差分析
% 参考资料:本函数所实现功能的更详细资料,请参阅教材:
%              :(1)马赛璞,MATLAB 语言编程[M],电子工业出版社,2017.
% 原始作者:马赛璞,wdwsjlxx@163.com
% 创建时间:2016-04-16,09:57:23
% 原始版本:1.0
% 版权声明:未经作者许可,任何单位及个人不得以任何方式或理由对本代码进行
%              :网上传播、贩卖等。
% 实用样例:例 1:固定模型
%              X = [0,1,2,3;1,41,11,6;1,49,13,22;1,23,25,26;
%              1,25,24,18;2,47,43,8;2,59,38,22;2,50,33,18;
%              2,40,36,14;3,43,55,30;3,35,38,33;3,53,47,26;
%              3,50,44,19];
%              tp = {'f','f'};X = {X};TwoFactAnalyVaria(X,tp);
%               例 2:随机模型
%              X = [...
%              0,1,1,2,2,3,3;
%              1,8.69,8.47,8.30,8.74,9.79,9.07;
%              2,8.88,8.72,9.18,9.54,9.59,9.09;
%              3,10.82,10.86,10.50,10.92,11.37,10.71;
%              4,11.16,11.42,10.47,11.13,11.80,10.60;
%              ];
%              tp = {'r','r'};X = {X};TwoFactAnalyVaria(X,tp,0.05);
%               例 3:混合模型
%              X = [...
%              0,1,1,2,2,3,3,4,4;
%              1,2.70,3.30,1.70,2.14,1.90,2.00,2.72,1.85;
%              2,1.38,1.35,1.74,1.56,3.14,2.29,3.51,3.15;
%              3,2.35,1.95,1.67,1.50,1.63,1.05,1.39,1.72;
%              4,2.26,2.13,3.41,2.56,3.17,3.18,2.22,2.19;
%              ]
%              tp = {'f','r'};X = {X};
%              TwoFactAnalyVaria(X,tp,0.05);
%               例 4:无重复试验的分析
%     X = [0,1,2,3,4;1,549,578,813,815;2,600,703,861,854;3,548,682,...
%              815,852;4,551,690,831,853]
%              tp = {'f','f'};X = {X};
%              TwoFactAnalyVaria(X,tp,0.05);
%
% 检查因素类型参数
if nargin<2||isempty(FactType)
    error('每个因素的类型必须明确输入,不可缺省');
else
    FactTypes = {'f','r','fixed','random'};
    aType = FactType{1};bType = FactType{2};
    if~(ismember(aType,FactTypes)&&ismember(bType,FactTypes))
        error('因素的类型输入有误');
```

```
        end
    end
    % 检查检验水平
    if nargin<3||isempty(MyAlpha)
        MyAlpha = 0.05;
    elseif isscalar(MyAlpha)
        Alphas = [0.1,0.05,0.025,0.01,0.001];
        chk = ismember(MyAlpha,Alphas);
        if~chk
            error('输入的 alpha 检验水平数据不符合习惯！');
        end
    else
        error('输入有误');
    end

    % 读取数据
    X = X{1};%将结构体恢复成矩阵
    %  A 因素资料
    aLvls = X(:,1);aLvls(aLvls = = 0) = [];
    aRept = length(aLvls);
    aLvls = unique(aLvls)';%转行向量
    aLvlNum = length(aLvls);
    aRept = aRept/aLvlNum;
    %  B 因素资料
    bLvls = X(1,:);bLvls(bLvls = = 0) = [];
    bRept = length(bLvls);bLvls = unique(bLvls);
    bLvlNum = length(bLvls);bRept = bRept/bLvlNum;
    % 每个配对水平下的重复试验次数
    nExpRpt = aRept*bRept;

    X = X(2:end,2:end);%基本试验数据
    if nExpRpt = = 1  %处理无重复试验
        tbl = irrepetTest(X,MyAlpha);PrintAnovaTable(tbl);return;
    end

    % 计算中间量,平均值
    aLvlSum = zeros(1,aLvlNum);
    aLvlMean = zeros(1,aLvlNum);%存放A因素各水平和,均值
    bLvlSum = zeros(1,bLvlNum);
    bLvlMean = zeros(1,bLvlNum);
    for ira = 1:aLvlNum
        startRow = (ira-1)*aRept + 1;
        endRow = ira*aRept;
        tmp = X(startRow:endRow,:);
        aLvlSum(ira) = sum(tmp(:));
        aLvlMean(ira) = aLvlSum(ira)/length(tmp(:));
    end
    for jcb = 1:bLvlNum
        startCol = (jcb-1)*bRept + 1;
        endCol = jcb*bRept;
        tmp = X(:,startCol:endCol);
        bLvlSum(jcb) = sum(tmp(:));
```

```matlab
        bLvlMean(jcb) = bLvlSum(jcb)/length(tmp(:));
end
if mean(aLvlMean)-mean(bLvlMean)>0.001
    error('计算有误');
else
    grandMean = mean(aLvlMean);%grand mean
end
abLvlSum = zeros(aLvlNum,bLvlNum);
abLvlMean = zeros(aLvlNum,bLvlNum);
abLvlDist = zeros(aLvlNum,bLvlNum);
for ir = 1:aLvlNum
    for jc = 1:bLvlNum
        startRow = (ir-1)*aRept + 1;
        endRow = ir*aRept;
        startCol = (jc-1)*bRept + 1;
        endCol = jc*bRept;
        tmp = X(startRow:endRow,startCol:endCol);
        abLvlSum(ir,jc) = sum(tmp(:));
        abLvlMean(ir,jc) = abLvlSum(ir,jc)/nExpRpt;
        abLvlDist(ir,jc) = sum((tmp-abLvlMean(ir,jc)).^2);
    end
end

% 计算各种离差平方和
SSt = sum((X(:)-grandMean).^2);
SSa = bLvlNum*nExpRpt*sum((aLvlMean(:)-grandMean).^2);
SSb = aLvlNum*nExpRpt*sum((bLvlMean(:)-grandMean).^2);
tmpSum = 0;
for ir = 1:aLvlNum
    for jc = 1:bLvlNum
        tmpSum = tmpSum + (abLvlMean(ir,jc)-aLvlMean(ir)-...
            bLvlMean(jc) + grandMean)^2;%for SSab
    end
end
SSab = nExpRpt*tmpSum;
SSe = sum(abLvlDist(:));
% 计算各种均方
dfa = aLvlNum-1;MSa = SSa/dfa;
dfb = bLvlNum-1;MSb = SSb/dfb;
dfab = (aLvlNum-1)*(bLvlNum-1);MSab = SSab/dfab;
dfe = aLvlNum*bLvlNum*(nExpRpt-1);MSe = SSe/dfe;
dft = aLvlNum*bLvlNum*nExpRpt-1;

% 根据因素类型,判别使用何种类型的模型
if strcmp(aType,'f')|| strcmp(aType,'fixed')
    aId = 1;
else
    aId = 0;
end
if strcmp(bType,'f')|| strcmp(bType,'fixed')
    bId = 1;
else
```

```
       bId = 0;
    end


% 形成方差分析表基本框架
tbl = cell(6);
tblHd = {'变差来源','平方和','自由度','均方','F值','F临界值'};
tblCn = {'A因素','B因素','AB交互作用','误差','总和'};
pfh = [SSa,SSb,SSab,SSe,SSt];
df = [dfa,dfb,dfab,dfe,dft];
MS = [MSa,MSb,MSab,MSe];
for jc = 1:6  %处理表头
    tbl{1,jc} = tblHd{jc};
end
for ir = 2:6  %处理左列
    tbl{ir,1} = tblCn{ir-1};
    tbl{ir,2} = sprintf('%.2f',pfh(ir-1));
    tbl{ir,3} = sprintf('%d',df(ir-1));
end
for ir = 2:5
    tbl{ir,4} = sprintf('%.2f',MS(ir-1));
end


% 处理3种模型
switch(aId + bId)
    case {0,1}  %随机模型,混合模型
        Fab = MSab/MSe;abCutOff = finv(1-MyAlpha,dfab,dfe);
        if Fab<abCutOff  %执行合并
            SSe = SSe + SSab;
            dfe = aLvlNum*bLvlNum*nExpRpt-aLvlNum-bLvlNum + 1;
            MSe = SSe/dfe;
            Fa = MSa/MSe;aCutOff = finv(1-MyAlpha,dfa,dfe);
            Fb = MSb/MSe;bCutOff = finv(1-MyAlpha,dfb,dfe);
            Fab = [];abCutOff = [];
        else  %不执行合并
            if aId + bId = = 0  %随机模型
                Fa = MSa/MSab;aCutOff = finv(1-MyAlpha,dfa,dfab);
                Fb = MSb/MSab;bCutOff = finv(1-MyAlpha,dfb,dfab);
            else  %混合模型
                if aId = = 1 %A固定,B随机
                    Fa = MSa/MSab;aCutOff = finv(1-MyAlpha,dfa,dfab);
                    Fb = MSb/MSe;bCutOff = finv(1-MyAlpha,dfb,dfe);
                else  %A随机,B固定
                    Fa = MSa/MSe;aCutOff = finv(1-MyAlpha,dfa,dfe);
                    Fb = MSb/MSab;bCutOff = finv(1-MyAlpha,dfb,dfab);
                end
            end
        end
    case 2  %固定模型
        Fa = MSa/MSe;aCutOff = finv(1-MyAlpha,dfa,dfe);
        Fb = MSb/MSe;bCutOff = finv(1-MyAlpha,dfb,dfe);
        Fab = MSab/MSe;abCutOff = finv(1-MyAlpha,dfab,dfe);
end
```

```
% 写入方差表
if isempty(Fab)
    Fs = [Fa,Fb,0];Fcs = [aCutOff,bCutOff,0];
else
    Fs = [Fa,Fb,Fab];Fcs = [aCutOff,bCutOff,abCutOff];
end
for ir = 2:4
    if Fs(ir-1)>Fcs(ir-1)
        tbl{ir,5} = sprintf('%.2f*',Fs(ir-1));
    elseif(Fs(ir-1) = = 0 && Fcs(ir-1) = = 0)
        tbl{ir,5} = sprintf('%s','合并到误差');
    else
        tbl{ir,5} = sprintf('%.2f',Fs(ir-1));
    end
    if Fcs(ir-1)~ = 0;
        tbl{ir,6} = sprintf('%.2f',Fcs(ir-1));
    else
        tbl{ir,6} = sprintf('%s','合并到误差');
    end
end
PrintAnovaTable(tbl)

function tbl = irrepetTest(X,MyAlpha)
% 专门处理两因素无重复试验的方差分析
[a,b] = size(X);
% 计算各水平的均值
aLvlMean = mean(X,2);bLvlMean = mean(X,1);
grandMean = sum(X(:))/length(X(:));
% 计算离差平方和
SSt = sum((X(:)-grandMean).^2);
SSa = b*sum((aLvlMean-grandMean).^2);
SSb = a*sum((bLvlMean-grandMean).^2);
SSe = SSt-SSa-SSb;
% 计算自由度与均方
dfa = a-1;MSa = SSa/dfa;dfb = b-1;MSb = SSb/dfb;
dfe = (a-1)*(b-1);MSe = SSe/dfe;dft = a*b-1;
% F 值
Fa = MSa/MSe;aCutOff = finv(1-MyAlpha,dfa,dfe);
Fb = MSb/MSe;bCutOff = finv(1-MyAlpha,dfb,dfe);
% 形成 Table
tbl = cell(5);
tblHd = {'变差来源','平方和','自由度','均方','F 值','F 临界值'};
tblCn = {'A 因素','B 因素','误差','总和'};
PFH = [SSa,SSb,SSe,SSt];
DFs = [dfa,dfb,dfe,dft];
MS = [MSa,MSb,MSe];
for jc = 1:6  % 处理表头
    tbl{1,jc} = tblHd{jc};
end
for ir = 2:5 %处理左列
    tbl{ir,1} = tblCn{ir-1};
```

```
end
for ir = 2:5
   tbl{ir,2} = sprintf('%.2f',PFH(ir-1));
   tbl{ir,3} = sprintf('%d',DFs(ir-1));
end
for ir = 2:4
   tbl{ir,4} = sprintf('%.2f',MS(ir-1));
end
Fs = [Fa,Fb];
Fcs = [aCutOff,bCutOff];
for ir = 2:3
   if Fs(ir-1)>Fcs(ir-1)
       tbl{ir,5} = sprintf('%.2f*',Fs(ir-1));
   else
       tbl{ir,5} = sprintf('%.2f',Fs(ir-1));
   end
   tbl{ir,6} = sprintf('%.2f',Fcs(ir-1));
end
```

由于在函数的说明中已有多个实例，因此这里不再具体介绍实例应用。

五、三因素及多因素效应模型

（一）基本原理说明

在前几节，我们详细探讨了单因素和两因素方差分析的原理与具体实施过程，事实上，上述的方差分析方法，还可以推广到三因素及以上的更一般的情况。若一个试验中，因素 A 设定有 a 个水平，因素 B 有 b 个水平，因素 C 有 c 个水平，每个处理下有 n 个重复（$n \geqslant 2$），则观测值一共有 $abcn$ 个，使用的线性模型为

$$x_{ijkl} = \mu + \alpha_i + \beta_j + \gamma_k + (\alpha\beta)_{ij} + (\alpha\gamma)_{ik} + (\beta\gamma)_{jk} + (\alpha\beta\gamma)_{ijk} + \varepsilon_{ijkl}$$
$$(i=1,2,\cdots,a; j=1,2,\cdots,b; k=1,2,\cdots,c; l=1,2,\cdots,n) \tag{4-107}$$

若是增加到 4 个因素，设第 4 个为水平数为 d 的因素 D，则线性模型为

$$\begin{aligned}
x_{ijklt} = &\mu + \alpha_i + \beta_j + \gamma_k + \psi_l \\
&+ (\alpha\beta)_{ij} + (\alpha\gamma)_{ik} + (\alpha\psi)_{il} + (\beta\gamma)_{jk} + (\beta\psi)_{jl} + (\gamma\psi)_{kl} \\
&+ (\alpha\beta\gamma)_{ijk} + (\alpha\beta\psi)_{ijl} + +(\alpha\gamma\psi)_{ikl} + (\beta\gamma\psi)_{jkl} \\
&+ (\alpha\beta\gamma\psi)_{ijkl} + \varepsilon_{ijklt}
\end{aligned} \tag{4-108}$$
$$\begin{pmatrix} i=1,2,\cdots,a; j=1,2,\cdots,b; k=1,2,...,c; \\ l=1,2,\cdots,d; t=1,2,\cdots,n \end{pmatrix}$$

可以看到，随着因素个数的增加，交互作用项的数目会显著增加，从理论上讲，有些交互作用项经检验作用显著，有些则可能经检验不显著从而被合并到其他项中。一般来说，在实际试验分析中，即便是两个因素之间的交互作用（称为一阶交互作用），也并不是全部都被分析，而是只考查少数几个，至于哪几个交互作用应该被忽略，则要根据专业知识和实践经验来判断。

对于含有 3 个及以上因素的试验，从线性模型可以看到还存在 3 个或 4 个因素之间的交互作用项（称为高阶交互作用项），以 3 因素为例，若要完成全部 $abcn$ 个试验（称为完全试验），由于需要试验的次数较多，分析更加复杂，因此在实际分析中，常常会忽略高阶交互作用项，而为了减少试验次数，也常常采取诸如正交试验、均匀试验等方法减少不必要的试验。在本小节，我们以三因素固定效应模型为例，具体解释多因素方差分析线性模型中的一些问题。

当因素 A, B, C 都是固定因素时，则各因素及交互作用项的效应都按照固定效应处理，都满足效应和为 0，而检验的零假设则都设定为各效应为 0。计算各因素的离差平方和，仍然存在如下的分解。

$$\mathrm{SS}_T = \mathrm{SS}_A + \mathrm{SS}_B + \mathrm{SS}_C + \mathrm{SS}_{AB} + \mathrm{SS}_{AC} + \mathrm{SS}_{BC} + \mathrm{SS}_{ABC} + \mathrm{SS}_E \tag{4-109}$$

其中

$$\mathrm{SS}_T = \sum_{i=1}^{a}\sum_{j=1}^{b}\sum_{k=1}^{c}\sum_{l=1}^{n} x_{ijkl}^2 - \frac{x_{\cdots}^2}{abcn} \tag{4-110}$$

$$\mathrm{SS}_A = \frac{1}{bcn}\sum_{i=1}^{a} x_{i\cdots}^2 - \frac{x_{\cdots}^2}{abcn} \tag{4-111}$$

$$\mathrm{SS}_B = \frac{1}{acn}\sum_{j=1}^{b} x_{\cdot j\cdot\cdot}^2 - \frac{x_{\cdots}^2}{abcn} \tag{4-112}$$

$$\mathrm{SS}_C = \frac{1}{abn}\sum_{k=1}^{c} x_{\cdot\cdot k\cdot}^2 - \frac{x_{\cdots}^2}{abcn} \tag{4-113}$$

$$\mathrm{SS}_{AB} = \frac{1}{cn}\sum_{i=1}^{a}\sum_{j=1}^{b} x_{ij\cdot\cdot}^2 - \frac{1}{bcn}\sum_{i=1}^{a} x_{i\cdots}^2 - \frac{1}{acn}\sum_{j=1}^{b} x_{\cdot j\cdot\cdot}^2 + \frac{x_{\cdots}^2}{abcn} \tag{4-114}$$

$$\mathrm{SS}_{AC} = \frac{1}{bn}\sum_{i=1}^{a}\sum_{k=1}^{c} x_{i\cdot k\cdot}^2 - \frac{1}{bcn}\sum_{i=1}^{a} x_{i\cdots}^2 - \frac{1}{abn}\sum_{k=1}^{c} x_{\cdot\cdot k\cdot}^2 + \frac{x_{\cdots}^2}{abcn} \tag{4-115}$$

$$\mathrm{SS}_{BC} = \frac{1}{an}\sum_{j=1}^{b}\sum_{k=1}^{c} x_{\cdot jk\cdot}^2 - \frac{1}{acn}\sum_{j=1}^{b} x_{\cdot j\cdot\cdot}^2 - \frac{1}{abn}\sum_{k=1}^{c} x_{\cdot\cdot k\cdot}^2 + \frac{x_{\cdots}^2}{abcn} \tag{4-116}$$

$$\mathrm{SS}_{ABC} = \frac{1}{n}\sum_{i=1}^{a}\sum_{j=1}^{b}\sum_{k=1}^{c} x_{ijk\cdot}^2 + \frac{1}{bcn}\sum_{i=1}^{a} x_{i\cdots}^2 + \frac{1}{acn}\sum_{j=1}^{b} x_{\cdot j\cdot\cdot}^2 + \frac{1}{abn}\sum_{k=1}^{c} x_{\cdot\cdot k\cdot}^2$$
$$- \frac{1}{cn}\sum_{i=1}^{a}\sum_{j=1}^{b} x_{ij\cdot\cdot}^2 - \frac{1}{bn}\sum_{i=1}^{a}\sum_{k=1}^{c} x_{i\cdot k\cdot}^2 - \frac{1}{an}\sum_{j=1}^{b}\sum_{k=1}^{c} x_{\cdot jk\cdot}^2 - \frac{x_{\cdots}^2}{abcn} \tag{4-117}$$

$$\mathrm{SS}_E = \sum_{i=1}^{a}\sum_{j=1}^{b}\sum_{k=1}^{c}\sum_{l=1}^{n} x_{ijkl}^2 - \frac{1}{n}\sum_{i=1}^{a}\sum_{j=1}^{b}\sum_{k=1}^{c} x_{ijk\cdot}^2 \tag{4-118}$$

观察各因素的平方和表达式，会发现有一些潜在的规律性，实际上，当因素较多时，按照原理进行平方和的分解计算会比较烦琐，更简便的方法是按照约定规则进行推导，在下一小节我们将具体学习约定规则。

对自由度进行分解时，各因素的主效应对应的自由度为因素的水平数减 1；交互作用项的自由度则由构成交互作用项的各因素的自由度相乘得到；误差项的自由度，在每一个处理内为 $n-1$，共有 abc 个处理，则其自由度为 $abc(n-1)$，总离差的自由度，则为总试验次数减 1，即 $abcn-1$。

$$df_A = a-1 \qquad (4\text{-}119)$$

$$df_B = b-1 \qquad (4\text{-}120)$$

$$df_C = c-1 \qquad (4\text{-}121)$$

$$df_E = abc(n-1) \qquad (4\text{-}122)$$

$$df_{AB} = (a-1)(b-1) \qquad (4\text{-}123)$$

$$df_{AC} = (a-1)(c-1) \qquad (4\text{-}124)$$

$$df_{BC} = (b-1)(c-1) \qquad (4\text{-}125)$$

$$df_{ABC} = (a-1)(b-1)(c-1) \qquad (4\text{-}126)$$

$$df_T = abcn-1 \qquad (4\text{-}127)$$

从上述的自由度计算可知，对于多因素方差分析，其自由度的计算是有规律可循的，更多因素数的方差分析计算，都可依此写出各项的自由度。有了各项平方和与对应的自由度，则各项均方可以很方便地求得并推算期望，为 F 检验统计量的选定奠定基础。

（二）平方和的分解

当因素数增加到 3 个及以上时，总离差平方和的分解也变得复杂起来，不过按照一定的约定规则，可以直接写出各分解项的平方和，下面首先学习约定规则。

约定 1：将模型误差项 $\varepsilon_{ij\cdots m}$ 改写为 $\varepsilon_{(ij\cdots)m}$，下标中 m 是重复数。例如，对于两因素模型，ε_{ijm} 就改写成 $\varepsilon_{(ij)m}$。

约定 2：除总均值 μ 和误差项 $\varepsilon_{(ij\cdots)m}$ 之外，模型包含了所有的主效应及任何试验者假定存在的交互作用。如果 k 个因素所有可能的交互作用都存在，则根据排列组合，模型中包含有 C_k^2 个两因素交互作用，C_k^3 个三因素交互作用……1 个 k 因素交互作用。如果模型某一项中的某个因素出现在小括号内，则在那一项中，括号内的那个因素和其他因素之间没有交互作用。

约定 3：根据下标的存在状况与类型，将模型每一项中的下标划分为如下三类中的一种：①活的下标——不在小括号内的那些下标；②死的下标——出现在小括号内的那些下标；③缺失的下标——在模型中出现但在该项中不出现的那些下标。例如，在 $(\tau\beta)_{ij}$ 中，i 与 j 是活的，k 是缺失的，而在 $\varepsilon_{(ij)k}$ 中，k 是活的，i 与 j 是死的。

约定 4：确定自由度。模型中任一项的自由度的确定，都与该项的下标类型相关。下标中的每个死下标，对应着与该死下标关联的因素的水平数（称为对应数）；下标中的每个活下标，对应着与该活下标关联因素的水平数减 1；然后将各个下标对应数相乘得到自由度。例如，$(\alpha\beta)_{ij}$ 中，下标 i 和 j 都是活下标，则下标 i 的对应数是与它关联的因素 A 的水平数减 1，

即 $a-1$；而下标 j 的对应数是与它关联的因素 B 的水平数减 1，即 $b-1$。将它们的对应数相乘，就得到了该项的自由度，即 $df_{AB}=(a-1)(b-1)$。又如，$\varepsilon_{(ij)k}$ 中，死下标为 i 和 j，则它们对应数分别为 A 因素的水平数和 B 因素的水平数，下标 k 是活下标，对应着 $n-1$，将它们相乘，得到该项的自由度 $ab(n-1)$。

约定 5：确定平方和。要确定任一效应的平方和计算公式，首先需要展开那一效应的自由度，把自由度展开式中的每一项，都看作未校正平方和的符号格式。这里的符号格式，更明确的意义是最后的表达式中会保留该项的求和符号 Σ 并确定表达式的正负号。对于自由度展开式中的 -1，也同样按照求和对待，只不过不写出求和符号 Σ。例如，β_j 的自由度展开式就是 $b-1$，这个展开式中的每一项（即 b 和 -1）都是未校正平方和的符号格式。

在展开自由度的基础上，再按照如下的 5 个步骤具体实施：①观察值总求和；②重排求和顺序；③替换为求和点；④平方除以水平积；⑤添加正负号。最后再将上述得到的结果求和即可。下面以求 β_j 的 SS_B 为例，具体说明上述 5 步。

步骤 1：对自由度展开式中的每个符号格式，以和式的形式写出所有观察值的总和。对于 $df_B=b-1$ 中的 b 和 -1，分别写出 $\sum_{i=1}^{a}\sum_{j=1}^{b}\sum_{k=1}^{n}x_{ijk}$。为了明确，列如表 4-45 所示。

表 4-45　平方和计算第 1 步

步骤	目的	b	-1
1	观察值总求和	$\sum_{i=1}^{a}\sum_{j=1}^{b}\sum_{k=1}^{n}x_{ijk}$	$\sum_{i=1}^{a}\sum_{j=1}^{b}\sum_{k=1}^{n}x_{ijk}$

步骤 2：重排和式的求和号，将与符号格式（这里具体指 b）相同的元素求和排到最前（最左），并把其余的元素用小括号括起来。因此，β_j 的重排结果如表 4-46 所示，其中 -1 因为没有涉及到求和符，所以把整个观察值总和都看作是对 -1 求和之外的"其余元素"。

表 4-46　平方和计算第 2 步

步骤	目的	b	-1
2	重排求和顺序	$\sum_{j=1}^{b}\left(\sum_{i=1}^{a}\sum_{k=1}^{n}x_{ijk}\right)$	$\left(\sum_{i=1}^{a}\sum_{j=1}^{b}\sum_{k=1}^{n}x_{ijk}\right)$

步骤 3：为了书写方便，对求和表达式改变记号形式，在下标 ijk 中，若对其中某个下标求和，则将该下标以圆点代替，并省去该下标的求和符，我们称这种替换为"求和点"替换。将第 2 步中小括号内的量转换为标准的"求和点"记号，则结果如表 4-47 所示。

表 4-47　平方和计算第 3 步

步骤	目的	b	-1
3	替换求和符号	$\sum_{j=1}^{b}\left(\sum_{i=1}^{a}\sum_{k=1}^{n}x_{ijk}\right)=\sum_{j=1}^{b}(x_{\cdot j\cdot})$	$\left(\sum_{i=1}^{a}\sum_{j=1}^{b}\sum_{k=1}^{n}x_{ijk}\right)=(x_{\cdots})$

步骤 4：将小括号内的数平方并除以"求和点"下标对应的水平数的乘积，就得到了符号格式对应的正平方和。本例中，符号格式 b 和 -1 对应的平方和如表 4-48 所示。

表 4-48 平方和计算第 4 步

步骤	目的	b	-1
4	平方与水平积	$\displaystyle\sum_{j=1}^{b}\frac{x_{\cdot j\cdot}^{2}}{an}$	$\dfrac{x_{\cdot\cdot\cdot}^{2}}{abn}$

步骤 5：对每一列得到的平方和项赋予与符号格式相同的正负号。各步骤与结果汇总如表 4-49 所示，在实际中，自由度中的−1 常常用来代表校正因子；它对应着

$$1=\frac{1}{ab\cdots n}\left(\sum_{i=1}^{a}\sum_{j=1}^{b}\cdots\sum_{m=1}^{n}x_{ij\cdots m}\right)^{2}=\frac{x_{\cdots\cdots}^{2}}{ab\cdots n}$$

当熟悉这种格式推导后，可直接写出该项的最后表达形式。

表 4-49 平方和计算的完整步骤

步骤	目的	b	-1
1	观察值总求和	$\displaystyle\sum_{i=1}^{a}\sum_{j=1}^{b}\sum_{k=1}^{n}x_{ijk}$	$\displaystyle\sum_{i=1}^{a}\sum_{j=1}^{b}\sum_{k=1}^{n}x_{ijk}$
2	重排求和顺序	$\displaystyle\sum_{j=1}^{b}\left(\sum_{i=1}^{a}\sum_{k=1}^{n}x_{ijk}\right)$	$\displaystyle\left(\sum_{i=1}^{a}\sum_{j=1}^{b}\sum_{k=1}^{n}x_{ijk}\right)$
3	替换求和符号	$\displaystyle\sum_{j=1}^{b}(x_{\cdot j\cdot})$	$(x_{\cdots})$
4	平方与水平积	$\displaystyle\sum_{j=1}^{b}\frac{x_{\cdot j\cdot}^{2}}{an}$	$\dfrac{x_{\cdots}^{2}}{abn}$
5	添加正负号	$\displaystyle+\sum_{j=1}^{b}\frac{x_{\cdot j\cdot}^{2}}{an}$	$-\dfrac{x_{\cdots}^{2}}{abn}$

将表 4-49 中最后一行各列相加，即得到

$$\mathrm{SS}_{B}=\sum_{j=1}^{b}\frac{x_{\cdot j\cdot}^{2}}{an}-\frac{x_{\cdots}^{2}}{abn}$$

这显然是二因素分析中主效应 B 的平方和。

例 10 根据格式推求 $(\alpha\beta)_{ij}$ 的平方和 SS_{AB}。

解 在多因素方差分析中，$(\alpha\beta)_{ij}$ 项的自由度展开式是 $\mathrm{df}_{AB}=(a-1)(b-1)=ab-a-b+1$。因此，平方和的确定过程如表 4-50 所示。

表 4-50 求 $(\alpha\beta)_{ij}$ 的平方和 SS_{AB} 的具体步骤

步骤	目的	ab	$-a$	$-b$	$+1$
1	观察值总求和	$\displaystyle\sum_{i=1}^{a}\sum_{j=1}^{b}\sum_{k=1}^{n}x_{ijk}$	$\displaystyle\sum_{i=1}^{a}\sum_{j=1}^{b}\sum_{k=1}^{n}x_{ijk}$	$\displaystyle\sum_{i=1}^{a}\sum_{j=1}^{b}\sum_{k=1}^{n}x_{ijk}$	$\displaystyle\sum_{i=1}^{a}\sum_{j=1}^{b}\sum_{k=1}^{n}x_{ijk}$
2	重排求和顺序	$\displaystyle\sum_{i=1}^{a}\sum_{j=1}^{b}\left(\sum_{k=1}^{n}x_{ijk}\right)$	$\displaystyle\sum_{i=1}^{a}\left(\sum_{j=1}^{b}\sum_{k=1}^{n}x_{ijk}\right)$	$\displaystyle\sum_{j=1}^{b}\left(\sum_{i=1}^{a}\sum_{k=1}^{n}x_{ijk}\right)$	$\displaystyle\left(\sum_{i=1}^{a}\sum_{j=1}^{b}\sum_{k=1}^{n}x_{ijk}\right)$
3	替换为求和点	$\displaystyle\sum_{i=1}^{a}\sum_{j=1}^{b}(x_{ij\cdot})$	$\displaystyle\sum_{i=1}^{a}(x_{i\cdot\cdot})$	$\displaystyle\sum_{j=1}^{b}(x_{\cdot j\cdot})$	$(x_{\cdots})$

步骤	目的	ab	$-a$	$-b$	$+1$
4	平方除以水平积	$\sum\limits_{i=1}^{a}\sum\limits_{j=1}^{b}\dfrac{x_{ij\cdot}^2}{n}$	$\sum\limits_{i=1}^{a}\dfrac{x_{i\cdot\cdot}^2}{bn}$	$\sum\limits_{j=1}^{b}\dfrac{x_{\cdot j\cdot}^2}{an}$	$\dfrac{x_{\cdots}^2}{abn}$
5	添加正负号	$+\sum\limits_{i=1}^{a}\sum\limits_{j=1}^{b}\dfrac{x_{ij\cdot}^2}{n}$	$-\sum\limits_{i=1}^{a}\dfrac{x_{i\cdot\cdot}^2}{bn}$	$-\sum\limits_{j=1}^{b}\dfrac{x_{\cdot j\cdot}^2}{an}$	$+\dfrac{x_{\cdots}^2}{abn}$

将最后一行中各项求和,即得到

$$SS_{AB}=\sum_{i=1}^{a}\sum_{j=1}^{b}\frac{x_{ij\cdot}^2}{n}-\sum_{i=1}^{a}\frac{x_{i\cdot\cdot}^2}{bn}-\sum_{j=1}^{b}\frac{x_{\cdot j\cdot}^2}{an}+\frac{x_{\cdots}^2}{abn}$$

例11 根据格式推求$(\alpha\beta\gamma)_{ijk}$的平方和$SS_{ABC}$。

解 在多因素方差分析中,$(\alpha\beta\gamma)_{ijk}$项的自由度展开式是

$$df_{ABC}=(a-1)(b-1)(c-1)$$
$$=abc+a+b+c-ab-ac-bc-1$$

则平方和的确定如表 4-51 所示。

表 4-51 求$(\alpha\beta\gamma)_{ijk}$的平方和$SS_{ABC}$的具体步骤

符号格式	观察值总求和	重排求和顺序	替换为求和点	平方除水平积	添加正负号
-1	$\sum\limits_{i=1}^{a}\sum\limits_{j=1}^{b}\sum\limits_{k=1}^{c}\sum\limits_{l=1}^{n}x_{ijkl}$	$\left(\sum\limits_{i=1}^{a}\sum\limits_{j=1}^{b}\sum\limits_{k=1}^{c}\sum\limits_{l=1}^{n}x_{ijkl}\right)$	$(x_{\cdots})$	$\dfrac{x_{\cdots}^2}{abcn}$	$-\dfrac{x_{\cdots}^2}{abcn}$
$+a$	$\sum\limits_{i=1}^{a}\sum\limits_{j=1}^{b}\sum\limits_{k=1}^{c}\sum\limits_{l=1}^{n}x_{ijkl}$	$\sum\limits_{i=1}^{a}\left(\sum\limits_{j=1}^{b}\sum\limits_{k=1}^{c}\sum\limits_{l=1}^{n}x_{ijkl}\right)$	$\sum\limits_{i=1}^{a}(x_{i\cdots})$	$\dfrac{1}{bcn}\sum\limits_{i=1}^{a}x_{i\cdots}^2$	$+\dfrac{1}{bcn}\sum\limits_{i=1}^{a}x_{i\cdots}^2$
$+b$	$\sum\limits_{i=1}^{a}\sum\limits_{j=1}^{b}\sum\limits_{k=1}^{c}\sum\limits_{l=1}^{n}x_{ijkl}$	$\sum\limits_{j=1}^{b}\left(\sum\limits_{i=1}^{a}\sum\limits_{k=1}^{c}\sum\limits_{l=1}^{n}x_{ijkl}\right)$	$\sum\limits_{j=1}^{b}(x_{\cdot j\cdot\cdot})$	$\dfrac{1}{acn}\sum\limits_{j=1}^{b}x_{\cdot j\cdot\cdot}^2$	$+\dfrac{1}{acn}\sum\limits_{j=1}^{b}x_{\cdot j\cdot\cdot}^2$
$+c$	$\sum\limits_{i=1}^{a}\sum\limits_{j=1}^{b}\sum\limits_{k=1}^{c}\sum\limits_{l=1}^{n}x_{ijkl}$	$\sum\limits_{k=1}^{c}\left(\sum\limits_{i=1}^{a}\sum\limits_{j=1}^{b}\sum\limits_{l=1}^{n}x_{ijkl}\right)$	$\sum\limits_{k=1}^{c}(x_{\cdot\cdot k\cdot})$	$\dfrac{1}{abn}\sum\limits_{k=1}^{c}x_{\cdot\cdot k\cdot}^2$	$+\dfrac{1}{abn}\sum\limits_{k=1}^{c}x_{\cdot\cdot k\cdot}^2$
$-ab$	$\sum\limits_{i=1}^{a}\sum\limits_{j=1}^{b}\sum\limits_{k=1}^{c}\sum\limits_{l=1}^{n}x_{ijkl}$	$\sum\limits_{i=1}^{a}\sum\limits_{j=1}^{b}\left(\sum\limits_{k=1}^{c}\sum\limits_{l=1}^{n}x_{ijkl}\right)$	$\sum\limits_{i=1}^{a}\sum\limits_{j=1}^{b}(x_{ij\cdot\cdot})$	$\dfrac{1}{cn}\sum\limits_{i=1}^{a}\sum\limits_{j=1}^{b}x_{ij\cdot\cdot}^2$	$-\dfrac{1}{cn}\sum\limits_{i=1}^{a}\sum\limits_{j=1}^{b}x_{ij\cdot\cdot}^2$
$-ac$	$\sum\limits_{i=1}^{a}\sum\limits_{j=1}^{b}\sum\limits_{k=1}^{c}\sum\limits_{l=1}^{n}x_{ijkl}$	$\sum\limits_{i=1}^{a}\sum\limits_{k=1}^{c}\left(\sum\limits_{j=1}^{b}\sum\limits_{l=1}^{n}x_{ijkl}\right)$	$\sum\limits_{i=1}^{a}\sum\limits_{k=1}^{c}(x_{i\cdot k\cdot})$	$\dfrac{1}{bn}\sum\limits_{i=1}^{a}\sum\limits_{k=1}^{c}x_{i\cdot k\cdot}^2$	$-\dfrac{1}{bn}\sum\limits_{i=1}^{a}\sum\limits_{k=1}^{c}x_{i\cdot k\cdot}^2$
$-bc$	$\sum\limits_{i=1}^{a}\sum\limits_{j=1}^{b}\sum\limits_{k=1}^{c}\sum\limits_{l=1}^{n}x_{ijkl}$	$\sum\limits_{j=1}^{b}\sum\limits_{k=1}^{c}\left(\sum\limits_{i=1}^{a}\sum\limits_{l=1}^{n}x_{ijkl}\right)$	$\sum\limits_{j=1}^{b}\sum\limits_{k=1}^{c}(x_{\cdot jk\cdot})$	$\dfrac{1}{an}\sum\limits_{j=1}^{b}\sum\limits_{k=1}^{c}x_{\cdot jk\cdot}^2$	$-\dfrac{1}{an}\sum\limits_{j=1}^{b}\sum\limits_{k=1}^{c}x_{\cdot jk\cdot}^2$
$+abc$	$\sum\limits_{i=1}^{a}\sum\limits_{j=1}^{b}\sum\limits_{k=1}^{c}\sum\limits_{l=1}^{n}x_{ijkl}$	$\sum\limits_{i=1}^{a}\sum\limits_{j=1}^{b}\sum\limits_{k=1}^{c}\left(\sum\limits_{l=1}^{n}x_{ijkl}\right)$	$\sum\limits_{i=1}^{a}\sum\limits_{j=1}^{b}\sum\limits_{k=1}^{c}(x_{ijk\cdot})$	$\dfrac{1}{n}\sum\limits_{i=1}^{a}\sum\limits_{j=1}^{b}\sum\limits_{k=1}^{c}x_{ijk\cdot}^2$	$+\dfrac{1}{n}\sum\limits_{i=1}^{a}\sum\limits_{j=1}^{b}\sum\limits_{k=1}^{c}x_{ijk\cdot}^2$

将各项求和得到

$$SS_{ABC} = \frac{1}{n}\sum_{i=1}^{a}\sum_{j=1}^{b}\sum_{k=1}^{c}x_{ijk.}^2 + \frac{1}{bcn}\sum_{i=1}^{a}x_{i..}^2 + \frac{1}{acn}\sum_{j=1}^{b}x_{.j.}^2 + \frac{1}{abn}\sum_{k=1}^{c}x_{..k.}^2$$

$$- \frac{1}{cn}\sum_{i=1}^{a}\sum_{j=1}^{b}x_{ij..}^2 - \frac{1}{bn}\sum_{i=1}^{a}\sum_{k=1}^{c}x_{i.k.}^2 - \frac{1}{an}\sum_{j=1}^{b}\sum_{k=1}^{c}x_{.jk.}^2 - \frac{x_{....}^2}{abcn}$$

（三）平方和的 MATLAB 实现

从理论上讲，知道了上述的推求规则，更高阶线性模型的离差平方和分量也不难推求。但实际上，这种推求还是比较烦琐的，因为每一项分量都需要根据自身的自由度展开，然后再逐项推算，当因素增加后，稍不注意就会出错，这种出错还很难检查。为了方便离差分量的推求，我们通过编写源码，具体实现了分量推求的自动化。

下面所附的源码，包括 6 个函数，分别是①computeSquareSums；②makeTermAndSign；③makeSquareSum；④makeSumStr；⑤splitStr；⑥drawSeparateLine。它们分别实现了线性模型分项的形成、各项对应自由度的展开与归组、实现单项平方和、求和递归、符号运算与分解、分隔美化等功能，各源码均有详细说明，推求时以 computeSquareSums 作为启动入口，运行结果均输出到屏幕，再将结果化为标准的公式格式即可。

下面是关于 4 因素线性模型的分解公式，有兴趣探究仔细的读者，可运行代码，具体观察实现过程，这里只给出程序具体推算的结果。

$$SS_A = \frac{1}{bcdn}\sum_{i=1}^{a}x_{i...}^2 - \frac{x_{.....}^2}{abcdn} \tag{4-128}$$

$$SS_B = \frac{1}{acdn}\sum_{j=1}^{b}x_{.j...}^2 - \frac{x_{.....}^2}{abcdn} \tag{4-129}$$

$$SS_C = \frac{1}{abdn}\sum_{k=1}^{c}x_{..k..}^2 - \frac{x_{.....}^2}{abcdn} \tag{4-130}$$

$$SS_D = \frac{1}{abcn}\sum_{l=1}^{d}x_{...l.}^2 - \frac{x_{.....}^2}{abcdn} \tag{4-131}$$

$$SS_{AB} = \frac{1}{cdn}\sum_{i=1}^{a}\sum_{j=1}^{b}x_{ij...}^2 - \frac{1}{acdn}\sum_{j=1}^{b}x_{.j...}^2 - \frac{1}{bcdn}\sum_{i=1}^{a}x_{i....}^2 + \frac{x_{.....}^2}{abcdn} \tag{4-132}$$

$$SS_{AC} = \frac{1}{bdn}\sum_{i=1}^{a}\sum_{k=1}^{c}x_{i.k..}^2 - \frac{1}{abdn}\sum_{k=1}^{c}x_{..k..}^2 - \frac{1}{bcdn}\sum_{i=1}^{a}x_{i....}^2 + \frac{x_{.....}^2}{abcdn} \tag{4-133}$$

$$SS_{AD} = \frac{1}{bcn}\sum_{i=1}^{a}\sum_{l=1}^{d}x_{i..l.}^2 - \frac{1}{bcdn}\sum_{i=1}^{a}x_{i....}^2 - \frac{1}{abcn}\sum_{l=1}^{d}x_{...l.}^2 + \frac{x_{.....}^2}{abcdn} \tag{4-134}$$

$$SS_{BC} = \frac{1}{adn}\sum_{j=1}^{b}\sum_{k=1}^{c}x_{.jk..}^2 - \frac{1}{abdn}\sum_{k=1}^{c}x_{..k..}^2 - \frac{1}{acdn}\sum_{j=1}^{b}x_{.j...}^2 + \frac{x_{.....}^2}{abcdn} \tag{4-135}$$

$$SS_{BD} = \frac{1}{acn}\sum_{j=1}^{b}\sum_{l=1}^{d}x_{.j.l.}^2 - \frac{1}{acdn}\sum_{j=1}^{b}x_{.j...}^2 - \frac{1}{abcn}\sum_{l=1}^{d}x_{...l.}^2 + \frac{x_{.....}^2}{abcdn} \tag{4-136}$$

$$SS_{CD} = \frac{1}{abn}\sum_{k=1}^{c}\sum_{l=1}^{d}x_{..kl.}^2 - \frac{1}{abdn}\sum_{k=1}^{c}x_{..k..}^2 - \frac{1}{abcn}\sum_{l=1}^{d}x_{...l.}^2 + \frac{x_{.....}^2}{abcdn} \tag{4-137}$$

$$\mathrm{SS}_{ABC} = \frac{1}{bcdn}\sum_{i=1}^{a}x_{i...}^2 + \frac{1}{acdn}\sum_{j=1}^{b}x_{.j..}^2 + \frac{1}{abdn}\sum_{k=1}^{c}x_{..k.}^2 + \frac{1}{dn}\sum_{i=1}^{a}\sum_{j=1}^{b}\sum_{k=1}^{c}x_{ijk.}^2$$

$$- \frac{1}{cdn}\sum_{i=1}^{a}\sum_{j=1}^{b}x_{ij..}^2 - \frac{1}{bdn}\sum_{i=1}^{a}\sum_{k=1}^{c}x_{i.k.}^2 - \frac{1}{adn}\sum_{j=1}^{b}\sum_{k=1}^{c}x_{.jk.}^2 - \frac{x_{....}^2}{abcdn} \tag{4-138}$$

$$\mathrm{SS}_{ABD} = \frac{1}{cn}\sum_{i=1}^{a}\sum_{j=1}^{b}\sum_{l=1}^{d}x_{ij.l}^2 + \frac{1}{bcdn}\sum_{i=1}^{a}x_{i...}^2 + \frac{1}{acdn}\sum_{j=1}^{b}x_{.j..}^2 + \frac{1}{abcn}\sum_{l=1}^{d}x_{...l}^2$$

$$- \frac{1}{bcn}\sum_{i=1}^{a}\sum_{l=1}^{d}x_{i..l}^2 - \frac{1}{acn}\sum_{j=1}^{b}\sum_{l=1}^{d}x_{.j.l}^2 - \frac{1}{cdn}\sum_{i=1}^{a}\sum_{j=1}^{b}x_{ij..}^2 - \frac{x_{....}^2}{abcdn} \tag{4-139}$$

$$\mathrm{SS}_{ACD} = \frac{1}{bn}\sum_{i=1}^{a}\sum_{k=1}^{c}\sum_{l=1}^{d}x_{i.kl}^2 + \frac{1}{bcdn}\sum_{i=1}^{a}x_{i...}^2 + \frac{1}{abdn}\sum_{k=1}^{c}x_{..k.}^2 + \frac{1}{abcn}\sum_{l=1}^{d}x_{...l}^2$$

$$- \frac{1}{bcn}\sum_{i=1}^{a}\sum_{l=1}^{d}x_{i..l}^2 - \frac{1}{abn}\sum_{k=1}^{c}\sum_{l=1}^{d}x_{..kl}^2 - \frac{1}{bdn}\sum_{i=1}^{a}\sum_{k=1}^{c}x_{i.k.}^2 - \frac{x_{....}^2}{abcdn} \tag{4-140}$$

$$\mathrm{SS}_{BCD} = \frac{1}{an}\sum_{j=1}^{b}\sum_{k=1}^{c}\sum_{l=1}^{d}x_{.jkl}^2 + \frac{1}{acdn}\sum_{j=1}^{b}x_{.j..}^2 + \frac{1}{abdn}\sum_{k=1}^{c}x_{..k.}^2 + \frac{1}{abcn}\sum_{l=1}^{d}x_{...l}^2$$

$$- \frac{1}{acn}\sum_{j=1}^{b}\sum_{l=1}^{d}x_{.j.l}^2 - \frac{1}{abn}\sum_{k=1}^{c}\sum_{l=1}^{d}x_{..kl}^2 - \frac{1}{adn}\sum_{j=1}^{b}\sum_{k=1}^{c}x_{.jk.}^2 - \frac{x_{....}^2}{abcdn} \tag{4-141}$$

$$\mathrm{SS}_{ABCD} = \frac{1}{n}\sum_{i=1}^{a}\sum_{j=1}^{b}\sum_{k=1}^{c}\sum_{l=1}^{d}x_{ijkl}^2 + \frac{1}{bcn}\sum_{i=1}^{a}\sum_{l=1}^{d}x_{i..l}^2 + \frac{1}{acn}\sum_{j=1}^{b}\sum_{l=1}^{d}x_{.j.l}^2$$

$$+ \frac{1}{abn}\sum_{k=1}^{c}\sum_{l=1}^{d}x_{..kl}^2 + \frac{1}{cdn}\sum_{i=1}^{a}\sum_{j=1}^{b}x_{ij..}^2 + \frac{1}{bdn}\sum_{i=1}^{a}\sum_{k=1}^{c}x_{i.k.}^2$$

$$+ \frac{1}{adn}\sum_{j=1}^{b}\sum_{k=1}^{c}x_{.jk.}^2 - \frac{1}{acdn}\sum_{j=1}^{b}x_{.j..}^2 - \frac{1}{bn}\sum_{i=1}^{a}\sum_{k=1}^{c}\sum_{l=1}^{d}x_{i.kl}^2$$

$$- \frac{1}{abdn}\sum_{k=1}^{c}x_{..k.}^2 - \frac{1}{bcdn}\sum_{i=1}^{a}x_{i...}^2 - \frac{1}{abcn}\sum_{l=1}^{d}x_{...l}^2$$

$$- \frac{1}{dn}\sum_{i=1}^{a}\sum_{j=1}^{b}\sum_{k=1}^{c}x_{ijk.}^2 - \frac{1}{cn}\sum_{i=1}^{a}\sum_{j=1}^{b}\sum_{l=1}^{d}x_{ij.l}^2$$

$$- \frac{1}{an}\sum_{j=1}^{b}\sum_{k=1}^{c}\sum_{l=1}^{d}x_{.jkl}^2 + \frac{x_{....}^2}{abcdn} \tag{4-142}$$

而 SS_E 可由 SS_T 减去上述之和。附源码如下。

1. computeSquareSums

```
function computeSquareSums(n)
% 函数名称:computeSquareSums.m
% 实现功能:根据给定的因素个数,创建离差平方和各分量.
% 输入参数:函数共有 1 个输入参数,含义如下:
%         (1),n,线性统计模型中因素的个数,如三因素则 n = 3.
% 输出参数:函数默认不带输出参数,所有输出直接到屏幕.
% 函数调用:实现函数功能需要调用 3 个子函数,说明如下:
%         (1),drawSeparateLine,输出时用来绘制分割线,方便阅读.
%         (2),makeTermAndSign,计算该效应项的自由度,将符号格式分组.
%         (3),makeSquareSum,根据给定的符号格式,生成完整的平方和项.
% 参考资料:实现函数算法,其他参考资料,请参阅.
%         (1),马寨璞,MATLAB 语言编程[M],北京:电子工业出版社,2017.
```

```
%          :(2),马赛璞,高级生物统计学[M],北京:科学出版社,2016.
% 原始作者:马赛璞,wdwsjlxx@163.com
% 创建时间:2017-04-07 11:36:18
% 原始版本:1.0
% 版权声明:未经作者许可,任何单位及个人不得以任何方式或理由对本代码
%          :进行网上传播、贩卖等.
% 实用样例:
%          例1:computeSquareSums(5)
%

if nargin<1||isempty(n)
    error('线性模型的因素个数不能为 0!');
elseif n>12
    n = 12;%限制因素数不超过 12 个,26 个英文字母的一半.
end
%因素与水平代号字母顺序
strFmy = 'ABCDFGHUVWXYZ';
%生成线性模型的个项
factName = strFmy(1:n);
for iLoop = 1:n
    termNameArr = nchoosek(factName,iLoop);
    [termNum,~] = size(termNameArr);
    for ir = 1:termNum
        tmpStr = termNameArr(ir,:);
        drawSeparateLine(120);
        fprintf('下面输出的是关于效应项%s 的一部分,',tmpStr);
        fprintf('请拷贝以下 Latex 字符串到 MathType 公式编辑器!\n');
        [posGroup,negGroup] = makeTermAndSign(tmpStr);
        %处理自由度中各正号项%positive group;
        for iLoopPos = 1:length(posGroup)
            tmpStr = posGroup{iLoopPos};
            tmpStr = deblank(strtrim(tmpStr));%去掉串中的空白字符
            %以下专门处理校正平方和项
            d = str2num(tmpStr);%#ok<*ST2NM>
            if d == 1,tmpStr = 1;end
            fprintf('第<%d>个正号分项平方和,',iLoopPos);
            expStr = makeSquareSum(tmpStr,n,+1);disp(expStr);
        end
        %处理自由度中各负号项 negative group
        for iLoopNeg = 1:length(negGroup)
            tmpStr = negGroup{iLoopNeg};
            tmpStr = deblank(strtrim(tmpStr));
            d = str2num(tmpStr);%以下专门处理校正平方和项
            if d == 1,tmpStr = 1;end
            fprintf('第<%d>个负号分项平方和,',iLoopNeg);
            expStr = makeSquareSum(tmpStr,n,-1);disp(expStr);
        end
    end
end
```

2. makeTermAndSign

```
function[pTermGroup,nTermGroup] = makeTermAndSign(str)
```

```
% 函数名称:makeTermAndSign.m
% 实现功能:根据给定的自由度字母组合,计算该效应项的自由度,并进行展开,
%          将符号格式按照正负分组。
% 输入参数:函数共有 1 个输入参数,含义如下:
%          :(1),str,自由度字母组合,如交互项 AB 的字母 ab.
% 输出参数:函数默认 2 个输出参数,请修改:.
%          :(1),pTermGroup,自由度公式展开后,所有正号项归类于此.
%          :(2),nTermGroup,自由度公式展开后,所有负号项归类于此.
% 函数调用:实现函数功能需要调用 1 个子函数.
%          :(1),SplitStr,字符串分割函数.
% 参考资料:实现函数算法,其他参考资料,请参阅:
%          :(1),马赛璞,MATLAB 语言编程[M],北京:电子工业出版社,2017.
% 原始作者:马赛璞,wdwsjlxx@163.com
% 创建时间:2017-04-07,04:36:00
% 原始版本:1.0
% 版权声明:未经作者许可,任何单位及个人不得以任何方式或理由对本代码
%          :进行网上传播、贩卖等.
% 实用样例:str = 'abc';[pTermGroup,nTermGroup] = makeTermAndSign(str)
%          :运行结果包含 df = (a-1)(b-1)(c-1) 展式的 8 个子串,这 8 个子串按照
%          :正负号分别归类到 pTermGroup 和 nTermGroup 这两个数组中。
%


% 调用子函数进行字符串分割
[~,newCell] = splitStr(str);
varNames = sym(newCell);%定义各变量为符号变量
% 计算自由度符号
factNum = length(newCell);
degreeOfFreedom = 1;%自由度初始化
for iLoop = 1:factNum
    degreeOfFreedom = degreeOfFreedom*(varNames(iLoop)-1);
end
expDegFree = expand(degreeOfFreedom);%展开自由度
strDegFree = char(expDegFree);%转回字符串进行处理
strDegFree = strrep(strDegFree,'*','');%去掉*号
% 使用加号和减号(+-)分割字符串,计算正符号项数
splitTerms = strsplit(strDegFree,'+');
[~,cols] = size(splitTerms);
pTermGroup = splitTerms;%正号项组,Positive Terms Group
nTermGroup = {};%Negative Terms Group
for iLoop = 1:cols
    if strfind(pTermGroup{iLoop},'-')>0
        tmpArr = strsplit(pTermGroup{iLoop},'-');
        pTermGroup{iLoop} = tmpArr{1};
        tmpArr(1) = [];
        if isempty(nTermGroup)
            nTermGroup = tmpArr;
        else
            nTermGroup = [nTermGroup,tmpArr];%#ok<*AGROW>
        end
    end
end
end
```

3. makeSquareSum

```
function[expStr] = makeSquareSum(factName,modelFactNum,signFlag)
% 函数名称:makeSquareSum.m
% 实现功能:根据给定的符号格式,生成完整的平方和项.
% 输入参数:函数共有 3 个输入参数,含义如下:
%          (1),factName,效应字符串,比如对于两因素交互作用项 AB,输入字符串
%          :'AB'或'ab'即可,但若是数据 1,则另行处置.
%          (2),modelFactNum,模型因素的个数.如三因素方差分析,因素数为 3.
%          (3),signFlag,符号格式项的正负号标志,取值只能取[-1,+1]两个.
% 输出参数:函数默认 1 个输出参数,请修改:
%          (1),expStr,以 Latex 格式输出个平方和项的结果,可直接拷贝到公式
%          :编辑器等软件,输出为计算表达式.
% 函数调用:实现函数功能需要调用 1 个子函数,说明如下:
%          (1),makeSumStr,用来处理多重嵌套的求和符号项.
% 参考资料:实现函数算法,其他参考资料,请参阅:
%          (1),马赛璞,MATLAB 语言编程[M],北京:电子工业出版社,2017.
% 原始作者:马赛璞,wdwsjlxx@163.com
% 创建时间:2017-04-06,16:32:42
% 原始版本:1.0
% 版权声明:未经作者许可,任何单位及个人不得以任何方式或理由对本代码
%          :进行网上传播、贩卖等.
% 实用样例:
%          例1:fStr = 1;fNum = 3;sns = -1;makeSquareSum(fStr,fNum,sns)
%          例2:fStr = 'acd';fNum = 5;sns = -1;makeSquareSum(fStr,fNum,sns)
%

% 检查输入参数是不是缺少,缺少则返回错误。
if nargin~ = 3,error('输入的参数个数有误! ');end
% 检查符号项输入
if isnumeric(signFlag)
    values = [-1,+1];
    if~ismember(values,signFlag)
        error('SignFlag 符号项输入有误! ');
    end
end
% 检查因素个数,不要小于1,本代码为示例代码,因素数不超过 12 个
if modelFactNum<1
    error('输入的因素个数不能小于 1,最少为单因素分析! ');
elseif modelFactNum>12
    warning('设定%d 个因数太多了,程序自动消减到 12 个!',modelFactNum);
    modelFactNum = 12;
end
% 根据因素个数设定符号变量个数,考虑因素字母,不多于 12 个因素
strFamily = 'ABCDFGHUVWXYZ';%E 字母有特殊含义不能使用
loopIndexFamily = 'ijklmnopqrstu';
% 检查输入的因素名称(字母)
if ischar(factName)           %处理因素的平方和项
    count = 0;
    for iLoop = 1:length(factName)
        if strfind(lower(strFamily),lower(factName(iLoop)))
            count = count+1;
        end
```

```
        end
        if count = = length(factName)
            pass = 1;
        else
            pass = 0;
        end
        if pass = = 1
            fprintf('本次计算输入的效应字符串为:%s,输入的因素个数为:%d.\n',...
                lower(factName),modelFactNum);
        else
            error('因素名称限于 A,B,C,D,F,G,H,U,V,W,X,Y,Z,请修改因素字母!\n');
        end
        typeFlag = 1;
    elseif isnumeric(factName)%专门针对矫正平方和项
        typeFlag = 0;
end
% 确定下标的顺序与位置
fns = strFamily(1:modelFactNum+1);% fns< = Factor NameS
%   fprintf('本次计算使用的因素字母为:%s\n',upper(fns));
if typeFlag = = 1
    locate = zeros(1,length(factName));%
    for iLoop = 1:length(factName)
        locate(iLoop) = strfind(lower(fns),lower(factName(iLoop)));
    end
%     fprintf('当前因素在全部因素中的位置为:');
%     fprintf('%d,',locate);fprintf('\b\n');
end
% 创建求和下标字符串
subsStr = '';% formated subscript String
loops = loopIndexFamily(1:modelFactNum+1);
for iLoop = 1:modelFactNum+1
    subsStr = strcat(subsStr,sprintf('%s','.'));
end
sumDotStr = subsStr;
if typeFlag = = 1
    subsStr(locate) = lower(loops(locate));%为子函数准备输入参数
end
% 确定某项的正负号
if sign(signFlag)>0,plusOrMinus = '+';end
if sign(signFlag)<0,plusOrMinus = '-';end
% 平方和字符串项的具体实现
expStr = '';strHead = '\\[S{S_{%s}} = ';strEnd = '\]';
if  typeFlag = = 1
    strHead = sprintf(strHead,factName);
    expStr = strcat(expStr,strHead);
elseif typeFlag = = 0
    expStr = strcat(expStr,'\[C = ');
end
expStr = strcat(expStr,plusOrMinus);
% 确定求和项字串
rest = fns;%分数部分
if typeFlag = = 1
```

```
    rest(locate) = [];%分数部分
end
if modelFactNum< = 5
    rest(end) = 'n';%符合习惯,将重复数专门使用 n 表示
end
slash = '\';
if typeFlag = = 1
    p1 = sprintf('%sfrac{1}{{%s}}',slash,lower(rest));
elseif typeFlag = = 0
    p1 = sprintf('%sfrac{{x_{%s}^2}}{{%s}}',slash,sumDotStr,lower(rest));
end
expStr = strcat(expStr,p1);

% 形成嵌套的求和符号
if typeFlag = = 1
    lps = lower(loops(locate));
    eles = lower(factName);%小写代表水平字母
    sumStr = makeSumStr(lps,eles,subsStr);
    expStr = strcat(expStr,sumStr);
end
expStr = strcat(expStr,strEnd);
```

4. makeSumStr

```
function [LatexStr] = makeSumStr(LoopIndex,Levels,SubScriptStr)
% 函数名称:makeSumStr.m
% 实现功能:形成多重嵌套的求和符号项.
% 输入参数:函数共有 3 个输入参数,含义如下:
%          :(1),LoopIndex,用来存放求和循环指标字符串.
%          :(2),Levels,用来存放求和水平符号.
%          :(3),SubScriptStr,下标字符串.
% 输出参数:函数默认 1 个输出参数,请修改:
%          :(1),LatexStr,运行结果字符串,以 Latex 格式输出直接形成公式.
% 函数调用:实现函数功能不需要调用子函数.
% 参考资料:实现函数算法,其他参考资料,请参阅:
%          :(1),马赛璞,MATLAB 语言编程[M],北京:电子工业出版社,2017.
% 原始作者:马赛璞,wdwsjlxx@163.com.
% 创建时间:2017-04-06,16:32:42.
% 原始版本:1.0
% 版权声明:未经作者许可,任何单位及个人不得以任何方式或理由对本代码
%          :进行网上传播、贩卖等.
% 实用样例:
%          例 1:makeSumStr('ijk','abc','ijk.')
%

% 检测等长
if length(LoopIndex)~ = length(Levels)
    error('循环指标与水平符号个数不匹配!');
end
% 递归字符串格式
sumfmt = '\\sum\\limits_{%s = 1}^%s{%s}';%下限,上限和内容字符串
% 形成递归格式
if isempty(LoopIndex)
```

```
    LatexStr = sprintf('x_{%s}^2',SubScriptStr);
else
    subs = LoopIndex(1); %求和符号下标
    uppers = lower(Levels(1));%求和符号上标
    LoopIndex(1) = [];
    Levels(1) = [];
    LatexStr = sprintf(sumfmt,subs,uppers,...
        makeSumStr(LoopIndex,Levels,SubScriptStr));%递归迭代
end
```

5. splitStr

```
function [newStr,newCell] = splitStr(str,flag)
% 函数名称:splitStr.m
% 实现功能:以空格等分隔字符串中的每个基本构成单位,当为英文字符串时,则将每个
%          字母以分隔符隔开;当汉字字符串时,则将每个汉字以分隔符隔开。
% 输入参数:函数共有 2 个输入参数,含义如下:
%          :(1),str,待分割的字符串.
%          :(2),flag,分隔符,默认使用空格.
% 输出参数:函数默认 2 个输出参数:
%          :(1),newStr,分割后的新字符串.
%          :(2),newCell,用分割后的字符常见的 cell 数组.
% 函数调用:实现函数功能不需要调用子函数.
% 参考资料:实现函数算法,其他参考资料,请参阅:
%          :(1),马寨璞,MATLAB 语言编程[M],北京:电子工业出版社,2017.
% 原始作者:马寨璞,wdwsjlxx@163.com.
% 创建时间:2017-04-06,18:56:04.
% 原始版本:1.0
% 版权声明:未经作者许可,任何单位及个人不得以任何方式或理由对本代码
%          :进行网上传播、贩卖等.
% 实用样例:str = char((65:90));[S,C] = splitStr(str)
%
if nargin<2||isempty(ischar(flag))
    flag = ' ';
    CutOff = 2;
else
    CutOff = length(flag)+1;%用于修订新字符串
end
% 初始化
n = length(str);
newStr = '';%新字符串
newCell = cell(1,n);%新 Cell 数组
for i = 1:n
    newStr = strcat(newStr,sprintf('%s%s',flag,str(i)));
    newCell{i} = sprintf('%s',str(i));
end
newStr = newStr(CutOff:end);
```

6. drawSeparateLine（nLength）

```
function drawSeparateLine(nLength)
% 函数名称:drawSeparateLine.m
% 实现功能:为输出画分割线.
```

```
% 输入参数:函数共有 1 个输入参数,含义如下:
%          :(1),nLength,线的长度值,单位默认
% 输出参数:函数默认无输出参数.
% 函数调用:实现函数功能不需要调用子函数.
% 参考资料:实现函数算法,其他参考资料,请参阅:
%          :(1),马寨璞,MATLAB 语言编程[M],北京:电子工业出版社,2017.
% 原始作者:马寨璞,wdwsjlxx@163.com
% 创建时间:2017-04-07,10:42:46
% 原始版本:1.0
% 版权声明:未经作者许可,任何单位及个人不得以任何方式或理由对本代码
%          :进行网上传播、贩卖等.
% 实用样例:
%          例 1:drawSeparateLine
%          例 2:drawSeparateLine(160)
%
if nargin<1
    nLength = 100;%四号字约一页 A4 纸宽
elseif nLength<0
    error('线条长度不能为 0!');
elseif nLength>200
    nLength = 100;
    warning('线条长度太长了,为适合打印,自动截短为 100!');
end
for i = 1:nLength
    fprintf('%s','-');
end
fprintf('\n');
```

（四）均方期望的表格推演法

1. 推演约定

在得到各项平方和之后，用各项的平方和除以自己的自由度，就可得到相应的均方。在方差分析的计算中，求各项均方不是目的，其本意是取得期望后借此选定 F 检验统计量。在求均方期望时，单因素均方期望的推导最为简单，但两因素均方期望的推导要复杂许多，随着因素个数的增加，需要推导的均方期望个数与困难程度将更大。为了简化计算，人们也发明了一种表格化的推演方法，它能非常简便地推导出均方的期望。与平方和分解的推算类似，在使用表格推演法之前，先介绍几个基本的约定。

1）下标属性约定 在线性模型中，误差项 ε_{ijk} 改写为 $\varepsilon_{(ij)k}$，其中括号内是不同水平组合的下标，称为死下标；括号外的下标，表示每个处理的重复，称为活下标。以此类推，$\alpha_i, \beta_j, (\alpha\beta)_{ij}$ 的下标都是活下标。

2）固定效应约定 固定效应模型中，各效应分别以简写记号表示。对于固定因素 A，简记为 $\eta_\alpha^2 = \dfrac{1}{a-1}\sum_{i=1}^{a}\alpha_i^2$，即效应的平方和除以对应的自由度；类似的，因素 B 的效应简记为 $\eta_\beta^2 = \dfrac{1}{b-1}\sum_{j=1}^{b}\beta_j^2$，而交互作用项的效应则简记为 $\eta_{\alpha\beta}^2 = \dfrac{1}{(a-1)(b-1)}\sum_{i=1}^{a}\sum_{j=1}^{b}(\alpha\beta)_{ij}$，这里 $\eta_\alpha^2, \eta_\beta^2$ 和 $\eta_{\alpha\beta}^2$ 称为各因素的效应分量。

3）随机效应约定 在随机效应模型中，各因素的效应都以 σ^2 表示，下标则根据因素

而使用对应的希腊字母，如因素 A 的效应记为 σ_α^2，因素 B 的效应记为 σ_β^2，而交互作用项 AB 的效应记为 $\sigma_{\alpha\beta}^2$，它们都是观察值的方差分量。

4）混合效应约定 每一效应都有一个与它相应的方差分量（随机效应）或固定因素（固定效应）。交互作用项中，只要有一个因素是随机的，则该交互作用就被看作随机的。在混合模型中，随机效应项一律按照方差分量标记，方差分量以希腊字母作为下标来识别特定的随机效应。例如，在因素 A 固定而因素 B 随机的两因素混合模型中，B 的方差分量是 σ_β^2，而 AB 的方差分量是 $\sigma_{\alpha\beta}^2$。在三因素交互作用项中，如因素 A 和 B 为固定因素，因素 C 为随机因素，则交互作用项 ABC 看作随机效应项，其效应记为 $\sigma_{\alpha\beta\gamma}^2$。

5）随机误差约定 所有的模型中，随机误差项的方差统一记为 σ^2。

2. 推演步骤

在上述的记号规则下，就可以简便地推导各均方的期望值，下面以两因素固定效应模型为例，说明其实现步骤。

（1）准备表格。表格按照表 4-52 的形式准备，表头各列中，每个因素占据一列，分别写明因素的类型、水平数及分量下标（也可以看作编程中的循环指标），固定因素使用 F 表示，随机因素使用 R 表示，重复被看作随机因素，同样使用 R 标记。其余几列分别为各分量的效应记号列、均方期望列与统计量列。表头的各行中（最左边一列），每个效应分量占据一行。例如，对于两因素固定效应模型，其表头准备如表 4-52 所示。

表 4-52 表格推演表头

因素	F	F	R	效应	期望	F 统计量
	a	b	n			
	i	j	k			
α_i				η_α^2		
β_j				η_β^2		
$(\alpha\beta)_{ij}$				$\eta_{\alpha\beta}^2$		
$\varepsilon_{(ij)k}$				σ^2		

（2）处理死下标。逐行处理各行中的死下标，将该行中的某个死下标与表头中各列的下标逐一比对，若下标一致，则行列交叉位置处记上"1"。例如，在两因素固定效应模型中，只有 $\varepsilon_{(ij)k}$ 中含有死下标，故考虑 $\varepsilon_{(ij)k}$ 占据的一行，在该行中，下标 i 为死下标，逐一比对表头因素中的各列，可知因素 A 这一列中有下标 i，故 $\varepsilon_{(ij)k}$ 所在行与因素所在列的交叉点，记上"1"，同样处理死下标 j，则处理完毕后其结果如表 4-53 所示。

表 4-53 处理死下标

因素	F	F	R	效应	期望	F 统计量
	a	b	n			
	i	j	k			
α_i				η_α^2		
β_j				η_β^2		

续表

因素	F a i	F b j	R n k	效应	期望	F 统计量
$(\alpha\beta)_{ij}$				$\eta^2_{\alpha\beta}$		
$\varepsilon_{(ij)k}$	1	1		σ^2		

（3）处理活下标。类似于处理死下标，对于各行中的活下标，将其与表头中各列的下标逐一比对，若与下标一致且为固定因素，则行列交叉位置处记上"0"，若与下标一致且为随机因素，则行列交叉位置处记上"1"。例如，在两因素固定效应模型中，α_i 所在行中只有一个活下标 i，比对表头各列，可知与因素 A 所在列下标一致，又因为因素 A 为固定因素，所以在其交叉位置记为 0。同样的，处理 β_j，$(\alpha\beta)_{ij}$ 项和 $\varepsilon_{(ij)k}$，则处理完后，其 0, 1 记号填写如表 4-54 所示。

表 4-54　处理活下标

因素	F a i	F b j	R n k	效应	期望	F 统计量
α_i	0			η^2_α		
β_j		0		η^2_β		
$(\alpha\beta)_{ij}$	0	0		$\eta^2_{\alpha\beta}$		
$\varepsilon_{(ij)k}$	1	1	1	σ^2		

（4）处理空白位置。对于每一行，经过上述的死下标与活下标处理，仍然有空白的位置，对这些空白位置，分别填充各自列对应的水平数即可。例如，α_i 所在行包含两个空白，分别将因素 B 和重复数的水平填到各自位置即可，也可以按照列处理各空白位置，各列的空白都填写本列对应的水平数即可，如上述例中的空白处理完毕后，结果如表 4-55 所示。

表 4-55　处理空白

因素	F a i	F b j	R n k	效应	期望	F 统计量
α_i	0	b	n	η^2_α		
β_j	a	0	n	η^2_β		
$(\alpha\beta)_{ij}$	0	0	n	$\eta^2_{\alpha\beta}$		
$\varepsilon_{(ij)k}$	1	1	1	σ^2		

（5）合成均方期望。对于要计算均方期望的各分量，首先，选出该分量活下标所在的列，

对该列所有的数据，一律按不存在考虑；其次，选出包含该分量下标的各行，将选出各行中的其余格中的数据相乘，再乘以各行自己的效应量，计算得到各行的效应贡献；最后，将上述各行的效应贡献相加，即得到处理分量的均方期望。

以分量 α_i 为例，首先，找到该分量下标 i 所在的因素 A 的列，将该列视为不存在，也可以直接舍去该列，如表 4-56 所示。

表 4-56　计算分量 α_i 的效应贡献

因素	F	R	效应	期望	F 统计量
	b	n			
	j	k			
α_i	b	n	η_α^2		
$(\alpha\beta)_{ij}$	0	n	$\eta_{\alpha\beta}^2$		
$\varepsilon_{(ij)k}$	1	1	σ^2		

其次，找到包含下标 i 的各行，有 α_i 行、$(\alpha\beta)_{ij}$ 行和 $\varepsilon_{(ij)k}$ 行，即表 4-56 中留下的各行。对于 $(\alpha\beta)_{ij}$ 所在行，只有因素 B 对应的 0 和重复对应的 n，将它们连乘后，再乘以该行的效应 $\eta_{\alpha\beta}^2$，就得到该行的效应贡献 $0 \times n \times \eta_{\alpha\beta}^2 = 0$；而 $\varepsilon_{(ij)k}$ 所在行中，因素 B 对应 1，重复对应 1，将它们连乘后，再乘以该行的效应 σ^2，即得到该行的效应贡献 $1 \times 1 \times \sigma^2 = \sigma^2$；分量 α_i 自身所在的行中，因素 B 对应 b，重复对应 n，将它们连乘后，再乘以该行的效应 η_α^2，即得到该行的效应贡献 $b \times n \times \eta_\alpha^2 = bn\eta_\alpha^2$。至此，包含 α_i 下标 i 的各行的效应贡献全都计算出来。

最后，将上述的各行效应贡献求和，即得到分量 α_i 的均方期望。

$$E(\mathrm{MS}_A) = \underbrace{b \times n \times \eta_\alpha^2}_{\alpha_i} + \underbrace{0 \times n \times \eta_{\alpha\beta}^2}_{(\alpha\beta)_{ij}} + \underbrace{1 \times 1 \times \sigma^2}_{\varepsilon_{(ij)k}} = \sigma^2 + bn\eta_\alpha^2 \qquad (4\text{-}143)$$

将上述结果填写到分量 α_i 所在行对应的期望一栏，再同样处理其他各行，则得到所有分量的均方期望，结果如表 4-57 所示。

表 4-57　各分量期望与统计量

因素	F	F	R	效应	期望	F 统计量
	a	b	n			
	i	j	k			
α_i	0	b	n	η_α^2	$\sigma^2 + bn\eta_\alpha^2$	$F_A = \dfrac{\sigma^2 + bn\eta_\alpha^2}{\sigma^2}$
β_j	a	0	n	η_β^2	$\sigma^2 + an\eta_\beta^2$	$F_B = \dfrac{\sigma^2 + an\eta_\beta^2}{\sigma^2}$
$(\alpha\beta)_{ij}$	0	0	n	$\eta_{\alpha\beta}^2$	$\sigma^2 + n\eta_{\alpha\beta}^2$	$F_{AB} = \dfrac{\sigma^2 + n\eta_{\alpha\beta}^2}{\sigma^2}$
$\varepsilon_{(ij)k}$	1	1	1	σ^2	σ^2	

为了加深理解，下面再以因素 A 和 B 均为随机因素，按照上述方法推算随机效应模型的均方期望，表 4-58 给出了具体的推演结果。

表 4-58　随机效应模型的期望与统计量

因素	R a i	R b j	R n k	效应	期望	F 统计量
α_i	1	b	n	σ_α^2	$\sigma^2 + n\sigma_{\alpha\beta}^2 + bn\sigma_\alpha^2$	$F_A = \dfrac{\sigma^2 + n\sigma_{\alpha\beta}^2 + bn\sigma_\alpha^2}{\sigma^2 + n\sigma_{\alpha\beta}^2}$
β_j	a	1	n	σ_β^2	$\sigma^2 + n\sigma_{\alpha\beta}^2 + an\sigma_\beta^2$	$F_B = \dfrac{\sigma^2 + n\sigma_{\alpha\beta}^2 + an\sigma_\beta^2}{\sigma^2 + n\sigma_{\alpha\beta}^2}$
$(\alpha\beta)_{ij}$	1	1	n	$\sigma_{\alpha\beta}^2$	$\sigma^2 + n\sigma_{\alpha\beta}^2$	$F_{AB} = \dfrac{\sigma^2 + n\sigma_{\alpha\beta}^2}{\sigma^2}$
$\varepsilon_{(ij)k}$	1	1	1	σ^2	σ^2	

（五）均方期望推演的 MATLAB 实现

为了方便推导均方期望，下面给出使用 MATLAB 编写的推演代码，运行结果自动存储到一个 txt 文件中，需要读者将输出文件中的内容拷贝到 MathType 编辑器中查看。源码在 MATLAB2014 和 2015a 版运行正常。

```
function makeMeanSquaExpeTable(factType)
% 函数名称:makeMeanSquaExpeTable.m
% 实现功能:根据给定的因素类型与个数创建均方期望的推算表.表头包括:
%         :(1)序号列;(2)效应项列;(3)因素类型列;(4)效应简记符列;
%         :(5)均方期望列;鉴于循环指标在最后的期望中不出现,故循环指标
% 使用 1,2,3 等,以逗号隔开形式作为下标.
% 输入参数:函数共有 1 个输入参数,含义如下:
%         :(1),factType,说明各因素类型的 cell 数组,按顺序逐一说明,固定
%         :因素使用'F',随机因素使用'R'.
% 输出参数:函数默认不带输出参数.
% 函数调用:实现函数功能需要调用 1 个子函数,说明如下:
%         :(1),PrintAnovaTable,用来输出最终的结果,以便观察.
% 参考资料:实现函数算法,其他参考资料,请参阅:
%         :(1),马寨璞,MATLAB 语言编程[M],北京:电子工业出版社,2017.
% 原始作者:马寨璞,wdwsjlxx@163.com
% 创建时间:2017-04-0817:23:42
% 原始版本:1.0
% 版权声明:未经作者许可,任何单位及个人不得以任何方式或理由对本代码
%         :进行网上传播、贩卖等.
% 实用样例:
%         例 1:factType = {'F','R','F','R'};
%              makeMeanSquaExpeTable(factType)
%

% 验证
if length(factType)<1
    error('因素个数最少 1 个! ');
elseif length(factType)>25
    factType(26:end) = [];
else
```

```
        factType = upper(factType);
        rs = strfind(factType,'R');
        fs = strfind(factType,'F');
        rNum = cell2mat(rs);
        fNum = cell2mat(fs);
        if sum(rNum(:))+sum(fNum(:))~ = length(factType)
            error('输入的属性有误,请检查')
        end
end
% 因素水平英文字母表
levelNameArr = {'a','b','c','d','f','g','h','i','j','k','l','m','o',...
    'p','q','r','s','t','u','v','w','x','y','z','n','e'};
% 效应下标希腊字母表,选用 28 个,但后 3 个专用用途,故因素数不能大于 25 个
effcNameArr = {'\alpha','\beta','\gamma','\delta','\zeta','\theta',...
    '\vartheta','\iota','\kappa','\lambda','\varpi','\o','\mu',...
    '\nu','\xi','\pi','\rho','\varsigma','\tau','\upsilon','\phi',...
    '\chi','\psi','\varphi','\omega','\varepsilon'};
specUseArr = {'\eta','\sigma'};%效应专用符号
n = length(factType);%因素数
% 修订补充随机误差的属性
factType(end+1) = {'R'};


% 根据给定的因素数,设定水平符号
factLevel = levelNameArr(1:n+1);
if n<25
    factLevel{end} = 'n';%符合习惯
end
factIndex = 1:n+1;%循环号按1,2,...设定
% 根据因数个数,计算所有效应项的个数
termNum = 0;
for i = 1:n
    termNum = termNum+nchoosek(n,i);
end
termNum = termNum+1;%补上随机误差项
%   fprintf('本次计算,模型共合成了%d个效应分量.\n',termNum);
% 创建一个 cell 存放中间计算结果,首先将表头内容先写入 cell
resultCell = cell(termNum+3,n+5);
resultCell{3,1} = '序号';resultCell{3,2} = '效应名称';
resultCell{3,n+4} = '效应符号';resultCell{3,n+5} = '均方期望';
for jc = 1:n+1%创建因素说明表头
    resultCell{1,jc+2} = factType{jc};
    resultCell{2,jc+2} = factLevel{jc};
    resultCell{3,jc+2} = num2str(factIndex(jc));
end
for ir = 1:termNum
    resultCell{ir+3,1} = num2str(ir);
end
% 形成期望推算表中效应名称列和对应的效应符号列
pns = effcNameArr(1:n);
rowPtr = 3;%行位指针,用于安置各效应项
upScrpt = '^2';%效应简记符上标
for iLoop = 1:n
```

```
zh = nchoosek(pns,iLoop);%组合
[iRows,jCols] = size(zh);
for ir = 1:iRows
    %初始化工作字符串
    %1.初始化效应名称字符串
    txtStr = '';
    if jCols>1,txtStr = '(';end
    %2.初始化效应名称中的下标
    numStr = '_';if jCols>1,numStr = '_{';end
    %3.初始化判断随机和固定效应的字符串
    typeStr = '';
    %4.初始化效应简记符下标
    tSubStr = '';
    %5.初始化系数值
    rowCell = factLevel;

    %具体循环体
    for jc = 1:jCols
        %  1.创建效应名称
        txtStr = strcat(txtStr,sprintf('%s',zh{ir,jc}));
        %  2.创建效应简记符下标名称
        tSubStr = strcat(tSubStr,sprintf('_%s',zh{ir,jc}));
        %  3.创建效应名称下标
        tmpArr = strfind(pns,zh{ir,jc});
        for k = 1:n
            if tmpArr{k} = = 1,nSub = k;end
        end
        numStr = strcat(numStr,sprintf('%d,',nSub));
        %  4.创建效应类型比对字符串
        typeStr = strcat(typeStr,factType{nSub});
        %  5.根据下标与效应类型修订 rowCell
        if strcmp(factType{nSub},'R')
            rowCell{nSub} = '1';
        end
        if strcmp(factType{nSub},'F')
            rowCell{nSub} = '0';
        end
    end

    % 填入表中
    if jCols>1
        txtStr = strcat(txtStr,')');
        numStr = strcat(numStr(1:end-1),'}');
    else
        numStr = numStr(1:end-1);% 去掉结尾的逗号
    end
    tnStr = strcat(txtStr,numStr);% 合成效应名称整体
    resultCell{rowPtr+ir,2} = tnStr;% 将效应名称整体放入表中
    % 形成效应项符号并放入规定的位置
    if strfind(typeStr,'R')%效应项字符串
        effcNameStr = sprintf('%s%s%s',specUseArr{2},upScrpt,tSubStr);
    else%效应项字符串
```

```
                    effcNameStr = sprintf('%s%s%s',specUseArr{1},upScrpt,tSubStr);
            end
            resultCell{rowPtr+ir,n+4} = effcNameStr;
            % 将系数放入表中位置
            for jc = 1:n+1
                resultCell{rowPtr+ir,jc+2} = rowCell{jc};
            end
        end
        rowPtr = rowPtr+iRows;%定位下一行位置
end
% 单独处理最后一行的随机误差项
numStr = strcat('_({',sprintf('%d,',(1:n-1)),num2str(n),...
    '}_)',sprintf('_%d',n+1));
if n<26,
    tnStr = strcat(effcNameArr{end},numStr);
end
resultCell{end,2} = tnStr;
resultCell{end,n+4} = sprintf('%s%s',specUseArr{2},upScrpt);
for jc = 1:n+1
    resultCell{end,jc+2} = '1';
end
for ir = 1:termNum   %
    workCell = resultCell(4:end,3:n+4);
    tmpStr = resultCell{ir+3,2};%取出效应名称
    %以下去除不用的列
    tempCell = regexp(tmpStr,'\d+','match');
    nCutOff = zeros(size(tempCell));
    nNum = size(tempCell,2);
    for il = 1:nNum
        nCutOff(il) = str2double(tempCell{il});
    end
    workCell(:,nCutOff) = [];

    % 以下去除不用的行
    workCol = resultCell(4:end,2);
    rowCut = (1:termNum)';% 统计要砍掉的行号
    for irLpA = 1:termNum
        count = 0;
        for jcLpB = 1:nNum
            if strfind(workCol{irLpA},num2str(nCutOff(jcLpB)))
                count = count+1;
            end
        end
        if count> = nNum
            rowCut(irLpA) = 0;
        end
    end
    rowCut(rowCut = = 0) = [];% 砍掉的行号
    workCell(rowCut,:) = [];% 执行砍掉
    % 进一步清理为 0 的行
    [rw,cw] = size(workCell);
    rZero = (1:rw)';
```

```
    for ir1 = 1:rw
        for jc1 = 1:cw
            if strfind(workCell{ir1,jc1},'0')
                rZero(ir1) = 0;
            end
        end
    end
    rZero(rZero == 0) = [];
    workCell = workCell(rZero,:);% 去除 0 行之后
    % 形成期望字符串
    [rw,cw] = size(workCell);% 必须重新计算行列
    % 为输出美观,将 1 替换为空
    for ir1 = 1:rw
        for jc1 = 1:cw
            workCell{ir1,jc1} = strrep(workCell{ir1,jc1},'1','');
        end
    end
    % 合成均方期望的字符串
    expStr = '';
    for iLp = 1:rw
        for jLp = 1:cw
            expStr = strcat(expStr,workCell{iLp,jLp});
            % 若形成计算表达式需要使用下述的注释
            %if jLp<cw
            %expStr = strcat(expStr,'*');
            %end
        end
        if iLp<rw
            expStr = strcat(expStr,'+');
        end
    end
    % 将结果放入对应位置
    resultCell{ir+3,n+5} = expStr;
end
% 输出结果到文件
rNum = cell2mat(strfind(factType,'R'));srNum = sum(rNum(:));
fNum = cell2mat(strfind(factType,'F'));sfNum = sum(fNum(:));
ftStr = char(factType)';fctStr = ftStr(1:end-1);
if srNum>0&&sfNum == 0%判断是否有随机因素
    rfName = sprintf('多(%d)因素%s 随机模型均方期望推求结果.txt',n,fctStr);
elseif srNum == 0&&sfNum>0
    rfName = sprintf('多(%d)因素%s 固定模型均方期望推求结果.txt',n,fctStr);
elseif srNum>0&&sfNum>0
    rfName = sprintf('多(%d)因素%s 混合模型均方期望推求结果.txt',n,fctStr);
end
fid = fopen(rfName,'w');
fprintf(fid,'%s\n',rfName(1:end-4));
fprintf(fid,'%s','提示:将下列结果拷贝到 word 文档后,全部选定,再从 word 菜单');
fprintf(fid,'%s','选择[插入]->[表格]->[插入表格],制作成表格,然后逐格拷贝');
fprintf(fid,'%s\n','到 MathType,将各项制作成可视化公式.');
for ir = 1:termNum+3
    for jc = 1:n+5
```

```
        if jc<n+5
            fprintf(fid,'%s\t',resultCell{ir,jc});
        else
            fprintf(fid,'%s\n',resultCell{ir,jc});
        end
    end
end
fclose(fid);
```

对于上述的表格推演，在给定各因素的类型后，则可以通过符号运算，由程序实现更多因素的均方期望推演及 F 统计量的选定。下面是由机器符号运算推算出的 4 因素均方期望表。在 4 因素线性模型（4-144）中，假设 A、C 为固定因素，B、D 为随机因素，则线性模型及其均方期望推算结果，列于表 4-59。

$$y_{ijklm} = \mu + \alpha_i + \beta_j + \gamma_k + \delta_l + \alpha\beta_{ij} + \alpha\gamma_{ik} + \alpha\delta_{il} + \beta\gamma_{jk} + \beta\delta_{jl} + \gamma\delta_{kl}$$
$$+ \alpha\beta\gamma_{ijk} + \alpha\beta\delta_{ijl} + \alpha\gamma\delta_{ikl} + \beta\gamma\delta_{jkl} + \alpha\beta\gamma\delta_{ijkl} + \varepsilon_{ijklm} \tag{4-144}$$
$$(i = 1, 2, \cdots, a; j = 1, 2, \cdots, b; k = 1, 2, \cdots, c; l = 1, 2, \cdots, d; m = 1, 2, \cdots, n)$$

表 4-59 4 因素混合模型均方期望的推求

序号	效应名称	F a 1	R b 2	F c 3	R d 4	R n 5	效应	均方期望
1	α_1	0	b	c	d	n	η_α^2	$bcdn\eta_\alpha^2 + cdn\sigma_{\alpha\beta}^2 + bcn\sigma_{\alpha\delta}^2 + cn\sigma_{\alpha\beta\delta}^2 + \sigma^2$
2	β_2	a	1	c	d	n	σ_β^2	$acdn\sigma_\beta^2 + acn\sigma_{\beta\delta}^2 + \sigma^2$
3	γ_3	a	b	0	d	n	η_γ^2	$abdn\eta_\gamma^2 + adn\sigma_{\beta\gamma}^2 + abn\sigma_{\gamma\delta}^2 + an\sigma_{\beta\gamma\delta}^2 + \sigma^2$
4	δ_4	a	b	c	1	n	σ_δ^2	$abcn\sigma_\delta^2 + acn\sigma_{\beta\delta}^2 + \sigma^2$
5	$(\alpha\beta)_{1,2}$	0	1	c	d	n	$\sigma_{\alpha\beta}^2$	$cdn\sigma_{\alpha\beta}^2 + cn\sigma_{\alpha\beta\delta}^2 + \sigma^2$
6	$(\alpha\gamma)_{1,3}$	0	b	0	d	n	$\eta_{\alpha\gamma}^2$	$bdn\eta_{\alpha\gamma}^2 + dn\sigma_{\alpha\beta\gamma}^2 + bn\sigma_{\alpha\gamma\delta}^2 + n\sigma_{\alpha\beta\gamma\delta}^2 + \sigma^2$
7	$(\alpha\delta)_{1,4}$	0	b	c	1	n	$\sigma_{\alpha\delta}^2$	$bcn\sigma_{\alpha\delta}^2 + cn\sigma_{\alpha\beta\delta}^2 + \sigma^2$
8	$(\beta\gamma)_{2,3}$	a	1	0	d	n	$\sigma_{\beta\gamma}^2$	$adn\sigma_{\beta\gamma}^2 + an\sigma_{\beta\gamma\delta}^2 + \sigma^2$
9	$(\beta\delta)_{2,4}$	a	1	c	1	n	$\sigma_{\beta\delta}^2$	$acn\sigma_{\beta\delta}^2 + \sigma^2$
10	$(\gamma\delta)_{3,4}$	a	b	0	1	n	$\sigma_{\gamma\delta}^2$	$abn\sigma_{\gamma\delta}^2 + an\sigma_{\beta\gamma\delta}^2 + \sigma^2$
11	$(\alpha\beta\gamma)_{1,2,3}$	0	1	0	d	n	$\sigma_{\alpha\beta\gamma}^2$	$dn\sigma_{\alpha\beta\gamma}^2 + n\sigma_{\alpha\beta\gamma\delta}^2 + \sigma^2$
12	$(\alpha\beta\delta)_{1,2,4}$	0	1	c	1	n	$\sigma_{\alpha\beta\delta}^2$	$cn\sigma_{\alpha\beta\delta}^2 + \sigma^2$
13	$(\alpha\gamma\delta)_{1,3,4}$	0	b	0	1	n	$\sigma_{\alpha\gamma\delta}^2$	$bn\sigma_{\alpha\gamma\delta}^2 + n\sigma_{\alpha\beta\gamma\delta}^2 + \sigma^2$
14	$(\beta\gamma\delta)_{2,3,4}$	a	1	0	1	n	$\sigma_{\beta\gamma\delta}^2$	$an\sigma_{\beta\gamma\delta}^2 + \sigma^2$
15	$(\alpha\beta\gamma\delta)_{1,2,3,4}$	0	1	0	1	n	$\sigma_{\alpha\beta\gamma\delta}^2$	$n\sigma_{\alpha\beta\gamma\delta}^2 + \sigma^2$
16	$\varepsilon_{(1,2,3,4)5}$	1	1	1	1	1	σ^2	σ^2

（六）统计量的确定

1. F 统计量的精确确定

在获得各分量均方的期望后，可以由此选定 F 统计量，以便对各分量效应的显著性进行检验。前面曾经讲过，要确定检验的统计量，只需要把均方期望中要检验的一部分单独隔离出来，而把剩余的一部分作为参比对象即可，这样就可以确定 F 统计量。下面以三因素混合效应模型为例，具体讨论多因素方差分析时 F 统计量的选定。

对于给定的三因素模型，若其中的 A、C 为随机因素，B 为固定因素，它们构成的混合模型推算如表 4-60 所示，根据其均方期望，由考察对象可确定参比对象。例如，对于 A 因素的主效应分量 α_i，考虑其效应 η_α^2 的大小和有无，需要把该分量均方期望中的 $\sigma^2 + cn\sigma_{\alpha\beta}^2$ 部分作为参比对象，查询可知，它是 MS_{AB} 的期望，故

$$F_A = \frac{\mathrm{MS}_A}{\mathrm{MS}_{AB}} = \frac{\sigma^2 + cn\sigma_{\alpha\beta}^2 + bcn\eta_\alpha^2}{\sigma^2 + cn\sigma_{\alpha\beta}^2} \qquad （4\text{-}145）$$

实际上，在使用 MS_{AB} 作为参比对象时，是默认 AB 交互作用项检验显著的，也就是说，在使用 MS_{AB} 作为参比对象之前，应该首先检验其显著性，而这通过

$$F_{AB} = \frac{\mathrm{MS}_{AB}}{\mathrm{MS}_E} = \frac{\sigma^2 + cn\sigma_{\alpha\beta}^2}{\sigma^2} \qquad （4\text{-}146）$$

可予以确认，表 4-60 中还给出了其他效应分量的检验统计量。

表 4-60　三因素混合模型期望推算表

因素	F a i	R b j	F c k	R n l	效应	均方期望	F 统计量
α_i	0	b	c	n	η_α^2	$\sigma^2 + cn\sigma_{\alpha\beta}^2 + bcn\eta_\alpha^2$	$F_A = \dfrac{\mathrm{MS}_A}{\mathrm{MS}_{AB}} = \dfrac{\sigma^2 + cn\sigma_{\alpha\beta}^2 + bcn\eta_\alpha^2}{\sigma^2 + cn\sigma_{\alpha\beta}^2}$
β_j	a	1	c	n	σ_β^2	$\sigma^2 + acn\sigma_\beta^2$	$F_B = \dfrac{\mathrm{MS}_B}{\mathrm{MS}_E} = \dfrac{\sigma^2 + acn\sigma_\beta^2}{\sigma^2}$
γ_k	a	b	0	n	η_γ^2	$\sigma^2 + an\sigma_{\beta\gamma}^2 + abn\eta_\gamma^2$	$F_C = \dfrac{\mathrm{MS}_C}{\mathrm{MS}_{BC}} = \dfrac{\sigma^2 + an\sigma_{\beta\gamma}^2 + abn\eta_\gamma^2}{\sigma^2 + an\sigma_{\beta\gamma}^2}$
$\alpha\beta_{ij}$	0	1	c	n	$\sigma_{\alpha\beta}^2$	$\sigma^2 + cn\sigma_{\alpha\beta}^2$	$F_{AB} = \dfrac{\mathrm{MS}_{AB}}{\mathrm{MS}_E} = \dfrac{\sigma^2 + cn\sigma_{\alpha\beta}^2}{\sigma^2}$
$\alpha\gamma_{ik}$	0	b	0	n	$\eta_{\alpha\gamma}^2$	$\sigma^2 + n\sigma_{\alpha\beta\gamma}^2 + bn\eta_{\alpha\gamma}^2$	$F_{AC} = \dfrac{\mathrm{MS}_{AC}}{\mathrm{MS}_{ABC}} = \dfrac{\sigma^2 + n\sigma_{\alpha\beta\gamma}^2 + bn\eta_{\alpha\gamma}^2}{\sigma^2 + n\sigma_{\alpha\beta\gamma}^2}$
$\beta\gamma_{jk}$	a	1	0	n	$\sigma_{\beta\gamma}^2$	$\sigma^2 + an\sigma_{\beta\gamma}^2$	$F_{BC} = \dfrac{\mathrm{MS}_{BC}}{\mathrm{MS}_E} = \dfrac{\sigma^2 + an\sigma_{\beta\gamma}^2}{\sigma^2}$
$\alpha\beta\gamma_{ijk}$	0	1	0	n	$\sigma_{\alpha\beta\gamma}^2$	$\sigma^2 + n\sigma_{\alpha\beta\gamma}^2$	$F_{ABC} = \dfrac{\mathrm{MS}_{ABC}}{\mathrm{MS}_E} = \dfrac{\sigma^2 + n\sigma_{\alpha\beta\gamma}^2}{\sigma^2}$
ε_{ijkl}	1	1	1	1	σ^2	σ^2	

但是，随着因素个数的增加，以及由于因素类型的不同，即便是得到了各分量的期望，有时也不能直接按照上述的方法得到合适的 F 统计量，如在上一小节的 4 因素模型中，因素 A 的效应 α_i（由于源自计算机符号运算，在表中以 α_1 表示）对应的期望为

$$E(\text{MS}_A) = \sigma^2 + cdn\sigma_{\alpha\beta}^2 + bcn\sigma_{\alpha\delta}^2 + cn\sigma_{\alpha\beta\delta}^2 + bcdn\eta_{\alpha}^2 \qquad (4\text{-}147)$$

将其分为两部分，一部分为考察对象的贡献，另一部分为参比对象的贡献。可知，其分割如下：

$$E(\text{MS}_A) = \overbrace{\sigma^2 + cdn\sigma_{\alpha\beta}^2 + bcn\sigma_{\alpha\delta}^2 + cn\sigma_{\alpha\beta\delta}^2}^{\text{reference}} + \overbrace{bcdn\eta_{\alpha}^2}^{\text{target}} \qquad (4\text{-}148)$$

按照上述将其余的作为参比，则检验统计量 F_A 为

$$F_A = \frac{\text{ref} + \text{tar}}{\text{ref}} = \frac{\overbrace{\sigma^2 + cdn\sigma_{\alpha\beta}^2 + bcn\sigma_{\alpha\delta}^2 + cn\sigma_{\alpha\beta\delta}^2}^{\text{reference}} + \overbrace{bcdn\eta_{\alpha}^2}^{\text{target}}}{\sigma^2 + cdn\sigma_{\alpha\beta}^2 + bcn\sigma_{\alpha\delta}^2 + cn\sigma_{\alpha\beta\delta}^2} \qquad (4\text{-}149)$$

但实际上，在上述的模型中，并未找到哪一项的均方期望等于分母中的 $\sigma^2 + cdn\sigma_{\alpha\beta}^2 + bcn\sigma_{\alpha\delta}^2 + cn\sigma_{\alpha\beta\delta}^2$，也就是说，没有办法得到参比对象，这也就无法计算 F_A。类似的问题还出现在 γ_3 和 $(\alpha\gamma)_{13}$ 两个分量的均方期望上，像这种情况，只能采取近似的 F 检验方法。

2. 近似统计量

在三因素及以上因素个数的随机模型或混合模型中，某些效应项常常没有精确的检验统计量。要对这些项进行检验，一种可能的方法是假定某些交互作用可以忽略，以三因素随机模型为例，随机模型的均方期望的符号运算结果如表 4-61 所示。其中的主效应都无法获得精确的检验统计量，但若将模型中两因素交互作用项的期望都忽略掉，即令 $\sigma_{\alpha\beta}^2 = \sigma_{\alpha\gamma}^2 = \sigma_{\beta\gamma}^2 = 0$，则可进行主效应的检验。

表 4-61　三因素随机模型的均方期望

序号	效应名称	R a 1	R b 2	R c 3	R n 4	效应符号	均方期望
1	α_1	1	b	c	n	σ_{α}^2	$bcn\sigma_{\alpha}^2 + cn\sigma_{\alpha\beta}^2 + bn\sigma_{\alpha\gamma}^2 + n\sigma_{\alpha\beta\gamma}^2 + \sigma^2$
2	β_2	a	1	c	n	σ_{β}^2	$acn\sigma_{\beta}^2 + cn\sigma_{\alpha\beta}^2 + an\sigma_{\beta\gamma}^2 + n\sigma_{\alpha\beta\gamma}^2 + \sigma^2$
3	γ_3	a	b	1	n	σ_{γ}^2	$abn\sigma_{\gamma}^2 + bn\sigma_{\alpha\gamma}^2 + an\sigma_{\beta\gamma}^2 + n\sigma_{\alpha\beta\gamma}^2 + \sigma^2$
4	$(\alpha\beta)_{1,2}$	1	1	c	n	$\sigma_{\alpha\beta}^2$	$cn\sigma_{\alpha\beta}^2 + n\sigma_{\alpha\beta\gamma}^2 + \sigma^2$
5	$(\alpha\gamma)_{1,3}$	1	b	1	n	$\sigma_{\alpha\gamma}^2$	$bn\sigma_{\alpha\gamma}^2 + n\sigma_{\alpha\beta\gamma}^2 + \sigma^2$
6	$(\beta\gamma)_{2,3}$	a	1	1	n	$\sigma_{\beta\gamma}^2$	$an\sigma_{\beta\gamma}^2 + n\sigma_{\alpha\beta\gamma}^2 + \sigma^2$
7	$(\alpha\beta\gamma)_{1,2,3}$	1	1	1	n	$\sigma_{\alpha\beta\gamma}^2$	$n\sigma_{\alpha\beta\gamma}^2 + \sigma^2$
8	$\varepsilon_{(1,2,3)4}$	1	1	1	1	σ^2	σ^2

这样做看起来把问题解决了，但必须指出，当我们决定忽略这些项时，实际上已经假定了这些项可被忽略。可这些项确实可被忽略吗?在给出肯定的判断之前，研究人员必须要对生

产过程本质有所了解，或者说对试验要有足够的先验知识才行。一般来说，做出这种假定很不容易，或者说应该谨慎从事。在尚未有足够证据证明这种忽略恰当之前，不应当删除模型中的这些交互作用。

也有一些科研人员认为，先检验交互作用，然后令那些不显著的交互作用为零，在检验其他效应时也按此处理。尽管实践中有时这样做，但这么做是有危险的，因为对交互作用做出的任何决定，都容易导致犯 I、II 类错误。另一种办法是在方差分析中将一些均方合并起来，以便得到自由度更大的误差估计量。例如，在上述例子中，假定检验统计量 $F_{ABC} = \dfrac{\mathrm{MS}_{ABC}}{\mathrm{MS}_E}$ 不显著，则我们接受 $H_0 : \sigma^2_{\alpha\beta\gamma} = 0$。在这种情况下，$\mathrm{MS}_{ABC}$ 与 MS_E 都可用来估计误差方差 σ^2。由此，我们可按照下式合并 MS_{ABC} 与 MS_E，

$$\begin{aligned}
\mathrm{MS}'_E &= \frac{abc(n-1)\mathrm{MS}_E + (a-1)(b-1)(c-1)\mathrm{MS}_{ABC}}{abc(n-1)+(a-1)(b-1)(c-1)} \\
&= \frac{abc(n-1)}{abc(n-1)+(a-1)(b-1)(c-1)}\mathrm{MS}_E \\
&\quad + \frac{(a-1)(b-1)(c-1)}{abc(n-1)+(a-1)(b-1)(c-1)}\mathrm{MS}_{ABC} \\
&= w_E \mathrm{MS}_E + w_{ABC}\mathrm{MS}_{ABC}
\end{aligned} \tag{4-150}$$

其中，

$$w_E = \frac{abc(n-1)}{abc(n-1)+(a-1)(b-1)(c-1)} \tag{4-151}$$

$$w_{ABC} = \frac{(a-1)(b-1)(c-1)}{abc(n-1)+(a-1)(b-1)(c-1)} \tag{4-152}$$

使得 $E(\mathrm{MS}'_E) = \sigma^2$，且 MS'_E 的自由度为

$$\mathrm{df}_{E'} = abc(n-1)+(a-1)(b-1)(c-1) \tag{4-153}$$

这样的合并带来两个方面的影响，一是可能会产生第 II 类错误，二是在合并过程中，合并对象看似是不显著的因素均方与随机误差均方，但实际上却可能是有显著性的因素均方与误差均方，从而在本质上使新得到的残差均方太大。这种合并，会使其他显著性效应更难以被检测出来。

此外，如果原误差均方的自由度很小（如小于 6），这种合并可能会明显提高检验的精度，从而使试验者得到过多的好处。更合理的办法是：如果原误差均方的自由度大于 6，就不合并；如果原误差均方的自由度小于 6，则首先以较大的检验水平 α（如取 0.25）检验被合并的均方，若此时的 F 统计量仍不显著，才可进行合并。

当无法假定哪些交互作用项可被忽略时，要检验这些没有精确参比对象的效应项，则可以使用 Satterthwaite 的均方线性组合法。例如，令

$$\mathrm{MS}' = \mathrm{MS}_r + \cdots + \mathrm{MS}_s \tag{4-154}$$

再令

$$\mathrm{MS}'' = \mathrm{MS}_u + \cdots + \mathrm{MS}_v \tag{4-155}$$

且要求 $E(\mathrm{MS}') - E(\mathrm{MS}'')$ 等于零假设中待检测的效应（方差分量），则检验统计量为

$$F = \frac{\mathrm{MS}'}{\mathrm{MS}''} \tag{4-156}$$

其分布近似为 $F_{p,q}$ ，其中，

$$p = \frac{(\mathrm{MS}_r + \cdots + \mathrm{MS}_s)^2}{\dfrac{\mathrm{MS}_r^2}{\mathrm{df}_r} + \cdots + \dfrac{\mathrm{MS}_s^2}{\mathrm{df}_s}} \tag{4-157}$$

$$q = \frac{(\mathrm{MS}_u + \cdots + \mathrm{MS}_v)^2}{\dfrac{\mathrm{MS}_u^2}{\mathrm{df}_u} + \cdots + \dfrac{\mathrm{MS}_v^2}{\mathrm{df}_v}} \tag{4-158}$$

需要说明的是， df_r 是 MS_r 的自由度，不是 MS_r^2 的，其他各项与此相同。

在上述的三因素随机模型中，要检验 $H_0 : \sigma_\alpha^2 = 0$ ，若令

$$\begin{aligned} \mathrm{MS}' &= \mathrm{MS}_A + \mathrm{MS}_{ABC} \\ &= \underbrace{bcn\sigma_\alpha^2 + cn\sigma_{\alpha\beta}^2 + bn\sigma_{\alpha\gamma}^2 + n\sigma_{\alpha\beta\gamma}^2 + \sigma^2}_{\mathrm{MS}_A} + \underbrace{n\sigma_{\alpha\beta\gamma}^2 + \sigma^2}_{\mathrm{MS}_{ABC}} \\ &= \underbrace{2\sigma^2 + cn\sigma_{\alpha\beta}^2 + bn\sigma_{\alpha\gamma}^2 + 2n\sigma_{\alpha\beta\gamma}^2}_{\mathrm{ref}} + \underbrace{bcn\sigma_\alpha^2}_{\mathrm{goal}} \end{aligned} \tag{4-159}$$

以及

$$\begin{aligned} \mathrm{MS}'' &= \mathrm{MS}_{AB} + \mathrm{MS}_{AC} \\ &= \underbrace{cn\sigma_{\alpha\beta}^2 + n\sigma_{\alpha\beta\gamma}^2 + \sigma^2}_{\mathrm{MS}_{AB}} + \underbrace{bn\sigma_{\alpha\gamma}^2 + n\sigma_{\alpha\beta\gamma}^2 + \sigma^2}_{\mathrm{MS}_{AC}} \\ &= \underbrace{2\sigma^2 + cn\sigma_{\alpha\beta}^2 + bn\sigma_{\alpha\gamma}^2 + 2n\sigma_{\alpha\beta\gamma}^2}_{\mathrm{ref}} \end{aligned} \tag{4-160}$$

则得到检验的统计量 F ，且自由度 p ， q 的计算如上。

这种检验方法的基本思想是检验统计量式（4-156）的分子和分母都近似为卡方随机变量的倍数，且它们之间不存在共有均方，所以分子和分母相互独立，而由此得到的 F 检验统计量近似为 $F_{p,q}$ 分布。在具体使用时，要注意两点。

（1）当 MS' 与 MS' 的某些均方为负值时，使用时要极为小心。

（2）若 $\mathrm{MS}' = \mathrm{MS}_1 - \mathrm{MS}_2$ ，当 $\dfrac{\mathrm{MS}_1}{\mathrm{MS}_2} > F_{0.025}(\mathrm{df}_2, \mathrm{df}_1) \times F_{0.05}(\mathrm{df}_2, \mathrm{df}_1)$ ，而 $\mathrm{df}_1 \leqslant 100$ 和 $\mathrm{df}_2 \geqslant \dfrac{1}{2}\mathrm{df}_1$

时，Satterthwaite 近似法成立合理。

进行多因素方差分析，从理论上来说并不困难，但随着因素个数的增加，普通方差分析方法使用的复杂性迅速增加，这种复杂性不仅体现在分析计算上，导致计算公式冗长复杂，还体现在试验次数以几何级数的增长上。例如，对于 A 、 B 两个因素，若每个因素有 2 个水平，每个处理设 3 个重复，则所需的实际观测值为 $2 \times 2 \times 3 = 12$ 个，如果每个观察值需要做一次试验，则共需 12 次；若增加到 3 个因素，其他条件不变，则试验次数变为 $2 \times 2 \times 2 \times 3 = 24$ 个，和两因素相比试验次数增加了一倍，因素继续增加时会导致试验次数增加的更多。因此，在实际工作中，常常采用一些特殊的方法，如正交设计、均匀设计等来减少试验次数。

（七）MATLAB 自带函数介绍

MATLAB 提供了多因素方差分析的 anovan 函数，该函数可用来实现多因素均衡试验和非均衡试验的方差分析，其常用的调用格式如下。

1. p = anovan (y, group)

这种调用格式中，参数 y 是样本观测值向量。参数 group 为 cell 数组，其每个元素对应一个因素，包含因素的水平列表，水平列表可以是分类数组、数值向量、字符矩阵或单列的字符串数组。输出参数 p 是向量，保存检验的 p 值，每一个元素对应一个主效应。

例如，下面是一个三因素的方差分析。

```
y = [52.7,57.5,45.9,44.5,53.0,57.0,45.9,44.0]';
g1 = [1,2,1,2,1,2,1,2];,
g2 = {'hi';'hi';'lo';'lo';'hi';'hi';'lo';'lo'};,
g3 = {'may';'may';'may';'may';'june';'june';'june';'june'};
anovan(y,{g1,g2,g3})
```

2. p = anovan (y, group, param, val)

这种格式以"名值对"的形式指定了多个输入参数，参数中的含义如表 4-62 所示。

表 4-62　anovan 的参数说明

参数	取值
'alpha'	显著性检验水平，取值为 0～1，可用于计算 100(1−alpha)% 的置信区间，缺省设置为 0.05，对应 95% 的置信区间
'continuous'	索引向量，指示出某变量是连续数据而不是分类数据性
'display'	输出开关变量，设定为'on'时，输出方差分析表，也是缺省设置；设定为'off'时，不输出方差分析表
'model'	模型的类型设定参数
'nested'	只有 0，1 组成的矩阵 M，用来指示分组变量数据的结构组成，当变量 i 嵌套于变量 j 中时，$M(i,j)=1$
'random'	随机索引向量，用来指示哪一个分组变量属于随机类型，缺省时各变量均看作固定类型
'sstype'	使用 1，2，3（缺省情况下）或 h 来指定平方和的类型
'varnames'	字符矩阵或者 cell 数组，用来指定分组变量名称，缺省时 MATLAB 以'X_1', 'X_2', 'X_3', …, 'X_N'来标识

3. [p, table] = anovan (y, group, param, val)

这种调用格式将返回以 MATLAB 的 cell 数组表示的方差分析表，cell 数组是一种表达混合数据类型的元胞数组，更详细介绍参拙作《MATLAB 语言编程》一书。

第四节　方差分析的基础问题

一、方差分析应满足的条件

任何数据分析方法都有其存在的理论基础与适用条件，方差分析也不例外，要使得方差分析达到预期的效果，试验数据就必须满足一些先决条件，这些条件主要包括三个方面：可加性、正态性和方差齐性。

（一）可加性

在进行方差分析之前，我们都要先给出方差分析使用的线性模型，在单因素时，使用的是

$$x_{ij} = \mu + \alpha_i + \varepsilon_{ij}, (i=1,2,\cdots,a; j=1,2,\cdots,n) \tag{4-161}$$

在两因素时，使用的是

$$x_{ijk} = \mu + \alpha_i + \beta_j + (\alpha\beta)_{ij} + \varepsilon_{ijk},$$
$$(i = 1, 2, \cdots, a; j = 1, 2, \cdots, b; k = 1, 2, \cdots, n)$$

(4-162)

我们还可写出更多因素的线性模型。所谓线性模型，其本质就是数据结构，也就是观测值是由哪几部分组成的，这些组成部分又以何种方式结合在一起。从前面的学习中已经知道，方差分析的每个观察值都包含了总体平均数、各因素主效应、各因素间的交互效应、随机误差等许多部分，这些组成部分都以求和的方式结合起来，每个观察值都看作各组成部分的累加和，这种累加就是可加性的数学体现。

在方差分析中，各理论分析都建立在线性统计模型的基础上，可加性是方差分析的重要先决条件，若数据结构组成不满足这一点，就需要进行转换，否则无法直接使用方差分析。例如，某数据服从对数正态分布（即数据取对数后服从正态分布），各部分以连乘形式结合在一起，此时就需要先对原数据进行对数变换，这样做一方面保证了误差服从正态分布，另一方面也保证数据满足可加性要求。

（二）正态性

在线性模型中，都要求随机误差 ε 为相互独立的正态随机变量，即满足 $\varepsilon \sim N(0, \sigma^2)$，这一条件非常重要，它不仅是均方推导的基础，也是进行 F 检验的理论基础。因为 F 分布是依赖于卡方分布定义的，而卡方分布又是依赖正态分布定义的，当不满足正态性时，均方期望的推导就不成立，F 统计量也无法得到。

当试验材料间有关联，有可能影响独立性时，可通过随机化试验安排，破坏其关联性；当正态性不能满足时（即误差服从其他分布），可根据误差服从的理论分布，采取适当的数据变换，使之满足正态性。

（三）方差齐性

方差齐性是指所处理的随机误差方差都应相等，由于随机误差的期望一定为 0，这一要求本质上是为随机误差规定了一个公共的总体方差 σ^2。换个角度来看，既然规定了公共方差，则不同处理是不能影响到随机误差的方差的。当方差齐性条件不满足时，可采用数据变换的方法，使其变换成具有方差齐性的数据后再进行方差分析。

在上述三个要求中，可加性具体体现在线性模型上，而正态性体现在 $\varepsilon \sim N(0, \sigma^2)$ 上。在实用中，可加性和正态性的满足主要靠理论分析，如果没有理由怀疑数据的正态性，则认为它们是满足的，但相比而言，可加性最容易满足；方差齐性也体现在 $\varepsilon \sim N(0, \sigma^2)$ 上，与正态性相比，方差齐性对数据分析的影响更大，虽然采取均衡试验有助于减少不齐性的影响，但这不等于没有影响，在进行方差分析之前，应该先检验多个方差的齐性，只有满足方差齐性这一条了，才可以进行方差分析，否则方差分析的结果并不可信。

二、多方差齐性检验

在方差分析的 3 个先决条件中，方差齐性对试验结果的影响最大，因此在进行方差分析之前，应该首先进行方差齐性的检验，检查各处理的方差是否相等。

对方差齐性的检验，目前有多种方法，这些方法中，对数方差分析方法针对性强，方法严谨，计算较复杂，所需样本量大；Fmax 检验则计算简单，不够严格，需用专门表格；Bartlett

检验法除方差齐性外也对偏态敏感，可较好保证正态性及方差齐性。下面我们逐一介绍这些常用的方法，读者可根据自己的实际问题，选择适当的方法检验。

（一）对数方差分析

对数方差分析的基本思想是把每个处理的观测值再随机地分解成若干子样本，然后分别计算每个子样本的方差并取对数，最后对这些对数数据进行单因素方差分析，以判断方差的齐性。这种方法比较严谨，针对性强，检验目标集中在各方差是否相等上，只有当各方差有差异时才会检验显著，但该方法对其他一些条件，如总体分布是否正态等并不敏感。在具体实施时，各处理被视为因素的不同水平，同一处理子样本的对数方差则被看作重复。因为这种方法需要将每个处理的观察值分解成子样本，这一点要求每个处理提供较大的重复，但这又限制了方法的应用。

对数方差分析的基本假设与步骤如下。

（1）做假设。针对本方法的目的，做出零假设为 H_0：各处理的方差相同；备择假设为 H_1：各处理方差不完全相同。

（2）对于已得到的观测数据，设有 a 个处理，若每个处理中有 n_i 个重复，则观察值记为 x_{ij}，其中的循环指标 i 和 j 的变动范围为 $(i=1,2,\cdots,a；j=1,2,\cdots,n_i)$。

（3）对上述 a 个不同处理进一步分割，在具体分割时，要求各子样本含量尽可能一致，且每个处理分割后，包含的子样本个数 m_i 应满足

$$m_i \approx \sqrt{n_i} \tag{4-163}$$

其中，$i=1,2,\cdots,a$；若记各子样本的样本含量为 n_{ij}，其中，$i=1,2,\cdots,a；j=1,2,\cdots,m_i$，则显然有

$$n_j = \sum_j n_{ij},(i=1,2,\cdots,a) \tag{4-164}$$

分割后的数据可表示为 $x_{ijk},(i=1,2,\cdots,a;j=1,2,\cdots,m_i;k=1,2,\cdots,n_{ij})$。

（4）按照正常数据计算每个子样本的均值和方差，计算如下。

$$\overline{x}_{ij\cdot} = \frac{1}{n_{ij}}\sum_{k=1}^{n_{ij}} x_{ijk} \tag{4-165}$$

$$S_{ij}^2 = \frac{1}{n_{ij}-1}\sum_{k=1}^{n_{ij}}(x_{ijk}-\overline{x}_{ij\cdot})^2 \tag{4-166}$$

再对每个子样本的方差取对数计算，并计算对应的自由度，具体如下：

$$y_{ij} = \ln S_{ij}^2 \tag{4-167}$$

$$v_{ij} = n_{ij}-1 \tag{4-168}$$

其中，v_{ij} 为 y_{ij} 的自由度。

（5）以 y_{ij} 为基本数据，进行单因素方差分析，在具体计算时，自由度 v_{ij} 作为权重参与计算，具体公式为

$$\overline{y}_{i\cdot} = \sum_{j=1}^{m_i}(v_{ij}y_{ij}) \bigg/ \sum_{j=1}^{m_i}(v_{ij}) \tag{4-169}$$

$$\overline{y}_{\cdot\cdot} = \sum_{i=1}^{a}\sum_{j=1}^{m_i}(v_{ij}y_{ij}) \bigg/ \sum_{i=1}^{a}\sum_{j=1}^{m_i}(v_{ij}) \tag{4-170}$$

$$\mathrm{MS}_A = \frac{1}{a-1}\sum_{i=1}^{a}[(n_i - m_i)(\bar{y}_{i\cdot} - \bar{y}_{\cdot\cdot})^2] \tag{4-171}$$

$$\mathrm{MS}_E = \sum_{i=1}^{a}\sum_{j=1}^{m_j}[v_{ij}(y_{ij} - \bar{y}_{i\cdot})^2]\bigg/\sum_{i=1}^{a}(m_i - 1) \tag{4-172}$$

（6）在进行方差分析时，使用统计量

$$F = \frac{\mathrm{MS}_A}{\mathrm{MS}_E} \tag{4-173}$$

当 $F \geqslant F_\alpha(\mathrm{df}_1, \mathrm{df}_2)$ 时拒绝 H_0，说明方差不具齐性；否则接受 H_0，说明满足方差齐性。在临界值 $F_\alpha(\mathrm{df}_1, \mathrm{df}_2)$ 中，第一自由度 df_1 和第二自由度 df_2 分别为

$$\mathrm{df}_1 = a - 1 \tag{4-174}$$

$$\mathrm{df}_2 = \sum_{i=1}^{a} m_i - 1 \tag{4-175}$$

例 12　某糖厂生产了 5 个批次的产品，分别抽查了如下的 5 组数据（表 4-63），试分析这 5 个批次的方差是否相等，设 $\alpha = 0.05$。

表 4-63　糖厂 5 个批次生产抽查数据

批次	测定结果
1	580，600，590，530，510，510，560，510，580，520，560
2	520，560，520，520，590，580，500，560，580，520
3	550，510，580，520，560，580，550，570
4	520，570，510，520，560，560，575，510，580，560
5	590，520，600，550，600，560，510，580

解　首先统计原始各样本数据含量，分别为 11，10，8，10，8。为分割成子单元，计算

$$m = \sqrt{\frac{11+10+8+10+8}{5}} = \sqrt{9.40} = 3.0659 \approx 3$$

即每组数据大约可分为 3 个子样本，考虑到各子样本的含量尽量一致，取定子样本含量为 3，因为原始数据已经是随机抽取的，所以划分子样本时不再按照随机化进行，结果列于表 4-64。

表 4-64　原始数据的子样本划分

批次	子样本划分结果	子样本个数
1	（580，600，590），（530，510，510），（560，510，580），（520，560）	4
2	（520，560，520），（520，590，580），（500，560，580，520）	3
3	（550，510，580），（520，560，580），（550，570）	3
4	（520，570，510），（520，560，560），（575，510，580，560）	3
5	（590，520，600），（550，600，560），（510，580）	3

计算各组的对数方差 y_{ij} 及对应的自由度 v_{ij}，并统计其他信息列于表 4-65。

表 4-65　子样本等统计信息

批次	方差对数 y_{ij}	子样本数	子自由度 v_{ij}	原样本含量
1	4.605，4.893，7.170，6.685	4	2，2，2，1	11
2	6.279，7.268，7.195	3	2，2，3	10
3	7.117，6.839，5.298	3	2，2，1	8
4	6.941，6.279，6.930	3	2，2，3	10
5	7.550，6.551，7.804	3	2，2，1	8

以各组自由度为权重，计算各组数据的加权平均与各组数据的自由度之和，结果列于表 4-66。

表 4-66　中间计算结果中的加权平均与自由度

批次	对数加权平均 $\bar{y}_{i\cdot}$	自由度之和
1	5.717	7
2	6.954	7
3	6.642	5
4	6.747	7
5	7.201	5

计算各组数据的总平均，得到 $\bar{y}_{\cdot\cdot} = 6.618$。计算得到 F 检验信息列于表 4-67。

表 4-67　F 检验信息

MS_A	MS_E	F	df_A	df_E	$F_\alpha(df_1, df_2)$
2.073	1.334	1.554	4	11	3.3567

检验结论：接受 H_0，拒绝 H_1，各处理的方差完全相同，方差具有齐性。

（二）对数方差分析的 MATLAB 实现

对数方差分析计算稍显复杂，为方便使用，根据上述原理，我们编写了 MATLAB 的计算程序 logAnovaCheck，这些程序在 MATLAB2014a 与 MATLAB2015a 平台上运行正常，源码中对数据的输入格式已经做了详细介绍，不再另行说明。

对于上述例题，其具体计算如下：

```
alpha = 0.05;
%各组原始样本数据,不一定是均衡数据,各组可能不一样多
g1 = [580,600,590,530,510,510,560,510,580,520,560];
g2 = [520,560,520,520,590,580,500,560,580,520];
g3 = [550,510,580,520,560,580,550,570];
g4 = [520,570,510,520,560,560,575,510,580,560];
```

```
g5 = [590,520,600,550,600,560,510,580];
X = {g1,g2,g3,g4,g5};
logAnovaCheck(X,alpha)
```

运行中间过程与最终结果如下（输出到屏幕）：

原始各样本数据含量为：11　10　8　10　8

子样本平均含量：3

各原始数据分割子样本结果如下：

1　(580.0,600.0,590.0),(530.0,510.0,510.0),(560.0,510.0,580.0),(520.0,560.0)　4

2　(520.00,560.00,520.00),(520.00,590.00,580.00),(500.00,560.00,580.00,520.00)　3

3　(550.00,510.00,580.00),(520.00,560.00,580.00),(550.00,570.00)　3

4　(520.00,570.00,510.00),(520.00,560.00,560.00),(575.00,510.00,580.00,560.00)　3

5　(590.00,520.00,600.00),(550.00,600.00,560.00),(510.00,580.00)　3

分组数据的对数方差及对应的自由度如下，其中自由度为 0 是方便计算机按照统一格式输出，拷贝制表时，需手工按照子样本个数删除对应 0 值，对数数据中的亦如此处理。

1　4.605, 4.893, 7.170, 6.685　4　2, 2, 2, 1 11

2　6.279, 7.268, 7.195, 0.000　3　2, 2, 3, 0 10

3　7.117, 6.839, 5.298, 0.000　3　2, 2, 1, 0 8

4　6.941, 6.279, 6.930, 0.000　3　2, 2, 3, 0 10

5　7.550, 6.551, 7.804, 0.000　3　2, 2, 1, 0 8

各组数据的加权平均与各组数据的自由度之和：

1　5.717　7

2　6.954　7

3　6.642　5

4　6.747　7

5　7.201　5

各组数据的总平均为：6.618

F 检验信息如下：

MSA	MSE	F
2.073	1.334	1.554

检验结论：接受 H0，拒绝 H1，各处理的方差完全相同，方差具有齐性。

附源码如下：

```
function[chkFlag] = logAnovaCheck(X,chkLevel)
%函数名称:logAnovaCheck.m
%实现功能:对数方差分析方法,用来检验多组数据的方差齐性.
%输入参数:函数共有 2 个输入参数,含义如下:
%         :(1),X,要检验的分组数据,以 cell 格式输入,如某次测量数据有 3 个水平,
%         :各水平(组)数据如下(非均衡数据):
%         :grp1 = [372,380,382,368,374,366,360,376];%1st group
%         :grp2 = [364,358,362,372,338,344,350,376,366,350];%2nd group
%         :grp3 = [342,372,374,376,344,360];%3rd group
%         :则 cell 格式的输入数据 X 按照如下格式构造:
%         :X = {grp1,grp2,grp3};
%         :(2),chkLevel,检验水平,默认 0.05.
%输出参数:函数默认 1 个输出参数:
%         :(1),chkFlag,方差齐性检验结果的标志符,取值为 0 或 1.
%         :当取值为 0 时,表示检验差异显著,各处理组方差不具齐性;
%         :当取之为 1 时,各处理组方差相同,具有齐性.
%函数调用:实现函数功能需要调用 1 个子函数,说明如下:
%         :(1),makeSubCell,用来将输入的数据转化成规定长度的 cell.
%参考资料:实现函数算法,其他参考资料,请参阅:
%         :(1),马赛璞,MATLAB 语言编程[M],北京:电子工业出版社,2017.
%原始作者:马赛璞,wdwsjlxx@163.com
```

```
%创建时间:2017-04-14,10:30:03
%原始版本:1.0
%版权声明:未经作者许可,任何单位及个人不得以任何方式或理由对本代码
%        :进行网上传播、贩卖等.
%实用样例:
%        alpha = 0.05;%检验水平
%        %各组原始样本数据,不一定是均衡数据,各组可能不一样多
%        grp1 = [372,380,382,368,374,366,360,376]';%1st group
%        grp2 = [364,358,362,372,338,344,350,376,366,350]';
%        grp3 = [348,351,362,372,344,352,360,362,366,354,342,358,348];
%        grp4 = [342,372,374,376,344,360];
%        X = {grp1,grp2,grp3,grp4};%数据要求以 cell 形式输入到函数中
%        tf = logAnovaCheck(X,alpha)
%

%检查与设定检验水平
if nargin<2||isempty(chkLevel)
    chkLevel = 0.05;
    fprintf('本次计算,检验水平设定为%.3f\n',chkLevel);
elseif isscalar(chkLevel)
    commonAlphas = [0.1,0.05,0.025,0.01,0.005,0.001];
    chk = ismember(chkLevel,commonAlphas);
    if~chk,error('输入的 alpha 检验水平数据不符合习惯! ');end
else
    error('检验水平输入有误! ');
end
%检验输入数据的格式问题
if~isa(X,'cell')
    error('输入的数据非 cell 格式,不满足格式要求,请修改数据格式! ');
else
    nOriginGroup = length(X);%original Group Number
    if nOriginGroup<2
        error('只有一组数据,无法进行方差分析! ');
    elseif nOriginGroup == 2
        warning('两组数据的方差齐性检验,建议使用常规方差检验的 F 方法! ');
    else
        %全部数据统一转为行向量,符合后续格式要求
        for iLoop = 1:nOriginGroup
            tempArr = X{iLoop};X{iLoop} = tempArr(:)';
        end
    end
end

%确定每组数据的个数
szOriginGroup = zeros(1,nOriginGroup);
for iLoop = 1:nOriginGroup
    szOriginGroup(iLoop) = size(X{iLoop},2);
end
fprintf('原始各样本数据含量为:');disp(szOriginGroup);
%子样本平均含量 sub-sample size
szSubSample = round(sqrt(mean(szOriginGroup)));
fprintf('子样本平均含量:%4d\n',szSubSample);
```

```
%制作子样本,统计子样本个数
subCell = cell(nOriginGroup,1);%每组数据以子样本形式保存
nSubSample = zeros(1,nOriginGroup);%每组的子样本数
for iRow = 1:nOriginGroup
    temp = X{iRow};
    [ss,nSubSample(iRow)] = makeSubCell(temp,szSubSample);
    subCell(iRow,1:nSubSample(iRow)) = ss;
end
%分割子样本结果
fprintf('各原始数据分割子样本结果如下:\n');
for iRow = 1:nOriginGroup
    fprintf('%d\t',iRow);
    for jCol = 1:nSubSample(iRow)
        fprintf('(');fprintf('%.2f,',subCell{iRow,jCol});fprintf('\b),');
    end
    fprintf('\b\t%d\n',nSubSample(iRow))
end
%fprintf('结构布置如下\n');disp(subCell);
%fprintf('每组的子样本数:');disp(nSubSample);

%分组数据的对数方差,子样本对应的自由度
maxCol = max(nSubSample(:));
lnVar = zeros(nOriginGroup,maxCol);
subDegFree = zeros(nOriginGroup,maxCol);
for iRow = 1:nOriginGroup
    for jCol = 1:maxCol
        temp = subCell{iRow,jCol};
        if~isempty(temp)
            lnVar(iRow,jCol) = log(var(temp));
            subDegFree(iRow,jCol) = length(temp)-1;
        end
    end
end
noteA = '分组数据的对数方差及对应的自由度如下,自由度为0是方便计算机格式输';
noteB = '出,拷贝制表时,需手工按照子样本个数删除对应0值,对数数据中的亦如此.';
fprintf('%s%s\n',noteA,noteB);
for iRow = 1:nOriginGroup
    fprintf('%d\t',iRow);
    for jCol = 1:2*(maxCol+1)
        if jCol< = maxCol  %输出对数方差
            fprintf('%.3f,',lnVar(iRow,jCol));
        elseif jCol == maxCol+1  %输出子样本个数
            fprintf('\b\t%d\t',nSubSample(iRow));
        elseif jCol>maxCol+1&&jCol< = 2*(maxCol+1)-1
            %每组子单元个数按< = 100 设计
            fprintf('%2d,',subDegFree(iRow,jCol-maxCol-1));
        else  %每组原始数据的个数
            fprintf('\b\t%2d\n',szOriginGroup(iRow));
        end
    end
end
end
```

```
%各组数据的加权均值
grpMean = sum(lnVar.*subDegFree,2)./sum(subDegFree,2);
dfSum = sum(subDegFree,2);%各组数据的自由度和
fprintf('各组数据的加权平均与各组数据的自由度之和:\n');
tempArr = [grpMean,dfSum];
for iRow = 1:nOriginGroup
    fprintf('%d\t%.3f\t%2d\n',[iRow,tempArr(iRow,:)])
end
xBar = sum(grpMean.*dfSum,1)./sum(dfSum(:));%总平均值
fprintf('各组数据的总平均为:%.3f\n',xBar);

%计算MSA
msa = sum(dfSum.*(grpMean-xBar).^2,1)/(nOriginGroup-1);%MSA
%计算MSE
numerator = 0;
for iRow = 1:nOriginGroup
    for jCol = 1:nSubSample(iRow)
        dist2 = (lnVar(iRow,jCol)-grpMean(iRow))^2;
        numerator = numerator+subDegFree(iRow,jCol)*dist2;
    end
end
denominator = sum((nSubSample-1));
mse = numerator/denominator;
F = msa/mse;
fprintf('F检验信息如下:\n');
fprintf('%7s\t%7s\t%7s\n','MSA','MSE','F');
fprintf('%7.3f\t%7.3f\t%7.3f\n',[msa,mse,F]);

%检验
df1 = nOriginGroup-1;
df2 = denominator;
fCutOff = finv(1-chkLevel,df1,df2);
fprintf('检验结论:');
if F>fCutOff
    fprintf('拒绝H0,接受H1,各处理的方差不完全相同,方差不具齐性.\n');
    chkFlag = 0;%0表示否定
else
    fprintf('接受H0,拒绝H1,各处理的方差完全相同,方差具有齐性.\n');
    chkFlag = 1;%1表示肯定
end
```

（三）Hartley 检验基本原理

Hartley 检验是由 Hartley 在 1950 年建立的，又叫作 Fmax 检验，从原理上看，该方法也适用于非均衡数据，但通常用于均衡数据的试验。该方法使用的统计量为

$$F_{\max} = \frac{S_{\max}^2}{S_{\min}^2} \tag{4-176}$$

当试验数据为均衡数据时，即当 $n_1 = n_2 = \cdots = n_a = n$ 时，$F_{\max}$ 的临界值 $F_{\max,\alpha}(a,\mathrm{df})$ 可由附表 16 查到。在查表时，参数 a 是参加比较的方差的个数，df 是要比较的方差的自由度，

由于是均衡数据，因此 $df = n-1$。有些教材使用 (k,v) 作为查表参数，这里的 k 就等价于 a，v 就等价于 df，比较 F_{max} 和 $F_{max,\alpha}(a,df)$ 即可得到检验结论。

　　当试验数据为非均衡数据时，仍然使用式（4-176）计算，但具体计算上和均衡数据的稍有差别，具体方法为：设有取自不同总体的 a 个样本，计算得到各样本的方差 $S_i^2,(i=1,2,\cdots,a)$，再找出这些方差值中的极大与极小值，记为

$$S_{max}^2 = \max(S_i^2) \tag{4-177}$$

$$S_{min}^2 = \min(S_i^2) \tag{4-178}$$

计算与这两个极值方差对应的自由度，分别记为 df_{max} 和 df_{min}，则统计量为

$$F_{max} = \frac{S_{max}^2}{S_{min}^2} \tag{4-176}$$

对应的自由度为

$$df = \min(df_{max}, df_{min}) \tag{4-179}$$

　　查 F_{max} 临界值附表 16 得 $F_{max,\alpha}(a,df)$，若 $F_{max} > F_{max,\alpha}(a,df)$ 则拒绝 H_0，认为各子样方差不具有方差齐性；否则，接受 H_0，认为它们具有方差齐性。

　　从上述使用原理来看，这种方法不太严格，但它最大的优点是计算简便，只需选取各样本方差中最大值与最小值，作比值得到 F_{max}，再通过查专用表格，即可获得临界值，比较后即得到检验结论。该方法作为方差分析的预备性检验，用来检验各处理的方差齐性，基本上可满足使用要求。

　　和其他假设检验类似，Hartley 方法的零假设 H_0 设定为各样本方差相等，备择假设 H_1 设定为至少有一对方差不等。需要指明，即使在 H_0 成立的条件下，统计量 F_{max} 也不服从任何常见理论分布，因此 Hartley 编制了专用临界值表。虽然称呼上为 F_{max} 检验，但此法的临界值表与一般的 F 分布表不同，从结构上看，它相当于普通 F 分布的第一自由度（即分子自由度）是总体数 a，而第二自由度则是分子与分母中自由度较小的一个。

　　此外，Hartley 检验对于正态性的偏离十分敏感，若样本所属总体的分布稍微偏离正态分布，即便各样本的方差都相等，检验时也会拒绝 H_0，并认为方差不具齐性。因此，当总体分布非正态时，Hartley 检验不适合用来进行方差齐性检验；但当总体服从正态分布时，Hartley 检验则具有较高的检出功效。

　　例 13　为研究沉积物样本中的重金属含量分布，使用 4 种方法进行了测定，结果列于表 4-68，试利用 Hartley 方法进行方差齐性检验。

表 4-68　例 13 观测结果

方法	结果
1	372，380，382，368，374，366，360，376
2	364，358，362，372，338，344，350，376，366，350
3	348，351，362，372，344，352，360，362，366，354，342，358，348
4	342，372，374，376，344，360

解 利用编写的 HartleyTest 函数进行检验，其数据与计算信息如下：

```
alpha = 0.05;
grp1 = [372,380,382,368,374,366,360,376];
grp2 = [364,358,362,372,338,344,350,376,366,350];
grp3 = [348,351,362,372,344,352,360,362,366,354,342,358,348];
grp4 = [342,372,374,376,344,360];
X = {grp1,grp2,grp3,grp4};
HartleyTest(X,alpha)
```

（1）统计原数据的基本信息，列于表 4-69。

表 4-69　样本数据的基本信息

各样本方差	样本含量	自由度
54.2143	8	7
151.1111	10	9
79.5641	13	12
233.0667	6	5

（2）中间计算信息汇总如表 4-70 所示。

表 4-70　例 13 计算中间信息

最大方差	最小方差	F_{max}	df_{Max}	df_{Min}	df	F 临界值
233.067	54.214	4.299	5	7	5	13.7

（3）检验结论：接受 H_0，拒绝 H_1，各处理的方差完全相同，方差具有齐性。

（四）Hartley 检验的 MATLAB 实现

Hartley 检验计算相对简单，为了方便工作中的使用，根据其数学原理，我们编写了如下源码，经实例计算，运行通过验证。

```
function[chkFlag] = HartleyTest(X,sigLevel)
%函数名称:HartleyTest.m
%实现功能:对多组数据方差的齐性进行 Hartley 检验.
%输入参数:函数共有 2 个输入参数,含义如下:
%          :(1),X,要检验的分组数据,以 cell 格式输入,如某次测量数据有 2 个水平,
%          :各水平(组)数据(非均衡数据)如下:
%          :grp1 = [372,380,382,368,374,366,360,376];%1st group
%          :grp2 = [342,372,374,376,344,360];%2nd group
%          :则 cell 格式的输入数据 X 按照如下格式构造:
%          :X = {grp1,grp2};
%          :(2),sigLevel,检验水平,一般只取 0.01 和 0.05,缺省默认 0.05.
%输出参数:函数默认 1 个输出参数:
%          :(1),chkFlag,方差齐性检验结果的标志符,取值为 0 或 1.
%          :当取值为 0 时,表示检验差异显著,各处理组方差不具齐性;
%          :当取之为 1 时,各处理组方差相同,具有齐性;
```

```
%函数调用:实现函数功能需要调用 1 个子函数,说明如下:
%        :(1),lookUpFmaxTable,根据给定的参数查询 Fmax 临界值.
%参考资料:实现函数算法,其他参考资料,请参阅:
%        :(1),马寨璞,MATLAB 语言编程[M],北京:电子工业出版社,2017.
%原始作者:马寨璞,wdwsjlxx@163.com
%创建时间:2017-04-15,10:47:57
%原始版本:1.0
%版权声明:未经作者许可,任何单位及个人不得以任何方式或理由对本代码
%        :进行网上传播、贩卖等.
%实用样例:
%        alpha = 0.05;%检验水平
%        grp1 = [372,380,382,368,374,366,360,376];
%        grp2 = [364,358,362,372,338,344,350,376,366,350];
%        grp3 = [348,351,362,372,344,352,360,362,366,354,342,358,348];
%        grp4 = [342,372,374,376,344,360];
%        X = {grp1,grp2,grp3,grp4};%数据要求以 cell 形式输入到函数中
%        chkFlag = HartleyTest(X,alpha)
%
%检查与设定检验水平
if nargin<2||isempty(sigLevel)
    sigLevel = 0.05;
    fprintf('本次计算,检验水平设定为%.3f\n',sigLevel);
elseif isscalar(sigLevel)
    commonAlphas = [0.05,0.01];
    chk = ismember(sigLevel,commonAlphas);
    if~chk,error('输入的检验水平不符合习惯! ');end
else
    error('检验水平输入有误! ');
end
%
%检验输入数据的格式问题
if~isa(X,'cell')
    error('输入的数据非 cell 格式,不满足格式要求,请修改数据格式! ');
else
    nTreat = length(X);
    if nTreat<2
        error('只有一组数据,无法进行方差分析! ');
    elseif nTreat = = 2
        warning('两组数据的方差齐性检验,建议使用常规方差检验的 F 方法! ');
    else %全部数据统一转为行向量,符合后续格式要求
        for iLoop = 1:nTreat
            tempArr = X{iLoop};X{iLoop} = tempArr(:)';
        end
    end
end
%
%确定样本个数,样本的含量
nTreat = length(X);%sample number
workArr = zeros(nTreat,3);
for iLoop = 1:nTreat
    workArr(iLoop,1) = var(X{iLoop});%第 1 列存放各样本的方差
    workArr(iLoop,2) = length(X{iLoop});%第 2 列存放各样本的含量
```

```
        workArr(iLoop,3) = length(X{iLoop})-1;%第3列存放各样本的自由度
end
disp('各样本的基本信息如下:');
fprintf('%s\t%s\t%s\n','样本方差','样本含量','自由度');
for il = 1:nTreat
    fprintf('%.3f\t%d\t%d\n',workArr(il,:));
end
%
%筛选最大方差与最小方差及对应自由度
maxVar = max(workArr(:,1));
pMax = find(workArr(:,1)-maxVar == 0);
pMax = unique(pMax);%去除重复的
maxDf = workArr(pMax,3);
minVar = min(workArr(:,1));
pMin = find(workArr(:,1)-minVar == 0);
pMin = unique(pMin);%去除重复的
minDf = workArr(pMin,3);
Fmax = maxVar/minVar;%计算统计量,查表比较,得到结论
df = min(maxDf,minDf);
df = unique(df);%针对完全相同的数据,唯一化
fmaxCutOff = lookUpFmaxTable(df,nTreat,sigLevel);
disp('中间计算信息汇总如下:');
tblHead = {'最大方差','最小方差','Fmax','dfMax','dfMin','df','F临界值'};
fprintf('%s\t',tblHead{:});fprintf('\b\n');
fprintf('%.3f\t',[maxVar,minVar,Fmax,maxDf,minDf,df,fmaxCutOff]);
fprintf('\b\n');
%
fprintf('检验结论:');
if Fmax>fmaxCutOff
    fprintf('拒绝H0,接受H1,各处理的方差不完全相同,方差不具齐性.\n');
    chkFlag = 0;%0表示否定
else
    fprintf('接受H0,拒绝H1,各处理的方差完全相同,方差具有齐性.\n');
    chkFlag = 1;%1表示肯定
end


function[fMaxCutOff] = lookUpFmaxTable(df,nTreat,sigLevel)
%函数名称:lookUpFmaxTable.m
%实现功能:根据给定的参数查询Fmax临界值.
%输入参数:函数共有3个输入参数,含义如下:
%        (1),df,自由度,取Fmax计算式的分子和分母自由度中的小值.
%        (2),nTreat,要检验的方差个数,也即试验中处理的个数.
%        (3),sigLevel,显著性水平,一般只有0.01或0.05,缺省默认0.05.
%输出参数:函数默认1个输出参数:
%        (1),fMaxCutOff,根据Fmax表查取的Fmax临界值.
%函数调用:实现函数功能需要调用2个子函数,说明如下:
%        (1),vk5Fmax,实现查询alpha为0.05的Fmax数据表.
%        (2),vk1Fmax,实现查询alpha为0.01的Fmax数据表.
%参考资料:实现函数算法,其他参考资料,请参阅:
%        (1),马寨璞,MATLAB语言编程[M],北京:电子工业出版社,2017.
%原始作者:马寨璞,wdwsjlxx@163.com
%创建时间:2017-04-15,12:03:08
```

```
%原始版本:1.0
%版权声明:未经作者许可,任何单位及个人不得以任何方式或理由对本代码
%         :进行网上传播、贩卖等.
%实用样例:
%        例1:k = 2;v = 10;alpha = 0.01;
%             lookUpFmaxTable(v,k,alpha)
%
%检查alpha的输入情况
if nargin<3||isempty(sigLevel)
    sigLevel = 0.05;
elseif isscalar(sigLevel)
    alphaArr = [0.05,0.01];
    check = abs(alphaArr-sigLevel)<0.001;
    if sum(check)~ = 1,error('输入alpha有误!');end
end
%
%检查nTreat的输入
if nTreat>12||nTreat<2   %限定在2~12
    error('要检验的方差个数超出查表范围!');
end
%
%检查df的输入
if df<2
    error('自由度有误!');
elseif df>100   %100以上按100计算
    df = 100;
end
%
%根据不同的df值选择读表或插值
dfArray = [2:10,12,15,20,30,60,100];%表中df值
rowArray = (1:length(dfArray))+1;%各df值占据的行号
[~,col] = find(dfArray = = df);
if ismember(df,dfArray)%表中有df直接查得
    row = rowArray(col);%确定行号
    if 0.05 == sigLevel
        fMaxCutOff = vk5Fmax(row,nTreat);%读表
    elseif 0.01 == sigLevel
        fMaxCutOff = vk1Fmax(row,nTreat);
    end
elseif df>10 && df<100 &&~ismember(df,dfArray)
    check = df-dfArray>0;
    locate = sum(check);%定位
    row = rowArray(locate);
    if 0.05 == sigLevel   %准备插值值范围
        vv = [vk5Fmax(row,nTreat),vk5Fmax(row+1,nTreat)];
    elseif 0.01 == sigLevel
        vv = [vk1Fmax(row,nTreat),vk1Fmax(row+1,nTreat)];
    end
    tt = [dfArray(locate),dfArray(locate+1)];%准备插值位范围
    fMaxCutOff = interp1(tt,vv,df,'linear');
end
function val = vk5Fmax(row,col)
```

```
%函数功能:实现查询 Fmax 数据表
%函数释义:表中第一行为参数 k 的值,第一列为参数 v 的值;vk5Fmax 意指
%          alpha = 0.05 的 Fmax 表;表中数据系摘自相关教材的临界值表.
tbl = [...
    000,0002,0003,0004,0005,0006,0007,0008,0009,0010,0011,0012;
    002,39.0,87.5,0142,0202,0266,0333,0403,0475,0550,0626,0704;
    003,15.4,27.8,39.2,50.7,62.0,72.9,83.5,93.9,0104,0114,0124;
    004,9.60,15.5,20.6,25.2,29.5,33.6,37.5,41.1,44.6,48.0,51.4;
    005,7.15,10.8,13.7,16.3,18.7,20.8,22.9,24.7,26.5,28.2,29.9;
    006,5.82,8.38,10.4,12.1,13.7,15.0,16.3,17.5,18.6,19.7,20.7;
    007,4.99,6.94,8.44,9.70,10.8,11.8,12.7,13.5,14.3,15.1,15.8;
    008,4.43,6.00,7.18,8.12,9.03,9.78,10.5,11.1,11.7,12.2,12.7;
    009,4.03,5.34,6.31,7.11,7.80,8.41,8.95,9.45,9.91,10.3,10.7;
    010,3.72,4.85,5.67,6.34,6.92,7.42,7.87,8.28,8.66,9.01,9.34;
    012,3.28,4.16,4.79,5.30,5.72,6.09,6.42,6.72,7.00,7.25,7.48;
    015,2.86,3.54,4.01,4.37,4.68,4.95,5.19,5.40,5.59,5.77,5.93;
    020,2.46,2.95,3.29,3.54,3.76,3.94,4.10,4.24,4.37,4.49,4.59;
    030,2.07,2.40,2.61,2.78,2.91,3.02,3.12,3.21,3.29,3.36,3.39;
    060,1.67,1.85,1.96,2.04,2.11,2.17,2.22,2.26,2.30,2.33,2.36;
    100,1.00,1.00,1.00,1.00,1.00,1.00,1.00,1.00,1.00,1.00,1.00];
val = tbl(row,col);


function val = vk1Fmax(row,col)
%函数功能:实现查询 Fmax 数据表
%函数释义:表中第一行为参数 k 的值,第一列为参数 v 的值;vk1Fmax 意指
%          alpha = 0.01 的 Fmax 表;表中数据系摘自相关教材的临界值表.
tbl = [...
    000,0002,0003,0004,0005,0006,0007,0008,0009,0010,0011,0012;
    002,0199,0448,0729,1036,1362,1705,2063,2432,2813,3204,3605;
    003,47.5,85.0,0120,0151,0184,0216,0249,0281,0310,0337,0361;
    004,23.2,37.0,49.0,59.0,69.0,79.0,89.0,97.0,0106,0113,0120;
    005,14.9,22.0,28.0,33.0,38.0,42.0,46.0,50.0,54.0,57.0,60.0;
    006,11.1,15.5,19.1,22.0,25.0,27.0,30.0,32.0,34.0,36.0,37.0;
    007,8.89,12.1,14.5,16.5,18.4,20.0,22.0,23.0,24.0,26.0,27.0;
    008,7.50,9.90,11.7,13.2,14.5,15.8,16.9,17.9,18.9,19.8,21.0;
    009,6.54,8.50,9.90,11.1,12.1,13.1,13.9,14.7,15.3,16.0,16.6;
    010,5.85,7.40,8.60,9.60,10.4,11.1,11.8,12.4,12.9,13.4,13.9;
    012,4.91,6.10,6.90,7.60,8.20,8.70,9.10,9.50,9.90,10.2,10.6;
    015,4.07,4.90,5.50,6.00,6.40,6.70,7.10,7.30,7.50,7.80,8.00;
    020,3.32,3.80,4.30,4.60,4.90,5.10,5.30,5.50,5.60,5.80,5.90;
    030,2.63,3.00,3.30,3.40,3.60,3.70,3.80,3.90,4.00,4.10,4.20;
    060,1.96,2.20,2.30,2.40,2.40,2.50,2.50,2.60,2.60,2.70,2.70;
    100,1.00,1.00,1.00,1.00,1.00,1.00,1.00,1.00,1.00,1.00,1.00];
val = tbl(row,col);
```

（五）Bartlett 检验基本原理

　　Bartlett 检验本质上是检验各样本分布的"拖尾"情况是否相同,它对各样本方差是否相等敏感,也对各样本是否都服从正态分布敏感。当用于检验方差的齐性时,若检验差异显著,一般来说是无法确定究竟是由于方差不齐引起的,还是由于样本不全服从正态分布引起的。但方差分析既要求各总体的正态性,也要求方差齐性,从这一点看,只

要通过了 Bartlett 检验，则正态性和方差齐性就都可以保证，可以不经数据变换直接进行方差分析。

具体实施时，首先做出零假设，即假设各个处理组的方差具有齐性，$H_0 : \sigma_1^2 = \sigma_2^2 = \cdots = \sigma_k^2$（且各总体分布类型相同）。

对于统计量的确定，Bartlett 检验认为，从正态总体取得的 k 个随机样本，取 $n = \min\{n_i\}, i = 1, 2, \cdots, k$，当 n 充分大时（$n > 3$），检验统计量 K^2 服从 χ^2 分布，当计算得到的 K^2 大于临界值 $\chi_\alpha^2(k-1)$ 时，拒绝 H_0。具体的，

$$K^2 = 2.3026 \frac{q}{p} \sim \chi^2(k-1) \tag{4-180}$$

其中，

$$q = (N-k)\lg s_p^2 - \sum_{i=1}^{k}(n_i - 1)\lg s_i^2 \tag{4-181}$$

$$c = 1 + \frac{1}{3(k-1)}\left(\sum_{i=1}^{k}(n_i - 1)^{-1} - (N-k)^{-1}\right) \tag{4-182}$$

$$s_p^2 = \frac{\sum_{i=1}^{k}(n_i - 1)s_i^2}{N-k} \tag{4-183}$$

其中，$s_i^2, (i = 1, 2, \cdots, k)$ 是第 i 个样本方差。

前边已经讲明，Bartlett 检验对正态性敏感，在正态性不满足时，也会造成 Bartlett 检验显著，但此种显著并非我们期望的与方差齐性有关的显著，因此若通不过 Bartlett 检验，应找出原因并排除，如排除异常值或进行适当的数据变换。还有一点需要注意：当进行 Bartlett 检验时，一般要求各总体样本含量均大于 3。

（六）Bartlett 检验的 MATLAB 实现

MATLAB 对此专门编写了函数 barttest，用来实现 Bartlett 检验，其常见的语法格式为

ndim = barttest(x, alpha)

[ndim, prob, chisquare] = barttest(x, alpha)

例如：

```
%Generate a 20-by-6 matrix of sample data from a multinomial distribution.
Rng('default');
X = mvnrnd([0 0],[1 0.99;0.99 1],20);
X(:,3:4) = mvnrnd([0 0],[1 0.99;0.99 1],20);
X(:,5:6) = mvnrnd([0 0],[1 0.99;0.99 1],20);
[ndim,prob,chisquare] = barttest(X,0.05)
```

在了解 Bartlett 检验的基本原理后，我们试着给出该检验的实现函数。下面，以前述小麦株高例题为例，具体继续 Bartlett 方差齐性检验，计算如下：

```
    X = [...
    64.6,64.5,67.8,71.8,69.2;
    65.3,65.3,66.3,72.1,68.2;
    64.8,64.6,67.1,70.0,69.8;
```

```
        66.0,63.7,66.8,69.1,68.3;
        65.8,63.9,68.5,71.0,67.5;];
    X = {X};
    BartlettTest(X,0.05)
```

运行结果如下：

```
>>Untitled
计算汇报:
    每个处理的方差为:0.37,0.40,0.75,1.56,0.81
    sp2 = 0.78,c = 1.10,q = 1.24
    K2 = 2.59,Chi2CutOff = 9.49
检验说明:
    H0:各组数据的方差相等;H1:至少有两个组的方差不等
检验结论:
    经检验,接受 H0,拒绝 H1.
ans =
     0
>>
```

下面是我们实现的具体的函数，供读者参考。

```
function[h] = BartlettTest(X,MyAlpha)
% 函数名称:BartlettTest.m
% 实现功能:多个方差齐性检验的 bartlett 检验.
% 输入参数:本函数共有 2 个输入参数,含义如下:
%          :(1)X,数据结构体,用来输入各样本数据组。当为均衡试验时,可看作矩阵,
%          :准备为:X = {X};当为非均衡试验时,每个样本数据以列向量格式准备,
%          :则输入数据结构体为:X = {X1,X2,...,Xk}
%          :(2)MyAlpha,显著性水平,缺省默认 0.05
% 输出参数:本函数默认 2 个输出参数,请修改:
%          :(1)h,检验结果指示,取值为 1 和 0.当取 1 时,表示接受 H1,拒绝 H0;反之,
%          :当取 0 时,表示接受 H0,拒绝 H1.
% 函数调用:本函数实现功能不需要调用子函数.
% 原始作者:马寨璞,wdwsjlxx@163.com
% 创建时间:2016-04-13 17:37:36
% 原始版本:1.0
% 版权声明:未经作者许可,任何单位及个人不得以任何方式或理由对本代码进行
%          :网上传播、贩卖等.
% 实用样例:
%     例1:balanced data
%     X = [64.6,64.5,67.8,71.8,69.2;
%          65.3,65.3,66.3,72.1,68.2;
%          64.8,64.6,67.1,70.0,69.8;
%          66.0,63.7,66.8,69.1,68.3;
%          65.8,63.9,68.5,71.0,67.5];
%     X = {X};
%     BartlettTest(X,0.05)
%     例2:non-balanced data
%     y = rand(20,5);
%     x1 = y(:,1);x1(18:20) = [];x2 = y(:,2);
%     x3 = y(:,3);x3(18:20) = [];x4 = y(:,4);
%     x5 = y(:,5);x5(18:20) = [];
%     x = {x1,x2,x3,x4,x5};
%     BartlettTest(X,0.05)
%
```

```
if nargin<2||isempty(MyAlpha)
    MyAlpha = 0.05;
elseif isscalar(MyAlpha)
    Alphas = [0.1,0.05,0.025,0.01,0.001];
    chk = ismember(MyAlpha,Alphas);
    if~chk,error('输入的 alpha 检验水平数据不符合习惯！');end
else
    error('输入有误');
end

% 取出个数据
k = length(X);
if k == 1
    Y = X{1};k = size(Y,2);nj = ones(1,k)*size(Y,1);
else
    nj = zeros(1,k);
    for jc = 1:k
        nj(jc) = length(X{jc});
    end
    maxL = max(nj,[],2);Y = zeros(maxL,k);
    for jc = 1:k
        Y(1:nj(jc),jc) = X{jc};
    end
end
% 计算中间量
si2 = var(Y);
sp2 = sum((nj-1).*si2)/(sum(nj)-k);
c = 1+1/(3*(k-1))*(sum(1./(nj-1))-1/(sum(nj)-k));
q = (sum(nj)-k)*log10(sp2)-sum((nj-1).*log10(si2));
k2 = 2.3026*q/c;
fprintf('计算汇报:\n\t');
fprintf('每个处理的方差为:');fprintf('%.2f,',si2);fprintf('\b\n\t');
fprintf('sp2 = %.2f,c = %.2f,q = %.2f\n\t',sp2,c,q);
fprintf('K2 = %.2f,\t',k2);
% 检验比较
xCutOff = chi2inv(1-MyAlpha,k-1);
fprintf('Chi2CutOff = %.2f\n',xCutOff);
fprintf('检验说明:\n\tH0:各组数据的方差相等;H1:至少有两个组的方差不等\n');
if k2>=xCutOff
    fprintf('检验结论:\n\t 经检验,拒绝 H0,接受 H1.\n');h = 1;
else
    fprintf('检验结论:\n\t 经检验,接受 H0,拒绝 H1.\n');h = 0;
end
```

（七）Levene 检验方法

该检验被视为标准的方差齐性检验，也是国际统计软件 SAS 中推荐使用的方法之一。Levene 检验本质上是对原始数据变换后进行方差分析，其主要步骤是：首先对第 i 组的第 j 个观察值 x_{ij} 进行变换，然后对变换后的值进行方差分析。

在进行数据变换时，Levene 检验给出了两种变换方式，一种是利用观察值到组内均值的离差平方，即

$$y_{ij} = (x_{ij} - \overline{x}_i)^2 \qquad (4\text{-}184)$$

另一种是用观测值到组内均值的离差绝对值代替原始变量偏差的均方，即使用

$$y_{ij} = \left| x_{ij} - \overline{x}_i \right| \qquad (4\text{-}185)$$

代替

$$S_i^2 = \frac{1}{n_i - 1} \sum_{i=1}^{k} \sum_{j=1}^{n_i} (x_{ij} - \overline{x}_i)^2 \qquad (4\text{-}186)$$

这种替换，避免了平方使检验准则对长尾分布灵敏度大为下降的缺点。

例14 表 4-71 是来自 $N(5, 1)$ 总体的 4 个样本数据，试利用 Levene 方法进行检验。

表 4-71　例 14 的 4 个样本数据

A	B	C	D
3.925 47	2.396 14	3.963 84	6.579 44
5.287 82	5.288 38	4.710 96	5.747 19
5.638 67	6.044 48	8.522 68	4.917 27
6.005 03	5.072 68	4.578 34	5.079 33
5.547 77	5.647 93	6.430 61	5.527 11
5.334 54	5.680 80	2.000 44	5.734 89
6.238 25	6.127 36	4.696 01	5.715 83
4.120 40	6.036 01	5.760 25	4.191 46

解　按照 leveneTest 函数的要求准备格式数据，计算如下：

```
% 各组数据
X1 = [3.92547,5.28782,5.63867,6.00503,5.54777,5.33454,6.23825, 4.12040];
X2 = [2.39614,5.28838,6.04448,5.07268,5.64793,5.68080,6.12736, 6.03601];
X3 = [3.96384,4.71096,8.52268,4.57834,6.43061,2.00044,4.69601, 5.76025];
X4 = [6.57944,5.74719,4.91727,5.07933,5.52711,5.73489,5.71583, 4.19146];
X = {X1,X2,X3,X4};%转为 cell 格式
leveneTest(X)% 调用
```

计算中间量与方差分析表 4-72 如下。

（1）各组均值为：0.6030，1.3162，3.1755，0.4407。

（2）总均值为：1.3838。

（3）各正态总体的方差估值为：sigma2 = 7.78，各正态总体的效应和为：effect = 14.37。

表 4-72　方差分析表

变差来源	平方和	自由度	均方	F_0	F 临界值
处理间	37.71	3.00	12.57	1.62	2.95
处理内	217.83	28.00	7.78		
总和	255.54	31.00			

（八）Levene 检验方法与 MATLAB 实现

附源码：

```
function[chkFlag] = leveneTest(x,testLevel)
% 函数名称:leveneTest.m
% 实现功能:应用 Levene 方法对方差齐性进行检验.
% 输入参数:函数共有 2 个输入参数,含义如下:
%          :(1),x,要进行检验的数据,以 cell 格式输入.
%          :(2),testLevel,检验水平,一般取 0.01 和 0.05,缺省默认 0.05.
% 输出参数:函数默认 1 个输出参数:
%          :(1),chkFlag,检验通过与否的标志,方差具有齐性返回 1,则否返回 0.
% 函数调用:实现函数功能需要调用 1 个子函数,说明如下:
%          :(1),MyAnovaForOneFact,实施单因素方差分析.
% 参考资料:实现函数算法,其他参考资料,请参阅:
%          :(1),马赛璞,MATLAB 语言编程[M],北京:电子工业出版社,2017.
% 原始作者:马赛璞,wdwsjlxx@163.com
% 创建时间:2017-04-15,20:05:32
% 原始版本:1.0
% 版权声明:未经作者许可,任何单位及个人不得以任何方式或理由对本代码
%          :进行网上传播、贩卖等.
% 实用样例:各组数据
%          X1 = [3.925,5.287,5.638,6.005,5.547,5.334,6.238,4.120];
%          X2 = [2.396,5.288,6.044,5.072,5.647,5.680,6.127,6.036];
%          X3 = [3.963,4.710,8.522,4.578,6.430,2.000,4.696,5.760];
%          X4 = [6.579,5.747,4.917,5.079,5.527,5.734,5.715,4.191];
%          X = {X1,X2,X3,X4};% 转为 cell 格式
%          leveneTest(X)% 调用
%
if nargin<2||isempty(testLevel)
    testLevel = 0.05;% 设定默认值
elseif isscalar(testLevel)&&(~ismember(testLevel,[0.05,0.01]))
    error('检验水平不是规范数据!');
end
% 检验输入数据的格式问题
if~isa(x,'cell')
    error('输入的数据非 cell 格式,不满足格式要求,请修改数据格式!');
elseif length(x)<2
    error('只有一组数据,无法进行方差分析!');
elseif length(x) = = 2
    warning('两组数据的方差齐性检验,建议使用常规方差检验的 F 方法!');
else
    for iLoop = 1:length(x)
        tempArr = x{iLoop};
        x{iLoop} = tempArr(:);%全部数据统一转为列向量
    end
end
% 进行数据转换
nGrps = length(x);
xGrpBar = zeros(1,nGrps);% 计算各组均值,存入行向量
for iLoop = 1:nGrps
    xGrpBar(iLoop) = mean(x{iLoop},1);% 各组均值
```

```
    for jLoop = 1:length(x{iLoop})
        x{iLoop}(jLoop) = (x{iLoop}(jLoop)-xGrpBar(iLoop))^2;
    end
end
% 默认固定效应模型
h = MyAnovaForOneFact(x,'fixed',testLevel);
if 0 = = h %注:方差分析返回结果与chkFlag意义相反
    chkFlag = 1;
else
    chkFlag = 0;
end
```

（九）Brown-forsythe 检验

与 Levene 检验类似，Brown-forsythe 检验也是先进行数据变换，然后再借助方差分析的方法进行检验。在具体操作时，首先将第 i 组的第 j 个观测值 x_{ij} 按照式（4-187）进行变换，即用观测值到本组中位数的绝对离差 Z_{ij} 代替原变量值，新数据以绝对离差表示，然后对变换结果 Z_{ij} 进行方差分析。

$$Z_{ij} = \left| x_{ij} - md_i \right| \tag{4-187}$$

例 15 对表 4-73 中数据进行检验，结果列于表 4-74。

表 4-73 例 15 样本数据

A	B	C	D
3.9255	2.3961	3.9638	6.5794
5.2878	5.2884	4.7110	5.7472
5.6387	6.0445	8.5227	4.9173
6.0050	5.0727	4.5783	5.0793
5.5478	5.6479	6.4306	5.5271
5.3345	5.6808	2.0004	5.7349
6.2382	6.1274	4.6960	5.7158
4.1204	6.0360	5.7603	4.1915

表 4-74 例 15 变化数据后的方差分析

变差来源	平方和	自由度	均方	F_0	F 临界值
处理间	2.87	3	0.96	1.05	2.95
处理内	25.46	28	0.91		
总和	28.32	31			

附代码：

```
function[chkFlag] = BrownForsytheTest(x,testLevel)
```

```
% 函数名称:BrownForsytheTest.m
% 实现功能:应用 Brown-Forsythe 方法进行多个数据方差齐性检验.
% 输入参数:函数共有 2 个输入参数,含义如下:
%         :(1),x,要进行检验的数据,以 cell 格式输入.
%         :(2),testLevel,检验水平,一般取 0.01 和 0.05,缺省默认 0.05.
% 输出参数:函数默认 1 个输出参数:
%         :(1),chkFlag,检验通过与否的标志,方差具有齐性返回 1,则否返回 0.
% 函数调用:实现函数功能需要调用 1 个子函数,说明如下:
%         :(1),MyAnovaForOneFact,实施单因素方差分析.
% 参考资料:实现函数算法,其他参考资料,请参阅:
%         :(1),马寨璞,MATLAB 语言编程[M],北京:电子工业出版社,2017.
% 原始作者:马寨璞,wdwsjlxx@163.com
% 创建时间:2017-04-21,06:15:26
% 原始版本:1.0
% 版权声明:未经作者许可,任何单位及个人不得以任何方式或理由对本代码
%         :进行网上传播、贩卖等.
% 实用样例:
%         %各组数据
%         X1 = [3.93,5.29,5.64,6.01,5.55,5.33,6.24,4.12];
%         X2 = [2.40,5.29,6.04,5.07,5.65,5.68,6.13,6.04];
%         X3 = [3.96,4.71,8.52,4.58,6.43,2.00,4.70,5.76];
%         X4 = [6.58,5.75,4.92,5.08,5.53,5.73,5.72,4.19];
%         X = {X1,X2,X3,X4};% 转为 cell 格式
%         BrownForsytheTest(X)
%

if nargin<2||isempty(testLevel)
    testLevel = 0.05;  % 设定默认值
elseif isscalar(testLevel)&&(~ismember(testLevel,[0.05,0.01]))
    error('检验水平不是规范数据! ');
end

if~isa(x,'cell')
    error('输入的数据非 cell 格式,不满足格式要求,请修改数据格式! ');
elseif length(x)<2
    error('只有一组数据,无法进行方差分析! ');
elseif length(x) = = 2
    warning('两组数据的方差齐性检验,建议使用常规方差检验的 F 方法! ');
else
    for iLoop = 1:length(x)
        tempArr = x{iLoop};
        x{iLoop} = tempArr(:);%全部数据统一转为列向量
    end
end
% 进行数据转换
nGrps = length(x);
xGrpMedian = zeros(1,nGrps);% 计算各组均值,存入行向量
for iLoop = 1:nGrps
    xGrpMedian(iLoop) = median(x{iLoop},1);% 各组中位数
    for jLoop = 1:length(x{iLoop})
        x{iLoop}(jLoop) = abs(x{iLoop}(jLoop)-xGrpMedian(iLoop));
    end
```

```
end
% 默认固定效应模型
h = MyAnovaForOneFact(x,'fixed',testLevel);
if 0 = = h %注:方差分析返回结果与 chkFlag 意义相反
    chkFlag = 1;
else
    chkFlag = 0;
end
```

在本节，我们介绍了不同的方差齐性检验方法，这些方法各有优缺点，在使用时，应该考虑数据的分布情况，因为即使是同一批数据，当使用不同方法进行方差齐性检验时，其结论都有可能不一样。总的来说，当数据分布出现长尾时，Bartlett 检验结果容易呈现出显著性，因为 Bartlett 检验对于长尾分布非常敏感，但 Levene 检验和 Brown-Forsythe 检验结果则不一定显示显著性，因为这两种方法通过对原变量值进行变换的方式，降低了检验方法对长尾分布的灵敏度。

三、数据转换与加权方差分析

目前已经知道，在进行方差分析时，应满足 3 个条件：可加性，正态性，方差齐性。若 3 个条件不满足时仍然进行方差分析，就极有可能得出错误的结论。3 个条件中，正态性与方差齐性互相关联，特别是有些非正态分布的方差与期望间常有一定的函数关系，如 Possion 分布的期望与其方差相等，又如指数分布期望的平方等于其方差。对于这些分布，若均值不等，显然其方差也不会相等，此时就不会满足方差分析的条件。在进行方差分析之前进行的方差齐性检验，就是为了考查这种情况。

经过上一节的方差齐性检验，有时会出现拒绝零假设，得到方差不具齐性的结论，在这种情况下，一般采取的应变策略包括 3 种：一是采用不依赖总体分布的非参数检验方法；二是采用合适的方法对原变量进行数学变换，使非齐性方差变为齐性方差，然后再进行方差分析；三是当各组方差不是特别悬殊时，可以采用 Welch 加权方差分析方法。非参数方法在假设检验中已经学过，本节将学习另外两种解决方法，即数学变换与加权方差分析。

（一）数据变换的基本原理

有许多时候，数据的方差是不齐的，为了满足方差齐性的要求，有时候需要进行数据变换，以使方差变得稳定，满足方差齐性要求。若原始数据的方差随着均值的变化而变化，则建立两者之间的关系式为

$$D(x) = cf(\mu) \tag{4-188}$$

其中，c 为取正值的常数，f 为函数。

要想对数据 x 进行变换，使得变换后的数据具有方差齐性，则需要找一个变换函数 T，使得 $T(x)$ 方差保持不变。为了确定变换函数 T，我们用函数在点 μ 的一阶 Taylor 级数来近似所要的函数。

$$T(x) = T(\mu) + T'(\mu)(x - \mu) + R_n(x) \tag{4-189}$$

其中，$T'(\mu)$ 是 $T(x)$ 的一阶导数在点 μ 的取值，$R_n(x)$ 是展开余项。舍去高阶项，则有

$$T(x) \cong T(\mu) + T'(\mu)(x - \mu) \tag{4-190}$$

根据方差的计算性质，得到

$$D[T(x)] \cong [T'(\mu)]^2 D(x) = c[T'(\mu)]^2 f(\mu) \tag{4-191}$$

要使得变换后数据的方差为常数，则方差稳定变换 $T(x)$ 必须满足

$$[T'(\mu)]^2 f(\mu) = 1 \tag{4-192}$$

即

$$T'(\mu) = \frac{1}{\sqrt{f(\mu)}} \tag{4-193}$$

这也就意味着

$$T(\mu) = \int \frac{1}{\sqrt{f(\mu)}} \mathrm{d}\mu \tag{4-194}$$

当数据的标准差与其均值水平成比例时，即满足 $D(x) = c\mu^2$ 时，那么就有

$$T(\mu) = \int \frac{1}{\sqrt{f(\mu)}} \mathrm{d}\mu = \int \frac{1}{\sqrt{c\mu^2}} \mathrm{d}\mu = \frac{1}{\sqrt{c}} \int \frac{1}{\mu} \mathrm{d}\mu = c' \ln(\mu) \tag{4-195}$$

忽略常数的影响，则有

$$T(\mu) = \ln(\mu) \tag{4-196}$$

对于这种样本数据，$\ln(\mu)$ 将拥有恒定不变的方差。

当数据的方差与其均值水平成比例时，即满足 $D(x) = c\mu$ 时，那么就有

$$T(\mu) = \int \frac{1}{\sqrt{c\mu}} \mathrm{d}\mu = \frac{1}{\sqrt{c}} \int \frac{1}{\sqrt{\mu}} \mathrm{d}\mu = 2c' \sqrt{\mu} \tag{4-197}$$

忽略常数的影响，则有

$$T(\mu) = \sqrt{\mu} \tag{4-198}$$

对于这种样本数据，$\sqrt{\mu}$ 将拥有恒定不变的方差。

类似的，若数据的标准差与其均值水平的平方成比例，即满足 $D(x) = c\mu^2$ 时，那么就有

$$T(\mu) = \int \frac{1}{\sqrt{c\mu^4}} \mathrm{d}\mu = \frac{1}{\sqrt{c}} \int \frac{1}{\mu^2} \mathrm{d}\mu = -\frac{c'}{\mu} \tag{4-199}$$

忽略常数的影响，则有

$$T(\mu) = -\frac{1}{\mu} \tag{4-200}$$

对于这种样本数据，数据取倒数则满足方差不变。

前面讨论的 3 个变换，实际上是 Box-Cox 引入的指数变换的特例，当 $\lambda \neq 0$ 时，Box-Cox 指数变换为

$$T(x) = \frac{x^\lambda - 1}{\lambda} \tag{4-201}$$

取 λ 为不同值，则得到表 4-75 中对应的变换。

表 4-75　Box-Cox 指数变换的几个特例

序号	λ 值	变换式
1	−1.0	$y = 1/x$
2	−0.5	$y = 1/\sqrt{x}$
3	0.0	$y = \ln(x)$
4	0.5	$y = \sqrt{x}$
5	1.0	$y = x$（无变换）

需要提醒的是，上述实施的数据变换，只是针对正值数据，但这一点并不影响负值数据的变换处理，因为对于数据 X，其方差的计算性质 $D(X + C) = D(X)$ 表明，只要给数据加一个常数 C，就能使负值变为正值，但其方差并不会受到常数 C 的影响而发生变化。还需要指出，如果需要做稳定方差的变换，这种变换必须在其他的分析之前进行。

另外，进行数据变换后，接着的分析、比较都是针对新数据进行的，如果希望回到原始数据上，则按照变换方法反向求解即可。但方差、标准差等不能变换回去，基于此，故不能对原数据进行多重比较。

（二）4 种常用的数据变换

1. 平方根变换

泊松分布常常描述大量试验中稀疏现象发生次数的概率，也用于单位时间内或空间内稀有事件发生次数的概率。泊松分布的方差与其均值相等，在均值不等时自然不能满足方差齐性的要求，采用平方根变换将对方差产生较强的降缩作用，使服从泊松分布的计数资料或轻度偏态的资料正态化，使方差不齐且样本方差与均值成正相关的资料达到方差齐性。

具体变换时，则是把原数据变换成其平方根，即用 $y_{ij} = \sqrt{x_{ij}}$ 代替 x_{ij}，然后再进行计算；若原始数据中有小值（小于 10）或零值，可用 $y_{ij} = \sqrt{x_{ij} + 1}$ 或 $y_{ij} = \sqrt{x_{ij} + 0.5}$ 代替 x_{ij}，必要时，还可选用 $y_{ij} = \sqrt{x_{ij} + k}$ 或 $y_{ij} = \sqrt{x_{ij} - k}$。

2. 反正弦变换

二项分布常常用来描述 n 重伯努利试验中所关心事件发生次数的概率。当以百分数形式表示二项分布数据时，特别是数据的变动范围很大时，则必须使用反正弦变换。具体的，当总体率较小（小于 30%）时，或者总体率偏大（超过 70%）时，则必须实施反正弦变换，变换后的数据会达到正态或满足方差齐性要求。当总体率为 30%～70% 时，不一定非要做变换。具体变换时，则是把原数据的平方根取反正弦，即用 $y = \arcsin\sqrt{x}$。

例 16　为了解玉米种子的生活力，欲对 3 种种子进行方差分析，今有每一种种子的发芽率试验资料，每次 100 粒，重复 7 次，资料如表 4-76 所示，试分析。

表 4-76　种子发芽率试验资料

自交系	发芽率 p/%						
	1	2	3	4	5	6	7
品种 A	94.3	64.1	47.7	43.6	50.4	80.5	57.8
品种 B	26.7	9.4	42.1	30.6	40.9	18.6	40.9
品种 C	18.0	35.0	20.7	31.6	26.8	11.4	19.7

解　这是一个服从二项分布的发芽率资料，部分数据低于30%和高于70%，应该先进行反正弦转换，在具体计算时，应先将百分数换算成小数，再开方，再取反正弦，再转为角度的度值。例如，94.3%的转换过程为

$$x = 94.3;$$

$$y = \arcsin\left(\sqrt{\frac{x}{100}}\right) \times \frac{180}{\pi} = 76.19$$

表 4-75 中资料最后的转换结果如表 4-77 所示。

表 4-77　种子发芽资料的反正弦转换值

自交系	发芽率 $y = \sin^{-1}\sqrt{p}$						
	1	2	3	4	5	6	7
品种 A	76.19	53.19	43.68	41.32	45.23	63.79	49.49
品种 B	31.11	17.85	40.45	33.58	39.76	25.55	39.76
品种 C	25.10	36.27	27.06	34.20	31.18	19.73	26.35

为进行方差分析，先计算各中间数据，如表 4-78 所示。

表 4-78　反正弦变换数据方差分析的中间过程值

自交系	$y_{i.}$	$\bar{y}_{i.}$	还原/%
品种 A	372.89	53.27	64.2
品种 B	228.06	32.58	29.0
品种 C	199.89	28.56	22.8
合计	800.84		

对表 4-77 中数据进行解释时，应该还原到数据描述事物的本质上，所以上述各样本数据的平均数，应该还原为发芽率。例如，平均数 53.27 还原为 64.2%；均数 32.58 还原为 29.0%；均数 28.56 还原为 22.8%。具体的还原方法，则是数据变换的逆过程，具体如下：

$$\bar{x} = 53.27;$$

$$p = \sin^2\left(\frac{\bar{x} \times \pi}{180}\right) \times 100\% = 64.23\%$$

在显著水平 $\alpha = 0.01$ 下进行方差分析，结果如表 4-79 所示。

表 4-79　资料的方差分析

变异来源	SS	df	MS	F 值	F 临界值
自交系间	2461.59	2	1230.80	14.03	6.01
误差	1579.24	18	87.74		
总变异	4041.84	20			

F 检验结果表明，各自交系种子发芽率差异极显著。需进行多重比较，这里不再演示，需要指出：在还原数据时，从变换过的数据所算出的方差或标准差不宜再换回原来的数据。

3. 对数变换

当数据的方差（或极差）与均值的平方成正比时，即 $\sigma^2 \propto \mu^2$ 时，需要对数据进行对数变换，尤其是大范围的正整数。经过对数变换，可以使服从对数正态分布的资料正态化；也可以使方差不齐且各组的 $S / \bar{X}$ 相近的资料达到方差齐性的要求；还可以使曲线直线化，这一点常常用于曲线拟合。和平方根转换相比，对数变换对大变数的削弱作用更强一些。

具体做法：将原始数据 x 取对数，以其对数值作为新的观察值 $y = \lg x$，若原始数据中有小值或零，可使用 $y = \lg(x+1)$ 进行变换，必要时还可选用 $y = \lg(x+k)$ 或 $y = \lg(k-x)$，但这时 k 须经尝试才能得到。

例 17　某试验测定的野外捕虫资料如表 4-80 所示，计算其均值和极差，发现具有近似比例的关系，经对数变换，结果列于表 4-81，均值与极差的关系曲线见图 4-8。

表 4-80　试验观测原始数据

期次	I	II	III
1	19.1	50.1	123.0
2	23.4	166.0	407.4
3	39.5	223.9	398.1
4	23.4	58.9	229.1
5	16.6	64.6	251.2
均值	24.4	112.7	281.8
极差	22.9	173.8	284.4

表 4-81　对数变换后的数据

期次	I	II	III
1	1.28	1.70	2.09
2	1.37	2.22	2.61
3	1.60	2.35	2.60
4	1.37	1.77	2.36
5	1.22	1.81	2.40
均值	1.37	1.97	2.41
极差	0.38	0.65	0.52

4. Box-Cox 幂变换

前三种变换方法都要求数据服从某种分布，或者数据表现特征上与特定分布的应用背景相一致，但更多的情况是对总体理论分布不了解，而经检验又不服从正态分布。在这种情况下，建议使用 Box-Cox 的幂变换方法，Box-Cox 变换包括两种形式，当 $\lambda \neq 0$ 时，

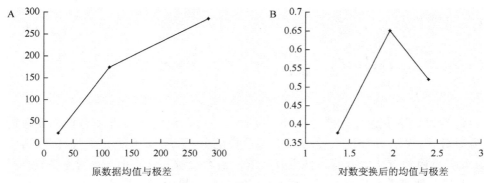

图 4-8 数据对数变换前后，其均值（x 轴）与极差（y 轴）的关系曲线

A. 原数据均值与极差；B. 对数变换后的均值与极差

$$y_i = \frac{x_i^{\lambda} - 1}{\lambda}, (\lambda \neq 0) \tag{4-202}$$

当 $\lambda = 0$ 时，

$$y_i = \ln x_i, (\lambda = 0) \tag{4-203}$$

若能找到适当的幂值，就能将数据正态化。显然，确定 λ 值是关键所在。理论研究表明，若 λ 的取值能使对数似然函数 L 极大化，则该 λ 就是正态化原始数据的最佳值

$$L = -\frac{df}{2} \ln S_y^2 + (\lambda - 1)\frac{df}{n}\sum_{i=1}^{n} x_i \tag{4-204}$$

其中，n 为样本含量；df 为自由度，如果 x_i 是一维数据，则 $df = n - 1$；如果是二维数据，则 $df = n - 2$；依此类推。S_y^2 为变换后数据的样本方差，而 x_i 则为原始数据。在求解 λ 时，一般需借助搜索算法找出其最优值，通常 λ 取整数即可。

但是，这种方法也不是万能的，并不是所有分布形式的数据都能通过数据变换的方法转为正态分布形式。最典型的例子是多峰分布数据，这种分布形式的数据就不可能找到正态化的变换方法，因此变换后的数据仍需进行"是否服从正态分布"的统计检验。

例 18 下面是利用 MATLAB 的指数分布随机函数生成的数据，其直方图轮廓如图 4-9A 所示，由图可以看出，明显不具正态性，图 4-9B 是经过 Box-cox 变换后的数据分布直方图，可以看出，经过变换后，数据呈现出明显的正态性。

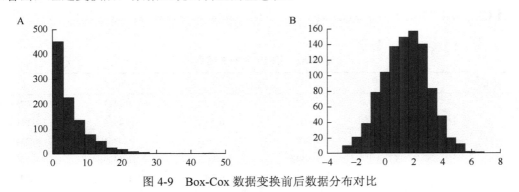

图 4-9 Box-Cox 数据变换前后数据分布对比

A. 指数分布数据；B. 正态分布数据

MATLAB 脚本代码如下：

```
x = exprnd(5,1000,1);%指数分布随机数
y = boxcox(x);%boxcox 变换
hist(x,15);box off;
figure;hist(y,15);box off;
```

（三）加权方差分析

前已讨论过，除了进行数据变换外，有时候还可以借助不对方差有特别要求的其他方法进行方差分析，Welch 加权方差分析就是这样的分析方法，下面介绍其具体的使用步骤。

Welch 多重检验方法对方差齐性没有要求，当因变量的分布不满足方差齐性的要求时，采用 Welch 检验比方差分析更稳妥，Welch 多重检验的检验统计量公式如下。

$$F' = \frac{\sum_{i=1}^{k} C_i (\bar{x}_i - \bar{x}_w)^2}{(k-1)\left(1 + \frac{2A(k-2)}{k^2-1}\right)} \tag{4-205}$$

其中，C_i 是第 i 个样本的样本含量与样本方差比值

$$C_i = \frac{n_i}{S_i^2} \tag{4-206}$$

若记各个 C_i 之和为 C，即 $C = \sum_{i=1}^{k} C_i$，则全部样本数据的加权均值 $\bar{x}_w$ 为

$$\bar{x}_w = \frac{1}{C}\sum_{i=1}^{k} C_i \bar{x}_i \tag{4-207}$$

记自由度的调整系数为 A，其计算如下：

$$A = \sum_{i=1}^{k} \frac{(1-C_i/C)^2}{df_i^2} \tag{4-208}$$

其中，$df_i = n_i - 1$，则统计量 F' 服从 F 分布，其自由度分别为

$$df_1 = k-1, \quad df_2 = \frac{k^2-1}{3A} \tag{4-209}$$

例 19 表 4-82 是来自正态分布的 5 组数据，试利用 Welch 方法进行加权方差分析。

表 4-82　例 19 中的 5 组数据

重复	A	B	C	D	E
1	0.4018	0.4173	0.3377	0.2417	0.5752
2	0.0760	0.0497	0.9001	0.4039	0.0598
3	0.2399	0.9027	0.3692	0.0965	0.2348
4	0.1233	0.9448	0.1112	0.1320	0.3532
5	0.1839	0.4909	0.7803	0.9421	0.8212
6	0.2400	0.4893	0.3897	0.9561	0.0154

解　要进行 Welch 多重检验，首先需计算样本数据的基本信息，计算统计如表 4-83 所示。

表 4-83 样本基本信息

组别	A	B	C	D	E
均值	0.2108	0.5491	0.4814	0.4621	0.3433
方差	0.0129	0.1111	0.0887	0.1538	0.0964
自由度	5	5	5	5	5
C_i 比值	463.4540	54.0203	67.6672	39.0102	62.2501

计算加权均值、自由度调整系数等如表 4-84 所示。

表 4-84 均值与自由度调整系数等

加权均值	调整系数 A	统计量 F'	df_1	df_2
0.290	0.697	2.202	4	11.484

根据计算的自由度，计算得到 F 检验的临界值为

$$F_\alpha(df_1, df_2) = F_{0.05}(4, 11.484) = 3.3070$$

可知 $F' < F_\alpha$，接受 H_0，也即各组均值相等。

需要说明的是，对于来自正态分布的样本，特别是当涉及极端均值与较小方差有关或与方差极值有关时，使用 Welch 检验效果不错。但当严重违背方差分析前提条件时，建议使用非参数分析方法，不要再使用 Welch 多重检验。

在上述计算中，随着数据量的增加，计算量也会急剧增加，为方便计算，我们给出计算函数 weightWelchTest 的源代码，读者只需要按照格式准备好数据，就可直接"一键"完成计算。

```
function[chkFlag] = weightWelchTest(x,testLevel)
% 函数名称:weightWelchTest.m
% 实现功能:多均值比较的加权方差分析 Welch 检验.
% 输入参数:函数共有 2 个输入参数,含义如下:
%         :(1),x,原始数据,以 cell 格式输入;每个样本均按照行向量输入,作为
%         :cell 型输入数据 x 的一部分,具体格式看样例.
%         :(2),testLevel,检验水平,一般取 0.01 和 0.05,缺省默认 0.05.
% 输出参数:函数默认 1 个输出参数:
%         :(1),chkFlag,检验标志,各总体均值相等返回 1,则否返回 0.
% 函数调用:实现函数功能不需要调用子函数.
% 参考资料:实现函数算法,其他参考资料,请参阅:
%         :(1),马寨璞,MATLAB 语言编程[M],北京:电子工业出版社,2017.
% 原始作者:马寨璞,wdwsjlxx@163.com
% 创建时间:2017-04-21,10:20:49
% 原始版本:1.0
% 版权声明:未经作者许可,任何单位及个人不得以任何方式或理由对本代码
%         :进行网上传播、贩卖等.
% 实用样例:
%         例1:% 各组数据相等
%             row = 8;column = 5;x = rand(row,column)
%             c = mat2cell(x,row,ones(1,column));
%             testLevel = 0.05;
```

```
%              weightWelchTest(c,testLevel)
%       例2:%  各样本含量不等
%              x1 = [0.7022,0.3755,0.9737,0.9723,0.6437];
%              x2 = [0.8601,0.4019,0.6319,0.9852];
%              x3 = [0.1987,0.3954,0.9922,0.4024,0.6589];
%              x = {x1,x2,x3};
%              weightWelchTest(x)
%
if nargin<2||isempty(testLevel)
    testLevel = 0.05;  % 设定默认值
elseif isscalar(testLevel)&&(~ismember(testLevel,[0.05,0.01]))
    error('检验水平不是规范数据!');
end
% 检验输入数据的格式问题
if~isa(x,'cell')
    error('输入的数据非cell格式,不满足格式要求,请修改数据格式!');
elseif length(x)<2
    error('只有一组数据,无法进行加权方差分析!');
elseif length(x) == 2
    warning('两组数据总体均值差异性检验,建议使用常规检验方法!');
else
    for iLoop = 1:length(x)
        tempArr = x{iLoop};
        x{iLoop} = tempArr(:);%全部数据统一转为列向量
    end
end
% 计算分组的基本信息
xGrpNum = length(x);
workArr = zeros(4,xGrpNum);
for jc = 1:xGrpNum
    workArr(1,jc) = mean(x{jc},1);                   %组内均值
    workArr(2,jc) = var(x{jc});                      %组内方差
    workArr(3,jc) = length(x{jc})-1;                 %组内自由度
    workArr(4,jc) = length(x{jc})/workArr(2,jc); %比值ci
end
disp('各行分别为:组内均值,组内方差,组内自由度,比值ci');disp(workArr);
% 计算加权均值
xwBar = sum(workArr(4,:).*workArr(1,:),2)/sum(workArr(4,:),2);
fprintf('%6s\t%.3f\n','加权均值',xwBar);
% 计算A值
Adjust = sum((((1-workArr(4,:)./sum(workArr(4,:),2)).^2)./workArr(3,:),2);
fprintf('%6s\t%.3f\n','调整系数A',Adjust);
% 计算F'的分子fzf与分母fmf部分
fzf = sum(workArr(4,:).*(workArr(1,:)-xwBar).^2,2);
fmf = (xGrpNum-1)*(1+2*Adjust*(xGrpNum-2)/(xGrpNum^2-1));
% 计算F'
F = fzf/fmf;fprintf('%6s\t%.3f\n','统计量F''值',F);
%计算自由度
df1 = xGrpNum-1;
df2 = (xGrpNum^2-1)/(3*Adjust);
fprintf('%6s\t%.3f\n%6s\t%.3f\n','第1自由度',df1,'第2自由度',df2);
%计算临界值
```

```
fCutOff = finv(1-testLevel,df1,df2);
fprintf('%6s\t%.3f\n','F临界值',fCutOff);
%结果汇报
if F<fCutOff
    chkFlag = 1;fprintf('接受H0,各总体均值相等\n');
else
    chkFlag = 0;fprintf('拒绝H0,各总体均值差异显著\n');
end
```

四、数据缺失与弥补

一般来说，根据试验设计原则，逐一实施安排好的试验方案，不会缺失数据；但由于意外原因，有时会造成试验记录数据的缺失，若缺失的数据较少，比如只有一两个数据，当没有必要重做试验时，为了分析的需要，就可以采取弥补措施，通过技术手段弥补缺失的数据，使得分析继续完成。

在通过技术手段弥补数据时，要遵循以下几个原则。

（1）在认知上：缺失数据的弥补是一种技术处理，其目的是使计算得以继续完成，这种弥补只起到了支撑计算的作用，不能弥补原始数据损失的信息。若缺失数据较多，则只能把全部数据报废，不能寄希望于计算方法的弥补上。

（2）在方法理念上：弥补的原则是使误差平方和最小，当 SS_T 一定时，SS_E 变小，则意味着处理平方和趋于偏大，这种改变降低了结论的可靠性。

（3）在计算方法上：估计出缺失数据后，把它填入相应的缺失位置，按一般方差分析的方法计算即可。但由于缺失了数据，即便是弥补上了数据，自由度也会发生变化，总自由度应减去缺失的数据个数，SS_A 和 SS_B 的自由度不变，误差项自由度则相应减小。

（4）在有重复的方差分析中，一般不必进行弥补，只需改用不等重复的计算方法即可。

例20 下面是某次观测得到数据，但由于一些不可抗拒的原因，数据发生缺损，缺失了 x_{32} 和 x_{25}，分别记为 x 和 y，则空位补上后，如表 4-85 所示。

表 4-85 缺失数据弥补说明

	B_1	B_2	B_3	B_4	B_5	和
A_1	22	29	99	25	80	255
A_2	31	40	20	48	y	$139+y$
A_3	58	x	83	40	82	$263+x$
A_4	83	61	68	60	84	356
和	194	$130+x$	270	173	$246+y$	$1013+x+y$

要使补上数据之后的误差平方和最小，则首先计算误差平方和，得到

$$SS_E = SS_T - SS_A - SS_B$$

$$= \sum_{i=1}^{a}\sum_{j=1}^{b}x_{ij}^2 - \frac{1}{b}\sum_{i=1}^{a}x_{i\cdot}^2 - \frac{1}{a}\sum_{j=1}^{b}x_{\cdot j}^2 + C$$

$$= 22^2 + 31^2 + \cdots + 40^2 + x^2 + 61^2 + \cdots + 80^2 + y^2 + 82^2 + 84^2$$

$$- \frac{1}{5}[255^2 + (139+y)^2 + (263+x)^2 + 356^2]$$

$$-\frac{1}{4}[194^2 + (130+x)^2 + 270^2 + 173^2 + (246+y)^2]$$
$$+\frac{1}{20}(1013+x+y)^2$$

为使得 SS_E 最小化，则有

$$\begin{cases} \dfrac{\partial \mathrm{SS}_E}{\partial x} = 0 \\ \dfrac{\partial \mathrm{SS}_E}{\partial y} = 0 \end{cases}$$

化简得到

$$\begin{cases} \dfrac{6}{5}x + \dfrac{1}{10}y = \dfrac{689}{10} \\ \dfrac{1}{10}x + \dfrac{6}{5}y = \dfrac{773}{10} \end{cases}$$

求解得到

$$\begin{cases} x = 64.32 \\ y = 50.14 \end{cases}$$

为了方便弥补数据，我们给出了如下的通用弥补数据的实现代码，用户只需要把数据准备好，将矩阵中缺失数据以 NaN 表示，然后调用程序即可返回弥补好的数据，在程序运行时会输出必要的公式，以备使用。

```
function[data] = makeUpMissingData(data)
% 函数名称：makeUpMissingData.m
% 实现功能：方差分析中缺失数据的弥补计算.
% 输入参数：函数共有 1 个输入参数,含义如下:
%          (1),data,缺失数据矩阵,缺失值以 NaN 代替,具体参看示例运行.
% 输出参数：函数默认 1 个输出参数:
%          (1),data,补完数据后的完整数据矩阵
% 函数调用：实现函数功能需要调用 1 子函数.
%          (1)makeSubs,实现中间计算值的输出替换,适用于包含 sym 的矩阵或向量
% 参考资料：实现函数算法,其他参考资料,请参阅:
%          (1),马寨璞,MATLAB 语言编程[M],北京：电子工业出版社,2017.
% 原始作者：马寨璞,wdwsjlxx@163.com
% 创建时间：2017-04-25,00: 17: 48
% 原始版本：1.0
% 版权声明：未经作者许可,任何单位及个人不得以任何方式或理由对本代码
%          :进行网上传播、贩卖等.
% 实用样例：
%                y = round(rand(4,5)*100)
%                y(3,[2,5]) = NaN
%                makeUpMissingData(y)
%
[nRows,nCols] = size(ata):
[posRow,posCol] = find(isnan(data)); % 找到 NaN 的位置
n = length (posRow); % 确定 NaN 的个数
if n>min(nRows,nCols)
    error('丢失数据太多了! ');
```

```
elseif n<1
    disp('数据完好,不需要修补! '); return;
end
% 声明变量和符号矩阵
x = sym('x',[1,n]);          % 定义多个变量
difEqu = sym('difEqu',[1,n]); % 多个导数
wkArr = sym('a%d%d',[nRows,nCols]);
for iLoop = 1: n
    wkArr = subs (wkArr,wkArr(posRow(iLoop),posCol(iLoop)),x(iLoop));
end

% 计算行和,列和与数据总和
sColVec = sum(wkArr,1); % 列和
sRowVec = sum(wkArr,2); % 行和
sTotalElem = sum(wkArr(:)); % 数据总和
out = [wkArr,sRowVec; sColVec,sTotalElem];
fprintf('缺失数据及行列总和表如下: \n'); disp(makeSubs(out,data))
% 为计算 SSA,SSB 准备
work2 = wkArr.^2; scv2 = sColVec.^2; srv2 = sRowVec.^2;
% 求各种平方和
SSt = sum(work2(:)); SSa = 1/nRows*sum(scv2(:));
SSb = 1/nCols*sum(srv2(:)); C = sTotalElem^2/(nRows*nCols);
SSe = SSt-SSa-SSb + C;
fprintf('误差平方和表达式如下:\n'); disp(makeSubs(SSe,data));

% 求导并解方程
for iLoop = 1: n
    difEqu(iLoop) = simplify(diff(SSe,x(iLoop)));
end
fprintf('各导数方程等号左侧表达式如下: \n')
disp(makeSubs(difEqu,data))
ma = solve(difEqu =  = 0); % 求解方程组

% 将结果具体化
reply = zeros(1,n); % 暂时存放数据结果
for iLoop = 1: n
    if n =  = 1,tmp = ma; else
        tmp = eval(sprintf('ma.x%d',iLoop));
    end
    for ir = 1: nRows
        for jc = 1: nCols
            if~isnan(data(ir,jc))
                str = sprintf('a%d%d',ir,jc);
                tmp = subs(tmp,str,data(ir,jc));
            end
        end
    end
    reply(iLoop) = tmp;
end

% 补完后的数据
for iLoop = 1: n
```

```
    fprintf('弥补数据: [%d,%d] = %.2f\n',posRow(iLoop),posCol(iLoop),...
        reply(iLoop));
    data(posRow(iLoop),posCol(iLoop)) = reply(iLoop);
end

function[newExpr] = makeSubs(xSymForm,xDigitValue)
% 简介: 内部程序,实现中间计算值的输出替换,适用于包含 sym 的矩阵或向量.
% 输入:  xSymForm,被替换的 sym 表达式; xDigitValue,用于替换的数据.
% 输出: 替换后的表达式,sym 格式,转为数字形式需自行使用 eval 函数.
% 创建:  2017.04.26.
[xRows,xCols] = size(xSymForm);
Loops = xRows*xCols;
[nRows,nCols] = size(xDigitValue);
for iLoop = 1: Loops
    if Loops = = 1
        tmp = xSymForm;
    else
        tmp = xSymForm(iLoop);
    end
    for ir = 1: nRows
        for jc = 1: nCols
            if~isnan(xDigitValue(ir,jc))
                str = sprintf('a%d%d',ir,jc);
                tmp = subs(tmp,str,xDigitValue(ir,jc));
            end
        end
    end
    xSymForm(iLoop) = tmp;
end
newExpr = xSymForm;
```

习　　题

（一）问答题

1. 什么是固定效应模型？什么是随机效应模型？两者有什么异同点？

2. 为什么要进行多重比较？Tukey 法、Scheffe 法、LSD 法和 Duncan 法各有什么适用条件？

3. 在两因素方差分析中，常用判断交互作用存在的方法有哪些？使用时需要注意什么？

4. 多因素方差分析中，什么情况下需要设置重复？最少需要几次重复？为什么？

5. 多因素方差分析的平方和推算中，有哪些约定规则？

6. 在均方的推算中，什么是死下标？什么是活下标？安排对应项的原则是什么？

7. 多因素方差分析中，什么情况下需要考虑使用近似统计量？

8. 方差分析的 3 个基础条件是什么？

9. 多方差齐性检验的 Hartley, Bartleet, Levene 等方法各适用于什么样的数据？

10. 在常用的 4 种数据变换方法中，各自适用于什么条件？

11. 如何考虑缺失数据的弥补？具体进行方差分析时，对弥补数据如何解读？

（二）选择题

1. 在多因素方差分析中，对分析中的一些基本概念，论述不恰当的是[   ]

（A）一般根据因素的类型，分为固定模型、随机模型和混合模型

（B）多因素模型中，除了主效应，还有重复效应及交互作用

（C）在固定模型中，当根据经验知识，确信没有交互作用时，可以不设置重复观测

（D）设置重复，目的是将随机误差效应分离出来

2. 单因素方差分析中，自由度分割不正确的是[   ]

（A）$\mathrm{df}_T = an - 1$ （B）$\mathrm{df}_A = a - 1$ （C）$\mathrm{df}_E = an - n$ （D）$\mathrm{df}_E = an - a$

3. 补充缺失数据时，下述有误的是[   ]

（A）缺失数据的弥补，除了是一种计算上的技巧外，还提供了额外的方差信息

（B）由于缺失数据是估计值，因此当缺失一个数据时，总自由度就要减 1

（C）对于 A，B 两因素的方差分析，无论是否弥补数据，它们的自由度都还是（a−1）和（b−1）

（D）缺失数据不能补得太多，过多缺失的情况下只能重做实验

（E）在补上缺失数据后，进行分析时，分析方法不变

4. 若因素 A 和 B 为随机因素，经计算，已得到各分量的期望，则正确的是[   ]

（A）$E(\mathrm{MS}_A) = \sigma^2 + n\sigma_{\alpha\beta}^2 + bn\sigma_\alpha^2;\ E(\mathrm{MS}_E) = \sigma^2;\ F_A = \dfrac{\mathrm{MS}_A}{\mathrm{MS}_E}$

（B）$E(\mathrm{MS}_B) = \sigma^2 + n\sigma_{\alpha\beta}^2 + an\sigma_\beta^2;\ E(\mathrm{MS}_E) = \sigma^2;\ F_B = \dfrac{\mathrm{MS}_B}{\mathrm{MS}_E}$

（C）$E(\mathrm{MS}_{AB}) = \sigma^2 + n\sigma_{\alpha\beta}^2;\ E(\mathrm{MS}_E) = \sigma^2;\ F_{AB} = \dfrac{\mathrm{MS}_{AB}}{\mathrm{MS}_E}$

（D）$E(\mathrm{MS}_A) = \sigma^2 + n\sigma_{\alpha\beta}^2 + bn\sigma_\alpha^2;\quad E(\mathrm{MS}_B) = \sigma^2 + n\sigma_{\alpha\beta}^2 + an\sigma_\beta^2;\quad F_{AB} = \dfrac{\mathrm{MS}_A}{\mathrm{MS}_B}$

（E）都不对

5. 关于固定效应和随机效应，论述正确的是[   ]

（A）固定因素产生的效应是固定的，即这些因素的结论不能推广到其他因素上面

（B）固定效应和随机效应的划分主要是依据其计算方法的不同，随机效应比固定效应简单

（C）固定效应满足 $\alpha_i \sim N(0, \sigma_\alpha^2)$，随机效应满足 $\sum\limits_{j=1}^{n} \beta_j = 0$

（D）随机效应与固定效应的计算，都是拆分总离差，且 $E(\mathrm{MS}_A)$ 表达式一样

（E）无论是固定效应还是随机效应，在线性模型中，其假设都是一样的

6. 两因素随机模型的描述，正确的是[   ]

（A）线性模型为 $y_{ijk} = \mu + \alpha_i + \beta_j + (\alpha\beta)_{ij} + \varepsilon_{ijk}$，其中 $\mu, \alpha_i, \beta_j, (\alpha\beta)_{ij}, \varepsilon_{ijk}$ 都是随机变量

（B）$\mu, \alpha_i, \beta_j, (\alpha\beta)_{ij}, \varepsilon_{ijk}$ 都假设具有正态分布，均服从 $N(0, \sigma^2)$

（C）观测值的方差为 $\mathrm{var}(y_{ijk}) = \sigma^2$ （D）零假设为：$\sigma_\alpha^2 = \sigma_\beta^2 = \sigma_{\alpha\beta}^2 = \sigma^2$

（E）$\alpha_i \sim N(0, \sigma_\alpha^2), \beta_j \sim N(0, \sigma_\beta^2), (\alpha\beta)_{ij} \sim N(0, \sigma_{\alpha\beta}^2), \varepsilon_{ijk} \sim N(0, \sigma^2)$

7. 表 X4-1 是不同品系小麦的方差分析表。

表 X4-1 不同品种小麦的方差分析表

变差来源	平方和	自由度	均方	F
品系间	131.74	4	32.94	42.23
误差	15.58	20	0.78	
总和	147.32	24		

由表可知，品系的效应 η_α^2 等于[   ]

（A）0.78　　　　（B）22.63　　　　（C）32.16

（D）8.04　　　　（E）10.05

8. 在多因素方差分析中，表格推演约定的规则中，说法正确的是[   ]

（A）固定效应和随机效应的处理方法不同，但无论哪种类型，误差的方差一律记为 σ^2

（B）误差常常写成 $\varepsilon_{(ij)k}$ 样式，这样处理下标，是为了引起使用者注意，并没有特殊含义

（C）混合模型中，只要有随机因素，则交互作用类型就可按照随机因素考虑

（D）固定模型各因素的效应等于该分量的平方和除以对应的自由度，随机模型也是如此

（E）当各因素都是随机型因素时，表格推演会失效

9. 在方差分析时，固定模型中，需要考察每个水平的固定效应 α_i，假设有 a 水平某品系的小麦株高数据，则可以知道[   ]

（A）$\alpha_i = 0$　　　　（B）$\alpha_i \sim N(0, \sigma^2)$　　　（C）$\sum_{i=1}^{a} \alpha_i = 0$

（D）$\alpha_i \sim N(0, \sigma_\alpha^2)$　　　（E）$\alpha_i = \dfrac{1}{a-1} \sum_{i=1}^{a} \alpha_i^2$

10. 在方差分析时，随机模型中，需要考察总体的变异性 σ_α^2，假设有 a 水平某科研数据，则可以知道[   ]

（A）$E(\mathrm{MS}_A) = \sigma^2 + n\sigma_\alpha^2$　　　　　　（B）$E(\mathrm{MS}_A) = \sigma^2 + \dfrac{n}{a-1} \sum_{i=1}^{n} \sigma_\alpha^2$

（C）$E(\mathrm{MS}_A) = \sigma^2$　　　　　　（D）$\eta = \dfrac{n}{a-1} \sum_{i=1}^{n} \sigma_\alpha^2$

（E）$\mathrm{var}(x_{ij}) = \sigma_\alpha^2$

11. Duncan 检验中，不同的均值有不同的 R_k，在计算 R_k 时，需要确定 k 值，可知[   ]

（A）$k = n-1$　　　　　　（B）$k = a(n-1)$

（C）$k = \sqrt{\dfrac{2\mathrm{MS}_E}{n}}$　　　　　　（D）$k = 2, 3, \cdots, a$

（E）$k = r_\alpha(a-1, \mathrm{df}) s_{\bar{x}}$

12. 某两因素混合模型，其中 A 是随机因素，B 是固定因素，经计算机推导得到的演化表如表 X4-2 所示，则各个 F 中，正确的是[   ]

表 X4-2 混合模型均方期推演表

	R	F	R		
	a	b	n		
	i	j	k		
α_i	1	b	n	σ_α^2	$bn\sigma_\alpha^2 + \sigma^2$
β_j	a	0	n	η_β^2	$ann\eta_\beta^2 + n\sigma_{\alpha\beta}^2 + \sigma^2$
$\alpha\beta_{ij}$	1	0	n	$\sigma_{\alpha\beta}^2$	$n\sigma_{\alpha\beta}^2 + \sigma^2$
ε_{ijk}	1	1	1	σ^2	σ^2

（A）$F_A = \dfrac{\mathrm{MS}_A}{\mathrm{MS}_B}$ （B）$F_B = \dfrac{\mathrm{MS}_B}{\mathrm{MS}_{AB}}$ （C）$F_{AB} = \dfrac{\mathrm{MS}_{AB}}{\mathrm{MS}_B}$

（D）$F_{AB} = F_A + F_B$ （E）以上都不正确

13. 在进行方差分析时，需要考察主效应与交互作用，如表 X4-3 所示的测定数据，可知 [　] 说法正确。

（A）A 的主效应为 $(32+40)-(20+18)=34$

（B）A 的主效应 $\dfrac{(32+40)-(20+18)}{2}=17$

（C）B 的主效应 $(18+40)-(20+32)=6$

（D）B 的主效应 $\dfrac{(20+40)-(32+18)}{2}=5$

表 X4-3 两因素方差分析试验结果

	A1	A2
B1	20	32
B2	18	40

（E）因为对角线之和不相等 $(20+40) \neq (32+18)$，所以不存在交互作用

14. 多个方差的齐性检验中，不准确的是 [　]

（A）在众多的方差齐性检验方法中，Bartlett 检验应用最广

（B）做多个方差的齐性检验，其零假设为 $H_0 : \sigma_1^2 = \sigma_2^2 = \cdots = \sigma_a^2$，而备择假设为 $H_A : \sigma_i^2 = 0, i = 1, 2, \cdots, a$

（C）Bartlett 检验的统计量为 $K^2 = 2.3026 \times \dfrac{q}{c}$

（D）Bartlett 检验原理中，要求 a 个随机样本从独立正态总体中抽取，最小样本含量充分大

（E）Bartlett 检验前，必须满足正态性，否则不能使用 Bartlett 检验

15. 方差分析应该满足的条件，不包括 [　]

（A）可加性，即要求每个处理效应和误差效应是可加的，即 $x_{ij} = \mu + \alpha_i + \varepsilon_{ij}$ 存在

（B）提出满足可加性，其目的是使得不同的效应能够被分解

（C）正态性，这是指实验误差服从正态分布 $N(0, \sigma^2)$，且各误差是独立随机变量

（D）方差齐性，这是指每个处理的方差应该具备齐性，即有一个的公共总体方差 σ^2

（E）在可加性、正态性和方差齐性 3 个条件中，对结果影响最大的是可加性

16. 在单因素方差分析中，固定效应模型的计算式中，不正确的是[   ]

（A）$SS_T = \sum_{i=1}^{a} \sum_{j=1}^{n} (X_{ij} - \bar{X}_{..})^2$

（B）$SS_A = n \sum_{i=1}^{a} (X_{i.} - \bar{X}_{..})^2$

（C）$SS_T = SS_A + SS_E$

（D）$MS_E = \dfrac{SS_E}{an-1}$

（E）$MS_A = \dfrac{SS_A}{a-1}$

（三）计算题

1. 在研究氟对种子发芽的影响试验中，取氟化钠溶液为固定因素，设置了 4 个水平，每个水平进行了 3 次试验，结果列于表 X4-4，试对观测结果进行方差分析，若检验显著，则进行多重比较。

表 X4-4　氟化钠溶液对种子发芽影响测试结果　　　　　　（单位：μg/g）

重复	浓度			
	0	10	50	100
1	8.9	8.2	7.0	5.0
2	8.4	7.9	5.5	6.3
3	8.6	7.5	6.1	4.1

2. 为考察硫酸铜溶液浓度和蒸馏水 pH 对化验血清中白蛋白与球蛋白之比的影响，对硫酸铜浓度（设为 A 因素）取了 3 个不同水平，对蒸馏水 pH（设为 B 因素）取了 4 个不同水平，在不同水平组合下，各测定一次白蛋白与球蛋白之比，测定结果如表 X4-5 所示。若设定检验水平为 $(\alpha = 0.05)$，试检验这两个因素对比对化验结果有无显著性影响？

表 X4-5　硫酸铜浓度与蒸馏水 pH 对两种蛋白比的试验记录

硫酸铜浓度（A 因素）	蒸馏水 pH（B 因素）			
	B_1	B_2	B_3	B_4
A_1	3.5	2.6	2.0	1.4
A_2	2.3	2.0	1.5	0.8
A_3	2.0	1.9	1.2	0.3

3. 观察 A，B 两种镇痛药物联合运用在产妇分娩时的镇痛效果。A 药取 3 各剂量，分别是 1.0mg，2.5mg 和 5.0mg；B 药也分 3 个剂量，分别为 5μg，15μg 和 30μg；共计 9 个处理，将 27 名产妇随机等分 9 组，记录分娩时的镇痛时间（单位：min），数据结果记录如表 X4-6 所示。试分析：①A，B 药物的联合运用是否具有镇痛效果？单独使用时是否具有镇痛效果？②哪种剂量组合下镇痛效果最好？

表 X4-6 两种镇痛药对分娩镇痛效果的记录

A 药	B 药		
	5μg	15μg	30μg
1.0	105，80，65	115，105，80	75，95，85
2.5	75，115，80	125，130，90	135，120，150
5.0	85，120，125	65，120，100	180，190，160

4. 表 X4-7 记录了三位操作工（因素 A）分别在 4 台不同机器（因素 B）上操作 3 天的日产量。试检验：①操作工之间的差异是否显著？②机器之间的差异是否显著？③交互作用是否显著？

表 X4-7 操作工工作量记录表

	B_1	B_2	B_3	B_4
A_1	15，15，17	17，17，17	15，17，16	18，20，22
A_2	19，19，16	15，15，15	18，17，16	15，16，17
A_3	16，18，21	19，22，22	18，18，18	17，17，17

5. 对某试验结果进行有重复两因素固定模型方差分析，分析表如表 X4-8 所示。若试验者由于缺乏足够的生物统计学知识，错误地将重复值进行了平均，再以平均数作为新数据，进行无重复方差分析，则表 X4-8 中的各项数据会出现何种变化？说明了什么问题？

表 X4-8 方差分析表

变差来源	平方和	自由度	均方	F 值
A 因素	144	3	38	4.75*
B 因素	108	3	36	4.50*
$A \times B$ 交互	378	9	42	5.25**
误差	128	16	8	
总和	728	31		

6. 为了检测 3 种肥料（A 因素）在不同类型土壤中的肥效，随机选择了 3 种不同的土壤（B 因素）设计了交叉分组试验。以小麦作为指示植物进行试验，统计数据，进行方差分析结果如表 X4-9 所示，该表存在严重错误，请予以纠正。

表 X4-9 方差分析表

变差来源	平方和	自由度	均方	F 值
A 因素	179.45	2	89.73	96.48
B 因素	3.96	2	1.98	2.13
$A \times B$ 交互	19.17	4	4.79	5.15
误差	16.70	18	0.93	
总和	219.28	26		

7. 设有线性统计模型

$$y_{ijkl} = \mu + \alpha_i + \beta_j + \gamma_k + (\alpha\beta)_{ij} + (\alpha\gamma)_{ik} + (\beta\gamma)_{jk} + (\alpha\beta\gamma)_{ijk} + \varepsilon_{ijkl},$$
$$(i=1,2,\cdots,a; j=1,2,\cdots,b; k=1,2,\cdots,c; l=1,2,\cdots,n)$$

设 A，B 为固定因素，C 为随机因素，构建一混合模型，试列表推算各因素对应的均方期望及检验的统计量。

8. 试利用给出的函数，推算五因素线性统计模型的离差平方和与均方期望，并试着写出其各自的检验统计量，当因素的类型变换不同时，结论有什么不一样？

第五章　相关与回归分析

第一节　基本概念

一、相关与回归

相关与回归是紧密联系又有所区别的两个统计概念，理解它们的基本含义，分清它们的异同，对正确使用相关分析与回归分析很有帮助，本节先学习这方面的基本概念。

（一）线性相关

在数据分析中，变量之间的关系分成两种类型：一种是确定性关系，变量之间具体化为某种函数关系，这种确定性由定理、定律等加以描述，具有简明、准确、可靠的特点。例如，圆的面积 S 和半径 r 之间的函数关系 $S = \pi r^2$。另一种关系则是不确定性关系，这种不确定性体现在两个变量之间既有联系，又不具有明确的函数关系。例如，人的身高和体重之间有关系，但很显然两者不是函数关系；又如人的血压和年龄有关系，虽然已经知道人的血压随着年龄的增长而增高，两者之间存在某种关系，但明显也不是函数关系，像这种非确定的关系，称为相关关系。

更准确地讲，对于两个随机变量 X 和 Y，如果变量 X 的每一个可能的值 x_i，都对应着 Y 的一个确定分布；反过来，如果对于变量 Y 的每一个可能的值 y_i，都有 X 的一个确定分布与之对应；则称这两个随机变量之间存在着相关关系。

仍以身高和体重为例，对于每一个确定的身高 x，具体来说，设 $x = 1.65\mathrm{m}$，则具有 1.65m 身高的人的体重 y，可能是 50kg，也可能是 70kg，甚至更高或更低，但只要在身高 1.65m 这个条件下取样，则取得体重的大样本后，可知体重数据 y 的分布状况，更进一步的，一般认为体重的分布服从正态分布。反过来也是如此，对于体重 y，如 70kg，通过采样调查，则身高 x 有一系列的值与它对应着，也可以说一个特定的 y，对应着 x 的一个分布，同样的，一般认为 x 也服从正态分布。

从上述可知，所谓相关，更准确地讲，是指两个随机变量之间关系的描述，如果其中的一个变量不是随机变量，就不能称为相关。

（二）线性回归

在生物、医药等学科中，研究两个变量之间的关系，主要是为了找到二者之间的内在联系，或者从变量 X 推断随机变量 Y 的变化。如果对于变量 X 的每一个可能的值，都对应着随机变量 Y 的一个分布，则称随机变量 Y 对变量 X 存在着回归关系，而研究变量 X 和随机变量 Y 之间数量关系的统计方法，称为回归分析。若它们存在回归关系，则称变量 X 为自变量，称随机变量 Y 为因变量。

"回归"最早由 19 世纪生物学家 F. Galton 提出，是统计学中最为常见的概念之一。在回归分析中，不同专业对变量 X 和 Y 的称呼有多种，X 常称为自变量、解释变量、预测变量、回归变量、协变量或因素，Y 常常称为因变量、响应变量等。在不影响理解的前提下，本书分别以自变量和因变量称呼 X 和 Y。

回归的类型有多种，根据因变量 Y 的个数来分，可分为单变量回归和多变量回归。根据自变量 X 个数的多寡，可分为简单的一元回归和多元回归。这里需要注意的是，不要将简单回归和多元回归误解为单变量回归和多变量回归，它们分类时依据的标准不一样，单变量和多变量是针对因变量 Y 而言的，一元和多元则是针对自变量 X 而言的。

根据回归模型与回归参数之间是否存在线性关系，可分为线性回归和非线性回归。这里有必要再次强调，所谓线性与非线性回归，并不是以 Y 和 X 之间的关系为标准界定的，而是以模型和回归参数之间的关系确定的，Y 和 X 之间具有非线性关系，或回归参数是以非线性形式出现的，并且经变换不能将参数线性化，才称为非线性；若回归方程关于所有的参数都是线性的，或者经变量变换后是线性的，则称为线性回归。例如：

$$y = \alpha + \beta x + \varepsilon \tag{5-1}$$

$$y = \alpha + \beta x + \gamma x^2 + \varepsilon \tag{5-2}$$

$$y = \alpha + \beta \ln x + \varepsilon \tag{5-3}$$

等都是线性的，而

$$y = \alpha + e^{\beta x} + \varepsilon \tag{5-4}$$

等则为非线性的。本书只考虑单变量的回归分析，也就是只有一个 Y 的回归分析，包括一元回归和多元回归等。

（三）线性相关与线性回归

回归分析和相关分析互相补充、密切联系，它们之间既有联系，又有区别，都是研究两个变量之间关系的统计方法，相关分析需要回归分析以具体形式体现数量关系，而回归分析则应建立在相关分析的基础上，很多人对此存在着混淆，在使用时常常出现描述错误。

它们的联系是：①在研究对象上，都是研究在专业程度上有一定联系的两个变量之间的（线性）关系。相关着眼于是否存在线性关系；回归着眼于如何求得线性方程，它们都着眼于和"线性"有关的描述。②在变量类型上，都涉及和随机变量有关的数据类型。相关和回归时，都对其中的一个变量的类型进行了限定，如 Y，都限定为随机变量。③在具体应用时，若两变量都是随机变量，常需同时给出这两种方法的分析结果；在进行显著性检验时，常用对相关系数的检验取代对回归系数的检验，以期化繁为简。

但它们的区别也很明显：①变量地位不同。在回归分析中，X 称为自变量；Y 称为因变量，处在被解释的特殊地位，两者的地位明显不同。在相关分析中，X 与 Y 处于平等的地位，研究 X 与 Y 的密切程度和研究 Y 与 X 的密切程度是一致的。②对变量类型要求不同。相关分析中，X 与 Y 都必须是随机变量，相关的定义也已表明，X 和 Y 都具有一个分布和对方对应，如果其中的一个变量不是随机变量，就不能进行相关分析。在回归分析中，Y 必须是随机变量，但 X 可以是随机变量，也可以是非随机的，通常在回归模型中，总是假定 X 是非随机的。③使用目的与范围不同。相关分析的目的在于检验两个随机变量的共变趋势（即共同变化的程度），若仅考虑两变量之间呈线性关系的密切程度和方向，应选用线性相关分析；回归分析的目的在于试图用自变量来预测因变量的值，若仅为了建立这种预测和控制方程，应选用线性回归方法。④方向性不同。当只有 Y 的分布对应着 X 的某个具体值时，此时可称 Y 对 X 存在着回归关系，从这个角度来看，回归讲的是变量间的单向依存关系，而相关讲的是变量间的互依关系。

二、相关性计算与分析

（一）散点图

为探求两个随机变量 X 和 Y 之间的相关关系，需要首先绘制数据的散点图。设随机变量 X 和 Y 的观测值为

$$(x_1, y_1), (x_2, y_2), \cdots, (x_n, y_n)$$

以直角坐标系的横轴代表 X，以纵轴代表变量 Y，将这些观测值绘制在二维直角坐标系中，便得到数据的散点图。散点图为分析数据提供了直观的感受，让人对数据的分布特征一目了然。借助散点图，可以获得如下的判断：①可以判断两变量之间的关系是否密切，或者说，是否可根据 X 来估计 Y；②可判断两变量之间的关系是线性的，还是呈现出曲线性；③可以查看是否有某个点偏离过大，判断离群点；④可以判断是否存在其他的规律性，如非线性等。

图 5-1 给出了 6 种典型的散点图，从中可以看出：A 和 C 中，从总体趋势上看，随着 x 的增加，y 呈直线上升的趋势，对比可知，即使都是上升趋势，A 比 C 上升得更为明显。与之相反的则是 B 和 D，其中的 y 都随着 x 的增加而降低，且 B 的趋势比 D 更明显。E 和 F 属于与线性相关完全不同的情形，属于非线性相关的范畴。即使都是 $r = 0$，但 E 和 F 相比，E 中的数据完全看不出规律性，而 F 则具有某种曲线关系。本章中，我们要讨论的相关，指的即是线性相关。在实际应用中，即便是已经判断出了 X 和 Y 不相关，也应该核实是类似于 E 的不相关还是类似于 F 的不相关。

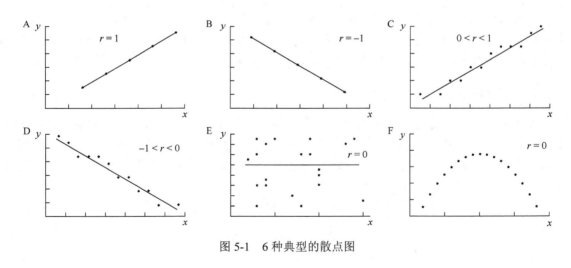

图 5-1　6 种典型的散点图

（二）相关关系与样本相关系数

1. 相关关系

在统计学中，用相关指标表示相关变量之间的密切程度，对相关指标的计算和分析称为相关分析。其中，用来度量随机变量 X 和 Y 之间线性相关密切程度的指标是相关系数，通常以 ρ 表示随机变量 X 和 Y 之间的总体相关系数。其定义式如下：

$$\rho = \frac{\text{Cov}(X,Y)}{\sqrt{D(X)D(Y)}} \tag{5-5}$$

其中 $\text{Cov}(X,Y)$ 是随机变量 X 和 Y 的协方差，$D(X), D(Y)$ 分别是 X 和 Y 的方差。

总体相关系数 ρ 是反映两个随机变量之间线性相关程度的统计参数，从它的定义式可知，分子为

$$\text{Cov}(X,Y) = E\{[X - E(X)][Y - E(Y)]\}$$

其量纲为变量 X 和 Y 的乘积；分母为

$$\sqrt{D(X)D(Y)} = \sqrt{D(X)}\sqrt{D(Y)}$$

其量纲仍然为变量 X 和 Y 的乘积，综合起来，它没有量纲，计算结果表现为一个常数，且取值为 $-1 \sim 1$，即 $-1 \leqslant \rho \leqslant 1$。根据 ρ 的取值，变量 X 和 Y 之间的相关可分为程度不同的几种。

（1）当 $|\rho|=1$ 时，称 X 和 Y 之间完全相关，此时 Y 和 X 之间呈现出线性函数关系；进一步细分，若 $\rho = 1$，称 X 和 Y 完全正相关；若 $\rho = -1$，称 X 和 Y 完全负相关。

（2）当 $\rho = 0$ 时，称 X 和 Y 之间不相关，即 X 和 Y 之间不存在线性关系。这里需要说明的是，计算得到相关系数为 0，也只能说明 X 和 Y 之间不存在线性关系，并不能否定它们之间可能存在其他的关系，也许 Y 和 X 之间存在某种非线性函数关系，如 $Y = X^2$，但这并不影响计算得到 $\rho = 0$。

（3）当 $0 < |\rho| < 1$ 时，称 X 和 Y 之间存在着相关关系，当 $\rho > 0$ 时，称 X 和 Y 正相关，此时，一个变量（如 Y）随另一个变量（如 X）的增大而趋向于增大；当 $\rho < 0$ 时，称 X 和 Y 负相关。此时，一个变量（如 Y）随另一个变量（如 X）的增大反而趋向于变小。

需要解释的是，相关和独立是两个不同的概念，如果 X 和 Y 独立，则肯定存在 $\rho = 0$，反之则不一定成立，当 $\rho = 0$ 时，并不能推断出两个随机变量相互独立，因为 $\rho = 0$ 只是否定了 X 和 Y 之间不具有线性关系，其含义范围不能外延到非线性关系上。

2. 样本相关系数

在实际应用中，总体相关系数 ρ 作为理论值，一般是无法得到的，更多的是通过样本的观测值来计算样本相关系数 r，以 r 来估计或判断两个变量的线性相关性。此时，样本相关系数 r 是总体相关系数 ρ 的抽样估计，体现着两个变量的线性相关的密切程度。以后再提及相关系数，则主要是指样本的线性相关系数 r。

若变量 (X, Y) 的一组样本观测值为 $(x_1, y_1), (x_2, y_2), \cdots, (x_n, y_n)$，则称

$$r = \frac{\sum_{i=1}^{n}(x_i - \overline{x})(y_i - \overline{y})}{\sqrt{\sum_{i=1}^{n}(x_i - \overline{x})^2 \sum_{i=1}^{n}(y_i - \overline{y})^2}} \tag{5-6}$$

为样本线性相关系数，或者 Pearson 相关系数。

记 L_{XY} 为 X 和 Y 的校正交叉乘积和，定义如下：

$$L_{XY} = \sum_{i=1}^{n}(x_i - \overline{x})(y_i - \overline{y}) \tag{5-7}$$

其中，$\overline{x} = \dfrac{1}{n}\sum\limits_{i=1}^{n} x_i$，$\overline{y} = \dfrac{1}{n}\sum\limits_{i=1}^{n} y_i$；记 L_{XX} 为 X 的校正平方和，定义如下：

$$L_{XX} = \sum_{i=1}^{n}(x_i - \overline{x})(x_i - \overline{x}) = \sum_{i=1}^{n}(x_i - \overline{x})^2 \tag{5-8}$$

记 L_{YY} 为 Y 的校正平方和，定义如下：

$$L_{YY} = \sum_{i=1}^{n}(y_i - \overline{y})(y_i - \overline{y}) = \sum_{i=1}^{n}(y_i - \overline{y})^2 \tag{5-9}$$

则相关系数改写为

$$r = \frac{L_{XY}}{\sqrt{L_{XX}L_{YY}}} \tag{5-10}$$

和总体相关系数 ρ 一样，样本相关系数 r 也度量了 X 和 Y 的线性相关程度，总体相关系数 ρ 具有的一些性质，样本相关系数也类似存在。

例1 使用银盐法测定食物中的砷，得到的吸光度 y 与浓度 x 数据如表 5-1 所示，试绘制散点图，并进行相关分析。

表 5-1 例 1 观测数据

$x/\mu g$	1	3	5	7	10
y	0.045	0.148	0.271	0.383	0.533

解 做绘制散点图，如图 5-2 所示。

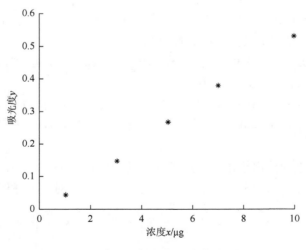

图 5-2 例 1 散点图

由散点图可看出，y 和 x 之间具有线性关系。计算其样本相关系数：

$$L_{xy} = \sum_{i=1}^{n}(x_i - \overline{x})(y_i - \overline{y}) = 2.6790$$

$$L_{xx} = \sum_{i=1}^{n}(x_i - \overline{x})^2 = 48.8$$

$$L_{yy} = \sum_{i=1}^{n} (y_i - \overline{y})^2 = 0.1473$$

则

$$r = \frac{L_{xy}}{\sqrt{L_{xx}L_{yy}}} = 0.9993$$

（三）相关系数的显著性检验

在对变量 X 和 Y 进行相关分析时，是指对 X 和 Y 的总体之间的相关性进行评价，只有总体相关系数 $\rho = 0$ 时，才能判定两个变量之间无相关性。但在实际应用中，由于用样本相关系数 r 来表示两个变量的线性相关性，而 r 又是根据样本观测值计算得到的，这就存在以下问题：①r 的值依赖于抽样的结果，受抽样误差的影响，样本容量越小，r 的可信度越差，即便存在 $|r| > 0$，也必须在进行显著性检验后，才能断定相关；②即便客观实际中存在着 $\rho = 0$，但由于抽样具有随机性，也不能排除偶然机会使得计算结果 $r \neq 0$，因此需要检验 $H_0 : \rho = 0$ 是否成立。

对相关系数进行检验，可以采用多种方法，但目前尚未学习回归分析，只能利用最为简单的相关系数临界值表进行检验，在计算出样本相关系数 r 后，利用其绝对值 $|r|$ 与临界值表进行比较即可判定，具体步骤如下。

（1）做假设，零假设 $H_0 : \rho = 0$，即 X 和 Y 不相关；备择假设 $H_1 : \rho \neq 0$。

（2）根据公式计算样本相关系数 r。

（3）对于给定的显著性水平 α，以及自由度 $\mathrm{df} = n - 2$，查取相关系数临界值 $r_{\alpha/2}(\mathrm{df})$（附表 17）。

（4）判断：当 $|r| > r_{\alpha/2}(\mathrm{df})$ 时，拒绝 H_0，接受 H_1，变量 X 和 Y 之间的相关性显著；反之，则接受 H_0，认为变量 X 和 Y 之间的相关性不显著。

例 2 对于上述实验中测定的吸光度与浓度的相关系数，试进行检验（$\alpha = 0.05$）。

解 做出假设 $H_0 : \rho = 0$; $H_1 : \rho \neq 0$。

计算相关系数，得到 $r = 0.9993$；对于给定的 $\alpha = 0.05$，自由度 $\mathrm{df} = n - 2 = 3$，查询相关系数的临界表，得到 $r_{\alpha/2}(3) = 0.8783$。比较可知 $|r| > r_{\alpha/2}$，拒绝 H_0，接受 H_1，变量 X 和 Y 之间的相关性显著。

为了方便计算，下面给出根据基本原理编写的通用代码 PearsonAnalyze 函数，MATLAB 中的 corr 函数也可以用来进行相关分析，读者可参考使用。对于上述例题，运行如下：

```
x = [1,3,5,7,10];
y = [0.045,0.148,0.271,0.383,0.533];
PearsonAnalyze(x,y)
```

结果为：拒绝 H_0，接受 H_1，相关性显著。详细计算信息汇报表如表 5-2 所示。

表 5-2 例 1 相关分析与检验计算过程关键结果

r	flag	n	L_{xy}	L_{xx}	L_{yy}	df	alpha	rCutOff
1.00	1	5	2.68	48.80	0.15	3	0.05	0.88

附源码：

```
function [r,flag] = PearsonAnalyze(x,y,alpha)
% 函数名称：PearsonAnalyze.m
% 实现功能：根据给出的数据,计算两组数据的 pearson 相关系数,并给出检验.
% 输入参数：函数共有 3 个输入参数,含义如下:
%          :(1),x,计算线性相关系数的数据,以向量形式给出.
%          :(2),y,计算线性相关系数的数据,以向量形式给出.
%          :(3),alpha,显著性检验水平,默认 0.05.
% 输出参数：函数默认 2 个输出参数:
%          :(1),r,pearson 相关系数.
%          :(2),flag,相关分析显著性检验标志,返回 1,显著;返回 0,不显著.
% 函数调用：实现函数功能不需要调用子函数.
% 参考资料：实现函数算法,其他参考资料,请参阅:
%          :(1),马赛璞,MATLAB 语言编程[M],北京:电子工业出版社,2017.
% 原始作者：马赛璞,wdwsjlxx@163.com
% 创建时间：2017-05-01 11:39:33
% 原始版本：1.0
% 版权声明：未经作者许可,任何单位及个人不得以任何方式或理由对本代码
%          :进行网上传播、贩卖等.
% 实用样例：
%      例1: 正常数据,省略检验水平
%           x = [3,3,4,5,6,6,7,8,8,9];
%           y = [9,5,12,9,14,16,22,18,24,22];
%           PearsonAnalyze(x,y)
%      例2: 数据中有遗失
%           x = [6.,3.5,9.,2.,3.5,NaN,10.,1.,NaN,8.,5.];
%           y = [5.,1.,9.,6.,3.5,10.,2.,7.,3.5,8.,NaN];
%           PearsonAnalyze(x,y)
%
% 输入信息检测
if nargin<3
    alpha = 0.05;
elseif isscalar(alpha)
    comLvls = [0.10,0.05,0.025,0.01,0.005,0.001];% 常用的检验水平
    if ~ismember(alpha,comLvls)
        error('输入的检验水平不符合习惯!');
    end
elseif length(x)~ = length(y)
    error('输入的数据个数不匹配! ');
end
%
% 修订数据中的无效数字
if isvector(x) && isvector(y)
    npx = find(isnan(x));   % 去除 x 中的 NaN,y 中对应数据也被删除
    npy = find(isnan(y));   % 去除 y 中的 NaN,x 中对应数据也被删除
    x([npx,npy]) = [];
    y([npx,npx]) = [];
end
%
% 计算各种平方和与相关系数
Lxy = sum((x-mean(x(:))).*(y-mean(y(:))));% 交叉校正平方和
```

```
Lxx = sum((x-mean(x(:))).^2);% X 的平方和
Lyy = sum((y-mean(y(:))).^2);% Y 的平方和
r = Lxy/sqrt(Lxx*Lyy);
%
% 显著性检验
n = length(x); % 数据的组数
df = n-2;
rCutOff = sqrt(1/(1 + df/finv(1-alpha,1,df)));
if r> = rCutOff
    flag = 1;fprintf('拒绝 H0,接受 H1,相关性显著! \n');
else
    flag = 0;fprintf('拒绝 H1,接受 H0,相关性不显著! \n');
end
%
% 汇报表,方便 word 资料整理
fprintf('详细计算信息汇报表如下:\n');
txtStr = {'r','flag','n','Lxy','Lxx','Lyy','df','alpha','rCutOff'};
fprintf('%s\t',txtStr{:});fprintf('\b\n');
fprintf('%.2f\t',[r,flag,n,Lxy,Lxx,Lyy,df,alpha,rCutOff]);
fprintf('\b\n');
```

（四）Spearman 相关分析

1. 相关系数的计算

使用样本相关系数进行相关分析时，要求随机变量 X 和 Y 均服从正态分布，但有很多数据资料并不一定能满足这个条件，如医药资料等，有些资料甚至连总体分布的类型都无从知道。在这种情况下，要想定量地分析两个随机变量之间的协同变化，就不能使用 Pearson 进行相关分析，这时可采用 Spearman 相关分析方法。

Spearman 相关分析是一种非参数分析方法，它不直接使用数据本身进行相关分析，而是将两组数据分别进行排序，利用两组数据的秩进行相关分析。由于秩是有序编号，因此这种方法除了可以用于等级或相对数据表示的资料外，还对总体的分布类型不设要求，具有简便易用、适应性强的优点。

在具体计算时，首相将原始数据 x 和 y 从小到大排队，并分别对 x 和 y 做秩，得到秩值 u 和 v，然后以秩值 u 和 v 作为新变量，代入 Pearson 相关系数的计算式中，计算得到等级相关系数 r_s。

$$r_s = \frac{\sum_{i=1}^{n}(u_i - \overline{u})(v_i - \overline{v})}{\sqrt{\sum_{i=1}^{n}(u_i - \overline{u})^2 \sum_{i=1}^{n}(v_i - \overline{v})^2}} \tag{5-11}$$

等级相关系数 r_s 和线性相关系数 r 一样，不仅在意义上可以说明变量 X 和 Y 之间线性相关关系的密切程度和方向，还在取值上也为–1～1。但两者之间也有一些差别，除了前述适用条件上的不同外，等级相关系数只是利用了数据的秩（大小排序），而没有考虑数据本身值的信息，故此其精确度一般不如线性相关系数 r。

有些教材还给出了其他形式的计算公式，即式（5-11）的简化版，若令 d 代表每对观察值的秩差，n 为样本容量，则有

$$r_s = 1 - \frac{6}{n(n^2-1)} \sum_{i=1}^{n} d_i^2 \qquad (5\text{-}12)$$

利用这个简化公式计算时，常以列表形式表述其过程，简明扼要，易于检查。

例 3 为了研究舒张压与胆固醇的关系，测定相关数据如表 5-3 所示，试分析相关性。

表 5-3 例 3 观测记录表

舒张压 X	10.7	10.0	12.0	9.9	10.0	14.7	9.3	11.3	11.7	10.3
胆固醇 Y	307	259	341	317	274	416	267	320	274	336

解 将上述数据进行编秩，对应原数据的秩号如表 5-4 所示。

表 5-4 例 3 舒张压与胆固醇数据编秩

舒张压 u	6	3.5	9	2	3.5	10	1	7	8	5
胆固醇 v	5	1	9	6	3.5	10	2	7	3.5	8

将数据代入 r_s，计算如下：

$$r_s = \frac{\sum_{i=1}^{n}(u_i - \overline{u})(v_i - \overline{v})}{\sqrt{\sum_{i=1}^{n}(u_i - \overline{u})^2 \sum_{i=1}^{n}(v_i - \overline{v})^2}} = 0.6738$$

也可以按表 5-5 计算 d，再代入简化版公式。

表 5-5 应用列表法求秩差

序号	X	R_x	Y	R_y	d
1	10.7	6.0	307.0	5.0	1.0
2	10.0	3.5	259.0	1.0	0.0
3	12.0	9.0	341.0	9.0	2.5
4	9.9	2.0	317.0	6.0	−4.0
5	10.0	3.5	274.0	3.5	0.0
6	14.7	10.0	416.0	10.0	0.0
7	9.3	1.0	267.0	2.0	−1.0
8	11.3	7.0	320.0	7.0	0.0
9	11.7	8.0	274.0	3.5	4.5
10	10.3	5.0	336.0	8.0	−3.0

$$r_s = 1 - \frac{6}{n(n^2-1)} \sum_{i=1}^{n} d_i^2$$
$$= 1 - \frac{6}{10(10^2-1)}[1^2 + 2.5^2 + \cdots + (-3)^2] = 0.6738$$

2. 等级相关系数的检验

等级相关系数 r_s 是总体相关系数 ρ_s 的估计值，其计算源于样本资料，和线性相关系数 r 一样，由于存在抽样误差等影响，因此也必须通过假设检验，才可以断定总体变量 X 和 Y 的相关性。具体使用时，可按照如下的步骤进行检验。

（1）做假设，$H_0: \rho_s = 0$，X 与 Y 之间不相关；$H_1: \rho_s \neq 0$，X 与 Y 之间相关。

（2）计算秩相关系数 r_s，除前述公式外，还可以使用

$$r_s = \frac{12\sum_{i=1}^{n}\left(u_i - \frac{n+1}{2}\right)\left(v_i - \frac{n+1}{2}\right)}{n(n^2-1)} \qquad (5\text{-}13)$$

因为秩号为 $1 \sim n$，故秩号均值为 $\frac{n+1}{2}$，这也是前述公式中的 $\bar{u}$ 或者 $\bar{v}$。如果 X 或 Y 的观察值出现较多的相同数据，则需要使用校正计算公式。

$$r_s = \frac{\dfrac{n^3-n}{6} - \sum_{i=1}^{n}d_i^2 - \sum t_x - \sum t_y}{\sqrt{\left(\dfrac{n^3-n}{6} - 2\sum t_x\right)\left(\dfrac{n^3-n}{6} - 2\sum t_y\right)}} \qquad (5\text{-}14)$$

其中，$\sum t_x = \dfrac{\sum(t_i^3 - t_i)}{12}$，$t_i$ 是 X 中相同数据的个数；$\sum t_y = \dfrac{\sum(t_j^3 - t_j)}{12}$，$t_j$ 是 Y 中相同数据的个数。当没有相同数据时，则该项为 0，可以化简为

$$r_s = 1 - \frac{6}{n(n^2-1)}\sum_{i=1}^{n}d_i^2 \qquad (5\text{-}12)$$

（3）对于给定的检验水平 α，可查询专门的 Spearman 临界值表（附表 18），若 $|r_s| \geqslant r_s(n,\alpha)$，则拒绝 H_0，认为 X 和 Y 之间相关性显著，反之则拒绝 H_0，认为 X 和 Y 之间相关性不显著。

（4）当数据量较大时，可以按照大样本来处理，此时 r_s 的分布近似正态性，且有

$$E(r_s) = 0 \qquad (5\text{-}15)$$

$$D(r_s) = \frac{1}{n-1} \qquad (5\text{-}16)$$

考虑使用中心极限定理，即

$$r_s \dot\sim N\left(0, \frac{1}{n-1}\right) \qquad (5\text{-}17)$$

取其标准化变量为

$$u = \frac{r_s - E(r_s)}{\sqrt{D(r_s)}} = r_s\sqrt{n-1} \qquad (5\text{-}18)$$

按照正态分布查表计算即可。

3. Spearman 相关秩检验的 MATLAB 实现

根据 Spearman 的基本原理，下面给出了具体的实现代码，在数据对的个数小于 10 对时，采用了精确计算，其基本原理如下。

当数据的对数较少时，可以采取精确计算方法求出数据秩的出现概率。对于观测数据 $(x_i, y_i), (i = 1, 2, \cdots, n)$，更具体的，如设 $n = 4$，若无相同数据，则 x 的秩为 1，2，3，4 或者 2，3，1，4 等；而 y 的秩则有可能是 1，2，3，4，也有可能是 4，3，2，1 等。但总的来说，通过排列组合，

可知当 $n=4$ 时，对于 x 每一种编秩，更具体的，不妨设 x 的秩为 r_x：$1,2,3,4$，则对于 y，其所有可能的秩及在该秩下计算得到的 r_s，如表 5-6 所示。

表 5-6　与 x 每种编秩对应的 y 的所有编秩及相应秩相关系数

r_x	1	2	3	4	
次序	r_y	r_y	r_y	r_y	r_s
1	4	3	2	1	−1.00
2	4	3	1	2	−0.80
3	4	2	3	1	−0.80
4	4	2	1	3	−0.40
5	4	1	2	3	−0.20
6	4	1	3	2	−0.40
7	3	4	2	1	−0.80
8	3	4	1	2	−0.60
9	3	2	4	1	−0.40
10	3	2	1	4	0.20
11	3	1	2	4	0.40
12	3	1	4	2	0.00
13	2	3	4	1	−0.20
14	2	3	1	4	0.40
15	2	4	3	1	−0.40
16	2	4	1	3	0.00
17	2	1	4	3	0.60
18	2	1	3	4	0.80
19	1	3	2	4	0.80
20	1	3	4	2	0.40
21	1	2	3	4	1.00
22	1	2	4	3	0.80
23	1	4	2	3	0.40
24	1	4	3	2	0.20

对表 5-6 的 r_s 值计算进行统计，频率信息如表 5-7 所示。

表 5-7　表 5-6 中 r_s 值的频率统计信息

r_s 值	出现次数	频率
−1.000	1	4.167
−0.800	3	12.500
−0.600	1	4.167
−0.400	4	16.667
−0.200	2	8.333
0.000	2	8.333
0.200	2	8.333

续表

r_s 值	出现次数	频率
0.400	4	16.667
0.600	1	4.167
0.800	3	12.500
1.000	1	4.167

　　因此，当没有结（即相同数据）时，x 和 y 的秩计算出的 r_s 只能是上述统计表中之一，故可通过上述计算得到该 r_s 出现的准确概率。当有结时，如果不太多，仍可按照上述思想实施计算。下面是我们提供的执行 spearman 秩相关的具体函数，该函数调用的子函数 MakeMultiGroupRank，请参看第三章中多样本 Kruskal-Wallis 检验的 MATLAB 实现一节，SpearmanRegress 函数的具体应用参考程序说明中的实例。

```
function[h] = SpearmanRegress(x,y,MyAlpha)
% 函数名称:SpearmanRegress.m
% 实现功能:spearman 秩相关与检验.
% 输入参数:本函数共有 3 个输入参数,含义如下:
%         :(1)x,第 1 组数据,向量.
%         :(2)y,第 2 组数据,向量.
%         :(3)MyAlpha,检验水平,缺省默认 0.05.
% 输出参数:本函数默认 1 个输出参数:
%         :(1)h,取值为 1 或 0,取 1 时表示接受 H1,反之表示接受 H0.
% 函数调用:本函数实现功能需要调用 3 个子函数,说明如下:
%         :(1)MakeMultiGroupRank,对输入的数据 X,计算各元素对应的秩号.
%         :(2)printDataTable,用来输出数据表格.
%         :(3)findSameRank,用来找到相同的秩并返回其个数.
%         :(4)SpearmanTieRank,用来精确统计有结情形的概率值.
% 参考资料:本函数所实现功能的更详细资料,请参阅教材:
%         :(1)马寨璞,MATLAB 语言编程[M],北京:电子工业出版社,2017.
%         :(2)Peter Sprent,Applied Nonparametric statistical Methods(4e),
%         :China machine press.ISBN 978-7-111-48407-3,PP290.
% 原始作者:马寨璞,wdwsjlxx@163.com
% 创建时间:2016-04-20,22:47:46
% 原始版本:1.01
% 修订时间:2017-05-11,18:12:29
% 版权声明:未经作者许可,任何单位及个人不得以任何方式或理由对本代码进行
%         :网上传播、贩卖等.
% 实用样例:
%         x = [10.7,10,12,9.9,10,14.7,9.3,11.3,11.7,10.3];
%         y = [307,259,341,317,274,416,267,320,274,336];
%         MyAlpha = 0.05;
%         SpearmanRegress(x,y,MyAlpha)
%
if nargin<3||isempty(MyAlpha)
    MyAlpha = 0.05;
elseif isscalar(MyAlpha)
    Alphas = [0.10,0.05,0.025,0.01,0.005,0.001];
    if ~ismember(MyAlpha,Alphas)
        error('输入的 alpha 检验水平数据不符合习惯! ');
```

```
        end
    else
        error('输入有误');
    end
    if length(x)~ = length(y)
        error('输入的样本数据个数不匹配');
    else
        x = x(:);
        y = y(:);    % 统一为列向量
        n = length(x);    % 样本含量
    end
    % 计算各自的秩
    xRank = MakeMultiGroupRank(x);
    yRank = MakeMultiGroupRank(y);
    % 输出计算信息
    fprintf('计算表输出\n');
    ttHeader = {'编号','观测值X','X秩号','观测值Y','Y秩号','秩差d'};
    fprintf('%s\t',ttHeader{:});fprintf('\b\n');
    for ir = 1:n
        fprintf('%d\t%.2f\t%.1f\t%.2f\t%.1f\t%.1f\n',...
            ir,x(ir),xRank(ir),y(ir),yRank(ir),xRank(ir)-yRank(ir));
    end
    fprintf('Spearman 检验相关性: \n\t');
    fprintf('H0:X 和 Y 无线性相关关系；H1:X 和 Y 有线性相关关系\n');
    % 计算与检验
    n3const = (n^3-n)/6;
    % 当 x 和 y 的秩中有结时,需要使用修订的计算式
    [xHasTie,xValNum] = findSameRank(xRank);
    [yHasTie,yValNum] = findSameRank(yRank);
    if xHasTie    % 计算 x 矫正项
        sumTx = sum(xValNum(:,2).^3-xValNum(:,2))/12;
    end
    if yHasTie    % 计算 y 矫正项
        sumTy = sum(yValNum(:,2).^3-yValNum(:,2))/12;
    end
    sumD2 = sum((xRank-yRank).^2);
    if xHasTie||yHasTie
        rsfz = n3const-sumD2-sumTx-sumTy;
        rsfm = sqrt((n3const-2*sumTx)*(n3const-2*sumTx));
        rs = rsfz/rsfm;
    else    % 根据矫正情况选择不同计算 rs 公式
        rs = 1-sumD2/n3const;
    end
    fprintf('本次计算秩相关系数:rs = %.3f\n',rs);
    fprintf('xHasTie = %d,yHasTie = %d\n',xHasTie,yHasTie)
    if n<9    % 检验 % 数据小于 9 对时,进行精确计算概率
        if xHasTie||yHasTie % 若有结
            outCombo = SpearmanTieRank(n);
            nOut = length(outCombo);
            dp2 = sum((repmat(xRank',nOut,1)-outCombo).^2,2);
            rsGroup = 1-dp2/n3const;
        else % 没有结
```

```
        nfact = factorial(n);
        dperm = sum((repmat(1:n,nfact,1)-perms(1:n)).^2,2);
        rsGroup = 1-dperm/n3const;
    end
    tbl = tabulate(rsGroup);
    % 如想观察,取消下句的注释
    % disp({'rs 值','出现次数','频率'});disp(tbl);
    rsValue = tbl(:,1);
    rsFreq = tbl(:,3);
    nlp = length(rsValue);
    for il = 1:nlp
        if abs(rsValue(il)-rs)<0.01  % 差异小于 1% 即相等
            exactProb = rsFreq(il)/100;
        else
            continue
        end
    end
    h = (exactProb<MyAlpha);
else
    u = sqrt(n-1)*rs;
    uCutOff = norminv(1-MyAlpha);
    h = (u>uCutOff);
end
```

子函数 findSameRank.m：

```
function [tieFlag,vn] = findSameRank(rankVect)
% 函数名称:findSameRank.m
% 实现功能:对输入的秩向量,找出其中相同的秩,并统计个数.
% 输入参数:函数共有 1 个输入参数,含义如下:
%          :(1),rankVect,秩号向量.
% 输出参数:函数默认 2 个输出参数,请修改:
%          :(1),tieFlag,用来指示秩中是否有结的标志位,取 1 有,取 0 无.
%          :(2),vn,用来存放相同秩值与个数的矩阵,存放格式[rankValue,num].
% 函数调用:实现函数功能不需要调用子函数.
% 参考资料:实现函数算法,其他参考资料,请参阅:
%          :(1),马赛璞,MATLAB 语言编程[M],北京:电子工业出版社,2017.
% 原始作者:马赛璞,wdwsjlxx@163.com.
% 创建时间:2017-05-11,17:45:29.
% 原始版本:1.0
% 版权声明:未经作者许可,任何单位及个人不得以任何方式或理由对本代码
%          :进行网上传播、贩卖等.
% 实用样例:
%          [xHasTie,xValNum] = findSameRank(xRank);
%          [yHasTie,yValNum] = findSameRank(yRank);
%
n0 = length(rankVect);
uniRank = unique(rankVect);
nUrk = length(uniRank);
%
if n0~ = nUrk
    vn = zeros(nUrk,2); % 存放相同秩值与个数[value,num]
```

```
        count = 0;
        for ilp = 1:nUrk
            tmp = find(rankVect = = uniRank(ilp));
            ns = length(tmp);
            if ns> = 2
                vn(ilp,1) = uniRank(ilp);
                vn(ilp,2) = ns;
                count = count + 1;
            end
        end
        tieFlag = 1;
else
    vn = [0,0];
    tieFlag = 0;
end
```

子函数 SpearmanTieRank.m：

```
function [outCombo] = SpearmanTieRank(n)
% 函数名称:SpearmanTieRank.m
% 实现功能:精确统计 Spearman 有结的秩组合情况,但仅限于每结含有 2 个数据相同.
% 输入参数:函数共有 1 个输入参数,含义如下:
%         :(1),n,数据个数,也是秩的最大可能编号.
% 输出参数:函数默认 1 个输出参数:
%         :(1),outCombo,所有可能的有结组合
% 函数调用:实现函数功能不需要调用子函数.
% 参考资料:实现函数算法,其他参考资料,请参阅:
%         :(1),马寨璞,MATLAB 语言编程[M],北京:电子工业出版社,2017.
% 原始作者:马寨璞,wdwsjlxx@163.com.
% 创建时间:2017-05-15,17:40:49.
% 原始版本:1.0
% 版权声明:未经作者许可,任何单位及个人不得以任何方式或理由对本代码
%         :进行网上传播、贩卖等.
% 实用样例:
%         例 1:SpearmanTieRank(5)
%

if n<3
    error('观测数据太少!');
elseif n>10
    warning('建议使用近似正态分布!');
end
%
nfact = factorial(n);
combs = perms(1:n);
% 只有一对相同数据的情况
nNum = 4*3^(n-2);
nCombo = zeros(nNum,n);
count = 0;
for ir = 1:nfact
    for jc = 1:n-1
        row = combs(ir,:);
        rkPair = row(jc:jc + 1);
```

```
            if abs(rkPair(1)-rkPair(2)) = = 1
                rkMean = mean(rkPair);
                row(jc:jc + 1) = rkMean;
                count = count + 1;
                nCombo(count,:) = row;
            end
        end
end
% 有多对相同数据的情形,秩号至少4以上
count = 0;
n2Combo = zeros(nfact,n);
if n> = 4
    nPair = floor(n/2);    % 确定每行几对数据
    for ir = 1:nfact
        flag = zeros(1,nPair); % 记录几对数据相同
        row = combs(ir,:);
        for ipr = 1:nPair
            begin = (ipr-1)*2 + 1;
            finish = ipr*2;
            if abs(row(1,begin)-row(1,finish)) = = 1
                rkMean = (row(1,begin) + row(1,finish))/2.;
                row(begin:finish) = rkMean;
                flag(ipr) = 1;
            end
        end
        s = sum(flag,2);
        if s> = 2
            count = count + 1;
            n2Combo(count,:) = row;
        end
    end
    n2Combo = unique(n2Combo,'rows');
    [rPos,~] = find(n2Combo = = 0); % 去除0值
    n2Combo(rPos,:) = [];
end
outCombo = [nCombo;n2Combo];
outCombo = unique(outCombo,'rows');
%% 若观察输出,取消注释即可
% pLen = length(outCombo);
% for ir = 1:pLen
%    fprintf('%.1f\t',outCombo(ir,:))
%    fprintf('\b\n');
% end
```

第二节　一元回归分析

对于具有相关关系的变量，虽然不能使用精确的函数表达式来表达其关系，但数据的相关分析已经表明，它们之间存在着一定的统计规律，有一定的依存关系。要想定量地反映它们之间的依存关系，还需要通过回归分析来确定它们之间的经验公式，以便于有效地进行预测和控制。

一、一元线性回归方程

（一）一元线性回归的统计模型

在回归分析的各种模型中，一元线性回归模型最为简单，它描述了两个变量之间的回归关系。在这种模型中，因变量 Y 只受一个自变量 x 的影响，它们之间存在着近似的线性关系，用统计模型来描述，则有

$$Y = \alpha + \beta x + \varepsilon \qquad (5\text{-}19)$$

在式（5-19）中，因变量 Y 包含两部分：一部分由 x 的变化决定，即 $\alpha + \beta x$，它构成因变量 Y 的线性变化部分；另一部分是由其他随机因素引起的影响，用 ε 表示，可看作随机误差。一般的，总假设 ε 服从均值为 0、方差为 σ^2 的正态分布，即 $\varepsilon \sim N(0, \sigma^2)$；假设 Y 也服从正态分布，且有 $Y \sim N(\alpha + \beta x, \sigma^2)$。

在介绍回归的基本概念时，我们知道了对于每一个 x 值，都有 Y 的一个正态分布与之对应，要想建立 x 和 y 的一一对应关系，就必须找到 Y 的代表，很显然，数据的中心最具代表性，为确定数据中心，对式（5-19）求期望，得到

$$E(Y) = E(\alpha + \beta x + \varepsilon) = \alpha + \beta x \qquad (5\text{-}20)$$

式（5-20）实际上是 Y 对 x 的总体线性回归方程，其中 $E(Y)$ 就是数据的中心，参数 α, β 均为未知量。因为随机因素 ε 的不可控，所以 $E(Y)$ 常被用来作为 Y 的估计，简记为 $\hat{y}$，于是式（5-20）改写为

$$\hat{y} = \alpha + \beta x \qquad (5\text{-}21)$$

在式（5-21）中，未知参数 α, β 需要通过样本数据估计得到，将它们的估计值分别记为 a, b，则称

$$\hat{y} = a + bx \qquad (5\text{-}22)$$

为线性回归方程，它是基于样本数据得到的经验方程，参数估计值 a, b 称为样本回归系数。

（二）一元线性回归方程的参数估计

要想确定式（5-22）中的 a, b，则需要通过试验或调查得到样本数据来进行估计，设有如下的样本观测值：$(x_1, y_1), (x_2, y_2), \cdots, (x_n, y_n)$，若 X 和 Y 存在线性相关关系，则在散点图上，上述样本观测值大致会散布在一条直线附近，该直线就是线性回归方程（5-22）表示的回归直线。当然，通过这些观测值，可以绘制出许多条直线，对于这些直线，我们希望直线能够通过尽可能多的观测点，直线通过的观测点越多，则说明估计的直线越可靠。

在多条通过观测点的直线中，肯定会存在一条直线，使得各观测点与直线的偏差达到最小。具体到图 5-3 上，可以看到，对于观测点 (x_i, y_i)，它偏离直线的距离为 e_i，对于观测点 (x_j, y_j)，它偏离直线的距离为 e_j，要想直线尽可能通过更多观测点，实质上就是上述的各个偏离值之和达到最小，考虑到各个偏离值有正负号，直接叠加在一起会相互抵消，因此取其

平方和的形式，即各个偏离值 e_i^2 的和。当这些偏离值平方和最小时，我们认为该条直线就是最好的回归直线，这实际也是最小二乘法估计线性回归系数的基本思想。

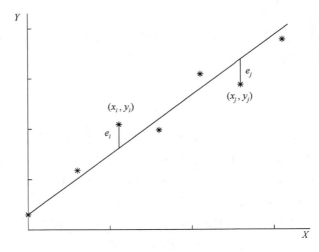

图 5-3　回归线与观测点的关系

对于观测点 (x_i, y_i)，其偏离值 e_i 为

$$e_i = y_i - \hat{y} = y_i - (a + bx_i) \tag{5-23}$$

则偏离值平方和为

$$L = \sum_{i=1}^{n} e_i^2 = \sum_{i=1}^{n} \left[y_i - (a + bx_i) \right]^2 \tag{5-24}$$

要使得 L 达到最小，则可通过求其极值，使得各偏导数为 0 即可。

$$\begin{cases} \dfrac{\partial L}{\partial a} = 0 \\ \dfrac{\partial L}{\partial b} = 0 \end{cases} \tag{5-25}$$

将其具体化，得到

$$\begin{cases} \sum_{i=1}^{n} (-2)\left[y_i - (a + bx_i) \right] = 0 \\ \sum_{i=1}^{n} (-2x_i)\left[y_i - (a + bx_i) \right]^2 = 0 \end{cases} \tag{5-26}$$

整理为

$$\begin{cases} an + b\sum_{i=1}^{n} x_i = \sum_{i=1}^{n} y_i \\ a\sum_{i=1}^{n} x_i + b\sum_{i=1}^{n} x_i^2 = \sum_{i=1}^{n} x_i y_i \end{cases} \tag{5-27}$$

解得

$$b = \frac{\sum_{i=1}^{n} x_i y_i - \frac{1}{n}\left(\sum_{i=1}^{n} x_i\right)\left(\sum_{i=1}^{n} y_i\right)}{\sum_{i=1}^{n} x_i^2 - \frac{1}{n}\left(\sum_{i=1}^{n} x_i\right)^2} = \frac{\sum_{i=1}^{n}(x_i - \overline{x})(y_i - \overline{y})}{\sum_{i=1}^{n}(x_i - \overline{x})^2} \qquad (5\text{-}28)$$

$$a = \overline{y} - b\overline{x} \qquad (5\text{-}29)$$

其中

$$\overline{x} = \frac{1}{n}\sum_{i=1}^{n} x_i, \quad \overline{y} = \frac{1}{n}\sum_{i=1}^{n} y_i \qquad (5\text{-}30)$$

若将 L_{xy}, L_{xx}, L_{yy} 代入，则上述可表达为

$$b = \frac{L_{xy}}{L_{xx}} \qquad (5\text{-}31)$$

例 4　为研究温度 $x(℃)$ 与药物得率 $y(\%)$ 的关系，今测得药物化学反应的数据如表 5-8 所示，试进行回归计算。

表 5-8　某药物试验中温度与得率观测数据

温度 $x/℃$	100	110	120	130	140	150	160	170	180	190
得率 $y/\%$	45	51	54	61	66	70	74	78	85	89

解　首先绘制数据的散点图，如图 5-4 所示，可知得率与温度具有线性函数 $a + bx$ 的形式。

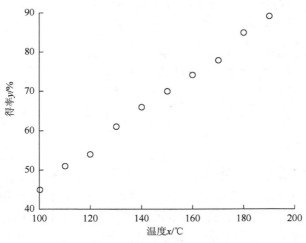

图 5-4　例 4 观测数据散点图

计算均值

$$\bar{x} = \frac{1}{n}\sum_{i=1}^{n} x_i = 145.0 , \quad \bar{y} = \frac{1}{n}\sum_{i=1}^{n} y_i = 67.3$$

则

$$b = \frac{\sum_{i=1}^{n}(x_i - \bar{x})(y_i - \bar{y})}{\sum_{i=1}^{n}(x_i - \bar{x})^2}$$

$$= \frac{(100-145)(45-67.3)+(110-145)(51-67.3)+\cdots+(190-145)(89-67.3)}{(100-145)^2+(110-145)^2+\cdots+(190-145)^2}$$

$$= 0.4830$$

$$a = \bar{y} = -2.7394$$

则得到的回归方程为

$$\hat{y} = -2.7394 + 0.483x$$

有时候我们希望以 x 的均值 $\bar{x}$ 表示回归方程，则上述改写为

$$\hat{y} = 67.3 + 0.483(x-145)$$

这种改写实际上是简单线性回归模型的另一种形式，即重新定义回归变量 x_i，以使其通过平均值。具体体现在回归方程中，则是将 x 改写为 $x-\bar{x}$，并修改 a 为 a'，得到

$$\hat{y} = a' + b(x-\bar{x}) \tag{5-32}$$

这种改变，本质上是将 x 的原点由零移动到了 $\bar{x}$，而斜率 b 不受影响。因为

$$\hat{y} = a' + b(x-\bar{x}) = a' + bx - b\bar{x} = \underbrace{a' - b\bar{x}}_{(1)} + bx = \underbrace{a}_{(1)} + bx \tag{5-33}$$

所以

$$a' = a + b\bar{x} \tag{5-34}$$

这种形式有自己的优势：此时的 a' 与其原估计量 a 不相关，且直接提示了方程的适用范围：回归模型仅在数据 x 的以 $\bar{x}$ 为中心的取值范围内有效。

为方便读者验证，下面给出本例计算的 MATLAB 脚本。

```
x = [100,110,120,130,140,150,160,170,180,190];
y = [45,51,54,61,66,70,74,78,85,89];
plot(x,y,'ko','linewidth',1.2);box off;set(gcf,'color','w')
set(gca,'fontsize',18,'fontname','times','linewidth',1.5)
mx = mean(x);my = mean(y);
b = sum((x-mx).*(y-my))/sum((x-mx).^2);
a = my-b*mx; disp([a,b])
```

二、一元线性回归的检验

从上面的参数估计过程可以看到，对于任意一组样本数据 (x_1,y_1)，(x_2,y_2)，$\cdots$，(x_n,y_n)，不管 Y 与 X 之间的关系如何，都可以代入回归参数计算式，得出 b 和 a 的值，并在形式上写出线性回归方程。然而，即便是得到了回归方程，也不能表明 Y 和 X 之间确实存在着线性关系，因为这种做法有可能纯粹就是数字游戏，所以在建立回归方程后，还需要根据观测值判断 Y 和 X 之间是否真的存在线性相关，这就引出了回归方程显著性的一系列检验问题。

（一）b 和 a 的数字特征

b 和 a 是样本统计量，它们都有自己的分布，在对它们代表的 β 和 α 进行检验之前，需要先了解这些样本统计量的数字特征，这里主要讨论期望和方差两个特征数。

求 b 的期望时，先将 b 的回归表达式代入期望中，再按照 $(x_i - \bar{x})$ 展开成加和的形式，充分利用 $\sum\limits_{i=1}^{n}(x_i - \bar{x}) = 0$，将展开式化简即可得到结果。

$$\begin{aligned} E(b) &= \frac{1}{L_{xx}} E\left(\sum_{i=1}^{n}(x_i - \bar{x})(y_i - \bar{y})\right) = \frac{1}{L_{xx}} E\left(\sum_{i=1}^{n}[y_i(x_i - \bar{x}) - \bar{y}(x_i - \bar{x})]\right) \\ &= \frac{1}{L_{xx}} E\sum_{i=1}^{n}[y_i(x_i - \bar{x})] = \frac{1}{L_{xx}} E\sum_{i=1}^{n}[(\alpha + \beta x_i + \varepsilon_i)(x_i - \bar{x})] \\ &= \frac{1}{L_{xx}} E\sum_{i=1}^{n}[\alpha(x_i - \bar{x}) + \beta x_i(x_i - \bar{x}) + \varepsilon_i(x_i - \bar{x})] = \frac{\beta}{L_{xx}}\sum_{i=1}^{n}x_i(x_i - \bar{x}) = \beta \end{aligned} \tag{5-35}$$

再求 b 的方差，得到

$$\begin{aligned} D(b) &= \frac{1}{L_{xx}^2} D\left(\sum_{i=1}^{n}(x_i - \bar{x})(y_i - \bar{y})\right) = \frac{1}{L_{xx}^2} D\left(\sum_{i=1}^{n}[y_i(x_i - \bar{x}) - \bar{y}(x_i - \bar{x})]\right) \\ &= \frac{1}{L_{xx}^2} D\sum_{i=1}^{n}[y_i(x_i - \bar{x})] = \frac{\sigma^2}{L_{xx}^2}\sum_{i=1}^{n}(x_i - \bar{x})^2 = \frac{\sigma^2}{L_{xx}} \end{aligned} \tag{5-36}$$

总结为

$$E(b) = \beta, \quad D(b) = \frac{\sigma^2}{L_{xx}}$$

同样的，对于方程的截距 a，实际上可以证明，a 是 α 的无偏估计，即存在 $E(a) = \alpha$。

$$E(a) = E(\bar{y} - b\bar{x}) = E(\bar{y}) - E(b\bar{x}) = \alpha + \beta\bar{x} - \beta\bar{x} = \alpha \tag{5-37}$$

且可求得 a 的方差为

$$D(a) = \sigma^2\left(\frac{1}{n} + \frac{\bar{x}^2}{L_{xx}}\right) \tag{5-38}$$

总结为

$$E(a) = \alpha, \quad D(a) = \sigma^2\left(\frac{1}{n} + \frac{\bar{x}^2}{L_{xx}}\right)$$

对于使用最小二乘法进行拟合回归，会出现一些有趣的问题：①方程拟合数据的程度如何？②将模型作为预测工具，预测有效性如何？③是否违背了方差常数、误差不相关等基本假设？如果违背了，影响有多大？在最终采纳并使用模型之前，必须研究并回答上述问题。要想回答上述问题，就必须借助适当的途径或工具，而残差无疑就是最关键的角色，残差可以看作模型误差 ε_i 的实现，要检验拟合结果是否违背了假设，就需要弄明白，残差看起来是否来自符合这些性质的分布的随机样本。

根据 $e_i = y_i - a - bx_i$，可知离差平方和 SS_E 为

$$SS_E = \sum_{i=1}^{n} e_i^2 = \sum_{i=1}^{n} (y_i - a - bx_i)^2 = \sum_{i=1}^{n} [y_i - (\bar{y} - b\bar{x}) - bx_i]^2$$

$$= \sum_{i=1}^{n} [(y_i - \bar{y})^2 - 2b(y_i - \bar{y})(x_i - \bar{x}) + b^2(x_i - \bar{x})^2] \qquad (5\text{-}39)$$

$$= L_{yy} - 2bL_{xy} + b^2 L_{xx} = L_{yy} - 2bL_{xy} + b\underbrace{bL_{xx}}_{L_{xy}} = L_{yy} - bL_{xy}$$

令 $MS_E = \dfrac{SS_E}{n-2}$，称之为误差均方，可以证明

$$E(MS_E) = \sigma^2 \qquad (5\text{-}40)$$

即 MS_E 是 σ^2 的无偏估计。

在推求 a 和 b 的特征数时，得到了它们的期望和方差，但方差表达式中都带有 σ^2，利用 σ^2 的无偏估计 MS_E，则得到 a 和 b 的方差表达式如下。

$$D(a) = \sigma^2 \left(\frac{1}{n} + \frac{\bar{x}^2}{L_{xx}} \right) = MS_E \left(\frac{1}{n} + \frac{\bar{x}^2}{L_{xx}} \right) \qquad (5\text{-}41)$$

$$D(b) = \frac{\sigma^2}{L_{xx}} = \frac{MS_E}{L_{xx}} \qquad (5\text{-}42)$$

（二）b 和 a 的显著性检验

在回归方程中，变量 X 和 Y 之间线性回归的显著程度，体现在系数 β 上，而不是体现在 b 上，我们不能通过估计值 b 来做出变量 X 和 Y 之间是否存在线性关系的结论，因为样本具有随机性，即便是两变量没有线性关系，也有可能计算得到 b 不为 0。因此，要考察这种线性回归关系，必须返回到 b 代表的原本参数 β 上，若 $\beta = 0$，则说明两变量之间不存在线性关系。

前面，已经求得了 b 和 a 特征数，由于误差 $\varepsilon_i \sim N(0, \sigma^2)$，因此观测值 $y_i \sim N(\alpha + \beta x_i, \sigma^2)$，而 b 为观测值的线性组合，根据正态分布的性质，多个正态分布的线性组合仍然服从正态分布，可知

$$b \sim N\left(\beta, MS_E / L_{xx} \right) \qquad (5\text{-}43)$$

这里，使用 MS_E 代替了 σ^2，因为一般情况下 σ^2 是未知的。

建立零假设和备择假设：

$$H_0 : \beta = 0; \quad H_1 : \beta \neq 0; \qquad (5\text{-}44)$$

则有统计量

$$t = \frac{b - \beta}{\sqrt{MS_E / L_{xx}}} = \frac{b}{\sqrt{MS_E / L_{xx}}} \sim t(n-2) \qquad (5\text{-}45)$$

根据假设，可知进行双侧检验，当

$$|t|>t_{\alpha/2}(\mathrm{df}),\mathrm{df}=n-2 \tag{5-46}$$

时拒绝 H_0。

在检验时，若不能拒绝 H_0，则意味着 $\beta=0$ 成立，这说明 X 和 Y 之间不存在线性关系。这可能意味着，X 对解释 Y 的方差几乎无用，对于任意的 X，Y 的最优统计量 $\hat{y}=\bar{y}$，如图 5-5A 所示；也可能意味着 X 和 Y 之间的真实关系不是线性的，如图 5-5B 所示。此外，拒绝 H_0 则意味着 X 对解释 Y 的方差有贡献。对这种拒绝，一则意味着线性回归模型合适，如图 5-5C 所示，但也可能意味着，即使存在 X 对 Y 的线性影响，也能通过加入 X 的更高阶多项式来更好地拟合结果，如图 5-5D 所示。

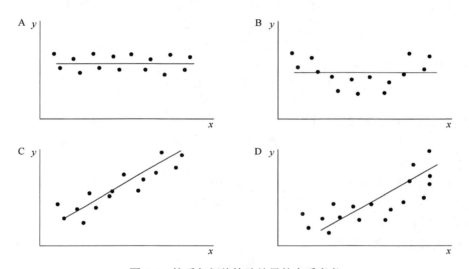

图 5-5　接受与拒绝检验结果的本质意义

对于 b，还可以通过它检验 β 等于特定值 β_0，这时零假设和备择假设分别设定为

$$H_0:\beta=\beta_0;\quad H_1:\beta\neq\beta_0 \tag{5-47}$$

使用统计量为

$$t=\frac{b-\beta_0}{\sqrt{\mathrm{MS}_E/L_{xx}}}\sim t(n-2) \tag{5-48}$$

对于截距 a，因为 a 也是观测值的线性组合，所以 a 也服从正态分布，即

$$a\sim N\left[\alpha,\mathrm{MS}_E\left(\frac{1}{n}+\frac{\bar{x}^2}{L_{xx}}\right)\right] \tag{5-49}$$

进行检验时，只需要将零假设和备择假设分别设定为

$$H_0:\alpha=0;\quad H_1:\alpha\neq0; \tag{5-50}$$

或者设定为特定的值，

$$H_0:\alpha=\alpha_0;\quad H_1:\alpha\neq\alpha_0 \tag{5-51}$$

在 $H_0:\alpha=0$ 下，由于使用了 MS_E 代替 σ^2，因此使用统计量

$$t = \frac{a - \alpha}{\sqrt{\mathrm{MS}_E \left(\dfrac{1}{n} + \dfrac{\overline{x}^2}{L_{xx}} \right)}} = \frac{a}{\sqrt{\mathrm{MS}_E \left(\dfrac{1}{n} + \dfrac{\overline{x}^2}{L_{xx}} \right)}} \sim t(n-2) \qquad (5\text{-}52)$$

在 $H_0 : \alpha = \alpha_0$ 下，使用统计量

$$t = \frac{a - \alpha_0}{\sqrt{\mathrm{MS}_E \left(\dfrac{1}{n} + \dfrac{\overline{x}^2}{L_{xx}} \right)}} \sim t(n-2) \qquad (5\text{-}53)$$

例 5　对例 4 中的回归参数进行检验。

解　无论检验 β 还是 α，都必须首先计算得到 MS_E，根据 SS_E，可得到

$$\mathrm{MS}_E = \frac{\mathrm{SS}_E}{n-2} = \frac{L_{yy} - bL_{xy}}{n-2} \qquad (5\text{-}54)$$

将具体结果代入，得到

$$\mathrm{MS}_E = \frac{L_{yy} - bL_{xy}}{n-2} = \frac{1932.1 - 0.483 \times 3985}{8} = 0.92$$

对于 β 的检验，首先建立假设

$$H_0 : \beta = 0; \quad H_1 : \beta \neq 0$$

则统计量

$$t = \frac{b}{\sqrt{\mathrm{MS}_E / L_{xx}}} = \frac{0.483}{\sqrt{0.92 / 8250}} = 45.8$$

查 t 分布临界值表可知拒绝 H_0。

对于 α 的检验，建立假设

$$H_0 : \alpha = 0; \quad H_1 : \alpha \neq 0$$

则统计量

$$t = \frac{a}{\sqrt{\mathrm{MS}_E \left(\dfrac{1}{n} + \dfrac{\overline{x}^2}{L_{xx}} \right)}} = \frac{-2.739}{\sqrt{0.92 \times \left(\dfrac{1}{10} + \dfrac{21025}{8250} \right)}} = -1.76$$

查 t 分布临界值表可知接受 H_0。

三、一元线性回归分析的 MATLAB 实现

（一）常用 MATLAB 函数

从本质上讲，一元回归是多元回归分析的一个特例，因此 MATLAB 在推出回归函数时，将这两种情况合二为一，统一为 regress 函数处理。regress 函数用来实现多重线性或广义线性回归分析，其语法格式如下。

1. $b = \mathrm{regress}(y, X)$

这种调用格式中，输入参数 y 是因变量的列向量，用来存放 n 个观测值，即 $n \times 1$ 列向量。X 为 $n \times p$ 的数据矩阵，p 为自变量的个数，也是线性回归模型的重数。返回参数 b 是长度为 p 的列向量，存放多重线性回归的系数估计值。例如：

```
 y = [0.1370,0.2860,0.1920,0.2075,0.2350,0.1725,0.2205,0.1725,
0.2545]';
 x = [1,112,0.03,0.82,0.0005;
     1,112,0.06,3.30,0.0025;
     1,112,0.09,1.65,0.00125;
     1,160,0.03,3.30,0.00125;
     1,160,0.06,1.65,0.0005;
     1,160,0.09,0.82,0.0025;
     1,80,0.03,1.65,0.0025;
     1,80,0.06,0.82,0.00125;
     1,80,0.09,3.30,0.0005];
 b = regress(y,x)
 >>
 b =
    0.1254
   -0.0001
    0.3000
    0.0336
   10.7687
```

2. [b, bint] = regress(y, X)

这种格式中，返回参数 bint 是 b 的 0.95 置信区间估计值，为 $p \times 2$ 矩阵，第一列为置信区间下限，第二列为置信区间的上限。例如，在上例中，加入返回参数 bint，则运行结果如下：

```
[b,bint] = regress(y,x)
>>
bint  =
  -0.0390    0.2899
  -0.0011    0.0009
  -1.0122    1.6122
   0.0024    0.0648
 -28.1939   49.7313
```

3. [b, bint, r] = regress(y, X)

这种格式中，r 是残差列向量，即因变量的观测值 y_i 与估计值 $\hat{y}_i$ 的差。

4. [b, bint, r, rint] = regress(y, X)

除了返回残差向量外，还返回了残差向量的 0.95 的置信区间，和 bint 一样，也是含两列数据的矩阵，分别对应着 r 的置信上限和下限。rint 可用来测算异常值，若某组观测残差的置信区间不包括 0，则考虑该观测值有异常。

5. [b, bint, r, rint, stats] = regress(y, X)

stats 是一个统计状态的向量，分别包含决定系数 R^2，F 统计量观测值，检验 p 值和方差估计值。如前例中的，stats 具体如下：

```
stats =
   0.7153    2.5122    0.1970    0.0012
```

6. [...] = regress(y, X, alpha)

使用 alpha 指定 b 和 r 的区间估计置信水平为 $100 \times (1-\text{alpha})\%$。

由于一元回归是多元回归的特例，因此 regress 可以用于一元回归，当回归中涉及常数项时，矩阵 X 中应该包含一列数据 1 组成的特殊列。在计算系数 R^2、F 统计量观测值、检验 p 值时，模型中必须包含常数项，否则 regress 函数计算结果不正确。当不含常数项时，R^2 可能为负值，说明用户的数据不适用该模型进行回归分析。下面是一个实例，用于说明 regress 如何进行一元线性回归。

例 6 土壤内 NaCl 含量对植物的生长有很大的影响，表 5-9 是每 1000g 土壤中所含 NaCl 的不同克数（X），对植物单位叶面积干物重（Y）的影响，做出 7 对数据的散点图。

表 5-9 不同 NaCl 含量对单位叶面积干物重影响

土壤 NaCl 含量 X/(g/kg)	0	0.8	1.6	2.4	3.2	4.0	4.8
干重 Y/(mg/dm²)	80	90	95	115	130	115	135

实现如下：

```
x = [0,0.8,1.6,2.4,3.2,4.0,4.8]';
y = [80,90,95,115,130,115,135]';
b = regress(y,[x,ones(length(x),1)]); % X需要补1列1在右侧
```

结果如图 5-6 所示。

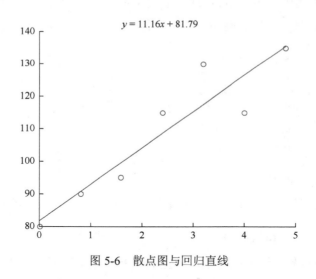

图 5-6 散点图与回归直线

在进行一元回归时，由于有常数项，因此需要单独明确设定该项，这需要在 X 中设置一列数据 1，在上述的

$b = \text{regress}(y,[x,\text{ones}(\text{length}(x),1)])$；

语句中，$[x,\text{ones}(\text{length}(x),1)]$ 相当于在 X 右侧增添了一列常数项 1，具体到本题目，其实际情况如下：

0.0   1.0

0.8   1.0

1.6   1.0

2.4   1.0

3.2   1.0

4.0   1.0

4.8   1.0

实际上，上述的脚本稍加完善就是一个规范的一元回归分析函数。

（二）一元线性回归通用函数

在统计学中，一元线性回归常常作为经典教学内容，用来介绍回归分析的基本原理等。当得到一批具有正态分布的样本数据后，要进行回归，尤其是进行 $y = a + bx$ 的一元回归，则借助最小二乘法原理，可推得参数的估计如下：

$$b = \frac{\sum_{i=1}^{n}(x_i - \overline{x})(y_i - \overline{y})}{\sum_{i=1}^{n}(x_i - \overline{x})^2}, \ a = \overline{y} - b\overline{x}, \ \overline{x} = \sum_{i=1}^{n}x_i, \ \overline{y} = \sum_{i=1}^{n}y_i$$

在得到参数后，还需要进行参数的检验，这涉及参数 a 和 b，对于这两个参数，可以推知

$$L_{xx} = \sum_{i=1}^{n}(x_i - \overline{x})^2, \ L_{xy} = \sum_{i=1}^{n}(x_i - \overline{x})(y_i - \overline{y}), \ L_{yy} = \sum_{i=1}^{n}(y_i - \overline{y})^2, \ \sigma^2 = \frac{L_{yy} - bL_{xy}}{n-2}$$

$$E(a) = \alpha, \ E(b) = \beta, \ D(a) = \sigma^2\left(\frac{1}{n} + \frac{\overline{x}^2}{L_{xx}}\right), \ D(b) = \frac{\sigma^2}{L_{xx}}$$

则对于 a 和 b 的检验，有统计量

$$t_b = \frac{b - \beta_0}{s_b} \sim t(n-2), \ t_a = \frac{a - \alpha_0}{s_a} \sim t(n-2),$$

据此原理，我们可实现自己的一元线性回归分析，下面是样例与通用代码。对于例 6，计算如下：

```
x = [0,0.8,1.6,2.4,3.2,4.0,4.8];
y = [80,90,95,115,130,115,135];
simpleLinearRegress(x,y)
```

运行汇报如下。

回归方程：$y = 11.161x + 81.786$

回归参数汇报表与显著性检验汇报表见表 5-10 和表 5-11。

表 5-10　例 6 回归汇报表

b	a	$\overline{x}$	$\overline{y}$	L_{xx}	L_{yy}	L_{xy}
−11.161	−81.786	2.400	−108.571	17.920	2585.714	−200.0

表 5-11　例 6 回归分析的显著性检验汇报表

N	σ^2	$D(a)$	$D(b)$	df	t_b	t_a	$t_{\alpha/2}$(df)
7	70.714	32.832	3.946	5	5.618	14.274	4.032

对回归参数 b 的检验如下。H_0：总体 β = 0；H_1：总体 β ~ = 0，拒绝 H_0，接受 H_1。

对回归参数 a 的检验如下。H_0：总体 α = 0；H_1：总体 α ~ = 0，拒绝 H_0，接受 H_1。

附源码:

```
function[h] = simpleLinearRegress(x,y,MyAlpha)
% 函数名称:simpleLinearRegress.M
% 实现功能:一元线性回归分析.
% 输入参数:本函数共有 3 个输入参数,义如下:
%         :(1) x,自变量数据,以向量形式输入.
%         :(2) y,自变量数据,以向量形式输入.
%         :(3) alpha,参数检验的检验水平,默认 0.05.
% 输出参数:本函数默认 2 个输出参数:
%         :(1) h,包含 a,b 两个参数的检验结果,取 1,表示接受 H1,则 α,β 均非 0,
%         :反之取 0,表示接受 H0,则 α,β 均为 0.
% 函数调用:本函数实现功能不需要调用子函数.
% 参考资料:本函数所实现功能的更详细资料,请参阅教材:
%         :(1)马寨璞,MATLAB 语言编程[M],电子工业出版社,2017.
% 原始作者:马寨璞,wdwsjlxx@163.com
% 创建时间:2016-04-20,20:53:48
% 原始版本:1.0
% 版权声明:未经作者许可,任何单位及个人不得以任何方式或理由对本代码
%         :进行网上传播、贩卖等.
% 实用样例:
%         x = [0,0.8,1.6,2.4,3.2,4.0,4.8];
%         y = [80,90,95,115,130,115,135];
%         MyAlpha = 0.05;
%         simpleLinearRegress(x,y,MyAlpha)
%

if nargin<3||isempty(MyAlpha)
    MyAlpha = 0.05;
elseif isscalar(MyAlpha)
    Alphas = [0.10,0.05,0.025,0.01,0.005,0.001];
    if~ismember(MyAlpha,Alphas)
        error('输入的 alpha 检验水平数据不符合习惯!');
    end
else
    error('输入有误');
end
if length(x)~ = length(y)
    error('输入的样本数据个数不匹配');
else
    x = x(:);y = y(:);  % 统一为列向量
end
% 计算各种乘积和与参数 a,b
mx = mean(x);my = mean(y);
Lxx = sum((x-mx).^2); Lyy = sum((y-my).^2); Lxy = sum((x-mx).*(y-my));
b = Lxy/Lxx; a = my-b*mx;
fprintf('回归汇报: \n');
nameStr = {'b';'a';'xMean';'yMean';'Lxx';'Lyy';'Lxy'};
fprintf('%s\t',nameStr{:});fprintf('\b\n');
fprintf('%.3f\t',[b,a,mx,my,Lxx,Lyy,Lxy]);fprintf('\b\n');
if sign(a)>0
    fprintf('y = %.3fx + %.3f\n',b,a);
```

```
else
    fprintf('y = %.3fx-%.3f\n',b,abs(a));
end
% 绘图与显示
plot(x,y,'ro','linewidth',1.,'MarkerFaceColor',...
    'r','MarkerSize',8);hold on;
xt = linspace(min(x), max(x));yt = b*xt + a;
plot(xt,yt,'b-','linewidth',1.5);
if sign(a)>0
    funStr = sprintf('y = %.3fx + %.3f\n',b,a);
else
    funStr = sprintf('y = %.3fx-%.3f\n',b,abs(a));
end
title(funStr,'FontWeight','Bold','Color','k',...
    'FontAngle','it','FontName','Georgia','FontSize',16);
set(gca,'FontSize',16,'FontName','Times New Roman');
set(gcf,'color','w');box off;
% 检验
n = length(x);
sigma2 = (Lyy-b*Lxy)/(n-2);
aVar = sigma2*(1/n + mean(x)^2/Lxx);
bVar = sigma2/Lxx;
tb = b/sqrt(bVar);ta = a/sqrt(aVar);
df = n-2;tCutOff = tinv(1-MyAlpha,df);
fprintf('检验汇报:\n');
nameStr = {'n','Sigma2','D(a)','D(b)','df','tb','ta','tCutOff'};
fprintf('%s\t',nameStr{:});fprintf('\b\n');
fprintf('%.3f\t',[n,sigma2,aVar,bVar,df,tb,ta,tCutOff]);
fprintf('\b\n');
fprintf('对回归参数 b 的检验如下\n')
if tb> = tCutOff
    fprintf('\tH0:总体 β = 0;H1:总体 β~ = 0. 拒绝 H0,接受 H1\n');hb = 1;
else
    fprintf('\tH0:总体 β = 0;H1:总体 β~ = 0. 接受 H0,拒绝 H1\n');hb = 0;
end
fprintf('对回归参数 a 的检验如下\n')
if ta> = tCutOff
    fprintf('\tH0:总体 α = 0;H1:总体 α~ = 0. 拒绝 H0,接受 H1\n');ha = 1;
else
    fprintf('\tH0:总体 α = 0;H1:总体 α~ = 0. 接受 H0,拒绝 H1\n');ha = 0;
end
h = [ha,hb];
```

四、一元线性回归的方差分析

在得到回归方程后，除了使用 t 统计量对回归参数 b 和 a 进行检验外，还可以借助方差分析的方法，来检测回归方程的有效性。这种方法不仅适用于一元线性回归，也适用于多元线性回归等更一般的情形。实际上，除了想检验这种线性关系是否真的存在，有时还想度量模型对数据的拟合效果，即 x 作为自变量，对因变量 y 的变化究竟能够解释多少。因此，需要进行一元线性回归的方差分析。

（一）无重复观测的离差平方和分解

要进行方差分析，首先要在满足条件的基础上进行离差平方和的分解，在线性回归模型 $y = \alpha + \beta x + \varepsilon$ 中， $\alpha + \beta x$ 体现的是 x 对 y 的影响，在回归方程中，这部分具体表现为 $\hat{y}_i = a + bx_i$。对于每一对观察值，$y_i - \hat{y}_i$ 则代表了除去 x_i 的影响后，其他各种因素影响的总和，这里既包含随机误差的影响，也包含模型选择不当等产生的影响，因此，将 $y_i - \hat{y}_i$ 称为残差（或剩余）。

考察因变量 y 的总离差平方和，也就是 y 的校正平方和，则有

$$L_{yy} = \sum_{i=1}^{n}(y_i - \overline{y})^2 = \sum_{i=1}^{n}[(y_i - \hat{y}_i) + (\hat{y}_i - \overline{y})]^2$$

$$= \sum_{i=1}^{n}(y_i - \hat{y}_i)^2 + 2\sum_{i=1}^{n}[(y_i - \hat{y}_i)(\hat{y}_i - \overline{y})] + \sum_{i=1}^{n}(\hat{y}_i - \overline{y})^2 \quad (5-55)$$

$$= \sum_{i=1}^{n}(y_i - \hat{y}_i)^2 + \sum_{i=1}^{n}(\hat{y}_i - \overline{y})^2$$

令

$$SS_E = \sum_{i=1}^{n}(y_i - \hat{y}_i)^2 \quad (5-56)$$

$$SS_R = \sum_{i=1}^{n}(\hat{y}_i - \overline{y})^2 \quad (5-57)$$

则

$$L_{yy} = SS_E + SS_R \quad (5-58)$$

这里，称 SS_R 为回归平方和，称 SS_E 为残差（剩余）平方和。它们对应的自由度分别为

$$df_E = n - 2 \quad (5-59)$$
$$df_R = 1 \quad (5-60)$$
$$df_Y = df_E + df_R = n - 1 \quad (5-61)$$

在探讨 SS_R 与 SS_E 的含义之前，首先理清以下几点：①y_i 是实际观测值；②$\hat{y}_i$ 是回归直线 $\hat{y} = a + bx$ 上的点；③$\overline{y}$ 是各观测值 y_i 的均值，它们的关系如图 5-7 所示。

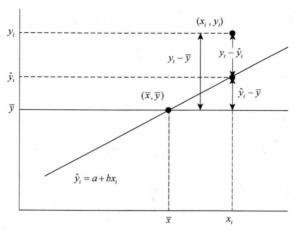

图 5-7　$y_i - \overline{y}$ 分解示意

对于回归线上各点 $\hat{y}_i$，若计算其均值，则有

$$\frac{1}{n}\sum_{i=1}^{n}\hat{y}_i = \frac{1}{n}\sum_{i=1}^{n}(a+bx_i) = a+\frac{b}{n}\sum_{i=1}^{n}x_i = a+b\overline{x} = \overline{y} \qquad (5\text{-}62)$$

可见 $\hat{y}_1,\hat{y}_2,\cdots,\hat{y}_n$ 的平均值也是 $\overline{y}$，由此可知，SS_R 即 $\hat{y}_1,\hat{y}_2,\cdots,\hat{y}_n$ 这 n 个数偏离其均值 $\overline{y}$ 的离差平方和，它描述了 $\hat{y}_1,\hat{y}_2,\cdots,\hat{y}_n$ 的分散程度。实际上

$$\mathrm{SS}_R = \sum_{i=1}^{n}(\hat{y}_i-\overline{y})^2 = \sum_{i=1}^{n}(a+bx_i-\overline{y})^2$$
$$= \sum_{i=1}^{n}[\overline{y}+b(x_i-\overline{x})-\overline{y}]^2 = b^2\sum_{i=1}^{n}(x_i-\overline{x})^2 = b^2 L_{xx} \qquad (5\text{-}63)$$

这说明 $\hat{y}_1,\hat{y}_2,\cdots,\hat{y}_n$ 的分散性来自于 $x_1,x_2,\cdots,x_n$ 的分散性，因此 SS_R 反映了 x 对 y 的线性影响。

SS_E 是残差（剩余）$y_i-\hat{y}_i$ 的平方和，它反映了 y 的数据差异中扣除 x 对 y 的线性影响后，其他因素对 y 的影响，这些因素包括随机误差、x 对 y 的非线性影响等。当观测数据取定后（采样完毕），L_{yy} 就是一个确定的值，在构成 L_{yy} 的 SS_E 和 SS_R 中，SS_R 越大，说明 x 对 y 的线性解释就越大，y 与 x 的线性关系就越显著；反之，SS_E 越大，x 对 y 的线性影响就越小。因此，SS_R 与 SS_E 的相对比值，就反映了 x 对 y 的线性影响的程度高低。由此可知，检验统计量应该与 SS_R 和 SS_E 的相对比值关系密切。实际上，可以证明

$$F = \frac{\mathrm{MS}_R}{\mathrm{MS}_E} = \frac{\mathrm{SS}_R/\mathrm{df}_R}{\mathrm{SS}_E/\mathrm{df}_E} = \frac{(n-2)\mathrm{SS}_R}{\mathrm{SS}_E} \sim F(\mathrm{df}_R,\mathrm{df}_E) \qquad (5\text{-}64)$$

故此，选用 F 作为检验统计量，即可判断线性回归的显著性，若 F 显著偏大，则表明 x 对 y 的线性影响显著大于随机因素和其他因素的影响。在计算时采用 F 单边检验即可。

（二）有重复观测的平方和分解

通过上述的分析，已经知道 SS_E 是残差的平方和，它反映的是线性影响之外的其他因素对 y 的影响，这些"其他"因素包括随机误差、x 对 y 的非线性影响等。在多因素方差分析中，要求对每个处理设置重复，其目的是分离随机误差与交互作用，在线性回归中，如果设置重复，同样可以将残差中的随机误差的影响与 x 对 y 的非线性影响分离开，若能得到 x 对 y 的非线性影响，就可以更加准确地评判线性回归模型的优劣。为此，本节讨论设置了重复观测的线性回归方差分析。

对于同一个自变量 x，如果设置了至少两次重复，则可以把残差平方和进行分解，对于总离差 L_{yy}，则分解为

$$L_{yy} = \mathrm{SS}_R + \mathrm{SS}_E = \mathrm{SS}_R + \mathrm{SS}_{\mathrm{PE}} + \mathrm{SS}_{\mathrm{LOF}} \qquad (5\text{-}65)$$

其中，$\mathrm{SS}_{\mathrm{PE}}$ 是纯误差产生的平方和；$\mathrm{SS}_{\mathrm{LOF}}$ 是由失拟产生的平方和，所谓失拟，也即选择模型不恰当而造成的。为具体确定这两项，先给出回归的如下基本假设。

设试验共观测 n 组数据，在自变量的每一个水平 x_i $(i=1,2,\cdots,n)$ 处，对因变量 y 观测 m_i $(j=1,2,\cdots,m_i)$ 次，令 y_{ij} 表示在 x_i 处的第 j 次观测 $(i=1,2,\cdots,n,j=1,2,\cdots,m_i)$，则一共存在 $m = \sum_{i=1}^{n}m_i$ 个观测值。

在 y_{ij} 处，观测残差为

$$y_{ij}-\hat{y}_i = (y_{ij}-\overline{y}_i)+(\overline{y}_i-\hat{y}_i) \qquad (5\text{-}66)$$

式中，$\bar{y}_i$ 是 x_i 对应的 m_i 个观测值的平均值。将式（5-66）两边求平方并对 i 和 j 求和，由于交叉乘积项等于 0，因此得到

$$\sum_{i=1}^{n}\sum_{j=1}^{m_i}(y_{ij}-\hat{y}_i)^2 = \sum_{i=1}^{n}\sum_{j=1}^{m_i}(y_{ij}-\bar{y}_i)^2 + \sum_{i=1}^{n}m_i(\bar{y}_i-\hat{y}_i)^2 \tag{5-67}$$

式（5-67）左侧为残差平方和，右侧的两个分量，分别度量了纯误差和失拟。即

$$SS_{PE} = \sum_{i=1}^{n}\sum_{j=1}^{m_i}(y_{ij}-\bar{y}_i)^2 \tag{5-68}$$

$$SS_{LOF} = \sum_{i=1}^{n}m_i(\bar{y}_i-\hat{y}_i)^2 \tag{5-69}$$

对于纯误差平方和分量（5-68），它实际是计算了每个 x_i 处重复观测的校正平方和，然后再对 x 的 n 个水平求和。若回归分析前已经做出了方差为常数的假设，则在每一个 x_i 处，SS_{PE} 只源于 y 的变异，所以 SS_{PE} 度量的是纯误差，与模型无关。在每一个 x_i 处，纯误差的自由度为 m_i-1，所以 SS_{PE} 的总自由度为

$$df_{PE} = \sum_{i=1}^{n}(m_i-1) = \sum_{i=1}^{n}m_i - \sum_{i=1}^{n}1 = m-n \tag{5-70}$$

对于失拟平方和分量（5-69），它实际是计算了每个 x_i 处观测均值 $\bar{y}_i$ 与其对应的回归值 $\hat{y}_i$ 之差的加权平方和，而权重就是各个 m_i。如果回归值 $\hat{y}_i$ 十分接近 $\bar{y}_i$，则失拟平方和变小，它强烈地说明回归是线性的。反之，若回归值 $\hat{y}_i$ 十分远离 $\bar{y}_i$，则回归函数可能不是线性的。对于有 n 组观察数据的重复观测，要得到 $\bar{y}_i$，必须使用两个参数来估计，因此 SS_{LOF} 损失了 2 个自由度，使得 $df_{LOF} = n-2$。

分别计算纯误差和失拟的均方，得到

$$MS_{LOF} = \frac{SS_{LOF}}{df_{LOF}} = \frac{SS_{LOF}}{n-2} \tag{5-71}$$

$$MS_{PE} = \frac{SS_{PE}}{df_{PE}} = \frac{SS_{PE}}{m-n} \tag{5-72}$$

可以证明，

$$E(MS_{PE}) = \sigma^2 \tag{5-73}$$

$$E(MS_{LOF}) = \sigma^2 + \frac{1}{n-2}\sum_{i=1}^{n}m_i[E(y_i)-\alpha-\beta x_i]^2 \tag{5-74}$$

若客观存在的真正的回归函数本就是线性的，那么就会有 $E(y_i)=\alpha+\beta x_i$，这会使得式（5-74）等号右侧的第二项为零，也就是此时 $E(MS_{LOF})=\sigma^2$。但是若客观存在的真正的回归函数本就是非线性的，那么就会造成 $E(y_i)\neq\alpha+\beta x_i$，这会使得式（5-74）等号右侧的第二项不仅不为零，甚至还会远远大于零，也就是说这会导致 $E(MS_{LOF})>\sigma^2$，甚至 $E(MS_{LOF})\gg\sigma^2$，因此要考察失拟显著性。检验的统计量为

$$F_{LOF} = \frac{MS_{LOF}}{MS_{PE}} \sim F(n-2, m-n) \tag{5-75}$$

因为只可能存在 $E(MS_{LOF}) \geqslant E(MS_{PE})$，所以对于给定的显著性水平，利用 F_{LOF} 进行单边检验即可。

对于显著性检验的结果，无非两种可能：一种是检验显著，这意味着回归函数是非线性的，在这种情况下，就不能再继续使用线性模型进行后续的研究，而应该转变思路，试着建

立一个更为恰当的模型。另一种结果是检验不显著，此时，选择的线性模型没有失拟的强烈证据，可以认为失拟平方和基本上是由试验误差造成的。这时可将失拟平方和与纯误差平方和合并，用合并后的平方和作为参比对象，对回归平方和进行检验。

$$F_R = \frac{\text{MS}_R}{\dfrac{\text{SS}_{\text{PE}} + \text{SS}_{\text{LOF}}}{\text{df}_{\text{PE}} + \text{df}_{\text{LOF}}}} \qquad (5\text{-}76)$$

若经过 F_R 检验不显著，则有可能是 X 和 Y 不存在线性关系；或者试验误差太大。

例7 某观测进行了 2 次，数据如表 5-12 所示，试进行线性回归方差分析。

表 5-12 例 7 观测数据

重复	1	2	3	4	5	6	7
x	0	0.8	1.6	2.4	3.2	4.0	4.8
y_1	83	93	105	108	114	120	134
y_2	91	103	115	113	128	132	155

解 首先进行线性回归，得到回归方程

$$\hat{y} = 88.1964 + 10.6920x$$

分别计算各种平方和，得到

$$L_{yy} = 4807.714; \quad \text{SS}_R = 4097.161;$$

$$\text{SS}_{\text{PE}} = 535.00; \quad \text{SS}_{\text{LOF}} = 175.554$$

进行失拟检验，

$$F = \frac{\text{MS}_{\text{LOF}}}{\text{MS}_{\text{PE}}} = 0.459$$

在 $\alpha = 0.05$ 时，$F_\alpha(\text{df}_{\text{LOF}}, \text{df}_{\text{PE}}) = 3.972$，$F < F_\alpha(\text{df}_{\text{LOF}}, \text{df}_{\text{PE}})$，不存在失拟问题，于是进行合并平方和计算，并以此检验线性回归显著性。

$$F_R = \frac{\text{MS}_R}{\dfrac{\text{SS}_{\text{PE}} + \text{SS}_{\text{LOF}}}{\text{df}_{\text{PE}} + \text{df}_{\text{LOF}}}} = \frac{4097.161}{\dfrac{535.0 + 175.554}{5 + 7}} = 69.194$$

在 $\alpha = 0.05$ 时，$F_\alpha(\text{df}_R, \text{df}_{\text{合并}}) = 4.747$，$F > F_\alpha$，说明 X 和 Y 之间存在着显著的线性回归关系，其方差表将在代码实现部分示例给出。

（三）一元线性回归方差分析的 MATLAB 实现

为了方便使用，下面给出一元线性回归方差分析的函数源码，读者只需将数据按照格式布置好，依示例进行计算即可得到运算结果。需要说明一点，方差分析是对回归结果进行分析的一种手段，应该位于回归之后，但为了说明原理，作为教学之辅助，这里的代码在原始测量数据的基础上直接进行了回归，然后进行了方差分析。

例8 当数据为无重复观测时，如表 5-13 所示的数据。

表 5-13 例 8 观测数据

序号	1	2	3	4	5	6	7
x	70	0.8	1.6	2.4	3.2	4.0	4.8
y	75	107	115	103	103	128	128

则按照如下格式准备数据，进行计算：

```
x = [0,0.8,1.6,2.4,3.2,4.0,4.8];
y1 = [75,107,115,103,103,128,128]
alpha = 0.05;
Anova4LinearRegress(x,y1,alpha)
```

结果如表 5-14 所示。

表 5-14　无重复观测数据回归结果的方差分析

变差来源	平方和	自由度	均方	F 值	F 临界值	显著性
回归	1275.750	1.000	1275.750	8.959	6.608	1.000
剩余	711.964	5.000	142.393			
总和	1987.714	6.000				

对于有重复观测数据的情形，按照函数对数据的格式要求，准备如下。

```
x = [0,0.8,1.6,2.4,3.2,4.0,4.8];
y2 = [83,93,105,108,114,120,134;
    91,103,115,113,128,132,155];
```

调用函数进行计算如下，因为省略了显著性水平，函数按照默认值 $\alpha = 0.05$ 进行计算。

```
Anova4LinearRegress(x,y2)
```

则运行结论与方差分析如表 5-15 所示，由表可知，拒绝 $H_0: \beta = 0$，接受 $H_1: \beta \neq 0$，x 与 y 线性回归成立!

表 5-15　有重复观测数据回归结果的方差分析

变差来源	平方和	自由度	均方	F 值	F 临界值	显著性
回归	4097.161	1	4097.161	69.194	4.747	1
失拟	175.554	5	35.111	0.459	3.972	0
纯误差	535.000	7	76.429			
总和	4807.714	13				

附源码：

```
function[flag] = Anova4LinearRegress(x,y,alpha)
% 函数名称:Anova4LinearRegress.m
% 实现功能:一元回归的方差分析.
% 输入参数:函数共有 3 个输入参数,含义如下:
%        :(1),x,观测数据的 x 值,以行向量形式输入,符合人的阅读. 格式为:
%        :  x1, x2, x3,.....,xn   <--x 的数据
%        :(2),y,数据个数与 x 数据个数有以下三种关系:(a)数据个数一样多,
%        :此时 x,y 被看作无重复观测,分析时不考虑失拟问题;(b)数据个数
%        :是 x 的倍数,此时按照 y 重复观测处理,分析时考虑失拟问题;(3)y 数据
%        :个数与 x 的个数不成比例,此时 y 重复不一致,本代码暂不考虑这种非均
%        :衡数据情形.
%        :输入观测数据 y 时,要求以矩阵形式输入,若有重复观测,则每行看作
%        :一个重复,并进行失拟检验. 输入数据的格式如下:
%        :  y11, y12,y13,...,y1n;   <--y 的第 1 次观测数据,按行输入
```

```
%        :      y21, y22,y23,...,y2n;  <--y 的第 2 次观测数据,按行输入
%        :      ..............
%        :      ym1, ym2,ym3,...,ymn;  <--y 的第 m 次观测数据,按行输入
%        :(3),alpha,显著性检验水平,缺省默认 0.05.
% 输出参数:函数默认 1 个输出参数,请修改:
%        :(1),flag,显著性检验的标志符,返回 1,表示检验显著,接受 H1,表示
%        :beta 不等于 0;返回 0,表示检验不显著,接受 H0,表示 beta = 0 或失拟存在.
% 函数调用:实现函数功能需要调用 1 个子函数.
%        :(1),makeJudge,对给定的数据进行比较,得出结论.
% 参考资料:实现函数算法,其他参考资料,请参阅:
%        :(1),马寨璞,MATLAB 语言编程[M],北京:电子工业出版社,2017.
% 原始作者:马寨璞,wdwsjlxx@163.com
% 创建时间:2017-05-04,17:44:42
% 原始版本:1.0
% 版权声明:未经作者许可,任何单位及个人不得以任何方式或理由对本代码
%        :进行网上传播、贩卖等.
% 实用样例:
%        x = [0,0.8,1.6,2.4,3.2,4.0,4.8];
%        y0 = [80,90,95,115,130,115];            % y 的个数小于 x,输入有错
%        y1 = [80,90,95,115,130,115,135];        % y 与 x 数据个数相等,无重复格式
%        y2 = [80,90,95,115,130,115,135;         %  y 有重复,n 倍于 x 数据个数
%              100,85,89,94,106,125,137];
%         alpha = 0.01;
%        Anova4LinearRegress(x,y2,alpha)
%
% 检查输入的显著性水平值
if nargin<3||isempty(alpha)
    alpha = 0.05;
else
    ComnAlpha = [0.10,0.05,0.025,0.01,0.005,0.001];
    if isscalar(alpha)&& ~ismember(alpha,ComnAlpha)
        error('显著性水平设定不符合习惯值!');
    end
end
% 测计算类型
nx = length(x);
[nRows,nCols] = size(y);
if nCols<nx
    error('y 数据个数小于 x 的数据个数,请检查!');
elseif nCols == nx
    if nRows == 1
        dType = 'single'; % 无重复观测的情形
    else
        dType = 'multiple'; % 多次重复观测的情形
    end
end
fprintf('data Type = %s\n',dType)
%
Lxx = sum((x-mean(x)).^2);
switch dType
    case 'single'
        % 进行回归
```

```
    Lyy = sum((y-mean(y)).^2);
    Lxy = sum((x-mean(x)).*(y-mean(y)));
    b = Lxy/Lxx;
    a = mean(y)-b*mean(x); % 虽未用到,仍计算之
    % 各种平方和与自由度
    SSr = b*Lxy;SSe = Lyy-SSr;
    dfr = 1;dfe = nx-2; F = dfe*SSr/SSe;
    % 回归检验
    fCutOff = finv(1-alpha,dfr,dfe);
    flag = makeJudge(F,fCutOff);
    % 输出信息
    fprintf('\n拷贝以下到word,执行:插入-表格-插入表格,形成表格\n\n');
    txtStr = {'变差来源','平方和','自由度','均方','F值',...
        'F临界值','显著性'};
    fprintf('%s\t',txtStr{:});fprintf('\b\n'); % 输出表头
    fprintf('%s\t','回归');
    fprintf('%.3f\t',[SSr,dfr,SSr/dfr,F,fCutOff,flag]);% 回归部分
    fprintf('\b\n'); fprintf('%s\t','剩余');
    fprintf('%.3f\t',[SSe,dfe,SSe/dfe]);fprintf('\b\n');% 剩余部分
    fprintf('%s\t','总和');
    fprintf('%.3f\t',[Lyy,dfe + dfr]);fprintf('\b\n');% 总和部分
case 'multiple'
    % 进行回归
    my = mean(y,1);   % 先将 y 平均,然后以均值当作 y 的观测进行回归
    Lxy = sum((x-mean(x)).*(my-mean(my)));
    b = Lxy/Lxx; a = mean(my)-b*mean(x);
    % 各种平方和
    Lyy = sum((y(:)-mean(y(:))).^2);
    yEst = a + b*x; % 计算回归值
    SSr = nRows*sum((yEst-mean(y(:))).^2);
    SSlof = nRows*sum((my-yEst).^2);
    SSpe = Lyy-SSr-SSlof;
    % 自由度
    dfr = 1;dflof = nCols-2;dfpe = nCols*nRows-nCols;
    % 失拟检验
    fLof = (SSlof/dflof)/(SSpe/dfpe);
    flCut = finv(1-alpha,dflof,dfpe);
    if fLof> = flCut
        fprintf('失拟显著,请考虑修订线性模型!');
        lofFlag = 1;
    else % 线性回归检验
        lofFlag = 0;
        SShb = SSlof + SSpe;                    % 合并平方和
        dfhb = dflof + dfpe;                    % 合并自由度
        F = SSr*dfhb/SShb;                      % 计算统计量值
        fCutOff = finv(1-alpha,dfr,dfhb);
        flag = makeJudge(F,fCutOff);
    end
    % 输出结果
    fprintf('\n拷贝以下到word,执行:插入-表格-插入表格,形成表格\n\n');
    txtStr = {'变差来源','平方和','自由度','均方','F值',...
        'F临界值','显著性'};
```

```
      fprintf('%s\t',txtStr{:});fprintf('\b\n'); %输出表头
      fprintf('%s\t','回归');
      fprintf('%.3f\t',[SSr,dfr,SSr/dfr,F,fCutOff,flag]);%回归部分
      fprintf('\b\n'); fprintf('%s\t','失拟');%失拟部分
      fprintf('%.3f\t',[SSlof,dflof,SSlof/dflof,fLof,flCut,lofFlag]);
      fprintf('\b\n'); fprintf('%s\t','纯误差');%纯误差部分
      fprintf('%.3f\t',[SSpe,dfpe,SSpe/dfpe]);
      fprintf('\b\n');        fprintf('%s\t','总和');
      fprintf('%.3f\t',[Lyy,dfpe + dfr + dflof]);
      fprintf('\b\n');%总和部分
end

function [flag] = makeJudge(F,fCutOff)
% 对给定的数据进行比较,得出结论
if F> = fCutOff
   flag = 1;
   fprintf('拒绝 Ho:Beta = = 0,接受 H1:Beta~ = 0,x 与 y 线性回归成立!\n');
else
   flag = 0;
   fprintf('接受 Ho:Beta  = = 0,拒绝 H1:Beta~ = 0,x 与 y 线性回归不成立!\n');
end
```

（四）几种检验方法与参数的关系

1. 一些基本的定义式与转换关系

1）平方和

$$L_{xy} = \sum_{i=1}^{n}(x_i - \overline{x})(y_i - \overline{y}) \tag{5-7}$$

$$L_{xx} = \sum_{i=1}^{n}(x_i - \overline{x})^2 \tag{5-8}$$

$$L_{yy} = \sum_{i=1}^{n}(y_i - \overline{y})^2 \tag{5-9}$$

2）方差

$$D(x) = S_x^2 = \frac{1}{n-1}\sum_{i=1}^{n}(x_i - \overline{x})^2 = \frac{L_{xx}}{n-1} \tag{5-77}$$

$$D(y) = S_y^2 = \frac{1}{n-1}\sum_{i=1}^{n}(y_i - \overline{y})^2 = \frac{L_{yy}}{n-1} \tag{5-78}$$

$$\mathrm{Cov}(x,y) = S_{xy} = \frac{1}{n-1}\sum_{i=1}^{n}(x_i - \overline{x})(y_i - \overline{y}) = \frac{L_{xy}}{n-1} \tag{5-79}$$

3）方差与平方和

$$L_{xx} = (n-1)S_x^2 \tag{5-80}$$

$$L_{yy} = (n-1)S_y^2 \tag{5-81}$$

$$L_{xy} = (n-1)S_{xy} \tag{5-82}$$

4）回归系数与相关系数

$$r = \frac{L_{xy}}{\sqrt{L_{xx}L_{yy}}} = \frac{(n-1)S_{xy}}{\sqrt{(n-1)S_x^2(n-1)S_y^2}} = \frac{S_{xy}}{S_x S_y} \qquad (5\text{-}83)$$

$$S_{xy} = rS_x S_y \qquad (5\text{-}84)$$

$$b = \frac{L_{xy}}{L_{xx}} = \frac{(n-1)S_{xy}}{(n-1)S_x^2} = \frac{S_{xy}}{S_x^2} = \frac{rS_x S_y}{S_x^2} = r\frac{S_y}{S_x} \qquad (5\text{-}85)$$

实际上，若以 X 为自变量，Y 为因变量，进行线性回归，得到的回归系数为

$$b = \frac{L_{xy}}{L_{xx}} \qquad (5\text{-}86)$$

返回来，若以 Y 为自变量，X 为因变量，同样进行线性回归，则得到了新的回归系数，记为

$$b' = \frac{L_{xy}}{L_{yy}} \qquad (5\text{-}87)$$

利用相关系数的定义式，

$$r = \frac{L_{xy}}{\sqrt{L_{xx}L_{yy}}} \qquad (5\text{-}88)$$

可知

$$r^2 = \frac{L_{xy}^2}{L_{xx}L_{yy}} = \frac{L_{xy}}{L_{xx}} \times \frac{L_{xy}}{L_{yy}} = b \times b' \qquad (5\text{-}89)$$

也即

$$r = \sqrt{bb'} \qquad (5\text{-}90)$$

2. F 检验与 T 检验的关系

在无重复的线性回归的方差分析中，我们使用了 F 检验方法，即

$$F_R = \frac{\mathrm{MS}_R}{\mathrm{MS}_E} = \frac{\mathrm{SS}_R / \mathrm{df}_R}{\mathrm{MS}_E} = \frac{\mathrm{SS}_R}{\mathrm{MS}_E}$$

其中分子 SS_R 可以改写为

$$\mathrm{SS}_R = \sum_{i=1}^{n}(\hat{y}_i - \overline{y})^2 = \sum_{i=1}^{n}(a + bx_i - \overline{y})^2 = \sum_{i=1}^{n}(a + b\overline{x} - b\overline{x} + bx_i - \overline{y})^2$$

$$= \sum_{i=1}^{n}[\overline{y} + b(x_i - \overline{x}) - \overline{y}]^2 = b^2 \sum_{i=1}^{n}(x_i - \overline{x})^2 = b^2 L_{xx} \qquad (5\text{-}91)$$

还可以改写成

$$\mathrm{SS}_R = bL_{xy} = \frac{L_{xy}^2}{L_{xx}} \qquad (5\text{-}92)$$

F_R 的分母是 MS_E，在前面推导回归系数 b 的数字特征时，已经得到了

$$D(b) = S_b^2 = \frac{\mathrm{MS}_E}{L_{xx}} \qquad (5\text{-}93)$$

故改写为

$$\mathrm{MS}_E = L_{xx} S_b^2 \qquad (5\text{-}94)$$

所以

$$F_R = \frac{SS_R}{MS_E} = \frac{b^2 L_{xx}}{S_b^2 L_{xx}} = \frac{b^2}{S_b^2} = \left(\frac{b}{\sqrt{D(b)}}\right)^2 = t^2 \tag{5-95}$$

所以，F 检验与 t 检验是一致的。

3. F 与 r 关系

通过相关系数 r 与回归系数的关系，可得到相关系数 r 与 F 统计量之间的关系，如下：

$$r = \frac{L_{xy}}{\sqrt{L_{xx}L_{yy}}} \tag{5-96}$$

$$F = \frac{SS_R}{SS_E/(n-2)} = \frac{(n-2)bL_{xy}}{L_{yy} - bL_{xy}} = \frac{(n-2) \cdot \dfrac{rS_y}{S_x} \cdot (n-1)S_{xy}}{(n-1)S_yS_y - \dfrac{rS_y}{S_x} \cdot (n-1)S_xS_y} \tag{5-97}$$

$$= \frac{(n-2)rS_{xy}}{S_xS_y - rS_{xy}} = \frac{(n-2)r \cdot rS_xS_y}{S_xS_y - r \cdot rS_xS_y} = \frac{(n-2)r^2}{1-r^2}$$

根据 $F \geqslant F_\alpha$ 显著，则有

$$\frac{(n-2)r^2}{1-r^2} \geqslant F \tag{5-98}$$

即

$$r^2 \geqslant \frac{1}{1 + \dfrac{n-2}{F_\alpha}} \tag{5-99}$$

简化为

$$|r| \geqslant \frac{1}{\sqrt{1 + (n-2)/F_\alpha}} = r_{\alpha/2}(n-2) \tag{5-100}$$

借助式（5-100），可以编制出相关系数 r 的临界值表，下面是根据该式编写的创建线性相关系数临界值表的函数源码，为了方便查表，书后附上了创建的临界值表。

附源码如下：

```
function makeRhoTable(testLevel)
% 函数名称:makeRhoTable.m
% 实现功能:制作检验相关系数 Rho 的临界值表.
% 输入参数:函数共有 1 个输入参数,含义如下:
%        :(1), testLevel,显著性水平,默认不输入参数,一旦输入,则只计算输入
%        :水平下的检验临界值.
% 输出参数:函数默认不带输出参数.
% 函数调用:实现函数功能不需要调用子函数,说明如下:
% 参考资料:实现函数算法,其他参考资料,请参阅:
%        :(1),马赛璞,MATLAB 语言编程[M],北京:电子工业出版社,2017.
% 原始作者:马赛璞,wdwsjlxx@163.com
% 创建时间:2017-04-21, 09:00:59
% 原始版本:1.0
% 版权声明:未经作者许可,任何单位及个人不得以任何方式或理由对本代码
```

```
%                :进行网上传播、贩卖等.
% 实用样例:
%        例1:makeRhoTable(0.05)
%        例2:makeRhoTable
%
if nargin<1||isempty(testLevel)
    testLevel = [0.10,0.05,0.025,0.02,0.01,0.005,0.0025,0.001];
elseif testLevel>1&&testLevel<0
    error('输入数据有误!');
end
%
tblCols = length(testLevel);        % 临界表列数
degFreeArr = [1:19,20:5:100];       % 常用自由度值 df = n-2
tblRows = length(degFreeArr);       % 临界表行数
% 输出表头
fprintf('%s\t','df');fprintf('%.4f\t',testLevel);
fprintf('\b\n');
% 输出表体
for ir = 1:tblRows
    fprintf('%d\t',degFreeArr(ir));
    for jc = 1:tblCols
        vCutOff = sqrt(1/(1 + degFreeArr(ir)/(finv(1-testLevel(jc),1,...
            degFreeArr(ir))))); 
        fprintf('%.4f\t',vCutOff);
    end
    fprintf('\b\n');
end
```

五、一元线性回归的区间估计

在得到回归方程以后,可以利用回归方程进行预测和控制等。对于预测,有以下两种类型:一是对于任意给定的自变量值 x_0,预测因变量 y 的观测值 y_0;二是当自变量取 x_0 时,估算因变量 y 的均值 $E(y|x_0)$。

(一)估计观测值 y_0

在线性回归模型中,$\hat{y}$ 是回归线上的值,可以用作因变量 y 取得 y_0 的估计值,这是因为 $\hat{y}$ 与 y_0 差异的期望为 0。

$$
\begin{aligned}
E(y_0 - \hat{y}_0) &= E[(\alpha + \beta x_0 + \varepsilon) - (a + b x_0)] \\
&= E(\alpha) + x_0 E(\beta) + E(\varepsilon) - E(a) - x_0 E(b) \\
&= \alpha + \beta x_0 + 0 - \alpha - \beta x_0 = 0
\end{aligned}
\tag{5-101}
$$

这也说明 $\hat{y}_0$ 是 y_0 无偏估计。再计算它们差异的方差,得到

$$
\begin{aligned}
D(y_0 - \hat{y}_0) &= D(y_0) + D(\hat{y}_0) = \sigma^2 + D(a + b x_0) = \sigma^2 + D[(\bar{y} - b\bar{x}) + b x_0] \\
&= \sigma^2 + D(\bar{y}) + D[b(x_0 - \bar{x})] = \sigma^2 + \frac{\sigma^2}{n} + (x_0 - \bar{x})^2 \frac{\sigma^2}{L_{xx}}
\end{aligned}
\tag{5-102}
$$

因为 $\hat{y}$ 与 y_0 都是正态变量,正态变量的差仍然服从正态分布,所以

$$
y_0 - \hat{y}_0 \sim N\left(0, \sigma^2 + \frac{\sigma^2}{n} + (x_0 - \bar{x})^2 \frac{\sigma^2}{L_{xx}}\right)
\tag{5-103}
$$

要估计其置信区间，则需要把 σ^2 用 MS_E 替换掉，得到新枢轴量 t。

$$t = \frac{y_0 - \hat{y}_0}{\sqrt{\text{MS}_E\left(1 + \frac{1}{n} + \frac{1}{L_{xx}}(x_0 - \overline{x})^2\right)}} \sim t(n-2) \qquad (5\text{-}104)$$

则在 x_0 处，y_0 的 $1-\alpha$ 置信区间为

$$\hat{y}_0 \pm t_{\alpha/2}(n-2)\sqrt{\text{MS}_E\left(1 + \frac{1}{n} + \frac{1}{L_{xx}}(x_0 - \overline{x})^2\right)} \qquad (5\text{-}105)$$

可以看出，y_0 的置信区间是 x_0 的函数，取 y_0 的极值，则有

$$\frac{\mathrm{d}y_0}{\mathrm{d}x_0} = \frac{t_{\alpha/2}(n-2)\cdot \text{MS}_E \cdot (x_0 - \overline{x})}{L_{xx}\sqrt{\text{MS}_E\left(\dfrac{(x_0 - \overline{x})^2}{L_{xx}} + 1/n + 1\right)}} = 0 \qquad (5\text{-}106)$$

极值点取在 $x_0 = \overline{x}$ 处。实际上，对于给定的观测数据，可以绘制出 $y_0 = y_0(x_0)$ 的曲线。

例 9 为研究某种治疗肺动脉高血压药物的剂量与血浆药物浓度的关系，测得结果，如表 5-16 所示，试建立回归关系，并估算观测值与回归线的区间。

表 5-16 例 9 中药物剂量与血浆药物浓度观测数据

序号	1	2	3	4	5	6	7	8	9	10	11	12
剂量 /[ng/(kg·min)]	20	24	49	53	70	78	84	90	96	102	122	126
浓度/(pg/mL)	4 750	2 500	8 000	5 500	9 000	12 500	8 000	13 250	18 250	14 500	17 500	17 000

解 按照如下格式准备数据：

```
x = [20,24,49,53,70,78,84,90,96,102,122,126];
y = [4750,2500,8000,5500,9000,12500,8000,13250,18250,14500,17500,17000];
LinearRregreConfidInterv(x,y)
```

调用 LinearRregreConfidInterv 函数，则得到观测数据的置信区间，如表 5-17 所示。

表 5-17 例 9 中观测数据的置信区间

x_0	y	$\hat{y}_0$	$\hat{y}_0$ 上限	$\hat{y}_0$ 下限
20	4 750	2 926.7	86 77.5	−2 824.1
24	2 500	3 494.2	9 172.7	−2 184.2
49	8 000	7 041.3	12 376.2	1 706.5
53	5 500	7 608.9	12 907.6	2 310.1
70	9 000	10 020.9	15 229.1	4 812.7
78	12 500	11 156.0	16 357.8	5 954.1
84	8 000	12 007.3	17 219.7	6 794.8
90	13 250	12 858.6	18 094.8	7 622.3
96	18 250	13 709.9	18 982.8	8 437.0
102	14 500	14 561.2	19 883.4	9 238.9
122	17 500	17 398.8	22 972.0	11 825.6
126	17 000	17 966.4	23 604.7	12 328.0

将上下限绘制在回归线两侧（图 5-8），可以看出其特点是：靠近数据的两端，区间变大，靠近数据均值附近，区间变窄。

（二）估算因变量 y 的均值 $E(y|x_0)$

对于特定的自变量 x_0，要估算因变量 y 的均值 $E(y|x_0)$，可通过回归值进行点估计得到，因为

$$E(\hat{y}_0) = E(a + bx_0) = E(a) + x_0 E(b) = \alpha + \beta x_0 = E(y|x_0) \tag{5-107}$$

要计算 $E(y|x_0)$ 的置信区间，给定 $1-\alpha$ 后，需要先计算出其方差，如下：

$$D(y|x_0) = D(\hat{y}_0) = D(a + bx_0) = D(\bar{y} - b\bar{x} + bx_0)$$

$$= D(\bar{y}) + D[b(x_0 - \bar{x})] = \frac{\sigma^2}{n} + (x_0 - \bar{x})^2 D(b) \tag{5-108}$$

$$= \frac{\sigma^2}{n} + \frac{(x_0 - \bar{x})^2 \sigma^2}{L_{xx}} = \sigma^2 \left(\frac{1}{n} + \frac{(x_0 - \bar{x})^2}{L_{xx}} \right)$$

在 a, b 都服从正态分布的情况下，

$$\hat{y}_0 \sim N \left\{ E(y|x_0), \sigma^2 \left(\frac{1}{n} + \frac{(x_0 - \bar{x})^2}{L_{xx}} \right) \right\} \tag{5-109}$$

考虑 σ^2 需要由 MS_E 估算，于是得到枢轴量 t，

$$t = \frac{\hat{y}_0 - E(y|x_0)}{\sqrt{\mathrm{MS}_E \left(\frac{1}{n} + \frac{(x_0 - \bar{x})^2}{L_{xx}} \right)}} \sim t(n-2) \tag{5-110}$$

于是，在给定的点 x_0，y 的均值 $E(y|x_0)$ 的置信区间为

$$\hat{y}_0 \pm t_{\alpha/2}(n-2) \sqrt{\mathrm{MS}_E \left(\frac{1}{n} + \frac{(x_0 - \bar{x})^2}{L_{xx}} \right)} \tag{5-111}$$

观察可知，该置信区间是 x_0 的函数，对其求极值，可知在 $x_0 = \bar{x}$ 处达到极小，也即区间长度最短。下面是按照原理计算得到的置信区间数据，并与 y_0 的对比绘制。

例 10　续例 9，前面计算了观测值的置信区间，表 5-18 是计算得到的均值的置信区间，其计算步骤和前述计算观测值置信区间一样。

表 5-18　例 9 中均值的置信区间

x_0	y	$\hat{y}_0$	均值上限	均值下限
20	4 750	2 926.7	5 772.6	80.8
24	2 500	3 494.2	6 191.0	7 97.5
49	8 000	7 041.3	8 909.2	5 173.4
53	5 500	7 608.9	9 370.9	5 846.8
70	9 000	10 020.9	11 488.4	8 553.4
78	12 500	11 156.0	12 600.7	9 711.2
84	8 000	12 007.3	13 489.8	10 524.7
90	13 250	12 858.6	14 422.5	11 294.6
96	18 250	13 709.9	15 392.5	12 027.2

续表

x_0	y	$\hat{y}_0$	均值上限	均值下限
102	14 500	14 561.2	16 392.6	12 729.7
122	17 500	17 398.8	19 866.3	14 931.3
126	17 000	17 966.4	20 577.6	15 355.1

将均值的上下限绘制在图 5-8 上。

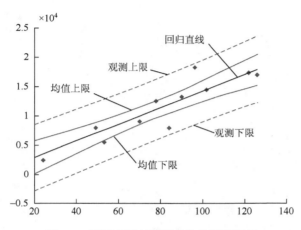

图 5-8 预测观测与预测均值的置信区间

至此，我们进行了两种预测，对比发现，$E(y|x_0)$ 的方差要比 y_0 的偏小，这是正常的，因为对于 $x = x_0$，预测它的观测值 y_0，要比预测它对应的均值 $E(y|x_0)$ 存在更大的不确定性。因此，日常里通过取均值减少不确定性和波动性，也是源于其方差比观测值的要小。

（三）区间估计的 MATLAB 实现

研究区间估计有助于更准确地掌握回归的本质，为了方便使用，下面给出编写的专门处理回归观测与均值的函数代码。

```
function LinearRregreConfidInterv(x,y,alpha)
% 函数名称:LinearRregreConfidInterv.m
% 实现功能:给出线性回归中估计值 y0 与 E(y|x0)的置信区间.
% 输入参数:函数共有 3 个输入参数,含义如下:
%          :(1),x,原始数据.
%          :(2),y,原始观测值.
%          :(3),alpha,显著性水平,默认 0.05.
% 输出参数:函数默认不输出参数.
% 函数调用:实现函数功能不需要调用子函数.
% 参考资料:实现函数算法,其他参考资料,请参阅:
%          :(1),马赛璞,MATLAB 语言编程[M],北京:电子工业出版社,2017.
%          :(2),蒙哥马利等,线性回归分析导论(第 5 版)[M],北京:机械工业出版社,2016.
%          :(3),查特吉等,例解回归分析(第 5 版)[M],北京:机械工业出版社,2013.
%          :(4),杜荣骞,生物统计学(第 3 版)[M],北京:高等教育出版社,2009.
% 原始作者:马赛璞,wdwsjlxx@163.com
```

```
% 创建时间:2017-05-05,15:12:26
% 原始版本:1.0
% 版权声明:未经作者许可,任何单位及个人不得以任何方式或理由对本代码
%          :进行网上传播、贩卖等。
% 实用样例:
%          x = 0:0.8:4.8;
%          y = [80,90,95,115,130,115,135];
%          LinearRregreConfidInterv(x,y)
%
if nargin<3
    alpha = 0.05;
elseif isscalar(alpha)
    const = [0.10,0.05,0.025,0.01,0.005,0.001];
    if ~ismember(const,alpha)
        error('检验水平不符合惯例!');
    end
end
% 回归计算
mx = mean(x);my = mean(y);
Lxy = sum((x-mx).*(y-my));Lxx = sum((x-mx).^2);
Lyy = sum((y-my).^2);
b = Lxy/Lxx;a = my-b*mx;
% 计算置信区间
n = length(x);
tCutOff = tinv(1-alpha/2,n-2);
SSe = Lyy-b*Lxy;dfe = n-2; MSe = SSe/dfe;
yLimit = zeros(2,n);   % 观测值预测,第1行存放区间上限,第2行存放下限
eyLimit = zeros(2,n);  % 均值预测,
for iLoop = 1:n
    x0 = x(iLoop);
    yDelta = tCutOff*sqrt(MSe*(1 + 1/n + (x0-mx)^2/Lxx));
    yLimit(1,iLoop) = a + b*x0 + yDelta;
    yLimit(2,iLoop) = a + b*x0-yDelta;
    eyDelta = tCutOff*sqrt(MSe*(1/n + (x0-mx)^2/Lxx));
    eyLimit(1,iLoop) = a + b*x0 + eyDelta;
    eyLimit(2,iLoop) = a + b*x0-eyDelta;
end
% 输出数据,可拷贝到 word 直接插入形成表格
ComnFmt = '%.2f\t';
fprintf('x\t');fprintf(ComnFmt,x);fprintf('\b\n');
fprintf('y\t');fprintf(ComnFmt,y);fprintf('\b\n');
fprintf('a + bx\t');fprintf(ComnFmt,a + b*x);fprintf('\b\n');
fprintf('yUpLimit\t');fprintf(ComnFmt,yLimit(1,:));fprintf('\b\n');
fprintf('yLowLimit\t');fprintf(ComnFmt,yLimit(2,:));fprintf('\b\n');
fprintf('eyUpLimit\t');fprintf(ComnFmt,eyLimit(1,:));fprintf('\b\n');
fprintf('eyLowLimit\t');fprintf(ComnFmt,eyLimit(2,:));fprintf('\b\n');
% 绘图
plot(x,y,'r*','linewidth',1.2);box off;hold on           % 绘散点
plot(x,yLimit(1,:),'r:',x,yLimit(2,:),'r:','linewidth',1.2);    % Y 上下限
hold on;plot(x,a + b*x,'k-','linewidth',1.5);hold on;     % 回归线
plot(x,eyLimit(1,:),'b-',x,eyLimit(2,:),'b-','linewidth',1.8); % EY 上下限
set(gcf,'color','w') % 4 图像修饰
```

```
gtext('回归直线');
gtext('观测上限');gtext('观测下限');
gtext('均值上限');gtext('均值下限');
set(gca,'fontsize',18,'fontname','times','linewidth',1.5)
```

六、一元非线性回归分析

在实际工作中，变量间的回归关系并非都是线性的，这方面的例子有很多，如在生物学中，最典型的例子就是细菌生长数量与时间的关系，这类多属于指数函数关系；再如在药学试验中，小鼠死亡率与给药剂量的关系也呈现出曲线趋势。观察更多现象后，就会发现有些关系是具有跨学科属性的，如生态学中描述种群数量变化的逻辑斯蒂曲线与生物化学反应过程中的米氏方程都是 S 形状曲线，在更大的范畴中，凡是满足质量互变的过程，都可由 S 曲线形式描述，如即便看似极端的单位阶跃函数（属于信号与系统范畴），只包含 0-1 两个状态，实际也可以通过 Hill 函数（属于生物化学范畴）中的参数取极限得到。

具有非线性关系属性的两个变量之间，如果可以通过简单的变量代换，能够转化为一元线性模型，则可以借助一元线性回归模型来求解和分析（实际上对于复杂的曲线关系，如果能够转化为线性的，则可以引入多个变量，使之线性化）。将原始变量变换为线性关系后，就可借助线性回归，求出回归方程及参数，然后再代回原变量，得到原始变量间非线性的关系式。

求解这类回归问题，一般包括 5 个步骤，归纳如下：①根据样本数据，绘制散点图，选定模型，实际应用中，常见的模型形式如表 5-22 所示；②将选定的模型进行线性化处理，总的原则是将回归参数表达为线性形式；③将原始数据转换为线性数据，并列表表示，对此数据进行线性回归计算，得到回归参数；④对线性回归方程进行显著性检验；⑤将回归值代回原始变量中，得到非线性形式的回归方程。

例 11　对特定体重小鼠静脉输注定量西索米星后，血药浓度与时间的测量数据如表 5-19 所示，试确定两者之间的回归方程。

表 5-19　西索米星浓度与时间测量数据

序号	1	2	3	4	5	6	7	8
时间 t/min	20	40	60	80	100	120	140	160
血药浓度 c/(μg/ml)	32.75	16.50	9.20	5.00	2.82	1.37	0.76	0.53

解　（1）绘图选模型。首先根据数据，绘制散点图（图 5-9），由散点图可知，数据具有近似指数分布规律，因此选定指数形式的模型，即 $c = c_0 e^{-kt}$。

（2）将模型转换为线性形式。对于选定的模型，由于需要按照线性回归方式进行计算，因此需要进行模型形式转换，不论选定何种非线性形式的模型，转换的目的，都是表达为回归参数（而不是自变量）具有线性形式为止。考虑到本题选定的是指数模型，为了得到对应的线性形式，对模型两边取自然对数，得到

$$\ln c = \ln c_0 - kt$$

令

$$y = \ln c, \ a = \ln c_0, \ b = -k$$

则得到

$$y = a + bt$$

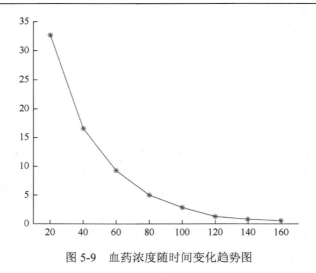

图 5-9　血药浓度随时间变化趋势图

（3）按线性回归计算回归参数。原始数据按照上述进行转换，得到新数据如表 5-20 所示。

表 5-20　西索米星浓度与时间测量数据

序号	1	2	3	4	5	6	7	8
时间 t/min	20	40	60	80	100	120	140	160
血药浓度 c/(μg/ml)	3.4889	2.8034	2.2192	1.6094	1.0367	0.3148	−0.2744	−0.6349

利用新数据进行回归分析，计算主要参数过程如下：

```
t = 20:20:160;
c = [32.75,16.50,9.20,5.00,2.82,1.37,0.76,0.53];
y = log(y);
simpleLinearRegress(t,y)
```
回归汇报：　$y = 4.028 - 0.030t$ ，得到 $b = -0.030; a = 4.028$ 。

（4）对回归的线性方程进行检验。本题检验按照方差分析的形式进行，结果如表 5-21 所示。

表 5-21　线性回归的方差检验汇报表

变差来源	平方和	自由度	均方	F 值	F 临界值	显著性
回归	15.205	1	15.205	1968.695	5.987	1
剩余	0.046	6	0.008			
总和	15.251	7				

（5）返回。由于检验显著，因此可以将回归得到的数据返回到原始模型中去。根据转换式

$$a = \ln c_0, \ b = -k$$

则

$$c_0 = \mathrm{e}^a = \mathrm{e}^{4.028} = 56.14$$

$$k = -b = -0.030$$

则原模型回归结果如下：

$$c = 56.14\mathrm{e}^{-0.03t}$$

在实际中，有些非线性形式的模型通过变换，可以转换为线性形式，这类常见的非线性形式，已归纳在表 5-22 中。但需要指明，并不是所有的非线性形式，经过转换都能变换为线性形式，有许多非线性形式，是无法找到合适的变换方法的。因此，表 5-22 中所列的变换方法，只适用于具有特定形式的非线性函数。

表 5-22　常见非线性模型线性变换方法表

函数类型	关系式形式	线性变换（ $Y = A + BX$ ）				备注
		Y	X	A	B	
双曲线函数	$\dfrac{1}{y} = a + \dfrac{b}{x}$	$\dfrac{1}{y}$	$\dfrac{1}{x}$	a	b	
双曲线函数	$y = a + \dfrac{b}{x}$	y	$\dfrac{1}{x}$	a	b	
对数函数	$y = a + b\log x$	y	$\log x$	a	b	
对数函数	$y = a + b\ln x$	y	$\ln x$	a	b	
指数函数	$y = ab^x$	$\log y$	x	$\log a$	$\log b$	$\log y = \log a + x\log b$
指数函数	$y = a\mathrm{e}^{bx}$	$\ln y$	x	$\ln a$	b	$\ln y = \ln a + bx$
幂函数	$y = ax^b$	$\ln y$	$\ln x$	$\ln a$	b	$\ln y = \ln a + b\ln x$
	$y = ax^b$	$\log y$	$\log x$	$\log a$	b	$\log y = \log a + b\log x$
幂函数	$y = a + bx^n$	y	x^n	a	b	
S 形曲线	$y = \dfrac{c}{a + b\mathrm{e}^{-x}}$	$\dfrac{1}{y}$	e^{-x}	$\dfrac{a}{c}$	$\dfrac{b}{c}$	$\dfrac{1}{y} = \dfrac{a}{c} + \dfrac{b\mathrm{e}^{-x}}{c}$

另外，虽然不是所有的一元非线性函数都能转换成一元线性方程，但任何复杂的一元连续函数都可用高阶多项式近似表达（如泰勒展开就是一种近似方法）。因此，对于那些较难直线化的函数，可以考虑使用一元多项式来拟合，如对于形如

$$\hat{y} = a + b_1 x + b_2 x^2 + \cdots + b_m x^m \tag{5-112}$$

的一元多项式，如果令 $X_1 = x, X_2 = x^2, \cdots, X_m = x^m$，则上式可转换为多元线性方程

$$\hat{y} = a + b_1 X_1 + b_2 X_2 + \cdots + b_m X_m \tag{5-113}$$

这样，就可以借用多元线性回归分析，求出回归系数 $a, b_1, b_2, \cdots, b_m$，这将在下一节学习多元线性回归分析后讨论。

第三节　多元回归分析

一、多元线性回归分析方程

（一）基本原理

在上一节，我们详细讨论了一元线性回归的基本理论与应用，但在实际应用中，经常遇

到的是多个因素都对试验结果有影响，特别是当几个因素之间还存在相关时，只有同时考虑几个因素的共同作用，才能得到比较客观的结论，这就引出了多元线性回归分析的问题：可以通过多元回归分析，求出因变量（试验指标）y 与多个自变量（试验因素）x_j 之间的近似函数关系 $y = f(x_1, x_2, \cdots, x_m)$。多元线性回归分析是多元回归分析中最简单常用的一种分析方法，其基本原理和一元线性回归分析相同，但由于处理的数据量较大，因此常常以矩阵的形式描述，且一般需要借助计算机实现具体计算。

要进行多元线性回归分析，首先需要将其数据资料进行规范化整理，最典型就是将回归资料整理成列表形式（表 5-23）。

表 5-23　多元线性回归资料典型布置表

观测次数	Y	X_1	X_2	$\cdots$	X_j	$\cdots$	X_m
1	y_1	x_{11}	x_{21}	$\cdots$	x_{j1}	$\cdots$	x_{m1}
2	y_2	x_{12}	x_{22}	$\cdots$	x_{j2}	$\cdots$	x_{m2}
$\vdots$	$\vdots$	$\vdots$	$\vdots$		$\vdots$		$\vdots$
i	y_j	x_{1i}	x_{2i}	$\cdots$	x_{ji}	$\cdots$	x_{mi}
$\vdots$	$\vdots$	$\vdots$	$\vdots$		$\vdots$		$\vdots$
n	y_n	x_{1n}	x_{2n}	$\cdots$	x_{jn}	$\cdots$	x_{mn}

在表中，自变量的个数有 m 个，对应的脚标序号循环 $j = 1, 2, \cdots, m$，观测次数为 n 次，对应的脚标序号循环 $i = 1, 2, \cdots, n$。则因变量 y 与自变量 x 之间的多元线性回归模型为

$$y_i = \alpha + \beta_1 x_{1i} + \beta_2 x_{2i} + \cdots + \beta_m x_{mi} + \varepsilon_i, \ (i = 1, 2, \cdots, n) \tag{5-114}$$

简记为

$$y_i = \alpha + \sum_{j=1}^{m} \beta_j x_{ji} + \varepsilon_i, \ (i = 1, 2, \cdots, n) \tag{5-115}$$

其中 ε_i 为遵循独立同分布的随机变量，都具有 $\varepsilon_i \sim N(0, \sigma^2), \ (i = 1, 2, \cdots, n)$，若以 $a, b_1, b_2, \cdots, b_m$ 分别作为理论参数 $\alpha, \beta_1, \beta_2, \cdots, \beta_m$ 的估计值，则该模型的近似函数关系表达为

$$\hat{y} = a + b_1 x_1 + b_2 x_2 + \cdots + b_m x_m \tag{5-116}$$

称式（5-116）为因变量 y 关于自变量 $x_1, x_2, \cdots, x_m$ 的多元线性回归方程，其中的 $b_1, b_2, \cdots, b_m$ 称为偏回归系数。

要确定这些回归系数 $b_1, b_2, \cdots, b_m$ 及截距 a，则需要建立多元线性回归分析的正规方程组，这和一元线性回归分析一样，利用最小二乘法，使得求出的离差平方和达到最小即可。当自变量 $x_1, x_2, \cdots, x_m$ 取不同试验值时，得到的 n 组试验数据如表 5-23 所列，则将各次观测值 y_i 及自变量 $x_{1i}, x_{2i}, \cdots, x_{mi}$ 代入式（5-116）中，即可计算观测的离差平方和：

$$SS_E = \sum_{i=1}^{n} (y_i - \hat{y}_i)^2 = \sum_{i=1}^{n} [y_i - (a + b_1 x_{1i} + b_2 x_{2i} + \cdots + b_m x_{mi})]^2 \tag{5-117}$$

要使得 SS_E 最小，则根据最小二乘法原理，使得下述存在：

$$\frac{\partial SS_E}{\partial a} = 0, \ \frac{\partial SS_E}{\partial b_1} = 0, \ \frac{\partial SS_E}{\partial b_2} = 0, \ \cdots, \ \frac{\partial SS_E}{\partial b_m} = 0 \tag{5-118}$$

具体展开为

$$\begin{cases}
\dfrac{\partial \mathrm{SS}_E}{\partial a} = 2\sum_{i=1}^{n}(-1)\times[y_i-(a+b_1x_{1i}+b_2x_{2i}+\cdots+b_mx_{mi})]=0, \\[2ex]
\dfrac{\partial \mathrm{SS}_E}{\partial b_1} = 2\sum_{i=1}^{n}(-x_{1i})\times[y_i-(a+b_1x_{1i}+b_2x_{2i}+\cdots+b_mx_{mi})]=0, \\[2ex]
\dfrac{\partial \mathrm{SS}_E}{\partial b_2} = 2\sum_{i=1}^{n}(-x_{2i})\times[y_i-(a+b_1x_{1i}+b_2x_{2i}+\cdots+b_mx_{mi})]=0, \\[2ex]
\qquad\qquad\qquad\qquad\cdots \\[2ex]
\dfrac{\partial \mathrm{SS}_E}{\partial b_m} = 2\sum_{i=1}^{n}(-x_{mi})\times[y_i-(a+b_1x_{1i}+b_2x_{2i}+\cdots+b_mx_{mi})]=0.
\end{cases} \tag{5-119}$$

整理为正规方程组，得到

$$\begin{cases}
na+b_1\sum_{i=1}^{n}x_{1i}+b_2\sum_{i=1}^{n}x_{2i}+\cdots+b_m\sum_{i=1}^{n}x_{mi}=\sum_{i=1}^{n}y_i, \\[2ex]
a\sum_{i=1}^{n}x_{1i}+b_1\sum_{i=1}^{n}x_{1i}^2+b_2\sum_{i=1}^{n}x_{1i}x_{2i}+\cdots+b_m\sum_{i=1}^{n}x_{1i}x_{mi}=\sum_{i=1}^{n}x_{1i}y_i, \\[2ex]
a\sum_{i=1}^{n}x_{2i}+b_1\sum_{i=1}^{n}x_{1i}x_{2i}+b_2\sum_{i=1}^{n}x_{2i}^2+\cdots+b_m\sum_{i=1}^{n}x_{2i}x_{mi}=\sum_{i=1}^{n}x_{2i}y_i, \\[2ex]
\qquad\qquad\qquad\qquad\cdots \\[2ex]
a\sum_{i=1}^{n}x_{mi}+b_1\sum_{i=1}^{n}x_{1i}x_{mi}+b_2\sum_{i=1}^{n}x_{2i}x_{mi}+\cdots+b_m\sum_{i=1}^{n}x_{mi}^2=\sum_{i=1}^{n}x_{mi}y_i.
\end{cases} \tag{5-120}$$

求解正规方程组（5-120），其解即为回归系数。需要注意的是，n 个方程可求解 n 个变量，要使得正规方程组有解，则要求 $m<n$，即观测次数要多于自变量的个数。

若引入校正平方和的记号，则可将上述的正规方程组化简为

$$\begin{cases}
a=\bar{y}-b_1\bar{x}_1-b_2\bar{x}_2-\cdots-b_m\bar{x}_m, \\[1.5ex]
L_{11}b_1+L_{12}b_2+\cdots+L_{1m}b_m=L_{1y}, \\[1.5ex]
L_{21}b_1+L_{22}b_2+\cdots+L_{2m}b_m=L_{2y}, \\[1.5ex]
\qquad\qquad\cdots \\[1.5ex]
L_{m1}b_1+L_{m2}b_2+\cdots+L_{mm}b_m=L_{my}.
\end{cases} \tag{5-121}$$

其中，

$$\bar{x}_j=\frac{1}{n}\sum_{i=1}^{n}x_{ji}, \quad (j=1,2,\cdots,m) \tag{5-122}$$

是每个自变量的均值；

$$\bar{y}=\frac{1}{n}\sum_{i=1}^{n}y_i, \quad (i=1,2,\cdots,n) \tag{5-123}$$

是试验指标的均值；

$$L_{jj}=\sum_{i=1}^{n}(x_{ji}-\bar{x}_j)^2, \quad (j=1,2,\cdots,m) \tag{5-124}$$

是各自变量的平方和；

$$L_{jk} = L_{kj} = \sum_{i=1}^{n}(x_{ji} - \overline{x}_j)(x_{ki} - \overline{x}_k), \quad (j,k = 1,2,\cdots,m, j \neq k) \tag{5-125}$$

是自变量之间的交叉乘积和；

$$L_{jy} = \sum_{i=1}^{n}(x_{ji} - \overline{x}_j)(y_i - \overline{y}), \quad (j = 1,2,\cdots,m) \tag{5-126}$$

是自变量与因变量之间的交叉乘积和。

例 12 在某种新药的合成试验中，为提高得率，选配了原料配比（x_1）、溶剂量（x_2）和反应时间（x_3）3 个因素，试验的 7 个重复观测数据如表 5-24 所示，试用线性回归模型进行拟合，并给出方程。

表 5-24 新药合成试验中三因素观测数据表

编号	y	x_1	x_2	x_3
1	0.330	1.0	13.0	1.5
2	0.336	1.4	19.0	3.0
3	0.294	1.8	25.0	1.0
4	0.476	2.2	10.0	2.5
5	0.209	2.6	16.0	0.5
6	0.451	3.0	22.0	2.0
7	0.482	3.4	28.0	3.5

解 本次试验共 7 次，自变量 3 个，则回归的方程形如 $y = a + b_1x_1 + b_2x_2 + b_3x_3$，需要计算的系数包括 a, b_1, b_2, b_3。根据公式，计算得到各种校正平方和列于表 5-25。

表 5-25 例 12 中各因素的校正平方和

L_{ij}		j		
		1	2	3
	1	4.48	16.80	1.40
i	2	16.80	252.00	10.50
	3	1.40	10.50	7.00

得到的各均值，列于表 5-26。

表 5-26 例 12 中各因素的均值

$\overline{x}_1$	$\overline{x}_2$	$\overline{x}_3$	$\overline{y}$
2.2	19.0	2.0	0.3683

得到正规方程组，如下：

$$\begin{cases} 4.48b_1 + 16.80b_2 + 1.40b_3 = 0.240, \\ 16.80b_1 + 252.00b_2 + 10.50b_3 = 0.564, \\ 1.40b_1 + 10.50b_2 + 7.00b_3 = 0.524, \\ a = 0.368 - 2.20b_1 - 19.00b_2 - 2.00b_3. \end{cases}$$

求解方程，得到回归系数：
$$b_1 = 0.0455, b_2 = -0.0038, b_3 = 0.0715$$

回归系数：
$$a = 0.1969$$

回归方程：
$$y = 0.196942 + 0.045463x_1 - 0.003772x_2 + 0.071494x_3$$

到目前为止，我们得到了回归方程，但上述结果是否有意义，还需要进行显著性检验。

（二）回归方程的 MATLAB 求解

多元线性回归分析的计算比较烦琐，在上面的例子中，需要计算大量的求和、平均及解多元线性方程组等，在学习基本原理时，可以人工计算各项，但这容易出错，也不易求解。为了帮助理解，在掌握上述原理的基础上，下面给出了具体求解线性回归计算代码，运行时可输出各种中间计算量。前面的例子中的具体结果，即来自本代码的运行：

```
x = [1.0,13.0,1.5;1.4,19.0,3.0;1.8,25.0,1.0;
     2.2,10.0,2.5;2.6,16.0,0.5;3.0,22.0,2.0;
     3.4,28.0,3.5];
y = [0.330,0.336,0.294,0.476,0.209,0.451,0.482];
GetMultiRegreEqu(x,y)
```

附源码：

```
function [equStr] = GetMultiRegreEqu(x,y,alpha)
% 函数名称:GetMultiRegreEqu.m
% 实现功能:根据输入的 x 和 y 观测值,求解多元线性回归,得到回归方程.
% 输入参数:函数共有 3 个输入参数,含义如下:
%          :(1),x,自变量数据,每个 x 占据 1 列.
%          :(2),y,试验指标观测值,以向量形式输入.
%          :(3),alpha,显著性水平,默认 0.05.
% 输出参数:函数默认 1 个输出参数:
%          :(1),equStr,适合人阅读的回归方程.
% 函数调用:实现函数功能需要调用 1 子函数.
%          :(1),multiRegreTest,偏相关系数标准化检验与方差分析 F 检验.
% 参考资料:实现函数算法,其他参考资料,请参阅:
%          :(1),马寨璞,MATLAB 语言编程[M],北京:电子工业出版社,2017.
% 原始作者:马寨璞,wdwsjlxx@163.com.
% 创建时间:2017-05-09,16:57:11.
% 原始版本:1.0
% 版权声明:未经作者许可,任何单位及个人不得以任何方式或理由对本代码
%          :进行网上传播、贩卖等.
% 实用样例:
%          x = [ 1.0,13.0,1.5;1.4,19.0,3.0;1.8,25.0,1.0;
%              2.2,10.0,2.5;2.6,16.0,0.5;3.0,22.0,2.0;
%              3.4,28.0,3.5];
%          y = [0.330,0.336,0.294,0.476,0.209,0.451,0.482];
%          GetMultiRegreEqu(x,y)
%
% 检查 alpha
```

```
if nargin<3||isempty(alpha)
    alpha = 0.05;
elseif isscalar(alpha)
    comnAlpha = [0.10,0.05,0.025,0.01,0.005,0.0025,0.001];
    if ~ismember(comnAlpha,alpha)
        error('输入违背惯例!');
    end
else
    error('input error! ');
end
% 检查 x 和 y
n = length(y); y = y(:);     % y 的个数决定观测重复数
[nRows,nCols] = size(x);
if nRows~ = n        %要求 x 的行数与 y 的长度一致
    error('x 与 y 的数据格式不匹配!');
else
    m = nCols;
end
fprintf('本次回归计算,需要拟合的 x 系数有%d 个,数据重复观测%d 次\n',m,n);
% 计算各平均值与平方和
mx = mean(x,1);my = mean(y);
Lxx = zeros(m,m);   % 存放 x 之间的平方和
Lxy = zeros(m,1);    % 存放 xy 之间的平方和
for j1 = 1:m
    for j2 = 1:m
        Lxx(j1,j2) = sum((x(:,j1)-mx(j1)).*(x(:,j2)-mx(j2)));
    end
    Lxy(j1) = sum((x(:,j1)-mx(j1)).*(y(:)-my));
end
fprintf('自变量 x 的各种平方和:\n');disp(Lxx);
fprintf('x 和 y 的交叉乘积和:\n');disp(Lxy);
% 输出正规方程
biggest = max(Lxx(:));                          %整数部分位数
maxWidth = length(num2str(biggest)) + 3; % + 小数点 + 2 位小数
aEquStr = 'a = ';
aEquStr = strcat(aEquStr,sprintf('%.3f',my));
fprintf('本次求解的正规方程组如下:\n')
for ir = 1:m
    if mx(ir)> = 0
        aEquStr = strcat(aEquStr,sprintf('-%.2f*b%d',mx(ir),ir));
    else
        aEquStr = strcat(aEquStr,sprintf(' + %.2f*b%d',abs(mx(ir)),ir));
    end
    for jc = 1:m
        if Lxx(ir,jc)> = 0
            outf = sprintf('%%%d.2f*b%%d + ',maxWidth);
            fprintf(outf,Lxx(ir,jc),jc);
        else
            outf = sprintf('%%%d.2f*b%%d-',maxWidth);
            fprintf(outf,abs(Lxx(ir,jc)),jc);
        end
    end
```

```
        fprintf('\b = %.3f\n',Lxy(ir));
end
fprintf('%s\n',aEquStr)
% 具体求解
bs = Lxx\Lxy;
fprintf('回归系数：');
for il = 1:m
    fprintf('b%d = %.4f,',il,bs(il));
end
fprintf('\b\n');
a = my-sum(bs'.*mx);fprintf('回归系数：a = %.4f\n',a);
fprintf('回归方程：');equStr = 'y = ';
equStr = strcat(equStr,sprintf('%f',a));
for ilp = 1:m
    if bs(ilp)> = 0
        equStr = strcat(equStr,sprintf(' + %f*X%d',bs(ilp),ilp));
    else
        equStr = strcat(equStr,sprintf('-%f*X%d',abs(bs(ilp)),ilp));
    end
end
disp(equStr);
% 进行显著性检验
multiRegreTest(x,y,bs,alpha);
```

二、多元线性回归方程显著性检验

（一）F 检验法原理

在求解得到多元线性回归方程后，还需要对得到的结果进行显著性检验，检验通过了，才能说明回归方程有意义。在多元线性回归模型中，已经假设 $\varepsilon_i \sim N(0,\sigma^2)$，$y$ 也是服从正态分布的随机变量，$y \sim N\left(\alpha + \sum_{j=1}^{m}\beta_j x_j, \sigma^2\right)$，针对各个回归系数，显著性假设为

$$H_0: \beta_1 = \beta_2 = \cdots = \beta_m = 0, \quad H_1: \beta_j \neq 0 \text{（至少 1 个）} \tag{5-127}$$

因此，拒绝 H_0 则说明至少有一个自变量对因变量有影响。对于多元线性回归，常用的检验方法有 F 检验法、相关系数检验法等，这里重点介绍比较通用的 F 检验法。

F 检验法实际上是利用方差分析的方法进行检验，首先需要计算各种平方和，得到如下结果。

（1）总平方和。

$$\mathrm{SS}_T = L_{yy} = \sum_{i=1}^{n}(y_i - \overline{y})^2 \tag{5-128}$$

（2）回归平方和。

$$\mathrm{SS}_R = \sum_{i=1}^{n}(\hat{y}_i - \overline{y})^2 = b_1 L_{1y} + b_2 L_{2y} + \cdots + b_m L_{my} \tag{5-129}$$

（3）残差平方和。

$$\mathrm{SS}_E = \sum_{i=1}^{n}(y_i - \hat{y}_i)^2 = \mathrm{SS}_T - \mathrm{SS}_R \tag{5-130}$$

则方差分析如表 5-27 所示。

表 5-27　多元线性回归方差分析表

变差来源	平方和	自由度	均方	F 值	F 临界值	显著性
回归	SS_R	m	$MS_R = \dfrac{SS_R}{m}$	$F = \dfrac{MS_R}{MS_E}$	$F_\alpha(m, n-m-1)$	
残差	SS_E	$n-m-1$	$MS_E = \dfrac{SS_E}{n-m-1}$			
总和	SS_T	$n-1$				

例 13　续例 12，对于例 12 进行 F 检验，则有如下的方差分析表（表 5-28）。

表 5-28　例题 12 中回归结果的方差分析表

变差来源	平方和	自由度	均方	F 值	F 临界	显著性
回归	0.046	3	0.015	2.54	9.28	0
残差	0.018	3	0.006			
总和	0.064	6				

从中可以看出，虽然得到了回归方程，但显著性不明显，故应考虑使用其他模型拟合。

（二）带检验的多元线性回归 MATLAB 实现

在得到回归方程后，除了需要对回归方程的显著性进行检验外，对于各个系数，也可以进行显著性检验。下面是根据多元回归分析实现的函数，可实现一般情况下的多元回归。例 13 中的表 5-28 就是本函数运行结果的直接整理，具体实现如下：

```
x = [1.0,13.0,1.5;1.4,19.0,3.0;1.8,25.0,1.0;
  2.2,10.0,2.5;2.6,16.0,0.5;3.0,22.0,2.0;
  3.4,28.0,3.5]
y = [0.330,0.336,0.294,0.476,0.209,0.451,0.482]
[bHat,yHat,stats] = multiRegres(x,y)
```

这其中调用的 **multiRegres** 源码如下：

```
function [bHat,yHat,stats] = multiRegres(X,Y,MyAlpha)
% 函数名称:multiRegres.M
% 实现功能:多元线性回归(Y = Xβ + ε).
% 输入参数:本函数共有 3 个输入参数,含义如下:
%          :(1)X,自变量矩阵,每列对应一个自变量,每行看作一个观测值
%          :(2)Y,因变量矩阵,同 X
%          :(3)MyAlpha,检验水平,缺省默认 0.05
% 输出参数:本函数默认 3 个输出参数,含义如下:
%          :(1) bHat:回归系数
%          :(2) yHat:回归目标值,使用 yHat 来观测回归效果
%          :(3) stats:结构体,具有如下字段
%          : 3.1,stats.fTest = [fVal,fH],F 检验相关参数,检验线性回归方程
%          :    是否显著;
%          :    fVal: F 分布值,越大越好,线性回归方程越显著
%          :    fH: 0 或 1,0 不显著; 1 显著(好)
```

```
%          : 3.2,stats.tTest = [tH,tVal],T 检验相关参数和区间估计,检验
%          : 回归系数 β 是否与 Y 有显著线性关系
%          : tVal：T 分布值,beta_hat(i)绝对值越大,表示 Xi 对 Y 显著的
%          : 线性作用;
%          : tH: 0 或 1,0 不显著;1 显著
%          : 3.3,stats.TUQR = [SSt,SSr,SSe,R],回归中使用的重要参数
%          : SSt:总离差平方和,且满足 SSt = SSr + SSe
%          : SSr:回归离差平方和;
%          : SSe:残差平方和
%          : R∈[0,1]:复相关系数,表征回归离差占总离差的百分比,越大越好
% 特别说明:有可能会出现这样的情况,总的线性回归方程显著(stats.fH = 1),
%          :但所有的回归系数却对 Y 的线性作用不显著(stats.tF = 0),产生
%          :这种现象的原因是回归变量之间具有较强的线性相关,但这种
%          :线性相关不适用于当前使用的模型,需要重新选择模型.
% 函数调用:本函数实现功能需要调用 1 个子函数:
%          :(1),PrintAnovaTable,用来格式化输出方差分析表
% 参考资料:本函数所实现功能的更详细资料,请参阅教材:
%          :(1),马寨璞,MATLAB 语言编程[M],北京:电子工业出版社,2017.
% 原始作者: 马寨璞,wdwsjlxx@163.com
% 创建时间: 2016-04-24,19:57:30
% 原始版本: 1.0
% 修订时间: 2017-05-09
% 版权声明: 未经作者许可,任何单位及个人不得以任何方式或理由对本代码进行
%          : 网上传播、贩卖等。
% 实用样例:  例一
%     X = [2.6,9;1.6,1;1.8,1;2.7,6;2.2,4;2.0,7;...
%          2.5,3;1.8,6;1.8,2;1.5,4;2.5,5;2.3,1;...
%          1.6,0;2.2,0;1.7,3];
%     Y = [7.8;2.8;3.2;10.7;5.0;9.1;6.3;8.6;4.1;...
%          6.8;6.8;3.7;1.6;2.2;2.4];
%     [bHat,yHat,stats] = multiRegres(X,Y);
%
%     例二
%     X = [1,22,2;1.4,13,1;1.8,28,3;2.2,16,3.5;2.6,25,.5;...
%          3.0,10,2.5;3.4,19,1.5];
%     Y = [0.6146;0.3506;0.7537;0.8195;0.0970;0.7114;0.4186];
%     [bHat,yHat,stats] = multiRegres(X,Y);
%
if nargin<3||isempty(MyAlpha)
    MyAlpha = 0.05;
elseif isscalar(MyAlpha)
    AllowableAlphas = [0.1,0.05,0.025,0.01,0.001];
    if ~ ismember(MyAlpha,AllowableAlphas)
        error('输入的 alpha 检验水平数据不符合习惯!');
    end
else
    error('输入有误');
end
[nRows,nCols] = size(X);%nRows 样本个数,nCols 变量个数
if nRows~ = length(Y)
    error('输入数据匹配有误');
else
```

```
    X = [ones(nRows,1),X]; Y = Y(:);
end
%计算回归系数 b,输出显示回归方程
Coeff = inv(X'*X); bHat = X'*X\X'*Y;
fprintf('回归方程式为:');
funcStr = sprintf('Y = %.4f',bHat(1));
for ip = 2:length(bHat)
    if bHat(ip)> = 0
        funcStr = strcat(funcStr,sprintf(' + %.4fX%d',...
            abs(bHat(ip)),ip-1));
    else
        funcStr = strcat(funcStr,sprintf('-%.4fX%d',...
            abs(bHat(ip)),ip-1));
    end
end
fprintf('%s\n',funcStr);
%准备多元回归的显著性检验
yHat = X*bHat;
SSe = (Y-yHat)'*(Y-yHat); %残差平方和
yMean = mean(Y);
SSr = (yHat-yMean)'*(yHat-yMean); %回归离差平方和
SSt = (Y-yMean)'*(Y-yMean); %总离差平方和
if SSt-SSe-SSr>eps, error('计算有误'); end
R = sqrt(SSr/SSt);%复相关系数
%回归显著性检验:服从 F 分布,F 的值越大越好
dfr = nCols;dfe = nRows-nCols-1;dft = dfr + dfe;
MSr = SSr/dfr;MSe = SSe/dfe;
fVal = MSr/MSe;
fCutOff = finv(1-MyAlpha,dfr,dfe);
fH = fVal>fCutOff; % H = 1,线性回归方程显著(好);H = 0,回归不显著
%形成方差分析表基本框架
tables = cell(4,6);
tblHd = {'变差来源','平方和','自由度','均方','F 值','F 临界值'};
tblCn = {'回归','剩余','总和'};
pfh = [SSr,SSe,SSt];df = [dfr,dfe,dft];MS = [MSr,MSe];
for jc = 1:6%处理表头
    tables{1,jc} = tblHd{jc};
end
for ir = 2:4%处理左列
    tables{ir,1} = tblCn{ir-1};
    tables{ir,2} = sprintf('%.2f',pfh(ir-1));
    tables{ir,3} = sprintf('%d',df(ir-1));
end
for ir = 2:3
    tables{ir,4} = sprintf('%.4f',MS(ir-1));
end
if fH = = 1
    tables{2,5} = sprintf('%.2f*',fVal);
else
    tables{2,5} = sprintf('%.2f',fVal);
end
tables{2,6} = sprintf('%.2f',fCutOff);
```

```
figure,PrintAnovaTable(tables)
%回归系数的显著性检验
sbj2 = diag(Coeff)*MSe;
tVal = bHat(2:end)./sqrt(sbj2(2:end));
tCutOff = tinv(1-MyAlpha,nRows-nCols-1);
tH = abs(tVal)>tCutOff;
%表格
tbl = cell(2,length(sbj2)-1);
for jc = 1:length(sbj2)-1
    tbl{1,jc} = sprintf('b%d',jc);
    if tH(jc)>0
        tbl{2,jc} = sprintf('%.4f*',bHat(jc + 1));
    else
        tbl{2,jc} = sprintf('%.4f',bHat(jc + 1));
    end
end
figure,PrintAnovaTable(tbl);
stats = struct('fTest',[fH,fVal],'tTest',[tH,tVal],...
'TUQR',[SSt,SSr,SSe,R]);
```

（三）复相关分析

在一元线性回归中，通过计算相关系数 r，可以考察变量 X 与 Y 的相关性，在多元线性回归中，借助类似于 r 的复相关系数 R，也可以考察 Y 与各个自变量 X 之间的线性相关程度。复相关系数的定义式如下：

$$R = \frac{\sum_{i=1}^{n}(y_i - \overline{y})(\hat{y}_i - \overline{y})}{\sqrt{\sum_{i=1}^{n}(y_i - \overline{y})^2 \sum_{i=1}^{n}(\hat{y}_i - \overline{y})^2}} \tag{5-131}$$

复关系数的平方 R^2，称为决定系数，它反映了回归平方和 SS_R 在总离差平方和 SS_T 中所占的比例。R^2 也可表达为

$$R^2 = \frac{\mathrm{SS}_R}{\mathrm{SS}_T} = 1 - \frac{\mathrm{SS}_E}{\mathrm{SS}_T} \tag{5-132}$$

因为始终存在 $0 \leqslant \mathrm{SS}_E \leqslant L_{yy} = \mathrm{SS}_T$，所以 $0 \leqslant R^2 \leqslant 1$。在实际应用时，一般不直接根据定义式进行计算，而是通过决定系数 R^2 开方求 R，且常常取正值的平方根。

$$R = \sqrt{\frac{\mathrm{SS}_R}{\mathrm{SS}_T}} \tag{5-133}$$

由上可知，当 $R = 1$ 时，说明 Y 的全部变异（体现为离差平方和）都可由回归模型解释，表示 Y 与各个自变量之间存在严格的线性相关关系；当 $R \approx 0$ 时，则表示 Y 与各个自变量之间不存在任何的线性相关关系，但这不否定存在其他的非线性关系。当 $0 < R < 1$ 时，表明 Y 与各个自变量之间存在一定程度的线性相关。总的来说，R^2 越大，说明回归占得比例越大，曲线回归得越好。

但是，这个参数有其自己的缺点，使用时也应谨慎：①对于模型，如果添加足够多的项，总会使得 R^2 变大，但这种变大，并不必然意味着新模型优于旧模型，反倒有可能因为增加了新项使得自由度减小，最终导致新模型比旧模型有更大的均方误差；② R^2 的大小还与自变量 X 的范围有关，在模型的一般假设下，R^2 将随着 X 的分散程度的增加而变大，随着 X 分散程度的下降而变小；③它不能作为线性模型预测适用性的参考指标，因为即使 Y 与 X 非线性相关，R^2 通常也会较大。

对于给定的显著性水平 α，一般要求 $R > R_{\min}$，这里 $R_{\min}$ 为复相关系数的检验临界值，可查表或编程计算得到。由于 SS_R 常受到试验次数 n 的影响，因此有时会采用可以修订自由度的决定系数，计算如下：

$$R_a^2 = 1 - \frac{n-1}{n-m-1}(1-R^2) \tag{5-134}$$

其中，m 是自变量的个数。

三、偏回归系数的检验与用途

在得到多元线性回归方程后，除进行回归方程显著性检验外，有时候还需要进行更仔细的分析。例如，为了解哪些因素对试验结果的影响较大，哪些因素的影响可以忽略，就必须对每一个因素的重要性进行分析。另外，在实际应用中，我们总是希望建立一个比较简单的回归方程，以便于方便快捷地用于预报、控制等。当各个自变量之间相关性不显著时，可直接观察比较各回归系数的绝对值，绝对值越大越重要；当各自变量的单位不一致时，就不能直接比较，必须转化为标准回归系数，将单位不一致的影响消除掉后，才可进行重要性的比较。下面介绍两种常用的方法。

（一）偏回归系数的标准化

在多元线性回归方程中，偏回归系数 $b_1, b_2, \cdots, b_m$ 只代表了各自变量对因变量的具体影响，因为 b_j 取值会受到对应因素单位和取值的影响，所以其值的大小并不能直接反映自变量的相对重要性。为了避免这种影响，就必须统一评价标准，对偏回归系数进行标准化处理。

以 $P_j (j = 1, 2, \cdots, m)$ 表示偏回归系数 b_j 的标准化值，则偏回归系数的标准化为

$$P_j = |b_j| \sqrt{L_{jj}/L_{yy}} \tag{5-135}$$

根据 P_j 的大小，就可直接判断各因素（自变量）x_j 的相对重要程度，P_j 越大，则对应的因素影响越大、越重要。

（二）用 F 检验考察偏回归系数

在多元回归方程的 F 检验中，回归的平方和 SS_R 反映了所有自变量 $x_1, x_2, \cdots, x_m$ 对试验指标 y 的总影响。F 检验是一种通用的评价方法，若将它应用到每个偏回归系数上，就能确定每个偏回归系数的显著性，根据它们显著性的不同及显著性的程度，就可以判断它们对应因素的重要程度。

为了使用 F 检验法，首先计算每个偏回归系数的平方和 $\mathrm{SS}_{b_j} (j = 1, 2, \cdots, m)$

$$\mathrm{SS}_{b_j} = b_j L_{jy} = b_j^2 L_{jj} \tag{5-136}$$

SS_{b_j} 的大小表示了 x_j 对 y 的影响程度的大小，对于单个的回归系数 x_j，自由度总是为 1，所以，有

$$F_{b_j} = \frac{MS_{b_j}}{MS_E} = \frac{SS_{b_j}}{MS_E} \sim F(1, n-m-1) \qquad (5\text{-}137)$$

对于给定的显著性水平 α，根据 F_{b_j} 与 $F_{\alpha}(1, n-m-1)$ 的关系，判断显著性。

实际上，F 检验法还可以转换为 t 检验方法，若将偏回归系数的标准差计算出来，

$$S_{b_j} = \sqrt{\frac{SS_E}{L_{jj}}} \quad (j = 1, 2, \cdots, m) \qquad (5\text{-}138)$$

则据式（5-95），得到

$$F_{b_j} = \frac{SS_{b_j}}{MS_E} = \frac{b_j^2 L_{jj}}{MS_E} = \frac{b_j^2}{MS_E / L_{jj}} == \left(\frac{b_j}{\sqrt{MS_E / L_{jj}}}\right)^2 = \left(\frac{b_j}{S_{b_j}}\right)^2 = t_{b_j}^2 \qquad (5\text{-}139)$$

所以，取

$$t_{b_j} = \sqrt{F_{b_j}} \qquad (5\text{-}140)$$

则也可以按照 t 检验进行检验，取 $t_{b_j} > t_{\alpha/2}(n-m-1)$ 的单边检验即可。

例 14　新药研发生产中，得率 y 与反应温度 x_1、反应时间 x_2 和反应物含量 x_3 有关，进行的 8 次得率试验数据如表 5-29 所示，设得率 y 与各因素之间符合线性关系，试进行线性回归，并判断因素的主次。

表 5-29　优选因素的新药试验观测数据

试验	得率 y	x_1 /℃	x_2 /h	x_3 /%
1	7.6	70	10	1
2	10.3	70	10	3
3	8.9	70	30	1
4	11.2	70	30	3
5	8.4	90	10	1
6	11.1	90	10	3
7	9.8	90	30	1
8	12.6	90	30	3

解　（1）根据已知条件，经过线性回归，得到回归系数与线性方程为

$$a = 2.1875, \ b_1 = 0.04875, \ b_2 = 0.06375, \ b_3 = 1.3125$$

（2）标准化法：对偏回归系数进行标准化

$$P_1 = b_1 \sqrt{L_{11} / L_{yy}} = 0.04875 \sqrt{\frac{800}{19.07}} = 0.316$$

$$P_2 = b_2 \sqrt{L_{22} / L_{yy}} = 0.06375 \sqrt{\frac{800}{19.07}} = 0.413$$

$$P_3 = b_3 \sqrt{L_{33} / L_{yy}} = 1.3125 \sqrt{\frac{8}{19.07}} = 0.850$$

可以看出 $P_3 \geqslant P_2 \geqslant P_1$，故因素的重要性为 $x_3 \geqslant x_2 \geqslant x_1$。

（3）方差分析法：计算各回归系数的平方和，进行方差分析，先计算总平方和

$$SS_T = L_{yy} = 19.07$$

再计算各个偏回归系数的平方和

$$SS_{b_1} = b_1 L_{1y} = 1.90$$

$$SS_{b_2} = b_2 L_{2y} = 3.25$$

$$SS_{b_3} = b_3 L_{3y} = 13.78$$

可知

$$SS_R = SS_{b_1} + SS_{b_1} + SS_{b_3} = 18.93$$

$$SS_E = SS_T - SS_R = 0.14$$

分析结果如表 5-30 所示。

表 5-30　方差分析表

变差来源	平方和	自由度	变差均方	F 值	F 临界值	显著性
x_1	1.901	1	1.901	56.333	7.709	1
x_2	3.251	1	3.251	96.333	7.709	1
x_3	13.781	1	13.781	408.333	7.709	1
回归	18.934	3	6.311	187.000	6.591	1
残差	0.135	4	0.034			
总和	19.069	7				

分析可知，三因素都具显著性，且根据 F 值，可判断出因素的重要性为 $x_3 \geqslant x_2 \geqslant x_1$。

（三）偏回归系数检验的 MATLAB 实现

在编写代码时，实际上可以直接将检验过程融入回归中，前一节给出的函数 multiRegres 就已经包含了回归检验，但为了重现与应用上述原理，单独编写了检验代码 multiRegreTest，该函数作为子函数，需要被回归函数 GetMultiRegreEqu 调用，具体使用时，既可以单独使用 multiRegres，也可以将 GetMultiRegreEqu 与 multiRegreTest 搭配使用。上述例题中的结果就是本函数具体运行得到的，运行如下：

```
x = [70,10,1;70,10,3;70,30,1;70,30,3;
90,10,1;90,10,3;90,30,1;90,30,3];
y = [7.6,10.3,8.9,11.2,8.4,11.1,9.8,12.6];
GetMultiRegreEqu(x,y)
```

在 GetMultiRegreEqu 内部调用了本函数。

附 multiRegreTest 源码：

```
function multiRegreTest(x,y,b,alpha)
% 函数名称:multiRegreTest.m
% 实现功能:多元线性回归分析的偏相关系数标准化与方差分析 F 检验.
% 输入参数:函数共有 4 个输入参数,含义如下:
%        :(1),x,原始数据的 X,矩阵形式输入,行为重复,列为自变量.
```

```
%          :(2),y,原始数据的 Y,向量形式输入.
%          :(3),b,求解得到的回归系数.
%          :(4),alpha,显著性水平,默认 0.05.
% 输出参数:函数默认无输出参数.
% 函数调用:实现函数功能不需要调用子函数,但本函数需被
%          :GetMultiRegreEqu 调用.
% 参考资料:实现函数算法,其他参考资料,请参阅:
%          :(1),马寨璞,MATLAB 语言编程[M],北京:电子工业出版社,2017.
% 原始作者:马寨璞,wdwsjlxx@163.com.
% 创建时间:2017-05-10,16:17:22.
% 原始版本:1.0
% 版权声明:未经作者许可,任何单位及个人不得以任何方式或理由对本代码
%          :进行网上传播、贩卖等.
% 实用样例: 在 GetMultiRegreEqu 中调用本函数
%              x = [70,10,1;70,10,3;70,30,1;70,30,3;
%                   90,10,1;90,10,3;90,30,1;90,30,3];
%              y = [7.6,10.3,8.9,11.2,8.4,11.1,9.8,12.6];
%              GetMultiRegreEqu(x,y)
%
if nargin<4||isempty(alpha)
    alpha = 0.05;
end
nB = length(b);
[nRows,nCols] = size(x);
if nB~ = nCols
    error('回归系数 b 的个数与 X 的列数不一致！');
end
if length(y)~ = nRows
    error('原始数据 x,y 维数不匹配!');
end
%
Lxx = zeros(nCols,1);% 存放 L11,L22 等脚标相同的 Ljj
Lxy = zeros(nCols,1);% 存放 L1y,L2y 等
for iLoop = 1:nCols
    Lxx(iLoop) = sum((x(:,iLoop)-mean(x(:,iLoop))).^2);
    Lxy(iLoop) = sum((x(:,iLoop)-mean(x(:,iLoop))).*(y-mean(y)));
end
Lyy = sum((y-mean(y)).^2);
%
% 标准化偏相关系数法
p = zeros(nCols,1);
for iLoop = 1:nCols
    p(iLoop) = abs(b(iLoop))*(Lxx(iLoop)/Lyy)^0.5;
end
[p,I] = sort(p,'descend');
fprintf('标准化偏回归系数分别为:'); fprintf('%.3f,',p);fprintf('\b;');
fprintf('按越大越重要,排序因素: '); fprintf('x%d>',I);fprintf('\b\n');
%
%方差分析法
SSt = Lyy;SS = zeros(nCols,1);
for iLoop = 1:nCols
    SS(iLoop) = b(iLoop)*Lxy(iLoop);
```

```
end
SSr = sum(SS);SSe = SSt-SSr;
dfr = nCols;
dfe = nRows-nCols-1;
fprintf('方差分析表\n');
tblHeader = {'变差来源','平方和','自由度','变差均方','F值',...
    'F临界值','显著性'};
fprintf('%s\t',tblHeader{:});fprintf('\b\n');
% 输出:各偏相关系的平方和等
for iLoop = 1:nCols
    fprintf('x%d\t%.3f\t%d\t%.3f\t',iLoop,SS(iLoop),1,SS(iLoop));
    fCutOff = finv(1-alpha,1,dfe);
    F = SS(iLoop)/(SSe/dfe);
    fprintf('%.3f\t%.3f\t',F,fCutOff);
    bl = (F> = fCutOff);
    fprintf('%d\n',bl);
end
% 输出:回归栏
Fr = (SSr/dfr)/(SSe/dfe);
frCutOff = finv(1-alpha,nCols,dfe);
fchk = (Fr> = frCutOff);
regStr = {'回归',sprintf('%.3f',SSr),sprintf('%d',dfr),...
    sprintf('%.3f',SSr/dfr),sprintf('%.3f',Fr),...
    sprintf('%.3f',frCutOff), sprintf('%d',fchk)};
fprintf('%s\t',regStr{:});fprintf('\b\n');
% 输出:残差栏
errStr = {'残差',sprintf('%.3f',SSe),sprintf('%d',dfe),...
    sprintf('%.3f',SSe/dfe)};
fprintf('%s\t',errStr{:});fprintf('\b\n');
% 输出:总和栏
dft = dfe + dfr;
sumStr = {'总和',sprintf('%.3f',SSt),sprintf('%d',dft)};
fprintf('%s\t',sumStr{:});fprintf('\b\n');
%
```

四、一元多项式回归

（一）基本步骤

在第二节中，我们学习过一元非线性函数的拟线性化，并谈到对形如 $\hat{y}=a+b_1x+b_2x^2+\cdots+b_mx^m$ 的一元多项式，通过适当的变换，转换为多元线性方程 $\hat{y}=a+b_1X_1+b_2X_2+\cdots+b_mX_m$，然后借用多元线性回归分析，求出回归系数 $a,b_1,b_2,\cdots,b_m$ 即可。

在拟合各试验观测点时，虽然多项式的阶数 m 越高，回归方程与实际数据拟合的程度就越高，但在多项式阶数增高的同时，回归计算中的舍入误差也会越积越大，过高的阶数反而会降低回归方程的精度，这种降低，有时候会导致得不到合理的结果，正如"过犹不及"这一成语所言，故一般取多项式阶数 $m=2\sim4$ 即可。

对于 m 阶多项式，可看作是 m 个自变量的多元线性回归，因此，自变量的变换 $X_1=x,X_2=x^2,\cdots,X_m=x^m$，相当于将原始数据变更为如表 5-31 格式的数据。

表 5-31 多项式回归中数据变换格式表

实验号	Y	$X_1(x)$	$X_2(x^2)$	$\cdots$	$X_m(x^m)$
1	Y_1	X_{11}	X_{21}	$\cdots$	X_{m1}
2	Y_2	X_{12}	X_{22}	$\cdots$	X_{m2}
$\vdots$	$\vdots$	$\vdots$	$\vdots$	$\vdots$	$\vdots$
n	Y_n	X_{1n}	X_{2n}	$\cdots$	X_{mn}

对于变换后的数据列表，按照多元线性回归，则按照式（5-120），求解得到正规方程组，进而求解与检验。下面以具体实例说明多项式回归的具体步骤。

例 15 某实验数据如表 5-32 所示，试拟合该组数据，并进行检验（$\alpha = 0.05$）。

表 5-32 例题 15 观测数据

x_i	1	3	4	5	6	7	8	9	10
y_i	2	7	8	10	11	12	10	9	8

解 求解分以下 5 步。

（1）确定多项式阶数。

根据观测数据绘制散点图，如图 5-10 所示。根据散点图中数据的大致分布，确定多项式的阶数。本例中，数据大致按抛物线形式分布，故确定按照 2 阶多项式拟合，即阶数 $m = 2$，多项式方程设定为 $y = a + b_1 x + b_2 x^2$。

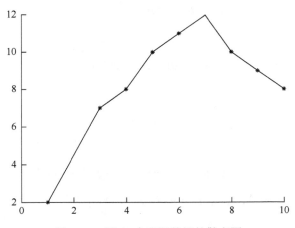

图 5-10 例 15 中观测数据的散点图

（2）自变量代换。

根据确定的多项式阶数，按照 $X_1 = x, X_2 = x^2, \cdots, X_m = x^m$ 对多形式方程进行代换，得到要拟合的线性方程 $Y = a + b_1 X_1 + b_2 X_2 + \cdots + b_m X_m$，本例中，只有 2 阶，故代换过程为 $y = a + b_1 x + b_2 x^2 \Rightarrow Y = a + b_1 X_1 + b_2 X_2$。

（3）数据的变换。

将原始观测数据进行变换，使之满足多元线性回归分析的数据布置格式，对于本例，则转换结果如表 5-33 所示。

表 5-33　例 15 中原始数据线性化转换表

试验序号	Y	$X_1(x)$	$X_2(x^2)$
1	2	1	1
2	7	3	9
3	8	4	16
4	10	5	25
5	11	6	36
6	12	7	49
7	10	8	64
8	9	9	81
9	8	10	100

（4）回归分析。

对新数据进行线性回归，得到相应的正规方程组等，求解得到回归系数，并进行显著性检验。对于本例，具体经过如下。

正规方程组：

$$\begin{cases} 68.89b_1 + 773.33b_2 = 42.556, \\ 773.33b_1 + 9188.00b_2 = 336.333, \\ a = 8.556 - 5.89b_1 - 42.33b_2. \end{cases}$$

回归系数：

$$b_1 = 3.7501, b_2 = -0.2790$$

回归系数：

$$a = -1.7160$$

回归方程：

$$Y = -1.715966 + 3.750076X_1 - 0.279030X_2$$

利用方差分析对参数的检验，其汇报表如表 5-34 所示。

表 5-34　例 15 回归结果的方差分析表

变差来源	平方和	自由度	变差均方	F 值	F 临界值	显著性
回归	65.740	2	32.870	79.439	5.143	1
残差	2.483	6	0.414			
总和	68.222	8				

（5）返回。

当检验显著后，可将上述得到的回归系数，返回到原始确定的 m 阶多项式中，得到最终的结果。对于本例，其结果为

$$y = -1.715966 + 3.750076x - 0.279030x^2$$

（二）一元多项式回归的数据准备

为了方便处理数据，根据上述原理，编写了数据转换的 **dataTrans4polynomial** 函数，读者只需按照向量输入原始的 x, y 观测值，即可按照函数说明中的示例直接调用计算。上述例 15 即本函数变换数据后的线性回归结果。下面是数据转换函数源码。

```
function[newx,newy] = dataTrans4polynomial(x,y,m)
% 函数名称:dataTrans4polynomial.m
% 实现功能:根据多项式阶数将数据转换为符合多元线性回归要求的格式.
% 输入参数:函数共有 3 个输入参数,含义如下:
%          :(1-2),x,y,原始数据.
%          :(3),m,多项式阶数,一般限定在 2~4,超出将给出警告.
% 输出参数:函数默认 2 个输出参数,请修改:
%          :(1),newx,新的 x 数据.
%          :(2),newy,新的 y 数据.
% 函数调用:实现函数功能不需要调用子函数.
% 参考资料:实现函数算法,其他参考资料,请参阅:
%          :(1),马寨璞,MATLAB 语言编程[M],北京:电子工业出版社,2017.
% 原始作者:马寨璞,wdwsjlxx@163.com
% 创建时间:2017-05-10,23:51:48
% 原始版本:1.0
% 版权声明:未经作者许可,任何单位及个人不得以任何方式或理由对本代码
%          :进行网上传播、贩卖等.
% 实用样例:
%          x = [1,3,4,5,6,7,8,9,10];
%          y = [2,7,8,10,11,12,10,9,8];
%          m = 2;
%          [newx,newy] = dataTrans4polynomial(x,y,m);
%          GetMultiRegreEqu(newx,newy);
%
% 检测多项式阶数
if nargin~ = 3,error('输入数据参数个数不对!');end
if m>4||m<2
    error('多项式的阶数不合适!建议[2~4]');
else
    m = fix(m); % 介于 2-4 之间的任何数都转为 2,3,4
    fprintf('本次数据转换,多项式阶数 m = %d\n',m);
end
% 检测原始数据 x,y
nx = length(x);ny = length(y);
if nx~ = ny,error('原始数据个数不匹配!');end
newx = zeros(nx,m);
for jc = 1:m
    newx(:,jc) = x.^jc;
end
newy = y(:);
```

五、多元非线性回归

（一）原理与步骤

有时候试验指标 y 与多个试验因素 $x_j(j=1,2,\cdots,n)$ 之间存在着非线性关系，如 y 与 m 个因素 $x_1,x_2,\cdots,x_m$ 的二次回归模型为

$$
\begin{aligned}
y = {} & a + b_1x_1 + b_2x_2 + \cdots + b_mx_m + b_{11}x_1^2 + b_{22}x_2^2 + \cdots + b_{mm}x_m^2 \\
& + b_{12}x_1x_2 + b_{13}x_1x_3 + \cdots + b_{23}x_2x_3 + b_{24}x_2x_4 + \cdots + b_{(m-1)m}x_{m-1}x_m
\end{aligned}
\tag{5-141}
$$

对于这类回归问题，也可采用类似一元多项式转换的方法，将其转换为线性回归模型后，再进行计算处理，这类回归方程常称为响应曲面，下面以实例具体说明其计算。

例 16　产品得率 y 与 3 个因素有关，设 x_1 为原料配比，设 x_2 溶剂量，设 x_3 为反应时间，假设 3 个因素之间的函数关系近似满足二次回归模型，$y = a + b_3x_3 + b_{33}x_3^2 + b_{13}x_1x_3$（溶剂量对试验影响很小，不予考虑，观测数据如表 5-35 所示），试回归分析之（$\alpha = 0.05$）。

表 5-35　例 16 观测数据（舍去影响较小的）

试验编号	y	x_1	x_3
1	0.330	1.0	1.5
2	0.336	1.4	3.0
3	0.294	1.8	1.0
4	0.476	2.2	2.5
5	0.209	2.6	0.5
6	0.451	3.0	2.0
7	0.482	3.4	3.5

解　按照以下 5 步计算。

（1）选定模型类型。对于多元非线性问题，首先要根据实际情况或经验，判断哪些因素必须考虑，哪些项可以舍去，以尽量简化选定的模型为原则。本例中，已经考虑了溶剂量对试验指标的影响很小，可以忽略，故选定模型时未给予考虑，得到了题中给定的模型。

（2）确定线性回归模型。根据选定的模型，设 $X_1 = x_3$，$X_2 = x_3^2$，$X_3 = x_1x_3$，设 $B_1 = b_3$，$B_2 = b_{33}$，$B_3 = b_{13}$，则原二次回归模型与线性回归模型的变换关系为

$$
y = a + b_3x_3 + b_{33}x_3^2 + b_{13}x_1x_3
$$
$$
\Rightarrow y = a + B_1X_1 + B_2X_2 + B_3X_3
$$

（3）数据的转换。根据上述模型间的变换关系，对给定的原始数据 x 做变换，为线性回归做准备。本例中，转换后的数据如表 5-36 所示。

表 5-36　例 16 中多元非线性回归数据变换表

x_1	x_3	X_1	X_2	X_3
1.0	1.5	1.50	2.25	1.50
1.4	3.0	3.00	9.00	4.20
1.8	1.0	1.00	1.00	1.80

续表

x_1	x_3	X_1	X_2	X_3
2.2	2.5	2.50	6.25	5.50
2.6	0.5	0.50	0.25	1.30
3.0	2.0	2.00	4.00	6.00
3.4	3.5	3.50	12.25	11.90

（4）线性回归与检验。根据转化后的数据，建立正规方程组，求解回归系数，并对回归结果进行显著性检验。

本次求解的正规方程组如下：

$$\begin{cases} 7.00b_1 + 28.00b_2 + 20.30b_3 = 0.524, \\ 28.00b_1 + 117.25b_2 + 86.45b_3 = 1.906, \\ 20.30b_1 + 86.45b_2 + 84.56b_3 = 1.908, \\ a = 0.368 - 2.00b_1 - 5.00b_2 - 4.60b_3. \end{cases}$$

回归系数：

$$b_1 = 0.2522, b_2 = -0.0648, b_3 = 0.0283$$

回归系数：

$$a = 0.0579$$

回归方程：

$$y = 0.057886 + 0.252173X_1 - 0.064841X_2 + 0.028317X_3$$

方差分析如表 5-37 所示。

表 5-37　例 16 回归结果的方差分析

变差来源	平方和	自由度	变差均方	F 值	F 临界值	显著性
回归	0.063	3	0.021	30.140	9.277	1
残差	0.002	3	0.001			
总和	0.065	6				

（5）代回。将上述反代回二次模型，得到

$$y = 0.057886 + 0.252173x_3 - 0.064841x_3^2 + 0.028317x_1x_3$$

（二）数据转换

为了方便处理数据，下面给出了多元非线性回归分析中用到的数据转换函数，读者只需输入原始观测 x 的矩阵即可，上述例题的求解就是先转换数据，然后选择保留的数据列进行回归，具体操作为

```
x1 = [1.0,1.4,1.8,2.2,2.6,3.0,3.4];
x3 = [1.5,3.0,1.0,2.5,0.5,2.0,3.5];
y = [0.330,0.336,0.294,0.476,0.209,0.451,0.482];
x = [x1',x3'];
```

```
newx] = dataTran4MultNolineRegres(x);
GetMultiRegreEqu(newx,y);
```

　　附数据转换函数源码:

```
function [newX] = dataTran4MultNolineRegres(x)
% 函数名称:dataTran4MultNolineRegres.m
% 实现功能:非线性多元回归分析的数据准备.
% 输入参数:函数共有 1 个输入参数,含义如下:
%          :(1),x,原始矩阵,行对应着重复观测,列对应着因素.
% 输出参数:函数默认 1 个输出参数:
%          :(1),newX,新得到的经过转换的数据.由于不知道需要舍去哪一个因素,
%          :故转换时按照全部因素都参与计算考虑.
% 函数调用:实现函数功能不需要调用子函数.
% 参考资料:实现函数算法,其他参考资料,请参阅:
%          :(1),马寨璞,MATLAB 语言编程[M],北京:电子工业出版社,2017.
% 原始作者:马寨璞,wdwsjlxx@163.com
% 创建时间:2017-05-11,02:53:42
% 原始版本:1.0
% 版权声明:未经作者许可,任何单位及个人不得以任何方式或理由对本代码
%          :进行网上传播、贩卖等。
% 实用样例:
%          :x = [ 1.0,1.8,1.5;1.4,1.1,3.0;1.8,2.4,1.0;
%             2.2,2.7,2.5;2.6,3.0,0.5;3.0,3.4,2.0;
%             3.4,3.7,3.5];
%          [newx] = dataTran4MultNolineRegres(x);
%
[nRows,nCols] = size(x);
biActTerm = nchoosek(1:nCols,2);
nIntAct = size(biActTerm,1);
newCols = nIntAct + 2*nCols;
newX = zeros(nRows,newCols);
% 处理单一项
headStr = cell(1,newCols);
for jCol = 1:nCols
    headStr{jCol} = sprintf('x%d',jCol);
    newX(:,jCol) = x(:,jCol);
end
% 处理交错项
for jCol = 1:nIntAct
    first = biActTerm(jCol,1);
    second = biActTerm(jCol,2);
    headStr{nCols + jCol} = sprintf('x%dx%d',first,second);
    newX(:,nCols + jCol) = x(:,first).*x(:,second);
end
% 处理平方项
for jCol = 1:nCols
    headStr{nCols + nIntAct + jCol} = sprintf('x_%d^2',jCol);
    newX(:,nCols + nIntAct + jCol) = x(:,jCol).^2;
end
disp('数据转换结果,不予考虑的因素,请手工删除对应列')
fprintf('%s\t',headStr{:});fprintf('\b\n')
for ir = 1:nRows
    fprintf('%.3f\t',newX(ir,:));
```

```
    fprintf('\b\n');
end
```

第四节 常用的几个回归函数

在前面的几节中，我们自己编写了对应内容的代码，实际上，MATLAB 有许多已经开发好的工具箱，若熟悉 MATLAB，可直接调用工具箱中的函数即可。在第二节已经学过 regress 函数，下面对常用的其他几个回归函数进行说明。

一、多元线性回归

多元线性回归的基本模型是

$$y = \beta_0 + \beta_1 x_1 + \cdots + \beta_p x_p \tag{5-142}$$

MATLAB 为此提供了函数 regress，该函数既可以用来确定回归系数的点估计值，也可以求回归系数区间估计，并检验回归模型的显著性。

（一）确定回归系数的点估计

对于已经安排好的试验方案及得到的试验结果，分别记为

$$b = \begin{bmatrix} \hat{\beta}_0 \\ \hat{\beta}_1 \\ \vdots \\ \hat{\beta}_p \end{bmatrix} \tag{5-143}$$

$$Y = \begin{bmatrix} Y_1 \\ Y_2 \\ \vdots \\ Y_n \end{bmatrix} \tag{5-144}$$

$$X = \begin{bmatrix} 1 & x_{11} & x_{12} & \cdots & x_{1p} \\ 1 & x_{21} & x_{22} & \cdots & x_{2p} \\ \cdots & \cdots & \cdots & \cdots & \cdots \\ 1 & x_{n1} & x_{n2} & \cdots & x_{np} \end{bmatrix} \tag{5-145}$$

则计算 b 的命令格式为：$b = \text{regress}(Y, X)$。

（二）回归系数的区间估计及模型检验

若想对回归系数的区间进行估计，以及对回归模型等进行检验，则可以使用多参数返回形式，具体的调用格式为

$$[b, bint, r, rint, stats] = \text{regress}(Y, X, alpha)$$

返回参数中，bint 表示回归系数的区间估计，即 b-interval 的缩写，在计算机编程中，变量名称多数取单词前几个字母的缩合构成；r 表示残差；rint 表示置信区间；stats 表示用于检验回

归模型的统计量，分别对应着决定系数 r^2，F 值，以及与 F 对应的概率 p。在输入参数中，alpha 表示显著性水平，缺省设置时取 0.05。

（三）应用举例

1. 输入数据

```
x=[143,145,146,147,149,150,153,154,155,156,157,158,159,160,162,164]';
X=[ones(16,1),x];
Y=[88,85,88,91,92,93,93,95,96,98,97,96,98,99,100,102]';
```

2. 回归分析及检验

```
[b,bint,r,rint,stats] = regress(Y,X);
b,bint,stats
```

3. 结果与释义

```
b=[-16.0730,0.7194]
bint=[-33.7071,1.5612;0.6047,0.8340]
stats=[0.9282,180.9531,0.0000,1.7437]
```

为了美观，我们对上述输出结果做了简单的格式处理，其中 b 有两个值，即 $\hat{\beta}_0 = -16.073$，$\hat{\beta}_1 = 0.7194$；$\hat{\beta}_0$ 的置信区间为 [-33.7017, 1.5612]，$\hat{\beta}_1$ 的置信区间为 [0.6047, 0.834]；$r^2 = 0.9282$，$F = 180.9531$，$p = 0.0000$，由 $p < 0.05$ 可知回归模型 $y = -16.073 + 0.7194x$ 成立.

读者还可以对返回的残差及其置信区间进行观察，使用 MATLAB 提供的 rcoplot(r, rint) 函数即可。图 5-11 是本例的残差图，从残差图可以看出，除第二个数据外，其余数据的残差离零点均较近，且残差的置信区间均包含零点，说明回归模型 $y = -16.073 + 0.7194x$ 能较好地符合原始数据，而第二个数据可视为异常点。

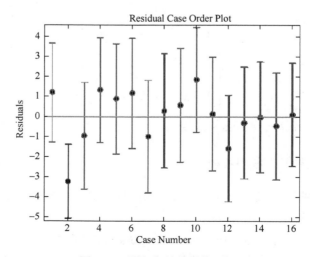

图 5-11　回归参差的置信区间

二、多项式回归

（一）模型与函数

若要进行一元多项式回归，可考虑使用模型

$$y = a_1 x^m + a_2 x^{m-1} + \cdots + a_m x + a_{m+1} \qquad (5\text{-}146)$$

对此模型，MATLAB 给出的确定多项式系数的命令格式为

$$[p,s] = \text{polyfit}(x,y,m)$$

在输入参数中，$x = (x_1, x_2, \cdots, x_n), y = (y_1, y_2, \cdots, y_n)$；$m$ 是阶次；在输出参数中，$p = (a_1, a_2, \cdots, a_{m+1})$ 是多项式模型的系数，s 是一个矩阵，用来估计预测误差。

在上述计算的基础上，还可以进行预测及预测误差估计，为此 MATLAB 提供了 polyval(p, x) 函数，以便求 polyfit 所得的回归多项式在 x 处的预测值 Y；此时可使用简单的调用格式

$$Y = \text{polyval}(p,x)$$

若希望对预测的置信区间一并计算，可使用

$$[Y,\text{DELTA}] = \text{polyconf}(p,x,S,\text{alpha}),$$

这种调用格式可求 polyfit 所得的回归多项式在 x 处的预测值 Y，以及预测值的显著性为 1-alpha 的置信区间 $Y \pm \text{DELTA}$；alpha 缺省时为 0.05。

上面介绍的是一元多项式的回归，若想进行多元二项式回归，则可以使用 rstool$(x, y, \text{'model'},$ alpha) 函数，在这个函数中，x 表示 $n \times m$ 矩阵；Y 表示 n 维列向量；alpha 为显著性水平；model 为字符串描述符，表示由下列 4 个模型中选择 1 个（缺省时为线性模型）。

（1）线性：linear。

$$y = \beta_0 + \beta_1 x_1 + \cdots + \beta_m x_m \qquad (5\text{-}147)$$

（2）纯二次：purequ adratic。

$$y = \beta_0 + \beta_1 x_1 + \cdots + \beta_m x_m + \sum_{j=1}^{n} \beta_{jj} x_j^2 \qquad (5\text{-}148)$$

（3）交叉：interaction。

$$y = \beta_0 + \beta_1 x_1 + \cdots + \beta_m x_m + \sum_{1 \leq j \neq k \leq m} \beta_{jk} x_j x_k \qquad (5\text{-}149)$$

（4）完全二次 quadratic。

$$y = \beta_0 + \beta_1 x_1 + \cdots + \beta_m x_m + \sum_{1 \leq j,k \leq m} \beta_{jk} x_j x_k \qquad (5\text{-}150)$$

（二）实例

```
t=1/30:1/30:14/30;
s=[11.86,15.67,20.60,26.69,33.71,41.93,51.13,61.49,72.90,85.44,99.08,113.77,129.54,146.48];
[p,S]=polyfit(t,s,2)
```

得回归模型为

$$\hat{s} = 489.29t^2 + 65.88t + 9.13$$

又如：

```
x1 = [1000,600,1200,500,300,400,1300,1100,1300,300];
x2 = [5,7,6,6,8,7,5,4,3,9];
y = [100,75,80,70,50,65,90,100,110,60]';
x = [x1',x2'];
rstool(x,y,'purequadratic')
```

运行结果如图 5-12 所示。

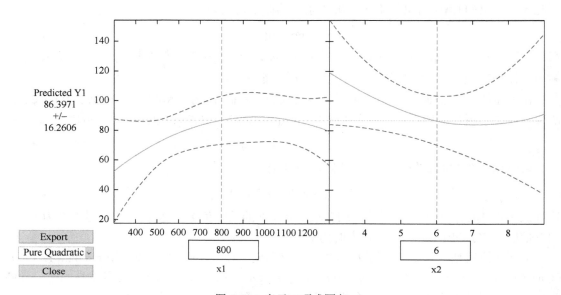

图 5-12　多元二项式回归

在左边图形下方的方框中输入某个 x1（如 800），右边图形下方的方框中输入某个 x2（如 6），则画面左边的"Predicted Y1"下方的数据变为 86.3971，即预测出 x1 为 800、x2 为 6 时的 Y 为 86.3971。

点击画面左下方的 Export 按钮，则将 beta、rmse 和 residuals 都传送到 MATLAB 工作区中，在 MATLAB 工作区中输入命令：beta，rmse，得结果如下。

```
beta=
        110.5313
        0.1464
        -26.5709
        -0.0001
        1.8475
rmse=
        4.5362
```

故回归模型为：$y = 110.5313 + 0.1464x_1 - 26.5709x_2 - 0.0001x_1^2 + 1.8475x_2^2$；剩余标准差为 4.5362，说明此回归模型的显著性较好。

三、非线性回归

要进行非线性回归，一般需要按照如下的步骤进行。

（1）对将要拟合的非线性模型，建立 m-文件。

（2）将数据按照格式要求输入。

（3）求回归系数。

当确定回归系数时，使用[beta, *r*, *J*] = nlinfit(*x*, *y*, 'model', beta0)；其中，beta 表示估计出的回归系数；*r* 表示残差；*J* 表示 Jacobian 矩阵；*x*, *y* 表示输入数据，且 *x* 为矩阵，*y* 为 *n* 维列向量，对一元非线性回归，*x* 为 *n* 维列向量；model 表示是事先用 m-文件定义的非线性函数；beta0 表示回归系数的初值。

当进行非线性回归时，使用 nlintool(x, y, 'model', beta0, alpha)。

当进行预测且估计预测误差时，使用[Y, DELTA] = nlpredci('model', x, beta, r, J)，它表示 nlinfit 或 nlintool 所得的回归函数在 *x* 处的预测值 *Y* 及预测值的显著性为 1-alpha 的置信区间 Y±DELTA。

（4）查看运行结果。

（5）预测与作图。

例：若将要拟合的非线性模型 $y = ae^{b/x}$，建立 m-文件 volum.m 如下：

```
function yhat = volum(beta,x)
yhat = beta(1)*exp(beta(2)./x);
```

输入数据：

```
x = 2:16;
y = [6.42,8.20,9.58,9.5,9.7,10,9.93,9.99,10.49,10.59,10.60,10.80,10.60,10.90,10.76];
beta0 = [8,2]';
```

求回归系数：

```
[beta,r ,J] = nlinfit(x',y','volum',beta0);
beta
```

运行结果：

```
beta = 11.6036,-1.0641
```

即得回归模型为

$$y = 11.6036e^{\frac{1.10641}{x}}$$

预测及作图：

```
[YY,delta] = nlpredci('volum',x',beta,r ,J);
plot(x,y,'k + ',x,YY,'r')
```

除了上述的几个回归有关的函数外，在第 6 章结束时，还要学习逐步回归法函数 stepwise，该函数给出最优的回归结果，可以解决均匀设计结果的分析问题。

习　　题

（一）简答题

1. 线性回归与相关有什么区别于联系，试举例说明。

2. 一元线性回归的方差分析中，为什么说SS_{PE} 度量的是纯误差，与模型无关？

3. 为什么当失拟平方和变小时，说明回归是线性的？

4. 推导几种检验方法与参数之间的关系式。

5. 解决一元非线性回归问题的 5 个步骤是什么。

（二）选择题

1. 在下列的回归方程模型中，哪个是非线性的？ [　　　]

（A）$y = \alpha + \beta \ln x^2 + \varepsilon$　　　　　　　　（B）$y = \alpha + \beta x + \gamma \sin x^2 + \varepsilon$

（C）$y = \alpha + \beta \ln x + \varepsilon$　　　　　　　　（D）$y = \alpha + e^{\beta x} + \varepsilon$

（E）$y = \alpha + \beta \sin x + \varepsilon$

2. 借助散点图，可以获得的各种判断，哪一项是不正确的？ [　　　]

（A）可以判断两变量之间的关系是否密切，或者说，是否可根据 X 来估计 Y

（B）可判断两变量之间的关系是线性的，还是呈现出曲线性

（C）可以查看是否有某个点偏离过大，判断离群点

（D）可以判断是否存在其他的规律性，如非线性等

（E）可以判断非线性规律（如指数类型）的参数值等

3. 用交叉乘积项或平方和项表示相关系数，则改写正确的是 [　　　]

（A）$r = \dfrac{L_{XX}}{\sqrt{L_{XY}L_{YY}}}$　　　　　　　　（B）$r = \dfrac{L_{XY}}{\sqrt{L_{XX}L_{YY}}}$

（C）$r = \dfrac{L_{YY}}{\sqrt{L_{XX}L_{XY}}}$　　　　　　　　（D）$r = \dfrac{L_{XY}}{\sqrt{L_{XX}+L_{YY}}}$

（E）$r = \dfrac{L_{XX}L_{YY}}{L_{XY}^2}$

4. 对相关系数进行显著性检验时，需要查其临界值表，若样本容量为 n，给定的显著性水平为 α，则查表时，自由度与查取的临界值，哪一组是置正确的？ [　　　]

（A）$\mathrm{df} = n-2$，查 $r_{\alpha/2}(\mathrm{df})$　　　　　　（B）$\mathrm{df} = n-1$，查 $r_{\alpha/2}(\mathrm{df})$

（C）$\mathrm{df} = n-1$，查 $r_\alpha(\mathrm{df})$　　　　　　（D）$\mathrm{df} = n$，查 $r_{\alpha/2}(\mathrm{df})$

（E）$\mathrm{df} = n+1$，查 $r_\alpha(\mathrm{df})$

5. 在计算等级相关系数 r_s 时，如果观察值出现较多的相同数据，则需要使用校正计算公式，其中，$\sum t_x = \dfrac{\sum (t_i^3 - t_i)}{12}$，则式中 t_i 的基本含义是 [　　　]

（A）X 中相同数据的个数　　　　　　（B）Y 中相同数据的个数

（C）X 和 Y 中相同数据的个数　　　　（D）X 矫正项的总系数

（E）Y 矫正项的总系数

6. 对于 Spearman 相关分析计算 r_s，正确的是 [　　　]

（A）该相关系数计算要求变量 X 和 Y 都必须服从正态分布

（B）该相关系数计算不要求变量 X 服从正态分布，但要求 Y 必须服从正态分布

（C）计算时实际上是通过将变量转换为各自的秩，再用来计算相关系数，数据不一定必须服从正态分布

（D）该相关系数公式为 $r_s = \dfrac{6}{n(n^2-1)}\sum_{i=1}^{n} d_i^2$，其中 d_i 为每对观察值的秩之差

（E）在计算完成后，需要对相关系数进行检验，则零假设与备择假设为 $H_0: \rho = 0$，$H_1: \rho \neq 0$

7. 对一元线性回归方程进行方差分析时，引入了 y_i、$\hat{y}_i$ 和 $\bar{y}$，对它们的含义、关系等描述错误的是[　　　　]

（A）y_i 是实际观测值　　　　　　（B）$\hat{y}_i$ 是回归直线 $\hat{y} = a + bx$ 上的点

（C）$\bar{y}$ 是各观测值 y_i 的均值

（D）$y_i - \hat{y}_i$ 代表了除 x_i 的影响后的其他各种因素的影响

（E）$y_i - \hat{y}_i$ 代表的各影响中，包括模型选择不当影响、非线性影响等，但不包括随机误差的影响

（三）计算题

1. 分别收集了父子身高数据各 10 个，记 X 代表父亲身高，Y 代表儿子身高，列表如表 X5-1 所示，试求：①父子身高的相关系数；②儿子身高 Y 对父亲身高 X 的一元线性回归方程；③检验回归方程的显著性 $(\alpha = 0.05)$。

表 X5-1　父子身高数据　　　　　　　　　（单位：cm）

X	152.4	157.5	162.6	165.1	167.7	170.2	172.7	177.8	182.9	187.9
Y	161.5	165.6	167.6	166.4	169.9	170.4	171.2	173.5	178.0	177.8

2. 测定青年男子的身高 X 与前臂长的数据如表 X5-2，试对 Y 与 X 的关系进行回归，并使用 F 检验法判断显著性，求 Y 的 90% 的置信区间。

X5-2　身高与前臂长测定数据　　　　　　（单位：cm）

身高 X	170	173	160	155	173	188	178	183	180	165
前臂长 Y	45	42	44	41	47	50	47	46	49	43

第六章　试　验　设　计

第一节　试验设计概论

一、为什么要进行试验设计

试验设计又称为实验设计，是研究科学合理地安排试验，以较少试验次数达到最佳试验效果，并能严格控制试验误差，有效分析试验数据的理论和方法。试验设计通常以数学和统计学作为设计的基础，现已广泛应用于生物医药、化学工业等试验科学领域。设计良好的试验方法，既可以减少试验次数、缩短试验时间、避免盲目性，又能提高试验结果分析便利度，迅速获得有效的结果。

例如，在药物制备工艺条件的优化试验中，提高药物得率、降低试验次数、筛选出最优的试验条件，常常需要进行多次多因素试验，这就涉及如何合理安排试验，以尽量少的试验次数得到尽可能多的试验结论的问题。更具体一些，如为了优化某成分的提取工艺条件，提高产品得率，准备以药材中的多糖含量为试验指标进行试验，根据实践经验，选取了主要的影响因素，如提取时间长度（设有 a 个水平）、加水量（设有 b 个水平）、提取次数（设有 c 个水平）等。如果按照方差分析中的多因素试验方法进行完全试验，即使不设置重复，也需要进行 abc 次试验，若每个试验设置 n 个重复，则共需进行 $abcn$ 次试验。可见，随着因素与水平的增加，试验次数也将快速地增加。例如，若 $abcn$ 都取为 3，则完全试验需要 $3^4 = 81$ 次，若 $abcn$ 都取为 4，则完全试验需要 $4^4 = 256$ 次，巨大的试验工作量，很难短期内完成，但若选用后续介绍的正交试验，或者均匀试验设计方法，则会极大地减少试验次数，并能够完全达到试验目的。

任何试验都包含 3 个基本要素：试验因素、受试对象和试验效应。例如，在测定某种新杀虫剂对植物的保护效果试验中，杀虫剂即试验因素，测试的植物就是受试对象，施药前后害虫的数量差异就是试验效应。根据试验目的选择试验因素，并确定因素合理的水平，一旦选定因素数和水平数，则试验过程中就不再改变；较多的因素和水平有助于提高实验的检测精度与效果，但并不是越多越好。受试对象需要具有均一性（同质性），如不能满足，就要选择合适的试验与分析方法，以消除试验材料不一致带来的影响。试验效应由试验指标描述，包括定性和定量两类，试验要求指标客观、精确。

二、试验设计的基本原则

为准确考察试验因素的效应显著性，在试验设计时，还需要遵循三个基本原则：随机化原则、重复性原则和局地控制原则。随机化保证了统计方法的应用基础，重复性提供了评判观测值差异的度量单位，而局地控制则保证了试验材料等在局部范围内的均一性。

1. 随机化

随机化是指试验材料的分配和各次试验进行的先后顺序都是随机确定的。在统计分析中，常常要求观测值（或误差）是独立分布的随机变量，遵循随机化原则，可使得这一假定得到满足，可以说，随机化是试验设计中使用统计方法的基础。此外，把试验材料或次序进行适当的随机化，还有助于抹平可能出现的外来因子的效应。在进行试验设计时，常用随机数字表实现随机化。

2. 重复性

重复性是指在相同试验条件下对每个个体独立进行多次试验。设置重复，除了避免非试验因素偶然出现的极端影响产生的误差外（试验次数过少使之），还可利用重复的两条重要性质实现对误差和效应的精确估计：①借助重复，可得到试验误差的一个估计量，在确定数据的观察差是否为统计学上的试验差时，该估计量成为基本度量单位；②若样本均值用作试验中某因素效应的估计量，则重复能使该效应得到更为精确的估计。

3. 局地控制

局地控制是指在试验中采取特定的技术措施或方法，以期降低非试验因素的影响，提高试验的精度，如区组化就是农业试验中常用的一种局地控制技术。当试验环境或者试验单位差异较大时，区组化使得单位内部的非试验因素尽量一致，使试验只对区组内部感兴趣的试验条件进行比较，并通过方差分析分离出其效应，故常用于减少或消除不感兴趣的因素带来的误差。

第二节　常用的几种试验设计方法

一、成组比较与完全随机化

成组比较法适用于两个处理之间的比较，两个处理可以是两种因素、两种配方等分类上的不同对比，也可以是同一因素的两个水平的对比。具体试验时，把试验材料随机分成两组，各对应一个处理组，数据分析时使用假设检验中的成组 t 检验方法。

完全随机化试验是成组试验的一般化，又叫作单因素设计，是最常用的单因素试验设计方法，它相当于多组或多个处理水平相互比较的试验设计。在安排试验时，它将同质的受试对象随机地分配到各处理组，在保证样本随机性的总原则下，选取均匀一致的试验材料，然后利用随机数字表或其他随机化方法分配到各处理组。这种方法适用于试验材料均一性很好的情况，优点是试验设计很简单，易于实施，出现缺失数据时仍可进行统计分析，分析时常常采用单因素方差分析。

下面以成组比较为例，介绍基本的注意事项。成组比较试验比较简单，但仍需注意一些事项，否则也无法得到好的试验结果。

（1）尽量保证材料一致性。成组比较试验要求两组试验材料尽可能均匀一致，在分析试验结果时，材料差异将被看作随机误差，过大的随机误差会掩盖处理之间的差异，使其无法检测出来，若两组试验材料差异明显，则不建议使用这种方法。

（2）随机化分组。将试验材料分组时应该遵循随机化原则，即将它们随机分配到两组试验材料中。

（3）尽量进行均衡设计。当各组样本含量相等时，称为均衡设计，此时检验效率较高。

成组比较试验设计中的两个样本容量也应尽可能保持相同。在进行检验分析时，成组比较使用的 t 统计量为

$$t = \frac{\overline{x}_1 - \overline{x}_2}{\sqrt{S_w^2 \left(\frac{1}{n_1} + \frac{1}{n_2} \right)}} \qquad (6-1)$$

其中，S_w^2 是样本的合并方差，代替总体参数 σ^2 的估计。要想检测出最小的差异，应该让 $\frac{1}{n_1} + \frac{1}{n_2}$ 达到最小，极值分析表明，只有取 $n_1 = n_2$ 时，才使得 $\frac{1}{n_1} + \frac{1}{n_2}$ 最小。虽然式（6-1）并未对 n_1, n_2 做出其他要求，但它们取值应尽可能一致，这有助于提高检验的能力。

（4）合适的样本含量。增加样本含量，有助于提高检验精度，增强试验灵敏性；但提高样本含量，也会带来试验成本的增加，这就存在一个效率与成本的平衡问题。在具体分析时，样本的标准误差为

$$S_{\overline{x}} = \frac{\sigma}{\sqrt{n}} \qquad (6-2)$$

当样本容量较小时，通过增加样本含量来提高精度，效率较高，但当样本足够大时，这种方法的有效性就很低了。

二、随机化完全区组设计

（一）基本原理

完全随机化设计有一个重大缺点，即它要求全部试验材料都具备严格的同质性，否则材料间的差异会使得随机误差显著增加，以至于掩盖了处理间的差异。对于规模较大的试验，一次试验需要的材料比较多，要求所有的试验材料具备同质性比较困难，甚至根本不可能，这就使得完全随机化试验设计难以实施。

与要求全部试验材料具备同质性相比，要求在每一处理组内满足均匀一致则降低了要求。为了满足处理组内具备同质性，可以采取类似于配对比较试验的设计方法来安排试验。在配对比较试验的每个重复中，配成对子的试验材料只有两个，它们具有同质性，如果把试验材料的数目扩大到 3 个或者 3 个以上，每个材料各接受一个处理，则配对试验中的一对材料就拓展成为一组具有同质性的材料（称为区组）。

因此，要实施随机化完全区组设计，可以先把试验材料按照组内同质的原则分为几组，每组当作一个区组，然后让随机化只在区组内进行，而不是在全部材料之间进行。所谓"完全"，是指每个区组内均包含全部处理。和全部试验材料相比，每个区组内材料少了许多，相对来说同质性会得到更好的满足。若在试验时对区组内的差异也进行检验，则分析的结论可为以后进行类似试验设计是否需要划分区组提供依据。例如，进行动物试验时，划分区组的依据包括年龄、性别、体重、身长等特征，如果两个区组间只有年龄的不同，其他特征均相同，而试验结果说明这两个区组间没有差异，则下次进行类似试验设计时，可以不考虑年龄的影响。

在进行随机化完全区组设计时，要求随机化只在每个区组内进行，也就是每一个区组内部完全以随机的方式分配各个处理。但需要注意，这种随机化过程要对每一个区组进行一次，

不能只进行一次随机化就用于所有的区组，因为用同一个随机结果为每个区组内的处理编号会产生系统误差。

（二）数据分析方法

对随机化完全区组试验结果的分析，可依照两因素方差分析进行统计检验。具体做法是，把区组内不同水平的处理看作因素 A，把区组看作因素 B。若不能确定 A 和 B 之间是否存在交互作用，则应在区组内设置重复，即每个区组内至少应该包括处理水平数 $2\sim3$ 倍的试验材料，以备估计误差和交互作用；但这又会产生难以保证试验材料同质性的问题，所以如果确信不存在交互作用，区组内就不必设定重复。

因为试验的主要目的是检验因素 A 各水平之间的差异显著性，所以应着重考察；但这并不意味着就不必对因素 B（区组间差异）进行检验，我们仍然需要对因素 B 进行检验，以便确定下次进行类似试验时是否有必要按照同样标准进行区组划分，若对 B 的检验结果无差异，则下次试验就不必进行区组划分。

设随机化完全区组试验设计中包含 a 个处理，b 个区组，则试验设计的结果一般可表示为如图 6-1 所示。

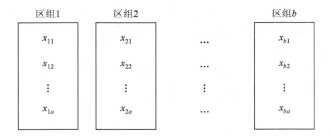

图 6-1 随机化完全区组试验设计的一般表示

随机化完全区组试验设计使用的线性模型为

$$x_{ij} = \mu + \alpha_i + \beta_j + \varepsilon_{ij}; \quad (i=1,2,\cdots,a; j=1,2,\cdots,b) \tag{6-3}$$

其中 μ 是总平均值，α_i 是第 i 个处理的效应，β_j 是第 j 个区组的效应，随机变量 $\varepsilon_{ij} \sim NID(0,\sigma^2)$。

在随机化完全区组试验设计中，因素 A 一般都是人为设定的各处理，多具有固定属性，按照线性模型的假设，存在 $\sum_{i=1}^{a}\alpha_i = 0$；而因素 B 是区组的划分，既可以是随机型的，也可以是固定型的。当为固定型区组时，按照线性模型的假设，则存在 $\sum_{j=1}^{b}\beta_j = 0$；当为随机型区组时，则按照线性模型的假设，一般要求 β_j 服从 $\beta_j \sim NID(0,\sigma_\beta^2)$。

本类试验的目的是检验处理的效应，即检验这些效应的有无和大小，因此可确定零假设与备择假设。

$$\begin{cases} H_0: \ \alpha_1 = \alpha_2 = \cdots = \alpha_a = 0 \\ H_1: \ \text{至少有一个} \ \alpha_i \neq 0 \end{cases} \tag{6-4}$$

根据区组的不同类型，可按照两因素方差分析中的固定效应模型或者混合效应模型进行后续的检验，这些内容在方差分析一章已经学习过，不再重复。

需要指出，随机化完全区组试验设计的分析方法与无重复两因素方差分析的方法一致，但对结果的解释稍有不同，两因素交叉分组试验的随机化是在全部 ab 次试验之间进行的，因此可以检验因素 A、B 的效应。但随机化完全区组设计中，随机化只是针对区组内的各个处理，因此主要检验的对象是处理效应，对区组之间的检验，由于缺乏统计学依据，因此无法解释为区组效应，但仍可进行检验，这主要是从试验结果的附加作用考虑的，即本次试验结论能否为下次试验设计提供"仍然依此进行区组划分"的参考。

（三）优缺点

与完全随机化方法相比，随机化完全区组设计把试验材料分成 n 组，从误差平方和中分离出区组间差异的影响，从而提高了统计检验的灵敏性。这种试验设计方法对处理的个数和区组的个数没有任何限制，结果的统计分析简单易行，在一次完整的试验中，即使取消某些处理，也不会影响对结果的分析，如果意外丢失个别数据，也可以采取适当的方法补救，这使得试验具有灵活性、包容性。

随机化完全区组设计的缺点是：当处理数较多时，或者处理与区组间有交互作用时，区组内包含的材料数仍然较多，致使区组内部的同质性难以保证，在这种情况下，试验数据就会产生较大的误差。此外，与完全随机化方法相比，随机化完全区组增加了一个因素，计算也相应复杂一些。

对于随机化完全区组设计，如果没有交互作用，但区组容量不够或者内部同质性不好时，可以考虑采用拉丁方或平衡不完全区组设计等方法。

三、拉丁方设计方法

（一）基本原理

随机化完全区组设计要求区组内材料尽可能一致，但有时候这个条件也很难满足，若继续按照随机化完全区组进行试验，则会造成较大的试验误差。为了解决这个问题，若区组内材料性质变化有某种规律，如具有逐渐变化的趋势，则可以使用拉丁方或者希腊-拉丁方设计方法，以弥补这方面的不足。拉丁方设计的原理与随机化完全区组，常常用于农业试验，以弥补土地肥力、湿润程度等自然因素的变化。

拉丁方源于试验设计中标记各小区时使用的是拉丁字母，且各小区名称构成了方阵形式，典型的 5 阶拉丁方设计表，如表 6-1 所示。

表 6-1　5 阶拉丁方的设计表

A	B	C	D	E
B	C	D	E	A
C	D	E	A	B
D	E	A	B	C
E	A	B	C	D

从表 6-1 可以看出，拉丁方从两个方向上进行分组，而随机化完全区组设计则只是在一个方向上进行分组。

举例来说，若试验田的肥力不均匀，如试验田东部和北部较肥沃，西部和南部较贫瘠，若采用随机化完全区组设计，无论在区组内如何安排处理，都无法保证它们的同质性。一般来说，土地肥力是逐渐变化的，对于具有规律性的土地肥力变化，可以利用拉丁方安排试验：若试验需要安排 n 个处理，则将整块土地划分为 n 行 n 列，共计 $(n \times n)$ 个小区，并使每种处理在每行每列上都只出现 1 次，每行每列都看作一个区组，则全部小区组成一个 n 阶的方阵。

（二）数据分析方法

一个 n 阶的拉丁方统计模型为

$$x_{ijk} = \mu + \alpha_i + \beta_j + \gamma_k + \varepsilon_{ijk} \quad (i, j, k = 1, 2, \cdots, n) \tag{6-5}$$

其中，x_{ijk} 是第 i 行第 j 列的第 k 次处理的观测值，α_i 为第 i 行的效应，β_j 为第 j 次处理的效应，γ_k 为第 k 列的效应，$\varepsilon_{ijk} \sim \text{NID}(0, \sigma^2)$ 为随机变量，一般情况下，要求各效应间无交互作用。从该线性模型可以看出，为了确定处理效应 β_j，模型中引入了行效应 α_i 和列效应 γ_k，从两个方向上对外来影响因素进行控制。从农田的分布上看，当把农田看作二维"平面"时，从两个方向上就可完全控制外来因素的影响；若将农田的土壤深度也考虑进来，此时农田就看作了三维的"体"，怎么从三个方向上进行控制呢？

由以上可知，要检验处理效应 β_j 的大小与有无，可按照方差分析原理，将总离差平方和 SS_T 进行分解，然后把处理对应的平方和分离出来，这里引入 α_i 和 γ_k，是让它们代表两个方向上的外来影响，通过方差分析把它们也分离出来，以便于排除。

总离差分解为

$$\text{SS}_T = \text{SS}_{\text{Row}} + \text{SS}_{\text{Col}} + \text{SS}_{\text{Treat}} + \text{SS}_E \tag{6-6}$$

其中，SS_{Row} 为行方向上的离差平方和；SS_{Col} 为列方向上的离差平方和；SS_{Treat} 为处理的离差平方和；SS_E 为随机误差的离差平方和。与这些项对应的自由度为

$$\text{df}_T = n^2 - 1 \tag{6-7}$$

$$\text{df}_{\text{Row}} = n - 1 \tag{6-8}$$

$$\text{df}_{\text{Col}} = n - 1 \tag{6-9}$$

$$\text{df}_{\text{Treat}} = n - 1 \tag{6-10}$$

$$\text{df}_E = (n-1)(n-2) \tag{6-11}$$

若方差分析的假设设定为

$$H_0: \beta_j = 0, \quad (j = 1, 2, \cdots, n); \ H_1: 至少 1 个 \beta_j \neq 0$$

则进行双侧检验的统计量 F 确定为

$$F = \frac{\text{MS}_{\text{Treat}}}{\text{MS}_E} \sim F(n-1, (n-1)(n-2)) \tag{6-12}$$

一般情况下，行效应和列效应都是我们希望排除的干扰，通常不对它们进行检验；而处理间的差异才是我们所关心的，由于不考虑因素间的交互作用，只针对处理效应进行检验的过程就比较简单，表 6-2 给出了拉丁方方差分析表，其中的 $C = \dfrac{x_{\cdots}^2}{n^2}$。

表 6-2　拉丁方方差分析表

变差来源	平方和	自由度	均方	F 统计量
处理	$SS_{Treat} = \dfrac{1}{n}\sum\limits_{j=1}^{n} x_{\cdot j\cdot}^2 - C$	$n-1$	$MS_{Treat} = \dfrac{SS_{Treat}}{n-1}$	$F = \dfrac{MS_{Treat}}{MS_E}$
行	$SS_{Row} = \dfrac{1}{n}\sum\limits_{i=1}^{n} x_{i\cdot\cdot}^2 - C$	$n-1$	$MS_{Row} = \dfrac{SS_{Row}}{n-1}$	
列	$SS_{Col} = \dfrac{1}{n}\sum\limits_{k=1}^{n} x_{\cdot\cdot k}^2 - C$	$n-1$	$MS_{Col} = \dfrac{SS_{Col}}{n-1}$	
误差	$SS_E = SS_T - SS_{Treat} - SS_{Row} - SS_{Col}$	$(n-2)(n-1)$	$MS_E = \dfrac{SS_E}{(n-2)(n-1)}$	
总和	$SS_T = \sum\limits_{i=1}^{n}\sum\limits_{j=1}^{n}\sum\limits_{k=1}^{n} x_{ijk}^2 - C$	n^2-1		

　　需要说明的是：由于要满足各处理在每行每列上都只出现 1 次，且假设条件有规律地变化，因此各处理在拉丁方内部并不能随机排列，一般按照轮回的方法安排即可。

　　从拉丁方的安排上可以看出，拉丁方从两个方向上进行分组，使得两个方向上的同质性都得到了弥补，与随机区组设计相比，检验灵敏度更有所提高。但拉丁方缺点也非常明显，拉丁方要求行和列包含的小区数都等于处理数 n，共有 n^2 个小区，当 n 较大时，较大的试验工作量可能无法保证试验的实现，故拉丁方的阶数以 5～9 为宜，附表 19 中给出了常用的拉丁方表，供读者选用。

　　例 1　用 5×5 拉丁方设计试验，比较不同品种大豆产量的差异，得到结果如表 6-3 所示，试检验 5 个大豆品种产量的差异显著性。

表 6-3　例 1 试验结果数据

列	行				
	1	2	3	4	5
1	A 53	B 44	C 45	D 49	E 40
2	B 52	C 51	D 44	E 42	A 50
3	C 50	D 46	E 43	A 54	B 47
4	D 45	E 49	A 54	B 44	E 40
5	E 43	A 60	B 45	C 43	D 44

　　解　根据方差分析表中提供的计算公式，计算总离差平方和及各项分解，得到结果列于表 6-4，对应的自由度列于表 6-5，方差分析表列于表 6-6。

表 6-4　各项离差平方和

C	SS_T	SS_{Row}	SS_{Col}	SS_{Treat}	SS_E
55 413.16	589.84	13.04	101.84	342.64	132.32

表 6-5 各项对应的自由度

df_T	df_{Row}	df_{Col}	df_{Treat}	df_E
24	4	4	4	12

表 6-6 拉丁方试验结果的方差分析

变差来源	平方和	自由度	均方	F 统计量	显著性标志
处理	342.64	4.00	85.66	7.77	1
行	13.04	4.00	3.26		
列	101.84	4.00	25.46		
误差	132.32	12.00	11.03		
总和	589.84	24.00			

（三）拉丁方分析的 MATLAB 实现

拉丁方试验结果的方差分析，可借助编程实现计算，下面给出了拉丁方试验结果分析的源码函数，本章例 1 中的计算结果即由该函数运行得到，由于代码中给出了详细的说明，这里不再给出具体使用示例。

```
function LatinSquareDesign(obs,tbl,lvl)
% 函数名称:LatinSquareDesign.m
% 实现功能:对拉丁方试验结果进行方差分析.
% 输入参数:函数共有 3 个输入参数,含义如下:
%          :(1),obs,试验的观测结果,以方阵的形式输入.
%          :(2),tbl,拉丁方表,以 1,2,3,4,5 等表示不同处理.
%          :(3),lvl,显著性检验水平,缺省默认 0.05.
% 输出参数:函数默认无输出参数,所有结果输出到屏幕.
% 函数调用:实现函数功能需要调用 1 个子函数,说明如下:
%          :(1),Let2Digit,用来将字母表示的拉丁方表转换为数字形式的拉丁方.
% 参考文献:实现函数算法,参阅了以下文献资料:
%          :(1),马赛璞,MATLAB 语言编程[M],北京:电子工业出版社,2017.
% 原始作者:马赛璞,wdwsjlxx@163.com.
% 创建时间:2017-06-06,22:52:54.
% 原始版本:1.0
% 版权声明:未经作者许可,任何单位及个人不得以任何方式或理由对本代码
%          :进行网上传播、贩卖等.
% 友情提示:函数在 MATLAB R2017A 中运行通过,其他版本未进行运行检验.
% 使用样例:常用以下 2 种格式,请参考准备数据格式:
%          :例 1,使用常规格式
%          alpha = 0.01;
%          obs = [53,44,45,49,40;52,51,44,42,50;50,46,43,54,47;
%              45,49,54,44,40;43,60,45,43,44];
%          tbl = [1,2,3,4,5;2,3,4,5,1;3,4,5,1,2;4,5,1,2,3;5,1,2,3,4];
%          LatinSquareDesign(obs,tbl,alpha)
%          :例 2,使用字母表示的拉丁方格式,且显著性水平缺省:
%          obs = [53,44,45,49,40;52,51,44,42,50;50,46,43,54,47;
%              45,49,54,44,40;43,60,45,43,44];
%          tbl = {'A','B','C','D','E'; 'B','C','D','E','A';
%              'C','D','E','A','B'; 'D','E','A','B','C';
```

```
%              'E','A','B','C','D'; };
%          LatinSquareDesign(obs,tbl)
%
if nargin<3||isempty(lvl)
    lvl = 0.05;
elseif isscalar(lvl)
    lvlArr = [0.10,0.05,0.025,0.01,0.005,0.001];
    if ~ismember(lvl,lvlArr)
        error('显著性检验水平输入不符合常规!');
    end
end
[oRow,oCol] = size(obs);
if oRow~ = oCol
    error('试验结果数据输入有误!');
elseif oRow>12
warning('提示:超过 12 阶的拉丁方有点偏大!');
n = oRow;
else
    n = oRow;
end
[tRow,tCol] = size(tbl);
tsz = [3,4,5,7,8,9,10,12];% 拉丁方可能的阶数
if tRow~ = tCol
    error('拉丁方表输入有误!');
elseif ~ismember(tRow,tsz)
    error('不是常规的拉丁方表!');
end
if isa(tbl,'cell')
    tbl = Let2Digit(tbl);
end
% 计算各平方和
C = (sum(obs(:))/n)^2;  % 矫正项 C
sst = sum(obs(:).^2)-C;
ssRow = mean((sum(obs,2)).^2)-C;
ssCol = mean((sum(obs,1)).^2)-C;
ttSum = zeros(1,n);  % 小区之和
for iLoop = 1:n
    wkArr = tbl;
    wkArr(wkArr~ = iLoop) = 0;
    wkArr(wkArr = = iLoop) = 1;
    tmp = wkArr.*obs;
    ttSum(iLoop) = sum(tmp(:));
end
ssTreat = sum(ttSum.^2,2)/n-C;
sse = sst-ssRow-ssCol-ssTreat;
% 计算自由度
dft = n^2-1;
dfRow = n-1;
dfCol = n-1;
dfTreat = n-1;
dfe = (n-1)*(n-2);
% 计算统计量 F
```

```
mse = sse/dfe;
msRow = ssRow/dfRow;
msCol = ssCol/dfCol;
msTreat = ssTreat/dfTreat;
F = msTreat/mse;
% 临界值
fCutOff = finv(1-lvl,dfTreat,dfe);
% 输出方差分析表(方便 word 排版)
th = {'变差来源','平方和','自由度','均方','F统计量','显著性标志'};
fprintf('%s\t',th{:});fprintf('\b\n');
tt = [ssTreat,dfTreat,msTreat,F,F>fCutOff];% 处理
fprintf('%s\t','处理');fprintf('%.2f\t',tt);fprintf('\b\n');
rxy = [ssRow,dfRow,msRow];% 行
fprintf('%s\t','行');fprintf('%.2f\t',rxy);fprintf('\b\n');
cxy = [ssCol,dfCol,msCol];% 列
fprintf('%s\t','列');fprintf('%.2f\t',cxy);fprintf('\b\n');
exy = [sse,dfe,mse];% 列
fprintf('%s\t','误差');fprintf('%.2f\t',exy);fprintf('\b\n');
zh = [sst,dft];
fprintf('%s\t','总和');fprintf('%.2f\t',zh);fprintf('\b\n');
```

内部子函数：

```
function dTbl = Let2Digit(cTbl)
% 功能:将字母表示的拉丁方表转换为数字形式的拉丁方.
% 输入:cell 形式的拉丁方表.
%
[r,c] = size(cTbl);
dTbl = zeros(r,c);
for ir = 1:r
    for jc = 1:c
        dTbl(ir,jc) = double(cTbl{ir,jc})-64;
    end
end
```

四、希腊-拉丁方设计方法

（一）基本原理

　　如果在一个用拉丁字母表示的 $n \times n$ 阶拉丁方上，再重合一个用希腊字母表示的 $n \times n$ 阶拉丁方，并使每个希腊字母与每个拉丁字母都只共同出现一次，则称这两个拉丁方正交，基于这种重合拉丁方的试验设计称为希腊-拉丁方设计。

　　怎么直观理解这个重合呢，最简单的类比就是把拉丁字母表示的拉丁方绘制在一张纸上，为方便说明，称之为 A；将希腊字母表示的拉丁方绘制在透明的塑料纸上，称之为 B，然后将透明塑料纸 B 贴合到 A 上，使得行列对应的各个字母一一对应上，就形成了希腊-拉丁方。

　　可以看出，在这样的贴合中，A 的行和列与 B 的行和列完全重合，可看作同一个，而 A 的希腊字母与 B 的拉丁字母一一对应，各不相同，因此在这样的试验设计中，可容纳 4 个因素，即拉丁方的行、列、希腊字母和拉丁字母各对应一个因素，每个因素都有 n 个水平，共做 n^2 次试验。表 6-7 是一个希腊-拉丁方的示例。

表 6-7　希腊-拉丁方试验设计

行	列			
	1	2	3	4
1	$A\,\alpha$	$B\,\beta$	$C\,\gamma$	$D\,\delta$
2	$B\,\delta$	$A\,\gamma$	$D\,\beta$	$C\,\alpha$
3	$C\,\beta$	$D\,\alpha$	$A\,\delta$	$B\,\gamma$
4	$D\,\gamma$	$C\,\delta$	$B\,\alpha$	$A\,\beta$

在这 4 个因素中，只有 1 个是我们关心的处理效应，其他 3 个均为被排除的外来因素的影响，也就是说，在希腊-拉丁方设计中，可系统控制 3 种与试验无关的变异性。但并不是任意两个 $n \times n$ 的拉丁方都能满足上述正交条件，可以证明，除 $n=6$ 外，所有拉丁方均有与它们正交的拉丁方。对于给定的阶数 n，最多可以有 $(n-1)$ 个互相正交的拉丁方，如果确实存在这样的 $(n-1)$ 个正交拉丁方，则称它们构成了正交拉丁方的完全系。把所有这些拉丁方重叠贴合在一起，除每个正交拉丁方都可容纳一个因素外，还有行和列可容纳两个因素，因此可共容纳 $(n+1)$ 个因素。但是，若真安排 $(n+1)$ 个因素，此时就无法再分离出误差项，也无法给出合适的统计量值，无法进行统计检验。因此，n 阶拉丁方最多可安排 n 个因素进行试验。

（二）数据分析方法

希腊-拉丁方的统计模型如式（6-13）所示，该方法与拉丁方方法十分相似，只是多出了一个希腊字母所代替的因素。

$$x_{ijkl} = \mu + \alpha_i + \beta_j + \gamma_k + \theta_l + \varepsilon_{ijkl}, \quad (i,j,k,l = 1,2,\cdots,n) \tag{6-13}$$

其中，x_{ijkl} 是第 i 行第 j 列第 k 个拉丁方和第 l 个希腊字母的观察值。μ 是总平均值，α_i 是第 i 行的效应，β_j 是第 j 列的效应，γ_k 是拉丁字母的第 k 次处理效应，θ_l 是希腊字母的第 l 次处理效应，$\varepsilon_{ijkl} \sim \mathrm{NID}(0,\sigma^2)$ 为随机误差。

在具体分析结果时，希腊-拉丁方设计要求所有因素间均无交互作用。同时应注意，不是所有 i,j,k,l 的组合都会出现在 x 的下标中，只有满足正交条件的那些才会出现。希腊-拉丁方试验结果的方差分析中，离差平方和与自由度分解为

$$\mathrm{SS}_T = \mathrm{SS}_{\mathrm{Row}} + \mathrm{SS}_{\mathrm{Col}} + \mathrm{SS}_{\mathrm{Greco}} + \mathrm{SS}_{\mathrm{Latin}} + \mathrm{SS}_E \tag{6-14}$$

$$\mathrm{SS}_T = \sum_i \sum_j \sum_k \sum_l x_{ijkl}^2 - \frac{x_{\cdots}^2}{n^2} \tag{6-15}$$

$$\mathrm{df}_T = n^2 - 1 \tag{6-16}$$

$$\mathrm{SS}_{\mathrm{Row}} = \frac{1}{n} \sum_{i=1}^{n} x_{i\cdots}^2 - \frac{x_{\cdots}^2}{n^2} \tag{6-17}$$

$$\mathrm{df}_{\mathrm{Row}} = n - 1 \tag{6-18}$$

$$\mathrm{SS}_{\mathrm{Col}} = \frac{1}{n} \sum_{j=1}^{n} x_{\cdot j\cdot\cdot}^2 - \frac{x_{\cdots}^2}{n^2} \tag{6-19}$$

$$\mathrm{df}_{\mathrm{Col}} = n - 1 \tag{6-20}$$

$$\mathrm{SS}_{\mathrm{Greco}} = \frac{1}{n} \sum_{l=1}^{n} x_{\cdots l}^2 - \frac{x_{\cdots}^2}{n^2} \tag{6-21}$$

$$\mathrm{df}_{\mathrm{Greco}} = n-1 \tag{6-22}$$

$$\mathrm{SS}_{\mathrm{Latin}} = \frac{1}{n} \sum_{k=1}^{n} x_{\cdot\cdot k\cdot}^2 - \frac{x_{\cdots}^2}{n^2} \tag{6-23}$$

$$\mathrm{df}_{\mathrm{Latin}} = n-1 \tag{6-24}$$

$$\mathrm{SS}_E = \mathrm{SS}_T - \mathrm{SS}_{\mathrm{Row}} - \mathrm{SS}_{\mathrm{Col}} - \mathrm{SS}_{\mathrm{Latin}} - \mathrm{SS}_{\mathrm{Greco}} \tag{6-25}$$

$$\mathrm{df}_E = (n-1)(n-3) \tag{6-26}$$

采用希腊-拉丁方设计后，从误差项中进一步分解出系统误差，致使 SS_E 进一步减小，从而提高了检验的灵敏度。从上述的分析可知，在进行希腊-拉丁方设计时，最关键的是各因素之间不能存在交互作用，否则所有的交互效应都会被看作随机误差，这会使得随机误差过大，导致检验得不到正确结果。

例 2 某田间种植试验，主要涉及品种和管理两个方面，设田间管理需要 5 个人，今进行希腊-拉丁方试验设计，观测结果如表 6-8 所示，试进行统计分析。

表 6-8 希腊-拉丁方试验观测结果

	1	2	3	4	5
1	$A\alpha = 53$	$B\beta = 44$	$C\gamma = 45$	$D\theta = 49$	$E\varphi = 40$
2	$B\gamma = 52$	$C\theta = 51$	$D\varphi = 44$	$E\alpha = 42$	$A\beta = 50$
3	$C\varphi = 50$	$D\alpha = 46$	$E\beta = 43$	$A\gamma = 54$	$B\theta = 47$
4	$D\beta = 45$	$E\gamma = 49$	$A\theta = 54$	$B\varphi = 44$	$C\alpha = 40$
5	$E\theta = 43$	$A\varphi = 60$	$B\alpha = 45$	$C\beta = 43$	$D\gamma = 44$

解 计算拉丁字母表示的结果之和，结果如表 6-9 所示。

表 6-9 例 2 中拉丁字母对应的数据和

品种	A	B	C	D	E
和	271	232	229	228	217

计算希腊字母表示的结果之和，结果如表 6-10 所示。

表 6-10 例 2 中希腊字母对应的数据和

管理	α	β	γ	θ	φ
和	226	225	244	244	238

则方差分析结果如表 6-11 所示。

表 6-11 希腊-拉丁方试验结果的方差分析（$\alpha = 0.05$）

变差来源	平方和	自由度	均方	统计量 F	临界值 F	显著性
拉丁字母表	342.64	4	85.66	11.04	3.84	1
希腊字母表	70.24	4	17.56	2.26	3.84	0
行	13.04	4	3.26			

续表

变差来源	平方和	自由度	均方	统计量 F	临界值 F	显著性
列	101.84	4	25.46			
误差	62.08	8	7.76			
总和	589.84	24				

上述结果的计算，借助后续给出的 MATLAB 函数 GrecoLatinDesign 实现。实际上，借助该函数，我们还可以轻松查看其他正交拉丁方表引入后的效果，如将与上述正交的第三个拉丁方表引入，该表数字排列为

$$
\begin{array}{ccccc}
1 & 2 & 3 & 4 & 5 \\
4 & 5 & 1 & 2 & 3 \\
2 & 3 & 4 & 5 & 1 \\
5 & 1 & 2 & 3 & 4 \\
3 & 4 & 5 & 1 & 2
\end{array}
$$

则具体的计算结果如下，除了得到上述的字母对应和之外，第三个拉丁方表中各数字对应的数据和如表 6-12 所示。

表 6-12   例 2 中第三个拉丁方表中数字对应的数据和

1	2	3	4	5
236	234	228	244	235

则方差分析结果如表 6-13 所示。

表 6-13   引入第三拉丁方表后的方差分析（$\alpha = 0.05$）

变差来源	平方和	自由度	均方	统计量 F	临界值 F	显著性
拉丁字母	342.64	4	85.66	9.56	6.39	1
希腊字母	70.24	4	17.56	1.96	6.39	0
第三拉丁方	26.24	4	6.56	0.73	6.39	0
行	13.04	4	3.26			
列	101.84	4	25.46			
误差	35.84	4	8.96			
总和	589.84	24				

（三）希腊-拉丁方分析的 MATLAB 实现

为方便计算分析，根据希腊-拉丁方试验设计的基本原理，编写了如下的方差分析函数 GrecoLatinDesign，该函数支持多重贴合拉丁方表，如对于 5 阶拉丁方，可以计算包含 3 个拉丁方的分析，上述例 2 中的计算均是由此得到，函数的注释部分已经给出了详细的说明，可参考阅读使用。

```
function GrecoLatinDesign(x,varargin)
% 函数名称:GrecoLatinDesign.m
% 实现功能:实现希腊拉丁方试验结果的方差分析.
% 输入参数:函数共有 2 个输入参数,含义如下:
%          :(1),x,试验的观测结果.
%          :(2),varargin,输入的拉丁方表与显著性水平等参数,不支持字母形式
%          :的拉丁方表示,全部正交拉丁方均以数字形式表示.
% 输出参数:函数默认无输出参数,屏幕输出为方差分析表.
% 函数调用:实现函数功能需要调用 1 个子函数,说明如下:
%          :(1),LatinElemSum,计算每个拉丁方中各字母对应的水平和.
% 参考文献:实现函数算法,参阅了以下文献资料:
%          :(1),马寨璞,MATLAB 语言编程[M],北京:电子工业出版社,2017.
% 原始作者:马寨璞,wdwsjlxx@163.com.
% 创建时间:2017-06-08,15:51:51.
% 原始版本:1.0
% 版权声明:未经作者许可,任何单位及个人不得以任何方式或理由对本代码
%          :进行网上传播、贩卖等.
% 验证说明:本函数在 MATLAB 2014a,2017a 等平台运行通过.
% 使用样例:常用以下格式,请参考准备数据格式等:
%          x = [53,44,45,49,40;52,51,44,42,50;50,46,43,54,47;
%            45,49,54,44,40;43,60,45,43,44];
%          % 正交系第 1 表
%          t1 = [1,2,3,4,5;2,3,4,5,1;3,4,5,1,2;4,5,1,2,3;5,1,2,3,4];
%          % 正交系第 2 表
%          t2 = [1,2,3,4,5;3,4,5,1,2;5,1,2,3,4;2,3,4,5,1;4,5,1,2,3];
%          % 正交系第 3 表
%          t3 = [1,2,3,4,5;4,5,1,2,3;2,3,4,5,1;5,1,2,3,4;3,4,5,1,2];
%          % 正交系第 4 表
%          t4 = [1,2,3,4,5;5,1,2,3,4;4,5,1,2,3;3,4,5,1,2;2,3,4,5,1];
%          alpha = 0.05;
%          % GrecoLatinDesign(x,t1,t2)
%          % 3 个拉丁方表的情形.
%          % GrecoLatinDesign(x,t1,t2,alpha,t3)
%
% 1.检测输入,获取数据
nVar = length(varargin);
% 1.1 拉丁方表
nTab = 0; % 拉丁方表个数
for iLoop = 1:nVar
    if isscalar(varargin{iLoop})   % 标量判断为显著性水平
        alpha = varargin{iLoop};
        alphaArr = [0.10,0.05,0.025,0.01,0.005,0.001];
        if ~ismember(alpha,alphaArr)
            error('输入的显著性水平不符合习惯值!');
        end
    else % 矩阵按拉丁方表看待
        nTab = nTab + 1;
        tmpArr = varargin{iLoop}; %#ok<NASGU>
        eval([sprintf('t%d = ',nTab), 'tmpArr',';']);
        if nTab = = nVar  % 没有输入检验水平,设置默认值
            alpha = 0.05;
        end
```

```
        end
    end
pair = nchoosek(1:nTab,2);
for iLoop = 1:size(pair,1)
    a = pair(iLoop,1);b = pair(iLoop,2);
    one = sprintf('t%d',a);two = sprintf('t%d',b);
    if isequal(eval(one),eval(two))
        error('你输入的拉丁方表重复了!');
    end
end
% 1.2 观测数据
if size(x,1)~ = size(x,2)
    error('数据不是方阵!');
else
    n = length(x);
    if n<3||n = = 6
        error('拉丁方的阶数最小 3 阶,且没有 6 阶拉丁方!');
    elseif n>12
        warning('不建议使用超过 9 阶的拉丁方!');
    end
end
% 2.计算每个拉丁方中各字母对应的水平和
eSum = zeros(nTab,n);
for iLoop = 1:nTab
    tname = eval(['t',num2str(iLoop)]);
    eSum(iLoop,:) = LatinElemSum(tname,x);
    fprintf('拉丁方表 t%d 中各字母对应的数据和\n',iLoop);
    fprintf('%d\t',1:n);fprintf('\b\n');
    fprintf('%.2f\t',eSum(iLoop,:));fprintf('\b\n');
end
% 3.计算各种平方和
const = (sum(x(:))/n)^2;
sst = sum(x(:).^2)-const;
ssRow = mean((sum(x,2)).^2)-const;
ssCol = mean((sum(x,1)).^2)-const;
ssTab = sum(eSum.^2,2)/n-const;
sse = sst-ssRow-ssCol-sum(ssTab);
% 4.计算各种自由度
dft = n^2-1;    % 总和的
dfRow = n-1; % 行的
dfCol = n-1;    % 列的
dfTab = n-1;    % 拉丁方表的
dfe = dft-dfRow-dfCol-nTab*dfTab;% 误差的
% 5.检验
if n = = nTab + 1
    error('% d 阶拉丁方最多可安排% d 个因素,这种情况理论上不能执行检验!',...
        n,n + 1);
else % 输出方差分析表
    % 5.1 表头
    tbh = {'变差来源','平方和','自由度','均方','统计量 F','临界值 F',...
        '显著性'};
    fprintf('%s\t',tbh{:});fprintf('\b\n');
```

```
% 5.2 拉丁方各表表示的因素
for iLoop = 1:nTab
    fprintf('%s\t',['tab',num2str(iLoop)]);
    MStab = ssTab(iLoop)/dfTab;
    F = MStab/(sse/dfe);
    fCutOff = finv(1-alpha,dfTab,dfe);
    flag = F>fCutOff;
    vTab = [ssTab(iLoop),dfTab,MStab,F,fCutOff,flag];
    fprintf('%.2f\t',vTab);
    fprintf('\b\n');
end
% 5.3 行效应
fprintf('%s\t','行');
vRow = [ssRow,dfRow,ssRow/dfRow];
fprintf('%.2f\t',vRow);fprintf('\b\n');
% 5.4 列效应
fprintf('%s\t','列');
vCol = [ssCol,dfCol,ssCol/dfCol];
fprintf('%.2f\t',vCol);fprintf('\b\n');
% 5.5 误差
fprintf('%s\t','误差');
vErr = [sse,dfe,sse/dfe];
fprintf('%.2f\t',vErr);fprintf('\b\n');
% 5.6 总和
fprintf('%s\t','总和');
vTotal = [sst,dft];
fprintf('%.2f\t',vTotal);fprintf('\b\n');
end
```

内置子函数：

```
function [vSum] = LatinElemSum(tbl,x)
% 函数名称:LatinElemSum.m
% 实现功能:对拉丁方中不同字母代表的因素结果求和.
% 输入参数:函数共有 2 个输入参数,含义如下:
%        :(1),tbl,拉丁方数字表.
%        :(2),x,观测结果.
% 输出参数:函数默认 1 个输出参数:
%        :(1),vSum,拉丁方中不同字母代表的因素结果之和,行向量形式.
% 函数调用:实现函数功能不需要调用子函数.
% 参考文献:实现函数算法,参阅了以下文献资料:
%        :(1),马赛璞,MATLAB 语言编程[M],北京:电子工业出版社,2017.
% 原始作者:马赛璞,wdwsjlxx@163.com.
% 创建时间:2017-06-08,11:28:00.
% 原始版本:1.0
% 版权声明:未经作者许可,任何单位及个人不得以任何方式或理由对本代码
%          :进行网上传播、贩卖等.
% 验证说明:本函数在 MATLAB 2014a,2017a 等平台运行通过.
% 使用样例:常用以下格式
%        x = [53,44,45,49,40;52,51,44,42,50;50,46,43,54,47;
%          45,49,54,44,40;43,60,45,43,44];% 观测值
%        ltbl = [1,2,3,4,5;2,3,4,5,1;3,4,5,1,2;
%          4,5,1,2,3;5,1,2,3,4]; % 拉丁方表
```

```
%            lvSum = LatinElemSum(ltbl,x);
%
[tRow,tCol] = size(tbl);
[xRow,xCol] = size(x);
if tRow~ = xRow||tCol~ = xCol
    error('输入数据不匹配!');
end
n = length(x);
vSum = zeros(1,n);
for iLoop = 1:n
    workArr = tbl;
    workArr(workArr~ = iLoop) = 0;
    workArr(workArr = = iLoop) = 1;
    tmp = workArr.*x;
    vSum(iLoop) = sum(tmp(:));
end
```

五、平衡不完全区组设计

（一）基本思想

随机化完全区组设计对区组内的同质性要求较高，在处理数较多时，这一要求就很难满足，若减少每个小区组的容量，使其中仅布置部分处理，那么就较容易满足同质性，但这样做又无法容纳全部处理，这导致"保证同质性"和"包含全部处理"的矛盾。相对而言，和"保证同质性"相比，"包含全部处理"则可以做出牺牲。因此，为解决这一矛盾，出现了平衡不完全区组设计方法。

在平衡不完全区组设计方法中，这里的"不完全"，即指在每个区组中不能包含全部处理。而"平衡"，更准确地讲，包含3个具体的要求：①每个处理在每一区组中至多出现一次；②每个处理在全部试验中出现次数相同；③任意两个处理都有可能出现在同一区组中，且在全部试验中，这种"同时出现"的次数相同。

总的来说，平衡不完全区组设计的基本思想是不要求每一区组包含全部处理，可以只包含一部分，但是要满足上述平衡的3点要求。

为了直观地了解这种试验设计方法，先引入一个实例：饲养场想考查不同种类的4种饲料对动物体重增加的影响，考虑到不同窝内动物遗传不同可能会对试验结果产生影响，故选取窝别作为区组，每窝选择两只发育一致的动物进行试验，其结果如表6-14所示。

表 6-14 不同种类饲料对动物增重的结果

处理（饲料）	区组（窝别）						$\bar{x}_{i.}$
	1	2	3	4	5	6	
1	14		16		12		14.00
2	11			9		8	9.33
3		16	18			19	17.67
4		19		21	20		20.00
$\bar{x}_{.j}$	12.50	17.50	17.00	15.00	16.00	13.50	

观察表6-14可知，表中设定了4种处理；按列观察，共6列，表示划分了6个不同的区

组，在每一组中只有两个测试结果；按行观察，4 种处理中每种处理都有 3 次试验。无论按照区组计算，还是按照处理计算，一共有 12 个试验观察。

将上述观察得到的结论一般化，则描述为：设有 a 个处理，b 个区组，每个区组的容量为 k，处理重复数为 r，由于是不完全区组，则有 $k<a$。具体到本例中，则 $a=4$，$b=6$，$k=2$，$r=3$。由于设定为平衡试验，根据平衡的本质含义，可知

$$\lambda = \frac{r(k-1)}{a-1} \tag{6-27}$$

其中，λ 为任意两个处理出现于同一区组中的次数，也称为相遇数。

式（6-27）源自排列组合，其原理举例说明如下：在表 6-14 中，对于处理 1，根据平衡条件①的要求，它每组中最多出现 1 次，6 个区组，最多 6 次，本例中只出现了 3 次。根据平衡条件②，因为有 r 次重复，所以处理 1 应该出现在 r 个区组中，本例中，处理 1 分别在第 1，3，5 区组。根据条件③中出现次数相同这一要求，可知在 1, 3, 5 区组内，除了安排处理 1 外，还可以有 $r(k-1)$ 个试验安排其他 $(a-1)$ 个处理，故得到式（6-27）。在本例中，相遇数 $\lambda=1$。

平衡不完全区组设计的数据分析比较复杂，原因是每个区组不能包含全部处理，同时每个处理也不能出现在所有区组中。即使有 $\sum_i \alpha_i = \sum_j \beta_j = 0$，但计算 $x_{i.}$ 时仍不能包含所有的 j，因此它仍有 β 的影响。同理可知，$x_{.j}$ 中也有 α 的影响。要想得到正确的统计分析结果，就必须把这种混杂消除掉，而消除混杂的过程，使得计算复杂化。要进行平衡不完全区组设计，可参照附表 20，选择合适的设计表。

（二）统计计算方法

平衡不完全区组设计的统计模型为

$$x_{ij} = \mu + \alpha_i + \beta_j + \varepsilon_{ij},$$
$$(i=1,2,\cdots,a; \ j=1,2,\cdots,b) \tag{6-28}$$

其中，α_i 为处理效应；β_j 为区组效应；μ 为总平均值；ε_{ij} 为随机误差且服从 $\varepsilon_{ij} \sim \mathrm{NID}(0,\sigma^2)$。和两因素交叉配伍试验不同的是，并不是所有的 i,j 组合都会出现在 x 的下标中，从上面的例子中可以看到，$a=4, b=6$，则理论上 i,j 的组合数应该为 $a \times b = 24$ 种，但实际上例子中只有 12 种组合，表 6-15 具体给出了不是下标的组合，均以下划线表示出来。

表 6-15 非 x 下标生物 i, j 组合

a	b					
	1	2	3	4	5	6
1	x_{11}	$\underline{x_{12}}$	x_{13}	$\underline{x_{14}}$	x_{15}	$\underline{x_{16}}$
2	x_{21}	$\underline{x_{22}}$	$\underline{x_{23}}$	x_{24}	$\underline{x_{25}}$	x_{26}
3	$\underline{x_{31}}$	x_{32}	x_{33}	$\underline{x_{34}}$	$\underline{x_{35}}$	x_{36}
4	$\underline{x_{41}}$	x_{42}	$\underline{x_{43}}$	x_{44}	x_{45}	$\underline{x_{46}}$

和一般的方差分析步骤类似，总变差与自由度仍可按如下进行分解

$$\mathrm{SS}_T = \mathrm{SS}_{\mathrm{Treat(mod)}} + \mathrm{SS}_{\mathrm{Block}} + \mathrm{SS}_E \tag{6-29}$$

$$\mathrm{df}_T = N - 1 \tag{6-30}$$

$$\mathrm{df}_{\mathrm{Treat(mod)}} = a - 1 \qquad (6\text{-}31)$$

$$\mathrm{df}_{\mathrm{Block}} = b - 1 \qquad (6\text{-}32)$$

$$\mathrm{df}_E = N - a - b + 1 \qquad (6\text{-}33)$$

其中，N 是试验总次数，$N = bk = ar$。

区组平方和的计算公式为

$$\mathrm{SS}_{\mathrm{Block}} = \frac{1}{k}\sum_{j=1}^{b} x_{\cdot j}^2 - \frac{x_{\cdot\cdot}^2}{N} \qquad (6\text{-}34)$$

由于是不完全区组（区组内没有包含全部处理），因此 $x_{\cdot j}$ 中不仅包含 β_j 项，还含有 α_i 的影响。从严格意义上讲，$\mathrm{SS}_{\mathrm{Block}}$ 并不是真正的区组平方和，但由于一般不检验区组的差异显著性，因此没有对 $\mathrm{SS}_{\mathrm{Block}}$ 进行调整。对于着重考查的处理平方和，则因为上述同样的原因，需要进行调整。

调整处理平方和的目的在于消除混杂在 $x_{i\cdot}$ 中的 β_j 的影响，具体计算方法是

$$\mathrm{SS}_{\mathrm{Treat(mod)}} = \frac{k}{\lambda a}\sum_{i=1}^{a} Q_i^2 \qquad (6\text{-}35)$$

其中，Q_i 是调整的第 i 次处理的总和，即

$$Q_i = x_{i\cdot} - \frac{1}{k}\sum_{j=1}^{b} \delta_{ij} x_{\cdot j}, \ (i = 1, 2, \cdots, a) \qquad (6\text{-}36)$$

其中，δ_{ij} 是逻辑开关，当第 j 区组中包含第 i 个处理时，$\delta_{ij} = 1$，否则，$\delta_{ij} = 0$。

调整后处理平均值为

$$\bar{x}_{i,\mathrm{mod}} = \bar{x}_{\cdot\cdot} + \hat{\alpha}_i = \bar{x}_{\cdot\cdot} + \frac{k}{\lambda a} Q_i \qquad (6\text{-}37)$$

其中，$\hat{\alpha}_i$ 是 α_i 的估计值，

$$\hat{\alpha}_i = \frac{k}{\lambda a} Q_i \qquad (6\text{-}38)$$

计算其均方后，可以推导得到

$$E(\mathrm{MS}_{\mathrm{Treat(mod)}}) = E\left(\frac{1}{a-1}\frac{k}{\lambda a}\sum_{i=1}^{a} Q_i^2\right) = \sigma^2 + \frac{\lambda a}{k(a-1)}\sum_{i=1}^{a} \alpha_i^2 \qquad (6\text{-}39)$$

故检验统计量为

$$F = \frac{\mathrm{MS}_{\mathrm{Treat(mod)}}}{\mathrm{MS}_E} \sim F(a-1, N-a-b+1) \qquad (6\text{-}40)$$

对于 $H_0: \alpha_i = 0, (i = 1, 2, \cdots, a)$ 进行检验，若检验显著，可进一步对式（6-37）计算得到的调整后的处理平均值做多重比较，其标准误差为

$$S = \sqrt{\frac{k}{\lambda a}\mathrm{MS}_E} \qquad (6\text{-}41)$$

将上述过程整理，则平衡不完全区组数据的具体分析步骤如下。

（1）计算总平方和及对应的自由度。

因为实际上 x_{ij} 只有 $ar = bk$ 个，并不是 ab 个，所以

$$\mathrm{SS}_T = \sum_{i=1}^{a}\sum_{j=1}^{b} x_{ij}^2 - \frac{x_{\cdot\cdot}^2}{ar}, \ \mathrm{df} = ar - 1 \qquad (6\text{-}42)$$

（2）根据式（6-34）计算区组平方和 SS_{Block}，根据式（6-32）计算对应的自由度。

（3）根据式（6-35）计算调整的处理平方和 SS_{Treat}，根据式（6-31）计算对应的自由度。

（4）计算式（6-43）误差平方和 SS_E，根据式（6-33）计算对应的自由度。

$$SS_E = SS_T - SS_{Block} - SS_{Treat(mod)} \qquad (6-43)$$

（5）F 上尾检验：

$$\begin{cases} H_0: \alpha_i = 0, (i = 1, 2, ..., a) \\ H_1: \text{至少一个} \ \alpha_i \neq 0 \end{cases}$$

（6）根据式（6-37）计算调整平均数，检验显著时，进行多重比较。

例3 为了比较 4 台机器（A，B，C，D）对原料平均切割厚度的影响，选用 4 种材料做试验，但每批材料只够 3 台机器做试验，由于不同批次对平均切割厚度也有影响，因此采用平衡不完全区组设计，设计的方法和试验数据如表 6-16 所示，试对此进行方差分析。

表 6-16　四台机器对材料切割的平衡不完全区组设计

机器（处理）	材料				行和
	1	2	3	4	
1	73	74	—	71	218
2	—	75	67	72	214
3	73	75	68	—	216
4	75	—	72	75	222
列和	221	224	207	218	总和 = 870

解　首先统计数据的基本信息如表 6-17 所示。

表 6-17　例 3 中试验结果数据特征统计

处理数 a	区组数 b	重复数 r	区组容量 k	相遇数 m	总试验次数 n
4	4	3	3	2	12

则方差分析汇报表如表 6-18 所示。

表 6-18　例 3 试验结果方差分析表

变差来源	平方和	自由度	均方	F	显著性	极显著性
处理	22.75	3	7.58	11.67	1	0
区组	55	3	18.33			
误差	3.25	5	0.65			
总和	81	11				

根据表中的显著性（对应 $\alpha=0.05$）与极显著性（对应 $\alpha=0.01$），可知试验中的机器影响具有显著性，但尚不至于达到极显著。在显著的基础上，还可以借助 Duncan 方法，实现多重比较，Duncan 方法在方差分析一章中详细介绍过，这里不再赘述。

（三）试验结果分析的 MATLAB 实现

平衡不完全区组试验设计的数据处理也较为烦琐，为了方便使用，我们根据上述方差分析的基本原理，编写了试验结果分析的 MATLAB 函数 bibd，具体使用比较简便，只需要给出数据然后调用即可，对于上述的例 3，具体计算如下：

```
% 未设置试验的结果,以 NaN 代替
x = [73,74,NaN,71;NaN,75,67,72;73,75,68,NaN;75,NaN,72,75];
bibd(x)
```

简单整理，即得到上述的结果。源码如下：

```
function bibd(x)
% 函数名称:bibd.m <- balanced incomplete block design.
% 实现功能:实现平衡不完全区组试验设计的方差分析.
% 输入参数:函数共有 1 个输入参数,含义如下:
%          :(1),x,试验结果,以矩阵的形式表示,每行对应一个处理,每列对应一个区组,
%          :未设置的试验,以 NaN 表示结果,具体格式参使用样例.
% 输出参数:函数默认无输出参数,方差分析表输出到屏幕.
% 函数调用:实现函数功能不需要调用子函数.
% 参考文献:实现函数算法,参阅了以下文献资料:
%          :(1),马寨璞,MATLAB 语言编程[M],北京:电子工业出版社,2017.
% 原始作者:马寨璞,wdwsjlxx@163.com.
% 创建时间:2017-06-10,09:53:33.
% 原始版本:1.0
% 版权声明:未经作者许可,任何单位及个人不得以任何方式或理由对本代码
%          :进行网上传播、贩卖等.
% 验证说明:本函数在 MATLAB 2014a,2015a,2017a 等版本运行通过.
% 使用样例:常用以下格式,请参照格式准备数据:
%          x = [...
%                14,NaN,16,NaN,12,NaN;
%                11,NaN,NaN,9,NaN,8;
%                NaN,16,18,NaN,NaN,19;
%                NaN,19,NaN,21,20,NaN;
%                ];
%          bibd(x) % 调用
%
% 1.统计原始数据的基本信息
yes = ~isnan(x);         % 表示设置了试验,有观测结果
[a,b] = size(x);         % 处理个数 a,区组个数 b
r = sum(yes(1,:),2);     % 重复数
k = sum(yes(:,1),1);     % 区组容量
m = r*(k-1)/(a-1);       % 任意两个处理出现于同一区组中的次数
if a*r~ = b*k
    error('检测数据不一致!');
else
    n = a*r;
end
ttStr = {'处理数 a','区组数 b','重复数 r','区组容量 k','相遇数 m','总试验次数 n'};
fprintf('%s\t',ttStr{:});fprintf('\b\n');
fprintf('%d\t',[a,b,r,k,m,n]);fprintf('\b\n\n');
% 2.方差计算
x(isnan(x)) = 0; % 为了计算方便,所有 NaN 更换为 0
```

```
rSum = sum(x,2); % 每行数据之和
cSum = sum(x,1); % 每列数据之和
% 2.1 计算 sst
sst = sum(x(:).^2)-sum(x(:))^2/(a*r);
dft = a*r-1;
% 2.2 计算区组平方和
ssBlock = sum(sum(x,1).^2,2)/k-sum(x(:))^2/(k*b);
dfBlock = b-1;
% 2.3 计算调整的处理平方和
Q = zeros(1,a);
for ir = 1:a
    Q(ir) = rSum(ir)-sum(yes(ir,:).*cSum,2)/k;
end
ssTreat = k/(m*a)*sum(Q.^2,2);
dfTreat = a-1;
% 2.4 计算 sse
sse = sst-ssBlock-ssTreat;
dfe = n-a-b + 1;
% 2.5 计算统计量 F
mse = sse/dfe;
msBlock = ssBlock/dfBlock;
msTreat = ssTreat/dfTreat;
F = msTreat/mse;
% 2.6 临界值
f5c = finv(1-0.05,dfTreat,dfe); % alpha = 0.05
f1c = finv(1-0.01,dfTreat,dfe); % alpha = 0.01
% 3 输出方差分析表(方便 word 排版)
tblHder = {'变差来源','平方和','自由度','均方','F','显著性','极显著性'};
fprintf('%s\t',tblHder{:});fprintf('\b\n');
ttTxt = [ssTreat,dfTreat,msTreat,F,F>f5c,F>f1c];% 处理
fprintf('%s\t','处理');fprintf('%.2f\t',ttTxt);fprintf('\b\n');
blkTxt = [ssBlock,dfBlock,msBlock];% 区组
fprintf('%s\t','区组');fprintf('%.2f\t',blkTxt);fprintf('\b\n');
errTxt = [sse,dfe,mse];% 误差
fprintf('%s\t','误差');fprintf('%.2f\t',errTxt);fprintf('\b\n');
zongHe = [sst,dft];% 总和
fprintf('%s\t','总和');fprintf('%.2f\t',zongHe);fprintf('\b\n');
```

六、裂区试验设计

（一）基本原理

在随机化完全区组设计的区组内部，如果某种原因使得各个处理受到特定条件的约束，以至于不能完全随机排列时，则应考虑使用裂区试验设计方法，下面先通过两个实例，了解裂区试验设计的基本状况。

例 4　用 3 种不同方法从药用植物中提取有效成分，再按 4 种浓度进行试验，由于条件限制，每天只能完成 1 个重复，全部 3 个重复分三天完成。由于原材料贵重难得，因此在具体进行试验时，把每天用 3 种方法提取的有效成分分别稀释成 4 个不同浓度，则得到如表 6-19 所示的结果，试考查提取方法之间的差异显著性。

表 6-19　裂区试验设计各处理安排

天（区组，A）		A_1			A_2			A_3		
提取方法（B）		B_1	B_2	B_3	B_1	B_2	B_3	B_1	B_2	B_3
浓度（C）	C_1	43	47	42	41	44	44	44	48	45
	C_2	48	54	39	45	49	43	50	53	47
	C_3	50	51	46	53	55	45	54	52	52
	C_4	49	55	49	54	53	53	53	57	58

若使用随机化完全区组设计方法进行设计，则考虑到在三天之间有可能存在一些差异，可把每天当作 1 个区组，每个区组内由 3 种方法和 4 个浓度进行搭配，需要完全随机化布置 12 个处理，理想状况下，这些处理可使用 12 个不同批次的原料进行完全随机化。但实际工作中，由于原材料比较珍贵，出于降低试验费用等原因，只能用 3 个批次分别采用 3 种方法提取有效成分，再分别稀释成 4 种不同浓度进行后续的试验，这样的处理方法，使得每个区组内的 12 个处理不再完全独立。

例 5　在比较 4 个不同品种苹果的试验中，随机区组有 3 次重复，田间地块的划分如表 6-20 所示。几年后，为考查施肥对不同品种的影响，要构建 3 种肥料［氮（N）、磷（P）、钾（K）］的试验，裂区安排各试验如表 6-21 所示。

表 6-20　4 种不同品种苹果的随机区组

B	D	A	C
D	A	C	B
C	B	D	A

表 6-21　苹果品种与施肥类型的裂区安排

在例 4 中，提取方法是主因素，包含 3 个水平（方法），每个区组被提取方法分成 3 个（主区），3 种方法称为 3 种主处理 B_1, B_2, B_3；浓度是次因素，包含 4 个水平，称为 4 个次处理（C_1, C_2, C_3, C_4），每个主区内部包含 4 个次区（裂区），3 个区组可看作 3 个重复。随机化也相应进行了两次，一是主区的随机化，二是次区的随机化。

在例 5 中，品种是主因素，包含 4 个水平，称为主处理（A, B, C, D），表 6-20 中的每个小区（方格）称为一个主区，每个主处理占 3 个主区，也就是主处理有 3 次重复，即表 6-20 中的 A, B, C, D 都重复了 3 次。肥料是次因素，包含 3 个水平（N, P, K），称为次处理（或副处理），分裂出的小小区（表 6-21 中的小小格）称为次区（裂区），每个次处理占据 12 个裂区，因此次处理有 12 个重复。

由上可以看出，裂区设计适用于某些情况下的双因素试验，用裂区设计可以减少一些试验的工作量，总的来说，裂区设计主要应用于以下 4 种情况。

（1）当因素 A 的各种处理比因素 B 的处理需要更大的空间面积时，可考虑使用裂区设计。

（2）当因素 A 的主效应比因素 B 的主效应更为重要，或 AB 两因素间的交互作用比其主效应更重要时，可考虑使用裂区设计，且重要的因素放在裂区，次要的因素放在主区。

（3）已知因素 A 的效应比因素 B 的效应更大时，可使用裂区设计；效应大的因素 A，无需太精确就能比较出结果,应放在主区;效应小的因素 B,应放在裂区。

(4)在原有的单因素 A 随机区组试验中增加一个新的考察因素 B 时,可考虑使用裂区设计。

(二)统计模型与计算方法

裂区设计的统计模型为

$$x_{ijk} = \mu + \alpha_i + \beta_j + (\alpha\beta)_{ij} + \gamma_k + (\alpha\gamma)_{ik} + (\beta\gamma)_{jk} + (\alpha\beta\gamma)_{ijk} \tag{6-44}$$

$$(i=1,2,\cdots,a;\ j=1,2,\cdots,b;\ k=1,2,\cdots,c)$$

其中, $\alpha_i, \beta_j, (\alpha\beta)_{ij}$ 描述主区; $\gamma_k, (\alpha\gamma)_{ik}, (\beta\gamma)_{jk}$ 和 $(\alpha\beta\gamma)_{ijk}$ 描述次区,以本章例 4 为例,模型中各项的基本含义如表 6-22 所示。

表 6-22 裂区统计模型含义

主区			次区			
α_i	β_j	$(\alpha\beta)_{ij}$	γ_k	$(\alpha\gamma)_{ik}$	$(\beta\gamma)_{jk}$	$(\alpha\beta\gamma)_{ijk}$
区组(因素 A)	主处理(因素 B)	主区误差	次处理(因素 C)	AC 交互作用	BC 交互作用	次区误差

裂区设计在多数情况下把区组当作随机因素,把 B 和 C 当作固定因素,在具体计算时,其计算过程与无重复三因素方差分析类似,总平方和为

$$\mathrm{SS}_T = \sum_{i=1}^{a}\sum_{j=1}^{b}\sum_{k=1}^{c} x_{ijk}^2 - \frac{x_{\cdots}^2}{abc} \tag{6-45}$$

各因素平方和与自由度分别为

$$\mathrm{SS}_A = \frac{1}{bc}\sum_{i=1}^{a} x_{i\cdots}^2 - \frac{x_{\cdots}^2}{abc}, \quad \mathrm{df}_A = a-1 \tag{6-46}$$

$$\mathrm{SS}_B = \frac{1}{ac}\sum_{j=1}^{b} x_{\cdot j\cdot}^2 - \frac{x_{\cdots}^2}{abc}, \quad \mathrm{df}_B = b-1 \tag{6-47}$$

$$\mathrm{SS}_C = \frac{1}{ab}\sum_{k=1}^{c} x_{\cdot\cdot k}^2 - \frac{x_{\cdots}^2}{abc}, \quad \mathrm{df}_C = c-1 \tag{6-48}$$

各交互作用项的平方和与自由度为

$$\mathrm{SS}_{AB} = \frac{1}{c}\sum_{i=1}^{a}\sum_{j=1}^{b} x_{ij\cdot}^2 - \frac{x_{\cdots}^2}{abc} - \mathrm{SS}_A - \mathrm{SS}_B, \quad \mathrm{df}_{AB} = (a-1)(b-1) \tag{6-49}$$

$$\mathrm{SS}_{AC} = \frac{1}{b}\sum_{i=1}^{a}\sum_{k=1}^{c} x_{i\cdot k}^2 - \frac{x_{\cdots}^2}{abc} - \mathrm{SS}_A - \mathrm{SS}_C, \quad \mathrm{df}_{AC} = (a-1)(c-1) \tag{6-50}$$

$$\mathrm{SS}_{BC} = \frac{1}{a}\sum_{j=1}^{b}\sum_{k=1}^{c} x_{ijk}^2 - \frac{x_{\cdots}^2}{abc} - \mathrm{SS}_B - \mathrm{SS}_C, \quad \mathrm{df}_{BC} = (b-1)(c-1) \tag{6-51}$$

$$\mathrm{SS}_{ABC} = \mathrm{SS}_T - \mathrm{SS}_A - \mathrm{SS}_B - \mathrm{SS}_C - \mathrm{SS}_{AB} - \mathrm{SS}_{AC} - \mathrm{SS}_{BC} \tag{6-52}$$

$$\mathrm{df}_{ABC} = (a-1)(b-1)(c-1)$$

则各项的均方期望如下。

主区:

$$\mathrm{MS}_A = \sigma^2 + bc\sigma_\alpha^2 \tag{6-53}$$

$$\mathrm{MS}_B = \sigma^2 + c\sigma_{\alpha\beta}^2 + ac\eta_\beta^2 \tag{6-54}$$

$$\mathrm{MS}_{AB} = \sigma^2 + c\sigma^2_{\alpha\beta} \tag{6-55}$$

次区：

$$\mathrm{MS}_C = \sigma^2 + b\sigma^2_{\alpha\gamma} + ab\eta^2_{\gamma} \tag{6-56}$$

$$\mathrm{MS}_{AC} = \sigma^2 + b\sigma^2_{\alpha\gamma} \tag{6-57}$$

$$\mathrm{MS}_{BC} = \sigma^2 + a\eta^2_{\beta\gamma} + \sigma^2_{\alpha\beta\gamma} \tag{6-58}$$

$$\mathrm{MS}_{ABC} = \sigma^2 + \sigma^2_{\alpha\beta\gamma} \tag{6-59}$$

由于一般无重复，故不能将交互作用与随机误差分开，因此只能把 AB 和 ABC 看作主区和次区的误差项，于是得到检验的统计量：

$$F_B = \frac{\mathrm{MS}_B}{\mathrm{MS}_{AB}}, \quad F_C = \frac{\mathrm{MS}_C}{\mathrm{MS}_{AC}}, \quad F_{BC} = \frac{\mathrm{MS}_{BC}}{\mathrm{MS}_{ABC}} \tag{6-60}$$

例6 试对例 4 中的试验结果进行分析。

解 其具体计算如下。

（1）计算矫正项：

$$\frac{x^2_{\cdots}}{abc} = 86534$$

（2）计算平方和：

$$\mathrm{SS}_T = \sum_{i=1}^{a}\sum_{j=1}^{b}\sum_{k=1}^{c} x^2_{ijk} - \frac{x^2_{\cdots}}{abc} = 822.9722$$

要计算 SS_A，需要首先计算出 $x_{i\cdots}$，它实际上是 a 个区组中，每个区组的数据和，具体到本例，则涉及 3 个区组，故计算出的值如表 6-23 所示。

表 6-23 例题中各区组的 $x_{i\cdots}$

区组号	A_1	A_2	A_3
$x_{i\cdots}$	573	579	613

在此基础上，计算得到

$$\mathrm{SS}_A = \frac{1}{bc}\sum_{i=1}^{a} x^2_{i\cdots} - \frac{x^2_{\cdots}}{abc} = 77.5556$$

类似的，可得到各主处理的 $x_{\cdot j\cdot}$，如表 6-24 所示，以及各次处理的 $x_{\cdot\cdot k}$，如表 6-25 所示。

表 6-24 例题中各主处理的 $x_{\cdot j\cdot}$

处理	B_1	B_2	B_3
$x_{\cdot j\cdot}$	584	618	563

$$\mathrm{SS}_B = \frac{1}{ac}\sum_{j=1}^{b} x^2_{\cdot j\cdot} - \frac{x^2_{\cdots}}{abc} = 128.3889$$

表 6-25 例题中各次处理的 $x_{\cdot\cdot k}$

处理	C_1	C_2	C_3	C_4
$x_{\cdot\cdot k}$	398	428	458	481

$$\text{SS}_C = \frac{1}{ab} \sum_{k=1}^{c} x_{\cdot\cdot k}^2 - \frac{x_{\cdots}^2}{abc} = 434.0833$$

要计算交叉平方和 SS_{AB}，需要计算 $x_{ij\cdot}^2$，其中 $x_{ij\cdot}$ 是具有 $a \times b$ 的数表，计算其结果如表 6-26 所示。

表 6-26 计算 *AB* 交互项的 $x_{ij\cdot}$

	B_1	B_2	B_3
A_1	190	207	176
A_2	193	201	185
A_3	201	210	202

由此计算得到

$$\text{SS}_{AB} = \frac{1}{c} \sum_{i=1}^{a} \sum_{j=1}^{b} x_{ij\cdot}^2 - \frac{x_{\cdots}^2}{abc} - \text{SS}_A - \text{SS}_B = 36.2778$$

类似的，得到 AC 交互项的 $x_{i\cdot k}$，如表 6-27 所示，以及 BC 交互项的 $x_{\cdot jk}$，如表 6-28 所示。

表 6-27 计算 *AC* 交互项的 $x_{i\cdot k}$

	C_1	C_2	C_3	C_4
A_1	132	141	147	153
A_2	129	137	153	160
A_3	137	150	158	168

$$\text{SS}_{AC} = \frac{1}{b} \sum_{i=1}^{a} \sum_{k=1}^{c} x_{i\cdot k}^2 - \frac{x_{\cdots}^2}{abc} - \text{SS}_A - \text{SS}_C = 20.6667$$

表 6-28 计算 *BC* 交互项的 $x_{\cdot jk}$

	B_1	B_2	B_3
C_1	128	139	131
C_2	143	156	129
C_3	157	158	143
C_4	156	165	160

$$\text{SS}_{BC} = \frac{1}{a} \sum_{j=1}^{b} \sum_{k=1}^{c} x_{ijk}^2 - \frac{x_{\cdots}^2}{abc} - \text{SS}_B - \text{SS}_C = 75.1667$$

最后，得到

$$SS_{ABC} = SS_T - SS_A - SS_B - SS_C - SS_{AB} - SS_{AC} - SS_{BC} = 50.8333$$

则方差分析表汇总如表 6-29 所示。

表 6-29　裂区试验结果的方差分析表

变差来源	平方和	自由度	均方	F	$F5$ 显著性	$F1$ 显著性
区组 A	77.56	2	38.78			
主因素 B	128.39	2	64.19	7.08	1	0
主区误差 AB	36.28	4	9.07			
次因素 C	434.08	3	144.69	42.01	1	1
次区交互项 AC	20.67	6	3.44			
次区交互项 BC	75.17	6	12.53	2.96	0	0
次区误差 ABC	50.83	12	4.24			
总和	822.97	35				

（三）裂区计算的 MATLAB 实现

裂区试验结果的方差分析比较烦琐，尤其随着区组数、主因素水平和次因素水平数的增加，计算量也将显著增加，为了方便计算，根据上述的基本原理，编写了下面的分析函数，上述例 6 的计算结果，即是通过本函数运算，稍加整理得到。源码如下：

```
function SplitPlotDesign(varargin)
% 函数名称:SplitPlotDesign.m
% 实现功能:对裂区试验的结果进行方差分析.
% 输入参数:函数共有 1 个输入参数,含义如下:
%         :(1),varargin,以区组 A 为单位的输入矩阵序列,每个区组对应一个矩阵,
%         :矩阵的行和列数分别对应着次因素 C 和组合因素 B.
% 输出参数:函数默认无输出参数.
% 函数调用:实现函数功能不需要调用子函数.
% 参考文献:实现函数算法,参阅了以下文献资料:
%         :(1),马寨璞,MATLAB 语言编程[M],北京:电子工业出版社,2017.
% 原始作者:马寨璞,wdwsjlxx@163.com.
% 创建时间:2017-06-13,19:47:29.
% 原始版本:1.0
% 版权声明:未经作者许可,任何单位及个人不得以任何方式或理由对本代码
%         :进行网上传播、贩卖等.
% 验证说明:本函数在 MATLAB 2014a,2017a 等平台运行通过.
% 使用样例:常用以下格式,请参考准备数据格式等:
%     例1: 实例数据
%         A1 = [43,47,42;48,54,39;50,51,46;49,55,49];
%         A2 = [41,44,44;45,49,43;53,55,45;54,53,53];
%         A3 = [44,48,45;50,53,47;54,52,52;53,57,58];
%         SplitPlotDesign(A1,A2,A3)
%     例2: 虚拟数据,多个区组与数据量
%         m = 4;n = 3;% 区组数据矩阵大小,可更改
%         nArr = 4;% 区组数,可更改
%         varin = cell(1,nArr);
%         for iLoop = 1:nArr
```

```
%               eval(['A',num2str(iLoop),' = ','rand(m,n)*10'])
%               varin{iLoop} = eval(['A',num2str(iLoop)]);
%          end
%          SplitPlotDesign(varin{:})
%
% 1.检测输入数据
nBlocks = length(varargin);% 区组数
if nBlocks<2
    error('区组数不能小于 2!');
end
sz = zeros(nBlocks,2);  % 存放各区组结构数据
for iLoop = 1:nBlocks
    ArrName = sprintf('A%d',iLoop);
    eval([ArrName,' = ','varargin{iLoop}',';'])
    sz(iLoop,:) = size(eval(ArrName));
end
if length(unique(sz(:,1)))>1||length(unique(sz(:,2)))>1
    error('输入数据结构体有误!');
else
    % b 为主因素水平数,对应矩阵的列数.
    % c 为次因素水平数,对应矩阵的行数.
    [cSubLevel,bMainLevel] = size(A1);
end
% 2.离差平方和
% 2.1 sst
cSum = 0;c2Sum = 0;
Xipp = zeros(1,nBlocks);  % Xi..
for iBlock = 1:nBlocks
    WorkArr = eval(sprintf('A%d',iBlock));
    cSum = cSum + sum(WorkArr(:));
    c2Sum = c2Sum + sum(WorkArr.^2);
    Xipp(iBlock) = sum(WorkArr(:));
end
const = cSum^2/(nBlocks*bMainLevel*cSubLevel);
SSt = sum(c2Sum)-const;
% 2.2 SSa
SSa = sum(Xipp.^2)/(bMainLevel*cSubLevel)-const;
dfA = nBlocks-1;
% 2.3 SSb
Xpjp = zeros(1,bMainLevel); % X.j.
tmpCol = zeros(cSubLevel,nBlocks);
for jmt = 1:bMainLevel
    for iBlock = 1:nBlocks
        WorkArr = eval(sprintf('A%d',iBlock));
        tmpCol(:,iBlock) = WorkArr(:,jmt);
    end
    Xpjp(jmt) = sum(tmpCol(:));
end
SSb = sum(Xpjp.^2)/(nBlocks*cSubLevel)-const;
dfB = bMainLevel-1;
% 2.4 SSc
Xppk = zeros(1,cSubLevel); % X..k
```

```
tmpRow = zeros(nBlocks,bMainLevel);
for kSubt = 1:cSubLevel
    for iBlock = 1:nBlocks
        WorkArr = eval(sprintf('A%d',iBlock));
        tmpRow(iBlock,:) = WorkArr(kSubt,:);
    end
    Xppk(kSubt) = sum(tmpRow(:));
end
SSc = sum(Xppk.^2)/(nBlocks*bMainLevel)-const;
dfC = cSubLevel-1;
% 2.5 SSab
Xijp = zeros(nBlocks,bMainLevel);
for iBlock = 1:nBlocks
    WorkArr = eval(sprintf('A%d',iBlock));
    for jmt = 1:bMainLevel
        Xijp(iBlock,jmt) = sum(WorkArr(:,jmt));
    end
end
SSab = sum((Xijp(:)).^2)/cSubLevel-SSa-SSb-const;
dfAB = (nBlocks-1)*(bMainLevel-1);
% 2.6 SSac
Xipk = zeros(nBlocks,cSubLevel); % Xi.k
for iBlock = 1:nBlocks
    WorkArr = eval(sprintf('A%d',iBlock));
    for kSubt = 1:cSubLevel
        Xipk(iBlock,kSubt) = sum(WorkArr(kSubt,:));
    end
end
SSac = sum((Xipk(:)).^2)/bMainLevel-SSa-SSc-const;
dfAC = (nBlocks-1)*(cSubLevel-1);
% 2.7 SSbc
Xpjk = zeros(cSubLevel,bMainLevel); % X.jk
for kSubt = 1:cSubLevel
    for jmt = 1:bMainLevel
        for iBlock = 1:nBlocks
            WorkArr = eval(sprintf('A%d',iBlock));
            Xpjk(kSubt,jmt) = Xpjk(kSubt,jmt) + WorkArr(kSubt,jmt);
        end
    end
end
SSbc = sum((Xpjk(:)).^2)/nBlocks-SSb-SSc-const;
dfBC = (bMainLevel-1)*(cSubLevel-1);
% 2.8 SSabc
SSabc = SSt-SSa-SSb-SSc-SSab-SSac-SSbc;
dfABC = (nBlocks-1)*(bMainLevel-1)*(cSubLevel-1);
% 3.均方值
MSa = SSa/dfA;
MSb = SSb/dfB;
MSc = SSc/dfC;
MSab = SSab/dfAB;
MSac = SSac/dfAC;
MSbc = SSbc/dfBC;
```

```
MSabc = SSabc/dfABC;
% 4.方差分析表
% 4.1表头
th = {'变差来源','平方和','自由度','均方','F','F5 显著性','F1 显著性'};
fprintf('%s\t',th{:});fprintf('\b\n');
% 4.2区组 A
aVal = [SSa,dfA,MSa];fprintf('%s\t','区组(A)');
fprintf('%.2f\t',aVal);fprintf('\b\n');
% 4.3主因素 B
Fb = MSb/MSab;
Fb05CutOff = finv(1-0.05,dfB,dfAB);
Fb01CutOff = finv(1-0.01,dfB,dfAB);
Fb05Flag = Fb>Fb05CutOff;
Fb01Flag = Fb>Fb01CutOff;
bVal = [SSb,dfB,MSb,Fb,Fb05Flag,Fb01Flag];
fprintf('%s\t','主因素(B)');
fprintf('%.2f\t',bVal);fprintf('\b\n');
% 4.4主区误差 AB 交互项
abVal = [SSab,dfAB,MSab];
fprintf('%s\t','主区误差(AB)');
fprintf('%.2f\t',abVal);fprintf('\b\n');
% 4.5次因素 C
Fc = MSc/MSac;
Fc05CutOff = finv(1-0.05,dfC,dfAC);
Fc01CutOff = finv(1-0.01,dfC,dfAC);
Fc05Flag = Fc>Fc05CutOff;
Fc01Flag = Fc>Fc01CutOff;
cVal = [SSc,dfC,MSc,Fc,Fc05Flag,Fc01Flag];
fprintf('%s\t','次因素(C)');
fprintf('%.2f\t',cVal);fprintf('\b\n');
% 4.6次区 AC 交互项
acVal = [SSac,dfAC,MSac];
fprintf('%s\t','次区交互项AC');
fprintf('%.2f\t',acVal);fprintf('\b\n');
% 4.7次区 BC 交互项
Fbc = MSbc/MSabc;
Fbc05CutOff = finv(1-0.05,dfBC,dfABC);
Fbc01CutOff = finv(1-0.01,dfBC,dfABC);
Fbc05Flag = Fbc>Fbc05CutOff;
Fbc01Flag = Fbc>Fbc01CutOff;
bcVal = [SSbc,dfBC,MSbc,Fbc,Fbc05Flag,Fbc01Flag];
fprintf('%s\t','次区交互项BC');
fprintf('%.2f\t',bcVal);fprintf('\b\n');
% 4.8次区误差 ABC
abcVal = [SSabc,dfABC,MSabc];
fprintf('%s\t','次区误差ABC');
fprintf('%.2f\t',abcVal);fprintf('\b\n');
% 4.9总和
fprintf('%s\t','总和');
fprintf('%.2f\t',[SSt,nBlocks*bMainLevel*cSubLevel-1]);
fprintf('\b\n');
```

第三节　正交试验设计

正交试验设计简称正交设计，是指利用正交表科学、合理安排试验因素，并进行数据分析的试验方法，是最常用的试验设计方法。正交设计的主要优点是能够通过有限的代表性实验方案，分析推断出最优的试验方案；还可以进一步分析出和各因素有关的更多的信息。正交试验的缺点是因素设置的水平数较少，若增加设置的水平数，试验次数增加较多。

一、正交表

（一）初识正交表

正交表是一套设计好的规范化表格，借助正交表，试验人员可以合理地安排试验的因素与水平，因此正交表是正交试验的基本工具。根据正交表中各列水平数的相同与不同，正交表可分为等水平正交表和混合水平正交表。表 6-30 和表 6-31 是两张常用的等水平正交表，而表 6-32 是混合水平正交表。

表 6-30　正交表 $L_8(2^7)$

试验号	列号						
	1	2	3	4	5	6	7
1	1	1	1	1	1	1	1
2	1	1	1	2	2	2	2
3	1	2	2	1	1	2	2
4	1	2	2	2	2	1	1
5	2	1	2	1	2	1	2
6	2	1	2	2	1	2	1
7	2	2	1	1	2	2	1
8	2	2	1	2	1	1	2

表 6-31　正交表 $L_9(3^4)$

试验号	列号			
	1	2	3	4
1	1	1	1	1
2	1	2	3	2
3	1	3	2	3
4	2	1	3	3
5	2	2	2	1
6	2	3	1	2
7	3	1	2	2
8	3	2	1	3
9	3	3	3	1

表 6-32 正交表 $L_8(4^1 \times 2^4)$

试验号	列号				
	1	2	3	4	5
1	1	1	1	1	1
2	1	2	2	2	2
3	2	1	1	2	2
4	2	2	2	1	1
5	3	1	2	1	2
6	3	2	1	2	1
7	4	1	2	2	2
8	4	2	1	1	2

在表 6-30 和表 6-31 中， $L_8(2^7)$ 和 $L_9(3^4)$ 是正交表的记号，它们都能遵循如下的格式

$$L_n(r^m)$$

其中，L 是正交表代号；n 是正交表横行数，也就是选择此表设计试验时，需要进行的试验次数；r 是因素水平数；m 是正交表总列数，也是正交表最多可安排的因素个数。根据这些含义，可知 $L_8(2^7)$ 意味着该表共有 8 行 7 列，若参考该表设计试验，则可设计一套最多可安排 7 个 2 水平因素，共需进行 8 次试验的试验方案。

在表 6-32 中，混合正交表记号 $L_8(4^1 \times 2^4)$ 中各项的基本含义与等水平正交表中含义相同，之所以出现这种混合水平正交表，是因为在实际的科研实践中，有时囿于试验条件，某些因素不能多取水平；有时候又需要着重考察某个因素，需要适当增加该因素的试验水平数，这些特殊要求促成混合表的产生与使用。根据记号中各项的含义，可知 $L_8(4^1 \times 2^4)$ 意味着当参照此表进行试验设计时，可设计一套最多可安排 5 个因素，其中有一个因素可以设置 4 个水平，有 4 个因素可设置 2 个水平，共需进行 8 次试验的试验方案。

从上述的记号可知，对于 7 因素 2 水平试验，按照正交表进行试验只需要 8 次，若将各因素水平一一搭配，进行全面试验，则需要 $2^7 = 128$ 次试验，正交试验减少了 120 次。对于 4 因素 3 水平的试验，全面试验时需要进行 $3^4 = 81$ 次试验，按照正交表进行试验只需 9 次，两者相比，正交试验减少了 72 次，显然正交试验极大地减少试验次数。

（二）正交表的特点

上面提到了 3 种正交表，在实际应用中，还会遇到许多正交表，按照因素水平分类，则有：

二水平正交表：$L_4(2^3)$，$L_8(2^7)$，$L_{12}(2^{11})$，$L_{16}(2^{15})$，…

三水平正交表：$L_9(3^4)$，$L_{18}(3^7)$，$L_{27}(3^{13})$，…

四水平正交表：$L_{16}(4^5)$，$L_{32}(4^9)$，$L_{64}(4^{21})$，…

五水平正交表：$L_{25}(5^6)$，$L_{50}(5^{11})$，$L_{125}(5^{31})$，…

从表 6-30 和表 6-31 可以看出，等水平正交表有以下两个主要特点：①正交表中任意一列内不同数字出现的次数相同。也就是说，每个因素的每一个水平都会有相同的重复数。例如，在表 6-30 的 $L_8(2^7)$ 中，每个因素有 2 个水平，分别以数字 1，2 标记，它们在每一列中都出现 4 次；在表 6-31 的 $L_9(3^4)$ 中，每列都有 1，2，3 三个水平号，它们的出现次数都是 3 次。

每列内不同水平号出现次数相同，使得每个因素在各个水平上都均匀地分布，这表明正交表具有均衡分散性。②表中任意两列，把同一行的两个数字看成是有序数字对时，则所有可能的数字对出现的次数相同。例如，在表 6-30 的 $L_8(2^7)$ 中任选 2 列，同一行数字构成的数对为 $(1,1)$，$(1,2)$，$(2,1)$，$(2,2)$，共 4 种，每一种各出现两次。这一性质，说明正交表具有整齐可比性。

正交表具有的均衡分散、整齐可比性质，又称为正交性。利用这一特点指导安排试验，则每个因素选出的水平是均匀分布的（即每个因素各水平试验的次数相同），同时任意两个因素各水平的搭配在所选试验中出现的次数也相同，使得设计选定的试验极具代表性。

观察表 6-32 所附的 $L_8(4^1 \times 2^4)$，可以看出，对于混合水平正交表，也有两个重要的性质：①表中的任一列，不同数字出现的次数相同。在表 $L_8(4^1 \times 2^4)$ 中，第 1 列出现了"1"，"2""3"，"4" 4 个数字，但它们都出现了 2 次；第 2～5 列，虽然只有"1"，"2"两个数字，但在同一列内，不同数字出现的次数都是 4 次。②任意两列，同一行两个数字组成了各种不同水平的搭配，这些搭配出现次数相同，但不同的两列间所组成的水平搭配种类与出现次数不完全相同。例如，在表 $L_8(4^1 \times 2^4)$ 中，第 1 列是 4 水平的列，它与其他任何一个 2 水平列组成的同行数字对都是 8 种，且各出现 1 次，比如 1，3 两列的 8 种数字对为 $(1,1)$，$(1,2)$，$(2,1)$，$(2,2)$，$(3,2)$，$(3,1)$，$(4,2)$，$(4,1)$。而第 2～5 列都是两水平列，它们任意两列的同行数字对共有 4 种，各出现 2 次，比如 2，5 两列的数字对包括 $(1,1)$，$(2,2)$，$(1,2)$，$(2,1)$，$(1,2)$，$(2,1)$，$(1,1)$，$(2,2)$，有 8 对，但属于 4 种。

从这两个性质可以看出，根据混合水平正交表设计试验，每个因素的各水平之间的搭配也是均衡的。像这类混合水平正交表还有多种，如 $L_{12}(3^1 \times 2^4)$，$L_{16}(4^4 \times 2^3)$，$L_{24}(3^1 \times 4^1 \times 2^4)$，$L_{108}(18^1 \times 6^2 \times 2^3 \times 3^{32})$ 等。附表 21 给出了一些常见的正交表，供读者查用。

（三）正交设计的步骤

正交试验设计一般分为两部分，一是试验设计，二是数据处理，归纳起来，一般包括以下 6 点。

1. 确定实验目的，选定评价指标

做事情都有目的，做试验也不例外，进行科学实验前，必须要明确通过本次试验要解决的问题，或者为了得到哪些结论。任何一个正交试验都应该有一个明确的目的，这是正交试验的基础。

明确目的后，还要确定试验指标，试验指标是正交试验中用来衡量试验结果的特征量。分为定量指标和定性指标两种，定量指标是直接使用数量表示的指标，定性指标是不能直接使用数量来表示的指标，对于生物与医药类试验，试验指标最好是定量指标，如果不能用数量表示，也要尽可能通过评分或者分级将指标量化。

2. 挑选因素，明确水平

从哲学的范畴讲，事物是普遍联系的，所以说，对于要研究的试验指标，其影响因素往往很多，但现实中，由于试验条件的限制等，我们不可能全面考察各个因素，只能是具体问题具体分析，做到抓大放小，也就是说，根据试验目的，凭借专业知识和实践经验，选出主要因素，略去次要因素，尽量减少考察的因素数。一般来说，挑选的因素不宜过多，以 3～7 个为宜，过多则会加大无效试验的工作量，过少则有可能考虑不周，达不到预期目的，如有必要，可在第一轮试验的基础上，调整试验因素，再进行试验。

确定因素的水平时，也要根据因素的主次进行调整，各因素的水平数可以相等，也可以不等，一般主要因素可多取一些，次要的可以少些；各水平之间的数值也应当适度拉开，以利于对试验结果进行分析。和混合水平试验相比，等水平试验更有利于试验数据的处理，本步完成后要列出因素水平表。

3. 选择正交表，设计表头

在选择正交表时，应首先根据水平的个数选择正交表，因素水平数与正交表对应的水平数必须一致；然后再根据因素数进一步筛选，一般要求被选表的列数要略多于因素个数；之后，再根据试验要求决定试验次数。在满足上述条件的前提下，若要求精度不高，可选择较小的表。例如，对于 4 因素 3 水平的试验，满足的表有 $L_9(3^4)$ 及 $L_{27}(3^{13})$ 等，一般可选择 $L_9(3^4)$。但是如果要求精度高，并且试验条件允许，则可以选择次数多的正交表。若各试验因素的水平数不相等，一般应选择相应的混合水平正交表；若考虑试验因素间的交互作用，应根据交互作用因素的多少和交互作用安排原则选用正交表。

选完表后，就要进行表头设计。所谓表头设计，就是将试验因素安排到所选正交表相应的列中。具体安排时，若不考虑交互作用，可分别把各因素安排在表头相应的列上，各列中数字对应的就是该列因素所取的试验水平。由于被选表的列数略多于因素个数，在正交表中，会出现不安排因素的列，称为空白列，当选定方差分析作为分析结果的方法时，则至少要留一列空白列以估计误差，所以在表头设计时，一般至少都要留一列作为空白列，且其位置一般放在中间或靠后。当试验因素数等于正交表的列数时，此时没有空白列，可采用直观分析方法进行数据分析，这种情况下，应优先将水平改变困难的因素放在第 1 列，水平改变容易的因素放到最后一列，其余因素可任意安排。

4. 执行试验方案，记录试验结果

根据正交表和表头设计确定每号试验方案，正交表中的数字为因素所取水平。例如，将因素 A、B、C、D 分别安排在 $L_8(2^7)$ 表的 1、2、4、7 列，则第二行中相应列的数字为 1、1、2、2，它表示第 2 个试验方案为 $A_1B_1C_2D_2$。然后进行试验，得到以试验指标形式表示的试验结果。需要注意的是，试验次序应该是随机选择而不必按试验号顺序进行。

5. 分析结果，得到结论

对正交试验结果进行分析，通常采用两种方法，一种是直观分析法，也叫作极差分析法，另一种是方差分析法。通过试验结果分析，可得到因素主次的顺序、优选方案等有用信息。

6. 单独设计，验证结论

优选方案是通过统计分析得到的，还需要进行试验验证，以确保优方案与实际一致，否则还需要进行新的正交试验。

二、直观分析法

直观分析法也叫作极差分析法，所谓极差即一组数据中的极大值与极小值之差，通常取 Range 的首字母表示：$R = \max - \min$。在正交试验结果分析中，因素的极差越大，说明因素水平的改变对试验结果的影响越大，由此可知极差的大小反映了因素对试验指标影响的程度。通过比较极差的大小，可以排定因素对试验指标影响的顺序。

根据试验指标的个数，可以把正交试验设计分为单指标试验设计与多指标试验设计。本书只介绍单指标设计的分析方法，多指标分析请参阅相关教材。

（一）单指标直观分析法

为了叙述方便，下面以具体的例题介绍直观分析法。

例 7 某药厂为改革潘生丁环反应工艺，根据经验确定了 3 个因素，分别是反应温度 A、反应时间 B 和投料比 C，根据试验经验，每个因素取三个水平，因素水平列表如表 6-33 所示，若以药品得率为试验指标，且越高越好，假设因素间无交互作用，试设计正交试验及对结果进行分析。

表 6-33 例 7 的因素水平表

水平	反应温度 A/℃	反应时间 B/h	投料比 C/(mol/mol)
1	100	6	1/1.2
2	110	8	1/1.6
3	120	10	1/2.0

解 在本题中，试验目的是改进药物的生产工艺，目标明确，试验指标为药物的得率，且因素和水平均为已知，因此可以从正交表的选取开始进行试验设计。

（1）选正交表。本例是一个 3 水平的试验，根据选表的原则，可以确定表的类型应该在 $r=3$ 的 $L_n(r^m)$ 型正交表中，由于不考虑交互作用，在这种类型的表中，只要列数 $m \geqslant 3$ 即可，3 水平的表中，满足条件的有多个表，试验次数最少的是 $L_9(3^4)$，本题没有对试验精度有额外的要求，故选取 $L_9(3^4)$ 来安排试验。

（2）表头设计。因为不考虑交互作用，故只需将各因素安排在正交表的各列上，一般一个因素占据一列，各列的选择可随机选定，本例中，分别将因素 A、B 和 C 安排在第 1、2 和 3 列上，得到如表 6-34 所示的表头设计。

表 6-34 例 7 中的表头设计

因素	A	B	C	空列
列号	1	2	3	4

在表 6-34 中，没有放置因素或交互作用的列称为空白列或空列，空白列在正交试验设计的方差分析中被当作误差列。因此，如果计划采用方差分析的方法对试验结果进行分析，则最好留下至少一个空白列。

（3）确定方案。设计好表头后，则正交表中各列内的数字，就分别对应着该列布置因素的各个水平，正交表的每一行对应着一个试验方案，它由各因素的不同水平组合而成，如表 6-35 所示的最后 1 列，分别给出了各试验号对应的设计好的试验方案。需要注意的是，空白列对试验方案没有影响。

表 6-35 例 7 试验方案

试验号	A	B	C	空列	试验方案
1	1	1	1	1	$A_1B_1C_1$
2	1	2	3	2	$A_1B_2C_3$

试验号	A	B	C	空列	试验方案
3	1	3	2	3	$A_1B_3C_2$
4	2	1	3	3	$A_2B_1C_3$
5	2	2	2	1	$A_2B_2C_2$
6	2	3	1	2	$A_2B_3C_1$
7	3	1	2	2	$A_3B_1C_2$
8	3	2	1	3	$A_3B_2C_1$
9	3	3	3	1	$A_3B_3C_3$

在表 6-35 中，各试验号分别对应一个不同的试验方案，如 5 号试验对应着 $A_2B_2C_2$，它表示 3 个因素都取自己的第 2 个水平，具体到条件中，则反应温度设定在 100℃，反应时间设定为 6h，投料比为 1mol/1.2mol。

（4）做实验，记结果。按照正交表中设计好的各个试验方案，将全部 9 个试验完成。具体安排试验时，各试验的先后顺序不一定按照试验号的顺序进行，可以随机选取各试验方案的顺序，只需最后将结果记录在表 6-36 的最后一列，等待分析即可。

表 6-36　例 7 的试验方案与结果记录

试验号	A	B	C	空列	得率
1	1	1	1	1	40.9
2	1	2	3	2	58.2
3	1	3	2	3	71.6
4	2	1	3	3	40.0
5	2	2	2	1	73.7
6	2	3	1	2	39.0
7	3	1	2	2	62.1
8	3	2	1	3	43.2
9	3	3	3	1	57.0

在进行试验时，应该注意以下几点：第一，正交表中的每个试验方案都必须完成。各个试验方案从不同的角度提供了试验信息，尽管各试验方案提供信息的能力有大小，但都必须认真完成，即便根据经验能知晓某方案的试验结果，也要认真完成该试验并记录结果数据。第二，虽然各试验已经给予编号，但这不是实际试验时的试验次序，试验人员完全可以自行设定各试验的先后顺序，而且应该尽可能地打乱各方案的试验次序，这样做，可以防止系统误差。第三，进行试验时，必须严格执行各试验方案的试验控制条件，不能凑合。试验时间设定为 2h40min，就不能在 2h30min 停止试验，不能认为 2h40min 与 2h30min "差不多"。

（5）计算极差，确定因素的主次顺序。在比较各因素的影响大小时，常以各因素水平变动引起的试验指标变化幅度为依据。为方便叙述，引入以下 3 种记号。

K_i，它表示任一列上水平号为 i 的各试验结果之和，在本例中，由于只有 3 个水平，故取 $i=1,2,3$。

k_i，它表示任一列上水平号为 i 的各试验结果的算术均值，也就是 $k_i = K_i / s_i$，其中 s_i 是任一列上各水平号出现的次数。当为等水平正交试验时，则 s 是一个定值；当为混合水平正交试验时，则 s 应该根据某水平实际出现的次数进行确定，在后一节的拟水平试验设计中，会具体提到如何使用。

R，极差，它表示任一列上不同水平试验结果极值之间的差异，即

$$R = \max\{k_1, k_2, k_3\} - \min\{k_1, k_2, k_3\} \tag{6-61}$$

有些教材写成

$$R = \max\{K_1, K_2, K_3\} - \min\{K_1, K_2, K_3\} \tag{6-62}$$

这两种计算极差的方法，对于等水平正交试验设计，效果一样，但对于不等水平的试验设计，则只能使用式（6-61）计算，而不能使用式（6-62）计算。为了防止出现错误，建议只考虑使用式（6-61）。根据上述记号的含义，则试验结果各记号值的具体计算结果如表 6-37 所示。

在表 6-37 中，K_1 对应各因素的值分别为 170.70，143.00 和 123.10，以其中的 170.70 为例，它是因素 A 的水平号为 1 的各试验结果之和。因素 A 的 1 水平试验结果分别对应着 40.90，58.20 和 71.60，则 $170.70 = 40.90 + 58.20 + 71.60$，其余相同处理。

表 6-37　例 7 试验结果的极差分析

试验号	A	B	C	空白	实验结果
1	1	1	1	1	40.90
2	1	2	3	2	58.20
3	1	3	2	3	71.60
4	2	1	3	3	40.00
5	2	2	2	1	73.70
6	2	3	1	2	39.00
7	3	1	2	2	62.10
8	3	2	1	3	43.20
9	3	3	3	1	57.00
K_1	170.70	143.00	123.10	171.60	
K_2	152.70	175.10	207.40	159.30	
K_3	162.30	167.60	155.20	154.80	
k_1	56.90	47.67	41.03	57.20	
k_2	50.90	58.37	69.13	53.10	
k_3	54.10	55.87	51.73	51.60	
极差 R	6.00	10.70	28.10	5.60	
因素主次			$C \rightarrow B \rightarrow A$		
优方案			$C_2 B_2 A_1$		

在表 6-37 中，k_2 对应各因素的值分别为 50.90，58.37 和 69.13，以其中的 69.13 为例，它是因素 C 的 2 水平的均值，也就是 $69.13 = 207.40 / 3$，其余相同处理。

在表 6-37 中，R 对应各因素的值分别为 6.00，10.70 和 28.10，以其中的 10.70 为例，它是因素 B 的 2 水平均值（三个水平中的极大值）与 1 水平均值（三个水平中的极小值）的差，也就是 $10.70 = 58.37 - 47.67$，其余相同处理。

之所以计算极差，是因为一般情况下各列的极差不会相等，也就是各因素的水平改变对试验结果的影响不同。极差越大，表示该列因素在试验范围内不同水平间的变化，会导致试验指标在数值上更大的变化，所以以极差最大的那一列，就是因素水平变化对试验结果影响最大的列，也就是最重要因素对应的列。因此，可排定因素的主次顺序。

在本例中，根据极差的大小，可知 $R_C > R_B > R_A$，这说明 3 个因素的重要顺序为：C（投料比），B（反应时间），A（反应温度）。

在表 6-37 中，除了计算各因素的 K_i, k_i 与 R 外，还对空白列对应的 K_i, k_i 与 R 进行了计算。一般来说，空白列对应的这些项也要一同计算出来，这是因为空白列的极差有时候比其他所有因素的极差还要大，说明试验存在两个方面的问题，一是因素间可能存在不可忽略的交互作用，二是漏掉了对试验结果有重要影响的其他因素。所以，将空白列对应的这些项计算出来，防止丢失重要的信息。

（6）确定优方案。优方案是指通过试验选出的各因素较优的水平组合，这种水平组合既可以是正交试验表中已有的试验方案，也可以是通过统计分析得到的未出现在正交试验表中的新方案。在选取各因素的优水平时，要结合着试验指标选定，若该试验中指标越大表示结果越好，则应该选取使指标尽可能大的因素水平，此时各列 k_i 中的最大值对应的水平，就是该因素的优水平；反之，若指标越小越好，则应选取使指标最小化的那个水平。

在本例中，试验指标是药物的得率，按照得率越大越好的原则，挑选 k_i 中最大值对应的水平：

A 因素：$k_1 > k_3 > k_2$；

B 因素：$k_2 > k_3 > k_1$；

C 因素：$k_2 > k_3 > k_1$；

由此可知，优方案为 $C_2 B_2 A_1$。具体到试验条件上，则为投料比 1/1.6，反应时间 8h，反应温度 100℃。

此外，在确定优方案时，还要根据因素的主次而有所差别，对于主要因素，由于它对试验指标的改变有重大影响，因此一定要按照有利于试验指标的要求选取最好的水平；对于次要因素，由于其水平的改变对试验结果的影响较小，此时应结合着提高效率、降低损耗等原则来统筹，尽量在不改变试验指标的前提下，节约试验材料、时间等。

在本例中，通过分析正交试验表中安排的 9 个试验方案结果，得到了最优的方案为 $C_2 B_2 A_1$，但返回去观察会发现，该优方案并不包含在正交设计的 9 个方案中，这一点体现了正交试验的优越性：它能发现不在设计方案中的优方案。

（7）验证优方案，进一步分析。通过分析正交试验的结果得到的优方案，是理论上的优方案，这种优方案是不是真正的最优，还需要按照该方案给定的条件进行试验验证。若经过试验，发现其得率比已经安排的 9 个正交试验结果中最好的试验结果还好，则它就是真正的优方案，否则应该考虑 9 个试验方案中最佳的那一个。在本例中，得率最高的是 5 号试验方案，即 $A_1 B_2 C_2$ 方案，得率达到 73.7%，若上述优方案比 5 号方案还好，则其优为名副其实，否则选定 5 号为最优。

为了更好地考察各因素与试验指标间的关系，还可以将因素作为横坐标，试验指标作为纵坐标，绘制反映各因素与试验指标间关系的折线图，以进一步分析试验指标与各因素的变化趋势。在绘制折线图时，横坐标要按照水平的实际大小顺序排列，总坐标要有相同的比例尺，以便于区分因素主次与变化趋势。本例中，三因素与指标之间的变化关系如图 6-2 所示。

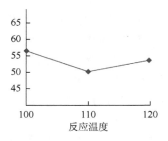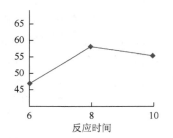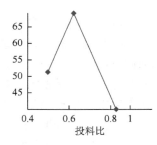

图 6-2　例 7 试验指标随因素水平变化趋势

在科学试验中，有时候试验结果的好坏不能只凭一个指标评判，有可能需要通过多个指标综合评判。在这种情况下，就需要进行多指标正交试验设计，其设计方法与单指标类似，但对于多指标正交试验结果的直观分析，则要复杂一些，一般可使用综合平衡法和综合评分法，这方面的详细内容，请参阅实验设计与数据分析类的专门教材，这里不再介绍。

（二）直观分析的 MATLAB 实现

正交试验的直观分析有固定格式，计算与分析都一目了然，为了方便，我们给出下面的代码，以方便教学与应用。需要说明的是，在该函数中，正交表需要自行准备，并不是不能通过正交表名称自动调用正交表，而是因为这需要准备更多的正交表文件（笔者电脑上准备有 200 多份正交表文件），出于应用稍加改写即可实现，但作为教学，尤其是为了突出极差计算过程，这里没有给出正交表的文件调用代码。对于上一节的例 7，直接按照如下格式准备数据即可。

```
header = {'试验号','A','B','C','空白','实验结果'};
table = [1,1,1,1;1,2,3,2;1,3,2,3;2,1,3,3;2,2,2,1;
 2,3,1,2;3,1,2,2;3,2,1,3;3,3,3,1];
result = [40.9,58.2,71.6,40.0,73.7,39.0,62.1,43.2,57.0];
ele = [100,110,120;6,8,10;1/1.2,1/1.6,1/2.0];
RangeAnalyse(header,table,result,ele)
```

附 1：极差分析法 RangeAnalyse 函数

```
function [scheme,tbl] = RangeAnalyse(header,table,result,ele)
%函数名称:RangeAnalyse.m
%实现功能:极差分析法.
%输入参数:本函数共有 4 个输入参数,含义如下:
%        :(1),header,试验设计的表头,包含因素所占的列位置
%        :(2),table,原始的试验正交表
%        :(3),result,实验结果
%        :(4),ele,因素水平矩阵,输入时每个因素占一行.
%输出参数:本函数默认 2 个输出参数,请修改:
%        :(1),scheme,本次试验分析得到的最优方案
%        :(2),tbl,极差分析的分析表
%函数调用:本函数实现功能需要调用 1 个子函数,说明如下:
%        :(1),printCell,用来输出极差分析的结果
%参考文献:本函数所实现功能的更详细资料,请参阅教材:
%        :(1),马寨璞,MATLAB 语言编程[M],北京:电子工业出版社,2017.
%原始作者:马寨璞,wdwsjlxx@163.com
%创建时间:2016-04-28,16:04:48
%原始版本:1.0
```

```
%修订时间:2017-05-18
%版权声明:未经作者许可,任何单位及个人不得以任何方式或理由对本代码进行
%         :网上传播、贩卖等.
%实用样例:
%         header = {'试验号','A','空白','B','C','实验结果'};
%         table = [1,1,1,1;1,2,3,2;1,3,2,3;2,1,3,3;2,2,2,1;
%         2,3,1,2;3,1,2,2;3,2,1,3;3,3,3,1];
%         result = [0.56,0.74,0.57,0.87,0.85,0.82,0.67,0.64,0.66];
%         % ele 是因数各水平矩阵,输入时每个因素占一行,例如,
%         ele = [130,120,110;3,2,4;1,2,3];
%         RangeAnalyse(header,table,result,ele)
%
%检查输入的参数
if nargin~ = 4
        error('输入参数有误');
else
        nhd = length(header);
        [nRows,nCols] = size(table);
        nRes = length(result);
        if nhd~ = nCols + 2
                error('列数不匹配');
        end
        if nRows~ = nRes
                error('实验结果与试验要求次数不匹配');
        end
end
%统一整理输入的数据
header = header(:)';
result = result(:);
maxLvl = max(table(:));%提取极大水平号
bigKs = zeros(maxLvl,nCols);% 初始化 Big K group
smaKs = zeros(maxLvl,nCols);% 初始化 small k group
%计算极差,放入 K 中
for ir = 1:maxLvl
        for jc = 1:nCols
                rPos = table(:,jc) == ir;
                bigKs(ir,jc) = sum(rPos.*result);
        end
end
%计算极差的均值
repts = max(table,[],1);%每列的重复数
dividend = nRows*ones(1,nCols)./repts;%被除数
for ir = 1:maxLvl
        smaKs(ir,:) = bigKs(ir,:)./dividend;
end
factRange = range(smaKs);%各因素的极差
[~,rLoc] = sort(factRange,'descend');%极差排序,确定各位置
%每个因素对应的 k 的极大值位置
bPos = zeros(1,nCols);%where is the Biggest?
for jc = 1:nCols
        [~,inx] = sort(smaKs(:,jc),'descend');
        bPos(jc) = inx(1);
```

```
end
%形成最优试验方案
scheme = '';
for jc = 1:nCols
        [~,cp] = find(rLoc == jc);
        if~strcmp(header{cp + 1},'空白')
            scheme = strcat(scheme,[header{cp + 1},sprintf('%d',bPos(cp))]);
        end
end
%输出整个分析表
tblRows = nRows + 2*maxLvl + 3;
tblCols = nCols + 2;
tbl = cell(tblRows,tblCols);
rP = 1;
for jc = 1:nhd%表头
        tbl{rP,jc} = sprintf('%s',header{jc});
end
%表与结果
for ir = 1:nRows
        for jc = 1:nCols + 2
            if jc == 1
                    tbl{ir + rP,jc} = sprintf('%d',ir);
            elseif jc>1&&jc<nCols + 2
                    tbl{ir + rP,jc} = sprintf('%d',table(ir,jc-1));
            elseif jc == nCols + 2
                    tbl{ir + rP,jc} = sprintf('%.2f',result(ir));
            end
        end
end
%输出大 K
rP = rP + nRows;
for ir = 1:maxLvl
        tbl{ir + rP,1} = sprintf('%s',sprintf('%s%d','K',ir));
        for jc = 1:nCols
            tbl{ir + rP,jc + 1} = sprintf('%.2f',bigKs(ir,jc));
        end
end
%输出小 k
rP = rP + maxLvl;
for ir = 1:maxLvl
        tbl{ir + rP,1} = sprintf('%s',sprintf('%s%d','k',ir));
        for jc = 1:nCols
            tbl{ir + rP,jc + 1} = sprintf('%.2f',smaKs(ir,jc));
        end
end
%输出极差
rP = rP + maxLvl + 1;
tbl{rP,1} = sprintf('%s','R');
for jc = 1:nCols
        tbl{rP,jc + 1} = sprintf('%.2f',factRange(jc));
end
%各因素排序
```

```
rP = rP + 1;
tbl{rP,1} = sprintf('%s','优方案');
tbl{rP,2} = sprintf('%s',scheme);
printCell(tbl);title('正交试验结果的极差分析表')
%绘制因素-指标趋势图
eleFlag = zeros(1,nCols);%为绘制折线趋势图准备
for jc = 1:nCols
    if~strcmp(header{jc + 1},'空白')
        eleFlag(jc) = 1;
    end
end
colPos = find(eleFlag == 0);
smaKs(:,colPos) = [];%#ok<FNDSB>% 空白列的数据不予绘图
ele = ele';[~,nEle] = size(ele);
if sum(eleFlag) == nEle%有交互作用项时,不再绘制各因素的折线趋势图
    nFigRow = ceil(nEle/3);
    yMax = max(smaKs(:));yMin = min(smaKs(:));% 设置坐标
    figure;set(gcf,'color','w');
    for ir = 1:nFigRow
        for jc = 1:3
            snFig = (ir-1)*3 + jc;subplot(ir,3,snFig);
            tmp = [ele(:,snFig),smaKs(:,snFig)];
            tmp = sortrows(tmp);
            plot(tmp(:,1),tmp(:,2),'r*-');
            set(gca,'YLim',[yMin,yMax]);
            ttStr = sprintf('因素%d',snFig);box off;
            title(ttStr);hold on;
        end
    end
end
```

附 2：表格化输出函数

```
function printCell(C)
%函数名称:printCell.m
%实现功能:以绘图的形式格式化输出 Cell 文字.
%输入参数:本函数共有 1 个输入参数,含义如下:
%      :(1),C,要输出的 cell 数组,必须是 Cell 数组
%输出参数:本函数不带输出参数.
%函数调用:本函数实现功能不需要调用子函数.
%参考资料:本函数所实现功能的更详细资料,请参阅教材:无
%原始作者:马赛璞,wdwsjlxx@163.com
%创建时间:2016-04-29,15:58:23
%原始版本:1.0
%版权声明:未经作者许可,任何单位及个人不得以任何方式或理由对本代码进行
%      :网上传播、贩卖等.
%实用样例:printCell(C)
%
if~iscell(C)
    error('输入不是 cell');
end
[nRows,nCols] = size(C);
%生成网格线
[xGridPos,yGridPos] = meshgrid(0:nCols + 2,0:nRows + 2);
```

```
h = surf(xGridPos,yGridPos,'linestyle','-');
view(2);axis ij;colormap([1,1,1]);
axis off;alpha(h,0);
%绘图设置
axis([1,nCols + 1,1,nRows + 1]);%默认格的绘图单位是 1,坐标刻度 1,2,...
%文字坐标
xTxtPos = 1.5:nCols + 1;
yTxtPos = 1.5:nRows + 1;
[xPos,yPos] = meshgrid(xTxtPos,yTxtPos);
%输出数据
for ir = 1:nRows
        for jc = 1:nCols
              if~isempty(C{ir,jc})
                   text(xPos(ir,jc),yPos(ir,jc),C{ir,jc},...
                         'HorizontalAlignment','center','color','k')
              end
        end
end
set(gcf,'color','w');hold on;
```

三、带交互作用项的试验设计

在上一节讨论了不考虑交互作用的正交试验设计，对该试验结果进行分析时，只需考虑每个因素单独的作用，但在许多科学试验中，有时候除考虑因素自身的作用外，还要考虑各因素之间的交互作用，甚至主要考虑交互作用，这就涉及有交互作用项的正交试验设计，本节讨论这个方面的应用。

当因素间有交互作用时，要进行正交试验设计，不仅需要安排各因素在正交表中的位置，即进行表头设计，还要考虑交互作用项的位置。和上一节类似，通过一个具体的例题，就可能遇到的问题进行解释。

例 8 采用有机溶剂提取某药用植物中的有效成分，为确定对浸出率产生影响的因素及水平，选取了如下的 4 种因素及水平进行试验：A 为溶液浓度（%），设定两个水平 A_1, A_2；B 为催化剂的量（%），设定两个水平 B_1, B_2；C 为溶剂的 pH，设定两个水平 C_1, C_2；D 为温度，设定两个水平 D_1, D_2。由于因素间有相互影响，故考虑交互作用 $A \times B$、$A \times C$ 和 $B \times C$，试进行正交试验设计，并进行试验分析。

解 整理已知条件，将 4 个因素的各水平值予以列表，如表 6-38 所示。

表 6-38 例 8 中各因素的水平设定

水平号	溶液浓度 A/%	催化剂量 B/%	pH C	温度 D/℃
1	70	0.1	6.8	80
2	80	0.2	7.2	90

（1）选表。

本次试验是 4 因素 2 水平的试验，但由于需要考虑交互作用，因此要对因素个数进行重新计算：当试验中有交互作用项时，交互作用项按照全新的因素看待。本试验需要考虑 3 个交互作用，故 4 个因素加上 3 个交互作用项，共有 7 个因素，所以需要按照 7 因素 2 水平来选表，满足 2 水平 7 因素的最小表为 $L_8(2^7)$。

（2）表头设计。

因为交互作用已被看作新的因素，所以在正交表中应该占有相应的列，称它们为交互作用列。但是，交互作用列的位置不能随意安排，不能随意占有一列即算完成设计，一般可通过特定方法来完成安排。

对于因素间交互作用，两因素间的交互作用称为一级交互作用，如因素 A 和因素 B 之间的交互作用记为 $A \times B$；三个因素间的交互作用称为二级交互作用，如因素 A、B 和因素 C 之间的交互作用记为 $A \times B \times C$；三个以上因素间的交互作用称为高级交互作用。但是，在绝大多数的实际问题中，高级交互作用都可以忽略，一般只考虑少数的几个一级交互作用，其余的一级交互作用也可以忽略，至于该忽略哪一个，则需要根据专业知识与经验来综合判断。

在设计表头时，既可以通过查询和所选正交表相对应的交互作用表来安排交互作用项，也可以直接查询设计好的带交互作用项的表头设计表，两种方法安排的结果一致。表 6-39 是与 $L_8(2^7)$ 表相对应的交互作用表，在表中有两种格式的数字，一种是带括号的，表示因素所在的列号；另一种是不带括号的，表示交互作用的列号。依据该表，就可以查出表 $L_8(2^7)$ 中任意两列的交互作用项的位置。例如，要查询第 3 列与第 5 列的交互作用项位置，则在表的对角线上，先找出带括号的（3）和（5），然后从（3）向右横向看，从（5）向上垂直看，在交叉的位置处，有数字 6，这就是第 3 列与第 5 列的交互作用项位置，也就是说，这两列的交互作用项应该安排在第 6 列，而不能随意安排。类似的，可查出其他任意两列之间的交互作用项位置，又如要查询第 2 列与第 4 列的交互作用项位置，从（2）向右横向看，从（4）向上垂直看，在交叉的位置处，有数字 6，说明这两列的交互作用项应该安排在第 6 列。

表 6-39　正交表 $L_8(2^7)$ 的交互作用表

列号	列号						
	1	2	3	4	5	6	7
（1）	（1）	3	2	5	4	7	6
（2）		（2）	1	6	7	4	5
（3）			（3）	7	6	5	4
（4）				（4）	1	2	3
（5）					（5）	3	2
（6）						（6）	1
（7）							（7）

但是，读到这里，读者会发现，第 2 列与第 4 列的交互作用项位于第 6 列，而第 3 列与第 5 列的交互作用项也位于第 6 列，如果恰好有 2，4 两列的交互作用项，也有 3，5 两列的交互作用项，则在第 6 列需要安排 2 个交互作用，这种安排看上去有点问题。

在进行表头设计时，一般来说，表头上第 1 列最多只能安排一个因素或者交互作用项，不允许出现混杂（即一列安排多个因素或交互作用）；对于重点要考虑的因素和交互作用项，不能与任何交互作用项混杂，而要让次要因素或交互作用项混杂。当因素和交互作用项比较多时，表头设计就比较麻烦，为了防止混杂，可以选择较大的正交表，因为选择小表，将不可避免出现混杂，但选择大表，又会增加试验次数，这就需要仔细考量与取舍。

另一种设计表头的方法是直接查对应正交表的表头设计表，表 6-40 是与正交表 $L_8(2^7)$ 对应的表头设计表。它实际上是交互作用表的变种，只是使用起来更加方便。

表 6-40　正交表 $L_8(2^7)$ 对应的表头设计表

因素数	列号						
	1	2	3	4	5	6	7
3	A	B	$A \times B$	C	$A \times C$	$B \times C$	
4	A	B	$A \times B$	C	$A \times C$	$B \times C$	D
	A	B	$C \times D$	C	$B \times D$	$A \times D$	D
	A	B	$A \times B$	C	$A \times C$	D	$A \times D$
	A	$C \times D$	$A \times B$	$B \times D$	$A \times C$	$B \times C$	$A \times D$
5	A	B	$A \times B$	C	$A \times C$	D	E
	$D \times E$	$C \times D$	$C \times E$	$B \times D$	$B \times E$	$A \times E$	$A \times D$
						$B \times C$	

还需要说明一点：对于交互作用项，当因素的水平数为 2 时，交互作用只占 1 列；当因素的水平数为 3 时，交互作用项占 2 列；以此类推，当因素的水平数为 r 时，交互作用占 $(r-1)$ 列。例如，表 6-41 是 $L_{27}(3^{13})$ 表头设计的一部分，由表看出，三水平因素 B 和 C 的交互作用项 $(B \times C)_1$ 和 $(B \times C)_2$ 分别占据了第 8 列和第 11 列，所以交互作用项对指标的影响，需要用这两列来计算。

表 6-41　正交表 $L_{27}(3^{13})$ 对应的表头设计表（部分）

因素数	列号												
	1	2	3	4	5	6	7	8	9	10	11	12	13
3	A	B	$(A \times B)_1$	$(A \times B)_2$	C	$(A \times C)_1$	$(A \times C)_2$	$(B \times C)_1$			$(B \times C)_2$		

在本例中，有 4 个因素，再加上 3 个交互作用项，按照上述的原则，则最终的表头设计如表 6-42 所示。

表 6-42　例 8 的试验安排

因素数	列号						
	1	2	3	4	5	6	7
4	A	B	$A \times B$	C	$A \times C$	$B \times C$	D

（3）明确方案，进行试验，记录结果。

根据表头设计，安排各因素与交互作用，各到其列，则本次试验的 8 个方案也就确定下来。需要注意：虽然交互作用占据了相应的列，也看作独立的因素，但在确定试验方案时，它们与空白列一样，不起任何作用。表 6-43 最右侧列出了各方案的具体名称。

表 6-43 例 8 正交试验设计的 8 种方案

试验号	1	2	3	4	5	6	7	方案
	A	B	$A \times B$	C	$A \times C$	$B \times C$	D	
1	1	1	1	1	1	1	1	$A_1B_1C_1D_1$
2	1	1	1	2	2	2	2	$A_1B_1C_2D_2$
3	1	2	2	1	1	2	2	$A_1B_2C_1D_2$
4	1	2	2	2	2	1	1	$A_1B_2C_2D_1$
5	2	1	2	1	2	1	2	$A_2B_1C_1D_2$
6	2	1	2	2	1	2	1	$A_2B_1C_2D_1$
7	2	2	1	1	2	2	1	$A_2B_2C_1D_1$
8	2	2	1	2	1	1	2	$A_2B_2C_2D_2$

（4）计算极差，确定因素主次。

极差的计算和不考虑交互作用项的方法相同，但由于这里涉及交互作用项，且交互作用项按照独立的因素看待，因此在排列因素的主次时，应该包含交互作用项。本例的具体计算如表 6-44 所示。

表 6-44 例 8 中极差计算与因素主次顺序确定

试验号	A	B	$A \times B$	C	$A \times C$	$B \times C$	D	实验结果
1	1	1	1	1	1	1	1	82.0
2	1	1	1	2	2	2	2	85.0
3	1	2	2	1	1	2	2	70.0
4	1	2	2	2	2	1	1	75.0
5	2	1	2	1	2	1	2	74.0
6	2	1	2	2	1	2	1	79.0
7	2	2	1	1	2	2	1	80.0
8	2	2	1	2	1	1	2	87.0
K_1	312.0	320.0	334.0	306.0	318.0	318.0	316.0	
K_2	320.0	312.0	298.0	326.0	314.0	314.0	316.0	
k_1	78.0	80.0	83.50	76.50	79.50	79.50	79.0	
k_2	80.0	78.0	74.50	81.50	78.50	78.50	79.0	
R	2.0	2.0	9.0	5.0	1.0	1.0	0.0	

根据计算，可知本例中各因素与交互作用项的主次顺序为

$$A \times B \to C \to \begin{matrix} A \\ B \end{matrix} \to \begin{matrix} A \times C \\ B \times C \end{matrix} \to D$$

可见交互作用 $A \times B$ 的作用最重要，它对试验指标的影响比 A、B 因素自身的影响都大。在这种情况下，因素 A 的最优水平与因素 B 的最优水平的搭配组合，不一定是交互作用的最优组合，还需要根据两因素各个水平二元组合下试验的平均结果来决定（表 6-45）。

表 6-45　交互作用项 $A \times B$ 的优水平确定

	B_1	B_2
A_1	$\frac{1}{2}(y_1 + y_2) = 83.5$	$\frac{1}{2}(y_3 + y_4) = 72.5$
A_2	$\frac{1}{2}(y_5 + y_6) = 76.5$	$\frac{1}{2}(y_7 + y_8) = 83.5$

从表 6-45 可知，组合 A_1B_1 与 A_2B_2 的结果最优，但考虑 A_1B_1 的试验成本更低，所以确定 A_1B_1 为最优；对于因素 C，根据极差，选择 C_2 为最优；至于交互作用 $A \times C$ 和 $B \times C$，其作用偏小，实际上可不去考虑；因素 D 的作用更小，为了节约，可选 D_1 为最优。因此，考虑交互作用的最佳试验方案为 $A_1B_1C_2D_1$。具体到实际试验条件则为：溶剂浓度 70%，催化剂 0.1%，溶剂 pH 7.2，温度 80℃。

上述的极差计算，仍然可借助 RangeAnalyse 函数实现计算，具体如下：

```
header = {'试验号','A','B','A×B','C','A×C','B×C','D','实验结果'};
table = [1,1,1,1,1,1,1;1,1,1,2,2,2,2;1,2,2,1,1,2,2;
1,2,2,2,2,1,1;2,1,2,1,2,1,2;2,1,2,2,1,2,1;
2,2,1,1,2,2,1;2,2,1,2,1,1,2];
result = [82,85,70,75,74,79,80,87];
ele = [70,80;0.1,0.2;6.8,7.2;80,90];
[~,tbl] = RangeAnalyse(header,table,result,ele)
```

四、混合水平正交试验设计

在实际科研中，由于具体情况不同，有时候各因素所取的水平数并不一致，这就出现了混合水平的多因素试验问题。一般来说，混合水平正交试验设计常采用两种方法处理：一是直接查取混合正交表；二是采用拟水平法，将混合水平问题转化为等水平问题。

（一）混合水平正交表法

在使用混合水平正交表进行试验设计时，其方法步骤和等水平的正交设计相同，唯一的差别则是在计算各水平的和值 K_i 与其均值 k_i 时有所差别，因为各因素之间是不等水平的，所以在求和值 K_i 时，累加的数据个数会有所不同。同样，在计算求解均值 k_i 时，也会有数据个数上的差别，除此之外，其他并无区别。

还有一点需要说明，当进行等水平正交试验设计时，因为 k_i 是通过 K_i 除以水平的重复数得到的，而各因素的重复数相等，所以有些教材会采用 K_i 的极差进行因素主次的判定，这与通过 k_i 的极差进行判断没有区别。但是，当涉及混合水平的正交设计时，则不能利用 K_i 的极差进行因素主次的判定，而是必须通过 k_i 的极差进行判断，因为此时各水平的重复数不一致，这也是在前边介绍直观分析方法时要求先计算 K_i，然后再计算 k_i，不准省略步骤的原因。

例 9　某试验中涉及三个因素，试验指标取值越高越好，三因素的各个水平如表 6-46 所示。忽略交互作用，试进行设计与试验分析。

表 6-46　例 9 中因素与水平设定

水平	A	B	C
1	A_1	B_1	C_1
2	A_2	B_2	C_2

水平	A	B	C
3	A_3		
4	A_4		

解　根据水平与因素，选定 $L_8(4^1 \times 2^4)$，A 有 4 个水平，优先安排在第 1 列，B、C 两水平，可随机占用后面的任何两列，本题选定在 2，3 两列上，得到的结果如表 6-47 所示。为了给出具体的计算过程，表 6-47 对计算步骤也进行了详细解读。

表 6-47　混合水平正交试验设计极差分析步骤

试验号	A	B	C	空	空	y
1	1	1	1	1	1	y_1
2	1	2	2	2	2	y_2
3	2	1	1	2	2	y_3
4	2	2	2	1	1	y_4
5	3	1	2	1	2	y_5
6	3	2	1	2	1	y_6
7	4	1	2	2	1	y_7
8	4	2	1	1	2	y_8
K_1	$y_1 + y_2$	$y_1 + y_3 + y_5 + y_7$	$y_1 + y_3 + y_6 + y_8$			
K_2	$y_3 + y_4$	$y_2 + y_4 + y_6 + y_8$	$y_2 + y_4 + y_5 + y_7$			
K_3	$y_5 + y_6$					
K_4	$y_7 + y_8$					
k_1	$K_1/2$	$K_1/4$	$K_1/4$			
k_2	$K_2/2$	$K_2/4$	$K_2/4$			
k_3	$K_3/2$					
k_4	$K_4/2$					
R						

由表 6-47 可知，在具体计算各 K_i 与 k_i 时，由于水平数不同，重复数也不相同，如 A 因素在计算 K_i 时，只涉及 2 个数据，而 B 和 C 因素的 K_i 则涉及 4 个数据求和；在求解 k_i 时，A 因素的由 K_i 除以 2 得到，但 B、C 因素的则由 K_i 除以 4 得到，这是和等水平正交试验设计的最大差别。

（二）拟水平法

拟水平法的关键在"拟"，也就是凭空构造出一个水平来，其主要目的就是将混合水平试验化为等水平试验，下面以一个虚拟的例子说明其原理。

例 10　某试验涉及 4 因素，各因素的水平步骤如表 6-48 所示，忽略交互作用，试进行试验设计与分析。

表 6-48　4 因素混合水平布置

水平	A	B	C	D
1	A_1	B_1	C_1	D_1
2	A_2	B_2	C_2	D_2
3	A_3	B_3		D_3

解 这是一个 4 因素的试验，其中 A、B、D 是 3 水平的，C 是 2 水平的。当套用混合表 $L_{18}(2^1 \times 3^7)$ 时，需要做 18 次试验。要是将 C 变成 3 水平的，则该试验就转变为 4 因素 3 水平的等水平试验，就可以套用 $L_9(3^4)$，只需做 9 次试验即可。但显然由于某种原因，C 只能有 2 个水平，不可能出现第 3 个水平，如药物化学反应中某成分只有固态或液态两种情况，在这种情况下，可根据实际经验，对 C 因素中较好的一个水平重复，使之变成虚拟的第 3 个水平，则可按照等水平正交表进行设计。具体到本例，如将 C_2 水平进行重复，当作第 3 个水平，则利用 $L_9(3^4)$ 进行试验，得到表 6-49 所示的结果。

表 6-49　拟水平方法的计算说明

试验号	A	B	C	D	y
1	1	1	1（1）	1	y_1
2	1	2	2（2）	2	y_2
3	1	3	3（2）	3	y_3
4	2	1	2（2）	3	y_4
5	2	2	3（2）	1	y_5
6	2	3	1（1）	2	y_6
7	3	1	3（2）	2	y_7
8	3	2	1（1）	3	y_8
9	3	3	2（2）	1	y_9
K_1	$y_1 + y_2 + y_3$		$y_1 + y_6 + y_8$		
K_2	$y_4 + y_5 + y_6$		$y_2 + y_3 + y_4 + y_5 + y_7 + y_9$		
K_3	$y_7 + y_8 + y_9$		—		
k_1	$K_1/3$		$K_1/3$		
k_2	$K_2/3$		$K_2/6$		
k_3	$K_3/3$		—		
R					

具体分析时，因为 C 因素只有 2 个水平，故还需要把 C_3 还原回其本质，即 C_2。在 C 因素所在的列上，已经附上了各水平号对应的本质水平，以括号的形式列在每个水平号之后。在计算 K_i 和 k_i 时，需要按照本质水平号进行数据计算，表中以 A 因素为参照，对比了 C 因素这两项的计算，主要差别仍然是在计算 K_i 和 k_i 时，涉及的数据个数不同。

五、正交试验结果的方差分析法

（一）方差分析法的基本步骤与格式

在分析正交试验结果时，直观分析法简单明了，计算量较少，易于使用与推广，是一种非常实用的分析方法。但直观分析也有自己的缺点：一是不能估计误差的大小；二是不能精确估计各因素对试验结果影响的重要性，不能指出试验结果的差异究竟是源于因素水平的改变，还是源于试验的随机误差；三是当因素的水平数大于等于 3 时，因素之间难免出现交互作用，在这种情况下，直观分析法使用起来非常不便。在方差分析一章我们已经学过，要分辨各因素引起的试验结果差异，可通过分离因素及交互作用项的离差与随机误差的离差，然后根据 F 检验进行判别即可，采用方差分析可以补足直观分析法的方法缺陷。

对正交试验中的多因素试验结果进行方差分析，方法的基本思想没有新的变化，仍然是将各因素与误差的离差平方和分离出来，然后计算均方、进行 F 检验。为了方便说明，下面以等水平正交表为基础，给出方差分析的具体实现格式。

设利用正交表 $L_n(r^m)$ 安排试验，则本次试验中的因素水平数为 r，正交表的列数为 m，试验总次数为 n，设各次试验结果为 $y_i (i=1,2,\cdots,n)$，则方差分析的基本步骤可分为以下 4 步：①计算各项的离差平方和；②计算各项对应的自由度；③计算均方；④计算 F 值，进行显著性检验。

1. 计算各种离差平方和

（1）总离差平方和的分解。

$$SS_T = \sum_{i=1}^{n}(y_i - \bar{y})^2 \tag{6-63}$$

其中，

$$\bar{y} = \frac{1}{n}\sum_{i=1}^{n}y_i \tag{6-64}$$

（2）各因素引起的离差平方和。

对于安排在某列上的因素，如 A 因素，其引起的离差平方和为

$$SS_A = \frac{n}{r}\sum_{i=1}^{r}(k_i - \bar{y})^2 = \frac{r}{n}\sum_{i=1}^{r}K_i^2 - \frac{1}{n}\left(\sum_{i=1}^{n}y_i\right)^2 \tag{6-65}$$

其中，K_i 表示因素所在列上水平号 i 对应的试验结果之和。在此基础上，省略因素符号，则有

$$SS_T = \sum_{j=1}^{m}SS_j \tag{6-66}$$

即总离差平方和等于各列的离差平方和之和。

（3）试验误差的离差平方和。

要进行方差分析，需要知道随机误差的离差，因此在进行表头设计时，必须留下空白列作为误差列，因为空白列不止一列，所以误差项的离差平方和等于所有空列对应的误差平方和之和，即

$$SS_E = \sum SS_{EC} \tag{6-67}$$

其中 SS_{EC} 表示空白列的离差平方和。

（4）交互作用项的离差平方和。

在正交设计时，交互作用项被看作独立的因素，在正交表中单独占据相应的列，要考查交互作用项，就必须计算出它的离差平方和。当交互作用项只有 2 水平时，它占据 1 列，此时和各因素的离差平方和一样计算；当它具有 r 水平时，则会占据 $(r-1)$ 列，像这种占据多列的情形，则需要计算所占各列的离差平方和之和。例如，若交互作用项 $A \times B$ 有 3 个水平，则它的各个水平占据 2 列，则

$$SS_{A \times B} = \sum_{i=1}^{2}SS_{(A \times B)_i} \tag{6-68}$$

2. 计算各项的自由度

（1）总离差平方和的自由度等于试验总次数减 1，即
$$df_T = n - 1 \tag{6-69}$$

（2）正交表任一列离差平方和对应的自由度，等于该列因素的水平数减 1，即
$$df_j = r - 1 \tag{6-70}$$

显然，df_T 与 df_j 之间存在

$$df_T = \sum_{j=1}^{m} df_j \tag{6-71}$$

（3）交互作用项的自由度可采用两种方法计算，一是等于交互因素自由度的乘积，如 $df_{A \times B} = df_A \times df_B$，二是等于交互作用项占有的列数与每列对应的自由度之和。

（4）误差项的自由度等于各个空列自由度的和，即

$$df_E = \sum df_{EC} \tag{6-72}$$

3. 计算均方

（1）各因素的均方等于自己的离差平方和除以自己的自由度，对于正交表中的任一因素，如 A 因素，则有

$$MS_A = \frac{SS_A}{df_A} \tag{6-73}$$

（2）交互作用项的均方等于它对应的离差平方和除以相应的自由度。例如，对于 $A \times B$ 交互作用项，则有

$$MS_{A \times B} = \frac{SS_{A \times B}}{df_{A \times B}} \tag{6-74}$$

（3）误差项的均方等于误差平方和除以对应的自由度，即

$$MS_E = \frac{SS_E}{df_E} \tag{6-75}$$

计算均方的目的，是为了进行 F 检验，实际上，当均方计算完毕后，如果某因素或交互作用项的均方小于等于误差的均方，可不必对它们进行检验，直接把它们归并到误差，构成新的误差，重新计算误差均方后，再作为参比标准去检验其他不能合并的因素。

顺便指出，在方差分析一章，我们还讨论过随机因素的分析方法，但在正交试验设计中，各因素及因素水平数都是人为特意选定的，都属于固定因素，因此处理结果时，都是按照固定因素进行分析。

4. 计算 F 值进行检验

将各因素或交互作用项的均方与误差均方对比，得到检验统计量 F。例如，对于 A 因素和交互作用项 $A \times B$，检验统计量为

$$F_A = \frac{MS_A}{MS_E} \tag{6-76}$$

$$F_{A \times B} = \frac{MS_{A \times B}}{MS_E} \tag{6-77}$$

得到 F_A 以后，根据给定的显著性水平 α，计算或查取与之对应的临界值 $F_\alpha(df_A, df_E)$，然后判断显著性；对于 $F_{A \times B}$，同样可计算或查询得到对应的临界值 $F_\alpha(df_{A \times B}, df_E)$，然后进行判定。一般来说，$F$ 值与临界值的差异越大，说明该因素或交互作用对试验结果的影响越显著，或者说该因素或交互作用越重要。

例 11 某两水平正交试验，共涉及 A, B, C 三个因素，除主效应外，还有 $A \times B$，$B \times C$ 的交互作用，今选定使用 $L_8(2^7)$ 进行试验设计，查询表头设计，将 A, B, C 分别放置于该表的 1, 2, 4 列，将 $A \times B$ 放置于第 3 列，将 $B \times C$ 放置于第 6 列，余下 5, 7 两列空白，根据试验方案，测定 8 次试验的结果为 0.15, 0.25, 0.03, 0.02, 0.09, 0.16, 0.19, 0.08，给定显著性水平 $\alpha = 0.05$，试进行方差分析。

解 已知三因素的水平布置如表 6-50 所示。

表 6-50　例 11 因素水平布置示意

水平	A	B	C
1	A_1	B_1	C_1
2	A_2	B_2	C_2

因为选定的是正交表 $L_8(2^7)$，所以编写为 MATLAB 代码，可以有两种形式调用该表，一是直接将该表的表体各列输入 MATLAB 中，另一种则是将该表各列专门存放于一个文件，如名为 L8（2^7）.txt 的文本文件，然后读取该文本文件。本表较小，采用第一种形式，则有如下的 MATLAB 代码：

```
%1.正交表表身
ot = [1,1,1,1,2,2,2,2;1,1,2,2,1,1,2,2;1,1,2,2,2,2,1,1;
  1,2,1,2,1,2,1,2;1,2,1,2,2,1,2,1;1,2,2,1,1,2,2,1;
  1,2,2,1,2,1,1,2];
```

其中 ot 是 orthogonal table 的首字母缩写，意即正交表。因为已知试验结果，将试验结果写成 MATLAB 代码，则有：

```
%2.试验结果
y = [15,25,3,2,9,16,19,8];
```

根据要求，选定的表头设计如表 6-51 所示。

表 6-51　例 11 的表头设计

1	2	3	4	5	6	7
A	B	$A \times B$	C	空	$B \times C$	空

将表头设计转换为 MATLAB 代码，有

```
%3.表头设计,空列以 NULL 表示
th = {'A','B','A×B','C','NULL','B×C','NULL'};
```

将显著性水平转为代码，则有

```
%4.显著性水平
alpha = 0.05;
```

将上述各参数送入分析函数，执行计算，则有

OrthoAnova(ot,y,th,alpha)

计算过程与结果如下。

（1）计算得到的各因素的 K_i，如表 6-52 所示。

表 6-52　例 11 中计算各因素的 K_i

	列号						
	1	2	3	4	5	6	7
K_1	45.000	65.000	67.000	46.000	42.000	34.000	52.000
K_2	52.000	32.000	30.000	51.000	55.000	63.000	45.000

（2）计算得到的各列的平方和如表 6-53 所示。

表 6-53　例 11 中计算得到的各列离差平方和

列号	1	2	3	4	5	6	7
离差平方和	6.125	136.125	171.125	3.125	21.125	105.125	6.125

（3）计算各效应项的离差平方和，如表 6-54 所示。

表 6-54　例 11 中各效应项的离差平方和

SS_A	SS_B	$SS_{A×B}$	SS_C	$SS_{B×C}$	SS_E
6.125	136.125	171.125	3.125	105.125	27.250

（4）计算自由度，如表 6-55 所示。

表 6-55　例 11 中各效应项的自由度

df_A	df_B	$df_{A×B}$	df_C	$df_{B×C}$	df_E
1	1	1	1	1	2

（5）计算各效应项的均方，如表 6-56 所示。

表 6-56　例 11 中各项的均方

MS_A	MS_B	$MS_{A×B}$	MS_C	$MS_{B×C}$	MS_E
6.125	136.125	171.125	3.125	105.125	13.625

（6）计算 F 值，查询临界值，判断显著性，其结果如表 6-57 所示。

表 6-57　例 11 中方差分析的 F 检验

	A	B	$A×B$	C	$B×C$	Err
F	0.000	14.918	18.753	0.000	11.521	0.000
$F_\alpha(df_1, df_2)$	NaN	7.709	7.709	NaN	7.709	NaN
显著性标志	0	1	1	0	1	0

在表 6-57 中，第 2 行是计算各项对应的统计量 F，由于 A，C 两项的均方都比误差项的小，已并入误差项，故不再计算，以 0 标记，因为误差均方是参比对象，故它对应的 F 值也为 0，表示不计算；表中第 3 行是与该项对应的 F 临界值，因 A，C 和 Err 不参与比较，所以 NaN 表示不考虑其临界值；表中的第 4 行是检验的显著性标志位，1 表示显著，0 表示不参与或不显著。

从表 6-57 看出，因素 B 及交互作用项 $A \times B$ 和 $B \times C$ 检验显著，从它们的 F 值上看，$F_{A \times B} > F_B > F_{B \times C}$，可知这三项的重要性次序为 $A \times B \to B \to B \times C$。

（7）给出搭配表，确定优方案。因为交互作用项 $A \times B$ 和 $B \times C$ 都检验显著，所以在确定 A，B，C 的优水平时，还需要根据它们的搭配表进行，下面分别为 $A \times B$ 和 $B \times C$ 的计算搭配表，如表 6-58 和表 6-59 所示。

表 6-58 例 11 中因素 A，B 的搭配表

	B_1	B_2
A_1	20	2.5
A_2	12.5	13.5

表 6-59 例 11 中因素 B，C 的搭配表

	C_1	C_2
B_1	12	20.5
B_2	11	5

根据因素搭配表，可以确定各因素的优水平，依据试验结果的越大越好还是越小越好，选择 A，B，C 的不同组合即可。

将上述计算的语句形成脚本，则上述计算的具体实现为

```
%(1).正交表表身
ot = [1,1,1,1,2,2,2,2;1,1,2,2,1,1,2,2;1,1,2,2,2,2,1,1;
  1,2,1,2,1,2,1,2;1,2,1,2,2,1,2,1;1,2,2,1,1,2,2,1;
  1,2,2,1,2,1,1,2];
%(2).试验结果
y = [15,25,3,2,9,16,19,8];
%(3).表头设计,空列以 NULL 表示
th = {'A','B','A×B','C','NULL','B×C','NULL'};
%(4).显著性水平
alpha = 0.05;
OrthoAnova(ot,y,th,alpha)
```

当正交表较大时，可以准备一个存放正交表的专门文件，如可使用通用的.txt 文件，读者也可以使用 Excel 表格，但需使用 xlsread 函数读取数据，但本函数没有给出 xlsread 的读写接口。下面是一个使用正交表 $L_{27}(3^{13})$ 的计算实例。

例 12 为了提高药品生产的得率，设计了 4 因素 3 水平的试验，并考虑可能存在的 $A \times B, A \times C, A \times D$ 交互作用，试通过试验确定较好的试验方案。

解 按照以下步骤计算。

（1）试验选表。本实验涉及的因素包括 4 个，需要独立地占用 4 列；试验中还需考虑 3 个交互作用项，因为水平数都设为 $r=3$，所以对于每一个交互作用项，都需要独立占据 $(r-1)$ 列，即 2 列，三个交互作用项共占用 6 列；因此，因素与交互作用项需要至少 10 列。根据因素的水平数 3，选定 3 水平的正交表，能够提供 10 列的，则有 $L_{27}(3^{13})$ 正交表。

（2）表头设计。查询与 $L_{27}(3^{13})$ 对应的表头设计表，表头安排如下：因素 A，B，C，D 分别占据表的 1，2，5，9 列；交互作用项 $(A\times B)_1$ 安置在第 3 列，$(A\times B)_2$ 安置在第 4 列；$(A\times C)_1$ 安置在第 6 列，$(A\times C)_2$ 安置在第 7 列；$(A\times D)_1$ 安置在第 10 列，$(A\times D)_2$ 安置在第 8 列；余下的第 11，12，13 列作为空白，具体布置见表 6-60。

表 6-60　例 12 表头设计

列号	1	2	3	4	5	6	7	8	9	10	11	12	13
因素	A	B	$(A\times B)_1$	$(A\times B)_2$	C	$(A\times C)_1$	$(A\times C)_2$	$(A\times D)_2$	D	$(A\times D)_1$	—	—	—

（3）试验结果记录。根据设计好的表头，并逐一试验各安排的方案，得到的结果记录如表 6-61 所示。

表 6-61　例 12 试验设计与结果

试验号	1 A	2 B	3 $(A\times B)_1$	4 $(A\times B)_2$	5 C	6 $(A\times C)_1$	7 $(A\times C)_2$	8 $(A\times D)_2$	9 D	10 $(A\times D)_1$	11 —	12 —	13 —	得率
1	1	1	1	1	1	1	1	1	1	1	1	1	1	0.4220
2	1	1	1	1	2	2	2	2	2	2	2	2	2	0.3540
3	1	1	1	1	3	3	3	3	3	3	3	3	3	0.5230
4	1	2	2	2	1	1	1	2	2	2	3	3	3	0.5760
5	1	2	2	2	2	2	2	3	3	3	1	1	1	0.5140
6	1	2	2	2	3	3	3	1	1	1	2	2	2	0.3880
7	1	3	3	3	1	1	1	3	3	3	2	2	2	0.6190
8	1	3	3	3	2	2	2	1	1	1	3	3	3	0.4360
9	1	3	3	3	3	3	3	2	2	2	1	1	1	0.2810
10	2	1	1	3	1	2	3	2	3	1	2	3	1	0.1530
11	2	1	2	3	2	3	1	2	3	1	2	3	1	0.1580
12	2	1	3	3	3	1	2	3	1	2	3	1	2	0.1170
13	2	2	1	1	1	2	3	2	3	1	3	1	2	0.3870
14	2	2	2	1	3	1	3	1	2	1	2	1	3	0.3060
15	2	2	3	1	3	1	2	1	2	3	2	3	1	0.2820
16	2	3	1	2	1	2	3	3	1	2	2	3	1	0.1340
17	2	3	2	2	2	3	1	1	2	3	3	1	2	0.1630
18	2	3	3	2	3	1	2	2	3	1	1	2	3	0.2190
19	3	1	3	2	1	3	2	1	3	2	1	3	2	0.5110
20	3	1	3	2	2	1	3	2	1	3	2	1	3	0.1840
21	3	1	3	2	3	2	1	3	2	1	3	2	1	0.0650
22	3	2	1	3	1	3	2	2	1	3	3	2	1	0.7330
23	3	2	1	3	2	1	3	3	2	1	1	3	2	0.4880
24	3	2	1	3	3	2	1	1	3	2	2	1	3	0.3670
25	3	3	2	1	1	3	2	3	2	1	2	1	3	0.5540
26	3	3	2	1	2	1	3	1	3	2	3	2	1	0.7160
27	3	3	2	1	3	2	1	2	1	3	1	3	2	0.3530

（4）计算表中各列的离差平方和。根据式（6-63）计算总的离差平方和，即

$$\mathrm{SS}_T = \sum_{i=1}^{n}(y_i - \bar{y})^2 = 0.901$$

按照式（6-65）计算各列的离差平方和，例如，

$$\mathrm{SS}_A = \frac{n}{r}\sum_{i=1}^{r}(k_i - \bar{y})^2 = \frac{r}{n}\sum_{i=1}^{r}K_i^2 - \frac{1}{n}\left(\sum_{i=1}^{n}y_i\right)^2 = 0.335$$

其中，K_i 为各因素所在列上水平号 i 对应的试验结果之和，计算如表 6-62 所示。

表 6-62　各因素水平对应试验结果之和

水平和	1	2	3	4	5	6	7	8	9	10	11	12	13
	A	B	$(A{\times}B)_1$	$(A{\times}B)_2$	C	$(A{\times}C)_1$	$(A{\times}C)_2$	$(A{\times}D)_2$	D	$(A{\times}D)_1$	—	—	—
K_1	4.113	2.487	3.561	3.897	4.089	3.623	3.029	3.438	3.073	3.117	3.247	2.989	3.305
K_2	1.919	4.041	3.728	2.754	3.319	2.763	3.720	3.245	2.916	3.362	3.040	3.553	3.380
K_3	3.971	3.475	2.714	3.352	2.595	3.617	3.254	3.320	4.014	3.524	3.716	3.461	3.318

则各列的离差平方和列于表 6-63。

表 6-63　例 12 中各列离差平方和

水平和	1	2	3	4	5	6	7	8	9	10	11	12	13
	A	B	$(A{\times}B)_1$	$(A{\times}B)_2$	C	$(A{\times}C)_1$	$(A{\times}C)_2$	$(A{\times}D)_2$	D	$(A{\times}D)_1$	—	—	—
SS_j	0.335	0.137	0.066	0.073	0.124	0.054	0.028	0.002	0.078	0.009	0.027	0.020	0.000

合并交互作用项的离差平方和，则有

$$\mathrm{SS}_{A\times B} = \mathrm{SS}_{(A\times B)_1} + \mathrm{SS}_{(A\times B)_2} = 0.066 + 0.072 = 0.138$$

$$\mathrm{SS}_{A\times C} = \mathrm{SS}_{(A\times C)_1} + \mathrm{SS}_{(A\times C)_2} = 0.054 + 0.028 = 0.082$$

$$\mathrm{SS}_{A\times D} = \mathrm{SS}_{(A\times D)_1} + \mathrm{SS}_{(A\times D)_2} = 0.009 + 0.002 = 0.011$$

合并空白列的离差平方和，作为随机误差项的离差平方和，则有

$$\mathrm{SS}_E = \mathrm{SS}_{11} + \mathrm{SS}_{12} + \mathrm{SS}_{13} = 0.027 + 0.020 + 0.000 = 0.047$$

则得到的各因素离差平方和列于表 6-64。

表 6-64　例 12 中各项的离差平方和

SS_A	SS_B	SS_C	SS_D	SS_{AB}	SS_{AC}	SS_{AD}	SS_E
0.335	0.137	0.124	0.078	0.138	0.082	0.011	0.047

（5）计算各项的自由度。总自由度等于试验数减 1，即

$$\mathrm{df}_T = n - 1 = 27 - 1 = 26$$

各因素的自由度等于各自的水平数减 1，即

$$\mathrm{df}_A = \mathrm{df}_B = \mathrm{df}_C = \mathrm{df}_D = r - 1 = 2$$

交互作用项的自由度等于构成交互项的各因素自由度之积，即

$$df_{AB} = df_A \times df_B = 4$$
$$df_{AC} = df_A \times df_C = 4$$
$$df_{AD} = df_A \times df_D = 4$$

随机误差的自由度等于空白列的自由度之和，即

$$f_E = df_{11} + df_{12} + df_{13} = (r-1) + (r-1) + (r-1) = 6$$

将上述结果列于表 6-65。

表 6-65　例 12 中各项的自由度

A	B	C	D	$A \times B$	$A \times C$	$A \times D$	Err
2	2	2	2	4	4	4	6

（6）计算各项的均方。根据 $MS_i = SS_i / df_i$，计算得到各项的均方，列于表 6-66。

表 6-66　例 12 中各项的均方

MS_A	MS_B	MS_C	MS_D	MS_{AB}	MS_{AC}	MS_{AD}	MS_E
0.167	0.069	0.062	0.039	0.035	0.021	0.003	0.008

（7）检验合并均方。根据表 6-66 可知 $MS_{AD} < MS_E$，这说明交互作用项 $A \times D$ 的效应不显著，将其归并到随机误差中，则有新的随机误差、新的自由度和新的误差均方：

$$SS'_E = SS_E + SS_{AD} = 0.059$$
$$df'_E = df_E + df_D = 6 + 4 = 10$$
$$MS'_E = SS'_E / df'_E = 0.059 / 10 = 0.0059$$

（8）计算各项的 F 值与临界值。计算各项的 F 值，并计算各项对应的临界值，当 $\alpha = 0.05$ 时，检验结果列于表 6-67；当 $\alpha = 0.01$ 时，检验结果列于表 6-68。

表 6-67　例 12 方差分析显著性检验结果（$\alpha = 0.05$）

效应项	A	B	C	D	($A \times B$)	($A \times C$)
统计量 F 值	28.487	11.690	10.548	6.664	5.881	3.487
F 临界值	4.103	4.103	4.103	4.103	3.478	3.478
显著性标志	1	1	1	1	1	1

表 6-68　例 12 方差分析显著性检验结果（$\alpha = 0.01$）

效应项	A	B	C	D	($A \times B$)	($A \times C$)
统计量 F 值	28.487	11.690	10.548	6.664	5.881	3.487
F 临界值	7.559	7.559	7.559	7.559	5.994	5.994
显著性标志	1	1	1	0	0	0

（9）优选方案的确定。当 $\alpha = 0.01$ 时，交互作用项检验不显著，此时可根据检验结果，

确定 A、B、C 为主要的显著性因素，D 为次要因素，不显著，可根据试验指标得率越大越好确定因素的水平，确定优方案。

当 $\alpha = 0.05$ 时，交互作用项（$A \times B$）和（$A \times C$）检验显著，应该进一步计算其搭配表，因为因素水平数为 3，所以其搭配包括 9 种，表 6-69 和表 6-70 分别是交互作用项 $A \times B$ 与 $A \times C$ 的搭配计算结果，据此结果，可进一步确定优方案。

表 6-69　交互作用项 $A \times B$ 搭配表

	B_1	B_2	B_3
A_1	0.4330	0.4927	0.4453
A_2	0.1427	0.3250	0.1720
A_3	0.2533	0.5293	0.5410

表 6-70　交互作用项 $A \times C$ 搭配表

	C_1	C_2	C_3
A_1	0.5390	0.4347	0.3973
A_2	0.2247	0.2090	0.2060
A_3	0.5993	0.4627	0.2617

上述结果计算比较烦琐，但借助 OrthoAnova 函数，则可以轻松得到结果，该例的 MATLAB 实现源码，请参看 OrthoAnova 函数说明部分的例 2，这里不再重复。

（二）方差分析的 MATLAB 实现

对正交试验的结果进行方差分析，能够提供更准确的信息，但方差分析中的计算量较大，手工计算比较烦琐，为了方便应用，下面给出实现方差分析的 OrthoAnova 函数源码及子函数的源码，其具体使用参阅 OrthoAnova 函数中的说明部分。例题 12 就是利用该函数计算进行分析的。

附 1：正交试验方差分析函数 OrthoAnova

```
function OrthoAnova(orthoTable,y,tblHeader,alpha)
%函数名称:OrthnAnova.m
%实现功能:多因素正交试验结果的方差分析,适用于等水平和混合水平正交试验,
%        :但不适用于拟水平正交试验.
%输入参数:函数共有 4 个输入参数,含义如下:
%        :(1),orthoTable,正交表. 正交表的输入包含两种方式:
%        :当正交表较小时,可以作为矩阵输入表体,此时表体的每一列当作一行,
%        :注意,每一列当作矩阵的一行,如示例 1 中的表体数字;
%        :当表比较大时,比如表 L27(3^13),则专门准备该表的 txt 文件,并以表头
%        :名称命名文件,比如命名为 L27(3^13).txt,以读文件形式读取标体.
%        :(2),y,试验指标或结果测量值.
%        :(3),tabHeader,正交表表头,即设计安排各因素所在列.
%        :(4),alpha,显著性检验水平.
%输出参数:函数默认无输出参数,计算过程均输出到屏幕.
%函数调用:实现函数功能需要调用 4 个子函数,说明如下:
%        :(1),Output4Word,用来输出某一类型的数据,方便 word 中制表.
%        :(2),MakeBigKi,用来计算各因素中不同水平对应的结果之和.
```

```
%              :(3),InteractTermCombine,合并交互作用项.
%              :(4),MakeCollocTable,用来实现因素搭配表.
%参考文献:实现函数算法,参阅了以下文献资料:
%              :(1),马寨璞,MATLAB 语言编程[M],北京:电子工业出版社,2017.
%原始作者:马寨璞,wdwsjlxx@163.com.
%创建时间:2017-05-23,10:56:41.
%原始版本:1.0
%版权声明:未经作者许可,任何单位及个人不得以任何方式或理由对本代码
%              :进行网上传播、贩卖等.
%使用样例:常用以下 3 种格式,请参考准备数据格式等:
%     例1,两水平正交试验方差分析
%              %(1).正交表表身
%              ot = [1,1,1,1,2,2,2,2;1,1,2,2,1,1,2,2;1,1,2,2,2,2,1,1;
%                    1,2,1,2,1,2,1,2;1,2,1,2,2,1,2,1;1,2,2,1,1,2,2,1;
%                    1,2,2,1,2,1,1,2];
%              %(2).试验结果
%              y = [15,25,3,2,9,16,19,8];
%              %(3).表头设计,空列以 NULL 表示
%              th = {'A','B','A×B','C','NULL','B×C','NULL'};
%              %(4).显著性水平
%              a = 0.05;
%              OrthoAnova(ot,y,th,a)
%
%     例2,三水平正交试验方差分析,含多水平交互项
%              %(1).正交表名称
%              ot = 'L27(3^13).txt';
%              %(2).试验结果
%              y = [0.422,0.354,0.523,0.576,0.514,0.388,0.619,0.436,0.281,...
%              0.153,0.158,0.117,0.387,0.306,0.282,0.134,0.163,0.219,...
%              0.511,0.184,0.065,0.733,0.488,0.367,0.554,0.716,0.353];
%              %(3).表头设计
%              th = {'A','B','(A*B)1','(A*B)2','C','(A*C)1','(A*C)2',...
%              '(A*D)2','D','(A*D)1','NULL','NULL','NULL'};
%              %(4)省略了检验水平,使用默认值
%              OrthoAnova(ot,y,th)
%
%     例3,混合水平正交试验方差分析
%              %(1).正交表名称
%              ot = 'L8(4^1 2^4).txt';
%              %(2).试验结果
%              y = [45.,70.,55.,65.,85.,95.,90.,100.];
%              %(3).表头设计
%              th = {'A','B','C','D','NULL'};
%              %(4)省略了检验水平,使用默认值
%              OrthoAnova(ot,y,th)
%
%     例4,拟水平正交试验方差分析
%              % 不适用
%
%检测输入参数
if nargin<4||isempty(alpha)
    alpha = 0.05;
```

```
elseif isscalar(alpha)
    alphas = [0.10,0.05,0.025,0.01,0.005,0.001];
    if~ismember(alphas,alpha)
        error('检验水平不符合常规习惯!');
    end
else
    error('alpha输入有误!');
end
% 根据正交表的类型而不同处理
if isa(orthoTable,'double')
    orthoTable = orthoTable';
elseif isa(orthoTable,'char')
    orthoTable = load(orthoTable,'-ascii');
end
%输出原输入信息,方便核对
y = y';
[n,~] = size(orthoTable);
if n~ = length(y)
    error('正交表行数与试验结果个数不一致!');
end
fprintf('本次实验输入试验结果数据如下,');
Output4Word(y,'f');
fprintf('本次实验使用的正交表如下:\n');
Output4Word(orthoTable,'d');
yMean = mean(y);ySum = sum(y);
%计算各种离差平方和
SSt = sum((y-yMean).^2);
fprintf('总离差平方和SSt = ');Output4Word(SSt,'f');
BigKi = MakeBigKi(orthoTable,y);
fprintf('各因素Ki:');Output4Word(BigKi,'f');
Levels = max(orthoTable,[],1);
SSj = (sum(BigKi.^2).*Levels-ySum^2)/n;
fprintf('各列离差平方和:');Output4Word(SSj,'f');
SSjS = InteractTermCombine(tblHeader,SSj);
fprintf('各效应项的离差平方和:\n');
nEle = size(SSjS,2);
for iLoop = 1:nEle%重复循环方便制表
    fprintf('%s\t',SSjS{1,iLoop});%表头项
end
fprintf('\b\n');
for iLoop = 1:nEle%重复循环方便制表
    fprintf('%.3f\t',SSjS{2,iLoop});%数据项
end
fprintf('\b\n');
%计算自由度
FreeDeg = zeros(1,nEle);
ReferStr = char(65:90);
for jc = 1:nEle
    tmpStr = SSjS{1,jc};
    fprintf('列号:%d,因素%s\n',jc,tmpStr)
    [~,pos] = ismember(upper(char(tmpStr)),ReferStr);
    pos(pos == 0) = [];
```

```
        tmpNum = length(pos);
        if tmpNum == 1    % 因素项的
                FreeDeg(jc) = Levels(jc)-1;
        elseif tmpNum == 2% 交互项的
                [~,ind1] = ismember(upper(ReferStr(pos(1))),tblHeader);
                [~,ind2] = ismember(upper(ReferStr(pos(2))),tblHeader);
                FreeDeg(jc) = (Levels(ind1)-1)*(Levels(ind2)-1);
        else%SSe 的
                FreeDeg(jc) = n-1-sum(FreeDeg,2);
        end
end
fprintf('各效应项的自由度,');Output4Word(FreeDeg,'d');
%计算均方
MS2 = cell2mat(SSjS(2,:))./FreeDeg;
fprintf('各效应项的均方,');Output4Word(MS2,'f');
%将小于误差项的均方归并为误差项
WorkFlag = MS2<= MS2(end);
if ismember(1,WorkFlag)    % 若有小于误差项的均方
        newSSe = sum(WorkFlag.*cell2mat(SSjS(2,:)),2);
        newDfe = sum(WorkFlag.*FreeDeg,2);
        newMSe = newSSe/newDfe;
        fprintf('归并形成新随机误差平方和:newSSe = %.3f\n',newSSe);
        fprintf('归并形成新随机误差自由度:newDfe = %d\n',newDfe);
        fprintf('归并形成新随机误差均方:newMSe = %.3f\n',newMSe);
else
        newMSe = MS2(end);
        newDfe = FreeDeg(end);
end
%计算 F 值
F = zeros(1,nEle);
for iLoop = 1:nEle
        if WorkFlag(iLoop)
                continue;
        else
                F(iLoop) = MS2(iLoop)/newMSe;
        end
end
%计算检验临界值
fCutOff = zeros(1,nEle);
for iLoop = 1:nEle
        if WorkFlag(iLoop)
                fCutOff(iLoop) = NaN;% 小于误差项的已经归并,用 NaN 标记
        else
                fCutOff(iLoop) = finv(1-alpha,FreeDeg(iLoop),newDfe);
        end
end
%检验比较
chkFlag = F>fCutOff;
fprintf('检验汇报\n');
for iLoop = 1:nEle
        fprintf('%s\t',SSjS{1,iLoop});
end
```

```
fprintf('\b\n');
fprintf('%.3f\t',F);fprintf('\b\n');
fprintf('%.3f\t',fCutOff);fprintf('\b\n');
fprintf('%d\t',chkFlag);fprintf('\b\n');
%确定优选方案,只给出交互项的水平搭配表
for il = 1:nEle
    if~chkFlag(il)
        continue;
    elseif length(SSjS{1,il}) == 1%主效应
        fprintf('主要因素包括:%s\n',SSjS{1,il});
    else
        fprintf('交互作用项包括:%s\n',SSjS{1,il});
        intTerm = char(SSjS{1,il});
        ct = MakeCollocTable(orthoTable,y,tblHeader,intTerm);
        disp(ct)
    end
end
```

附 2:计算水平和的 MakeBigKi 函数

```
function [bigKiS] = MakeBigKi(orthTable,y)
%函数名称:MakeBigKi.m
%实现功能:专用于正交试验设计,计算各因素中不同水平对应的结果之和.
%输入参数:函数共有 2 个输入参数,含义如下:
%          (1),orthTable,正交表表身,即各列的水平号.
%          (2),y,试验结果.
%输出参数:函数默认 1 个输出参数:
%          (1),bigKiS,计算得到的各个大写 K 值.
%函数调用:实现函数功能不需要调用子函数.
%参考文献:实现函数算法,参阅了以下文献资料:
%          (1),马寨璞,MATLAB 语言编程[M],北京:电子工业出版社,2017.
%原始作者:马寨璞,wdwsjlxx@163.com.
%创建时间:2017-05-23,09:20:32.
%原始版本:1.0
%版权声明:未经作者许可,任何单位及个人不得以任何方式或理由对本代码
%          :进行网上传播、贩卖等.
%使用样例:常用以下格式,请参考准备数据格式:
%          :例 1,BigKi = MakeBigKi(tbl,y);
%
[nRows,nCols] = size(orthTable);
if length(y) ~ = nRows
    error('数据个数不匹配!');
end
maxLvl = max(orthTable(:));% 提取极大水平号
levels = max(orthTable,[],1);% 适应不等水平表
bigKiS = zeros(maxLvl,nCols);% 初始化 Big K group
%计算极差,放入 K 中
for jc = 1:nCols
    for ir = 1:levels(jc)
        rPos = orthTable(:,jc) == ir;
        bigKiS(ir,jc) = sum(rPos.*y);
    end
end
end
```

附3：交互作用项合并离差平方和函数

```
function [reply] = InteractTermCombine(tblHeader,x)
%函数名称:InteractTermCombine.m
%实现功能:对正交设计中的交互作用项进行合并计算.
%输入参数:函数共有2个输入参数,含义如下:
%         :(1),tblHeader,正交表的设计表头,类型为cell.
%         :(2),x,要合并的原始数据.
%输出参数:函数默认1个输出参数:
%         :(1),reply,返回值,类型为cell,共2行,第1行为交互项名称,第2行为
%         :对应的数据和.
%函数调用:实现函数功能需要调用1个子函数:
%         :(1),columnCombine,计算合并列的值.
%参考文献:实现函数算法,参阅了以下文献资料:
%         :(1),马赛璞,MATLAB语言编程[M],北京:电子工业出版社,2017.
%原始作者:马赛璞,wdwsjlxx@163.com.
%创建时间:2017-05-23,22:09:20.
%原始版本:1.0
%版权声明:未经作者许可,任何单位及个人不得以任何方式或理由对本代码
%         :进行网上传播、贩卖等.
%使用样例:常用以下格式,请参考准备数据格式等:
%             % 表头,空列以NULL表示
%             tblHeader = {'A','B','(A*B)1','C','NULL',...
%                 '(B*C)1','(A*B)2','(B*C)2','NULL'};
%             x = 1:9;
%             InteractTermCombine(tblHeader,x)
%
if length(tblHeader) ~ = length(x);
     error('数据个数不匹配!');
end
x = x(:);x = x';% 确保x按照行向量计算
%生成定位矩阵location,保存每个字符串的起始与结束位置
n = length(tblHeader);
location = zeros(n,2);
pointer = 1;
for ir = 1:n
     strLen = length(tblHeader{ir});
     location(ir,1) = pointer;
     location(ir,2) = pointer + strLen-1;
     pointer = pointer + strLen;
end
%提取高阶交互作用项
workStr = [tblHeader{:}];
begin = strfind(workStr,'(');
finish = strfind(workStr,')');
parPos = [begin',finish'];%parentheses position
nIntact = size(parPos,1);
intact = cell(1,nIntact);   %
for ir = 1:nIntact
     intact{ir} = workStr(parPos(ir,1):parPos(ir,2));
end
uniName = unique(intact);
%定位交互作用项,计算与其对应的值之和
```

```
nUniStr = length(uniName);
intCell = cell(2,nUniStr);
for jc = 1:nUniStr
    workArr = zeros(1,n);
    tmpStr = uniName(jc);
    row = strfind(workStr,char(tmpStr));
    for ir = 1:length(row)
        pos = find(location(:,1) == row(ir));
        workArr(pos) = 1;                  %#ok<FNDSB>
    end
    intCell{1,jc} = tmpStr;
    intCell{2,jc} = sum(workArr.*x,2);
end
%处理因素项
tblHeadFlag = zeros(1,n);count = 0;
for ir = 1:n
    if location(ir,2)-location(ir,1)<= 2   %A*B 或 AB 都被看作交互作用
        count = count + 1;
        tblHeadFlag(ir) = 1;
    end
end
%形成返回值
nEle = count + nUniStr + 1;   %因素个数 + 交互项数 + 空白列
reply = cell(2,nEle);
%因素主效应
count = 0;
for iLoop = 1:n
    if tblHeadFlag(iLoop) == 1
        count = count + 1;
        reply{1,count} = tblHeader{iLoop};
        reply{2,count} = x(iLoop);
    else
        continue;
    end
end
%交互作用项
for iLoop = 1:nUniStr
    count = count + 1;
    reply{1,count} = char(intCell{1,iLoop});
    reply{2,count} = intCell{2,iLoop};
end
%SSe
SSe = columnCombine(x,tblHeader,'null');
reply{1,end} = 'SSe';
reply{2,end} = SSe;
```

附 4：因素搭配表生成函数

```
function [reply] = MakeCollocTable(orthoTable,y,tblHeader,intTerm)
%函数名称:MakeCollocTable.m
%实现功能:生成因素的水平搭配表.
%输入参数:函数共有 3 个输入参数,含义如下:
%        :(1),orthoTable, 正交表表体.
%        :(2),y,试验结果, 数据向量.
```

```
%            :(3),tblHeader,正交表表头.
%            :(4),intTerm,交互项表头字符串,例如'A*B'.
%输出参数:函数默认 1 个输出参数:
%            :(1),reply,因素搭配表,cell 类型数据.
%函数调用:实现函数功能不需要调用子函数.
%参考文献:实现函数算法,参阅了以下文献资料:
%            :(1),马赛璞,MATLAB 语言编程[M],北京:电子工业出版社,2017.
%原始作者:马赛璞,wdwsjlxx@163.com.
%创建时间:2017-05-24,11:38:47.
%原始版本:1.0
%版权声明:未经作者许可,任何单位及个人不得以任何方式或理由对本代码
%            :进行网上传播、贩卖等.
%使用样例:
%            re = MakeCollocTable(orthoTable,y,tblHeader,intTerm);
%
if nargin~ = 4
        error('输入参数个数有误!');
end
y = y(:);
ReferStr = char(65:90);
[~,pos] = ismember(upper(intTerm),ReferStr);
pos(pos == 0) = [];
[~,ind1] = ismember(upper(ReferStr(pos(1))),tblHeader);
[~,ind2] = ismember(upper(ReferStr(pos(2))),tblHeader);
nRows = max(orthoTable(:,ind1),[],1);
nCols = max(orthoTable(:,ind2),[],1);
CollocTable = zeros(nRows,nCols);    %  搭配表
for ir = 1:nRows
        FirstCol = orthoTable(:,ind1);
        p1 = (FirstCol == ir);
        for jc = 1:nCols
                SecondCol = orthoTable(:,ind2);
                p2 = (SecondCol == jc);
                cFlag = p1.*p2;
                nTerm = sum(cFlag~ = 0);
                CollocTable(ir,jc) = sum(cFlag.*y)/nTerm;
        end
end
reply = cell(nRows + 1,nCols + 1);
for ir = 2:nRows + 1
        reply{ir,1} = sprintf('%s%d',upper(ReferStr(pos(1))),ir-1);
end
for jc = 2:nCols + 1
        reply{1,jc} = sprintf('%s%d',upper(ReferStr(pos(2))),jc-1);
end
for ir = 2:nRows + 1
        for jc = 2:nCols + 1
                reply{ir,jc} = CollocTable(ir-1,jc-1);
        end
end
end
```

附 5：表格化输出函数

```
function Output4Word(x,fmtType)
```

```
%函数名称:Output4Word.m
%实现功能:对输入的信息再输出,以便检查,并方便拷贝到 word 制表.
%输入参数:函数共有 2 个输入参数,含义如下:
%        :(1),x,要输出的数据矩阵或向量.
%        :(2),fmtType,数据的输出格式类型,整数标记'd',实数'f',字符串's'.
%输出参数:函数默认不带输出参数.
%函数调用:实现函数功能不需要调用子函数.
%参考文献:实现函数算法,参阅了以下文献资料:
%        :(1),马寨璞,MATLAB 语言编程[M],北京:电子工业出版社,2017.
%原始作者:马寨璞,wdwsjlxx@163.com.
%创建时间:2017-05-23,09:12:19.
%原始版本:1.0
%版权声明:未经作者许可,任何单位及个人不得以任何方式或理由对本代码
%        :进行网上传播、贩卖等.
%使用样例:常用以下格式,请参考准备数据格式等:
%        :例1,fprintf('各列离差平方和:\n');Output4Word(SSj,'f');
%
if nargin<2
        fmtType = 'f';% 缺省默认为实数格式
else
        types = {'d','s','f'};
        fmtType = internal.stats.getParamVal(fmtType,types,'TYPE');
end
switch lower(fmtType)
    case 'd'
            outFmt = '%d\t';
    case 'f'
            outFmt = '%.3f\t';
    case 's'
            outFmt = '%s\t';
end
[nRows,nCols] = size(x);
%输出列号
if nCols>1
    fprintf('\n 提示:下面第 1 行数字为列号!\n');
    fprintf('%d\t',1:nCols);fprintf('\b\n');
end
for ir = 1:nRows
    fprintf(outFmt,x(ir,:));fprintf('\b\n');
end
```

附6：空白列合并函数

```
function [cSum] = columnCombine(x,strCell,subCell)
%函数名称:columnCombine.m
%实现功能:计算合并列的值.
%输入参数:函数共有 3 个输入参数,含义如下:
%        :(1),x,要进行合并的数据.
%        :(2),strCell,含重复字符串的 cell.
%        :(3),subCell,单个字符串.
%输出参数:函数默认 1 个输出参数:
%        :(1),cSum,列和.
%函数调用:实现函数功能不需要调用子函数.
%参考文献:实现函数算法,参阅了以下文献资料:
```

```
%          :(1),马寨璞,MATLAB 语言编程[M],北京:电子工业出版社,2017.
%原始作者:马寨璞,wdwsjlxx@163.com.
%创建时间:2017-05-23,11:28:54.
%原始版本:1.0
%版权声明:未经作者许可,任何单位及个人不得以任何方式或理由对本代码
%          :进行网上传播、贩卖等.
%使用样例:常用以下格式,请参考准备数据格式等:
%          :例1,SSe = columnCombine(SSj,tabHeader,'null')
%
nCols = length(strCell);nx = length(x);
if nx~ = nCols
      error('数据个数不匹配!');
end
x = x(:);x = x';
%工作矩阵
workArr = zeros(1,nCols);
tmpStr = char(subCell);
for jc = 1:nCols
      if strcmpi(strCell{jc},tmpStr)
            workArr(jc) = 1;
      end
end
workArr = workArr.*x;
cSum = sum(workArr,2);
```

第四节　均　匀　设　计

一、均匀设计表

（一）等水平均匀设计表

正交试验设计根据正交性规则挑选代表性的试验方案，具有"均衡分散、整齐可比"的特点，但这种设计方法只适用于水平数不多的试验，若一项试验中有 m 个因素，每个因素取 n 个水平，按照正交设计安排试验方案，则至少需要做 n^2 次试验，当 n 较大时，如 n 取 7，则试验次数会多达 49 次，这样的试验安排实际上很难实现。若希望减少试验次数，就需要在保证"均衡分散"的前提下，舍去"整齐可比"这一要求。均匀试验设计就是只考虑试验点在试验范围内均匀散布的试验设计方法，简称均匀设计。

和正交试验设计一样，要进行均匀设计，也需要参考一套精心设计的均匀设计表。均匀设计表的符号为 $U_n(n^m)$ 或者 $U_n^*(n^m)$，其中的 U 代表均匀设计表，n 表示均匀设计表的行数和表内出现的数字个数，也是试验的次数与水平数；m 表示均匀设计表的列数，也是表中可安排的因素的最大数。例如，表 6-71 是 $U_7(7^4)$ 均匀设计表，它有 7 行 4 列，最多可以安排 4 个因素，每个因素需要选定 7 个水平，一共需要进行 7 次试验。

带*号的 U 表和不带*号的 U 表，虽然名字相同，但代表不同类型的均匀设计表。带*号的表 U_n^* 是由 U_{n+1} 表去掉最后一行得到的，它去掉了所有最高水平组合在一起的试验，通常带*的均匀表具有更好的均匀性，应该首先选用。例如，表 6-73 是 $U_7^*(7^4)$ 均匀设计表。

观察均匀设计表 6-71 和表 6-73，可知有以下特点。

（1）每列中不同的数字只出现 1 次，这说明各因素每个水平只安排 1 次试验。

（2）以任意两列的水平号搭配在一起，绘制在二维网格图上，则网格的每行每列有且仅有 1 个试验方案点，图 6-3 是 $U_7(7^4)$ 的任意两列构成的布点图。

上述两个特点表明了试验安排的"均衡性"，即对各因素的每个水平都一视同仁。

（3）任意两列组成的试验方案一般不等价。图 6-3 给出了各列两两搭配绘制的网格试验点分布，观察可知，（1，4）两列的搭配，试验点的分布并不好，不如其他几种搭配。

（4）等水平均匀表的试验次数与水平数一致。随着水平的增加，试验次数也在增加，如由 6 水平增加到 7 水平，则试验次数也从 6 增加到 7，但这种增加只是线性的递增，相比于正交试验次数的"跳跃性"递增，这种递增具有"平稳性""连续性"，不会显著增加试验次数，这也是均匀表具有灵活性的一个体现。

每个均匀设计表都附有一个与其对应的使用表，它指示如何从设计表中选用适当的列，以及由这些列所组成的试验方案的偏差。例如，表 6-72 和表 6-74 分别是 $U_7(7^4)$ 及 $U_7^*(7^4)$ 的使用表。使用表通常包含 3 栏内容，左侧是因素数，中间是由列号构成的表体，右侧是选用此表进行试验设计时产生的偏差。这里的"偏差"是均匀性的度量值，偏差越小，均匀度越好。

从使用表 6-72 可以看出，当试验中只有两个因素时，如因素 A 和因素 B，则应该将它们安排在均匀表 $U_7(7^4)$ 的 1，3 两列，此时试验的均匀性偏差为 0.2398；当试验中有三个因素时，则将它们安排在均匀表的 1，2，3 三列，此时试验的均匀性偏差为 0.3721，不均匀引起的偏差变大；而当有 4 个因素时，则每列安排一个因素，但此时的偏差为 0.4760，均匀性不太好。因为均匀表 $U_7(7^4)$ 有和其同名的带"*"均匀表 $U_7^*(7^4)$，且 $U_7^*(7^4)$ 中的偏差更小，所以如果 $U_7^*(7^4)$ 能满足试验设计要求，则优先选用 $U_7^*(7^4)$ 表。

表 6-71　均匀设计表 $U_7(7^4)$

试验号	1	2	3	4
1	1	2	3	6
2	2	4	6	5
3	3	6	2	4
4	4	1	5	3
5	5	3	1	2
6	6	5	4	1
7	7	7	7	7

表 6-72　均匀表 $U_7(7^4)$ 的使用表

因素数	列号				偏差
2	1	3			0.2398
3	1	2	3		0.3721
4	1	2	3	4	0.4760

表 6-73　均匀设计表 $U_7^*(7^4)$

试验号	1	2	3	4
1	1	3	5	7
2	2	6	2	6

续表

试验号	1	2	3	4
3	3	1	7	5
4	4	4	4	4
5	5	7	1	3
6	6	2	6	2
7	7	5	5	1

表 6-74 均匀表 $U_7^*(7^4)$ 的使用表

因素数	列号			偏差
2	1	3		0.1582
3	2	3	4	0.2132

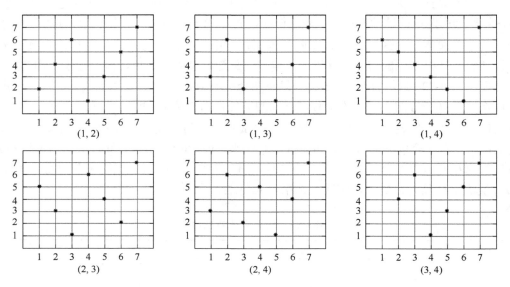

图 6-3 两因素均匀设计布点图

另外，当 U 表的试验次数为奇数次时，由于在奇数表最后一行，会出现各因素最大水平号相遇，这就会出现一些特殊的情况，若各因素的水平号与水平实际数值的大小顺序一致，则会出现所有高水平或所有低水平相遇的情形。若该试验是生物制药中的药化试验，就有可能出现反应太剧烈而无法控制的现象，或者反应太慢而得不到试验结果。为了避免这些情况，可以随机排列因素的水平号，另外试验 U_n^* 均匀表也可以避免上述情况。

由于均匀表具有上述的特点，因此在使用均匀设计表进行试验设计时，每个因素的各个水平只出现一次且均匀分散，试验次数减少，试验点均匀分布，这种设计方法适用于多因素多水平模型的拟合及优化试验。附表 22 给出了常用的等水平均匀表，供读者查用。

（二）混合水平均匀设计表

均匀设计适用于因素数水平较多的试验，在增加因素的水平后，试验次数的增加量很小，这为均匀表的灵活变通使用提供了可能。例如，在实际的具体试验中，有时需要在因素间进行不同水平的试验设计，此时的水平数不相等，直接利用等水平均匀设计表来安排试验就较为困难，但借助拟水平方法，可以将等水平均匀表转化成混合均匀表使用，从而方便问题的解决。下面以两个具体的例子，介绍这种转换过程与特点。

若某试验涉及 3 个因素 A，B，C，其中因素 A，B 有 3 个水平，分别设定为 A_1，A_2，A_3 和 B_1，B_2，B_3，因素 C 有 2 个水平，分别设定为 C_1，C_2。要设计这个实验，可以选用正交表的混合表 $L_{18}(2^1 \times 3^7)$ 来安排试验方案，共需要 18 次试验，实际上这等价于完全试验。若用正交试验的拟水平法，可以选择正交表 $L_9(3^4)$，此时需要进行 9 次试验。要使用等水平的均匀设计表，则需要做类似于正交试验拟水平法的水平合并，转换为混合水平的均匀表。

已知 A，B 都设有 3 个水平，C 设有 2 个水平，若选用均匀表 $U_6^*(6^4)$，则可以考虑将 A 和 B 放在前两列，C 放在第 3 列。因为均匀表 $U_6^*(6^4)$ 适用于 6 水平的因素，要应用于 3 水平的因素 A 和 B，则可以将 A 和 B 所在列的水平进行合并，将 6 个水平转换为 3 个水平，具体的，将 $\{1,2\} \to 1, \{3,4\} \to 2, \{5,6\} \to 3$。与之相对应，将 6 水平的列号应用于 2 水平的因素 C，则可以将 C 所在列的水平进行合并，即 $\{1,2,3\} \to 1, \{4,5,6\} \to 2$。设计完成后，得到的实际上是混合设计表 $U_6(3^2 \times 2^1)$，其表头设计如表 6-75 所示。这个表有很好的均衡性，如 A 列和 C 列的 2 因素试验设计正好组成它们的全面试验方案。

表 6-75　拟水平设计 $U_6(3^2 \times 2^1)$

试验号	1	A	2	B	3	C
1	1	1	2	1	3	1
2	2	1	4	2	6	2
3	3	2	6	3	2	1
4	4	2	1	1	5	2
5	5	3	3	2	1	1
6	6	3	5	3	4	2

在上述构建混合水平均匀表的过程中，选定 1，2，3 列安排 A，B，C 三个因素，是依据 $U_6^*(6^4)$ 的使用表进行的，虽然得到的混合表均衡性很好，但这并不意味着按照使用表布置因素后，再进行因素水平的合并，就一定能得到均衡性很好的混合表。某均匀表的使用表，只用来指导该均匀表的使用，不能用来指导混合水平均匀表的创建，虽然选定了该均匀表作为创建混合表的基础，但使用表对创建过程中的水平合并不具指导性，因此新得到的混合水平均匀表不一定具有最优的均衡性。

例如，要安排一个 2 因素 5 水平和 1 因素 2 水平的试验，若使用正交设计，则需要选用很大的表，试验次数也会很多；若使用均匀设计来安排，选择能安排 5 水平和 2 水平的表，则每列既能合并成 5 个水平，也能合并成 2 个水平，最小需要选择（公倍数）10 次试验的即可，如形成混合水平均匀表 $U_{10}(5^2 \times 2^1)$。

$U_{10}(5^2 \times 2^1)$ 可由 $U_{10}^*(10^8)$ 生成，在表 $U_{10}^*(10^8)$ 的 8 列中选择 3 列，利用选定的这 3 列生成混合水平表 $U_{10}(5^2 \times 2^1)$，并希望新生成表有较好的均衡性。现在，我们不按照该表的使用表进行选择，如选择 1，2，5 列作为原始列，然后将其中的水平根据需要进行合并，则有如下的具体合并：第 1，2 列中的 $\{1,2\} \to 1, \{3,4\} \to 2, \cdots, \{9,10\} \to 5$。对第 5 列采用如下水平合并方法：$\{1,2,3,4,5\} \to 1, \{6,7,8,9,10\} \to 2$，则表头设计如表 6-76 所示。这个新的混合表具有很好的均衡性。

表 6-76　拟水平试验设计 $U_{10}(5^2 \times 2^1)$ 表头（1, 2, 5）

试验号	1	A	2	B	5	C
1	1	1	2	1	5	1
2	2	1	4	2	10	2
3	3	2	6	3	4	1
4	4	2	8	4	9	2
5	5	3	10	5	3	1
6	6	3	1	1	8	2
7	7	4	3	2	2	1
8	8	4	5	3	7	2
9	9	5	7	4	1	1
10	10	5	9	5	6	2

下面，我们再依照 $U_{10}^*(10^8)$ 的使用表，选择 $U_{10}^*(10^8)$ 表的 1, 5, 6 三列，同样进行各列水平的合并，仍然可以得到一个 $U_{10}(5^2 \times 2^1)$，表头设计如表 6-77 所示。

表 6-77　拟水平试验设计 $U_{10}(5^2 \times 2^1)$ 表头（1, 5, 6）

试验号	1	A	5	B	6	C
1	1	1	5	3	7	2
2	2	1	10	5	3	1
3	3	2	4	2	10	2
4	4	2	9	5	6	2
5	5	3	3	2	2	1
6	6	3	8	4	9	2
7	7	4	2	1	5	1
8	8	4	7	4	1	1
9	9	5	1	1	8	2
10	10	5	6	3	4	1

但仔细观察新生成的拟水平混合表 6-77，对比表 6-76，会发现在表 6-77 中，试验号 3，4 对应的两个方案中，A，C 两因素的试验方案有重复，而表 6-76 中则没有这种情况，这说明相比于表 6-76，表 6-77 的均衡性不好。可见，即使借用同一个等水平均匀表进行拟水平试验设计，选择使用不同的列，则得到不同的混合表，这些表的均匀性也各不相同，即便是根据使用表选定特定的列，合并水平后得到的混合均匀表（表 6-77）也不一定具有较好的均衡性，因为均匀表的使用表对混合水平表的构建不起作用，附表 23 给出了一些混合水平均匀表，供读者学习查用。

（三）均匀设计的基本步骤

用均匀表来安排试验与正交试验设计的步骤相类似，一般步骤如下。

（1）明确试验目的，确定试验指标。若试验指标个数较多，还需要进行综合分析。

（2）选择因素。根据实际经验和专业知识，挑选出对试验指标影响较大的因素，为保证表的均匀性和列间的相关性，每个均匀表最多只能安排 $(m/2 + 1)$ 个因素。

（3）确定因素水平。结合试验条件和以往的实践经验，在各因素的取值范围内取适当的水平。

（4）选择均匀表。在确定试验因素数和水平数后，首选 U_n^* 表。但由于试验结果的分析多采用回归分析方法，在选表时还应注意试验次数与回归分析的关系。

（5）表头设计。根据试验因素数和该均匀表对应的使用表，将各因素安排在均匀表相应的列中，混合水平均匀表可省去这一步。需要指出，均匀表中的空列，既不能安排交互作用，也不能用来估计试验误差，在分析试验结果时不用列出。

（6）明确试验方案，进行试验。

（7）结果分析。由于试验方案没有整齐可比性，故不能用方差分析法，可采用直观分析法和回归分析方法。均匀设计的试验点分布均匀，用直观分析法找到的试验点一般距离最佳试验点不远，故直观分析法是一种非常有效的方法；均匀设计的回归分析一般为多元回归分析，通过回归分析可确定试验指标与影响因素的数学模型，确定因素的主次顺序和优方案等。但直接根据试验数据推导计算，工作量较大，需要借助程序或软件来实现分析。

二、试验结果的回归分析法

按照均匀表设定的各个方案安排试验后，对试验结果的分析，一般采用回归分析的方法，虽然也可以使用直观分析方法，但由于直观分析方法的误差较大，因此在实际工作中，更多的是通过多元回归分析或者逐步回归分析来分析试验结果，以确定主要因素与最佳试验条件等。

当试验结束后，若因变量与自变量之间存在线性相关，则利用样本观测值，通过对数据的回归分析，建立如下的多元线性回归方程

$$\hat{y} = b_0 + b_1 x_1 + \cdots + b_m x_m$$

通过 F 检验，可进一步对回归方程进行显著性检验，推断因变量 y 和自变量 $x_1, x_2, \cdots, x_m$ 之间的线性关系是否有显著性。如果 y 和 $x_1, x_2, \cdots, x_m$ 之间的关系是非线性的，即因素间存在交互作用，则线性回归模型不足以反映实际情况，此时可以采取二次回归模型进行回归，得到如下的回归方程：

$$\hat{y} = b_0 + \sum_{i=1}^{m} b_i x_i + \sum_{i=1}^{m} b_{ii} x_i^2 + \cdots + \sum_{j<i}^{m} b_{ij} x_i x_j$$

其中，$x_i x_j$ 反映了因素间的交互作用。

在实际计算中，求解回归系数的计算较为复杂，需要采用逐步回归法对变量进行筛选，一般需要编程或借助计算机来实现上述过程。

例 13 L-亮氨酸发酵产菌 R_{19} 发酵培养基配方中，选用三个因素 A，B，C，每个因素各取 7 个水平，如表 6-78 所示，利用表 $U_7(7^4)$ 的前 3 列进行试验布置，结果如表 6-79 所示，试对试验结果进行分析。

表 6-78　三因素试验水平值

磷酸三氢钾 A/%	磷酸二氢钾 B/%	磷酸镁 C/%
0.05	0.00	0.020
0.10	0.05	0.0250
0.15	0.10	0.030

续表

磷酸三氢钾 A/%	磷酸二氢钾 B/%	磷酸镁 C/%
0.20	0.15	0.035
0.25	0.20	0.040
0.30	0.25	0.045
0.35	0.30	0.050

表 6-79　$U_7(7^4)$ 布置与试验结果

试验号	A	B	C		结果
	1	2	3	4	
1	1	2	3	6	11.60
2	2	4	6	5	10.30
3	3	6	2	4	9.70
4	4	1	5	3	9.20
5	5	3	1	2	8.40
6	6	5	4	1	8.10
7	7	7	7	7	5.70

解　（1）回归分析。考虑无交互作用的二次多项式回归，对二次项的计算分析可知，在 x_A^2, x_B^2, x_C^2 中，若保留 x_A^2, x_B^2, x_C^2，则导致回归模型不显著，故采用模型

$$\hat{y} = b_0 + b_1 x_A + b_2 x_B + b_3 x_C + b_{22} x_B^2 + b_{33} x_C^2$$

经计算，得到

$$\hat{y} = 8.141 - 13.396 x_A + 3.791 x_B + 247.58 x_C - 18.461 x_B^2 - 3846.15 x_C^2$$

经检验，当 $\alpha = 0.10$ 时，检验显著。

（2）确定最优解。要确定最优解，只需要对得到的回归方程求导数即可。对 x_A 求导得到 -13.396，导数小于 0，则取 x_A 的最小值即可，具体可取 $x_A = 0.05$；对 x_B 求导，令导数为 0，得到 $x_B \approx 0.1$，同样的，得到 $x_C \approx 0.03$。则本例中，取 $x_A = 0.05$；$x_B \approx 0.1$；$x_C \approx 0.03$。把 3 个值代入回归式，得到最优解为 $\hat{y} = 11.63$。和实际计算相比差别不大，即确定优选方案。

三、试验结果的 MATLAB 实现

（一）逐步回归分析的主要思路

逐步回归法是多元回归的一种，其最大的特点是"逐步"，即每一步都有新的因素选入回归模型或者移出模型，在这种移入移出的过程中，考察模型的适配性指标，以期得到最佳的模型。这也是从实践中得到启迪而开发出来的回归方法，在实际问题中，有许多变量（记作 x）对因变量 y 产生影响，但人们总希望从中选择一些，以建立"最优"回归方程。这里的所谓"最优"，主要是从两个方面考虑，一是在回归方程中包含所有对 y 影响显著的自变量，二是不包含任何对 y 影响不显著的自变量。

逐步回归的主要问题是如何将各个自变量引入（或者移除出）模型，基本思路就是在选定的全部自变量中，按各自变量对 y 的作用大小、显著程度大小或者贡献大小，由大到小地逐个引入回归方程；而那些对 y 影响不显著的变量，则不被引入回归方程；已被引入回归方

程的变量，在引入新变量后若失去重要性，则需要从回归方程中剔除掉。引入或者移除一个变量都称为逐步回归的一步，对每一步都要进行 F 检验，以保证在引入新变量前回归方程中只含有对 y 影响显著的变量，而不显著的变量已被剔除。

在具体进行逐步回归时，每一步都要对已引入的变量进行偏回归平方和（即贡献）计算，然后选出偏回归平方和最小的变量，在预先给定的检验水平下进行显著性检验，若检验显著，则没有变量被剔除（其他几个变量的贡献都大于最小的一个，不可能被移除）。相反，若检验不显著，则移除该变量，然后按偏回归平方和由小到大地依次对方程中其他变量进行 F 检验，将检验不显著的变量全部剔除，留下显著的，为下一步计算做好准备。接着再对未引入回归方程的变量分别计算偏回归平方和，并选中最大的一个进行显著性检验，若检验显著，则将该变量引入回归方程。这一过程一直继续下去，直到所有变量都不能移除而又无新变量引入为止，逐步回归过程结束。

（二）逐步回归函数

在 MATLAB 中，有专门的实施逐步回归的 stepwise 函数，常用的格式为

stepwise(x,y,inmodel,alpha);
其中，x 表示自变量数据，为 $n \times m$ 阶矩阵；y 表示因变量数据，为 $n \times 1$ 阶列向量；inmodel 表示矩阵的列数的指标，给出初始模型中包括的子集（缺省时设定为全部自变量）；alpha 表示显著性水平（缺省时为 0.05）。

stepwise 运行时，会弹出用户交互操作的对话框，该对话框可分成 4 部分，图 6-4 中已经以①②③④分别予以标注。其中①是各项选入情况的区间估计；②是移入移出各项的操作按钮；③是当前步模型计算的统计信息摘要；④是计算均根标准差 RMSE 的历史变化趋势。

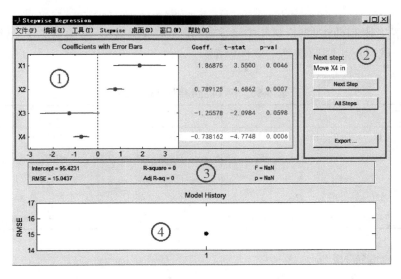

图 6-4   stepwise 交互操作对话框

图 6-4 的左上部分，即图中标记为①的部分展示了所有潜在因素项系数的估计值，并以水平柱条表示了各系数的置信区间，彩色柱条表示置信水平 0.90 的区间，灰色柱条表示置信水平 0.95 的区间，红色表示在初始计算时，该项并未加入模型中。右侧表中的数据表示一旦

该项被选入模型会导致的结果。标记为③的中间部分则展示了整个模型的统计摘要，这些统计信息每一步计算都会更新。界面中标记为④的部分展示的是模型历次计算的 RMSE 信息，并以图像的形式记录每次计算后 RMSE 的改变。基于此，用户可比较不同模型的优化情况，将鼠标的光标悬停在蓝色点上，可查看每次迭代计算都选入了哪些因素（选项），若点击某蓝点，则打开它对应的该步计算的历史界面信息。

初始化模型时，其选入、移除某项依赖的 F 统计量的 p 值，都需要使用其他的输入参数具体指定。缺省设置时，初始化的模型中不含因素项，选入标准 $p = 0.05$，移除标准 $p = 0.10$。

将输入数据进行中心化与标准化（即进行 zscores 计算），可改善最小二乘问题的条件，具体实施时，从下拉菜单 stepwise 中选择 Scale Inputs 子菜单选项即可。

用户可使用以下两种方法之一执行 stepwise：①在界面的"②"中，点击"Next Step"按钮选定推荐的下一步，推荐的下一步既可以是选入最显著的项，也有可能是移除最不显著的项。当回归的 RMSE 达到局部最小时，推荐步将显示"Move no terms"，即没有移动项。②用户也可通过点击 All Steps 按钮一次性地执行完所有的推荐步。

在控制界面的①中，点击图中的线或表中的数据，将切换相应项的状态（选入或移除），点击红线（相应项尚未选入模型）则将该项选入模型，其线变为蓝色；点击红线（相应项已经选入模型）则将该项移除模型，其线变为红色。

用户也可以单独观察某一变量的置信区间，这可从下拉菜单 stepwise 中选择 Added Variable Plot，选定后会弹出一个选项列表，选择其中一个希望观察的变量，点击 OK 即可观察其变化情况。

点击②中的 Export 按钮，将弹出保存信息的对话框，用户在此可选择需要保留的信息，这些信息将保存到 MATLAB 的工作空间，在 MATLAB 的命令窗口，用户可键入各信息的名称，以观察其具体值。关于 MATLAB 更详细的使用，请参阅拙作《MATLAB 语言编程》一书。

例 14 某生物制药过程 Y 与其中 4 种成分 X_1, X_2, X_3, X_4 有关，今测得一组数据如表 6-80 所示，试用逐步回归法确定线性模型。

表 6-80　例 14 生物制药试验结果

序号	1	2	3	4	5	6	7	8	9	10	11	12	13
X_1	7	1	11	11	7	11	3	1	2	21	1	11	10
X_2	26	29	56	31	52	55	71	31	54	47	40	66	68
X_3	6	15	8	8	6	9	17	22	18	4	23	9	8
X_4	60	52	20	47	33	22	6	44	22	26	34	12	12
Y	78.5	74.3	104.3	87.6	95.9	109.2	102.7	72.5	93.1	115.9	83.8	113.3	109.4

解　（1）数据输入。

```
x1 = [7,1,11,11,7,11,3,1,2,21,1,11,10]';
x2 = [26,29,56,31,52,55,71,31,54,47,40,66,68]';
x3 = [6,15,8,8,6,9,17,22,18,4,23,9,8]';
x4 = [60,52,20,47,33,22,6,44,22,26,34,12,12]';
y = [78.5,74.3,104.3,87.6,95.9,109.2,102.7,72.5,93.1,115.9,83.8,113.3,109.4]';
x = [x1,x2,x3,x4];
```

（2）逐步回归。

stepwise(*x*,*y*)

上述过程如图 6-5 所示。

```
tmpScript007.m  X  +
1 -    x1=[7, 1, 11, 11, 7, 11, 3, 1, 2, 21, 1, 11, 10]';
2 -    x2=[26, 29, 56, 31, 52, 55, 71, 31, 54, 47, 40, 66, 68]';
3 -    x3=[6, 15, 8, 8, 6, 9, 17, 22, 18, 4, 23, 9, 8]';
4 -    x4=[60, 52, 20, 47, 33, 22, 6, 44, 22, 26, 34, 12, 12]';
5 -    y=[78.5, 74.3, 104.3, 87.6, 95.9, 109.2, 102.7, 72.5, 93.1, 115.9, 83.8, 113.3, 109.4]';
6 -    x=[x1, x2, x3, x4];
7 -    stepwise(x, y)
8
9
```

图 6-5   运行 stepwise 的 MATLAB 脚本

因为没有选入任何变量，也就是初始化时没设定变量等，运行后，弹出交互界面如图 6-6 所示，其中 X_4 被选为下一步推荐选入变量。点击 next step 按钮，得到如图 6-7 所示的引入结果。此时可以看到，RMSE 变小，说明选入有效。再将 X_1 选入运算，结果如图 6-8 所示，之后可逐一选入其他，步骤类似，本例中直接选用按钮 All steps，结果如图 6-9 所示。

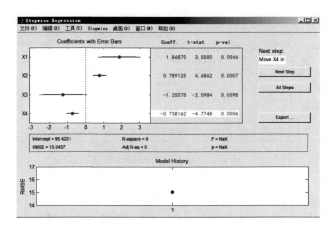

图 6-6   缺省设定计算的初始界面

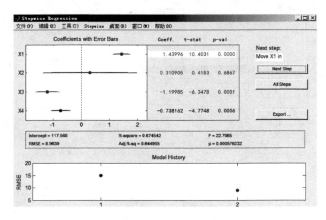

图 6-7   导入 1 个变量后计算结果

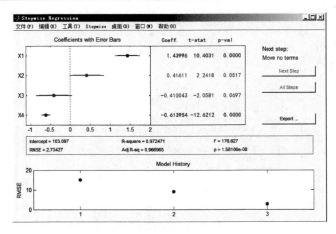

图 6-8　导入 2 个变量后计算结果

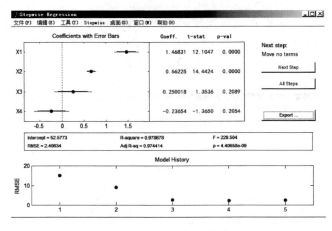

图 6-9　逐步回归的最终结果

　　点击右侧的 Export，如图 6-10 所示，将要输出的变量存入 MATLAB 的工作空间，再回到命令窗口，直接查看 beta，如图 6-11，可知，回归系数以确定下来，结果如下。

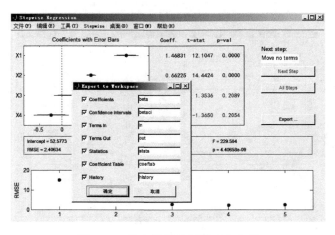

图 6-10　输出计算结果到工作空间

beta = [1.4683,0.6623,0,0],

在图 6-10 中，可直接读出截距值 52.5773，故最终模型为

$$y = 52.5773 + 1.4683x_1 + 0.6623x_2$$

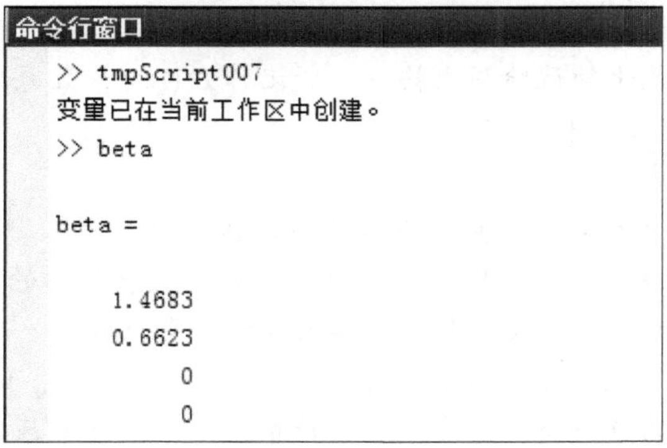

图 6-11 显示工作空间中的结果

习 题

（一）填空题

1. 试验设计的三个基本原则是_____、_____和_____。

2. 成组试验设计时，需要注意的事项包括_____、随机化分组、_____和合适的样本含量。

3. 随机化完全区组设计方法中，"完全"是指_____。

4. 对随机化完全区组试验结果进行方差分析，若对区组效应进行检验，其检验结果可解读为_____。

5. 随机化完全区组设计的优点是_____，缺点是_____。

6. 和随机化完全区组试验设计相比，拉丁方设计的优点是_____。

7. 希腊-拉丁方试验设计之所以提高检验的灵敏度，是因为_____。

8. 对于给定的 5 阶希腊-拉丁方，最多可以有____个互相正交的拉丁方，最多可安排____个因素进行试验与分析。

9. 平衡不完全区组试验设计方法中，"平衡"的含义包括_____、_____和_____。

10. 裂区试验设计中，若 A 因素主效应比 B 因素主效应更为重要，则____因素放在裂区，____因素放在主区。

11. 正交表具有_____的特性，在 $L_n(r^m)$ 中，m 的准确含义是_____。

12. 在应用正交表进行试验设计时，一般来说挑选的因素数以_____个为宜，不宜过多。

13. 在利用极差法分析正交试验结果时，若有空白列，一般也要把空白列的极差计算出来，目的是_____。

14. 利用正交表进行试验设计时，某交互作用的水平为 3，则该交互作用项应该占据正交表的_____列。

15. 均匀设计具有＿＿＿＿＿＿＿＿特点，$U_n(n^m)$ 表最多可安排＿＿＿＿＿＿＿＿个因素。

16. 均匀表的空白列不能安排交互作用，也不能用来估计＿＿＿＿＿＿＿＿，所以不能使用方差分析法分析结果。

（二）选择题

1. 正交表是一种规范化的试验用表格，一般记作 $L_n(r^m)$，且每项均有特定的含义，下述对该符号的描述，不正确的是[　　]
（A）L 表示正交表
（B）下标 n 表示正交表的行数，即需要做的试验次数
（C）m 表示正交表的列数，即安排实验时，使用该表安排的实际因素个数
（D）r 表示表中的数码个数，也就是各因素的水平个数
（E）试验次数 n 和因素个数 m 没有关系

2. 为考察因素水平的效应变化，在试验设计中应注意的基本原则不包括[　　]
（A）随机化原则　　（B）交互性原则　　（C）局部控制或区组化原则
（D）重复性原则　　（E）同质性原则

3. 在试验目标为增加产率（越高越好）的某三因素正交试验中，其直观分析结果的 K 值如表 X6-1，据此可知[　　]项判断正确。

表 X6-1　正交试验结果的极差分析

试验号	A	B	C
$\bar{K}_1$	16.25	21.40	17.33
$\bar{K}_2$	23.01	20.53	20.67
$\bar{K}_3$	23.41	20.75	22.68
R_j	7.16	0.87	5.35

（A）$A_1B_1C_1$　　　（B）$B_2C_3A_1$　　　（C）$C_2A_3B_1$
（D）$A_3C_3B_1$　　　（E）$C_2A_2B_3$

4. 关于正交表的选用，以下说法不符合科学规范的是[　　]
（A）应该首先根据水平个数选择正交表
（B）试验次数应根据实验要求确定，要求精度高时，可选试验次数较多的正交表
（C）选定的正交表的列数应该稍多于因素数
（D）应用直观分析法分析结果时并不涉及空白列，故表中空白列没具体意义
（E）当试验条件有限时，可选择试验次数较少的表安排试验

5. 表 X6-2 是 $U_7^*(7^4)$ 的均匀试验设计使用表，最右一列的数据，应该称为[　　]

表 X6-2　$U_7^*(7^4)$ 使用表

因素数	列号	?
2	1，3	0.1583
3	2，3，4	0.2132

（A）标准差 　　　（B）方差 　　　（C）离差

（D）随机误差 　　　（E）偏差

（三）计算题

1. 随机将 20 只雌性中年大鼠均分为甲、乙两组，甲组大鼠不接受任何处理，乙组中每只大鼠接受 3mg/kg 的内毒素，试验测得两组大鼠的肌酐数据如表 X6-3 所示，试检验 2 总体均数之间有无显著差别。

表 X6-3　两组大鼠的肌酐测定数据 　　　（单位：mg/L）

序号	1	2	3	4	5	6	7	8	9	10
甲组（对照）	6.2	3.7	5.8	2.7	3.9	6.1	6.7	7.8	3.8	6.9
乙组（处理）	8.5	6.8	11.3	9.4	9.3	7.3	5.6	7.9	7.2	8.2

2. 为了研究 5 种不同温度对蛋鸡产蛋量的影响，将 5 栋鸡舍的温度设为 A, B, C, D, E,把各栋鸡舍的鸡群的产蛋期分为 5 期，由于各鸡群和产蛋期的不同对产蛋量有较大的影响，因此采用拉丁方设计，把鸡群和产蛋期作为单位组设置，以便控制这两个方面的系统误差，结果如表 X6-4 所示，试对该试验结果进行分析。

表 X6-4　5 种不同温度对母鸡产蛋量影响试验结果 　　　（单位：个）

产蛋期	鸡群				
	一	二	三	四	五
I	D（23）	E（21）	A（24）	B（21）	C（19）
II	A（22）	C（20）	E（20）	D（21）	E（22）
III	E（20）	A（25）	B（26）	C（22）	D（23）
IV	B（25）	D（22）	C（25）	E（21）	A（23）
V	C（19）	B（20）	D（24）	A（22）	E（19）

3. 某生物试验涉及 7 种不同的材料，试验要求考察材料类型（A, B, C, D, E, F, G）对试验结果的影响，但是在一定时间内只能使用 7 台设备进行试验，并且每台设备只能对 3 种不同材料进行测定，对该试验问题作设计，将材料类型作为处理因子，将设备作为区组因子，采用 BIBD，结果如表 X6-5 所示，试进行分析。

表 X6-5　平衡不完全区组设计试验结果记录

处理	区组						
	1	2	3	4	5	6	7
A	5	4	9				
B			12	9	9		
C	7			6		8	
D			7			5	3
E	4				6		5
F		10			12	9	
G		4		4			3

4. 为提高某化工产品的产量，欲考察反应温度、反应压力和溶液浓度三个因素，每个因素各取 3 个水平，如表 X6-6 所示。

表 X6-6　因素水平与布置

水平	A 温度/℃	B 压力/atm	C 溶液浓度/%
1	60.0	2.0	7.0
2	65.0	2.5	7.0
3	70.0	3.0	8.0

注：1atm≈1.013 25×10⁵Pa

要考察 $A \times B$，$A \times C$ 和 $B \times C$ 的作用，用 $L_{27}(3^{13})$ 表安排试验，表头设计如表 X6-7 所示。

表 X6-7　$L_{27}(3^{13})$ 表头设计

1	2	3	4	5	6	7	8	9	10	11	12	13
A	B	$A \times B$	$A \times B$	C	$A \times C$	$A \times C$	$B \times C$			$B \times C$		

测定的试验结果如下（单位：kg），11.30，14.63，17.23，10.50，13.67，16.23，11.37，14.73，17.07，10.47，13.47，16.13，10.33，13.01，15.80，10.63，13.97，16.50，10.03，13.40，16.80，10.57，13.94，16.83，21.07，13.97，16.57，试用方差分析法分析试验结果，确定最优试验条件，显著性水平 $\alpha = 0.05$。

5. 为优化啤酒生产工艺，选取了底水量（A）和吸氨时间（B）两个因素，每个因素取 8 个水平（表 X6-8）进行均匀设计。若试验指标（吸氨量/g）越大越好，选用均匀表 $U_8^*(8^5)$ 安排试验，测试结果依次为 5.8，6.3，4.9，5.4，4.0，4.5，3.0，3.6。若已知试验指标与两因素之间为二元线性关系，试进行回归分析。

表 X6-8　底水量和吸氨时间的 8 个水平

水平号	底水量（X_1）/g	吸氨时间（X_2）/min
1	136.5	170
2	137.0	180
3	137.5	190
4	138.0	200
5	138.5	210
6	139.0	220
7	139.5	230
8	140.0	240

主要参考文献

陈希孺. 2009. 概率论与数理统计[M]. 合肥：中国科学技术大学出版社.

董时富. 2002. 生物统计学[M]. 北京：科学出版社.

杜荣骞. 2008. 生物统计学[M]. 3 版. 北京：高等教育出版社.

高祖新. 2016. 医药数理统计方法[M]. 6 版. 北京：人民卫生出版社.

李春喜，邵云，姜丽娜. 2008. 生物统计学[M]. 4 版. 北京：科学出版社.

李春喜，邵云，姜丽娜. 2008. 生物统计学学习指导[M]. 北京：科学出版社.

李松岗，曲红. 2007. 实用生物统计学[M]. 2 版. 北京：北京大学出版社.

马寨璞. 2016. 高级生物统计学[M]. 北京：科学出版社.

马寨璞. 2017. MATLAB 语言编程[M]. 北京：电子工业出版社.

盛骤，谢式千，潘承毅. 2008. 概率论与数理统计[M]. 4 版. 北京：高等教育出版社.

王岩，随思涟. 2012. 试验设计与 MATLAB 数据分析[M]. 北京：清华大学出版社.

于红梅，张峰. 2014. 飞雁壮头蛛 *Chorizopes goosus* 的雄性新发现[J]. 河北大学学报（自然科学版），2014，34（1）：70-72.

周天寿. 2009. 生物系统的随机动力学[M]. 北京：科学出版社.

祝国强. 2011. 医药数理统计方法学习指导与习题解析[M]. 北京：高等教育出版社.

祝国强. 2014. 医药数理统计方法[M]. 3 版. 北京：高等教育出版社.

附　　录

附表 1　标准正态分布表

$$\Phi(x) = \int_{-\infty}^{x} \frac{1}{\sqrt{2\pi}} e^{-t^2/2} dt$$

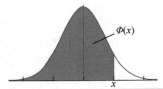

x	0.00	0.01	0.02	0.03	0.04	0.05	0.06	0.07	0.08	0.09
0.0	0.5000	0.5040	0.5080	0.5120	0.5160	0.5199	0.5239	0.5279	0.5319	0.5359
0.1	0.5398	0.5438	0.5478	0.5517	0.5557	0.5596	0.5636	0.5675	0.5714	0.5753
0.2	0.5793	0.5832	0.5871	0.5910	0.5948	0.5987	0.6026	0.6064	0.6103	0.6141
0.3	0.6179	0.6217	0.6255	0.6293	0.6331	0.6368	0.6406	0.6443	0.6480	0.6517
0.4	0.6554	0.6591	0.6628	0.6664	0.6700	0.6736	0.6772	0.6808	0.6844	0.6879
0.5	0.6915	0.6950	0.6985	0.7019	0.7054	0.7088	0.7123	0.7157	0.7190	0.7224
0.6	0.7257	0.7291	0.7324	0.7357	0.7389	0.7422	0.7454	0.7486	0.7517	0.7549
0.7	0.7580	0.7611	0.7642	0.7673	0.7704	0.7734	0.7764	0.7794	0.7823	0.7852
0.8	0.7881	0.7910	0.7939	0.7967	0.7995	0.8023	0.8051	0.8078	0.8106	0.8133
0.9	0.8159	0.8186	0.8212	0.8238	0.8264	0.8289	0.8315	0.8340	0.8365	0.8389
1.0	0.8413	0.8438	0.8461	0.8485	0.8508	0.8531	0.8554	0.8577	0.8599	0.8621
1.1	0.8643	0.8665	0.8686	0.8708	0.8729	0.8749	0.8770	0.8790	0.8810	0.8830
1.2	0.8849	0.8869	0.8888	0.8907	0.8925	0.8944	0.8962	0.8980	0.8997	0.9015
1.3	0.9032	0.9049	0.9066	0.9082	0.9099	0.9115	0.9131	0.9147	0.9162	0.9177
1.4	0.9192	0.9207	0.9222	0.9236	0.9251	0.9265	0.9279	0.9292	0.9306	0.9319
1.5	0.9332	0.9345	0.9357	0.9370	0.9382	0.9394	0.9406	0.9418	0.9429	0.9441
1.6	0.9452	0.9463	0.9474	0.9484	0.9495	0.9505	0.9515	0.9525	0.9535	0.9545
1.7	0.9554	0.9564	0.9573	0.9582	0.9591	0.9599	0.9608	0.9616	0.9625	0.9633
1.8	0.9641	0.9649	0.9656	0.9664	0.9671	0.9678	0.9686	0.9693	0.9699	0.9706
1.9	0.9713	0.9719	0.9726	0.9732	0.9738	0.9744	0.9750	0.9756	0.9761	0.9767
2.0	0.9772	0.9778	0.9783	0.9788	0.9793	0.9798	0.9803	0.9808	0.9812	0.9817
2.1	0.9821	0.9826	0.9830	0.9834	0.9838	0.9842	0.9846	0.9850	0.9854	0.9857
2.2	0.9861	0.9864	0.9868	0.9871	0.9875	0.9878	0.9881	0.9884	0.9887	0.9890
2.3	0.9893	0.9896	0.9898	0.9901	0.9904	0.9906	0.9909	0.9911	0.9913	0.9916
2.4	0.9918	0.9920	0.9922	0.9925	0.9927	0.9929	0.9931	0.9932	0.9934	0.9936
2.5	0.9938	0.9940	0.9941	0.9943	0.9945	0.9946	0.9948	0.9949	0.9951	0.9952
2.6	0.9953	0.9955	0.9956	0.9957	0.9959	0.9960	0.9961	0.9962	0.9963	0.9964
2.7	0.9965	0.9966	0.9967	0.9968	0.9969	0.9970	0.9971	0.9972	0.9973	0.9974
2.8	0.9974	0.9975	0.9976	0.9977	0.9977	0.9978	0.9979	0.9979	0.9980	0.9981

续表

x	0.00	0.01	0.02	0.03	0.04	0.05	0.06	0.07	0.08	0.09
2.9	0.9981	0.9982	0.9982	0.9983	0.9984	0.9984	0.9985	0.9985	0.9986	0.9986
3.0	0.9987	0.9987	0.9987	0.9988	0.9988	0.9989	0.9989	0.9989	0.9990	0.9990
3.1	0.9990	0.9991	0.9991	0.9991	0.9992	0.9992	0.9992	0.9992	0.9993	0.9993
3.2	0.9993	0.9993	0.9994	0.9994	0.9994	0.9994	0.9994	0.9995	0.9995	0.9995
3.3	0.9995	0.9995	0.9995	0.9996	0.9996	0.9996	0.9996	0.9996	0.9996	0.9997
3.4	0.9997	0.9997	0.9997	0.9997	0.9997	0.9997	0.9997	0.9997	0.9997	0.9998

附表 2　χ^2 分布表

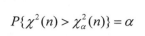

$$P\{\chi^2(n) > \chi^2_\alpha(n)\} = \alpha$$

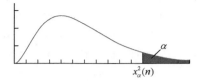

χ^2 分布

n	α										
	0.9950	0.9900	0.9750	0.9500	0.9000	0.1000	0.0500	0.0250	0.0100	0.0050	0.0010
1	0.0000	0.0002	0.0010	0.0039	0.0158	2.7055	3.8415	5.0239	6.6349	7.8794	10.8276
2	0.0100	0.0201	0.0506	0.1026	0.2107	4.6052	5.9915	7.3778	9.2103	10.5966	13.8155
3	0.0717	0.1148	0.2158	0.3518	0.5844	6.2514	7.8147	9.3484	11.3449	12.8382	16.2662
4	0.2070	0.2971	0.4844	0.7107	1.0636	7.7794	9.4877	11.1433	13.2767	14.8603	18.4668
5	0.4117	0.5543	0.8312	1.1455	1.6103	9.2364	11.0705	12.8325	15.0863	16.7496	20.5150
6	0.6757	0.8721	1.2373	1.6354	2.2041	10.6446	12.5916	14.4494	16.8119	18.5476	22.4577
7	0.9893	1.2390	1.6899	2.1673	2.8331	12.0170	14.0671	16.0128	18.4753	20.2777	24.3219
8	1.3444	1.6465	2.1797	2.7326	3.4895	13.3616	15.5073	17.5345	20.0902	21.9550	26.1245
9	1.7349	2.0879	2.7004	3.3251	4.1682	14.6837	16.9190	19.0228	21.6660	23.5894	27.8772
10	2.1559	2.5582	3.2470	3.9403	4.8652	15.9872	18.3070	20.4832	23.2093	25.1882	29.5883
11	2.6032	3.0535	3.8157	4.5748	5.5778	17.2750	19.6751	21.9200	24.7250	26.7568	31.2641
12	3.0738	3.5706	4.4038	5.2260	6.3038	18.5493	21.0261	23.3367	26.2170	28.2995	32.9095
13	3.5650	4.1069	5.0088	5.8919	7.0415	19.8119	22.3620	24.7356	27.6882	29.8195	34.5282
14	4.0747	4.6604	5.6287	6.5706	7.7895	21.0641	23.6848	26.1189	29.1412	31.3193	36.1233
15	4.6009	5.2293	6.2621	7.2609	8.5468	22.3071	24.9958	27.4884	30.5779	32.8013	37.6973
16	5.1422	5.8122	6.9077	7.9616	9.3122	23.5418	26.2962	28.8454	31.9999	34.2672	39.2524
17	5.6972	6.4078	7.5642	8.6718	10.0852	24.7690	27.5871	30.1910	33.4087	35.7185	40.7902
18	6.2648	7.0149	8.2307	9.3905	10.8649	25.9894	28.8693	31.5264	34.8053	37.1565	42.3124
19	6.8440	7.6327	8.9065	10.1170	11.6509	27.2036	30.1435	32.8523	36.1909	38.5823	43.8202
20	7.4338	8.2604	9.5908	10.8508	12.4426	28.4120	31.4104	34.1696	37.5662	39.9968	45.3147
21	8.0337	8.8972	10.2829	11.5913	13.2396	29.6151	32.6706	35.4789	38.9322	41.4011	46.7970
22	8.6427	9.5425	10.9823	12.3380	14.0415	30.8133	33.9244	36.7807	40.2894	42.7957	48.2679

续表

n	α										
	0.9950	0.9900	0.9750	0.9500	0.9000	0.1000	0.0500	0.0250	0.0100	0.0050	0.0010
23	9.2604	10.1957	11.6886	13.0905	14.8480	32.0069	35.1725	38.0756	41.6384	44.1813	49.7282
24	9.8862	10.8564	12.4012	13.8484	15.6587	33.1962	36.4150	39.3641	42.9798	45.5585	51.1786
25	10.5197	11.5240	13.1197	14.6114	16.4734	34.3816	37.6525	40.6465	44.3141	46.9279	52.6197
26	11.1602	12.1981	13.8439	15.3792	17.2919	35.5632	38.8851	41.9232	45.6417	48.2899	54.0520
27	11.8076	12.8785	14.5734	16.1514	18.1139	36.7412	40.1133	43.1945	46.9629	49.6449	55.4760
28	12.4613	13.5647	15.3079	16.9279	18.9392	37.9159	41.3371	44.4608	48.2782	50.9934	56.8923
29	13.1211	14.2565	16.0471	17.7084	19.7677	39.0875	42.5570	45.7223	49.5879	52.3356	58.3012
30	13.7867	14.9535	16.7908	18.4927	20.5992	40.2560	43.7730	46.9792	50.8922	53.6720	59.7031
31	14.4578	15.6555	17.5387	19.2806	21.4336	41.4217	44.9853	48.2319	52.1914	55.0027	61.0983
32	15.1340	16.3622	18.2908	20.0719	22.2706	42.5847	46.1943	49.4804	53.4858	56.3281	62.4872
33	15.8153	17.0735	19.0467	20.8665	23.1102	43.7452	47.3999	50.7251	54.7755	57.6484	63.8701
34	16.5013	17.7891	19.8063	21.6643	23.9523	44.9032	48.6024	51.9660	56.0609	58.9639	65.2472
35	17.1918	18.5089	20.5694	22.4650	24.7967	46.0588	49.8018	53.2033	57.3421	60.2748	66.6188
36	17.8867	19.2327	21.3359	23.2686	25.6433	47.2122	50.9985	54.4373	58.6192	61.5812	67.9852
37	18.5858	19.9602	22.1056	24.0749	26.4921	48.3634	52.1923	55.6680	59.8925	62.8833	69.3465
38	19.2889	20.6914	22.8785	24.8839	27.3430	49.5126	53.3835	56.8955	61.1621	64.1814	70.7029
39	19.9959	21.4262	23.6543	25.6954	28.1958	50.6598	54.5722	58.1201	62.4281	65.4756	72.0547
40	20.7065	22.1643	24.4330	26.5093	29.0505	51.8051	55.7585	59.3417	63.6907	66.7660	73.4020

附表 3　t 分布的分位点表

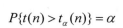

$$P\{t(n) > t_\alpha(n)\} = \alpha$$

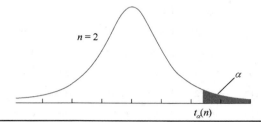

n	α							
	0.2000	0.1500	0.1000	0.0500	0.0250	0.0100	0.0050	0.0010
1	1.3764	1.9626	3.0777	6.3138	12.7062	31.8205	63.6567	318.3088
2	1.0607	1.3862	1.8856	2.9200	4.3027	6.9646	9.9248	22.3271
3	0.9785	1.2498	1.6377	2.3534	3.1824	4.5407	5.8409	10.2145
4	0.9410	1.1896	1.5332	2.1318	2.7764	3.7469	4.6041	7.1732
5	0.9195	1.1558	1.4759	2.0150	2.5706	3.3649	4.0321	5.8934
6	0.9057	1.1342	1.4398	1.9432	2.4469	3.1427	3.7074	5.2076
7	0.8960	1.1192	1.4149	1.8946	2.3646	2.9980	3.4995	4.7853
8	0.8889	1.1081	1.3968	1.8595	2.3060	2.8965	3.3554	4.5008

n	α							
	0.2000	0.1500	0.1000	0.0500	0.0250	0.0100	0.0050	0.0010
9	0.8834	1.0997	1.3830	1.8331	2.2622	2.8214	3.2498	4.2968
10	0.8791	1.0931	1.3722	1.8125	2.2281	2.7638	3.1693	4.1437
11	0.8755	1.0877	1.3634	1.7959	2.2010	2.7181	3.1058	4.0247
12	0.8726	1.0832	1.3562	1.7823	2.1788	2.6810	3.0545	3.9296
13	0.8702	1.0795	1.3502	1.7709	2.1604	2.6503	3.0123	3.8520
14	0.8681	1.0763	1.3450	1.7613	2.1448	2.6245	2.9768	3.7874
15	0.8662	1.0735	1.3406	1.7531	2.1314	2.6025	2.9467	3.7328
16	0.8647	1.0711	1.3368	1.7459	2.1199	2.5835	2.9208	3.6862
17	0.8633	1.0690	1.3334	1.7396	2.1098	2.5669	2.8982	3.6458
18	0.8620	1.0672	1.3304	1.7341	2.1009	2.5524	2.8784	3.6105
19	0.8610	1.0655	1.3277	1.7291	2.0930	2.5395	2.8609	3.5794
20	0.8600	1.0640	1.3253	1.7247	2.0860	2.5280	2.8453	3.5518
21	0.8591	1.0627	1.3232	1.7207	2.0796	2.5176	2.8314	3.5272
22	0.8583	1.0614	1.3212	1.7171	2.0739	2.5083	2.8188	3.5050
23	0.8575	1.0603	1.3195	1.7139	2.0687	2.4999	2.8073	3.4850
24	0.8569	1.0593	1.3178	1.7109	2.0639	2.4922	2.7969	3.4668
25	0.8562	1.0584	1.3163	1.7081	2.0595	2.4851	2.7874	3.4502
26	0.8557	1.0575	1.3150	1.7056	2.0555	2.4786	2.7787	3.4350
27	0.8551	1.0567	1.3137	1.7033	2.0518	2.4727	2.7707	3.4210
28	0.8546	1.0560	1.3125	1.7011	2.0484	2.4671	2.7633	3.4082
29	0.8542	1.0553	1.3114	1.6991	2.0452	2.4620	2.7564	3.3962
30	0.8538	1.0547	1.3104	1.6973	2.0423	2.4573	2.7500	3.3852
31	0.8534	1.0541	1.3095	1.6955	2.0395	2.4528	2.7440	3.3749
32	0.8530	1.0535	1.3086	1.6939	2.0369	2.4487	2.7385	3.3653
33	0.8526	1.0530	1.3077	1.6924	2.0345	2.4448	2.7333	3.3563
34	0.8523	1.0525	1.3070	1.6909	2.0322	2.4411	2.7284	3.3479
35	0.8520	1.0520	1.3062	1.6896	2.0301	2.4377	2.7238	3.3400
36	0.8517	1.0516	1.3055	1.6883	2.0281	2.4345	2.7195	3.3326
37	0.8514	1.0512	1.3049	1.6871	2.0262	2.4314	2.7154	3.3256
38	0.8512	1.0508	1.3042	1.6860	2.0244	2.4286	2.7116	3.3190
39	0.8509	1.0504	1.3036	1.6849	2.0227	2.4258	2.7079	3.3128
40	0.8507	1.0500	1.3031	1.6839	2.0211	2.4233	2.7045	3.3069
41	0.8505	1.0497	1.3025	1.6829	2.0195	2.4208	2.7012	3.3013
42	0.8503	1.0494	1.3020	1.6820	2.0181	2.4185	2.6981	3.2960
43	0.8501	1.0491	1.3016	1.6811	2.0167	2.4163	2.6951	3.2909
44	0.8499	1.0488	1.3011	1.6802	2.0154	2.4141	2.6923	3.2861
45	0.8497	1.0485	1.3006	1.6794	2.0141	2.4121	2.6896	3.2815

附表 4　F 分布表

$$P\{F(n_1,n_2)>F_\alpha(n_1,n_2)\}=\alpha \quad (\alpha=0.10)$$

n_2 \ n_1	1	2	3	4	5	6	7	8	9	10	11	12	13	14	15	16	17	18	19	20	21	22	23	24	30	40	60	120
1	39.86	49.50	53.59	55.83	57.24	58.20	58.91	59.44	59.86	60.19	60.47	60.71	60.90	61.07	61.22	61.35	61.46	61.57	61.66	61.74	61.81	61.88	61.95	62.00	62.26	62.53	62.79	63.06
2	8.53	9.00	9.16	9.24	9.29	9.33	9.35	9.37	9.38	9.39	9.40	9.41	9.41	9.42	9.42	9.43	9.43	9.44	9.44	9.44	9.44	9.45	9.45	9.45	9.46	9.47	9.47	9.48
3	5.54	5.46	5.39	5.34	5.31	5.28	5.27	5.25	5.24	5.23	5.22	5.22	5.21	5.20	5.20	5.20	5.19	5.19	5.19	5.18	5.18	5.18	5.18	5.18	5.17	5.16	5.15	5.14
4	4.54	4.32	4.19	4.11	4.05	4.01	3.98	3.95	3.94	3.92	3.91	3.90	3.89	3.88	3.87	3.86	3.86	3.85	3.85	3.84	3.84	3.84	3.83	3.83	3.82	3.80	3.79	3.78
5	4.06	3.78	3.62	3.52	3.45	3.40	3.37	3.34	3.32	3.30	3.28	3.27	3.26	3.25	3.24	3.23	3.22	3.22	3.21	3.21	3.20	3.20	3.19	3.19	3.17	3.16	3.14	3.12
6	3.78	3.46	3.29	3.18	3.11	3.05	3.01	2.98	2.96	2.94	2.92	2.90	2.89	2.88	2.87	2.86	2.85	2.85	2.84	2.84	2.83	2.83	2.82	2.82	2.80	2.78	2.76	2.74
7	3.59	3.26	3.07	2.96	2.88	2.83	2.78	2.75	2.72	2.70	2.68	2.67	2.65	2.64	2.63	2.62	2.61	2.61	2.60	2.59	2.59	2.58	2.58	2.58	2.56	2.54	2.51	2.49
8	3.46	3.11	2.92	2.81	2.73	2.67	2.62	2.59	2.56	2.54	2.52	2.50	2.49	2.48	2.46	2.45	2.45	2.44	2.43	2.42	2.42	2.41	2.41	2.40	2.38	2.36	2.34	2.32
9	3.36	3.01	2.81	2.69	2.61	2.55	2.51	2.47	2.44	2.42	2.40	2.38	2.36	2.35	2.34	2.33	2.32	2.31	2.30	2.30	2.29	2.29	2.28	2.28	2.25	2.23	2.21	2.18
10	3.29	2.92	2.73	2.61	2.52	2.46	2.41	2.38	2.35	2.32	2.30	2.28	2.27	2.26	2.24	2.23	2.22	2.22	2.21	2.20	2.19	2.19	2.18	2.18	2.16	2.13	2.11	2.08
11	3.23	2.86	2.66	2.54	2.45	2.39	2.34	2.30	2.27	2.25	2.23	2.21	2.19	2.18	2.17	2.16	2.15	2.14	2.13	2.12	2.12	2.11	2.11	2.10	2.08	2.05	2.03	2.00
12	3.18	2.81	2.61	2.48	2.39	2.33	2.28	2.24	2.21	2.19	2.17	2.15	2.13	2.12	2.10	2.09	2.08	2.08	2.07	2.06	2.05	2.05	2.04	2.04	2.01	1.99	1.96	1.93
13	3.14	2.76	2.56	2.43	2.35	2.28	2.23	2.20	2.16	2.14	2.12	2.10	2.08	2.07	2.05	2.04	2.03	2.02	2.01	2.01	2.00	1.99	1.99	1.98	1.96	1.93	1.90	1.88
14	3.10	2.73	2.52	2.39	2.31	2.24	2.19	2.15	2.12	2.10	2.07	2.05	2.04	2.02	2.01	2.00	1.99	1.98	1.97	1.96	1.96	1.95	1.94	1.94	1.91	1.89	1.86	1.83
15	3.07	2.70	2.49	2.36	2.27	2.21	2.16	2.12	2.09	2.06	2.04	2.02	2.00	1.99	1.97	1.96	1.95	1.94	1.93	1.92	1.92	1.91	1.90	1.90	1.87	1.85	1.82	1.79
16	3.05	2.67	2.46	2.33	2.24	2.18	2.13	2.09	2.06	2.03	2.01	1.99	1.97	1.95	1.94	1.93	1.92	1.91	1.90	1.89	1.88	1.88	1.87	1.87	1.84	1.81	1.78	1.75
17	3.03	2.64	2.44	2.31	2.22	2.15	2.10	2.06	2.03	2.00	1.98	1.96	1.94	1.93	1.91	1.90	1.89	1.88	1.87	1.86	1.86	1.85	1.84	1.84	1.81	1.78	1.75	1.72
18	3.01	2.62	2.42	2.29	2.20	2.13	2.08	2.04	2.00	1.98	1.95	1.93	1.92	1.90	1.89	1.87	1.86	1.85	1.84	1.84	1.83	1.82	1.82	1.81	1.78	1.75	1.72	1.69
19	2.99	2.61	2.40	2.27	2.18	2.11	2.06	2.02	1.98	1.96	1.93	1.91	1.89	1.88	1.86	1.85	1.84	1.83	1.82	1.81	1.81	1.80	1.79	1.79	1.76	1.73	1.70	1.67
20	2.97	2.59	2.38	2.25	2.16	2.09	2.04	2.00	1.96	1.94	1.91	1.89	1.87	1.86	1.84	1.83	1.82	1.81	1.80	1.79	1.79	1.78	1.77	1.77	1.74	1.71	1.68	1.64
21	2.96	2.57	2.36	2.23	2.14	2.08	2.02	1.98	1.95	1.92	1.90	1.87	1.86	1.84	1.83	1.81	1.80	1.79	1.78	1.78	1.77	1.76	1.75	1.75	1.72	1.69	1.66	1.62
22	2.95	2.56	2.35	2.22	2.13	2.06	2.01	1.97	1.93	1.90	1.88	1.86	1.84	1.83	1.81	1.80	1.79	1.78	1.77	1.76	1.75	1.74	1.74	1.73	1.70	1.67	1.64	1.60
23	2.94	2.55	2.34	2.21	2.11	2.05	1.99	1.95	1.92	1.89	1.87	1.84	1.83	1.81	1.80	1.78	1.77	1.76	1.75	1.74	1.74	1.73	1.72	1.72	1.69	1.66	1.62	1.59
24	2.93	2.54	2.33	2.19	2.10	2.04	1.98	1.94	1.91	1.88	1.85	1.83	1.81	1.80	1.78	1.77	1.76	1.75	1.74	1.73	1.72	1.71	1.71	1.70	1.67	1.64	1.61	1.57
25	2.92	2.53	2.32	2.18	2.09	2.02	1.97	1.93	1.89	1.87	1.84	1.82	1.80	1.79	1.77	1.76	1.75	1.74	1.73	1.72	1.71	1.70	1.70	1.69	1.66	1.63	1.59	1.56

续表

n_2	\ n_1	1	2	3	4	5	6	7	8	9	10	11	12	13	14	15	16	17	18	19	20	21	22	23	24	30	40	60	120
26		2.91	2.52	2.31	2.17	2.08	2.01	1.96	1.92	1.88	1.86	1.83	1.81	1.79	1.77	1.76	1.75	1.73	1.72	1.71	1.71	1.70	1.69	1.68	1.68	1.65	1.61	1.58	1.54
27		2.90	2.51	2.30	2.17	2.07	2.00	1.95	1.91	1.87	1.85	1.82	1.80	1.78	1.76	1.75	1.74	1.72	1.71	1.70	1.70	1.69	1.68	1.67	1.67	1.64	1.60	1.57	1.53
28		2.89	2.50	2.29	2.16	2.06	2.00	1.94	1.90	1.87	1.84	1.81	1.79	1.77	1.75	1.74	1.73	1.71	1.70	1.69	1.69	1.68	1.67	1.66	1.66	1.63	1.59	1.56	1.52
29		2.89	2.50	2.28	2.15	2.06	1.99	1.93	1.89	1.86	1.83	1.80	1.78	1.76	1.75	1.73	1.72	1.71	1.69	1.68	1.68	1.67	1.66	1.65	1.65	1.62	1.58	1.55	1.51
30		2.88	2.49	2.28	2.14	2.05	1.98	1.93	1.88	1.85	1.82	1.79	1.77	1.75	1.74	1.72	1.71	1.70	1.69	1.68	1.67	1.66	1.65	1.64	1.64	1.61	1.57	1.54	1.50
31		2.87	2.48	2.28	2.14	2.04	1.97	1.92	1.88	1.84	1.81	1.79	1.77	1.75	1.73	1.71	1.70	1.69	1.68	1.67	1.66	1.65	1.64	1.64	1.63	1.60	1.56	1.53	1.49
32		2.87	2.48	2.27	2.14	2.04	1.97	1.91	1.87	1.83	1.81	1.78	1.76	1.74	1.72	1.71	1.69	1.68	1.67	1.66	1.65	1.64	1.64	1.63	1.62	1.59	1.56	1.52	1.48
33		2.86	2.47	2.26	2.13	2.03	1.97	1.91	1.86	1.83	1.80	1.77	1.75	1.73	1.72	1.70	1.69	1.67	1.66	1.65	1.64	1.64	1.63	1.62	1.61	1.58	1.55	1.51	1.47
34		2.86	2.47	2.25	2.12	2.02	1.96	1.90	1.86	1.82	1.79	1.77	1.75	1.73	1.71	1.70	1.69	1.67	1.66	1.65	1.64	1.63	1.62	1.61	1.61	1.58	1.54	1.50	1.46
35		2.85	2.46	2.25	2.12	2.02	1.96	1.90	1.85	1.82	1.79	1.76	1.74	1.72	1.70	1.69	1.67	1.66	1.65	1.64	1.63	1.62	1.62	1.61	1.60	1.57	1.53	1.50	1.46
36		2.85	2.46	2.24	2.11	2.01	1.95	1.89	1.85	1.81	1.78	1.76	1.73	1.71	1.70	1.68	1.67	1.66	1.65	1.64	1.63	1.62	1.61	1.61	1.60	1.56	1.53	1.49	1.45
37		2.85	2.45	2.24	2.11	2.01	1.94	1.89	1.84	1.81	1.78	1.75	1.73	1.71	1.69	1.68	1.66	1.65	1.64	1.63	1.62	1.62	1.61	1.60	1.59	1.56	1.52	1.48	1.44
38		2.84	2.45	2.23	2.10	2.01	1.94	1.88	1.84	1.80	1.77	1.74	1.72	1.70	1.69	1.67	1.66	1.65	1.63	1.62	1.61	1.61	1.60	1.59	1.58	1.55	1.52	1.48	1.44
39		2.84	2.44	2.23	2.09	2.00	1.93	1.88	1.83	1.80	1.77	1.74	1.72	1.70	1.68	1.67	1.65	1.64	1.63	1.62	1.61	1.60	1.59	1.59	1.58	1.55	1.51	1.47	1.43
40		2.84	2.44	2.23	2.09	2.00	1.93	1.87	1.83	1.79	1.76	1.74	1.71	1.70	1.68	1.66	1.65	1.64	1.62	1.61	1.61	1.60	1.59	1.58	1.57	1.54	1.51	1.47	1.42
60		2.79	2.39	2.18	2.04	1.95	1.87	1.82	1.77	1.74	1.71	1.68	1.66	1.64	1.62	1.60	1.59	1.58	1.56	1.55	1.54	1.53	1.53	1.52	1.51	1.48	1.44	1.40	1.35
120		2.75	2.35	2.13	1.99	1.90	1.82	1.77	1.72	1.68	1.65	1.63	1.60	1.58	1.56	1.55	1.53	1.52	1.50	1.49	1.48	1.47	1.46	1.46	1.45	1.41	1.37	1.32	1.26

$$P\{F(n_1,n_2) > F_\alpha(n_1,n_2)\} = \alpha \quad (\alpha = 0.05)$$

n_2	\ n_1	1	2	3	4	5	6	7	8	9	10	11	12	13	14	15	16	17	18	19	20	21	22	23	24	30	40	60	120
1		161.45	199.50	215.71	224.58	230.16	233.99	236.77	238.88	240.54	241.88	242.98	243.91	244.69	245.36	245.95	246.46	246.92	247.32	247.69	248.01	248.31	248.58	248.83	249.05	250.10	251.14	252.20	253.25
2		18.51	19.00	19.16	19.25	19.30	19.33	19.35	19.37	19.38	19.40	19.40	19.41	19.42	19.42	19.43	19.43	19.44	19.44	19.44	19.45	19.45	19.45	19.45	19.45	19.46	19.47	19.48	19.49
3		10.13	9.55	9.28	9.12	9.01	8.94	8.89	8.85	8.81	8.79	8.76	8.74	8.73	8.71	8.70	8.69	8.68	8.67	8.67	8.66	8.65	8.65	8.64	8.64	8.62	8.59	8.57	8.55
4		7.71	6.94	6.59	6.39	6.26	6.16	6.09	6.04	6.00	5.96	5.94	5.91	5.89	5.87	5.86	5.84	5.83	5.82	5.81	5.80	5.79	5.79	5.78	5.77	5.75	5.72	5.69	5.66
5		6.61	5.79	5.41	5.19	5.05	4.95	4.88	4.82	4.77	4.74	4.70	4.68	4.66	4.64	4.62	4.60	4.59	4.58	4.57	4.56	4.55	4.54	4.53	4.53	4.50	4.46	4.43	4.40
6		5.99	5.14	4.76	4.53	4.39	4.28	4.21	4.15	4.10	4.06	4.03	4.00	3.98	3.96	3.94	3.92	3.91	3.90	3.88	3.87	3.86	3.86	3.85	3.84	3.81	3.77	3.74	3.70
7		5.59	4.74	4.35	4.12	3.97	3.87	3.79	3.73	3.68	3.64	3.60	3.57	3.55	3.53	3.51	3.49	3.48	3.47	3.46	3.44	3.43	3.43	3.42	3.41	3.38	3.34	3.30	3.27

续表

n_2	1	2	3	4	5	6	7	8	9	10	11	12	13	14	15	16	17	18	19	20	21	22	23	24	30	40	60	120
8	5.32	4.46	4.07	3.84	3.69	3.58	3.50	3.44	3.39	3.35	3.31	3.28	3.26	3.24	3.22	3.20	3.19	3.17	3.16	3.15	3.14	3.13	3.12	3.12	3.08	3.04	3.01	2.97
9	5.12	4.26	3.86	3.63	3.48	3.37	3.29	3.23	3.18	3.14	3.10	3.07	3.05	3.03	3.01	2.99	2.97	2.96	2.95	2.94	2.93	2.92	2.91	2.90	2.86	2.83	2.79	2.75
10	4.96	4.10	3.71	3.48	3.33	3.22	3.14	3.07	3.02	2.98	2.94	2.91	2.89	2.86	2.85	2.83	2.81	2.80	2.79	2.77	2.76	2.75	2.75	2.74	2.70	2.66	2.62	2.58
11	4.84	3.98	3.59	3.36	3.20	3.09	3.01	2.95	2.90	2.85	2.82	2.79	2.76	2.74	2.72	2.70	2.69	2.67	2.66	2.65	2.64	2.63	2.62	2.61	2.57	2.53	2.49	2.45
12	4.75	3.89	3.49	3.26	3.11	3.00	2.91	2.85	2.80	2.75	2.72	2.69	2.66	2.64	2.62	2.60	2.58	2.57	2.56	2.54	2.53	2.52	2.51	2.51	2.47	2.43	2.38	2.34
13	4.67	3.81	3.41	3.18	3.03	2.92	2.83	2.77	2.71	2.67	2.63	2.60	2.58	2.55	2.53	2.51	2.50	2.48	2.47	2.46	2.45	2.44	2.43	2.42	2.38	2.34	2.30	2.25
14	4.60	3.74	3.34	3.11	2.96	2.85	2.76	2.70	2.65	2.60	2.57	2.53	2.51	2.48	2.46	2.44	2.43	2.41	2.40	2.39	2.38	2.37	2.36	2.35	2.31	2.27	2.22	2.18
15	4.54	3.68	3.29	3.06	2.90	2.79	2.71	2.64	2.59	2.54	2.51	2.48	2.45	2.42	2.40	2.38	2.37	2.35	2.34	2.33	2.32	2.31	2.30	2.29	2.25	2.20	2.16	2.11
16	4.49	3.63	3.24	3.01	2.85	2.74	2.66	2.59	2.54	2.49	2.46	2.42	2.40	2.37	2.35	2.33	2.32	2.30	2.29	2.28	2.26	2.25	2.24	2.24	2.19	2.15	2.11	2.06
17	4.45	3.59	3.20	2.96	2.81	2.70	2.61	2.55	2.49	2.45	2.41	2.38	2.35	2.33	2.31	2.29	2.27	2.26	2.24	2.23	2.22	2.21	2.20	2.19	2.15	2.10	2.06	2.01
18	4.41	3.55	3.16	2.93	2.77	2.66	2.58	2.51	2.46	2.41	2.37	2.34	2.31	2.29	2.27	2.25	2.23	2.22	2.20	2.19	2.18	2.17	2.16	2.15	2.11	2.06	2.02	1.97
19	4.38	3.52	3.13	2.90	2.74	2.63	2.54	2.48	2.42	2.38	2.34	2.31	2.28	2.26	2.23	2.21	2.20	2.18	2.17	2.16	2.14	2.13	2.12	2.11	2.07	2.03	1.98	1.93
20	4.35	3.49	3.10	2.87	2.71	2.60	2.51	2.45	2.39	2.35	2.31	2.28	2.25	2.22	2.20	2.18	2.17	2.15	2.14	2.12	2.11	2.10	2.09	2.08	2.04	1.99	1.95	1.90
21	4.32	3.47	3.07	2.84	2.68	2.57	2.49	2.42	2.37	2.32	2.28	2.25	2.22	2.20	2.18	2.16	2.14	2.12	2.11	2.10	2.08	2.07	2.06	2.05	2.01	1.96	1.92	1.87
22	4.30	3.44	3.05	2.82	2.66	2.55	2.46	2.40	2.34	2.30	2.26	2.23	2.20	2.17	2.15	2.13	2.11	2.10	2.08	2.07	2.06	2.05	2.04	2.03	1.98	1.94	1.89	1.84
23	4.28	3.42	3.03	2.80	2.64	2.53	2.44	2.37	2.32	2.27	2.24	2.20	2.18	2.15	2.13	2.11	2.09	2.08	2.06	2.05	2.04	2.02	2.01	2.01	1.96	1.91	1.86	1.81
24	4.26	3.40	3.01	2.78	2.62	2.51	2.42	2.36	2.30	2.25	2.22	2.18	2.15	2.13	2.11	2.09	2.07	2.05	2.04	2.03	2.01	2.00	1.99	1.98	1.94	1.89	1.84	1.79
25	4.24	3.39	2.99	2.76	2.60	2.49	2.40	2.34	2.28	2.24	2.20	2.16	2.14	2.11	2.09	2.07	2.05	2.04	2.02	2.01	2.00	1.98	1.97	1.96	1.92	1.87	1.82	1.77
26	4.23	3.37	2.98	2.74	2.59	2.47	2.39	2.32	2.27	2.22	2.18	2.15	2.12	2.09	2.07	2.05	2.03	2.02	2.00	1.99	1.98	1.97	1.96	1.95	1.90	1.85	1.80	1.75
27	4.21	3.35	2.96	2.73	2.57	2.46	2.37	2.31	2.25	2.20	2.17	2.13	2.10	2.08	2.06	2.04	2.02	2.00	1.99	1.97	1.96	1.95	1.94	1.93	1.88	1.84	1.79	1.73
28	4.20	3.34	2.95	2.71	2.56	2.45	2.36	2.29	2.24	2.19	2.15	2.12	2.09	2.06	2.04	2.02	2.00	1.99	1.97	1.96	1.95	1.93	1.92	1.91	1.87	1.82	1.77	1.71
29	4.18	3.33	2.93	2.70	2.55	2.43	2.35	2.28	2.22	2.18	2.14	2.10	2.08	2.05	2.03	2.01	1.99	1.97	1.96	1.94	1.93	1.92	1.91	1.90	1.85	1.81	1.75	1.70
30	4.17	3.32	2.92	2.69	2.53	2.42	2.33	2.27	2.21	2.16	2.13	2.09	2.06	2.04	2.01	1.99	1.98	1.96	1.95	1.93	1.92	1.91	1.90	1.89	1.84	1.79	1.74	1.68
31	4.16	3.30	2.91	2.68	2.52	2.41	2.32	2.25	2.20	2.15	2.11	2.08	2.05	2.03	2.00	1.98	1.96	1.95	1.93	1.92	1.91	1.90	1.88	1.88	1.83	1.78	1.73	1.67
32	4.15	3.29	2.90	2.67	2.51	2.40	2.31	2.24	2.19	2.14	2.10	2.07	2.04	2.01	1.99	1.97	1.95	1.94	1.92	1.91	1.90	1.88	1.87	1.86	1.82	1.77	1.71	1.66
33	4.14	3.28	2.89	2.66	2.50	2.39	2.30	2.23	2.18	2.13	2.09	2.06	2.03	2.00	1.98	1.96	1.94	1.93	1.91	1.90	1.89	1.87	1.86	1.85	1.81	1.76	1.70	1.64
34	4.13	3.28	2.88	2.65	2.49	2.38	2.29	2.23	2.17	2.12	2.08	2.05	2.02	1.99	1.97	1.95	1.93	1.92	1.90	1.89	1.88	1.86	1.85	1.84	1.80	1.75	1.69	1.63
35	4.12	3.27	2.87	2.64	2.49	2.37	2.29	2.22	2.16	2.11	2.07	2.04	2.01	1.99	1.96	1.94	1.92	1.91	1.89	1.88	1.87	1.85	1.84	1.83	1.79	1.74	1.68	1.62

n_1

续表

n_2	1	2	3	4	5	6	7	8	9	10	11	12	13	14	15	16	17	18	19	20	21	22	23	24	30	40	60	120
36	4.11	3.26	2.87	2.63	2.48	2.36	2.28	2.21	2.15	2.11	2.07	2.03	2.00	1.98	1.95	1.93	1.92	1.90	1.88	1.87	1.86	1.85	1.83	1.82	1.78	1.73	1.67	1.61
37	4.11	3.25	2.86	2.63	2.47	2.36	2.27	2.20	2.14	2.10	2.06	2.02	2.00	1.97	1.95	1.93	1.91	1.89	1.88	1.86	1.85	1.84	1.83	1.82	1.77	1.72	1.66	1.60
38	4.10	3.24	2.85	2.62	2.46	2.35	2.26	2.19	2.14	2.09	2.05	2.02	1.99	1.96	1.94	1.92	1.90	1.88	1.87	1.85	1.84	1.83	1.82	1.81	1.76	1.71	1.65	1.59
39	4.09	3.24	2.85	2.61	2.46	2.34	2.26	2.19	2.13	2.08	2.04	2.01	1.98	1.95	1.93	1.91	1.89	1.88	1.86	1.85	1.83	1.82	1.81	1.80	1.75	1.70	1.65	1.58
40	4.08	3.23	2.84	2.61	2.45	2.34	2.25	2.18	2.12	2.08	2.04	2.00	1.97	1.95	1.92	1.90	1.89	1.87	1.85	1.84	1.83	1.81	1.80	1.79	1.74	1.69	1.64	1.58
60	4.00	3.15	2.76	2.53	2.37	2.25	2.17	2.10	2.04	1.99	1.95	1.92	1.89	1.86	1.84	1.82	1.80	1.78	1.76	1.75	1.73	1.72	1.71	1.70	1.65	1.59	1.53	1.47
120	3.92	3.07	2.68	2.45	2.29	2.18	2.09	2.02	1.96	1.91	1.87	1.83	1.80	1.78	1.75	1.73	1.71	1.69	1.67	1.66	1.64	1.63	1.62	1.61	1.55	1.50	1.43	1.35

$$P\{F(n_1, n_2) > F_\alpha(n_1, n_2)\} = \alpha \quad (\alpha = 0.025)$$

n_2	1	2	3	4	5	6	7	8	9	10	11	12	13	14	15	16	17	18	19	20	24	30	40	60	120
1	647.79	799.50	864.16	899.58	921.85	937.11	948.22	956.66	963.28	968.63	973.03	976.71	979.84	982.53	984.87	986.92	988.73	990.35	991.80	993.10	997.25	1001.41	1005.60	1009.80	1014.02
2	38.51	39.00	39.17	39.25	39.30	39.33	39.36	39.37	39.39	39.40	39.41	39.41	39.42	39.43	39.43	39.44	39.44	39.44	39.45	39.45	39.46	39.46	39.47	39.48	39.49
3	17.44	16.04	15.44	15.10	14.88	14.73	14.62	14.54	14.47	14.42	14.37	14.34	14.30	14.28	14.25	14.23	14.21	14.20	14.18	14.17	14.12	14.08	14.04	13.99	13.95
4	12.22	10.65	9.98	9.60	9.36	9.20	9.07	8.98	8.90	8.84	8.79	8.75	8.71	8.68	8.66	8.63	8.61	8.59	8.58	8.56	8.51	8.46	8.41	8.36	8.31
5	10.01	8.43	7.76	7.39	7.15	6.98	6.85	6.76	6.68	6.62	6.57	6.52	6.49	6.46	6.43	6.40	6.38	6.36	6.34	6.33	6.28	6.23	6.18	6.12	6.07
6	8.81	7.26	6.60	6.23	5.99	5.82	5.70	5.60	5.52	5.46	5.41	5.37	5.33	5.30	5.27	5.24	5.22	5.20	5.18	5.17	5.12	5.07	5.01	4.96	4.90
7	8.07	6.54	5.89	5.52	5.29	5.12	4.99	4.90	4.82	4.76	4.71	4.67	4.63	4.60	4.57	4.54	4.52	4.50	4.48	4.47	4.41	4.36	4.31	4.25	4.20
8	7.57	6.06	5.42	5.05	4.82	4.65	4.53	4.43	4.36	4.30	4.24	4.20	4.16	4.13	4.10	4.08	4.05	4.03	4.02	4.00	3.95	3.89	3.84	3.78	3.73
9	7.21	5.71	5.08	4.72	4.48	4.32	4.20	4.10	4.03	3.96	3.91	3.87	3.83	3.80	3.77	3.74	3.72	3.70	3.68	3.67	3.61	3.56	3.51	3.45	3.39
10	6.94	5.46	4.83	4.47	4.24	4.07	3.95	3.85	3.78	3.72	3.66	3.62	3.58	3.55	3.52	3.50	3.47	3.45	3.44	3.42	3.37	3.31	3.26	3.20	3.14
11	6.72	5.26	4.63	4.28	4.04	3.88	3.76	3.66	3.59	3.53	3.47	3.43	3.39	3.36	3.33	3.30	3.28	3.26	3.24	3.23	3.17	3.12	3.06	3.00	2.94
12	6.55	5.10	4.47	4.12	3.89	3.73	3.61	3.51	3.44	3.37	3.32	3.28	3.24	3.21	3.18	3.15	3.13	3.11	3.09	3.07	3.02	2.96	2.91	2.85	2.79
13	6.41	4.97	4.35	4.00	3.77	3.60	3.48	3.39	3.31	3.25	3.20	3.15	3.12	3.08	3.05	3.03	3.00	2.98	2.96	2.95	2.89	2.84	2.78	2.72	2.66
14	6.30	4.86	4.24	3.89	3.66	3.50	3.38	3.29	3.21	3.15	3.09	3.05	3.01	2.98	2.95	2.92	2.90	2.88	2.86	2.84	2.79	2.73	2.67	2.61	2.55
15	6.20	4.77	4.15	3.80	3.58	3.41	3.29	3.20	3.12	3.06	3.01	2.96	2.92	2.89	2.86	2.84	2.81	2.79	2.77	2.76	2.70	2.64	2.59	2.52	2.46
16	6.12	4.69	4.08	3.73	3.50	3.34	3.22	3.12	3.05	2.99	2.93	2.89	2.85	2.82	2.79	2.76	2.74	2.72	2.70	2.68	2.63	2.57	2.51	2.45	2.38
17	6.04	4.62	4.01	3.66	3.44	3.28	3.16	3.06	2.98	2.92	2.87	2.82	2.79	2.75	2.72	2.70	2.67	2.65	2.63	2.62	2.56	2.50	2.44	2.38	2.32

续表

n_2	1	2	3	4	5	6	7	8	9	10	11	12	13	14	15	16	17	18	19	20	24	30	40	60	120
18	5.98	4.56	3.95	3.61	3.38	3.22	3.10	3.01	2.93	2.87	2.81	2.77	2.73	2.70	2.67	2.64	2.62	2.60	2.58	2.56	2.50	2.44	2.38	2.32	2.26
19	5.92	4.51	3.90	3.56	3.33	3.17	3.05	2.96	2.88	2.82	2.76	2.72	2.68	2.65	2.62	2.59	2.57	2.55	2.53	2.51	2.45	2.39	2.33	2.27	2.20
20	5.87	4.46	3.86	3.51	3.29	3.13	3.01	2.91	2.84	2.77	2.72	2.68	2.64	2.60	2.57	2.55	2.52	2.50	2.48	2.46	2.41	2.35	2.29	2.22	2.16
21	5.83	4.42	3.82	3.48	3.25	3.09	2.97	2.87	2.80	2.73	2.68	2.64	2.60	2.56	2.53	2.51	2.48	2.46	2.44	2.42	2.37	2.31	2.25	2.18	2.11
22	5.79	4.38	3.78	3.44	3.22	3.05	2.93	2.84	2.76	2.70	2.65	2.60	2.56	2.53	2.50	2.47	2.45	2.43	2.41	2.39	2.33	2.27	2.21	2.14	2.08
23	5.75	4.35	3.75	3.41	3.18	3.02	2.90	2.81	2.73	2.67	2.62	2.57	2.53	2.50	2.47	2.44	2.42	2.39	2.37	2.36	2.30	2.24	2.18	2.11	2.04
24	5.72	4.32	3.72	3.38	3.15	2.99	2.87	2.78	2.70	2.64	2.59	2.54	2.50	2.47	2.44	2.41	2.39	2.36	2.35	2.33	2.27	2.21	2.15	2.08	2.01
25	5.69	4.29	3.69	3.35	3.13	2.97	2.85	2.75	2.68	2.61	2.56	2.51	2.48	2.44	2.41	2.38	2.36	2.34	2.32	2.30	2.24	2.18	2.12	2.05	1.98
26	5.66	4.27	3.67	3.33	3.10	2.94	2.82	2.73	2.65	2.59	2.54	2.49	2.45	2.42	2.39	2.36	2.34	2.31	2.29	2.28	2.22	2.16	2.09	2.03	1.95
27	5.63	4.24	3.65	3.31	3.08	2.92	2.80	2.71	2.63	2.57	2.51	2.47	2.43	2.39	2.36	2.34	2.31	2.29	2.27	2.25	2.19	2.13	2.07	2.00	1.93
28	5.61	4.22	3.63	3.29	3.06	2.90	2.78	2.69	2.61	2.55	2.49	2.45	2.41	2.37	2.34	2.32	2.29	2.27	2.25	2.23	2.17	2.11	2.05	1.98	1.91
29	5.59	4.20	3.61	3.27	3.04	2.88	2.76	2.67	2.59	2.53	2.48	2.43	2.39	2.36	2.32	2.30	2.27	2.25	2.23	2.21	2.15	2.09	2.03	1.96	1.89
30	5.57	4.18	3.59	3.25	3.03	2.87	2.75	2.65	2.57	2.51	2.46	2.41	2.37	2.34	2.31	2.28	2.26	2.23	2.21	2.20	2.14	2.07	2.01	1.94	1.87
31	5.55	4.16	3.57	3.23	3.01	2.85	2.73	2.64	2.56	2.50	2.44	2.40	2.36	2.32	2.29	2.26	2.24	2.22	2.20	2.18	2.12	2.06	1.99	1.92	1.85
32	5.53	4.15	3.56	3.22	3.00	2.84	2.71	2.62	2.54	2.48	2.43	2.38	2.34	2.31	2.28	2.25	2.22	2.20	2.18	2.16	2.10	2.04	1.98	1.91	1.83
33	5.51	4.13	3.54	3.20	2.98	2.82	2.70	2.61	2.53	2.47	2.41	2.37	2.33	2.29	2.26	2.23	2.21	2.19	2.17	2.15	2.09	2.03	1.96	1.89	1.81
34	5.50	4.12	3.53	3.19	2.97	2.81	2.69	2.59	2.52	2.45	2.40	2.35	2.31	2.28	2.25	2.22	2.20	2.17	2.15	2.13	2.07	2.01	1.95	1.88	1.80
35	5.48	4.11	3.52	3.18	2.96	2.80	2.68	2.58	2.50	2.44	2.39	2.34	2.30	2.27	2.23	2.21	2.18	2.16	2.14	2.12	2.06	2.00	1.93	1.86	1.79
36	5.47	4.09	3.50	3.17	2.94	2.78	2.66	2.57	2.49	2.43	2.37	2.33	2.29	2.25	2.22	2.20	2.17	2.15	2.13	2.11	2.05	1.99	1.92	1.85	1.77
37	5.46	4.08	3.49	3.16	2.93	2.77	2.65	2.56	2.48	2.42	2.36	2.32	2.28	2.24	2.21	2.18	2.16	2.14	2.12	2.10	2.04	1.97	1.91	1.84	1.76
38	5.45	4.07	3.48	3.15	2.92	2.76	2.64	2.55	2.47	2.41	2.35	2.31	2.27	2.23	2.20	2.17	2.15	2.13	2.11	2.09	2.03	1.96	1.90	1.82	1.75
39	5.43	4.06	3.47	3.14	2.91	2.75	2.63	2.54	2.46	2.40	2.34	2.30	2.26	2.22	2.19	2.16	2.14	2.12	2.10	2.08	2.02	1.95	1.89	1.81	1.74
40	5.42	4.05	3.46	3.13	2.90	2.74	2.62	2.53	2.45	2.39	2.33	2.29	2.25	2.21	2.18	2.15	2.13	2.11	2.09	2.07	2.01	1.94	1.88	1.80	1.72
60	5.29	3.93	3.34	3.01	2.79	2.63	2.51	2.41	2.33	2.27	2.22	2.17	2.13	2.09	2.06	2.03	2.01	1.98	1.96	1.94	1.88	1.82	1.74	1.67	1.58
120	5.15	3.80	3.23	2.89	2.67	2.52	2.39	2.30	2.22	2.16	2.10	2.05	2.01	1.98	1.94	1.92	1.89	1.87	1.84	1.82	1.76	1.69	1.61	1.53	1.43

$$P\{F(n_1,n_2) > F_\alpha(n_1,n_2)\} = \alpha \quad (\alpha = 0.01)$$

n_2	1	2	3	4	5	6	7	8	9	10	11	12	13	14	15	16	17	18	20	21	22	24	30	40	60	120
1	4052.18	4999.50	5403.35	5624.58	5763.65	5858.99	5928.36	5981.07	6022.47	6055.85	6083.32	6106.32	6125.86	6142.67	6157.28	6170.10	6181.43	6191.53	6208.73	6216.12	6222.84	6234.63	6260.65	6286.78	6313.03	6339.39
2	98.50	99.00	99.17	99.25	99.30	99.33	99.36	99.37	99.39	99.40	99.41	99.42	99.42	99.43	99.43	99.44	99.44	99.44	99.45	99.45	99.45	99.46	99.47	99.47	99.48	99.49
3	34.12	30.82	29.46	28.71	28.24	27.91	27.67	27.49	27.35	27.23	27.13	27.05	26.98	26.92	26.87	26.83	26.79	26.75	26.69	26.66	26.64	26.60	26.50	26.41	26.32	26.22
4	21.20	18.00	16.69	15.98	15.52	15.21	14.98	14.80	14.66	14.55	14.45	14.37	14.31	14.25	14.20	14.15	14.11	14.08	14.02	13.99	13.97	13.93	13.84	13.75	13.65	13.56
5	16.26	13.27	12.06	11.39	10.97	10.67	10.46	10.29	10.16	10.05	9.96	9.89	9.82	9.77	9.72	9.68	9.64	9.61	9.55	9.53	9.51	9.47	9.38	9.29	9.20	9.11
6	13.75	10.92	9.78	9.15	8.75	8.47	8.26	8.10	7.98	7.87	7.79	7.72	7.66	7.60	7.56	7.52	7.48	7.45	7.40	7.37	7.35	7.31	7.23	7.14	7.06	6.97
7	12.25	9.55	8.45	7.85	7.46	7.19	6.99	6.84	6.72	6.62	6.54	6.47	6.41	6.36	6.31	6.28	6.24	6.21	6.16	6.13	6.11	6.07	5.99	5.91	5.82	5.74
8	11.26	8.65	7.59	7.01	6.63	6.37	6.18	6.03	5.91	5.81	5.73	5.67	5.61	5.56	5.52	5.48	5.44	5.41	5.36	5.34	5.32	5.28	5.20	5.12	5.03	4.95
9	10.56	8.02	6.99	6.42	6.06	5.80	5.61	5.47	5.35	5.26	5.18	5.11	5.05	5.01	4.96	4.92	4.89	4.86	4.81	4.79	4.77	4.73	4.65	4.57	4.48	4.40
10	10.04	7.56	6.55	5.99	5.64	5.39	5.20	5.06	4.94	4.85	4.77	4.71	4.65	4.60	4.56	4.52	4.49	4.46	4.41	4.38	4.36	4.33	4.25	4.17	4.08	4.00
11	9.65	7.21	6.22	5.67	5.32	5.07	4.89	4.74	4.63	4.54	4.46	4.40	4.34	4.29	4.25	4.21	4.18	4.15	4.10	4.08	4.06	4.02	3.94	3.86	3.78	3.69
12	9.33	6.93	5.95	5.41	5.06	4.82	4.64	4.50	4.39	4.30	4.22	4.16	4.10	4.05	4.01	3.97	3.94	3.91	3.86	3.84	3.82	3.78	3.70	3.62	3.54	3.45
13	9.07	6.70	5.74	5.21	4.86	4.62	4.44	4.30	4.19	4.10	4.02	3.96	3.91	3.86	3.82	3.78	3.75	3.72	3.66	3.64	3.62	3.59	3.51	3.43	3.34	3.25
14	8.86	6.51	5.56	5.04	4.69	4.46	4.28	4.14	4.03	3.94	3.86	3.80	3.75	3.70	3.66	3.62	3.59	3.56	3.51	3.48	3.46	3.43	3.35	3.27	3.18	3.09
15	8.68	6.36	5.42	4.89	4.56	4.32	4.14	4.00	3.89	3.80	3.73	3.67	3.61	3.56	3.52	3.49	3.45	3.42	3.37	3.35	3.33	3.29	3.21	3.13	3.05	2.96
16	8.53	6.23	5.29	4.77	4.44	4.20	4.03	3.89	3.78	3.69	3.62	3.55	3.50	3.45	3.41	3.37	3.34	3.31	3.26	3.24	3.22	3.18	3.10	3.02	2.93	2.84
17	8.40	6.11	5.18	4.67	4.34	4.10	3.93	3.79	3.68	3.59	3.52	3.46	3.40	3.35	3.31	3.27	3.24	3.21	3.16	3.14	3.12	3.08	3.00	2.92	2.83	2.75
18	8.29	6.01	5.09	4.58	4.25	4.01	3.84	3.71	3.60	3.51	3.43	3.37	3.32	3.27	3.23	3.19	3.16	3.13	3.08	3.05	3.03	3.00	2.92	2.84	2.75	2.66
19	8.18	5.93	5.01	4.50	4.17	3.94	3.77	3.63	3.52	3.43	3.36	3.30	3.24	3.19	3.15	3.12	3.08	3.05	3.00	2.98	2.96	2.92	2.84	2.76	2.67	2.58
20	8.10	5.85	4.94	4.43	4.10	3.87	3.70	3.56	3.46	3.37	3.29	3.23	3.18	3.13	3.09	3.05	3.02	2.99	2.94	2.92	2.90	2.86	2.78	2.69	2.61	2.52
21	8.02	5.78	4.87	4.37	4.04	3.81	3.64	3.51	3.40	3.31	3.24	3.17	3.12	3.07	3.03	2.99	2.96	2.93	2.88	2.86	2.84	2.80	2.72	2.64	2.55	2.46
22	7.95	5.72	4.82	4.31	3.99	3.76	3.59	3.45	3.35	3.26	3.18	3.12	3.07	3.02	2.98	2.94	2.91	2.88	2.83	2.81	2.78	2.75	2.67	2.58	2.50	2.40
23	7.88	5.66	4.76	4.26	3.94	3.71	3.54	3.41	3.30	3.21	3.14	3.07	3.02	2.97	2.93	2.89	2.86	2.83	2.78	2.76	2.74	2.70	2.62	2.54	2.45	2.35
24	7.82	5.61	4.72	4.22	3.90	3.67	3.50	3.36	3.26	3.17	3.09	3.03	2.98	2.93	2.89	2.85	2.82	2.79	2.74	2.72	2.70	2.66	2.58	2.49	2.40	2.31
25	7.77	5.57	4.68	4.18	3.85	3.63	3.46	3.32	3.22	3.13	3.06	2.99	2.94	2.89	2.85	2.81	2.78	2.75	2.70	2.68	2.66	2.62	2.54	2.45	2.36	2.27
26	7.72	5.53	4.64	4.14	3.82	3.59	3.42	3.29	3.18	3.09	3.02	2.96	2.90	2.86	2.81	2.78	2.75	2.72	2.66	2.64	2.62	2.58	2.50	2.42	2.33	2.23
27	7.68	5.49	4.60	4.11	3.78	3.56	3.39	3.26	3.15	3.06	2.99	2.93	2.87	2.82	2.78	2.75	2.71	2.68	2.63	2.61	2.59	2.55	2.47	2.38	2.29	2.20

续表

n_2	11	12	13	14	15	16	17	18	20	21	22	24	30	40	60	120
28	2.96	2.90	2.84	2.79	2.75	2.72	2.68	2.65	2.60	2.58	2.56	2.52	2.44	2.35	2.26	2.17
29	2.93	2.87	2.81	2.77	2.73	2.69	2.66	2.63	2.57	2.55	2.53	2.49	2.41	2.33	2.23	2.14
30	2.91	2.84	2.79	2.74	2.70	2.66	2.63	2.60	2.55	2.53	2.51	2.47	2.39	2.30	2.21	2.11
31	2.88	2.82	2.77	2.72	2.68	2.64	2.61	2.58	2.52	2.50	2.48	2.45	2.36	2.27	2.18	2.09
32	2.86	2.80	2.74	2.70	2.65	2.62	2.58	2.55	2.50	2.48	2.46	2.42	2.34	2.25	2.16	2.06
33	2.84	2.78	2.72	2.68	2.63	2.60	2.56	2.53	2.48	2.46	2.44	2.40	2.32	2.23	2.14	2.04
34	2.82	2.76	2.70	2.66	2.61	2.58	2.54	2.51	2.46	2.44	2.42	2.38	2.30	2.21	2.12	2.02
35	2.80	2.74	2.69	2.64	2.60	2.56	2.53	2.50	2.44	2.42	2.40	2.36	2.28	2.19	2.10	2.00
36	2.79	2.72	2.67	2.62	2.58	2.54	2.51	2.48	2.43	2.41	2.38	2.35	2.26	2.18	2.08	1.98
37	2.77	2.71	2.65	2.61	2.56	2.53	2.49	2.46	2.41	2.39	2.37	2.33	2.25	2.16	2.06	1.96
38	2.75	2.69	2.64	2.59	2.55	2.51	2.48	2.45	2.40	2.37	2.35	2.32	2.23	2.14	2.05	1.95
39	2.74	2.68	2.62	2.58	2.54	2.50	2.46	2.43	2.38	2.36	2.34	2.30	2.22	2.13	2.03	1.93
40	2.73	2.66	2.61	2.56	2.52	2.48	2.45	2.42	2.37	2.35	2.33	2.29	2.20	2.11	2.02	1.92
60	2.56	2.50	2.44	2.39	2.35	2.31	2.28	2.25	2.20	2.17	2.15	2.12	2.03	1.94	1.84	1.73
120	2.40	2.34	2.28	2.23	2.19	2.15	2.12	2.09	2.03	2.01	1.99	1.95	1.86	1.76	1.66	1.53

$$P\{F(n_1,n_2) > F_\alpha(n_1,n_2)\} = \alpha \quad (\alpha = 0.005)$$

n_2	1	2	3	4	5	6	7	8	9	10	12	14	15	16	18	20	22	24	30	40	60	120
1	16 210	19 999	21 614	22 499	23 055	23 437	23 714	23 925	24 091	24 224	24 426	24 571	24 630	24 681	24 767	24 835	24 892	24 939	25 043	25 148	25 253	25 358
2	198.50	199.00	199.17	199.25	199.30	199.33	199.36	199.37	199.39	199.40	199.42	199.43	199.43	199.44	199.44	199.45	199.45	199.46	199.47	199.47	199.48	199.49
3	55.55	49.80	47.47	46.19	45.39	44.84	44.43	44.13	43.88	43.69	43.39	43.17	43.08	43.01	42.88	42.78	42.69	42.62	42.47	42.31	42.15	41.99
4	31.33	26.28	24.26	23.15	22.46	21.97	21.62	21.35	21.14	20.97	20.70	20.51	20.44	20.37	20.26	20.17	20.09	20.03	19.89	19.75	19.61	19.47
5	22.78	18.31	16.53	15.56	14.94	14.51	14.20	13.96	13.77	13.62	13.38	13.21	13.15	13.09	12.98	12.90	12.84	12.78	12.66	12.53	12.40	12.27
6	18.63	14.54	12.92	12.03	11.46	11.07	10.79	10.57	10.39	10.25	10.03	9.88	9.81	9.76	9.66	9.59	9.53	9.47	9.36	9.24	9.12	9.00
7	16.24	12.40	10.88	10.05	9.52	9.16	8.89	8.68	8.51	8.38	8.18	8.03	7.97	7.91	7.83	7.75	7.69	7.64	7.53	7.42	7.31	7.19
8	14.69	11.04	9.60	8.81	8.30	7.95	7.69	7.50	7.34	7.21	7.01	6.87	6.81	6.76	6.68	6.61	6.55	6.50	6.40	6.29	6.18	6.06
9	13.61	10.11	8.72	7.96	7.47	7.13	6.88	6.69	6.54	6.42	6.23	6.09	6.03	5.98	5.90	5.83	5.78	5.73	5.62	5.52	5.41	5.30

续表

n_2	\\ n_1 1	2	3	4	5	6	7	8	9	10	12	14	15	16	18	20	22	24	30	40	60	120
10	12.83	9.43	8.08	7.34	6.87	6.54	6.30	6.12	5.97	5.85	5.66	5.53	5.47	5.42	5.34	5.27	5.22	5.17	5.07	4.97	4.86	4.75
11	12.23	8.91	7.60	6.88	6.42	6.10	5.86	5.68	5.54	5.42	5.24	5.10	5.05	5.00	4.92	4.86	4.80	4.76	4.65	4.55	4.45	4.34
12	11.75	8.51	7.23	6.52	6.07	5.76	5.52	5.35	5.20	5.09	4.91	4.77	4.72	4.67	4.59	4.53	4.48	4.43	4.33	4.23	4.12	4.01
13	11.37	8.19	6.93	6.23	5.79	5.48	5.25	5.08	4.94	4.82	4.64	4.51	4.46	4.41	4.33	4.27	4.22	4.17	4.07	3.97	3.87	3.76
14	11.06	7.92	6.68	6.00	5.56	5.26	5.03	4.86	4.72	4.60	4.43	4.30	4.25	4.20	4.12	4.06	4.01	3.96	3.86	3.76	3.66	3.55
15	10.80	7.70	6.48	5.80	5.37	5.07	4.85	4.67	4.54	4.42	4.25	4.12	4.07	4.02	3.95	3.88	3.83	3.79	3.69	3.58	3.48	3.37
16	10.58	7.51	6.30	5.64	5.21	4.91	4.69	4.52	4.38	4.27	4.10	3.97	3.92	3.87	3.80	3.73	3.68	3.64	3.54	3.44	3.33	3.22
17	10.38	7.35	6.16	5.50	5.07	4.78	4.56	4.39	4.25	4.14	3.97	3.84	3.79	3.75	3.67	3.61	3.56	3.51	3.41	3.31	3.21	3.10
18	10.22	7.21	6.03	5.37	4.96	4.66	4.44	4.28	4.14	4.03	3.86	3.73	3.68	3.64	3.56	3.50	3.45	3.40	3.30	3.20	3.10	2.99
19	10.07	7.09	5.92	5.27	4.85	4.56	4.34	4.18	4.04	3.93	3.76	3.64	3.59	3.54	3.46	3.40	3.35	3.31	3.21	3.11	3.00	2.89
20	9.94	6.99	5.82	5.17	4.76	4.47	4.26	4.09	3.96	3.85	3.68	3.55	3.50	3.46	3.38	3.32	3.27	3.22	3.12	3.02	2.92	2.81
21	9.83	6.89	5.73	5.09	4.68	4.39	4.18	4.01	3.88	3.77	3.60	3.48	3.43	3.38	3.31	3.24	3.19	3.15	3.05	2.95	2.84	2.73
22	9.73	6.81	5.65	5.02	4.61	4.32	4.11	3.94	3.81	3.70	3.54	3.41	3.36	3.31	3.24	3.18	3.12	3.08	2.98	2.88	2.77	2.66
23	9.63	6.73	5.58	4.95	4.54	4.26	4.05	3.88	3.75	3.64	3.47	3.35	3.30	3.25	3.18	3.12	3.06	3.02	2.92	2.82	2.71	2.60
24	9.55	6.66	5.52	4.89	4.49	4.20	3.99	3.83	3.69	3.59	3.42	3.30	3.25	3.20	3.12	3.06	3.01	2.97	2.87	2.77	2.66	2.55
25	9.48	6.60	5.46	4.84	4.43	4.15	3.94	3.78	3.64	3.54	3.37	3.25	3.20	3.15	3.08	3.01	2.96	2.92	2.82	2.72	2.61	2.50
26	9.41	6.54	5.41	4.79	4.38	4.10	3.89	3.73	3.60	3.49	3.33	3.20	3.15	3.11	3.03	2.97	2.92	2.87	2.77	2.67	2.56	2.45
27	9.34	6.49	5.36	4.74	4.34	4.06	3.85	3.69	3.56	3.45	3.28	3.16	3.11	3.07	2.99	2.93	2.88	2.83	2.73	2.63	2.52	2.41
28	9.28	6.44	5.32	4.70	4.30	4.02	3.81	3.65	3.52	3.41	3.25	3.12	3.07	3.03	2.95	2.89	2.84	2.79	2.69	2.59	2.48	2.37
29	9.23	6.40	5.28	4.66	4.26	3.98	3.77	3.61	3.48	3.38	3.21	3.09	3.04	2.99	2.92	2.86	2.80	2.76	2.66	2.56	2.45	2.33
30	9.18	6.35	5.24	4.62	4.23	3.95	3.74	3.58	3.45	3.34	3.18	3.06	3.01	2.96	2.89	2.82	2.77	2.73	2.63	2.52	2.42	2.30
31	9.13	6.32	5.20	4.59	4.20	3.92	3.71	3.55	3.42	3.31	3.15	3.03	2.98	2.93	2.86	2.79	2.74	2.70	2.60	2.49	2.38	2.27
32	9.09	6.28	5.17	4.56	4.17	3.89	3.68	3.52	3.39	3.29	3.12	3.00	2.95	2.90	2.83	2.77	2.71	2.67	2.57	2.47	2.36	2.24
33	9.05	6.25	5.14	4.53	4.14	3.86	3.66	3.49	3.37	3.26	3.09	2.97	2.92	2.88	2.80	2.74	2.69	2.64	2.54	2.44	2.33	2.21
34	9.01	6.22	5.11	4.50	4.11	3.84	3.63	3.47	3.34	3.24	3.07	2.95	2.90	2.85	2.78	2.72	2.66	2.62	2.52	2.42	2.30	2.19
35	8.98	6.19	5.09	4.48	4.09	3.81	3.61	3.45	3.32	3.21	3.05	2.93	2.88	2.83	2.76	2.69	2.64	2.60	2.50	2.39	2.28	2.16
36	8.94	6.16	5.06	4.46	4.06	3.79	3.58	3.42	3.30	3.19	3.03	2.90	2.85	2.81	2.73	2.67	2.62	2.58	2.48	2.37	2.26	2.14
37	8.91	6.13	5.04	4.43	4.04	3.77	3.56	3.40	3.28	3.17	3.01	2.88	2.83	2.79	2.71	2.65	2.60	2.56	2.46	2.35	2.24	2.12

续表

n_1

n_2	120	60	40	30	24	22	20	18	16	15	14	12	10	9	8	7	6	5	4	3	2	1
38	2.10	2.22	2.33	2.44	2.54	2.58	2.63	2.70	2.77	2.82	2.87	2.99	3.15	3.26	3.39	3.54	3.75	4.02	4.41	5.02	6.11	8.88
39	2.08	2.20	2.31	2.42	2.52	2.56	2.62	2.68	2.75	2.80	2.85	2.97	3.13	3.24	3.37	3.53	3.73	4.00	4.39	5.00	6.09	8.85
40	2.06	2.18	2.30	2.40	2.50	2.55	2.60	2.66	2.74	2.78	2.83	2.95	3.12	3.22	3.35	3.51	3.71	3.99	4.37	4.98	6.07	8.83
60	1.83	1.96	2.08	2.19	2.29	2.33	2.39	2.45	2.53	2.57	2.62	2.74	2.90	3.01	3.13	3.29	3.49	3.76	4.14	4.73	5.79	8.49
120	1.61	1.75	1.87	1.98	2.09	2.13	2.19	2.25	2.33	2.37	2.42	2.54	2.71	2.81	2.93	3.09	3.28	3.55	3.92	4.50	5.54	8.18

$$P\{F(n_1, n_2) > F_\alpha(n_1, n_2)\} = \alpha \quad (\alpha = 0.0025)$$

n_1

n_2	1	2	3	4	5	6	7	8	9	10	12	15	18	20	24	30	40	60	120
1	64 844.89	79 999.50	86 460.30	89 999.58	92 224.39	93 749.61	94 859.41	95 702.75	96 365.13	96 899.30	97 706.55	98 521.89	99 069.74	99 344.93	99 759.30	100 175.54	100 593.64	101 013.56	101 435.30
2	398.50	399.00	399.17	399.25	399.30	399.33	399.36	399.37	399.39	399.40	399.42	399.43	399.44	399.45	399.46	399.47	399.47	399.48	399.49
3	89.58	79.93	76.06	73.95	72.62	71.71	71.04	70.53	70.13	69.81	69.32	68.82	68.48	68.31	68.06	67.80	67.54	67.28	67.02
4	45.67	38.00	34.96	33.30	32.26	31.54	31.02	30.62	30.30	30.04	29.66	29.26	28.99	28.86	28.66	28.45	28.24	28.03	27.82
5	31.41	24.96	22.43	21.05	20.18	19.58	19.14	18.80	18.54	18.32	17.99	17.66	17.44	17.32	17.15	16.98	16.80	16.62	16.44
6	24.81	19.10	16.87	15.65	14.88	14.35	13.96	13.67	13.43	13.24	12.95	12.65	12.45	12.35	12.19	12.04	11.88	11.72	11.56
7	21.11	15.89	13.84	12.73	12.03	11.55	11.19	10.91	10.70	10.52	10.25	9.98	9.79	9.70	9.56	9.41	9.26	9.12	8.96
8	18.78	13.89	11.98	10.94	10.28	9.83	9.49	9.24	9.03	8.87	8.61	8.35	8.18	8.09	7.95	7.82	7.68	7.54	7.39
9	17.19	12.54	10.73	9.74	9.12	8.68	8.36	8.12	7.92	7.77	7.52	7.28	7.11	7.02	6.89	6.76	6.62	6.49	6.35
10	16.04	11.57	9.83	8.89	8.29	7.87	7.56	7.33	7.14	6.99	6.75	6.51	6.35	6.27	6.14	6.01	5.88	5.75	5.61
11	15.17	10.85	9.17	8.25	7.67	7.27	6.97	6.74	6.56	6.41	6.18	5.95	5.79	5.71	5.58	5.46	5.33	5.20	5.07
12	14.49	10.29	8.65	7.76	7.20	6.80	6.51	6.29	6.11	5.97	5.74	5.52	5.36	5.28	5.16	5.03	4.91	4.78	4.65
13	13.95	9.84	8.24	7.37	6.82	6.44	6.15	5.93	5.76	5.62	5.40	5.17	5.02	4.94	4.82	4.70	4.57	4.44	4.31
14	13.50	9.47	7.91	7.06	6.51	6.14	5.86	5.64	5.47	5.33	5.12	4.89	4.74	4.66	4.55	4.42	4.30	4.17	4.04
15	13.13	9.17	7.63	6.80	6.26	5.89	5.62	5.40	5.23	5.10	4.88	4.67	4.51	4.44	4.32	4.20	4.08	3.95	3.82
16	12.82	8.92	7.40	6.58	6.05	5.68	5.41	5.20	5.04	4.90	4.69	4.47	4.32	4.25	4.13	4.01	3.89	3.76	3.63
17	12.55	8.70	7.21	6.39	5.87	5.51	5.24	5.03	4.87	4.73	4.52	4.31	4.16	4.09	3.97	3.85	3.73	3.60	3.47

续表

n_2	n_1 = 1	2	3	4	5	6	7	8	9	10	12	15	18	20	24	30	40	60	120
18	12.32	8.51	7.04	6.23	5.72	5.36	5.09	4.89	4.72	4.59	4.38	4.17	4.02	3.95	3.83	3.71	3.59	3.47	3.34
19	12.12	8.35	6.89	6.09	5.58	5.23	4.96	4.76	4.60	4.46	4.26	4.05	3.90	3.83	3.71	3.59	3.47	3.35	3.22
20	11.94	8.21	6.76	5.97	5.46	5.11	4.85	4.65	4.49	4.35	4.15	3.94	3.79	3.72	3.61	3.49	3.37	3.24	3.11
21	11.78	8.08	6.64	5.86	5.36	5.01	4.75	4.55	4.39	4.26	4.06	3.85	3.70	3.63	3.51	3.40	3.27	3.15	3.02
22	11.64	7.96	6.54	5.76	5.26	4.92	4.66	4.46	4.30	4.17	3.97	3.76	3.62	3.54	3.43	3.31	3.19	3.07	2.93
23	11.51	7.86	6.45	5.67	5.18	4.84	4.58	4.38	4.22	4.09	3.89	3.69	3.54	3.47	3.35	3.24	3.12	2.99	2.86
24	11.40	7.77	6.36	5.60	5.11	4.76	4.51	4.31	4.15	4.03	3.83	3.62	3.47	3.40	3.29	3.17	3.05	2.92	2.79
25	11.29	7.69	6.29	5.53	5.04	4.70	4.44	4.25	4.09	3.96	3.76	3.56	3.41	3.34	3.23	3.11	2.99	2.86	2.73
26	11.20	7.61	6.22	5.46	4.98	4.64	4.38	4.19	4.03	3.91	3.71	3.50	3.36	3.28	3.17	3.06	2.93	2.81	2.68
27	11.11	7.54	6.16	5.40	4.92	4.58	4.33	4.14	3.98	3.85	3.66	3.45	3.31	3.23	3.12	3.00	2.88	2.76	2.62
28	11.03	7.48	6.10	5.35	4.87	4.53	4.28	4.09	3.93	3.81	3.61	3.40	3.26	3.19	3.07	2.96	2.84	2.71	2.58
29	10.96	7.42	6.05	5.30	4.82	4.48	4.24	4.04	3.89	3.76	3.56	3.36	3.22	3.14	3.03	2.92	2.79	2.67	2.53
30	10.89	7.36	6.00	5.25	4.78	4.44	4.19	4.00	3.85	3.72	3.52	3.32	3.18	3.11	2.99	2.88	2.76	2.63	2.49
31	10.83	7.31	5.95	5.21	4.73	4.40	4.15	3.96	3.81	3.68	3.49	3.28	3.14	3.07	2.96	2.84	2.72	2.59	2.46
32	10.77	7.27	5.91	5.17	4.70	4.37	4.12	3.93	3.77	3.65	3.45	3.25	3.11	3.03	2.92	2.81	2.68	2.56	2.42
33	10.71	7.22	5.87	5.13	4.66	4.33	4.08	3.89	3.74	3.62	3.42	3.22	3.08	3.00	2.89	2.77	2.65	2.52	2.39
34	10.66	7.18	5.84	5.10	4.63	4.30	4.05	3.86	3.71	3.59	3.39	3.19	3.05	2.97	2.86	2.74	2.62	2.50	2.36
35	10.61	7.14	5.80	5.07	4.60	4.27	4.02	3.83	3.68	3.56	3.36	3.16	3.02	2.95	2.83	2.72	2.60	2.47	2.33
36	10.57	7.11	5.77	5.04	4.57	4.24	4.00	3.81	3.65	3.53	3.34	3.13	2.99	2.92	2.81	2.69	2.57	2.44	2.30
37	10.52	7.08	5.74	5.01	4.54	4.21	3.97	3.78	3.63	3.51	3.31	3.11	2.97	2.90	2.78	2.67	2.54	2.42	2.28
38	10.48	7.04	5.71	4.98	4.52	4.19	3.95	3.76	3.61	3.48	3.29	3.09	2.95	2.87	2.76	2.64	2.52	2.39	2.26
39	10.45	7.01	5.68	4.96	4.49	4.17	3.92	3.73	3.58	3.46	3.27	3.06	2.92	2.85	2.74	2.62	2.50	2.37	2.23
40	10.41	6.99	5.66	4.93	4.47	4.14	3.90	3.71	3.56	3.44	3.25	3.04	2.90	2.83	2.72	2.60	2.48	2.35	2.21
60	9.96	6.63	5.34	4.64	4.19	3.87	3.63	3.45	3.30	3.18	2.99	2.79	2.65	2.58	2.46	2.35	2.22	2.09	1.94
120	9.54	6.30	5.05	4.36	3.92	3.61	3.38	3.20	3.06	2.94	2.75	2.55	2.41	2.34	2.23	2.11	1.98	1.84	1.68

$$P\{F(n_1,n_2) > F_\alpha(n_1,n_2)\} = \alpha \quad (\alpha = 0.001)$$

n_2	n_1 1	2	3	4	5	6	7	8	9	10	15	20	24	30	40	60	120
1	405 284	499 999	540 379	562 499	576 404	585 937	592 873	598 144	612 622	619 187	622 318	622 933	623 497	626 098	628 712	631 336	633 972
2	998.50	999.00	999.17	999.25	999.30	999.33	999.36	999.37	999.42	999.44	999.45	999.46	999.46	999.47	999.47	999.48	999.49
3	167.03	148.50	141.11	137.10	134.58	132.85	131.58	130.62	127.96	126.74	126.15	126.04	125.93	125.45	124.96	124.47	123.97
4	74.14	61.25	56.18	53.44	51.71	50.53	49.66	49.00	47.16	46.32	45.92	45.84	45.77	45.43	45.09	44.75	44.40
5	47.18	37.12	33.20	31.09	29.75	28.83	28.16	27.65	26.22	25.57	25.25	25.19	25.13	24.87	24.60	24.33	24.06
6	35.51	27.00	23.70	21.92	20.80	20.03	19.46	19.03	17.82	17.27	17.00	16.95	16.90	16.67	16.44	16.21	15.98
7	29.25	21.69	18.77	17.20	16.21	15.52	15.02	14.63	13.56	13.06	12.82	12.78	12.73	12.53	12.33	12.12	11.91
8	25.41	18.49	15.83	14.39	13.48	12.86	12.40	12.05	11.06	10.60	10.38	10.34	10.30	10.11	9.92	9.73	9.53
9	22.86	16.39	13.90	12.56	11.71	11.13	10.70	10.37	9.44	9.01	8.80	8.76	8.72	8.55	8.37	8.19	8.00
10	21.04	14.91	12.55	11.28	10.48	9.93	9.52	9.20	8.32	7.91	7.71	7.67	7.64	7.47	7.30	7.12	6.94
11	19.69	13.81	11.56	10.35	9.58	9.05	8.66	8.35	7.51	7.11	6.92	6.88	6.85	6.68	6.52	6.35	6.18
12	18.64	12.97	10.80	9.63	8.89	8.38	8.00	7.71	6.89	6.51	6.32	6.28	6.25	6.09	5.93	5.76	5.59
13	17.82	12.31	10.21	9.07	8.35	7.86	7.49	7.21	6.41	6.03	5.85	5.81	5.78	5.63	5.47	5.30	5.14
14	17.14	11.78	9.73	8.62	7.92	7.44	7.08	6.80	6.02	5.66	5.48	5.44	5.41	5.25	5.10	4.94	4.77
15	16.59	11.34	9.34	8.25	7.57	7.09	6.74	6.47	5.71	5.35	5.17	5.13	5.10	4.95	4.80	4.64	4.47
16	16.12	10.97	9.01	7.94	7.27	6.80	6.46	6.19	5.44	5.09	4.91	4.88	4.85	4.70	4.54	4.39	4.23
17	15.72	10.66	8.73	7.68	7.02	6.56	6.22	5.96	5.22	4.87	4.70	4.66	4.63	4.48	4.33	4.18	4.02
18	15.38	10.39	8.49	7.46	6.81	6.35	6.02	5.76	5.03	4.68	4.51	4.48	4.45	4.30	4.15	4.00	3.84
19	15.08	10.16	8.28	7.27	6.62	6.18	5.85	5.59	4.87	4.52	4.35	4.32	4.29	4.14	3.99	3.84	3.68
20	14.82	9.95	8.10	7.10	6.46	6.02	5.69	5.44	4.72	4.38	4.21	4.18	4.15	4.00	3.86	3.70	3.54
21	14.59	9.77	7.94	6.95	6.32	5.88	5.56	5.31	4.60	4.26	4.09	4.06	4.03	3.88	3.74	3.58	3.42
22	14.38	9.61	7.80	6.81	6.19	5.76	5.44	5.19	4.49	4.15	3.98	3.95	3.92	3.78	3.63	3.48	3.32
23	14.20	9.47	7.67	6.70	6.08	5.65	5.33	5.09	4.39	4.05	3.89	3.85	3.82	3.68	3.53	3.38	3.22
24	14.03	9.34	7.55	6.59	5.98	5.55	5.23	4.99	4.30	3.96	3.80	3.77	3.74	3.59	3.45	3.29	3.14
25	13.88	9.22	7.45	6.49	5.89	5.46	5.15	4.91	4.22	3.88	3.72	3.69	3.66	3.52	3.37	3.22	3.06
26	13.74	9.12	7.36	6.41	5.80	5.38	5.07	4.83	4.14	3.81	3.65	3.62	3.59	3.44	3.30	3.15	2.99
27	13.61	9.02	7.27	6.33	5.73	5.31	5.00	4.76	4.08	3.75	3.58	3.55	3.52	3.38	3.23	3.08	2.92

续表

n_2	n_1																
	1	2	3	4	5	6	7	8	9	10	15	20	24	30	40	60	120
28	13.50	8.93	7.19	6.25	5.66	5.24	4.93	4.69	4.01	3.69	3.52	3.49	3.46	3.32	3.18	3.02	2.86
29	13.39	8.85	7.12	6.19	5.59	5.18	4.87	4.64	3.96	3.63	3.47	3.44	3.41	3.27	3.12	2.97	2.81
30	13.29	8.77	7.05	6.12	5.53	5.12	4.82	4.58	3.91	3.58	3.42	3.39	3.36	3.22	3.07	2.92	2.76
31	13.20	8.70	6.99	6.07	5.48	5.07	4.77	4.53	3.86	3.53	3.37	3.34	3.31	3.17	3.03	2.87	2.71
32	13.12	8.64	6.94	6.01	5.43	5.02	4.72	4.48	3.81	3.49	3.33	3.30	3.27	3.13	2.98	2.83	2.67
33	13.04	8.58	6.88	5.97	5.38	4.98	4.67	4.44	3.77	3.45	3.29	3.26	3.23	3.09	2.94	2.79	2.63
34	12.97	8.52	6.83	5.92	5.34	4.93	4.63	4.40	3.74	3.41	3.25	3.22	3.19	3.05	2.91	2.75	2.59
35	12.90	8.47	6.79	5.88	5.30	4.89	4.59	4.36	3.70	3.38	3.22	3.19	3.16	3.02	2.87	2.72	2.56
36	12.83	8.42	6.74	5.84	5.26	4.86	4.56	4.33	3.67	3.34	3.18	3.15	3.12	2.98	2.84	2.69	2.52
37	12.77	8.37	6.70	5.80	5.22	4.82	4.53	4.30	3.63	3.31	3.15	3.12	3.09	2.95	2.81	2.66	2.49
38	12.71	8.33	6.66	5.76	5.19	4.79	4.49	4.26	3.60	3.28	3.13	3.09	3.06	2.92	2.78	2.63	2.46
39	12.66	8.29	6.63	5.73	5.16	4.76	4.46	4.23	3.58	3.26	3.10	3.07	3.04	2.90	2.75	2.60	2.44
40	12.61	8.25	6.59	5.70	5.13	4.73	4.44	4.21	3.55	3.23	3.07	3.04	3.01	2.87	2.73	2.57	2.41
60	11.97	7.77	6.17	5.31	4.76	4.37	4.09	3.86	3.23	2.91	2.75	2.72	2.69	2.55	2.41	2.25	2.08
120	11.38	7.32	5.78	4.95	4.42	4.04	3.77	3.55	2.93	2.62	2.46	2.43	2.40	2.26	2.11	1.95	1.77

附表 5　标准正态分布双侧临界值表 $U_{\alpha/2}$

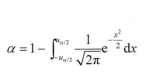

$$\alpha = 1 - \int_{-u_{\alpha/2}}^{u_{\alpha/2}} \frac{1}{\sqrt{2\pi}} e^{-\frac{x^2}{2}} dx$$

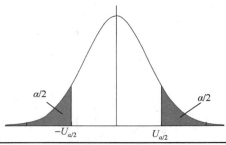

α	0.00	0.01	0.02	0.03	0.04	0.05	0.06	0.07	0.08	0.09
0.0	∞	2.575 829	2.326 348	2.170 090	2.053 749	1.959 964	1.880 794	1.811 911	1.750 686	1.695 398
0.1	1.644 854	1.598 193	1.554 774	1.514 102	1.475 791	1.439 531	1.405 072	1.372 204	1.340 755	1.310 579
0.2	1.281 552	1.253 565	1.226 528	1.200 359	1.174 987	1.150 349	1.126 391	1.103 063	1.080 319	1.058 122
0.3	1.036 433	1.015 222	0.994 458	0.974 114	0.954 165	0.934 589	0.915 365	0.896 473	0.877 896	0.859 617
0.4	0.841 621	0.823 894	0.806 421	0.789 192	0.772 193	0.755 415	0.738 847	0.722 479	0.706 303	0.690 309
0.5	0.674 490	0.658 838	0.643 345	0.628 006	0.612 813	0.597 760	0.582 842	0.568 051	0.553 385	0.538 836
0.6	0.524 401	0.510 073	0.495 850	0.481 727	0.467 699	0.453 762	0.439 913	0.426 148	0.412 463	0.398 855
0.7	0.385 320	0.371 856	0.358 459	0.345 126	0.331 853	0.318 639	0.305 481	0.292 375	0.279 319	0.266 311
0.8	0.253 347	0.240 426	0.227 545	0.214 702	0.201 893	0.189 118	0.176 374	0.163 658	0.150 969	0.138 304
0.9	0.125 661	0.113 039	0.100 434	0.087 845	0.075 270	0.062 707	0.050 154	0.037 608	0.025 069	0.012 533

附表 6　泊松分布参数 λ 的置信区间表

k	$1-\alpha$						
	0.999	0.998	0.995	0.990	0.975	0.950	0.900
0	0.00, 7.60	0.00, 6.68	0.00, 5.99	0.00, 5.29	0.00, 4.38	0.00, 3.68	0.00, 2.99
1	0.00, 9.99	0.00, 8.98	0.00, 8.21	0.00, 7.43	0.01, 6.38	0.02, 5.57	0.05, 4.74
2	0.03, 12.05	0.05, 10.96	0.07, 10.12	0.10, 9.27	0.16, 8.12	0.24, 7.22	0.35, 6.29
3	0.14, 13.93	0.20, 12.77	0.26, 11.88	0.33, 10.97	0.47, 9.73	0.61, 8.76	0.81, 7.75
4	0.35, 15.70	0.45, 14.49	0.55, 13.55	0.67, 12.59	0.88, 11.27	1.08, 10.24	1.36, 9.15
5	0.63, 17.41	0.77, 16.14	0.91, 15.15	1.07, 14.14	1.35, 12.76	1.62, 11.66	1.97, 10.51
6	0.96, 19.05	1.15, 17.73	1.33, 16.71	1.53, 15.65	1.87, 14.21	2.20, 13.05	2.61, 11.84
7	1.34, 20.65	1.58, 19.29	1.79, 18.22	2.03, 17.13	2.43, 15.62	2.81, 14.42	3.28, 13.14
8	1.76, 22.21	2.04, 20.80	2.28, 19.71	2.57, 18.57	3.02, 17.01	3.45, 15.76	3.98, 14.43
9	2.21, 23.74	2.53, 22.29	2.81, 21.16	3.13, 19.99	3.64, 18.38	4.11, 17.08	4.69, 15.70
10	2.69, 25.25	3.05, 23.76	3.36, 22.60	3.71, 21.39	4.27, 19.72	4.79, 18.39	5.42, 16.96
11	3.20, 26.73	3.59, 25.21	3.93, 24.01	4.32, 22.77	4.93, 21.06	5.49, 19.68	6.16, 18.20
12	3.72, 28.20	4.15, 26.63	4.52, 25.41	4.94, 24.14	5.60, 22.38	6.20, 20.96	6.92, 19.44
13	4.26, 29.65	4.72, 28.05	5.12, 26.79	5.58, 25.49	6.28, 23.68	6.92, 22.23	7.68, 20.66
14	4.82, 31.08	5.32, 29.44	5.74, 28.16	6.23, 26.83	6.97, 24.98	7.65, 23.48	8.46, 21.88
15	5.40, 32.49	5.92, 30.83	6.38, 29.52	6.89, 28.16	7.68, 26.26	8.39, 24.74	9.24, 23.09

k	$1-\alpha$						
	0.999	0.998	0.995	0.990	0.975	0.950	0.900
16	5.98，33.90	6.54，32.20	7.02，30.86	7.56，29.48	8.39，27.54	9.14，25.98	10.03，24.30
17	6.58，35.29	7.17，33.56	7.68，32.20	8.25，30.79	9.12，28.81	9.90，27.21	10.83，25.49
18	7.20，36.67	7.82，34.91	8.35，33.53	8.94，32.09	9.85，30.07	10.66，28.44	11.630，26.69
19	7.82，38.04	8.47，36.25	9.02，34.84	9.64，33.38	10.59，31.33	11.43，29.67	12.44，27.87
20	8.45，39.40	9.13，37.59	9.70，36.15	10.35，34.66	11.33，32.58	12.21，30.88	13.25，29.06
21	9.09，40.76	9.79，38.91	10.39，37.46	11.06，35.94	12.09，33.82	12.99，32.10	14.07，30.24
22	9.74，42.10	10.47，40.23	11.09，38.75	11.79，37.21	12.84，35.06	13.78，33.30	14.89，31.41
23	10.39，43.44	11.15，41.54	11.80，40.04	12.52，38.48	13.61，36.29	14.58，34.51	15.71，32.58
24	11.06，44.78	11.84，42.85	12.51，41.33	13.25，39.74	14.38，37.51	15.37，35.71	16.54，33.75
25	11.73，46.10	12.54，44.15	13.23，42.61	13.99，41.00	15.15，38.74	16.17，36.90	17.38，34.91
26	12.40，47.42	13.24，45.44	13.95，43.88	14.74，42.25	15.93，39.96	16.98，38.09	18.21，36.07
27	13.08，48.73	13.95，46.73	14.68，45.15	15.49，43.49	16.71，41.17	17.79，39.28	19.05，37.23
28	13.77，50.04	14.66，48.01	15.41，46.41	16.24，44.73	17.49，42.38	18.60，40.46	19.90，38.38
29	14.47，51.34	15.38，49.29	16.15，47.67	17.00，45.97	18.28，43.59	19.42，41.64	20.74，39.54
30	15.17，52.64	16.10，50.56	16.89，48.92	17.76，47.20	19.08，44.79	20.24，42.82	21.59，40.69
35	18.73，59.06	19.78，56.87	20.66，55.13	21.63，53.32	23.09，50.76	24.37，48.67	25.86，46.40
40	22.39，65.38	23.55，63.09	24.52，61.27	25.58，59.36	27.18，56.67	28.57，54.46	30.19，52.06
45	26.13，71.63	27.39，69.23	28.44，67.33	29.59，65.34	31.32，62.52	32.82，60.21	34.56，57.69
50	29.94，77.81	31.30，75.32	32.42，73.34	33.66，71.26	35.50，68.32	37.11，65.91	38.96，63.28

附表 7　二项分布 p 置信区间

$$p = m / n, \quad \alpha = 0.05$$

n	m																			
	1	2	3	4	5	6	7	8	9	10	11	12	13	14	15	16	17	18	19	20
1	0.025 1.000																			
2	0.012 0.987	0.158 1.000																		
3	0.008 0.903	0.094 0.991	0.292 1.000																	
4	0.006 0.801	0.067 0.932	0.194 0.993	0.397 1.000																
5	0.005 0.710	0.052 0.853	0.146 0.947	0.283 0.994	0.478 1.000															
6	0.004 0.633	0.043 0.776	0.118 0.881	0.222 0.956	0.358 0.995	0.540 1.000														
7	0.003 0.570	0.036 0.709	0.098 0.815	0.184 0.901	0.290 0.963	0.421 0.996	0.590 1.000													
8	0.003 0.518	0.031 0.650	0.085 0.755	0.157 0.842	0.244 0.914	0.349 0.968	0.473 0.996	0.630 1.000												
9	0.002 0.473	0.028 0.599	0.074 0.700	0.136 0.787	0.212 0.863	0.299 0.925	0.399 0.971	0.517 0.997	0.663 1.000											

续表

n	m 1	2	3	4	5	6	7	8	9	10	11	12	13	14	15	16	17	18	19	20
10	0.002	0.025	0.066	0.121	0.187	0.262	0.347	0.443	0.554	0.691										
	0.436	0.555	0.652	0.737	0.812	0.878	0.933	0.974	0.997	1.000										
11	0.002	0.022	0.060	0.109	0.167	0.233	0.307	0.390	0.482	0.587	0.715									
	0.404	0.516	0.609	0.692	0.766	0.832	0.890	0.939	0.977	0.997	1.000									
12	0.002	0.020	0.054	0.099	0.151	0.210	0.276	0.348	0.428	0.515	0.615	0.735								
	0.376	0.483	0.571	0.651	0.723	0.789	0.848	0.900	0.945	0.979	0.997	1.000								
13	0.001	0.019	0.050	0.090	0.138	0.192	0.251	0.315	0.385	0.461	0.545	0.639	0.752							
	0.352	0.453	0.538	0.614	0.684	0.748	0.807	0.861	0.909	0.949	0.980	0.998	1.000							
14	0.001	0.017	0.046	0.083	0.127	0.176	0.230	0.288	0.351	0.418	0.492	0.571	0.661	0.768						
	0.330	0.427	0.507	0.581	0.648	0.711	0.769	0.823	0.872	0.916	0.953	0.982	0.998	1.000						
15	0.001	0.016	0.043	0.077	0.118	0.163	0.212	0.265	0.322	0.383	0.448	0.519	0.595	0.680	0.781					
	0.311	0.403	0.480	0.550	0.616	0.677	0.734	0.787	0.836	0.881	0.922	0.956	0.983	0.998	1.000					
16	0.001	0.015	0.040	0.072	0.110	0.151	0.197	0.246	0.298	0.354	0.413	0.476	0.543	0.616	0.697	0.794				
	0.294	0.382	0.456	0.523	0.586	0.645	0.701	0.753	0.802	0.848	0.889	0.927	0.959	0.984	0.998	1.000				
17	0.001	0.014	0.037	0.068	0.103	0.142	0.184	0.229	0.278	0.329	0.383	0.440	0.501	0.565	0.635	0.713	0.804			
	0.279	0.363	0.434	0.498	0.559	0.616	0.670	0.721	0.770	0.815	0.857	0.896	0.931	0.962	0.985	0.998	1.000			
18	0.001	0.013	0.035	0.064	0.096	0.133	0.172	0.215	0.260	0.307	0.357	0.409	0.465	0.523	0.585	0.652	0.727	0.814		
	0.265	0.346	0.414	0.476	0.534	0.590	0.642	0.692	0.739	0.784	0.827	0.866	0.903	0.935	0.964	0.986	0.998	1.000		
19	0.001	0.013	0.033	0.060	0.091	0.125	0.162	0.202	0.244	0.288	0.334	0.383	0.434	0.487	0.544	0.604	0.668	0.739	0.823	
	0.253	0.330	0.395	0.455	0.512	0.565	0.616	0.665	0.711	0.755	0.797	0.837	0.874	0.908	0.939	0.966	0.986	0.998	1.000	
20	0.001	0.012	0.032	0.057	0.086	0.118	0.153	0.191	0.230	0.271	0.315	0.360	0.407	0.457	0.508	0.563	0.621	0.683	0.751	0.831
	0.242	0.316	0.378	0.436	0.491	0.542	0.592	0.639	0.684	0.728	0.769	0.808	0.846	0.881	0.913	0.942	0.967	0.987	0.998	1.000

$$p = m / n, \ \alpha = 0.01$$

n	m 1	2	3	4	5	6	7	8	9	10	11	12	13	14	15	16	17	18	19	20
1	0.005																			
	1.000																			
2	0.002	0.070																		
	0.997	1.000																		
3	0.001	0.041	0.170																	
	0.958	0.998	1.000																	
4	0.001	0.029	0.110	0.265																
	0.887	0.970	0.998	1.000																
5	0.001	0.022	0.082	0.185	0.346															
	0.812	0.917	0.977	0.998	1.000															
6	0.000	0.018	0.066	0.143	0.253	0.413														
	0.742	0.856	0.933	0.981	0.999	1.000														
7	0.000	0.015	0.055	0.117	0.202	0.315	0.469													
	0.681	0.796	0.882	0.944	0.984	0.999	1.000													
8	0.000	0.013	0.047	0.099	0.169	0.257	0.368	0.515												
	0.627	0.741	0.830	0.900	0.952	0.986	0.999	1.000												
9	0.000	0.012	0.041	0.086	0.146	0.219	0.307	0.415	0.555											
	0.580	0.692	0.780	0.853	0.913	0.958	0.987	0.999	1.000											
10	0.000	0.010	0.037	0.076	0.128	0.190	0.264	0.351	0.455	0.588										
	0.539	0.647	0.735	0.809	0.871	0.923	0.962	0.989	0.999	1.000										
11	0.000	0.009	0.033	0.068	0.114	0.169	0.233	0.306	0.391	0.491	0.617									
	0.503	0.608	0.693	0.766	0.830	0.885	0.931	0.966	0.990	0.999	1.000									
12	0.000	0.008	0.030	0.062	0.103	0.152	0.208	0.272	0.344	0.427	0.522	0.643								
	0.472	0.572	0.655	0.727	0.791	0.847	0.896	0.937	0.969	0.991	0.999	1.000								
13	0.000	0.008	0.027	0.057	0.094	0.138	0.188	0.245	0.308	0.379	0.458	0.550	0.665							
	0.444	0.540	0.620	0.691	0.754	0.811	0.861	0.905	0.942	0.972	0.991	0.999	1.000							

续表

n	m																			
	1	2	3	4	5	6	7	8	9	10	11	12	13	14	15	16	17	18	19	20
14	0.000	0.007	0.025	0.052	0.086	0.126	0.172	0.223	0.279	0.342	0.410	0.487	0.575	0.684						
	0.419	0.511	0.589	0.657	0.720	0.776	0.827	0.873	0.913	0.947	0.974	0.992	0.999	1.000						
15	0.000	0.007	0.023	0.048	0.080	0.116	0.158	0.205	0.256	0.311	0.372	0.439	0.513	0.598	0.702					
	0.397	0.485	0.560	0.627	0.688	0.743	0.794	0.841	0.883	0.919	0.951	0.976	0.992	0.999	1.000					
16	0.000	0.006	0.022	0.045	0.074	0.108	0.147	0.189	0.236	0.286	0.341	0.400	0.465	0.537	0.618	0.718				
	0.376	0.462	0.534	0.599	0.658	0.713	0.763	0.810	0.852	0.891	0.925	0.954	0.977	0.993	0.999	1.000				
17	0.000	0.006	0.020	0.042	0.069	0.101	0.137	0.176	0.219	0.265	0.315	0.369	0.426	0.489	0.558	0.636	0.732			
	0.358	0.440	0.510	0.573	0.630	0.684	0.734	0.780	0.823	0.862	0.898	0.930	0.957	0.979	0.993	0.999	1.000			
18	0.000	0.005	0.019	0.040	0.065	0.095	0.128	0.164	0.204	0.247	0.293	0.342	0.394	0.450	0.511	0.578	0.653	0.745		
	0.342	0.421	0.488	0.549	0.605	0.657	0.706	0.752	0.795	0.835	0.871	0.904	0.934	0.959	0.980	0.994	0.999	1.000		
19	0.000	0.005	0.018	0.037	0.061	0.089	0.120	0.154	0.191	0.231	0.273	0.319	0.367	0.418	0.472	0.531	0.596	0.668	0.756	
	0.326	0.403	0.468	0.527	0.581	0.632	0.680	0.726	0.768	0.808	0.845	0.879	0.910	0.938	0.962	0.981	0.994	0.999	1.000	
20	0.000	0.005	0.017	0.035	0.058	0.084	0.113	0.145	0.180	0.217	0.257	0.299	0.343	0.390	0.440	0.493	0.550	0.612	0.682	0.767
	0.312	0.386	0.449	0.506	0.559	0.609	0.656	0.700	0.742	0.782	0.819	0.854	0.886	0.915	0.941	0.964	0.982	0.994	0.999	1.000

附表 8　Fisher 查询数值表

$$\phi = 2\arcsin(\sqrt{p})\ \text{数值表}$$

$p/\%$	0	1	2	3	4	5	6	7	8	9
0.0	0.0000	0.0200	0.0283	0.0346	0.0400	0.0447	0.0490	0.0529	0.0566	0.0600
0.1	0.0633	0.0663	0.0693	0.0721	0.0749	0.0775	0.0800	0.0825	0.0849	0.0872
0.2	0.0895	0.0917	0.0938	0.0960	0.0980	0.1000	0.1020	0.1040	0.1059	0.1078
0.3	0.1096	0.1114	0.1132	0.1150	0.1167	0.1184	0.1201	0.1217	0.1234	0.1250
0.4	0.1266	0.1282	0.1297	0.1312	0.1328	0.1343	0.1358	0.1372	0.1387	0.1401
0.5	0.1415	0.1430	0.1443	0.1457	0.1471	0.1485	0.1498	0.1511	0.1525	0.1538
0.6	0.1551	0.1564	0.1576	0.1589	0.1602	0.1614	0.1627	0.1639	0.1651	0.1663
0.7	0.1675	0.1687	0.1699	0.1711	0.1723	0.1734	0.1746	0.1757	0.1769	0.1780
0.8	0.1791	0.1802	0.1814	0.1825	0.1836	0.1847	0.1857	0.1868	0.1879	0.1890
0.9	0.1900	0.1911	0.1921	0.1932	0.1942	0.1952	0.1963	0.1973	0.1983	0.1993
1.0	0.2003	0.2101	0.2195	0.2285	0.2372	0.2456	0.2537	0.2615	0.2691	0.2766
2.0	0.2838	0.2909	0.2977	0.3045	0.3111	0.3176	0.3239	0.3301	0.3362	0.3423
3.0	0.3482	0.3540	0.3597	0.3653	0.3709	0.3764	0.3818	0.3871	0.3924	0.3976
4.0	0.4027	0.4078	0.4128	0.4178	0.4227	0.4275	0.4323	0.4371	0.4418	0.4464
5.0	0.4510	0.4556	0.4601	0.4646	0.4690	0.4735	0.4778	0.4822	0.4864	0.4907
6.0	0.4949	0.4991	0.5033	0.5074	0.5115	0.5156	0.5196	0.5236	0.5276	0.5316
7.0	0.5355	0.5394	0.5433	0.5472	0.5510	0.5548	0.5586	0.5624	0.5661	0.5698
8.0	0.5735	0.5772	0.5808	0.5845	0.5881	0.5917	0.5953	0.5988	0.6024	0.6059
9.0	0.6094	0.6129	0.6163	0.6198	0.6232	0.6266	0.6300	0.6334	0.6368	0.6402
10.0	0.6435	0.6468	0.6501	0.6534	0.6567	0.6600	0.6632	0.6665	0.6697	0.6729
11.0	0.6761	0.6793	0.6825	0.6857	0.6888	0.6920	0.6951	0.6982	0.7013	0.7044
12.0	0.7075	0.7106	0.7136	0.7167	0.7197	0.7227	0.7258	0.7288	0.7318	0.7347
13.0	0.7377	0.7407	0.7437	0.7466	0.7495	0.7525	0.7554	0.7583	0.7612	0.7641

p/%	0	1	2	3	4	5	6	7	8	9
14.0	0.7670	0.7699	0.7727	0.7756	0.7785	0.7813	0.7841	0.7870	0.7898	0.7926
15.0	0.7954	0.7982	0.8010	0.8038	0.8065	0.8093	0.8121	0.8148	0.8176	0.8203
16.0	0.8230	0.8258	0.8285	0.8312	0.8339	0.8366	0.8393	0.8420	0.8446	0.8473
17.0	0.8500	0.8526	0.8553	0.8579	0.8606	0.8632	0.8658	0.8685	0.8711	0.8737
18.0	0.8763	0.8789	0.8815	0.8841	0.8867	0.8892	0.8918	0.8944	0.8969	0.8995
19.0	0.9021	0.9046	0.9071	0.9097	0.9122	0.9147	0.9173	0.9198	0.9223	0.9248
20.0	0.9273	0.9298	0.9323	0.9348	0.9373	0.9397	0.9422	0.9447	0.9471	0.9496
21.0	0.9521	0.9545	0.9570	0.9594	0.9619	0.9643	0.9667	0.9692	0.9716	0.9740
22.0	0.9764	0.9788	0.9812	0.9836	0.9860	0.9884	0.9908	0.9932	0.9956	0.9980
23.0	1.0004	1.0027	1.0051	1.0075	1.0098	1.0122	1.0146	1.0169	1.0193	1.0216
24.0	1.0239	1.0263	1.0286	1.0310	1.0333	1.0356	1.0379	1.0403	1.0426	1.0449
25.0	1.0472	1.0495	1.0518	1.0541	1.0564	1.0587	1.0610	1.0633	1.0656	1.0679
26.0	1.0701	1.0724	1.0747	1.0770	1.0792	1.0815	1.0838	1.0860	1.0883	1.0905
27.0	1.0928	1.0951	1.0973	1.0995	1.1018	1.1040	1.1063	1.1085	1.1107	1.1130
28.0	1.1152	1.1174	1.1196	1.1219	1.1241	1.1263	1.1285	1.1307	1.1329	1.1351
29.0	1.1374	1.1396	1.1418	1.1440	1.1461	1.1483	1.1505	1.1527	1.1549	1.1571
30.0	1.1593	1.1615	1.1636	1.1658	1.1680	1.1702	1.1723	1.1745	1.1767	1.1788
31.0	1.1810	1.1832	1.1853	1.1875	1.1896	1.1918	1.1939	1.1961	1.1982	1.2004
32.0	1.2025	1.2047	1.2068	1.2090	1.2111	1.2132	1.2154	1.2175	1.2196	1.2218
33.0	1.2239	1.2260	1.2281	1.2303	1.2324	1.2345	1.2366	1.2387	1.2408	1.2430
34.0	1.2451	1.2472	1.2493	1.2514	1.2535	1.2556	1.2577	1.2598	1.2619	1.2640
35.0	1.2661	1.2682	1.2703	1.2724	1.2745	1.2766	1.2787	1.2807	1.2828	1.2849
36.0	1.2870	1.2891	1.2912	1.2932	1.2953	1.2974	1.2995	1.3016	1.3036	1.3057
37.0	1.3078	1.3098	1.3119	1.3140	1.3160	1.3181	1.3202	1.3222	1.3243	1.3264
38.0	1.3284	1.3305	1.3325	1.3346	1.3367	1.3387	1.3408	1.3428	1.3449	1.3469
39.0	1.3490	1.3510	1.3531	1.3551	1.3572	1.3592	1.3613	1.3633	1.3654	1.3674
40.0	1.3694	1.3715	1.3735	1.3756	1.3776	1.3796	1.3817	1.3837	1.3857	1.3878
41.0	1.3898	1.3918	1.3939	1.3959	1.3979	1.4000	1.4020	1.4040	1.4061	1.4081
42.0	1.4101	1.4121	1.4142	1.4162	1.4182	1.4202	1.4223	1.4243	1.4263	1.4283
43.0	1.4303	1.4324	1.4344	1.4364	1.4384	1.4404	1.4424	1.4445	1.4465	1.4485
44.0	1.4505	1.4525	1.4545	1.4565	1.4586	1.4606	1.4626	1.4646	1.4666	1.4686
45.0	1.4706	1.4726	1.4746	1.4767	1.4787	1.4807	1.4827	1.4847	1.4867	1.4887
46.0	1.4907	1.4927	1.4947	1.4967	1.4987	1.5007	1.5027	1.5047	1.5068	1.5088
47.0	1.5108	1.5128	1.5148	1.5168	1.5188	1.5208	1.5228	1.5248	1.5268	1.5288
48.0	1.5308	1.5328	1.5348	1.5368	1.5388	1.5408	1.5428	1.5448	1.5468	1.5488
49.0	1.5508	1.5528	1.5548	1.5568	1.5588	1.5608	1.5628	1.5648	1.5668	1.5688
50.0	1.5708	1.5728	1.5748	1.5768	1.5788	1.5808	1.5828	1.5848	1.5868	1.5888
51.0	1.5908	1.5928	1.5948	1.5968	1.5988	1.6008	1.6028	1.6048	1.6068	1.6088
52.0	1.6108	1.6128	1.6148	1.6168	1.6188	1.6208	1.6228	1.6248	1.6268	1.6288
53.0	1.6308	1.6328	1.6348	1.6368	1.6388	1.6409	1.6429	1.6449	1.6469	1.6489
54.0	1.6509	1.6529	1.6549	1.6569	1.6589	1.6609	1.6629	1.6649	1.6669	1.6690

续表

p/%	0	1	2	3	4	5	6	7	8	9
55.0	1.6710	1.6730	1.6750	1.6770	1.6790	1.6810	1.6830	1.6850	1.6871	1.6891
56.0	1.6911	1.6931	1.6951	1.6971	1.6991	1.7012	1.7032	1.7052	1.7072	1.7092
57.0	1.7113	1.7133	1.7153	1.7173	1.7193	1.7214	1.7234	1.7254	1.7274	1.7295
58.0	1.7315	1.7335	1.7355	1.7376	1.7396	1.7416	1.7437	1.7457	1.7477	1.7497
59.0	1.7518	1.7538	1.7559	1.7579	1.7599	1.7620	1.7640	1.7660	1.7681	1.7701
60.0	1.7722	1.7742	1.7762	1.7783	1.7803	1.7824	1.7844	1.7865	1.7885	1.7906
61.0	1.7926	1.7947	1.7967	1.7988	1.8008	1.8029	1.8049	1.8070	1.8090	1.8111
62.0	1.8132	1.8152	1.8173	1.8193	1.8214	1.8235	1.8255	1.8276	1.8297	1.8317
63.0	1.8338	1.8359	1.8380	1.8400	1.8421	1.8442	1.8463	1.8483	1.8504	1.8525
64.0	1.8546	1.8567	1.8588	1.8608	1.8629	1.8650	1.8671	1.8692	1.8713	1.8734
65.0	1.8755	1.8776	1.8797	1.8818	1.8839	1.8860	1.8881	1.8902	1.8923	1.8944
66.0	1.8965	1.8986	1.9008	1.9029	1.9050	1.9071	1.9092	1.9113	1.9135	1.9156
67.0	1.9177	1.9198	1.9220	1.9241	1.9262	1.9284	1.9305	1.9326	1.9348	1.9369
68.0	1.9391	1.9412	1.9434	1.9455	1.9477	1.9498	1.9520	1.9541	1.9563	1.9584
69.0	1.9606	1.9628	1.9649	1.9671	1.9693	1.9714	1.9736	1.9758	1.9780	1.9801
70.0	1.9823	1.9845	1.9867	1.9889	1.9911	1.9933	1.9954	1.9976	1.9998	2.0020
71.0	2.0042	2.0064	2.0087	2.0109	2.0131	2.0153	2.0175	2.0197	2.0219	2.0242
72.0	2.0264	2.0286	2.0309	2.0331	2.0353	2.0376	2.0398	2.0420	2.0443	2.0465
73.0	2.0488	2.0510	2.0533	2.0556	2.0578	2.0601	2.0624	2.0646	2.0669	2.0692
74.0	2.0715	2.0737	2.0760	2.0783	2.0806	2.0829	2.0852	2.0875	2.0898	2.0921
75.0	2.0944	2.0967	2.0990	2.1013	2.1037	2.1060	2.1083	2.1106	2.1130	2.1153
76.0	2.1176	2.1200	2.1223	2.1247	2.1270	2.1294	2.1318	2.1341	2.1365	2.1389
77.0	2.1412	2.1436	2.1460	2.1484	2.1508	2.1532	2.1556	2.1580	2.1604	2.1628
78.0	2.1652	2.1676	2.1700	2.1724	2.1749	2.1773	2.1797	2.1822	2.1846	2.1871
79.0	2.1895	2.1920	2.1944	2.1969	2.1994	2.2019	2.2043	2.2068	2.2093	2.2118
80.0	2.2143	2.2168	2.2193	2.2218	2.2243	2.2269	2.2294	2.2319	2.2345	2.2370
81.0	2.2395	2.2421	2.2446	2.2472	2.2498	2.2523	2.2549	2.2575	2.2601	2.2627
82.0	2.2653	2.2679	2.2705	2.2731	2.2758	2.2784	2.2810	2.2837	2.2863	2.2890
83.0	2.2916	2.2943	2.2970	2.2996	2.3023	2.3050	2.3077	2.3104	2.3131	2.3158
84.0	2.3186	2.3213	2.3240	2.3268	2.3295	2.3323	2.3351	2.3378	2.3406	2.3434
85.0	2.3462	2.3490	2.3518	2.3546	2.3575	2.3603	2.3631	2.3660	2.3689	2.3717
86.0	2.3746	2.3775	2.3804	2.3833	2.3862	2.3891	2.3920	2.3950	2.3979	2.4009
87.0	2.4039	2.4068	2.4098	2.4128	2.4158	2.4189	2.4219	2.4249	2.4280	2.4310
88.0	2.4341	2.4372	2.4403	2.4434	2.4465	2.4496	2.4528	2.4559	2.4591	2.4623
89.0	2.4655	2.4687	2.4719	2.4751	2.4784	2.4816	2.4849	2.4882	2.4915	2.4948
90.0	2.4981	2.5014	2.5048	2.5082	2.5115	2.5149	2.5184	2.5218	2.5253	2.5287
91.0	2.5322	2.5357	2.5392	2.5428	2.5463	2.5499	2.5535	2.5571	2.5607	2.5644
92.0	2.5681	2.5718	2.5755	2.5792	2.5830	2.5868	2.5906	2.5944	2.5983	2.6022
93.0	2.6061	2.6100	2.6140	2.6179	2.6220	2.6260	2.6301	2.6342	2.6383	2.6425
94.0	2.6467	2.6509	2.6551	2.6594	2.6638	2.6681	2.6725	2.6770	2.6815	2.6860

续表

$p/\%$	0	1	2	3	4	5	6	7	8	9
95.0	2.6906	2.6952	2.6998	2.7045	2.7093	2.7141	2.7189	2.7238	2.7288	2.7338
96.0	2.7389	2.7440	2.7492	2.7545	2.7598	2.7652	2.7707	2.7762	2.7819	2.7876
97.0	2.7934	2.7993	2.8053	2.8115	2.8177	2.8240	2.8305	2.8371	2.8438	2.8507
98.0	2.8578	2.8650	2.8725	2.8801	2.8879	2.8960	2.9044	2.9131	2.9221	2.9314
99.0	2.9413	2.9423	2.9433	2.9443	2.9453	2.9463	2.9474	2.9484	2.9495	2.9505
99.1	2.9516	2.9526	2.9537	2.9548	2.9559	2.9569	2.9580	2.9591	2.9602	2.9613
99.2	2.9625	2.9636	2.9647	2.9659	2.9670	2.9682	2.9693	2.9705	2.9717	2.9729
99.3	2.9741	2.9753	2.9765	2.9777	2.9789	2.9802	2.9814	2.9827	2.9839	2.9852
99.4	2.9865	2.9878	2.9891	2.9905	2.9918	2.9931	2.9945	2.9959	2.9972	2.9986
99.5	3.0001	3.0015	3.0029	3.0044	3.0058	3.0073	3.0088	3.0103	3.0119	3.0134
99.6	3.0150	3.0166	3.0182	3.0199	3.0215	3.0232	3.0249	3.0266	3.0284	3.0302
99.7	3.0320	3.0338	3.0357	3.0376	3.0396	3.0416	3.0436	3.0456	3.0477	3.0499
99.8	3.0521	3.0544	3.0567	3.0591	3.0616	3.0641	3.0667	3.0695	3.0723	3.0752
99.9	3.0783	3.0816	3.0850	3.0887	3.0926	3.0969	3.1016	3.1069	3.1133	3.1216
100.0	3.1416									

附表 9 符号检验表

$$P(S \leqslant s_\alpha) = \alpha$$

n	α 0.01	0.05	0.10	0.25	n	α 0.01	0.05	0.10	0.25	n	α 0.01	0.05	0.10	0.25
1					22	4	5	6	7	43	12	14	15	17
2					23	4	6	7	8	44	13	15	16	17
3				0	24	5	6	7	8	45	13	15	16	18
4				0	25	5	7	7	9	46	13	15	16	18
5			0	0	26	6	7	8	9	47	14	16	17	19
6		0	0	1	27	6	7	8	9	48	14	16	17	19
7		0	0	1	28	6	8	9	10	49	15	17	18	19
8	0	0	1	1	29	7	8	9	10	50	15	17	18	20
9	0	1	1	2	30	7	9	10	11	51	15	18	19	20
10	0	1	1	2	31	7	9	10	11	52	16	18	19	21
11	0	1	2	3	32	8	9	10	12	53	16	18	20	21
12	1	2	2	3	33	8	10	11	12	54	17	19	20	22
13	1	2	3	3	34	9	10	11	13	55	17	19	20	22
14	1	2	3	4	35	9	11	12	13	56	17	20	21	23
15	2	3	3	4	36	9	11	12	14	57	18	20	21	23
16	2	3	4	5	37	10	12	13	14	58	18	21	22	24
17	2	4	4	5	38	10	12	13	14	59	19	21	22	24
18	3	4	5	6	39	11	12	13	15	60	19	21	22	25
19	3	4	5	6	40	11	13	14	15	61	20	22	23	25
20	3	5	5	6	41	11	13	14	16	62	20	22	24	25
21	4	5	6	7	42	12	14	15	16	63	20	23	24	26

n	α				n	α				n	α			
	0.01	0.05	0.10	0.25		0.01	0.05	0.10	0.25		0.01	0.05	0.10	0.25
64	21	23	24	26	73	25	27	28	31	82	28	31	33	35
65	21	24	25	27	74	25	28	29	31	83	29	32	33	35
66	22	24	25	27	75	25	28	29	32	84	29	32	33	36
67	22	25	26	28	76	26	28	30	32	85	30	32	34	36
68	2	25	26	28	77	26	29	30	32	86	30	33	34	37
69	23	25	27	29	78	27	29	31	33	87	31	33	35	37
70	23	26	27	29	79	27	30	31	33	88	31	34	35	38
71	24	26	28	30	80	28	30	32	34	89	31	34	36	38
72	24	27	28	30	81	28	31	32	34	90	32	35	36	39

附表 10　符号秩检验表

$$P(T \leqslant T_\alpha) = \alpha$$

n	α		n	α	
	0.05	0.01		0.05	0.01
6	0	—	14	21	13
7	2	—	15	25	16
8	3	0	16	30	19
9	5	1	17	35	23
10	8	3	18	40	28
11	10	5	19	46	32
12	13	7	20	52	37
13	17	10			

附表 11　秩和临界值表

$$\alpha = 0.05$$

n_1	n_2						
	4	5	6	7	8	9	10
2	3, 11	3, 13	3, 15	3, 17	4, 18	4, 20	4, 22
3	6, 18	7, 20	8, 22	8, 25	9, 27	9, 30	10, 32
4	11, 25	12, 28	13, 31	14, 34	15, 37	15, 41	16, 44
5	17, 33	18, 37	19, 41	21, 44	22, 48	23, 52	24, 56
6	24, 42	25, 47	27, 51	28, 56	30, 60	32, 64	33, 69
7	32, 52	34, 57	35, 63	37, 68	39, 73	41, 78	43, 83
8	41, 63	43, 69	45, 75	47, 81	50, 86	52, 92	54, 98
9	50, 76	53, 82	56, 88	58, 95	61, 101	63, 108	66, 114
10	61, 89	64, 96	67, 103	70, 110	73, 117	76, 124	79, 131

注：表中为（n_1，n_2）对应的临界值（Cu，Cl）如 $n_1 = 6$，$n_2 = 7$ 交接处为 28，56，则 Cu = 28，Cl = 56

$\alpha = 0.01$

n_1	n_2						
	4	5	6	7	8	9	10
2	3, 11	3, 13	3, 15	3, 17	3, 19	3, 21	3, 23
3	6, 18	6, 21	6, 24	6, 27	6, 30	7, 32	7, 35
4	10, 26	10, 30	11, 33	11, 37	12, 40	12, 44	13, 47
5	15, 35	16, 39	17, 43	17, 48	18, 52	19, 56	20, 60
6	22, 44	23, 49	24, 54	25, 59	26, 64	27, 69	28, 74
7	29, 55	30, 61	32, 66	33, 72	35, 77	36, 83	38, 88
8	38, 66	39, 73	41, 79	43, 85	44, 92	46, 98	48, 104
9	47, 79	49, 86	51, 93	53, 100	55, 107	57, 114	59, 121
10	58, 92	60, 100	62, 108	65, 115	67, 123	69, 131	72, 138

附表 12 游程总数检验表

$$P(R_1 \leqslant R \leqslant R_2) = 95\%$$

n_2	n_1																		
	2	3	4	5	6	7	8	9	10	11	12	13	14	15	16	17	18	19	20
2																			
3																			
4																			
5			2 9	2 10															
6		2	2 9	3 10	3 11														
7		2	2	3 11	3 12	3 13													
8		2	3	3 11	3 12	4 13	4 14												
9		2	3	3	4 13	4 14	5 14	5 15											
10		2	3	3	4 13	5 14	5 15	5 16	6 16										
11		2	3	4	4 13	5 14	5 15	6 16	6 17	7 17									
12	2	2	3	4	4 13	5 14	6 16	6 16	7 17	7 18	7 19								
13	2	2	3	4	5	5 15	6 16	6 17	7 18	7 19	8 19	8 20							
14	2	2	3	4	5	5 15	6 16	7 17	7 18	8 19	8 20	9 20	9 21						
15	2	3	3	4	5	6 15	6 16	7 18	7 18	8 19	8 20	9 21	9 22	10 22					
16	2	3	4	4	5	6	7 17	7 18	8 19	8 20	9 21	9 21	10 22	10 23	11 23				
17	2	3	4	4	5	6	7 17	7 18	8 19	9 20	9 21	10 22	10 23	11 23	11 24	11 25			
18	2	3	4	5	5	6	7 17	8 18	8 19	9 20	9 21	10 22	10 23	11 24	11 25	12 25	12 26		
19	2	3	4	5	6	6	7 17	8 18	8 20	9 21	10 22	10 23	11 23	11 24	12 25	12 26	13 26	13 27	
20	2	3	4	5	6	6	7 17	8 18	9 20	9 21	10 22	10 23	11 24	12 25	12 25	13 26	13 27	13 27	14 28

附表 13　Tukey 多重比较中的 q 表

$\alpha = 0.10$

df	2	3	4	5	6	7	8	9	10	11	12	13	14	15	16	17	18	19	20	30	40	50	60	70	80	90	100
1	8.93	13.43	16.35	18.49	20.15	21.50	22.63	23.60	24.45	25.21	25.88	26.50	27.06	27.57	28.05	28.50	28.92	29.31	29.69	32.58	34.61	36.19	37.48	38.57	39.51	40.34	41.09
2	4.13	5.73	6.77	7.54	8.14	8.63	9.05	9.41	9.72	10.01	10.26	10.49	10.70	10.89	11.07	11.24	11.39	11.54	11.67	12.72	13.43	13.97	14.39	14.75	15.05	15.32	15.56
3	3.33	4.47	5.20	5.74	6.16	6.51	6.81	7.06	7.29	7.49	7.67	7.83	7.98	8.12	8.25	8.37	8.48	8.58	8.68	9.44	9.95	10.34	10.65	10.90	11.12	11.30	11.47
4	3.01	3.98	4.59	5.03	5.39	5.68	5.93	6.14	6.33	6.49	6.65	6.78	6.91	7.02	7.13	7.23	7.33	7.41	7.50	8.14	8.57	8.90	9.16	9.37	9.56	9.72	9.86
5	2.85	3.72	4.26	4.66	4.98	5.24	5.46	5.65	5.82	5.97	6.10	6.22	6.34	6.44	6.54	6.63	6.71	6.79	6.86	7.43	7.82	8.12	8.35	8.55	8.71	8.86	8.99
6	2.75	3.56	4.07	4.44	4.73	4.97	5.17	5.34	5.50	5.64	5.76	5.87	5.98	6.07	6.16	6.25	6.32	6.40	6.47	7.00	7.36	7.63	7.85	8.03	8.18	8.32	8.44
7	2.68	3.45	3.93	4.28	4.55	4.78	4.97	5.14	5.28	5.41	5.53	5.64	5.74	5.83	5.91	5.99	6.06	6.13	6.19	6.69	7.04	7.29	7.50	7.67	7.82	7.95	8.06
8	2.63	3.37	3.83	4.17	4.43	4.65	4.83	4.99	5.13	5.25	5.36	5.46	5.56	5.64	5.72	5.80	5.87	5.93	6.00	6.47	6.80	7.05	7.25	7.41	7.55	7.67	7.78
9	2.59	3.32	3.76	4.08	4.34	4.54	4.72	4.87	5.01	5.13	5.23	5.33	5.42	5.51	5.58	5.65	5.72	5.79	5.85	6.31	6.62	6.86	7.05	7.21	7.34	7.46	7.57
10	2.56	3.27	3.70	4.02	4.26	4.47	4.64	4.78	4.91	5.03	5.13	5.23	5.32	5.40	5.47	5.54	5.61	5.67	5.73	6.17	6.48	6.71	6.89	7.05	7.18	7.29	7.40
11	2.54	3.23	3.66	3.96	4.20	4.40	4.57	4.71	4.84	4.95	5.05	5.15	5.23	5.31	5.38	5.45	5.51	5.57	5.63	6.06	6.36	6.59	6.77	6.92	7.05	7.16	7.26
12	2.52	3.20	3.62	3.92	4.16	4.35	4.51	4.65	4.78	4.89	4.99	5.08	5.16	5.24	5.31	5.37	5.44	5.49	5.55	5.98	6.27	6.49	6.66	6.81	6.94	7.05	7.14
13	2.50	3.18	3.59	3.88	4.12	4.30	4.46	4.60	4.72	4.83	4.93	5.02	5.10	5.18	5.25	5.31	5.37	5.43	5.48	5.90	6.19	6.40	6.57	6.72	6.84	6.95	7.04
14	2.49	3.16	3.56	3.85	4.08	4.27	4.42	4.56	4.68	4.79	4.88	4.97	5.05	5.12	5.19	5.26	5.32	5.37	5.43	5.84	6.12	6.33	6.50	6.64	6.76	6.87	6.96
15	2.48	3.14	3.54	3.83	4.05	4.23	4.39	4.52	4.64	4.75	4.84	4.93	5.01	5.08	5.15	5.21	5.27	5.32	5.38	5.78	6.06	6.27	6.43	6.57	6.69	6.80	6.89
16	2.47	3.12	3.52	3.80	4.03	4.21	4.36	4.49	4.61	4.71	4.80	4.89	4.97	5.04	5.11	5.17	5.23	5.28	5.33	5.73	6.00	6.21	6.38	6.51	6.63	6.73	6.82
17	2.46	3.11	3.50	3.78	4.00	4.18	4.33	4.46	4.58	4.68	4.77	4.86	4.93	5.01	5.07	5.13	5.19	5.24	5.30	5.69	5.96	6.16	6.32	6.46	6.58	6.68	6.77
18	2.45	3.10	3.49	3.77	3.98	4.16	4.31	4.44	4.55	4.65	4.75	4.83	4.90	4.97	5.04	5.10	5.16	5.21	5.26	5.65	5.92	6.12	6.28	6.41	6.53	6.63	6.72
19	2.45	3.09	3.47	3.75	3.97	4.14	4.29	4.42	4.53	4.63	4.72	4.80	4.88	4.95	5.01	5.07	5.13	5.18	5.23	5.62	5.88	6.08	6.24	6.37	6.49	6.59	6.67
20	2.44	3.08	3.46	3.74	3.95	4.12	4.27	4.40	4.51	4.61	4.70	4.78	4.85	4.92	4.99	5.05	5.10	5.16	5.20	5.59	5.85	6.04	6.20	6.33	6.45	6.55	6.63
30	2.40	3.02	3.39	3.65	3.85	4.02	4.16	4.28	4.38	4.47	4.56	4.64	4.71	4.77	4.83	4.89	4.94	4.99	5.03	5.39	5.64	5.82	5.97	6.09	6.20	6.29	6.37
40	2.38	2.99	3.35	3.60	3.80	3.96	4.10	4.21	4.32	4.41	4.49	4.56	4.63	4.69	4.75	4.81	4.86	4.90	4.95	5.29	5.53	5.71	5.85	5.97	6.07	6.16	6.24
50	2.37	2.97	3.33	3.58	3.77	3.93	4.06	4.18	4.28	4.37	4.45	4.52	4.59	4.65	4.71	4.76	4.81	4.85	4.90	5.24	5.47	5.64	5.78	5.89	5.99	6.08	6.16
60	2.36	2.96	3.31	3.56	3.75	3.91	4.04	4.16	4.25	4.34	4.42	4.49	4.56	4.62	4.67	4.73	4.78	4.82	4.86	5.20	5.42	5.59	5.73	5.84	5.94	6.03	6.10

续表

df	2	3	4	5	6	7	8	9	10	11	12	13	14	15	16	17	18	19	20	30	40	50	60	70	80	90	100
70	2.36	2.95	3.30	3.55	3.74	3.90	4.03	4.14	4.24	4.32	4.40	4.47	4.54	4.60	4.65	4.70	4.75	4.80	4.84	5.17	5.39	5.56	5.69	5.81	5.90	5.99	6.06
80	2.35	2.94	3.29	3.54	3.73	3.89	4.01	4.13	4.22	4.31	4.39	4.46	4.52	4.58	4.64	4.69	4.73	4.78	4.82	5.15	5.37	5.53	5.67	5.78	5.87	5.96	6.03
90	2.35	2.94	3.29	3.53	3.72	3.88	4.01	4.12	4.21	4.30	4.38	4.45	4.51	4.57	4.62	4.67	4.72	4.77	4.81	5.13	5.35	5.52	5.65	5.76	5.85	5.93	6.01
100	2.35	2.94	3.28	3.53	3.72	3.87	4.00	4.11	4.20	4.29	4.37	4.44	4.50	4.56	4.61	4.66	4.71	4.75	4.80	5.12	5.34	5.50	5.63	5.74	5.83	5.92	5.99
120	2.34	2.93	3.28	3.52	3.71	3.86	3.99	4.10	4.19	4.28	4.35	4.42	4.48	4.54	4.60	4.65	4.69	4.74	4.78	5.10	5.31	5.48	5.61	5.71	5.81	5.89	5.96
∞	2.33	2.90	3.24	3.48	3.66	3.81	3.93	4.04	4.13	4.21	4.28	4.35	4.41	4.47	4.52	4.57	4.61	4.65	4.69	5.00	5.20	5.36	5.48	5.58	5.67	5.75	5.81

$\alpha = 0.05$

df	2	3	4	5	6	7	8	9	10	11	12	13	14	15	16	17	18	19	20	30	40	50	60	70	80	90	100
1	17.96	26.96	32.81	37.06	40.39	43.10	45.39	47.37	49.09	50.62	51.99	53.22	54.35	55.38	56.33	57.21	58.03	58.79	59.50	64.85	68.36	70.93	72.96	74.63	76.05	77.28	78.36
2	6.08	8.33	9.80	10.88	11.73	12.43	13.03	13.54	13.99	14.39	14.75	15.08	15.37	15.65	15.90	16.14	16.36	16.57	16.77	18.27	19.29	20.07	20.69	21.22	21.66	22.06	22.41
3	4.50	5.91	6.82	7.50	8.04	8.48	8.85	9.18	9.46	9.72	9.95	10.15	10.35	10.52	10.69	10.84	10.98	11.11	11.24	12.21	12.87	13.36	13.75	14.08	14.36	14.60	14.81
4	3.93	5.04	5.76	6.29	6.71	7.05	7.35	7.60	7.83	8.03	8.21	8.37	8.52	8.66	8.79	8.91	9.03	9.13	9.23	10.00	10.53	10.92	11.24	11.50	11.73	11.92	12.10
5	3.64	4.60	5.22	5.67	6.03	6.33	6.58	6.80	6.99	7.17	7.32	7.47	7.60	7.72	7.83	7.93	8.03	8.12	8.21	8.87	9.33	9.67	9.95	10.18	10.37	10.54	10.69
6	3.46	4.34	4.90	5.30	5.63	5.90	6.12	6.32	6.49	6.65	6.79	6.92	7.03	7.14	7.24	7.34	7.43	7.51	7.59	8.19	8.60	8.91	9.16	9.37	9.55	9.70	9.84
7	3.34	4.16	4.68	5.06	5.36	5.61	5.82	6.00	6.16	6.30	6.43	6.55	6.66	6.76	6.85	6.94	7.02	7.10	7.17	7.73	8.11	8.40	8.63	8.82	8.99	9.13	9.26
8	3.26	4.04	4.53	4.89	5.17	5.40	5.60	5.77	5.92	6.05	6.18	6.29	6.39	6.48	6.57	6.65	6.73	6.80	6.87	7.40	7.76	8.03	8.25	8.43	8.59	8.72	8.84
9	3.20	3.95	4.41	4.76	5.02	5.24	5.43	5.59	5.74	5.87	5.98	6.09	6.19	6.28	6.36	6.44	6.51	6.58	6.64	7.14	7.49	7.75	7.96	8.13	8.28	8.41	8.53
10	3.15	3.88	4.33	4.65	4.91	5.12	5.30	5.46	5.60	5.72	5.83	5.93	6.03	6.11	6.19	6.27	6.34	6.40	6.47	6.95	7.28	7.53	7.73	7.90	8.04	8.17	8.28
11	3.11	3.82	4.26	4.57	4.82	5.03	5.20	5.35	5.49	5.61	5.71	5.81	5.90	5.98	6.06	6.13	6.20	6.27	6.33	6.79	7.11	7.35	7.55	7.71	7.85	7.97	8.08
12	3.08	3.77	4.20	4.51	4.75	4.95	5.12	5.27	5.39	5.51	5.61	5.71	5.80	5.88	5.95	6.02	6.09	6.15	6.21	6.66	6.97	7.21	7.39	7.55	7.69	7.80	7.91
13	3.06	3.73	4.15	4.45	4.69	4.88	5.05	5.19	5.32	5.43	5.53	5.63	5.71	5.79	5.86	5.93	5.99	6.05	6.11	6.55	6.85	7.08	7.27	7.42	7.55	7.67	7.77
14	3.03	3.70	4.11	4.41	4.64	4.83	4.99	5.13	5.25	5.36	5.46	5.55	5.64	5.71	5.79	5.85	5.91	5.97	6.03	6.46	6.75	6.98	7.16	7.31	7.44	7.55	7.65
15	3.01	3.67	4.08	4.37	4.59	4.78	4.94	5.08	5.20	5.31	5.40	5.49	5.57	5.65	5.72	5.78	5.85	5.90	5.96	6.38	6.67	6.89	7.07	7.21	7.34	7.45	7.55

续表

k

df	2	3	4	5	6	7	8	9	10	11	12	13	14	15	16	17	18	19	20	30	40	50	60	70	80	90	100
16	3.00	3.65	4.05	4.33	4.56	4.74	4.90	5.03	5.15	5.26	5.35	5.44	5.52	5.59	5.66	5.73	5.79	5.84	5.90	6.31	6.59	6.81	6.98	7.13	7.25	7.36	7.46
17	2.98	3.63	4.02	4.30	4.52	4.70	4.86	4.99	5.11	5.21	5.31	5.39	5.47	5.54	5.61	5.67	5.73	5.79	5.84	6.25	6.53	6.74	6.91	7.05	7.18	7.28	7.38
18	2.97	3.61	4.00	4.28	4.49	4.67	4.82	4.96	5.07	5.17	5.27	5.35	5.43	5.50	5.57	5.63	5.69	5.74	5.79	6.20	6.47	6.68	6.85	6.99	7.11	7.21	7.31
19	2.96	3.59	3.98	4.25	4.47	4.65	4.79	4.92	5.04	5.14	5.23	5.31	5.39	5.46	5.53	5.59	5.65	5.70	5.75	6.15	6.42	6.63	6.79	6.93	7.05	7.15	7.24
20	2.95	3.58	3.96	4.23	4.45	4.62	4.77	4.90	5.01	5.11	5.20	5.28	5.36	5.43	5.49	5.55	5.61	5.66	5.71	6.10	6.37	6.58	6.74	6.88	6.99	7.10	7.19
30	2.89	3.49	3.85	4.10	4.30	4.46	4.60	4.72	4.82	4.92	5.00	5.08	5.15	5.21	5.27	5.33	5.38	5.43	5.47	5.83	6.08	6.27	6.42	6.54	6.65	6.74	6.83
40	2.86	3.44	3.79	4.04	4.23	4.39	4.52	4.63	4.73	4.82	4.90	4.98	5.04	5.11	5.16	5.22	5.27	5.31	5.36	5.70	5.93	6.11	6.26	6.37	6.48	6.57	6.65
50	2.84	3.42	3.76	4.00	4.19	4.34	4.47	4.58	4.68	4.77	4.85	4.92	4.98	5.04	5.10	5.15	5.20	5.24	5.29	5.62	5.85	6.02	6.16	6.27	6.37	6.46	6.54
60	2.83	3.40	3.74	3.98	4.16	4.31	4.44	4.55	4.65	4.73	4.81	4.88	4.94	5.00	5.06	5.11	5.15	5.20	5.24	5.57	5.79	5.96	6.09	6.21	6.30	6.39	6.46
70	2.82	3.39	3.72	3.96	4.14	4.29	4.42	4.53	4.62	4.71	4.78	4.85	4.91	4.97	5.03	5.08	5.12	5.17	5.21	5.53	5.75	5.91	6.05	6.16	6.25	6.34	6.41
80	2.81	3.38	3.71	3.95	4.13	4.28	4.40	4.51	4.60	4.69	4.76	4.83	4.89	4.95	5.00	5.05	5.10	5.14	5.18	5.50	5.72	5.88	6.01	6.12	6.21	6.30	6.37
90	2.81	3.37	3.70	3.94	4.12	4.27	4.39	4.50	4.59	4.67	4.75	4.81	4.88	4.93	4.98	5.03	5.08	5.12	5.16	5.48	5.69	5.85	5.98	6.09	6.19	6.27	6.34
100	2.81	3.36	3.70	3.93	4.11	4.26	4.38	4.48	4.58	4.66	4.73	4.80	4.86	4.92	4.97	5.02	5.07	5.11	5.15	5.46	5.67	5.83	5.96	6.07	6.16	6.24	6.31
120	2.80	3.36	3.68	3.92	4.10	4.24	4.36	4.47	4.56	4.64	4.71	4.78	4.84	4.90	4.95	5.00	5.04	5.09	5.13	5.43	5.64	5.80	5.93	6.04	6.13	6.20	6.28
∞	2.77	3.31	3.63	3.86	4.03	4.17	4.29	4.39	4.47	4.55	4.62	4.68	4.74	4.80	4.85	4.89	4.93	4.97	5.01	5.30	5.50	5.65	5.76	5.86	5.95	6.02	6.08

$\alpha = 0.025$

k

df	2	3	4	5	6	7	8	9	10	11	12	13	14	15	16	17	18	19	20	30	40	50	60	70	80	90	100
1	35.97	53.96	65.64	74.16	80.81	86.21	90.74	94.64	98.05	101.08	103.81	106.29	108.57	110.67	112.62	114.44	116.15	117.76	119.29	131.20	139.57	146.02	151.26	155.65	159.42	162.72	165.65
2	8.78	11.94	14.01	15.54	16.75	17.74	18.58	19.31	19.94	20.51	21.02	21.49	21.91	22.30	22.66	23.00	23.32	23.61	23.89	26.03	27.49	28.60	29.49	30.24	30.87	31.43	31.93
3	5.91	7.66	8.81	9.66	10.33	10.89	11.36	11.77	12.14	12.46	12.75	13.01	13.26	13.48	13.69	13.88	14.06	14.23	14.39	15.62	16.46	17.09	17.59	18.00	18.36	18.67	18.94
4	4.94	6.24	7.09	7.72	8.21	8.62	8.98	9.28	9.55	9.79	10.00	10.20	10.38	10.55	10.70	10.85	10.99	11.11	11.23	12.16	12.79	13.27	13.65	13.96	14.24	14.47	14.68
5	4.47	5.56	6.26	6.77	7.19	7.53	7.82	8.07	8.29	8.49	8.67	8.83	8.98	9.12	9.25	9.37	9.49	9.59	9.69	10.47	11.00	11.40	11.72	11.98	12.21	12.41	12.59
6	4.20	5.16	5.77	6.23	6.59	6.88	7.14	7.36	7.55	7.73	7.89	8.03	8.16	8.29	8.40	8.51	8.60	8.70	8.79	9.47	9.94	10.29	10.58	10.81	11.01	11.19	11.35

df	\(k\)																										
	2	3	4	5	6	7	8	9	10	11	12	13	14	15	16	17	18	19	20	30	40	50	60	70	80	90	100
7	4.02	4.90	5.46	5.87	6.19	6.46	6.69	6.89	7.07	7.23	7.37	7.50	7.62	7.74	7.84	7.93	8.03	8.11	8.19	8.81	9.24	9.56	9.82	10.04	10.22	10.38	10.53
8	3.89	4.71	5.23	5.62	5.92	6.17	6.38	6.57	6.73	6.88	7.01	7.13	7.24	7.35	7.44	7.53	7.62	7.69	7.77	8.35	8.74	9.04	9.29	9.49	9.66	9.81	9.94
9	3.80	4.58	5.07	5.43	5.71	5.95	6.15	6.32	6.48	6.62	6.74	6.86	6.96	7.06	7.15	7.23	7.31	7.38	7.46	8.00	8.37	8.66	8.89	9.08	9.24	9.38	9.51
10	3.72	4.47	4.94	5.29	5.56	5.78	5.97	6.14	6.28	6.42	6.53	6.64	6.74	6.83	6.92	7.00	7.07	7.15	7.21	7.73	8.09	8.36	8.57	8.76	8.91	9.05	9.17
11	3.67	4.39	4.84	5.17	5.43	5.65	5.83	5.99	6.13	6.26	6.37	6.47	6.57	6.66	6.74	6.81	6.89	6.95	7.02	7.51	7.86	8.12	8.32	8.50	8.65	8.78	8.89
12	3.62	4.32	4.76	5.08	5.33	5.54	5.72	5.87	6.00	6.12	6.23	6.33	6.43	6.51	6.59	6.66	6.73	6.80	6.86	7.34	7.67	7.92	8.12	8.29	8.43	8.56	8.67
13	3.58	4.27	4.69	5.00	5.25	5.45	5.62	5.77	5.90	6.02	6.12	6.22	6.31	6.39	6.47	6.54	6.61	6.67	6.73	7.19	7.51	7.75	7.95	8.11	8.25	8.38	8.48
14	3.55	4.22	4.64	4.94	5.18	5.37	5.54	5.68	5.81	5.93	6.03	6.12	6.21	6.29	6.36	6.43	6.50	6.56	6.62	7.07	7.38	7.62	7.81	7.96	8.10	8.22	8.33
15	3.52	4.18	4.59	4.89	5.12	5.31	5.47	5.61	5.74	5.85	5.95	6.04	6.12	6.20	6.28	6.34	6.41	6.47	6.52	6.96	7.27	7.50	7.68	7.84	7.97	8.09	8.19
16	3.50	4.15	4.55	4.84	5.07	5.25	5.41	5.55	5.67	5.78	5.88	5.97	6.05	6.13	6.20	6.27	6.33	6.39	6.44	6.87	7.17	7.39	7.57	7.73	7.86	7.97	8.07
17	3.48	4.12	4.51	4.80	5.02	5.20	5.36	5.50	5.61	5.72	5.82	5.91	5.99	6.06	6.13	6.20	6.26	6.32	6.37	6.79	7.08	7.30	7.48	7.63	7.76	7.87	7.97
18	3.46	4.09	4.48	4.76	4.98	5.16	5.31	5.45	5.57	5.67	5.76	5.85	5.93	6.00	6.07	6.14	6.20	6.25	6.31	6.72	7.00	7.22	7.40	7.54	7.67	7.78	7.87
19	3.44	4.07	4.45	4.73	4.95	5.12	5.27	5.41	5.52	5.62	5.72	5.80	5.88	5.95	6.02	6.08	6.14	6.20	6.25	6.66	6.94	7.15	7.32	7.47	7.59	7.70	7.79
20	3.43	4.05	4.43	4.70	4.91	5.09	5.24	5.37	5.48	5.58	5.68	5.76	5.84	5.91	5.97	6.04	6.09	6.15	6.20	6.60	6.88	7.09	7.26	7.40	7.52	7.62	7.72
30	3.34	3.92	4.27	4.52	4.72	4.88	5.02	5.13	5.24	5.33	5.41	5.49	5.56	5.62	5.68	5.74	5.79	5.84	5.89	6.25	6.50	6.69	6.84	6.97	7.07	7.17	7.26
40	3.29	3.86	4.20	4.44	4.63	4.78	4.91	5.02	5.12	5.21	5.29	5.36	5.43	5.49	5.54	5.60	5.65	5.69	5.74	6.08	6.31	6.49	6.63	6.75	6.86	6.94	7.02
50	3.27	3.82	4.15	4.39	4.57	4.72	4.85	4.96	5.05	5.14	5.21	5.28	5.35	5.41	5.46	5.51	5.56	5.60	5.65	5.97	6.20	6.37	6.51	6.62	6.72	6.81	6.89
60	3.25	3.80	4.12	4.36	4.54	4.68	4.81	4.91	5.01	5.09	5.16	5.23	5.29	5.35	5.41	5.46	5.50	5.55	5.59	5.91	6.13	6.29	6.43	6.54	6.64	6.72	6.79
70	3.24	3.78	4.10	4.33	4.51	4.65	4.78	4.88	4.97	5.06	5.13	5.20	5.26	5.31	5.37	5.42	5.46	5.51	5.55	5.86	6.08	6.24	6.37	6.48	6.57	6.66	6.73
80	3.23	3.77	4.09	4.32	4.49	4.63	4.75	4.86	4.95	5.03	5.10	5.17	5.23	5.29	5.34	5.39	5.43	5.47	5.51	5.82	6.04	6.20	6.33	6.43	6.53	6.61	6.68
90	3.22	3.76	4.08	4.30	4.48	4.62	4.74	4.84	4.93	5.01	5.08	5.15	5.21	5.26	5.32	5.36	5.41	5.45	5.49	5.80	6.01	6.16	6.29	6.40	6.49	6.57	6.64
100	3.22	3.75	4.07	4.29	4.46	4.61	4.72	4.83	4.92	5.00	5.07	5.13	5.19	5.25	5.30	5.35	5.39	5.43	5.47	5.77	5.98	6.14	6.27	6.37	6.46	6.54	6.61
120	3.21	3.74	4.05	4.28	4.45	4.59	4.70	4.81	4.89	4.97	5.04	5.11	5.17	5.22	5.27	5.32	5.36	5.40	5.44	5.74	5.95	6.10	6.23	6.33	6.42	6.50	6.56
∞	3.17	3.68	3.98	4.20	4.36	4.49	4.60	4.70	4.78	4.86	4.92	4.99	5.04	5.09	5.14	5.18	5.22	5.26	5.30	5.58	5.77	5.91	6.02	6.12	6.20	6.27	6.33

$\alpha = 0.01$

k

df	2	3	4	5	6	7	8	9	10	11	12	13	14	15	16	17	18	19	20	30	40	50	60	70	80	90	100
1	89.99	134.77	163.93	185.22	201.80	215.28	226.60	236.34	244.88	252.47	259.31	265.53	271.24	276.51	281.41	285.99	290.29	294.33	298.16	328.06	349.01	365.09	378.09	388.97	398.30	406.45	413.66
2	14.04	19.02	22.29	24.72	26.63	28.20	29.53	30.68	31.69	32.59	33.40	34.13	34.81	35.43	36.00	36.53	37.03	37.50	37.94	41.32	43.58	45.27	46.61	47.71	48.63	49.44	50.14
3	8.26	10.62	12.17	13.32	14.24	15.00	15.64	16.20	16.69	17.13	17.53	17.89	18.22	18.52	18.81	19.07	19.32	19.55	19.77	21.44	22.59	23.45	24.13	24.70	25.18	25.60	25.97
4	6.51	8.12	9.17	9.96	10.58	11.10	11.54	11.93	12.26	12.57	12.84	13.09	13.32	13.53	13.73	13.91	14.08	14.24	14.39	15.57	16.37	16.98	17.46	17.86	18.21	18.51	18.78
5	5.70	6.98	7.80	8.42	8.91	9.32	9.67	9.97	10.24	10.48	10.70	10.89	11.08	11.24	11.40	11.55	11.68	11.81	11.93	12.87	13.51	14.00	14.39	14.71	14.99	15.23	15.45
6	5.24	6.33	7.03	7.56	7.97	8.32	8.61	8.87	9.10	9.30	9.48	9.65	9.81	9.95	10.08	10.21	10.32	10.43	10.54	11.34	11.89	12.31	12.64	12.92	13.16	13.37	13.56
7	4.95	5.92	6.54	7.00	7.37	7.68	7.94	8.17	8.37	8.55	8.71	8.86	9.00	9.12	9.24	9.35	9.46	9.55	9.65	10.36	10.85	11.22	11.52	11.77	11.99	12.17	12.34
8	4.75	5.64	6.20	6.62	6.96	7.24	7.47	7.68	7.86	8.03	8.18	8.31	8.44	8.55	8.66	8.76	8.85	8.94	9.03	9.68	10.13	10.47	10.74	10.97	11.17	11.34	11.49
9	4.60	5.43	5.96	6.35	6.66	6.91	7.13	7.33	7.49	7.65	7.78	7.91	8.03	8.13	8.23	8.33	8.41	8.49	8.57	9.18	9.59	9.91	10.17	10.38	10.56	10.72	10.87
10	4.48	5.27	5.77	6.14	6.43	6.67	6.87	7.05	7.21	7.36	7.49	7.60	7.71	7.81	7.91	7.99	8.08	8.15	8.23	8.79	9.19	9.49	9.73	9.93	10.10	10.25	10.39
11	4.39	5.15	5.62	5.97	6.25	6.48	6.67	6.84	6.99	7.13	7.25	7.36	7.46	7.56	7.65	7.73	7.81	7.88	7.95	8.49	8.86	9.15	9.38	9.57	9.73	9.88	10.00
12	4.32	5.05	5.50	5.84	6.10	6.32	6.51	6.67	6.81	6.94	7.06	7.17	7.26	7.36	7.44	7.52	7.59	7.66	7.73	8.25	8.60	8.87	9.09	9.28	9.43	9.57	9.69
13	4.26	4.96	5.40	5.73	5.98	6.19	6.37	6.53	6.67	6.79	6.90	7.01	7.10	7.19	7.27	7.35	7.42	7.48	7.55	8.04	8.39	8.65	8.86	9.04	9.19	9.32	9.44
14	4.21	4.89	5.32	5.63	5.88	6.08	6.26	6.41	6.54	6.66	6.77	6.87	6.96	7.05	7.13	7.20	7.27	7.33	7.39	7.87	8.20	8.46	8.66	8.83	8.98	9.11	9.22
15	4.17	4.84	5.25	5.56	5.80	5.99	6.16	6.31	6.44	6.55	6.66	6.76	6.84	6.93	7.00	7.07	7.14	7.20	7.26	7.73	8.05	8.29	8.49	8.66	8.80	8.92	9.04
16	4.13	4.79	5.19	5.49	5.72	5.92	6.08	6.22	6.35	6.46	6.56	6.66	6.74	6.82	6.90	6.97	7.03	7.09	7.15	7.60	7.92	8.15	8.35	8.51	8.65	8.77	8.88
17	4.10	4.74	5.14	5.43	5.66	5.85	6.01	6.15	6.27	6.38	6.48	6.57	6.66	6.73	6.81	6.87	6.94	7.00	7.05	7.49	7.80	8.03	8.22	8.38	8.51	8.63	8.74
18	4.07	4.70	5.09	5.38	5.60	5.79	5.94	6.08	6.20	6.31	6.41	6.50	6.58	6.65	6.73	6.79	6.85	6.91	6.97	7.40	7.70	7.92	8.11	8.26	8.39	8.51	8.61
19	4.05	4.67	5.05	5.33	5.55	5.73	5.89	6.02	6.14	6.25	6.34	6.43	6.51	6.58	6.65	6.72	6.78	6.84	6.89	7.31	7.60	7.83	8.01	8.16	8.29	8.40	8.50
20	4.02	4.64	5.02	5.29	5.51	5.69	5.84	5.97	6.09	6.19	6.28	6.37	6.45	6.52	6.59	6.65	6.71	6.77	6.82	7.24	7.52	7.74	7.92	8.07	8.19	8.31	8.40
30	3.89	4.45	4.80	5.05	5.24	5.40	5.54	5.65	5.76	5.85	5.93	6.01	6.08	6.14	6.20	6.26	6.31	6.36	6.41	6.77	7.02	7.22	7.37	7.50	7.61	7.71	7.80
40	3.82	4.37	4.70	4.93	5.11	5.26	5.39	5.50	5.60	5.69	5.76	5.83	5.90	5.96	6.02	6.07	6.12	6.16	6.21	6.55	6.78	6.96	7.10	7.22	7.33	7.42	7.50
50	3.79	4.32	4.63	4.86	5.04	5.19	5.31	5.41	5.51	5.59	5.67	5.73	5.80	5.85	5.91	5.96	6.01	6.05	6.09	6.42	6.64	6.81	6.95	7.06	7.16	7.25	7.32

续表

k

df	2	3	4	5	6	7	8	9	10	11	12	13	14	15	16	17	18	19	20	30	40	50	60	70	80	90	100
60	3.76	4.28	4.59	4.82	4.99	5.13	5.25	5.36	5.45	5.53	5.60	5.67	5.73	5.78	5.84	5.89	5.93	5.97	6.01	6.33	6.55	6.71	6.84	6.95	7.05	7.13	7.21
70	3.74	4.26	4.57	4.79	4.96	5.10	5.21	5.31	5.40	5.48	5.56	5.62	5.68	5.74	5.79	5.83	5.88	5.92	5.96	6.27	6.48	6.64	6.77	6.88	6.97	7.05	7.12
80	3.73	4.24	4.55	4.76	4.93	5.07	5.18	5.28	5.37	5.45	5.52	5.59	5.64	5.70	5.75	5.80	5.84	5.88	5.92	6.22	6.43	6.59	6.71	6.82	6.91	6.99	7.06
90	3.72	4.23	4.53	4.74	4.91	5.05	5.16	5.26	5.35	5.43	5.49	5.56	5.62	5.67	5.72	5.77	5.81	5.85	5.89	6.19	6.39	6.55	6.67	6.78	6.87	6.94	7.01
100	3.71	4.22	4.52	4.73	4.90	5.03	5.14	5.24	5.33	5.40	5.47	5.54	5.59	5.65	5.70	5.74	5.79	5.83	5.86	6.16	6.36	6.51	6.64	6.74	6.83	6.91	6.98
120	3.70	4.20	4.50	4.71	4.87	5.01	5.12	5.21	5.30	5.37	5.44	5.50	5.56	5.61	5.66	5.71	5.75	5.79	5.83	6.12	6.32	6.47	6.59	6.69	6.78	6.85	6.92
∞	3.64	4.12	4.40	4.60	4.76	4.88	4.99	5.08	5.16	5.23	5.29	5.35	5.40	5.45	5.49	5.54	5.57	5.61	5.65	5.91	6.09	6.23	6.34	6.43	6.51	6.58	6.64

$\alpha = 0.001$

k

df	2	3	4	5	6	7	8	9	10	11	12	13	14	15	16	17	18	19	20	30	40	50	60	70	80	90	100
1	550.3	791.5	951.5	1070.6	1164.4	1241.3	1306.0	1361.7	1410.5	1453.8	1492.7	1528.1	1560.5	1590.3	1617.9	1643.8	1667.9	1690.7	1712.2	1879.7	1997.2	2088.1	2162.8	2225.8	2280.3	2328.3	2371.1
2	43.71	58.96	69.03	76.50	82.40	87.25	91.36	94.90	98.02	100.8	103.3	105.6	107.64	109.6	111.3	113.0	114.5	116.0	117.3	127.8	135.0	140.4	144.7	148.4	151.5	154.2	156.7
3	18.24	23.26	26.58	29.05	31.02	32.65	34.04	35.24	36.30	37.25	38.10	38.88	39.59	40.25	40.86	41.43	41.96	42.46	42.93	46.56	49.03	50.88	52.36	53.58	54.62	55.53	56.32
4	12.17	14.98	16.83	18.22	19.33	20.25	21.03	21.71	22.32	22.86	23.35	23.79	24.20	24.58	24.93	25.26	25.57	25.86	26.13	28.23	29.67	30.76	31.63	32.35	32.97	33.50	33.98
5	9.71	11.67	12.96	13.93	14.70	15.35	15.90	16.38	16.80	17.18	17.53	17.84	18.13	18.40	18.65	18.88	19.10	19.31	19.50	21.00	22.03	22.81	23.44	23.96	24.41	24.80	25.14
6	8.43	9.96	10.96	11.72	12.32	12.82	13.26	13.63	13.96	14.26	14.53	14.78	15.01	15.22	15.42	15.60	15.77	15.94	16.09	17.28	18.10	18.72	19.22	19.64	19.99	20.31	20.58
7	7.65	8.93	9.77	10.40	10.90	11.32	11.67	11.99	12.27	12.52	12.74	12.95	13.14	13.32	13.48	13.64	13.78	13.92	14.04	15.05	15.74	16.26	16.69	17.04	17.34	17.61	17.84
8	7.13	8.25	8.98	9.52	9.96	10.32	10.63	10.90	11.15	11.36	11.56	11.74	11.91	12.06	12.20	12.34	12.46	12.58	12.69	13.57	14.17	14.64	15.01	15.32	15.58	15.82	16.02
9	6.76	7.77	8.42	8.91	9.29	9.62	9.90	10.14	10.35	10.55	10.72	10.89	11.03	11.17	11.30	11.42	11.53	11.64	11.74	12.52	13.07	13.48	13.82	14.10	14.34	14.55	14.74
10	6.49	7.41	8.01	8.45	8.80	9.10	9.35	9.57	9.77	9.95	10.11	10.25	10.39	10.51	10.63	10.74	10.84	10.94	11.03	11.75	12.25	12.63	12.93	13.19	13.41	13.60	13.78
11	6.27	7.14	7.69	8.10	8.43	8.70	8.93	9.14	9.32	9.48	9.63	9.77	9.89	10.01	10.12	10.22	10.31	10.40	10.49	11.15	11.61	11.97	12.25	12.49	12.69	12.87	13.03
12	6.11	6.92	7.44	7.82	8.13	8.38	8.60	8.79	8.96	9.11	9.25	9.38	9.50	9.61	9.71	9.80	9.89	9.97	10.05	10.68	11.11	11.44	11.71	11.93	12.13	12.29	12.44
13	5.97	6.74	7.23	7.59	7.88	8.13	8.33	8.51	8.67	8.82	8.95	9.07	9.18	9.28	9.38	9.47	9.55	9.63	9.70	10.29	10.70	11.01	11.27	11.48	11.66	11.82	11.96

续表

df	\ k	2	3	4	5	6	7	8	9	10	11	12	13	14	15	16	17	18	19	20	30	40	50	60	70	80	90	100
14		5.86	6.59	7.06	7.41	7.68	7.91	8.11	8.28	8.43	8.57	8.70	8.81	8.91	9.01	9.10	9.19	9.27	9.34	9.41	9.97	10.36	10.66	10.90	11.10	11.28	11.43	11.56
15		5.76	6.47	6.92	7.25	7.52	7.74	7.92	8.09	8.23	8.36	8.48	8.59	8.69	8.79	8.87	8.95	9.03	9.10	9.17	9.70	10.08	10.36	10.59	10.79	10.95	11.10	11.23
16		5.68	6.36	6.80	7.12	7.37	7.58	7.77	7.92	8.06	8.19	8.30	8.41	8.50	8.59	8.68	8.75	8.83	8.90	8.96	9.47	9.83	10.11	10.33	10.51	10.68	10.82	10.94
17		5.61	6.27	6.69	7.00	7.25	7.45	7.63	7.78	7.92	8.04	8.15	8.25	8.34	8.43	8.51	8.58	8.65	8.72	8.78	9.28	9.62	9.89	10.10	10.28	10.44	10.57	10.69
18		5.55	6.20	6.60	6.90	7.14	7.34	7.51	7.66	7.79	7.91	8.01	8.11	8.20	8.28	8.36	8.43	8.50	8.57	8.63	9.11	9.44	9.70	9.90	10.08	10.23	10.36	10.48
19		5.49	6.13	6.52	6.82	7.05	7.24	7.41	7.55	7.68	7.79	7.89	7.99	8.08	8.16	8.23	8.30	8.37	8.43	8.49	8.95	9.28	9.53	9.73	9.90	10.04	10.17	10.28
20		5.44	6.06	6.45	6.74	6.97	7.15	7.31	7.45	7.58	7.69	7.79	7.88	7.97	8.04	8.12	8.19	8.25	8.31	8.37	8.82	9.14	9.38	9.57	9.74	9.88	10.00	10.12
30		5.16	5.70	6.03	6.28	6.47	6.63	6.76	6.88	6.98	7.08	7.16	7.24	7.31	7.38	7.44	7.49	7.55	7.60	7.65	8.02	8.28	8.48	8.65	8.78	8.90	9.00	9.09
40		5.02	5.53	5.84	6.06	6.24	6.39	6.51	6.62	6.71	6.80	6.87	6.94	7.01	7.07	7.12	7.17	7.22	7.27	7.31	7.65	7.89	8.07	8.21	8.34	8.44	8.53	8.62
50		4.94	5.43	5.73	5.94	6.11	6.25	6.36	6.46	6.55	6.63	6.71	6.77	6.83	6.89	6.94	6.99	7.04	7.08	7.12	7.44	7.66	7.83	7.96	8.08	8.18	8.26	8.34
60		4.89	5.37	5.65	5.86	6.02	6.15	6.27	6.37	6.45	6.53	6.60	6.66	6.72	6.77	6.82	6.87	6.91	6.96	6.99	7.30	7.51	7.67	7.80	7.91	8.00	8.09	8.16
70		4.86	5.32	5.60	5.80	5.96	6.09	6.20	6.30	6.38	6.45	6.52	6.58	6.64	6.69	6.74	6.79	6.83	6.87	6.91	7.20	7.40	7.56	7.69	7.79	7.88	7.96	8.03
80		4.83	5.29	5.56	5.76	5.92	6.04	6.15	6.24	6.33	6.40	6.47	6.53	6.58	6.63	6.68	6.72	6.77	6.81	6.84	7.13	7.33	7.48	7.60	7.70	7.79	7.87	7.94
90		4.81	5.26	5.53	5.73	5.88	6.01	6.11	6.21	6.29	6.36	6.42	6.48	6.54	6.59	6.63	6.68	6.72	6.76	6.79	7.07	7.27	7.42	7.54	7.64	7.72	7.80	7.87
100		4.79	5.24	5.51	5.70	5.86	5.98	6.08	6.17	6.25	6.32	6.39	6.45	6.50	6.55	6.60	6.64	6.68	6.72	6.75	7.03	7.22	7.37	7.49	7.58	7.67	7.74	7.81
120		4.77	5.21	5.48	5.67	5.82	5.94	6.04	6.13	6.21	6.28	6.34	6.40	6.45	6.50	6.54	6.58	6.62	6.66	6.69	6.97	7.15	7.29	7.41	7.50	7.59	7.66	7.72
∞		4.65	5.06	5.31	5.48	5.62	5.73	5.82	5.90	5.97	6.04	6.09	6.14	6.19	6.23	6.27	6.31	6.35	6.38	6.41	6.65	6.81	6.94	7.04	7.12	7.19	7.25	7.31

附表 14 Scheffe

$\alpha = 0.100$

df																$k-1$														
	2	3	4	5	6	7	8	9	10	11	12	13	14	15	16	17	18	19	20	21	22	23	24	25	26	27	28	29	30
1	9.95	12.68	14.94	16.92	18.69	20.31	21.81	23.21	24.53	25.79	26.99	28.14	29.24	30.30	31.33	32.32	33.29	34.23	35.14	36.03	36.90	37.75	38.58	39.39	40.18	40.96	41.73	42.48	43.22
2	4.24	5.24	6.08	6.82	7.48	8.09	8.66	9.19	9.69	10.17	10.63	11.06	11.48	11.89	12.28	12.66	13.03	13.39	13.74	14.08	14.42	14.74	15.06	15.37	15.68	15.98	16.27	16.56	16.84
3	3.31	4.02	4.62	5.15	5.63	6.07	6.48	6.87	7.23	7.58	7.91	8.23	8.54	8.83	9.12	9.40	9.67	9.93	10.18	10.43	10.68	10.91	11.15	11.37	11.60	11.82	12.03	12.24	12.45
4	2.94	3.55	4.05	4.50	4.90	5.28	5.62	5.95	6.26	6.56	6.84	7.11	7.37	7.62	7.86	8.10	8.33	8.55	8.77	8.98	9.19	9.39	9.59	9.78	9.97	10.16	10.34	10.52	10.70
5	2.75	3.30	3.75	4.16	4.52	4.86	5.17	5.46	5.74	6.01	6.26	6.51	6.74	6.97	7.19	7.40	7.61	7.81	8.01	8.20	8.39	8.57	8.75	8.93	9.10	9.27	9.43	9.60	9.76
6	2.63	3.14	3.57	3.94	4.28	4.59	4.89	5.16	5.42	5.67	5.90	6.13	6.35	6.56	6.77	6.97	7.16	7.35	7.53	7.71	7.89	8.06	8.22	8.39	8.55	8.71	8.86	9.02	9.17
7	2.55	3.04	3.44	3.80	4.12	4.42	4.69	4.95	5.20	5.43	5.66	5.87	6.08	6.28	6.48	6.67	6.85	7.03	7.20	7.37	7.54	7.70	7.86	8.02	8.17	8.32	8.47	8.61	8.76
8	2.50	2.96	3.35	3.69	4.00	4.29	4.55	4.80	5.04	5.26	5.48	5.69	5.89	6.08	6.27	6.45	6.62	6.80	6.96	7.13	7.29	7.44	7.60	7.75	7.89	8.04	8.18	8.32	8.46
9	2.45	2.90	3.28	3.61	3.91	4.19	4.44	4.69	4.92	5.13	5.34	5.54	5.74	5.92	6.11	6.28	6.45	6.62	6.78	6.94	7.09	7.24	7.39	7.54	7.68	7.82	7.96	8.09	8.22
10	2.42	2.86	3.23	3.55	3.84	4.11	4.36	4.60	4.82	5.03	5.24	5.43	5.62	5.80	5.98	6.15	6.31	6.48	6.63	6.78	6.94	7.09	7.23	7.37	7.51	7.65	7.78	7.91	8.04
11	2.39	2.83	3.19	3.50	3.79	4.05	4.29	4.52	4.74	4.95	5.15	5.34	5.52	5.70	5.87	6.04	6.20	6.36	6.52	6.67	6.81	6.96	7.10	7.24	7.37	7.51	7.64	7.77	7.89
12	2.37	2.80	3.15	3.46	3.74	4.00	4.24	4.46	4.68	4.88	5.08	5.26	5.44	5.62	5.79	5.95	6.11	6.27	6.42	6.57	6.71	6.85	6.99	7.13	7.26	7.39	7.52	7.64	7.77
13	2.35	2.77	3.12	3.43	3.70	3.95	4.19	4.41	4.62	4.82	5.02	5.20	5.38	5.55	5.72	5.88	6.03	6.19	6.34	6.48	6.62	6.76	6.90	7.03	7.16	7.29	7.42	7.54	7.66
14	2.34	2.75	3.09	3.40	3.67	3.92	4.15	4.37	4.58	4.78	4.96	5.15	5.32	5.49	5.65	5.81	5.97	6.12	6.26	6.41	6.55	6.69	6.82	6.95	7.08	7.21	7.33	7.45	7.57
15	2.32	2.73	3.07	3.37	3.64	3.89	4.12	4.33	4.54	4.73	4.92	5.10	5.27	5.44	5.60	5.76	5.91	6.06	6.20	6.35	6.48	6.62	6.75	6.88	7.01	7.13	7.26	7.38	7.50
16	2.31	2.72	3.05	3.35	3.62	3.86	4.09	4.30	4.50	4.70	4.88	5.06	5.23	5.39	5.55	5.71	5.86	6.01	6.15	6.29	6.43	6.56	6.69	6.82	6.95	7.07	7.19	7.31	7.43
17	2.30	2.70	3.04	3.33	3.59	3.84	4.06	4.27	4.47	4.66	4.85	5.02	5.19	5.35	5.51	5.67	5.82	5.96	6.10	6.24	6.38	6.51	6.64	6.77	6.89	7.01	7.13	7.25	7.37
18	2.29	2.69	3.02	3.31	3.57	3.81	4.04	4.25	4.45	4.64	4.82	4.99	5.16	5.32	5.48	5.63	5.78	5.92	6.06	6.20	6.33	6.46	6.59	6.72	6.84	6.96	7.08	7.20	7.31
19	2.28	2.68	3.01	3.30	3.56	3.80	4.02	4.23	4.42	4.61	4.79	4.96	5.13	5.29	5.44	5.59	5.74	5.88	6.02	6.16	6.29	6.42	6.55	6.67	6.80	6.92	7.03	7.15	7.26
20	2.28	2.67	3.00	3.28	3.54	3.78	4.00	4.21	4.40	4.59	4.77	4.94	5.10	5.26	5.41	5.56	5.71	5.85	5.99	6.12	6.26	6.39	6.51	6.64	6.76	6.88	6.99	7.11	7.22
21	2.27	2.66	2.99	3.27	3.53	3.76	3.98	4.19	4.38	4.57	4.74	4.91	5.08	5.24	5.39	5.54	5.68	5.82	5.96	6.09	6.22	6.35	6.48	6.60	6.72	6.84	6.96	7.07	7.18
22	2.26	2.66	2.98	3.26	3.52	3.75	3.97	4.17	4.36	4.55	4.72	4.89	5.05	5.21	5.36	5.51	5.66	5.80	5.93	6.06	6.19	6.32	6.45	6.57	6.69	6.81	6.92	7.03	7.15
23	2.26	2.65	2.97	3.25	3.50	3.74	3.95	4.16	4.35	4.53	4.71	4.87	5.03	5.19	5.34	5.49	5.63	5.77	5.91	6.04	6.17	6.29	6.42	6.54	6.66	6.77	6.89	7.00	7.11
24	2.25	2.64	2.96	3.24	3.49	3.73	3.94	4.14	4.33	4.51	4.69	4.86	5.02	5.17	5.32	5.47	5.61	5.75	5.88	6.01	6.14	6.27	6.39	6.51	6.63	6.75	6.86	6.97	7.08
25	2.25	2.64	2.96	3.23	3.48	3.71	3.93	4.13	4.32	4.50	4.67	4.84	5.00	5.15	5.30	5.45	5.59	5.73	5.86	5.99	6.12	6.24	6.37	6.49	6.60	6.72	6.83	6.94	7.05

续表

$k-1$

df	2	3	4	5	6	7	8	9	10	11	12	13	14	15	16	17	18	19	20	21	22	23	24	25	26	27	28	29	30
26	2.24	2.63	2.95	3.23	3.48	3.71	3.92	4.12	4.31	4.49	4.66	4.82	4.98	5.14	5.29	5.43	5.57	5.71	5.84	5.97	6.10	6.22	6.34	6.46	6.58	6.70	6.81	6.92	7.03
27	2.24	2.63	2.94	3.22	3.47	3.70	3.91	4.11	4.30	4.47	4.65	4.81	4.97	5.12	5.27	5.41	5.55	5.69	5.82	5.95	6.08	6.20	6.32	6.44	6.56	6.67	6.79	6.90	7.00
28	2.24	2.62	2.94	3.21	3.46	3.69	3.90	4.10	4.28	4.46	4.63	4.80	4.96	5.11	5.26	5.40	5.54	5.67	5.81	5.93	6.06	6.18	6.30	6.42	6.54	6.65	6.76	6.87	6.98
29	2.23	2.62	2.93	3.21	3.45	3.68	3.89	4.09	4.27	4.45	4.62	4.79	4.94	5.09	5.24	5.38	5.52	5.66	5.79	5.92	6.04	6.17	6.29	6.40	6.52	6.63	6.74	6.85	6.96
30	2.23	2.61	2.93	3.20	3.45	3.67	3.88	4.08	4.27	4.44	4.61	4.77	4.93	5.08	5.23	5.37	5.51	5.64	5.77	5.90	6.03	6.15	6.27	6.39	6.50	6.61	6.73	6.83	6.94
40	2.21	2.58	2.89	3.16	3.40	3.62	3.83	4.02	4.20	4.37	4.54	4.69	4.85	4.99	5.14	5.27	5.41	5.54	5.67	5.79	5.91	6.03	6.15	6.26	6.37	6.48	6.59	6.70	6.80
50	2.20	2.57	2.87	3.14	3.37	3.59	3.79	3.98	4.16	4.33	4.49	4.65	4.80	4.94	5.08	5.22	5.35	5.48	5.60	5.72	5.84	5.96	6.07	6.18	6.29	6.40	6.51	6.61	6.71
60	2.19	2.56	2.86	3.12	3.35	3.57	3.77	3.96	4.13	4.30	4.46	4.61	4.76	4.90	5.04	5.18	5.31	5.43	5.56	5.68	5.79	5.91	6.02	6.13	6.24	6.35	6.45	6.55	6.65
70	2.18	2.55	2.85	3.11	3.34	3.55	3.75	3.94	4.11	4.28	4.44	4.59	4.74	4.88	5.02	5.15	5.28	5.40	5.52	5.64	5.76	5.87	5.99	6.09	6.20	6.31	6.41	6.51	6.61
80	2.18	2.54	2.84	3.10	3.33	3.54	3.74	3.92	4.10	4.26	4.42	4.57	4.72	4.86	5.00	5.13	5.25	5.38	5.50	5.62	5.73	5.85	5.96	6.07	6.17	6.28	6.38	6.48	6.58
90	2.17	2.54	2.83	3.09	3.32	3.53	3.73	3.91	4.09	4.25	4.41	4.56	4.70	4.84	4.98	5.11	5.24	5.36	5.48	5.60	5.71	5.83	5.94	6.04	6.15	6.25	6.36	6.46	6.55
100	2.17	2.53	2.83	3.09	3.32	3.53	3.72	3.91	4.08	4.24	4.40	4.55	4.69	4.83	4.97	5.10	5.22	5.35	5.47	5.58	5.70	5.81	5.92	6.03	6.13	6.23	6.34	6.44	6.53
120	2.17	2.53	2.82	3.08	3.31	3.52	3.71	3.89	4.06	4.23	4.38	4.53	4.68	4.81	4.95	5.08	5.20	5.33	5.44	5.56	5.67	5.78	5.89	6.00	6.10	6.21	6.31	6.41	6.50
∞	2.16	2.52	2.81	3.06	3.29	3.50	3.69	3.87	4.04	4.20	4.35	4.50	4.64	4.78	4.91	5.04	5.16	5.28	5.40	5.51	5.63	5.73	5.84	5.95	6.05	6.15	6.25	6.34	6.44

$\alpha = 0.05$

$k-1$

df	2	3	4	5	6	7	8	9	10	11	12	13	14	15	16	17	18	19	20	21	22	23	24	25	26	27	28	29	30
1	19.97	25.44	29.97	33.92	37.47	40.71	43.72	46.53	49.18	51.70	54.10	56.40	58.61	60.74	62.80	64.79	66.72	68.60	70.43	72.21	73.95	75.65	77.31	78.94	80.53	82.10	83.63	85.14	86.62
2	6.16	7.58	8.77	9.82	10.77	11.64	12.45	13.21	13.93	14.61	15.26	15.89	16.49	17.07	17.63	18.18	18.71	19.22	19.72	20.21	20.69	21.15	21.61	22.05	22.49	22.92	23.34	23.76	24.16
3	4.37	5.28	6.04	6.71	7.32	7.89	8.41	8.91	9.37	9.82	10.24	10.65	11.05	11.43	11.79	12.15	12.50	12.83	13.16	13.48	13.79	14.10	14.40	14.69	14.98	15.26	15.54	15.81	16.08
4	3.73	4.45	5.05	5.59	6.08	6.53	6.95	7.35	7.72	8.08	8.42	8.75	9.07	9.37	9.67	9.96	10.24	10.51	10.77	11.03	11.28	11.53	11.77	12.01	12.24	12.47	12.69	12.91	13.13
5	3.40	4.03	4.56	5.03	5.45	5.84	6.21	6.55	6.88	7.19	7.49	7.78	8.06	8.32	8.58	8.83	9.08	9.32	9.55	9.77	10.00	10.21	10.42	10.63	10.83	11.03	11.23	11.42	11.61
6	3.21	3.78	4.26	4.68	5.07	5.43	5.76	6.07	6.37	6.66	6.93	7.19	7.44	7.69	7.92	8.15	8.37	8.59	8.80	9.01	9.21	9.41	9.60	9.79	9.98	10.16	10.34	10.52	10.69
7	3.08	3.61	4.06	4.46	4.82	5.15	5.46	5.75	6.03	6.30	6.55	6.79	7.03	7.26	7.48	7.69	7.90	8.10	8.30	8.49	8.68	8.87	9.05	9.22	9.40	9.57	9.74	9.90	10.06
8	2.99	3.49	3.92	4.29	4.64	4.95	5.24	5.52	5.79	6.03	6.28	6.51	6.73	6.95	7.16	7.36	7.56	7.75	7.94	8.12	8.30	8.48	8.65	8.81	8.98	9.14	9.30	9.46	9.61
9	2.92	3.40	3.81	4.17	4.50	4.80	5.08	5.35	5.60	5.84	6.07	6.29	6.51	6.72	6.92	7.11	7.30	7.48	7.66	7.84	8.01	8.18	8.34	8.50	8.66	8.82	8.97	9.12	9.27
10	2.86	3.34	3.73	4.08	4.39	4.68	4.96	5.21	5.46	5.69	5.91	6.13	6.33	6.53	6.73	6.91	7.10	7.27	7.45	7.62	7.78	7.95	8.11	8.26	8.41	8.56	8.71	8.86	9.00

续表

$k-1$

df	2	3	4	5	6	7	8	9	10	11	12	13	14	15	16	17	18	19	20	21	22	23	24	25	26	27	28	29	30
11	2.82	3.28	3.66	4.00	4.31	4.59	4.86	5.11	5.34	5.57	5.78	5.99	6.19	6.39	6.57	6.76	6.93	7.11	7.28	7.44	7.60	7.76	7.91	8.06	8.21	8.36	8.50	8.64	8.78
12	2.79	3.24	3.61	3.94	4.24	4.52	4.77	5.02	5.25	5.47	5.68	5.88	6.08	6.27	6.45	6.63	6.80	6.97	7.13	7.29	7.45	7.60	7.75	7.90	8.05	8.19	8.33	8.47	8.60
13	2.76	3.20	3.57	3.89	4.18	4.45	4.70	4.94	5.17	5.38	5.59	5.79	5.98	6.16	6.34	6.52	6.69	6.85	7.01	7.17	7.32	7.47	7.62	7.77	7.91	8.05	8.18	8.32	8.45
14	2.73	3.17	3.53	3.85	4.13	4.40	4.65	4.88	5.10	5.31	5.51	5.71	5.90	6.08	6.25	6.42	6.59	6.75	6.91	7.06	7.22	7.36	7.51	7.65	7.79	7.93	8.06	8.19	8.32
15	2.71	3.14	3.50	3.81	4.09	4.35	4.60	4.83	5.04	5.25	5.45	5.64	5.83	6.00	6.18	6.35	6.51	6.67	6.82	6.97	7.12	7.27	7.41	7.55	7.69	7.82	7.95	8.08	8.21
16	2.70	3.12	3.47	3.78	4.06	4.31	4.55	4.78	4.99	5.20	5.39	5.58	5.76	5.94	6.11	6.28	6.44	6.59	6.75	6.90	7.04	7.18	7.32	7.46	7.60	7.73	7.86	7.99	8.11
17	2.68	3.10	3.44	3.75	4.02	4.28	4.51	4.74	4.95	5.15	5.34	5.53	5.71	5.88	6.05	6.21	6.37	6.53	6.68	6.83	6.97	7.11	7.25	7.38	7.52	7.65	7.78	7.90	8.03
18	2.67	3.08	3.42	3.72	4.00	4.25	4.48	4.70	4.91	5.11	5.30	5.49	5.66	5.83	6.00	6.16	6.32	6.47	6.62	6.76	6.91	7.05	7.18	7.32	7.45	7.58	7.70	7.83	7.95
19	2.65	3.06	3.40	3.70	3.97	4.22	4.45	4.67	4.88	5.07	5.26	5.44	5.62	5.79	5.95	6.11	6.27	6.42	6.57	6.71	6.85	6.99	7.12	7.26	7.39	7.51	7.64	7.76	7.88
20	2.64	3.05	3.39	3.68	3.95	4.20	4.42	4.64	4.85	5.04	5.23	5.41	5.58	5.75	5.91	6.07	6.22	6.37	6.52	6.66	6.80	6.94	7.07	7.20	7.33	7.46	7.58	7.70	7.82
21	2.63	3.04	3.37	3.66	3.93	4.17	4.40	4.61	4.82	5.01	5.20	5.37	5.55	5.71	5.87	6.03	6.18	6.33	6.47	6.62	6.75	6.89	7.02	7.15	7.28	7.40	7.53	7.65	7.77
22	2.62	3.02	3.36	3.65	3.91	4.15	4.38	4.59	4.79	4.98	5.17	5.34	5.52	5.68	5.84	5.99	6.15	6.29	6.44	6.58	6.71	6.85	6.98	7.11	7.23	7.36	7.48	7.60	7.72
23	2.62	3.01	3.34	3.63	3.89	4.13	4.36	4.57	4.77	4.96	5.14	5.32	5.49	5.65	5.81	5.96	6.11	6.26	6.40	6.54	6.67	6.81	6.94	7.06	7.19	7.31	7.43	7.55	7.67
24	2.61	3.00	3.33	3.62	3.88	4.12	4.34	4.55	4.75	4.94	5.12	5.29	5.46	5.62	5.78	5.93	6.08	6.23	6.37	6.50	6.64	6.77	6.90	7.03	7.15	7.27	7.39	7.51	7.63
25	2.60	3.00	3.32	3.61	3.87	4.10	4.32	4.53	4.73	4.92	5.10	5.27	5.44	5.60	5.75	5.91	6.05	6.20	6.34	6.47	6.61	6.74	6.87	6.99	7.12	7.24	7.36	7.47	7.59
26	2.60	2.99	3.31	3.60	3.85	4.09	4.31	4.52	4.71	4.90	5.08	5.25	5.41	5.57	5.73	5.88	6.03	6.17	6.31	6.44	6.58	6.71	6.83	6.96	7.08	7.20	7.32	7.44	7.55
27	2.59	2.98	3.30	3.59	3.84	4.08	4.30	4.50	4.69	4.88	5.06	5.23	5.39	5.55	5.71	5.86	6.00	6.15	6.28	6.42	6.55	6.68	6.81	6.93	7.05	7.17	7.29	7.40	7.52
28	2.58	2.97	3.29	3.58	3.83	4.06	4.28	4.49	4.68	4.86	5.04	5.21	5.37	5.53	5.69	5.84	5.98	6.12	6.26	6.39	6.52	6.65	6.78	6.90	7.02	7.14	7.26	7.37	7.49
29	2.58	2.97	3.29	3.56	3.82	4.05	4.27	4.47	4.67	4.85	5.03	5.19	5.36	5.51	5.67	5.82	5.96	6.10	6.24	6.37	6.50	6.63	6.75	6.88	7.00	7.12	7.23	7.35	7.46
30	2.58	2.96	3.28	3.56	3.81	4.04	4.26	4.46	4.65	4.84	5.01	5.18	5.34	5.50	5.65	5.80	5.94	6.08	6.22	6.35	6.48	6.61	6.73	6.85	6.97	7.09	7.21	7.32	7.43
40	2.54	2.92	3.23	3.50	3.74	3.97	4.18	4.37	4.56	4.73	4.90	5.07	5.22	5.37	5.52	5.66	5.80	5.93	6.06	6.19	6.32	6.44	6.56	6.68	6.79	6.91	7.02	7.13	7.23
50	2.52	2.89	3.20	3.46	3.70	3.92	4.13	4.32	4.50	4.67	4.84	5.00	5.15	5.30	5.44	5.58	5.71	5.85	5.97	6.10	6.22	6.34	6.46	6.57	6.68	6.79	6.90	7.01	7.11
60	2.51	2.88	3.18	3.44	3.68	3.89	4.10	4.28	4.46	4.63	4.80	4.95	5.10	5.25	5.39	5.53	5.66	5.79	5.91	6.04	6.16	6.27	6.39	6.50	6.61	6.72	6.83	6.93	7.03
70	2.50	2.86	3.16	3.42	3.66	3.87	4.07	4.26	4.44	4.61	4.77	4.92	5.07	5.21	5.35	5.49	5.62	5.74	5.87	5.99	6.11	6.22	6.34	6.45	6.56	6.67	6.77	6.87	6.98
80	2.49	2.86	3.15	3.41	3.64	3.86	4.06	4.24	4.42	4.58	4.74	4.90	5.04	5.19	5.32	5.46	5.59	5.71	5.84	5.96	6.07	6.19	6.30	6.41	6.52	6.62	6.73	6.83	6.93
90	2.49	2.85	3.15	3.40	3.63	3.85	4.04	4.23	4.40	4.57	4.73	4.88	5.02	5.17	5.30	5.43	5.56	5.69	5.81	5.93	6.05	6.16	6.27	6.38	6.49	6.59	6.70	6.80	6.90
100	2.48	2.84	3.14	3.40	3.63	3.84	4.03	4.22	4.39	4.55	4.71	4.86	5.01	5.15	5.28	5.42	5.54	5.67	5.79	5.91	6.02	6.14	6.25	6.36	6.46	6.57	6.67	6.77	6.87
120	2.48	2.84	3.13	3.38	3.61	3.82	4.02	4.20	4.37	4.53	4.69	4.84	4.99	5.12	5.26	5.39	5.52	5.64	5.76	5.88	5.99	6.10	6.21	6.32	6.43	6.53	6.63	6.73	6.83
∞	2.47	2.82	3.11	3.36	3.59	3.79	3.98	4.16	4.33	4.49	4.65	4.80	4.94	5.07	5.21	5.33	5.46	5.58	5.70	5.81	5.93	6.03	6.14	6.25	6.35	6.45	6.55	6.65	6.74

$\alpha = 0.01$

df	\	$k-1$																											
	2	3	4	5	6	7	8	9	10	11	12	13	14	15	16	17	18	19	20	21	22	23	24	25	26	27	28	29	30
1	100.0	127.3	150.0	169.8	187.5	203.7	218.7	232.8	246.1	258.7	270.7	282.2	293.3	303.9	314.2	324.2	333.8	343.2	352.4	361.3	370.0	378.5	386.8	395.0	402.9	410.8	418.4	426.0	433.4
2	14.07	17.25	19.92	22.28	24.41	26.37	28.20	29.91	31.53	33.07	34.54	35.95	37.31	38.62	39.89	41.12	42.31	43.47	44.60	45.70	46.78	47.83	48.86	49.86	50.85	51.82	52.77	53.71	54.63
3	7.85	9.40	10.72	11.88	12.94	13.92	14.83	15.69	16.50	17.28	18.02	18.73	19.41	20.08	20.72	21.34	21.94	22.53	23.10	23.66	24.21	24.74	25.27	25.78	26.28	26.77	27.26	27.73	28.20
4	6.00	7.08	7.99	8.81	9.55	10.24	10.88	11.49	12.06	12.61	13.13	13.64	14.12	14.59	15.05	15.49	15.92	16.34	16.74	17.14	17.53	17.91	18.28	18.65	19.01	19.36	19.70	20.04	20.37
5	5.15	6.01	6.75	7.41	8.00	8.56	9.07	9.56	10.03	10.47	10.89	11.30	11.70	12.08	12.45	12.80	13.15	13.49	13.82	14.15	14.46	14.77	15.07	15.37	15.66	15.95	16.23	16.50	16.77
6	4.67	5.42	6.05	6.61	7.13	7.60	8.05	8.47	8.87	9.26	9.62	9.98	10.32	10.65	10.97	11.28	11.58	11.87	12.16	12.44	12.72	12.98	13.25	13.51	13.76	14.01	14.25	14.49	14.73
7	4.37	5.04	5.60	6.11	6.57	7.00	7.40	7.78	8.14	8.48	8.81	9.13	9.44	9.73	10.02	10.30	10.57	10.84	11.10	11.35	11.60	11.84	12.07	12.31	12.53	12.76	12.98	13.19	13.41
8	4.16	4.77	5.29	5.76	6.18	6.58	6.94	7.29	7.63	7.94	8.25	8.54	8.82	9.10	9.36	9.62	9.87	10.11	10.35	10.59	10.81	11.04	11.26	11.47	11.68	11.89	12.09	12.29	12.49
9	4.01	4.58	5.07	5.50	5.90	6.27	6.61	6.94	7.25	7.55	7.83	8.11	8.37	8.63	8.88	9.12	9.35	9.58	9.81	10.02	10.24	10.45	10.65	10.85	11.05	11.25	11.44	11.62	11.81
10	3.89	4.43	4.90	5.31	5.68	6.03	6.36	6.67	6.96	7.24	7.51	7.77	8.03	8.27	8.50	8.73	8.96	9.17	9.39	9.59	9.80	10.00	10.19	10.38	10.57	10.75	10.93	11.11	11.29
11	3.80	4.32	4.76	5.16	5.52	5.85	6.16	6.46	6.74	7.01	7.26	7.51	7.75	7.99	8.21	8.43	8.64	8.85	9.05	9.25	9.45	9.64	9.82	10.01	10.19	10.36	10.54	10.71	10.87
12	3.72	4.23	4.65	5.03	5.38	5.70	6.00	6.28	6.55	6.81	7.06	7.30	7.53	7.76	7.97	8.18	8.39	8.59	8.78	8.98	9.16	9.35	9.53	9.70	9.87	10.04	10.21	10.38	10.54
13	3.66	4.15	4.56	4.93	5.27	5.58	5.87	6.14	6.40	6.65	6.89	7.13	7.35	7.57	7.78	7.98	8.18	8.37	8.56	8.75	8.93	9.10	9.28	9.45	9.62	9.78	9.94	10.10	10.26
14	3.61	4.09	4.49	4.85	5.17	5.47	5.75	6.02	6.28	6.52	6.75	6.98	7.19	7.41	7.61	7.81	8.00	8.19	8.37	8.55	8.73	8.90	9.07	9.24	9.40	9.56	9.71	9.87	10.02
15	3.57	4.03	4.42	4.77	5.09	5.38	5.66	5.92	6.17	6.41	6.63	6.85	7.06	7.27	7.47	7.66	7.85	8.03	8.21	8.39	8.56	8.73	8.89	9.05	9.21	9.37	9.52	9.67	9.82
16	3.53	3.98	4.37	4.71	5.02	5.31	5.58	5.83	6.08	6.31	6.53	6.74	6.95	7.15	7.35	7.53	7.72	7.90	8.07	8.24	8.41	8.58	8.74	8.90	9.05	9.20	9.35	9.50	9.64
17	3.50	3.94	4.32	4.66	4.96	5.24	5.51	5.76	5.99	6.22	6.44	6.65	6.85	7.05	7.24	7.42	7.60	7.78	7.95	8.12	8.28	8.44	8.60	8.76	8.91	9.06	9.21	9.35	9.49
18	3.47	3.91	4.28	4.61	4.91	5.19	5.44	5.69	5.92	6.15	6.36	6.57	6.76	6.96	7.14	7.33	7.50	7.68	7.84	8.01	8.17	8.33	8.48	8.64	8.79	8.93	9.08	9.22	9.36
19	3.44	3.88	4.24	4.57	4.86	5.13	5.39	5.63	5.86	6.08	6.29	6.49	6.69	6.88	7.06	7.24	7.41	7.58	7.75	7.91	8.07	8.23	8.38	8.53	8.67	8.82	8.96	9.10	9.24
20	3.42	3.85	4.21	4.53	4.82	5.09	5.34	5.58	5.80	6.02	6.23	6.43	6.62	6.81	6.99	7.16	7.33	7.50	7.67	7.82	7.98	8.13	8.28	8.43	8.58	8.72	8.86	8.99	9.13
21	3.40	3.82	4.18	4.50	4.78	5.05	5.30	5.53	5.75	5.97	6.17	6.37	6.56	6.74	6.92	7.09	7.26	7.43	7.59	7.75	7.90	8.05	8.20	8.34	8.49	8.63	8.76	8.90	9.03
22	3.38	3.80	4.15	4.47	4.75	5.01	5.26	5.49	5.71	5.92	6.12	6.31	6.50	6.68	6.86	7.03	7.20	7.36	7.52	7.68	7.83	7.98	8.12	8.27	8.41	8.54	8.68	8.81	8.95
23	3.37	3.78	4.13	4.44	4.72	4.98	5.22	5.45	5.67	5.87	6.07	6.27	6.45	6.63	6.81	6.97	7.14	7.30	7.46	7.61	7.76	7.91	8.05	8.19	8.33	8.47	8.60	8.74	8.87
24	3.35	3.76	4.11	4.41	4.69	4.95	5.19	5.41	5.63	5.83	6.03	6.22	6.40	6.58	6.75	6.92	7.09	7.24	7.40	7.55	7.70	7.85	7.99	8.13	8.27	8.40	8.53	8.66	8.79
25	3.34	3.75	4.09	4.39	4.67	4.92	5.16	5.38	5.59	5.80	5.99	6.18	6.36	6.54	6.71	6.87	7.04	7.19	7.35	7.50	7.64	7.79	7.93	8.07	8.20	8.34	8.47	8.60	8.73
26	3.32	3.73	4.07	4.37	4.64	4.89	5.13	5.35	5.56	5.76	5.96	6.14	6.32	6.50	6.67	6.83	6.99	7.15	7.30	7.45	7.59	7.74	7.88	8.01	8.15	8.28	8.41	8.54	8.66
27	3.31	3.72	4.05	4.35	4.62	4.87	5.10	5.32	5.53	5.73	5.93	6.11	6.29	6.46	6.63	6.79	6.95	7.10	7.25	7.40	7.55	7.69	7.83	7.96	8.10	8.23	8.36	8.48	8.61
28	3.30	3.70	4.04	4.33	4.60	4.85	5.08	5.30	5.51	5.70	5.89	6.08	6.25	6.43	6.59	6.75	6.91	7.06	7.21	7.36	7.50	7.64	7.78	7.92	8.05	8.18	8.31	8.43	8.56
29	3.29	3.69	4.02	4.32	4.58	4.83	5.06	5.28	5.48	5.68	5.87	6.05	6.22	6.39	6.56	6.72	6.87	7.03	7.18	7.32	7.46	7.60	7.74	7.87	8.00	8.13	8.26	8.38	8.51
30	3.28	3.68	4.01	4.30	4.57	4.81	5.04	5.25	5.46	5.65	5.84	6.02	6.20	6.36	6.53	6.69	6.84	6.99	7.14	7.28	7.42	7.56	7.70	7.83	7.96	8.09	8.21	8.34	8.46
40	3.22	3.60	3.91	4.19	4.44	4.68	4.89	5.10	5.29	5.48	5.65	5.83	5.99	6.15	6.30	6.46	6.60	6.74	6.88	7.02	7.15	7.28	7.41	7.54	7.66	7.78	7.90	8.02	8.13

续表

$k-1$

df	2	3	4	5	6	7	8	9	10	11	12	13	14	15	16	17	18	19	20	21	22	23	24	25	26	27	28	29	30
50	3.18	3.55	3.86	4.13	4.37	4.60	4.81	5.01	5.19	5.37	5.55	5.71	5.87	6.02	6.17	6.32	6.46	6.60	6.73	6.86	6.99	7.12	7.24	7.36	7.48	7.59	7.71	7.82	7.93
60	3.16	3.52	3.82	4.09	4.33	4.55	4.75	4.95	5.13	5.31	5.47	5.63	5.79	5.94	6.09	6.23	6.36	6.50	6.63	6.76	6.88	7.01	7.13	7.24	7.36	7.47	7.58	7.69	7.80
70	3.14	3.50	3.79	4.06	4.29	4.51	4.71	4.90	5.08	5.26	5.42	5.58	5.73	5.88	6.02	6.16	6.30	6.43	6.56	6.68	6.81	6.93	7.04	7.16	7.27	7.38	7.49	7.60	7.71
80	3.12	3.48	3.78	4.03	4.27	4.48	4.68	4.87	5.05	5.22	5.38	5.54	5.69	5.84	5.98	6.11	6.25	6.38	6.50	6.63	6.75	6.87	6.98	7.10	7.21	7.32	7.43	7.53	7.64
90	3.11	3.47	3.76	4.02	4.25	4.46	4.66	4.85	5.02	5.19	5.35	5.51	5.66	5.80	5.94	6.08	6.21	6.34	6.46	6.58	6.70	6.82	6.94	7.05	7.16	7.27	7.37	7.48	7.58
100	3.11	3.46	3.75	4.00	4.23	4.45	4.64	4.83	5.00	5.17	5.33	5.48	5.63	5.77	5.91	6.05	6.18	6.31	6.43	6.55	6.67	6.78	6.90	7.01	7.12	7.23	7.33	7.43	7.54
120	3.09	3.44	3.73	3.98	4.21	4.42	4.62	4.80	4.97	5.14	5.29	5.45	5.59	5.73	5.87	6.00	6.13	6.26	6.38	6.50	6.62	6.73	6.84	6.95	7.06	7.16	7.27	7.37	7.47
∞	3.07	3.41	3.70	3.94	4.17	4.37	4.56	4.74	4.91	5.07	5.22	5.37	5.51	5.65	5.78	5.91	6.04	6.16	6.28	6.39	6.51	6.62	6.73	6.83	6.94	7.04	7.14	7.24	7.34

$\alpha = 0.005$

$k-1$

df	2	3	4	5	6	7	8	9	10	11	12	13	14	15	16	17	18	19	20	21	22	23	24	25	26	27	28	29	30
1	200.0	254.7	300.0	339.5	375.0	407.4	437.5	465.6	492.2	517.4	541.4	564.4	586.5	607.5	628.4	648.4	667.7	686.5	704.8	722.6	740.0	757.0	773.7	789.9	805.9	821.5	836.9	852.0	866.8
2	19.95	24.44	28.23	31.57	34.58	37.36	39.94	42.36	44.65	46.83	48.92	50.92	52.84	54.69	56.49	58.23	59.92	61.56	63.16	64.72	66.24	67.73	69.19	70.62	72.01	73.39	74.73	76.06	77.36
3	9.98	11.93	13.59	15.07	16.40	17.64	18.79	19.87	20.90	21.88	22.82	23.72	24.58	25.42	26.23	27.02	27.78	28.53	29.25	29.96	30.65	31.32	31.98	32.63	33.27	33.89	34.50	35.10	35.69
4	7.25	8.53	9.62	10.60	11.48	12.30	13.07	13.79	14.48	15.13	15.76	16.37	16.95	17.51	18.05	18.58	19.10	19.60	20.08	20.56	21.02	21.48	21.93	22.36	22.79	23.21	23.62	24.03	24.43
5	6.05	7.04	7.89	8.64	9.33	9.97	10.57	11.13	11.67	12.18	12.67	13.15	13.60	14.04	14.47	14.88	15.29	15.68	16.06	16.44	16.80	17.16	17.51	17.86	18.19	18.53	18.85	19.17	19.49
6	5.39	6.22	6.94	7.57	8.15	8.69	9.19	9.67	10.12	10.56	10.97	11.37	11.76	12.13	12.50	12.85	13.19	13.52	13.85	14.17	14.48	14.78	15.08	15.37	15.66	15.94	16.22	16.49	16.76
7	4.98	5.71	6.34	6.90	7.41	7.89	8.33	8.75	9.15	9.54	9.91	10.26	10.60	10.93	11.25	11.57	11.87	12.16	12.45	12.74	13.01	13.28	13.55	13.80	14.06	14.31	14.56	14.80	15.03
8	4.70	5.37	5.93	6.44	6.91	7.34	7.74	8.13	8.49	8.84	9.17	9.50	9.81	10.11	10.40	10.69	10.96	11.23	11.50	11.75	12.01	12.25	12.49	12.73	12.96	13.19	13.41	13.64	13.85
9	4.50	5.11	5.64	6.11	6.54	6.94	7.32	7.67	8.01	8.33	8.64	8.94	9.23	9.51	9.78	10.05	10.30	10.56	10.80	11.04	11.27	11.50	11.73	11.95	12.16	12.37	12.58	12.79	12.99
10	4.34	4.92	5.42	5.86	6.27	6.64	6.99	7.33	7.65	7.95	8.24	8.52	8.80	9.06	9.31	9.56	9.80	10.04	10.27	10.50	10.72	10.93	11.14	11.35	11.55	11.75	11.95	12.14	12.33
11	4.22	4.78	5.25	5.67	6.05	6.41	6.74	7.06	7.36	7.65	7.93	8.19	8.45	8.70	8.95	9.18	9.41	9.64	9.85	10.07	10.28	10.48	10.68	10.88	11.07	11.26	11.45	11.64	11.82
12	4.13	4.66	5.11	5.51	5.88	6.22	6.54	6.84	7.13	7.41	7.67	7.93	8.18	8.42	8.65	8.87	9.09	9.31	9.52	9.72	9.92	10.12	10.31	10.50	10.69	10.87	11.05	11.23	11.40
13	4.05	4.56	4.99	5.38	5.74	6.06	6.37	6.66	6.94	7.21	7.46	7.71	7.95	8.18	8.40	8.62	8.83	9.04	9.24	9.44	9.63	9.82	10.01	10.19	10.37	10.54	10.72	10.89	11.05
14	3.98	4.48	4.90	5.27	5.62	5.93	6.23	6.52	6.78	7.04	7.29	7.53	7.76	7.98	8.20	8.41	8.61	8.81	9.01	9.20	9.39	9.57	9.75	9.93	10.10	10.27	10.44	10.60	10.76
15	3.92	4.41	4.82	5.18	5.52	5.83	6.12	6.39	6.65	6.90	7.14	7.37	7.60	7.81	8.02	8.23	8.43	8.62	8.81	9.00	9.18	9.36	9.53	9.70	9.87	10.04	10.20	10.36	10.52
16	3.88	4.35	4.75	5.10	5.43	5.73	6.01	6.28	6.54	6.78	7.01	7.24	7.46	7.67	7.87	8.07	8.27	8.46	8.64	8.82	9.00	9.17	9.34	9.51	9.67	9.84	9.99	10.15	10.30
17	3.84	4.30	4.69	5.04	5.35	5.65	5.93	6.19	6.44	6.67	6.90	7.12	7.34	7.54	7.74	7.94	8.13	8.31	8.49	8.67	8.84	9.01	9.18	9.34	9.51	9.66	9.82	9.97	10.12
18	3.80	4.25	4.64	4.98	5.29	5.58	5.85	6.10	6.35	6.58	6.81	7.02	7.23	7.43	7.63	7.82	8.01	8.19	8.36	8.54	8.71	8.87	9.04	9.20	9.35	9.51	9.66	9.81	9.95
19	3.77	4.21	4.59	4.93	5.23	5.51	5.78	6.03	6.27	6.50	6.72	6.93	7.14	7.33	7.53	7.71	7.90	8.07	8.25	8.42	8.58	8.75	8.91	9.06	9.22	9.37	9.52	9.67	9.81

续表

df	2	3	4	5	6	7	8	9	10	11	12	13	14	15	16	17	18	19	20	21	22	23	24	25	26	27	28	29	30
															$k-1$														
20	3.74	4.18	4.55	4.88	5.18	5.46	5.72	5.97	6.20	6.43	6.64	6.85	7.05	7.25	7.44	7.62	7.80	7.98	8.15	8.31	8.48	8.64	8.79	8.95	9.10	9.25	9.39	9.54	9.68
21	3.71	4.15	4.51	4.84	5.13	5.41	5.67	5.91	6.14	6.36	6.57	6.78	6.98	7.17	7.36	7.54	7.71	7.89	8.05	8.22	8.38	8.54	8.69	8.84	8.99	9.14	9.28	9.42	9.56
22	3.69	4.12	4.48	4.80	5.09	5.36	5.62	5.86	6.09	6.30	6.51	6.72	6.91	7.10	7.28	7.46	7.64	7.80	7.97	8.13	8.29	8.45	8.60	8.75	8.90	9.04	9.18	9.32	9.46
23	3.67	4.09	4.45	4.77	5.06	5.32	5.57	5.81	6.03	6.25	6.46	6.66	6.85	7.04	7.22	7.39	7.56	7.73	7.89	8.05	8.21	8.36	8.51	8.66	8.81	8.95	9.09	9.23	9.36
24	3.65	4.07	4.42	4.74	5.02	5.29	5.53	5.77	5.99	6.20	6.41	6.60	6.79	6.98	7.16	7.33	7.50	7.66	7.83	7.98	8.14	8.29	8.44	8.58	8.73	8.87	9.01	9.14	9.28
25	3.63	4.05	4.40	4.71	4.99	5.25	5.50	5.73	5.95	6.16	6.36	6.55	6.74	6.92	7.10	7.27	7.44	7.60	7.76	7.92	8.07	8.22	8.37	8.51	8.65	8.79	8.93	9.06	9.20
26	3.62	4.03	4.38	4.68	4.96	5.22	5.46	5.69	5.91	6.12	6.32	6.51	6.70	6.88	7.05	7.22	7.39	7.55	7.71	7.86	8.01	8.16	8.30	8.45	8.59	8.72	8.86	8.99	9.12
27	3.60	4.01	4.35	4.66	4.94	5.19	5.43	5.66	5.87	6.08	6.28	6.47	6.65	6.83	7.00	7.17	7.34	7.50	7.65	7.80	7.95	8.10	8.24	8.38	8.52	8.66	8.79	8.92	9.05
28	3.59	3.99	4.33	4.64	4.91	5.16	5.40	5.63	5.84	6.05	6.24	6.43	6.61	6.79	6.96	7.13	7.29	7.45	7.60	7.75	7.90	8.05	8.19	8.33	8.47	8.60	8.73	8.86	8.99
29	3.58	3.98	4.32	4.62	4.89	5.14	5.38	5.60	5.81	6.01	6.21	6.39	6.58	6.75	6.92	7.09	7.25	7.40	7.56	7.71	7.85	8.00	8.14	8.28	8.41	8.55	8.68	8.81	8.93
30	3.57	3.96	4.30	4.60	4.87	5.12	5.35	5.57	5.78	5.98	6.18	6.36	6.54	6.71	6.88	7.05	7.21	7.36	7.51	7.66	7.81	7.95	8.09	8.23	8.36	8.49	8.62	8.75	8.88
40	3.48	3.86	4.18	4.46	4.72	4.96	5.18	5.38	5.58	5.77	5.95	6.13	6.30	6.46	6.62	6.77	6.92	7.07	7.21	7.35	7.48	7.62	7.75	7.88	8.00	8.13	8.25	8.37	8.49
50	3.44	3.80	4.11	4.39	4.63	4.86	5.07	5.28	5.47	5.65	5.82	5.99	6.15	6.31	6.46	6.61	6.75	6.89	7.03	7.16	7.29	7.42	7.55	7.67	7.79	7.91	8.03	8.14	8.26
60	3.40	3.77	4.07	4.34	4.58	4.80	5.01	5.20	5.39	5.57	5.74	5.90	6.06	6.21	6.36	6.50	6.64	6.78	6.91	7.04	7.17	7.29	7.41	7.53	7.65	7.77	7.88	7.99	8.10
70	3.38	3.74	4.04	4.30	4.54	4.76	4.96	5.15	5.33	5.51	5.68	5.84	5.99	6.14	6.28	6.42	6.56	6.69	6.83	6.95	7.08	7.20	7.32	7.44	7.55	7.66	7.77	7.88	7.99
80	3.37	3.72	4.01	4.27	4.51	4.72	4.93	5.11	5.29	5.47	5.63	5.79	5.94	6.09	6.23	6.37	6.50	6.63	6.76	6.89	7.01	7.13	7.25	7.36	7.47	7.59	7.69	7.80	7.91
90	3.35	3.70	4.00	4.25	4.48	4.70	4.90	5.09	5.26	5.43	5.59	5.75	5.90	6.05	6.19	6.32	6.46	6.59	6.71	6.84	6.96	7.08	7.19	7.30	7.42	7.53	7.63	7.74	7.84
100	3.34	3.69	3.98	4.24	4.47	4.68	4.88	5.06	5.24	5.41	5.57	5.72	5.87	6.01	6.15	6.29	6.42	6.55	6.67	6.80	6.92	7.03	7.15	7.26	7.37	7.48	7.58	7.69	7.79
120	3.33	3.67	3.96	4.21	4.44	4.65	4.84	5.03	5.20	5.37	5.53	5.68	5.82	5.97	6.10	6.24	6.37	6.49	6.62	6.74	6.85	6.97	7.08	7.19	7.30	7.41	7.51	7.61	7.71
∞	3.30	3.64	3.92	4.16	4.39	4.59	4.78	4.96	5.13	5.29	5.44	5.59	5.73	5.87	6.00	6.13	6.26	6.38	6.50	6.61	6.73	6.84	6.95	7.05	7.16	7.26	7.36	7.46	7.56

$\alpha = 0.001$

df	2	3	4	5	6	7	8	9	10	11	12	13	14	15	16	17	18	19	20	21	22	23	24	25	26	27	28	29	30
															$k-1$														
1	1000	1273	1500	1698	1875	2037	2188	2328	2461	2587	2707	2822	2933	3039	3142	3242	3338	3432	3524	3613	3700	3785	3868	3950	4030	4108	4184	4260	4334
2	44.70	54.75	63.22	70.69	77.43	83.64	89.41	94.84	99.97	104.85	109.51	113.98	118.29	122.44	126.46	130.35	134.13	137.80	141.38	144.87	148.28	151.62	154.88	158.07	161.20	164.27	167.29	170.25	173.16
3	17.23	20.57	23.42	25.94	28.23	30.35	32.33	34.19	35.95	37.63	39.24	40.79	42.27	43.71	45.10	46.45	47.76	49.04	50.28	51.50	52.68	53.84	54.98	56.09	57.18	58.25	59.30	60.33	61.35
4	11.07	12.98	14.62	16.08	17.41	18.64	19.80	20.89	21.92	22.91	23.85	24.76	25.64	26.48	27.30	28.10	28.88	29.63	30.36	31.08	31.78	32.47	33.14	33.80	34.45	35.08	35.70	36.32	36.92
5	8.62	9.98	11.15	12.20	13.15	14.04	14.87	15.66	16.41	17.12	17.80	18.46	19.10	19.71	20.31	20.89	21.45	22.00	22.54	23.06	23.57	24.07	24.56	25.04	25.51	25.97	26.43	26.87	27.31
6	7.35	8.43	9.36	10.20	10.96	11.67	12.34	12.97	13.57	14.14	14.69	15.22	15.73	16.23	16.71	17.18	17.63	18.07	18.50	18.93	19.34	19.74	20.14	20.53	20.91	21.28	21.65	22.01	22.36
7	6.59	7.50	8.29	9.00	9.65	10.25	10.82	11.36	11.87	12.36	12.83	13.28	13.71	14.14	14.55	14.95	15.33	15.71	16.08	16.44	16.80	17.14	17.48	17.81	18.14	18.46	18.77	19.08	19.39

续表

$k-1$

df	2	3	4	5	6	7	8	9	10	11	12	13	14	15	16	17	18	19	20	21	22	23	24	25	26	27	28	29	30
8	6.08	6.89	7.59	8.21	8.78	9.32	9.82	10.29	10.74	11.17	11.59	11.99	12.38	12.75	13.12	13.47	13.81	14.15	14.48	14.80	15.11	15.42	15.72	16.01	16.30	16.59	16.87	17.14	17.41
9	5.72	6.46	7.09	7.65	8.17	8.65	9.11	9.54	9.95	10.34	10.72	11.08	11.43	11.77	12.10	12.42	12.74	13.04	13.34	13.63	13.92	14.20	14.47	14.74	15.00	15.26	15.52	15.77	16.01
10	5.46	6.14	6.72	7.24	7.72	8.16	8.58	8.98	9.36	9.72	10.07	10.40	10.73	11.04	11.35	11.65	11.93	12.22	12.49	12.76	13.03	13.29	13.54	13.79	14.03	14.27	14.51	14.74	14.97
11	5.26	5.89	6.43	6.92	7.37	7.78	8.18	8.55	8.90	9.24	9.57	9.88	10.18	10.48	10.77	11.04	11.32	11.58	11.84	12.09	12.34	12.58	12.82	13.05	13.28	13.51	13.73	13.95	14.16
12	5.09	5.69	6.21	6.67	7.09	7.48	7.85	8.20	8.54	8.86	9.17	9.47	9.75	10.03	10.30	10.57	10.82	11.07	11.32	11.56	11.79	12.02	12.25	12.47	12.68	12.90	13.11	13.31	13.52
13	4.96	5.53	6.02	6.46	6.87	7.24	7.59	7.93	8.25	8.55	8.84	9.13	9.40	9.67	9.93	10.18	10.42	10.66	10.89	11.12	11.35	11.56	11.78	11.99	12.20	12.40	12.60	12.80	12.99
14	4.85	5.40	5.87	6.29	6.68	7.04	7.38	7.70	8.00	8.30	8.58	8.85	9.11	9.37	9.61	9.85	10.09	10.32	10.54	10.76	10.98	11.19	11.39	11.59	11.79	11.99	12.18	12.37	12.55
15	4.76	5.29	5.75	6.15	6.52	6.87	7.19	7.50	7.80	8.08	8.35	8.61	8.85	9.11	9.35	9.58	9.81	10.03	10.25	10.46	10.66	10.87	11.06	11.26	11.45	11.64	11.82	12.01	12.19
16	4.68	5.20	5.64	6.03	6.39	6.72	7.04	7.34	7.62	7.90	8.16	8.41	8.66	8.89	9.13	9.35	9.57	9.78	9.99	10.20	10.40	10.59	10.78	10.97	11.16	11.34	11.52	11.70	11.87
17	4.62	5.12	5.54	5.93	6.27	6.60	6.91	7.20	7.47	7.74	7.99	8.24	8.48	8.71	8.93	9.15	9.36	9.57	9.77	9.97	10.17	10.36	10.54	10.73	10.91	11.08	11.26	11.43	11.60
18	4.56	5.05	5.46	5.83	6.17	6.49	6.79	7.07	7.34	7.60	7.85	8.09	8.32	8.54	8.76	8.97	9.18	9.38	9.58	9.77	9.96	10.15	10.33	10.51	10.69	10.86	11.03	11.19	11.36
19	4.51	4.98	5.39	5.75	6.09	6.40	6.69	6.96	7.23	7.48	7.72	7.95	8.18	8.40	8.61	8.82	9.02	9.22	9.41	9.60	9.79	9.97	10.14	10.32	10.49	10.66	10.82	10.99	11.15
20	4.46	4.93	5.33	5.68	6.01	6.31	6.60	6.87	7.12	7.37	7.61	7.84	8.06	8.27	8.48	8.68	8.88	9.07	9.26	9.45	9.63	9.81	9.98	10.15	10.32	10.48	10.64	10.80	10.96
21	4.42	4.88	5.27	5.62	5.94	6.24	6.52	6.78	7.03	7.27	7.51	7.73	7.95	8.16	8.36	8.56	8.75	8.94	9.13	9.31	9.49	9.66	9.83	10.00	10.16	10.32	10.48	10.64	10.79
22	4.38	4.84	5.22	5.56	5.88	6.17	6.44	6.70	6.95	7.19	7.42	7.64	7.85	8.06	8.26	8.45	8.64	8.83	9.01	9.19	9.36	9.53	9.70	9.86	10.02	10.18	10.34	10.49	10.64
23	4.35	4.80	5.18	5.51	5.82	6.11	6.38	6.63	6.88	7.11	7.33	7.55	7.76	7.96	8.16	8.35	8.54	8.72	8.90	9.07	9.25	9.41	9.58	9.74	9.90	10.05	10.21	10.36	10.51
24	4.32	4.76	5.13	5.47	5.77	6.05	6.32	6.57	6.81	7.04	7.26	7.47	7.68	7.88	8.07	8.26	8.45	8.63	8.80	8.97	9.14	9.31	9.47	9.63	9.78	9.94	10.09	10.24	10.38
25	4.29	4.73	5.10	5.42	5.72	6.00	6.26	6.51	6.75	6.98	7.19	7.40	7.61	7.80	7.99	8.18	8.36	8.54	8.71	8.88	9.05	9.21	9.37	9.53	9.68	9.83	9.98	10.13	10.27
26	4.27	4.70	5.06	5.39	5.68	5.96	6.22	6.46	6.69	6.92	7.13	7.34	7.54	7.73	7.92	8.10	8.28	8.46	8.63	8.80	8.96	9.12	9.28	9.43	9.58	9.73	9.88	10.02	10.17
27	4.25	4.67	5.03	5.35	5.64	5.92	6.17	6.41	6.64	6.86	7.07	7.28	7.48	7.67	7.85	8.04	8.21	8.38	8.55	8.72	8.88	9.04	9.19	9.35	9.49	9.64	9.79	9.93	10.07
28	4.23	4.65	5.00	5.32	5.61	5.88	6.13	6.37	6.59	6.81	7.02	7.22	7.42	7.61	7.79	7.97	8.15	8.32	8.48	8.65	8.81	8.96	9.12	9.27	9.41	9.56	9.70	9.84	9.98
29	4.21	4.62	4.97	5.29	5.57	5.84	6.09	6.33	6.55	6.77	6.97	7.17	7.37	7.55	7.74	7.91	8.09	8.25	8.42	8.58	8.74	8.89	9.04	9.19	9.34	9.48	9.62	9.76	9.90
30	4.19	4.60	4.95	5.26	5.54	5.81	6.05	6.29	6.51	6.72	6.93	7.13	7.32	7.50	7.68	7.86	8.03	8.20	8.36	8.52	8.67	8.83	8.98	9.12	9.27	9.41	9.55	9.69	9.82
40	4.06	4.45	4.77	5.06	5.33	5.57	5.80	6.02	6.22	6.42	6.61	6.79	6.97	7.14	7.31	7.47	7.63	7.78	7.93	8.08	8.22	8.36	8.50	8.64	8.77	8.90	9.03	9.16	9.28
50	3.99	4.36	4.67	4.95	5.20	5.44	5.66	5.86	6.06	6.25	6.43	6.60	6.77	6.93	7.09	7.24	7.39	7.54	7.68	7.82	7.96	8.09	8.22	8.35	8.48	8.60	8.73	8.85	8.96
60	3.94	4.30	4.61	4.88	5.12	5.35	5.56	5.76	5.95	6.13	6.31	6.48	6.64	6.79	6.95	7.10	7.24	7.38	7.52	7.65	7.78	7.91	8.04	8.16	8.29	8.41	8.52	8.64	8.75
70	3.91	4.26	4.56	4.82	5.06	5.29	5.49	5.69	5.88	6.05	6.22	6.39	6.55	6.70	6.85	6.99	7.13	7.27	7.40	7.53	7.66	7.79	7.91	8.03	8.15	8.27	8.38	8.50	8.61
80	3.88	4.23	4.53	4.79	5.02	5.24	5.44	5.64	5.82	5.99	6.16	6.32	6.48	6.63	6.77	6.91	7.05	7.19	7.32	7.45	7.57	7.69	7.82	7.93	8.05	8.16	8.28	8.39	8.50
90	3.86	4.21	4.50	4.76	4.99	5.21	5.41	5.60	5.78	5.95	6.11	6.27	6.42	6.57	6.71	6.85	6.99	7.12	7.25	7.38	7.50	7.62	7.74	7.86	7.97	8.08	8.19	8.30	8.41
100	3.85	4.19	4.48	4.73	4.96	5.18	5.38	5.56	5.74	5.91	6.07	6.23	6.38	6.53	6.67	6.81	6.94	7.07	7.20	7.32	7.44	7.56	7.68	7.80	7.91	8.02	8.13	8.24	8.34
120	3.83	4.16	4.45	4.70	4.93	5.14	5.33	5.51	5.69	5.86	6.02	6.17	6.32	6.46	6.60	6.74	6.87	6.99	7.12	7.24	7.36	7.48	7.59	7.70	7.82	7.92	8.03	8.13	8.24
∞	3.78	4.11	4.39	4.63	4.85	5.05	5.24	5.42	5.59	5.75	5.90	6.05	6.19	6.33	6.46	6.59	6.72	6.84	6.96	7.08	7.19	7.31	7.42	7.52	7.63	7.73	7.83	7.93	8.03

附表 15　多重比较的 Duncan 表

$$r_\alpha(k, df)$$

$$\alpha = 0.05$$

df	2	3	4	5	6	7	8	9	10	11	12	13	14	15	16	17	18	19	20	21	22	23	24	25	26	27	28	29	30
1	17.96	13.78	11.42	9.87	8.77	7.95	7.30	6.77	6.34	5.97	5.66	5.40	5.17	4.95	4.76	4.58	4.42	4.27	4.15	4.04	3.94	3.85	3.76	3.69	3.61	3.54	3.47	3.39	3.32
2	6.08	5.81	5.56	5.33	5.13	4.96	4.80	4.66	4.54	4.42	4.32	4.22	4.13	4.05	3.98	3.90	3.84	3.77	3.71	3.66	3.60	3.55	3.51	3.46	3.41	3.37	3.33	3.29	3.25
3	4.50	4.52	4.47	4.41	4.34	4.27	4.21	4.14	4.08	4.02	3.97	3.91	3.86	3.81	3.77	3.72	3.68	3.64	3.60	3.56	3.53	3.49	3.46	3.43	3.39	3.36	3.34	3.31	3.28
4	3.93	4.01	4.03	4.03	4.00	3.97	3.94	3.91	3.87	3.84	3.80	3.77	3.73	3.70	3.67	3.64	3.61	3.58	3.55	3.52	3.50	3.47	3.45	3.42	3.40	3.37	3.35	3.33	3.31
5	3.64	3.75	3.80	3.81	3.81	3.81	3.79	3.77	3.75	3.73	3.71	3.68	3.66	3.64	3.62	3.59	3.57	3.55	3.53	3.51	3.48	3.46	3.44	3.42	3.40	3.39	3.37	3.35	3.33
6	3.46	3.59	3.65	3.68	3.69	3.70	3.69	3.69	3.67	3.66	3.65	3.63	3.61	3.60	3.58	3.56	3.55	3.53	3.51	3.49	3.48	3.46	3.44	3.43	3.41	3.40	3.38	3.37	3.35
7	3.34	3.48	3.55	3.59	3.61	3.62	3.63	3.62	3.62	3.61	3.60	3.59	3.58	3.56	3.55	3.54	3.53	3.52	3.50	3.49	3.47	3.46	3.45	3.44	3.42	3.41	3.40	3.38	3.37
8	3.26	3.40	3.48	3.52	3.55	3.57	3.58	3.58	3.58	3.58	3.57	3.56	3.56	3.55	3.54	3.53	3.52	3.51	3.49	3.48	3.47	3.46	3.45	3.44	3.43	3.41	3.40	3.39	3.38
9	3.20	3.34	3.42	3.47	3.50	3.52	3.54	3.54	3.55	3.55	3.55	3.54	3.54	3.53	3.52	3.52	3.51	3.50	3.49	3.48	3.47	3.46	3.45	3.44	3.43	3.42	3.41	3.40	3.39
10	3.15	3.29	3.38	3.43	3.47	3.49	3.51	3.52	3.52	3.52	3.53	3.52	3.52	3.52	3.51	3.51	3.50	3.49	3.48	3.48	3.47	3.46	3.46	3.45	3.44	3.43	3.42	3.41	3.40
11	3.11	3.26	3.34	3.40	3.44	3.46	3.48	3.49	3.50	3.51	3.51	3.51	3.51	3.51	3.50	3.50	3.49	3.49	3.48	3.48	3.47	3.47	3.46	3.45	3.44	3.44	3.43	3.42	3.41
12	3.08	3.23	3.31	3.37	3.41	3.44	3.46	3.47	3.48	3.49	3.50	3.50	3.50	3.50	3.50	3.49	3.49	3.48	3.48	3.48	3.47	3.47	3.46	3.45	3.45	3.44	3.43	3.43	3.42
13	3.06	3.20	3.29	3.35	3.39	3.42	3.44	3.46	3.47	3.48	3.49	3.49	3.49	3.49	3.49	3.49	3.49	3.48	3.48	3.48	3.47	3.47	3.46	3.46	3.45	3.45	3.44	3.43	3.43
14	3.03	3.18	3.27	3.33	3.37	3.40	3.43	3.44	3.46	3.47	3.48	3.48	3.48	3.48	3.49	3.49	3.48	3.48	3.47	3.48	3.47	3.47	3.47	3.46	3.45	3.45	3.44	3.44	3.43
15	3.01	3.16	3.25	3.31	3.36	3.39	3.41	3.43	3.45	3.46	3.47	3.47	3.48	3.48	3.48	3.48	3.48	3.48	3.47	3.47	3.47	3.47	3.47	3.46	3.46	3.45	3.45	3.44	3.44
16	3.00	3.14	3.23	3.30	3.34	3.38	3.40	3.42	3.44	3.45	3.47	3.46	3.47	3.47	3.48	3.48	3.48	3.47	3.47	3.47	3.47	3.47	3.47	3.47	3.46	3.45	3.45	3.45	3.44
17	2.98	3.13	3.22	3.28	3.33	3.37	3.39	3.41	3.43	3.44	3.46	3.46	3.46	3.47	3.47	3.47	3.47	3.47	3.47	3.47	3.47	3.47	3.47	3.47	3.46	3.46	3.46	3.45	3.45
18	2.97	3.12	3.21	3.27	3.32	3.36	3.38	3.40	3.42	3.43	3.45	3.45	3.46	3.46	3.47	3.47	3.47	3.47	3.47	3.47	3.47	3.47	3.47	3.47	3.47	3.46	3.46	3.46	3.45
19	2.96	3.11	3.20	3.26	3.31	3.35	3.37	3.40	3.41	3.43	3.45	3.45	3.46	3.46	3.46	3.47	3.47	3.46	3.47	3.47	3.47	3.47	3.47	3.47	3.47	3.46	3.46	3.46	3.46
20	2.95	3.10	3.19	3.25	3.30	3.34	3.37	3.39	3.41	3.42	3.44	3.44	3.45	3.46	3.46	3.47	3.47	3.46	3.47	3.47	3.47	3.47	3.47	3.47	3.47	3.47	3.47	3.46	3.46
30	2.89	3.04	3.13	3.20	3.25	3.29	3.32	3.35	3.37	3.39	3.40	3.42	3.43	3.44	3.45	3.45	3.46	3.46	3.47	3.47	3.48	3.48	3.48	3.48	3.48	3.49	3.49	3.49	3.49
40	2.86	3.01	3.10	3.17	3.22	3.27	3.30	3.33	3.35	3.37	3.39	3.40	3.42	3.43	3.44	3.45	3.46	3.46	3.47	3.47	3.48	3.48	3.49	3.49	3.49	3.50	3.50	3.50	3.50
50	2.84	2.99	3.08	3.15	3.21	3.25	3.29	3.32	3.34	3.36	3.38	3.40	3.41	3.42	3.43	3.44	3.45	3.46	3.47	3.47	3.48	3.49	3.49	3.49	3.50	3.50	3.50	3.51	3.51
60	2.83	2.98	3.07	3.14	3.20	3.24	3.28	3.31	3.33	3.35	3.37	3.39	3.41	3.42	3.43	3.44	3.45	3.46	3.47	3.47	3.48	3.49	3.49	3.50	3.50	3.51	3.51	3.51	3.52

k

续表

k

df	2	3	4	5	6	7	8	9	10	11	12	13	14	15	16	17	18	19	20	21	22	23	24	25	26	27	28	29	30
70	2.82	2.97	3.06	3.14	3.19	3.23	3.27	3.30	3.33	3.35	3.37	3.39	3.40	3.42	3.43	3.44	3.45	3.46	3.47	3.47	3.48	3.49	3.49	3.50	3.50	3.51	3.51	3.52	3.52
80	2.81	2.96	3.06	3.13	3.18	3.23	3.27	3.30	3.32	3.35	3.37	3.38	3.40	3.41	3.43	3.44	3.45	3.46	3.47	3.47	3.48	3.49	3.50	3.50	3.51	3.51	3.52	3.52	3.52
90	2.81	2.96	3.05	3.13	3.18	3.23	3.26	3.29	3.32	3.34	3.36	3.38	3.40	3.41	3.43	3.44	3.45	3.46	3.47	3.48	3.48	3.49	3.50	3.50	3.51	3.51	3.52	3.52	3.53
100	2.81	2.95	3.05	3.12	3.18	3.22	3.26	3.29	3.32	3.34	3.36	3.38	3.40	3.41	3.42	3.44	3.45	3.46	3.47	3.48	3.48	3.49	3.50	3.50	3.51	3.51	3.52	3.52	3.53
120	2.80	2.95	3.04	3.12	3.17	3.22	3.25	3.29	3.31	3.34	3.36	3.38	3.39	3.41	3.42	3.44	3.45	3.46	3.47	3.48	3.48	3.49	3.50	3.50	3.51	3.52	3.52	3.53	3.53
∞	2.77	2.92	3.02	3.09	3.15	3.19	3.23	3.27	3.29	3.32	3.34	3.36	3.38	3.40	3.41	3.43	3.44	3.45	3.47	3.48	3.49	3.50	3.50	3.51	3.52	3.53	3.54	3.54	3.55

$\alpha = 0.01$

k

df	2	3	4	5	6	7	8	9	10	11	12	13	14	15	16	17	18	19	20	21	22	23	24	25	26	27	28	29	30
1	89.99	67.78	55.24	47.05	41.21	36.81	33.38	30.63	28.33	26.38	24.72	23.32	22.11	21.04	20.06	19.16	18.33	17.58	16.92	16.33	15.82	15.36	14.93	14.53	14.13	13.75	13.36	12.98	12.61
2	14.04	13.41	12.83	12.31	11.86	11.46	11.11	10.79	10.51	10.25	10.01	9.80	9.59	9.41	9.24	9.07	8.92	8.78	8.64	8.52	8.39	8.28	8.17	8.07	7.97	7.87	7.78	7.70	7.61
3	8.26	8.32	8.28	8.19	8.10	8.00	7.90	7.80	7.71	7.62	7.53	7.45	7.37	7.30	7.23	7.16	7.09	7.03	6.97	6.91	6.85	6.80	6.74	6.69	6.64	6.60	6.55	6.51	6.46
4	6.51	6.68	6.74	6.76	6.75	6.73	6.70	6.66	6.63	6.59	6.55	6.51	6.47	6.43	6.40	6.36	6.33	6.29	6.26	6.22	6.19	6.16	6.13	6.10	6.07	6.04	6.01	5.98	5.95
5	5.70	5.89	5.99	6.04	6.06	6.07	6.07	6.07	6.05	6.04	6.02	6.01	5.99	5.97	5.94	5.92	5.90	5.88	5.86	5.84	5.82	5.80	5.78	5.76	5.74	5.72	5.70	5.68	5.66
6	5.24	5.44	5.55	5.61	5.66	5.68	5.69	5.70	5.70	5.70	5.70	5.69	5.68	5.67	5.66	5.65	5.63	5.62	5.61	5.60	5.58	5.57	5.55	5.54	5.53	5.51	5.50	5.49	5.47
7	4.95	5.14	5.26	5.33	5.38	5.42	5.44	5.45	5.46	5.47	5.47	5.47	5.47	5.47	5.46	5.46	5.45	5.44	5.43	5.42	5.42	5.41	5.40	5.39	5.38	5.37	5.36	5.35	5.34
8	4.75	4.94	5.06	5.13	5.19	5.23	5.26	5.28	5.29	5.30	5.31	5.31	5.32	5.32	5.32	5.31	5.31	5.31	5.30	5.30	5.29	5.29	5.28	5.27	5.27	5.26	5.25	5.25	5.24
9	4.60	4.79	4.91	4.99	5.04	5.09	5.12	5.14	5.16	5.17	5.18	5.19	5.20	5.20	5.20	5.21	5.21	5.20	5.20	5.20	5.20	5.19	5.19	5.19	5.18	5.18	5.17	5.17	5.16
10	4.48	4.67	4.79	4.87	4.93	4.98	5.01	5.04	5.06	5.07	5.09	5.10	5.11	5.11	5.12	5.12	5.12	5.12	5.12	5.12	5.12	5.12	5.12	5.11	5.11	5.11	5.11	5.10	5.10
11	4.39	4.58	4.70	4.78	4.84	4.89	4.92	4.95	4.97	4.99	5.01	5.02	5.03	5.04	5.05	5.05	5.05	5.06	5.06	5.06	5.06	5.06	5.06	5.06	5.06	5.06	5.05	5.05	5.05
12	4.32	4.50	4.62	4.71	4.77	4.81	4.85	4.88	4.91	4.93	4.94	4.96	4.97	4.98	4.99	4.99	5.00	5.00	5.01	5.01	5.01	5.01	5.01	5.01	5.01	5.01	5.01	5.01	5.01
13	4.26	4.44	4.56	4.64	4.71	4.75	4.79	4.82	4.85	4.87	4.89	4.90	4.92	4.93	4.94	4.94	4.95	4.96	4.96	4.96	4.97	4.97	4.97	4.97	4.97	4.97	4.97	4.97	4.97
14	4.21	4.39	4.51	4.59	4.65	4.70	4.74	4.78	4.80	4.82	4.84	4.86	4.87	4.88	4.89	4.90	4.91	4.92	4.92	4.93	4.93	4.93	4.93	4.94	4.94	4.94	4.94	4.94	4.94
15	4.17	4.35	4.46	4.55	4.61	4.66	4.70	4.73	4.76	4.78	4.80	4.82	4.83	4.85	4.86	4.87	4.87	4.88	4.89	4.89	4.90	4.90	4.90	4.91	4.91	4.91	4.91	4.91	4.91
16	4.13	4.31	4.42	4.51	4.57	4.62	4.66	4.70	4.72	4.75	4.77	4.79	4.80	4.81	4.82	4.83	4.84	4.85	4.86	4.86	4.87	4.87	4.88	4.88	4.88	4.88	4.89	4.89	4.89
17	4.10	4.28	4.39	4.47	4.54	4.59	4.63	4.66	4.69	4.72	4.74	4.76	4.77	4.78	4.80	4.81	4.82	4.82	4.83	4.84	4.84	4.85	4.85	4.86	4.86	4.86	4.87	4.87	4.87

续表

k

df	2	3	4	5	6	7	8	9	10	11	12	13	14	15	16	17	18	19	20	21	22	23	24	25	26	27	28	29	30
18	4.07	4.25	4.36	4.44	4.51	4.56	4.60	4.64	4.66	4.69	4.71	4.73	4.74	4.76	4.77	4.78	4.79	4.80	4.81	4.82	4.82	4.83	4.83	4.84	4.84	4.84	4.85	4.85	4.85
19	4.05	4.22	4.34	4.42	4.48	4.53	4.58	4.61	4.64	4.66	4.69	4.70	4.72	4.74	4.75	4.76	4.77	4.78	4.79	4.79	4.80	4.81	4.81	4.82	4.82	4.82	4.83	4.83	4.83
20	4.02	4.20	4.31	4.39	4.46	4.51	4.55	4.59	4.62	4.64	4.66	4.68	4.70	4.72	4.73	4.74	4.75	4.76	4.77	4.78	4.78	4.79	4.80	4.80	4.80	4.81	4.81	4.82	4.82
30	3.89	4.06	4.17	4.25	4.31	4.37	4.41	4.45	4.48	4.50	4.53	4.55	4.57	4.59	4.60	4.62	4.63	4.64	4.65	4.66	4.67	4.68	4.69	4.69	4.70	4.70	4.71	4.72	4.72
40	3.82	3.99	4.10	4.18	4.24	4.30	4.34	4.38	4.41	4.44	4.46	4.48	4.50	4.52	4.54	4.55	4.57	4.58	4.58	4.60	4.61	4.62	4.63	4.64	4.65	4.65	4.66	4.67	4.67
50	3.79	3.95	4.06	4.14	4.20	4.25	4.30	4.33	4.37	4.40	4.42	4.44	4.46	4.48	4.50	4.51	4.53	4.54	4.55	4.57	4.58	4.59	4.60	4.60	4.61	4.62	4.63	4.63	4.64
60	3.76	3.92	4.03	4.11	4.17	4.23	4.27	4.31	4.34	4.37	4.39	4.42	4.44	4.46	4.47	4.49	4.50	4.52	4.53	4.54	4.55	4.56	4.57	4.58	4.59	4.60	4.61	4.61	4.62
70	3.74	3.90	4.01	4.09	4.15	4.21	4.25	4.29	4.32	4.35	4.37	4.40	4.42	4.44	4.46	4.47	4.49	4.50	4.51	4.52	4.54	4.55	4.56	4.57	4.57	4.58	4.59	4.60	4.61
80	3.73	3.89	4.00	4.08	4.14	4.19	4.24	4.27	4.31	4.33	4.36	4.38	4.40	4.42	4.44	4.46	4.47	4.49	4.50	4.51	4.52	4.53	4.54	4.55	4.56	4.57	4.58	4.59	4.59
90	3.72	3.88	3.99	4.07	4.13	4.18	4.22	4.26	4.29	4.32	4.35	4.37	4.39	4.41	4.43	4.45	4.46	4.48	4.49	4.50	4.51	4.52	4.53	4.54	4.55	4.56	4.57	4.58	4.59
100	3.71	3.87	3.98	4.06	4.12	4.17	4.22	4.25	4.29	4.31	4.34	4.36	4.39	4.40	4.42	4.44	4.45	4.47	4.48	4.49	4.51	4.52	4.53	4.54	4.55	4.55	4.56	4.57	4.58
120	3.70	3.86	3.96	4.04	4.11	4.16	4.20	4.24	4.27	4.30	4.33	4.35	4.37	4.39	4.41	4.43	4.44	4.46	4.47	4.48	4.49	4.50	4.52	4.53	4.53	4.55	4.55	4.56	4.57
∞	3.64	3.80	3.90	3.98	4.04	4.09	4.13	4.17	4.21	4.23	4.26	4.28	4.31	4.33	4.35	4.36	4.38	4.39	4.41	4.42	4.43	4.45	4.46	4.47	4.48	4.49	4.50	4.51	4.51

$\alpha = 0.001$

k

df	2	3	4	5	6	7	8	9	10	11	12	13	14	15	16	17	18	19	20	21	22	23	24	25	26	27	28	29	30
1	550.3	495.5	439.8	392.0	352.8	320.9	294.4	272.1	252.9	236.5	236.8	222.5	210.2	199.3	189.3	180.1	171.7	164.1	157.5	151.6	146.5	141.7	137.3	132.9	128.7	124.4	120.3	116.4	112.9
2	43.71	42.18	40.50	38.95	37.57	36.35	35.25	34.27	33.39	32.58	31.91	31.22	30.59	30.00	29.45	28.94	28.46	28.01	27.58	27.18	26.80	26.43	26.09	25.76	25.44	25.14	24.85	24.57	24.30
3	18.24	18.43	18.38	18.24	18.06	17.88	17.69	17.50	17.32	17.15	16.99	16.83	16.68	16.53	16.39	16.26	16.13	16.01	15.89	15.77	15.66	15.56	15.45	15.35	15.26	15.16	15.07	14.98	14.90
4	12.17	12.51	12.66	12.72	12.74	12.73	12.70	12.67	12.63	12.58	12.53	12.48	12.43	12.38	12.33	12.29	12.24	12.19	12.14	12.09	12.05	12.00	11.96	11.92	11.87	11.83	11.79	11.75	11.71
5	9.71	10.05	10.24	10.35	10.41	10.45	10.48	10.49	10.49	10.49	10.48	10.47	10.46	10.44	10.42	10.41	10.39	10.37	10.35	10.33	10.31	10.29	10.27	10.25	10.23	10.20	10.18	10.16	10.14
6	8.43	8.74	8.93	9.05	9.14	9.20	9.24	9.27	9.29	9.31	9.32	9.32	9.33	9.33	9.33	9.32	9.32	9.31	9.31	9.30	9.29	9.28	9.27	9.26	9.25	9.24	9.23	9.22	9.21
7	7.65	7.94	8.13	8.25	8.34	8.41	8.46	8.50	8.53	8.55	8.57	8.59	8.60	8.60	8.61	8.62	8.62	8.63	8.63	8.63	8.63	8.62	8.62	8.62	8.61	8.61	8.61	8.60	8.60
8	7.13	7.41	7.58	7.71	7.80	7.87	7.92	7.97	8.00	8.03	8.06	8.08	8.09	8.09	8.11	8.12	8.13	8.14	8.14	8.15	8.16	8.16	8.16	8.16	8.16	8.16	8.16	8.16	8.16
9	6.76	7.02	7.19	7.32	7.41	7.48	7.53	7.58	7.62	7.65	7.68	7.70	7.72	7.74	7.75	7.77	7.78	7.79	7.79	7.80	7.81	7.81	7.82	7.82	7.82	7.83	7.83	7.83	7.83

续表

k

df	2	3	4	5	6	7	8	9	10	11	12	13	14	15	16	17	18	19	20	21	22	23	24	25	26	27	28	29	30
10	6.49	6.74	6.90	7.02	7.11	7.18	7.24	7.29	7.33	7.36	7.39	7.41	7.44	7.46	7.47	7.49	7.50	7.51	7.52	7.53	7.54	7.55	7.55	7.56	7.56	7.57	7.57	7.57	7.58
11	6.27	6.52	6.68	6.79	6.88	6.95	7.01	7.06	7.10	7.13	7.16	7.19	7.21	7.23	7.25	7.27	7.28	7.29	7.30	7.31	7.32	7.33	7.34	7.35	7.35	7.36	7.36	7.37	7.37
12	6.11	6.34	6.49	6.61	6.69	6.76	6.82	6.87	6.91	6.95	6.98	7.00	7.03	7.05	7.07	7.09	7.10	7.12	7.13	7.14	7.15	7.16	7.17	7.18	7.18	7.19	7.20	7.20	7.21
13	5.97	6.19	6.35	6.46	6.54	6.61	6.67	6.72	6.76	6.79	6.83	6.85	6.88	6.90	6.92	6.94	6.95	6.97	6.98	6.99	7.00	7.02	7.02	7.03	7.04	7.05	7.06	7.06	7.07
14	5.86	6.07	6.22	6.33	6.42	6.48	6.54	6.59	6.63	6.67	6.70	6.73	6.75	6.77	6.79	6.81	6.83	6.84	6.86	6.87	6.88	6.89	6.90	6.91	6.92	6.93	6.94	6.94	6.95
15	5.76	5.97	6.12	6.23	6.31	6.38	6.43	6.48	6.52	6.56	6.59	6.62	6.64	6.67	6.69	6.71	6.72	6.74	6.75	6.77	6.78	6.79	6.80	6.81	6.82	6.83	6.84	6.84	6.85
16	5.68	5.89	6.03	6.13	6.22	6.28	6.34	6.39	6.43	6.46	6.50	6.52	6.55	6.57	6.59	6.61	6.63	6.65	6.66	6.68	6.69	6.70	6.71	6.72	6.73	6.74	6.75	6.76	6.76
17	5.61	5.81	5.95	6.06	6.14	6.20	6.26	6.31	6.35	6.38	6.42	6.44	6.47	6.49	6.51	6.53	6.55	6.57	6.58	6.60	6.61	6.62	6.63	6.64	6.65	6.66	6.67	6.68	6.69
18	5.55	5.75	5.89	5.99	6.07	6.13	6.19	6.24	6.28	6.31	6.34	6.37	6.40	6.42	6.44	6.46	6.48	6.50	6.51	6.53	6.54	6.55	6.56	6.57	6.58	6.59	6.60	6.61	6.62
19	5.49	5.69	5.83	5.93	6.01	6.07	6.13	6.17	6.21	6.25	6.28	6.31	6.34	6.36	6.38	6.40	6.42	6.43	6.45	6.46	6.48	6.49	6.50	6.51	6.52	6.53	6.54	6.55	6.56
20	5.44	5.64	5.77	5.87	5.95	6.02	6.07	6.12	6.16	6.19	6.23	6.25	6.28	6.30	6.32	6.34	6.36	6.38	6.39	6.41	6.42	6.43	6.45	6.46	6.47	6.48	6.49	6.50	6.50
30	5.16	5.33	5.46	5.55	5.62	5.68	5.73	5.78	5.82	5.85	5.88	5.91	5.94	5.96	5.98	6.00	6.02	6.04	6.05	6.07	6.08	6.09	6.11	6.12	6.13	6.14	6.15	6.16	6.17
40	5.02	5.19	5.31	5.40	5.47	5.52	5.57	5.62	5.65	5.69	5.72	5.75	5.77	5.79	5.81	5.83	5.85	5.87	5.89	5.90	5.91	5.93	5.94	5.95	5.96	5.98	5.99	6.00	6.01
50	4.94	5.11	5.25	5.31	5.38	5.43	5.48	5.52	5.56	5.59	5.62	5.65	5.67	5.70	5.72	5.74	5.75	5.77	5.79	5.80	5.82	5.83	5.84	5.86	5.87	5.88	5.89	5.90	5.91
60	4.89	5.05	5.21	5.25	5.32	5.37	5.42	5.46	5.50	5.53	5.56	5.59	5.61	5.63	5.65	5.67	5.69	5.71	5.72	5.74	5.75	5.77	5.78	5.79	5.80	5.81	5.82	5.83	5.84
70	4.86	5.02	5.13	5.21	5.27	5.33	5.38	5.42	5.45	5.49	5.51	5.54	5.56	5.59	5.61	5.63	5.64	5.66	5.68	5.69	5.71	5.72	5.73	5.74	5.76	5.77	5.78	5.79	5.80
80	4.83	4.99	5.10	5.18	5.24	5.30	5.34	5.39	5.42	5.45	5.48	5.51	5.53	5.55	5.57	5.59	5.61	5.63	5.64	5.66	5.67	5.69	5.70	5.71	5.72	5.73	5.74	5.75	5.76
90	4.81	4.97	5.07	5.15	5.22	5.27	5.32	5.36	5.40	5.43	5.46	5.48	5.51	5.53	5.55	5.57	5.58	5.60	5.62	5.63	5.65	5.66	5.67	5.68	5.70	5.71	5.72	5.73	5.74
100	4.79	4.95	5.06	5.14	5.20	5.25	5.30	5.34	5.38	5.41	5.44	5.46	5.48	5.51	5.53	5.55	5.56	5.58	5.60	5.61	5.62	5.64	5.65	5.66	5.67	5.68	5.70	5.71	5.72
120	4.77	4.92	5.03	5.11	5.17	5.23	5.27	5.31	5.35	5.38	5.40	5.43	5.45	5.48	5.50	5.51	5.53	5.55	5.56	5.58	5.59	5.61	5.62	5.63	5.64	5.65	5.66	5.67	5.68
∞	4.65	4.80	4.90	4.97	5.03	5.08	5.13	5.17	5.20	5.23	5.26	5.28	5.30	5.32	5.34	5.36	5.38	5.39	5.41	5.42	5.44	5.45	5.46	5.47	5.48	5.50	5.51	5.52	5.53

$\alpha = 0.005$

k

df	2	3	4	5	6	7	8	9	10	11	12	13	14	15	16	17	18	19	20	21	22	23	24	25	26	27	28	29	30
1	157.68	126.04	109.91	93.37	81.62	72.78	65.82	60.19	55.59	51.76	48.46	45.55	42.97	40.72	38.76	37.06	35.54	34.16	32.85	31.60	30.40	29.28	28.27	27.38	26.59	25.89	25.26	24.67	24.12
2	19.83	18.99	18.21	17.48	16.83	16.27	15.77	15.32	14.92	14.56	14.22	13.92	13.63	13.37	13.12	12.89	12.68	12.48	12.28	12.10	11.93	11.77	11.61	11.47	11.33	11.19	11.07	10.94	10.83

续表

df	k=2	3	4	5	6	7	8	9	10	11	12	13	14	15	16	17	18	19	20	21	22	23	24	25	26	27	28	29	30
3	10.54	10.63	10.58	10.49	10.37	10.25	10.13	10.02	9.90	9.80	9.69	9.59	9.50	9.41	9.32	9.24	9.16	9.08	9.01	8.94	8.87	8.80	8.74	8.68	8.62	8.56	8.50	8.45	8.39
4	7.92	8.13	8.21	8.24	8.24	8.22	8.19	8.16	8.12	8.08	8.04	8.00	7.96	7.92	7.88	7.84	7.80	7.76	7.72	7.69	7.65	7.62	7.58	7.55	7.52	7.48	7.45	7.42	7.39
5	6.75	6.98	7.10	7.17	7.20	7.22	7.23	7.23	7.22	7.21	7.19	7.18	7.16	7.14	7.12	7.10	7.08	7.06	7.04	7.02	7.00	6.98	6.96	6.94	6.92	6.90	6.88	6.86	6.84
6	6.10	6.33	6.47	6.55	6.60	6.64	6.66	6.67	6.68	6.68	6.68	6.68	6.67	6.67	6.66	6.65	6.64	6.63	6.62	6.61	6.59	6.58	6.57	6.56	6.55	6.53	6.52	6.51	6.50
7	5.70	5.92	6.06	6.15	6.21	6.25	6.28	6.30	6.32	6.33	6.34	6.34	6.34	6.35	6.34	6.34	6.34	6.33	6.33	6.32	6.32	6.31	6.30	6.29	6.29	6.28	6.27	6.26	6.25
8	5.42	5.64	5.77	5.86	5.93	5.98	6.01	6.04	6.06	6.08	6.09	6.10	6.11	6.11	6.12	6.12	6.12	6.12	6.12	6.11	6.11	6.11	6.11	6.10	6.10	6.09	6.09	6.08	6.08
9	5.22	5.43	5.56	5.66	5.72	5.78	5.82	5.85	5.87	5.89	5.91	5.92	5.93	5.94	5.94	5.95	5.95	5.95	5.96	5.96	5.96	5.96	5.95	5.95	5.95	5.95	5.95	5.94	5.94
10	5.06	5.27	5.40	5.50	5.57	5.62	5.66	5.69	5.72	5.74	5.76	5.78	5.79	5.80	5.81	5.82	5.82	5.83	5.83	5.83	5.83	5.84	5.84	5.84	5.84	5.84	5.83	5.83	5.83
11	4.94	5.15	5.28	5.37	5.44	5.50	5.54	5.57	5.60	5.63	5.65	5.66	5.68	5.69	5.70	5.71	5.72	5.72	5.73	5.73	5.73	5.74	5.74	5.74	5.74	5.74	5.74	5.74	5.74
12	4.85	5.05	5.18	5.27	5.34	5.40	5.44	5.48	5.51	5.53	5.55	5.57	5.59	5.60	5.61	5.62	5.63	5.64	5.64	5.65	5.65	5.66	5.66	5.66	5.66	5.67	5.67	5.67	5.67
13	4.77	4.97	5.09	5.19	5.26	5.31	5.36	5.39	5.42	5.45	5.47	5.49	5.51	5.52	5.53	5.55	5.56	5.56	5.57	5.58	5.58	5.59	5.59	5.60	5.60	5.60	5.60	5.61	5.61
14	4.70	4.90	5.02	5.12	5.19	5.24	5.29	5.32	5.36	5.38	5.41	5.42	5.44	5.46	5.47	5.48	5.49	5.50	5.51	5.52	5.52	5.53	5.54	5.54	5.54	5.55	5.55	5.55	5.55
15	4.65	4.84	4.96	5.05	5.12	5.18	5.23	5.26	5.30	5.32	5.35	5.37	5.39	5.40	5.42	5.43	5.44	5.46	5.46	5.47	5.47	5.48	5.49	5.49	5.50	5.50	5.50	5.51	5.51
16	4.60	4.79	4.91	5.00	5.07	5.13	5.17	5.21	5.25	5.27	5.30	5.32	5.34	5.35	5.37	5.38	5.39	5.40	5.41	5.42	5.43	5.44	5.44	5.45	5.45	5.46	5.46	5.47	5.47
17	4.56	4.74	4.87	4.96	5.03	5.08	5.13	5.17	5.20	5.23	5.25	5.28	5.29	5.31	5.33	5.34	5.35	5.36	5.37	5.38	5.39	5.40	5.40	5.41	5.42	5.42	5.43	5.43	5.43
18	4.52	4.71	4.83	4.92	4.99	5.04	5.09	5.13	5.16	5.19	5.21	5.24	5.26	5.27	5.29	5.30	5.32	5.33	5.34	5.35	5.36	5.36	5.37	5.38	5.38	5.39	5.39	5.40	5.40
19	4.49	4.67	4.79	4.88	4.95	5.01	5.05	5.09	5.13	5.16	5.18	5.20	5.22	5.24	5.26	5.27	5.28	5.29	5.31	5.32	5.32	5.33	5.34	5.35	5.35	5.36	5.36	5.37	5.37
20	4.46	4.64	4.76	4.85	4.92	4.98	5.02	5.06	5.09	5.12	5.15	5.17	5.19	5.21	5.23	5.24	5.25	5.27	5.28	5.29	5.30	5.30	5.31	5.32	5.33	5.33	5.34	5.34	5.35
30	4.28	4.46	4.57	4.66	4.73	4.78	4.83	4.87	4.90	4.93	4.96	4.98	5.00	5.02	5.04	5.06	5.07	5.08	5.10	5.11	5.12	5.13	5.14	5.15	5.16	5.17	5.17	5.18	5.19
40	4.20	4.37	4.48	4.57	4.63	4.69	4.73	4.77	4.81	4.84	4.86	4.89	4.91	4.93	4.95	4.96	4.98	4.99	5.01	5.02	5.03	5.04	5.05	5.06	5.07	5.08	5.09	5.10	5.10
50	4.15	4.32	4.43	4.51	4.58	4.63	4.68	4.72	4.75	4.78	4.81	4.83	4.85	4.87	4.89	4.91	4.93	4.94	4.95	4.97	4.98	4.99	5.00	5.01	5.02	5.03	5.04	5.05	5.05
60	4.12	4.28	4.39	4.48	4.54	4.59	4.64	4.68	4.71	4.74	4.77	4.80	4.82	4.84	4.86	4.87	4.89	4.90	4.92	4.93	4.94	4.96	4.97	4.98	4.99	5.00	5.00	5.01	5.02
70	4.10	4.26	4.37	4.45	4.52	4.57	4.61	4.65	4.69	4.72	4.74	4.77	4.79	4.81	4.83	4.85	4.86	4.88	4.89	4.91	4.92	4.93	4.94	4.95	4.96	4.97	4.98	4.99	5.00
80	4.08	4.24	4.35	4.43	4.50	4.55	4.59	4.63	4.67	4.70	4.72	4.75	4.77	4.79	4.81	4.83	4.84	4.86	4.87	4.89	4.90	4.91	4.92	4.93	4.94	4.95	4.96	4.97	4.98
90	4.07	4.23	4.34	4.42	4.48	4.53	4.58	4.62	4.65	4.68	4.71	4.73	4.76	4.78	4.80	4.81	4.83	4.85	4.86	4.87	4.89	4.90	4.91	4.92	4.93	4.94	4.95	4.96	4.97
100	4.06	4.22	4.32	4.41	4.47	4.52	4.57	4.61	4.64	4.67	4.70	4.72	4.74	4.77	4.78	4.80	4.82	4.83	4.85	4.86	4.87	4.89	4.90	4.91	4.92	4.93	4.94	4.95	4.95
120	4.04	4.20	4.31	4.39	4.45	4.50	4.55	4.59	4.62	4.65	4.68	4.70	4.73	4.75	4.77	4.78	4.80	4.82	4.83	4.84	4.86	4.87	4.88	4.89	4.90	4.91	4.92	4.93	4.94
∞	3.97	4.12	4.23	4.30	4.37	4.42	4.46	4.50	4.53	4.56	4.59	4.61	4.64	4.66	4.68	4.69	4.71	4.73	4.74	4.75	4.77	4.78	4.79	4.80	4.81	4.82	4.83	4.84	4.85

附表 16　Fmax 查询表

$\alpha = 0.05$

df	a										
	2	3	4	5	6	7	8	9	10	11	12
2	39.0	87.5	142	202	266	333	403	475	550	626	704
3	15.4	27.8	39.2	50.7	62.0	72.9	83.5	93.9	104	114	124
4	9.60	15.5	20.6	25.2	29.5	33.6	37.5	41.1	44.6	48.0	51.4
5	7.15	10.8	13.7	16.3	18.7	20.8	22.9	24.7	26.5	28.2	29.9
6	5.82	8.38	10.4	12.1	13.7	15.0	16.3	17.5	18.6	19.7	20.7
7	4.99	6.94	8.44	9.70	10.8	11.8	12.7	13.5	14.3	15.1	15.8
8	4.43	6.00	7.18	8.12	9.03	9.78	10.5	11.1	11.7	12.2	12.7
9	4.03	5.34	6.31	7.11	7.80	8.41	8.95	9.45	9.91	10.3	10.7
10	3.72	4.85	5.67	6.34	6.92	7.42	7.87	8.28	8.66	9.01	9.34
12	3.28	4.16	4.79	5.30	5.72	6.09	6.42	6.72	7.00	7.25	7.48
15	2.86	3.54	4.01	4.37	4.68	4.95	5.19	5.40	5.59	5.77	5.93
20	2.46	2.95	3.29	3.54	3.76	3.94	4.10	4.24	4.37	4.49	4.59
30	2.07	2.40	2.61	2.78	2.91	3.02	3.12	3.21	3.29	3.36	3.39
60	1.67	1.85	1.96	2.04	2.11	2.17	2.22	2.26	2.30	2.33	2.36
∞	1.00	1.00	1.00	1.00	1.00	1.00	1.00	1.00	1.00	1.00	1.00

$\alpha = 0.01$

df	a										
	2	3	4	5	6	7	8	9	10	11	12
2	199	448	729	1036	1362	1705	2063	2432	2813	3204	3605
3	47.5	85.0	120	151	184	216	249	281	310	337	361
4	23.2	37.0	49.0	59.0	69.0	79.0	89.0	97.0	106	113	120
5	14.9	22.0	28.0	33.0	38.0	42.0	46.0	50.0	54.0	57.0	60.0
6	11.1	15.5	19.1	22.0	25.0	27.0	30.0	32.0	34.0	36.0	37.0
7	8.89	12.1	14.5	16.5	18.4	20.0	22.0	23.0	24.0	26.0	27.0
8	7.50	9.90	11.7	13.2	14.5	15.8	16.9	17.9	18.9	19.8	21.0
9	6.54	8.50	9.90	11.1	12.1	13.1	13.9	14.7	15.3	16.0	16.6
10	5.85	7.40	8.60	9.60	10.4	11.1	11.8	12.4	12.9	13.4	13.9
12	4.91	6.10	6.90	7.60	8.20	8.70	9.10	9.50	9.90	10.2	10.6
15	4.07	4.90	5.50	6.00	6.40	6.70	7.10	7.30	7.50	7.80	8.00
20	3.32	3.80	4.30	4.60	4.90	5.10	5.30	5.50	5.60	5.80	5.90
30	2.63	3.00	3.30	3.40	3.60	3.70	3.80	3.90	4.00	4.10	4.20
60	1.96	2.20	2.30	2.40	2.40	2.50	2.50	2.60	2.60	2.70	2.70
∞	1.00	1.00	1.00	1.00	1.00	1.00	1.00	1.00	1.00	1.00	1.00

附表 17　检验相关系数 $\rho=0$ 的临界值表

$$P\{|r|>r_{\alpha/2}\}=\alpha$$

df	α							
	0.10	0.05	0.025	0.02	0.01	0.005	0.0025	0.001
1	0.9877	0.9969	0.9992	0.9995	0.9999	1.0000	1.0000	1.0000
2	0.9000	0.9500	0.9750	0.9800	0.9900	0.9950	0.9975	0.9990
3	0.8054	0.8783	0.9237	0.9343	0.9587	0.9740	0.9837	0.9911
4	0.7293	0.8114	0.8680	0.8822	0.9172	0.9417	0.9589	0.9741
5	0.6694	0.7545	0.8166	0.8329	0.8745	0.9056	0.9288	0.9509
6	0.6215	0.7067	0.7713	0.7887	0.8343	0.8697	0.8974	0.9249
7	0.5822	0.6664	0.7318	0.7498	0.7977	0.8359	0.8666	0.8983
8	0.5494	0.6319	0.6973	0.7155	0.7646	0.8046	0.8374	0.8721
9	0.5214	0.6021	0.6669	0.6851	0.7348	0.7759	0.8101	0.8470
10	0.4973	0.5760	0.6400	0.6581	0.7079	0.7496	0.7848	0.8233
11	0.4762	0.5529	0.6159	0.6339	0.6835	0.7255	0.7613	0.8010
12	0.4575	0.5324	0.5943	0.6120	0.6614	0.7034	0.7396	0.7800
13	0.4409	0.5140	0.5748	0.5923	0.6411	0.6831	0.7194	0.7604
14	0.4259	0.4973	0.5570	0.5742	0.6226	0.6643	0.7007	0.7419
15	0.4124	0.4821	0.5408	0.5577	0.6055	0.6470	0.6832	0.7247
16	0.4000	0.4683	0.5258	0.5425	0.5897	0.6308	0.6670	0.7084
17	0.3887	0.4555	0.5121	0.5285	0.5751	0.6158	0.6517	0.6932
18	0.3783	0.4438	0.4993	0.5155	0.5614	0.6018	0.6375	0.6788
19	0.3687	0.4329	0.4875	0.5034	0.5487	0.5886	0.6240	0.6652
20	0.3598	0.4227	0.4764	0.4921	0.5368	0.5763	0.6114	0.6524
25	0.3233	0.3809	0.4305	0.4451	0.4869	0.5243	0.5578	0.5974
30	0.2960	0.3494	0.3956	0.4093	0.4487	0.4840	0.5161	0.5541
35	0.2746	0.3246	0.3681	0.3810	0.4182	0.4518	0.4824	0.5189
40	0.2573	0.3044	0.3456	0.3578	0.3932	0.4252	0.4544	0.4896
45	0.2429	0.2876	0.3267	0.3384	0.3721	0.4028	0.4309	0.4647
50	0.2306	0.2732	0.3106	0.3218	0.3542	0.3836	0.4106	0.4432
55	0.2201	0.2609	0.2967	0.3074	0.3385	0.3669	0.3929	0.4244
60	0.2108	0.2500	0.2845	0.2948	0.3248	0.3522	0.3773	0.4079
65	0.2027	0.2404	0.2737	0.2837	0.3126	0.3391	0.3635	0.3931
70	0.1954	0.2319	0.2641	0.2737	0.3017	0.3274	0.3510	0.3798
75	0.1888	0.2242	0.2554	0.2647	0.2919	0.3168	0.3398	0.3678
80	0.1829	0.2172	0.2475	0.2565	0.2830	0.3072	0.3296	0.3568
85	0.1775	0.2108	0.2402	0.2491	0.2748	0.2984	0.3202	0.3468
90	0.1726	0.2050	0.2336	0.2422	0.2673	0.2903	0.3116	0.3375
95	0.1680	0.1996	0.2275	0.2359	0.2604	0.2828	0.3036	0.3290
100	0.1638	0.1946	0.2219	0.2301	0.2540	0.2759	0.2963	0.3211

附表 18　等级相关系数的临界值表

$$P\{|r_s| > r_s(n,\alpha)\} = \alpha$$

自由度 n		概率 P			
	单侧	0.05	0.025	0.01	0.005
	双侧	0.10	0.05	0.02	0.01
4		1.000			
5		0.900	1.000	1.000	
6		0.829	0.884	0.943	1.000
7		0.714	0.786	0.893	0.929
8		0.643	0.738	0.833	0.881
9		0.600	0.700	0.783	0.833
10		0.564	0.648	0.745	0.794
11		0.536	0.618	0.709	0.755
12		0.503	0.587	0.678	0.727
13		0.484	0.560	0.648	0.703
14		0.464	0.538	0.626	0.679
15		0.446	0.521	0.604	0.654
16		0.429	0.503	0.582	0.635
17		0.414	0.485	0.566	0.615
18		0.401	0.472	0.550	0.600
19		0.391	0.460	0.535	0.584
20		0.380	0.447	0.520	0.570
21		0.370	0.435	0.508	0.556
22		0.361	0.425	0.496	0.544
23		0.353	0.415	0.486	0.532
24		0.344	0.406	0.476	0.521
25		0.337	0.398	0.466	0.511
26		0.331	0.390	0.457	0.501
27		0.324	0.382	0.448	0.491
28		0.317	0.375	0.440	0.483
29		0.312	0.368	0.433	0.475
30		0.306	0.362	0.425	0.467
31		0.301	0.356	0.418	0.459
32		0.296	0.350	0.412	0.452
33		0.291	0.345	0.405	0.446
34		0.2s7	0.340	0.399	0.439
35		0.2s3	0.335	0.394	0.433
36		0.279	0.330	0.388	0.427
38		0.271	0.321	0.378	0.415
40		0.264	0.313	0.368	0.405
45		0.248	0.294	0.347	0.382
50		0.235	0.279	0.329	0.363
60		0.214	0.255	0.300	0.331
70		0.198	0.235	0.27$	0.307
80		0.185	0.220	0.260	0.287
100		0.162	0.197	0.233	0.257

附表 19　常用拉丁方表

正交拉丁方

正交拉丁方的完全系

3×3

	I				II	
1	2	3		1	2	3
2	3	1		3	1	2
3	1	2		2	3	1

4×4

	I				II				III		
1	2	3	4	1	2	3	4	1	2	3	4
2	1	4	3	3	4	1	2	4	3	2	1
3	4	1	2	4	3	2	1	2	1	4	3
4	3	2	1	2	1	4	3	3	4	1	2

5×5

	I					II					III					IV			
1	2	3	4	5	1	2	3	4	5	1	2	3	4	5	1	2	3	4	5
2	3	4	5	1	3	4	5	1	2	4	5	1	2	3	5	1	2	3	4
3	4	5	1	2	5	1	2	3	4	2	3	4	5	1	4	5	1	2	3
4	5	1	2	3	2	3	4	5	1	5	1	2	3	4	3	4	5	1	2
5	1	2	3	4	4	5	1	2	3	3	4	5	1	2	2	3	4	5	1

7×7

	I								II								III					
1	2	3	4	5	6	7	1	2	3	4	5	6	7	1	2	3	4	5	6	7
2	3	4	5	6	7	1	3	4	5	6	7	1	2	4	5	6	7	1	2	3
3	4	5	6	7	1	2	5	6	7	1	2	3	4	7	1	2	3	4	5	6
4	5	6	7	1	2	3	7	1	2	3	4	5	6	3	4	5	6	7	1	2
5	6	7	1	2	3	4	2	3	4	5	6	7	1	6	7	1	2	3	4	5
6	7	1	2	3	4	5	4	5	6	7	1	2	3	2	3	4	5	6	7	1
7	1	2	3	4	5	6	6	7	1	2	3	4	5	5	6	7	1	2	3	4

	IV								V								VI					
1	2	3	4	5	6	7	1	2	3	4	5	6	7	1	2	3	4	5	6	7
5	6	7	1	2	3	4	6	7	1	2	3	4	5	7	1	2	3	4	5	6
2	3	4	5	6	7	1	4	5	6	7	1	2	3	6	7	1	2	3	4	5
6	7	1	2	3	4	5	2	3	4	5	6	7	1	5	6	7	1	2	3	4
3	4	5	6	7	1	2	7	1	2	3	4	5	6	4	5	6	7	1	2	3
7	1	2	3	4	5	6	5	6	7	1	2	3	4	3	4	5	6	7	1	2
4	5	6	7	1	2	3	3	4	5	6	7	1	2	2	3	4	5	6	7	1

8×8

I

1	2	3	4	5	6	7	8
2	1	4	3	6	5	8	7
3	4	1	2	7	8	5	6
4	3	2	1	8	7	6	5
5	6	7	8	1	2	3	4
6	5	8	7	2	1	4	3
7	8	5	6	3	4	1	2
8	7	6	5	4	3	2	1

II

1	2	3	4	5	6	7	8
5	6	7	8	1	2	3	4
2	1	4	3	6	5	8	7
6	5	8	7	2	1	4	3
7	8	5	6	3	4	1	2
3	4	1	2	7	8	5	6
8	7	6	5	4	3	2	1
4	3	2	1	8	7	6	5

III

1	2	3	4	5	6	7	8
7	8	5	6	3	4	1	2
5	6	7	8	1	2	3	4
3	4	1	2	7	8	5	6
8	7	6	5	4	3	2	1
2	1	4	3	6	5	8	7
4	3	2	1	8	7	6	5
6	5	8	7	2	1	4	3

IV

1	2	3	4	5	6	7	8
8	7	6	5	4	3	2	1
7	8	5	6	3	4	1	2
2	1	4	3	6	5	8	7
4	3	2	1	8	7	6	5
5	6	7	8	1	2	3	4
6	5	8	7	2	1	4	3
3	4	1	2	7	8	5	6

V

1	2	3	4	5	6	7	8
4	3	2	1	8	7	6	5
8	7	6	5	4	3	2	1
5	6	7	8	1	2	3	4
6	5	8	7	2	1	4	3
7	8	5	6	3	4	1	2
3	4	1	2	7	8	5	6
2	1	4	3	6	5	8	7

VI

1	2	3	4	5	6	7	8
6	5	8	7	2	1	4	3
4	3	2	1	8	7	6	5
7	8	5	6	3	4	1	2
3	4	1	2	7	8	5	6
8	7	6	5	4	3	2	1
2	1	4	3	6	5	8	7
5	6	7	8	1	2	3	4

VII

1	2	3	4	5	6	7	8
3	4	1	2	7	8	5	6
6	5	8	7	2	1	4	3
8	7	6	5	4	3	2	1
2	1	4	3	6	5	8	7
4	3	2	1	8	7	6	5
5	6	7	8	1	2	3	4
7	8	5	6	3	4	1	2

9×9

I

1	2	3	4	5	6	7	8	9
2	3	1	5	6	4	8	9	7
3	1	2	6	4	5	9	7	8
4	5	6	7	8	9	1	2	3
5	6	4	8	9	7	2	3	1
6	4	5	9	7	8	3	1	2
7	8	9	1	2	3	4	5	6
8	9	7	2	3	1	5	6	4
9	7	8	3	1	2	6	4	5

II

1	2	3	4	5	6	7	8	9
7	8	9	1	2	3	4	5	6
4	5	6	7	8	9	1	2	3
2	3	1	5	6	4	8	9	7
8	9	7	2	3	1	5	6	4
5	6	4	8	9	7	2	3	1
3	1	2	6	4	5	9	7	8
9	7	8	3	1	2	6	4	5
6	4	5	9	7	8	3	1	2

III

1	2	3	4	5	6	7	8	9
9	7	8	3	1	2	6	4	5
5	6	4	8	9	7	2	3	1
6	4	5	9	7	8	3	1	2
2	3	1	5	6	4	8	9	7
7	8	9	1	2	3	4	5	6
8	9	7	2	3	1	5	6	4
4	5	6	7	8	9	1	2	3
3	1	2	6	4	5	9	7	8

IV

1	2	3	4	5	6	7	8	9
8	9	7	2	3	1	5	6	4
6	4	5	9	7	8	3	1	2
9	7	8	3	1	2	6	4	5
4	5	6	7	8	9	1	2	3
2	3	1	5	6	4	8	9	7
5	6	4	8	9	7	2	3	1
3	1	2	6	4	5	9	7	8
7	8	9	1	2	3	4	5	6

V

1	2	3	4	5	6	7	8	9
3	1	2	6	4	5	9	7	8
2	3	1	5	6	4	8	9	7
7	8	9	1	2	3	4	5	6
9	7	8	3	1	2	6	4	5
8	9	7	2	3	1	5	6	4
4	5	6	7	8	9	1	2	3
6	4	5	9	7	8	3	1	2
5	6	4	8	9	7	2	3	1

VI

1	2	3	4	5	6	7	8	9
4	5	6	7	8	9	1	2	3
7	8	9	1	2	3	4	5	6
3	1	2	6	4	5	9	7	8
6	4	5	9	7	8	3	1	2
9	7	8	3	1	2	6	4	5
2	3	1	5	6	4	8	9	7
5	6	4	8	9	7	2	3	1
8	9	7	2	3	1	5	6	4

VII

1	2	3	4	5	6	7	8	9
5	6	4	8	9	7	2	3	1
9	7	8	3	1	2	6	4	5
8	9	7	2	3	1	5	6	4
3	1	2	6	4	5	9	7	8
4	5	6	7	8	9	1	2	3
6	4	5	9	7	8	3	1	2
7	8	9	1	2	3	4	5	6
2	3	1	5	6	4	8	9	7

VIII

1	2	3	4	5	6	7	8	9
6	4	5	9	7	8	3	1	2
8	9	7	2	3	1	5	6	4
5	6	4	8	9	7	2	3	1
7	8	9	1	2	3	4	5	6
3	1	2	6	4	5	9	7	8
9	7	8	3	1	2	6	4	5
2	3	1	5	6	4	8	9	7
4	5	6	7	8	9	1	2	3

10×10

I

0	1	2	3	4	5	6	7	8	9
1	2	0	6	7	8	9	3	4	5
2	0	1	5	6	7	8	9	3	4
3	7	8	0	1	4	2	5	9	6
4	8	9	7	0	1	5	2	6	3
5	9	3	4	8	0	1	6	2	7
6	3	4	8	5	9	0	1	7	2
7	4	5	2	9	6	3	0	1	8
8	5	6	9	2	3	7	4	0	1
9	6	7	1	3	2	4	8	5	0

II

0	1	2	3	4	5	6	7	8	9
2	0	1	8	9	3	4	5	6	7
1	2	0	4	5	6	7	8	9	3
7	3	9	6	8	0	5	2	1	4
8	4	3	5	7	9	0	6	2	1
9	5	4	1	6	8	3	0	7	2
3	6	5	2	1	7	9	4	0	8
4	7	6	9	2	1	8	3	5	0
5	8	7	0	3	2	1	9	4	6
6	9	8	7	0	4	2	1	3	5

12×12

I

1	2	3	4	5	6	7	8	9	10	11	12
2	3	4	5	6	1	8	9	10	11	12	7
3	4	5	6	1	2	9	10	11	12	7	8
4	5	6	1	2	3	10	11	12	7	8	9
5	6	1	2	3	4	11	12	7	8	9	10
6	1	2	3	4	5	12	7	8	9	10	11
7	8	9	10	11	12	1	2	3	4	5	6
8	9	10	11	12	7	2	3	4	5	6	1
9	10	11	12	7	8	3	4	5	6	1	2
10	11	12	7	8	9	4	5	6	1	2	3
11	12	7	8	9	10	5	6	1	2	3	4
12	7	8	9	10	11	6	1	2	3	4	5

II

1	2	3	4	5	6	7	8	9	10	11	12
3	4	5	6	1	2	9	10	11	12	7	8
2	3	4	5	6	1	8	9	10	11	12	7
11	12	7	8	9	10	5	6	1	2	3	4
10	11	12	7	8	9	4	5	6	1	2	3
12	7	8	9	10	11	6	1	2	3	4	5
4	5	6	1	2	3	10	11	12	7	8	9
6	1	2	3	4	5	12	7	8	9	10	11
5	6	1	2	3	4	11	12	7	8	9	10
8	9	10	11	12	7	2	3	4	5	6	1
7	8	9	10	11	12	1	2	3	4	5	6
9	10	11	12	7	8	3	4	5	6	1	2

III

1	2	3	4	5	6	7	8	9	10	11	12
11	12	7	8	9	10	5	6	1	2	3	4
5	6	1	2	3	4	11	12	7	8	9	10
9	10	11	12	7	8	3	4	5	6	1	2
3	4	5	6	1	2	9	10	11	12	7	8
7	8	9	10	11	12	1	2	3	4	5	6
10	11	12	7	8	9	4	5	6	1	2	3
2	3	4	5	6	1	8	9	10	11	12	7
8	9	10	11	12	7	2	3	4	5	6	1
6	1	2	3	4	5	12	7	8	9	10	11
12	7	8	9	10	11	6	1	2	3	4	5
4	5	6	1	2	3	10	11	12	7	8	9

IV

1	2	3	4	5	6	7	8	9	10	11	12
6	1	2	3	4	5	12	7	8	9	10	11
10	11	12	7	8	9	4	5	6	1	2	3
3	4	5	6	1	2	9	10	11	12	7	8
11	12	7	8	9	10	5	6	1	2	3	4
8	9	10	11	12	7	2	3	4	5	6	1
9	10	11	12	7	8	3	4	5	6	1	2
5	6	1	2	3	4	11	12	7	8	9	10
12	7	8	9	10	11	6	1	2	3	4	5
2	3	4	5	6	1	8	9	10	11	12	7
4	5	6	1	2	3	10	11	12	7	8	9
7	8	9	10	11	12	1	2	3	4	5	6

V

1	2	3	4	5	6	7	8	9	10	11	12
7	8	9	10	11	12	1	2	3	4	5	6
6	1	2	3	4	5	12	7	8	9	10	11
8	9	10	11	12	7	2	3	4	5	6	1
12	7	8	9	10	11	6	1	2	3	4	5
5	6	1	2	3	4	11	12	7	8	9	10
3	4	5	6	1	2	9	10	11	12	7	8
9	10	11	12	7	8	3	4	5	6	1	2
11	12	7	8	9	10	5	6	1	2	3	4
4	5	6	1	2	3	10	11	12	7	8	9
2	3	4	5	6	1	8	9	10	11	12	7
10	11	12	7	8	9	4	5	6	1	2	3

附表 20　平衡不完全区组设计表

阿拉伯数字表示处理（a），行表示区组（b），罗马字母表示重复（r），k 为区组容量，λ 为相遇数。

设计 1（$a=4, b=6, k=2, r=3, \lambda=1$）

I		II		III	
1	2	1	3	1	4
3	4	2	4	2	3

设计 2（$a=5, b=10, k=2, r=4, \lambda=1$）

I	II	III	IV
1	2	1	3
2	3	2	4
3	4	3	5
4	5	4	1
5	1	5	2

设计 3（$a=5, b=10, k=3, r=6, \lambda=3$）

I	II	III	IV	V	VI
1	2	3	1	2	4
2	3	4	2	3	5
3	4	5	3	4	1
4	5	1	4	5	2
5	1	2	5	1	3

设计 4 （$a=6, b=15, k=2, r=5, \lambda=1$）

I		II		III		IV		V	
1	2	1	3	1	4	1	5	1	6
3	4	2	5	2	6	2	4	2	3
5	6	4	6	3	5	3	6	4	5

设计 5 （$a=6, b=10, k=3, r=5, \lambda=2$）

I			II		
1	2	5	2	3	4
1	2	6	2	3	5
1	3	4	2	4	6
1	3	6	3	5	6
1	4	5	4	5	6

设计 6 （$a=6, b=20, k=3, r=10, \lambda=4$）

I			II			III			IV			V		
1	2	3	1	2	4	1	2	5	1	2	6	1	3	4
4	5	6	3	5	6	3	4	6	3	4	5	2	5	6

VI			VII			VIII			IX			X		
1	3	5	1	3	6	1	4	5	1	4	6	1	5	6
2	4	6	2	4	5	2	3	6	2	3	5	2	3	4

设计 7 （$a=6, b=15, k=4, r=10, \lambda=6$）

I		II		III		IV		V		VI		VII		VIII		IX		X	
1	2	3	4	1	2	3	5	1	2	3	6	1	2	4	5	1	2	5	6
1	4	5	6	1	2	4	6	1	3	4	5	1	3	5	6	1	3	4	6
2	3	5	6	3	4	5	6	2	4	5	6	2	3	4	6	2	3	4	5

设计 8 （$a=7, b=21, k=2, r=6, \lambda=1$）

I	II	III	IV	V	VI
1	2	1	3	1	4
2	3	2	4	2	5
3	4	3	5	3	6
4	5	4	6	4	7
5	6	5	7	5	1
6	7	6	1	6	2
7	1	7	2	7	3

设计 9 （$a=7, b=7, k=3, r=3, \lambda=1$）

I	II	III
1	2	4
2	3	5
3	4	6
4	5	7
5	6	1
6	7	2
7	1	3

设计 10 （ $a=7, b=7, k=4, r=4, \lambda=2$ ）

I	II	III	IV
1	2	3	6
2	3	4	7
3	4	5	1
4	5	6	2
5	6	7	3
6	7	1	4
7	1	2	5

设计 11 （ $a=8, b=28, k=2, r=7, \lambda=1$ ）

I		II		III		IV	
1	2	1	3	1	4	1	5
3	4	2	8	2	7	2	3
5	6	4	5	3	6	4	7
7	8	6	7	5	8	6	8

V		VI		VII	
1	6	1	7	1	8
2	4	2	6	2	5
3	8	3	5	3	7
5	7	4	8	4	6

设计 12 （ $a=8, b=14, k=4, r=7, \lambda=3$ ）

I				II				III				IV			
1	2	3	4	1	2	5	6	1	2	7	8	1	3	5	7
5	6	7	8	3	4	7	8	3	4	5	6	2	4	6	8

V				VI				VII			
1	3	6	8	1	4	5	8	1	4	6	7
2	4	5	7	2	3	6	7	2	3	5	8

设计 13 （ $a=9, b=36, k=2, r=8, \lambda=1$ ）

I	II	III	IV	V	VI	VII	VIII
1	2	1	3	1	4	1	5
2	3	2	4	2	5	2	6
3	4	3	5	3	6	3	7
4	5	4	6	4	7	4	8
5	6	5	7	5	8	5	9
6	7	6	8	6	9	6	1
7	8	7	9	7	1	7	2
8	9	8	1	8	2	8	3
9	1	9	2	9	3	9	4

设计 14 （ $a=9,b=12,k=3,r=4,\lambda=1$ ）

	I			II			III			IV	
1	2	3	1	4	7	1	5	9	1	6	8
4	5	6	2	5	8	2	6	7	2	4	9
7	8	9	3	6	9	3	4	8	3	5	7

设计 15 （ $a=9,b=18,k=4,r=8,\lambda=3$ ）

I	II	III	IV		V	VI	VII	VIII
1	2	3	5		1	4	5	8
2	3	4	6		2	5	6	9
3	4	5	7		3	6	7	1
4	5	6	8		4	7	8	2
5	6	7	9		5	8	9	3
6	7	8	1		6	9	1	4
7	8	9	2		7	1	2	5
8	9	1	3		8	2	3	6
9	1	2	4		9	3	4	7

设计 16 （ $a=9,b=18,k=5,r=10,\lambda=5$ ）

I	II	III	IV	V		VI	VII	VIII	IX	X
1	2	3	4	8		1	2	4	6	7
2	3	4	5	9		2	3	5	7	8
3	4	5	6	1		3	4	6	8	9
4	5	6	7	2		4	5	7	9	1
5	6	7	8	3		5	6	8	1	2
6	7	8	9	4		6	7	9	2	3
7	8	9	1	5		7	8	1	3	4
8	9	1	2	6		8	9	2	4	5
9	1	2	3	7		9	1	3	5	6

设计 17 （ $a=9,b=12,k=6,r=8,\lambda=5$ ）

		I ， II						III ， IV			
1	2	3	4	5	6	1	2	4	5	7	8
1	2	3	7	8	9	1	3	4	6	7	9
4	5	6	7	8	9	2	3	5	6	8	9

		V ， VI						VII ， VIII			
1	2	4	6	8	9	1	2	5	6	7	9
1	3	5	6	7	8	1	3	4	5	8	9
2	3	4	5	7	9	2	3	4	6	7	8

设计 18 （ $a=10, b=45, k=2, r=9, \lambda=1$ ）

I		II		III		IV		V	
1	2	1	3	1	4	1	5	1	6
3	4	2	7	2	10	2	8	2	9
5	6	4	8	3	7	3	10	3	8
7	8	5	9	5	8	4	9	4	10
9	10	6	10	6	9	6	7	5	7

VI		VII		VIII		IX	
1	7	1	8	1	9	1	10
2	6	2	3	2	4	2	5
3	9	4	6	3	5	3	6
4	5	5	10	6	8	4	7
8	10	7	9	7	10	8	9

设计 19 （ $a=10, b=30, k=3, r=9, \lambda=2$ ）

I	II	III		IV	V	VI		VII	VIII	IX
1	2	3		1	2	4		1	3	5
1	4	6		1	5	7		1	6	8
1	7	9		1	8	10		1	9	10
2	5	8		2	3	6		2	4	10
2	8	10		2	5	9		2	6	7
3	4	7		3	4	8		2	7	9
3	9	10		3	7	10		3	5	6
4	6	9		4	5	9		3	8	9
5	6	10		6	7	10		4	5	10
5	7	8		6	8	9		4	7	8

设计 20 （ $a=10, b=15, k=4, r=6, \lambda=2$ ）

I				II				III			
1	2	3	4	1	6	8	10	3	4	5	8
1	2	5	6	2	3	6	9	3	5	9	10
1	3	7	8	2	4	7	10	3	6	7	10
1	4	9	10	2	5	8	10	4	5	6	7
1	5	7	9	2	7	8	9	4	6	8	9

设计 21 （ $a=10, b=18, k=5, r=9, \lambda=4$ ）

I					II					III				
1	2	3	4	5	1	4	5	6	10	2	5	6	8	10
1	2	3	6	7	1	4	8	9	10	2	6	7	9	10
1	2	4	6	9	1	5	7	9	10	3	4	5	7	9
1	2	5	7	8	2	3	4	8	10	3	4	6	7	10
1	3	6	8	9	2	3	5	9	10	3	5	6	8	9
1	3	7	8	10	2	4	7	8	9	4	5	6	7	8

附表 21　常用正交表

1. $L_4(2^3)$

试验号	列号		
	1	2	3
1	1	1	1
2	1	2	2
3	2	1	2
4	2	2	1

注：任意两列之间的交互作用出现于另一列

2. $L_8(2^7)$

试验号	列号						
	1	2	3	4	5	6	7
1	1	1	1	1	1	1	1
2	1	1	1	2	2	2	2
3	1	2	2	2	1	2	2
4	1	2	2	2	2	1	1
5	2	1	1	2	1	1	2
6	2	1	1	2	2	2	1
7	2	2	2	1	1	2	1
8	2	2	2	1	2	1	2

$L_8(2^7)$的交互作用列表

试验号	列号						
	1	2	3	4	5	6	7
（1）	（1）	3	2	5	4	7	6
（2）		（2）	1	6	7	4	5
（3）			（3）	7	6	5	4
（4）				（4）	1	2	3
（5）					（5）	3	2
（6）						（6）	1
（7）							（7）

$L_8(2^7)$表头设计

因素数	列号						
	1	2	3	4	5	6	7
3	A	B	$A \times B$	C	$A \times C$	$B \times C$	
4	A	B	$A \times B$ $C \times D$	C	$A \times C$ $B \times D$	$B \times C$ $A \times D$	D
4	A	B $C \times D$	$A \times B$	C $B \times D$	$A \times C$	D $B \times C$	$A \times D$
5	A $D \times E$	B $C \times D$	$A \times B$ $C \times E$	C $B \times D$	$A \times C$ $B \times E$	D $A \times E$ $B \times C$	E $A \times D$

3. $L_8(4^1 \times 2^4)$

试验号	列号				
	1	2	3	4	5
1	1	1	1	1	1
2	1	2	2	2	2
3	2	1	1	2	2
4	2	2	2	1	1
5	3	1	2	1	2
6	3	2	1	2	1
7	4	1	2	2	1
8	4	2	1	1	2

$L_8(4^1 \times 2^4)$ 表头设计

因素数	列号				
	1	2	3	4	5
2	A	B	$(A \times B)_1$	$(A \times B)_2$	$(A \times B)_3$
3	A	B	C		
4	A	B	C	D	
5	A	B	C	D	E

4. $L_9(3^4)$

试验号	列号			
	1	2	3	4
1	1	1	1	1
2	1	2	2	2
3	1	3	3	3
4	2	1	2	3
5	2	2	3	1
6	2	3	1	2
7	3	1	3	2
8	3	2	1	3
9	3	3	2	1

注：任意两列间的交互作用为另外两列

5. $L_{12}(2^{11})$

试验号	列号										
	1	2	3	4	5	6	7	8	9	10	11
1	1	1	1	1	1	1	1	1	1	1	1
2	1	1	1	1	1	2	2	2	2	2	2
3	1	1	2	2	2	1	1	1	2	2	2
4	1	2	1	2	2	1	2	2	1	1	2
5	1	2	2	1	2	2	1	2	1	2	1
6	1	2	2	2	1	2	2	1	2	1	1
7	2	1	2	2	1	1	2	2	1	2	1

续表

试验号	列号										
	1	2	3	4	5	6	7	8	9	10	11
8	2	1	2	1	2	2	2	1	1	1	2
9	2	1	1	2	2	2	1	2	2	1	1
10	2	2	2	1	1	1	1	2	2	1	2
11	2	2	1	2	1	2	1	1	1	2	2
12	2	2	1	1	2	1	2	1	2	2	1

6. $L_{16}(2^{15})$

试验号	列号														
	1	2	3	4	5	6	7	8	9	10	11	12	13	14	15
1	1	1	1	1	1	1	1	1	1	1	1	1	1	1	1
2	1	1	1	1	1	1	1	2	2	2	2	2	2	2	2
3	1	1	1	2	2	2	2	1	1	1	1	2	2	2	2
4	1	1	1	2	2	2	2	2	2	2	2	1	1	1	1
5	1	2	2	1	1	2	2	1	1	2	2	1	1	2	2
6	1	2	2	1	1	2	2	2	2	1	1	2	2	1	1
7	1	2	2	2	2	1	1	1	1	2	2	2	2	1	1
8	1	2	2	2	2	1	1	2	2	1	1	1	1	2	2
9	2	1	2	1	2	1	2	1	2	1	2	1	2	1	2
10	2	1	2	1	2	2	1	2	1	2	1	2	1	2	1
11	2	1	2	2	1	2	1	1	2	1	2	2	1	2	1
12	2	1	2	2	1	2	1	2	1	2	1	1	2	1	2
13	2	2	1	1	2	2	1	1	2	2	1	1	2	2	1
14	2	2	1	1	2	2	1	2	1	1	2	2	1	1	2
15	2	2	1	2	1	1	2	1	2	2	1	2	1	1	2
16	2	2	1	2	1	1	2	2	1	1	2	1	2	2	1

$L_{16}(2^{15})$ 二列间交互作用列表

列号	列号														
	1	2	3	4	5	6	7	8	9	10	11	12	13	14	15
（1）	(1)	3	2	5	4	7	6	9	8	11	10	13	12	15	14
（2）		(2)	1	6	7	4	5	10	11	8	9	14	15	12	13
（3）			(3)	7	6	5	4	11	10	9	8	15	14	13	12
（4）				(4)	1	2	3	12	13	14	15	8	9	10	11
（5）					(5)	3	2	13	12	15	14	9	8	11	10
（6）						(6)	1	14	15	13	12	11	10	8	9
（7）							(7)	15	14	13	12	11	10	9	8
（8）								(8)	1	2	3	4	5	6	7
（9）									(9)	3	2	5	4	7	6
（10）										(10)	1	6	7	4	5
（11）											(11)	7	6	5	4
（12）												(12)	1	2	3
（13）													(13)	3	2
（14）														(14)	1

$L_{16}(2^{15})$ 表头设计

因素数	列号														
	1	2	3	4	5	6	7	8	9	10	11	12	13	14	15
4	A	B	$A{\times}B$	C	$A{\times}C$	$B{\times}C$		D	$A{\times}D$	$B{\times}D$		$C{\times}D$			
5	A	B	$A{\times}B$	C	$A{\times}C$	$B{\times}C$	$D{\times}E$	D	$A{\times}D$	$B{\times}D$	$C{\times}E$	$C{\times}D$	$B{\times}E$	$A{\times}E$	E
6	A	B	$A{\times}B$ $D{\times}E$	C	$A{\times}C$ $D{\times}F$	$B{\times}C$ $E{\times}F$		D	$A{\times}D$ $B{\times}E$	$B{\times}D$ $A{\times}E$	E	$C{\times}D$ $A{\times}F$	F		$C{\times}E$ $B{\times}F$
7	A	B	$A{\times}B$ $D{\times}E$ $F{\times}G$	C	$A{\times}C$ $D{\times}F$ $E{\times}G$	$B{\times}C$ $E{\times}F$ $D{\times}G$		D	$A{\times}D$ $B{\times}E$ $C{\times}F$	$B{\times}D$ $A{\times}E$ $C{\times}G$	E	$C{\times}D$ $A{\times}F$ $B{\times}G$	F	G	$C{\times}E$ $B{\times}F$ $A{\times}G$
8	A	B	$A{\times}B$ $D{\times}E$ $F{\times}G$ $C{\times}H$	C	$A{\times}C$ $D{\times}F$ $E{\times}G$ $B{\times}H$	$B{\times}C$ $E{\times}F$ $D{\times}G$ $A{\times}H$	H	D	$A{\times}D$ $B{\times}E$ $C{\times}F$ $G{\times}H$	$B{\times}D$ $A{\times}E$ $C{\times}G$ $F{\times}H$	E	$C{\times}D$ $A{\times}F$ $B{\times}G$ $E{\times}H$	F	G	$C{\times}E$ $B{\times}F$ $A{\times}G$ $D{\times}H$

7. $L_{20}(2^{19})$

试验号	列号																		
	1	2	3	4	5	6	7	8	9	10	11	12	13	14	15	16	17	18	19
1	1	1	1	1	1	1	1	1	1	1	1	1	1	1	1	1	1	1	1
2	2	2	1	1	2	2	2	2	1	2	1	2	1	1	1	1	2	2	1
3	2	1	1	2	2	2	2	1	2	1	2	1	1	1	1	2	2	1	2
4	1	1	2	2	2	2	1	2	1	2	1	1	1	1	2	2	1	2	2
5	1	2	2	2	2	1	2	1	2	1	1	1	1	2	2	1	2	2	1
6	2	2	2	2	1	2	1	2	1	1	1	1	2	2	1	2	2	1	1
7	2	2	2	1	2	1	2	1	1	1	1	2	2	1	2	2	1	1	2
8	2	2	1	2	1	2	1	1	1	1	2	2	1	2	2	1	1	2	2
9	2	1	2	1	2	1	1	1	1	2	2	1	2	2	1	1	2	2	2
10	1	2	1	2	1	1	1	1	2	2	1	2	2	1	1	2	2	2	2
11	2	1	2	1	1	1	1	2	2	1	2	2	1	1	2	2	2	2	1
12	1	2	1	1	1	1	2	2	1	2	2	1	1	2	2	2	2	1	2
13	2	1	1	1	1	2	2	1	2	2	1	1	2	2	2	2	1	2	1
14	1	1	1	1	2	2	1	2	2	1	1	2	2	2	2	1	2	1	2
15	1	1	1	2	2	1	2	2	1	1	2	2	2	2	1	2	1	2	1
16	1	1	2	2	1	2	2	1	1	2	2	2	2	1	2	1	2	1	1
17	1	2	2	1	2	2	1	1	2	2	2	2	1	2	1	2	1	1	1
18	2	2	1	2	2	1	1	2	2	2	2	1	2	1	2	1	1	1	1
19	2	1	2	2	1	1	2	2	2	2	1	2	1	2	1	1	1	1	2
20	1	2	2	1	1	2	2	2	2	1	2	1	2	1	1	1	1	2	2

8. $L_{27}(3^{13})$

试验号	列号												
	1	2	3	4	5	6	7	8	9	10	11	12	13
1	1	1	1	1	1	1	1	1	1	1	1	1	1
2	1	1	1	1	2	2	2	2	2	2	2	2	2
3	1	1	1	1	3	3	3	3	3	3	3	3	3
4	1	2	2	2	1	1	1	2	2	3	3	3	3
5	1	2	2	2	2	2	2	3	3	3	1	1	1
6	1	2	2	2	3	3	3	1	1	1	2	2	2
7	1	3	3	3	1	1	1	3	3	2	2	2	2
8	1	3	3	3	2	2	2	1	1	1	3	3	3
9	1	3	3	3	3	3	3	2	2	2	1	1	1
10	2	1	2	3	1	2	3	1	2	3	1	2	3
11	2	1	2	3	2	3	1	2	3	1	2	3	1
12	2	1	2	3	3	1	2	3	1	2	3	1	2
13	2	2	3	1	1	2	3	2	3	1	3	1	2
14	2	2	3	1	2	3	1	3	1	2	1	2	3
15	2	2	3	1	3	1	2	1	2	3	2	3	1
16	2	3	1	2	1	2	3	3	1	2	2	3	1
17	2	3	1	2	2	3	1	1	2	3	3	1	2
18	2	3	1	2	3	1	2	2	3	1	1	2	3
19	3	1	3	2	1	3	2	1	3	2	1	3	2
20	3	1	3	2	2	1	3	2	1	3	2	1	3
21	3	1	3	2	3	2	1	3	2	1	2	1	3
22	3	2	1	3	1	3	2	2	1	3	3	2	1
23	3	2	1	3	2	1	3	3	2	1	1	3	2
24	3	2	1	3	3	2	1	1	3	2	2	1	3
25	3	3	2	1	1	3	2	3	2	1	2	1	3
26	3	3	2	1	2	1	3	1	3	2	3	2	1
27	3	3	2	1	3	2	1	2	1	3	1	3	2

$L_{27}(3^{13})$二列间的交互作用列表

列号	列号												
	1	2	3	4	5	6	7	8	9	10	11	12	13
（1）	（1）	3	2	2	6	5	5	9	8	8	12	11	11
		4	4	3	7	7	6	10	10	9	13	13	12
（2）		（2）	1	1	8	9	10	5	6	7	5	6	7
			4	3	11	12	13	11	12	13	8	9	10
（3）			（3）	1	9	10	8	7	5	6	6	7	5
				2	13	11	12	12	13	11	10	8	9
（4）				（4）	10	8	9	6	7	5	7	5	6
					12	13	11	13	11	12	9	10	8
（5）					（5）	1	1	2	3	4	2	4	3
						7	6	11	13	12	8	10	9

续表

列号	1	2	3	4	5	6	7	8	9	10	11	12	13
(6)						(6)	1	4	2	3	3	2	4
							5	13	12	11	10	9	8
(7)							(7)	3	4	2	4	3	2
								12	11	13	9	8	10
(8)								(8)	1	1	2	3	4
									10	9	5	7	6
(9)									(9)	1	4	2	3
										8	7	6	5
(10)										(10)	3	4	2
											6	5	7
(11)											(11)	1	1
												13	12
(12)												(12)	1
													11

$L_{27}(3^{13})$ 二列间的交互作用列表

列号	1	2	3	4	5	6	7	8	9	10	11	12	13
3	A	B	$(A\times B)_1$	$(A\times B)_2$	C	$(A\times C)_1$	$(A\times C)_2$	$(B\times C)_1$			$(B\times C)_2$		
4	A	B	$(A\times B)_1$ $(C\times D)_2$	$(A\times B)_2$	C	$(A\times C)_1$ $(B\times D)_2$	$(A\times C)_2$	$(B\times C)_1$ $(A\times D)_2$	D	$(A\times D)_1$	$(B\times C)_2$	$(B\times D)_1$	$(C\times D)_1$

以下是混合表。

9. $L_{16}(4\times 2^{12})$

试验号	1	2	3	4	5	6	7	8	9	10	11	12	13
1	1	1	1	1	1	1	1	1	1	1	1	1	1
2	1	1	1	1	1	2	2	2	2	2	2	2	2
3	1	2	2	2	2	1	1	1	1	2	2	2	2
4	1	2	2	2	2	2	2	2	1	1	1	1	1
5	2	1	1	2	2	1	1	2	2	1	1	2	2
6	2	1	1	2	2	2	2	1	1	2	2	1	1
7	2	2	2	1	1	1	1	2	2	2	2	1	1
8	2	2	2	1	1	2	2	1	1	1	1	2	2
9	3	1	2	1	2	1	2	1	2	1	2	1	2
10	3	1	2	1	2	2	1	2	1	2	1	2	1
11	3	2	1	2	1	1	2	1	2	2	1	2	1
12	3	2	1	2	1	2	1	2	1	1	2	1	2
13	4	1	2	2	1	1	2	2	1	1	2	2	1
14	4	1	2	2	1	2	1	1	2	2	1	1	2
15	4	2	1	1	2	1	2	2	1	2	1	1	2
16	4	2	1	1	2	2	1	1	2	1	2	2	1

10. $L_{16}(4^2 \times 2^9)$

试验号	列号										
	1	2	3	4	5	6	7	8	9	10	11
1	1	1	1	1	1	1	1	1	1	1	1
2	1	2	1	1	1	2	2	2	2	2	2
3	1	3	2	2	2	1	1	1	2	2	2
4	1	4	2	2	2	2	2	2	1	1	1
5	2	1	1	2	2	1	2	2	1	2	2
6	2	2	1	2	2	2	1	1	2	1	1
7	2	3	2	1	1	1	2	2	2	1	1
8	2	4	2	1	1	2	1	1	1	2	2
9	3	1	2	1	2	2	1	2	2	1	2
10	3	2	2	1	2	1	2	1	1	2	1
11	3	3	1	2	1	2	1	2	1	2	1
12	3	4	1	2	1	1	2	1	2	1	2
13	4	1	2	2	1	2	2	1	2	2	1
14	4	2	2	2	1	1	1	2	1	1	2
15	4	3	1	1	2	2	2	1	1	1	2
16	4	4	1	1	2	1	1	2	2	2	1

11. $L_{18}(2 \times 3^7)$

试验号	列号							
	1	2	3	4	5	6	7	8
1	1	1	1	1	1	1	1	1
2	1	1	2	2	2	2	2	2
3	1	1	3	3	3	3	3	3
4	1	2	1	1	2	2	3	3
5	1	2	2	2	3	3	1	1
6	1	2	3	3	1	1	2	2
7	1	3	1	2	1	3	2	3
8	1	3	2	3	2	1	3	1
9	1	3	3	1	3	2	1	2
10	2	1	1	3	3	2	2	1
11	2	1	2	1	1	3	3	2
12	2	1	3	2	2	1	1	3
13	2	2	1	2	3	1	3	2
14	2	2	2	3	1	2	1	3
15	2	2	3	1	2	3	2	1
16	2	3	1	3	2	3	1	2
17	2	3	2	1	3	1	2	3
18	2	3	3	2	1	2	3	1

12. $L_{16}(4^4 \times 2^3)$

试验号	列号						
	1	2	3	4	5	6	7
1	1	1	1	1	1	1	1
2	1	2	2	2	1	2	2
3	1	3	3	3	2	1	2
4	1	4	4	4	2	2	1
5	2	1	2	3	2	2	1
6	2	2	1	4	2	1	2
7	2	3	4	1	1	2	2
8	2	4	3	2	1	1	1
9	3	1	3	4	1	2	2
10	3	2	4	3	1	1	1
11	3	3	1	2	2	2	1
12	3	4	2	1	2	1	2
13	4	1	4	2	2	1	2
14	4	2	3	1	2	2	1
15	4	3	2	4	1	1	1
16	4	4	1	3	1	2	2

13. $L_{16}(4^3 \times 2^6)$

试验号	列号								
	1	2	3	4	5	6	7	8	9
1	1	1	1	1	1	1	1	1	1
2	1	2	2	1	1	2	2	2	2
3	1	3	3	2	2	1	1	2	2
4	1	4	4	2	2	2	2	1	1
5	2	1	2	2	2	1	2	1	2
6	2	2	1	2	2	2	1	2	1
7	2	3	4	1	1	1	2	2	1
8	2	4	3	1	1	2	1	1	2
9	3	1	3	1	2	2	2	2	1
10	3	2	4	1	2	1	1	1	2
11	3	3	1	2	1	2	2	1	2
12	3	4	2	2	1	1	1	2	1
13	4	1	4	2	1	2	1	2	2
14	4	2	3	2	1	1	2	1	1
15	4	3	2	1	2	2	1	1	1
16	4	4	1	1	2	1	2	2	2

附表 22　等水平均匀设计表

$$U_5(5^3)$$

试验号	列号		
	1	2	3
1	1	2	4
2	2	4	3
3	3	1	2
4	4	3	1
5	5	5	5

$$U_5(5^3)的使用表$$

因素数	列号			D
2	1	2		0.3100
3	1	2	3	0.4570

$$U_6^*(6^4)$$

试验号	列号			
	1	2	3	4
1	1	2	3	6
2	2	4	6	5
3	3	6	2	4
4	4	1	5	3
5	5	3	1	2
6	6	5	4	1

$$U_6^*(6^4)的使用表$$

因素数	列号				D
2	1	3			0.1875
3	1	2	3		0.2656
4	1	2	3	4	0.2990

$$U_7(7^4)$$

试验号	列号			
	1	2	3	4
1	1	2	3	6
2	2	4	6	5
3	3	6	2	4
4	4	1	5	3
5	5	3	1	2
6	6	5	4	1
7	7	7	7	7

$U_7(7^4)$ 的使用表

因素数		列号			D
2	1	3			0.2398
3	1	2	3		0.3721
4	1	2	3	4	0.4760

$U_7^*(7^4)$

试验号	列号			
	1	2	3	4
1	1	3	5	7
2	2	6	2	6
3	3	1	7	5
4	4	4	4	4
5	5	7	1	3
6	6	2	6	2
7	7	5	3	1

$U_7^*(7^4)$ 的使用表

因素数		列号		D
2	1	3		0.1582
3	2	3	4	0.2132

$U_8^*(8^5)$

试验号	列号				
	1	2	3	4	5
1	1	2	4	7	8
2	2	4	8	5	7
3	3	6	3	3	6
4	4	8	7	1	5
5	5	1	2	8	4
6	6	3	6	6	3
7	7	5	1	4	2
8	8	7	5	2	1

$U_8^*(8^5)$ 的使用表

因素数		列号			D
2	1	3			0.1445
3	1	3	4		0.2000
4	1	2	3	5	0.2709

$U_9(9^5)$

试验号	列号				
	1	2	3	4	5
1	1	2	4	7	8
2	2	4	8	5	7
3	3	6	3	3	6
4	4	8	7	1	5
5	5	1	2	8	4
6	6	3	6	6	3
7	7	5	1	4	2
8	8	7	5	2	1
9	9	9	9	9	9

$U_9(9^5)$的使用表

因素数	列号				D
2	1	3			0.1944
3	1	3	4		0.3102
4	1	2	3	5	0.4066

$U_9^*(9^4)$

试验号	列号			
	1	2	3	4
1	1	3	7	9
2	2	6	4	8
3	3	9	1	7
4	4	2	8	6
5	5	5	5	5
6	6	8	2	4
7	7	1	9	3
8	8	4	6	2
9	9	7	3	1

$U_9^*(9^4)$的使用表

因素数	列号			D
2	1	3		0.1574
3	1	3	4	0.1980

$U_{10}^*(10^8)$

试验号	列号							
	1	2	3	4	5	6	7	8
1	1	2	3	4	5	7	9	10
2	2	4	6	8	10	3	7	9
3	3	6	9	1	4	10	5	8
4	4	8	1	5	9	6	3	7

试验号	列号							
	1	2	3	4	5	6	7	8
5	5	10	4	9	3	2	1	6
6	6	1	7	2	8	9	10	5
7	7	3	10	6	2	5	8	4
8	8	5	2	10	7	1	6	3
9	9	7	5	3	1	8	4	2
10	10	9	8	7	6	4	2	1

$U_{10}^*(10^8)$ 的使用表

因素数	列号						D
2	1	6					0.1125
3	1	5	6				0.1681
4	1	3	4	5			0.2236
5	1	2	4	5	7		0.2414
6	1	2	3	5	6	8	0.2994

附表 23   混合水平均匀表

$U_6(3 \times 2)$

试验号	列号	
	1	2
1	1	1
2	1	2
3	2	2
4	2	1
5	3	1
6	3	2
D	0.3750	

$U_6(6 \times 2)$

试验号	列号	
	1	2
1	1	1
2	2	2
3	3	2
4	4	1
5	5	1
6	6	2
D	0.3125	

$U_6(6 \times 3)$

试验号	列号	
	1	2
1	3	3
2	6	2
3	2	1
4	5	3
5	1	2
6	4	1
D	0.2361	

$U_6(6 \times 3^2)$

试验号	列号		
	1	2	3
1	1	1	2
2	2	2	3
3	3	3	1
4	4	1	3
5	5	2	1
6	6	3	2
D	0.3634		

$U_6(6 \times 3 \times 2)$

试验号	列号		
	1	2	3
1	1	1	1
2	2	2	2
3	3	3	1
4	4	1	2
5	5	2	1
6	6	3	2
D	0.2998		

$U_8(8^2 \times 4 \times 2)$

试验号	列号			
	1	2	3	4
1	1	2	2	2
2	2	4	4	2
3	3	6	2	1
4	4	8	4	1
5	5	1	1	2
6	6	3	3	2
7	7	5	1	1
8	8	7	3	1
D	0.4232			

$U_{10}(10 \times 5 \times 2)$

试验号	列号		
	1	2	3
1	1	1	1
2	2	2	2
3	3	3	1
4	4	4	2
5	5	5	1
6	6	1	2
7	7	2	1
8	8	3	2
9	9	4	1
10	10	5	2
D	0.3588		

基础生物统计学
源代码索取单

  凡使用本书的读者，可获赠书中源代码，以供教学学习使用。欢迎通过电话、信件、电邮与我们联系。本活动解释权在科学出版社。

读 者 反 馈 表

姓名：		职称：		职务：	
电话：			电邮：		
学校：			院系：		
地址：			邮编：		
所授课程（一）：				人数：	
课程对象：□研究生 □本科(____年级) □其他_____				授课专业：	
使用教材名称/作者/出版社：					
所授课程（二）：				人数：	
课程对象：□研究生 □本科(____年级) □其他_____				授课专业：	
使用教材名称/作者/出版社：					
您对本书的评价及对下一版修改意见：					
贵单位开设的生物统计相关课程有哪些？使用的教材名称/作者/出版社？					
某些现用教材若不符合教学需求，换其他版本有何要求？			院系教学使用证明（公章）：		
您的其他建议和意见：					

回执地址：北京市东黄城根北街 16 号 科学出版社（邮政编码 100717）

联 系 人：刘 畅　　咨询电话：010-64000815

电子邮箱：bio@mail. sciencep. com